General Expressions for the 5-Dimensional Riemann-Christoffel, Ricci, and Einstein Curvature Tensors and Riemann Curvature Scalar Allowing for Non-Vanishing Torsion and Arbitrary Functional Dependence on the Fifth Dimension

By Carey Briggs

First Edition

Independently Published

General Expressions for the 5-Dimensional Riemann-Christoffel, Ricci, and Einstein Curvature Tensors and Riemann Curvature Scalar Allowing for Non-Vanishing Torsion and Arbitrary Functional Dependence on the Fifth Dimension

By Carey Briggs

First Edition

ISBN 978-1-105-07887-3

Independently Published

Copyright © 2021 by Carey Briggs (except for the epigraph)

All rights reserved.

To Wiley

Preface

This book presents general expressions for the 5-dimensional Riemann-Christoffel, Ricci, and Einstein curvature tensors and Riemann curvature scalar allowing for non-vanishing torsion and arbitrary functional dependence on the fifth dimension.

Carey Briggs, 2021, Bellefonte, Pennsylvania, United States

TABLE OF CONTENTS

Abstract

By C. C. Briggs

1 page

"General Expressions for the 5-Dimensional Riemann-Christoffel, Ricci, and Einstein Curvature Tensors and Riemann Curvature Scalar Allowing for Non-Vanishing Torsion and Arbitrary Functional Dependence on the Fifth Dimension"

By C. C. Briggs (April 27, 2007)

104 pages

Abstract

"General Expressions for the 5-Dimensional Riemann-Christoffel, Ricci, and Einstein Curvature Tensors and Riemann Curvature Scalar Allowing for Non-Vanishing Torsion and Arbitrary Functional Dependence on the Fifth Dimension"

By C. C. Briggs (April 27, 2007)

ABSTRACT. General expressions are given for the 5-dimensional Riemann-Christoffel, Ricci, and Einstein curvature tensors and Riemann curvature scalar allowing for non-vanishing torsion and arbitrary functional dependence on the fifth dimension.

104 pages

GENERAL EXPRESSIONS FOR THE 5-DIMENSIONAL RIEMANN-CHRISTOFFEL, RICCI, AND EINSTEIN CURVATURE TENSORS AND RIEMANN CURVATURE SCALAR ALLOWING FOR NON-VANISHING TORSION AND ARBITRARY FUNCTIONAL DEPENDENCE ON THE FIFTH DIMENSION

C. C. Briggs
39 Irving Place, Feasterville, PA 19053

Friday, April 27, 2007

Abstract. General expressions are given for the 5-dimensional Riemann-Christoffel, Ricci, and Einstein curvature tensors and Riemann curvature scalar allowing for non-vanishing torsion and arbitrary functional dependence on the fifth dimension.

PACS Numbers: 04.50.+h

> "Today was extremely disheartening. Calculus now involves five dimensions. Not a one of which I have ever seen before."
> —— Grady, R. C., *The Collected Works of Ducrot Pepys*, Moore Publishing Co., Inc., Newburgh, New York (1943), p. 44.

CONTENTS

1. Introduction 1
2. The 5-Dimensional Covariant Metric Tensor $\gamma_{\alpha\beta}$ 2
3. The 5-Dimensional Contravariant Metric Tensor $\gamma^{\alpha\beta}$ 2
4. The 5-Dimensional Christoffel Symbol of the 1st Kind $[_{\alpha\beta\gamma}]$ 2
5. The 5-Dimensional Christoffel Symbol of the 2nd Kind $\{_\alpha{}^\beta{}_\gamma\}$ ... 3
6. The 5-Dimensional Torsion Tensor $S_{\alpha\beta}{}^\gamma$ 4
7. The 5-Dimensional Contorsion Tensor $C_{\alpha\beta}{}^\gamma$ 4
8. The 5-Dimensional Connection Coefficient $\Gamma_\alpha{}^\beta{}_\gamma$ 5
9. The 5-Dimensional Riemann-Christoffel Curvature Tensor $R_{\alpha\beta\gamma}{}^\delta$ 6
10. The 5-Dimensional Covariant Ricci Curvature Tensor $R_{\alpha\beta}$ 43
11. The 5-Dimensional Mixed Ricci Curvature Tensor of the 1st Kind $R^\alpha{}_\beta$ 50
12. The 5-Dimensional Mixed Ricci Curvature Tensor of the 2nd Kind $R_\alpha{}^\beta$ 57
13. The 5-Dimensional Contravariant Ricci Curvature Tensor $R^{\alpha\beta}$ 64
14. The 5-Dimensional Riemann Curvature Scalar R 70
15. The 5-Dimensional Covariant Einstein Curvature Tensor $G_{\alpha\beta}$ 71
16. The 5-Dimensional Mixed Einstein Curvature Tensor of the 1st Kind $G^\alpha{}_\beta$ 79
17. The 5-Dimensional Mixed Einstein Curvature Tensor of the 2nd Kind $G_\alpha{}^\beta$ 87
18. The 5-Dimensional Contravariant Einstein Curvature Tensor $G^{\alpha\beta}$ 95
19. The 5-Dimensional Einstein Curvature Scalar G 103

1. INTRODUCTION

This paper presents general expressions for the 5-dimensional Riemann-Christoffel, Ricci, and Einstein curvature tensors and Riemann curvature scalar allowing for non-vanishing torsion and arbitrary functional dependence on the fifth dimension for a 5-dimensional space (or differentiable manifold) having a metrical linear connection and thus constitutes an expansion of previous work,[1] in which some of the basic equations under consideration were presented.

---

[1] Briggs, C. C., "A Possible Theoretical Basis for Propulsive Force Generation by Both Conventional and Unconventional Means," gr-qc/9912120, 3 Jan 2000 (10 pages).

Greek indices refer to the (holonomic) 5-dimensional coordinates of the encompassing 5-dimensional space and run from 1 through 5, whereas Latin indices refer to the (holonomic) 4-dimensional coordinates of (4-dimensional) spacetime and run from 1 through 4. The index 5 refers to the (holonomic) 1-dimensional coordinate of the (1-dimensional) fifth dimension. Naturally, the usual Einstein summation convention is used. Sign conventions follow Schouten.[2] Finally, continued minus signs—as well as plus signs—are repeated across broken lines in the midst of long equations, also by convention.

2. THE 5-DIMENSIONAL COVARIANT METRIC TENSOR $\gamma_{\alpha\beta}$

The four parts of the 5-dimensional covariant metric tensor $\gamma_{\alpha\beta}$ are given by

$$\gamma_{ab} = \alpha^2 A_a A_b \psi + g_{ab} \tag{1}$$
$$= \alpha^2 (\zeta - \alpha^2 \eta)^{-1} A_a A_b + g_{ab}$$
$$= (\zeta - \alpha^2 \eta)^{-1} (\alpha^2 A_a A_b + \zeta g_{ab} - \alpha^2 \eta g_{ab}),$$
$$\gamma_{a5} = \alpha A_a \psi \tag{2}$$
$$= \alpha A_a (\zeta - \alpha^2 \eta)^{-1},$$
$$\gamma_{5a} = \alpha A_a \psi \tag{3}$$
$$= \alpha A_a (\zeta - \alpha^2 \eta)^{-1},$$
$$\gamma_{55} = \psi \tag{4}$$
$$= (\zeta - \alpha^2 \eta)^{-1},$$

where α = const. (i.e. "α is a constant"), ψ is a scalar, A_a is a spacetime covariant vector, g_{ab} is the spacetime covariant metric tensor, η is a scalar given by

$$\eta = A^a A^b g_{ab} = A^a A_a = A_a A_b g^{ab}, \tag{5}$$

where

$$A^a = g^{ab} A_b \tag{6}$$

is the contravariant vector associated with A_a, where g^{ab} is the spacetime contravariant metric tensor, in accordance with which,

$$g^{ac} g_{bc} = \delta^a_b, \tag{7}$$

where δ^a_b is the Kronecker delta, and ζ is a scalar given by

$$\zeta = \alpha^2 \eta + \psi^{-1}. \tag{8}$$

3. THE 5-DIMENSIONAL CONTRAVARIANT METRIC TENSOR $\gamma^{\alpha\beta}$

The four parts of the 5-dimensional contravariant metric tensor $\gamma^{\alpha\beta}$ are given by

$$\gamma^{ab} = g^{ab}, \tag{9}$$
$$\gamma^{a5} = -\alpha A^a, \tag{10}$$
$$\gamma^{5a} = -\alpha A^a, \tag{11}$$
$$\gamma^{55} = \zeta \tag{12}$$
$$= \alpha^2 \eta + \psi^{-1}.$$

4. THE 5-DIMENSIONAL CHRISTOFFEL SYMBOL OF THE 1st KIND $[\alpha\beta\gamma]$

The eight parts of the 5-dimensional Christoffel symbol of the 1st kind $[\alpha\beta\gamma]$, where

$$[\alpha\beta\gamma] = \tfrac{1}{2} \partial_\alpha \gamma_{\beta\gamma} + \tfrac{1}{2} \partial_\beta \gamma_{\alpha\gamma} - \tfrac{1}{2} \partial_\gamma \gamma_{\alpha\beta}, \tag{13}$$

are given by

$$[abc] = \tfrac{1}{2} \partial_a \gamma_{bc} + \tfrac{1}{2} \partial_b \gamma_{ac} - \tfrac{1}{2} \partial_c \gamma_{ab} \tag{14}$$
$$= -\tfrac{1}{2} \alpha^2 (\partial_c \psi) A_a A_b + \tfrac{1}{2} \alpha^2 (\partial_b \psi) A_a A_c + \tfrac{1}{2} \alpha^2 (\partial_a \psi) A_b A_c + \tfrac{1}{2} \alpha^2 A_c U_{ab} \psi + \tfrac{1}{2} \alpha^2 A_b F_{ac} \psi + \tfrac{1}{2} \alpha^2 A_a F_{bc} \psi + {}^{(4)}[abc],$$
$$[ab5] = \tfrac{1}{2} \partial_a \gamma_{b5} + \tfrac{1}{2} \partial_b \gamma_{a5} - \tfrac{1}{2} \partial_5 \gamma_{ab} \tag{15}$$
$$= -\tfrac{1}{2} \partial_5 g_{ab} + \tfrac{1}{2} \alpha (\partial_b \psi) A_a + \tfrac{1}{2} \alpha (\partial_a \psi) A_b - \tfrac{1}{2} \alpha^2 (\partial_5 \psi) A_a A_b - \tfrac{1}{2} \alpha^2 (\partial_5 A_b) A_a \psi - \tfrac{1}{2} \alpha^2 (\partial_5 A_a) A_b \psi + \tfrac{1}{2} \alpha U_{ab} \psi,$$
$$[a5b] = \tfrac{1}{2} \partial_a \gamma_{b5} - \tfrac{1}{2} \partial_b \gamma_{a5} + \tfrac{1}{2} \partial_5 \gamma_{ab} \tag{16}$$
$$= \tfrac{1}{2} \partial_5 g_{ab} - \tfrac{1}{2} \alpha (\partial_b \psi) A_a + \tfrac{1}{2} \alpha (\partial_a \psi) A_b + \tfrac{1}{2} \alpha^2 (\partial_5 \psi) A_a A_b + \tfrac{1}{2} \alpha^2 (\partial_5 A_b) A_a \psi + \tfrac{1}{2} \alpha^2 (\partial_5 A_a) A_b \psi + \tfrac{1}{2} \alpha F_{ab} \psi,$$
$$[a55] = \tfrac{1}{2} \partial_a \gamma_{55} \tag{17}$$
$$= \tfrac{1}{2} \partial_a \psi,$$
$$[a5b] = \tfrac{1}{2} \partial_a \gamma_{b5} - \tfrac{1}{2} \partial_b \gamma_{a5} + \tfrac{1}{2} \partial_5 \gamma_{ab} \tag{18}$$
$$= \tfrac{1}{2} \partial_5 g_{ab} - \tfrac{1}{2} \alpha (\partial_b \psi) A_a + \tfrac{1}{2} \alpha (\partial_a \psi) A_b + \tfrac{1}{2} \alpha^2 (\partial_5 \psi) A_a A_b + \tfrac{1}{2} \alpha^2 (\partial_5 A_b) A_a \psi + \tfrac{1}{2} \alpha^2 (\partial_5 A_a) A_b \psi + \tfrac{1}{2} \alpha F_{ab} \psi,$$

---

[2] Schouten, J. A., *Ricci Calculus: An Introduction to Tensor Analysis and Its Geometrical Applications (Second Edition)*, vol. 10 ("Band X") of *Die Grundlehren der mathematischen Wissenschaften in Einzeldarstellungen mit besonderer Berücksichtigung der Anwendungsgebiete*, Grammel, F., E. Hopf, H. Hopf, F. Rellich, F. K. Schmidt, and B. L. van der Waerden (eds.), Springer-Verlag OHG., Berlin, Göttingen, and Heidelberg, Germany (1954); see, e.g., Eq. (4.2) on p. 138.

$$[_{a55}] = \tfrac{1}{2} \partial_a \gamma_{55} \tag{19}$$
$$= \tfrac{1}{2} \partial_a \psi,$$

$$[_{55a}] = \partial_5 \gamma_{a5} - \tfrac{1}{2} \partial_a \gamma_{55} \tag{20}$$
$$= -\tfrac{1}{2} \partial_a \psi + \alpha (\partial_5 \psi) A_a + \alpha (\partial_5 A_a) \psi,$$

$$[_{555}] = \tfrac{1}{2} \partial_5 \gamma_{55} \tag{21}$$
$$= \tfrac{1}{2} \partial_5 \psi,$$

where ∂_α, ∂_a, and ∂_5 represent the Pfaffian partial differential operators for the holonomic coordinates x^α, x^a, and x^5 given by $\partial_\alpha = \dfrac{\partial}{\partial x^\alpha}$, $\partial_a = \dfrac{\partial}{\partial x^a}$, and $\partial_5 = \dfrac{\partial}{\partial x^5}$, respectively, $^{(4)}[_{abc}]$ is the spacetime Christoffel symbol of the 1st kind as given by

$$^{(4)}[_{abc}] = \tfrac{1}{2} \partial_a g_{bc} + \tfrac{1}{2} \partial_b g_{ac} - \tfrac{1}{2} \partial_c g_{ab}, \tag{22}$$

whence (cf. Einstein[3])

$$\partial_a g_{bc} = {}^{(4)}[_{abc}] + {}^{(4)}[_{acb}], \tag{23}$$

whereas

$$\partial_a \gamma_{bc} = [_{abc}] + [_{acb}] \tag{24}$$

as well as

$$\partial_\alpha \gamma_{\beta\gamma} = [_{\alpha\beta\gamma}] + [_{\alpha\gamma\beta}], \tag{25}$$

F_{ab} is a covariant, anti-symmetric 2nd-order spacetime tensor given by

$$F_{ab} = \partial_a A_b - \partial_b A_a, \tag{26}$$

and U_{ab} is a covariant, symmetric 2nd-order spacetime tensor given by

$$U_{ab} = \partial_a A_b + \partial_b A_a, \tag{27}$$

whence

$$\partial_a A_b = \tfrac{1}{2} (F_{ab} + U_{ab}). \tag{28}$$

5. THE 5-DIMENSIONAL CHRISTOFFEL SYMBOL OF THE 2nd KIND $\{_{\alpha\ \gamma}^{\ \beta}\}$

The eight parts of the 5-dimensional Christoffel symbol of the 2nd kind $\{_{\alpha\ \gamma}^{\ \beta}\}$, where

$$\{_{\alpha\ \gamma}^{\ \beta}\} = [_{\alpha\gamma\delta}] \gamma^{\beta\delta}, \tag{29}$$

are given by

$$\{_{a\ c}^{\ b}\} = [_{acd}] \gamma^{bd} + [_{ac5}] \gamma^{b5} \tag{30}$$
$$= \tfrac{1}{2} \alpha (\partial_5 g_{ac}) A^b + \tfrac{1}{2} \alpha^3 (\partial_5 \psi) A_a A_c A^b - \tfrac{1}{2} \alpha^2 (\partial_d \psi) A_a A_c g^{bd} + \tfrac{1}{2} \alpha^3 (\partial_5 A_c) A_a A^b \psi + \tfrac{1}{2} \alpha^3 (\partial_5 A_a) A_c A^b \psi + \tfrac{1}{2} \alpha^2 A_c F_a^{\ b} \psi - $$
$$- \tfrac{1}{2} \alpha^2 A_a F^b_{\ c} \psi + {}^{(4)}\{_{a\ c}^{\ b}\},$$

$$\{_{a\ 5}^{\ b}\} = [_{a5c}] \gamma^{bc} + [_{a55}] \gamma^{b5} \tag{31}$$
$$= \tfrac{1}{2} \alpha^2 (\partial_5 \psi) A_a A^b + \tfrac{1}{2} (\partial_5 g_{ac}) g^{bc} - \tfrac{1}{2} \alpha (\partial_c \psi) A_a g^{bc} + \tfrac{1}{2} \alpha^2 (\partial_5 A_a) A^b \psi + \tfrac{1}{2} \alpha F_a^{\ b} \psi + \tfrac{1}{2} \alpha^2 (\partial_5 A_c) A_a g^{bc} \psi,$$

$$\{_{a\ b}^{\ 5}\} = [_{abc}] \gamma^{c5} + [_{ab5}] \gamma^{55} \tag{32}$$
$$= -\tfrac{1}{2} (\partial_5 g_{ab}) \psi^{-1} + \tfrac{1}{2} \alpha (\partial_b \psi) A_a \psi^{-1} + \tfrac{1}{2} \alpha (\partial_a \psi) A_b \psi^{-1} - \tfrac{1}{2} \alpha^2 (\partial_5 \psi) A_a A_b \psi^{-1} - \tfrac{1}{2} \alpha^2 (\partial_5 A_b) A_a - \tfrac{1}{2} \alpha^2 (\partial_5 A_a) A_b +$$
$$+ \tfrac{1}{2} \alpha^3 (\partial_c \psi) A_a A_b A^c - \tfrac{1}{2} \alpha^2 (\partial_5 g_{ab}) \eta - \tfrac{1}{2} \alpha^4 (\partial_5 \psi) A_a A_b \eta - \alpha A_c \, {}^{(4)}\{_{a\ b}^{\ c}\} + \tfrac{1}{2} \alpha U_{ab} - \tfrac{1}{2} \alpha^4 (\partial_5 A_b) A_a \eta \psi - \tfrac{1}{2} \alpha^4 (\partial_5 A_a) A_b \eta \psi -$$
$$- \tfrac{1}{2} \alpha^3 A_b A_c F_a^{\ c} \psi - \tfrac{1}{2} \alpha^3 A_a A_c F_b^{\ c} \psi,$$

---

[3] Einstein, A., Eq. (33) on p. 137 of "The Foundation of the General Theory of Relativity," in Einstein, A., H. A. Lorentz, H. Weyl, and H. Minkowski, *The Principle of Relativity: A Collection of Original Memoirs* [sic] *on the Special and General Theory of Relativity*, Perrett, W., and G. B. Jeffery (tr.), Dover Publications, Inc., New York, NY (1952), p. 111; originally translated from Einstein, A., "Die Grundlage der allgemeinen Relativitätstheorie," *Annalen der Physik (Leipzig)*, **49** (1916) 769.

$$\{_a{}^5{}_5\} = [_{a5b}]\, \gamma^{b5} + [_{a55}]\, \gamma^{55} \tag{33}$$
$$= \tfrac{1}{2} (\partial_a \psi)\, \psi^{-1} - \tfrac{1}{2} \alpha\, (\partial_5 g_{ab})\, A^b + \tfrac{1}{2} \alpha^2\, (\partial_b \psi)\, A_a A^b - \tfrac{1}{2} \alpha^3\, (\partial_5 \psi)\, A_a\, \eta - \tfrac{1}{2} \alpha^3\, (\partial_5 A_b)\, A_a A^b\, \psi - \tfrac{1}{2} \alpha^3\, (\partial_5 A_a)\, \eta\, \psi - \tfrac{1}{2} \alpha^2\, A_b\, F_a{}^b\, \psi,$$

$$\{_b{}^a{}_5\} = [_{b5c}]\, \gamma^{ac} + [_{b55}]\, \gamma^{a5} \tag{34}$$
$$= \tfrac{1}{2} \alpha^2\, (\partial_5 \psi)\, A_b A^a + \tfrac{1}{2} (\partial_5 g_{bc})\, g^{ac} - \tfrac{1}{2} \alpha\, (\partial_c \psi)\, A_b\, g^{ac} + \tfrac{1}{2} \alpha^2\, (\partial_5 A_b)\, A^a\, \psi - \tfrac{1}{2} \alpha\, F^a{}_b\, \psi + \tfrac{1}{2} \alpha^2\, (\partial_5 A_c)\, A_b\, g^{ac}\, \psi,$$

$$\{_5{}^a{}_5\} = [_{55b}]\, \gamma^{ab} + [_{555}]\, \gamma^{a5} \tag{35}$$
$$= \tfrac{1}{2} \alpha\, (\partial_5 \psi)\, A^a - \tfrac{1}{2} (\partial_b \psi)\, g^{ab} + \alpha\, (\partial_5 A_b)\, g^{ab}\, \psi,$$

$$\{_a{}^5{}_5\} = [_{a5b}]\, \gamma^{b5} + [_{a55}]\, \gamma^{55} \tag{36}$$
$$= \tfrac{1}{2} (\partial_a \psi)\, \psi^{-1} - \tfrac{1}{2} \alpha\, (\partial_5 g_{ab})\, A^b + \tfrac{1}{2} \alpha^2\, (\partial_b \psi)\, A_a A^b - \tfrac{1}{2} \alpha^3\, (\partial_5 \psi)\, A_a\, \eta - \tfrac{1}{2} \alpha^3\, (\partial_5 A_b)\, A_a A^b\, \psi - \tfrac{1}{2} \alpha^3\, (\partial_5 A_a)\, \eta\, \psi - \tfrac{1}{2} \alpha^2\, A_b\, F_a{}^b\, \psi,$$

$$\{_5{}^5{}_5\} = [_{55a}]\, \gamma^{a5} + [_{555}]\, \gamma^{55} \tag{37}$$
$$= \tfrac{1}{2} (\partial_5 \psi)\, \psi^{-1} + \tfrac{1}{2} \alpha\, (\partial_a \psi)\, A^a - \tfrac{1}{2} \alpha^2\, (\partial_5 \psi)\, \eta - \alpha^2\, (\partial_5 A_a)\, A^a\, \psi,$$

where ${}^{(4)}\{_a{}^b{}_c\}$ is the spacetime Christoffel symbol of the 2nd kind as given by

$$^{(4)}\{_a{}^b{}_c\} = {}^{(4)}[_{acd}]\, g^{bd}. \tag{38}$$

6. THE 5-DIMENSIONAL TORSION TENSOR $S_{\alpha\beta}{}^{\gamma}$

The eight parts of the 5-dimensional torsion tensor $S_{\alpha\beta}{}^{\gamma}$, where

$$S_{\alpha\beta}{}^{\gamma} = \tfrac{1}{2}(\Gamma_{\alpha}{}^{\gamma}{}_{\beta} - \Gamma_{\beta}{}^{\gamma}{}_{\alpha}), \tag{39}$$

are given by

$$S_{ab}{}^{c} = \beta_0\, S_{(0)ab}{}^{c}, \tag{40}$$
$$S_{ab}{}^{5} = \beta_1\, S_{(1)ab}, \tag{41}$$
$$S_{a5}{}^{b} = -S_{5a}{}^{b} = \beta_2\, S_{(2)a}{}^{b}, \tag{42}$$
$$S_{a5}{}^{5} = \beta_3\, S_{(3)a}, \tag{43}$$
$$S_{5a}{}^{b} = -S_{a5}{}^{b} = -\beta_2\, S_{(2)a}{}^{b}, \tag{44}$$
$$S_{5a}{}^{5} = -S_{a5}{}^{5} = -\beta_3\, S_{(3)a}, \tag{45}$$
$$S_{55}{}^{a} = 0, \tag{46}$$
$$S_{55}{}^{5} = 0, \tag{47}$$

where β_0, β_1, β_2, and β_3 are constants, $S_{(0)ab}{}^{c} = -S_{(0)ba}{}^{c}$ is a 3rd-order spacetime tensor anti-symmetric with respect to its first two (covariant) indices, $S_{(1)ab} = -S_{(1)ba}$ is a 2nd-order anti-symmetric spacetime tensor, $S_{(2)a}{}^{b}$ is a 2nd-order spacetime tensor, and $S_{(3)a}$ is a spacetime vector.

7. THE 5-DIMENSIONAL CONTORSION TENSOR $C_{\alpha\beta}{}^{\gamma}$

The eight parts of the 5-dimensional contorsion tensor $C_{\alpha\beta}{}^{\gamma}$, where

$$C_{\alpha\beta}{}^{\gamma} = S_{\alpha\beta}{}^{\gamma} - S_{\alpha}{}^{\gamma}{}_{\beta} + S^{\gamma}{}_{\beta\alpha} \tag{48}$$
$$= S_{\alpha\beta}{}^{\gamma} - S_{\beta}{}^{\gamma}{}_{\alpha} + S^{\gamma}{}_{\alpha\beta},$$

are given by

$$C_{ab}{}^{c} = -S_{bd}{}^{e}\, \gamma_{ae}\, \gamma^{cd} - S_{bd}{}^{5}\, \gamma_{a5}\, \gamma^{cd} - S_{ad}{}^{e}\, \gamma_{be}\, \gamma^{cd} - S_{ad}{}^{5}\, \gamma_{b5}\, \gamma^{cd} - S_{b5}{}^{d}\, \gamma_{ad}\, \gamma^{c5} - S_{b5}{}^{5}\, \gamma_{a5}\, \gamma^{c5} - S_{a5}{}^{d}\, \gamma_{bd}\, \gamma^{c5} - S_{a5}{}^{5}\, \gamma_{b5}\, \gamma^{c5} + S_{ab}{}^{c} \tag{49}$$
$$= \beta_0\, S_{(0)ab}{}^{c} - \beta_0\, S_{(0)a}{}^{c}{}_{b} - \beta_0\, S_{(0)b}{}^{c}{}_{a} + \alpha\, \beta_2\, A^c\, S_{(2)ab} + \alpha\, \beta_2\, A^c\, S_{(2)ba} - \alpha^2\, \beta_0\, A_b A_d\, S_{(0)a}{}^{cd}\, \psi - \alpha^2\, \beta_0\, A_a A_d\, S_{(0)b}{}^{cd}\, \psi - \alpha\, \beta_1\, A_b\, S_{(1)a}{}^{c}\, \psi -$$
$$- \alpha\, \beta_1\, A_a\, S_{(1)b}{}^{c}\, \psi + \alpha^3\, \beta_2\, A_b A_d A^c\, S_{(2)a}{}^{d}\, \psi + \alpha^3\, \beta_2\, A_a A_d A^c\, S_{(2)b}{}^{d}\, \psi + \alpha^2\, \beta_3\, A_b A^c\, S_{(3)a}\, \psi + \alpha^2\, \beta_3\, A_a A^c\, S_{(3)b}\, \psi,$$

$$C_{ab}{}^{5} = -S_{bc}{}^{d}\, \gamma_{ad}\, \gamma^{5} - S_{bc}{}^{5}\, \gamma_{a5}\, \gamma^{5} - S_{ac}{}^{d}\, \gamma_{bd}\, \gamma^{5} - S_{ac}{}^{5}\, \gamma_{b5}\, \gamma^{5} - S_{b5}{}^{c}\, \gamma_{ac}\, \gamma^{55} - S_{b5}{}^{5}\, \gamma_{a5}\, \gamma^{55} - S_{a5}{}^{c}\, \gamma_{bc}\, \gamma^{55} - S_{a5}{}^{5}\, \gamma_{b5}\, \gamma^{55} + S_{ab}{}^{5} \tag{50}$$
$$= -\beta_2\, S_{(2)ab}\, \psi^{-1} - \beta_2\, S_{(2)ba}\, \psi^{-1} + \alpha\, \beta_0\, A_c\, S_{(0)a}{}^{c}{}_{b} + \alpha\, \beta_0\, A_c\, S_{(0)b}{}^{c}{}_{a} + \beta_1\, S_{(1)ab} - \alpha^2\, \beta_2\, \eta\, S_{(2)ab} - \alpha^2\, \beta_2\, A_b A_c\, S_{(2)a}{}^{c} -$$
$$- \alpha^2\, \beta_2\, \eta\, S_{(2)ba} - \alpha^2\, \beta_2\, A_a A_c\, S_{(2)b}{}^{c} - \alpha\, \beta_3\, A_b\, S_{(3)a} - \alpha\, \beta_3\, A_a\, S_{(3)b} + \alpha^3\, \beta_0\, A_b A_c A_d\, S_{(0)a}{}^{cd}\, \psi + \alpha^3\, \beta_0\, A_a A_c A_d\, S_{(0)b}{}^{cd}\, \psi +$$

$$+ \alpha^2 \beta_1 A_b A_c S_{(1)a}{}^c \psi + \alpha^2 \beta_1 A_a A_c S_{(1)b}{}^c \psi - \alpha^4 \beta_2 A_b A_c \eta S_{(2)a}{}^c \psi - \alpha^4 \beta_2 A_a A_c \eta S_{(2)b}{}^c \psi - \alpha^3 \beta_3 A_b \eta S_{(3)a} \psi - \alpha^3 \beta_3 A_a \eta S_{(3)b} \psi,$$

$$C_{a5}{}^b = S_{c5}{}^d \gamma_{ad} \gamma^{bc} + S_{c5}{}^5 \gamma_{a5} \gamma^{bc} - S_{ac}{}^d \gamma_{d5} \gamma^{bc} - S_{ac}{}^5 \gamma_{55} \gamma^{bc} - S_{55}{}^5 \gamma_{ac} \gamma^{b5} - S_{55}{}^5 \gamma_{a5} \gamma^{b5} - S_{a5}{}^c \gamma_{c5} \gamma^{b5} - S_{a5}{}^5 \gamma_{55} \gamma^{b5} + S_{a5}{}^b \tag{51}$$

$$= \beta_2 S_{(2)a}{}^b + \beta_2 S_{(2)}{}^b{}_a - \alpha \beta_0 A_c S_{(0)a}{}^{bc} \psi - \beta_1 S_{(1)a}{}^b \psi + \alpha^2 \beta_2 A_c A^b S_{(2)a}{}^c \psi + \alpha^2 \beta_2 A_a A_c S_{(2)}{}^{bc} \psi + \alpha \beta_3 A^b S_{(3)a} \psi + \alpha \beta_3 A_a S_{(3)}{}^b \psi,$$

$$C_{a5}{}^5 = S_{b5}{}^c \gamma_{ac} \gamma^{b5} + S_{b5}{}^5 \gamma_{a5} \gamma^{b5} - S_{ab}{}^c \gamma_{c5} \gamma^{b5} - S_{ab}{}^5 \gamma_{55} \gamma^{b5} - S_{55}{}^b \gamma_{ab} \gamma^{55} - S_{55}{}^5 \gamma_{a5} \gamma^{55} - S_{a5}{}^b \gamma_{b5} \gamma^{55} - S_{a5}{}^5 \gamma_{55} \gamma^{55} + S_{a5}{}^5 \tag{52}$$

$$= - \alpha \beta_2 A_b S_{(2)a}{}^b - \alpha \beta_2 A_b S_{(2)}{}^b{}_a + \alpha^2 \beta_0 A_b A_c S_{(0)a}{}^{bc} \psi + \alpha \beta_1 A_b S_{(1)a}{}^b \psi - \alpha^3 \beta_2 A_b \eta S_{(2)a}{}^b \psi - \alpha^3 \beta_2 A_a A_b A_c S_{(2)}{}^{bc} \psi -$$
$$- \alpha^2 \beta_3 \eta S_{(3)a} \psi - \alpha^2 \beta_3 A_a A_b S_{(3)}{}^b \psi,$$

$$C_{5a}{}^b = - S_{a5}{}^b + S_{c5}{}^d \gamma_{ad} \gamma^{bc} + S_{c5}{}^5 \gamma_{a5} \gamma^{bc} - S_{ac}{}^d \gamma_{d5} \gamma^{bc} - S_{ac}{}^5 \gamma_{55} \gamma^{bc} + S_{55}{}^c \gamma_{ac} \gamma^{b5} + S_{55}{}^5 \gamma_{a5} \gamma^{b5} - S_{a5}{}^c \gamma_{c5} \gamma^{b5} - S_{a5}{}^5 \gamma_{55} \gamma^{b5} \tag{53}$$

$$= \beta_2 S_{(2)a}{}^b + \beta_2 S_{(2)}{}^b{}_a - \alpha \beta_0 A_c S_{(0)a}{}^{bc} \psi - \beta_1 S_{(1)a}{}^b \psi + \alpha^2 \beta_2 A_c A^b S_{(2)a}{}^c \psi + \alpha^2 \beta_2 A_a A_c S_{(2)}{}^{bc} \psi + \alpha \beta_3 A^b S_{(3)a} \psi + \alpha \beta_3 A_a S_{(3)}{}^b \psi,$$

$$C_{5a}{}^5 = - S_{a5}{}^5 + S_{b5}{}^c \gamma_{ac} \gamma^{b5} + S_{b5}{}^5 \gamma_{a5} \gamma^{b5} - S_{ab}{}^c \gamma_{c5} \gamma^{b5} - S_{ab}{}^5 \gamma_{55} \gamma^{b5} + S_{55}{}^b \gamma_{ab} \gamma^{55} + S_{55}{}^5 \gamma_{a5} \gamma^{55} - S_{a5}{}^b \gamma_{b5} \gamma^{55} - S_{a5}{}^5 \gamma_{55} \gamma^{55} \tag{54}$$

$$= - \alpha \beta_2 A_b S_{(2)a}{}^b - \alpha \beta_2 A_b S_{(2)}{}^b{}_a - 2 \beta_3 S_{(3)a} + \alpha^2 \beta_0 A_b A_c S_{(0)a}{}^{bc} \psi + \alpha \beta_1 A_b S_{(1)a}{}^b \psi - \alpha^3 \beta_2 A_b \eta S_{(2)a}{}^b \psi - \alpha^3 \beta_2 A_a A_b A_c S_{(2)}{}^{bc} \psi -$$
$$- \alpha^2 \beta_3 \eta S_{(3)a} \psi - \alpha^2 \beta_3 A_a A_b S_{(3)}{}^b \psi,$$

$$C_{55}{}^a = 2 S_{b5}{}^c \gamma_{c5} \gamma^{ab} + 2 S_{b5}{}^5 \gamma_{55} \gamma^{ab} + S_{55}{}^a \tag{55}$$

$$= 2 \alpha \beta_2 A_b S_{(2)}{}^{ab} \psi + 2 \beta_3 S_{(3)}{}^a \psi,$$

$$C_{55}{}^5 = 2 S_{a5}{}^b \gamma_{b5} \gamma^{a5} + 2 S_{a5}{}^5 \gamma_{55} \gamma^{a5} + S_{55}{}^5 \tag{56}$$

$$= - 2 \alpha^2 \beta_2 A_a A_b S_{(2)}{}^{ab} \psi - 2 \alpha \beta_3 A_a S_{(3)}{}^a \psi.$$

8. THE 5-DIMENSIONAL CONNECTION COEFFICIENT $\Gamma_{\alpha\ \gamma}^{\ \beta}$

The eight parts of the 5-dimensional connection coefficient $\Gamma_{\alpha\ \gamma}^{\ \beta}$ where

$$\Gamma_{\alpha\ \gamma}^{\ \beta} = \{{}_{\alpha\ \gamma}^{\ \beta}\} + C_{\alpha\gamma}{}^\beta, \tag{57}$$

are given by

$$\Gamma_{a\ c}^{\ b} = \{{}_{a\ c}^{\ b}\} + C_{ac}{}^b \tag{58}$$

$$= \tfrac{1}{2} \alpha (\partial_5 g_{ac}) A^b + \tfrac{1}{2} \alpha^3 (\partial_5 \psi) A_a A_c A^b + \beta_0 S_{(0)ac}{}^b - \beta_0 S_{(0)a}{}^b{}_c + \beta_0 S_{(0)}{}^b{}_{ca} + \alpha \beta_2 A^b S_{(2)ac} + \alpha \beta_2 A^b S_{(2)ca} -$$
$$- \tfrac{1}{2} \alpha^2 (\partial_d \psi) A_a A_c g^{bd} + \tfrac{1}{2} \alpha^3 (\partial_5 A_c) A_a A^b \psi + \tfrac{1}{2} \alpha^3 (\partial_5 A_a) A_c A^b \psi + \tfrac{1}{2} \alpha^2 A_c F_a{}^b \psi - \tfrac{1}{2} \alpha^2 A_a F^b{}_c \psi - \alpha^2 \beta_0 A_c A_d S_{(0)a}{}^{bd} \psi +$$
$$+ \alpha^2 \beta_0 A_a A_d S_{(0)}{}^b{}_c{}^d \psi - \alpha \beta_1 A_c S_{(1)a}{}^b \psi + \alpha \beta_1 A_a S_{(1)}{}^b{}_c \psi + \alpha^3 \beta_2 A_c A_d A^b S_{(2)a}{}^d \psi + \alpha^3 \beta_2 A_a A_d A^b S_{(2)c}{}^d \psi + \alpha^2 \beta_3 A_c A^b S_{(3)a} \psi +$$
$$+ \alpha^2 \beta_3 A_a A^b S_{(3)c} \psi + {}^{(4)}\{{}_{a\ c}^{\ b}\},$$

$$\Gamma_{a\ 5}^{\ b} = \{{}_{a\ 5}^{\ b}\} + C_{a5}{}^b \tag{59}$$

$$= \tfrac{1}{2} \alpha^2 (\partial_5 \psi) A_a A^b + \beta_2 S_{(2)a}{}^b + \beta_2 S_{(2)}{}^b{}_a + \tfrac{1}{2} (\partial_5 g_{ac}) g^{bc} - \tfrac{1}{2} \alpha (\partial_c \psi) A_a g^{bc} +$$
$$+ \tfrac{1}{2} \alpha^2 (\partial_5 A_a) A^b + \tfrac{1}{2} \alpha F_a{}^b \psi - \alpha \beta_0 A_c S_{(0)a}{}^{bc} \psi - \beta_1 S_{(1)a}{}^b \psi + \alpha^2 \beta_2 A_c A^b S_{(2)a}{}^c \psi + \alpha^2 \beta_2 A_a A_c S_{(2)}{}^{bc} \psi + \alpha \beta_3 A^b S_{(3)a} \psi +$$
$$+ \alpha \beta_3 A_a S_{(3)}{}^b \psi + \tfrac{1}{2} \alpha^2 (\partial_5 A_c) A_a g^{bc} \psi,$$

$$\Gamma_{a\ b}^{\ 5} = \{{}_{a\ b}^{\ 5}\} + C_{ab}{}^5 \tag{60}$$

$$= - \tfrac{1}{2} (\partial_5 g_{ab}) \psi^{-1} + \tfrac{1}{2} \alpha (\partial_b \psi) A_a \psi^{-1} + \tfrac{1}{2} \alpha (\partial_a \psi) A_b \psi^{-1} - \tfrac{1}{2} \alpha^2 (\partial_5 \psi) A_a A_b \psi^{-1} -$$
$$- \beta_2 S_{(2)ab} \psi^{-1} - \beta_2 S_{(2)ba} \psi^{-1} - \tfrac{1}{2} \alpha^2 (\partial_5 A_b) A_a - \tfrac{1}{2} \alpha^2 (\partial_5 A_a) A_b + \tfrac{1}{2} \alpha^3 (\partial_c \psi) A_a A_b A^c - \tfrac{1}{2} \alpha^2 (\partial_5 g_{ab}) \eta - \tfrac{1}{2} \alpha^4 (\partial_5 \psi) A_a A_b \eta -$$
$$- \alpha A_c {}^{(4)}\{{}_{a\ b}^{\ c}\} + \tfrac{1}{2} \alpha U_{ab} + \alpha \beta_0 A_c S_{(0)a}{}^c{}_b + \alpha \beta_0 A_c S_{(0)b}{}^c{}_a + \beta_1 S_{(1)ab} - \alpha^2 \beta_2 \eta S_{(2)ab} - \alpha^2 \beta_2 A_b A_c S_{(2)a}{}^c - \beta_2 \eta S_{(2)ba} -$$
$$- \alpha^2 \beta_2 A_a A_c S_{(2)b}{}^c - \alpha \beta_3 A_b S_{(3)a} - \alpha \beta_3 A_a S_{(3)b} - \tfrac{1}{2} \alpha^4 (\partial_5 A_b) A_a \eta \psi - \tfrac{1}{2} \alpha^4 (\partial_5 A_a) A_b \eta \psi - \tfrac{1}{2} \alpha^3 A_b A_c F_a{}^c \psi - \tfrac{1}{2} \alpha^3 A_a A_c F_b{}^c \psi +$$
$$+ \alpha^3 \beta_0 A_b A_c A_d S_{(0)a}{}^{cd} \psi + \alpha^3 \beta_0 A_a A_c A_d S_{(0)b}{}^{cd} \psi + \alpha^2 \beta_1 A_b A_c S_{(1)a}{}^c \psi + \alpha^2 \beta_1 A_a A_c S_{(1)b}{}^c \psi - \alpha^4 \beta_2 A_b A_c \eta S_{(2)a}{}^c \psi -$$
$$- \alpha^4 \beta_2 A_a A_c \eta S_{(2)b}{}^c \psi - \alpha^3 \beta_3 A_b \eta S_{(3)a} \psi - \alpha^3 \beta_3 A_a \eta S_{(3)b} \psi,$$

$$\Gamma_{a\ 5}^{\ 5} = \{{}_{a\ 5}^{\ 5}\} + C_{a5}{}^5 \tag{61}$$

$$= \tfrac{1}{2} (\partial_a \psi) \psi^{-1} - \tfrac{1}{2} \alpha (\partial_5 g_{ab}) A^b + \tfrac{1}{2} \alpha^2 (\partial_b \psi) A_a A^b - \tfrac{1}{2} \alpha^3 (\partial_5 \psi) A_a \eta - \alpha \beta_2 A_b S_{(2)a}{}^b - \alpha \beta_2 A_b S_{(2)}{}^b{}_a -$$

$$-\tfrac{1}{2}\alpha^3\,(\partial_5 A_b)\,A_a\,A^b\,\psi - \tfrac{1}{2}\alpha^3\,(\partial_5 A_a)\,\eta\,\psi - \tfrac{1}{2}\alpha^2\,A_b\,F_a{}^b\,\psi + \alpha^2\,\beta_0\,A_b\,A_c\,S_{(0)a}{}^{bc}\,\psi + \alpha\,\beta_1\,A_b\,S_{(1)a}{}^b\,\psi - \alpha^3\,\beta_2\,A_b\,\eta\,S_{(2)a}{}^b\,\psi -$$
$$- \alpha^3\,\beta_2\,A_a\,A_b\,A_c\,S_{(2)}{}^{bc}\,\psi - \alpha^2\,\beta_3\,\eta\,S_{(3)a}\,\psi - \alpha^2\,\beta_3\,A_a\,A_b\,S_{(3)}{}^b\,\psi,$$

$$\Gamma_5{}^a{}_b = \{{}^a_{b\,5}\} + C_{5b}{}^a \tag{62}$$

$$= \tfrac{1}{2}\alpha^2\,(\partial_5\psi)\,A_b\,A^a - \beta_2\,S_{(2)b}{}^a + \beta_2\,S_{(2)}{}^a{}_b + \tfrac{1}{2}(\partial_5 g_{bc})\,g^{ac} - \tfrac{1}{2}\alpha\,(\partial_c\psi)\,A_b\,g^{ac} + \tfrac{1}{2}\alpha^2\,(\partial_5 A_b)\,A^a\,\psi - \tfrac{1}{2}\alpha\,F^a{}_b\,\psi +$$
$$+ \alpha\,\beta_0\,A_c\,S_{(0)}{}^{a\,c}{}_b\,\psi + \beta_1\,S_{(1)}{}^a{}_b\,\psi + \alpha^2\,\beta_2\,A_c\,A^a\,S_{(2)b}{}^c\,\psi + \alpha^2\,\beta_2\,A_b\,A_c\,S_{(2)}{}^{ac}\,\psi + \alpha\,\beta_3\,A^a\,S_{(3)b}\,\psi + \alpha\,\beta_3\,A_b\,S_{(3)}{}^a\,\psi + \tfrac{1}{2}\alpha^2\,(\partial_5 A_c)\,A_b\,g^{ac}\,\psi,$$

$$\Gamma_5{}^a{}_5 = \{{}^a_{5\,5}\} + C_{55}{}^a \tag{63}$$

$$= \tfrac{1}{2}\alpha\,(\partial_5\psi)\,A^a - \tfrac{1}{2}(\partial_b\psi)\,g^{ab} + 2\,\alpha\,\beta_2\,A_b\,S_{(2)}{}^{ab}\,\psi + 2\,\beta_3\,S_{(3)}{}^a\,\psi + \alpha\,(\partial_5 A_b)\,g^{ab}\,\psi,$$

$$\Gamma_5{}^5{}_a = \{{}^5_{a\,5}\} + C_{5a}{}^5 \tag{64}$$

$$= \tfrac{1}{2}(\partial_a\psi)\,\psi^{-1} - \tfrac{1}{2}\alpha\,(\partial_5 g_{ab})\,A^b + \tfrac{1}{2}\alpha^2\,(\partial_b\psi)\,A_a\,A^b - \tfrac{1}{2}\alpha^3\,(\partial_5\psi)\,A_a\,\eta - \alpha\,\beta_2\,A_b\,S_{(2)a}{}^b - \alpha\,\beta_2\,A_b\,S_{(2)}{}^b{}_a - 2\,\beta_3\,S_{(3)a} -$$
$$- \tfrac{1}{2}\alpha^3\,(\partial_5 A_b)\,A_a\,A^b\,\psi - \tfrac{1}{2}\alpha^3\,(\partial_5 A_a)\,\eta\,\psi - \tfrac{1}{2}\alpha^2\,A_b\,F_a{}^b\,\psi + \alpha^2\,\beta_0\,A_b\,A_c\,S_{(0)a}{}^{bc}\,\psi + \alpha\,\beta_1\,A_b\,S_{(1)a}{}^b\,\psi - \alpha^3\,\beta_2\,A_b\,\eta\,S_{(2)a}{}^b\,\psi -$$
$$- \alpha^3\,\beta_2\,A_a\,A_b\,A_c\,S_{(2)}{}^{bc}\,\psi - \alpha^2\,\beta_3\,\eta\,S_{(3)a}\,\psi - \alpha^2\,\beta_3\,A_a\,A_b\,S_{(3)}{}^b\,\psi,$$

$$\Gamma_5{}^5{}_5 = \{{}^5_{5\,5}\} + C_{55}{}^5 \tag{65}$$

$$= \tfrac{1}{2}(\partial_5\psi)\,\psi^{-1} + \tfrac{1}{2}\alpha\,(\partial_a\psi)\,A^a - \tfrac{1}{2}\alpha^2\,(\partial_5\psi)\,\eta - \alpha^2\,(\partial_5 A_a)\,A^a\,\psi - 2\,\alpha^2\,\beta_2\,A_a\,A_b\,S_{(2)}{}^{ab}\,\psi - 2\,\alpha\,\beta_3\,A_a\,S_{(3)}{}^a\,\psi.$$

9. THE 5-DIMENSIONAL RIEMANN-CHRISTOFFEL CURVATURE TENSOR $R_{\alpha\beta\gamma}{}^\delta$

The sixteen parts of the 5-dimensional Riemann-Christoffel curvature tensor $R_{\alpha\beta\gamma}{}^\delta$, where

$$R_{\alpha\beta\gamma}{}^\delta = \partial_\alpha\,\Gamma_\beta{}^\delta{}_\gamma - \partial_\beta\,\Gamma_\alpha{}^\delta{}_\gamma + \Gamma_\alpha{}^\delta{}_\varepsilon\,\Gamma_\beta{}^\varepsilon{}_\gamma - \Gamma_\beta{}^\delta{}_\varepsilon\,\Gamma_\alpha{}^\varepsilon{}_\gamma \tag{66}$$

are given by

$$R_{abc}{}^d = \tag{67}$$

$$= \partial_a\,\Gamma_b{}^d{}_c - \partial_b\,\Gamma_a{}^d{}_c - \Gamma_a{}^e{}_c\,\Gamma_b{}^d{}_e - \Gamma_a{}^5{}_c\,\Gamma_b{}^d{}_5 + \Gamma_a{}^d{}_e\,\Gamma_b{}^e{}_c + \Gamma_a{}^d{}_5\,\Gamma_b{}^5{}_c$$

$$= \partial_a\,{}^{(4)}\{{}^d_{b\,c}\} + \beta_0\,\partial_a S_{(0)bc}{}^d - \partial_b\,{}^{(4)}\{{}^d_{a\,c}\} - \beta_0\,\partial_b S_{(0)ac}{}^d - \tfrac{1}{4}\alpha^2\,(\partial_5 g_{bc})\,(\partial_5\psi)\,A_a\,A^d\,\psi^{-1} + \tfrac{1}{4}\alpha^2\,(\partial_5 g_{ac})\,(\partial_5\psi)\,A_b\,A^d\,\psi^{-1} +$$

$$+ \tfrac{1}{4}\alpha^3\,(\partial_b\psi)\,(\partial_5\psi)\,A_a\,A_c\,A^d\,\psi^{-1} - \tfrac{1}{4}\alpha^3\,(\partial_a\psi)\,(\partial_5\psi)\,A_b\,A_c\,A^d\,\psi^{-1} + \tfrac{1}{2}\alpha^2\,\beta_2\,(\partial_5\psi)\,A_b\,A^d\,S_{(2)ac}\,\psi^{-1} - \tfrac{1}{2}\beta_2\,(\partial_5 g_{bc})\,S_{(2)a}{}^d\,\psi^{-1} +$$

$$+ \tfrac{1}{2}\alpha\,\beta_2\,(\partial_c\psi)\,A_b\,S_{(2)a}{}^d\,\psi^{-1} + \tfrac{1}{2}\alpha\,\beta_2\,(\partial_b\psi)\,A_c\,S_{(2)a}{}^d\,\psi^{-1} - \tfrac{1}{2}\alpha^2\,\beta_2\,(\partial_5\psi)\,A_b\,A_c\,S_{(2)a}{}^d\,\psi^{-1} - \tfrac{1}{2}\alpha^2\,\beta_2\,(\partial_5\psi)\,A_a\,A^d\,S_{(2)bc}\,\psi^{-1} -$$

$$- \beta_2{}^2\,S_{(2)a}{}^d\,S_{(2)bc}\,\psi^{-1} + \tfrac{1}{2}\beta_2\,(\partial_5 g_{ac})\,S_{(2)b}{}^d\,\psi^{-1} - \tfrac{1}{2}\alpha\,\beta_2\,(\partial_c\psi)\,A_a\,S_{(2)b}{}^d\,\psi^{-1} - \tfrac{1}{2}\alpha\,\beta_2\,(\partial_a\psi)\,A_c\,S_{(2)b}{}^d\,\psi^{-1} +$$

$$+ \tfrac{1}{2}\alpha^2\,\beta_2\,(\partial_5\psi)\,A_a\,A_c\,S_{(2)b}{}^d\,\psi^{-1} + \beta_2{}^2\,S_{(2)ac}\,S_{(2)b}{}^d\,\psi^{-1} + \tfrac{1}{2}\alpha^2\,\beta_2\,(\partial_5\psi)\,A_b\,A^d\,S_{(2)ca}\,\psi^{-1} + \beta_2{}^2\,S_{(2)b}{}^d\,S_{(2)ca}\,\psi^{-1} -$$

$$- \tfrac{1}{2}\alpha^2\,\beta_2\,(\partial_5\psi)\,A_a\,A^d\,S_{(2)cb}\,\psi^{-1} - \beta_2{}^2\,S_{(2)a}{}^d\,S_{(2)cb}\,\psi^{-1} - \tfrac{1}{2}\beta_2\,(\partial_5 g_{bc})\,S_{(2)}{}^d{}_a\,\psi^{-1} + \tfrac{1}{2}\alpha\,\beta_2\,(\partial_c\psi)\,A_b\,S_{(2)}{}^d{}_a\,\psi^{-1} +$$

$$+ \tfrac{1}{2}\alpha\,\beta_2\,(\partial_b\psi)\,A_c\,S_{(2)}{}^d{}_a\,\psi^{-1} - \tfrac{1}{2}\alpha^2\,\beta_2\,(\partial_5\psi)\,A_b\,A_c\,S_{(2)}{}^d{}_a\,\psi^{-1} - \beta_2{}^2\,S_{(2)bc}\,S_{(2)}{}^d{}_a\,\psi^{-1} - \beta_2{}^2\,S_{(2)cb}\,S_{(2)}{}^d{}_a\,\psi^{-1} +$$

$$+ \tfrac{1}{2}\beta_2\,(\partial_5 g_{ac})\,S_{(2)}{}^d{}_b\,\psi^{-1} - \tfrac{1}{2}\alpha\,\beta_2\,(\partial_c\psi)\,A_a\,S_{(2)}{}^d{}_b\,\psi^{-1} - \tfrac{1}{2}\alpha\,\beta_2\,(\partial_a\psi)\,A_c\,S_{(2)}{}^d{}_b\,\psi^{-1} + \tfrac{1}{2}\alpha^2\,\beta_2\,(\partial_5\psi)\,A_a\,A_c\,S_{(2)}{}^d{}_b\,\psi^{-1} +$$

$$+ \beta_2{}^2\,S_{(2)ac}\,S_{(2)}{}^d{}_b\,\psi^{-1} + \beta_2{}^2\,S_{(2)ca}\,S_{(2)}{}^d{}_b\,\psi^{-1} - \tfrac{1}{4}(\partial_5 g_{ae})\,(\partial_5 g_{bc})\,g^{de}\,\psi^{-1} + \tfrac{1}{4}(\partial_5 g_{ac})\,(\partial_5 g_{be})\,g^{de}\,\psi^{-1} +$$

$$+ \tfrac{1}{4}\alpha\,(\partial_e\psi)\,(\partial_5 g_{bc})\,A_a\,g^{de}\,\psi^{-1} - \tfrac{1}{4}\alpha\,(\partial_c\psi)\,(\partial_5 g_{be})\,A_a\,g^{de}\,\psi^{-1} - \tfrac{1}{4}\alpha\,(\partial_e\psi)\,(\partial_5 g_{ac})\,A_b\,g^{de}\,\psi^{-1} + \tfrac{1}{4}\alpha\,(\partial_c\psi)\,(\partial_5 g_{ae})\,A_b\,g^{de}\,\psi^{-1} +$$

$$+ \tfrac{1}{4}\alpha\,(\partial_b\psi)\,(\partial_5 g_{ae})\,A_c\,g^{de}\,\psi^{-1} - \tfrac{1}{4}\alpha\,(\partial_a\psi)\,(\partial_5 g_{be})\,A_c\,g^{de}\,\psi^{-1} - \tfrac{1}{4}\alpha^2\,(\partial_b\psi)\,(\partial_e\psi)\,A_a\,A_c\,g^{de}\,\psi^{-1} + \tfrac{1}{4}\alpha^2\,(\partial_5 g_{be})\,(\partial_5\psi)\,A_a\,A_c\,g^{de}\,\psi^{-1} +$$

$$+ \tfrac{1}{4}\alpha^2\,(\partial_a\psi)\,(\partial_e\psi)\,A_b\,A_c\,g^{de}\,\psi^{-1} - \tfrac{1}{4}\alpha^2\,(\partial_5 g_{ae})\,(\partial_5\psi)\,A_b\,A_c\,g^{de}\,\psi^{-1} + \tfrac{1}{2}\beta_2\,(\partial_5 g_{be})\,S_{(2)ac}\,g^{de}\,\psi^{-1} -$$

$$- \tfrac{1}{2}\alpha\,\beta_2\,(\partial_e\psi)\,A_b\,S_{(2)ac}\,g^{de}\,\psi^{-1} - \tfrac{1}{2}\alpha\,\beta_2\,(\partial_5 g_{ae})\,S_{(2)bc}\,g^{de}\,\psi^{-1} + \tfrac{1}{2}\alpha\,\beta_2\,(\partial_e\psi)\,A_a\,S_{(2)bc}\,g^{de}\,\psi^{-1} +$$

$$+ \tfrac{1}{2}\beta_2\,(\partial_5 g_{be})\,S_{(2)ca}\,g^{de}\,\psi^{-1} - \tfrac{1}{2}\alpha\,\beta_2\,(\partial_e\psi)\,A_b\,S_{(2)ca}\,g^{de}\,\psi^{-1} - \tfrac{1}{2}\beta_2\,(\partial_5 g_{ae})\,S_{(2)cb}\,g^{de}\,\psi^{-1} +$$

$$+ \tfrac{1}{2}\alpha\,\beta_2\,(\partial_e\psi)\,A_a\,S_{(2)cb}\,g^{de}\,\psi^{-1} + \tfrac{1}{4}\alpha^6\,(\partial_5 A_b)\,(\partial_5 A_e)\,A_a\,A_c\,A^d\,A^e\,\psi^2 - \tfrac{1}{4}\alpha^6\,(\partial_5 A_a)\,(\partial_5 A_e)\,A_b\,A_c\,A^d\,A^e\,\psi^2 -$$

$$- \tfrac{1}{4}\alpha^5\,(\partial_5 A_e)\,A_b\,A_c\,A^d\,F_a{}^e\,\psi^2 + \tfrac{1}{4}\alpha^5\,(\partial_5 A_e)\,A_a\,A_c\,A^d\,F_b{}^e\,\psi^2 - \tfrac{1}{4}\alpha^5\,(\partial_5 A_b)\,A_a\,A_c\,A_e\,F^{de}\,\psi^2 + \tfrac{1}{4}\alpha^5\,(\partial_5 A_a)\,A_b\,A_c\,A_e\,F^{de}\,\psi^2 +$$

$$+ \tfrac{1}{4}\alpha^4\,A_b\,A_c\,F_{ae}\,F^{de}\,\psi^2 - \tfrac{1}{4}\alpha^4\,A_a\,A_c\,F_{be}\,F^{de}\,\psi^2 - \tfrac{1}{2}\alpha^4\,\beta_0\,A_b\,A_c\,A_e\,F^{df}\,S_{(0)af}{}^e\,\psi^2 + \tfrac{1}{2}\alpha^5\,\beta_0\,(\partial_5 A_e)\,A_b\,A_c\,A_f\,A^d\,S_{(0)a}{}^{ef}\,\psi^2 +$$

$$+ \tfrac{1}{2}\alpha^4\,\beta_0\,A_a\,A_c\,A_e\,F^{df}\,S_{(0)bf}{}^e\,\psi^2 - \tfrac{1}{2}\alpha^5\,\beta_0\,(\partial_5 A_e)\,A_a\,A_c\,A_f\,A^d\,S_{(0)b}{}^{ef}\,\psi^2 - \tfrac{1}{2}\alpha^4\,\beta_0\,A_b\,A_c\,A_e\,F_a{}^f\,S_{(0)}{}^{de}{}_f\,\psi^2 +$$

$$+ \tfrac{1}{2} \alpha^4 \beta_0 A_a A_c A_e F_b{}^f S_{(0)f}{}^{de} \psi^2 + \tfrac{1}{2} \alpha^5 \beta_0 (\partial_5 A_b) A_a A_c A_e A_f S_{(0)}{}^{def} \psi^2 - \tfrac{1}{2} \alpha^5 \beta_0 (\partial_5 A_a) A_b A_c A_e A_f S_{(0)}{}^{def} \psi^2 +$$

$$+ \alpha^4 \beta_0{}^2 A_b A_c A_e A_f S_{(0)ag}{}^e S_{(0)}{}^{dgf} \psi^2 - \alpha^4 \beta_0{}^2 A_a A_c A_e A_f S_{(0)bg}{}^e S_{(0)}{}^{dgf} \psi^2 + \tfrac{1}{2} \alpha^4 \beta_1 (\partial_5 A_e) A_b A_c A^d S_{(1)a}{}^e \psi^2 -$$

$$- \tfrac{1}{2} \alpha^3 \beta_1 A_b A_c F^d{}_e S_{(1)a}{}^e \psi^2 + \alpha^3 \beta_0 \beta_1 A_b A_c A_e S_{(0)f}{}^{de} S_{(1)a}{}^f \psi^2 - \tfrac{1}{2} \alpha^4 \beta_1 (\partial_5 A_e) A_a A_c A^d S_{(1)b}{}^e \psi^2 +$$

$$+ \tfrac{1}{2} \alpha^3 \beta_1 A_a A_c F^d{}_e S_{(1)b}{}^e \psi^2 - \alpha^3 \beta_0 \beta_1 A_a A_c A_e S_{(0)f}{}^{de} S_{(1)b}{}^f \psi^2 + \tfrac{1}{2} \alpha^4 \beta_1 (\partial_5 A_b) A_a A_c A_e S_{(1)}{}^{de} \psi^2 -$$

$$- \tfrac{1}{2} \alpha^4 \beta_1 (\partial_5 A_a) A_b A_c A_e S_{(1)}{}^{de} \psi^2 - \tfrac{1}{2} \alpha^3 \beta_1 A_b A_c F_{ae} S_{(1)}{}^{de} \psi^2 + \tfrac{1}{2} \alpha^3 \beta_1 A_a A_c F_{be} S_{(1)}{}^{de} \psi^2 + \alpha^2 \beta_1{}^2 A_b A_c S_{(1)ae} S_{(1)}{}^{de} \psi^2 -$$

$$- \alpha^2 \beta_1{}^2 A_a A_c S_{(1)be} S_{(1)}{}^{de} \psi^2 + \alpha^3 \beta_0 \beta_1 A_b A_c A_e S_{(0)af}{} S_{(1)}{}^{df} \psi^2 - \alpha^3 \beta_0 \beta_1 A_a A_c A_e S_{(0)bf}{}^e S_{(1)}{}^{df} \psi^2 -$$

$$- \tfrac{1}{2} \alpha^6 \beta_2 (\partial_5 A_e) A_b A_c A_f A^d A^e S_{(2)a}{}^f \psi^2 + \tfrac{1}{2} \alpha^5 \beta_2 A_b A_c A_e A_f F^{de} S_{(2)a}{}^f \psi^2 - \alpha^4 \beta_1 \beta_2 A_b A_c A_e A_f S_{(1)}{}^{de} S_{(2)a}{}^f \psi^2 -$$

$$- \alpha^5 \beta_0 \beta_2 A_b A_c A_e A_f A_g S_{(0)}{}^{def} S_{(2)a}{}^g \psi^2 + \tfrac{1}{2} \alpha^6 \beta_2 (\partial_5 A_e) A_a A_c A_f A^d A^e S_{(2)b}{}^f \psi^2 - \tfrac{1}{2} \alpha^5 \beta_2 A_a A_c A_e A_f F^{de} S_{(2)b}{}^f \psi^2 +$$

$$+ \alpha^4 \beta_1 \beta_2 A_a A_c A_e A_f S_{(1)}{}^{de} S_{(2)b}{}^f \psi^2 + \alpha^5 \beta_0 \beta_2 A_a A_c A_e A_f A_g S_{(0)}{}^{def} S_{(2)b}{}^g \psi^2 - \tfrac{1}{2} \alpha^6 \beta_2 (\partial_5 A_b) A_a A_c A_e \eta S_{(2)}{}^{de} \psi^2 +$$

$$+ \tfrac{1}{2} \alpha^6 \beta_2 (\partial_5 A_a) A_b A_c A_e \eta S_{(2)}{}^{de} \psi^2 + \tfrac{1}{2} \alpha^5 \beta_2 A_b A_c A_e A_f F_a{}^e S_{(2)}{}^{df} \psi^2 - \tfrac{1}{2} \alpha^5 \beta_2 A_a A_c A_e A_f F_b{}^e S_{(2)}{}^{df} \psi^2 -$$

$$- \alpha^4 \beta_1 \beta_2 A_b A_c A_e A_f S_{(1)a}{}^e S_{(2)}{}^{df} \psi^2 + \alpha^4 \beta_1 \beta_2 A_a A_c A_e A_f S_{(1)b}{}^e S_{(2)}{}^{df} \psi^2 + \alpha^6 \beta_2{}^2 A_b A_c A_e A_f \eta S_{(2)a}{}^e S_{(2)}{}^{df} \psi^2 -$$

$$- \alpha^6 \beta_2{}^2 A_a A_c A_e A_f \eta S_{(2)b}{}^e S_{(2)}{}^{df} \psi^2 - \alpha^5 \beta_0 \beta_2 A_b A_c A_e A_f A_g S_{(0)a}{}^{ef} S_{(2)}{}^{dg} \psi^2 + \alpha^5 \beta_0 \beta_2 A_a A_c A_e A_f A_g S_{(0)b}{}^{ef} S_{(2)}{}^{dg} \psi^2 +$$

$$+ \tfrac{1}{2} \alpha^6 \beta_2 (\partial_5 A_b) A_a A_c A_e A_f A^d S_{(2)}{}^{ef} \psi^2 - \tfrac{1}{2} \alpha^6 \beta_2 (\partial_5 A_a) A_b A_c A_e A_f A^d S_{(2)}{}^{ef} \psi^2 - \tfrac{1}{2} \alpha^5 \beta_2 A_b A_c A_e A^d F_{af} S_{(2)}{}^{fe} \psi^2 +$$

$$+ \tfrac{1}{2} \alpha^5 \beta_2 A_a A_c A_e A^d F_{bf} S_{(2)}{}^{fe} \psi^2 + \alpha^4 \beta_1 \beta_2 A_b A_c A_e A^d S_{(1)af} S_{(2)}{}^{fe} \psi^2 - \alpha^4 \beta_1 \beta_2 A_a A_c A_e A^d S_{(1)bf} S_{(2)}{}^{fe} \psi^2 -$$

$$- \alpha^6 \beta_2{}^2 A_b A_c A_e A_f A_g A^d S_{(2)a}{}^e S_{(2)}{}^{fg} \psi^2 + \alpha^6 \beta_2{}^2 A_a A_c A_e A_f A_g A^d S_{(2)b}{}^e S_{(2)}{}^{fg} \psi^2 +$$

$$+ \alpha^5 \beta_0 \beta_2 A_b A_c A_e A_f A^d S_{(0)ag}{}^e S_{(2)}{}^{gf} \psi^2 - \alpha^5 \beta_0 \beta_2 A_a A_c A_e A_f A^d S_{(0)bg}{}^e S_{(2)}{}^{gf} \psi^2 - \tfrac{1}{2} \alpha^5 \beta_3 (\partial_5 A_e) A_b A_c A^d A^e S_{(3)a} \psi^2 +$$

$$+ \tfrac{1}{2} \alpha^4 \beta_3 A_b A_c A_e F^{de} S_{(3)a} \psi^2 - \alpha^4 \beta_0 \beta_3 A_b A_c A_e A_f S_{(0)}{}^{def} S_{(3)a} \psi^2 - \alpha^3 \beta_1 \beta_3 A_b A_c A_e S_{(1)}{}^{de} S_{(3)a} \psi^2 +$$

$$+ \alpha^5 \beta_2 \beta_3 A_b A_c A_e \eta S_{(2)}{}^{de} S_{(3)a} \psi^2 - \alpha^5 \beta_2 \beta_3 A_b A_c A_e A_f A^d S_{(2)}{}^{ef} S_{(3)a} \psi^2 + \tfrac{1}{2} \alpha^5 \beta_3 (\partial_5 A_e) A_a A_c A^d A^e S_{(3)b} \psi^2 -$$

$$- \tfrac{1}{2} \alpha^4 \beta_3 A_a A_c A_e F^{de} S_{(3)b} \psi^2 + \alpha^4 \beta_0 \beta_3 A_a A_c A_e A_f S_{(0)}{}^{def} S_{(3)b} \psi^2 + \alpha^3 \beta_1 \beta_3 A_a A_c A_e S_{(1)}{}^{de} S_{(3)b} \psi^2 -$$

$$- \alpha^5 \beta_2 \beta_3 A_a A_c A_e \eta S_{(2)}{}^{de} S_{(3)b} \psi^2 + \alpha^5 \beta_2 \beta_3 A_a A_c A_e A_f A^d S_{(2)}{}^{ef} S_{(3)b} \psi^2 - \tfrac{1}{2} \alpha^5 \beta_3 (\partial_5 A_b) A_a A_c \eta S_{(3)}{}^d \psi^2 +$$

$$+ \tfrac{1}{2} \alpha^5 \beta_3 (\partial_5 A_a) A_b A_c \eta S_{(3)}{}^d \psi^2 + \tfrac{1}{2} \alpha^4 \beta_3 A_b A_c A_e F_a{}^e S_{(3)}{}^d \psi^2 - \tfrac{1}{2} \alpha^4 \beta_3 A_a A_c A_e F_b{}^e S_{(3)}{}^d \psi^2 -$$

$$- \alpha^4 \beta_0 \beta_3 A_b A_c A_e A_f S_{(0)a}{}^{ef} S_{(3)}{}^d \psi^2 + \alpha^4 \beta_0 \beta_3 A_a A_c A_e A_f S_{(0)b}{}^{ef} S_{(3)}{}^d \psi^2 - \alpha^3 \beta_1 \beta_3 A_b A_c A_e S_{(1)a}{}^e S_{(3)}{}^d \psi^2 +$$

$$+ \alpha^3 \beta_1 \beta_3 A_a A_c A_e S_{(1)b}{}^e S_{(3)}{}^d \psi^2 + \alpha^5 \beta_2 \beta_3 A_b A_c A_e \eta S_{(2)a}{}^e S_{(3)}{}^d \psi^2 - \alpha^5 \beta_2 \beta_3 A_a A_c A_e \eta S_{(2)b}{}^e S_{(3)}{}^d \psi^2 +$$

$$+ \alpha^4 \beta_3{}^2 A_b A_c \eta S_{(3)a} S_{(3)}{}^d \psi^2 - \alpha^4 \beta_3{}^2 A_a A_c \eta S_{(3)b} S_{(3)}{}^d \psi^2 + \tfrac{1}{2} \alpha^5 \beta_3 (\partial_5 A_b) A_a A_c A_e A^d S_{(3)}{}^e \psi^2 -$$

$$- \tfrac{1}{2} \alpha^5 \beta_3 (\partial_5 A_a) A_b A_c A_e A^d S_{(3)}{}^e \psi^2 - \tfrac{1}{2} \alpha^4 \beta_3 A_b A_c A^d F_{ae} S_{(3)}{}^e \psi^2 + \tfrac{1}{2} \alpha^4 \beta_3 A_a A_c A^d F_{be} S_{(3)}{}^e \psi^2 + \alpha^3 \beta_1 \beta_3 A_b A_c A^d S_{(1)ae} S_{(3)}{}^e \psi^2 -$$

$$- \alpha^3 \beta_1 \beta_3 A_a A_c A^d S_{(1)be} S_{(3)}{}^e \psi^2 - \alpha^4 \beta_3{}^2 A_b A_c A_e A^d S_{(3)a} S_{(3)}{}^e \psi^2 + \alpha^4 \beta_3{}^2 A_a A_c A_e A^d S_{(3)b} S_{(3)}{}^e \psi^2 +$$

$$+ \alpha^4 \beta_0 \beta_3 A_b A_c A_e A^d S_{(0)af}{}^e S_{(3)}{}^f \psi^2 - \alpha^4 \beta_0 \beta_3 A_a A_c A_e A^d S_{(0)bf}{}^e S_{(3)}{}^f \psi^2 - \alpha^5 \beta_2 \beta_3 A_b A_c A_e A_f A^d S_{(2)a}{}^e S_{(3)}{}^f \psi^2 +$$

$$+ \alpha^5 \beta_2 \beta_3 A_a A_c A_e A_f A^d S_{(2)b}{}^e S_{(3)}{}^f \psi^2 - \tfrac{1}{4} \alpha^6 (\partial_5 A_b) (\partial_5 A_e) A_a A_c \eta g^{de} \psi^2 + \tfrac{1}{4} \alpha^6 (\partial_5 A_a) (\partial_5 A_e) A_b A_c \eta g^{de} \psi^2 +$$

$$+ \tfrac{1}{4} \alpha^5 (\partial_5 A_e) A_b A_c A_f F_a{}^f g^{de} \psi^2 - \tfrac{1}{4} \alpha^5 (\partial_5 A_e) A_a A_c A_f F_b{}^f g^{de} \psi^2 - \tfrac{1}{2} \alpha^5 \beta_0 (\partial_5 A_e) A_b A_c A_f A_g S_{(0)a}{}^{fg} g^{de} \psi^2 +$$

$$+ \tfrac{1}{2} \alpha^5 \beta_0 (\partial_5 A_e) A_a A_c A_f A_g S_{(0)b}{}^{fg} g^{de} \psi^2 - \tfrac{1}{2} \alpha^4 \beta_1 (\partial_5 A_e) A_b A_c A_f S_{(1)a}{}^f g^{de} \psi^2 + \tfrac{1}{2} \alpha^4 \beta_1 (\partial_5 A_e) A_a A_c A_f S_{(1)b}{}^f g^{de} \psi^2 +$$

$$+ \tfrac{1}{2} \alpha^6 \beta_2 (\partial_5 A_e) A_b A_c A_f \eta S_{(2)a}{}^f g^{de} \psi^2 - \tfrac{1}{2} \alpha^6 \beta_2 (\partial_5 A_e) A_a A_c A_f \eta S_{(2)b}{}^f g^{de} \psi^2 + \tfrac{1}{2} \alpha^5 \beta_3 (\partial_5 A_e) A_b A_c \eta S_{(3)a} g^{de} \psi^2 -$$

$$- \tfrac{1}{2} \alpha^5 \beta_3 (\partial_5 A_e) A_a A_c \eta S_{(3)b} g^{de} \psi^2 + \tfrac{1}{4} \alpha^2 (\partial_5 A_b) (\partial_5 g_{ac}) A^d - \tfrac{1}{4} \alpha^2 (\partial_5 A_a) (\partial_5 g_{bc}) A^d - \tfrac{1}{4} \alpha^3 (\partial_c \psi) (\partial_5 A_b) A_a A^d -$$

$$- \tfrac{1}{2} \alpha^3 (\partial_b \psi) (\partial_5 A_c) A_a A^d + \tfrac{1}{4} \alpha^3 (\partial_c \psi) (\partial_5 A_a) A_b A^d + \tfrac{1}{2} \alpha^3 (\partial_a \psi) (\partial_5 A_c) A_b A^d - \tfrac{1}{4} \alpha^3 (\partial_b \psi) (\partial_5 A_a) A_c A^d + \tfrac{1}{4} \alpha^3 (\partial_a \psi) (\partial_5 A_b) A_c A^d -$$

$$- \tfrac{1}{2} \alpha^3 (\partial_5 \partial_b \psi) A_a A_c A^d + \tfrac{1}{2} \alpha^3 (\partial_5 \partial_a \psi) A_b A_c A^d + \tfrac{1}{4} \alpha^2 (\partial_5 g_{ae}) (\partial_5 g_{bc}) A^d A^e - \tfrac{1}{4} \alpha^2 (\partial_5 g_{ac}) (\partial_5 g_{be}) A^d A^e -$$

$$- \tfrac{1}{4} \alpha^4 (\partial_5 g_{be}) (\partial_5 \psi) A_a A_c A^d A^e + \tfrac{1}{4} \alpha^4 (\partial_5 g_{ae}) (\partial_5 \psi) A_b A_c A^d A^e - {}^{(4)}\{{}^e_{ac}\} {}^{(4)}\{{}^d_{be}\} + {}^{(4)}\{{}^d_{ae}\} {}^{(4)}\{{}^e_{bc}\} + \tfrac{1}{4} \alpha (\partial_5 g_{bc}) U_a{}^d +$$

$$+ \tfrac{1}{4} \alpha^3 (\partial_5 \psi) A_b A_c U_a{}^d - \tfrac{1}{4} \alpha (\partial_5 g_{ac}) U_b{}^d - \tfrac{1}{4} \alpha^3 (\partial_5 \psi) A_a A_c U_b{}^d + \tfrac{1}{2} \alpha^3 (\partial_5 \psi) A_c A^d F_{ab} + \tfrac{1}{4} \alpha^3 (\partial_5 \psi) A_b A^d F_{ac} + \tfrac{1}{4} \alpha^2 (\partial_c \psi) A_b F_a{}^d -$$

$$- \tfrac{1}{2} \alpha^2 (\partial_b \psi) A_c F_a{}^d - \tfrac{1}{4} \alpha^3 (\partial_5 \psi) A_a A^d F_{bc} - \tfrac{1}{4} \alpha^2 (\partial_c \psi) A_a F_b{}^d + \tfrac{1}{4} \alpha^2 (\partial_a \psi) A_c F_b{}^d - \tfrac{1}{2} \alpha^2 (\partial_b \psi) A_a F_c{}^d + \tfrac{1}{2} \alpha^2 (\partial_a \psi) A_b F_c{}^d -$$

$$-\tfrac{1}{2}\alpha\beta_0 (\partial_5 g_{be}) A^d S_{(0)ac}{}^e - \tfrac{1}{2}\alpha^3 \beta_0 (\partial_5 \psi) A_b A_e A^d S_{(0)ac}{}^e - \beta_0{}^{(4)}\{{}^d_{b\;e}\} S_{(0)ac}{}^e + \beta_0{}^{(4)}\{{}^e_{b\;c}\} S_{(0)ae}{}^d +$$

$$+ \tfrac{1}{2}\alpha^2 \beta_0 (\partial_e \psi) A_b A_c S_{(0)a}{}^{de} - \tfrac{1}{2}\alpha^2 \beta_0 (\partial_c \psi) A_b A_e S_{(0)a}{}^{de} + \tfrac{1}{2}\alpha^2 \beta_0 (\partial_b \psi) A_c A_e S_{(0)a}{}^{de} + \tfrac{1}{2}\alpha\beta_0 (\partial_5 g_{be}) A^d S_{(0)a}{}^e{}_c -$$

$$- \tfrac{1}{2}\alpha^2 \beta_0 (\partial_e \psi) A_b A_c S_{(0)a}{}^{ed} + \tfrac{1}{2}\alpha\beta_0 (\partial_5 g_{bc}) A_e S_{(0)a}{}^{ed} + \tfrac{1}{2}\alpha^3 \beta_0 (\partial_5 \psi) A_b A_c A_e S_{(0)a}{}^{ed} + \tfrac{1}{2}\alpha\beta_0 (\partial_5 g_{ae}) A^d S_{(0)bc}{}^e +$$

$$+ \tfrac{1}{2}\alpha^3 \beta_0 (\partial_5 \psi) A_a A_e A^d S_{(0)bc}{}^e + \beta_0{}^{(4)}\{{}^d_{a\;e}\} S_{(0)bc}{}^e + \beta_0^2 S_{(0)ae}{}^d S_{(0)bc}{}^e - \beta_0^2 S_{(0)a}{}^d{}_e S_{(0)bc}{}^e + \beta_0^2 S_{(0)a}{}^{de} S_{(0)bec} -$$

$$- \beta_0{}^{(4)}\{{}^e_{a\;c}\} S_{(0)be}{}^d - \beta_0^2 S_{(0)ac}{}^e S_{(0)be}{}^d - \tfrac{1}{2}\alpha^2 \beta_0 (\partial_e \psi) A_a A_c S_{(0)b}{}^{de} + \tfrac{1}{2}\alpha^2 \beta_0 (\partial_c \psi) A_a A_e S_{(0)b}{}^{de} -$$

$$- \tfrac{1}{2}\alpha^2 \beta_0 (\partial_a \psi) A_c A_e S_{(0)b}{}^{de} + \beta_0^2 S_{(0)ace} S_{(0)b}{}^{de} - \beta_0^2 S_{(0)aec} S_{(0)b}{}^{de} - \tfrac{1}{2}\alpha\beta_0 (\partial_5 g_{ae}) A^d S_{(0)b}{}^e{}_c -$$

$$- \beta_0^2 S_{(0)ae}{}^d S_{(0)b}{}^e{}_c + \tfrac{1}{2}\alpha^2 \beta_0 (\partial_e \psi) A_a A_c S_{(0)b}{}^{ed} - \tfrac{1}{2}\alpha\beta_0 (\partial_5 g_{ac}) A_e S_{(0)b}{}^{ed} - \tfrac{1}{2}\alpha^3 \beta_0 (\partial_5 \psi) A_a A_c A_e S_{(0)b}{}^{ed} +$$

$$+ \beta_0^2 S_{(0)aec} S_{(0)b}{}^{ed} - \beta_0^2 S_{(0)b}{}^{de} S_{(0)cea} + \beta_0^2 S_{(0)a}{}^{de} S_{(0)ceb} + \alpha^2 \beta_0 (\partial_b \psi) A_a A_e S_{(0)c}{}^{de} - \alpha^2 \beta_0 (\partial_a \psi) A_b A_e S_{(0)c}{}^{de} +$$

$$+ \tfrac{1}{2}\alpha\beta_0 (\partial_5 g_{be}) A^d S_{(0)c}{}^e{}_a + \beta_0^2 S_{(0)be}{}^d S_{(0)c}{}^e{}_a - \tfrac{1}{2}\alpha\beta_0 (\partial_5 g_{ae}) A^d S_{(0)c}{}^e{}_b - \beta_0^2 S_{(0)ae}{}^d S_{(0)c}{}^e{}_b + \beta_0{}^{(4)}\{{}^e_{b\;c}\} S_{(0)}{}^d{}_{ea} +$$

$$+ \beta_0^2 S_{(0)bc}{}^e S_{(0)}{}^d{}_{ea} - \beta_0{}^{(4)}\{{}^e_{a\;c}\} S_{(0)}{}^d{}_{eb} - \beta_0^2 S_{(0)ac}{}^e S_{(0)}{}^d{}_{eb} - \tfrac{1}{2}\alpha^2 \beta_0 (\partial_e \psi) A_b A_c S_{(0)}{}^{de}{}_a +$$

$$+ \tfrac{1}{2}\alpha\beta_0 (\partial_5 g_{bc}) A_e S_{(0)}{}^{de}{}_a + \tfrac{1}{2}\alpha^3 \beta_0 (\partial_5 \psi) A_b A_c A_e S_{(0)}{}^{de}{}_a - \beta_0^2 S_{(0)bec} S_{(0)}{}^{de}{}_a - \beta_0^2 S_{(0)ceb} S_{(0)}{}^{de}{}_a +$$

$$+ \tfrac{1}{2}\alpha^2 \beta_0 (\partial_e \psi) A_a A_c S_{(0)}{}^{de}{}_b - \tfrac{1}{2}\alpha\beta_0 (\partial_5 g_{ac}) A_e S_{(0)}{}^{de}{}_b - \tfrac{1}{2}\alpha^3 \beta_0 (\partial_5 \psi) A_a A_c A_e S_{(0)}{}^{de}{}_b + \beta_0^2 S_{(0)aec} S_{(0)}{}^{de}{}_b +$$

$$+ \beta_0^2 S_{(0)cea} S_{(0)}{}^{de}{}_b - \tfrac{1}{2}\alpha^2 \beta_1 (\partial_5 \psi) A_b A^d S_{(1)ac} + \tfrac{1}{2}\beta_1 (\partial_5 g_{bc}) S_{(1)a}{}^d - \tfrac{1}{2}\alpha\beta_1 (\partial_c \psi) A_b S_{(1)a}{}^d + \tfrac{1}{2}\alpha\beta_1 (\partial_b \psi) A_c S_{(1)a}{}^d +$$

$$+ \tfrac{1}{2}\alpha^2 \beta_1 (\partial_5 \psi) A_b A_c S_{(1)a}{}^d + \tfrac{1}{2}\alpha^2 \beta_1 (\partial_5 \psi) A_a A^d S_{(1)bc} - \tfrac{1}{2}\beta_1 (\partial_5 g_{ac}) S_{(1)b}{}^d + \tfrac{1}{2}\alpha\beta_1 (\partial_c \psi) A_a S_{(1)b}{}^d - \tfrac{1}{2}\alpha\beta_1 (\partial_a \psi) A_c S_{(1)b}{}^d -$$

$$- \tfrac{1}{2}\alpha^2 \beta_1 (\partial_5 \psi) A_a A_c S_{(1)b}{}^d + \alpha\beta_1 (\partial_b \psi) A_a S_{(1)c}{}^d - \alpha\beta_1 (\partial_a \psi) A_b S_{(1)c}{}^d + \tfrac{1}{2}\alpha^2 \beta_2 (\partial_5 A_b) A^d S_{(2)ac} - \tfrac{1}{2}\alpha^2 \beta_2 (\partial_5 g_{be}) A^d A^e S_{(2)ac} -$$

$$- \tfrac{1}{2}\alpha\beta_2 U_b{}^d S_{(2)ac} - \alpha\beta_0 \beta_2 A_e S_{(0)b}{}^{ed} S_{(2)ac} - \alpha\beta_0 \beta_2 A_e S_{(0)}{}^{de}{}_b S_{(2)ac} - \beta_1 \beta_2 S_{(1)b}{}^d S_{(2)ac} - \tfrac{1}{2}\alpha^2 \beta_2 (\partial_5 A_c) A_b S_{(2)a}{}^d -$$

$$- \tfrac{1}{2}\alpha^2 \beta_2 (\partial_5 A_b) A_c S_{(2)a}{}^d + \tfrac{1}{2}\alpha^3 \beta_2 (\partial_e \psi) A_b A_c A^e S_{(2)a}{}^d - \tfrac{1}{2}\alpha^2 \beta_2 (\partial_5 g_{bc}) \eta S_{(2)a}{}^d - \tfrac{1}{2}\alpha^4 \beta_2 (\partial_5 \psi) A_b A_c \eta S_{(2)a}{}^d -$$

$$- \alpha\beta_2 A_e {}^{(4)}\{{}^e_{b\;c}\} S_{(2)a}{}^d + \tfrac{1}{2}\alpha\beta_2 U_{bc} S_{(2)a}{}^d + \alpha\beta_0 \beta_2 A_e S_{(0)b}{}^e{}_c S_{(2)a}{}^d + \alpha\beta_0 \beta_2 A_e S_{(0)c}{}^e{}_b S_{(2)a}{}^d + \beta_1 \beta_2 S_{(1)bc} S_{(2)a}{}^d -$$

$$- \tfrac{1}{2}\alpha^3 \beta_2 (\partial_e \psi) A_b A_c A^d S_{(2)a}{}^e + \tfrac{1}{2}\alpha^3 \beta_2 (\partial_c \psi) A_b A_e A^d S_{(2)a}{}^e - \tfrac{1}{2}\alpha^3 \beta_2 (\partial_b \psi) A_c A_e A^d S_{(2)a}{}^e + \tfrac{1}{2}\alpha^4 \beta_2 (\partial_5 \psi) A_b A_c A_e A^d S_{(2)a}{}^e +$$

$$+ \alpha\beta_0 \beta_2 A^d S_{(0)bce} S_{(2)a}{}^e - \alpha\beta_0 \beta_2 A^d S_{(0)bec} S_{(2)a}{}^e - \alpha\beta_0 \beta_2 A^d S_{(0)ceb} S_{(2)a}{}^e - \tfrac{1}{2}\alpha^2 \beta_2 (\partial_5 A_a) A^d S_{(2)bc} +$$

$$+ \tfrac{1}{2}\alpha^2 \beta_2 (\partial_5 g_{ae}) A^d A^e S_{(2)bc} + \tfrac{1}{2}\alpha\beta_2 U_a{}^d S_{(2)bc} + \alpha\beta_0 \beta_2 A_e S_{(0)a}{}^{ed} S_{(2)bc} + \alpha\beta_0 \beta_2 A_e S_{(0)}{}^{de}{}_a S_{(2)bc} + \beta_1 \beta_2 S_{(1)a}{}^d S_{(2)bc} -$$

$$- \alpha^2 \beta_2^2 \eta S_{(2)a}{}^d S_{(2)bc} + \tfrac{1}{2}\alpha^2 \beta_2 (\partial_5 A_c) A_a S_{(2)b}{}^d + \tfrac{1}{2}\alpha^2 \beta_2 (\partial_5 A_a) A_c S_{(2)b}{}^d - \tfrac{1}{2}\alpha^3 \beta_2 (\partial_e \psi) A_a A_c A^e S_{(2)b}{}^d +$$

$$+ \tfrac{1}{2}\alpha^2 \beta_2 (\partial_5 g_{ac}) \eta S_{(2)b}{}^d + \tfrac{1}{2}\alpha^4 \beta_2 (\partial_5 \psi) A_a A_c \eta S_{(2)b}{}^d + \alpha\beta_2 A_e {}^{(4)}\{{}^e_{a\;c}\} S_{(2)b}{}^d - \tfrac{1}{2}\alpha\beta_2 U_{ac} S_{(2)b}{}^d - \alpha\beta_0 \beta_2 A_e S_{(0)a}{}^e{}_c S_{(2)b}{}^d -$$

$$- \alpha\beta_0 \beta_2 A_e S_{(0)c}{}^e{}_a S_{(2)b}{}^d - \beta_1 \beta_2 S_{(1)ac} S_{(2)b}{}^d + \alpha^2 \beta_2^2 \eta S_{(2)ac} S_{(2)b}{}^d + \alpha^2 \beta_2^2 A_c A_e S_{(2)a}{}^e S_{(2)b}{}^d +$$

$$+ \tfrac{1}{2}\alpha^3 \beta_2 (\partial_e \psi) A_a A_c A^d S_{(2)b}{}^e - \tfrac{1}{2}\alpha^3 \beta_2 (\partial_c \psi) A_a A_e A^d S_{(2)b}{}^e + \tfrac{1}{2}\alpha^3 \beta_2 (\partial_a \psi) A_c A_e A^d S_{(2)b}{}^e - \tfrac{1}{2}\alpha^4 \beta_2 (\partial_5 \psi) A_a A_c A_e A^d S_{(2)b}{}^e -$$

$$- \alpha\beta_0 \beta_2 A^d S_{(0)ace} S_{(2)b}{}^e + \alpha\beta_0 \beta_2 A^d S_{(0)aec} S_{(2)b}{}^e + \alpha\beta_0 \beta_2 A^d S_{(0)cea} S_{(2)b}{}^e - \alpha^2 \beta_2^2 A_c A_e S_{(2)a}{}^d S_{(2)b}{}^e +$$

$$+ \tfrac{1}{2}\alpha^2 \beta_2 (\partial_5 A_b) A^d S_{(2)ca} - \tfrac{1}{2}\alpha^2 \beta_2 (\partial_5 g_{be}) A^d A^e S_{(2)ca} - \tfrac{1}{2}\alpha\beta_2 U_b{}^d S_{(2)ca} - \alpha\beta_0 \beta_2 A_e S_{(0)b}{}^{ed} S_{(2)ca} -$$

$$- \alpha\beta_0 \beta_2 A_e S_{(0)}{}^{de}{}_b S_{(2)ca} - \beta_1 \beta_2 S_{(1)b}{}^d S_{(2)ca} + \alpha^2 \beta_2^2 \eta S_{(2)b}{}^d S_{(2)ca} - \tfrac{1}{2}\alpha^2 \beta_2 (\partial_5 A_a) A^d S_{(2)cb} +$$

$$+ \tfrac{1}{2}\alpha^2 \beta_2 (\partial_5 g_{ae}) A^d A^e S_{(2)cb} + \tfrac{1}{2}\alpha\beta_2 U_a{}^d S_{(2)cb} + \alpha\beta_0 \beta_2 A_e S_{(0)a}{}^{ed} S_{(2)cb} + \alpha\beta_0 \beta_2 A_e S_{(0)}{}^{de}{}_a S_{(2)cb} + \beta_1 \beta_2 S_{(1)a}{}^d S_{(2)cb} -$$

$$- \alpha^2 \beta_2^2 \eta S_{(2)a}{}^d S_{(2)cb} - \alpha^3 \beta_2 (\partial_b \psi) A_a A_e A^d S_{(2)c}{}^e + \alpha^3 \beta_2 (\partial_a \psi) A_b A_e A^d S_{(2)c}{}^e - \alpha^2 \beta_2^2 A_b A_e S_{(2)a}{}^d S_{(2)c}{}^e +$$

$$+ \alpha^2 \beta_2^2 A_a A_e S_{(2)b}{}^d S_{(2)c}{}^e + \alpha\beta_2 A^d{}^{(4)}\{{}^e_{b\;c}\} S_{(2)ea} + \alpha\beta_0 \beta_2 A^d S_{(0)bc}{}^e S_{(2)ea} - \alpha\beta_2 A^d{}^{(4)}\{{}^e_{a\;c}\} S_{(2)eb} -$$

$$- \alpha\beta_0 \beta_2 A^d S_{(0)ac}{}^e S_{(2)eb} - \tfrac{1}{2}\alpha^2 \beta_2 (\partial_5 A_c) A_b S_{(2)}{}^d{}_a - \tfrac{1}{2}\alpha^2 \beta_2 (\partial_5 A_b) A_c S_{(2)}{}^d{}_a + \tfrac{1}{2}\alpha^3 \beta_2 (\partial_e \psi) A_b A_c A^e S_{(2)}{}^d{}_a -$$

$$- \tfrac{1}{2}\alpha^2 \beta_2 (\partial_5 g_{bc}) \eta S_{(2)}{}^d{}_a - \tfrac{1}{2}\alpha^4 \beta_2 (\partial_5 \psi) A_b A_c \eta S_{(2)}{}^d{}_a - \alpha\beta_2 A_e{}^{(4)}\{{}^e_{b\;c}\} S_{(2)}{}^d{}_a + \tfrac{1}{2}\alpha\beta_2 U_{bc} S_{(2)}{}^d{}_a + \alpha\beta_0 \beta_2 A_e S_{(0)b}{}^e{}_c S_{(2)}{}^d{}_a +$$

$$+ \alpha\beta_0 \beta_2 A_e S_{(0)c}{}^e{}_b S_{(2)}{}^d{}_a + \beta_1 \beta_2 S_{(1)bc} S_{(2)}{}^d{}_a - \alpha^2 \beta_2^2 \eta S_{(2)bc} S_{(2)}{}^d{}_a - \alpha^2 \beta_2^2 A_c A_e S_{(2)b}{}^e S_{(2)}{}^d{}_a - \alpha^2 \beta_2^2 \eta S_{(2)cb} S_{(2)}{}^d{}_a -$$

$$- \alpha^2 \beta_2^2 A_b A_e S_{(2)c}{}^e S_{(2)}{}^d{}_a + \tfrac{1}{2}\alpha^2 \beta_2 (\partial_5 A_c) A_a S_{(2)}{}^d{}_b + \tfrac{1}{2}\alpha^2 \beta_2 (\partial_5 A_a) A_c S_{(2)}{}^d{}_b - \tfrac{1}{2}\alpha^3 \beta_2 (\partial_e \psi) A_a A_c A^e S_{(2)}{}^d{}_b +$$

$$+ \tfrac{1}{2}\alpha^2 \beta_2 (\partial_5 g_{ac}) \eta S_{(2)}{}^d{}_b + \tfrac{1}{2}\alpha^4 \beta_2 (\partial_5 \psi) A_a A_c \eta S_{(2)}{}^d{}_b + \alpha\beta_2 A_e{}^{(4)}\{{}^e_{a\;c}\} S_{(2)}{}^d{}_b - \tfrac{1}{2}\alpha\beta_2 U_{ac} S_{(2)}{}^d{}_b - \alpha\beta_0 \beta_2 A_e S_{(0)a}{}^e{}_c S_{(2)}{}^d{}_b -$$

$$- \alpha\beta_0 \beta_2 A_e S_{(0)c}{}^e{}_a S_{(2)}{}^d{}_b - \beta_1 \beta_2 S_{(1)ac} S_{(2)}{}^d{}_b + \alpha^2 \beta_2^2 \eta S_{(2)ac} S_{(2)}{}^d{}_b + \alpha^2 \beta_2^2 A_c A_e S_{(2)a}{}^e S_{(2)}{}^d{}_b + \alpha^2 \beta_2^2 \eta S_{(2)ca} S_{(2)}{}^d{}_b +$$

$$
\begin{aligned}
&+ \alpha^2 \beta_2^2 A_a A_e S_{(2)c}{}^e S_{(2)}{}^d{}_b - \tfrac{1}{2} \alpha^2 \beta_2 (\partial_5 g_{bc}) A_a A_e S_{(2)}{}^{de} + \tfrac{1}{2} \alpha^2 \beta_2 (\partial_5 g_{ac}) A_b A_e S_{(2)}{}^{de} + \tfrac{1}{2} \alpha^3 \beta_2 (\partial_b \psi) A_a A_c A_e S_{(2)}{}^{de} - \\
&- \tfrac{1}{2} \alpha^3 \beta_2 (\partial_a \psi) A_b A_c A_e S_{(2)}{}^{de} + \alpha^2 \beta_2^2 A_b A_e S_{(2)ac} S_{(2)}{}^{de} - \alpha^2 \beta_2^2 A_a A_e S_{(2)bc} S_{(2)}{}^{de} + \alpha^2 \beta_2^2 A_b A_e S_{(2)ca} S_{(2)}{}^{de} - \\
&- \alpha^2 \beta_2^2 A_a A_e S_{(2)cb} S_{(2)}{}^{de} - \tfrac{1}{2} \alpha^3 \beta_2 (\partial_e \psi) A_b A_c A^d S_{(2)}{}^e{}_a + \tfrac{1}{2} \alpha^2 \beta_2 (\partial_5 g_{bc}) A_e A^d S_{(2)}{}^e{}_a + \tfrac{1}{2} \alpha^4 \beta_2 (\partial_5 \psi) A_b A_c A_e A^d S_{(2)}{}^e{}_a - \\
&- \alpha \beta_0 \beta_2 A^d S_{(0)bec} S_{(2)}{}^e{}_a - \alpha \beta_0 \beta_2 A^d S_{(0)ceb} S_{(2)}{}^e{}_a + \alpha^2 \beta_2^2 A_e A^d S_{(2)bc} S_{(2)}{}^e{}_a + \alpha^2 \beta_2^2 A_e A^d S_{(2)cb} S_{(2)}{}^e{}_a + \\
&+ \tfrac{1}{2} \alpha^3 \beta_2 (\partial_e \psi) A_a A_c A^d S_{(2)}{}^e{}_b - \tfrac{1}{2} \alpha^2 \beta_2 (\partial_5 g_{ac}) A_e A^d S_{(2)}{}^e{}_b - \tfrac{1}{2} \alpha^4 \beta_2 (\partial_5 \psi) A_a A_c A_e A^d S_{(2)}{}^e{}_b + \alpha \beta_0 \beta_2 A^d S_{(0)aec} S_{(2)}{}^e{}_b + \\
&+ \alpha \beta_0 \beta_2 A^d S_{(0)cea} S_{(2)}{}^e{}_b - \alpha^2 \beta_2^2 A_e A^d S_{(2)ac} S_{(2)}{}^e{}_b - \alpha^2 \beta_2^2 A_e A^d S_{(2)ca} S_{(2)}{}^e{}_b - \tfrac{1}{2} \alpha \beta_3 (\partial_5 g_{bc}) A^d S_{(3)a} + \\
&+ \tfrac{1}{2} \alpha^2 \beta_3 (\partial_c \psi) A_b A^d S_{(3)a} - \tfrac{1}{2} \alpha^2 \beta_3 (\partial_b \psi) A_c A^d S_{(3)a} - \alpha \beta_2 \beta_3 A^d S_{(2)bc} S_{(3)a} + \alpha \beta_2 \beta_3 A_c S_{(2)b}{}^d S_{(3)a} - \alpha \beta_2 \beta_3 A^d S_{(2)cb} S_{(3)a} + \\
&+ \alpha \beta_2 \beta_3 A_c S_{(2)}{}^d{}_b S_{(3)a} + \tfrac{1}{2} \alpha \beta_3 (\partial_5 g_{ac}) A^d S_{(3)b} - \tfrac{1}{2} \alpha^2 \beta_3 (\partial_c \psi) A_a A^d S_{(3)b} + \tfrac{1}{2} \alpha^2 \beta_3 (\partial_a \psi) A_c A^d S_{(3)b} + \alpha \beta_2 \beta_3 A^d S_{(2)ac} S_{(3)b} - \\
&- \alpha \beta_2 \beta_3 A_c S_{(2)a}{}^d S_{(3)b} + \alpha \beta_2 \beta_3 A^d S_{(2)ca} S_{(3)b} - \alpha \beta_2 \beta_3 A_c S_{(2)}{}^d{}_a S_{(3)b} - \alpha^2 \beta_3 (\partial_b \psi) A_a A^d S_{(3)c} + \alpha^2 \beta_3 (\partial_a \psi) A_b A^d S_{(3)c} - \\
&- \alpha \beta_2 \beta_3 A_b S_{(2)a}{}^d S_{(3)c} + \alpha \beta_2 \beta_3 A_a S_{(2)b}{}^d S_{(3)c} - \alpha \beta_2 \beta_3 A_b S_{(2)}{}^d{}_a S_{(3)c} + \alpha \beta_2 \beta_3 A_a S_{(2)}{}^d{}_b S_{(3)c} - \tfrac{1}{2} \alpha \beta_3 (\partial_5 g_{bc}) A_a S_{(3)}{}^d + \\
&+ \tfrac{1}{2} \alpha \beta_3 (\partial_5 g_{ac}) A_b S_{(3)}{}^d + \tfrac{1}{2} \alpha^2 \beta_3 (\partial_b \psi) A_a A_c S_{(3)}{}^d - \tfrac{1}{2} \alpha^2 \beta_3 (\partial_a \psi) A_b A_c S_{(3)}{}^d + \alpha \beta_2 \beta_3 A_b S_{(2)ac} S_{(3)}{}^d - \alpha \beta_2 \beta_3 A_a S_{(2)bc} S_{(3)}{}^d + \\
&+ \alpha \beta_2 \beta_3 A_b S_{(2)ca} S_{(3)}{}^d - \alpha \beta_2 \beta_3 A_a S_{(2)cb} S_{(3)}{}^d - \alpha \beta_2 (\partial_b S_{(2)a}{}^e) A^d g_{ae} - \tfrac{1}{2} \alpha (\partial_5 {}^{(4)}\{{}^e_{b\,c}\}) A^d g_{ae} + \beta_0 {}^{(4)}\{{}^f_{b\,e}\} S_{(0)c}{}^{de} g_{af} - \\
&- \alpha \beta_2 A^{d\,(4)}\{{}^f_{b\,e}\} S_{(2)c}{}^e g_{af} + \alpha \beta_2 (\partial_a S_{(2)c}{}^e) A^d g_{be} + \tfrac{1}{2} \alpha (\partial_5 {}^{(4)}\{{}^e_{a\,c}\}) A^d g_{be} - \beta_0 {}^{(4)}\{{}^f_{a\,e}\} S_{(0)c}{}^{de} g_{bf} + \\
&+ \alpha \beta_2 A^{d\,(4)}\{{}^f_{a\,e}\} S_{(2)c}{}^e g_{bf} + \alpha \beta_2 (\partial_a S_{(2)b}{}^e) A^d g_{ce} - \alpha \beta_2 (\partial_b S_{(2)a}{}^e) A^d g_{ce} + \beta_0 {}^{(4)}\{{}^f_{b\,e}\} S_{(0)a}{}^{de} g_{cf} - \\
&- \beta_0 {}^{(4)}\{{}^f_{a\,e}\} S_{(0)b}{}^{de} g_{cf} - \alpha \beta_2 A^{d\,(4)}\{{}^f_{b\,e}\} S_{(2)a}{}^e g_{cf} + \alpha \beta_2 A^{d\,(4)}\{{}^f_{a\,e}\} S_{(2)b}{}^e g_{cf} - \tfrac{1}{4} \alpha^2 (\partial_5 A_e)(\partial_5 g_{bc}) A_a g^{de} + \\
&+ \tfrac{1}{4} \alpha^2 (\partial_5 A_c)(\partial_5 g_{be}) A_a g^{de} + \tfrac{1}{4} \alpha^2 (\partial_5 A_e)(\partial_5 g_{ac}) A_b g^{de} - \tfrac{1}{4} \alpha^2 (\partial_5 A_c)(\partial_5 g_{ae}) A_b g^{de} - \tfrac{1}{4} \alpha^2 (\partial_5 A_b)(\partial_5 g_{ae}) A_c g^{de} + \\
&+ \tfrac{1}{4} \alpha^2 (\partial_5 A_a)(\partial_5 g_{be}) A_c g^{de} + \tfrac{1}{2} \alpha^2 (\partial_b \partial_e \psi) A_a A_c g^{de} + \tfrac{1}{4} \alpha^3 (\partial_e \psi)(\partial_5 A_b) A_a A_c g^{de} + \tfrac{1}{4} \alpha^3 (\partial_b \psi)(\partial_5 A_e) A_a A_c g^{de} - \\
&- \tfrac{1}{2} \alpha^2 (\partial_a \partial_e \psi) A_b A_c g^{de} - \tfrac{1}{4} \alpha^3 (\partial_e \psi)(\partial_5 A_a) A_b A_c g^{de} - \tfrac{1}{4} \alpha^3 (\partial_a \psi)(\partial_5 A_e) A_b A_c g^{de} - \tfrac{1}{4} \alpha^2 (\partial_5 g_{ae})(\partial_5 g_{bc}) \eta\, g^{de} + \\
&+ \tfrac{1}{4} \alpha^2 (\partial_5 g_{ac})(\partial_5 g_{be}) \eta\, g^{de} + \tfrac{1}{4} \alpha^4 (\partial_5 g_{be})(\partial_5 \psi) A_a A_c \eta\, g^{de} - \tfrac{1}{4} \alpha^4 (\partial_5 g_{ae})(\partial_5 \psi) A_b A_c \eta\, g^{de} + \tfrac{1}{2} \alpha (\partial_5 g_{be}) A_f {}^{(4)}\{{}^f_{a\,c}\} g^{de} - \\
&- \tfrac{1}{2} \alpha (\partial_5 g_{ae}) A_f {}^{(4)}\{{}^f_{b\,c}\} g^{de} - \tfrac{1}{4} \alpha (\partial_5 g_{be}) U_{ac} g^{de} + \tfrac{1}{4} \alpha (\partial_5 g_{ae}) U_{bc} g^{de} - \tfrac{1}{2} \alpha^2 (\partial_e \psi) A_c F_{ab} g^{de} - \tfrac{1}{4} \alpha^2 (\partial_e \psi) A_b F_{ac} g^{de} + \\
&+ \tfrac{1}{4} \alpha^2 (\partial_e \psi) A_a F_{bc} g^{de} + \tfrac{1}{2} \alpha^2 \beta_0 (\partial_e \psi) A_b A_f S_{(0)ac}{}^f g^{de} - \tfrac{1}{2} \alpha \beta_0 (\partial_5 g_{be}) A_f S_{(0)a}{}^f{}_c g^{de} - \tfrac{1}{2} \alpha^2 \beta_0 (\partial_e \psi) A_a A_f S_{(0)bc}{}^f g^{de} + \\
&+ \tfrac{1}{2} \alpha \beta_0 (\partial_5 g_{ae}) A_f S_{(0)b}{}^f{}_c g^{de} - \tfrac{1}{2} \alpha \beta_0 (\partial_5 g_{be}) A_f S_{(0)ca}{}^f g^{de} + \tfrac{1}{2} \alpha \beta_0 (\partial_5 g_{ae}) A_f S_{(0)cb}{}^f g^{de} - \tfrac{1}{2} \beta_1 (\partial_5 g_{be}) S_{(1)ac} g^{de} + \\
&+ \tfrac{1}{2} \alpha \beta_1 (\partial_e \psi) A_b S_{(1)ac} g^{de} + \tfrac{1}{2} \beta_1 (\partial_5 g_{ae}) S_{(1)bc} g^{de} - \tfrac{1}{2} \alpha \beta_1 (\partial_e \psi) A_a S_{(1)bc} g^{de} + \tfrac{1}{2} \alpha^2 \beta_2 (\partial_5 A_e) A_b S_{(2)ac} g^{de} + \\
&+ \tfrac{1}{2} \alpha^2 \beta_2 (\partial_5 g_{be}) \eta\, S_{(2)ac} g^{de} + \tfrac{1}{2} \alpha^2 \beta_2 (\partial_5 g_{be}) A_c A_f S_{(2)a}{}^f g^{de} - \tfrac{1}{2} \alpha^3 \beta_2 (\partial_e \psi) A_b A_c A_f S_{(2)a}{}^f g^{de} - \\
&- \tfrac{1}{2} \alpha^2 \beta_2 (\partial_5 A_e) A_a S_{(2)bc} g^{de} - \tfrac{1}{2} \alpha^2 \beta_2 (\partial_5 g_{ae}) \eta\, S_{(2)bc} g^{de} - \tfrac{1}{2} \alpha^2 \beta_2 (\partial_5 g_{ae}) A_c A_f S_{(2)b}{}^f g^{de} + \\
&+ \tfrac{1}{2} \alpha^3 \beta_2 (\partial_e \psi) A_a A_c A_f S_{(2)b}{}^f g^{de} + \tfrac{1}{2} \alpha^2 \beta_2 (\partial_5 A_e) A_b S_{(2)ca} g^{de} + \tfrac{1}{2} \alpha^2 \beta_2 (\partial_5 g_{be}) \eta\, S_{(2)ca} g^{de} - \tfrac{1}{2} \alpha^2 \beta_2 (\partial_5 A_e) A_a S_{(2)cb} g^{de} - \\
&- \tfrac{1}{2} \alpha^2 \beta_2 (\partial_5 g_{ae}) \eta\, S_{(2)cb} g^{de} + \tfrac{1}{2} \alpha^2 \beta_2 (\partial_5 g_{be}) A_a A_f S_{(2)c}{}^f g^{de} - \tfrac{1}{2} \alpha^2 \beta_2 (\partial_5 g_{ae}) A_b A_f S_{(2)c}{}^f g^{de} + \\
&+ \tfrac{1}{2} \alpha \beta_3 (\partial_5 g_{be}) A_c S_{(3)a} g^{de} - \tfrac{1}{2} \alpha^2 \beta_3 (\partial_e \psi) A_b A_c S_{(3)a} g^{de} - \tfrac{1}{2} \alpha \beta_3 (\partial_5 g_{ae}) A_c S_{(3)b} g^{de} + \tfrac{1}{2} \alpha^2 \beta_3 (\partial_e \psi) A_a A_c S_{(3)b} g^{de} + \\
&+ \tfrac{1}{2} \alpha \beta_3 (\partial_5 g_{be}) A_a S_{(3)c} g^{de} - \tfrac{1}{2} \alpha \beta_3 (\partial_5 g_{ae}) A_b S_{(3)c} g^{de} + \beta_0 (\partial_b S_{(0)ce}{}^f) g_{af} g^{de} - \beta_0 (\partial_a S_{(0)ce}{}^f) g_{bf} g^{de} - \\
&- \beta_0 (\partial_a S_{(0)be}{}^f) g_{cf} g^{de} + \beta_0 (\partial_b S_{(0)ae}{}^f) g_{cf} g^{de} - \tfrac{1}{4} \alpha^3 (\partial_e \psi)(\partial_5 g_{bf}) A_a A_c A^e g^{df} + \tfrac{1}{4} \alpha^3 (\partial_e \psi)(\partial_5 g_{af}) A_b A_c A^e g^{df} + \\
&+ \tfrac{1}{2} \alpha^2 (\partial_e \psi) A_b A_c {}^{(4)}\{{}^e_{a\,f}\} g^{df} - \tfrac{1}{2} \alpha (\partial_5 g_{bc}) A_e {}^{(4)}\{{}^e_{a\,f}\} g^{df} - \tfrac{1}{2} \alpha^3 (\partial_5 \psi) A_b A_c A_e {}^{(4)}\{{}^e_{a\,f}\} g^{df} - \tfrac{1}{2} \alpha^2 (\partial_e \psi) A_a A_c {}^{(4)}\{{}^e_{b\,f}\} g^{df} + \\
&+ \tfrac{1}{2} \alpha (\partial_5 g_{ac}) A_e {}^{(4)}\{{}^e_{b\,f}\} g^{df} + \tfrac{1}{2} \alpha^3 (\partial_5 \psi) A_a A_c A_e {}^{(4)}\{{}^e_{b\,f}\} g^{df} - \beta_0 {}^{(4)}\{{}^e_{b\,f}\} S_{(0)aec} g^{df} + \beta_0 {}^{(4)}\{{}^e_{a\,f}\} S_{(0)bec} g^{df} - \\
&- \beta_0 {}^{(4)}\{{}^e_{b\,f}\} S_{(0)cea} g^{df} + \beta_0 {}^{(4)}\{{}^e_{a\,f}\} S_{(0)ceb} g^{df} + \alpha \beta_2 A_e {}^{(4)}\{{}^e_{b\,f}\} S_{(2)ac} g^{df} - \alpha \beta_2 A_e {}^{(4)}\{{}^e_{a\,f}\} S_{(2)bc} g^{df} + \\
&+ \alpha \beta_2 A_e {}^{(4)}\{{}^e_{b\,f}\} S_{(2)ca} g^{df} - \alpha \beta_2 A_e {}^{(4)}\{{}^e_{a\,f}\} S_{(2)cb} g^{df} + \tfrac{1}{4} \alpha^3 (\partial_e \psi)(\partial_5 g_{bf}) A_a A_c A^d g^{ef} - \tfrac{1}{4} \alpha^3 (\partial_e \psi)(\partial_5 g_{af}) A_b A_c A^d g^{ef} - \\
&- \alpha^2 \beta_3 (\partial_b S_{(3)c}) A_a A^d \psi + \tfrac{1}{4} \alpha^4 (\partial_5 A_b)(\partial_5 A_c) A_a A^d \psi - \tfrac{1}{4} \alpha^3 (\partial_5 U_{bc}) A_a A^d \psi - \tfrac{1}{4} \alpha^3 (\partial_5 F_{bc}) A_a A^d \psi + \alpha^2 \beta_3 (\partial_a S_{(3)c}) A_b A^d \psi - \\
&- \tfrac{1}{4} \alpha^4 (\partial_5 A_a)(\partial_5 A_c) A_b A^d \psi + \tfrac{1}{4} \alpha^3 (\partial_5 U_{ac}) A_b A^d \psi + \tfrac{1}{4} \alpha^3 (\partial_5 F_{ac}) A_b A^d \psi + \alpha^2 \beta_3 (\partial_a S_{(3)b}) A_c A^d \psi - \alpha^2 \beta_3 (\partial_b S_{(3)a}) A_c A^d \psi + \\
&+ \tfrac{1}{2} \alpha^3 (\partial_5 F_{ab}) A_c A^d \psi - \alpha^3 \beta_2 (\partial_b S_{(2)c}{}^e) A_a A_e A^d \psi + \alpha^3 \beta_2 (\partial_a S_{(2)c}{}^e) A_b A_e A^d \psi + \alpha^3 \beta_2 (\partial_a S_{(2)b}{}^e) A_c A_e A^d \psi -
\end{aligned}
$$

$$- \alpha^3 \beta_2 (\partial_b S_{(2)a}{}^e) A_c A_e A^d \psi + \tfrac{1}{4} \alpha^4 (\partial_5 A_e)(\partial_5 g_{bc}) A_a A^d A^e \psi - \tfrac{1}{4} \alpha^4 (\partial_5 A_c)(\partial_5 g_{be}) A_a A^d A^e \psi - \tfrac{1}{4} \alpha^4 (\partial_5 A_e)(\partial_5 g_{ac}) A_b A^d A^e \psi +$$

$$+ \tfrac{1}{4} \alpha^4 (\partial_5 A_c)(\partial_5 g_{ae}) A_b A^d A^e \psi + \tfrac{1}{4} \alpha^4 (\partial_5 A_b)(\partial_5 g_{ae}) A_c A^d A^e \psi - \tfrac{1}{4} \alpha^4 (\partial_5 A_a)(\partial_5 g_{be}) A_c A^d A^e \psi - \tfrac{1}{2} \alpha^3 (\partial_5 A_e) A_b A^{d\,(4)}\{{}^e_{a\,c}\} \psi +$$

$$+ \tfrac{1}{2} \alpha^3 (\partial_5 A_e) A_a A^{d\,(4)}\{{}^e_{b\,c}\} \psi + \tfrac{1}{4} \alpha^3 (\partial_5 A_c) A_b U_a{}^d \psi + \tfrac{1}{4} \alpha^3 (\partial_5 A_b) A_c U_a{}^d \psi - \tfrac{1}{4} \alpha^3 (\partial_5 A_c) A_a U_b{}^d \psi - \tfrac{1}{4} \alpha^3 (\partial_5 A_a) A_c U_b{}^d \psi +$$

$$+ \tfrac{1}{2} \alpha^3 (\partial_5 A_c) A^d F_{ab} \psi + \tfrac{1}{4} \alpha^3 (\partial_5 A_b) A^d F_{ac} \psi - \tfrac{1}{4} \alpha^3 (\partial_5 g_{be}) A_c A^d F_a{}^e \psi - \tfrac{1}{4} \alpha^3 (\partial_5 A_a) A^d F_{bc} \psi - \tfrac{1}{4} \alpha^2 F_a{}^d F_{bc} \psi + \tfrac{1}{4} \alpha^2 F_{ac} F_b{}^d \psi +$$

$$+ \tfrac{1}{4} \alpha^3 (\partial_5 g_{ae}) A_c A^d F_b{}^e \psi + \tfrac{1}{2} \alpha^2 F_{ab} F_c{}^d \psi - \tfrac{1}{4} \alpha^3 (\partial_5 g_{be}) A_a A^d F_c{}^e \psi + \tfrac{1}{4} \alpha^3 (\partial_5 g_{ae}) A_b A^d F_c{}^e \psi + \tfrac{1}{2} \alpha^2 A_b{}^{(4)}\{{}^e_{a\,c}\} F^d{}_e \psi -$$

$$- \tfrac{1}{2} \alpha^2 A_a{}^{(4)}\{{}^e_{b\,c}\} F^d{}_e \psi - \tfrac{1}{4} \alpha^3 (\partial_5 g_{bc}) A_a A_e F^{de} \psi + \tfrac{1}{4} \alpha^3 (\partial_5 g_{ac}) A_b A_e F^{de} \psi - \tfrac{1}{2} \alpha^3 \beta_0 (\partial_5 A_e) A_b A^d S_{(0)ac}{}^e \psi -$$

$$- \tfrac{1}{2} \alpha^3 \beta_0 (\partial_5 A_b) A_e A^d S_{(0)ac}{}^e \psi - \tfrac{1}{2} \alpha^2 \beta_0 A_e F_b{}^d S_{(0)ac}{}^e \psi + \tfrac{1}{2} \alpha^2 \beta_0 A_b F^d{}_e S_{(0)ac}{}^e \psi - \tfrac{1}{2} \alpha^2 \beta_0 A_b F^{de} S_{(0)aec} \psi +$$

$$+ \tfrac{1}{2} \alpha^2 \beta_0 A_c F_b{}^e S_{(0)ae}{}^d \psi + \tfrac{1}{2} \alpha^2 \beta_0 A_b F_c{}^e S_{(0)ae}{}^d \psi + \tfrac{1}{2} \alpha^2 \beta_0 A_c U_{be} S_{(0)a}{}^{de} \psi + \tfrac{1}{2} \alpha^2 \beta_0 A_e F_{bc} S_{(0)a}{}^{de} \psi -$$

$$- \tfrac{1}{2} \alpha^2 \beta_0 A_b F_{ce} S_{(0)a}{}^{de} \psi + \tfrac{1}{2} \alpha^3 \beta_0 (\partial_5 A_e) A_b A^d S_{(0)a}{}^e{}_c \psi + \tfrac{1}{2} \alpha^3 \beta_0 (\partial_5 A_c) A_b A_e S_{(0)a}{}^{ed} \psi + \tfrac{1}{2} \alpha^3 \beta_0 (\partial_5 A_b) A_c A_e S_{(0)a}{}^{ed} \psi +$$

$$+ \tfrac{1}{2} \alpha^3 \beta_0 (\partial_5 g_{be}) A_c A_f A^d S_{(0)a}{}^{ef} \psi + \tfrac{1}{2} \alpha^3 \beta_0 (\partial_5 A_e) A_a A^d S_{(0)bc}{}^e \psi + \tfrac{1}{2} \alpha^3 \beta_0 (\partial_5 A_a) A_e A^d S_{(0)bc}{}^e \psi + \tfrac{1}{2} \alpha^2 \beta_0 A_e F_a{}^d S_{(0)bc}{}^e \psi -$$

$$- \tfrac{1}{2} \alpha^2 \beta_0 A_a F^d{}_e S_{(0)bc}{}^e \psi - \alpha^2 \beta_0^2 A_e A_f S_{(0)a}{}^{de} S_{(0)bc}{}^f \psi + \tfrac{1}{2} \alpha^2 \beta_0 A_a F^{de} S_{(0)bec} \psi - \tfrac{1}{2} \alpha^2 \beta_0 A_c F_a{}^e S_{(0)be}{}^d \psi -$$

$$- \tfrac{1}{2} \alpha^2 \beta_0 A_a F_c{}^e S_{(0)be}{}^d \psi + \alpha^2 \beta_0^2 A_c A_e S_{(0)a}{}^{df} S_{(0)bf}{}^e \psi - \tfrac{1}{2} \alpha^2 \beta_0 A_c U_{ae} S_{(0)b}{}^{de} \psi - \tfrac{1}{2} \alpha^2 \beta_0 A_e F_{ac} S_{(0)b}{}^{de} \psi +$$

$$+ \tfrac{1}{2} \alpha^2 \beta_0 A_a F_{ce} S_{(0)b}{}^{de} \psi + \alpha^2 \beta_0^2 A_e A_f S_{(0)ac}{}^e S_{(0)b}{}^{df} \psi - \alpha^2 \beta_0^2 A_c A_e S_{(0)af}{}^e S_{(0)b}{}^{df} \psi - \tfrac{1}{2} \alpha^3 \beta_0 (\partial_5 A_e) A_a A^d S_{(0)b}{}^e{}_c \psi -$$

$$- \tfrac{1}{2} \alpha^3 \beta_0 (\partial_5 A_c) A_a A_e S_{(0)b}{}^{ed} \psi - \tfrac{1}{2} \alpha^3 \beta_0 (\partial_5 A_a) A_c A_e S_{(0)b}{}^{ed} \psi - \tfrac{1}{2} \alpha^3 \beta_0 (\partial_5 g_{ae}) A_c A_f A^d S_{(0)b}{}^{ef} \psi +$$

$$+ \alpha^2 \beta_0^2 A_c A_e S_{(0)af}{}^e S_{(0)b}{}^{fd} \psi - \alpha^2 \beta_0^2 A_c A_e S_{(0)af}{}^d S_{(0)b}{}^{fe} \psi - \tfrac{1}{2} \alpha^2 \beta_0 A_b F^{de} S_{(0)cea} \psi + \tfrac{1}{2} \alpha^2 \beta_0 A_a F^{de} S_{(0)ceb} \psi +$$

$$+ \alpha^2 \beta_0^2 A_b A_e S_{(0)a}{}^{df} S_{(0)cf}{}^e \psi - \alpha^2 \beta_0^2 A_a A_e S_{(0)b}{}^{df} S_{(0)cf}{}^e \psi - \tfrac{1}{2} \alpha^2 \beta_0 A_b U_{ae} S_{(0)c}{}^{de} \psi + \tfrac{1}{2} \alpha^2 \beta_0 A_a U_{be} S_{(0)c}{}^{de} \psi -$$

$$- \alpha^2 \beta_0 A_e F_{ab} S_{(0)c}{}^{de} \psi - \tfrac{1}{2} \alpha^2 \beta_0 A_b F_{ae} S_{(0)c}{}^{de} \psi + \tfrac{1}{2} \alpha^2 \beta_0 A_a F_{be} S_{(0)c}{}^{de} \psi + \tfrac{1}{2} \alpha^3 \beta_0 (\partial_5 A_e) A_b A^d S_{(0)c}{}^e{}_a \psi -$$

$$- \tfrac{1}{2} \alpha^3 \beta_0 (\partial_5 A_e) A_a A^d S_{(0)c}{}^e{}_b \psi + \tfrac{1}{2} \alpha^3 \beta_0 (\partial_5 g_{be}) A_a A_f A^d S_{(0)c}{}^{ef} \psi - \tfrac{1}{2} \alpha^3 \beta_0 (\partial_5 g_{ae}) A_b A_f A^d S_{(0)c}{}^{ef} \psi -$$

$$- \alpha^2 \beta_0^2 A_b A_e S_{(0)af}{}^d S_{(0)c}{}^{fe} \psi + \alpha^2 \beta_0^2 A_a A_e S_{(0)bf}{}^d S_{(0)c}{}^{fe} \psi + \tfrac{1}{2} \alpha^2 \beta_0 A_c F_b{}^e S_{(0)}{}^d{}_{ea} \psi + \tfrac{1}{2} \alpha^2 \beta_0 A_b F_c{}^e S_{(0)}{}^d{}_{ea} \psi -$$

$$- \tfrac{1}{2} \alpha^2 \beta_0 A_c F_a{}^e S_{(0)}{}^d{}_{eb} \psi - \tfrac{1}{2} \alpha^2 \beta_0 A_a F_c{}^e S_{(0)}{}^d{}_{eb} \psi - \alpha^2 \beta_0 A_b A_e{}^{(4)}\{{}^f_{a\,c}\} S_{(0)}{}^d{}_f \psi + \alpha^2 \beta_0 A_a A_e{}^{(4)}\{{}^f_{b\,c}\} S_{(0)}{}^{de}{}_f \psi -$$

$$- \alpha^2 \beta_0^2 A_b A_e S_{(0)ac}{}^f S_{(0)}{}^{de}{}_f \psi + \alpha^2 \beta_0^2 A_a A_e S_{(0)bc}{}^f S_{(0)}{}^{de}{}_f \psi + \tfrac{1}{2} \alpha^3 \beta_0 (\partial_5 A_c) A_b A_e S_{(0)}{}^{de}{}_a \psi +$$

$$+ \tfrac{1}{2} \alpha^3 \beta_0 (\partial_5 A_b) A_c A_e S_{(0)}{}^{de}{}_a \psi - \tfrac{1}{2} \alpha^3 \beta_0 (\partial_5 A_c) A_a A_e S_{(0)}{}^{de}{}_b \psi - \tfrac{1}{2} \alpha^3 \beta_0 (\partial_5 A_a) A_c A_e S_{(0)}{}^{de}{}_b \psi +$$

$$+ \tfrac{1}{2} \alpha^3 \beta_0 (\partial_5 g_{bc}) A_a A_e A_f S_{(0)}{}^{def} \psi - \tfrac{1}{2} \alpha^3 \beta_0 (\partial_5 g_{ac}) A_b A_e A_f S_{(0)}{}^{def} \psi - \alpha^2 \beta_0^2 A_c A_e S_{(0)bf}{}^e S_{(0)}{}^{df}{}_a \psi -$$

$$- \alpha^2 \beta_0^2 A_b A_e S_{(0)cf}{}^e S_{(0)}{}^{df}{}_a \psi + \alpha^2 \beta_0^2 A_c A_e S_{(0)af}{}^e S_{(0)}{}^{df}{}_b \psi + \alpha^2 \beta_0^2 A_a A_e S_{(0)cf}{}^e S_{(0)}{}^{df}{}_b \psi +$$

$$+ \alpha^2 \beta_0^2 A_b A_e S_{(0)afc} S_{(0)}{}^{dfe} \psi - \alpha^2 \beta_0^2 A_a A_e S_{(0)bfc} S_{(0)}{}^{dfe} \psi + \alpha^2 \beta_0^2 A_b A_e S_{(0)cfa} S_{(0)}{}^{dfe} \psi -$$

$$- \alpha^2 \beta_0^2 A_a A_e S_{(0)cfb} S_{(0)}{}^{dfe} \psi - \tfrac{1}{2} \alpha^2 \beta_1 (\partial_5 A_b) A^d S_{(1)ac} \psi - \tfrac{1}{2} \alpha \beta_1 F_b{}^d S_{(1)ac} \psi + \alpha \beta_0 \beta_1 A_e S_{(0)b}{}^{de} S_{(1)ac} \psi -$$

$$- \alpha \beta_0 \beta_1 A_c S_{(0)b}{}^{de} S_{(1)ae} \psi + \tfrac{1}{2} \alpha^2 \beta_1 (\partial_5 A_c) A_b S_{(1)a}{}^d \psi + \tfrac{1}{2} \alpha^2 \beta_1 (\partial_5 A_b) A_c S_{(1)a}{}^d \psi + \tfrac{1}{2} \alpha \beta_1 F_{bc} S_{(1)a}{}^d \psi -$$

$$- \alpha \beta_0 \beta_1 A_e S_{(0)bc}{}^e S_{(1)a}{}^d \psi + \tfrac{1}{2} \alpha^2 \beta_1 (\partial_5 g_{be}) A_c A^d S_{(1)a}{}^e \psi + \alpha \beta_0 \beta_1 A_c S_{(0)be}{}^d S_{(1)a}{}^e \psi + \alpha \beta_0 \beta_1 A_c S_{(0)}{}^d{}_{eb} S_{(1)a}{}^e \psi +$$

$$+ \tfrac{1}{2} \alpha^2 \beta_1 (\partial_5 A_a) A^d S_{(1)bc} \psi + \tfrac{1}{2} \alpha \beta_1 F_a{}^d S_{(1)bc} \psi - \alpha \beta_0 \beta_1 A_e S_{(0)a}{}^{de} S_{(1)bc} \psi - \beta_1^2 S_{(1)a}{}^d S_{(1)bc} \psi + \alpha \beta_0 \beta_1 A_c S_{(0)a}{}^{de} S_{(1)be} \psi -$$

$$- \tfrac{1}{2} \alpha^2 \beta_1 (\partial_5 A_c) A_a S_{(1)b}{}^d \psi - \tfrac{1}{2} \alpha^2 \beta_1 (\partial_5 A_a) A_c S_{(1)b}{}^d \psi - \tfrac{1}{2} \alpha \beta_1 F_{ac} S_{(1)b}{}^d \psi + \alpha \beta_0 \beta_1 A_e S_{(0)ac}{}^e S_{(1)b}{}^d \psi + \beta_1^2 S_{(1)ac} S_{(1)b}{}^d \psi -$$

$$- \tfrac{1}{2} \alpha^2 \beta_1 (\partial_5 g_{ae}) A_c A^d S_{(1)b}{}^e \psi - \alpha \beta_0 \beta_1 A_c S_{(0)ae}{}^d S_{(1)b}{}^e \psi - \alpha \beta_0 \beta_1 A_c S_{(0)}{}^d{}_{ea} S_{(1)b}{}^e \psi + \alpha \beta_0 \beta_1 A_b S_{(0)a}{}^{de} S_{(1)ce} \psi -$$

$$- \alpha \beta_0 \beta_1 A_a S_{(0)b}{}^{de} S_{(1)ce} \psi - \alpha \beta_1 F_{ab} S_{(1)c}{}^d \psi + \tfrac{1}{2} \alpha^2 \beta_1 (\partial_5 g_{be}) A_a A^d S_{(1)c}{}^e \psi - \tfrac{1}{2} \alpha^2 \beta_1 (\partial_5 g_{ae}) A_b A^d S_{(1)c}{}^e \psi -$$

$$- \alpha \beta_0 \beta_1 A_b S_{(0)ae}{}^d S_{(1)c}{}^e \psi + \alpha \beta_0 \beta_1 A_a S_{(0)be}{}^d S_{(1)c}{}^e \psi - \alpha \beta_0 \beta_1 A_b S_{(0)}{}^d{}_{ea} S_{(1)c}{}^e \psi + \alpha \beta_0 \beta_1 A_a S_{(0)}{}^d{}_{eb} S_{(1)c}{}^e \psi -$$

$$- \alpha \beta_1 A_b{}^{(4)}\{{}^e_{a\,c}\} S_{(1)}{}^d{}_e \psi + \alpha \beta_1 A_a{}^{(4)}\{{}^e_{b\,c}\} S_{(1)}{}^d{}_e \psi - \alpha \beta_0 \beta_1 A_b S_{(0)ac}{}^e S_{(1)}{}^d{}_e \psi + \alpha \beta_0 \beta_1 A_a S_{(0)bc}{}^e S_{(1)}{}^d{}_e \psi +$$

$$+ \tfrac{1}{2} \alpha^2 \beta_1 (\partial_5 g_{bc}) A_a A_e S_{(1)}{}^{de} \psi - \tfrac{1}{2} \alpha^2 \beta_1 (\partial_5 g_{ac}) A_b A_e S_{(1)}{}^{de} \psi + \alpha \beta_0 \beta_1 A_b S_{(0)aec} S_{(1)}{}^{de} \psi - \alpha \beta_0 \beta_1 A_a S_{(0)bec} S_{(1)}{}^{de} \psi +$$

$$+ \alpha \beta_0 \beta_1 A_b S_{(0)cea} S_{(1)}{}^{de} \psi - \alpha \beta_0 \beta_1 A_a S_{(0)ceb} S_{(1)}{}^{de} \psi - \tfrac{1}{2} \alpha^4 \beta_2 (\partial_5 A_e) A_b A^d A^e S_{(2)ac} \psi + \tfrac{1}{2} \alpha^3 \beta_2 A_b A_e F^{de} S_{(2)ac} \psi -$$

$$- \alpha^3 \beta_0 \beta_2 A_b A_e A_f S_{(0)}{}^{def} S_{(2)ac} \psi - \alpha^2 \beta_1 \beta_2 A_b A_e S_{(1)}{}^{de} S_{(2)ac} \psi - \tfrac{1}{2} \alpha^4 \beta_2 (\partial_5 A_c) A_b \eta S_{(2)a}{}^d \psi - \tfrac{1}{2} \alpha^4 \beta_2 (\partial_5 A_b) A_c \eta S_{(2)a}{}^d \psi -$$

$$-\tfrac{1}{2}\alpha^3\beta_2 A_c A_e F_b{}^e S_{(2)a}{}^d \psi - \tfrac{1}{2}\alpha^3\beta_2 A_b A_e F_c{}^e S_{(2)a}{}^d \psi + \alpha^3\beta_0\beta_2 A_c A_e A_f S_{(0)b}{}^{ef} S_{(2)a}{}^d \psi +$$

$$+\alpha^3\beta_0\beta_2 A_b A_e A_f S_{(0)c}{}^{ef} S_{(2)a}{}^d \psi + \alpha^2\beta_1\beta_2 A_c A_e S_{(1)b}{}^e S_{(2)a}{}^d \psi + \alpha^2\beta_1\beta_2 A_b A_e S_{(1)c}{}^e S_{(2)a}{}^d \psi +$$

$$+\tfrac{1}{2}\alpha^4\beta_2(\partial_5 A_b) A_c A_e A^d S_{(2)a}{}^e \psi - \tfrac{1}{2}\alpha^3\beta_2 A_c A^d U_{be} S_{(2)a}{}^e \psi - \tfrac{1}{2}\alpha^3\beta_2 A_c A_e U_b{}^d S_{(2)a}{}^e \psi - \tfrac{1}{2}\alpha^3\beta_2 A_e A^d F_{bc} S_{(2)a}{}^e \psi +$$

$$+\tfrac{1}{2}\alpha^3\beta_2 A_b A^d F_{ce} S_{(2)a}{}^e \psi + \alpha^2\beta_1\beta_2 A_e A^d S_{(1)bc} S_{(2)a}{}^e \psi - \alpha^2\beta_1\beta_2 A_c A^d S_{(1)be} S_{(2)a}{}^e \psi - \alpha^2\beta_1\beta_2 A_c A_e S_{(1)b}{}^d S_{(2)a}{}^e \psi -$$

$$-\alpha^2\beta_1\beta_2 A_b A^d S_{(1)ce} S_{(2)a}{}^e \psi - \tfrac{1}{2}\alpha^4\beta_2(\partial_5 g_{be}) A_c A_f A^d A^e S_{(2)a}{}^f \psi + \alpha^3\beta_0\beta_2 A_e A_f A^d S_{(0)bc}{}^e S_{(2)a}{}^f \psi -$$

$$-\alpha^3\beta_0\beta_2 A_c A_e A^d S_{(0)bf}{}^e S_{(2)a}{}^f \psi - \alpha^3\beta_0\beta_2 A_c A_e A_f S_{(0)b}{}^{ed} S_{(2)a}{}^f \psi - \alpha^3\beta_0\beta_2 A_b A_e A^d S_{(0)cf}{}^e S_{(2)a}{}^f \psi -$$

$$-\alpha^3\beta_0\beta_2 A_c A_e A_f S_{(0)}{}^{de}{}_b S_{(2)a}{}^f \psi + \tfrac{1}{2}\alpha^4\beta_2(\partial_5 A_e) A_a A^d A^e S_{(2)bc} \psi - \tfrac{1}{2}\alpha^3\beta_2 A_a A_e F^{de} S_{(2)bc} \psi +$$

$$+\alpha^3\beta_0\beta_2 A_a A_e A_f S_{(0)}{}^{def} S_{(2)bc} \psi + \alpha^2\beta_1\beta_2 A_a A_e S_{(1)}{}^{de} S_{(2)bc} \psi + \tfrac{1}{2}\alpha^4\beta_2(\partial_5 A_c) A_a \eta S_{(2)b}{}^d \psi + \tfrac{1}{2}\alpha^4\beta_2(\partial_5 A_a) A_c \eta S_{(2)b}{}^d \psi +$$

$$+\tfrac{1}{2}\alpha^3\beta_2 A_c A_e F_a{}^e S_{(2)b}{}^d \psi + \tfrac{1}{2}\alpha^3\beta_2 A_a A_e F_c{}^e S_{(2)b}{}^d \psi - \alpha^3\beta_0\beta_2 A_c A_e A_f S_{(0)a}{}^{ef} S_{(2)b}{}^d \psi -$$

$$-\alpha^3\beta_0\beta_2 A_a A_e A_f S_{(0)c}{}^{ef} S_{(2)b}{}^d \psi - \alpha^2\beta_1\beta_2 A_c A_e S_{(1)a}{}^e S_{(2)b}{}^d \psi - \alpha^2\beta_1\beta_2 A_a A_e S_{(1)c}{}^e S_{(2)b}{}^d \psi +$$

$$+\alpha^4\beta_2{}^2 A_c A_e \eta S_{(2)a}{}^e S_{(2)b}{}^d \psi - \tfrac{1}{2}\alpha^4\beta_2(\partial_5 A_a) A_c A_e A^d S_{(2)b}{}^e \psi + \tfrac{1}{2}\alpha^3\beta_2 A_c A^d U_{ae} S_{(2)b}{}^e \psi + \tfrac{1}{2}\alpha^3\beta_2 A_c A_e U_a{}^d S_{(2)b}{}^e \psi +$$

$$+\tfrac{1}{2}\alpha^3\beta_2 A_e A^d F_{ac} S_{(2)b}{}^e \psi - \tfrac{1}{2}\alpha^3\beta_2 A_a A^d F_{ce} S_{(2)b}{}^e \psi - \alpha^2\beta_1\beta_2 A_e A^d S_{(1)ac} S_{(2)b}{}^e \psi + \alpha^2\beta_1\beta_2 A_c A^d S_{(1)ae} S_{(2)b}{}^e \psi +$$

$$+\alpha^2\beta_1\beta_2 A_c A_e S_{(1)a}{}^d S_{(2)b}{}^e \psi + \alpha^2\beta_1\beta_2 A_a A^d S_{(1)ce} S_{(2)b}{}^e \psi - \alpha^4\beta_2{}^2 A_c A_e \eta S_{(2)a}{}^d S_{(2)b}{}^e \psi +$$

$$+\tfrac{1}{2}\alpha^4\beta_2(\partial_5 g_{ae}) A_c A_f A^d A^e S_{(2)b}{}^f \psi - \alpha^3\beta_0\beta_2 A_e A_f A^d S_{(0)ac}{}^e S_{(2)b}{}^f \psi + \alpha^3\beta_0\beta_2 A_c A_e A^d S_{(0)af}{}^e S_{(2)b}{}^f \psi +$$

$$+\alpha^3\beta_0\beta_2 A_c A_e A_f S_{(0)a}{}^{ed} S_{(2)b}{}^f \psi + \alpha^3\beta_0\beta_2 A_a A_e A^d S_{(0)cf}{}^e S_{(2)b}{}^f \psi + \alpha^3\beta_0\beta_2 A_c A_e A_f S_{(0)}{}^{de}{}_a S_{(2)b}{}^f \psi -$$

$$-\tfrac{1}{2}\alpha^4\beta_2(\partial_5 A_e) A_b A^d A^e S_{(2)ca} \psi + \tfrac{1}{2}\alpha^3\beta_2 A_b A_e F^{de} S_{(2)ca} \psi - \alpha^3\beta_0\beta_2 A_b A_e A_f S_{(0)}{}^{def} S_{(2)ca} \psi -$$

$$-\alpha^2\beta_1\beta_2 A_b A_e S_{(1)}{}^{de} S_{(2)ca} \psi + \tfrac{1}{2}\alpha^4\beta_2(\partial_5 A_e) A_a A^d A^e S_{(2)cb} \psi - \tfrac{1}{2}\alpha^3\beta_2 A_a A_e F^{de} S_{(2)cb} \psi + \alpha^3\beta_0\beta_2 A_a A_e A_f S_{(0)}{}^{def} S_{(2)cb} \psi +$$

$$+\alpha^2\beta_1\beta_2 A_a A_e S_{(1)}{}^{de} S_{(2)cb} \psi + \tfrac{1}{2}\alpha^4\beta_2(\partial_5 A_b) A_a A^d A^e S_{(2)c}{}^e \psi - \tfrac{1}{2}\alpha^4\beta_2(\partial_5 A_a) A_b A_e A^d S_{(2)c}{}^e \psi + \tfrac{1}{2}\alpha^3\beta_2 A_b A^d U_{ae} S_{(2)c}{}^e \psi +$$

$$+\tfrac{1}{2}\alpha^3\beta_2 A_b A_e U_a{}^d S_{(2)c}{}^e \psi - \tfrac{1}{2}\alpha^3\beta_2 A_a A^d U_{be} S_{(2)c}{}^e \psi - \tfrac{1}{2}\alpha^3\beta_2 A_a A_e U_b{}^d S_{(2)c}{}^e \psi + \alpha^3\beta_2 A_e A^d F_{ab} S_{(2)c}{}^e \psi +$$

$$+\tfrac{1}{2}\alpha^3\beta_2 A_b A^d F_{ae} S_{(2)c}{}^e \psi - \tfrac{1}{2}\alpha^3\beta_2 A_a A^d F_{be} S_{(2)c}{}^e \psi + \alpha^2\beta_1\beta_2 A_b A_e S_{(1)a}{}^d S_{(2)c}{}^e \psi - \alpha^2\beta_1\beta_2 A_a A_e S_{(1)b}{}^d S_{(2)c}{}^e \psi -$$

$$-\alpha^4\beta_2{}^2 A_b A_e \eta S_{(2)a}{}^d S_{(2)c}{}^e \psi + \alpha^4\beta_2{}^2 A_a A_e \eta S_{(2)b}{}^d S_{(2)c}{}^e \psi - \tfrac{1}{2}\alpha^4\beta_2(\partial_5 g_{be}) A_a A_f A^d A^e S_{(2)c}{}^f \psi +$$

$$+\tfrac{1}{2}\alpha^4\beta_2(\partial_5 g_{ae}) A_b A_f A^d A^e S_{(2)c}{}^f \psi + \alpha^3\beta_0\beta_2 A_b A_e A_f S_{(0)a}{}^{ed} S_{(2)c}{}^f \psi - \alpha^3\beta_0\beta_2 A_a A_e A_f S_{(0)b}{}^{ed} S_{(2)c}{}^f \psi +$$

$$+\alpha^3\beta_0\beta_2 A_b A_e A_f S_{(0)}{}^{de}{}_a S_{(2)c}{}^f \psi - \alpha^3\beta_0\beta_2 A_a A_e A_f S_{(0)}{}^{de}{}_b S_{(2)c}{}^f \psi - \alpha^3\beta_2 A_b A_e A^d {}^{(4)}\{{}^f_{ac}\} S_{(2)f}{}^e \psi +$$

$$+\alpha^3\beta_2 A_a A_e A^d {}^{(4)}\{{}^f_{bc}\} S_{(2)f}{}^e \psi - \alpha^3\beta_0\beta_2 A_b A_e A^d S_{(0)ac}{}^f S_{(2)f}{}^e \psi + \alpha^3\beta_0\beta_2 A_a A_e A^d S_{(0)bc}{}^f S_{(2)f}{}^e \psi -$$

$$-\tfrac{1}{2}\alpha^4\beta_2(\partial_5 A_c) A_b \eta S_{(2)a}{}^d \psi - \tfrac{1}{2}\alpha^4\beta_2(\partial_5 A_b) A_c \eta S_{(2)a}{}^d \psi - \tfrac{1}{2}\alpha^3\beta_2 A_c A_e F_b{}^e S_{(2)a}{}^d \psi - \tfrac{1}{2}\alpha^3\beta_2 A_b A_e F_c{}^e S_{(2)a}{}^d \psi +$$

$$+\alpha^3\beta_0\beta_2 A_c A_e A_f S_{(0)b}{}^{ef} S_{(2)a}{}^d \psi + \alpha^3\beta_0\beta_2 A_b A_e A_f S_{(0)c}{}^{ef} S_{(2)a}{}^d \psi + \alpha^2\beta_1\beta_2 A_c A_e S_{(1)b}{}^e S_{(2)a}{}^d \psi +$$

$$+\alpha^2\beta_1\beta_2 A_b A_e S_{(1)c}{}^e S_{(2)a}{}^d \psi - \alpha^4\beta_2{}^2 A_c A_e \eta S_{(2)b}{}^e S_{(2)a}{}^d \psi - \alpha^4\beta_2{}^2 A_b A_e \eta S_{(2)c}{}^e S_{(2)a}{}^d \psi + \tfrac{1}{2}\alpha^4\beta_2(\partial_5 A_c) A_a \eta S_{(2)b}{}^d \psi +$$

$$+\tfrac{1}{2}\alpha^4\beta_2(\partial_5 A_a) A_c \eta S_{(2)b}{}^d \psi + \tfrac{1}{2}\alpha^3\beta_2 A_c A_e F_a{}^e S_{(2)b}{}^d \psi + \tfrac{1}{2}\alpha^3\beta_2 A_a A_e F_c{}^e S_{(2)b}{}^d \psi - \alpha^3\beta_0\beta_2 A_c A_e A_f S_{(0)a}{}^{ef} S_{(2)b}{}^d \psi -$$

$$-\alpha^3\beta_0\beta_2 A_a A_e A_f S_{(0)c}{}^{ef} S_{(2)b}{}^d \psi - \alpha^2\beta_1\beta_2 A_c A_e S_{(1)a}{}^e S_{(2)b}{}^d \psi - \alpha^2\beta_1\beta_2 A_a A_e S_{(1)c}{}^e S_{(2)b}{}^d \psi +$$

$$+\alpha^4\beta_2{}^2 A_c A_e \eta S_{(2)a}{}^e S_{(2)b}{}^d \psi + \alpha^4\beta_2{}^2 A_a A_e \eta S_{(2)c}{}^e S_{(2)b}{}^d \psi - \tfrac{1}{2}\alpha^4\beta_2(\partial_5 A_b) A_a A_c A_e S_{(2)}{}^{de} \psi + \tfrac{1}{2}\alpha^4\beta_2(\partial_5 A_a) A_b A_c A_e S_{(2)}{}^{de} \psi -$$

$$-\tfrac{1}{2}\alpha^4\beta_2(\partial_5 g_{bc}) A_a A_e \eta S_{(2)}{}^{de} \psi + \tfrac{1}{2}\alpha^4\beta_2(\partial_5 g_{ac}) A_b A_e \eta S_{(2)}{}^{de} \psi - \tfrac{1}{2}\alpha^3\beta_2 A_b A_e U_{ac} S_{(2)}{}^{de} \psi + \tfrac{1}{2}\alpha^3\beta_2 A_a A_e U_{bc} S_{(2)}{}^{de} \psi -$$

$$-\alpha^2\beta_1\beta_2 A_b A_e S_{(1)ac} S_{(2)}{}^{de} \psi + \alpha^2\beta_1\beta_2 A_a A_e S_{(1)bc} S_{(2)}{}^{de} \psi + \alpha^4\beta_2{}^2 A_b A_e \eta S_{(2)ac} S_{(2)}{}^{de} \psi - \alpha^4\beta_2{}^2 A_a A_e \eta S_{(2)bc} S_{(2)}{}^{de} \psi +$$

$$+\alpha^4\beta_2{}^2 A_b A_e \eta S_{(2)ca} S_{(2)}{}^{de} \psi - \alpha^4\beta_2{}^2 A_a A_e \eta S_{(2)cb} S_{(2)}{}^{de} \psi + \alpha^3\beta_2 A_b A_e A_f {}^{(4)}\{{}^e_{ac}\} S_{(2)}{}^{df} \psi - \alpha^3\beta_2 A_a A_e A_f {}^{(4)}\{{}^e_{bc}\} S_{(2)}{}^{df} \psi -$$

$$-\alpha^3\beta_0\beta_2 A_b A_e A_f S_{(0)a}{}^e{}_c S_{(2)}{}^{df} \psi + \alpha^3\beta_0\beta_2 A_a A_e A_f S_{(0)b}{}^e{}_c S_{(2)}{}^{df} \psi - \alpha^3\beta_0\beta_2 A_b A_e A_f S_{(0)c}{}^e{}_a S_{(2)}{}^{df} \psi +$$

$$+\alpha^3\beta_0\beta_2 A_a A_e A_f S_{(0)c}{}^e{}_b S_{(2)}{}^{df} \psi + \alpha^4\beta_2{}^2 A_b A_c A_e A_f S_{(2)a}{}^e S_{(2)}{}^{df} \psi - \alpha^4\beta_2{}^2 A_a A_c A_e A_f S_{(2)b}{}^e S_{(2)}{}^{df} \psi +$$

$$+\tfrac{1}{2}\alpha^4\beta_2(\partial_5 A_c) A_b A_e A^d S_{(2)}{}^e{}_a \psi + \tfrac{1}{2}\alpha^4\beta_2(\partial_5 A_b) A_c A_e A^d S_{(2)}{}^e{}_a \psi + \tfrac{1}{2}\alpha^3\beta_2 A_b A^d F_{be} S_{(2)}{}^e{}_a \psi + \tfrac{1}{2}\alpha^3\beta_2 A_b A^d F_{ce} S_{(2)}{}^e{}_a \psi -$$

$$-\alpha^2\beta_1\beta_2 A_c A^d S_{(1)be} S_{(2)}{}^e{}_a \psi - \alpha^2\beta_1\beta_2 A_b A^d S_{(1)ce} S_{(2)}{}^e{}_a \psi - \tfrac{1}{2}\alpha^4\beta_2(\partial_5 A_c) A_a A_e A^d S_{(2)}{}^e{}_b \psi -$$

$$\begin{aligned}
& -\tfrac{1}{2}\alpha^4\beta_2(\partial_5 A_a)A_c A_e A^d S_{(2)\ b}^{\ e}\psi - \tfrac{1}{2}\alpha^3\beta_2 A_c A^d F_{ae}S_{(2)\ b}^{\ e}\psi - \tfrac{1}{2}\alpha^3\beta_2 A_a A^d F_{ce}S_{(2)\ b}^{\ e}\psi + \alpha^2\beta_1\beta_2 A_c A^d S_{(1)ae}S_{(2)\ b}^{\ e}\psi + \\
& +\alpha^2\beta_1\beta_2 A_a A^d S_{(1)ce}S_{(2)\ b}^{\ e}\psi + \tfrac{1}{2}\alpha^4\beta_2(\partial_5 g_{bc})A_a A_e A_f A^d S_{(2)}^{\ ef}\psi - \tfrac{1}{2}\alpha^4\beta_2(\partial_5 g_{ac})A_b A_e A_f A^d S_{(2)}^{\ ef}\psi - \\
& -\alpha^4\beta_2^2 A_b A_e A_f A^d S_{(2)ac}S_{(2)}^{\ ef}\psi + \alpha^4\beta_2^2 A_a A_e A_f A^d S_{(2)bc}S_{(2)}^{\ ef}\psi - \alpha^4\beta_2^2 A_b A_e A_f A^d S_{(2)ca}S_{(2)}^{\ ef}\psi + \\
& +\alpha^4\beta_2^2 A_a A_e A_f A^d S_{(2)cb}S_{(2)}^{\ ef}\psi - \alpha^3\beta_0\beta_2 A_c A_e A^d S_{(0)bf}^{\ \ e}S_{(2)\ a}^{\ f}\psi - \alpha^3\beta_0\beta_2 A_b A_e A^d S_{(0)cf}^{\ \ e}S_{(2)\ a}^{\ f}\psi + \\
& +\alpha^4\beta_2^2 A_c A_e A_f A^d S_{(2)b}^{\ \ e}S_{(2)\ a}^{\ f}\psi + \alpha^4\beta_2^2 A_b A_e A_f A^d S_{(2)c}^{\ \ e}S_{(2)\ a}^{\ f}\psi + \alpha^3\beta_0\beta_2 A_c A_e A^d S_{(0)af}^{\ \ e}S_{(2)\ b}^{\ f}\psi + \\
& +\alpha^3\beta_0\beta_2 A_a A_e A^d S_{(0)cf}^{\ \ e}S_{(2)\ b}^{\ f}\psi - \alpha^4\beta_2^2 A_c A_e A_f A^d S_{(2)a}^{\ \ e}S_{(2)\ b}^{\ f}\psi - \alpha^4\beta_2^2 A_a A_e A_f A^d S_{(2)c}^{\ \ e}S_{(2)\ b}^{\ f}\psi + \\
& +\alpha^3\beta_0\beta_2 A_b A_e A^d S_{(0)afc}S_{(2)}^{\ fe}\psi - \alpha^3\beta_0\beta_2 A_a A_e A^d S_{(0)bfc}S_{(2)}^{\ fe}\psi + \alpha^3\beta_0\beta_2 A_b A_e A^d S_{(0)cfa}S_{(2)}^{\ fe}\psi - \\
& -\alpha^3\beta_0\beta_2 A_a A_e A^d S_{(0)cfb}S_{(2)}^{\ fe}\psi - \tfrac{1}{2}\alpha^3\beta_3(\partial_5 A_c)A_b A^d S_{(3)a}\psi - \tfrac{1}{2}\alpha^3\beta_3(\partial_5 g_{be})A_c A^d A^e S_{(3)a}\psi - \tfrac{1}{2}\alpha^2\beta_3 A_c U_b^{\ d}S_{(3)a}\psi - \\
& -\tfrac{1}{2}\alpha^2\beta_3 A^d F_{bc}S_{(3)a}\psi + \alpha^2\beta_0\beta_3 A_e A^d S_{(0)bc}^{\ \ e}S_{(3)a}\psi - \alpha^2\beta_0\beta_3 A_c A_e S_{(0)}^{\ ed}S_{(3)a}\psi - \alpha^2\beta_0\beta_3 A_c A_e S_{(0)\ a}^{\ de}S_{(3)a}\psi + \\
& +\alpha\beta_1\beta_3 A^d S_{(1)bc}S_{(3)a}\psi - \alpha\beta_1\beta_3 A_c S_{(1)b}^{\ \ d}S_{(3)a}\psi + \alpha^3\beta_2\beta_3 A_c\eta S_{(2)b}^{\ \ d}S_{(3)a}\psi - \alpha^3\beta_2\beta_3 A_c A_e A^d S_{(2)b}^{\ \ e}S_{(3)a}\psi - \\
& -\alpha^3\beta_2\beta_3 A_b A_e A^d S_{(2)c}^{\ \ e}S_{(3)a}\psi + \alpha^3\beta_2\beta_3 A_c\eta S_{(2)\ b}^{\ d}S_{(3)a}\psi + \alpha^3\beta_2\beta_3 A_b A_c A_e S_{(2)}^{\ de}S_{(3)a}\psi - \alpha^3\beta_2\beta_3 A_c A_e A^d S_{(2)\ b}^{\ e}S_{(3)a}\psi + \\
& +\tfrac{1}{2}\alpha^3\beta_3(\partial_5 A_c)A_a A^d S_{(3)b}\psi + \tfrac{1}{2}\alpha^3\beta_3(\partial_5 g_{ae})A_c A^d A^e S_{(3)b}\psi + \tfrac{1}{2}\alpha^2\beta_3 A_c U_a^{\ d}S_{(3)b}\psi + \tfrac{1}{2}\alpha^2\beta_3 A^d F_{ac}S_{(3)b}\psi - \\
& -\alpha^2\beta_0\beta_3 A_e A^d S_{(0)ac}^{\ \ e}S_{(3)b}\psi + \alpha^2\beta_0\beta_3 A_c A_e S_{(0)a}^{\ \ ed}S_{(3)b}\psi + \alpha^2\beta_0\beta_3 A_c A_e S_{(0)\ a}^{\ de}S_{(3)b}\psi - \alpha\beta_1\beta_3 A^d S_{(1)ac}S_{(3)b}\psi + \\
& +\alpha\beta_1\beta_3 A_c S_{(1)a}^{\ \ d}S_{(3)b}\psi - \alpha^3\beta_2\beta_3 A_c\eta S_{(2)a}^{\ \ d}S_{(3)b}\psi + \alpha^3\beta_2\beta_3 A_c A_e A^d S_{(2)a}^{\ \ e}S_{(3)b}\psi + \alpha^3\beta_2\beta_3 A_a A_e A^d S_{(2)c}^{\ \ e}S_{(3)b}\psi - \\
& -\alpha^3\beta_2\beta_3 A_c\eta S_{(2)\ a}^{\ d}S_{(3)b}\psi - \alpha^3\beta_2\beta_3 A_a A_c A_e S_{(2)}^{\ de}S_{(3)b}\psi + \alpha^3\beta_2\beta_3 A_c A_e A^d S_{(2)\ a}^{\ e}S_{(3)b}\psi + \tfrac{1}{2}\alpha^3\beta_3(\partial_5 A_b)A_a A^d S_{(3)c}\psi - \\
& -\tfrac{1}{2}\alpha^3\beta_3(\partial_5 A_a)A_b A^d S_{(3)c}\psi - \tfrac{1}{2}\alpha^3\beta_3(\partial_5 g_{be})A_a A^d A^e S_{(3)c}\psi + \tfrac{1}{2}\alpha^3\beta_3(\partial_5 g_{ae})A_b A^d A^e S_{(3)c}\psi + \tfrac{1}{2}\alpha^2\beta_3 A_b U_a^{\ d}S_{(3)c}\psi - \\
& -\tfrac{1}{2}\alpha^2\beta_3 A_a U_b^{\ d}S_{(3)c}\psi + \alpha^2\beta_3 A^d F_{ab}S_{(3)c}\psi + \alpha^2\beta_0\beta_3 A_b A_e S_{(0)a}^{\ \ ed}S_{(3)c}\psi - \alpha^2\beta_0\beta_3 A_a A_e S_{(0)b}^{\ \ ed}S_{(3)c}\psi + \\
& +\alpha^2\beta_0\beta_3 A_b A_e S_{(0)\ a}^{\ de}S_{(3)c}\psi - \alpha^2\beta_0\beta_3 A_a A_e S_{(0)\ b}^{\ de}S_{(3)c}\psi + \alpha\beta_1\beta_3 A_b S_{(1)a}^{\ \ d}S_{(3)c}\psi - \alpha\beta_1\beta_3 A_a S_{(1)b}^{\ \ d}S_{(3)c}\psi - \\
& -\alpha^3\beta_2\beta_3 A_b\eta S_{(2)a}^{\ \ d}S_{(3)c}\psi + \alpha^3\beta_2\beta_3 A_a\eta S_{(2)b}^{\ \ d}S_{(3)c}\psi - \alpha^3\beta_2\beta_3 A_b\eta S_{(2)\ a}^{\ d}S_{(3)c}\psi + \alpha^3\beta_2\beta_3 A_a\eta S_{(2)\ b}^{\ d}S_{(3)c}\psi + \\
& +\alpha^3\beta_2\beta_3 A_b A_e A^d S_{(2)\ a}^{\ e}S_{(3)c}\psi - \alpha^3\beta_2\beta_3 A_a A_e A^d S_{(2)\ b}^{\ e}S_{(3)c}\psi - \alpha^2\beta_3^2 A_b A^d S_{(3)a}S_{(3)c}\psi + \alpha^2\beta_3^2 A_a A^d S_{(3)b}S_{(3)c}\psi - \\
& -\alpha^2\beta_3 A_b A^{d\,(4)}\{^{\ e}_{a\ c}\}S_{(3)e}\psi + \alpha^2\beta_3 A_a A^{d\,(4)}\{^{\ e}_{b\ c}\}S_{(3)e}\psi - \alpha^2\beta_0\beta_3 A_b A^d S_{(0)ac}^{\ \ e}S_{(3)e}\psi + \alpha^2\beta_0\beta_3 A_a A^d S_{(0)bc}^{\ \ e}S_{(3)e}\psi - \\
& -\tfrac{1}{2}\alpha^3\beta_3(\partial_5 A_b)A_a A_c S_{(3)}^{\ d}\psi + \tfrac{1}{2}\alpha^3\beta_3(\partial_5 A_a)A_b A_c S_{(3)}^{\ d}\psi - \tfrac{1}{2}\alpha^3\beta_3(\partial_5 g_{bc})A_a\eta S_{(3)}^{\ d}\psi + \tfrac{1}{2}\alpha^3\beta_3(\partial_5 g_{ac})A_b\eta S_{(3)}^{\ d}\psi + \\
& +\alpha^2\beta_3 A_b A_e{}^{(4)}\{^{\ e}_{a\ c}\}S_{(3)}^{\ d}\psi - \alpha^2\beta_3 A_a A_e{}^{(4)}\{^{\ e}_{b\ c}\}S_{(3)}^{\ d}\psi - \tfrac{1}{2}\alpha^2\beta_3 A_b U_{ac}S_{(3)}^{\ d}\psi + \tfrac{1}{2}\alpha^2\beta_3 A_a U_{bc}S_{(3)}^{\ d}\psi - \\
& -\alpha^2\beta_0\beta_3 A_b A_e S_{(0)a\ c}^{\ \ e}S_{(3)}^{\ d}\psi + \alpha^2\beta_0\beta_3 A_a A_e S_{(0)b\ c}^{\ \ e}S_{(3)}^{\ d}\psi - \alpha^2\beta_0\beta_3 A_b A_e S_{(0)c\ a}^{\ \ e}S_{(3)}^{\ d}\psi + \alpha^2\beta_0\beta_3 A_a A_e S_{(0)c\ b}^{\ \ e}S_{(3)}^{\ d}\psi - \\
& -\alpha\beta_1\beta_3 A_b S_{(1)ac}S_{(3)}^{\ d}\psi + \alpha\beta_1\beta_3 A_a S_{(1)bc}S_{(3)}^{\ d}\psi + \alpha^3\beta_2\beta_3 A_b\eta S_{(2)ac}S_{(3)}^{\ d}\psi + \alpha^3\beta_2\beta_3 A_b A_c A_e S_{(2)a}^{\ \ e}S_{(3)}^{\ d}\psi - \\
& -\alpha^3\beta_2\beta_3 A_a\eta S_{(2)bc}S_{(3)}^{\ d}\psi - \alpha^3\beta_2\beta_3 A_a A_c A_e S_{(2)b}^{\ \ e}S_{(3)}^{\ d}\psi + \alpha^3\beta_2\beta_3 A_b\eta S_{(2)ca}S_{(3)}^{\ d}\psi - \alpha^3\beta_2\beta_3 A_a\eta S_{(2)cb}S_{(3)}^{\ d}\psi + \\
& +\alpha^2\beta_3^2 A_b A_c S_{(3)a}S_{(3)}^{\ d}\psi - \alpha^2\beta_3^2 A_a A_c S_{(3)b}S_{(3)}^{\ d}\psi + \tfrac{1}{2}\alpha^3\beta_3(\partial_5 g_{bc})A_a A_e A^d S_{(3)}^{\ e}\psi - \tfrac{1}{2}\alpha^3\beta_3(\partial_5 g_{ac})A_b A_e A^d S_{(3)}^{\ e}\psi + \\
& +\alpha^2\beta_0\beta_3 A_b A^d S_{(0)aec}S_{(3)}^{\ e}\psi - \alpha^2\beta_0\beta_3 A_a A^d S_{(0)bec}S_{(3)}^{\ e}\psi + \alpha^2\beta_0\beta_3 A_b A^d S_{(0)cea}S_{(3)}^{\ e}\psi - \alpha^2\beta_0\beta_3 A_a A^d S_{(0)ceb}S_{(3)}^{\ e}\psi - \\
& -\alpha^3\beta_2\beta_3 A_b A_e A^d S_{(2)ac}S_{(3)}^{\ e}\psi + \alpha^3\beta_2\beta_3 A_a A_e A^d S_{(2)bc}S_{(3)}^{\ e}\psi - \alpha^3\beta_2\beta_3 A_b A_e A^d S_{(2)ca}S_{(3)}^{\ e}\psi + \alpha^3\beta_2\beta_3 A_a A_e A^d S_{(2)cb}S_{(3)}^{\ e}\psi - \\
& -\tfrac{1}{2}\alpha^2(\partial_b F_{ce})A_a g^{de}\psi + \alpha\beta_1(\partial_b S_{(1)ce})A_a g^{de}\psi + \tfrac{1}{2}\alpha^2(\partial_a F_{ce})A_b g^{de}\psi - \alpha\beta_1(\partial_a S_{(1)ce})A_b g^{de}\psi + \tfrac{1}{2}\alpha^2(\partial_a F_{be})A_c g^{de}\psi - \\
& -\alpha\beta_1(\partial_a S_{(1)be})A_c g^{de}\psi - \tfrac{1}{2}\alpha^2(\partial_b F_{ae})A_c g^{de}\psi + \alpha\beta_1(\partial_b S_{(1)ae})A_c g^{de}\psi - \tfrac{1}{4}\alpha^4(\partial_5 A_b)(\partial_5 A_e)A_a A_c g^{de}\psi + \\
& +\tfrac{1}{4}\alpha^4(\partial_5 A_a)(\partial_5 A_e)A_b A_c g^{de}\psi + \alpha^2\beta_0(\partial_b S_{(0)ce}^{\ \ f})A_a A_f g^{de}\psi - \alpha^2\beta_0(\partial_a S_{(0)ce}^{\ \ f})A_b A_f g^{de}\psi - \alpha^2\beta_0(\partial_a S_{(0)be}^{\ \ f})A_c A_f g^{de}\psi + \\
& +\alpha^2\beta_0(\partial_b S_{(0)ae}^{\ \ f})A_c A_f g^{de}\psi - \tfrac{1}{4}\alpha^4(\partial_5 A_e)(\partial_5 g_{bc})A_a\eta g^{de}\psi + \tfrac{1}{4}\alpha^4(\partial_5 A_c)(\partial_5 g_{be})A_a\eta g^{de}\psi + \tfrac{1}{4}\alpha^4(\partial_5 A_e)(\partial_5 g_{ac})A_b\eta g^{de}\psi - \\
& -\tfrac{1}{4}\alpha^4(\partial_5 A_c)(\partial_5 g_{ae})A_b\eta g^{de}\psi - \tfrac{1}{4}\alpha^4(\partial_5 A_b)(\partial_5 g_{ae})A_c\eta g^{de}\psi + \tfrac{1}{4}\alpha^4(\partial_5 A_a)(\partial_5 g_{be})A_c\eta g^{de}\psi + \tfrac{1}{2}\alpha^3(\partial_5 A_e)A_b A_f{}^{(4)}\{^{\ f}_{a\ c}\}g^{de}\psi - \\
& -\tfrac{1}{2}\alpha^3(\partial_5 A_e)A_a A_f{}^{(4)}\{^{\ f}_{b\ c}\}g^{de}\psi - \tfrac{1}{4}\alpha^3(\partial_5 A_e)A_b U_{ac}g^{de}\psi + \tfrac{1}{4}\alpha^3(\partial_5 A_e)A_a U_{bc}g^{de}\psi + \tfrac{1}{4}\alpha^3(\partial_5 g_{be})A_c A_f F_a^{\ f}g^{de}\psi - \\
& -\tfrac{1}{4}\alpha^3(\partial_5 g_{ae})A_c A_f F_b^{\ f}g^{de}\psi + \tfrac{1}{4}\alpha^3(\partial_5 g_{be})A_a A_f F_c^{\ f}g^{de}\psi - \tfrac{1}{4}\alpha^3(\partial_5 g_{ae})A_b A_f F_c^{\ f}g^{de}\psi - \\
& -\tfrac{1}{2}\alpha^3\beta_0(\partial_5 A_e)A_b A_f S_{(0)a\ c}^{\ f}g^{de}\psi - \tfrac{1}{2}\alpha^3\beta_0(\partial_5 g_{be})A_c A_f A_g S_{(0)a}^{\ fg}g^{de}\psi + \tfrac{1}{2}\alpha^3\beta_0(\partial_5 A_e)A_a A_f S_{(0)b\ c}^{\ f}g^{de}\psi +
\end{aligned}$$

$$+ \tfrac{1}{2} \alpha^3 \beta_0 (\partial_5 g_{ae}) A_c A_f A_g S_{(0)b}{}^{fg} g^{de} \psi - \tfrac{1}{2} \alpha^3 \beta_0 (\partial_5 A_e) A_b A_f S_{(0)c}{}^{f} g^{de} \psi + \tfrac{1}{2} \alpha^3 \beta_0 (\partial_5 A_e) A_a A_f S_{(0)c}{}^{f} {}_b g^{de} \psi -$$
$$- \tfrac{1}{2} \alpha^3 \beta_0 (\partial_5 g_{be}) A_a A_f A_g S_{(0)c}{}^{fg} g^{de} \psi + \tfrac{1}{2} \alpha^3 \beta_0 (\partial_5 g_{ae}) A_b A_f A_g S_{(0)c}{}^{fg} g^{de} \psi - \tfrac{1}{2} \alpha^2 \beta_1 (\partial_5 A_e) A_b S_{(1)ac} g^{de} \psi -$$
$$- \tfrac{1}{2} \alpha^2 \beta_1 (\partial_5 g_{be}) A_c A_f S_{(1)a}{}^{f} g^{de} \psi + \tfrac{1}{2} \alpha^2 \beta_1 (\partial_5 A_e) A_a S_{(1)bc} g^{de} \psi + \tfrac{1}{2} \alpha^2 \beta_1 (\partial_5 g_{ae}) A_c A_f S_{(1)b}{}^{f} g^{de} \psi -$$
$$- \tfrac{1}{2} \alpha^2 \beta_1 (\partial_5 g_{be}) A_a A_f S_{(1)c}{}^{f} g^{de} \psi + \tfrac{1}{2} \alpha^2 \beta_1 (\partial_5 g_{ae}) A_b A_f S_{(1)c}{}^{f} g^{de} \psi + \tfrac{1}{2} \alpha^4 \beta_2 (\partial_5 A_e) A_b \eta S_{(2)ac} g^{de} \psi +$$
$$+ \tfrac{1}{2} \alpha^4 \beta_2 (\partial_5 A_e) A_b A_c A_f S_{(2)a}{}^{f} g^{de} \psi + \tfrac{1}{2} \alpha^4 \beta_2 (\partial_5 g_{be}) A_c A_f \eta S_{(2)a}{}^{f} g^{de} \psi - \tfrac{1}{2} \alpha^4 \beta_2 (\partial_5 A_e) A_a \eta S_{(2)bc} g^{de} \psi -$$
$$- \tfrac{1}{2} \alpha^4 \beta_2 (\partial_5 A_e) A_a A_c A_f S_{(2)b}{}^{f} g^{de} \psi - \tfrac{1}{2} \alpha^4 \beta_2 (\partial_5 g_{ae}) A_c A_f \eta S_{(2)b}{}^{f} g^{de} \psi + \tfrac{1}{2} \alpha^4 \beta_2 (\partial_5 A_e) A_b \eta S_{(2)ca} g^{de} \psi -$$
$$- \tfrac{1}{2} \alpha^4 \beta_2 (\partial_5 A_e) A_a \eta S_{(2)cb} g^{de} \psi + \tfrac{1}{2} \alpha^4 \beta_2 (\partial_5 g_{be}) A_a A_f \eta S_{(2)c}{}^{f} g^{de} \psi - \tfrac{1}{2} \alpha^4 \beta_2 (\partial_5 g_{ae}) A_b A_f \eta S_{(2)c}{}^{f} g^{de} \psi +$$
$$+ \tfrac{1}{2} \alpha^3 \beta_3 (\partial_5 A_e) A_b A_c S_{(3)a} g^{de} \psi + \tfrac{1}{2} \alpha^3 \beta_3 (\partial_5 g_{be}) A_c \eta S_{(3)a} g^{de} \psi - \tfrac{1}{2} \alpha^3 \beta_3 (\partial_5 A_e) A_a A_c S_{(3)b} g^{de} \psi -$$
$$- \tfrac{1}{2} \alpha^3 \beta_3 (\partial_5 g_{ae}) A_c \eta S_{(3)b} g^{de} \psi + \tfrac{1}{2} \alpha^3 \beta_3 (\partial_5 g_{be}) A_a \eta S_{(3)c} g^{de} \psi - \tfrac{1}{2} \alpha^3 \beta_3 (\partial_5 g_{ae}) A_b \eta S_{(3)c} g^{de} \psi -$$
$$- \tfrac{1}{2} \alpha^3 (\partial_5 A_c) A_b A_e {}^{(4)}\{{}^{e}_{af}\} g^{df} \psi - \tfrac{1}{2} \alpha^3 (\partial_5 A_b) A_c A_e {}^{(4)}\{{}^{e}_{af}\} g^{df} \psi + \tfrac{1}{2} \alpha^3 (\partial_5 A_c) A_a A_e {}^{(4)}\{{}^{e}_{bf}\} g^{df} \psi +$$
$$+ \tfrac{1}{2} \alpha^3 (\partial_5 A_a) A_c A_e {}^{(4)}\{{}^{e}_{bf}\} g^{df} \psi + \tfrac{1}{2} \alpha^2 A_c {}^{(4)}\{{}^{e}_{bf}\} F_{ae} g^{df} \psi - \tfrac{1}{2} \alpha^2 A_c {}^{(4)}\{{}^{e}_{af}\} F_{be} g^{df} \psi - \tfrac{1}{2} \alpha^2 A_b {}^{(4)}\{{}^{e}_{af}\} F_{ce} g^{df} \psi +$$
$$+ \tfrac{1}{2} \alpha^2 A_a {}^{(4)}\{{}^{e}_{bf}\} F_{ce} g^{df} \psi - \alpha \beta_1 {}^{(4)}\{{}^{e}_{bf}\} S_{(1)ae} g^{df} \psi + \alpha \beta_1 A_c {}^{(4)}\{{}^{e}_{af}\} S_{(1)be} g^{df} \psi + \alpha \beta_1 A_b {}^{(4)}\{{}^{e}_{af}\} S_{(1)ce} g^{df} \psi -$$
$$- \alpha \beta_1 A_a {}^{(4)}\{{}^{e}_{bf}\} S_{(1)ce} g^{df} \psi + \alpha^2 \beta_3 A_c A_e {}^{(4)}\{{}^{e}_{bf}\} S_{(3)a} g^{df} \psi - \alpha^2 \beta_3 A_c A_e {}^{(4)}\{{}^{e}_{af}\} S_{(3)b} g^{df} \psi -$$
$$- \alpha^2 \beta_3 A_b A_e {}^{(4)}\{{}^{e}_{af}\} S_{(3)c} g^{df} \psi + \alpha^2 \beta_3 A_a A_e {}^{(4)}\{{}^{e}_{bf}\} S_{(3)c} g^{df} \psi - \alpha^2 \beta_0 A_c A_e {}^{(4)}\{{}^{f}_{bg}\} S_{(0)af}{}^{e} g^{dg} \psi +$$
$$+ \alpha^2 \beta_0 A_c A_e {}^{(4)}\{{}^{f}_{ag}\} S_{(0)bf}{}^{e} g^{dg} \psi + \alpha^2 \beta_0 A_b A_e {}^{(4)}\{{}^{f}_{ag}\} S_{(0)cf}{}^{e} g^{dg} \psi - \alpha^2 \beta_0 A_a A_e {}^{(4)}\{{}^{f}_{bg}\} S_{(0)cf}{}^{e} g^{dg} \psi +$$
$$+ \alpha^3 \beta_2 A_c A_e A_f {}^{(4)}\{{}^{e}_{bg}\} S_{(2)a}{}^{f} g^{dg} \psi - \alpha^3 \beta_2 A_c A_e A_f {}^{(4)}\{{}^{e}_{ag}\} S_{(2)b}{}^{f} g^{dg} \psi - \alpha^3 \beta_2 A_b A_e A_f {}^{(4)}\{{}^{e}_{ag}\} S_{(2)c}{}^{f} g^{dg} \psi +$$
$$+ \alpha^3 \beta_2 A_a A_e A_f {}^{(4)}\{{}^{e}_{bg}\} S_{(2)c}{}^{f} g^{dg} \psi,$$

$$R_{abc}{}^{5} = \qquad (68)$$

$$= \partial_a \Gamma_{bc}^{5} - \partial_b \Gamma_{ac}^{5} + \Gamma_{ad}^{5} \Gamma_{bc}^{d} + \Gamma_{a5}^{5} \Gamma_{bc}^{5} - \Gamma_{ac}^{d} \Gamma_{bd}^{5} - \Gamma_{ac}^{5} \Gamma_{b5}^{5}$$

$$= \tfrac{1}{2} \alpha \, \partial_a U_{bc} + \beta_1 \, \partial_a S_{(1)bc} - \tfrac{1}{2} \alpha \, \partial_b U_{ac} - \beta_1 \, \partial_b S_{(1)ac} - \tfrac{1}{4} (\partial_b \psi)(\partial_5 g_{ac}) \psi^{-2} + \tfrac{1}{4} (\partial_a \psi)(\partial_5 g_{bc}) \psi^{-2} + \tfrac{1}{4} \alpha (\partial_b \psi)(\partial_c \psi) A_a \psi^{-2} -$$
$$- \tfrac{1}{4} \alpha (\partial_a \psi)(\partial_c \psi) A_b \psi^{-2} - \tfrac{1}{4} \alpha^2 (\partial_b \psi)(\partial_5 \psi) A_a A_c \psi^{-2} + \tfrac{1}{4} \alpha^2 (\partial_a \psi)(\partial_5 \psi) A_b A_c \psi^{-2} - \tfrac{1}{2} \beta_2 (\partial_b \psi) S_{(2)ac} \psi^{-2} +$$
$$+ \tfrac{1}{2} \beta_2 (\partial_a \psi) S_{(2)bc} \psi^{-2} - \tfrac{1}{2} \beta_2 (\partial_b \psi) S_{(2)ca} \psi^{-2} + \tfrac{1}{2} \beta_2 (\partial_a \psi) S_{(2)cb} \psi^{-2} - \tfrac{1}{2} \alpha (\partial_b \partial_c \psi) A_a \psi^{-1} + \tfrac{1}{4} \alpha^2 (\partial_b \psi)(\partial_5 A_c) A_a \psi^{-1} +$$
$$+ \tfrac{1}{2} \alpha (\partial_a \partial_c \psi) A_b \psi^{-1} - \tfrac{1}{4} \alpha^2 (\partial_a \psi)(\partial_5 A_c) A_b \psi^{-1} + \tfrac{1}{4} \alpha^2 (\partial_b \psi)(\partial_5 A_a) A_c \psi^{-1} - \tfrac{1}{4} \alpha^2 (\partial_a \psi)(\partial_5 A_b) A_c \psi^{-1} + \tfrac{1}{2} \alpha^2 (\partial_5 \partial_b \psi) A_a A_c \psi^{-1} -$$
$$- \tfrac{1}{2} \alpha^2 (\partial_5 \partial_a \psi) A_b A_c \psi^{-1} + \tfrac{1}{4} \alpha^2 (\partial_c \psi)(\partial_5 g_{bd}) A_a A^d \psi^{-1} - \tfrac{1}{4} \alpha^2 (\partial_c \psi)(\partial_5 g_{ad}) A_b A^d \psi^{-1} - \tfrac{1}{4} \alpha^2 (\partial_b \psi)(\partial_5 g_{ad}) A_c A^d \psi^{-1} +$$
$$+ \tfrac{1}{4} \alpha^2 (\partial_a \psi)(\partial_5 g_{bd}) A_c A^d \psi^{-1} + \tfrac{1}{4} \alpha^3 (\partial_b \psi)(\partial_d \psi) A_a A_c A^d \psi^{-1} - \tfrac{1}{4} \alpha^3 (\partial_a \psi)(\partial_d \psi) A_b A_c A^d \psi^{-1} - \tfrac{1}{4} \alpha^4 (\partial_b \psi)(\partial_5 \psi) A_a A_c \eta \, \psi^{-1} +$$
$$+ \tfrac{1}{4} \alpha^4 (\partial_a \psi)(\partial_5 \psi) A_b A_c \eta \, \psi^{-1} - \tfrac{1}{2} \alpha (\partial_d \psi) A_b {}^{(4)}\{{}^{d}_{ac}\} \psi^{-1} + \tfrac{1}{2} \alpha^2 (\partial_5 \psi) A_b A^d {}^{(4)}\{{}^{d}_{ac}\} \psi^{-1} + \tfrac{1}{2} \alpha (\partial_d \psi) A_a {}^{(4)}\{{}^{d}_{bc}\} \psi^{-1} -$$
$$- \tfrac{1}{2} \alpha^2 (\partial_5 \psi) A_a A^d {}^{(4)}\{{}^{d}_{bc}\} \psi^{-1} - \tfrac{1}{4} \alpha^2 (\partial_5 \psi) A_b U_{ac} \psi^{-1} + \tfrac{1}{4} \alpha^2 (\partial_5 \psi) A_a U_{bc} \psi^{-1} + \tfrac{1}{2} \alpha (\partial_c \psi) F_{ab} \psi^{-1} - \tfrac{1}{2} \alpha^2 (\partial_5 \psi) A_c F_{ab} \psi^{-1} +$$
$$+ \tfrac{1}{4} \alpha (\partial_b \psi) F_{ac} \psi^{-1} - \tfrac{1}{4} \alpha^2 (\partial_5 \psi) A_b F_{ac} \psi^{-1} - \tfrac{1}{4} \alpha (\partial_a \psi) F_{bc} \psi^{-1} + \tfrac{1}{4} \alpha^2 (\partial_5 \psi) A_a F_{bc} \psi^{-1} + \tfrac{1}{2} \beta_0 (\partial_5 g_{bd}) S_{(0)ac}{}^{d} \psi^{-1} -$$
$$- \tfrac{1}{2} \alpha \beta_0 (\partial_d \psi) A_b S_{(0)ac}{}^{d} \psi^{-1} - \tfrac{1}{2} \alpha \beta_0 (\partial_b \psi) A_d S_{(0)ac}{}^{d} \psi^{-1} + \tfrac{1}{2} \alpha^2 \beta_0 (\partial_5 \psi) A_b A_d S_{(0)ac}{}^{d} \psi^{-1} - \tfrac{1}{2} \beta_0 (\partial_5 g_{bd}) S_{(0)a}{}^{d}{}_c \psi^{-1} +$$
$$+ \tfrac{1}{2} \alpha \beta_0 (\partial_d \psi) A_b S_{(0)a}{}^{d}{}_c \psi^{-1} - \tfrac{1}{2} \alpha^2 \beta_0 (\partial_5 \psi) A_b A_d S_{(0)a}{}^{d}{}_c \psi^{-1} - \tfrac{1}{2} \beta_0 (\partial_5 g_{ad}) S_{(0)bc}{}^{d} \psi^{-1} + \tfrac{1}{2} \alpha \beta_0 (\partial_d \psi) A_a S_{(0)bc}{}^{d} \psi^{-1} +$$
$$+ \tfrac{1}{2} \alpha \beta_0 (\partial_a \psi) A_d S_{(0)bc}{}^{d} \psi^{-1} - \tfrac{1}{2} \alpha^2 \beta_0 (\partial_5 \psi) A_a A_d S_{(0)bc}{}^{d} \psi^{-1} + \tfrac{1}{2} \beta_0 (\partial_5 g_{ad}) S_{(0)b}{}^{d}{}_c \psi^{-1} - \tfrac{1}{2} \alpha \beta_0 (\partial_d \psi) A_a S_{(0)b}{}^{d}{}_c \psi^{-1} +$$
$$+ \tfrac{1}{2} \alpha^2 \beta_0 (\partial_5 \psi) A_a A_d S_{(0)b}{}^{d}{}_c \psi^{-1} - \tfrac{1}{2} \beta_0 (\partial_5 g_{bd}) S_{(0)c}{}^{d}{}_a \psi^{-1} + \tfrac{1}{2} \alpha \beta_0 (\partial_d \psi) A_b S_{(0)c}{}^{d}{}_a \psi^{-1} - \tfrac{1}{2} \alpha^2 \beta_0 (\partial_5 \psi) A_b A_d S_{(0)c}{}^{d}{}_a \psi^{-1} +$$
$$+ \tfrac{1}{2} \beta_0 (\partial_5 g_{ad}) S_{(0)c}{}^{d}{}_b \psi^{-1} - \tfrac{1}{2} \alpha \beta_0 (\partial_d \psi) A_a S_{(0)c}{}^{d}{}_b \psi^{-1} + \tfrac{1}{2} \alpha^2 \beta_0 (\partial_5 \psi) A_a A_d S_{(0)c}{}^{d}{}_b \psi^{-1} - \tfrac{1}{2} \beta_1 (\partial_b \psi) S_{(1)ac} \psi^{-1} +$$
$$+ \tfrac{1}{2} \beta_1 (\partial_a \psi) S_{(1)bc} \psi^{-1} + \tfrac{1}{2} \alpha^2 \beta_2 (\partial_d \psi) A_b A_c S_{(2)a}{}^{d} \psi^{-1} - \tfrac{1}{2} \alpha^2 \beta_2 (\partial_c \psi) A_b A_d S_{(2)a}{}^{d} \psi^{-1} - \beta_0 \beta_2 S_{(0)bcd} S_{(2)a}{}^{d} \psi^{-1} +$$
$$+ \beta_0 \beta_2 S_{(0)bdc} S_{(2)a}{}^{d} \psi^{-1} + \beta_0 \beta_2 S_{(0)cdb} S_{(2)a}{}^{d} \psi^{-1} - \tfrac{1}{2} \alpha^2 \beta_2 (\partial_d \psi) A_a A_c S_{(2)b}{}^{d} \psi^{-1} + \tfrac{1}{2} \alpha^2 \beta_2 (\partial_c \psi) A_a A_d S_{(2)b}{}^{d} \psi^{-1} +$$
$$+ \beta_0 \beta_2 S_{(0)acd} S_{(2)b}{}^{d} \psi^{-1} - \beta_0 \beta_2 S_{(0)adc} S_{(2)b}{}^{d} \psi^{-1} - \beta_0 \beta_2 S_{(0)cda} S_{(2)b}{}^{d} \psi^{-1} + \tfrac{1}{2} \alpha^2 \beta_2 (\partial_b \psi) A_a A_d S_{(2)c}{}^{d} \psi^{-1} -$$
$$- \tfrac{1}{2} \alpha^2 \beta_2 (\partial_a \psi) A_b A_d S_{(2)c}{}^{d} \psi^{-1} - \beta_2 {}^{(4)}\{{}^{d}_{bc}\} S_{(2)da} \psi^{-1} - \beta_0 \beta_2 S_{(0)bc}{}^{d} S_{(2)da} \psi^{-1} + \beta_2 {}^{(4)}\{{}^{d}_{ac}\} S_{(2)db} \psi^{-1} + \beta_0 \beta_2 S_{(0)ac}{}^{d} S_{(2)db} \psi^{-1} +$$

$$
\begin{aligned}
&+ \tfrac{1}{2}\alpha^2 \beta_2 (\partial_d \psi) A_b A_c S_{(2)a}{}^d \psi^{-1} - \tfrac{1}{2}\alpha^2 \beta_2 (\partial_c \psi) A_b A_d S_{(2)a}{}^d \psi^{-1} - \tfrac{1}{2}\alpha^2 \beta_2 (\partial_b \psi) A_c A_d S_{(2)a}{}^d \psi^{-1} + \beta_0 \beta_2 S_{(0)bdc} S_{(2)a}{}^d \psi^{-1} + \\
&+ \beta_0 \beta_2 S_{(0)cdb} S_{(2)a}{}^d \psi^{-1} - \tfrac{1}{2}\alpha^2 \beta_2 (\partial_d \psi) A_a A_c S_{(2)b}{}^d \psi^{-1} + \tfrac{1}{2}\alpha^2 \beta_2 (\partial_c \psi) A_a A_d S_{(2)b}{}^d \psi^{-1} + \tfrac{1}{2}\alpha^2 \beta_2 (\partial_a \psi) A_c A_d S_{(2)b}{}^d \psi^{-1} - \\
&- \beta_0 \beta_2 S_{(0)adc} S_{(2)b}{}^d \psi^{-1} - \beta_0 \beta_2 S_{(0)cda} S_{(2)b}{}^d \psi^{-1} + \tfrac{1}{2}\alpha \beta_3 (\partial_b \psi) A_c S_{(3)a} \psi^{-1} - \tfrac{1}{2}\alpha \beta_3 (\partial_a \psi) A_c S_{(3)b} \psi^{-1} + \\
&+ \tfrac{1}{2}\alpha \beta_3 (\partial_b \psi) A_a S_{(3)c} \psi^{-1} - \tfrac{1}{2}\alpha \beta_3 (\partial_a \psi) A_b S_{(3)c} \psi^{-1} + \beta_2 (\partial_b S_{(2)c}{}^d) g_{ad} \psi^{-1} + \tfrac{1}{2}(\partial_5 {}^{(4)}\{{}^d_{bc}\}) g_{ad} \psi^{-1} + \\
&+ \beta_2 {}^{(4)}\{{}^e_{bd}\} S_{(2)c}{}^d g_{ae} \psi^{-1} - \beta_2 (\partial_a S_{(2)c}{}^d) g_{bd} \psi^{-1} - \tfrac{1}{2}(\partial_5 {}^{(4)}\{{}^d_{ac}\}) g_{bd} \psi^{-1} - \beta_2 {}^{(4)}\{{}^e_{ad}\} S_{(2)c}{}^d g_{be} \psi^{-1} - \\
&- \beta_2 (\partial_a S_{(2)b}{}^d) g_{cd} \psi^{-1} + \beta_2 (\partial_b S_{(2)a}{}^d) g_{cd} \psi^{-1} + \beta_2 {}^{(4)}\{{}^e_{bd}\} S_{(2)a}{}^d g_{ce} \psi^{-1} - \beta_2 {}^{(4)}\{{}^e_{ad}\} S_{(2)b}{}^d g_{ce} \psi^{-1} - \\
&- \tfrac{1}{4}\alpha^2 (\partial_d \psi)(\partial_5 g_{be}) A_a A_c g^{de} \psi^{-1} + \tfrac{1}{4}\alpha^2 (\partial_d \psi)(\partial_5 g_{ae}) A_b A_c g^{de} \psi^{-1} + \tfrac{1}{4}\alpha^6 (\partial_5 A_d) A_b A_c \eta F_a{}^d \psi^2 - \\
&- \tfrac{1}{4}\alpha^6 (\partial_5 A_d) A_b A_c A_e A^d F_a{}^e \psi^2 - \tfrac{1}{4}\alpha^6 (\partial_5 A_d) A_a A_c \eta F_b{}^d \psi^2 + \tfrac{1}{4}\alpha^6 (\partial_5 A_d) A_a A_c A_e A^d F_b{}^e \psi^2 - \tfrac{1}{4}\alpha^5 A_b A_c A_d F_{ae} F^{de} \psi^2 + \\
&+ \tfrac{1}{4}\alpha^5 A_a A_c A_d F_{be} F^{de} \psi^2 + \tfrac{1}{2}\alpha^5 \beta_0 A_b A_c A_d A_e F^{ef} S_{(0)af}{}^d \psi^2 - \tfrac{1}{2}\alpha^6 \beta_0 (\partial_5 A_d) A_b A_c A_e \eta S_{(0)a}{}^{de} \psi^2 + \\
&+ \tfrac{1}{2}\alpha^6 \beta_0 (\partial_5 A_d) A_b A_c A_e A_f A^d S_{(0)a}{}^{ef} \psi^2 - \tfrac{1}{2}\alpha^5 \beta_0 A_a A_c A_d A_e F^{ef} S_{(0)bf}{}^d \psi^2 + \tfrac{1}{2}\alpha^6 \beta_0 (\partial_5 A_d) A_a A_c A_e \eta S_{(0)b}{}^{de} \psi^2 - \\
&- \tfrac{1}{2}\alpha^6 \beta_0 (\partial_5 A_d) A_a A_c A_e A_f A^d S_{(0)b}{}^{ef} \psi^2 + \tfrac{1}{2}\alpha^5 \beta_0 A_b A_c A_d A_e F_a{}^f S_{(0)f}{}^{de} \psi^2 - \tfrac{1}{2}\alpha^5 \beta_0 A_a A_c A_d A_e F_b{}^f S_{(0)f}{}^{de} \psi^2 - \\
&- \alpha^5 \beta_0^2 A_b A_c A_d A_e A_f S_{(0)ag}{}^d S_{(0)}{}^{egf} \psi^2 + \alpha^5 \beta_0^2 A_a A_c A_d A_e A_f S_{(0)bg}{}^d S_{(0)}{}^{egf} \psi^2 - \tfrac{1}{2}\alpha^5 \beta_1 (\partial_5 A_d) A_b A_c \eta S_{(1)a}{}^d \psi^2 + \\
&+ \tfrac{1}{2}\alpha^5 \beta_1 (\partial_5 A_d) A_b A_c A_e A^d S_{(1)a}{}^e \psi^2 + \tfrac{1}{2}\alpha^4 \beta_1 A_b A_c A_d F^d{}_e S_{(1)a}{}^e \psi^2 - \alpha^4 \beta_0 \beta_1 A_b A_c A_d A_e S_{(0)}{}^{de}{}_f S_{(1)a}{}^f \psi^2 + \\
&+ \tfrac{1}{2}\alpha^5 \beta_1 (\partial_5 A_d) A_a A_c \eta S_{(1)b}{}^d \psi^2 - \tfrac{1}{2}\alpha^5 \beta_1 (\partial_5 A_d) A_a A_c A_e A^d S_{(1)b}{}^e \psi^2 - \tfrac{1}{2}\alpha^4 \beta_1 A_a A_c A_d F^d{}_e S_{(1)b}{}^e \psi^2 + \\
&+ \alpha^4 \beta_0 \beta_1 A_a A_c A_d A_e S_{(0)}{}^{de}{}_f S_{(1)b}{}^f \psi^2 + \tfrac{1}{2}\alpha^4 \beta_1 A_b A_c A_d F_{ae} S_{(1)}{}^{de} \psi^2 - \tfrac{1}{2}\alpha^4 \beta_1 A_a A_c A_d F_{be} S_{(1)}{}^{de} \psi^2 - \\
&- \alpha^3 \beta_1^2 A_b A_c A_d S_{(1)ae} S_{(1)}{}^{de} \psi^2 + \alpha^3 \beta_1^2 A_a A_c A_d S_{(1)be} S_{(1)}{}^{de} \psi^2 - \alpha^4 \beta_0 \beta_1 A_b A_c A_d A_e S_{(0)af} S_{(1)}{}^{ef} \psi^2 + \\
&+ \alpha^4 \beta_0 \beta_1 A_a A_c A_d A_e S_{(0)bf}{}^d S_{(1)}{}^{ef} \psi^2 + \tfrac{1}{2}\alpha^6 \beta_2 A_b A_c A_d \eta F_{ae} S_{(2)}{}^{ed} \psi^2 - \tfrac{1}{2}\alpha^6 \beta_2 A_a A_c A_d \eta F_{be} S_{(2)}{}^{ed} \psi^2 - \\
&- \alpha^5 \beta_1 \beta_2 A_b A_c A_d \eta S_{(1)ae} S_{(2)}{}^{ed} \psi^2 + \alpha^5 \beta_1 \beta_2 A_a A_c A_d \eta S_{(1)be} S_{(2)}{}^{ed} \psi^2 - \tfrac{1}{2}\alpha^6 \beta_2 A_b A_c A_d A_e A_f F_a{}^d S_{(2)}{}^{ef} \psi^2 + \\
&+ \tfrac{1}{2}\alpha^6 \beta_2 A_a A_c A_d A_e A_f F_b{}^d S_{(2)}{}^{ef} \psi^2 + \alpha^5 \beta_1 \beta_2 A_b A_c A_d A_e A_f S_{(1)a}{}^d S_{(2)}{}^{ef} \psi^2 - \alpha^5 \beta_1 \beta_2 A_a A_c A_d A_e A_f S_{(1)b}{}^d S_{(2)}{}^{ef} \psi^2 - \\
&- \alpha^6 \beta_0 \beta_2 A_b A_c A_d A_e \eta S_{(0)af}{}^d S_{(2)}{}^{fe} \psi^2 + \alpha^6 \beta_0 \beta_2 A_a A_c A_d A_e \eta S_{(0)bf}{}^d S_{(2)}{}^{fe} \psi^2 + \\
&+ \alpha^6 \beta_0 \beta_2 A_b A_c A_d A_e A_f A_g S_{(0)a}{}^{de} S_{(2)}{}^{fg} \psi^2 - \alpha^6 \beta_0 \beta_2 A_a A_c A_d A_e A_f A_g S_{(0)b}{}^{de} S_{(2)}{}^{fg} \psi^2 + \tfrac{1}{2}\alpha^5 \beta_3 A_b A_c \eta F_{ad} S_{(3)}{}^d \psi^2 - \\
&- \tfrac{1}{2}\alpha^5 \beta_3 A_a A_c \eta F_{bd} S_{(3)}{}^d \psi^2 - \alpha^4 \beta_1 \beta_3 A_b A_c \eta S_{(1)ad} S_{(3)}{}^d \psi^2 + \alpha^4 \beta_1 \beta_3 A_a A_c \eta S_{(1)bd} S_{(3)}{}^d \psi^2 - \tfrac{1}{2}\alpha^5 \beta_3 A_b A_c A_d A_e F_a{}^d S_{(3)}{}^e \psi^2 + \\
&+ \tfrac{1}{2}\alpha^5 \beta_3 A_a A_c A_d A_e F_b{}^d S_{(3)}{}^e \psi^2 - \alpha^5 \beta_0 \beta_3 A_b A_c A_d \eta S_{(0)ae}{}^d S_{(3)}{}^e \psi^2 + \alpha^5 \beta_0 \beta_3 A_a A_c A_d \eta S_{(0)be}{}^d S_{(3)}{}^e \psi^2 + \\
&+ \alpha^4 \beta_1 \beta_3 A_b A_c A_d A_e S_{(1)a}{}^d S_{(3)}{}^e \psi^2 - \alpha^4 \beta_1 \beta_3 A_a A_c A_d A_e S_{(1)b}{}^d S_{(3)}{}^e \psi^2 + \alpha^5 \beta_0 \beta_3 A_b A_c A_d A_e A_f S_{(0)a}{}^{de} S_{(3)}{}^f \psi^2 - \\
&- \alpha^5 \beta_0 \beta_3 A_a A_c A_d A_e A_f S_{(0)b}{}^{de} S_{(3)}{}^f \psi^2 + \alpha \beta_3 (\partial_b S_{(3)c}) A_a + \tfrac{1}{4}\alpha^2 (\partial_5 U_{bc}) A_a + \tfrac{1}{4}\alpha^2 (\partial_5 F_{bc}) A_a - \alpha \beta_3 (\partial_a S_{(3)c}) A_b - \\
&- \tfrac{1}{4}\alpha^2 (\partial_5 U_{ac}) A_b - \tfrac{1}{4}\alpha^2 (\partial_5 F_{ac}) A_b - \alpha \beta_3 (\partial_a S_{(3)b}) A_c + \alpha \beta_3 (\partial_b S_{(3)a}) A_c - \tfrac{1}{2}\alpha^2 (\partial_5 F_{ab}) A_c - \alpha (\partial_a {}^{(4)}\{{}^d_{bc}\}) A_d + \\
&+ \alpha (\partial_b {}^{(4)}\{{}^d_{ac}\}) A_d + \alpha^2 \beta_2 (\partial_b S_{(2)c}{}^d) A_a A_d - \alpha^2 \beta_2 (\partial_a S_{(2)c}{}^d) A_b A_d - \alpha^2 \beta_2 (\partial_a S_{(2)b}{}^d) A_c A_d + \alpha^2 \beta_2 (\partial_b S_{(2)a}{}^d) A_c A_d - \\
&- \tfrac{1}{2}\alpha^3 (\partial_b \partial_d \psi) A_a A_c A^d - \tfrac{1}{4}\alpha^4 (\partial_d \psi)(\partial_5 A_b) A_a A_c A^d - \tfrac{1}{4}\alpha^4 (\partial_b \psi)(\partial_5 A_d) A_a A_c A^d + \tfrac{1}{2}\alpha^3 (\partial_a \partial_d \psi) A_b A_c A^d + \\
&+ \tfrac{1}{4}\alpha^4 (\partial_d \psi)(\partial_5 A_a) A_b A_c A^d + \tfrac{1}{4}\alpha^4 (\partial_a \psi)(\partial_5 A_d) A_b A_c A^d + \tfrac{1}{4}\alpha^4 (\partial_d \psi)(\partial_5 g_{be}) A_a A_c A^d A^e - \tfrac{1}{4}\alpha^4 (\partial_d \psi)(\partial_5 g_{ae}) A_b A_c A^d A^e + \\
&+ \tfrac{1}{4}\alpha^4 (\partial_c \psi)(\partial_5 A_b) A_a \eta + \tfrac{1}{2}\alpha^4 (\partial_b \psi)(\partial_5 A_c) A_a \eta - \tfrac{1}{4}\alpha^4 (\partial_c \psi)(\partial_5 A_a) A_b \eta - \tfrac{1}{2}\alpha^4 (\partial_a \psi)(\partial_5 A_c) A_b \eta + \tfrac{1}{4}\alpha^4 (\partial_b \psi)(\partial_5 A_a) A_c \eta - \\
&- \tfrac{1}{4}\alpha^4 (\partial_a \psi)(\partial_5 A_b) A_c \eta + \tfrac{1}{2}\alpha^4 (\partial_5 \partial_b \psi) A_a A_c \eta - \tfrac{1}{2}\alpha^4 (\partial_5 \partial_a \psi) A_b A_c \eta + \tfrac{1}{2}\alpha^2 (\partial_5 A_d) A_b {}^{(4)}\{{}^d_{ac}\} + \tfrac{1}{2}\alpha^2 (\partial_5 A_b) A_d {}^{(4)}\{{}^d_{ac}\} - \\
&- \tfrac{1}{2}\alpha^3 (\partial_d \psi) A_b A_c A^e {}^{(4)}\{{}^d_{ae}\} + \tfrac{1}{2}\alpha^2 (\partial_5 g_{bc}) A_d A^e {}^{(4)}\{{}^d_{ae}\} + \tfrac{1}{2}\alpha^4 (\partial_5 \psi) A_b A_c A_d A^e {}^{(4)}\{{}^d_{ae}\} - \tfrac{1}{2}\alpha^2 (\partial_5 g_{bd}) A_e A^d {}^{(4)}\{{}^e_{ac}\} - \\
&- \tfrac{1}{2}\alpha^2 (\partial_5 A_d) A_a {}^{(4)}\{{}^d_{bc}\} - \tfrac{1}{2}\alpha^2 (\partial_5 A_a) A_d {}^{(4)}\{{}^d_{bc}\} + \tfrac{1}{2}\alpha^3 (\partial_d \psi) A_a A_c A^e {}^{(4)}\{{}^d_{be}\} - \tfrac{1}{2}\alpha^2 (\partial_5 g_{ac}) A_d A^e {}^{(4)}\{{}^d_{be}\} - \\
&- \tfrac{1}{2}\alpha^4 (\partial_5 \psi) A_a A_c A_d A^e {}^{(4)}\{{}^d_{be}\} + \alpha A_d {}^{(4)}\{{}^d_{ac}\} {}^{(4)}\{{}^e_{be}\} + \tfrac{1}{2}\alpha^2 (\partial_5 g_{ad}) A_e A^d {}^{(4)}\{{}^e_{bc}\} - \alpha A_d {}^{(4)}\{{}^d_{ae}\} {}^{(4)}\{{}^e_{bc}\} - \tfrac{1}{4}\alpha^2 (\partial_5 A_b) U_{ac} + \\
&+ \tfrac{1}{4}\alpha^2 (\partial_5 g_{bd}) A^d U_{ac} - \tfrac{1}{4}\alpha^2 (\partial_5 g_{bc}) A_d U_a{}^d - \tfrac{1}{4}\alpha^4 (\partial_5 \psi) A_b A_c A_d U_a{}^d + \tfrac{1}{4}\alpha^2 (\partial_5 A_a) U_{bc} - \tfrac{1}{4}\alpha^2 (\partial_5 g_{ad}) A^d U_{bc} + \tfrac{1}{4}\alpha^2 (\partial_5 g_{ac}) A_d U_b{}^d + \\
&+ \tfrac{1}{4}\alpha^4 (\partial_5 \psi) A_a A_c A_d U_b{}^d - \tfrac{1}{2}\alpha^2 (\partial_5 A_c) F_{ab} + \tfrac{1}{2}\alpha^3 (\partial_d \psi) A_c A^d F_{ab} - \tfrac{1}{4}\alpha^2 (\partial_5 A_c) \eta F_{ab} - \tfrac{1}{4}\alpha^2 (\partial_5 A_b) F_{ac} + \tfrac{1}{4}\alpha^3 (\partial_d \psi) A_b A^d F_{ac} - \\
&- \tfrac{1}{4}\alpha^4 (\partial_5 \psi) A_b \eta F_{ac} - \tfrac{1}{2}{}^{(4)}\{{}^d_{bc}\} F_{ad} + \tfrac{1}{4}\alpha^2 (\partial_5 g_{bd}) A_c F_a{}^d - \tfrac{1}{4}\alpha^2 (\partial_5 g_{bc}) A_d F_a{}^d - \tfrac{1}{4}\alpha^3 (\partial_c \psi) A_b A_d F_a{}^d + \tfrac{1}{4}\alpha^3 (\partial_b \psi) A_c A_d F_a{}^d +
\end{aligned}
$$

$$+ \tfrac{1}{4}\alpha^2 (\partial_5 A_a) F_{bc} - \tfrac{1}{4}\alpha^3 (\partial_d \psi) A_a A^d F_{bc} + \tfrac{1}{4}\alpha^4 (\partial_5 \psi) A_a \eta F_{bc} + \tfrac{1}{2}\alpha^{(4)}\{^d_{ac}\} F_{bd} - \tfrac{1}{4}\alpha^2 (\partial_5 g_{ad}) A_c F_b{}^d + \tfrac{1}{4}\alpha^2 (\partial_5 g_{ac}) A_d F_b{}^d +$$
$$+ \tfrac{1}{4}\alpha^3 (\partial_c \psi) A_a A_d F_b{}^d - \tfrac{1}{4}\alpha^3 (\partial_a \psi) A_c A_d F_b{}^d + \tfrac{1}{4}\alpha^2 (\partial_5 g_{bd}) A_a F_c{}^d - \tfrac{1}{4}\alpha^2 (\partial_5 g_{ad}) A_b F_c{}^d + \tfrac{1}{2}\alpha^3 (\partial_b \psi) A_a A_d F_c{}^d -$$
$$- \tfrac{1}{2}\alpha^3 (\partial_a \psi) A_b A_d F_c{}^d + \tfrac{1}{2}\alpha^2 \beta_0 (\partial_5 A_d) A_b S_{(0)ac}{}^d + \tfrac{1}{2}\alpha^2 \beta_0 (\partial_5 A_b) A_d S_{(0)ac}{}^d + \tfrac{1}{2}\alpha^2 \beta_0 (\partial_5 g_{bd}) \eta S_{(0)ac}{}^d + \tfrac{1}{2}\alpha^4 \beta_0 (\partial_5 \psi) A_b A_d \eta S_{(0)ac}{}^d -$$
$$- \tfrac{1}{2}\alpha \beta_0 U_{bd} S_{(0)ac}{}^d - \tfrac{1}{2}\alpha^3 \beta_0 (\partial_d \psi) A_b A_e A^d S_{(0)ac}{}^e + \alpha \beta_0 A_d{}^{(4)}\{^d_{be}\} S_{(0)ac}{}^e + \alpha \beta_0 A^{e\,(4)}\{^d_{be}\} S_{(0)adc} - \tfrac{1}{2}\alpha \beta_0 F_b{}^d S_{(0)adc} -$$
$$- \tfrac{1}{2}\alpha^2 \beta_0 (\partial_5 A_d) A_b S_{(0)a}{}^d{}_c - \tfrac{1}{2}\alpha^2 \beta_0 (\partial_5 A_b) A_d S_{(0)a}{}^d{}_c - \tfrac{1}{2}\alpha^2 \beta_0 (\partial_5 g_{bd}) \eta S_{(0)a}{}^d{}_c - \tfrac{1}{2}\alpha^2 \beta_0 (\partial_5 g_{bd}) A_c A_e S_{(0)a}{}^{de} +$$
$$+ \tfrac{1}{2}\alpha^3 \beta_0 (\partial_d \psi) A_b A_c A_e S_{(0)a}{}^{de} + \tfrac{1}{2}\alpha^3 \beta_0 (\partial_c \psi) A_b A_d A_e S_{(0)a}{}^{de} - \tfrac{1}{2}\alpha^3 \beta_0 (\partial_b \psi) A_c A_d A_e S_{(0)a}{}^{de} -$$
$$- \tfrac{1}{2}\alpha^4 \beta_0 (\partial_5 \psi) A_b A_c A_d A_e S_{(0)a}{}^{de} + \tfrac{1}{2}\alpha^2 \beta_0 (\partial_5 g_{bd}) A_e A^d S_{(0)a}{}^e{}_c - \tfrac{1}{2}\alpha^3 \beta_0 (\partial_d \psi) A_b A_c A_e S_{(0)a}{}^{ed} - \tfrac{1}{2}\alpha^2 \beta_0 (\partial_5 A_d) A_a S_{(0)bc}{}^d -$$
$$- \tfrac{1}{2}\alpha^2 \beta_0 (\partial_5 A_a) A_d S_{(0)bc}{}^d - \tfrac{1}{2}\alpha^2 \beta_0 (\partial_5 g_{ad}) \eta S_{(0)bc}{}^d - \tfrac{1}{2}\alpha^4 \beta_0 (\partial_5 \psi) A_a A_d \eta S_{(0)bc}{}^d + \tfrac{1}{2}\alpha \beta_0 U_{ad} S_{(0)bc}{}^d +$$
$$+ \tfrac{1}{2}\alpha^3 \beta_0 (\partial_d \psi) A_a A_e A^d S_{(0)bc}{}^e - \alpha \beta_0 A_d{}^{(4)}\{^d_{ae}\} S_{(0)bc}{}^e + \alpha \beta_0{}^2 A_d S_{(0)a}{}^e{}_e S_{(0)bc}{}^e - \alpha \beta_0 A^{e\,(4)}\{^d_{ae}\} S_{(0)bdc} +$$
$$+ \tfrac{1}{2}\alpha \beta_0 F_a{}^d S_{(0)bdc} - \alpha \beta_0{}^2 A_d S_{(0)a}{}^{de} S_{(0)bec} + \tfrac{1}{2}\alpha^2 \beta_0 (\partial_5 A_d) A_a S_{(0)b}{}^d{}_c + \tfrac{1}{2}\alpha^2 \beta_0 (\partial_5 A_a) A_d S_{(0)b}{}^d{}_c +$$
$$+ \tfrac{1}{2}\alpha^2 \beta_0 (\partial_5 g_{ad}) \eta S_{(0)b}{}^d{}_c + \tfrac{1}{2}\alpha^2 \beta_0 (\partial_5 g_{ad}) A_c A_e S_{(0)b}{}^{de} - \tfrac{1}{2}\alpha^3 \beta_0 (\partial_d \psi) A_a A_c A_e S_{(0)b}{}^{de} - \tfrac{1}{2}\alpha^3 \beta_0 (\partial_c \psi) A_a A_d A_e S_{(0)b}{}^{de} +$$
$$+ \tfrac{1}{2}\alpha^3 \beta_0 (\partial_a \psi) A_c A_d A_e S_{(0)b}{}^{de} + \tfrac{1}{2}\alpha^4 \beta_0 (\partial_5 \psi) A_a A_c A_d A_e S_{(0)b}{}^{de} - \alpha \beta_0{}^2 A_d S_{(0)ace} S_{(0)b}{}^{de} + \alpha \beta_0{}^2 A_d S_{(0)aec} S_{(0)b}{}^{de} -$$
$$- \tfrac{1}{2}\alpha^2 \beta_0 (\partial_5 g_{ad}) A_e A^d S_{(0)b}{}^e{}_c + \tfrac{1}{2}\alpha^3 \beta_0 (\partial_d \psi) A_a A_c A_e S_{(0)b}{}^{ed} + \alpha \beta_0 A^{e\,(4)}\{^d_{be}\} S_{(0)cda} - \tfrac{1}{2}\alpha \beta_0 F_b{}^d S_{(0)cda} -$$
$$- \alpha \beta_0 A^{e\,(4)}\{^d_{ae}\} S_{(0)cdb} + \tfrac{1}{2}\alpha \beta_0 F_a{}^d S_{(0)cdb} + \alpha \beta_0{}^2 A_d S_{(0)b}{}^{de} S_{(0)cea} - \alpha \beta_0{}^2 A_d S_{(0)a}{}^{de} S_{(0)ceb} -$$
$$- \tfrac{1}{2}\alpha^2 \beta_0 (\partial_5 A_d) A_b S_{(0)c}{}^d{}_a - \tfrac{1}{2}\alpha^2 \beta_0 (\partial_5 A_b) A_d S_{(0)c}{}^d{}_a - \tfrac{1}{2}\alpha^2 \beta_0 (\partial_5 g_{bd}) \eta S_{(0)c}{}^d{}_a + \tfrac{1}{2}\alpha^2 \beta_0 (\partial_5 A_d) A_a S_{(0)c}{}^d{}_b +$$
$$+ \tfrac{1}{2}\alpha^2 \beta_0 (\partial_5 A_a) A_d S_{(0)c}{}^d{}_b + \tfrac{1}{2}\alpha^2 \beta_0 (\partial_5 g_{ad}) \eta S_{(0)c}{}^d{}_b - \tfrac{1}{2}\alpha^2 \beta_0 (\partial_5 g_{bd}) A_a A_e S_{(0)c}{}^{de} + \tfrac{1}{2}\alpha^2 \beta_0 (\partial_5 g_{ad}) A_b A_e S_{(0)c}{}^{de} -$$
$$- \alpha^3 \beta_0 (\partial_b \psi) A_a A_d A_e S_{(0)c}{}^{de} + \alpha^3 \beta_0 (\partial_a \psi) A_b A_d A_e S_{(0)c}{}^{de} + \tfrac{1}{2}\alpha^2 \beta_0 (\partial_5 g_{bd}) A_e A^d S_{(0)c}{}^e{}_a - \tfrac{1}{2}\alpha^2 \beta_0 (\partial_5 g_{ad}) A_e A^d S_{(0)c}{}^e{}_b -$$
$$- \alpha \beta_0 A_d{}^{(4)}\{^e_{bc}\} S_{(0)}{}^d{}_{ea} - \alpha \beta_0{}^2 A_d S_{(0)bc}{}^e S_{(0)}{}^d{}_{ea} + \alpha \beta_0 A_d{}^{(4)}\{^e_{ac}\} S_{(0)}{}^d{}_{eb} + \alpha \beta_0{}^2 A_d S_{(0)ac}{}^e S_{(0)}{}^d{}_{eb} -$$
$$- \tfrac{1}{2}\alpha^3 \beta_0 (\partial_d \psi) A_b A_c A_e S_{(0)}{}^{de}{}_a + \alpha \beta_0{}^2 A_d S_{(0)bec} S_{(0)}{}^{de}{}_a + \alpha \beta_0{}^2 A_d S_{(0)ceb} S_{(0)}{}^{de}{}_a + \tfrac{1}{2}\alpha^3 \beta_0 (\partial_d \psi) A_a A_c A_e S_{(0)}{}^{de}{}_b -$$
$$- \alpha \beta_0{}^2 A_d S_{(0)aec} S_{(0)}{}^{de}{}_b - \alpha \beta_0{}^2 A_d S_{(0)cea} S_{(0)}{}^{de}{}_b + \tfrac{1}{2}\alpha \beta_1 (\partial_5 g_{bd}) A^d S_{(1)ac} - \tfrac{1}{2}\alpha^2 \beta_1 (\partial_d \psi) A_b A^d S_{(1)ac} +$$
$$+ \tfrac{1}{2}\alpha^3 \beta_1 (\partial_5 \psi) A_b \eta S_{(1)ac} + \beta_1{}^{(4)}\{^d_{bc}\} S_{(1)ad} + \beta_0 \beta_1 S_{(0)bc}{}^d S_{(1)ad} - \tfrac{1}{2}\alpha \beta_1 (\partial_5 g_{bd}) A_c S_{(1)a}{}^d + \tfrac{1}{2}\alpha^2 \beta_1 (\partial_c \psi) A_b A_d S_{(1)a}{}^d -$$
$$- \tfrac{1}{2}\alpha^2 \beta_1 (\partial_b \psi) A_c A_d S_{(1)a}{}^d - \tfrac{1}{2}\alpha^3 \beta_1 (\partial_5 \psi) A_b A_c A_d S_{(1)a}{}^d - \beta_0 \beta_1 S_{(0)bdc} S_{(1)a}{}^d - \beta_0 \beta_1 S_{(0)cdb} S_{(1)a}{}^d -$$
$$- \tfrac{1}{2}\alpha \beta_1 (\partial_5 g_{ad}) A^d S_{(1)bc} + \tfrac{1}{2}\alpha^2 \beta_1 (\partial_d \psi) A_a A^d S_{(1)bc} - \tfrac{1}{2}\alpha^3 \beta_1 (\partial_5 \psi) A_a \eta S_{(1)bc} - \beta_1{}^{(4)}\{^d_{ac}\} S_{(1)bd} - \beta_0 \beta_1 S_{(0)ac}{}^d S_{(1)bd} +$$
$$+ \tfrac{1}{2}\alpha \beta_1 (\partial_5 g_{ad}) A_c S_{(1)b}{}^d - \tfrac{1}{2}\alpha^2 \beta_1 (\partial_c \psi) A_a A_d S_{(1)b}{}^d + \tfrac{1}{2}\alpha^2 \beta_1 (\partial_a \psi) A_c A_d S_{(1)b}{}^d + \tfrac{1}{2}\alpha^3 \beta_1 (\partial_5 \psi) A_a A_c A_d S_{(1)b}{}^d +$$
$$+ \beta_0 \beta_1 S_{(0)adc} S_{(1)b}{}^d + \beta_0 \beta_1 S_{(0)cda} S_{(1)b}{}^d - \tfrac{1}{2}\alpha \beta_1 (\partial_5 g_{bd}) A_a S_{(1)c}{}^d + \tfrac{1}{2}\alpha \beta_1 (\partial_5 g_{ad}) A_b S_{(1)c}{}^d - \alpha^2 \beta_1 (\partial_b \psi) A_a A_d S_{(1)c}{}^d +$$
$$+ \alpha^2 \beta_1 (\partial_a \psi) A_b A_d S_{(1)c}{}^d - \alpha^2 \beta_2 A_d A^{e\,(4)}\{^d_{be}\} S_{(2)ac} + \tfrac{1}{2}\alpha^2 \beta_2 A_d U_b{}^d S_{(2)ac} + \tfrac{1}{2}\alpha^2 \beta_2 A_d F_b{}^d S_{(2)ac} +$$
$$+ \tfrac{1}{2}\alpha^4 \beta_2 (\partial_d \psi) A_b A_c \eta S_{(2)a}{}^d - \tfrac{1}{4}\alpha^4 \beta_2 (\partial_c \psi) A_b A_d \eta S_{(2)a}{}^d + \tfrac{1}{2}\alpha^4 \beta_2 (\partial_b \psi) A_c A_d \eta S_{(2)a}{}^d + \tfrac{1}{2}\alpha^2 \beta_2 A_c U_{bd} S_{(2)a}{}^d +$$
$$+ \tfrac{1}{2}\alpha^2 \beta_2 A_d F_{bc} S_{(2)a}{}^d - \tfrac{1}{2}\alpha^2 \beta_2 A_b F_{cd} S_{(2)a}{}^d - \alpha^2 \beta_0 \beta_2 \eta S_{(0)bcd} S_{(2)a}{}^d + \alpha^2 \beta_0 \beta_2 \eta S_{(0)bdc} S_{(2)a}{}^d +$$
$$+ \alpha^2 \beta_0 \beta_2 \eta S_{(0)cdb} S_{(2)a}{}^d - \alpha \beta_1 \beta_2 A_d S_{(1)bc} S_{(2)a}{}^d + \alpha \beta_1 \beta_2 A_c S_{(1)bd} S_{(2)a}{}^d + \alpha \beta_1 \beta_2 A_b S_{(1)cd} S_{(2)a}{}^d -$$
$$- \alpha^2 \beta_0 \beta_2 A_d A_e S_{(0)bc}{}^d S_{(2)a}{}^e + \alpha^2 \beta_0 \beta_2 A_c A_d S_{(0)be}{}^d S_{(2)a}{}^e + \alpha^2 \beta_0 \beta_2 A_b A_d S_{(0)ce}{}^d S_{(2)a}{}^e + \alpha^2 \beta_2 A_d A^{e\,(4)}\{^d_{ae}\} S_{(2)bc} -$$
$$- \tfrac{1}{2}\alpha^2 \beta_2 A_d U_a{}^d S_{(2)bc} - \tfrac{1}{2}\alpha^2 \beta_2 A_d F_a{}^d S_{(2)bc} - \tfrac{1}{2}\alpha^4 \beta_2 (\partial_d \psi) A_a A_c \eta S_{(2)b}{}^d + \tfrac{1}{4}\alpha^4 \beta_2 (\partial_c \psi) A_a A_d \eta S_{(2)b}{}^d -$$
$$- \tfrac{1}{2}\alpha^4 \beta_2 (\partial_a \psi) A_c A_d \eta S_{(2)b}{}^d - \tfrac{1}{2}\alpha^2 \beta_2 A_c U_{ad} S_{(2)b}{}^d - \tfrac{1}{2}\alpha^2 \beta_2 A_d F_{ac} S_{(2)b}{}^d + \tfrac{1}{2}\alpha^2 \beta_2 A_a F_{cd} S_{(2)b}{}^d +$$
$$+ \alpha^2 \beta_0 \beta_2 \eta S_{(0)acd} S_{(2)b}{}^d - \alpha^2 \beta_0 \beta_2 \eta S_{(0)adc} S_{(2)b}{}^d - \alpha^2 \beta_0 \beta_2 \eta S_{(0)cda} S_{(2)b}{}^d + \alpha \beta_1 \beta_2 A_d S_{(1)ac} S_{(2)b}{}^d -$$
$$- \alpha \beta_1 \beta_2 A_c S_{(1)ad} S_{(2)b}{}^d - \alpha \beta_1 \beta_2 A_a S_{(1)cd} S_{(2)b}{}^d + \alpha^2 \beta_0 \beta_2 A_d A_e S_{(0)ac}{}^d S_{(2)b}{}^e - \alpha^2 \beta_0 \beta_2 A_c A_d S_{(0)ae}{}^d S_{(2)b}{}^e -$$
$$- \alpha^2 \beta_0 \beta_2 A_a A_d S_{(0)ce}{}^d S_{(2)b}{}^e - \alpha^2 \beta_2 A_d A^{e\,(4)}\{^d_{be}\} S_{(2)ca} + \tfrac{1}{2}\alpha^2 \beta_2 A_d U_b{}^d S_{(2)ca} + \tfrac{1}{2}\alpha^2 \beta_2 A_d F_b{}^d S_{(2)ca} +$$
$$+ \alpha^2 \beta_2 A_d A^{e\,(4)}\{^d_{ae}\} S_{(2)cb} - \tfrac{1}{2}\alpha^2 \beta_2 A_d U_a{}^d S_{(2)cb} - \tfrac{1}{2}\alpha^2 \beta_2 A_d F_a{}^d S_{(2)cb} + \alpha^4 \beta_2 (\partial_b \psi) A_a A_d \eta S_{(2)c}{}^d -$$
$$- \alpha^4 \beta_2 (\partial_a \psi) A_b A_d \eta S_{(2)c}{}^d - \tfrac{1}{2}\alpha^2 \beta_2 A_b U_{ad} S_{(2)c}{}^d + \tfrac{1}{2}\alpha^2 \beta_2 A_a U_{bd} S_{(2)c}{}^d - \alpha^2 \beta_2 A_d F_{ab} S_{(2)c}{}^d - \tfrac{1}{2}\alpha^2 \beta_2 A_b F_{ad} S_{(2)c}{}^d +$$

$$+ \tfrac{1}{2}\alpha^2\beta_2 A_a F_{bd} S_{(2)c}{}^d - \alpha^2\beta_2\eta\,{}^{(4)}\{{}^{d}_{bc}\} S_{(2)da} - \alpha^2\beta_0\beta_2\eta\, S_{(0)bc}{}^d S_{(2)da} + \alpha^2\beta_2\eta\,{}^{(4)}\{{}^{d}_{ac}\} S_{(2)db} + \alpha^2\beta_0\beta_2\eta\, S_{(0)ac}{}^d S_{(2)db} +$$

$$+ \alpha^2\beta_2 A_b A_d\,{}^{(4)}\{{}^{e}_{ac}\} S_{(2)e}{}^d - \alpha^2\beta_2 A_a A_d\,{}^{(4)}\{{}^{e}_{bc}\} S_{(2)e}{}^d + \alpha^2\beta_0\beta_2 A_b A_d S_{(0)ac}{}^e S_{(2)e}{}^d - \alpha^2\beta_0\beta_2 A_a A_d S_{(0)bc}{}^e S_{(2)e}{}^d +$$

$$+ \tfrac{1}{2}\alpha^4\beta_2 (\partial_d\psi) A_b A_c \eta\, S_{(2)}{}^d{}_a - \tfrac{1}{2}\alpha^2\beta_2 A_d U_{bc} S_{(2)}{}^d{}_a - \tfrac{1}{2}\alpha^2\beta_2 A_c F_{bd} S_{(2)}{}^d{}_a - \tfrac{1}{2}\alpha^2\beta_2 A_b F_{cd} S_{(2)}{}^d{}_a +$$

$$+ \alpha^2\beta_0\beta_2\eta\, S_{(0)bdc} S_{(2)}{}^d{}_a + \alpha^2\beta_0\beta_2\eta\, S_{(0)cdb} S_{(2)}{}^d{}_a - \alpha\beta_1\beta_2 A_d S_{(1)bc} S_{(2)}{}^d{}_a + \alpha\beta_1\beta_2 A_c S_{(1)bd} S_{(2)}{}^d{}_a +$$

$$+ \alpha\beta_1\beta_2 A_b S_{(1)cd} S_{(2)}{}^d{}_a - \tfrac{1}{2}\alpha^4\beta_2 (\partial_d\psi) A_a A_c \eta\, S_{(2)}{}^d{}_b + \tfrac{1}{2}\alpha^2\beta_2 A_d U_{ac} S_{(2)}{}^d{}_b + \tfrac{1}{2}\alpha^2\beta_2 A_c F_{ad} S_{(2)}{}^d{}_b + \tfrac{1}{2}\alpha^2\beta_2 A_a F_{cd} S_{(2)}{}^d{}_b -$$

$$- \alpha^2\beta_0\beta_2\eta\, S_{(0)adc} S_{(2)}{}^d{}_b - \alpha^2\beta_0\beta_2\eta\, S_{(0)cda} S_{(2)}{}^d{}_b + \alpha\beta_1\beta_2 A_d S_{(1)ac} S_{(2)}{}^d{}_b - \alpha\beta_1\beta_2 A_c S_{(1)ad} S_{(2)}{}^d{}_b -$$

$$- \alpha\beta_1\beta_2 A_a S_{(1)cd} S_{(2)}{}^d{}_b - \tfrac{1}{2}\alpha^4\beta_2 (\partial_b\psi) A_a A_c A_d A_e S_{(2)}{}^{de} + \tfrac{1}{2}\alpha^4\beta_2 (\partial_a\psi) A_b A_c A_d A_e S_{(2)}{}^{de} - \tfrac{1}{2}\alpha^4\beta_2 (\partial_d\psi) A_b A_c A_e A^d S_{(2)}{}^e{}_a +$$

$$+ \alpha^2\beta_2 A_d A_e\,{}^{(4)}\{{}^{d}_{bc}\} S_{(2)}{}^e{}_a + \alpha^2\beta_0\beta_2 A_c A_d S_{(0)bd}{}^e S_{(2)}{}^e{}_a - \alpha^2\beta_0\beta_2 A_d A_e S_{(0)b}{}^d{}_c S_{(2)}{}^e{}_a + \alpha^2\beta_0\beta_2 A_b A_d S_{(0)c}{}^d{}^e S_{(2)}{}^e{}_a -$$

$$- \alpha^2\beta_0\beta_2 A_d A_e S_{(0)c}{}^d{}_b S_{(2)}{}^e{}_a + \tfrac{1}{2}\alpha^4\beta_2 (\partial_d\psi) A_a A_c A_e A^d S_{(2)}{}^e{}_b - \alpha^2\beta_2 A_d A_e\,{}^{(4)}\{{}^{d}_{ac}\} S_{(2)}{}^e{}_b - \alpha^2\beta_0\beta_2 A_c A_d S_{(0)ae}{}^d S_{(2)}{}^e{}_b +$$

$$+ \alpha^2\beta_0\beta_2 A_d A_e S_{(0)a}{}^d{}_c S_{(2)}{}^e{}_b - \alpha^2\beta_0\beta_2 A_a A_d S_{(0)ce}{}^d S_{(2)}{}^e{}_b + \alpha^2\beta_0\beta_2 A_d A_e S_{(0)c}{}^d{}_a S_{(2)}{}^e{}_b -$$

$$- \alpha^2\beta_0\beta_2 A_b A_d S_{(0)aec} S_{(2)}{}^{ed} + \alpha^2\beta_0\beta_2 A_a A_d S_{(0)bec} S_{(2)}{}^{ed} - \alpha^2\beta_0\beta_2 A_b A_d S_{(0)cea} S_{(2)}{}^{ed} +$$

$$+ \alpha^2\beta_0\beta_2 A_a A_d S_{(0)ceb} S_{(2)}{}^{ed} + \tfrac{1}{2}\alpha^3\beta_3 (\partial_d\psi) A_b A_c A^d S_{(3)a} - \tfrac{1}{2}\alpha^3\beta_3 (\partial_c\psi) A_b \eta\, S_{(3)a} + \tfrac{1}{2}\alpha^3\beta_3 (\partial_b\psi) A_c \eta\, S_{(3)a} - \alpha\beta_3 A_d\,{}^{(4)}\{{}^{d}_{bc}\} S_{(3)a} +$$

$$+ \tfrac{1}{2}\alpha\beta_3 U_{bc} S_{(3)a} + \tfrac{1}{2}\alpha\beta_3 F_{bc} S_{(3)a} - \alpha\beta_0\beta_3 A_d S_{(0)bc}{}^d S_{(3)a} + \alpha\beta_0\beta_3 A_d S_{(0)b}{}^d{}_c S_{(3)a} + \alpha\beta_0\beta_3 A_d S_{(0)c}{}^d{}_b S_{(3)a} -$$

$$- \tfrac{1}{2}\alpha^3\beta_3 (\partial_d\psi) A_a A_c A^d S_{(3)b} + \tfrac{1}{2}\alpha^3\beta_3 (\partial_c\psi) A_a \eta\, S_{(3)b} - \tfrac{1}{2}\alpha^3\beta_3 (\partial_a\psi) A_c \eta\, S_{(3)b} + \alpha\beta_3 A_d\,{}^{(4)}\{{}^{d}_{ac}\} S_{(3)b} - \tfrac{1}{2}\alpha\beta_3 U_{ac} S_{(3)b} -$$

$$- \tfrac{1}{2}\alpha\beta_3 F_{ac} S_{(3)b} + \alpha\beta_0\beta_3 A_d S_{(0)ac}{}^d S_{(3)b} - \alpha\beta_0\beta_3 A_d S_{(0)a}{}^d{}_c S_{(3)b} - \alpha\beta_0\beta_3 A_d S_{(0)c}{}^d{}_a S_{(3)b} + \alpha^3\beta_3 (\partial_b\psi) A_a \eta\, S_{(3)c} -$$

$$- \alpha^3\beta_3 (\partial_a\psi) A_b \eta\, S_{(3)c} - \alpha\beta_3 F_{ab} S_{(3)c} + \alpha\beta_3 A_b\,{}^{(4)}\{{}^{d}_{ac}\} S_{(3)d} - \alpha\beta_3 A_a\,{}^{(4)}\{{}^{d}_{bc}\} S_{(3)d} + \alpha\beta_0\beta_3 A_b S_{(0)ac}{}^d S_{(3)d} -$$

$$- \alpha\beta_0\beta_3 A_a S_{(0)bc}{}^d S_{(3)d} - \tfrac{1}{2}\alpha^3\beta_3 (\partial_b\psi) A_a A_c A_d S_{(3)}{}^d + \tfrac{1}{2}\alpha^3\beta_3 (\partial_a\psi) A_b A_c A_d S_{(3)}{}^d - \alpha\beta_0\beta_3 A_b S_{(0)adc} S_{(3)}{}^d +$$

$$+ \alpha\beta_0\beta_3 A_a S_{(0)bdc} S_{(3)}{}^d - \alpha\beta_0\beta_3 A_b S_{(0)cda} S_{(3)}{}^d + \alpha\beta_0\beta_3 A_a S_{(0)cdb} S_{(3)}{}^d + \alpha^2\beta_2 (\partial_b S_{(2)c}{}^d) \eta\, g_{ad} + \tfrac{1}{2}\alpha^2 (\partial_5\,{}^{(4)}\{{}^{d}_{bc}\}) \eta\, g_{ad} -$$

$$- \alpha\beta_0 (\partial_b S_{(0)cd}{}^e) A^d g_{ae} + \alpha^2\beta_2 \eta\,{}^{(4)}\{{}^{e}_{bd}\} S_{(2)c}{}^d g_{ae} - \alpha\beta_0 A_d\,{}^{(4)}\{{}^{f}_{be}\} S_{(0)c}{}^{de} g_{af} - \alpha^2\beta_2 (\partial_a S_{(2)c}{}^d) \eta\, g_{bd} -$$

$$- \tfrac{1}{2}\alpha^2 (\partial_5\,{}^{(4)}\{{}^{d}_{ac}\}) \eta\, g_{bd} + \alpha\beta_0 (\partial_a S_{(0)cd}{}^e) A^d g_{be} - \alpha^2\beta_2 \eta\,{}^{(4)}\{{}^{e}_{ad}\} S_{(2)c}{}^d g_{be} + \alpha\beta_0 A_d\,{}^{(4)}\{{}^{f}_{ae}\} S_{(0)c}{}^{de} g_{bf} -$$

$$- \alpha^2\beta_2 (\partial_a S_{(2)b}{}^d) \eta\, g_{cd} + \alpha^2\beta_2 (\partial_b S_{(2)a}{}^d) \eta\, g_{cd} + \alpha\beta_0 (\partial_a S_{(0)bd}{}^e) A^d g_{ce} - \alpha\beta_0 (\partial_b S_{(0)ad}{}^e) A^d g_{ce} + \alpha^2\beta_2 \eta\,{}^{(4)}\{{}^{e}_{bd}\} S_{(2)a}{}^d g_{ce} -$$

$$- \alpha^2\beta_2 \eta\,{}^{(4)}\{{}^{e}_{ad}\} S_{(2)b}{}^d g_{ce} - \alpha\beta_0 A_d\,{}^{(4)}\{{}^{f}_{be}\} S_{(0)a}{}^{de} g_{cf} + \alpha\beta_0 A_d\,{}^{(4)}\{{}^{f}_{ae}\} S_{(0)b}{}^{de} g_{cf} - \tfrac{1}{4}\alpha^4 (\partial_d\psi)(\partial_5 g_{be}) A_a A_c \eta\, g^{de} +$$

$$+ \tfrac{1}{4}\alpha^4 (\partial_d\psi)(\partial_5 g_{ae}) A_b A_c \eta\, g^{de} + \tfrac{1}{2}\alpha^3 (\partial_b F_{cd}) A_a A^d \psi - \alpha^2\beta_1 (\partial_b S_{(1)cd}) A_a A^d \psi - \tfrac{1}{2}\alpha^3 (\partial_a F_{cd}) A_b A^d \psi + \alpha^2\beta_1 (\partial_a S_{(1)cd}) A_b A^d \psi -$$

$$- \tfrac{1}{2}\alpha^3 (\partial_a F_{bd}) A_c A^d \psi + \alpha^2\beta_1 (\partial_a S_{(1)bd}) A_c A^d \psi + \tfrac{1}{2}\alpha^3 (\partial_b F_{ad}) A_c A^d \psi - \alpha^2\beta_1 (\partial_b S_{(1)ad}) A_c A^d \psi - \alpha^3\beta_0 (\partial_b S_{(0)cd}{}^e) A_a A_e A^d \psi +$$

$$+ \alpha^3\beta_0 (\partial_a S_{(0)cd}{}^e) A_b A_e A^d \psi + \alpha^3\beta_0 (\partial_a S_{(0)bd}{}^e) A_c A_e A^d \psi - \alpha^3\beta_0 (\partial_b S_{(0)ad}{}^e) A_c A_e A^d \psi + \alpha^3\beta_3 (\partial_b S_{(3)c}) A_a \eta\,\psi +$$

$$+ \tfrac{1}{4}\alpha^4 (\partial_5 U_{bc}) A_a \eta\,\psi + \tfrac{1}{4}\alpha^4 (\partial_5 F_{bc}) A_a \eta\,\psi - \alpha^3\beta_3 (\partial_a S_{(3)c}) A_b \eta\,\psi - \tfrac{1}{4}\alpha^4 (\partial_5 U_{ac}) A_b \eta\,\psi - \tfrac{1}{4}\alpha^4 (\partial_5 F_{ac}) A_b \eta\,\psi -$$

$$- \alpha^3\beta_3 (\partial_a S_{(3)b}) A_c \eta\,\psi + \alpha^3\beta_3 (\partial_b S_{(3)a}) A_c \eta\,\psi - \tfrac{1}{2}\alpha^4 (\partial_5 F_{ab}) A_c \eta\,\psi + \alpha^4\beta_2 (\partial_b S_{(2)c}{}^d) A_a A_d \eta\,\psi - \alpha^4\beta_2 (\partial_a S_{(2)c}{}^d) A_b A_d \eta\,\psi -$$

$$- \alpha^4\beta_2 (\partial_a S_{(2)b}{}^d) A_c A_d \eta\,\psi + \alpha^4\beta_2 (\partial_b S_{(2)a}{}^d) A_c A_d \eta\,\psi + \tfrac{1}{2}\alpha^4 (\partial_5 A_d) A_b \eta\,{}^{(4)}\{{}^{d}_{ac}\} \psi + \tfrac{1}{2}\alpha^4 (\partial_5 A_c) A_b A_d A^e\,{}^{(4)}\{{}^{d}_{ae}\} \psi +$$

$$+ \tfrac{1}{2}\alpha^4 (\partial_5 A_b) A_c A_d A^e\,{}^{(4)}\{{}^{d}_{ae}\} \psi - \tfrac{1}{2}\alpha^4 (\partial_5 A_d) A_b A_e A^d\,{}^{(4)}\{{}^{e}_{ac}\} \psi - \tfrac{1}{2}\alpha^4 (\partial_5 A_c) A_a \eta\,{}^{(4)}\{{}^{d}_{bc}\} \psi - \tfrac{1}{2}\alpha^4 (\partial_5 A_c) A_a A_d A^e\,{}^{(4)}\{{}^{d}_{be}\} \psi -$$

$$- \tfrac{1}{2}\alpha^4 (\partial_5 A_a) A_c A_d A^e\,{}^{(4)}\{{}^{d}_{be}\} \psi + \tfrac{1}{2}\alpha^4 (\partial_5 A_d) A_a A_e A^d\,{}^{(4)}\{{}^{e}_{bc}\} \psi + \tfrac{1}{4}\alpha^4 (\partial_5 A_d) A_b A^d U_{ac} \psi - \tfrac{1}{4}\alpha^4 (\partial_5 A_c) A_b A_d U_a{}^d \psi -$$

$$- \tfrac{1}{4}\alpha^4 (\partial_5 A_b) A_c A_d U_a{}^d \psi - \tfrac{1}{4}\alpha^4 (\partial_5 A_d) A_a A^d U_{bc} \psi + \tfrac{1}{4}\alpha^4 (\partial_5 A_c) A_a A_d U_b{}^d \psi + \tfrac{1}{4}\alpha^4 (\partial_5 A_a) A_c A_d U_b{}^d \psi - \tfrac{1}{2}\alpha^4 (\partial_5 A_c) \eta\, F_{ab} \psi -$$

$$- \tfrac{1}{4}\alpha^4 (\partial_5 A_b) \eta\, F_{ac} \psi - \tfrac{1}{2}\alpha^3 A_c A^e\,{}^{(4)}\{{}^{d}_{be}\} F_{ad} \psi + \tfrac{1}{4}\alpha^4 (\partial_5 A_d) A_b A_c F_a{}^d \psi - \tfrac{1}{4}\alpha^4 (\partial_5 A_c) A_b A_d F_a{}^d \psi + \tfrac{1}{4}\alpha^4 (\partial_5 g_{bd}) A_c \eta\, F_a{}^d \psi -$$

$$- \tfrac{1}{4}\alpha^4 (\partial_5 g_{bd}) A_c A_e A^d F_a{}^e \psi + \tfrac{1}{4}\alpha^4 (\partial_5 A_a) \eta\, F_{bc} \psi + \tfrac{1}{4}\alpha^3 A_d F_a{}^d F_{bc} \psi + \tfrac{1}{2}\alpha^3 A_c A^e\,{}^{(4)}\{{}^{d}_{ae}\} F_{bd} \psi - \tfrac{1}{4}\alpha^4 (\partial_5 A_d) A_a A_c F_b{}^d \psi +$$

$$+ \tfrac{1}{4}\alpha^4 (\partial_5 A_c) A_a A_d F_b{}^d \psi - \tfrac{1}{4}\alpha^4 (\partial_5 g_{ad}) A_c \eta\, F_b{}^d \psi - \tfrac{1}{4}\alpha^3 A_d F_{ac} F_b{}^d \psi + \tfrac{1}{4}\alpha^4 (\partial_5 g_{ad}) A_c A_e A^d F_b{}^e \psi + \tfrac{1}{2}\alpha^3 A_b A^e\,{}^{(4)}\{{}^{d}_{ae}\} F_{cd} \psi -$$

$$- \tfrac{1}{2}\alpha^3 A_a A^e\,{}^{(4)}\{{}^{d}_{be}\} F_{cd} \psi + \tfrac{1}{4}\alpha^4 (\partial_5 A_b) A_a A_d F_c{}^d \psi - \tfrac{1}{4}\alpha^4 (\partial_5 A_a) A_b A_d F_c{}^d \psi + \tfrac{1}{4}\alpha^4 (\partial_5 g_{bd}) A_a \eta\, F_c{}^d \psi - \tfrac{1}{4}\alpha^4 (\partial_5 g_{ad}) A_b \eta\, F_c{}^d \psi -$$

$$- \tfrac{1}{2}\alpha^3 A_d F_{ab} F_c{}^d \psi - \tfrac{1}{4}\alpha^3 A_b F_{ad} F_c{}^d \psi + \tfrac{1}{4}\alpha^3 A_a F_{bd} F_c{}^d \psi - \tfrac{1}{4}\alpha^4 (\partial_5 g_{bd}) A_a A_e A^d F_c{}^e \psi + \tfrac{1}{4}\alpha^4 (\partial_5 g_{ad}) A_b A_e A^d F_c{}^e \psi -$$

$$- \tfrac{1}{2}\alpha^3 A_b A_d\,{}^{(4)}\{{}^{e}_{ac}\} F^d{}_e \psi + \tfrac{1}{2}\alpha^3 A_a A_d\,{}^{(4)}\{{}^{e}_{bc}\} F^d{}_e \psi + \tfrac{1}{2}\alpha^4\beta_0 (\partial_5 A_d) A_b S_{(0)ac}{}^d \psi + \tfrac{1}{2}\alpha^4\beta_0 (\partial_5 A_b) A_d \eta\, S_{(0)ac}{}^d \psi +$$

$$+ \tfrac{1}{2}\alpha^3 \beta_0 A_d A_e F_b{}^e S_{(0)ac}{}^d \psi - \tfrac{1}{2}\alpha^3 \beta_0 A_b A_d F^d{}_e S_{(0)ac}{}^e \psi + \tfrac{1}{2}\alpha^3 \beta_0 A_b A_d F^{de} S_{(0)aec} \psi + \alpha^3 \beta_0 A_c A_d A^{f\,(4)}\{{}^{e}_{b\,f}\} S_{(0)ae}{}^d \psi -$$

$$- \tfrac{1}{2}\alpha^3 \beta_0 A_c A_d F_b{}^e S_{(0)ae}{}^d \psi - \tfrac{1}{2}\alpha^4 \beta_0 (\partial_5 A_d) A_b \eta S_{(0)a}{}^d{}_c \psi - \tfrac{1}{2}\alpha^4 \beta_0 (\partial_5 A_d) A_b A_c A_e S_{(0)a}{}^{de} \psi - \tfrac{1}{2}\alpha^4 \beta_0 (\partial_5 A_b) A_c A_d A_e S_{(0)a}{}^{de} \psi -$$

$$- \tfrac{1}{2}\alpha^4 \beta_0 (\partial_5 g_{bd}) A_c A_e \eta S_{(0)a}{}^{de} \psi - \tfrac{1}{2}\alpha^3 \beta_0 A_c A_d U_{be} S_{(0)a}{}^{de} \psi - \tfrac{1}{2}\alpha^3 \beta_0 A_d A_e F_{bc} S_{(0)a}{}^{de} \psi + \tfrac{1}{2}\alpha^3 \beta_0 A_b A_d F_{ce} S_{(0)a}{}^{de} \psi +$$

$$+ \tfrac{1}{2}\alpha^4 \beta_0 (\partial_5 A_d) A_b A_e A^d S_{(0)a}{}^e{}_c \psi + \tfrac{1}{2}\alpha^4 \beta_0 (\partial_5 g_{bd}) A_c A_e A_f A^d S_{(0)a}{}^{ef} \psi - \tfrac{1}{2}\alpha^4 \beta_0 (\partial_5 A_d) A_a \eta S_{(0)bc}{}^d \psi -$$

$$- \tfrac{1}{2}\alpha^4 \beta_0 (\partial_5 A_a) A_d \eta S_{(0)bc}{}^d \psi - \tfrac{1}{2}\alpha^3 \beta_0 A_d A_e F_a{}^e S_{(0)bc}{}^d \psi + \tfrac{1}{2}\alpha^3 \beta_0 A_a A_d F^d{}_e S_{(0)bc}{}^e \psi + \alpha^3 \beta_0{}^2 A_d A_e A_f S_{(0)a}{}^{de} S_{(0)bc}{}^f \psi -$$

$$- \tfrac{1}{2}\alpha^3 \beta_0 A_a A_d F^{de} S_{(0)bec} \psi - \alpha^3 \beta_0 A_c A_d A^{f\,(4)}\{{}^{e}_{a\,f}\} S_{(0)be}{}^d \psi + \tfrac{1}{2}\alpha^3 \beta_0 A_c A_d F_a{}^e S_{(0)be}{}^d \psi -$$

$$- \alpha^3 \beta_0{}^2 A_c A_d A_e S_{(0)a}{}^{df} S_{(0)bf}{}^e \psi + \tfrac{1}{2}\alpha^4 \beta_0 (\partial_5 A_d) A_a \eta S_{(0)b}{}^d{}_c \psi + \tfrac{1}{2}\alpha^4 \beta_0 (\partial_5 A_d) A_a A_c A_e S_{(0)b}{}^{de} \psi +$$

$$+ \tfrac{1}{2}\alpha^4 \beta_0 (\partial_5 A_a) A_c A_d A_e S_{(0)b}{}^{de} \psi + \tfrac{1}{2}\alpha^4 \beta_0 (\partial_5 g_{ad}) A_c A_e \eta S_{(0)b}{}^{de} \psi + \tfrac{1}{2}\alpha^3 \beta_0 A_c A_d U_{ae} S_{(0)b}{}^{de} \psi + \tfrac{1}{2}\alpha^3 \beta_0 A_d A_e F_{ac} S_{(0)b}{}^{de} \psi -$$

$$- \tfrac{1}{2}\alpha^3 \beta_0 A_a A_d F_{ce} S_{(0)b}{}^{de} \psi - \tfrac{1}{2}\alpha^4 \beta_0 (\partial_5 A_d) A_a A_e A^d S_{(0)b}{}^e{}_c \psi - \tfrac{1}{2}\alpha^4 \beta_0 (\partial_5 g_{ad}) A_c A_e A_f A^d S_{(0)b}{}^{ef} \psi -$$

$$- \alpha^3 \beta_0{}^2 A_d A_e A_f S_{(0)ac}{}^d S_{(0)b}{}^{ef} \psi + \alpha^3 \beta_0{}^2 A_c A_d A_e S_{(0)af}{}^d S_{(0)b}{}^{ef} \psi + \tfrac{1}{2}\alpha^3 \beta_0 A_b A_d F^{de} S_{(0)cea} \psi -$$

$$- \tfrac{1}{2}\alpha^3 \beta_0 A_a A_d F^{de} S_{(0)ceb} \psi - \alpha^3 \beta_0 A_b A_d A^{f\,(4)}\{{}^{e}_{a\,f}\} S_{(0)ce}{}^d \psi + \alpha^3 \beta_0 A_a A_d A^{f\,(4)}\{{}^{e}_{b\,f}\} S_{(0)ce}{}^d \psi +$$

$$+ \tfrac{1}{2}\alpha^3 \beta_0 A_b A_d F_a{}^e S_{(0)ce}{}^d \psi - \tfrac{1}{2}\alpha^3 \beta_0 A_a A_d F_b{}^e S_{(0)ce}{}^d \psi - \alpha^3 \beta_0{}^2 A_b A_d A_e S_{(0)a}{}^{df} S_{(0)cf}{}^e \psi +$$

$$+ \alpha^3 \beta_0{}^2 A_a A_d A_e S_{(0)b}{}^{df} S_{(0)cf}{}^e \psi - \tfrac{1}{2}\alpha^4 \beta_0 (\partial_5 A_d) A_b \eta S_{(0)c}{}^d{}_a \psi + \tfrac{1}{2}\alpha^4 \beta_0 (\partial_5 A_d) A_a \eta S_{(0)c}{}^d{}_b \psi -$$

$$- \tfrac{1}{2}\alpha^4 \beta_0 (\partial_5 A_b) A_a A_d A_e S_{(0)c}{}^{de} \psi + \tfrac{1}{2}\alpha^4 \beta_0 (\partial_5 A_a) A_b A_d A_e S_{(0)c}{}^{de} \psi - \tfrac{1}{2}\alpha^4 \beta_0 (\partial_5 g_{bd}) A_a A_e \eta S_{(0)c}{}^{de} \psi +$$

$$+ \tfrac{1}{2}\alpha^4 \beta_0 (\partial_5 g_{ad}) A_b A_e \eta S_{(0)c}{}^{de} \psi + \tfrac{1}{2}\alpha^3 \beta_0 A_b A_d U_{ae} S_{(0)c}{}^{de} \psi - \tfrac{1}{2}\alpha^3 \beta_0 A_a A_d U_{be} S_{(0)c}{}^{de} \psi + \alpha^3 \beta_0 A_d A_e F_{ab} S_{(0)c}{}^{de} \psi +$$

$$+ \tfrac{1}{2}\alpha^3 \beta_0 A_b A_d F_{ae} S_{(0)c}{}^{de} \psi - \tfrac{1}{2}\alpha^3 \beta_0 A_a A_d F_{be} S_{(0)c}{}^{de} \psi + \tfrac{1}{2}\alpha^4 \beta_0 (\partial_5 A_d) A_b A_e A^d S_{(0)c}{}^e{}_a \psi -$$

$$- \tfrac{1}{2}\alpha^4 \beta_0 (\partial_5 A_d) A_a A_e A^d S_{(0)c}{}^e{}_b \psi + \tfrac{1}{2}\alpha^4 \beta_0 (\partial_5 g_{bd}) A_a A_e A_f A^d S_{(0)c}{}^{ef} \psi - \tfrac{1}{2}\alpha^4 \beta_0 (\partial_5 g_{ad}) A_b A_e A_f A^d S_{(0)c}{}^{ef} \psi -$$

$$- \tfrac{1}{2}\alpha^3 \beta_0 A_c A_d F_b{}^e S_{(0)}{}^d{}_{ea} \psi - \tfrac{1}{2}\alpha^3 \beta_0 A_b A_d F_c{}^e S_{(0)}{}^d{}_{ea} \psi + \tfrac{1}{2}\alpha^3 \beta_0 A_c A_d F_a{}^e S_{(0)}{}^d{}_{eb} \psi + \tfrac{1}{2}\alpha^3 \beta_0 A_a A_d F_c{}^e S_{(0)}{}^d{}_{eb} \psi +$$

$$+ \alpha^3 \beta_0 A_b A_d A_e {}^{(4)}\{{}^{f}_{a\,c}\} S_{(0)f}{}^{de} \psi - \alpha^3 \beta_0 A_a A_d A_e {}^{(4)}\{{}^{f}_{b\,c}\} S_{(0)f}{}^{de} \psi + \alpha^3 \beta_0{}^2 A_b A_d A_e S_{(0)ac}{}^f S_{(0)f}{}^{de} \psi -$$

$$- \alpha^3 \beta_0{}^2 A_a A_d A_e S_{(0)bc}{}^f S_{(0)f}{}^{de} \psi - \alpha^3 \beta_0{}^2 A_b A_d A_e S_{(0)afc} S_{(0)}{}^{dfe} \psi + \alpha^3 \beta_0{}^2 A_a A_d A_e S_{(0)bfc} S_{(0)}{}^{dfe} \psi -$$

$$- \alpha^3 \beta_0{}^2 A_b A_d A_e S_{(0)cfa} S_{(0)}{}^{dfe} \psi + \alpha^3 \beta_0{}^2 A_a A_d A_e S_{(0)cfb} S_{(0)}{}^{dfe} \psi + \alpha^3 \beta_0{}^2 A_c A_d A_e S_{(0)bf}{}^d S_{(0)}{}^{ef}{}_a \psi +$$

$$+ \alpha^3 \beta_0{}^2 A_b A_d A_e S_{(0)cf}{}^d S_{(0)}{}^{ef}{}_a \psi - \alpha^3 \beta_0{}^2 A_c A_d A_e S_{(0)af}{}^d S_{(0)}{}^{ef}{}_b \psi - \alpha^3 \beta_0{}^2 A_a A_d A_e S_{(0)cf}{}^d S_{(0)}{}^{ef}{}_b \psi +$$

$$+ \tfrac{1}{2}\alpha^3 \beta_1 (\partial_5 A_d) A_b A^d S_{(1)ac} \psi + \tfrac{1}{2}\alpha^3 \beta_1 (\partial_5 A_b) \eta S_{(1)ac} \psi + \tfrac{1}{2}\alpha^2 \beta_1 A_d F_b{}^d S_{(1)ac} \psi - \alpha^2 \beta_0 \beta_1 A_d A_e S_{(0)b}{}^{de} S_{(1)ac} \psi +$$

$$+ \alpha^2 \beta_1 A_c A^{e\,(4)}\{{}^{d}_{b\,e}\} S_{(1)ad} \psi + \alpha^2 \beta_0 \beta_1 A_c A_d S_{(0)b}{}^{de} S_{(1)ae} \psi - \tfrac{1}{2}\alpha^3 \beta_1 (\partial_5 A_d) A_b A_c S_{(1)a}{}^d \psi - \tfrac{1}{2}\alpha^3 \beta_1 (\partial_5 A_b) A_c A_d S_{(1)a}{}^d \psi -$$

$$- \tfrac{1}{2}\alpha^3 \beta_1 (\partial_5 g_{bd}) A_c \eta S_{(1)a}{}^d \psi - \tfrac{1}{2}\alpha^2 \beta_1 A_d F_{bc} S_{(1)a}{}^d \psi + \tfrac{1}{2}\alpha^2 \beta_1 A_b F_{cd} S_{(1)a}{}^d \psi + \tfrac{1}{2}\alpha^3 \beta_1 (\partial_5 g_{bd}) A_c A_e A^d S_{(1)a}{}^e \psi +$$

$$+ \alpha^2 \beta_0 \beta_1 A_d A_e S_{(0)bc}{}^d S_{(1)a}{}^e \psi - \alpha^2 \beta_0 \beta_1 A_c A_d S_{(0)be}{}^d S_{(1)a}{}^e \psi - \alpha^2 \beta_0 \beta_1 A_b A_d S_{(0)ce}{}^d S_{(1)a}{}^e \psi -$$

$$- \alpha^2 \beta_0 \beta_1 A_c A_d S_{(0)}{}^d{}_{eb} S_{(1)a}{}^e \psi - \tfrac{1}{2}\alpha^3 \beta_1 (\partial_5 A_d) A_a A^d S_{(1)bc} \psi - \tfrac{1}{2}\alpha^3 \beta_1 (\partial_5 A_a) \eta S_{(1)bc} \psi - \tfrac{1}{2}\alpha^2 \beta_1 A_d F_a{}^d S_{(1)bc} \psi +$$

$$+ \alpha^2 \beta_0 \beta_1 A_d A_e S_{(0)a}{}^{de} S_{(1)bc} \psi + \alpha \beta_1{}^2 A_d S_{(1)a}{}^d S_{(1)bc} \psi - \alpha^2 \beta_1 A_c A^{e\,(4)}\{{}^{d}_{a\,e}\} S_{(1)bd} \psi - \alpha^2 \beta_0 \beta_1 A_c A_d S_{(0)a}{}^{de} S_{(1)be} \psi +$$

$$+ \tfrac{1}{2}\alpha^3 \beta_1 (\partial_5 A_d) A_a A_c S_{(1)b}{}^d \psi + \tfrac{1}{2}\alpha^3 \beta_1 (\partial_5 A_a) A_c A_d S_{(1)b}{}^d \psi + \tfrac{1}{2}\alpha^3 \beta_1 (\partial_5 g_{ad}) A_c \eta S_{(1)b}{}^d \psi + \tfrac{1}{2}\alpha^2 \beta_1 A_d F_{ac} S_{(1)b}{}^d \psi -$$

$$- \tfrac{1}{2}\alpha^2 \beta_1 A_a F_{cd} S_{(1)b}{}^d \psi - \alpha \beta_1{}^2 A_d S_{(1)ac} S_{(1)b}{}^d \psi - \tfrac{1}{2}\alpha^3 \beta_1 (\partial_5 g_{ad}) A_c A_e A^d S_{(1)b}{}^e \psi - \alpha^2 \beta_0 \beta_1 A_d A_e S_{(0)ac}{}^d S_{(1)b}{}^e \psi +$$

$$+ \alpha^2 \beta_0 \beta_1 A_c A_d S_{(0)ae}{}^d S_{(1)b}{}^e \psi + \alpha^2 \beta_0 \beta_1 A_a A_d S_{(0)ce}{}^d S_{(1)b}{}^e \psi + \alpha^2 \beta_0 \beta_1 A_c A_d S_{(0)}{}^d{}_{ea} S_{(1)b}{}^e \psi -$$

$$- \alpha^2 \beta_1 A_b A^{e\,(4)}\{{}^{d}_{a\,e}\} S_{(1)cd} \psi + \alpha^2 \beta_1 A_a A^{e\,(4)}\{{}^{d}_{b\,e}\} S_{(1)cd} \psi - \alpha^2 \beta_0 \beta_1 A_b A_d S_{(0)a}{}^{de} S_{(1)ce} \psi + \alpha^2 \beta_0 \beta_1 A_a A_d S_{(0)b}{}^{de} S_{(1)ce} \psi -$$

$$- \tfrac{1}{2}\alpha^3 \beta_1 (\partial_5 A_b) A_a A_d S_{(1)c}{}^d \psi + \tfrac{1}{2}\alpha^3 \beta_1 (\partial_5 A_a) A_b A_d S_{(1)c}{}^d \psi - \tfrac{1}{2}\alpha^3 \beta_1 (\partial_5 g_{bd}) A_a \eta S_{(1)c}{}^d \psi + \tfrac{1}{2}\alpha^3 \beta_1 (\partial_5 g_{ad}) A_b \eta S_{(1)c}{}^d \psi +$$

$$+ \alpha^2 \beta_1 A_d F_{ab} S_{(1)c}{}^d \psi + \tfrac{1}{2}\alpha^2 \beta_1 A_b F_{ad} S_{(1)c}{}^d \psi - \tfrac{1}{2}\alpha^2 \beta_1 A_a F_{bd} S_{(1)c}{}^d \psi - \alpha \beta_1{}^2 A_b S_{(1)ad} S_{(1)c}{}^d \psi + \alpha \beta_1{}^2 A_a S_{(1)bd} S_{(1)c}{}^d \psi +$$

$$+ \tfrac{1}{2}\alpha^3 \beta_1 (\partial_5 g_{bd}) A_a A_e A^d S_{(1)c}{}^e \psi - \tfrac{1}{2}\alpha^3 \beta_1 (\partial_5 g_{ad}) A_b A_e A^d S_{(1)c}{}^e \psi + \alpha^2 \beta_0 \beta_1 A_b A_d S_{(0)}{}^d{}_{ea} S_{(1)c}{}^e \psi -$$

$$- \alpha^2 \beta_0 \beta_1 A_a A_d S_{(0)}{}^d{}_{eb} S_{(1)c}{}^e \psi + \alpha^2 \beta_1 A_b A_d {}^{(4)}\{{}^{e}_{a\,c}\} S_{(1)}{}^d{}_e \psi - \alpha^2 \beta_1 A_a A_d {}^{(4)}\{{}^{e}_{b\,c}\} S_{(1)}{}^d{}_e \psi + \alpha^2 \beta_0 \beta_1 A_b A_d S_{(0)ac}{}^e S_{(1)}{}^d{}_e \psi -$$

$$- \alpha^2 \beta_0 \beta_1 A_a A_d S_{(0)bc}{}^e S_{(1)}{}^d{}_e \psi - \alpha^2 \beta_0 \beta_1 A_b A_d S_{(0)aec} S_{(1)}{}^{de} \psi + \alpha^2 \beta_0 \beta_1 A_a A_d S_{(0)bec} S_{(1)}{}^{de} \psi -$$

$$-\alpha^2 \beta_0 \beta_1 A_b A_d S_{(0)cea} S_{(1)}{}^{de} \psi + \alpha^2 \beta_0 \beta_1 A_a A_d S_{(0)ceb} S_{(1)}{}^{de} \psi + \tfrac{1}{2}\alpha^4 \beta_2 A_c \eta U_{bd} S_{(2)a}{}^d \psi + \tfrac{1}{2}\alpha^4 \beta_2 A_d \eta F_{bc} S_{(2)a}{}^d \psi -$$

$$-\tfrac{1}{2}\alpha^4 \beta_2 A_b \eta F_{cd} S_{(2)a}{}^d \psi - \alpha^3 \beta_1 \beta_2 A_d \eta S_{(1)bc} S_{(2)a}{}^d \psi + \alpha^3 \beta_1 \beta_2 A_c \eta S_{(1)bd} S_{(2)a}{}^d \psi + \alpha^3 \beta_1 \beta_2 A_b \eta S_{(1)cd} S_{(2)a}{}^d \psi -$$

$$-\alpha^4 \beta_2 A_c A_d A_e A_f{}^{(4)}\{{}^d_{bf}\} S_{(2)a}{}^e \psi + \tfrac{1}{2}\alpha^4 \beta_2 A_c A_d A_e U_b{}^d S_{(2)a}{}^e \psi + \tfrac{1}{2}\alpha^4 \beta_2 A_c A_d A_e F_b{}^d S_{(2)a}{}^e \psi -$$

$$-\alpha^4 \beta_0 \beta_2 A_d A_e \eta S_{(0)bc}{}^d S_{(2)a}{}^e \psi + \alpha^4 \beta_0 \beta_2 A_c A_d \eta S_{(0)be}{}^d S_{(2)a}{}^e \psi + \alpha^4 \beta_0 \beta_2 A_b A_d \eta S_{(0)ce}{}^d S_{(2)a}{}^e \psi -$$

$$-\tfrac{1}{2}\alpha^4 \beta_2 A_c \eta U_{ad} S_{(2)b}{}^d \psi - \tfrac{1}{2}\alpha^4 \beta_2 A_d \eta F_{ac} S_{(2)b}{}^d \psi + \tfrac{1}{2}\alpha^4 \beta_2 A_a \eta F_{cd} S_{(2)b}{}^d \psi + \alpha^3 \beta_1 \beta_2 A_d \eta S_{(1)ac} S_{(2)b}{}^d \psi -$$

$$-\alpha^3 \beta_1 \beta_2 A_c \eta S_{(1)ad} S_{(2)b}{}^d \psi - \alpha^3 \beta_1 \beta_2 A_a \eta S_{(1)cd} S_{(2)b}{}^d \psi + \alpha^4 \beta_2 A_c A_d A_e A_f{}^{(4)}\{{}^d_{af}\} S_{(2)b}{}^e \psi - \tfrac{1}{2}\alpha^4 \beta_2 A_c A_d A_e U_a{}^d S_{(2)b}{}^e \psi -$$

$$-\tfrac{1}{2}\alpha^4 \beta_2 A_c A_d A_e F_a{}^d S_{(2)b}{}^e \psi + \alpha^4 \beta_0 \beta_2 A_d A_e \eta S_{(0)ac}{}^d S_{(2)b}{}^e \psi - \alpha^4 \beta_0 \beta_2 A_c A_d \eta S_{(0)ae}{}^d S_{(2)b}{}^e \psi -$$

$$-\alpha^4 \beta_0 \beta_2 A_a A_d \eta S_{(0)ce}{}^d S_{(2)b}{}^e \psi - \tfrac{1}{2}\alpha^4 \beta_2 A_b \eta U_{ad} S_{(2)c}{}^d \psi + \tfrac{1}{2}\alpha^4 \beta_2 A_a \eta U_{bd} S_{(2)c}{}^d \psi - \alpha^4 \beta_2 A_d \eta F_{ab} S_{(2)c}{}^d \psi -$$

$$-\tfrac{1}{2}\alpha^4 \beta_2 A_b \eta F_{ad} S_{(2)c}{}^d \psi + \tfrac{1}{2}\alpha^4 \beta_2 A_a \eta F_{bd} S_{(2)c}{}^d \psi + \alpha^4 \beta_2 A_b A_d A_e A_f{}^{(4)}\{{}^d_{af}\} S_{(2)c}{}^e \psi - \alpha^4 \beta_2 A_a A_d A_e A_f{}^{(4)}\{{}^d_{bf}\} S_{(2)c}{}^e \psi -$$

$$-\tfrac{1}{2}\alpha^4 \beta_2 A_b A_d A_e U_a{}^d S_{(2)c}{}^e \psi + \tfrac{1}{2}\alpha^4 \beta_2 A_a A_d A_e U_b{}^d S_{(2)c}{}^e \psi - \tfrac{1}{2}\alpha^4 \beta_2 A_b A_d A_e F_a{}^d S_{(2)c}{}^e \psi + \tfrac{1}{2}\alpha^4 \beta_2 A_a A_d A_e F_b{}^d S_{(2)c}{}^e \psi +$$

$$+\alpha^4 \beta_2 A_b A_d \eta {}^{(4)}\{{}^e_{ac}\} S_{(2)e}{}^d \psi - \alpha^4 \beta_2 A_a A_d \eta {}^{(4)}\{{}^e_{bc}\} S_{(2)e}{}^d \psi + \alpha^4 \beta_0 \beta_2 A_b A_d \eta S_{(0)ac} S_{(2)e}{}^d \psi -$$

$$-\alpha^4 \beta_0 \beta_2 A_a A_d \eta S_{(0)bc}{}^e S_{(2)e}{}^d \psi - \tfrac{1}{2}\alpha^4 \beta_2 A_c \eta F_{bd} S_{(2)}{}^d{}_a \psi - \tfrac{1}{2}\alpha^4 \beta_2 A_b \eta F_{cd} S_{(2)}{}^d{}_a \psi + \alpha^3 \beta_1 \beta_2 A_c \eta S_{(1)bd} S_{(2)}{}^d{}_a \psi +$$

$$+\alpha^3 \beta_1 \beta_2 A_b \eta S_{(1)cd} S_{(2)}{}^d{}_a \psi + \tfrac{1}{2}\alpha^4 \beta_2 A_c \eta F_{ad} S_{(2)}{}^d{}_b \psi + \tfrac{1}{2}\alpha^4 \beta_2 A_a \eta F_{cd} S_{(2)}{}^d{}_b \psi - \alpha^3 \beta_1 \beta_2 A_c \eta S_{(1)ad} S_{(2)}{}^d{}_b \psi -$$

$$-\alpha^3 \beta_1 \beta_2 A_a \eta S_{(1)cd} S_{(2)}{}^d{}_b \psi + \tfrac{1}{2}\alpha^4 \beta_2 A_b A_d A_e U_{ac} S_{(2)}{}^{de} \psi - \tfrac{1}{2}\alpha^4 \beta_2 A_a A_d A_e U_{bc} S_{(2)}{}^{de} \psi + \alpha^3 \beta_1 \beta_2 A_b A_d A_e S_{(1)ac} S_{(2)}{}^{de} \psi -$$

$$-\alpha^3 \beta_1 \beta_2 A_a A_d A_e S_{(1)bc} S_{(2)}{}^{de} \psi + \tfrac{1}{2}\alpha^4 \beta_2 A_c A_d A_e F_b{}^d S_{(2)}{}^e{}_a \psi + \tfrac{1}{2}\alpha^4 \beta_2 A_b A_d A_e F_c{}^d S_{(2)}{}^e{}_a \psi +$$

$$+\alpha^4 \beta_0 \beta_2 A_c A_d \eta S_{(0)be}{}^d S_{(2)}{}^e{}_a \psi + \alpha^4 \beta_0 \beta_2 A_b A_d \eta S_{(0)ce}{}^d S_{(2)}{}^e{}_a \psi - \alpha^3 \beta_1 \beta_2 A_c A_d A_e S_{(1)b}{}^d S_{(2)}{}^e{}_a \psi -$$

$$-\alpha^3 \beta_1 \beta_2 A_b A_d A_e S_{(1)c}{}^d S_{(2)}{}^e{}_a \psi - \tfrac{1}{2}\alpha^4 \beta_2 A_c A_d A_e F_a{}^d S_{(2)}{}^e{}_b \psi - \tfrac{1}{2}\alpha^4 \beta_2 A_a A_d A_e F_c{}^d S_{(2)}{}^e{}_b \psi -$$

$$-\alpha^4 \beta_0 \beta_2 A_c A_d \eta S_{(0)ae}{}^d S_{(2)}{}^e{}_b \psi - \alpha^4 \beta_0 \beta_2 A_a A_d \eta S_{(0)ce}{}^d S_{(2)}{}^e{}_b \psi + \alpha^3 \beta_1 \beta_2 A_c A_d A_e S_{(1)a}{}^d S_{(2)}{}^e{}_b \psi +$$

$$+\alpha^3 \beta_1 \beta_2 A_a A_d A_e S_{(1)c}{}^d S_{(2)}{}^e{}_b \psi + \tfrac{1}{2}\alpha^4 \beta_2 A_b A_c A_d F_{ae} S_{(2)}{}^{ed} \psi - \tfrac{1}{2}\alpha^4 \beta_2 A_a A_c A_d F_{be} S_{(2)}{}^{ed} \psi -$$

$$-\alpha^4 \beta_0 \beta_2 A_b A_d \eta S_{(0)aec} S_{(2)}{}^{ed} \psi + \alpha^4 \beta_0 \beta_2 A_a A_d \eta S_{(0)bec} S_{(2)}{}^{ed} \psi - \alpha^4 \beta_0 \beta_2 A_b A_d \eta S_{(0)cea} S_{(2)}{}^{ed} \psi +$$

$$+\alpha^4 \beta_0 \beta_2 A_a A_d \eta S_{(0)ceb} S_{(2)}{}^{ed} \psi - \alpha^3 \beta_1 \beta_2 A_b A_c A_d S_{(1)ae} S_{(2)}{}^{ed} \psi + \alpha^3 \beta_1 \beta_2 A_a A_c A_d S_{(1)be} S_{(2)}{}^{ed} \psi -$$

$$-\alpha^4 \beta_2 A_b A_d A_e A_f{}^{(4)}\{{}^d_{ac}\} S_{(2)}{}^{ef} \psi + \alpha^4 \beta_2 A_a A_d A_e A_f{}^{(4)}\{{}^d_{bc}\} S_{(2)}{}^{ef} \psi + \alpha^4 \beta_0 \beta_2 A_b A_d A_e A_f S_{(0)a}{}^d{}_c S_{(2)}{}^{ef} \psi -$$

$$-\alpha^4 \beta_0 \beta_2 A_a A_d A_e A_f S_{(0)b}{}^d{}_c S_{(2)}{}^{ef} \psi + \alpha^4 \beta_0 \beta_2 A_b A_d A_e A_f S_{(0)c}{}^d{}_a S_{(2)}{}^{ef} \psi - \alpha^4 \beta_0 \beta_2 A_a A_d A_e A_f S_{(0)c}{}^d{}_b S_{(2)}{}^{ef} \psi -$$

$$-\alpha^4 \beta_0 \beta_2 A_c A_d A_e A_f S_{(0)b}{}^{de} S_{(2)}{}^f{}_a \psi - \alpha^4 \beta_0 \beta_2 A_b A_d A_e A_f S_{(0)c}{}^{de} S_{(2)}{}^f{}_a \psi + \alpha^4 \beta_0 \beta_2 A_c A_d A_e A_f S_{(0)a}{}^{de} S_{(2)}{}^f{}_b \psi +$$

$$+\alpha^4 \beta_0 \beta_2 A_a A_d A_e A_f S_{(0)c}{}^{de} S_{(2)}{}^f{}_b \psi - \alpha^4 \beta_0 \beta_2 A_b A_c A_d A_e S_{(0)af}{}^d S_{(2)}{}^{fe} \psi + \alpha^4 \beta_0 \beta_2 A_a A_c A_d A_e S_{(0)bf}{}^d S_{(2)}{}^{fe} \psi -$$

$$-\alpha^3 \beta_3 A_c A_d A^e{}^{(4)}\{{}^d_{be}\} S_{(3)a} \psi + \tfrac{1}{2}\alpha^3 \beta_3 A_c A_d U_b{}^d S_{(3)a} \psi + \tfrac{1}{2}\alpha^3 \beta_3 \eta F_{bc} S_{(3)a} \psi - \tfrac{1}{2}\alpha^3 \beta_3 A_b A_d F_c{}^d S_{(3)a} \psi -$$

$$-\alpha^3 \beta_0 \beta_3 A_d \eta S_{(0)bc}{}^d S_{(3)a} \psi + \alpha^3 \beta_0 \beta_3 A_c A_d A_e S_{(0)b}{}^{de} S_{(3)a} \psi + \alpha^3 \beta_0 \beta_3 A_b A_d A_e S_{(0)c}{}^{de} S_{(3)a} \psi - \alpha^2 \beta_1 \beta_3 \eta S_{(1)bc} S_{(3)a} \psi +$$

$$+\alpha^2 \beta_1 \beta_3 A_c A_d S_{(1)b}{}^d S_{(3)a} \psi + \alpha^2 \beta_1 \beta_3 A_b A_d S_{(1)c}{}^d S_{(3)a} \psi + \alpha^3 \beta_3 A_c A_d A^e{}^{(4)}\{{}^d_{ae}\} S_{(3)b} \psi - \tfrac{1}{2}\alpha^3 \beta_3 A_c A_d U_a{}^d S_{(3)b} \psi -$$

$$-\tfrac{1}{2}\alpha^3 \beta_3 \eta F_{ac} S_{(3)b} \psi + \tfrac{1}{2}\alpha^3 \beta_3 A_a A_d F_c{}^d S_{(3)b} \psi + \alpha^3 \beta_0 \beta_3 A_d \eta S_{(0)ac}{}^d S_{(3)b} \psi - \alpha^3 \beta_0 \beta_3 A_c A_d A_e S_{(0)a}{}^{de} S_{(3)b} \psi -$$

$$-\alpha^3 \beta_0 \beta_3 A_a A_d A_e S_{(0)c}{}^{de} S_{(3)b} \psi + \alpha^2 \beta_1 \beta_3 \eta S_{(1)ac} S_{(3)b} \psi - \alpha^2 \beta_1 \beta_3 A_c A_d S_{(1)a}{}^d S_{(3)b} \psi - \alpha^2 \beta_1 \beta_3 A_a A_d S_{(1)c}{}^d S_{(3)b} \psi +$$

$$+\alpha^3 \beta_3 A_b A_d A^e{}^{(4)}\{{}^d_{ae}\} S_{(3)c} \psi - \alpha^3 \beta_3 A_a A_d A^e{}^{(4)}\{{}^d_{be}\} S_{(3)c} \psi - \tfrac{1}{2}\alpha^3 \beta_3 A_b A_d U_a{}^d S_{(3)c} \psi + \tfrac{1}{2}\alpha^3 \beta_3 A_a A_d U_b{}^d S_{(3)c} \psi -$$

$$-\alpha^3 \beta_3 \eta F_{ab} S_{(3)c} \psi - \tfrac{1}{2}\alpha^3 \beta_3 A_b A_d F_a{}^d S_{(3)c} \psi + \tfrac{1}{2}\alpha^3 \beta_3 A_a A_d F_b{}^d S_{(3)c} \psi + \alpha^3 \beta_3 A_b \eta {}^{(4)}\{{}^d_{ac}\} S_{(3)d} \psi - \alpha^3 \beta_3 A_a \eta {}^{(4)}\{{}^d_{bc}\} S_{(3)d} \psi +$$

$$+\alpha^3 \beta_0 \beta_3 A_b \eta S_{(0)ac}{}^d S_{(3)d} \psi - \alpha^3 \beta_0 \beta_3 A_a \eta S_{(0)bc}{}^d S_{(3)d} \psi + \tfrac{1}{2}\alpha^3 \beta_3 A_b A_d U_{ac} S_{(3)}{}^d \psi - \tfrac{1}{2}\alpha^3 \beta_3 A_a A_d U_{bc} S_{(3)}{}^d \psi +$$

$$+\tfrac{1}{2}\alpha^3 \beta_3 A_b A_c F_{ad} S_{(3)}{}^d \psi - \tfrac{1}{2}\alpha^3 \beta_3 A_a A_c F_{bd} S_{(3)}{}^d \psi - \alpha^3 \beta_0 \beta_3 A_b \eta S_{(0)adc} S_{(3)}{}^d \psi + \alpha^3 \beta_0 \beta_3 A_a \eta S_{(0)bdc} S_{(3)}{}^d \psi -$$

$$-\alpha^3 \beta_0 \beta_3 A_b \eta S_{(0)cda} S_{(3)}{}^d \psi + \alpha^3 \beta_0 \beta_3 A_a \eta S_{(0)cdb} S_{(3)}{}^d \psi + \alpha^2 \beta_1 \beta_3 A_b A_d S_{(1)ac} S_{(3)}{}^d \psi - \alpha^2 \beta_1 \beta_3 A_b A_c S_{(1)ad} S_{(3)}{}^d \psi -$$

$$-\alpha^2 \beta_1 \beta_3 A_a A_d S_{(1)bc} S_{(3)}{}^d \psi + \alpha^2 \beta_1 \beta_3 A_a A_c S_{(1)bd} S_{(3)}{}^d \psi - \alpha^3 \beta_3 A_b A_d A_e {}^{(4)}\{{}^d_{ac}\} S_{(3)}{}^e \psi + \alpha^3 \beta_3 A_a A_d A_e {}^{(4)}\{{}^d_{bc}\} S_{(3)}{}^e \psi -$$

$$-\alpha^3 \beta_0 \beta_3 A_b A_c A_d S_{(0)ae}{}^d S_{(3)}{}^e \psi + \alpha^3 \beta_0 \beta_3 A_b A_d A_e S_{(0)a}{}^d{}_c S_{(3)}{}^e \psi + \alpha^3 \beta_0 \beta_3 A_a A_c A_d S_{(0)be}{}^d S_{(3)}{}^e \psi -$$

$$-\alpha^3\beta_0\beta_3 A_a A_d A_e S_{(0)b}{}^d{}_c S_{(3)}{}^e \psi + \alpha^3\beta_0\beta_3 A_b A_d A_e S_{(0)c}{}^d{}_a S_{(3)}{}^e \psi - \alpha^3\beta_0\beta_3 A_a A_d A_e S_{(0)c}{}^d{}_b S_{(3)}{}^e \psi,$$

$$R_{ab5}{}^c = \tag{69}$$

$$= \partial_a \Gamma_{b\,5}{}^c - \partial_b \Gamma_{a\,5}{}^c - \Gamma_{a\,5}{}^d \Gamma_{b\,d}{}^c - \Gamma_{a\,5}{}^5 \Gamma_{b\,5}{}^c + \Gamma_{a\,d}{}^c \Gamma_{b\,5}{}^d + \Gamma_{a\,5}{}^c \Gamma_{b\,5}{}^5$$

$$= \beta_2 \partial_a S_{(2)b}{}^c - \beta_2 \partial_b S_{(2)a}{}^c + \tfrac{1}{4}\alpha^2 (\partial_b\psi)(\partial_5\psi) A_a A^c \psi^{-1} - \tfrac{1}{4}\alpha^2 (\partial_a\psi)(\partial_5\psi) A_b A^c \psi^{-1} + \tfrac{1}{2}\beta_2 (\partial_b\psi) S_{(2)a}{}^c \psi^{-1} -$$

$$- \tfrac{1}{2}\beta_2 (\partial_a\psi) S_{(2)b}{}^c \psi^{-1} + \tfrac{1}{2}\beta_2 (\partial_b\psi) S_{(2)}{}^c{}_a \psi^{-1} - \tfrac{1}{2}\beta_2 (\partial_a\psi) S_{(2)}{}^c{}_b \psi^{-1} + \tfrac{1}{4}(\partial_b\psi)(\partial_5 g_{ad}) g^{cd} \psi^{-1} - \tfrac{1}{4}(\partial_a\psi)(\partial_5 g_{bd}) g^{cd}\psi^{-1} -$$

$$- \tfrac{1}{4}\alpha (\partial_b\psi)(\partial_d\psi) A_a g^{cd}\psi^{-1} + \tfrac{1}{4}\alpha(\partial_a\psi)(\partial_d\psi) A_b g^{cd}\psi^{-1} + \tfrac{1}{4}\alpha^5 (\partial_5 A_b)(\partial_5 A_d) A_a A^c A^d \psi^2 - \tfrac{1}{4}\alpha^5 (\partial_5 A_a)(\partial_5 A_d) A_b A^c A^d \psi^2 -$$

$$- \tfrac{1}{4}\alpha^4 (\partial_5 A_d) A_b A^c F_a{}^d \psi^2 + \tfrac{1}{4}\alpha^4 (\partial_5 A_d) A_a A^c F_b{}^d \psi^2 - \tfrac{1}{4}\alpha^4 (\partial_5 A_b) A_a A_d F^{cd} \psi^2 + \tfrac{1}{4}\alpha^4 (\partial_5 A_a) A_b A_d F^{cd} \psi^2 + \tfrac{1}{4}\alpha^3 A_b F_{ad} F^{cd} \psi^2 -$$

$$- \tfrac{1}{4}\alpha^3 A_a F_{bd} F^{cd}\psi^2 - \tfrac{1}{2}\alpha^3 \beta_0 A_b A_d F^{ce} S_{(0)ae}{}^d \psi^2 + \tfrac{1}{2}\alpha^4 \beta_0 (\partial_5 A_d) A_b A_e A^c S_{(0)a}{}^{de}\psi^2 + \tfrac{1}{2}\alpha^3 \beta_0 A_a A_d F^{ce} S_{(0)be}{}^d \psi^2 -$$

$$- \tfrac{1}{2}\alpha^4 \beta_0 (\partial_5 A_d) A_a A_e A^c S_{(0)b}{}^{de}\psi^2 - \tfrac{1}{2}\alpha^3\beta_0 A_b A_d F_a{}^e S_{(0)}{}^c{}_e{}^d \psi^2 + \tfrac{1}{2}\alpha^3\beta_0 A_a A_d F_b{}^e S_{(0)}{}^c{}_e{}^d \psi^2 +$$

$$+ \tfrac{1}{2}\alpha^4 \beta_0 (\partial_5 A_b) A_a A_d A_e S_{(0)}{}^{cde}\psi^2 - \tfrac{1}{2}\alpha^4\beta_0 (\partial_5 A_a) A_b A_d A_e S_{(0)}{}^{cde}\psi^2 + \alpha^3 \beta_0^2 A_b A_d A_e S_{(0)af} S_{(0)}{}^{cfe}\psi^2 -$$

$$- \alpha^3 \beta_0^2 A_a A_d A_e S_{(0)bf}{}^d S_{(0)}{}^{cfe}\psi^2 + \tfrac{1}{2}\alpha^3\beta_1 (\partial_5 A_d) A_b A^c S_{(1)a}{}^d \psi^2 - \tfrac{1}{2}\alpha^2\beta_1 A_b F^c{}_d S_{(1)a}{}^d \psi^2 +$$

$$+ \alpha^2\beta_0\beta_1 A_b A_d S_{(0)}{}^c{}_e{}^d S_{(1)a}{}^e \psi^2 - \tfrac{1}{2}\alpha^3\beta_1 (\partial_5 A_d) A_a A^c S_{(1)b}{}^d \psi^2 + \tfrac{1}{2}\alpha^2\beta_1 A_a F^c{}_d S_{(1)b}{}^d\psi^2 -$$

$$- \alpha^2 \beta_0 \beta_1 A_a A_d S_{(0)}{}^c{}_e{}^d S_{(1)b}{}^e \psi^2 + \tfrac{1}{2}\alpha^3\beta_1 (\partial_5 A_b) A_a A_d S_{(1)}{}^{cd} \psi^2 - \tfrac{1}{2}\alpha^3\beta_1 (\partial_5 A_a) A_b A_d S_{(1)}{}^{cd}\psi^2 - \tfrac{1}{2}\alpha^2\beta_1 A_b F_{ad} S_{(1)}{}^{cd}\psi^2 +$$

$$+ \tfrac{1}{2}\alpha^2\beta_1 A_a F_{bd} S_{(1)}{}^{cd}\psi^2 + \alpha\beta_1^2 A_b S_{(1)ad} S_{(1)}{}^{cd}\psi^2 - \alpha\beta_1^2 A_a S_{(1)bd} S_{(1)}{}^{cd}\psi^2 + \alpha^2\beta_0\beta_1 A_b A_d S_{(0)ae}{}^d S_{(1)}{}^{ce}\psi^2 -$$

$$- \alpha^2\beta_0\beta_1 A_a A_d S_{(0)be}{}^d S_{(1)}{}^{ce}\psi^2 - \tfrac{1}{2}\alpha^5\beta_2 (\partial_5 A_d) A_b A_e A^c A^d S_{(2)a}{}^e \psi^2 + \tfrac{1}{2}\alpha^4\beta_2 A_b A_d A_e F^{cd} S_{(2)a}{}^e \psi^2 -$$

$$- \alpha^3\beta_1\beta_2 A_b A_d A_e S_{(1)}{}^{cd} S_{(2)a}{}^e \psi^2 - \alpha^4\beta_0\beta_2 A_b A_d A_e A_f S_{(0)}{}^{cde} S_{(2)a}{}^f \psi^2 + \tfrac{1}{2}\alpha^5\beta_2(\partial_5 A_d) A_a A_e A^c A^d S_{(2)b}{}^e \psi^2 -$$

$$- \tfrac{1}{2}\alpha^4\beta_2 A_a A_d A_e F^{cd} S_{(2)b}{}^e \psi^2 + \alpha^3\beta_1\beta_2 A_a A_d A_e S_{(1)}{}^{cd} S_{(2)b}{}^e \psi^2 + \alpha^4\beta_0\beta_2 A_a A_d A_e A_f S_{(0)}{}^{cde} S_{(2)b}{}^f \psi^2 -$$

$$- \tfrac{1}{2}\alpha^5\beta_2 (\partial_5 A_b) A_a A_d \eta S_{(2)}{}^{cd}\psi^2 + \tfrac{1}{2}\alpha^5\beta_2 (\partial_5 A_a) A_b A_d \eta S_{(2)}{}^{cd}\psi^2 + \tfrac{1}{2}\alpha^4\beta_2 A_b A_d A_e F_a{}^d S_{(2)}{}^{ce}\psi^2 -$$

$$- \tfrac{1}{2}\alpha^4\beta_2 A_a A_d A_e F_b{}^d S_{(2)}{}^{ce}\psi^2 - \alpha^3\beta_1\beta_2 A_b A_d A_e S_{(1)a}{}^d S_{(2)}{}^{ce}\psi^2 + \alpha^3\beta_1\beta_2 A_a A_d A_e S_{(1)b}{}^d S_{(2)}{}^{ce}\psi^2 +$$

$$+ \alpha^5\beta_2^2 A_b A_d A_e \eta S_{(2)a}{}^d S_{(2)}{}^{ce}\psi^2 - \alpha^5\beta_2^2 A_a A_d A_e \eta S_{(2)b}{}^d S_{(2)}{}^{ce}\psi^2 - \alpha^4\beta_0\beta_2 A_b A_d A_e A_f S_{(0)a}{}^{de} S_{(2)}{}^{cf}\psi^2 +$$

$$+ \alpha^4\beta_0\beta_2 A_a A_d A_e A_f S_{(0)b}{}^{de} S_{(2)}{}^{cf}\psi^2 + \tfrac{1}{2}\alpha^5\beta_2 (\partial_5 A_b) A_a A_d A_e A^c S_{(2)}{}^{de}\psi^2 - \tfrac{1}{2}\alpha^5\beta_2 (\partial_5 A_a) A_b A_d A_e A^c S_{(2)}{}^{de}\psi^2 -$$

$$- \tfrac{1}{2}\alpha^4\beta_2 A_b A_d A^c F_{ae} S_{(2)}{}^{ed}\psi^2 + \tfrac{1}{2}\alpha^4\beta_2 A_a A_d A^c F_{be} S_{(2)}{}^{ed}\psi^2 + \alpha^3\beta_1\beta_2 A_b A_d A^c S_{(1)ae} S_{(2)}{}^{ed}\psi^2 -$$

$$- \alpha^3\beta_1\beta_2 A_a A_d A^c S_{(1)be} S_{(2)}{}^{ed}\psi^2 - \alpha^5\beta_2^2 A_b A_d A_e A_f A^c S_{(2)a}{}^d S_{(2)}{}^{ef}\psi^2 + \alpha^5\beta_2^2 A_a A_d A_e A_f A^c S_{(2)b}{}^d S_{(2)}{}^{ef}\psi^2 +$$

$$+ \alpha^4\beta_0\beta_2 A_b A_d A_e A^c S_{(0)af}{}^d S_{(2)}{}^{fe}\psi^2 - \alpha^4\beta_0\beta_2 A_a A_d A_e A^c S_{(0)bf}{}^d S_{(2)}{}^{fe}\psi^2 - \tfrac{1}{2}\alpha^4\beta_3 (\partial_5 A_d) A_b A^c A^d S_{(3)a}\psi^2 +$$

$$+ \tfrac{1}{2}\alpha^3\beta_3 A_b A_d F^{cd} S_{(3)a}\psi^2 - \alpha^3\beta_0\beta_3 A_b A_d A_e S_{(0)}{}^{cde} S_{(3)a}\psi^2 - \alpha^2\beta_1\beta_3 A_b A_d S_{(1)}{}^{cd} S_{(3)a}\psi^2 + \alpha^4\beta_2\beta_3 A_b A_d \eta S_{(2)}{}^{cd} S_{(3)a}\psi^2 -$$

$$- \alpha^4\beta_2\beta_3 A_b A_d A_e A^c S_{(2)}{}^{de} S_{(3)a}\psi^2 + \tfrac{1}{2}\alpha^4\beta_3 (\partial_5 A_d) A_a A^c A^d S_{(3)b}\psi^2 - \tfrac{1}{2}\alpha^3\beta_3 A_a A_d F^{cd} S_{(3)b}\psi^2 +$$

$$+ \alpha^3\beta_0\beta_3 A_a A_d A_e S_{(0)}{}^{cde} S_{(3)b}\psi^2 + \alpha^2\beta_1\beta_3 A_a A_d S_{(1)}{}^{cd} S_{(3)b}\psi^2 - \alpha^4\beta_2\beta_3 A_a A_d \eta S_{(2)}{}^{cd} S_{(3)b}\psi^2 +$$

$$+ \alpha^4\beta_2\beta_3 A_a A_d A_e A^c S_{(2)}{}^{de} S_{(3)b}\psi^2 - \tfrac{1}{2}\alpha^4\beta_3 (\partial_5 A_b) A_a \eta S_{(3)}{}^c\psi^2 + \tfrac{1}{2}\alpha^4\beta_3 (\partial_5 A_a) A_b \eta S_{(3)}{}^c\psi^2 + \tfrac{1}{2}\alpha^3\beta_3 A_b A_d F_a{}^d S_{(3)}{}^c\psi^2 -$$

$$- \tfrac{1}{2}\alpha^3\beta_3 A_a A_d F_b{}^d S_{(3)}{}^c\psi^2 - \alpha^3\beta_0\beta_3 A_b A_d A_e S_{(0)a}{}^{de} S_{(3)}{}^c\psi^2 + \alpha^3\beta_0\beta_3 A_a A_d A_e S_{(0)b}{}^{de} S_{(3)}{}^c\psi^2 -$$

$$- \alpha^2\beta_1\beta_3 A_b A_d S_{(1)a}{}^d S_{(3)}{}^c\psi^2 + \alpha^2\beta_1\beta_3 A_a A_d S_{(1)b}{}^d S_{(3)}{}^c\psi^2 + \alpha^4\beta_2\beta_3 A_b A_d \eta S_{(2)a}{}^d S_{(3)}{}^c\psi^2 - \alpha^4\beta_2\beta_3 A_a A_d \eta S_{(2)b}{}^d S_{(3)}{}^c\psi^2 +$$

$$+ \alpha^3\beta_3^2 A_b \eta S_{(3)a} S_{(3)}{}^c\psi^2 - \alpha^3\beta_3^2 A_a \eta S_{(3)b} S_{(3)}{}^c\psi^2 + \tfrac{1}{2}\alpha^4\beta_3 (\partial_5 A_b) A_a A_d A^c S_{(3)}{}^d\psi^2 - \tfrac{1}{2}\alpha^4\beta_3 (\partial_5 A_a) A_b A_d A^c S_{(3)}{}^d\psi^2 -$$

$$- \tfrac{1}{2}\alpha^3\beta_3 A_b A^c F_{ad} S_{(3)}{}^d\psi^2 + \tfrac{1}{2}\alpha^3\beta_3 A_a A^c F_{bd} S_{(3)}{}^d\psi^2 + \alpha^2\beta_1\beta_3 A_b A^c S_{(1)ad} S_{(3)}{}^d\psi^2 - \alpha^2\beta_1\beta_3 A_a A^c S_{(1)bd} S_{(3)}{}^d\psi^2 -$$

$$- \alpha^3\beta_3^2 A_b A_d A^c S_{(3)a} S_{(3)}{}^d\psi^2 + \alpha^3\beta_3^2 A_a A_d A^c S_{(3)b} S_{(3)}{}^d\psi^2 + \alpha^3\beta_0\beta_3 A_b A_d A^c S_{(0)ae}{}^d S_{(3)}{}^e\psi^2 -$$

$$- \alpha^3\beta_0\beta_3 A_a A_d A^c S_{(0)be}{}^d S_{(3)}{}^e\psi^2 - \alpha^4\beta_2\beta_3 A_b A_d A_e A^c S_{(2)a}{}^d S_{(3)}{}^e\psi^2 + \alpha^4\beta_2\beta_3 A_a A_d A_e A^c S_{(2)b}{}^d S_{(3)}{}^e\psi^2 -$$

$$- \tfrac{1}{4}\alpha^5 (\partial_5 A_b)(\partial_5 A_d) A_a \eta g^{cd}\psi^2 + \tfrac{1}{4}\alpha^5 (\partial_5 A_a)(\partial_5 A_d) A_b \eta g^{cd}\psi^2 + \tfrac{1}{4}\alpha^4 (\partial_5 A_d) A_b A_e F_a{}^e g^{cd}\psi^2 - \tfrac{1}{4}\alpha^4 (\partial_5 A_d) A_a A_e F_b{}^e g^{cd}\psi^2 -$$

$$- \tfrac{1}{2}\alpha^4\beta_0 (\partial_5 A_d) A_b A_e A_f S_{(0)a}{}^{ef} g^{cd}\psi^2 + \tfrac{1}{2}\alpha^4\beta_0 (\partial_5 A_d) A_a A_e A_f S_{(0)b}{}^{ef} g^{cd}\psi^2 - \tfrac{1}{2}\alpha^3\beta_1 (\partial_5 A_d) A_b A_e S_{(1)a}{}^e g^{cd}\psi^2 +$$

$$+ \tfrac{1}{2}\alpha^3\beta_1 (\partial_5 A_d) A_a A_e S_{(1)b}{}^e g^{cd}\psi^2 + \tfrac{1}{2}\alpha^5\beta_2 (\partial_5 A_d) A_b A_e \eta S_{(2)a}{}^e g^{cd}\psi^2 - \tfrac{1}{2}\alpha^5\beta_2 (\partial_5 A_d) A_a A_e \eta S_{(2)b}{}^e g^{cd}\psi^2 +$$

$$+ \tfrac{1}{2} \alpha^4 \beta_3 (\partial_5 A_d) A_b \eta S_{(3)a} g^{cd} \psi^2 - \tfrac{1}{2} \alpha^4 \beta_3 (\partial_5 A_d) A_a \eta S_{(3)b} g^{cd} \psi^2 - \tfrac{1}{4} \alpha^2 (\partial_b \psi)(\partial_5 A_a) A^c + \tfrac{1}{4} \alpha^2 (\partial_a \psi)(\partial_5 A_b) A^c -$$

$$- \tfrac{1}{2} \alpha^2 (\partial_5 \partial_b \psi) A_a A^c + \tfrac{1}{2} \alpha^2 (\partial_5 \partial_a \psi) A_b A^c - \tfrac{1}{4} \alpha^3 (\partial_5 g_{bd})(\partial_5 \psi) A_a A^c A^d + \tfrac{1}{4} \alpha^3 (\partial_5 g_{ad})(\partial_5 \psi) A_b A^c A^d + \tfrac{1}{4} \alpha^2 (\partial_5 \psi) A_b U_a{}^c -$$

$$- \tfrac{1}{4} \alpha^2 (\partial_5 \psi) A_a U_b{}^c + \tfrac{1}{2} \alpha^2 (\partial_5 \psi) A^c F_{ab} - \tfrac{1}{4} \alpha (\partial_b \psi) F_a{}^c + \tfrac{1}{4} \alpha^2 (\partial_5 \psi) A_b F_a{}^c + \tfrac{1}{4} \alpha (\partial_a \psi) F_b{}^c - \tfrac{1}{4} \alpha^2 (\partial_5 \psi) A_a F_b{}^c - \tfrac{1}{2} \beta_0 (\partial_5 g_{bd}) S_{(0)a}{}^{cd} +$$

$$+ \tfrac{1}{2} \alpha \beta_0 (\partial_d \psi) A_b S_{(0)a}{}^{cd} + \tfrac{1}{2} \alpha \beta_0 (\partial_b \psi) A_d S_{(0)a}{}^{cd} - \tfrac{1}{2} \alpha^2 \beta_0 (\partial_5 \psi) A_b A_d S_{(0)a}{}^{cd} + \tfrac{1}{2} \beta_0 (\partial_5 g_{bd}) S_{(0)a}{}^{dc} - \tfrac{1}{2} \alpha \beta_0 (\partial_d \psi) A_b S_{(0)a}{}^{dc} +$$

$$+ \tfrac{1}{2} \alpha^2 \beta_0 (\partial_5 \psi) A_b A_d S_{(0)a}{}^{dc} + \tfrac{1}{2} \beta_0 (\partial_5 g_{ad}) S_{(0)b}{}^{cd} - \tfrac{1}{2} \alpha \beta_0 (\partial_d \psi) A_a S_{(0)b}{}^{cd} - \tfrac{1}{2} \alpha \beta_0 (\partial_a \psi) A_d S_{(0)b}{}^{cd} +$$

$$+ \tfrac{1}{2} \alpha^2 \beta_0 (\partial_5 \psi) A_a A_d S_{(0)b}{}^{cd} - \tfrac{1}{2} \beta_0 (\partial_5 g_{ad}) S_{(0)b}{}^{dc} + \tfrac{1}{2} \alpha \beta_0 (\partial_d \psi) A_a S_{(0)b}{}^{dc} - \tfrac{1}{2} \alpha^2 \beta_0 (\partial_5 \psi) A_a A_d S_{(0)b}{}^{dc} +$$

$$+ \tfrac{1}{2} \beta_0 (\partial_5 g_{bd}) S_{(0)}{}^{cd}{}_a - \tfrac{1}{2} \alpha \beta_0 (\partial_d \psi) A_b S_{(0)}{}^{cd}{}_a + \tfrac{1}{2} \alpha^2 \beta_0 (\partial_5 \psi) A_b A_d S_{(0)}{}^{cd}{}_a - \tfrac{1}{2} \beta_0 (\partial_5 g_{ad}) S_{(0)}{}^{cd}{}_b + \tfrac{1}{2} \alpha \beta_0 (\partial_d \psi) A_a S_{(0)}{}^{cd}{}_b -$$

$$- \tfrac{1}{2} \alpha^2 \beta_0 (\partial_5 \psi) A_a A_d S_{(0)}{}^{cd}{}_b + \tfrac{1}{2} \beta_1 (\partial_b \psi) S_{(1)a}{}^c - \tfrac{1}{2} \beta_1 (\partial_a \psi) S_{(1)b}{}^c - \tfrac{1}{2} \alpha \beta_2 (\partial_5 g_{bd}) A^d S_{(2)a}{}^c + \tfrac{1}{2} \alpha^2 \beta_2 (\partial_d \psi) A_b A^d S_{(2)a}{}^c -$$

$$- \tfrac{1}{2} \alpha^3 \beta_2 (\partial_5 \psi) A_b \eta S_{(2)a}{}^c - \tfrac{1}{2} \alpha^2 \beta_2 (\partial_d \psi) A_b A^c S_{(2)a}{}^d - \tfrac{1}{2} \alpha^2 \beta_2 (\partial_b \psi) A_d A^c S_{(2)a}{}^d + \tfrac{1}{2} \alpha^3 \beta_2 (\partial_5 \psi) A_b A_d A^c S_{(2)a}{}^d -$$

$$- \beta_2{}^{(4)}\{{}^c_{bd}\} S_{(2)a}{}^d - \beta_0 \beta_2 S_{(0)bd}{}^c S_{(2)a}{}^d + \beta_0 \beta_2 S_{(0)b}{}^c{}_d S_{(2)a}{}^d - \beta_0 \beta_2 S_{(0)}{}^c{}_{db} S_{(2)a}{}^d + \tfrac{1}{2} \alpha \beta_2 (\partial_5 g_{ad}) A^d S_{(2)b}{}^c -$$

$$- \tfrac{1}{2} \alpha^2 \beta_2 (\partial_d \psi) A_a A^d S_{(2)b}{}^c + \tfrac{1}{2} \alpha^3 \beta_2 (\partial_5 \psi) A_a \eta S_{(2)b}{}^c + \alpha \beta_2{}^2 A_d S_{(2)a}{}^d S_{(2)b}{}^c + \tfrac{1}{2} \alpha^2 \beta_2 (\partial_d \psi) A_a A^c S_{(2)b}{}^d +$$

$$+ \tfrac{1}{2} \alpha^2 \beta_2 (\partial_a \psi) A_d A^c S_{(2)b}{}^d - \tfrac{1}{2} \alpha^3 \beta_2 (\partial_5 \psi) A_a A_d A^c S_{(2)b}{}^d + \beta_2{}^{(4)}\{{}^c_{ad}\} S_{(2)b}{}^d + \beta_0 \beta_2 S_{(0)ad}{}^c S_{(2)b}{}^d - \beta_0 \beta_2 S_{(0)a}{}^c{}_d S_{(2)b}{}^d +$$

$$+ \beta_0 \beta_2 S_{(0)}{}^c{}_{da} S_{(2)b}{}^d - \alpha \beta_2{}^2 A_d S_{(2)a}{}^c S_{(2)b}{}^d + \beta_0 \beta_2 S_{(0)b}{}^{cd} S_{(2)da} - \beta_0 \beta_2 S_{(0)a}{}^{cd} S_{(2)db} - \tfrac{1}{2} \alpha \beta_2 (\partial_5 g_{bd}) A^d S_{(2)}{}^c{}_a +$$

$$+ \tfrac{1}{2} \alpha^2 \beta_2 (\partial_d \psi) A_b A^d S_{(2)}{}^c{}_a - \tfrac{1}{2} \alpha^3 \beta_2 (\partial_5 \psi) A_b \eta S_{(2)}{}^c{}_a - \alpha \beta_2{}^2 A_d S_{(2)b}{}^d S_{(2)}{}^c{}_a + \tfrac{1}{2} \alpha \beta_2 (\partial_5 g_{ad}) A^d S_{(2)}{}^c{}_b -$$

$$- \tfrac{1}{2} \alpha^2 \beta_2 (\partial_d \psi) A_a A^d S_{(2)}{}^c{}_b + \tfrac{1}{2} \alpha^3 \beta_2 (\partial_5 \psi) A_a \eta S_{(2)}{}^c{}_b + \alpha \beta_2{}^2 A_d S_{(2)a}{}^d S_{(2)}{}^c{}_b - \tfrac{1}{2} \alpha^2 \beta_2 (\partial_b \psi) A_a A_d S_{(2)}{}^{cd} +$$

$$+ \tfrac{1}{2} \alpha^2 \beta_2 (\partial_a \psi) A_b A_d S_{(2)}{}^{cd} - \tfrac{1}{2} \alpha^2 \beta_2 (\partial_d \psi) A_b A^c S_{(2)}{}^d{}_a + \tfrac{1}{2} \alpha^3 \beta_2 (\partial_5 \psi) A_b A_d A^c S_{(2)}{}^d{}_a - \beta_0 \beta_2 S_{(0)bd}{}^c S_{(2)}{}^d{}_a -$$

$$- \beta_0 \beta_2 S_{(0)}{}^c{}_{db} S_{(2)}{}^d{}_a + \alpha \beta_2{}^2 A_d S_{(2)b}{}^c S_{(2)}{}^d{}_a + \alpha \beta_2{}^2 A_d S_{(2)}{}^c{}_b S_{(2)}{}^d{}_a + \tfrac{1}{2} \alpha^2 \beta_2 (\partial_d \psi) A_a A^c S_{(2)}{}^d{}_b -$$

$$- \tfrac{1}{2} \alpha^3 \beta_2 (\partial_5 \psi) A_a A_d A^c S_{(2)}{}^d{}_b + \beta_0 \beta_2 S_{(0)ad}{}^c S_{(2)}{}^d{}_b + \beta_0 \beta_2 S_{(0)}{}^c{}_{da} S_{(2)}{}^d{}_b - \alpha \beta_2{}^2 A_d S_{(2)a}{}^c S_{(2)}{}^d{}_b - \alpha \beta_2{}^2 A_d S_{(2)}{}^c{}_a S_{(2)}{}^d{}_b -$$

$$- \tfrac{1}{2} \alpha \beta_3 (\partial_b \psi) A^c S_{(3)a} + \tfrac{1}{2} \alpha \beta_3 (\partial_a \psi) A^c S_{(3)b} - \tfrac{1}{2} \alpha \beta_3 (\partial_b \psi) A_a S_{(3)}{}^c + \tfrac{1}{2} \alpha \beta_3 (\partial_a \psi) A_b S_{(3)}{}^c - \beta_2{}^{(4)}\{{}^e_{bd}\} S_{(2)}{}^{cd} g_{ae} +$$

$$+ \beta_2{}^{(4)}\{{}^e_{ad}\} S_{(2)}{}^{cd} g_{be} + \tfrac{1}{2} \alpha (\partial_b \partial_d \psi) A_a g^{cd} - \tfrac{1}{4} \alpha^2 (\partial_b \psi)(\partial_5 A_d) A_a g^{cd} - \tfrac{1}{2} \alpha (\partial_a \partial_d \psi) A_b g^{cd} + \tfrac{1}{4} \alpha^2 (\partial_a \psi)(\partial_5 A_d) A_b g^{cd} -$$

$$- \tfrac{1}{4} \alpha (\partial_5 g_{ad})(\partial_5 g_{be}) A^e g^{cd} + \tfrac{1}{4} \alpha^3 (\partial_5 g_{bd})(\partial_5 \psi) A_a \eta g^{cd} - \tfrac{1}{4} \alpha^3 (\partial_5 g_{ad})(\partial_5 \psi) A_b \eta g^{cd} - \tfrac{1}{2} \alpha (\partial_d \psi) F_{ab} g^{cd} +$$

$$+ \tfrac{1}{2} \alpha \beta_2 (\partial_5 g_{bd}) A_e S_{(2)a}{}^e g^{cd} - \tfrac{1}{2} \alpha \beta_2 (\partial_5 g_{ad}) A_e S_{(2)b}{}^e g^{cd} + \tfrac{1}{2} \alpha \beta_2 (\partial_5 g_{bd}) A_e S_{(2)}{}^e{}_a g^{cd} - \tfrac{1}{2} \alpha \beta_2 (\partial_5 g_{ad}) A_e S_{(2)}{}^e{}_b g^{cd} -$$

$$- \beta_2 (\partial_b S_{(2)d}{}^e) g_{ae} g^{cd} + \beta_2 (\partial_a S_{(2)d}{}^e) g_{be} g^{cd} + \tfrac{1}{4} \alpha (\partial_5 g_{ad})(\partial_5 g_{be}) A^d g^{ce} - \tfrac{1}{4} \alpha^2 (\partial_d \psi)(\partial_5 g_{be}) A_a A^d g^{ce} +$$

$$+ \tfrac{1}{4} \alpha^2 (\partial_d \psi)(\partial_5 g_{ae}) A_b A^d g^{ce} + \tfrac{1}{2} \alpha (\partial_d \psi) A_b {}^{(4)}\{{}^d_{ae}\} g^{ce} - \tfrac{1}{2} \alpha^2 (\partial_5 \psi) A_b A_d {}^{(4)}\{{}^d_{ae}\} g^{ce} - \tfrac{1}{2} \alpha (\partial_d \psi) A_a {}^{(4)}\{{}^d_{be}\} g^{ce} +$$

$$+ \tfrac{1}{2} \alpha^2 (\partial_5 \psi) A_a A_d {}^{(4)}\{{}^d_{be}\} g^{ce} + \beta_2 {}^{(4)}\{{}^d_{be}\} S_{(2)da} g^{ce} - \beta_2 {}^{(4)}\{{}^d_{ae}\} S_{(2)db} g^{ce} - \tfrac{1}{2} (\partial_5 {}^{(4)}\{{}^d_{be}\}) g_{ad} g^{ce} +$$

$$+ \tfrac{1}{2} (\partial_5 {}^{(4)}\{{}^d_{ae}\}) g_{bd} g^{ce} + \tfrac{1}{4} \alpha^2 (\partial_d \psi)(\partial_5 g_{be}) A_a A^c g^{de} - \tfrac{1}{4} \alpha^2 (\partial_d \psi)(\partial_5 g_{ae}) A_b A^c g^{de} + \alpha \beta_3 (\partial_a S_{(3)b}) A^c \psi - \alpha \beta_3 (\partial_b S_{(3)a}) A^c \psi +$$

$$+ \tfrac{1}{2} \alpha^2 (\partial_5 F_{ab}) A^c \psi + \alpha^2 \beta_2 (\partial_a S_{(2)b}{}^d) A_d A^c \psi - \alpha^2 \beta_2 (\partial_b S_{(2)a}{}^d) A_d A^c \psi + \tfrac{1}{4} \alpha^3 (\partial_5 A_b)(\partial_5 g_{ad}) A^c A^d \psi - \tfrac{1}{4} \alpha^3 (\partial_5 A_a)(\partial_5 g_{bd}) A^c A^d \psi +$$

$$+ \tfrac{1}{4} \alpha^2 (\partial_5 A_b) U_a{}^c \psi - \tfrac{1}{4} \alpha^2 (\partial_5 A_a) U_b{}^c \psi + \tfrac{1}{4} \alpha^2 (\partial_5 A_b) F_a{}^c \psi - \tfrac{1}{4} \alpha^2 (\partial_5 g_{bd}) A^c F_a{}^d \psi - \tfrac{1}{4} \alpha^2 (\partial_5 A_a) F_b{}^c \psi + \tfrac{1}{4} \alpha^2 (\partial_5 g_{ad}) A^c F_b{}^d \psi -$$

$$- \tfrac{1}{4} \alpha^2 (\partial_5 g_{bd}) A_a F^{cd} \psi + \tfrac{1}{4} \alpha^2 (\partial_5 g_{ad}) A_b F^{cd} \psi + \tfrac{1}{2} \alpha \beta_0 F_b{}^d S_{(0)ad}{}^c \psi - \tfrac{1}{2} \alpha^2 \beta_0 (\partial_5 A_d) A_b S_{(0)a}{}^{cd} \psi - \tfrac{1}{2} \alpha^2 \beta_0 (\partial_5 A_b) A_d S_{(0)a}{}^{cd} \psi +$$

$$+ \tfrac{1}{2} \alpha \beta_0 U_{bd} S_{(0)a}{}^{cd} \psi + \tfrac{1}{2} \alpha^2 \beta_0 (\partial_5 A_d) A_b S_{(0)a}{}^{dc} \psi + \tfrac{1}{2} \alpha^2 \beta_0 (\partial_5 A_b) A_d S_{(0)a}{}^{dc} \psi + \tfrac{1}{2} \alpha^2 \beta_0 (\partial_5 g_{bd}) A_e A^c S_{(0)a}{}^{de} \psi -$$

$$- \tfrac{1}{2} \alpha \beta_0 F_a{}^d S_{(0)bd}{}^c \psi + \alpha \beta_0{}^2 A_d S_{(0)a}{}^d S_{(0)be}{}^d \psi + \tfrac{1}{2} \alpha^2 \beta_0 (\partial_5 A_d) A_a S_{(0)b}{}^{cd} \psi + \tfrac{1}{2} \alpha^2 \beta_0 (\partial_5 A_a) A_d S_{(0)b}{}^{cd} \psi -$$

$$- \tfrac{1}{2} \alpha \beta_0 U_{ad} S_{(0)b}{}^{cd} \psi - \alpha \beta_0{}^2 A_d S_{(0)ae}{}^d S_{(0)b}{}^{ce} \psi - \tfrac{1}{2} \alpha^2 \beta_0 (\partial_5 A_d) A_a S_{(0)b}{}^{dc} \psi - \tfrac{1}{2} \alpha^2 \beta_0 (\partial_5 A_a) A_d S_{(0)b}{}^{dc} \psi -$$

$$- \tfrac{1}{2} \alpha^2 \beta_0 (\partial_5 g_{ad}) A_e A^c S_{(0)b}{}^{de} \psi + \alpha \beta_0{}^2 A_d S_{(0)ae}{}^d S_{(0)b}{}^{ec} \psi - \alpha \beta_0{}^2 A_d S_{(0)a}{}^c S_{(0)b}{}^{ed} \psi + \tfrac{1}{2} \alpha \beta_0 F_b{}^d S_{(0)}{}^c{}_{da} \psi -$$

$$- \tfrac{1}{2} \alpha \beta_0 F_a{}^d S_{(0)}{}^c{}_{db} \psi + \tfrac{1}{2} \alpha^2 \beta_0 (\partial_5 A_d) A_b S_{(0)}{}^c{}_a \psi + \tfrac{1}{2} \alpha^2 \beta_0 (\partial_5 A_b) A_d S_{(0)}{}^c{}_a \psi - \tfrac{1}{2} \alpha^2 \beta_0 (\partial_5 A_d) A_a S_{(0)}{}^c{}_b \psi -$$

$$- \tfrac{1}{2} \alpha^2 \beta_0 (\partial_5 A_a) A_d S_{(0)}{}^{cd}{}_b \psi + \tfrac{1}{2} \alpha^2 \beta_0 (\partial_5 g_{bd}) A_a A_e S_{(0)}{}^{cde} \psi - \tfrac{1}{2} \alpha^2 \beta_0 (\partial_5 g_{ad}) A_b A_e S_{(0)}{}^{cde} \psi - \alpha \beta_0{}^2 A_d S_{(0)be}{}^d S_{(0)}{}^{ce}{}_a \psi +$$

$$+ \alpha \beta_0{}^2 A_d S_{(0)ae}{}^d S_{(0)}{}^{ce}{}_b \psi - \beta_0 \beta_1 S_{(0)b}{}^{cd} S_{(1)ad} \psi + \tfrac{1}{2} \alpha \beta_1 (\partial_5 g_{bd}) A^c S_{(1)a}{}^d \psi + \beta_0 \beta_1 S_{(0)bd}{}^c S_{(1)a}{}^d \psi +$$

$$+ \beta_0 \beta_1 S_{(0)}{}^c{}_{db} S_{(1)a}{}^d \psi + \beta_0 \beta_1 S_{(0)a}{}^{cd} S_{(1)bd} \psi - \tfrac{1}{2} \alpha \beta_1 (\partial_5 g_{ad}) A^c S_{(1)b}{}^d \psi - \beta_0 \beta_1 S_{(0)ad}{}^c S_{(1)b}{}^d \psi - \beta_0 \beta_1 S_{(0)}{}^c{}_{da} S_{(1)b}{}^d \psi +$$

$$+ \tfrac{1}{2} \alpha \beta_1 (\partial_5 g_{bd}) A_a S_{(1)}{}^{cd} \psi - \tfrac{1}{2} \alpha \beta_1 (\partial_5 g_{ad}) A_b S_{(1)}{}^{cd} \psi - \tfrac{1}{2} \alpha^3 \beta_2 (\partial_5 A_d) A_b A^d S_{(2)a}{}^c \psi - \tfrac{1}{2} \alpha^3 \beta_2 (\partial_5 A_b) \eta S_{(2)a}{}^c \psi -$$

$$- \tfrac{1}{2} \alpha^2 \beta_2 A_d F_b{}^d S_{(2)a}{}^c \psi + \alpha^2 \beta_0 \beta_2 A_d A_e S_{(0)b}{}^{de} S_{(2)a}{}^c \psi + \alpha \beta_1 \beta_2 A_d S_{(1)b}{}^d S_{(2)a}{}^c \psi + \tfrac{1}{2} \alpha^3 \beta_2 (\partial_5 A_b) A_d A^c S_{(2)a}{}^d \psi -$$

$$- \tfrac{1}{2} \alpha^2 \beta_2 A^c U_{bd} S_{(2)a}{}^d \psi - \tfrac{1}{2} \alpha^2 \beta_2 A_d U_b{}^c S_{(2)a}{}^d \psi - \tfrac{1}{2} \alpha^2 \beta_2 A_d F_b{}^c S_{(2)a}{}^d \psi + \tfrac{1}{2} \alpha^2 \beta_2 A_b F^c{}_d S_{(2)a}{}^d \psi -$$

$$- \alpha \beta_1 \beta_2 A^c S_{(1)bd} S_{(2)a}{}^d \psi - \alpha \beta_1 \beta_2 A_b S_{(1)}{}^c{}_d S_{(2)a}{}^d \psi - \tfrac{1}{2} \alpha^3 \beta_2 (\partial_5 g_{bd}) A_e A^c A^d S_{(2)a}{}^e \psi - \alpha^2 \beta_0 \beta_2 A_d A^c S_{(0)be}{}^d S_{(2)a}{}^e \psi +$$

$$+ \alpha^2 \beta_0 \beta_2 A_d A_e S_{(0)b}{}^{cd} S_{(2)a}{}^e \psi - \alpha^2 \beta_0 \beta_2 A_d A_e S_{(0)b}{}^{dc} S_{(2)a}{}^e \psi - \alpha^2 \beta_0 \beta_2 A_b A_d S_{(0)}{}^c{}_e S_{(2)a}{}^e \psi -$$

$$- \alpha^2 \beta_0 \beta_2 A_d A_e S_{(0)}{}^{cd}{}_b S_{(2)a}{}^e \psi + \tfrac{1}{2} \alpha^3 \beta_2 (\partial_5 A_d) A_a A^d S_{(2)b}{}^c \psi + \tfrac{1}{2} \alpha^3 \beta_2 (\partial_5 A_a) \eta S_{(2)b}{}^c \psi + \tfrac{1}{2} \alpha^2 \beta_2 A_d F_a{}^d S_{(2)b}{}^c \psi -$$

$$- \alpha^2 \beta_0 \beta_2 A_d A_e S_{(0)a}{}^{de} S_{(2)b}{}^c \psi - \alpha \beta_1 \beta_2 A_d S_{(1)a}{}^d S_{(2)b}{}^c \psi + \alpha^3 \beta_2{}^2 A_d \eta S_{(2)a}{}^d S_{(2)b}{}^c \psi - \tfrac{1}{2} \alpha^3 \beta_2 (\partial_5 A_a) A_d A^c S_{(2)b}{}^d \psi +$$

$$+ \tfrac{1}{2} \alpha^2 \beta_2 A^c U_{ad} S_{(2)b}{}^d \psi + \tfrac{1}{2} \alpha^2 \beta_2 A_d U_a{}^c S_{(2)b}{}^d \psi + \tfrac{1}{2} \alpha^2 \beta_2 A_d F_a{}^c S_{(2)b}{}^d \psi - \tfrac{1}{2} \alpha^2 \beta_2 A_a F^c{}_d S_{(2)b}{}^d \psi + \alpha \beta_1 \beta_2 A^c S_{(1)ad} S_{(2)b}{}^d \psi +$$

$$+ \alpha \beta_1 \beta_2 A_a S_{(1)}{}^c{}_d S_{(2)b}{}^d \psi - \alpha^3 \beta_2{}^2 A_d \eta S_{(2)a}{}^c S_{(2)b}{}^d \psi + \tfrac{1}{2} \alpha^3 \beta_2 (\partial_5 g_{ad}) A_e A^c A^d S_{(2)b}{}^e \psi + \alpha^2 \beta_0 \beta_2 A_d A^c S_{(0)ae}{}^d S_{(2)b}{}^e \psi -$$

$$- \alpha^2 \beta_0 \beta_2 A_d A_e S_{(0)a}{}^{cd} S_{(2)b}{}^e \psi + \alpha^2 \beta_0 \beta_2 A_d A_e S_{(0)a}{}^{dc} S_{(2)b}{}^e \psi + \alpha^2 \beta_0 \beta_2 A_a A_d S_{(0)}{}^c{}_e S_{(2)b}{}^e \psi +$$

$$+ \alpha^2 \beta_0 \beta_2 A_d A_e S_{(0)}{}^{cd}{}_a S_{(2)b}{}^e \psi - \alpha^2 \beta_0 \beta_2 A_b A_d S_{(0)a}{}^{ce} S_{(2)e}{}^d \psi + \alpha^2 \beta_0 \beta_2 A_a A_d S_{(0)b}{}^{ce} S_{(2)e}{}^d \psi -$$

$$- \tfrac{1}{2} \alpha^3 \beta_2 (\partial_5 A_d) A_b A^d S_{(2)}{}^c{}_a \psi - \tfrac{1}{2} \alpha^3 \beta_2 (\partial_5 A_b) \eta S_{(2)}{}^c{}_a \psi - \tfrac{1}{2} \alpha^2 \beta_2 A_d F_b{}^d S_{(2)}{}^c{}_a \psi + \alpha^2 \beta_0 \beta_2 A_d A_e S_{(0)b}{}^{de} S_{(2)}{}^c{}_a \psi +$$

$$+ \alpha \beta_1 \beta_2 A_d S_{(1)b}{}^d S_{(2)}{}^c{}_a \psi - \alpha^3 \beta_2{}^2 A_d \eta S_{(2)b}{}^d S_{(2)}{}^c{}_a \psi + \tfrac{1}{2} \alpha^3 \beta_2 (\partial_5 A_d) A_a A^d S_{(2)}{}^c{}_b \psi + \tfrac{1}{2} \alpha^3 \beta_2 (\partial_5 A_a) \eta S_{(2)}{}^c{}_b \psi +$$

$$+ \tfrac{1}{2} \alpha^2 \beta_2 A_d F_a{}^d S_{(2)}{}^c{}_b \psi - \alpha^2 \beta_0 \beta_2 A_d A_e S_{(0)a}{}^{de} S_{(2)}{}^c{}_b \psi - \alpha \beta_1 \beta_2 A_d S_{(1)a}{}^d S_{(2)}{}^c{}_b \psi + \alpha^3 \beta_2{}^2 A_d \eta S_{(2)a}{}^d S_{(2)}{}^c{}_b \psi +$$

$$+ \tfrac{1}{2} \alpha^2 \beta_2 A_b U_{ad} S_{(2)}{}^{cd} \psi - \tfrac{1}{2} \alpha^2 \beta_2 A_a U_{bd} S_{(2)}{}^{cd} \psi + \alpha^2 \beta_2 A_d F_{ab} S_{(2)}{}^{cd} \psi + \tfrac{1}{2} \alpha^2 \beta_2 A_b F_{ad} S_{(2)}{}^{cd} \psi - \tfrac{1}{2} \alpha^2 \beta_2 A_a F_{bd} S_{(2)}{}^{cd} \psi -$$

$$- \tfrac{1}{2} \alpha^3 \beta_2 (\partial_5 g_{bd}) A_a A_e A^d S_{(2)}{}^{ce} \psi + \tfrac{1}{2} \alpha^3 \beta_2 (\partial_5 g_{ad}) A_b A_e A^d S_{(2)}{}^{ce} \psi + \alpha^3 \beta_2{}^2 A_b A_d A_e S_{(2)a}{}^d S_{(2)}{}^{ce} \psi -$$

$$- \alpha^3 \beta_2{}^2 A_a A_d A_e S_{(2)b}{}^d S_{(2)}{}^{ce} \psi + \tfrac{1}{2} \alpha^3 \beta_2 (\partial_5 A_b) A_d A^c S_{(2)}{}^d{}_a \psi + \tfrac{1}{2} \alpha^2 \beta_2 A^c F_{bd} S_{(2)}{}^d{}_a \psi + \tfrac{1}{2} \alpha^2 \beta_2 A_b F^c{}_d S_{(2)}{}^d{}_a \psi -$$

$$- \alpha \beta_1 \beta_2 A^c S_{(1)bd} S_{(2)}{}^d{}_a \psi - \alpha \beta_1 \beta_2 A_b S_{(1)}{}^c{}_d S_{(2)}{}^d{}_a \psi - \tfrac{1}{2} \alpha^3 \beta_2 (\partial_5 A_a) A_d A^c S_{(2)}{}^d{}_b \psi - \tfrac{1}{2} \alpha^2 \beta_2 A^c F_{ad} S_{(2)}{}^d{}_b \psi -$$

$$- \tfrac{1}{2} \alpha^2 \beta_2 A_a F^c{}_d S_{(2)}{}^d{}_b \psi + \alpha \beta_1 \beta_2 A^c S_{(1)ad} S_{(2)}{}^d{}_b \psi + \alpha \beta_1 \beta_2 A_a S_{(1)}{}^c{}_d S_{(2)}{}^d{}_b \psi - \alpha^3 \beta_2{}^2 A_b A_d A_e S_{(2)a}{}^c S_{(2)}{}^{de} \psi +$$

$$+ \alpha^3 \beta_2{}^2 A_a A_d A_e S_{(2)b}{}^c S_{(2)}{}^{de} \psi - \alpha^3 \beta_2{}^2 A_b A_d A_e S_{(2)}{}^c{}_a S_{(2)}{}^{de} \psi + \alpha^3 \beta_2{}^2 A_a A_d A_e S_{(2)}{}^c{}_b S_{(2)}{}^{de} \psi -$$

$$- \alpha^2 \beta_0 \beta_2 A_d A^c S_{(0)be}{}^d S_{(2)}{}^e{}_a \psi - \alpha^2 \beta_0 \beta_2 A_b A_d S_{(0)}{}^c{}_e{}^d S_{(2)}{}^e{}_a \psi + \alpha^3 \beta_2{}^2 A_d A_e A^c S_{(2)b}{}^d S_{(2)}{}^e{}_a \psi +$$

$$+ \alpha^3 \beta_2{}^2 A_b A_d A_e S_{(2)}{}^{cd} S_{(2)}{}^e{}_a \psi + \alpha^2 \beta_0 \beta_2 A_d A^c S_{(0)ae}{}^d S_{(2)}{}^e{}_b \psi + \alpha^2 \beta_0 \beta_2 A_a A_d S_{(0)}{}^c{}_e{}^d S_{(2)}{}^e{}_b \psi -$$

$$- \alpha^3 \beta_2{}^2 A_d A_e A^c S_{(2)a}{}^d S_{(2)}{}^e{}_b \psi - \alpha^3 \beta_2{}^2 A_a A_d A_e S_{(2)}{}^{cd} S_{(2)}{}^e{}_b \psi + \alpha^2 \beta_0 \beta_2 A_b A_d S_{(0)ae}{}^c S_{(2)}{}^{ed} \psi -$$

$$- \alpha^2 \beta_0 \beta_2 A_a A_d S_{(0)be}{}^c S_{(2)}{}^{ed} \psi + \alpha^2 \beta_0 \beta_2 A_b A_d S_{(0)}{}^c{}_{ea} S_{(2)}{}^{ed} \psi - \alpha^2 \beta_0 \beta_2 A_a A_d S_{(0)}{}^c{}_{eb} S_{(2)}{}^{ed} \psi -$$

$$- \tfrac{1}{2} \alpha^2 \beta_3 (\partial_5 g_{bd}) A^c A^d S_{(3)a} \psi - \tfrac{1}{2} \alpha \beta_3 U_b{}^c S_{(3)a} \psi - \tfrac{1}{2} \alpha \beta_3 F_b{}^c S_{(3)a} \psi + \alpha \beta_0 \beta_3 A_d S_{(0)b}{}^{cd} S_{(3)a} \psi - \alpha \beta_0 \beta_3 A_d S_{(0)b}{}^{dc} S_{(3)a} \psi -$$

$$- \alpha \beta_0 \beta_3 A_d S_{(0)}{}^{cd}{}_b S_{(3)a} \psi + \alpha^2 \beta_2 \beta_3 \eta S_{(2)b}{}^c S_{(3)a} \psi - \alpha^2 \beta_2 \beta_3 A_d A^c S_{(2)b}{}^d S_{(3)a} \psi + \alpha^2 \beta_2 \beta_3 \eta S_{(2)}{}^c{}_b S_{(3)a} \psi -$$

$$- \alpha^2 \beta_2 \beta_3 A_d A^c S_{(2)}{}^d{}_b S_{(3)a} \psi + \tfrac{1}{2} \alpha^2 \beta_3 (\partial_5 g_{ad}) A^c A^d S_{(3)b} \psi + \tfrac{1}{2} \alpha \beta_3 U_a{}^c S_{(3)b} \psi + \tfrac{1}{2} \alpha \beta_3 F_a{}^c S_{(3)b} \psi - \alpha \beta_0 \beta_3 A_d S_{(0)a}{}^{cd} S_{(3)b} \psi +$$

$$+ \alpha \beta_0 \beta_3 A_d S_{(0)a}{}^{dc} S_{(3)b} \psi + \alpha \beta_0 \beta_3 A_d S_{(0)}{}^c{}_a{}^d S_{(3)b} \psi - \alpha^2 \beta_2 \beta_3 \eta S_{(2)a}{}^c S_{(3)b} \psi + \alpha^2 \beta_2 \beta_3 A_d A^c S_{(2)a}{}^d S_{(3)b} \psi -$$

$$- \alpha^2 \beta_2 \beta_3 \eta S_{(2)}{}^c{}_a S_{(3)b} \psi + \alpha^2 \beta_2 \beta_3 A_d A^c S_{(2)}{}^d{}_a S_{(3)b} \psi - \alpha \beta_0 \beta_3 A_b S_{(0)a}{}^{cd} S_{(3)d} \psi + \alpha \beta_0 \beta_3 A_a S_{(0)b}{}^{cd} S_{(3)d} \psi -$$

$$- \tfrac{1}{2} \alpha^2 \beta_3 (\partial_5 g_{bd}) A_a A^d S_{(3)}{}^c \psi + \tfrac{1}{2} \alpha^2 \beta_3 (\partial_5 g_{ad}) A_b A^d S_{(3)}{}^c \psi + \alpha \beta_3 F_{ab} S_{(3)}{}^c \psi + \alpha^2 \beta_2 \beta_3 A_b A_d S_{(2)a}{}^d S_{(3)}{}^c \psi -$$

$$- \alpha^2 \beta_2 \beta_3 A_a A_d S_{(2)b}{}^d S_{(3)}{}^c \psi + \alpha^2 \beta_2 \beta_3 A_b A_d S_{(2)}{}^d{}_a S_{(3)}{}^c \psi - \alpha^2 \beta_2 \beta_3 A_a A_d S_{(2)}{}^d{}_b S_{(3)}{}^c \psi + \alpha \beta_0 \beta_3 A_b S_{(0)ad}{}^c S_{(3)}{}^d \psi -$$

$$- \alpha \beta_0 \beta_3 A_a S_{(0)bd}{}^c S_{(3)}{}^d \psi + \alpha \beta_0 \beta_3 A_b S_{(0)}{}^c{}_{da} S_{(3)}{}^d \psi - \alpha \beta_0 \beta_3 A_a S_{(0)}{}^c{}_{db} S_{(3)}{}^d \psi - \alpha^2 \beta_2 \beta_3 A_b A_d S_{(2)a}{}^c S_{(3)}{}^d \psi +$$

$$+ \alpha^2 \beta_2 \beta_3 A_a A_d S_{(2)b}{}^c S_{(3)}{}^d \psi - \alpha^2 \beta_2 \beta_3 A_b A_d S_{(2)}{}^c{}_a S_{(3)}{}^d \psi + \alpha^2 \beta_2 \beta_3 A_a A_d S_{(2)}{}^c{}_b S_{(3)}{}^d \psi + \tfrac{1}{2} \alpha (\partial_a F_{bd}) g^{cd} \psi - \beta_1 (\partial_a S_{(1)bd}) g^{cd} \psi -$$

$$- \tfrac{1}{2} \alpha (\partial_b F_{ad}) g^{cd} \psi + \beta_1 (\partial_b S_{(1)ad}) g^{cd} \psi - \alpha \beta_3 (\partial_b S_{(3)d}) A_a g^{cd} \psi - \tfrac{1}{4} \alpha^2 (\partial_5 U_{bd}) A_a g^{cd} \psi - \tfrac{1}{4} \alpha^2 (\partial_5 F_{bd}) A_a g^{cd} \psi +$$

$$+ \alpha \beta_3 (\partial_a S_{(3)d}) A_b g^{cd} \psi + \tfrac{1}{4} \alpha^2 (\partial_5 U_{ad}) A_b g^{cd} \psi + \tfrac{1}{4} \alpha^2 (\partial_5 F_{ad}) A_b g^{cd} \psi - \alpha \beta_0 (\partial_a S_{(0)bd}) A_e g^{cd} \psi + \alpha \beta_0 (\partial_b S_{(0)ad}) A_e g^{cd} \psi -$$

$$- \alpha^2 \beta_2 (\partial_b S_{(2)d}{}^e) A_a A_e g^{cd} \psi + \alpha^2 \beta_2 (\partial_a S_{(2)d}{}^e) A_b A_e g^{cd} \psi - \tfrac{1}{4} \alpha^3 (\partial_5 A_d) (\partial_5 g_{be}) A_a A^e g^{cd} \psi + \tfrac{1}{4} \alpha^3 (\partial_5 A_d) (\partial_5 g_{ae}) A_b A^e g^{cd} \psi -$$

$$- \tfrac{1}{4} \alpha^3 (\partial_5 A_b) (\partial_5 g_{ad}) \eta g^{cd} \psi + \tfrac{1}{4} \alpha^3 (\partial_5 A_a) (\partial_5 g_{bd}) \eta g^{cd} \psi + \tfrac{1}{2} \alpha^2 (\partial_5 A_d) F_{ab} g^{cd} \psi + \tfrac{1}{4} \alpha^2 (\partial_5 g_{bd}) A_e F_a{}^e g^{cd} \psi -$$

$$-\tfrac{1}{4}\alpha^2 (\partial_5 g_{ad}) A_e F_b{}^e g^{cd} \psi - \tfrac{1}{2}\alpha^2 \beta_0 (\partial_5 g_{bd}) A_e A_f S_{(0)a}{}^{ef} g^{cd} \psi + \tfrac{1}{2}\alpha^2 \beta_0 (\partial_5 g_{ad}) A_e A_f S_{(0)b}{}^{ef} g^{cd} \psi -$$

$$-\tfrac{1}{2}\alpha \beta_1 (\partial_5 g_{bd}) A_e S_{(1)a}{}^e g^{cd} \psi + \tfrac{1}{2}\alpha \beta_1 (\partial_5 g_{ad}) A_e S_{(1)b}{}^e g^{cd} \psi + \tfrac{1}{2}\alpha^3 \beta_2 (\partial_5 A_d) A_b A_e S_{(2)a}{}^e g^{cd} \psi +$$

$$+\tfrac{1}{2}\alpha^3 \beta_2 (\partial_5 g_{bd}) A_e \eta S_{(2)a}{}^e g^{cd} \psi - \tfrac{1}{2}\alpha^3 \beta_2 (\partial_5 A_d) A_a A_e S_{(2)b}{}^e g^{cd} \psi - \tfrac{1}{2}\alpha^3 \beta_2 (\partial_5 g_{ad}) A_e \eta S_{(2)b}{}^e g^{cd} \psi +$$

$$+\tfrac{1}{2}\alpha^3 \beta_2 (\partial_5 A_d) A_b A_e S_{(2)}{}^e{}_a g^{cd} \psi - \tfrac{1}{2}\alpha^3 \beta_2 (\partial_5 A_d) A_a A_e S_{(2)}{}^e{}_b g^{cd} \psi + \tfrac{1}{2}\alpha^3 \beta_2 (\partial_5 g_{bd}) A_a A_e A_f S_{(2)}{}^{ef} g^{cd} \psi -$$

$$-\tfrac{1}{2}\alpha^3 \beta_2 (\partial_5 g_{ad}) A_b A_e A_f S_{(2)}{}^{ef} g^{cd} \psi + \tfrac{1}{2}\alpha^2 \beta_3 (\partial_5 g_{bd}) \eta S_{(3)a} g^{cd} \psi - \tfrac{1}{2}\alpha^2 \beta_3 (\partial_5 g_{ad}) \eta S_{(3)b} g^{cd} \psi +$$

$$+\tfrac{1}{2}\alpha^2 \beta_3 (\partial_5 g_{bd}) A_a A_e S_{(3)}{}^e g^{cd} \psi - \tfrac{1}{2}\alpha^2 \beta_3 (\partial_5 g_{ad}) A_b A_e S_{(3)}{}^e g^{cd} \psi + \tfrac{1}{4}\alpha^3 (\partial_5 A_d)(\partial_5 g_{be}) A_a A^d g^{ce} \psi -$$

$$-\tfrac{1}{4}\alpha^3 (\partial_5 A_d)(\partial_5 g_{ae}) A_b A^d g^{ce} \psi - \tfrac{1}{2}\alpha^2 (\partial_5 A_d) A_b {}^{(4)}\{{}^d_{a\,e}\} g^{ce} \psi - \tfrac{1}{2}\alpha^2 (\partial_5 A_b) A_d {}^{(4)}\{{}^d_{a\,e}\} g^{ce} \psi + \tfrac{1}{2}\alpha^2 (\partial_5 A_d) A_a {}^{(4)}\{{}^d_{b\,e}\} g^{ce} \psi +$$

$$+\tfrac{1}{2}\alpha^2 (\partial_5 A_a) A_d {}^{(4)}\{{}^d_{b\,e}\} g^{ce} \psi + \tfrac{1}{2}\alpha {}^{(4)}\{{}^d_{b\,e}\} F_{ad} g^{ce} \psi - \tfrac{1}{2}\alpha {}^{(4)}\{{}^d_{a\,e}\} F_{bd} g^{ce} \psi - \beta_1 {}^{(4)}\{{}^d_{b\,e}\} S_{(1)ad} g^{ce} \psi +$$

$$+\beta_1 {}^{(4)}\{{}^d_{a\,e}\} S_{(1)bd} g^{ce} \psi + \alpha \beta_3 A_d {}^{(4)}\{{}^d_{b\,e}\} S_{(3)a} g^{ce} \psi - \alpha \beta_3 A_d {}^{(4)}\{{}^d_{a\,e}\} S_{(3)b} g^{ce} \psi - \alpha \beta_3 A_b {}^{(4)}\{{}^d_{a\,e}\} S_{(3)d} g^{ce} \psi +$$

$$+\alpha \beta_3 A_a {}^{(4)}\{{}^d_{b\,e}\} S_{(3)d} g^{ce} \psi - \alpha \beta_0 A_d {}^{(4)}\{{}^e_{b\,f}\} S_{(0)ae}{}^d g^{cf} \psi + \alpha \beta_0 A_d {}^{(4)}\{{}^e_{a\,f}\} S_{(0)be}{}^d g^{cf} \psi + \alpha^2 \beta_2 A_d A_e {}^{(4)}\{{}^d_{b\,f}\} S_{(2)a}{}^e g^{cf} \psi -$$

$$-\alpha^2 \beta_2 A_d A_e {}^{(4)}\{{}^d_{a\,f}\} S_{(2)b}{}^e g^{cf} \psi - \alpha^2 \beta_2 A_b A_d {}^{(4)}\{{}^e_{a\,f}\} S_{(2)e}{}^d g^{cf} \psi + \alpha^2 \beta_2 A_a A_d {}^{(4)}\{{}^e_{b\,f}\} S_{(2)e}{}^d g^{cf} \psi,$$

$$R_{ab5}{}^5 = \tag{70}$$

$$= \partial_a \Gamma_b{}^5{}_5 - \partial_b \Gamma_a{}^5{}_5 + \Gamma_a{}^5{}_c \Gamma_b{}^c{}_5 - \Gamma_a{}^c{}_5 \Gamma_b{}^5{}_c$$

$$= -\tfrac{1}{4}\alpha (\partial_b \psi)(\partial_5 g_{ac}) A^c \psi^{-1} + \tfrac{1}{4}\alpha (\partial_a \psi)(\partial_5 g_{bc}) A^c \psi^{-1} + \tfrac{1}{4}\alpha^2 (\partial_b \psi)(\partial_c \psi) A_a A^c \psi^{-1} - \tfrac{1}{4}\alpha^2 (\partial_a \psi)(\partial_c \psi) A_b A^c \psi^{-1} -$$

$$-\tfrac{1}{4}\alpha^3 (\partial_b \psi)(\partial_5 \psi) A_a \eta \psi^{-1} + \tfrac{1}{4}\alpha^3 (\partial_a \psi)(\partial_5 \psi) A_b \eta \psi^{-1} - \tfrac{1}{2}\alpha \beta_2 (\partial_b \psi) A_c S_{(2)a}{}^c \psi^{-1} + \tfrac{1}{2}\alpha \beta_2 (\partial_a \psi) A_c S_{(2)b}{}^c \psi^{-1} -$$

$$-\tfrac{1}{2}\alpha \beta_2 (\partial_b \psi) A_c S_{(2)}{}^c{}_a \psi^{-1} + \tfrac{1}{2}\alpha \beta_2 (\partial_a \psi) A_c S_{(2)}{}^c{}_b \psi^{-1} + \tfrac{1}{4}\alpha^5 (\partial_5 A_c) A_b \eta F_a{}^c \psi^2 - \tfrac{1}{4}\alpha^5 (\partial_5 A_c) A_b A_d A^c F_a{}^d \psi^2 -$$

$$-\tfrac{1}{4}\alpha^5 (\partial_5 A_c) A_a \eta F_b{}^c \psi^2 + \tfrac{1}{4}\alpha^5 (\partial_5 A_c) A_a A_d A^c F_b{}^d \psi^2 - \tfrac{1}{4}\alpha^4 A_b A_c F_{ad} F^{cd} \psi^2 + \tfrac{1}{4}\alpha^4 A_a A_c F_{bd} F^{cd} \psi^2 +$$

$$+\tfrac{1}{2}\alpha^4 \beta_0 A_b A_c A_d F^{de} S_{(0)ae}{}^c \psi^2 - \tfrac{1}{2}\alpha^5 \beta_0 (\partial_5 A_c) A_b A_d \eta S_{(0)a}{}^{cd} \psi^2 + \tfrac{1}{2}\alpha^5 \beta_0 (\partial_5 A_c) A_b A_d A_e A^c S_{(0)a}{}^{de} \psi^2 -$$

$$-\tfrac{1}{2}\alpha^4 \beta_0 A_a A_c A_d F^{de} S_{(0)be}{}^c \psi^2 + \tfrac{1}{2}\alpha^5 \beta_0 (\partial_5 A_c) A_a A_d \eta S_{(0)b}{}^{cd} \psi^2 - \tfrac{1}{2}\alpha^5 \beta_0 (\partial_5 A_c) A_a A_d A_e A^c S_{(0)b}{}^{de} \psi^2 +$$

$$+\tfrac{1}{2}\alpha^4 \beta_0 A_b A_c A_d F_a{}^e S_{(0)}{}^c{}_e{}^d \psi^2 - \tfrac{1}{2}\alpha^4 \beta_0 A_a A_c A_d F_b{}^e S_{(0)}{}^c{}_e{}^d \psi^2 - \alpha^4 \beta_0{}^2 A_b A_c A_d A_e S_{(0)af}{}^c S_{(0)}{}^{dfe} \psi^2 +$$

$$+\alpha^4 \beta_0{}^2 A_a A_c A_d A_e S_{(0)bf}{}^c S_{(0)}{}^{dfe} \psi^2 - \tfrac{1}{2}\alpha^4 \beta_1 (\partial_5 A_c) A_b \eta S_{(1)a}{}^c \psi^2 + \tfrac{1}{2}\alpha^4 \beta_1 (\partial_5 A_c) A_b A_d A^c S_{(1)a}{}^d \psi^2 +$$

$$+\tfrac{1}{2}\alpha^3 \beta_1 A_b A_c F^c{}_d S_{(1)a}{}^d \psi^2 - \alpha^3 \beta_0 \beta_1 A_b A_c A_d S_{(0)}{}^c{}_e{}^d S_{(1)a}{}^e \psi^2 + \tfrac{1}{2}\alpha^4 \beta_1 (\partial_5 A_c) A_a \eta S_{(1)b}{}^c \psi^2 -$$

$$-\tfrac{1}{2}\alpha^4 \beta_1 (\partial_5 A_c) A_a A_d A^c S_{(1)b}{}^d \psi^2 - \tfrac{1}{2}\alpha^3 \beta_1 A_a A_c F^c{}_d S_{(1)b}{}^d \psi^2 + \alpha^3 \beta_0 \beta_1 A_a A_c A_d S_{(0)}{}^c{}_e{}^d S_{(1)b}{}^e \psi^2 +$$

$$+\tfrac{1}{2}\alpha^3 \beta_1 A_b A_c F_{ad} S_{(1)}{}^{cd} \psi^2 - \tfrac{1}{2}\alpha^3 \beta_1 A_a A_c F_{bd} S_{(1)}{}^{cd} \psi^2 - \alpha^2 \beta_1{}^2 A_b A_c S_{(1)ad} S_{(1)}{}^{cd} \psi^2 + \alpha^2 \beta_1{}^2 A_a A_c S_{(1)bd} S_{(1)}{}^{cd} \psi^2 -$$

$$-\alpha^3 \beta_0 \beta_1 A_b A_c A_d S_{(0)ae}{}^c S_{(1)}{}^{de} \psi^2 + \alpha^3 \beta_0 \beta_1 A_a A_c A_d S_{(0)be}{}^c S_{(1)}{}^{de} \psi^2 + \tfrac{1}{2}\alpha^5 \beta_2 A_b A_c \eta F_{ad} S_{(2)}{}^{dc} \psi^2 -$$

$$-\tfrac{1}{2}\alpha^5 \beta_2 A_a A_c \eta F_{bd} S_{(2)}{}^{dc} \psi^2 - \alpha^4 \beta_1 \beta_2 A_b A_c \eta S_{(1)ad} S_{(2)}{}^{dc} \psi^2 + \alpha^4 \beta_1 \beta_2 A_a A_c \eta S_{(1)bd} S_{(2)}{}^{dc} \psi^2 -$$

$$-\tfrac{1}{2}\alpha^5 \beta_2 A_b A_c A_d A_e F_a{}^c S_{(2)}{}^{de} \psi^2 + \tfrac{1}{2}\alpha^5 \beta_2 A_a A_c A_d A_e F_b{}^c S_{(2)}{}^{de} \psi^2 + \alpha^4 \beta_1 \beta_2 A_b A_c A_d A_e S_{(1)a}{}^c S_{(2)}{}^{de} \psi^2 -$$

$$-\alpha^4 \beta_1 \beta_2 A_a A_c A_d A_e S_{(1)b}{}^c S_{(2)}{}^{de} \psi^2 - \alpha^5 \beta_0 \beta_2 A_b A_c A_d \eta S_{(0)ae}{}^c S_{(2)}{}^{ed} \psi^2 + \alpha^5 \beta_0 \beta_2 A_a A_c A_d \eta S_{(0)be}{}^c S_{(2)}{}^{ed} \psi^2 +$$

$$+\alpha^5 \beta_0 \beta_2 A_b A_c A_d A_e A_f S_{(0)a}{}^{cd} S_{(2)}{}^{ef} \psi^2 - \alpha^5 \beta_0 \beta_2 A_a A_c A_d A_e A_f S_{(0)b}{}^{cd} S_{(2)}{}^{ef} \psi^2 + \tfrac{1}{2}\alpha^4 \beta_3 A_b \eta F_{ac} S_{(3)}{}^c \psi^2 -$$

$$-\tfrac{1}{2}\alpha^4 \beta_3 A_a \eta F_{bc} S_{(3)}{}^c \psi^2 - \alpha^3 \beta_1 \beta_3 A_b \eta S_{(1)ac} S_{(3)}{}^c \psi^2 + \alpha^3 \beta_1 \beta_3 A_a \eta S_{(1)bc} S_{(3)}{}^c \psi^2 - \tfrac{1}{2}\alpha^4 \beta_3 A_b A_c A_d F_a{}^c S_{(3)}{}^d \psi^2 +$$

$$+\tfrac{1}{2}\alpha^4 \beta_3 A_a A_c A_d F_b{}^c S_{(3)}{}^d \psi^2 - \alpha^4 \beta_0 \beta_3 A_b A_c \eta S_{(0)ad}{}^c S_{(3)}{}^d \psi^2 + \alpha^4 \beta_0 \beta_3 A_a A_c \eta S_{(0)bd}{}^c S_{(3)}{}^d \psi^2 +$$

$$+\alpha^3 \beta_1 \beta_3 A_b A_c A_d S_{(1)a}{}^c S_{(3)}{}^d \psi^2 - \alpha^3 \beta_1 \beta_3 A_a A_c A_d S_{(1)b}{}^c S_{(3)}{}^d \psi^2 + \alpha^4 \beta_0 \beta_3 A_b A_c A_d A_e S_{(0)a}{}^{cd} S_{(3)}{}^e \psi^2 -$$

$$-\alpha^4 \beta_0 \beta_3 A_a A_c A_d A_e S_{(0)b}{}^{cd} S_{(3)}{}^e \psi^2 - \alpha \beta_2 (\partial_a S_{(2)b}{}^c) A_c + \alpha \beta_2 (\partial_b S_{(2)a}{}^c) A_c - \tfrac{1}{2}\alpha^2 (\partial_b \partial_c \psi) A_a A^c + \tfrac{1}{4}\alpha^3 (\partial_b \psi)(\partial_5 A_c) A_a A^c +$$

$$+\tfrac{1}{2}\alpha^2 (\partial_a \partial_c \psi) A_b A^c - \tfrac{1}{4}\alpha^3 (\partial_a \psi)(\partial_5 A_c) A_b A^c + \tfrac{1}{4}\alpha^3 (\partial_c \psi)(\partial_5 g_{bd}) A_a A^c A^d - \tfrac{1}{4}\alpha^3 (\partial_c \psi)(\partial_5 g_{ad}) A_b A^c A^d + \tfrac{1}{4}\alpha^3 (\partial_b \psi)(\partial_5 A_a) \eta -$$

$$-\tfrac{1}{4}\alpha^3 (\partial_a \psi)(\partial_5 A_b) \eta + \tfrac{1}{2}\alpha^3 (\partial_5 \partial_b \psi) A_a \eta - \tfrac{1}{2}\alpha^3 (\partial_5 \partial_a \psi) A_b \eta - \tfrac{1}{2}\alpha^2 (\partial_c \psi) A_b A^{d\,(4)}\{{}^c_{a\,d}\} + \tfrac{1}{2}\alpha^3 (\partial_5 \psi) A_b A_c A^{d\,(4)}\{{}^c_{a\,d}\} +$$

$$+\tfrac{1}{2}\alpha^2 (\partial_c \psi) A_a A^{d\,(4)}\{{}^c_{b\,d}\} - \tfrac{1}{2}\alpha^3 (\partial_5 \psi) A_a A_c A^{d\,(4)}\{{}^c_{b\,d}\} - \tfrac{1}{4}\alpha^3 (\partial_5 \psi) A_b A_c U_a{}^c + \tfrac{1}{4}\alpha^3 (\partial_5 \psi) A_a A_c U_b{}^c + \tfrac{1}{2}\alpha^2 (\partial_c \psi) A^c F_{ab} -$$

$$-\tfrac{1}{2}\alpha^3 (\partial_5 \psi) \eta F_{ab} + \tfrac{1}{4}\alpha^2 (\partial_b \psi) A_c F_a{}^c - \tfrac{1}{4}\alpha^3 (\partial_5 \psi) A_b A_c F_a{}^c - \tfrac{1}{4}\alpha^2 (\partial_a \psi) A_c F_b{}^c + \tfrac{1}{4}\alpha^3 (\partial_5 \psi) A_a A_c F_b{}^c - \tfrac{1}{2}\alpha \beta_0 (\partial_5 g_{bc}) A_d S_{(0)a}{}^{cd} +$$

$$+\tfrac{1}{2}\alpha^2\beta_0(\partial_c\psi)A_bA_dS_{(0)a}{}^{cd}-\tfrac{1}{2}\alpha^2\beta_0(\partial_b\psi)A_cA_dS_{(0)a}{}^{cd}+\tfrac{1}{2}\alpha\beta_0(\partial_5 g_{bc})A_dS_{(0)a}{}^{dc}-\tfrac{1}{2}\alpha^2\beta_0(\partial_c\psi)A_bA_dS_{(0)a}{}^{dc}+$$
$$+\tfrac{1}{2}\alpha\beta_0(\partial_5 g_{ac})A_dS_{(0)b}{}^{cd}-\tfrac{1}{2}\alpha^2\beta_0(\partial_c\psi)A_aA_dS_{(0)b}{}^{cd}+\tfrac{1}{2}\alpha^2\beta_0(\partial_a\psi)A_cA_dS_{(0)b}{}^{cd}-\tfrac{1}{2}\alpha\beta_0(\partial_5 g_{ac})A_dS_{(0)b}{}^{dc}+$$
$$+\tfrac{1}{2}\alpha^2\beta_0(\partial_c\psi)A_aA_dS_{(0)b}{}^{dc}+\tfrac{1}{2}\alpha\beta_0(\partial_5 g_{bc})A_dS_{(0)}{}^{cd}{}_a-\tfrac{1}{2}\alpha^2\beta_0(\partial_c\psi)A_bA_dS_{(0)}{}^{cd}{}_a-\tfrac{1}{2}\alpha\beta_0(\partial_5 g_{ac})A_dS_{(0)}{}^{cd}{}_b+$$
$$+\tfrac{1}{2}\alpha^2\beta_0(\partial_c\psi)A_aA_dS_{(0)}{}^{cd}{}_b-\tfrac{1}{2}\alpha\beta_1(\partial_b\psi)A_cS_{(1)a}{}^c+\tfrac{1}{2}\alpha\beta_1(\partial_a\psi)A_cS_{(1)b}{}^c+\tfrac{1}{2}\alpha^3\beta_2(\partial_c\psi)A_b\eta S_{(2)a}{}^c+\tfrac{1}{2}\alpha^3\beta_2(\partial_b\psi)A_c\eta S_{(2)a}{}^c-$$
$$-\tfrac{1}{2}\alpha^3\beta_2(\partial_c\psi)A_bA_dA^cS_{(2)a}{}^d+\alpha\beta_2 A_c{}^{(4)}\{{}^{c}_{b\;d}\}S_{(2)a}{}^d+\alpha\beta_0\beta_2 A_cS_{(0)bd}{}^cS_{(2)a}{}^d-\alpha\beta_0\beta_2 A_cS_{(0)b}{}^c{}_dS_{(2)a}{}^d+$$
$$+\alpha\beta_0\beta_2 A_cS_{(0)}{}^c{}_{db}S_{(2)a}{}^d-\tfrac{1}{2}\alpha^3\beta_2(\partial_c\psi)A_a\eta S_{(2)b}{}^c-\tfrac{1}{2}\alpha^3\beta_2(\partial_a\psi)A_c\eta S_{(2)b}{}^c+\tfrac{1}{2}\alpha^3\beta_2(\partial_c\psi)A_aA_dA^cS_{(2)b}{}^d-$$
$$-\alpha\beta_2 A_c{}^{(4)}\{{}^{c}_{a\;d}\}S_{(2)b}{}^d-\alpha\beta_0\beta_2 A_cS_{(0)ad}{}^cS_{(2)b}{}^d+\alpha\beta_0\beta_2 A_cS_{(0)a}{}^c{}_dS_{(2)b}{}^d-\alpha\beta_0\beta_2 A_cS_{(0)}{}^c{}_{da}S_{(2)b}{}^d-$$
$$-\alpha\beta_2 A^{d\,(4)}\{{}^{c}_{b\;d}\}S_{(2)ca}+\alpha\beta_2 A^{d\,(4)}\{{}^{c}_{a\;d}\}S_{(2)cb}-\alpha\beta_0\beta_2 A_cS_{(0)b}{}^{cd}S_{(2)da}+\alpha\beta_0\beta_2 A_cS_{(0)a}{}^{cd}S_{(2)db}+$$
$$+\tfrac{1}{2}\alpha^3\beta_2(\partial_c\psi)A_b\eta S_{(2)}{}^c{}_a-\tfrac{1}{2}\alpha^3\beta_2(\partial_c\psi)A_a\eta S_{(2)}{}^c{}_b+\tfrac{1}{2}\alpha^3\beta_2(\partial_b\psi)A_aA_cA_dS_{(2)}{}^{cd}-\tfrac{1}{2}\alpha^3\beta_2(\partial_a\psi)A_bA_cA_dS_{(2)}{}^{cd}-$$
$$-\tfrac{1}{2}\alpha^3\beta_2(\partial_c\psi)A_bA_dA^cS_{(2)}{}^d{}_a+\alpha\beta_0\beta_2 A_cS_{(0)bd}{}^cS_{(2)}{}^d{}_a+\alpha\beta_0\beta_2 A_cS_{(0)}{}^c{}_{db}S_{(2)}{}^d{}_a+\tfrac{1}{2}\alpha^3\beta_2(\partial_c\psi)A_aA_dA^cS_{(2)}{}^d{}_b-$$
$$-\alpha\beta_0\beta_2 A_cS_{(0)ad}{}^cS_{(2)}{}^d{}_b-\alpha\beta_0\beta_2 A_cS_{(0)}{}^c{}_{da}S_{(2)}{}^d{}_b+\tfrac{1}{2}\alpha^2\beta_3(\partial_b\psi)\eta S_{(3)a}-\tfrac{1}{2}\alpha^2\beta_3(\partial_a\psi)\eta S_{(3)b}+\tfrac{1}{2}\alpha^2\beta_3(\partial_b\psi)A_aA_cS_{(3)}{}^c-$$
$$-\tfrac{1}{2}\alpha^2\beta_3(\partial_a\psi)A_bA_cS_{(3)}{}^c+\tfrac{1}{2}\alpha(\partial_5{}^{(4)}\{{}^{c}_{b\;d}\})A^dg_{ac}+\alpha\beta_2(\partial_bS_{(2)c}{}^d)A^cg_{ad}+\alpha\beta_2 A_c{}^{(4)}\{{}^{e}_{b\;d}\}S_{(2)}{}^{cd}g_{ae}-\tfrac{1}{2}\alpha(\partial_5{}^{(4)}\{{}^{c}_{a\;d}\})A^dg_{bc}-$$
$$-\alpha\beta_2(\partial_aS_{(2)c}{}^d)A^cg_{bd}-\alpha\beta_2 A_c{}^{(4)}\{{}^{e}_{a\;d}\}S_{(2)}{}^{cd}g_{be}-\tfrac{1}{4}\alpha^3(\partial_c\psi)(\partial_5 g_{bd})A_a\eta g^{cd}+\tfrac{1}{4}\alpha^3(\partial_c\psi)(\partial_5 g_{ad})A_b\eta g^{cd}-$$
$$-\tfrac{1}{2}\alpha^2(\partial_aF_{bc})A^c\psi+\alpha\beta_1(\partial_aS_{(1)bc})A^c\psi+\tfrac{1}{2}\alpha^2(\partial_bF_{ac})A^c\psi-\alpha\beta_1(\partial_bS_{(1)ac})A^c\psi+\alpha^2\beta_3(\partial_bS_{(3)c})A_aA^c\psi+\tfrac{1}{4}\alpha^3(\partial_5 U_{bc})A_aA^c\psi+$$
$$+\tfrac{1}{4}\alpha^3(\partial_5 F_{bc})A_aA^c\psi-\alpha^2\beta_3(\partial_aS_{(3)c})A_bA^c\psi-\tfrac{1}{4}\alpha^3(\partial_5 U_{ac})A_bA^c\psi-\tfrac{1}{4}\alpha^3(\partial_5 F_{ac})A_bA^c\psi+\alpha^2\beta_0(\partial_aS_{(0)bc}{}^d)A_dA^c\psi-$$
$$-\alpha^2\beta_0(\partial_bS_{(0)ac}{}^d)A_dA^c\psi+\alpha^3\beta_2(\partial_bS_{(2)c}{}^d)A_aA_dA^c\psi-\alpha^3\beta_2(\partial_aS_{(2)c}{}^d)A_bA_dA^c\psi-\alpha^2\beta_3(\partial_aS_{(3)b})\eta\psi+\alpha^2\beta_3(\partial_bS_{(3)a})\eta\psi-$$
$$-\tfrac{1}{2}\alpha^3(\partial_5F_{ab})\eta\psi-\alpha^3\beta_2(\partial_aS_{(2)b}{}^c)A_c\eta\psi+\alpha^3\beta_2(\partial_bS_{(2)a}{}^c)A_c\eta\psi+\tfrac{1}{2}\alpha^3(\partial_5 A_c)A_bA^{d\,(4)}\{{}^{c}_{a\;d}\}\psi+\tfrac{1}{2}\alpha^3(\partial_5 A_b)A_cA^{d\,(4)}\{{}^{c}_{a\;d}\}\psi-$$
$$-\tfrac{1}{2}\alpha^3(\partial_5 A_c)A_aA^{d\,(4)}\{{}^{c}_{b\;d}\}\psi-\tfrac{1}{2}\alpha^3(\partial_5 A_a)A_cA^{d\,(4)}\{{}^{c}_{b\;d}\}\psi-\tfrac{1}{4}\alpha^3(\partial_5 A_b)A_cU_a{}^c\psi+\tfrac{1}{4}\alpha^3(\partial_5 A_a)A_cU_b{}^c\psi-\tfrac{1}{2}\alpha^3(\partial_5 A_c)A^cF_{ab}\psi-$$
$$-\tfrac{1}{2}\alpha^2 A^{d\,(4)}\{{}^{c}_{b\;d}\}F_{ac}\psi-\tfrac{1}{4}\alpha^3(\partial_5 A_b)A_cF_a{}^c\psi+\tfrac{1}{4}\alpha^3(\partial_5 g_{bc})\eta F_a{}^c\psi-\tfrac{1}{4}\alpha^3(\partial_5 g_{bc})A_dA^cF_a{}^d\psi+\tfrac{1}{2}\alpha^2 A^{d\,(4)}\{{}^{c}_{a\;d}\}F_{bc}\psi+$$
$$+\tfrac{1}{4}\alpha^3(\partial_5 A_a)A_cF_b{}^c\psi-\tfrac{1}{4}\alpha^3(\partial_5 g_{ac})\eta F_b{}^c\psi+\tfrac{1}{4}\alpha^3(\partial_5 g_{ac})A_dA^cF_b{}^d\psi-\tfrac{1}{4}\alpha^3(\partial_5 g_{bc})A_aA_dF^{cd}\psi+\tfrac{1}{4}\alpha^3(\partial_5 g_{ac})A_bA_dF^{cd}\psi+$$
$$+\alpha^2\beta_0 A_cA^{e\,(4)}\{{}^{d}_{b\;e}\}S_{(0)ad}{}^c\psi-\tfrac{1}{2}\alpha^2\beta_0 A_cF_b{}^dS_{(0)ad}{}^c\psi-\tfrac{1}{2}\alpha^3\beta_0(\partial_5 A_c)A_bA_dS_{(0)a}{}^{cd}\psi-\tfrac{1}{2}\alpha^3\beta_0(\partial_5 g_{bc})A_d\eta S_{(0)a}{}^{cd}\psi-$$
$$-\tfrac{1}{2}\alpha^2\beta_0 A_cU_{bd}S_{(0)a}{}^{cd}\psi+\tfrac{1}{2}\alpha^3\beta_0(\partial_5 A_c)A_bA_dS_{(0)a}{}^{dc}\psi+\tfrac{1}{2}\alpha^3\beta_0(\partial_5 g_{bc})A_dA_eA^cS_{(0)a}{}^{de}\psi-\alpha^2\beta_0 A_cA^{e\,(4)}\{{}^{d}_{a\;e}\}S_{(0)bd}{}^c\psi+$$
$$+\tfrac{1}{2}\alpha^2\beta_0 A_cF_a{}^dS_{(0)bd}{}^c\psi-\alpha^2\beta_0{}^2 A_cA_dS_{(0)a}{}^{ce}S_{(0)be}{}^d\psi+\tfrac{1}{2}\alpha^3\beta_0(\partial_5 A_c)A_aA_dS_{(0)b}{}^{cd}\psi+\tfrac{1}{2}\alpha^3\beta_0(\partial_5 g_{ac})A_d\eta S_{(0)b}{}^{cd}\psi+$$
$$+\tfrac{1}{2}\alpha^2\beta_0 A_cU_{ad}S_{(0)b}{}^{cd}\psi-\tfrac{1}{2}\alpha^3\beta_0(\partial_5 A_c)A_aA_dS_{(0)b}{}^{dc}\psi-\tfrac{1}{2}\alpha^3\beta_0(\partial_5 g_{ac})A_dA_eA^cS_{(0)b}{}^{de}\psi+$$
$$+\alpha^2\beta_0{}^2 A_cA_dS_{(0)ae}{}^cS_{(0)b}{}^{de}\psi-\tfrac{1}{2}\alpha^2\beta_0 A_cF_b{}^dS_{(0)}{}^c{}_{da}\psi+\tfrac{1}{2}\alpha^2\beta_0 A_cF_a{}^dS_{(0)}{}^c{}_{db}\psi+\tfrac{1}{2}\alpha^3\beta_0(\partial_5 A_c)A_bA_dS_{(0)}{}^{cd}{}_a\psi-$$
$$-\tfrac{1}{2}\alpha^3\beta_0(\partial_5 A_c)A_aA_dS_{(0)}{}^{cd}{}_b\psi+\tfrac{1}{2}\alpha^3\beta_0(\partial_5 g_{bc})A_aA_dA_eS_{(0)}{}^{cde}\psi-\tfrac{1}{2}\alpha^3\beta_0(\partial_5 g_{ac})A_bA_dA_eS_{(0)}{}^{cde}\psi+$$
$$+\alpha^2\beta_0{}^2 A_cA_dS_{(0)be}{}^cS_{(0)}{}^{de}{}_a\psi-\alpha^2\beta_0{}^2 A_cA_dS_{(0)ae}{}^cS_{(0)}{}^{de}{}_b\psi+\alpha\beta_1 A^{d\,(4)}\{{}^{c}_{b\;d}\}S_{(1)ac}\psi+\alpha\beta_0\beta_1 A_cS_{(0)b}{}^{cd}S_{(1)ad}\psi-$$
$$-\tfrac{1}{2}\alpha^2\beta_1(\partial_5 g_{bc})\eta S_{(1)a}{}^c\psi+\tfrac{1}{2}\alpha^2\beta_1(\partial_5 g_{bc})A_dA^cS_{(1)a}{}^d\psi-\alpha\beta_0\beta_1 A_cS_{(0)bd}{}^cS_{(1)a}{}^d\psi-\alpha\beta_0\beta_1 A_cS_{(0)}{}^c{}_{db}S_{(1)a}{}^d\psi-$$
$$-\alpha\beta_1 A^{d\,(4)}\{{}^{c}_{a\;d}\}S_{(1)bc}\psi-\alpha\beta_0\beta_1 A_cS_{(0)a}{}^{cd}S_{(1)bd}\psi+\tfrac{1}{2}\alpha^2\beta_1(\partial_5 g_{ac})\eta S_{(1)b}{}^c\psi-\tfrac{1}{2}\alpha^2\beta_1(\partial_5 g_{ac})A_dA^cS_{(1)b}{}^d\psi+$$
$$+\alpha\beta_0\beta_1 A_cS_{(0)ad}{}^cS_{(1)b}{}^d\psi+\alpha\beta_0\beta_1 A_cS_{(0)}{}^c{}_{da}S_{(1)b}{}^d\psi+\tfrac{1}{2}\alpha^2\beta_1(\partial_5 g_{bc})A_aA_dS_{(1)}{}^{cd}\psi-\tfrac{1}{2}\alpha^2\beta_1(\partial_5 g_{ac})A_bA_dS_{(1)}{}^{cd}\psi+$$
$$+\tfrac{1}{2}\alpha^3\beta_2\eta U_{bc}S_{(2)a}{}^c\psi+\alpha^2\beta_1\beta_2\eta S_{(1)bc}S_{(2)a}{}^c\psi-\alpha^3\beta_2 A_cA_dA^{e\,(4)}\{{}^{c}_{b\;e}\}S_{(2)a}{}^d\psi+\tfrac{1}{2}\alpha^3\beta_2 A_cA_dU_b{}^cS_{(2)a}{}^d\psi+$$
$$+\alpha^3\beta_2 A_cA_dF_b{}^cS_{(2)a}{}^d\psi-\tfrac{1}{2}\alpha^3\beta_2 A_bA_cF^c{}_dS_{(2)a}{}^d\psi+\alpha^3\beta_0\beta_2 A_c\eta S_{(0)bd}{}^cS_{(2)a}{}^d\psi-\alpha^2\beta_1\beta_2 A_cA_dS_{(1)b}{}^cS_{(2)a}{}^d\psi+$$
$$+\alpha^2\beta_1\beta_2 A_bA_cS_{(1)}{}^c{}_dS_{(2)a}{}^d\psi-\alpha^3\beta_0\beta_2 A_cA_dA_eS_{(0)b}{}^{cd}S_{(2)a}{}^e\psi+\alpha^3\beta_0\beta_2 A_bA_cA_dS_{(0)}{}^c{}_eS_{(2)a}{}^e\psi-\tfrac{1}{2}\alpha^3\beta_2\eta U_{ac}S_{(2)b}{}^c\psi-$$
$$-\alpha^2\beta_1\beta_2\eta S_{(1)ac}S_{(2)b}{}^c\psi+\alpha^3\beta_2 A_cA_dA^{e\,(4)}\{{}^{c}_{a\;e}\}S_{(2)b}{}^d\psi-\tfrac{1}{2}\alpha^3\beta_2 A_cA_dU_a{}^cS_{(2)b}{}^d\psi-\alpha^3\beta_2 A_cA_dF_a{}^cS_{(2)b}{}^d\psi+$$
$$+\tfrac{1}{2}\alpha^3\beta_2 A_aA_cF^c{}_dS_{(2)b}{}^d\psi-\alpha^3\beta_0\beta_2 A_c\eta S_{(0)ad}{}^cS_{(2)b}{}^d\psi+\alpha^2\beta_1\beta_2 A_cA_dS_{(1)a}{}^cS_{(2)b}{}^d\psi-\alpha^2\beta_1\beta_2 A_aA_cS_{(1)}{}^c{}_dS_{(2)b}{}^d\psi+$$
$$+\alpha^3\beta_0\beta_2 A_cA_dA_eS_{(0)a}{}^{cd}S_{(2)b}{}^e\psi-\alpha^3\beta_0\beta_2 A_aA_cA_dS_{(0)}{}^c{}_eS_{(2)b}{}^e\psi+\alpha^3\beta_2 A_bA_cA^{e\,(4)}\{{}^{d}_{a\;e}\}S_{(2)d}{}^c\psi-$$
$$-\alpha^3\beta_2 A_aA_cA^{e\,(4)}\{{}^{d}_{b\;e}\}S_{(2)d}{}^c\psi+\alpha^3\beta_0\beta_2 A_bA_cA_dS_{(0)a}{}^{ce}S_{(2)e}{}^d\psi-\alpha^3\beta_0\beta_2 A_aA_cA_dS_{(0)b}{}^{ce}S_{(2)e}{}^d\psi-$$

$$-\tfrac{1}{2}\alpha^3 \beta_2 \eta F_{bc} S_{(2)}{}^c{}_a \psi + \alpha^2 \beta_1 \beta_2 \eta S_{(1)bc} S_{(2)}{}^c{}_a \psi + \tfrac{1}{2}\alpha^3 \beta_2 \eta F_{ac} S_{(2)}{}^c{}_b \psi - \alpha^2 \beta_1 \beta_2 \eta S_{(1)ac} S_{(2)}{}^c{}_b \psi -$$
$$-\tfrac{1}{2}\alpha^3 \beta_2 A_b A_c U_{ad} S_{(2)}{}^{cd} \psi + \tfrac{1}{2}\alpha^3 \beta_2 A_a A_c U_{bd} S_{(2)}{}^{cd} \psi - \alpha^3 \beta_2 A_c A_d F_{ab} S_{(2)}{}^{cd} \psi - \tfrac{1}{2}\alpha^3 \beta_2 A_b A_c F_{ad} S_{(2)}{}^{cd} \psi +$$
$$+\tfrac{1}{2}\alpha^3 \beta_2 A_a A_c F_{bd} S_{(2)}{}^{cd} \psi + \tfrac{1}{2}\alpha^3 \beta_2 A_c A_d F_b{}^c S_{(2)}{}^d{}_a \psi - \tfrac{1}{2}\alpha^3 \beta_2 A_b A_c F^c{}_d S_{(2)}{}^d{}_a \psi + \alpha^3 \beta_0 \beta_2 A_c \eta S_{(0)bd}{}^c S_{(2)}{}^d{}_a \psi -$$
$$-\alpha^2 \beta_1 \beta_2 A_c A_d S_{(1)b}{}^c S_{(2)}{}^d{}_a \psi + \alpha^2 \beta_1 \beta_2 A_b A_c S_{(1)}{}^c{}_d S_{(2)}{}^d{}_a \psi - \tfrac{1}{2}\alpha^3 \beta_2 A_c A_d F_a{}^c S_{(2)}{}^d{}_b \psi + \tfrac{1}{2}\alpha^3 \beta_2 A_a A_c F^c{}_d S_{(2)}{}^d{}_b \psi -$$
$$-\alpha^3 \beta_0 \beta_2 A_c \eta S_{(0)ad}{}^c S_{(2)}{}^d{}_b \psi + \alpha^2 \beta_1 \beta_2 A_c A_d S_{(1)a}{}^c S_{(2)}{}^d{}_b \psi - \alpha^2 \beta_1 \beta_2 A_a A_c S_{(1)}{}^c{}_d S_{(2)}{}^d{}_b \psi -$$
$$-\alpha^3 \beta_0 \beta_2 A_c A_d A_e S_{(0)b}{}^{cd} S_{(2)}{}^e{}_a \psi + \alpha^3 \beta_0 \beta_2 A_b A_c A_d S_{(0)}{}^c{}_e{}^d S_{(2)}{}^e{}_a \psi + \alpha^3 \beta_0 \beta_2 A_c A_d A_e S_{(0)a}{}^{cd} S_{(2)}{}^e{}_b \psi -$$
$$-\alpha^3 \beta_0 \beta_2 A_a A_c A_d S_{(0)}{}^c{}_e{}^d S_{(2)}{}^e{}_b \psi - \alpha^3 \beta_0 \beta_2 A_b A_c A_d S_{(0)ae}{}^c S_{(2)}{}^{ed} \psi + \alpha^3 \beta_0 \beta_2 A_a A_c A_d S_{(0)be}{}^c S_{(2)}{}^{ed} \psi -$$
$$-\alpha^3 \beta_0 \beta_2 A_b A_c A_d S_{(0)}{}^c{}_{ea} S_{(2)}{}^{ed} \psi + \alpha^3 \beta_0 \beta_2 A_a A_c A_d S_{(0)}{}^c{}_{eb} S_{(2)}{}^{ed} \psi - \alpha^2 \beta_3 A_c A^{d\,(4)}\{{}^c_{b\,d}\} S_{(3)a} \psi + \tfrac{1}{2}\alpha^2 \beta_3 A_c U_b{}^c S_{(3)a} \psi +$$
$$+\tfrac{1}{2}\alpha^2 \beta_3 A_c F_b{}^c S_{(3)a} \psi + \alpha^2 \beta_3 A_c A^{d\,(4)}\{{}^c_{a\,d}\} S_{(3)b} \psi - \tfrac{1}{2}\alpha^2 \beta_3 A_c U_a{}^c S_{(3)b} \psi - \tfrac{1}{2}\alpha^2 \beta_3 A_c F_a{}^c S_{(3)b} \psi + \alpha^2 \beta_3 A_b A^{d\,(4)}\{{}^c_{a\,d}\} S_{(3)c} \psi -$$
$$-\alpha^2 \beta_3 A_a A^{d\,(4)}\{{}^c_{b\,d}\} S_{(3)c} \psi + \alpha^2 \beta_0 \beta_3 A_b A_c S_{(0)a}{}^{cd} S_{(3)d} \psi - \alpha^2 \beta_0 \beta_3 A_a A_c S_{(0)b}{}^{cd} S_{(3)d} \psi - \alpha^2 \beta_3 A_c F_{ab} S_{(3)}{}^c \psi -$$
$$-\alpha^2 \beta_0 \beta_3 A_b A_c S_{(0)ad}{}^c S_{(3)}{}^d \psi + \alpha^2 \beta_0 \beta_3 A_a A_c S_{(0)bd}{}^c S_{(3)}{}^d \psi - \alpha^2 \beta_0 \beta_3 A_b A_c S_{(0)}{}^c{}_{da} S_{(3)}{}^d \psi + \alpha^2 \beta_0 \beta_3 A_a A_c S_{(0)}{}^c{}_{db} S_{(3)}{}^d \psi,$$

$$R_{a5b}{}^c = \tag{71}$$

$$= \partial_a \Gamma_{5\,b}^c - \partial_5 \Gamma_{a\,b}^c + \Gamma_{a\,d}^c \Gamma_{5\,b}^d + \Gamma_{a\,5}^c \Gamma_{5\,b}^5 - \Gamma_{5\,d}^c \Gamma_{a\,b}^d - \Gamma_{5\,5}^c \Gamma_{a\,b}^5$$

$$= -\beta_2 \partial_a S_{(2)b}{}^c - \tfrac{1}{2} \partial_5 {}^{(4)}\{{}^c_{a\,b}\} - \beta_0 \partial_5 S_{(0)ab}{}^c + \tfrac{1}{4}\alpha (\partial_5 g_{ab})(\partial_5 \psi) A^c \psi^{-1} -$$
$$-\tfrac{1}{4}\alpha^2 (\partial_a \psi)(\partial_5 \psi) A_b A^c \psi^{-1} + \tfrac{1}{4}\alpha^3 (\partial_5 \psi) A_a A_b A^c \psi^{-1} + \tfrac{1}{2}\alpha \beta_2 (\partial_5 \psi) A^c S_{(2)ab} \psi^{-1} + \tfrac{1}{2}\beta_2 (\partial_b \psi) S_{(2)a}{}^c \psi^{-1} +$$
$$+\tfrac{1}{2}\alpha \beta_2 (\partial_5 \psi) A^c S_{(2)ba} \psi^{-1} + \tfrac{1}{2}\beta_2 (\partial_b \psi) S_{(2)}{}^c{}_a \psi^{-1} - \tfrac{1}{4}(\partial_d \psi)(\partial_5 g_{ab}) g^{cd} \psi^{-1} + \tfrac{1}{4}(\partial_b \psi)(\partial_5 g_{ad}) g^{cd} \psi^{-1} +$$
$$+\tfrac{1}{4}\alpha (\partial_a \psi)(\partial_d \psi) A_b g^{cd} \psi^{-1} - \tfrac{1}{4}\alpha^2 (\partial_d \psi)(\partial_5 \psi) A_a A_b g^{cd} \psi^{-1} - \tfrac{1}{2}\beta_2 (\partial_d \psi) S_{(2)ab} g^{cd} \psi^{-1} - \tfrac{1}{2}\beta_2 (\partial_d \psi) S_{(2)ba} g^{cd} \psi^{-1} -$$
$$-\tfrac{1}{4}\alpha^5 (\partial_5 A_a)(\partial_5 A_d) A_b A^c A^d \psi^2 - \tfrac{1}{4}\alpha^4 (\partial_5 A_d) A_b A^c F_a{}^d \psi^2 - \tfrac{1}{4}\alpha^4 (\partial_5 A_d) A_a A_b F^{cd} \psi^2 + \tfrac{1}{4}\alpha^4 (\partial_5 A_a) A_b A_d F^{cd} \psi^2 +$$
$$+\tfrac{1}{4}\alpha^3 A_b F_{ad} F^{cd} \psi^2 - \tfrac{1}{2}\alpha^3 \beta_0 A_b A_d F^{ce} S_{(0)ae}{}^d \psi^2 + \tfrac{1}{2}\alpha^4 \beta_0 (\partial_5 A_d) A_b A_e A^c S_{(0)a}{}^{de} \psi^2 - \tfrac{1}{2}\alpha^3 \beta_0 A_b A_d F_a{}^e S_{(0)}{}^c{}_e{}^d \psi^2 +$$
$$+\tfrac{1}{2}\alpha^4 \beta_0 (\partial_5 A_d) A_a A_b A_e S_{(0)}{}^{cde} \psi^2 - \tfrac{1}{2}\alpha^4 \beta_0 (\partial_5 A_a) A_b A_d A_e S_{(0)}{}^{cde} \psi^2 + \alpha^3 \beta_0^2 A_b A_d A_e S_{(0)af}{}^d S_{(0)}{}^{cfe} \psi^2 +$$
$$+\tfrac{1}{2}\alpha^3 \beta_1 (\partial_5 A_d) A_b A^c S_{(1)a}{}^d \psi^2 - \tfrac{1}{2}\alpha^2 \beta_1 A_b F^c{}_d S_{(1)a}{}^d \psi^2 + \alpha^2 \beta_0 \beta_1 A_b A_d S_{(0)}{}^c{}_e{}^d S_{(1)a}{}^e \psi^2 + \tfrac{1}{2}\alpha^3 \beta_1 (\partial_5 A_d) A_a A_b S_{(1)}{}^{cd} \psi^2 -$$
$$-\tfrac{1}{2}\alpha^3 \beta_1 (\partial_5 A_a) A_b A_d S_{(1)}{}^{cd} \psi^2 - \tfrac{1}{2}\alpha^2 \beta_1 A_b F_{ad} S_{(1)}{}^{cd} \psi^2 + \alpha \beta_1^2 A_b S_{(1)ad} S_{(1)}{}^{cd} \psi^2 + \alpha^2 \beta_0 \beta_1 A_b A_d S_{(0)ae}{}^d S_{(1)}{}^{ce} \psi^2 -$$
$$-\tfrac{1}{2}\alpha^5 \beta_2 (\partial_5 A_d) A_b A_e A^c A^d S_{(2)a}{}^e \psi^2 + \tfrac{1}{2}\alpha^4 \beta_2 A_b A_d A_e F^{cd} S_{(2)a}{}^e \psi^2 - \alpha^3 \beta_1 \beta_2 A_b A_d A_e S_{(1)}{}^{cd} S_{(2)a}{}^e \psi^2 -$$
$$-\alpha^4 \beta_0 \beta_2 A_b A_d A_e A_f S_{(0)}{}^{cde} S_{(2)a}{}^f \psi^2 + \tfrac{1}{2}\alpha^5 \beta_2 (\partial_5 A_a) A_b A_d \eta S_{(2)}{}^{cd} \psi^2 - \tfrac{1}{2}\alpha^5 \beta_2 (\partial_5 A_d) A_a A_b A_e A^d S_{(2)}{}^{ce} \psi^2 +$$
$$+\tfrac{1}{2}\alpha^4 \beta_2 A_b A_d A_e F_a{}^d S_{(2)}{}^{ce} \psi^2 - \alpha^3 \beta_1 \beta_2 A_b A_d A_e S_{(1)a}{}^d S_{(2)}{}^{ce} \psi^2 + \alpha^5 \beta_2^2 A_b A_d A_e \eta S_{(2)a}{}^d S_{(2)}{}^{ce} \psi^2 -$$
$$-\alpha^4 \beta_0 \beta_2 A_b A_d A_e A_f S_{(0)a}{}^{de} S_{(2)}{}^{cf} \psi^2 + \alpha^5 \beta_2 (\partial_5 A_d) A_a A_b A_e A^c S_{(2)}{}^{de} \psi^2 - \tfrac{1}{2}\alpha^5 \beta_2 (\partial_5 A_a) A_b A_d A_e A^c S_{(2)}{}^{de} \psi^2 -$$
$$-\tfrac{1}{2}\alpha^4 \beta_2 A_b A_d A^c F_{ae} S_{(2)}{}^{ed} \psi^2 - \tfrac{1}{2}\alpha^4 \beta_2 A_a A_b A_d F^c{}_e S_{(2)}{}^{ed} \psi^2 + \alpha^3 \beta_1 \beta_2 A_b A_d A^c S_{(1)ae} S_{(2)}{}^{ed} \psi^2 +$$
$$+\alpha^3 \beta_1 \beta_2 A_a A_b A_d S_{(1)}{}^c{}_e S_{(2)}{}^{ed} \psi^2 - \alpha^5 \beta_2^2 A_b A_d A_e A_f A^c S_{(2)a}{}^d S_{(2)}{}^{ef} \psi^2 - \alpha^5 \beta_2^2 A_a A_b A_d A_e A_f S_{(2)}{}^{cd} S_{(2)}{}^{ef} \psi^2 +$$
$$+\alpha^4 \beta_0 \beta_2 A_b A_d A_e A^c S_{(0)af}{}^d S_{(2)}{}^{fe} \psi^2 + \alpha^4 \beta_0 \beta_2 A_a A_b A_d A_e S_{(0)}{}^c{}_f{}^d S_{(2)}{}^{fe} \psi^2 + \alpha^5 \beta_2^2 A_a A_b A_d A_e A^c S_{(2)f}{}^d S_{(2)}{}^{fe} \psi^2 -$$
$$-\tfrac{1}{2}\alpha^4 \beta_3 (\partial_5 A_d) A_b A^c A^d S_{(3)a} \psi^2 + \tfrac{1}{2}\alpha^3 \beta_3 A_b A_d F^{cd} S_{(3)a} \psi^2 - \alpha^3 \beta_0 \beta_3 A_b A_d A_e S_{(0)}{}^{cde} S_{(3)a} \psi^2 - \alpha^2 \beta_1 \beta_3 A_b A_d S_{(1)}{}^{cd} S_{(3)a} \psi^2 +$$
$$+\alpha^4 \beta_2 \beta_3 A_b A_d \eta S_{(2)}{}^{cd} S_{(3)a} \psi^2 - \alpha^4 \beta_2 \beta_3 A_b A_d A_e A^c S_{(2)}{}^{de} S_{(3)a} \psi^2 - \tfrac{1}{2}\alpha^4 \beta_3 (\partial_5 A_d) A_a A_b A^d S_{(3)}{}^c \psi^2 +$$
$$+\tfrac{1}{2}\alpha^4 \beta_3 (\partial_5 A_a) A_b \eta S_{(3)}{}^c \psi^2 + \tfrac{1}{2}\alpha^3 \beta_3 A_b A_d F_a{}^d S_{(3)}{}^c \psi^2 - \alpha^3 \beta_0 \beta_3 A_b A_d A_e S_{(0)a}{}^{de} S_{(3)}{}^c \psi^2 - \alpha^2 \beta_1 \beta_3 A_b A_d S_{(1)a}{}^d S_{(3)}{}^c \psi^2 +$$
$$+\alpha^4 \beta_2 \beta_3 A_b A_d \eta S_{(2)a}{}^d S_{(3)}{}^c \psi^2 - \alpha^4 \beta_2 \beta_3 A_a A_b A_d A_e S_{(2)}{}^{de} S_{(3)}{}^c \psi^2 + \alpha^3 \beta_3^2 A_b \eta S_{(3)a} S_{(3)}{}^c \psi^2 + \alpha^4 \beta_3 (\partial_5 A_d) A_a A_b A^c S_{(3)}{}^d \psi^2 -$$
$$-\tfrac{1}{2}\alpha^4 \beta_3 (\partial_5 A_a) A_b A_d A^c S_{(3)}{}^d \psi^2 - \tfrac{1}{2}\alpha^3 \beta_3 A_b A^c F_{ad} S_{(3)}{}^d \psi^2 - \tfrac{1}{2}\alpha^3 \beta_3 A_a A_b F^c{}_d S_{(3)}{}^d \psi^2 + \alpha^2 \beta_1 \beta_3 A_b A^c S_{(1)ad} S_{(3)}{}^d \psi^2 +$$
$$+\alpha^2 \beta_1 \beta_3 A_a A_b S_{(1)}{}^c{}_d S_{(3)}{}^d \psi^2 - \alpha^3 \beta_3^2 A_b A_d A^c S_{(3)a} S_{(3)}{}^d \psi^2 + \alpha^3 \beta_3^2 A_a A_b A^c S_{(3)d} S_{(3)}{}^d \psi^2 - \alpha^3 \beta_3^2 A_a A_b A_d S_{(3)}{}^c S_{(3)}{}^d \psi^2 +$$
$$+\alpha^3 \beta_0 \beta_3 A_b A_d A^c S_{(0)ae}{}^d S_{(3)}{}^e \psi^2 + \alpha^3 \beta_0 \beta_3 A_a A_b A_d S_{(0)}{}^c{}_e{}^d S_{(3)}{}^e \psi^2 - \alpha^4 \beta_2 \beta_3 A_b A_d A_e A^c S_{(2)a}{}^d S_{(3)}{}^e \psi^2 +$$
$$+ 2\alpha^4 \beta_2 \beta_3 A_a A_b A_d A^c S_{(2)e}{}^d S_{(3)}{}^e \psi^2 - \alpha^4 \beta_2 \beta_3 A_a A_b A_d A_e S_{(2)}{}^{cd} S_{(3)}{}^e \psi^2 + \tfrac{1}{4}\alpha^5 (\partial_5 A_a)(\partial_5 A_d) A_b \eta g^{cd} \psi^2 +$$

$$
\begin{aligned}
&+ \tfrac{1}{4}\alpha^4 (\partial_5 A_d) A_b A_e F_a{}^e g^{cd} \psi^2 - \tfrac{1}{2}\alpha^4 \beta_0 (\partial_5 A_d) A_b A_e A_f S_{(0)a}{}^{ef} g^{cd} \psi^2 - \tfrac{1}{2}\alpha^3 \beta_1 (\partial_5 A_d) A_b A_e S_{(1)a}{}^e g^{cd} \psi^2 + \\
&+ \tfrac{1}{2}\alpha^5 \beta_2 (\partial_5 A_d) A_b A_e \eta S_{(2)a}{}^e g^{cd} \psi^2 - \tfrac{1}{2}\alpha^5 \beta_2 (\partial_5 A_d) A_a A_b A_e A_f S_{(2)}{}^{ef} g^{cd} \psi^2 + \tfrac{1}{2}\alpha^4 \beta_3 (\partial_5 A_d) A_b \eta S_{(3)a} g^{cd} \psi^2 - \\
&- \tfrac{1}{2}\alpha^4 \beta_3 (\partial_5 A_d) A_a A_b A_e S_{(3)}{}^e g^{cd} \psi^2 - \tfrac{1}{4}\alpha^5 (\partial_5 A_d)(\partial_5 A_e) A_a A_b A^d g^{ce} \psi^2 + \tfrac{1}{4}\alpha^5 (\partial_5 A_d)(\partial_5 A_e) A_a A_b A^c g^{de} \psi^2 - \tfrac{1}{2}\alpha (\partial_5 \partial_5 g_{ab}) A^c + \\
&+ \tfrac{1}{4}\alpha^2 (\partial_b \psi)(\partial_5 A_a) A^c + \tfrac{1}{2}\alpha^2 (\partial_a \psi)(\partial_5 A_b) A^c - \tfrac{3}{4}\alpha^3 (\partial_5 A_b)(\partial_5 \psi) A_a A^c + \tfrac{1}{2}\alpha^2 (\partial_5 \partial_a \psi) A_b A^c - \tfrac{3}{4}\alpha^3 (\partial_5 A_a)(\partial_5 \psi) A_b A^c - \\
&- \tfrac{1}{2}\alpha^3 (\partial_5 \partial_5 \psi) A_a A_b A^c + \tfrac{1}{4}\alpha^3 (\partial_5 g_{ad})(\partial_5 \psi) A_b A^c A^d + \tfrac{1}{4}\alpha^2 (\partial_5 \psi) A_b U_a{}^c + \tfrac{1}{4}\alpha^2 (\partial_5 \psi) A^c F_{ab} + \tfrac{1}{4}\alpha (\partial_b \psi) F_a{}^c - \tfrac{1}{4}\alpha^2 (\partial_5 \psi) A_b F_a{}^c + \\
&+ \tfrac{1}{2}\alpha (\partial_a \psi) F_b{}^c - \tfrac{1}{2}\alpha^2 (\partial_5 \psi) A_a F_b{}^c - \tfrac{1}{2}\alpha^2 \beta_0 (\partial_5 \psi) A_d A^c S_{(0)ab}{}^d + \tfrac{1}{2}\beta_0 (\partial_5 g_{bd}) S_{(0)a}{}^{cd} + \tfrac{1}{2}\alpha \beta_0 (\partial_d \psi) A_b S_{(0)a}{}^{cd} - \\
&- \tfrac{1}{2}\alpha \beta_0 (\partial_b \psi) A_d S_{(0)a}{}^{cd} + \tfrac{1}{2}\alpha^2 \beta_0 (\partial_5 \psi) A_b A_d S_{(0)a}{}^{cd} + \tfrac{1}{2}\beta_0 (\partial_5 g_{bd}) S_{(0)a}{}^{dc} - \tfrac{1}{2}\alpha \beta_0 (\partial_d \psi) A_b S_{(0)a}{}^{dc} + \tfrac{1}{2}\alpha^2 \beta_0 (\partial_5 \psi) A_b A_d S_{(0)a}{}^{dc} + \\
&+ \beta_0 (\partial_5 g_{ad}) S_{(0)b}{}^{cd} - \alpha \beta_0 (\partial_a \psi) A_d S_{(0)b}{}^{cd} + \alpha^2 \beta_0 (\partial_5 \psi) A_a A_d S_{(0)b}{}^{cd} + \tfrac{1}{2}\beta_0 (\partial_5 g_{bd}) S_{(0)}{}^{cd}{}_a - \tfrac{1}{2}\alpha \beta_0 (\partial_d \psi) A_b S_{(0)}{}^{cd}{}_a + \\
&+ \tfrac{1}{2}\alpha^2 \beta_0 (\partial_5 \psi) A_b A_d S_{(0)}{}^{cd}{}_a - \tfrac{1}{2}\alpha \beta_1 (\partial_5 \psi) A^c S_{(1)ab} - \tfrac{1}{2}\beta_1 (\partial_b \psi) S_{(1)a}{}^c + \alpha \beta_1 (\partial_5 \psi) A_b S_{(1)a}{}^c - \beta_1 (\partial_a \psi) S_{(1)b}{}^c + \\
&+ \alpha \beta_1 (\partial_5 \psi) A_a S_{(1)b}{}^c - \tfrac{1}{2}\alpha \beta_2 (\partial_5 g_{bd}) A^d S_{(2)a}{}^c + \tfrac{1}{2}\alpha^2 \beta_2 (\partial_d \psi) A_b A^d S_{(2)a}{}^c - \tfrac{1}{2}\alpha^3 \beta_2 (\partial_5 \psi) A_b \eta S_{(2)a}{}^c - \tfrac{1}{2}\alpha \beta_2 (\partial_5 g_{bd}) A^c S_{(2)a}{}^d - \\
&- \tfrac{1}{2}\alpha^2 \beta_2 (\partial_d \psi) A_b A^c S_{(2)a}{}^d + \tfrac{1}{2}\alpha^2 \beta_2 (\partial_b \psi) A_d A^c S_{(2)a}{}^d - \tfrac{3}{2}\alpha \beta_2 (\partial_5 g_{ad}) A^c S_{(2)b}{}^d + \alpha^2 \beta_2 (\partial_a \psi) A_d A^c S_{(2)b}{}^d - \\
&- \tfrac{3}{2}\alpha^3 \beta_2 (\partial_5 \psi) A_a A_d A^c S_{(2)b}{}^d - \beta_2 {}^{(4)}\{{}^c_{a\,d}\} S_{(2)b}{}^d - \beta_0 \beta_2 S_{(0)ad}{}^c S_{(2)b}{}^d + \beta_0 \beta_2 S_{(0)a}{}^c{}_d S_{(2)b}{}^d - \beta_0 \beta_2 S_{(0)}{}^c{}_{da} S_{(2)b}{}^d - \\
&- \alpha \beta_2{}^2 A^c S_{(2ad)} S_{(2)b}{}^d - \alpha \beta_2{}^2 A_d S_{(2)a}{}^c S_{(2)b}{}^d - \alpha \beta_2{}^2 A^c S_{(2)b}{}^d S_{(2)da} - \beta_0 \beta_2 S_{(0)a}{}^{cd} S_{(2)db} + \alpha \beta_2{}^2 A^c S_{(2)a}{}^d S_{(2)db} + \beta_2 {}^{(4)}\{{}^d_{a\,b}\} S_{(2)d}{}^c + \\
&+ \beta_0 \beta_2 S_{(0)ab}{}^d S_{(2)d}{}^c - \tfrac{1}{2}\alpha \beta_2 (\partial_5 g_{bd}) A^d S_{(2)}{}^c{}_a + \tfrac{1}{2}\alpha^2 \beta_2 (\partial_d \psi) A_b A^d S_{(2)}{}^c{}_a - \tfrac{1}{2}\alpha^3 \beta_2 (\partial_5 \psi) A_b \eta S_{(2)}{}^c{}_a - \alpha \beta_2{}^2 A_d S_{(2)b}{}^d S_{(2)}{}^c{}_a + \\
&+ \tfrac{1}{2}\alpha^2 \beta_2 (\partial_d \psi) A_a A_b S_{(2)}{}^{cd} + \tfrac{1}{2}\alpha \beta_2 (\partial_5 g_{ab}) A_d S_{(2)}{}^{cd} - \tfrac{1}{2}\alpha^2 \beta_2 (\partial_b \psi) A_a A_d S_{(2)}{}^{cd} + \tfrac{1}{2}\alpha^3 \beta_2 (\partial_5 \psi) A_a A_b A_d S_{(2)}{}^{cd} - \\
&- \beta_0 \beta_2 S_{(0)abd} S_{(2)}{}^{cd} + \beta_0 \beta_2 S_{(0)adb} S_{(2)}{}^{cd} + \beta_0 \beta_2 S_{(0)bda} S_{(2)}{}^{cd} + \alpha \beta_2{}^2 A_d S_{(2)ab} S_{(2)}{}^{cd} + \alpha \beta_2{}^2 A_d S_{(2)ba} S_{(2)}{}^{cd} + \\
&+ \tfrac{1}{2}\alpha \beta_2 (\partial_5 g_{bd}) A^c S_{(2)}{}^d{}_a - \tfrac{1}{2}\alpha^2 \beta_2 (\partial_d \psi) A_b A^c S_{(2)}{}^d{}_a + \tfrac{1}{2}\alpha^3 \beta_2 (\partial_5 \psi) A_b A_d A^c S_{(2)}{}^d{}_a + \tfrac{1}{2}\alpha \beta_2 (\partial_5 g_{ad}) A^c S_{(2)}{}^d{}_b + \\
&+ \beta_0 \beta_2 S_{(0)ad}{}^c S_{(2)}{}^d{}_b + \beta_0 \beta_2 S_{(0)}{}^c{}_{da} S_{(2)}{}^d{}_b - \alpha \beta_2{}^2 A_d S_{(2)a}{}^c S_{(2)}{}^d{}_b + \alpha \beta_2{}^2 A^c S_{(2)da} S_{(2)}{}^d{}_b - \alpha \beta_2{}^2 A_d S_{(2)}{}^c{}_a S_{(2)}{}^d{}_b - \\
&- \tfrac{1}{2}\alpha^2 \beta_2 (\partial_d \psi) A_a A_b S_{(2)}{}^{dc} + \tfrac{1}{2}\alpha \beta_2 (\partial_5 g_{ab}) A_d S_{(2)}{}^{dc} + \tfrac{1}{2}\alpha^3 \beta_2 (\partial_5 \psi) A_a A_b A_d S_{(2)}{}^{dc} - \beta_0 \beta_2 S_{(0)adb} S_{(2)}{}^{dc} - \\
&- \beta_0 \beta_2 S_{(0)bda} S_{(2)}{}^{dc} + \alpha \beta_2{}^2 A_d S_{(2)ab} S_{(2)}{}^{dc} + \alpha \beta_2{}^2 A_d S_{(2)ba} S_{(2)}{}^{dc} + \tfrac{1}{2}\alpha \beta_3 (\partial_b \psi) A^c S_{(3)a} - \tfrac{1}{2}\alpha^2 \beta_3 (\partial_5 \psi) A_b A^c S_{(3)a} + \\
&+ \alpha \beta_3 (\partial_a \psi) A^c S_{(3)b} - \tfrac{3}{2}\alpha^2 \beta_3 (\partial_5 \psi) A_a A^c S_{(3)b} - 2 \beta_2 \beta_3 S_{(2)a}{}^c S_{(3)b} - 2 \beta_2 \beta_3 S_{(2)}{}^c{}_a S_{(3)b} + \beta_3 (\partial_5 g_{ab}) S_{(3)}{}^c - \tfrac{1}{2}\alpha \beta_3 (\partial_b \psi) A_a S_{(3)}{}^c + \\
&+ \alpha^2 \beta_3 (\partial_5 \psi) A_a A_b S_{(3)}{}^c + 2 \beta_2 \beta_3 S_{(2ab)} S_{(3)}{}^c + 2 \beta_2 \beta_3 S_{(2)ba} S_{(3)}{}^c - \alpha \beta_2 (\partial_5 S_{(2)b}{}^d) A^c g_{ad} - \alpha \beta_2 (\partial_5 S_{(2)a}{}^d) A^c g_{bd} + \\
&+ \beta_2 {}^{(4)}\{{}^e_{a\,d}\} S_{(2)}{}^{cd} g_{be} + \tfrac{1}{4}\alpha^2 (\partial_d \psi)(\partial_5 A_b) A_a g^{cd} - \tfrac{1}{4}\alpha^2 (\partial_b \psi)(\partial_5 A_d) A_a g^{cd} - \tfrac{1}{2}\alpha (\partial_a \partial_d \psi) A_b g^{cd} + \tfrac{1}{4}\alpha^2 (\partial_d \psi)(\partial_5 A_a) A_b g^{cd} + \\
&+ \tfrac{1}{2}\alpha^2 (\partial_5 \partial_d \psi) A_a A_b g^{cd} - \tfrac{1}{4}\alpha (\partial_5 g_{ad})(\partial_5 g_{be}) A^e g^{cd} - \tfrac{1}{4}\alpha^3 (\partial_5 g_{ad})(\partial_5 \psi) A_b \eta g^{cd} - \tfrac{1}{4}\alpha (\partial_d \psi) F_{ab} g^{cd} + \\
&+ \tfrac{1}{2}\alpha \beta_0 (\partial_d \psi) A_e S_{(0)ab}{}^e g^{cd} + \tfrac{1}{2}\beta_1 (\partial_d \psi) S_{(1)ab} g^{cd} - \tfrac{1}{2}\alpha^2 \beta_2 (\partial_d \psi) A_b A_e S_{(2)a}{}^e g^{cd} - \tfrac{1}{2}\alpha \beta_2 (\partial_5 g_{ad}) A_e S_{(2)b}{}^e g^{cd} + \\
&+ \tfrac{1}{2}\alpha^2 \beta_2 (\partial_d \psi) A_a A_e S_{(2)b}{}^e g^{cd} - \tfrac{1}{2}\alpha \beta_2 (\partial_5 g_{ad}) A_e S_{(2)}{}^e{}_b g^{cd} - \tfrac{1}{2}\alpha \beta_3 (\partial_d \psi) A_b S_{(3)a} g^{cd} - \beta_3 (\partial_5 g_{ad}) S_{(3)b} g^{cd} + \\
&+ \tfrac{1}{2}\alpha \beta_3 (\partial_d \psi) A_a S_{(3)b} g^{cd} + \beta_0 (\partial_5 S_{(0)bd}{}^e) g_{ae} g^{cd} + \beta_2 (\partial_a S_{(2)d}{}^e) g_{be} g^{cd} + \beta_0 (\partial_5 S_{(0)ad}{}^e) g_{be} g^{cd} + \\
&+ \tfrac{1}{4}\alpha (\partial_5 g_{ab})(\partial_5 g_{de}) A^d g^{ce} + \tfrac{1}{4}\alpha^2 (\partial_d \psi)(\partial_5 g_{ae}) A_b A^d g^{ce} + \tfrac{1}{4}\alpha^3 (\partial_5 g_{de})(\partial_5 \psi) A_a A_b A^d g^{ce} + \tfrac{1}{2}\alpha (\partial_d \psi) A_b {}^{(4)}\{{}^d_{a\,e}\} g^{ce} - \\
&- \tfrac{1}{2}\alpha^2 (\partial_5 \psi) A_b A_d {}^{(4)}\{{}^d_{a\,e}\} g^{ce} - \tfrac{1}{2}\beta_0 (\partial_5 g_{de}) S_{(0)ab}{}^d g^{ce} - \tfrac{1}{2}\beta_0 (\partial_5 g_{de}) S_{(0)a}{}^d{}_b g^{ce} - \tfrac{1}{2}\beta_0 (\partial_5 g_{de}) S_{(0)b}{}^d{}_a g^{ce} + \\
&+ \tfrac{1}{2}\alpha \beta_2 (\partial_5 g_{de}) A^d S_{(2)ab} g^{ce} + \tfrac{1}{2}\alpha \beta_2 (\partial_5 g_{de}) A^d S_{(2)ba} g^{ce} - \beta_2 {}^{(4)}\{{}^d_{a\,e}\} S_{(2)db} g^{ce} + \tfrac{1}{2}(\partial_5 {}^{(4)}\{{}^d_{a\,e}\}) g_{bd} g^{ce} + \\
&+ \tfrac{1}{4}\alpha (\partial_5 g_{ad})(\partial_5 g_{be}) A^c g^{de} - \tfrac{1}{4}\alpha^2 (\partial_d \psi)(\partial_5 g_{ae}) A_b A^c g^{de} - \tfrac{1}{4}\alpha^2 (\partial_d \psi)(\partial_5 g_{ef}) A_a A_b g^{ce} g^{df} + \alpha \beta_3 (\partial_a S_{(3)b}) A^c \psi - \\
&- \alpha^3 (\partial_5 A_a)(\partial_5 A_b) A^c \psi + \tfrac{1}{4}\alpha^2 (\partial_5 U_{ab}) A^c \psi + \tfrac{1}{4}\alpha^2 (\partial_5 F_{ab}) A^c \psi - \tfrac{1}{2}\alpha^3 (\partial_5 \partial_5 A_b) A_a A^c \psi - \alpha^2 \beta_3 (\partial_5 S_{(3)b}) A_a A^c \psi - \\
&- \tfrac{1}{2}\alpha^3 (\partial_5 \partial_5 A_a) A_b A^c \psi - \alpha^2 \beta_3 (\partial_5 S_{(3)a}) A_b A^c \psi + \alpha^2 \beta_2 (\partial_a S_{(2)b}{}^d) A_d A^c \psi - \alpha^3 \beta_2 (\partial_5 S_{(2)b}{}^d) A_a A_d A^c \psi - \\
&- \alpha^3 \beta_2 (\partial_5 S_{(2)a}{}^d) A_b A_d A^c \psi - \tfrac{1}{4}\alpha^3 (\partial_5 A_d)(\partial_5 g_{ab}) A^c A^d \psi + \tfrac{1}{4}\alpha^3 (\partial_5 A_b)(\partial_5 g_{ad}) A^c A^d \psi - \tfrac{1}{2}\alpha^2 (\partial_5 A_d) A^c {}^{(4)}\{{}^d_{a\,b}\} \psi + \\
&+ \tfrac{1}{4}\alpha^2 (\partial_5 A_b) U_a{}^c \psi - \tfrac{1}{4}\alpha^2 (\partial_5 A_b) F_a{}^c \psi - \tfrac{1}{2}\alpha^2 (\partial_5 A_a) F_b{}^c \psi + \tfrac{1}{4}\alpha^2 (\partial_5 g_{ad}) A^c F_b{}^d \psi + \tfrac{1}{2}\alpha {}^{(4)}\{{}^d_{a\,b}\} F^c{}_d \psi - \tfrac{1}{4}\alpha^2 (\partial_5 g_{bd}) A_a F^{cd} \psi + \\
&+ \tfrac{1}{4}\alpha^2 (\partial_5 g_{ab}) A_d F^{cd} \psi - \tfrac{1}{2}\alpha^2 \beta_0 (\partial_5 A_d) A^c S_{(0)ab}{}^d \psi + \tfrac{1}{2}\alpha \beta_0 F^c{}_d S_{(0)ab}{}^d \psi - \tfrac{1}{2}\alpha \beta_0 F^{cd} S_{(0)adb} \psi + \tfrac{1}{2}\alpha \beta_0 F_b{}^d S_{(0)ad}{}^c \psi + \\
&+ \tfrac{1}{2}\alpha^2 \beta_0 (\partial_5 A_d) A_b S_{(0)a}{}^{cd} \psi + \tfrac{1}{2}\alpha^2 \beta_0 (\partial_5 A_b) A_d S_{(0)a}{}^{cd} \psi - \tfrac{1}{2}\alpha \beta_0 F_{bd} S_{(0)a}{}^{cd} \psi + \tfrac{1}{2}\alpha^2 \beta_0 (\partial_5 A_d) A^c S_{(0)a}{}^d{}_b \psi +
\end{aligned}
$$

$$
\begin{aligned}
&+ \tfrac{1}{2}\alpha^2 \beta_0 (\partial_5 A_d) A_b S_{(0)a}{}^{dc} \psi + \tfrac{1}{2}\alpha^2 \beta_0 (\partial_5 A_b) A_d S_{(0)a}{}^{dc} \psi - \tfrac{1}{2}\alpha \beta_0 F^{cd} S_{(0)bda} \psi + \alpha \beta_0{}^2 A_d S_{(0)a}{}^{ce} S_{(0)be}{}^d \psi + \alpha^2 \beta_0 (\partial_5 A_d) A_a S_{(0)b}{}^{cd} \psi + \\
&+ \alpha^2 \beta_0 (\partial_5 A_a) A_d S_{(0)b}{}^{cd} \psi - \tfrac{1}{2}\alpha \beta_0 U_{ad} S_{(0)b}{}^{cd} \psi - \tfrac{1}{2}\alpha \beta_0 F_{ad} S_{(0)b}{}^{cd} \psi + \tfrac{1}{2}\alpha^2 \beta_0 (\partial_5 A_d) A^c S_{(0)b}{}^d{}_a \psi - \\
&- \tfrac{1}{2}\alpha^2 \beta_0 (\partial_5 g_{ad}) A_e A^c S_{(0)b}{}^{de} \psi - \alpha \beta_0{}^2 A_d S_{(0)ae}{}^c S_{(0)b}{}^{ed} \psi + \tfrac{1}{2}\alpha \beta_0 F_b{}^d S_{(0)}{}^c{}_{da} \psi - \alpha \beta_0 A_d{}^{(4)}\{{}^e{}_{a\ b}\} S_{(0)}{}^c{}_e{}^d \psi - \\
&- \alpha \beta_0{}^2 A_d S_{(0)ab}{}^e S_{(0)}{}^c{}_e{}^d \psi + \tfrac{1}{2}\alpha^2 \beta_0 (\partial_5 A_d) A_b S_{(0)}{}^{cd}{}_a \psi + \tfrac{1}{2}\alpha^2 \beta_0 (\partial_5 A_b) A_d S_{(0)}{}^{cd}{}_a \psi + \tfrac{1}{2}\alpha^2 \beta_0 (\partial_5 g_{bd}) A_a A_e S_{(0)}{}^{cde} \psi - \\
&- \tfrac{1}{2}\alpha^2 \beta_0 (\partial_5 g_{ab}) A_d A_e S_{(0)}{}^{cde} \psi - \alpha \beta_0{}^2 A_d S_{(0)be}{}^d S_{(0)}{}^{ce}{}_a \psi + \alpha \beta_0{}^2 A_d S_{(0)aeb} S_{(0)}{}^{ced} \psi + \alpha \beta_0{}^2 A_d S_{(0)bea} S_{(0)}{}^{ced} \psi + \\
&+ \alpha \beta_1 (\partial_5 A_b) S_{(1)a}{}^c \psi + \beta_0 \beta_1 S_{(0)a}{}^{cd} S_{(1)bd} \psi + \alpha \beta_1 (\partial_5 A_a) S_{(1)b}{}^c \psi - \tfrac{1}{2}\alpha \beta_1 (\partial_5 g_{ad}) A^c S_{(1)b}{}^d \psi - \beta_0 \beta_1 S_{(0)ad}{}^c S_{(1)b}{}^d \psi - \\
&- \beta_0 \beta_1 S_{(0)}{}^c{}_{da} S_{(1)b}{}^d \psi - \beta_1{}^{(4)}\{{}^d{}_{a\ b}\} S_{(1)}{}^c{}_d \psi - \beta_0 \beta_1 S_{(0)ab}{}^d S_{(1)}{}^c{}_d \psi + \tfrac{1}{2}\alpha \beta_1 (\partial_5 g_{bd}) A_a S_{(1)}{}^{cd} \psi - \tfrac{1}{2}\alpha \beta_1 (\partial_5 g_{ab}) A_d S_{(1)}{}^{cd} \psi + \\
&+ \beta_0 \beta_1 S_{(0)adb} S_{(1)}{}^{cd} \psi + \beta_0 \beta_1 S_{(0)bda} S_{(1)}{}^{cd} \psi - \tfrac{1}{2}\alpha^3 \beta_2 (\partial_5 A_d) A^c A^d S_{(2)ab} \psi + \tfrac{1}{2}\alpha^2 \beta_2 A_d F^{cd} S_{(2)ab} \psi - \\
&- \alpha^2 \beta_0 \beta_2 A_d A_e S_{(0)}{}^{cde} S_{(2)ab} \psi - \alpha \beta_1 \beta_2 A_d S_{(1)}{}^{cd} S_{(2)ab} \psi - \tfrac{1}{2}\alpha^3 \beta_2 (\partial_5 A_d) A_b A^d S_{(2)a}{}^c \psi - \tfrac{1}{2}\alpha^3 \beta_2 (\partial_5 A_b) \eta S_{(2)a}{}^c \psi - \\
&- \tfrac{1}{2}\alpha^2 \beta_2 A_d F_b{}^d S_{(2)a}{}^c \psi + \alpha^2 \beta_0 \beta_2 A_d A_e S_{(0)b}{}^{de} S_{(2)a}{}^c \psi + \alpha \beta_1 \beta_2 A_d S_{(1)b}{}^d S_{(2)a}{}^c \psi - \tfrac{1}{2}\alpha^3 \beta_2 (\partial_5 A_d) A_b A^c S_{(2)a}{}^d \psi - \\
&- \tfrac{1}{2}\alpha^3 \beta_2 (\partial_5 A_b) A_d A^c S_{(2)a}{}^d \psi + \tfrac{1}{2}\alpha^2 \beta_2 A^c F_{bd} S_{(2)a}{}^d \psi - \alpha \beta_1 \beta_2 A^c S_{(1)bd} S_{(2)a}{}^d \psi - \alpha^2 \beta_0 \beta_2 A_d A^c S_{(0)be}{}^d S_{(2)a}{}^e \psi - \\
&- \tfrac{1}{2}\alpha^3 \beta_2 (\partial_5 A_d) A^c A^d S_{(2)ba} \psi + \tfrac{1}{2}\alpha^2 \beta_2 A_d F^{cd} S_{(2)ba} \psi - \alpha^2 \beta_0 \beta_2 A_d A_e S_{(0)}{}^{cde} S_{(2)ba} \psi - \alpha \beta_1 \beta_2 A_d S_{(1)}{}^{cd} S_{(2)ba} \psi - \\
&- \tfrac{3}{2}\alpha^3 \beta_2 (\partial_5 A_d) A_a A^c S_{(2)b}{}^d \psi - 2\alpha^3 \beta_2 (\partial_5 A_a) A_d A^c S_{(2)b}{}^d \psi + \tfrac{1}{2}\alpha^2 \beta_2 A^c U_{ad} S_{(2)b}{}^d \psi + \tfrac{1}{2}\alpha^2 \beta_2 A_d U_a{}^c S_{(2)b}{}^d \psi + \\
&+ \tfrac{1}{2}\alpha^2 \beta_2 A^c F_{ad} S_{(2)b}{}^d \psi - \tfrac{1}{2}\alpha^2 \beta_2 A_d F_a{}^c S_{(2)b}{}^d \psi + \tfrac{1}{2}\alpha^2 \beta_2 A_a F^c{}_d S_{(2)b}{}^d \psi + 2\alpha \beta_1 \beta_2 A_d S_{(1)a}{}^c S_{(2)b}{}^d \psi - \\
&- \alpha \beta_1 \beta_2 A_a S_{(1)}{}^c{}_d S_{(2)b}{}^d \psi - \alpha^3 \beta_2{}^2 A_d \eta S_{(2)a}{}^c S_{(2)b}{}^d \psi + \tfrac{1}{2}\alpha^3 \beta_2 (\partial_5 g_{ad}) A_e A^c A^d S_{(2)b}{}^e \psi + \alpha^2 \beta_0 \beta_2 A_d A_e S_{(0)a}{}^{cd} S_{(2)b}{}^e \psi + \\
&+ \alpha^2 \beta_0 \beta_2 A_d A_e S_{(0)a}{}^{dc} S_{(2)b}{}^e \psi - \alpha^2 \beta_0 \beta_2 A_a A_d S_{(0)}{}^c{}_e{}^d S_{(2)b}{}^e \psi + \alpha^2 \beta_0 \beta_2 A_d A_e S_{(0)}{}^c{}_a{}^d S_{(2)b}{}^e \psi - \\
&- \alpha^3 \beta_2{}^2 A_d A_e A^c S_{(2)a}{}^d S_{(2)b}{}^e \psi - \alpha^2 \beta_2 A_d A^c{}^{(4)}\{{}^e{}_{a\ b}\} S_{(2)e}{}^d \psi - \alpha^2 \beta_0 \beta_2 A_d A^c S_{(0)ab}{}^e S_{(2)e}{}^d \psi - \\
&- \alpha^2 \beta_0 \beta_2 A_b A_d S_{(0)a}{}^{ce} S_{(2)e}{}^d \psi + \alpha^3 \beta_2 A_b A_d A^c S_{(2)a}{}^e S_{(2)e}{}^d \psi - \alpha^3 \beta_2{}^2 A_a A_d A^c S_{(2)b}{}^e S_{(2)e}{}^d \psi - \\
&- \tfrac{1}{2}\alpha^3 \beta_2 (\partial_5 A_d) A_b A^d S_{(2)}{}^c{}_a \psi - \tfrac{1}{2}\alpha^3 \beta_2 (\partial_5 A_b) \eta S_{(2)}{}^c{}_a \psi - \tfrac{1}{2}\alpha^2 \beta_2 A_d F_b{}^d S_{(2)}{}^c{}_a \psi + \alpha^2 \beta_0 \beta_2 A_d A_e S_{(0)b}{}^{de} S_{(2)}{}^c{}_a \psi + \\
&+ \alpha \beta_1 \beta_2 A_d S_{(1)b}{}^d S_{(2)}{}^c{}_a \psi - \alpha^3 \beta_2{}^2 A_d \eta S_{(2)b}{}^d S_{(2)}{}^c{}_a \psi + \tfrac{1}{2}\alpha^3 \beta_2 (\partial_5 A_b) A_a A_d S_{(2)}{}^{cd} \psi + \tfrac{1}{2}\alpha^3 \beta_2 (\partial_5 A_a) A_b A_d S_{(2)}{}^{cd} \psi + \\
&+ \tfrac{1}{2}\alpha^3 \beta_2 (\partial_5 g_{ab}) A_d \eta S_{(2)}{}^{cd} \psi - \tfrac{1}{2}\alpha^2 \beta_2 A_d U_{ab} S_{(2)}{}^{cd} \psi + \tfrac{1}{2}\alpha^2 \beta_2 A_b U_{ad} S_{(2)}{}^{cd} \psi + \tfrac{1}{2}\alpha^2 \beta_2 A_d F_{ab} S_{(2)}{}^{cd} \psi - \\
&- \tfrac{1}{2}\alpha^2 \beta_2 A_a F_{bd} S_{(2)}{}^{cd} \psi - 2\alpha \beta_1 \beta_2 A_d S_{(1)ab} S_{(2)}{}^{cd} \psi + \alpha \beta_1 \beta_2 A_b S_{(1)ad} S_{(2)}{}^{cd} \psi + \alpha \beta_1 \beta_2 A_a S_{(1)bd} S_{(2)}{}^{cd} \psi + \\
&+ \alpha^3 \beta_2{}^2 A_d \eta S_{(2)ab} S_{(2)}{}^{cd} \psi + \alpha^3 \beta_2{}^2 A_d \eta S_{(2)ba} S_{(2)}{}^{cd} \psi - \tfrac{1}{2}\alpha^3 \beta_2 (\partial_5 g_{bd}) A_a A_e A^d S_{(2)}{}^{ce} \psi + \alpha^2 \beta_2 A_d A_e{}^{(4)}\{{}^d{}_{a\ b}\} S_{(2)}{}^{ce} \psi - \\
&- \alpha^2 \beta_0 \beta_2 A_d A_e S_{(0)ab}{}^d S_{(2)}{}^{ce} \psi + \alpha^2 \beta_0 \beta_2 A_b A_d S_{(0)ae}{}^d S_{(2)}{}^{ce} \psi - \alpha^2 \beta_0 \beta_2 A_d A_e S_{(0)a}{}^d{}_b S_{(2)}{}^{ce} \psi + \\
&+ \alpha^2 \beta_0 \beta_2 A_a A_d S_{(0)be}{}^d S_{(2)}{}^{ce} \psi - \alpha^2 \beta_0 \beta_2 A_d A_e S_{(0)b}{}^d{}_a S_{(2)}{}^{ce} \psi + \alpha^3 \beta_2{}^2 A_b A_d A_e S_{(2)a}{}^d S_{(2)}{}^{ce} \psi + \tfrac{1}{2}\alpha^3 \beta_2 (\partial_5 A_d) A_b A^c S_{(2)}{}^d{}_a \psi + \\
&+ \tfrac{1}{2}\alpha^3 \beta_2 (\partial_5 A_b) A_d A^c S_{(2)}{}^d{}_a \psi + \tfrac{1}{2}\alpha^2 \beta_2 A^c F_{bd} S_{(2)}{}^d{}_a \psi - \alpha \beta_1 \beta_2 A^c S_{(1)bd} S_{(2)}{}^d{}_a \psi + \tfrac{1}{2}\alpha^3 \beta_2 (\partial_5 A_d) A_a A^c S_{(2)}{}^d{}_b \psi - \\
&- \tfrac{1}{2}\alpha^2 \beta_2 A_a F^c{}_d S_{(2)}{}^d{}_b \psi + \alpha \beta_1 \beta_2 A_a S_{(1)}{}^c{}_d S_{(2)}{}^d{}_b \psi + \tfrac{1}{2}\alpha^3 \beta_2 (\partial_5 A_b) A_a A_d S_{(2)}{}^{dc} \psi + \tfrac{1}{2}\alpha^3 \beta_2 (\partial_5 A_a) A_b A_d S_{(2)}{}^{dc} \psi + \\
&+ \tfrac{1}{2}\alpha^2 \beta_2 A_b F_{ad} S_{(2)}{}^{dc} \psi + \tfrac{1}{2}\alpha^2 \beta_2 A_a F_{bd} S_{(2)}{}^{dc} \psi - \alpha \beta_1 \beta_2 A_b S_{(1)ad} S_{(2)}{}^{dc} \psi - \alpha \beta_1 \beta_2 A_a S_{(1)bd} S_{(2)}{}^{dc} \psi + \\
&+ \tfrac{1}{2}\alpha^3 \beta_2 (\partial_5 g_{bd}) A_a A_e A^c S_{(2)}{}^{de} \psi + \tfrac{1}{2}\alpha^3 \beta_2 (\partial_5 g_{ad}) A_b A_e A^c S_{(2)}{}^{de} \psi - \tfrac{1}{2}\alpha^3 \beta_2 (\partial_5 g_{ab}) A_d A_e A^c S_{(2)}{}^{de} \psi - \\
&- \alpha^3 \beta_2{}^2 A_d A_e A^c S_{(2)ab} S_{(2)}{}^{de} \psi - \alpha^3 \beta_2{}^2 A_b A_d A_e S_{(2)a}{}^c S_{(2)}{}^{de} \psi - \alpha^3 \beta_2{}^2 A_d A_e A^c S_{(2)ba} S_{(2)}{}^{de} \psi - \\
&- \alpha^3 \beta_2{}^2 A_b A_d A_e S_{(2)}{}^c{}_a S_{(2)}{}^{de} \psi - \alpha^2 \beta_0 \beta_2 A_d A^c S_{(0)be}{}^d S_{(2)}{}^e{}_a \psi + \alpha^3 \beta_2{}^2 A_d A_e A^c S_{(2)}{}^d{}_b S_{(2)}{}^e{}_a \psi + \\
&+ \alpha^2 \beta_0 \beta_2 A_a A_d S_{(0)}{}^c{}_e{}^d S_{(2)}{}^e{}_b \psi - \alpha^3 \beta_2{}^2 A_a A_d A_e S_{(2)}{}^{cd} S_{(2)}{}^e{}_b \psi - \alpha^2 \beta_0 \beta_2 A_b A_d S_{(0)ae}{}^d S_{(2)}{}^{ec} \psi - \\
&- \alpha^2 \beta_0 \beta_2 A_a A_d S_{(0)be}{}^d S_{(2)}{}^{ec} \psi + \alpha^3 \beta_2{}^2 A_b A_d A_e S_{(2)a}{}^d S_{(2)}{}^{ec} \psi + \alpha^3 \beta_2{}^2 A_a A_d A_e S_{(2)b}{}^d S_{(2)}{}^{ec} \psi + \\
&+ \alpha^2 \beta_0 \beta_2 A_d A^c S_{(0)aeb} S_{(2)}{}^{ed} \psi + \alpha^2 \beta_0 \beta_2 A_b A_d S_{(0)ae}{}^c S_{(2)}{}^{ed} \psi + \alpha^2 \beta_0 \beta_2 A_d A^c S_{(0)bea} S_{(2)}{}^{ed} \psi + \\
&+ \alpha^2 \beta_0 \beta_2 A_b A_d S_{(0)}{}^c{}_{ea} S_{(2)}{}^{ed} \psi + \alpha^3 \beta_2{}^2 A_b A_d A^c S_{(2)ea} S_{(2)}{}^{ed} \psi + \alpha^3 \beta_2{}^2 A_a A_d A^c S_{(2)eb} S_{(2)}{}^{ed} \psi - \alpha^2 \beta_3 (\partial_5 A_b) A^c S_{(3)a} \psi - \\
&- 2\alpha^2 \beta_2 \beta_3 A_d A^c S_{(2)b}{}^d S_{(3)a} \psi + \alpha^2 \beta_2 \beta_3 A_b A_d S_{(2)}{}^{cd} S_{(3)a} \psi + \alpha^2 \beta_2 \beta_3 A_b A_d S_{(2)}{}^{dc} S_{(3)a} \psi - 2\alpha^2 \beta_3 (\partial_5 A_a) A^c S_{(3)b} \psi + \\
&+ \tfrac{1}{2}\alpha^2 \beta_3 (\partial_5 g_{ad}) A^c A^d S_{(3)b} \psi + \tfrac{1}{2}\alpha \beta_3 U_a{}^c S_{(3)b} \psi - \tfrac{1}{2}\alpha \beta_3 F_a{}^c S_{(3)b} \psi + \alpha \beta_0 \beta_3 A_d S_{(0)a}{}^{cd} S_{(3)b} \psi + \alpha \beta_0 \beta_3 A_d S_{(0)a}{}^{dc} S_{(3)b} \psi +
\end{aligned}
$$

$+ \alpha\beta_0\beta_3 A_d S_{(0)}{}^{cd}{}_a S_{(3)b}\psi + 2\beta_1\beta_3 S_{(1)a}{}^c S_{(3)b}\psi - \alpha^2\beta_2\beta_3\eta S_{(2)a}{}^c S_{(3)b}\psi - \alpha^2\beta_2\beta_3 A_d A^c S_{(2)a}{}^d S_{(3)b}\psi - \alpha^2\beta_2\beta_3\eta S_{(2)}{}^c{}_a S_{(3)b}\psi -$
$-\alpha^2\beta_2\beta_3 A_a A_d S_{(2)}{}^{cd} S_{(3)b}\psi + \alpha^2\beta_2\beta_3 A_d A^c S_{(2)}{}^d{}_a S_{(3)b}\psi + \alpha^2\beta_2\beta_3 A_a A_d S_{(2)}{}^{dc} S_{(3)b}\psi - 2\alpha\beta_3{}^2 A^c S_{(3)a} S_{(3)b}\psi -$
$-\alpha\beta_3 A^c {}^{(4)}\{{}^d_{a\,b}\} S_{(3)d}\psi - \alpha\beta_0\beta_3 A^c S_{(0)ab}{}^d S_{(3)d}\psi - \alpha\beta_0\beta_3 A_b S_{(0)a}{}^{cd} S_{(3)d}\psi + \alpha^2\beta_2\beta_3 A_b A^c S_{(2)a}{}^d S_{(3)d}\psi -$
$-\alpha^2\beta_2\beta_3 A_a A^c S_{(2)b}{}^d S_{(3)d}\psi + \alpha^2\beta_3(\partial_5 A_b) A_a S_{(3)}{}^c\psi + \alpha^2\beta_3(\partial_5 A_a) A_b S_{(3)}{}^c\psi - \tfrac{1}{2}\alpha^2\beta_3(\partial_5 g_{bd}) A_a A^d S_{(3)}{}^c\psi +$
$+\tfrac{1}{2}\alpha^2\beta_3(\partial_5 g_{ab})\eta S_{(3)}{}^c\psi + \alpha\beta_3 A_d {}^{(4)}\{{}^d_{a\,b}\} S_{(3)}{}^c\psi - \tfrac{1}{2}\alpha\beta_3 U_{ab} S_{(3)}{}^c\psi + \tfrac{1}{2}\alpha\beta_3 F_{ab} S_{(3)}{}^c\psi - \alpha\beta_0\beta_3 A_d S_{(0)ab}{}^d S_{(3)}{}^c\psi -$
$-\alpha\beta_0\beta_3 A_d S_{(0)a}{}^d{}_b S_{(3)}{}^c\psi - \alpha\beta_0\beta_3 A_d S_{(0)b}{}^d{}_a S_{(3)}{}^c\psi - 2\beta_1\beta_3 S_{(1)ab} S_{(3)}{}^c\psi + \alpha^2\beta_2\beta_3\eta S_{(2)ab} S_{(3)}{}^c\psi +$
$+ 2\alpha^2\beta_2\beta_3 A_b A_d S_{(2)a}{}^d S_{(3)}{}^c\psi + \alpha^2\beta_2\beta_3\eta S_{(2)ba} S_{(3)}{}^c\psi + \alpha^2\beta_2\beta_3 A_a A_d S_{(2)b}{}^d S_{(3)}{}^c\psi - \alpha^2\beta_2\beta_3 A_a A_d S_{(2)}{}^d{}_b S_{(3)}{}^c\psi +$
$+ 2\alpha\beta_3{}^2 A_b S_{(3)a} S_{(3)}{}^c\psi + \tfrac{1}{2}\alpha^2\beta_3(\partial_5 g_{bd}) A_a A^c S_{(3)}{}^d\psi + \tfrac{1}{2}\alpha^2\beta_3(\partial_5 g_{ad}) A_b A^c S_{(3)}{}^d\psi - \tfrac{1}{2}\alpha^2\beta_3(\partial_5 g_{ab}) A_d A^c S_{(3)}{}^d\psi +$
$+ \alpha\beta_0\beta_3 A^c S_{(0)adb} S_{(3)}{}^d\psi + \alpha\beta_0\beta_3 A_b S_{(0)ad}{}^c S_{(3)}{}^d\psi + \alpha\beta_0\beta_3 A^c S_{(0)bda} S_{(3)}{}^d\psi + \alpha\beta_0\beta_3 A_b S_{(0)}{}^c{}_{da} S_{(3)}{}^d\psi -$
$- \alpha^2\beta_2\beta_3 A_d A^c S_{(2)ab} S_{(3)}{}^d\psi - \alpha^2\beta_2\beta_3 A_b A_d S_{(2)a}{}^c S_{(3)}{}^d\psi - \alpha^2\beta_2\beta_3 A_d A^c S_{(2)ba} S_{(3)}{}^d\psi + \alpha^2\beta_2\beta_3 A_b A^c S_{(2)da} S_{(3)}{}^d\psi +$
$+ \alpha^2\beta_2\beta_3 A_a A^c S_{(2)db} S_{(3)}{}^d\psi - \alpha^2\beta_2\beta_3 A_b A_d S_{(2)}{}^c{}_a S_{(3)}{}^d\psi + \tfrac{1}{2}\alpha(\partial_a F_{bd}) g^{cd}\psi - \beta_1(\partial_a S_{(1)bd}) g^{cd}\psi - \tfrac{1}{2}\alpha^2(\partial_5 F_{bd}) A_a g^{cd}\psi +$
$+ \alpha\beta_1(\partial_5 S_{(1)bd}) A_a g^{cd}\psi + \alpha\beta_3(\partial_a S_{(3)d}) A_b g^{cd}\psi + \tfrac{1}{4}\alpha^2(\partial_5 U_{ad}) A_b g^{cd}\psi - \tfrac{1}{4}\alpha^2(\partial_5 F_{ad}) A_b g^{cd}\psi + \alpha\beta_1(\partial_5 S_{(1)ad}) A_b g^{cd}\psi -$
$- \alpha\beta_0(\partial_a S_{(0)bd}{}^e) A_e g^{cd}\psi + \alpha^2\beta_0(\partial_5 S_{(0)bd}{}^e) A_a A_e g^{cd}\psi + \alpha^2\beta_2(\partial_a S_{(2)d}{}^e) A_b A_e g^{cd}\psi + \alpha^2\beta_0(\partial_5 S_{(0)ad}{}^e) A_b A_e g^{cd}\psi -$
$- \tfrac{1}{4}\alpha^3(\partial_5 A_d)(\partial_5 g_{be}) A_a A^e g^{cd}\psi + \tfrac{1}{4}\alpha^3(\partial_5 A_d)(\partial_5 g_{ab})\eta g^{cd}\psi - \tfrac{1}{4}\alpha^3(\partial_5 A_b)(\partial_5 g_{ad})\eta g^{cd}\psi + \tfrac{1}{2}\alpha^2(\partial_5 A_d) A_e {}^{(4)}\{{}^e_{a\,b}\} g^{cd}\psi -$
$- \tfrac{1}{4}\alpha^2(\partial_5 A_d) U_{ab} g^{cd}\psi + \tfrac{1}{4}\alpha^2(\partial_5 A_d) F_{ab} g^{cd}\psi - \tfrac{1}{4}\alpha^2(\partial_5 g_{ad}) A_e F_b{}^e g^{cd}\psi - \tfrac{1}{2}\alpha^2\beta_0(\partial_5 A_d) A_e S_{(0)ab}{}^e g^{cd}\psi -$
$- \tfrac{1}{2}\alpha^2\beta_0(\partial_5 A_d) A_e S_{(0)a}{}^e{}_b g^{cd}\psi - \tfrac{1}{2}\alpha^2\beta_0(\partial_5 A_d) A_e S_{(0)b}{}^e{}_a g^{cd}\psi + \tfrac{1}{2}\alpha^2\beta_0(\partial_5 g_{ad}) A_e A_f S_{(0)b}{}^{ef} g^{cd}\psi - \alpha\beta_1(\partial_5 A_d) S_{(1)ab} g^{cd}\psi +$
$+ \tfrac{1}{2}\alpha\beta_1(\partial_5 g_{ad}) A_e S_{(1)b}{}^e g^{cd}\psi + \tfrac{1}{2}\alpha^3\beta_2(\partial_5 A_d)\eta S_{(2)ab} g^{cd}\psi + \tfrac{1}{2}\alpha^3\beta_2(\partial_5 A_d)\eta S_{(2)ba} g^{cd}\psi - \tfrac{1}{2}\alpha^3\beta_2(\partial_5 A_d) A_a A_e S_{(2)b}{}^e g^{cd}\psi -$
$- \tfrac{1}{2}\alpha^3\beta_2(\partial_5 g_{ad}) A_e\eta S_{(2)b}{}^e g^{cd}\psi - \tfrac{1}{2}\alpha^3\beta_2(\partial_5 A_d) A_a A_e S_{(2)}{}^e{}_b g^{cd}\psi - \tfrac{1}{2}\alpha^3\beta_2(\partial_5 g_{ad}) A_b A_e A_f S_{(2)}{}^{ef} g^{cd}\psi -$
$- \alpha^2\beta_3(\partial_5 A_d) A_a S_{(3)b} g^{cd}\psi - \tfrac{1}{2}\alpha^2\beta_3(\partial_5 g_{ad})\eta S_{(3)b} g^{cd}\psi - \tfrac{1}{2}\alpha^2\beta_3(\partial_5 g_{ad}) A_b A_e S_{(3)}{}^e g^{cd}\psi + \tfrac{1}{4}\alpha^3(\partial_5 A_b)(\partial_5 g_{de}) A_a A^d g^{ce}\psi -$
$- \tfrac{1}{4}\alpha^3(\partial_5 A_d)(\partial_5 g_{ae}) A_b A^d g^{ce}\psi + \tfrac{1}{4}\alpha^3(\partial_5 A_a)(\partial_5 g_{de}) A_b A^d g^{ce}\psi - \tfrac{1}{2}\alpha^2(\partial_5 A_d) A_b {}^{(4)}\{{}^d_{a\,e}\} g^{ce}\psi - \tfrac{1}{2}\alpha^2(\partial_5 A_b) A_d {}^{(4)}\{{}^d_{a\,e}\} g^{ce}\psi +$
$+ \tfrac{1}{4}\alpha^2(\partial_5 g_{de}) A_b F_a{}^d g^{ce}\psi - \tfrac{1}{2}\alpha {}^{(4)}\{{}^d_{a\,e}\} F_{bd} g^{ce}\psi + \tfrac{1}{4}\alpha^2(\partial_5 g_{de}) A_a F_b{}^d g^{ce}\psi - \tfrac{1}{2}\alpha^2\beta_0(\partial_5 g_{de}) A_b A_f S_{(0)a}{}^{df} g^{ce}\psi -$
$- \tfrac{1}{2}\alpha^2\beta_0(\partial_5 g_{de}) A_a A_f S_{(0)b}{}^{df} g^{ce}\psi - \tfrac{1}{2}\alpha\beta_1(\partial_5 g_{de}) A_b S_{(1)a}{}^d g^{ce}\psi + \beta_1 {}^{(4)}\{{}^d_{a\,e}\} S_{(1)bd} g^{ce}\psi -$
$- \tfrac{1}{2}\alpha\beta_1(\partial_5 g_{de}) A_a S_{(1)b}{}^d g^{ce}\psi + \tfrac{1}{2}\alpha^3\beta_2(\partial_5 g_{de}) A_b A_f A^d S_{(2)a}{}^f g^{ce}\psi + \tfrac{1}{2}\alpha^3\beta_2(\partial_5 g_{de}) A_a A_f A^d S_{(2)b}{}^f g^{ce}\psi +$
$+ \tfrac{1}{2}\alpha^2\beta_3(\partial_5 g_{de}) A_b A^d S_{(3)a} g^{ce}\psi + \tfrac{1}{2}\alpha^2\beta_3(\partial_5 g_{de}) A_a A^d S_{(3)b} g^{ce}\psi - \alpha\beta_3 A_d {}^{(4)}\{{}^d_{a\,e}\} S_{(3)b} g^{ce}\psi - \alpha\beta_3 A_b {}^{(4)}\{{}^d_{a\,e}\} S_{(3)d} g^{ce}\psi +$
$+ \alpha\beta_0 A_d {}^{(4)}\{{}^e_{a\,f}\} S_{(0)be}{}^d g^{cf}\psi - \alpha^2\beta_2 A_d A_e {}^{(4)}\{{}^d_{a\,f}\} S_{(2)b}{}^e g^{cf}\psi - \alpha^2\beta_2 A_b A_d {}^{(4)}\{{}^e_{a\,f}\} S_{(2)e}{}^d g^{cf}\psi +$
$+ \tfrac{1}{4}\alpha^3(\partial_5 A_d)(\partial_5 g_{be}) A_a A^c g^{de}\psi + \tfrac{1}{4}\alpha^3(\partial_5 A_d)(\partial_5 g_{ae}) A_b A^c g^{de}\psi,$

$$R_{a5b}{}^5 = \qquad\qquad (72)$$

$= \partial_a \Gamma_{5\,b}^{5} - \partial_5 \Gamma_{a\,b}^{5} + \Gamma_{a\,c}^{5}\Gamma_{5\,b}^{c} + \Gamma_{a\,5}^{5}\Gamma_{5\,b}^{5} - \Gamma_{5\,c}^{5}\Gamma_{a\,b}^{c} - \Gamma_{5\,5}^{5}\Gamma_{a\,b}^{5}$

$= -2\beta_3\partial_a S_{(3)b} + \alpha^2(\partial_5 A_a)\partial_5 A_b - \tfrac{1}{2}\alpha\partial_5 U_{ab} - \beta_1\partial_5 S_{(1)ab} - \tfrac{1}{4}(\partial_a\psi)(\partial_b\psi)\psi^{-2} - \tfrac{1}{4}(\partial_5 g_{ab})(\partial_5\psi)\psi^{-2} +$
$+ \tfrac{1}{4}\alpha(\partial_b\psi)(\partial_5\psi) A_a\psi^{-2} + \tfrac{1}{4}\alpha(\partial_a\psi)(\partial_5\psi) A_b\psi^{-2} - \tfrac{1}{4}\alpha^2(\partial_5\psi)(\partial_5\psi) A_a A_b\psi^{-2} - \tfrac{1}{2}\beta_2(\partial_5\psi) S_{(2)ab}\psi^{-2} - \tfrac{1}{2}\beta_2(\partial_5\psi) S_{(2)ba}\psi^{-2} +$
$+ \tfrac{1}{2}(\partial_a\partial_b\psi)\psi^{-1} + \tfrac{1}{2}(\partial_5\partial_5 g_{ab})\psi^{-1} - \tfrac{1}{2}\alpha(\partial_b\psi)(\partial_5 A_a)\psi^{-1} - \tfrac{1}{2}\alpha(\partial_a\psi)(\partial_5 A_b)\psi^{-1} - \tfrac{1}{2}\alpha(\partial_5\partial_b\psi) A_a\psi^{-1} +$
$+ \tfrac{3}{4}\alpha^2(\partial_5 A_b)(\partial_5\psi) A_a\psi^{-1} - \tfrac{1}{2}\alpha(\partial_5\partial_a\psi) A_b\psi^{-1} + \tfrac{3}{4}\alpha^2(\partial_5 A_a)(\partial_5\psi) A_b\psi^{-1} + \tfrac{1}{2}\alpha^2(\partial_5\partial_5\psi) A_a A_b\psi^{-1} -$
$- \tfrac{1}{4}\alpha(\partial_b\psi)(\partial_5 g_{ac}) A^c\psi^{-1} - \tfrac{1}{4}\alpha^2(\partial_5 g_{bc})(\partial_5\psi) A_a A^c\psi^{-1} - \tfrac{1}{4}\alpha^2(\partial_a\psi)(\partial_c\psi) A_b A^c\psi^{-1} - \tfrac{1}{4}\alpha^2(\partial_5 g_{ac})(\partial_5\psi) A_b A^c\psi^{-1} +$
$+ \tfrac{1}{4}\alpha^3(\partial_c\psi)(\partial_5\psi) A_a A_b A^c\psi^{-1} + \tfrac{1}{4}\alpha^3(\partial_a\psi)(\partial_5\psi) A_b\eta\psi^{-1} - \tfrac{1}{4}\alpha^4(\partial_5\psi)(\partial_5\psi) A_a A_b\eta\psi^{-1} - \tfrac{1}{2}(\partial_c\psi){}^{(4)}\{{}^c_{a\,b}\}\psi^{-1} +$
$+ \tfrac{1}{2}\alpha(\partial_5\psi) A_c {}^{(4)}\{{}^c_{a\,b}\}\psi^{-1} - \tfrac{1}{4}\alpha(\partial_5\psi) U_{ab}\psi^{-1} - \tfrac{1}{2}\beta_0(\partial_c\psi) S_{(0)ab}{}^c\psi^{-1} + \tfrac{1}{2}\beta_0(\partial_c\psi) S_{(0)a}{}^c{}_b\psi^{-1} - \tfrac{1}{2}\alpha\beta_0(\partial_5\psi) A_c S_{(0)a}{}^c{}_b\psi^{-1} +$
$+ \tfrac{1}{2}\beta_0(\partial_c\psi) S_{(0)b}{}^c{}_a\psi^{-1} - \tfrac{1}{2}\alpha\beta_0(\partial_5\psi) A_c S_{(0)b}{}^c{}_a\psi^{-1} - \tfrac{1}{2}\beta_1(\partial_5\psi) S_{(1)ab}\psi^{-1} + \tfrac{1}{2}\alpha\beta_2(\partial_5 g_{bc}) S_{(2)a}{}^c\psi^{-1} + \tfrac{1}{2}\alpha\beta_2(\partial_c\psi) A_b S_{(2)a}{}^c\psi^{-1} -$
$- \tfrac{1}{2}\alpha\beta_2(\partial_b\psi) A_c S_{(2)a}{}^c\psi^{-1} + \tfrac{3}{2}\beta_2(\partial_5 g_{ac}) S_{(2)b}{}^c\psi^{-1} - \tfrac{1}{2}\alpha\beta_2(\partial_c\psi) A_a S_{(2)b}{}^c\psi^{-1} - \alpha\beta_2(\partial_a\psi) A_c S_{(2)b}{}^c\psi^{-1} +$

$$+ \alpha^2 \beta_2 (\partial_5 \psi) A_a A_c S_{(2)b}{}^c \psi^{-1} + \beta_2{}^2 S_{(2)ac} S_{(2)b}{}^c \psi^{-1} + \beta_2{}^2 S_{(2)b}{}^c S_{(2)ca} \psi^{-1} - \beta_2{}^2 S_{(2)a}{}^c S_{(2)cb} \psi^{-1} -$$

$$- \tfrac{1}{2} \beta_2 (\partial_5 g_{bc}) S_{(2)}{}^c{}_a \psi^{-1} + \tfrac{1}{2} \alpha \beta_2 (\partial_c \psi) A_b S_{(2)}{}^c{}_a \psi^{-1} - \tfrac{1}{2} \alpha \beta_2 (\partial_b \psi) A_c S_{(2)}{}^c{}_a \psi^{-1} - \tfrac{1}{2} \alpha^2 \beta_2 (\partial_5 \psi) A_b A_c S_{(2)}{}^c{}_a \psi^{-1} -$$

$$- \tfrac{1}{2} \beta_2 (\partial_5 g_{ac}) S_{(2)}{}^c{}_b \psi^{-1} + \tfrac{1}{2} \alpha \beta_2 (\partial_c \psi) A_a S_{(2)}{}^c{}_b \psi^{-1} - \tfrac{1}{2} \alpha^2 \beta_2 (\partial_5 \psi) A_a A_c S_{(2)}{}^c{}_b \psi^{-1} - \beta_2{}^2 S_{(2)ca} S_{(2)}{}^c{}_b \psi^{-1} +$$

$$+ \tfrac{1}{2} \alpha \beta_3 (\partial_5 \psi) A_b S_{(3)a} \psi^{-1} - \beta_3 (\partial_a \psi) S_{(3)b} \psi^{-1} + \tfrac{1}{2} \alpha \beta_3 (\partial_5 \psi) A_a S_{(3)b} \psi^{-1} + \beta_2 (\partial_5 S_{(2)b}{}^c) g_{ac} \psi^{-1} + \beta_2 (\partial_5 S_{(2)a}{}^c) g_{bc} \psi^{-1} -$$

$$- \tfrac{1}{4} (\partial_5 g_{ac}) (\partial_5 g_{bd}) g^{cd} \psi^{-1} + \tfrac{1}{4} \alpha (\partial_c \psi) (\partial_5 g_{bd}) A_a g^{cd} \psi^{-1} + \tfrac{1}{4} \alpha (\partial_c \psi) (\partial_5 g_{ad}) A_b g^{cd} \psi^{-1} + \tfrac{1}{4} \alpha^6 (\partial_5 A_c) (\partial_5 A_d) A_a A_b A^c A^d \psi^2 +$$

$$+ \tfrac{1}{4} \alpha^5 (\partial_5 A_c) A_b \eta F_a{}^c \psi^2 - \tfrac{1}{4} \alpha^5 (\partial_5 A_c) A_b A_d A^c F_a{}^d \psi^2 - \tfrac{1}{4} \alpha^5 (\partial_5 A_c) A_a A_b A_d F^{cd} \psi^2 - \tfrac{1}{4} \alpha^4 A_b A_c F_{ad} F^{cd} \psi^2 +$$

$$+ \tfrac{1}{2} \alpha^4 \beta_0 A_b A_c A_d F^{de} S_{(0)ae}{}^c \psi^2 - \tfrac{1}{2} \alpha^5 \beta_0 (\partial_5 A_c) A_b A_d \eta S_{(0)a}{}^{cd} \psi^2 + \tfrac{1}{2} \alpha^5 \beta_0 (\partial_5 A_c) A_b A_d A_e A^c S_{(0)a}{}^{de} \psi^2 +$$

$$+ \tfrac{1}{2} \alpha^4 \beta_0 A_b A_c A_d F_a{}^e S_{(0)e}{}^{cd} \psi^2 + \tfrac{1}{2} \alpha^5 \beta_0 (\partial_5 A_c) A_a A_b A_d A_e S_{(0)}{}^{cde} \psi^2 - \alpha^4 \beta_0{}^2 A_b A_c A_d A_e S_{(0)af}{}^c S_{(0)}{}^{dfe} \psi^2 -$$

$$- \tfrac{1}{2} \alpha^4 \beta_1 (\partial_5 A_c) A_b \eta S_{(1)a}{}^c \psi^2 + \tfrac{1}{2} \alpha^4 \beta_1 (\partial_5 A_c) A_b A_d A^c S_{(1)a}{}^d \psi^2 + \tfrac{1}{2} \alpha^3 \beta_1 A_b A_c F^c{}_d S_{(1)a}{}^d \psi^2 -$$

$$- \alpha^3 \beta_0 \beta_1 A_b A_c A_d S_{(0)}{}^c{}_e{}^d S_{(1)a}{}^e \psi^2 + \tfrac{1}{2} \alpha^4 \beta_1 (\partial_5 A_c) A_a A_b A_d S_{(1)}{}^{cd} \psi^2 + \tfrac{1}{2} \alpha^3 \beta_1 A_b A_c F_{ad} S_{(1)}{}^{cd} \psi^2 -$$

$$- \alpha^2 \beta_1{}^2 A_b A_c S_{(1)ad} S_{(1)}{}^{cd} \psi^2 - \alpha^3 \beta_0 \beta_1 A_b A_c A_d S_{(0)ae}{}^c S_{(1)}{}^{de} \psi^2 - \alpha^6 \beta_2 (\partial_5 A_c) A_a A_b A_d \eta S_{(2)}{}^{cd} \psi^2 +$$

$$+ \tfrac{1}{2} \alpha^5 \beta_2 A_b A_c \eta F_{ad} S_{(2)}{}^{dc} \psi^2 - \alpha^4 \beta_1 \beta_2 A_b A_c \eta S_{(1)ad} S_{(2)}{}^{dc} \psi^2 + \alpha^6 \beta_2 (\partial_5 A_c) A_a A_b A_d A_e A^c S_{(2)}{}^{de} \psi^2 -$$

$$- \tfrac{1}{2} \alpha^5 \beta_2 A_b A_c A_d A_e F_a{}^c S_{(2)}{}^{de} \psi^2 + \alpha^4 \beta_1 \beta_2 A_b A_c A_d A_e S_{(1)a}{}^c S_{(2)}{}^{de} \psi^2 + \tfrac{1}{2} \alpha^5 \beta_2 A_a A_b A_c A_d F^c{}_e S_{(2)}{}^{ed} \psi^2 -$$

$$- \alpha^5 \beta_0 \beta_2 A_b A_c A_d \eta S_{(0)ae}{}^c S_{(2)}{}^{ed} \psi^2 - \alpha^4 \beta_1 \beta_2 A_a A_b A_c A_d S_{(1)}{}^c{}_e S_{(2)}{}^{ed} \psi^2 - \alpha^6 \beta_2{}^2 A_a A_b A_c A_d \eta S_{(2)e}{}^c S_{(2)}{}^{ed} \psi^2 +$$

$$+ \alpha^5 \beta_0 \beta_2 A_b A_c A_d A_e A_f S_{(0)a}{}^{cd} S_{(2)}{}^{ef} \psi^2 + \alpha^6 \beta_2{}^2 A_a A_b A_c A_d A_e A_f S_{(2)}{}^{cd} S_{(2)}{}^{ef} \psi^2 -$$

$$- \alpha^5 \beta_0 \beta_2 A_a A_b A_c A_d A_e S_{(0)f}{}^{cd} S_{(2)}{}^{fe} \psi^2 - \alpha^5 \beta_3 (\partial_5 A_c) A_a A_b \eta S_{(3)}{}^c \psi^2 + \tfrac{1}{2} \alpha^4 \beta_3 A_b \eta F_{ac} S_{(3)}{}^c \psi^2 - \alpha^3 \beta_1 \beta_3 A_b \eta S_{(1)ac} S_{(3)}{}^c \psi^2 -$$

$$- \alpha^4 \beta_3{}^2 A_a A_b \eta S_{(3)c} S_{(3)}{}^c \psi^2 + \alpha^5 \beta_3 (\partial_5 A_c) A_a A_b A_d A^c S_{(3)}{}^d \psi^2 - \tfrac{1}{2} \alpha^4 \beta_3 A_b A_c A_d F_a{}^c S_{(3)}{}^d \psi^2 + \tfrac{1}{2} \alpha^4 \beta_3 A_a A_b A_c F^c{}_d S_{(3)}{}^d \psi^2 -$$

$$- \alpha^4 \beta_0 \beta_3 A_b A_c \eta S_{(0)ad}{}^c S_{(3)}{}^d \psi^2 + \alpha^3 \beta_1 \beta_3 A_b A_c A_d S_{(1)a}{}^c S_{(3)}{}^d \psi^2 - \alpha^3 \beta_1 \beta_3 A_a A_b A_c S_{(1)}{}^c{}_d S_{(3)}{}^d \psi^2 -$$

$$- 2 \alpha^5 \beta_2 \beta_3 A_a A_b A_c \eta S_{(2)d}{}^c S_{(3)}{}^d \psi^2 + \alpha^4 \beta_3{}^2 A_a A_b A_c A_d S_{(3)}{}^c S_{(3)}{}^d \psi^2 + \alpha^4 \beta_0 \beta_3 A_b A_c A_d A_e S_{(0)a}{}^{cd} S_{(3)}{}^e \psi^2 -$$

$$- \alpha^4 \beta_0 \beta_3 A_a A_b A_c A_d S_{(0)}{}^c{}_e{}^d S_{(3)}{}^e \psi^2 + 2 \alpha^5 \beta_2 \beta_3 A_a A_b A_c A_d A_e S_{(2)}{}^{cd} S_{(3)}{}^e \psi^2 - \tfrac{1}{4} \alpha^6 (\partial_5 A_c) (\partial_5 A_d) A_a A_b \eta g^{cd} \psi^2 +$$

$$+ \tfrac{1}{2} \alpha^2 (\partial_5 \partial_5 A_b) A_a + \alpha \beta_3 (\partial_5 S_{(3)b}) A_a + \tfrac{1}{2} \alpha^2 (\partial_5 \partial_5 A_a) A_b + \alpha \beta_3 (\partial_5 S_{(3)a}) A_b - \alpha \beta_2 (\partial_a S_{(2)b}{}^c) A_c + \tfrac{1}{2} \alpha (\partial_5 {}^{(4)}\{{}^c_{ab}\}) A_c +$$

$$+ \alpha^2 \beta_2 (\partial_5 S_{(2)b}{}^c) A_a A_c + \alpha^2 \beta_2 (\partial_5 S_{(2)a}{}^c) A_b A_c + \tfrac{1}{2} \alpha^2 (\partial_5 A_c) (\partial_5 g_{ab}) A^c - \tfrac{1}{4} \alpha^2 (\partial_5 A_b) (\partial_5 g_{ac}) A^c - \tfrac{1}{4} \alpha^2 (\partial_5 A_a) (\partial_5 g_{bc}) A^c -$$

$$- \tfrac{1}{4} \alpha^3 (\partial_c \psi) (\partial_5 A_b) A_a A^c + \tfrac{1}{4} \alpha^3 (\partial_b \psi) (\partial_5 A_c) A_a A^c + \tfrac{1}{2} \alpha^2 (\partial_a \partial_c \psi) A_b A^c - \tfrac{1}{4} \alpha^3 (\partial_c \psi) (\partial_5 A_a) A_b A^c - \tfrac{1}{2} \alpha^3 (\partial_5 \partial_c \psi) A_a A_b A^c +$$

$$+ \tfrac{1}{4} \alpha^2 (\partial_5 g_{ac}) (\partial_5 g_{bd}) A^c A^d - \tfrac{1}{4} \alpha^2 (\partial_5 g_{ab}) (\partial_5 g_{cd}) A^c A^d - \tfrac{1}{4} \alpha^3 (\partial_c \psi) (\partial_5 g_{ad}) A_b A^c A^d - \tfrac{1}{4} \alpha^4 (\partial_5 g_{cd}) (\partial_5 \psi) A_a A_b A^c A^d +$$

$$+ \tfrac{1}{2} \alpha^2 (\partial_5 \partial_5 g_{ab}) \eta - \tfrac{1}{4} \alpha^3 (\partial_b \psi) (\partial_5 A_a) \eta - \tfrac{1}{2} \alpha^3 (\partial_a \psi) (\partial_5 A_b) \eta + \tfrac{3}{4} \alpha^4 (\partial_5 A_b) (\partial_5 \psi) A_a \eta - \tfrac{1}{2} \alpha^3 (\partial_5 \partial_a \psi) A_b \eta +$$

$$+ \tfrac{3}{4} \alpha^4 (\partial_5 A_a) (\partial_5 \psi) A_b \eta + \tfrac{1}{2} \alpha^4 (\partial_5 \partial_5 \psi) A_a A_b \eta + \alpha (\partial_5 A_c) {}^{(4)}\{{}^c_{ab}\} - \tfrac{1}{2} \alpha^2 (\partial_c \psi) A_b A^d {}^{(4)}\{{}^c_{ad}\} + \tfrac{1}{2} \alpha^3 (\partial_5 \psi) A_b A_c A^d {}^{(4)}\{{}^c_{ad}\} -$$

$$- \tfrac{1}{4} \alpha^3 (\partial_5 \psi) A_b A_c U_a{}^c + \tfrac{1}{4} \alpha^2 (\partial_c \psi) A^c F_{ab} - \tfrac{1}{4} \alpha^3 (\partial_5 \psi) \eta F_{ab} - \tfrac{1}{4} \alpha (\partial_5 g_{bc}) F_a{}^c - \tfrac{1}{4} \alpha^2 (\partial_b \psi) A_c F_a{}^c + \tfrac{1}{4} \alpha^3 (\partial_5 \psi) A_b A_c F_a{}^c -$$

$$- \tfrac{1}{4} \alpha (\partial_5 g_{ac}) F_b{}^c - \tfrac{1}{2} \alpha^2 (\partial_a \psi) A_c F_b{}^c + \tfrac{1}{2} \alpha^3 (\partial_5 \psi) A_a A_c F_b{}^c + \tfrac{1}{2} \alpha^3 \beta_0 (\partial_5 \psi) A_c \eta S_{(0)ab}{}^c + \tfrac{1}{2} \alpha \beta_0 (\partial_5 g_{cd}) A^c S_{(0)ab}{}^d -$$

$$- \tfrac{1}{2} \alpha^2 \beta_0 (\partial_c \psi) A_d A^c S_{(0)ab}{}^d - \alpha \beta_0 (\partial_5 A_c) S_{(0)a}{}^c{}_b + \tfrac{1}{2} \alpha^2 \beta_0 (\partial_c \psi) A_b A_d S_{(0)a}{}^{cd} + \tfrac{1}{2} \alpha^2 \beta_0 (\partial_b \psi) A_c A_d S_{(0)a}{}^{cd} -$$

$$- \alpha^3 \beta_0 (\partial_5 \psi) A_b A_c A_d S_{(0)a}{}^{cd} + \tfrac{1}{2} \alpha \beta_0 (\partial_5 g_{cd}) A^c S_{(0)a}{}^d{}_b - \tfrac{1}{2} \alpha \beta_0 (\partial_5 g_{bc}) A_d S_{(0)a}{}^{dc} - \tfrac{1}{2} \alpha^2 \beta_0 (\partial_c \psi) A_b A_d S_{(0)a}{}^{dc} - \alpha \beta_0 (\partial_5 A_c) S_{(0)b}{}^c{}_a +$$

$$+ \tfrac{1}{2} \alpha \beta_0 (\partial_5 g_{ac}) A_d S_{(0)b}{}^{cd} + \alpha^2 \beta_0 (\partial_a \psi) A_c A_d S_{(0)b}{}^{cd} - \alpha^3 \beta_0 (\partial_5 \psi) A_a A_c A_d S_{(0)b}{}^{cd} + \tfrac{1}{2} \alpha \beta_0 (\partial_5 g_{cd}) A^c S_{(0)b}{}^d{}_a -$$

$$- \alpha \beta_0 (\partial_5 g_{ac}) A_d S_{(0)b}{}^{dc} + \tfrac{1}{2} \alpha \beta_0 (\partial_5 g_{bc}) A_d S_{(0)}{}^{cd}{}_a - \tfrac{1}{2} \alpha^2 \beta_0 (\partial_c \psi) A_b A_d S_{(0)}{}^{cd}{}_a - \tfrac{1}{2} \alpha \beta_1 (\partial_c \psi) A^c S_{(1)ab} + \tfrac{1}{2} \alpha^2 \beta_1 (\partial_5 \psi) \eta S_{(1)ab} +$$

$$+ \tfrac{1}{2} \beta_1 (\partial_5 g_{bc}) S_{(1)a}{}^c + \tfrac{1}{2} \alpha \beta_1 (\partial_b \psi) A_c S_{(1)a}{}^c - \alpha^2 \beta_1 (\partial_5 \psi) A_b A_c S_{(1)a}{}^c + \tfrac{1}{2} \beta_1 (\partial_5 g_{ac}) S_{(1)b}{}^c + \alpha \beta_1 (\partial_a \psi) A_c S_{(1)b}{}^c -$$

$$- \alpha^2 \beta_1 (\partial_5 \psi) A_a A_c S_{(1)b}{}^c + \alpha^2 \beta_2 (\partial_5 A_c) A^c S_{(2)ab} - \tfrac{1}{2} \alpha^2 \beta_2 (\partial_5 g_{cd}) A^c A^d S_{(2)ab} + \tfrac{1}{2} \alpha^2 \beta_2 (\partial_5 A_c) A_b S_{(2)a}{}^c +$$

$$+ \tfrac{1}{2} \alpha^2 \beta_2 (\partial_5 A_b) A_c S_{(2)a}{}^c + \tfrac{1}{2} \alpha \beta_2 (\partial_5 g_{bc}) \eta S_{(2)a}{}^c + \tfrac{1}{2} \alpha^3 \beta_2 (\partial_c \psi) A_b \eta S_{(2)a}{}^c - \tfrac{1}{2} \alpha^3 \beta_2 (\partial_b \psi) A_c \eta S_{(2)a}{}^c +$$

$$+ \tfrac{1}{2} \alpha^4 \beta_2 (\partial_5 \psi) A_b A_c \eta S_{(2)a}{}^c - \tfrac{1}{2} \alpha \beta_2 F_{bc} S_{(2)a}{}^c + \beta_1 \beta_2 S_{(1)bc} S_{(2)a}{}^c + \alpha \beta_0 \beta_2 A_c S_{(0)bd}{}^c S_{(2)a}{}^d + \alpha^2 \beta_2 (\partial_5 A_c) A^c S_{(2)ba} -$$

$$- \tfrac{1}{2} \alpha^2 \beta_2 (\partial_5 g_{cd}) A^c A^d S_{(2)ba} + \tfrac{3}{2} \alpha^2 \beta_2 (\partial_5 A_c) A_a S_{(2)b}{}^c + \tfrac{3}{2} \alpha^2 \beta_2 (\partial_5 A_a) A_c S_{(2)b}{}^c + \tfrac{3}{2} \alpha^2 \beta_2 (\partial_5 g_{ac}) \eta S_{(2)b}{}^c -$$

$$
\begin{aligned}
& -\alpha^3 \beta_2 (\partial_a \psi) A_c \eta S_{(2)b}{}^c + \tfrac{3}{2} \alpha^4 \beta_2 (\partial_5 \psi) A_a A_c \eta S_{(2)b}{}^c - \alpha \beta_2 U_{ac} S_{(2)b}{}^c - \tfrac{1}{2} \alpha \beta_2 F_{ac} S_{(2)b}{}^c - \beta_1 \beta_2 S_{(1)ac} S_{(2)b}{}^c + \\
& + \alpha^2 \beta_2{}^2 \eta S_{(2)ac} S_{(2)b}{}^c - \tfrac{1}{2} \alpha^3 \beta_2 (\partial_c \psi) A_a A_d A^c S_{(2)b}{}^d + \alpha \beta_2 A_c {}^{(4)}\{{}^{\,c}_{a\,d}\} S_{(2)b}{}^d - \alpha \beta_0 \beta_2 A_c S_{(0)a}{}^c{}_d S_{(2)b}{}^d + \\
& + \alpha \beta_0 \beta_2 A_c S_{(0)}{}^c{}_{da} S_{(2)b}{}^d + \alpha^2 \beta_2{}^2 A_c A_d S_{(2)a}{}^c S_{(2)b}{}^d + \alpha^2 \beta_2{}^2 \eta S_{(2)b}{}^c S_{(2)ca} + \alpha \beta_2 A^d {}^{(4)}\{{}^{\,c}_{a\,d}\} S_{(2)cb} - \\
& - \alpha^2 \beta_2{}^2 \eta S_{(2)a}{}^c S_{(2)cb} + \alpha \beta_0 \beta_2 A_c S_{(0)a}{}^{cd} S_{(2)db} + \alpha \beta_2 A_c {}^{(4)}\{{}^{\,d}_{a\,b}\} S_{(2)d}{}^c + \alpha \beta_0 \beta_2 A_c S_{(0)ab}{}^d S_{(2)d}{}^c - \\
& - \alpha^2 \beta_2{}^2 A_b A_c S_{(2)a}{}^d S_{(2)d}{}^c + \alpha^2 \beta_2{}^2 A_a A_c S_{(2)b}{}^d S_{(2)d}{}^c - \tfrac{1}{2} \alpha^2 \beta_2 (\partial_5 A_c) A_b S_{(2)}{}^c{}_a - \tfrac{1}{2} \alpha^2 \beta_2 (\partial_5 A_b) A_c S_{(2)}{}^c{}_a - \\
& - \tfrac{1}{2} \alpha^2 \beta_2 (\partial_5 g_{bc}) \eta S_{(2)}{}^c{}_a + \tfrac{1}{2} \alpha^3 \beta_2 (\partial_c \psi) A_b \eta S_{(2)}{}^c{}_a - \tfrac{1}{2} \alpha \beta_2 F_{bc} S_{(2)}{}^c{}_a + \beta_1 \beta_2 S_{(1)bc} S_{(2)}{}^c{}_a - \tfrac{1}{2} \alpha^2 \beta_2 (\partial_5 A_c) A_a S_{(2)}{}^c{}_b - \\
& - \tfrac{1}{2} \alpha^2 \beta_2 (\partial_5 A_a) A_c S_{(2)}{}^c{}_b - \tfrac{1}{2} \alpha^2 \beta_2 (\partial_5 g_{ac}) \eta S_{(2)}{}^c{}_b - \tfrac{1}{2} \alpha \beta_2 F_{ac} S_{(2)}{}^c{}_b + \beta_1 \beta_2 S_{(1)ac} S_{(2)}{}^c{}_b - \alpha^2 \beta_2{}^2 \eta S_{(2)ca} S_{(2)}{}^c{}_b - \\
& - \tfrac{1}{2} \alpha^2 \beta_2 (\partial_5 g_{bc}) A_a A_d S_{(2)}{}^{cd} - \tfrac{1}{2} \alpha^2 \beta_2 (\partial_5 g_{ac}) A_b A_d S_{(2)}{}^{cd} + \tfrac{1}{2} \alpha^3 \beta_2 (\partial_c \psi) A_a A_b A_d S_{(2)}{}^{cd} + \tfrac{1}{2} \alpha^3 \beta_2 (\partial_b \psi) A_a A_c A_d S_{(2)}{}^{cd} - \\
& - \alpha^4 \beta_2 (\partial_5 \psi) A_a A_b A_c A_d S_{(2)}{}^{cd} + \alpha \beta_0 \beta_2 A_c S_{(0)abd} S_{(2)}{}^{cd} - \alpha \beta_0 \beta_2 A_c S_{(0)adb} S_{(2)}{}^{cd} - \alpha \beta_0 \beta_2 A_c S_{(0)bda} S_{(2)}{}^{cd} + \\
& + \tfrac{1}{2} \alpha^2 \beta_2 (\partial_5 g_{bc}) A_d A^c S_{(2)}{}^d{}_a - \tfrac{1}{2} \alpha^3 \beta_2 (\partial_c \psi) A_b A_d A^c S_{(2)}{}^d{}_a + \alpha \beta_0 \beta_2 A_c S_{(0)bd}{}^c S_{(2)}{}^d{}_a + \tfrac{1}{2} \alpha^2 \beta_2 (\partial_5 g_{ac}) A_d A^c S_{(2)}{}^d{}_b - \\
& - \alpha \beta_0 \beta_2 A_c S_{(0)}{}^c{}_{da} S_{(2)}{}^d{}_b + \alpha^2 \beta_2{}^2 A_c A_d S_{(2)a}{}^c S_{(2)}{}^d{}_b - \tfrac{1}{2} \alpha^3 \beta_2 (\partial_c \psi) A_a A_b A_d S_{(2)}{}^{dc} - \alpha \beta_0 \beta_2 A_c S_{(0)adb} S_{(2)}{}^{dc} - \\
& - \alpha \beta_0 \beta_2 A_c S_{(0)bda} S_{(2)}{}^{dc} - \alpha^2 \beta_2{}^2 A_b A_c S_{(2)da} S_{(2)}{}^{dc} - \alpha^2 \beta_2{}^2 A_a A_c S_{(2)db} S_{(2)}{}^{dc} + \alpha \beta_3 (\partial_5 A_b) S_{(3)a} - \tfrac{1}{2} \alpha \beta_3 (\partial_5 g_{bc}) A^c S_{(3)a} + \\
& + \tfrac{1}{2} \alpha^2 \beta_3 (\partial_c \psi) A_b A^c S_{(3)a} - \tfrac{1}{2} \alpha^2 \beta_3 (\partial_b \psi) \eta S_{(3)a} + \tfrac{1}{2} \alpha^3 \beta_3 (\partial_5 \psi) A_b \eta S_{(3)a} + \alpha \beta_2 \beta_3 A_c S_{(2)b}{}^c S_{(3)a} - \alpha \beta_2 \beta_3 A_c S_{(2)}{}^c{}_b S_{(3)a} + \\
& + \alpha \beta_3 (\partial_5 A_a) S_{(3)b} + \tfrac{1}{2} \alpha \beta_3 (\partial_5 g_{ac}) A^c S_{(3)b} - \tfrac{1}{2} \alpha^2 \beta_3 (\partial_c \psi) A_a A^c S_{(3)b} - \alpha^2 \beta_3 (\partial_a \psi) \eta S_{(3)b} + \tfrac{3}{2} \alpha^3 \beta_3 (\partial_5 \psi) A_a \eta S_{(3)b} + \\
& + \alpha \beta_2 \beta_3 A_c S_{(2)a}{}^c S_{(3)b} + \alpha \beta_2 \beta_3 A_c S_{(2)}{}^c{}_a S_{(3)b} + 2 \beta_3 {}^{(4)}\{{}^{\,c}_{a\,b}\} S_{(3)c} + 2 \beta_0 \beta_3 S_{(0)ab}{}^c S_{(3)c} - \alpha \beta_2 \beta_3 A_b S_{(2)a}{}^c S_{(3)c} + \\
& + \alpha \beta_2 \beta_3 A_a S_{(2)b}{}^c S_{(3)c} - \tfrac{1}{2} \alpha \beta_3 (\partial_5 g_{bc}) A_a S_{(3)}{}^c - \tfrac{1}{2} \alpha \beta_3 (\partial_5 g_{ac}) A_b S_{(3)}{}^c + \tfrac{1}{2} \alpha^2 \beta_3 (\partial_b \psi) A_a A_c S_{(3)}{}^c - \alpha^3 \beta_3 (\partial_5 \psi) A_a A_b A_c S_{(3)}{}^c - \\
& - 2 \beta_0 \beta_3 S_{(0)acb} S_{(3)}{}^c - 2 \beta_0 \beta_3 S_{(0)bca} S_{(3)}{}^c - \alpha \beta_2 \beta_3 A_b S_{(2)ca} S_{(3)}{}^c - \alpha \beta_2 \beta_3 A_a S_{(2)cb} S_{(3)}{}^c + \alpha^2 \beta_2 (\partial_5 S_{(2)b}{}^c) \eta g_{ac} - \\
& - \alpha \beta_0 (\partial_5 S_{(0)bc}{}^d) A^c g_{ad} - \tfrac{1}{2} \alpha (\partial_5 {}^{(4)}\{{}^{\,c}_{a\,d}\}) A^d g_{bc} + \alpha^2 \beta_2 (\partial_5 S_{(2)a}{}^c) \eta g_{bc} - \alpha \beta_2 (\partial_a S_{(2)c}{}^d) A^c g_{bd} - \alpha \beta_0 (\partial_5 S_{(0)ac}{}^d) A^c g_{bd} - \\
& - \alpha \beta_2 A_c {}^{(4)}\{{}^{\,e}_{a\,d}\} S_{(2)}{}^{cd} g_{be} - \tfrac{1}{4} \alpha^2 (\partial_5 A_c) (\partial_5 g_{bd}) A_a g^{cd} - \tfrac{1}{4} \alpha^2 (\partial_5 A_c) (\partial_5 g_{ad}) A_b g^{cd} - \tfrac{1}{4} \alpha^2 (\partial_5 g_{ac}) (\partial_5 g_{bd}) \eta g^{cd} + \\
& + \tfrac{1}{4} \alpha^3 (\partial_c \psi) (\partial_5 g_{ad}) A_b \eta g^{cd} + \tfrac{1}{4} \alpha^3 (\partial_c \psi) (\partial_5 g_{de}) A_a A_b A^d g^{ce} - \tfrac{1}{2} \alpha^2 (\partial_a F_{bc}) A^c \psi + \alpha \beta_1 (\partial_a S_{(1)bc}) A^c \psi + \\
& + \tfrac{1}{4} \alpha^4 (\partial_5 A_b) (\partial_5 A_c) A_a A^c \psi + \tfrac{1}{2} \alpha^3 (\partial_5 F_{bc}) A_a A^c \psi - \alpha^2 \beta_1 (\partial_5 S_{(1)bc}) A_a A^c \psi - \alpha^2 \beta_3 (\partial_a S_{(3)c}) A_b A^c \psi + \\
& + \tfrac{1}{4} \alpha^4 (\partial_5 A_a) (\partial_5 A_c) A_b A^c \psi - \tfrac{1}{4} \alpha^3 (\partial_5 U_{ac}) A_b A^c \psi + \tfrac{1}{4} \alpha^3 (\partial_5 F_{ac}) A_b A^c \psi - \alpha^2 \beta_1 (\partial_5 S_{(1)ac}) A_b A^c \psi + \alpha^2 \beta_0 (\partial_a S_{(0)bc}{}^d) A_d A^c \psi - \\
& - \alpha^3 \beta_0 (\partial_5 S_{(0)bc}{}^d) A_a A_d A^c \psi - \alpha^3 \beta_2 (\partial_a S_{(2)c}{}^d) A_b A_d A^c \psi - \alpha^3 \beta_0 (\partial_5 S_{(0)ac}{}^d) A_b A_d A^c \psi + \tfrac{1}{4} \alpha^4 (\partial_5 A_c) (\partial_5 g_{bd}) A_a A^c A^d \psi - \\
& - \tfrac{1}{4} \alpha^4 (\partial_5 A_b) (\partial_5 g_{cd}) A_a A^c A^d \psi + \tfrac{1}{4} \alpha^4 (\partial_5 A_c) (\partial_5 g_{ad}) A_b A^c A^d \psi - \tfrac{1}{4} \alpha^4 (\partial_5 A_a) (\partial_5 g_{cd}) A_b A^c A^d \psi - \alpha^2 \beta_3 (\partial_a S_{(3)b}) \eta \psi + \\
& + \tfrac{3}{4} \alpha^4 (\partial_5 A_a) (\partial_5 A_b) \eta \psi - \tfrac{1}{4} \alpha^3 (\partial_5 U_{ab}) \eta \psi - \tfrac{1}{4} \alpha^3 (\partial_5 F_{ab}) \eta \psi + \tfrac{1}{2} \alpha^4 (\partial_5 \partial_5 A_b) A_a \eta \psi + \alpha^3 \beta_3 (\partial_5 S_{(3)b}) A_a \eta \psi + \\
& + \tfrac{1}{2} \alpha^4 (\partial_5 \partial_5 A_a) A_b \eta \psi + \alpha^3 \beta_3 (\partial_5 S_{(3)a}) A_b \eta \psi - \alpha^3 \beta_2 (\partial_a S_{(2)b}{}^c) A_c \eta \psi + \alpha^4 \beta_2 (\partial_5 S_{(2)b}{}^c) A_a A_c \eta \psi + \alpha^4 \beta_2 (\partial_5 S_{(2)a}{}^c) A_b A_c \eta \psi + \\
& + \tfrac{1}{2} \alpha^3 (\partial_5 A_c) \eta {}^{(4)}\{{}^{\,c}_{a\,b}\} \psi + \tfrac{1}{2} \alpha^3 (\partial_5 A_c) A_b A^d {}^{(4)}\{{}^{\,c}_{a\,d}\} \psi + \tfrac{1}{2} \alpha^3 (\partial_5 A_b) A_c A^d {}^{(4)}\{{}^{\,c}_{a\,d}\} \psi - \tfrac{1}{2} \alpha^3 (\partial_5 A_c) A_d A^c {}^{(4)}\{{}^{\,d}_{a\,b}\} \psi + \\
& + \tfrac{1}{4} \alpha^3 (\partial_5 A_c) A^c U_{ab} \psi - \tfrac{1}{4} \alpha^3 (\partial_5 A_b) A_c U_a{}^c \psi - \tfrac{1}{4} \alpha^3 (\partial_5 A_c) A^c F_{ab} \psi + \\
& + \tfrac{1}{4} \alpha^3 (\partial_5 A_c) A_b F_a{}^c \psi - \tfrac{1}{4} \alpha^3 (\partial_5 g_{cd}) A_b A^c F_a{}^d \psi + \tfrac{1}{2} \alpha^2 A^d {}^{(4)}\{{}^{\,c}_{a\,d}\} F_{bc} \psi + \tfrac{1}{4} \alpha^3 (\partial_5 A_c) A_a F_b{}^c \psi + \tfrac{1}{4} \alpha^3 (\partial_5 A_a) A_c F_b{}^c \psi - \\
& - \tfrac{1}{4} \alpha^3 (\partial_5 g_{ac}) \eta F_b{}^c \psi - \tfrac{1}{4} \alpha^2 F_{ac} F_b{}^c \psi - \tfrac{1}{4} \alpha^3 (\partial_5 g_{cd}) A_a A^c F_b{}^d \psi + \tfrac{1}{4} \alpha^3 (\partial_5 g_{ac}) A_d A^c F_b{}^d \psi - \tfrac{1}{2} \alpha^2 A_c {}^{(4)}\{{}^{\,d}_{a\,b}\} F^c{}_d \psi - \\
& - \tfrac{1}{4} \alpha^3 (\partial_5 g_{bc}) A_a A_d F^{cd} \psi + \tfrac{1}{2} \alpha^3 \beta_0 (\partial_5 A_c) \eta S_{(0)ab}{}^c \psi + \tfrac{1}{2} \alpha^3 \beta_0 (\partial_5 A_c) A_d A^c S_{(0)ab}{}^d \psi - \tfrac{1}{2} \alpha^2 \beta_0 A_c F^c{}_d S_{(0)ab}{}^d \psi + \\
& + \tfrac{1}{2} \alpha^2 \beta_0 A_c F^{cd} S_{(0)adb} \psi - \tfrac{1}{2} \alpha^3 \beta_0 (\partial_5 A_c) \eta S_{(0)a}{}^c{}_b \psi - \alpha^3 \beta_0 (\partial_5 A_c) A_b A_d S_{(0)a}{}^{cd} \psi - \tfrac{1}{2} \alpha^3 \beta_0 (\partial_5 A_b) A_c A_d S_{(0)a}{}^{cd} \psi + \\
& + \tfrac{1}{2} \alpha^2 \beta_0 A_c F_{bd} S_{(0)a}{}^{cd} \psi + \tfrac{1}{2} \alpha^3 \beta_0 (\partial_5 A_c) A_d A^c S_{(0)a}{}^d{}_b \psi - \tfrac{1}{2} \alpha^3 \beta_0 (\partial_5 A_c) A_b A_d S_{(0)a}{}^{dc} \psi + \tfrac{1}{2} \alpha^3 \beta_0 (\partial_5 g_{cd}) A_b A_e A^c S_{(0)a}{}^{de} \psi + \\
& + \tfrac{1}{2} \alpha^2 \beta_0 A_c F^{cd} S_{(0)bda} \psi - \alpha^2 \beta_0 A_c A^e {}^{(4)}\{{}^{\,d}_{a\,e}\} S_{(0)bd}{}^c \psi + \tfrac{1}{2} \alpha^2 \beta_0 A_c F_a{}^d S_{(0)bd}{}^c \psi - \alpha \beta_2{}^2 A_c A_d S_{(0)a}{}^{ce} S_{(0)be}{}^d \psi - \\
& - \tfrac{1}{2} \alpha^3 \beta_0 (\partial_5 A_c) \eta S_{(0)b}{}^c{}_a \psi - \tfrac{1}{2} \alpha^3 \beta_0 (\partial_5 A_c) A_a A_d S_{(0)b}{}^{cd} \psi - \tfrac{1}{2} \alpha^3 \beta_0 (\partial_5 A_a) A_c A_d S_{(0)b}{}^{cd} \psi + \tfrac{1}{2} \alpha^3 \beta_0 (\partial_5 g_{ac}) A_d \eta S_{(0)b}{}^{cd} \psi + \\
& + \tfrac{1}{2} \alpha^2 \beta_0 A_c U_{ad} S_{(0)b}{}^{cd} \psi + \tfrac{1}{2} \alpha^2 \beta_0 A_c F_{ad} S_{(0)b}{}^{cd} \psi + \tfrac{1}{2} \alpha^3 \beta_0 (\partial_5 A_c) A_d A^c S_{(0)b}{}^d{}_a \psi - \alpha^3 \beta_0 (\partial_5 A_c) A_a A_d S_{(0)b}{}^{dc} \psi + \\
& + \tfrac{1}{2} \alpha^3 \beta_0 (\partial_5 g_{cd}) A_a A_e A^c S_{(0)b}{}^{de} \psi - \tfrac{1}{2} \alpha^3 \beta_0 (\partial_5 g_{ac}) A_d A_e A^c S_{(0)b}{}^{de} \psi - \tfrac{1}{2} \alpha^2 \beta_0 A_c F_b{}^d S_{(0)}{}^c{}_{da} \psi +
\end{aligned}
$$

$$+ \alpha^2 \beta_0 A_c A_d {}^{(4)}\{{}^e_{ab}\} S_{(0)e}{}^{cd} \psi + \alpha^2 \beta_0^2 A_c A_d S_{(0)ab}{}^e S_{(0)e}{}^{cd} \psi + \frac{1}{2} \alpha^3 \beta_0 (\partial_5 A_c) A_b A_d S_{(0)}{}^{cd}{}_a \psi +$$

$$+ \frac{1}{2} \alpha^3 \beta_0 (\partial_5 g_{bc}) A_a A_d A_e S_{(0)}{}^{cde} \psi - \alpha^2 \beta_0^2 A_c A_d S_{(0)aeb} S_{(0)}{}^{ced} \psi - \alpha^2 \beta_0^2 A_c A_d S_{(0)bea} S_{(0)}{}^{ced} \psi +$$

$$+ \alpha^2 \beta_0^2 A_c A_d S_{(0)be}{}^c S_{(0)}{}^{de}{}_a \psi + \alpha^2 \beta_1 (\partial_5 A_c) A^c S_{(1)ab} \psi - \frac{1}{2} \alpha^2 \beta_1 (\partial_5 A_c) A_b S_{(1)a}{}^c \psi - \frac{1}{2} \alpha^2 \beta_1 (\partial_5 A_b) A_c S_{(1)a}{}^c \psi +$$

$$+ \frac{1}{2} \alpha \beta_1 F_{bc} S_{(1)a}{}^c \psi + \frac{1}{2} \alpha^2 \beta_1 (\partial_5 g_{cd}) A_b A^c S_{(1)a}{}^d \psi - \alpha \beta_0 \beta_1 A_c S_{(0)bd}{}^c S_{(1)a}{}^d \psi - \alpha \beta_1 A^d {}^{(4)}\{{}^c_{ad}\} S_{(1)bc} \psi -$$

$$- \alpha \beta_0 \beta_1 A_c S_{(0)a}{}^{cd} S_{(1)bd} \psi - \frac{1}{2} \alpha^2 \beta_1 (\partial_5 A_c) A_a S_{(1)b}{}^c \psi - \frac{1}{2} \alpha^2 \beta_1 (\partial_5 A_a) A_c S_{(1)b}{}^c \psi + \frac{1}{2} \alpha^2 \beta_1 (\partial_5 g_{ac}) \eta S_{(1)b}{}^c \psi +$$

$$+ \frac{1}{2} \alpha \beta_1 F_{ac} S_{(1)b}{}^c \psi - \beta_1^2 S_{(1)ac} S_{(1)b}{}^c \psi + \frac{1}{2} \alpha^2 \beta_1 (\partial_5 g_{cd}) A_a A^c S_{(1)b}{}^d \psi - \frac{1}{2} \alpha^2 \beta_1 (\partial_5 g_{ac}) A_d A^c S_{(1)b}{}^d \psi +$$

$$+ \alpha \beta_0 \beta_1 A_c S_{(0)}{}^c{}_{da} S_{(1)b}{}^d \psi + \alpha \beta_1 A_c {}^{(4)}\{{}^d_{ab}\} S_{(1)}{}^c{}_d \psi + \alpha \beta_0 \beta_1 A_c S_{(0)ab}{}^d S_{(1)}{}^c{}_d \psi + \frac{1}{2} \alpha^2 \beta_1 (\partial_5 g_{bc}) A_a A_d S_{(1)}{}^{cd} \psi -$$

$$- \alpha \beta_0 \beta_1 A_c S_{(0)adb} S_{(1)}{}^{cd} \psi - \alpha \beta_0 \beta_1 A_c S_{(0)bda} S_{(1)}{}^{cd} \psi + \frac{1}{2} \alpha^4 \beta_2 (\partial_5 A_c) A_b \eta S_{(2)a}{}^c \psi + \frac{1}{2} \alpha^4 \beta_2 (\partial_5 A_b) A_c \eta S_{(2)a}{}^c \psi -$$

$$- \frac{1}{2} \alpha^3 \beta_2 \eta F_{bc} S_{(2)a}{}^c \psi + \alpha^2 \beta_1 \beta_2 \eta S_{(1)bc} S_{(2)a}{}^c \psi + \alpha^4 \beta_2 (\partial_5 A_c) A_b A_d S_{(2)a}{}^d \psi + \alpha^3 \beta_0 \beta_2 A_c \eta S_{(0)bd}{}^c S_{(2)a}{}^d \psi -$$

$$- \frac{1}{2} \alpha^4 \beta_2 (\partial_5 g_{cd}) A_b A_e A^c A^d S_{(2)a}{}^e \psi + \frac{3}{2} \alpha^4 \beta_2 (\partial_5 A_c) A_a \eta S_{(2)b}{}^c \psi + \frac{3}{2} \alpha^4 \beta_2 (\partial_5 A_a) A_c \eta S_{(2)b}{}^c \psi - \frac{1}{2} \alpha^3 \beta_2 \eta U_{ac} S_{(2)b}{}^c \psi -$$

$$- \frac{1}{2} \alpha^3 \beta_2 \eta F_{ac} S_{(2)b}{}^c \psi + \alpha^4 \beta_2 (\partial_5 A_c) A_a A_d A^c S_{(2)b}{}^d \psi + \alpha^3 \beta_2 A_c A_d A^e {}^{(4)}\{{}^c_{ae}\} S_{(2)b}{}^d \psi - \frac{1}{2} \alpha^3 \beta_2 A_c A_d U_a{}^c S_{(2)b}{}^d \psi -$$

$$- \frac{1}{2} \alpha^3 \beta_2 A_a A_c F^c{}_d S_{(2)b}{}^d \psi - \alpha^2 \beta_1 \beta_2 A_c A_d S_{(1)a}{}^c S_{(2)b}{}^d \psi + \alpha^2 \beta_1 \beta_2 A_a A_c S_{(1)}{}^c{}_d S_{(2)b}{}^d \psi + \alpha^4 \beta_2{}^2 A_c A_d \eta S_{(2)a}{}^c S_{(2)b}{}^d \psi -$$

$$- \frac{1}{2} \alpha^4 \beta_2 (\partial_5 g_{cd}) A_a A_e A^c A^d S_{(2)b}{}^e \psi - \alpha^3 \beta_0 \beta_2 A_c A_d A_e S_{(0)a}{}^{cd} S_{(2)b}{}^e \psi + \alpha^3 \beta_0 \beta_2 A_a A_c A_d S_{(0)}{}^c{}_e{}^d S_{(2)b}{}^e \psi +$$

$$+ \alpha^3 \beta_2 A_c \eta {}^{(4)}\{{}^d_{ab}\} S_{(2)d}{}^c \psi + \alpha^3 \beta_2 A_b A_c A^e {}^{(4)}\{{}^d_{ae}\} S_{(2)d}{}^c \psi + \alpha^3 \beta_0 \beta_2 A_c \eta S_{(0)ab}{}^d S_{(2)d}{}^c \psi - \alpha^4 \beta_2{}^2 A_b A_c \eta S_{(2)a}{}^d S_{(2)d}{}^c \psi +$$

$$+ \alpha^4 \beta_2{}^2 A_a A_c \eta S_{(2)b}{}^d S_{(2)d}{}^c \psi + \alpha^3 \beta_0 \beta_2 A_b A_c A_d S_{(0)a}{}^{ce} S_{(2)e}{}^d \psi - \frac{1}{2} \alpha^4 \beta_2 (\partial_5 A_c) A_b \eta S_{(2)}{}^c{}_a \psi - \frac{1}{2} \alpha^3 \beta_2 \eta F_{bc} S_{(2)}{}^c{}_a \psi +$$

$$+ \alpha^2 \beta_1 \beta_2 \eta S_{(1)bc} S_{(2)}{}^c{}_a \psi - \frac{1}{2} \alpha^4 \beta_2 (\partial_5 A_c) A_a \eta S_{(2)}{}^c{}_b \psi - \alpha^4 \beta_2 (\partial_5 A_c) A_a A_b A_d S_{(2)}{}^{cd} \psi - \frac{1}{2} \alpha^4 \beta_2 (\partial_5 A_b) A_a A_c A_d S_{(2)}{}^{cd} \psi -$$

$$- \frac{1}{2} \alpha^4 \beta_2 (\partial_5 A_a) A_b A_c A_d S_{(2)}{}^{cd} \psi - \frac{1}{2} \alpha^4 \beta_2 (\partial_5 g_{bc}) A_a A_d \eta S_{(2)}{}^{cd} \psi - \frac{1}{2} \alpha^4 \beta_2 (\partial_5 g_{ac}) A_b A_d \eta S_{(2)}{}^{cd} \psi + \frac{1}{2} \alpha^3 \beta_2 A_c A_d U_{ab} S_{(2)}{}^{cd} \psi -$$

$$- \frac{1}{2} \alpha^3 \beta_2 A_b A_c U_{ad} S_{(2)}{}^{cd} \psi - \frac{1}{2} \alpha^3 \beta_2 A_c A_d F_{ab} S_{(2)}{}^{cd} \psi + \frac{1}{2} \alpha^3 \beta_2 A_a A_c F_{bd} S_{(2)}{}^{cd} \psi + 2 \alpha^2 \beta_1 \beta_2 A_c A_d S_{(1)ab} S_{(2)}{}^{cd} \psi -$$

$$- \alpha^2 \beta_1 \beta_2 A_b A_c S_{(1)ad} S_{(2)}{}^{cd} \psi - \alpha^2 \beta_1 \beta_2 A_a A_c S_{(1)bd} S_{(2)}{}^{cd} \psi + \frac{1}{2} \alpha^4 \beta_2 (\partial_5 A_c) A_b A_d A^c S_{(2)}{}^d{}_a \psi + \frac{1}{2} \alpha^3 \beta_2 A_c A_d F_b{}^c S_{(2)}{}^d{}_a \psi +$$

$$+ \alpha^3 \beta_0 \beta_2 A_c \eta S_{(0)bd}{}^c S_{(2)}{}^d{}_a \psi - \alpha^2 \beta_1 \beta_2 A_c A_d S_{(1)b}{}^c S_{(2)}{}^d{}_a \psi + \frac{1}{2} \alpha^4 \beta_2 (\partial_5 A_c) A_a A_d A^c S_{(2)}{}^d{}_b \psi + \frac{1}{2} \alpha^3 \beta_2 A_a A_c F^c{}_d S_{(2)}{}^d{}_b \psi -$$

$$- \alpha^2 \beta_1 \beta_2 A_a A_c S_{(1)}{}^c{}_d S_{(2)}{}^d{}_b \psi - \alpha^3 \beta_0 \beta_2 A_c \eta S_{(0)adb} S_{(2)}{}^{dc} \psi - \alpha^3 \beta_0 \beta_2 A_c \eta S_{(0)bda} S_{(2)}{}^{dc} \psi - \alpha^4 \beta_2{}^2 A_b A_c \eta S_{(2)da} S_{(2)}{}^{dc} \psi -$$

$$- \alpha^4 \beta_2{}^2 A_a A_c \eta S_{(2)db} S_{(2)}{}^{dc} \psi + \frac{1}{2} \alpha^4 \beta_2 (\partial_5 g_{bc}) A_a A_d A_e A^c S_{(2)}{}^{de} \psi + \frac{1}{2} \alpha^4 \beta_2 (\partial_5 g_{ac}) A_b A_d A_e A^c S_{(2)}{}^{de} \psi -$$

$$- \alpha^3 \beta_2 A_c A_d A_e {}^{(4)}\{{}^c_{ab}\} S_{(2)}{}^{de} \psi + \alpha^3 \beta_0 \beta_2 A_c A_d A_e S_{(0)ab}{}^c S_{(2)}{}^{de} \psi - \alpha^3 \beta_0 \beta_2 A_b A_c A_d S_{(0)ae}{}^c S_{(2)}{}^{de} \psi +$$

$$+ \alpha^3 \beta_0 \beta_2 A_c A_d A_e S_{(0)a}{}^c{}_b S_{(2)}{}^{de} \psi - \alpha^3 \beta_0 \beta_2 A_a A_c A_d S_{(0)be}{}^c S_{(2)}{}^{de} \psi + \alpha^3 \beta_0 \beta_2 A_c A_d A_e S_{(0)b}{}^c{}_a S_{(2)}{}^{de} \psi +$$

$$+ \alpha^4 \beta_2{}^2 A_b A_c A_d A_e S_{(2)a}{}^c S_{(2)}{}^{de} \psi + \alpha^4 \beta_2{}^2 A_a A_c A_d A_e S_{(2)b}{}^c S_{(2)}{}^{de} \psi - \alpha^3 \beta_0 \beta_2 A_c A_d A_e S_{(0)b}{}^{cd} S_{(2)}{}^e{}_a \psi -$$

$$- \alpha^3 \beta_0 \beta_2 A_a A_c A_d S_{(0)}{}^c{}_e{}^d S_{(2)}{}^e{}_b \psi - \alpha^3 \beta_0 \beta_2 A_b A_c A_d S_{(0)ae}{}^c S_{(2)}{}^{ed} \psi - \alpha^3 \beta_0 \beta_2 A_b A_c A_d S_{(0)}{}^c{}_{ea} S_{(2)}{}^{ed} \psi -$$

$$- \alpha^4 \beta_2{}^2 A_a A_b A_c A_d S_{(2)e}{}^c S_{(2)}{}^{ed} \psi + \frac{1}{2} \alpha^3 \beta_3 (\partial_5 A_c) A_b A^c S_{(3)a} \psi - \frac{1}{2} \alpha^3 \beta_3 (\partial_5 g_{cd}) A_b A^c A^d S_{(3)a} \psi + \frac{1}{2} \alpha^3 \beta_3 (\partial_5 A_b) \eta S_{(3)a} \psi -$$

$$- \frac{1}{2} \alpha^2 \beta_3 A_c F_b{}^c S_{(3)a} \psi + \alpha^2 \beta_0 \beta_3 A_c A_d S_{(0)b}{}^{cd} S_{(3)a} \psi + \alpha \beta_1 \beta_3 A_c S_{(1)b}{}^c S_{(3)a} \psi + \alpha^3 \beta_2 \beta_3 A_c \eta S_{(2)b}{}^c S_{(3)a} \psi -$$

$$- \alpha^3 \beta_2 \beta_3 A_b A_c A_d S_{(2)}{}^{cd} S_{(3)a} \psi + \frac{3}{2} \alpha^3 \beta_3 (\partial_5 A_c) A_a A^c S_{(3)b} \psi - \frac{1}{2} \alpha^3 \beta_3 (\partial_5 g_{cd}) A_a A^c A^d S_{(3)b} \psi + \frac{3}{2} \alpha^3 \beta_3 (\partial_5 A_a) \eta S_{(3)b} \psi +$$

$$+ \alpha^2 \beta_3 A_c A^d {}^{(4)}\{{}^c_{ad}\} S_{(3)b} \psi - \frac{1}{2} \alpha^2 \beta_3 A_c U_a{}^c S_{(3)b} \psi - \alpha^2 \beta_0 \beta_3 A_c A_d S_{(0)a}{}^{cd} S_{(3)b} \psi - \alpha \beta_1 \beta_3 A_c S_{(1)a}{}^c S_{(3)b} \psi +$$

$$+ \alpha^3 \beta_2 \beta_3 A_c \eta S_{(2)a}{}^c S_{(3)b} \psi + \alpha^3 \beta_2 \beta_3 A_a A_c A_d S_{(2)}{}^{cd} S_{(3)b} \psi + \alpha^2 \beta_3{}^2 \eta S_{(3)a} S_{(3)b} \psi + \alpha^2 \beta_3 \eta {}^{(4)}\{{}^c_{ab}\} S_{(3)c} \psi +$$

$$+ \alpha^2 \beta_3 A_b A^d {}^{(4)}\{{}^c_{ad}\} S_{(3)c} \psi + \alpha^2 \beta_0 \beta_3 \eta S_{(0)ab}{}^c S_{(3)c} \psi - \alpha^3 \beta_2 \beta_3 A_b \eta S_{(2)a}{}^c S_{(3)c} \psi + \alpha^3 \beta_2 \beta_3 A_a \eta S_{(2)b}{}^c S_{(3)c} \psi +$$

$$+ \alpha^2 \beta_0 \beta_3 A_b A_c S_{(0)a}{}^{cd} S_{(3)d} \psi - \alpha^3 \beta_3 (\partial_5 A_c) A_a A_b S_{(3)}{}^c \psi - \frac{1}{2} \alpha^3 \beta_3 (\partial_5 A_b) A_a A_c S_{(3)}{}^c \psi - \frac{1}{2} \alpha^3 \beta_3 (\partial_5 A_a) A_b A_c S_{(3)}{}^c \psi -$$

$$- \frac{1}{2} \alpha^3 \beta_3 (\partial_5 g_{bc}) A_a \eta S_{(3)}{}^c \psi - \frac{1}{2} \alpha^3 \beta_3 (\partial_5 g_{ac}) A_b \eta S_{(3)}{}^c \psi + \frac{1}{2} \alpha^2 \beta_3 A_c U_{ab} S_{(3)}{}^c \psi - \frac{1}{2} \alpha^2 \beta_3 A_c F_{ab} S_{(3)}{}^c \psi + \frac{1}{2} \alpha^2 \beta_3 A_b F_{ac} S_{(3)}{}^c \psi +$$

$$+ \frac{1}{2} \alpha^2 \beta_3 A_a F_{bc} S_{(3)}{}^c \psi - \alpha^2 \beta_0 \beta_3 \eta S_{(0)acb} S_{(3)}{}^c \psi - \alpha^2 \beta_0 \beta_3 \eta S_{(0)bca} S_{(3)}{}^c \psi + 2 \alpha \beta_1 \beta_3 A_c S_{(1)ab} S_{(3)}{}^c \psi - \alpha \beta_1 \beta_3 A_b S_{(1)ac} S_{(3)}{}^c \psi -$$

$$- \alpha \beta_1 \beta_3 A_a S_{(1)bc} S_{(3)}{}^c \psi - \alpha^3 \beta_2 \beta_3 A_b \eta S_{(2)ca} S_{(3)}{}^c \psi - \alpha^3 \beta_2 \beta_3 A_a \eta S_{(2)cb} S_{(3)}{}^c \psi - \alpha^2 \beta_3{}^2 A_b A_c S_{(3)a} S_{(3)}{}^c \psi +$$

$$+ \alpha^2 \beta_3{}^2 A_a A_c S_{(3)b} S_{(3)}{}^c \psi - \alpha^2 \beta_3{}^2 A_a A_b S_{(3)c} S_{(3)}{}^c \psi + \frac{1}{2} \alpha^3 \beta_3 (\partial_5 g_{bc}) A_a A_d A^c S_{(3)}{}^d \psi + \frac{1}{2} \alpha^3 \beta_3 (\partial_5 g_{ac}) A_b A_d A^c S_{(3)}{}^d \psi -$$

$$-\alpha^2 \beta_3 A_c A_d {}^{(4)}\{{}^c_{a\ b}\} S_{(3)}{}^d \psi + \alpha^2 \beta_0 \beta_3 A_c A_d S_{(0)ab}{}^c S_{(3)}{}^d \psi - 2\alpha^2 \beta_0 \beta_3 A_b A_c S_{(0)ad}{}^c S_{(3)}{}^d \psi + \alpha^2 \beta_0 \beta_3 A_c A_d S_{(0)a}{}^c{}_b S_{(3)}{}^d \psi -$$
$$- \alpha^2 \beta_0 \beta_3 A_a A_c S_{(0)bd}{}^c S_{(3)}{}^d \psi + \alpha^2 \beta_0 \beta_3 A_c A_d S_{(0)b}{}^c{}_a S_{(3)}{}^d \psi - \alpha^2 \beta_0 \beta_3 A_b A_c S_{(0)}{}^c{}_{da} S_{(3)}{}^d \psi - 2\alpha^3 \beta_2 \beta_3 A_a A_b A_c S_{(2)d}{}^c S_{(3)}{}^d \psi +$$
$$+ \alpha^3 \beta_2 \beta_3 A_b A_c A_d S_{(2)}{}^c{}_a S_{(3)}{}^d \psi + \alpha^3 \beta_2 \beta_3 A_a A_c A_d S_{(2)}{}^c{}_b S_{(3)}{}^d \psi - \tfrac{1}{4}\alpha^4 (\partial_5 A_c)(\partial_5 A_d) A_a A_b g^{cd} \psi - \tfrac{1}{4}\alpha^4 (\partial_5 A_c)(\partial_5 g_{bd}) A_a \eta g^{cd} \psi -$$
$$- \tfrac{1}{4}\alpha^4 (\partial_5 A_c)(\partial_5 g_{ad}) A_b \eta g^{cd} \psi,$$

$$R_{a55}{}^b = \tag{73}$$

$$= \partial_a \Gamma_5{}^b{}_5 - \partial_5 \Gamma_a{}^b{}_5 + \Gamma_a{}^b{}_c \Gamma_5{}^c{}_5 + \Gamma_a{}^b{}_5 \Gamma_5{}^5{}_5 - \Gamma_5{}^b{}_c \Gamma_a{}^c{}_5 - \Gamma_5{}^b{}_5 \Gamma_a{}^5{}_5$$

$$= -\beta_2 \partial_5 S_{(2)a}{}^b - \tfrac{1}{4}\alpha(\partial_a \psi)(\partial_5 \psi) A^b \psi^{-1} + \tfrac{1}{4}\alpha^2 (\partial_5 \psi)(\partial_5 \psi) A_a A^b \psi^{-1} + \tfrac{1}{2}\beta_2 (\partial_5 \psi) S_{(2)a}{}^b \psi^{-1} + \tfrac{1}{2}\beta_2 (\partial_5 \psi) S_{(2)}{}^b{}_a \psi^{-1} +$$
$$+ \tfrac{1}{4}(\partial_a \psi)(\partial_c \psi) g^{bc} \psi^{-1} + \tfrac{1}{4}(\partial_5 g_{ac})(\partial_5 \psi) g^{bc} \psi^{-1} - \tfrac{1}{4}\alpha(\partial_c \psi)(\partial_5 \psi) A_a g^{bc} \psi^{-1} - \tfrac{1}{4}\alpha^4 (\partial_5 A_a)(\partial_5 A_c) A^b A^c \psi^2 - \tfrac{1}{4}\alpha^3 (\partial_5 A_c) A^b F_a{}^c \psi^2 -$$
$$- \tfrac{1}{4}\alpha^3 (\partial_5 A_c) A_a F^{bc} \psi^2 + \tfrac{1}{4}\alpha^3 (\partial_5 A_a) A_c F^{bc} \psi^2 + \tfrac{1}{4}\alpha^2 F_{ac} F^{bc} \psi^2 - \tfrac{1}{2}\alpha^2 \beta_0 A_c F^{bd} S_{(0)ad}{}^c \psi^2 + \tfrac{1}{2}\alpha^3 \beta_0 (\partial_5 A_c) A_d A^b S_{(0)a}{}^{cd} \psi^2 -$$
$$- \tfrac{1}{2}\alpha^2 \beta_0 A_c F_a{}^d S_{(0)}{}^b{}_d{}^c \psi^2 + \tfrac{1}{2}\alpha^3 \beta_0 (\partial_5 A_c) A_a A_d S_{(0)}{}^{bcd} \psi^2 - \tfrac{1}{2}\alpha^3 \beta_0 (\partial_5 A_a) A_c A_d S_{(0)}{}^{bcd} \psi^2 +$$
$$+ \alpha^2 \beta_0{}^2 A_c A_d S_{(0)ae}{}^c S_{(0)}{}^{bed} \psi^2 + \tfrac{1}{2}\alpha^2 \beta_1 (\partial_5 A_c) A^b S_{(1)a}{}^c \psi^2 - \tfrac{1}{2}\alpha \beta_1 F^b{}_c S_{(1)a}{}^c \psi^2 + \alpha \beta_0 \beta_1 A_c S_{(0)}{}^b{}_d S_{(1)a}{}^d \psi^2 +$$
$$+ \tfrac{1}{2}\alpha^2 \beta_1 (\partial_5 A_c) A_a S_{(1)}{}^{bc} \psi^2 - \tfrac{1}{2}\alpha^2 \beta_1 (\partial_5 A_a) A_c S_{(1)}{}^{bc} \psi^2 - \tfrac{1}{2}\alpha \beta_1 F_{ac} S_{(1)}{}^{bc} \psi^2 + \beta_1{}^2 S_{(1)ac} S_{(1)}{}^{bc} \psi^2 +$$
$$+ \alpha \beta_0 \beta_1 A_c S_{(0)ad}{}^c S_{(1)}{}^{bd} \psi^2 - \tfrac{1}{2}\alpha^4 \beta_2 (\partial_5 A_c) A_d A^b A^c S_{(2)a}{}^d \psi^2 + \tfrac{1}{2}\alpha^3 \beta_2 A_c A_d F^{bc} S_{(2)a}{}^d \psi^2 - \alpha^2 \beta_1 \beta_2 A_c A_d S_{(1)}{}^{bc} S_{(2)a}{}^d \psi^2 -$$
$$- \alpha^3 \beta_0 \beta_2 A_c A_d A_e S_{(0)}{}^{bcd} S_{(2)a}{}^e \psi^2 + \tfrac{1}{2}\alpha^4 \beta_2 (\partial_5 A_a) A_c \eta S_{(2)}{}^{bc} \psi^2 - \tfrac{1}{2}\alpha^4 \beta_2 (\partial_5 A_c) A_a A_d A^c S_{(2)}{}^{bd} \psi^2 +$$
$$+ \tfrac{1}{2}\alpha^3 \beta_2 A_c A_d F_a{}^c S_{(2)}{}^{bd} \psi^2 - \alpha^2 \beta_1 \beta_2 A_c A_d S_{(1)a}{}^c S_{(2)}{}^{bd} \psi^2 + \alpha^4 \beta_2{}^2 A_c A_d \eta S_{(2)a}{}^c S_{(2)}{}^{bd} \psi^2 -$$
$$- \alpha^3 \beta_0 \beta_2 A_c A_d A_e S_{(0)a}{}^{cd} S_{(2)}{}^{be} \psi^2 + \alpha^4 \beta_2 (\partial_5 A_c) A_a A_d A^b S_{(2)}{}^{cd} \psi^2 - \tfrac{1}{2}\alpha^4 \beta_2 (\partial_5 A_a) A_c A_d A^b S_{(2)}{}^{cd} \psi^2 -$$
$$- \tfrac{1}{2}\alpha^3 \beta_2 A_c A^b F_{ad} S_{(2)}{}^{dc} \psi^2 - \tfrac{1}{2}\alpha^3 \beta_2 A_a A_c F^b{}_d S_{(2)}{}^{dc} \psi^2 + \alpha^2 \beta_1 \beta_2 A_c A^b S_{(1)ad} S_{(2)}{}^{dc} \psi^2 + \alpha^2 \beta_1 \beta_2 A_a A_c S_{(1)}{}^b{}_d S_{(2)}{}^{dc} \psi^2 -$$
$$- \alpha^4 \beta_2{}^2 A_c A_d A_e A^b S_{(2)a}{}^c S_{(2)}{}^{de} \psi^2 - \alpha^4 \beta_2{}^2 A_a A_c A_d A_e S_{(2)}{}^{bc} S_{(2)}{}^{de} \psi^2 + \alpha^3 \beta_0 \beta_2 A_c A_d A^b S_{(0)ae}{}^c S_{(2)}{}^{ed} \psi^2 +$$
$$+ \alpha^3 \beta_0 \beta_2 A_a A_c A_d S_{(0)}{}^b{}_e{}^c S_{(2)}{}^{ed} \psi^2 + \alpha^4 \beta_2{}^2 A_a A_c A_d A^b S_{(2)e}{}^c S_{(2)}{}^{ed} \psi^2 - \tfrac{1}{2}\alpha^3 \beta_3 (\partial_5 A_c) A^b A^c S_{(3)a} \psi^2 +$$
$$+ \tfrac{1}{2}\alpha^2 \beta_3 A_c F^{bc} S_{(3)a} \psi^2 - \alpha^2 \beta_0 \beta_3 A_c A_d S_{(0)}{}^{bcd} S_{(3)a} \psi^2 - \alpha \beta_1 \beta_3 A_c S_{(1)}{}^{bc} S_{(3)a} \psi^2 + \alpha^3 \beta_2 \beta_3 A_c \eta S_{(2)}{}^{bc} S_{(3)a} \psi^2 -$$
$$- \alpha^3 \beta_2 \beta_3 A_c A_d A^b S_{(2)}{}^{cd} S_{(3)a} \psi^2 - \tfrac{1}{2}\alpha^3 \beta_3 (\partial_5 A_c) A_a A^c S_{(3)}{}^b \psi^2 + \tfrac{1}{2}\alpha^3 \beta_3 (\partial_5 A_a) \eta S_{(3)}{}^b \psi^2 + \tfrac{1}{2}\alpha^2 \beta_3 A_c F_a{}^c S_{(3)}{}^b \psi^2 -$$
$$- \alpha^2 \beta_0 \beta_3 A_c A_d S_{(0)a}{}^{cd} S_{(3)}{}^b \psi^2 - \alpha \beta_1 \beta_3 A_c S_{(1)a}{}^c S_{(3)}{}^b \psi^2 + \alpha^3 \beta_2 \beta_3 A_c \eta S_{(2)a}{}^c S_{(3)}{}^b \psi^2 - \alpha^3 \beta_2 \beta_3 A_a A_c A_d S_{(2)}{}^{cd} S_{(3)}{}^b \psi^2 +$$
$$+ \alpha^2 \beta_3{}^2 \eta S_{(3)a} S_{(3)}{}^b \psi^2 + \alpha^3 \beta_3 (\partial_5 A_c) A_a A^b S_{(3)}{}^c \psi^2 - \tfrac{1}{2}\alpha^3 \beta_3 (\partial_5 A_a) A_c A^b S_{(3)}{}^c \psi^2 - \tfrac{1}{2}\alpha^2 \beta_3 A^b F_{ac} S_{(3)}{}^c \psi^2 -$$
$$- \tfrac{1}{2}\alpha^2 \beta_3 A_a F^b{}_c S_{(3)}{}^c \psi^2 + \alpha \beta_1 \beta_3 A^b S_{(1)ac} S_{(3)}{}^c \psi^2 + \alpha \beta_1 \beta_3 A_a S_{(1)}{}^b{}_c S_{(3)}{}^c \psi^2 - \alpha^2 \beta_3{}^2 A_c A^b S_{(3)a} S_{(3)}{}^c \psi^2 +$$
$$+ \alpha^2 \beta_3{}^2 A_a A^b S_{(3)c} S_{(3)}{}^c \psi^2 - \alpha^2 \beta_3{}^2 A_a A_c S_{(3)}{}^b S_{(3)}{}^c \psi^2 + \alpha^2 \beta_0 \beta_3 A_c A^b S_{(0)ad}{}^c S_{(3)}{}^d \psi^2 + \alpha^2 \beta_0 \beta_3 A_a A_c S_{(0)}{}^b{}_d{}^c S_{(3)}{}^d \psi^2 -$$
$$- \alpha^3 \beta_2 \beta_3 A_c A_d A^b S_{(2)a}{}^c S_{(3)}{}^d \psi^2 + 2\alpha^3 \beta_2 \beta_3 A_a A_c A^b S_{(2)}{}^c{}_d S_{(3)}{}^d \psi^2 - \alpha^3 \beta_2 \beta_3 A_a A_c A_d S_{(2)}{}^{bc} S_{(3)}{}^d \psi^2 +$$
$$+ \tfrac{1}{4}\alpha^4 (\partial_5 A_a)(\partial_5 A_c) \eta g^{bc} \psi^2 + \tfrac{1}{4}\alpha^3 (\partial_5 A_c) A_d F_a{}^d g^{bc} \psi^2 - \tfrac{1}{2}\alpha^3 \beta_0 (\partial_5 A_c) A_d A_e S_{(0)a}{}^{de} g^{bc} \psi^2 - \tfrac{1}{2}\alpha^2 \beta_1 (\partial_5 A_c) A_d S_{(1)a}{}^d g^{bc} \psi^2 +$$
$$+ \tfrac{1}{2}\alpha^4 \beta_2 (\partial_5 A_c) A_d \eta S_{(2)a}{}^d g^{bc} \psi^2 - \tfrac{1}{2}\alpha^4 \beta_2 (\partial_5 A_c) A_a A_d A_e S_{(2)}{}^{de} g^{bc} \psi^2 + \tfrac{1}{2}\alpha^3 \beta_3 (\partial_5 A_c) \eta S_{(3)a} g^{bc} \psi^2 -$$
$$- \tfrac{1}{2}\alpha^3 \beta_3 (\partial_5 A_c) A_a A_d S_{(3)}{}^d g^{bc} \psi^2 - \tfrac{1}{4}\alpha^4 (\partial_5 A_c)(\partial_5 A_d) A_a A^c g^{bd} \psi^2 + \tfrac{1}{4}\alpha^4 (\partial_5 A_c)(\partial_5 A_d) A_a A^b g^{cd} \psi^2 + \tfrac{1}{2}\alpha (\partial_5 \partial_a \psi) A^b -$$
$$- \tfrac{3}{4}\alpha^2 (\partial_5 A_a)(\partial_5 \psi) A^b - \tfrac{1}{2}\alpha^2 (\partial_5 \partial_5 \psi) A_a A^b + \tfrac{1}{4}\alpha^2 (\partial_5 g_{ac})(\partial_5 \psi) A^b A^c + \tfrac{1}{4}\alpha (\partial_5 \psi) U_a{}^b + \tfrac{1}{2}\beta_0 (\partial_c \psi) S_{(0)a}{}^{bc} - \tfrac{1}{2}\beta_0 (\partial_c \psi) S_{(0)a}{}^{cb} +$$
$$+ \tfrac{1}{2}\alpha \beta_0 (\partial_5 \psi) A_c S_{(0)a}{}^{cb} - \tfrac{1}{2}\beta_0 (\partial_c \psi) S_{(0)}{}^{bc}{}_a + \tfrac{1}{2}\alpha \beta_0 (\partial_5 \psi) A_c S_{(0)}{}^{bc}{}_a + \tfrac{1}{2}\beta_1 (\partial_5 \psi) S_{(1)a}{}^b + \tfrac{1}{2}\beta_2 (\partial_c \psi) A^c S_{(2)a}{}^b -$$
$$- \tfrac{1}{2}\alpha^2 \beta_2 (\partial_5 \psi) \eta S_{(2)a}{}^b - \tfrac{1}{2}\beta_2 (\partial_c \psi) A^b S_{(2)a}{}^c + \beta_2{}^2 S_{(2)a}{}^c S_{(2)c}{}^b + \tfrac{1}{2}\alpha \beta_2 (\partial_c \psi) A^c S_{(2)}{}^b{}_a - \tfrac{1}{2}\alpha^2 \beta_2 (\partial_5 \psi) \eta S_{(2)}{}^b{}_a -$$
$$- \tfrac{3}{2}\beta_2 (\partial_5 g_{ac}) S_{(2)}{}^{bc} + \tfrac{1}{2}\alpha \beta_2 (\partial_c \psi) A_a S_{(2)}{}^{bc} + \alpha \beta_2 (\partial_a \psi) A_c S_{(2)}{}^{bc} - \alpha^2 \beta_2 (\partial_5 \psi) A_a A_c S_{(2)}{}^{bc} - \beta_2{}^2 S_{(2)ac} S_{(2)}{}^{bc} -$$
$$- \beta_2{}^2 S_{(2)ca} S_{(2)}{}^{bc} - \tfrac{1}{2}\alpha \beta_2 (\partial_c \psi) A^b S_{(2)}{}^c{}_a + \tfrac{1}{2}\alpha^2 \beta_2 (\partial_5 \psi) A_c A^b S_{(2)}{}^c{}_a + \tfrac{1}{2}\beta_2 (\partial_5 g_{ac}) S_{(2)}{}^{cb} - \tfrac{1}{2}\alpha \beta_2 (\partial_c \psi) A_a S_{(2)}{}^{cb} +$$
$$+ \tfrac{1}{2}\alpha^2 \beta_2 (\partial_5 \psi) A_a A_c S_{(2)}{}^{cb} + \beta_2{}^2 S_{(2)ca} S_{(2)}{}^{cb} - \tfrac{1}{2}\alpha \beta_3 (\partial_5 \psi) A^b S_{(3)a} + \beta_3 (\partial_a \psi) S_{(3)}{}^b - \tfrac{1}{2}\alpha \beta_3 (\partial_5 \psi) A_a S_{(3)}{}^b - \tfrac{1}{2}(\partial_a \partial_c \psi) g^{bc} -$$
$$- \tfrac{1}{2}(\partial_5 \partial_5 g_{ac}) g^{bc} + \tfrac{1}{2}\alpha (\partial_c \psi)(\partial_5 A_a) g^{bc} + \tfrac{1}{2}\alpha (\partial_a \psi)(\partial_5 A_c) g^{bc} + \tfrac{1}{2}\alpha (\partial_5 \partial_c \psi) A_a g^{bc} - \tfrac{3}{4}\alpha^2 (\partial_5 A_c)(\partial_5 \psi) A_a g^{bc} -$$
$$- \tfrac{1}{4}\alpha^2 (\partial_5 g_{ac})(\partial_5 \psi) \eta g^{bc} - \beta_2 (\partial_5 S_{(2)c}{}^d) g_{ad} g^{bc} + \tfrac{1}{4}\alpha (\partial_c \psi)(\partial_5 g_{ad}) A^c g^{bd} + \tfrac{1}{4}\alpha^2 (\partial_5 g_{cd})(\partial_5 \psi) A_a A^c g^{bd} + \tfrac{1}{2}(\partial_c \psi) {}^{(4)}\{{}^c_{a\ d}\} g^{bd} -$$

$$-\tfrac{1}{2}\alpha(\partial_5\psi)A_c{}^{(4)}\{{}^c_{a\,d}\}g^{bd}-\tfrac{1}{2}\beta_2(\partial_5 g_{cd})S_{(2)a}{}^c g^{bd}+\tfrac{1}{2}\beta_2(\partial_5 g_{cd})S_{(2)}{}^c{}_a g^{bd}-\tfrac{1}{4}\alpha(\partial_c\psi)(\partial_5 g_{ad})A^b g^{cd}+$$
$$+\tfrac{1}{4}(\partial_5 g_{ac})(\partial_5 g_{de})g^{bd}g^{ce}-\tfrac{1}{4}\alpha(\partial_c\psi)(\partial_5 g_{de})A_a g^{bd}g^{ce}-\tfrac{1}{2}\alpha^2(\partial_5\partial_5 A_a)A^b\psi-\alpha\beta_3(\partial_5 S_{(3)a})A^b\psi-\alpha^2\beta_2(\partial_5 S_{(2)a}{}^c)A_c A^b\psi+$$
$$+\tfrac{1}{4}\alpha(\partial_5 g_{ac})F^{bc}\psi+\alpha\beta_0(\partial_5 A_c)S_{(0)a}{}^{cb}\psi+\alpha\beta_0(\partial_5 A_c)S_{(0)}{}^{bc}{}_a\psi-\tfrac{1}{2}\alpha\beta_0(\partial_5 g_{ac})A_d S_{(0)}{}^{bcd}\psi-\tfrac{1}{2}\beta_1(\partial_5 g_{ac})S_{(1)}{}^{bc}\psi-$$
$$-\alpha^2\beta_2(\partial_5 A_c)A^c S_{(2)a}{}^b\psi-\tfrac{1}{2}\alpha^2\beta_2(\partial_5 A_c)A^b S_{(2)a}{}^c\psi+\tfrac{1}{2}\alpha\beta_2 F^b{}_c S_{(2)a}{}^c\psi-\beta_1\beta_2 S_{(1)}{}^b{}_c S_{(2)a}{}^c\psi-\alpha\beta_0\beta_2 A_c S_{(0)}{}^b{}_d{}^c S_{(2)a}{}^d\psi-$$
$$-2\alpha\beta_0\beta_2 A_c S_{(0)a}{}^{bd}S_{(2)d}{}^c\psi+\alpha^2\beta_2^2 A_c A^b S_{(2)a}{}^d S_{(2)d}{}^c\psi-\alpha^2\beta_2(\partial_5 A_c)A^c S_{(2)}{}^b{}_a\psi-\tfrac{3}{2}\alpha^2\beta_2(\partial_5 A_c)A_a S_{(2)}{}^{bc}\psi-$$
$$-\tfrac{3}{2}\alpha^2\beta_2(\partial_5 A_a)A_c S_{(2)}{}^{bc}\psi+\alpha\beta_2 U_{ac}S_{(2)}{}^{bc}\psi+\tfrac{1}{2}\alpha\beta_2 F_{ac}S_{(2)}{}^{bc}\psi+\beta_1\beta_2 S_{(1)ac}S_{(2)}{}^{bc}\psi+\tfrac{1}{2}\alpha^2\beta_2(\partial_5 g_{ac})A_d A^c S_{(2)}{}^{bd}\psi+$$
$$+\alpha\beta_0\beta_2 A_c S_{(0)ad}{}^c S_{(2)}{}^{bd}\psi-\alpha^2\beta_2^2 A_a A_c S_{(2)d}{}^c S_{(2)}{}^{bd}\psi+\tfrac{1}{2}\alpha^2\beta_2(\partial_5 A_c)A^b S_{(2)}{}^c{}_a\psi+\tfrac{1}{2}\alpha\beta_2 F^b{}_c S_{(2)}{}^c{}_a\psi-$$
$$-\beta_1\beta_2 S_{(1)}{}^b{}_c S_{(2)}{}^c{}_a\psi+\tfrac{1}{2}\alpha^2\beta_2(\partial_5 A_c)A_a S_{(2)}{}^{cb}\psi+\tfrac{1}{2}\alpha^2\beta_2(\partial_5 A_a)A_c S_{(2)}{}^{cb}\psi+\tfrac{1}{2}\alpha\beta_2 F_{ac}S_{(2)}{}^{cb}\psi-\beta_1\beta_2 S_{(1)ac}S_{(2)}{}^{cb}\psi+$$
$$+\tfrac{1}{2}\alpha^2\beta_2(\partial_5 g_{ac})A_d A^b S_{(2)}{}^{cd}\psi-2\alpha^2\beta_2^2 A_c A_d S_{(2)a}{}^b S_{(2)}{}^{cd}\psi-2\alpha^2\beta_2^2 A_c A_d S_{(2)}{}^b{}_a S_{(2)}{}^{cd}\psi-\alpha\beta_0\beta_2 A_c S_{(0)}{}^b{}_d{}^c S_{(2)}{}^d{}_a\psi+$$
$$+\alpha^2\beta_2^2 A_c A_d S_{(2)}{}^{bc}S_{(2)}{}^d{}_a\psi-\alpha\beta_0\beta_2 A_c S_{(0)ad}{}^c S_{(2)}{}^{db}\psi+\alpha^2\beta_2^2 A_c A_d S_{(2)a}{}^c S_{(2)}{}^{db}\psi+2\alpha\beta_0\beta_2 A_c S_{(0)ad}{}^b S_{(2)}{}^{dc}\psi+$$
$$+2\alpha\beta_0\beta_2 A_c S_{(0)}{}^b{}_{da}S_{(2)}{}^{dc}\psi+\alpha^2\beta_2^2 A_c A^b S_{(2)da}S_{(2)}{}^{dc}\psi+\alpha^2\beta_2^2 A_a A_c S_{(2)d}{}^b S_{(2)}{}^{dc}\psi-\alpha\beta_2\beta_3 A_c S_{(2)}{}^{bc}S_{(3)a}\psi+$$
$$+\alpha\beta_2\beta_3 A_c S_{(2)}{}^{cb}S_{(3)a}\psi-2\beta_0\beta_3 S_{(0)a}{}^{bc}S_{(3)c}\psi+\alpha\beta_2\beta_3 A^b S_{(2)a}{}^c S_{(3)c}\psi-\alpha\beta_2\beta_3 A_a S_{(2)}{}^{bc}S_{(3)c}\psi-\alpha\beta_3(\partial_5 A_a)S_{(3)}{}^b\psi+$$
$$+\tfrac{1}{2}\alpha\beta_3(\partial_5 g_{ac})A^c S_{(3)}{}^b\psi+\alpha\beta_2\beta_3 A_c S_{(2)a}{}^c S_{(3)}{}^b\psi+\alpha\beta_2\beta_3 A_c S_{(2)}{}^c{}_a S_{(3)}{}^b\psi+\tfrac{1}{2}\alpha\beta_3(\partial_5 g_{ac})A^b S_{(3)}{}^c\psi+2\beta_0\beta_3 S_{(0)ac}{}^b S_{(3)}{}^c\psi+$$
$$+2\beta_0\beta_3 S_{(0)}{}^b{}_{ca}S_{(3)}{}^c\psi-2\alpha\beta_2\beta_3 A_c S_{(2)a}{}^b S_{(3)}{}^c\psi+\alpha\beta_2\beta_3 A^b S_{(2)ca}S_{(3)}{}^c\psi+\alpha\beta_2\beta_3 A_a S_{(2)c}{}^b S_{(3)}{}^c\psi-2\alpha\beta_2\beta_3 A_c S_{(2)}{}^b{}_a S_{(3)}{}^c\psi+$$
$$+2\beta_3(\partial_a S_{(3)c})g^{bc}-\alpha^2(\partial_5 A_a)(\partial_5 A_c)g^{bc}+\tfrac{1}{2}\alpha(\partial_5 U_{ac})g^{bc}+\beta_1(\partial_5 S_{(1)ac})g^{bc}-\tfrac{1}{2}\alpha^2(\partial_5\partial_5 A_c)A_a g^{bc}-$$
$$-\alpha\beta_3(\partial_5 S_{(3)c})A_a g^{bc}+2\alpha\beta_2(\partial_a S_{(2)c}{}^d)A_d g^{bc}+\alpha\beta_0(\partial_5 S_{(0)ac}{}^d)A_d g^{bc}-\alpha^2\beta_2(\partial_5 S_{(2)c}{}^d)A_a A_d g^{bc}+$$
$$+\tfrac{1}{4}\alpha^2(\partial_5 A_c)(\partial_5 g_{ad})A^d g^{bc}-\tfrac{1}{2}\alpha^2\beta_2(\partial_5 A_c)A_d S_{(2)a}{}^d g^{bc}+\tfrac{1}{2}\alpha^2\beta_2(\partial_5 A_c)A_d S_{(2)}{}^d{}_a g^{bc}-\alpha^2\beta_2(\partial_5 g_{ac})A_d A_e S_{(2)}{}^{de}g^{bc}-$$
$$-\alpha\beta_3(\partial_5 A_c)S_{(3)a}g^{bc}-\alpha\beta_3(\partial_5 g_{ac})A_d S_{(3)}{}^d g^{bc}-\tfrac{1}{2}\alpha^2(\partial_5 A_c)(\partial_5 g_{ad})A^c g^{bd}+\tfrac{1}{4}\alpha^2(\partial_5 A_a)(\partial_5 g_{cd})A^c g^{bd}-$$
$$-\alpha(\partial_5 A_c){}^{(4)}\{{}^c_{a\,d}\}g^{bd}+\tfrac{1}{4}\alpha(\partial_5 g_{cd})F_a{}^c g^{bd}-\tfrac{1}{2}\alpha\beta_0(\partial_5 g_{cd})A_e S_{(0)a}{}^{ce}g^{bd}-\tfrac{1}{2}\beta_1(\partial_5 g_{cd})S_{(1)a}{}^c g^{bd}+$$
$$+\tfrac{1}{2}\alpha^2\beta_2(\partial_5 g_{cd})A_e A^c S_{(2)a}{}^e g^{bd}+\tfrac{1}{2}\alpha^2\beta_2(\partial_5 g_{cd})A_a A_e S_{(2)}{}^{ce}g^{bd}+\tfrac{1}{2}\alpha\beta_3(\partial_5 g_{cd})A^c S_{(3)a}g^{bd}-2\beta_3{}^{(4)}\{{}^c_{a\,d}\}S_{(3)c}g^{bd}\psi+$$
$$+\tfrac{1}{2}\alpha\beta_3(\partial_5 g_{cd})A_a S_{(3)}{}^c g^{bd}-2\alpha\beta_2 A_c{}^{(4)}\{{}^d_{a\,e}\}S_{(2)d}{}^c g^{be}+\tfrac{1}{4}\alpha^2(\partial_5 A_c)(\partial_5 g_{ad})A^b g^{cd}+\tfrac{1}{4}\alpha^2(\partial_5 A_c)(\partial_5 g_{de})A_a g^{bd}g^{ce},$$

$$R_{a55}{}^5 = \tag{74}$$

$$=\partial_a\Gamma_{5\,5}^{\,5}-\partial_5\Gamma_{a\,5}^{\,5}+\Gamma_{a\,c}^{\,5}\Gamma_{5\,5}^{\,c}+\Gamma_{a\,5}^{\,5}\Gamma_{5\,5}^{\,5}-\Gamma_{5\,c}^{\,5}\Gamma_{a\,5}^{\,c}-\Gamma_{5\,5}^{\,5}\Gamma_{a\,5}^{\,5}$$

$$=-\tfrac{1}{4}\alpha(\partial_a\psi)(\partial_b\psi)A^b\psi^{-1}-\tfrac{1}{4}\alpha(\partial_5 g_{ab})(\partial_5\psi)A^b\psi^{-1}+\tfrac{1}{4}\alpha^2(\partial_b\psi)(\partial_5\psi)A_a A^b\psi^{-1}+\tfrac{1}{4}\alpha^2(\partial_a\psi)(\partial_5\psi)\eta\psi^{-1}-$$
$$-\tfrac{1}{4}\alpha^3(\partial_5\psi)(\partial_5\psi)A_a\eta\psi^{-1}-\tfrac{1}{2}\beta_2(\partial_5\psi)A_b S_{(2)a}{}^b\psi^{-1}-\tfrac{1}{2}\alpha\beta_2(\partial_5\psi)A_b S_{(2)}{}^b{}_a\psi^{-1}+\tfrac{1}{4}\alpha^5(\partial_5 A_b)(\partial_5 A_c)A_a A^b A^c\psi^2+$$
$$+\tfrac{1}{4}\alpha^4(\partial_5 A_b)\eta F_a{}^b\psi^2-\tfrac{1}{4}\alpha^4(\partial_5 A_b)A_c A^b F_a{}^c\psi^2-\tfrac{1}{4}\alpha^4(\partial_5 A_b)A_a A_c F^{bc}\psi^2-\tfrac{1}{4}\alpha^3 A_b F_{ac}F^{bc}\psi^2+\tfrac{1}{2}\alpha^3\beta_0 A_b A_c F^{cd}S_{(0)ad}{}^b\psi^2-$$
$$-\tfrac{1}{2}\alpha^4\beta_0(\partial_5 A_b)A_c\eta S_{(0)a}{}^{bc}\psi^2+\tfrac{1}{2}\alpha^4\beta_0(\partial_5 A_b)A_c A_d A^b S_{(0)a}{}^{cd}\psi^2+\tfrac{1}{2}\alpha^3\beta_0 A_b A_c F_a{}^d S_{(0)}{}^b{}_d{}^c\psi^2+$$
$$+\tfrac{1}{2}\alpha^4\beta_0(\partial_5 A_b)A_a A_c A_d S_{(0)}{}^{bcd}\psi^2-\alpha^3\beta_0^2 A_b A_c A_d S_{(0)ae}{}^b S_{(0)}{}^{ced}\psi^2-\tfrac{1}{2}\alpha^3\beta_1(\partial_5 A_b)\eta S_{(1)a}{}^b\psi^2+$$
$$+\tfrac{1}{2}\alpha^3\beta_1(\partial_5 A_b)A_c A^b S_{(1)a}{}^c\psi^2+\tfrac{1}{2}\alpha^2\beta_1 A_b F^b{}_c S_{(1)a}{}^c\psi^2-\alpha^2\beta_0\beta_1 A_b A_c S_{(0)}{}^b{}_d{}^c S_{(1)a}{}^d\psi^2+\tfrac{1}{2}\alpha^3\beta_1(\partial_5 A_b)A_a A_c S_{(1)}{}^{bc}\psi^2+$$
$$+\tfrac{1}{2}\alpha^2\beta_1 A_b F_{ac}S_{(1)}{}^{bc}\psi^2-\alpha\beta_1^2 A_b S_{(1)ac}S_{(1)}{}^{bc}\psi^2-\alpha^2\beta_0\beta_1 A_b A_c S_{(0)ad}{}^b S_{(1)}{}^{cd}\psi^2-\alpha^5\beta_2(\partial_5 A_b)A_a A_c\eta S_{(2)}{}^{bc}\psi^2+$$
$$+\tfrac{1}{2}\alpha^4\beta_2 A_b\eta F_{ac}S_{(2)}{}^{cb}\psi^2-\alpha^3\beta_1\beta_2 A_b\eta S_{(1)ac}S_{(2)}{}^{cb}\psi^2+\alpha^5\beta_2(\partial_5 A_b)A_a A_c A_d A^b S_{(2)}{}^{cd}\psi^2-\tfrac{1}{2}\alpha^4\beta_2 A_b A_c A_d F_a{}^b S_{(2)}{}^{cd}\psi^2+$$
$$+\alpha^3\beta_1\beta_2 A_b A_c A_d S_{(1)a}{}^b S_{(2)}{}^{cd}\psi^2+\tfrac{1}{2}\alpha^4\beta_2 A_a A_b A_c F^b{}_d S_{(2)}{}^{dc}\psi^2-\alpha^4\beta_0\beta_2 A_b A_c\eta S_{(0)ad}{}^b S_{(2)}{}^{dc}\psi^2-$$
$$-\alpha^3\beta_1\beta_2 A_a A_b A_c S_{(1)}{}^b{}_d S_{(2)}{}^{dc}\psi^2-\alpha^5\beta_2^2 A_a A_b A_c\eta S_{(2)d}{}^b S_{(2)}{}^{dc}\psi^2+\alpha^4\beta_0\beta_2 A_b A_c A_d A_e S_{(0)a}{}^{bc}S_{(2)}{}^{de}\psi^2+$$
$$+\alpha^5\beta_2^2 A_a A_b A_c A_d A_e S_{(2)}{}^b{}_d S_{(2)}{}^{de}\psi^2-\alpha^4\beta_0\beta_2 A_a A_b A_c A_d S_{(0)}{}^b{}_e{}^c S_{(2)}{}^{ed}\psi^2-\alpha^4\beta_3(\partial_5 A_b)A_a\eta S_{(3)}{}^b\psi^2+$$
$$+\tfrac{1}{2}\alpha^3\beta_3\eta F_{ab}S_{(3)}{}^b\psi^2-\alpha^2\beta_1\beta_3\eta S_{(1)ab}S_{(3)}{}^b\psi^2-\alpha^3\beta_3^2 A_a\eta S_{(3)b}S_{(3)}{}^b\psi^2+\alpha^4\beta_3(\partial_5 A_b)A_a A_c A^b S_{(3)}{}^c\psi^2-$$
$$-\tfrac{1}{2}\alpha^3\beta_3 A_b A_c F_a{}^b S_{(3)}{}^c\psi^2+\tfrac{1}{2}\alpha^3\beta_3 A_a A_b F^b{}_c S_{(3)}{}^c\psi^2-\alpha^3\beta_0\beta_3 A_b\eta S_{(0)ac}{}^b S_{(3)}{}^c\psi^2+\alpha^2\beta_1\beta_3 A_b A_c S_{(1)a}{}^b S_{(3)}{}^c\psi^2-$$
$$-\alpha^2\beta_1\beta_3 A_a A_b S_{(1)}{}^b{}_c S_{(3)}{}^c\psi^2-2\alpha^4\beta_2\beta_3 A_a A_b\eta S_{(2)c}{}^b S_{(3)}{}^c\psi^2+\alpha^3\beta_3^2 A_a A_b A_c S_{(3)}{}^b S_{(3)}{}^c\psi^2+$$

$$+ \alpha^3 \beta_0 \beta_3 A_b A_c A_d S_{(0)a}{}^{bc} S_{(3)}{}^d \psi^2 - \alpha^3 \beta_0 \beta_3 A_a A_b A_c S_{(0)}{}^b{}_d{}^c S_{(3)}{}^d \psi^2 + 2 \alpha^4 \beta_2 \beta_3 A_a A_b A_c A_d S_{(2)}{}^{bc} S_{(3)}{}^d \psi^2 -$$

$$- \frac{1}{4} \alpha^5 (\partial_5 A_b)(\partial_5 A_c) A_a \eta g^{bc} \psi^2 + \alpha \beta_2 (\partial_5 S_{(2)a}{}^b) A_b + \frac{1}{2} \alpha (\partial_a \partial_b \psi) A^b + \frac{1}{2} \alpha (\partial_5 \partial_5 g_{ab}) A^b - \frac{1}{2} \alpha^2 (\partial_b \psi)(\partial_5 A_a) A^b -$$

$$- \frac{1}{2} \alpha^2 (\partial_a \psi)(\partial_5 A_b) A^b - \frac{1}{2} \alpha^2 (\partial_5 \partial_b \psi) A_a A^b + \frac{3}{4} \alpha^3 (\partial_5 A_b)(\partial_5 \psi) A_a A^b - \frac{1}{4} \alpha^2 (\partial_b \psi)(\partial_5 g_{ac}) A^b A^c - \frac{1}{4} \alpha^3 (\partial_5 g_{bc})(\partial_5 \psi) A_a A^b A^c -$$

$$- \frac{1}{2} \alpha^2 (\partial_5 \partial_a \psi) \eta + \frac{3}{4} \alpha^3 (\partial_5 A_a)(\partial_5 \psi) \eta + \frac{1}{2} \alpha^3 (\partial_5 \partial_5 \psi) A_a \eta - \frac{1}{2} \alpha (\partial_b \psi) A^{c\,(4)}\{^b{}_{ac}\} + \frac{1}{2} \alpha^2 (\partial_5 \psi) A_b A^{c\,(4)}\{^b{}_{ac}\} - \frac{1}{4} \alpha^2 (\partial_5 \psi) A_b U_a{}^b +$$

$$+ \frac{1}{2} \alpha \beta_0 (\partial_b \psi) A_c S_{(0)a}{}^{bc} - \frac{1}{2} \alpha^2 \beta_0 (\partial_5 \psi) A_b A_c S_{(0)a}{}^{bc} - \frac{1}{2} \alpha \beta_0 (\partial_b \psi) A_c S_{(0)a}{}^{cb} - \frac{1}{2} \alpha \beta_0 (\partial_b \psi) A_c S_{(0)}{}^{bc}{}_a - \frac{1}{2} \alpha \beta_1 (\partial_5 \psi) A_b S_{(1)a}{}^b +$$

$$+ \frac{1}{2} \alpha^2 \beta_2 (\partial_b \psi) \eta S_{(2)a}{}^b + \frac{1}{2} \alpha^3 \beta_2 (\partial_5 \psi) A_b \eta S_{(2)a}{}^b + \frac{1}{2} \alpha \beta_2 (\partial_5 g_{bc}) A^b S_{(2)a}{}^c - \frac{1}{2} \alpha^2 \beta_2 (\partial_b \psi) A_c A^b S_{(2)a}{}^c - \alpha \beta_2^2 A_b S_{(2)a}{}^c S_{(2)c}{}^b +$$

$$+ \frac{1}{2} \alpha^2 \beta_2 (\partial_b \psi) \eta S_{(2)}{}^b{}_a - \frac{1}{2} \alpha \beta_2 (\partial_5 g_{ab}) A_c S_{(2)}{}^{bc} + \frac{1}{2} \alpha^2 \beta_2 (\partial_b \psi) A_a A_c S_{(2)}{}^{bc} - \alpha^2 \beta_2 (\partial_a \psi) A_b A_c S_{(2)}{}^{bc} + \frac{1}{2} \alpha^3 \beta_2 (\partial_5 \psi) A_a A_b A_c S_{(2)}{}^{bc} +$$

$$+ \alpha \beta_2^2 A_b S_{(2)ac} S_{(2)}{}^{bc} + \alpha \beta_2^2 A_b S_{(2)ca} S_{(2)}{}^{bc} - \frac{1}{2} \alpha \beta_2 (\partial_5 g_{bc}) A^b S_{(2)}{}^c{}_a - \frac{1}{2} \alpha^2 \beta_2 (\partial_b \psi) A_c A^b S_{(2)}{}^c{}_a + \frac{3}{2} \alpha \beta_2 (\partial_5 g_{ab}) A_c S_{(2)}{}^{cb} -$$

$$- \frac{1}{2} \alpha^2 \beta_2 (\partial_b \psi) A_a A_c S_{(2)}{}^{cb} - \alpha \beta_2^2 A_b S_{(2)ca} S_{(2)}{}^{cb} + \frac{1}{2} \alpha^2 \beta_3 (\partial_5 \psi) \eta S_{(3)a} - \alpha \beta_3 (\partial_a \psi) A_b S_{(3)}{}^b + \frac{1}{2} \alpha^2 \beta_3 (\partial_5 \psi) A_a A_b S_{(3)}{}^b +$$

$$+ \alpha \beta_2 (\partial_5 S_{(2)b}{}^c) A^b g_{ac} + \frac{1}{4} \alpha^2 (\partial_b \psi)(\partial_5 g_{ac}) \eta g^{bc} - \frac{1}{4} \alpha (\partial_5 g_{ab})(\partial_5 g_{cd}) A^c g^{bd} + \frac{1}{4} \alpha^2 (\partial_b \psi)(\partial_5 g_{cd}) A_a A^c g^{bd} - 2 \alpha \beta_3 (\partial_a S_{(3)b}) A^b \psi +$$

$$+ \alpha^3 (\partial_5 A_a)(\partial_5 A_b) A^b \psi - \frac{1}{2} \alpha^2 (\partial_5 U_{ab}) A^b \psi - \alpha \beta_1 (\partial_5 S_{(1)ab}) A^b \psi + \frac{1}{2} \alpha^3 (\partial_5 \partial_5 A_b) A_a A^b \psi + \alpha^2 \beta_3 (\partial_5 S_{(3)b}) A_a A^b \psi -$$

$$- 2 \alpha^2 \beta_2 (\partial_a S_{(2)b}{}^c) A_c A^b \psi - \alpha^2 \beta_0 (\partial_5 S_{(0)ab}{}^c) A_c A^b \psi + \alpha^3 \beta_2 (\partial_5 S_{(2)b}{}^c) A_a A_c A^b \psi + \frac{1}{4} \alpha^3 (\partial_5 A_b)(\partial_5 g_{ac}) A^b A^c \psi -$$

$$- \frac{1}{4} \alpha^3 (\partial_5 A_a)(\partial_5 g_{bc}) A^b A^c \psi + \frac{1}{2} \alpha^3 (\partial_5 \partial_5 A_a) \eta \psi + \alpha^2 \beta_3 (\partial_5 S_{(3)a}) \eta \psi + \alpha^3 \beta_2 (\partial_5 S_{(2)a}{}^b) A_b \eta \psi + \alpha^2 (\partial_5 A_b) A^{c\,(4)}\{^b{}_{ac}\} \psi -$$

$$- \frac{1}{4} \alpha^2 (\partial_5 g_{bc}) A^b F_a{}^c \psi + \frac{1}{4} \alpha^2 (\partial_5 g_{ab}) A_c F^{bc} \psi - \alpha^2 \beta_0 (\partial_5 A_b) A_c S_{(0)a}{}^{bc} \psi + \frac{1}{2} \alpha^2 \beta_0 (\partial_5 g_{bc}) A_d A^b S_{(0)a}{}^{cd} \psi + \alpha^2 \beta_0 (\partial_5 A_b) A_c S_{(0)}{}^{bc}{}_a \psi -$$

$$- \frac{1}{2} \alpha^2 \beta_0 (\partial_5 g_{ab}) A_c A_d S_{(0)}{}^{bcd} \psi + \frac{1}{2} \alpha \beta_1 (\partial_5 g_{bc}) A^b S_{(1)a}{}^c \psi - \frac{1}{2} \alpha \beta_1 (\partial_5 g_{ab}) A_c S_{(1)}{}^{bc} \psi + \frac{1}{2} \alpha^3 \beta_2 (\partial_5 A_b) \eta S_{(2)a}{}^b \psi +$$

$$+ \frac{3}{2} \alpha^3 \beta_2 (\partial_5 A_b) A_c A^b S_{(2)a}{}^c \psi - \frac{1}{2} \alpha^2 \beta_2 A_b F^b{}_c S_{(2)a}{}^c \psi + \alpha \beta_1 \beta_2 A_b S_{(1)}{}^b{}_c S_{(2)a}{}^c \psi - \frac{1}{2} \alpha^3 \beta_2 (\partial_5 g_{bc}) A_d A^b A^c S_{(2)a}{}^d \psi +$$

$$+ \alpha^2 \beta_0 \beta_2 A_b A_c S_{(0)}{}^b{}_d{}^c S_{(2)a}{}^d \psi + 2 \alpha^2 \beta_2 A_b A^{d\,(4)}\{^c{}_{ad}\} S_{(2)c}{}^b \psi - \alpha^3 \beta_2{}^2 A_b \eta S_{(2)a}{}^c S_{(2)c}{}^b \psi + 2 \alpha^2 \beta_0 \beta_2 A_b A_c S_{(0)a}{}^{bd} S_{(2)d}{}^c \psi -$$

$$- \frac{1}{2} \alpha^3 \beta_2 (\partial_5 A_b) \eta S_{(2)}{}^b{}_a \psi - \frac{1}{2} \alpha^3 \beta_2 (\partial_5 A_b) A_a A_c S_{(2)}{}^{bc} \psi + \alpha^3 \beta_2 (\partial_5 A_a) A_b A_c S_{(2)}{}^{bc} \psi - \frac{1}{2} \alpha^3 \beta_2 (\partial_5 g_{ab}) A_c \eta S_{(2)}{}^{bc} \psi -$$

$$- \alpha^2 \beta_2 A_b U_{ac} S_{(2)}{}^{bc} \psi - \frac{1}{2} \alpha^2 \beta_2 A_b F_{ac} S_{(2)}{}^{bc} \psi - \alpha \beta_1 \beta_2 A_b S_{(1)ac} S_{(2)}{}^{bc} \psi + \frac{1}{2} \alpha^3 \beta_2 (\partial_5 A_b) A_c A^b S_{(2)}{}^c{}_a \psi - \frac{1}{2} \alpha^2 \beta_2 A_b F^b{}_c S_{(2)}{}^c{}_a \psi +$$

$$+ \alpha \beta_1 \beta_2 A_b S_{(1)}{}^b{}_c S_{(2)}{}^c{}_a \psi + \frac{3}{2} \alpha^3 \beta_2 (\partial_5 A_b) A_a A_c S_{(2)}{}^{cb} \psi - \frac{1}{2} \alpha^2 \beta_2 A_b F_{ac} S_{(2)}{}^{cb} \psi + \alpha \beta_1 \beta_2 A_b S_{(1)ac} S_{(2)}{}^{cb} \psi -$$

$$- \alpha^3 \beta_2{}^2 A_b \eta S_{(2)ca} S_{(2)}{}^{cb} \psi - \frac{1}{2} \alpha^3 \beta_2 (\partial_5 g_{bc}) A_a A_d A^b S_{(2)}{}^{cd} \psi + \frac{1}{2} \alpha^3 \beta_2 (\partial_5 g_{ab}) A_c A_d S_{(2)}{}^{cd} \psi -$$

$$- \alpha^2 \beta_0 \beta_2 A_b A_c S_{(0)ad}{}^b S_{(2)}{}^{cd} \psi + \alpha^3 \beta_2{}^2 A_b A_c A_d S_{(2)a}{}^b S_{(2)}{}^{cd} \psi + \alpha^3 \beta_2{}^2 A_a A_b A_c S_{(2)d}{}^b S_{(2)}{}^{cd} \psi +$$

$$+ \alpha^3 \beta_2{}^2 A_b A_c A_d S_{(2)}{}^b{}_a S_{(2)}{}^{cd} \psi + \alpha^2 \beta_0 \beta_2 A_b A_c S_{(0)}{}^b{}_d{}^c S_{(2)}{}^d{}_a \psi - \alpha^2 \beta_0 \beta_2 A_b A_c S_{(0)ad}{}^b S_{(2)}{}^{dc} \psi -$$

$$- 2 \alpha^2 \beta_0 \beta_2 A_b A_c S_{(0)}{}^b{}_{da} S_{(2)}{}^{dc} \psi - \alpha^3 \beta_2{}^2 A_a A_b A_c S_{(2)d}{}^b S_{(2)}{}^{dc} \psi + \alpha^2 \beta_3 (\partial_5 A_b) A^b S_{(3)a} \psi - \frac{1}{2} \alpha^2 \beta_3 (\partial_5 g_{bc}) A^b A^c S_{(3)a} \psi +$$

$$+ 2 \alpha \beta_3 A^{c\,(4)}\{^b{}_{ac}\} S_{(3)b} \psi - \alpha^2 \beta_2 \beta_3 \eta S_{(2)a}{}^b S_{(3)b} \psi + 2 \alpha \beta_0 \beta_3 A_b S_{(0)a}{}^{bc} S_{(3)c} \psi + \alpha^2 \beta_2 \beta_3 A_a A_b S_{(2)}{}^{bc} S_{(3)c} \psi +$$

$$+ \alpha^2 \beta_3 (\partial_5 A_a) A_b S_{(3)}{}^b \psi - \frac{1}{2} \alpha^2 \beta_3 (\partial_5 g_{ab}) \eta S_{(3)}{}^b \psi - \alpha^2 \beta_2 \beta_3 \eta S_{(2)ba} S_{(3)}{}^b \psi - \frac{1}{2} \alpha^2 \beta_3 (\partial_5 g_{bc}) A_a A^b S_{(3)}{}^c \psi +$$

$$+ \frac{1}{2} \alpha^2 \beta_3 (\partial_5 g_{ab}) A_c A^b S_{(3)}{}^c \psi - 2 \alpha \beta_0 \beta_3 A_b S_{(0)ac}{}^b S_{(3)}{}^c \psi - 2 \alpha \beta_0 \beta_3 A_b S_{(0)}{}^b{}_{ca} S_{(3)}{}^c \psi + \alpha^2 \beta_2 \beta_3 A_b A_c S_{(2)a}{}^b S_{(3)}{}^c \psi -$$

$$- \alpha^2 \beta_2 \beta_3 A_a A_b S_{(2)c}{}^b S_{(3)}{}^c \psi + \alpha^2 \beta_2 \beta_3 A_b A_c S_{(2)}{}^b{}_a S_{(3)}{}^c \psi - \frac{1}{4} \alpha^3 (\partial_5 A_b)(\partial_5 g_{ac}) \eta g^{bc} \psi - \frac{1}{4} \alpha^3 (\partial_5 A_b)(\partial_5 g_{cd}) A_a A^c g^{bd} \psi,$$

$$R_{5ab}{}^c = \tag{75}$$

$$= \partial_5 \Gamma_{ab}{}^c - \partial_a \Gamma_{5b}{}^c + \Gamma_{5d}{}^c \Gamma_{ab}{}^d + \Gamma_{55}{}^c \Gamma_{ab}{}^5 - \Gamma_{ad}{}^c \Gamma_{b5}{}^d - \Gamma_{a5}{}^c \Gamma_{b5}{}^5$$

$$= \beta_2 \partial_a S_{(2)b}{}^c + \frac{1}{2} \partial_5 {}^{(4)}\{^c{}_{ab}\} + \beta_0 \partial_5 S_{(0)ab}{}^c - \frac{1}{4} \alpha (\partial_5 g_{ab})(\partial_5 \psi) A^c \psi^{-1} + \frac{1}{4} \alpha^2 (\partial_a \psi)(\partial_5 \psi) A_b A^c \psi^{-1} -$$

$$- \frac{1}{4} \alpha^3 (\partial_5 \psi)(\partial_5 \psi) A_a A_b A^c \psi^{-1} - \frac{1}{2} \alpha \beta_2 (\partial_5 \psi) A^c S_{(2)ab} \psi^{-1} - \frac{1}{2} \beta_2 (\partial_b \psi) S_{(2)a}{}^c \psi^{-1} - \frac{1}{2} \alpha \beta_2 (\partial_5 \psi) A^c S_{(2)ba} \psi^{-1} -$$

$$- \frac{1}{2} \beta_2 (\partial_b \psi) S_{(2)}{}^c{}_a \psi^{-1} + \frac{1}{4} (\partial_d \psi)(\partial_5 g_{ab}) g^{cd} \psi^{-1} - \frac{1}{4} (\partial_b \psi)(\partial_5 g_{ad}) g^{cd} \psi^{-1} - \frac{1}{4} \alpha (\partial_a \psi)(\partial_d \psi) A_b g^{cd} \psi^{-1} +$$

$$+ \frac{1}{4} \alpha^2 (\partial_d \psi)(\partial_5 \psi) A_a A_b g^{cd} \psi^{-1} + \frac{1}{2} \beta_2 (\partial_d \psi) S_{(2)ab} g^{cd} \psi^{-1} + \frac{1}{2} \beta_2 (\partial_d \psi) S_{(2)ba} g^{cd} \psi^{-1} + \frac{1}{4} \alpha^5 (\partial_5 A_a)(\partial_5 A_d) A_b A^c A^d \psi^2 +$$

$$+ \frac{1}{4} \alpha^4 (\partial_5 A_d) A_b A^c F_a{}^d \psi^2 + \frac{1}{4} \alpha^4 (\partial_5 A_d) A_a A_b F^{cd} \psi^2 - \frac{1}{4} \alpha^4 (\partial_5 A_a) A_b A_d F^{cd} \psi^2 - \frac{1}{4} \alpha^3 A_b F_{ad} F^{cd} \psi^2 +$$

$$+ \frac{1}{2} \alpha^3 \beta_0 A_b A_d F^{ce} S_{(0)ae}{}^d \psi^2 - \frac{1}{2} \alpha^4 \beta_0 (\partial_5 A_d) A_b A_e A^c S_{(0)a}{}^{de} \psi^2 + \frac{1}{2} \alpha^3 \beta_0 A_b A_d F_a{}^e S_{(0)}{}^c{}_e{}^d \psi^2 -$$

$$- \frac{1}{2} \alpha^4 \beta_0 (\partial_5 A_d) A_a A_b A_e S_{(0)}{}^{cde} \psi^2 + \frac{1}{2} \alpha^4 \beta_0 (\partial_5 A_a) A_b A_d A_e S_{(0)}{}^{cde} \psi^2 - \alpha^3 \beta_0{}^2 A_b A_d A_e S_{(0)af}{}^d S_{(0)}{}^{cfe} \psi^2 -$$

$$-\tfrac{1}{2}\alpha^3 \beta_1 (\partial_5 A_d) A_b A^c S_{(1)a}{}^d \psi^2 + \tfrac{1}{2}\alpha^2 \beta_1 A_b F^c{}_d S_{(1)a}{}^d \psi^2 - \alpha^2 \beta_0 \beta_1 A_b A_d S_{(0)}{}^c{}_e{}^d S_{(1)a}{}^e \psi^2 - \tfrac{1}{2}\alpha^3 \beta_1 (\partial_5 A_d) A_a A_b S_{(1)}{}^{cd} \psi^2 +$$

$$+ \tfrac{1}{2}\alpha^3 \beta_1 (\partial_5 A_a) A_b A_d S_{(1)}{}^{cd} \psi^2 + \tfrac{1}{2}\alpha^2 \beta_1 A_b F_{ad} S_{(1)}{}^{cd} \psi^2 - \alpha \beta_1^2 A_b S_{(1)ad} S_{(1)}{}^{cd} \psi^2 - \alpha^2 \beta_0 \beta_1 A_b A_d S_{(0)ae}{}^d S_{(1)}{}^{ce} \psi^2 +$$

$$+ \tfrac{1}{2}\alpha^5 \beta_2 (\partial_5 A_d) A_b A_e A^c A^d S_{(2)a}{}^e \psi^2 - \tfrac{1}{2}\alpha^4 \beta_2 A_b A_d A_e F^{cd} S_{(2)a}{}^e \psi^2 + \alpha^3 \beta_1 \beta_2 A_b A_d A_e S_{(1)}{}^{cd} S_{(2)a}{}^e \psi^2 +$$

$$+ \alpha^4 \beta_0 \beta_2 A_b A_d A_e A_f S_{(0)}{}^{cde} S_{(2)a}{}^f \psi^2 - \tfrac{1}{2}\alpha^5 \beta_2 (\partial_5 A_a) A_b A_d \eta S_{(2)}{}^{cd} \psi^2 + \tfrac{1}{2}\alpha^5 \beta_2 (\partial_5 A_d) A_a A_b A_e A^d S_{(2)}{}^{ce} \psi^2 -$$

$$- \tfrac{1}{2}\alpha^4 \beta_2 A_b A_d A_e F_a{}^d S_{(2)}{}^{ce} \psi^2 + \alpha^3 \beta_1 \beta_2 A_b A_d A_e S_{(1)a}{}^d S_{(2)}{}^{ce} \psi^2 - \alpha^5 \beta_2^2 A_b A_d A_e \eta S_{(2)a}{}^d S_{(2)}{}^{ce} \psi^2 +$$

$$+ \alpha^4 \beta_0 \beta_2 A_b A_d A_e A_f S_{(0)a}{}^{de} S_{(2)}{}^{cf} \psi^2 - \alpha^5 \beta_2 (\partial_5 A_d) A_a A_b A_e A^c S_{(2)}{}^{de} \psi^2 + \tfrac{1}{2}\alpha^5 \beta_2 (\partial_5 A_a) A_b A_d A_e A^c S_{(2)}{}^{de} \psi^2 +$$

$$+ \tfrac{1}{2}\alpha^4 \beta_2 A_b A_d A^c F_{ae} S_{(2)}{}^{ed} \psi^2 + \tfrac{1}{2}\alpha^4 \beta_2 A_a A_b A_d F^c{}_e S_{(2)}{}^{ed} \psi^2 - \alpha^3 \beta_1 \beta_2 A_b A_d A^c S_{(1)ae} S_{(2)}{}^{ed} \psi^2 -$$

$$- \alpha^3 \beta_1 \beta_2 A_a A_b A_d S_{(1)}{}^c{}_e S_{(2)}{}^{ed} \psi^2 + \alpha^5 \beta_2^2 A_b A_d A_e A_f A^c S_{(2)a}{}^d S_{(2)}{}^{ef} \psi^2 + \alpha^5 \beta_2^2 A_a A_b A_d A_e A_f S_{(2)}{}^{cd} S_{(2)}{}^{ef} \psi^2 -$$

$$- \alpha^4 \beta_0 \beta_2 A_b A_d A_e A^c S_{(0)af}{}^d S_{(2)}{}^{fe} \psi^2 - \alpha^4 \beta_0 \beta_2 A_a A_b A_d A_e S_{(0)}{}^c{}_f{}^d S_{(2)}{}^{fe} \psi^2 - \alpha^5 \beta_2^2 A_a A_b A_d A_e A^c S_{(2)f}{}^d S_{(2)}{}^{fe} \psi^2 +$$

$$+ \tfrac{1}{2}\alpha^4 \beta_3 (\partial_5 A_d) A_b A^c A^d S_{(3)a} \psi^2 - \tfrac{1}{2}\alpha^3 \beta_3 A_b A_d F^{cd} S_{(3)a} \psi^2 + \alpha^3 \beta_0 \beta_3 A_b A_d A_e S_{(0)}{}^{cde} S_{(3)a} \psi^2 + \alpha^2 \beta_1 \beta_3 A_b A_d S_{(1)}{}^{cd} S_{(3)a} \psi^2 -$$

$$- \alpha^4 \beta_2 \beta_3 A_b A_d \eta S_{(2)}{}^{cd} S_{(3)a} \psi^2 + \alpha^4 \beta_2 \beta_3 A_b A_d A_e A^c S_{(2)}{}^{de} S_{(3)a} \psi^2 + \tfrac{1}{2}\alpha^4 \beta_3 (\partial_5 A_d) A_a A_b A^d S_{(3)}{}^c \psi^2 -$$

$$- \tfrac{1}{2}\alpha^4 \beta_3 (\partial_5 A_a) A_b \eta S_{(3)}{}^c \psi^2 - \tfrac{1}{2}\alpha^3 \beta_3 A_b A_d F_a{}^d S_{(3)}{}^c \psi^2 + \alpha^3 \beta_0 \beta_3 A_b A_d A_e S_{(0)a}{}^{de} S_{(3)}{}^c \psi^2 + \alpha^2 \beta_1 \beta_3 A_b A_d S_{(1)a}{}^d S_{(3)}{}^c \psi^2 -$$

$$- \alpha^4 \beta_2 \beta_3 A_b A_d \eta S_{(2)a}{}^d S_{(3)}{}^c \psi^2 + \alpha^4 \beta_2 \beta_3 A_a A_b A_d A_e S_{(2)}{}^{de} S_{(3)}{}^c \psi^2 - \alpha^3 \beta_3^2 A_b \eta S_{(3)a} S_{(3)}{}^c \psi^2 - \alpha^4 \beta_3 (\partial_5 A_d) A_a A_b A^c S_{(3)}{}^d \psi^2 +$$

$$+ \tfrac{1}{2}\alpha^4 \beta_3 (\partial_5 A_a) A_b A_d A^c S_{(3)}{}^d \psi^2 + \tfrac{1}{2}\alpha^3 \beta_3 A_b A^c F_{ad} S_{(3)}{}^d \psi^2 + \tfrac{1}{2}\alpha^3 \beta_3 A_a A_b F^c{}_d S_{(3)}{}^d \psi^2 - \alpha^2 \beta_1 \beta_3 A_b A^c S_{(1)ad} S_{(3)}{}^d \psi^2 -$$

$$- \alpha^2 \beta_1 \beta_3 A_a A_b S_{(1)}{}^c{}_d S_{(3)}{}^d \psi^2 + \alpha^3 \beta_3^2 A_b A_d A^c S_{(3)a} S_{(3)}{}^d \psi^2 - \alpha^3 \beta_3^2 A_a A_b A^c S_{(3)d} S_{(3)}{}^d \psi^2 + \alpha^3 \beta_3^2 A_a A_b A_d S_{(3)}{}^c S_{(3)}{}^d \psi^2 -$$

$$- \alpha^3 \beta_0 \beta_3 A_b A_d A^c S_{(0)ae}{}^d S_{(3)}{}^e \psi^2 - \alpha^3 \beta_0 \beta_3 A_a A_b A_d S_{(0)}{}^c{}_e{}^d S_{(3)}{}^e \psi^2 + \alpha^4 \beta_2 \beta_3 A_b A_d A_e A^c S_{(2)a}{}^d S_{(3)}{}^e \psi^2 -$$

$$- 2\alpha^4 \beta_2 \beta_3 A_a A_b A_d A^c S_{(2)e}{}^d S_{(3)}{}^e \psi^2 + \alpha^4 \beta_2 \beta_3 A_a A_b A_d A_e S_{(2)}{}^{cd} S_{(3)}{}^e \psi^2 - \tfrac{1}{4}\alpha^5 (\partial_5 A_a)(\partial_5 A_d) A_b \eta g^{cd} \psi^2 -$$

$$- \tfrac{1}{4}\alpha^4 (\partial_5 A_d) A_b A_e F_a{}^e g^{cd} \psi^2 + \tfrac{1}{2}\alpha^4 \beta_0 (\partial_5 A_d) A_b A_e A_f S_{(0)a}{}^{ef} g^{cd} \psi^2 + \tfrac{1}{2}\alpha^3 \beta_1 (\partial_5 A_d) A_b A_e S_{(1)a}{}^e g^{cd} \psi^2 -$$

$$- \tfrac{1}{2}\alpha^5 \beta_2 (\partial_5 A_d) A_b A_e \eta S_{(2)a}{}^e g^{cd} \psi^2 + \tfrac{1}{2}\alpha^5 \beta_2 (\partial_5 A_d) A_a A_b A_e A_f S_{(2)}{}^{ef} g^{cd} \psi^2 - \tfrac{1}{2}\alpha^4 \beta_3 (\partial_5 A_d) A_b \eta S_{(3)a} g^{cd} \psi^2 +$$

$$+ \tfrac{1}{2}\alpha^4 \beta_3 (\partial_5 A_d) A_a A_b A_e S_{(3)}{}^e g^{cd} \psi^2 + \tfrac{1}{4}\alpha^5 (\partial_5 A_d)(\partial_5 A_e) A_a A_b A^d g^{ce} \psi^2 - \tfrac{1}{4}\alpha^5 (\partial_5 A_d)(\partial_5 A_e) A_a A_b A^c g^{de} \psi^2 + \tfrac{1}{2}\alpha (\partial_5 \partial_5 g_{ab}) A^c -$$

$$- \tfrac{1}{4}\alpha^2 (\partial_b \psi)(\partial_5 A_a) A^c - \tfrac{1}{2}\alpha^2 (\partial_a \psi)(\partial_5 A_b) A^c + \tfrac{3}{4}\alpha^3 (\partial_5 A_b)(\partial_5 \psi) A_a A^c - \tfrac{1}{2}\alpha^2 (\partial_5 \partial_a \psi) A_b A^c + \tfrac{3}{4}\alpha^3 (\partial_5 A_a)(\partial_5 \psi) A_b A^c +$$

$$+ \tfrac{1}{2}\alpha^3 (\partial_5 \partial_5 \psi) A_a A_b A^c - \tfrac{1}{4}\alpha^3 (\partial_5 g_{ad})(\partial_5 \psi) A_b A^c A^d - \tfrac{1}{4}\alpha^2 (\partial_5 \psi) A_b U_a{}^c - \tfrac{1}{4}\alpha^2 (\partial_5 \psi) A^c F_{ab} - \tfrac{1}{4}\alpha (\partial_b \psi) F_a{}^c + \tfrac{1}{4}\alpha^2 (\partial_5 \psi) A_b F_a{}^c -$$

$$- \tfrac{1}{2}\alpha (\partial_a \psi) F_b{}^c + \tfrac{1}{2}\alpha^2 (\partial_5 \psi) A_a F_b{}^c + \tfrac{1}{2}\alpha^2 \beta_0 (\partial_5 \psi) A_d A^c S_{(0)ab}{}^d - \tfrac{1}{2}\beta_0 (\partial_5 g_{bd}) S_{(0)a}{}^{cd} - \tfrac{1}{2}\alpha \beta_0 (\partial_d \psi) A_b S_{(0)a}{}^{cd} + \tfrac{1}{2}\alpha \beta_0 (\partial_b \psi) A_d S_{(0)a}{}^{cd} -$$

$$- \tfrac{1}{2}\alpha^2 \beta_0 (\partial_5 \psi) A_b A_d S_{(0)a}{}^{cd} - \tfrac{1}{2}\beta_0 (\partial_5 g_{bd}) S_{(0)a}{}^{dc} + \tfrac{1}{2}\alpha \beta_0 (\partial_d \psi) A_b S_{(0)a}{}^{dc} - \tfrac{1}{2}\alpha^2 \beta_0 (\partial_5 \psi) A_b A_d S_{(0)a}{}^{dc} -$$

$$- \beta_0 (\partial_5 g_{ad}) S_{(0)b}{}^{cd} + \alpha \beta_0 (\partial_a \psi) A_d S_{(0)b}{}^{cd} - \alpha^2 \beta_0 (\partial_5 \psi) A_a A_d S_{(0)b}{}^{cd} - \tfrac{1}{2}\beta_0 (\partial_5 g_{bd}) S_{(0)}{}^{cd}{}_a + \tfrac{1}{2}\alpha \beta_0 (\partial_d \psi) A_b S_{(0)}{}^{cd}{}_a -$$

$$- \tfrac{1}{2}\alpha^2 \beta_0 (\partial_5 \psi) A_b A_d S_{(0)}{}^{cd}{}_a + \tfrac{1}{2}\alpha \beta_1 (\partial_5 \psi) A^c S_{(1)ab} + \tfrac{1}{2}\beta_1 (\partial_b \psi) S_{(1)a}{}^c - \alpha \beta_1 (\partial_5 \psi) A_b S_{(1)a}{}^c + \beta_1 (\partial_a \psi) S_{(1)b}{}^c - \alpha \beta_1 (\partial_5 \psi) A_a S_{(1)b}{}^c +$$

$$+ \tfrac{1}{2}\alpha \beta_2 (\partial_5 g_{bd}) A^d S_{(2)a}{}^c - \tfrac{1}{2}\alpha^2 \beta_2 (\partial_d \psi) A_b A^d S_{(2)a}{}^c + \tfrac{1}{2}\alpha^3 \beta_2 (\partial_5 \psi) A_b \eta S_{(2)a}{}^c + \tfrac{1}{2}\alpha \beta_2 (\partial_5 g_{bd}) A^c S_{(2)a}{}^d +$$

$$+ \tfrac{1}{2}\alpha^2 \beta_2 (\partial_d \psi) A_b A^c S_{(2)a}{}^d - \tfrac{1}{2}\alpha^2 \beta_2 (\partial_b \psi) A_d A^c S_{(2)a}{}^d + \tfrac{3}{2}\alpha \beta_2 (\partial_5 g_{ad}) A^c S_{(2)b}{}^d - \alpha^2 \beta_2 (\partial_a \psi) A_d A^c S_{(2)b}{}^d +$$

$$+ \tfrac{3}{2}\alpha^3 \beta_2 (\partial_5 \psi) A_a A_d A^c S_{(2)b}{}^d + \beta_2 {}^{(4)}\{{}^c{}_{a\ d}\} S_{(2)b}{}^d + \beta_0 \beta_2 S_{(0)ad}{}^c S_{(2)b}{}^d - \beta_0 \beta_2 S_{(0)a}{}^c{}_d S_{(2)b}{}^d + \beta_0 \beta_2 S_{(0)}{}^c{}_{da} S_{(2)b}{}^d +$$

$$+ \alpha \beta_2^2 A^c S_{(2)ad} S_{(2)b}{}^d + \alpha \beta_2^2 A_d S_{(2)a}{}^c S_{(2)b}{}^d + \alpha \beta_2^2 A^c S_{(2)b}{}^d S_{(2)da} + \beta_0 \beta_2 S_{(0)a}{}^{cd} S_{(2)db} - \alpha \beta_2^2 A^c S_{(2)a}{}^d S_{(2)db} -$$

$$- \beta_2 {}^{(4)}\{{}^d{}_{a\ b}\} S_{(2)d}{}^c - \beta_0 \beta_2 S_{(0)ab}{}^d S_{(2)d}{}^c + \tfrac{1}{2}\alpha \beta_2 (\partial_5 g_{bd}) A^d S_{(2)}{}^c{}_a - \tfrac{1}{2}\alpha^2 \beta_2 (\partial_d \psi) A_b A^d S_{(2)}{}^c{}_a + \tfrac{1}{2}\alpha^3 \beta_2 (\partial_5 \psi) A_b \eta S_{(2)}{}^c{}_a +$$

$$+ \alpha \beta_2^2 A_d S_{(2)b}{}^d S_{(2)}{}^c{}_a - \tfrac{1}{2}\alpha^2 \beta_2 (\partial_d \psi) A_a A_b S_{(2)}{}^{cd} - \tfrac{1}{2}\alpha \beta_2 (\partial_5 g_{ab}) A_d S_{(2)}{}^{cd} + \tfrac{1}{2}\alpha^2 \beta_2 (\partial_b \psi) A_a A_d S_{(2)}{}^{cd} -$$

$$- \tfrac{1}{2}\alpha^3 \beta_2 (\partial_5 \psi) A_a A_b A_d S_{(2)}{}^{cd} + \beta_0 \beta_2 S_{(0)abd} S_{(2)}{}^{cd} - \beta_0 \beta_2 S_{(0)adb} S_{(2)}{}^{cd} - \beta_0 \beta_2 S_{(0)bda} S_{(2)}{}^{cd} - \alpha \beta_2^2 A_d S_{(2)ab} S_{(2)}{}^{cd} -$$

$$- \alpha \beta_2^2 A_d S_{(2)ba} S_{(2)}{}^{cd} - \tfrac{1}{2}\alpha \beta_2 (\partial_5 g_{bd}) A^c S_{(2)}{}^d{}_a + \tfrac{1}{2}\alpha^2 \beta_2 (\partial_d \psi) A_b A^c S_{(2)}{}^d{}_a - \tfrac{1}{2}\alpha^3 \beta_2 (\partial_5 \psi) A_b A_d A^c S_{(2)}{}^d{}_a -$$

$$- \tfrac{1}{2}\alpha \beta_2 (\partial_5 g_{ad}) A^c S_{(2)}{}^d{}_b - \beta_0 \beta_2 S_{(0)ad}{}^c S_{(2)}{}^d{}_b - \beta_0 \beta_2 S_{(0)}{}^c{}_{da} S_{(2)}{}^d{}_b + \alpha \beta_2^2 A_d S_{(2)a}{}^c S_{(2)}{}^d{}_b - \alpha \beta_2^2 A^c S_{(2)da} S_{(2)}{}^d{}_b +$$

$$+ \alpha \beta_2^2 A_d S_{(2)}{}^c{}_a S_{(2)}{}^d{}_b + \tfrac{1}{2}\alpha^2 \beta_2 (\partial_d \psi) A_a A_b S_{(2)}{}^{dc} - \tfrac{1}{2}\alpha \beta_2 (\partial_5 g_{ab}) A_d S_{(2)}{}^{dc} - \tfrac{1}{2}\alpha^3 \beta_2 (\partial_5 \psi) A_a A_b A_d S_{(2)}{}^{dc} +$$

$$+ \beta_0 \beta_2 S_{(0)adb} S_{(2)}{}^{dc} + \beta_0 \beta_2 S_{(0)bda} S_{(2)}{}^{dc} - \alpha \beta_2^2 A_d S_{(2)ab} S_{(2)}{}^{dc} - \alpha \beta_2^2 A_d S_{(2)ba} S_{(2)}{}^{dc} - \tfrac{1}{2}\alpha \beta_3 (\partial_b \psi) A^c S_{(3)a} +$$

$$\begin{aligned}
&+ \tfrac{1}{2}\alpha^2\beta_3(\partial_5\psi)A_b A^c S_{(3)a} - \alpha\beta_3(\partial_a\psi)A^c S_{(3)b} + \tfrac{3}{2}\alpha^2\beta_3(\partial_5\psi)A_a A^c S_{(3)b} + 2\beta_2\beta_3 S_{(2)a}{}^c S_{(3)b} + 2\beta_2\beta_3 S_{(2)}{}^c{}_a S_{(3)b} - \beta_3(\partial_5 g_{ab})S_{(3)}{}^c + \\
&+ \tfrac{1}{2}\alpha\beta_3(\partial_b\psi)A_a S_{(3)}{}^c - \alpha^2\beta_3(\partial_5\psi)A_a A_b S_{(3)}{}^c - 2\beta_2\beta_3 S_{(2)ab}S_{(3)}{}^c - 2\beta_2\beta_3 S_{(2)ba}S_{(3)}{}^c + \alpha\beta_2(\partial_5 S_{(2)b}{}^d)A^c g_{ad} + \\
&+ \alpha\beta_2(\partial_5 S_{(2)a}{}^d)A^c g_{bd} - \beta_2{}^{(4)}\{{}^e_{a\,e}\}S_{(2)}{}^{cd}g_{be} - \tfrac{1}{4}\alpha^2(\partial_d\psi)(\partial_5 A_b)A_a g^{cd} + \tfrac{1}{4}\alpha^2(\partial_b\psi)(\partial_5 A_d)A_a g^{cd} + \tfrac{1}{2}\alpha(\partial_a\partial_d\psi)A_b g^{cd} - \\
&- \tfrac{1}{4}\alpha^2(\partial_d\psi)(\partial_5 A_a)A_b g^{cd} - \tfrac{1}{2}\alpha^2(\partial_5\partial_d\psi)A_a A_b g^{cd} + \tfrac{1}{4}\alpha(\partial_5 g_{ad})(\partial_5 g_{be})A^e g^{cd} + \tfrac{1}{4}\alpha^3(\partial_5 g_{ad})(\partial_5\psi)A_b\eta g^{cd} + \tfrac{1}{4}\alpha(\partial_d\psi)F_{ab}g^{cd} - \\
&- \tfrac{1}{2}\alpha\beta_0(\partial_d\psi)A_e S_{(0)ab}{}^e g^{cd} - \tfrac{1}{2}\beta_1(\partial_d\psi)S_{(1)ab}{}^e g^{cd} + \tfrac{1}{2}\alpha^2\beta_2(\partial_d\psi)A_b A_e S_{(2)a}{}^e g^{cd} + \tfrac{1}{2}\alpha\beta_2(\partial_5 g_{ad})A_e S_{(2)b}{}^e g^{cd} - \\
&- \tfrac{1}{2}\alpha^2\beta_2(\partial_d\psi)A_a A_e S_{(2)b}{}^e g^{cd} + \tfrac{1}{2}\alpha\beta_2(\partial_5 g_{ad})A_e S_{(2)}{}^e{}_b g^{cd} + \tfrac{1}{2}\alpha\beta_3(\partial_d\psi)A_b S_{(3)a}g^{cd} + \beta_3(\partial_5 g_{ad})S_{(3)b}g^{cd} - \\
&- \tfrac{1}{2}\alpha\beta_3(\partial_d\psi)A_a S_{(3)b}g^{cd} - \beta_0(\partial_5 S_{(0)bd}{}^e)g_{ae}g^{cd} - \beta_2(\partial_a S_{(2)d}{}^e)g_{be}g^{cd} - \beta_0(\partial_5 S_{(0)ad}{}^e)g_{be}g^{cd} - \\
&- \tfrac{1}{4}\alpha(\partial_5 g_{ab})(\partial_5 g_{de})A^d g^{ce} - \tfrac{1}{4}\alpha^2(\partial_d\psi)(\partial_5 g_{ae})A_b A^d g^{ce} - \tfrac{1}{4}\alpha^3(\partial_5 g_{de})(\partial_5\psi)A_a A_b A^d g^{ce} - \tfrac{1}{2}\alpha(\partial_d\psi)A_b{}^{(4)}\{{}^d_{a\,e}\}g^{ce} + \\
&+ \tfrac{1}{2}\alpha^2(\partial_5\psi)A_b A_d{}^{(4)}\{{}^d_{a\,e}\}g^{ce} + \tfrac{1}{2}\beta_0(\partial_5 g_{de})S_{(0)ab}{}^d g^{ce} + \tfrac{1}{2}\beta_0(\partial_5 g_{de})S_{(0)a}{}^d{}_b g^{ce} + \tfrac{1}{2}\beta_0(\partial_5 g_{de})S_{(0)b}{}^d{}_a g^{ce} - \\
&- \tfrac{1}{2}\alpha\beta_2(\partial_5 g_{de})A^d S_{(2)ab}g^{ce} - \tfrac{1}{2}\alpha\beta_2(\partial_5 g_{de})A^d S_{(2)ba}g^{ce} + \beta_2{}^{(4)}\{{}^d_{a\,e}\}S_{(2)db}g^{ce} - \tfrac{1}{2}(\partial_5{}^{(4)}\{{}^d_{a\,e}\})g_{bd}g^{ce} - \\
&- \tfrac{1}{4}\alpha(\partial_5 g_{ad})(\partial_5 g_{be})A^c g^{de} + \tfrac{1}{4}\alpha^2(\partial_d\psi)(\partial_5 g_{ae})A_b A^c g^{de} + \tfrac{1}{4}\alpha^2(\partial_d\psi)(\partial_5 g_{ef})A_a A_b g^{ce}g^{df} - \alpha\beta_3(\partial_a S_{(3)b})A^c\psi + \\
&+ \alpha^3(\partial_5 A_a)(\partial_5 A_b)A^c\psi - \tfrac{1}{4}\alpha^2(\partial_5 U_{ab})A^c\psi - \tfrac{1}{4}\alpha^2(\partial_5 F_{ab})A^c\psi + \tfrac{1}{2}\alpha^3(\partial_5\partial_5 A_b)A_a A^c\psi + \alpha^2\beta_3(\partial_5 S_{(3)b})A_a A^c\psi + \\
&+ \tfrac{1}{2}\alpha^3(\partial_5\partial_5 A_a)A_b A^c\psi + \alpha^2\beta_3(\partial_5 S_{(3)a})A_b A^c\psi - \alpha^2\beta_2(\partial_a S_{(2)b}{}^d)A_d A^c\psi + \alpha^3\beta_2(\partial_5 S_{(2)b}{}^d)A_a A_d A^c\psi + \alpha^3\beta_2(\partial_5 S_{(2)a}{}^d)A_b A_d A^c\psi + \\
&+ \tfrac{1}{4}\alpha^3(\partial_5 A_d)(\partial_5 g_{ab})A^c A^d\psi - \tfrac{1}{4}\alpha^3(\partial_5 A_b)(\partial_5 g_{ad})A^c A^d\psi + \tfrac{1}{2}\alpha^2(\partial_5 A_d)A^c{}^{(4)}\{{}^d_{a\,b}\}\psi - \tfrac{1}{4}\alpha^2(\partial_5 A_b)U_a{}^c\psi + \tfrac{1}{4}\alpha^2(\partial_5 A_b)F_a{}^c\psi + \\
&+ \tfrac{1}{2}\alpha^2(\partial_5 A_a)F_b{}^c\psi - \tfrac{1}{4}\alpha^2(\partial_5 g_{ad})A^c F_b{}^d\psi - \tfrac{1}{2}\alpha{}^{(4)}\{{}^d_{a\,b}\}F^c{}_d\psi + \tfrac{1}{4}\alpha^2(\partial_5 g_{bd})A_a F^{cd}\psi - \tfrac{1}{4}\alpha^2(\partial_5 g_{ab})A_d F^{cd}\psi + \\
&+ \tfrac{1}{2}\alpha^2\beta_0(\partial_5 A_d)A^c S_{(0)ab}{}^d\psi - \tfrac{1}{2}\alpha\beta_0 F^c{}_d S_{(0)ab}{}^d\psi + \tfrac{1}{2}\alpha\beta_0 F^{cd}S_{(0)adb}\psi - \tfrac{1}{2}\alpha\beta_0 F_b{}^d S_{(0)ad}{}^c\psi - \tfrac{1}{2}\alpha^2\beta_0(\partial_5 A_d)A_b S_{(0)a}{}^{cd}\psi - \\
&- \tfrac{1}{2}\alpha^2\beta_0(\partial_5 A_b)A_d S_{(0)a}{}^{cd}\psi + \tfrac{1}{2}\alpha\beta_0 F_{bd}S_{(0)a}{}^{cd}\psi - \tfrac{1}{2}\alpha^2\beta_0(\partial_5 A_d)A^c S_{(0)a}{}^d{}_b\psi - \tfrac{1}{2}\alpha^2\beta_0(\partial_5 A_d)A_b S_{(0)a}{}^{dc}\psi - \\
&- \tfrac{1}{2}\alpha^2\beta_0(\partial_5 A_b)A_d S_{(0)a}{}^{dc}\psi + \tfrac{1}{2}\alpha\beta_0 F^{cd}S_{(0)bda}\psi - \alpha\beta_0{}^2 A_d S_{(0)a}{}^{ce}S_{(0)be}{}^d\psi - \alpha^2\beta_0(\partial_5 A_d)A_a S_{(0)b}{}^{cd}\psi - \alpha^2\beta_0(\partial_5 A_a)A_d S_{(0)b}{}^{cd}\psi + \\
&+ \tfrac{1}{2}\alpha\beta_0 U_{ad}S_{(0)b}{}^{cd}\psi + \tfrac{1}{2}\alpha\beta_0 F_{ad}S_{(0)b}{}^{cd}\psi - \tfrac{1}{2}\alpha^2\beta_0(\partial_5 A_d)A^c S_{(0)b}{}^d{}_a\psi + \tfrac{1}{2}\alpha^2\beta_0(\partial_5 g_{ad})A_e A^c S_{(0)b}{}^{de}\psi + \\
&+ \alpha\beta_0{}^2 A_d S_{(0)ae}{}^c S_{(0)b}{}^{ed}\psi - \tfrac{1}{2}\alpha\beta_0 F_b{}^d S_{(0)}{}^c{}_{da}\psi + \alpha\beta_0 A_d{}^{(4)}\{{}^d_{a\,b}\}S_{(0)}{}^c{}_e{}^d\psi + \alpha\beta_0{}^2 A_d S_{(0)ab}{}^e S_{(0)}{}^c{}_e{}^d\psi - \\
&- \tfrac{1}{2}\alpha^2\beta_0(\partial_5 A_d)A_b S_{(0)}{}^{cd}{}_a\psi - \tfrac{1}{2}\alpha^2\beta_0(\partial_5 A_b)A_d S_{(0)}{}^{cd}{}_a\psi - \tfrac{1}{2}\alpha^2\beta_0(\partial_5 g_{bd})A_a A_e S_{(0)}{}^{cde}\psi + \tfrac{1}{2}\alpha^2\beta_0(\partial_5 g_{ab})A_d A_e S_{(0)}{}^{cde}\psi + \\
&+ \alpha\beta_0{}^2 A_d S_{(0)be}{}^d S_{(0)}{}^{ce}{}_a\psi - \alpha\beta_0{}^2 A_d S_{(0)aeb}S_{(0)}{}^{ced}\psi - \alpha\beta_0{}^2 A_d S_{(0)bea}S_{(0)}{}^{ced}\psi - \alpha\beta_1(\partial_5 A_b)S_{(1)a}{}^c\psi - \\
&- \beta_0\beta_1 S_{(1)a}{}^{cd}S_{(1)bd}\psi - \alpha\beta_1(\partial_5 A_a)S_{(1)b}{}^c\psi + \tfrac{1}{2}\alpha\beta_1(\partial_5 g_{ad})A^c S_{(1)b}{}^d\psi + \beta_0\beta_1 S_{(0)ad}{}^c S_{(1)b}{}^d\psi + \beta_0\beta_1 S_{(0)}{}^c{}_{da}S_{(1)b}{}^d\psi + \\
&+ \beta_1{}^{(4)}\{{}^d_{a\,b}\}S_{(1)}{}^c{}_d\psi + \beta_0\beta_1 S_{(0)ab}{}^c S_{(1)}{}^c{}_d\psi - \tfrac{1}{2}\alpha\beta_1(\partial_5 g_{bd})A_a S_{(1)}{}^{cd}\psi + \tfrac{1}{2}\alpha\beta_1(\partial_5 g_{ab})A_d S_{(1)}{}^{cd}\psi - \beta_0\beta_1 S_{(0)adb}S_{(1)}{}^{cd}\psi - \\
&- \beta_0\beta_1 S_{(0)bda}S_{(1)}{}^{cd}\psi + \tfrac{1}{2}\alpha^3\beta_2(\partial_5 A_d)A^c A^d S_{(2)ab}\psi - \tfrac{1}{2}\alpha^2\beta_2 A_d F^{cd}S_{(2)ab}\psi + \alpha^2\beta_0\beta_2 A_d A_e S_{(0)}{}^{cde}S_{(2)ab}\psi + \\
&+ \alpha\beta_1\beta_2 A_d S_{(1)}{}^{cd}S_{(2)ab}\psi + \tfrac{1}{2}\alpha^3\beta_2(\partial_5 A_d)A_b A^d S_{(2)a}{}^c\psi + \tfrac{1}{2}\alpha^3\beta_2(\partial_5 A_b)\eta S_{(2)a}{}^c\psi + \tfrac{1}{2}\alpha^2\beta_2 A_d F_b{}^d S_{(2)a}{}^c\psi - \\
&- \alpha^2\beta_0\beta_2 A_d A_e S_{(0)b}{}^{de}S_{(2)a}{}^c\psi - \alpha\beta_1\beta_2 A_d S_{(1)b}{}^d S_{(2)a}{}^c\psi + \tfrac{1}{2}\alpha^3\beta_2(\partial_5 A_d)A_b A^c S_{(2)a}{}^d\psi + \tfrac{1}{2}\alpha^3\beta_2(\partial_5 A_b)A_d A^c S_{(2)a}{}^d\psi - \\
&- \tfrac{1}{2}\alpha^2\beta_2 A^c F_{bd}S_{(2)a}{}^d\psi + \alpha\beta_1\beta_2 A^c S_{(1)bd}S_{(2)a}{}^d\psi + \alpha\beta_0\beta_2 A_d A^c S_{(0)be}{}^d S_{(2)a}{}^e\psi + \tfrac{1}{2}\alpha^3\beta_2(\partial_5 A_d)A^c A^d S_{(2)ba}\psi - \\
&- \tfrac{1}{2}\alpha^2\beta_2 A_d F^{cd}S_{(2)ba}\psi + \alpha^2\beta_0\beta_2 A_d A_e S_{(0)}{}^{cde}S_{(2)ba}\psi + \alpha\beta_1\beta_2 A_d S_{(1)}{}^{cd}S_{(2)ba}\psi + \tfrac{3}{2}\alpha^3\beta_2(\partial_5 A_d)A_a A^c S_{(2)b}{}^d\psi + \\
&+ 2\alpha^3\beta_2(\partial_5 A_a)A_d A^c S_{(2)b}{}^d\psi - \tfrac{1}{2}\alpha^2\beta_2 A^c U_{ad}S_{(2)b}{}^d\psi - \tfrac{1}{2}\alpha^2\beta_2 A_d U_a{}^c S_{(2)b}{}^d\psi - \tfrac{1}{2}\alpha^2\beta_2 A^c F_{ad}S_{(2)b}{}^d\psi + \\
&+ \tfrac{1}{2}\alpha^2\beta_2 A_d F_a{}^c S_{(2)b}{}^d\psi - \tfrac{1}{2}\alpha^2\beta_2 A_a F^c{}_d S_{(2)b}{}^d\psi - 2\alpha\beta_1\beta_2 A_d S_{(1)a}{}^c S_{(2)b}{}^d\psi + \alpha\beta_1\beta_2 A_a S_{(1)}{}^c{}_d S_{(2)b}{}^d\psi + \\
&+ \alpha^3\beta_2{}^2 A_d\eta S_{(2)a}{}^c S_{(2)b}{}^d\psi - \tfrac{1}{2}\alpha^3\beta_2(\partial_5 g_{ad})A_e A^c A^d S_{(2)b}{}^e\psi - \alpha^2\beta_0\beta_2 A_d A_e S_{(0)a}{}^{cd}S_{(2)b}{}^e\psi - \\
&- \alpha^2\beta_0\beta_2 A_d A_e S_{(0)a}{}^{dc}S_{(2)b}{}^e\psi + \alpha^2\beta_0\beta_2 A_a A_d S_{(0)}{}^c{}_e{}^d S_{(2)b}{}^e\psi - \alpha^2\beta_0\beta_2 A_d A_e S_{(0)}{}^{cd}{}_a S_{(2)b}{}^e\psi + \\
&+ \alpha^3\beta_2{}^2 A_d A_e A^c S_{(2)a}{}^d S_{(2)b}{}^e\psi + \alpha^2\beta_2 A_d A^c{}^{(4)}\{{}^d_{a\,b}\}S_{(2)e}{}^d\psi + \alpha^2\beta_0\beta_2 A_d A^c S_{(0)ab}{}^e S_{(2)e}{}^d\psi + \alpha^2\beta_0\beta_2 A_b A_d S_{(0)a}{}^{ce}S_{(2)e}{}^d\psi - \\
&- \alpha^3\beta_2{}^2 A_b A_d A^c S_{(2)a}{}^e S_{(2)e}{}^d\psi + \alpha^3\beta_2{}^2 A_a A_d A^c S_{(2)b}{}^e S_{(2)e}{}^d\psi + \tfrac{1}{2}\alpha^3\beta_2(\partial_5 A_d)A_b A^d S_{(2)}{}^c{}_a\psi + \tfrac{1}{2}\alpha^3\beta_2(\partial_5 A_b)\eta S_{(2)}{}^c{}_a\psi + \\
&+ \tfrac{1}{2}\alpha^2\beta_2 A_d F_b{}^d S_{(2)}{}^c{}_a\psi - \alpha^2\beta_0\beta_2 A_d A_e S_{(0)b}{}^{de}S_{(2)}{}^c{}_a\psi - \alpha\beta_1\beta_2 A_d S_{(1)b}{}^d S_{(2)}{}^c{}_a\psi + \alpha^3\beta_2{}^2 A_d\eta S_{(2)b}{}^d S_{(2)}{}^c{}_a\psi - \\
&- \tfrac{1}{2}\alpha^3\beta_2(\partial_5 A_b)A_a A_d S_{(2)}{}^{cd}\psi - \tfrac{1}{2}\alpha^3\beta_2(\partial_5 A_a)A_b A_d S_{(2)}{}^{cd}\psi - \tfrac{1}{2}\alpha^3\beta_2(\partial_5 g_{ab})A_d\eta S_{(2)}{}^{cd}\psi + \tfrac{1}{2}\alpha^2\beta_2 A_d U_{ab}S_{(2)}{}^{cd}\psi -
\end{aligned}$$

$$-\tfrac{1}{2}\alpha^2\beta_2 A_b U_{ad} S_{(2)}{}^{cd}\psi - \tfrac{1}{2}\alpha^2\beta_2 A_d F_{ab} S_{(2)}{}^{cd}\psi + \tfrac{1}{2}\alpha^2\beta_2 A_a F_{bd} S_{(2)}{}^{cd}\psi + 2\alpha\beta_1\beta_2 A_d S_{(1)ab} S_{(2)}{}^{cd}\psi -$$
$$-\alpha\beta_1\beta_2 A_b S_{(1)ad} S_{(2)}{}^{cd}\psi - \alpha\beta_1\beta_2 A_a S_{(1)bd} S_{(2)}{}^{cd}\psi - \alpha^3\beta_2^2 A_d \eta S_{(2)ab} S_{(2)}{}^{cd}\psi - \alpha^3\beta_2^2 A_d \eta S_{(2)ba} S_{(2)}{}^{cd}\psi +$$
$$+\tfrac{1}{2}\alpha^3\beta_2(\partial_5 g_{bd}) A_a A_e A^d S_{(2)}{}^{ce}\psi - \alpha^2\beta_2 A_d A_e{}^{(4)}\{{}^d_{a\,b}\} S_{(2)}{}^{ce}\psi + \alpha^2\beta_0\beta_2 A_d A_e S_{(0)ab}{}^d S_{(2)}{}^{ce}\psi -$$
$$-\alpha^2\beta_0\beta_2 A_b A_d S_{(0)ae}{}^d S_{(2)}{}^{ce}\psi + \alpha^2\beta_0\beta_2 A_d A_e S_{(0)a}{}^d{}_b S_{(2)}{}^{ce}\psi - \alpha^2\beta_0\beta_2 A_a A_d S_{(0)be}{}^d S_{(2)}{}^{ce}\psi +$$
$$+\alpha^2\beta_0\beta_2 A_d A_e S_{(0)b}{}^d{}_a S_{(2)}{}^{ce}\psi - \alpha^3\beta_2^2 A_b A_d A_e S_{(2)a}{}^d S_{(2)}{}^{ce}\psi - \tfrac{1}{2}\alpha^3\beta_2(\partial_5 A_d) A_b A^c S_{(2)}{}^d{}_a\psi - \tfrac{1}{2}\alpha^3\beta_2(\partial_5 A_b) A_d A^c S_{(2)}{}^d{}_a\psi -$$
$$-\tfrac{1}{2}\alpha^2\beta_2 A^c F_{bd} S_{(2)}{}^d{}_a\psi + \alpha\beta_1\beta_2 A^c S_{(1)bd} S_{(2)}{}^d{}_a\psi - \tfrac{1}{2}\alpha^3\beta_2(\partial_5 A_d) A_a A^c S_{(2)}{}^d{}_b\psi + \tfrac{1}{2}\alpha^2\beta_2 A_a F^c{}_d S_{(2)}{}^d{}_b\psi -$$
$$-\alpha\beta_1\beta_2 A_a S_{(1)}{}^c{}_d S_{(2)}{}^d{}_b\psi - \tfrac{1}{2}\alpha^3\beta_2(\partial_5 A_b) A_a A_d S_{(2)}{}^{dc}\psi - \tfrac{1}{2}\alpha^3\beta_2(\partial_5 A_a) A_b A_d S_{(2)}{}^{dc}\psi - \tfrac{1}{2}\alpha^2\beta_2 A_b F_{ad} S_{(2)}{}^{dc}\psi -$$
$$-\tfrac{1}{2}\alpha^2\beta_2 A_a F_{bd} S_{(2)}{}^{dc}\psi + \alpha\beta_1\beta_2 A_b S_{(1)ad} S_{(2)}{}^{dc}\psi + \alpha\beta_1\beta_2 A_a S_{(1)bd} S_{(2)}{}^{dc}\psi - \tfrac{1}{2}\alpha^3\beta_2(\partial_5 g_{bd}) A_a A_e A^c S_{(2)}{}^{de}\psi -$$
$$-\tfrac{1}{2}\alpha^3\beta_2(\partial_5 g_{ad}) A_b A_e A^c S_{(2)}{}^{de}\psi + \tfrac{1}{2}\alpha^3\beta_2(\partial_5 g_{ab}) A_d A_e A^c S_{(2)}{}^{de}\psi + \alpha^3\beta_2^2 A_d A_e A^c S_{(2)ab} S_{(2)}{}^{de}\psi +$$
$$+\alpha^3\beta_2^2 A_b A_d A_e S_{(2)a}{}^c S_{(2)}{}^{de}\psi + \alpha^3\beta_2^2 A_d A_e A^c S_{(2)ba} S_{(2)}{}^{de}\psi + \alpha^3\beta_2^2 A_b A_d A_e S_{(2)}{}^c{}_a S_{(2)}{}^{de}\psi +$$
$$+\alpha^2\beta_0\beta_2 A_d A^c S_{(0)be} S_{(2)}{}^e{}_a\psi - \alpha^3\beta_2^2 A_d A_e A^c S_{(2)b}{}^d S_{(2)}{}^e{}_a\psi - \alpha^2\beta_0\beta_2 A_a A_d S_{(0)}{}^c{}_e S_{(2)}{}^e{}_b\psi +$$
$$+\alpha^3\beta_2^2 A_a A_d A_e S_{(2)}{}^{cd} S_{(2)}{}^e{}_b\psi + \alpha^2\beta_0\beta_2 A_b A_d S_{(0)ae}{}^d S_{(2)}{}^{ec}\psi + \alpha^2\beta_0\beta_2 A_a A_d S_{(0)be}{}^d S_{(2)}{}^{ec}\psi -$$
$$-\alpha^3\beta_2^2 A_b A_d A_e S_{(2)a}{}^d S_{(2)}{}^{ec}\psi - \alpha^3\beta_2^2 A_a A_d A_e S_{(2)b}{}^d S_{(2)}{}^{ec}\psi - \alpha^2\beta_0\beta_2 A_d A^c S_{(0)aeb} S_{(2)}{}^{ed}\psi -$$
$$-\alpha^2\beta_0\beta_2 A_b A_d S_{(0)ae}{}^c S_{(2)}{}^{ed}\psi - \alpha^2\beta_0\beta_2 A_d A^c S_{(0)bea} S_{(2)}{}^{ed}\psi - \alpha^2\beta_0\beta_2 A_b A_d S_{(0)}{}^c{}_{ea} S_{(2)}{}^{ed}\psi -$$
$$-\alpha^3\beta_2^2 A_b A_d A^c S_{(2)ea} S_{(2)}{}^{ed}\psi - \alpha^3\beta_2^2 A_a A_d A^c S_{(2)eb} S_{(2)}{}^{ed}\psi + \alpha^2\beta_3(\partial_5 A_b) A^c S_{(3)a}\psi + 2\alpha^2\beta_2\beta_3 A_d A^c S_{(2)}{}^d{}_b S_{(3)a}\psi -$$
$$-\alpha^2\beta_2\beta_3 A_b A_d S_{(2)}{}^{cd} S_{(3)a}\psi - \alpha^2\beta_2\beta_3 A_b A_d S_{(2)}{}^{dc} S_{(3)a}\psi + 2\alpha^2\beta_3(\partial_5 A_a) A^c S_{(3)b}\psi - \tfrac{1}{2}\alpha^2\beta_3(\partial_5 g_{ad}) A^c A^d S_{(3)b}\psi -$$
$$-\tfrac{1}{2}\alpha\beta_3 U_a{}^c S_{(3)b}\psi + \tfrac{1}{2}\alpha\beta_3 F_a{}^c S_{(3)b}\psi - \alpha\beta_0\beta_3 A_d S_{(0)a}{}^{cd} S_{(3)b}\psi - \alpha\beta_0\beta_3 A_d S_{(0)a}{}^{dc} S_{(3)b}\psi - \alpha\beta_0\beta_3 A_d S_{(0)}{}^{cd}{}_a S_{(3)b}\psi -$$
$$-2\beta_1\beta_3 S_{(1)a}{}^c S_{(3)b}\psi + \alpha^2\beta_2\beta_3 \eta S_{(2)a}{}^c S_{(3)b}\psi + \alpha^2\beta_2\beta_3 A_d A^c S_{(2)a}{}^d S_{(3)b}\psi + \alpha^2\beta_2\beta_3 \eta S_{(2)}{}^c{}_a S_{(3)b}\psi + \alpha^2\beta_2\beta_3 A_a A_d S_{(2)}{}^{cd} S_{(3)b}\psi -$$
$$-\alpha^2\beta_2\beta_3 A_d A^c S_{(2)}{}^d{}_a S_{(3)b}\psi - \alpha^2\beta_2\beta_3 A_a A_d S_{(2)}{}^{dc} S_{(3)b}\psi + 2\alpha\beta_3^2 A^c S_{(3)a} S_{(3)b}\psi + \alpha\beta_3 A^c{}^{(4)}\{{}^d_{a\,b}\} S_{(3)d}\psi +$$
$$+\alpha\beta_0\beta_3 A^c S_{(0)ab}{}^d S_{(3)d}\psi + \alpha\beta_0\beta_3 A_b S_{(0)a}{}^{cd} S_{(3)d}\psi - \alpha^2\beta_2\beta_3 A_b A^c S_{(2)a}{}^d S_{(3)d}\psi + \alpha^2\beta_2\beta_3 A_a A^c S_{(2)b}{}^d S_{(3)d}\psi -$$
$$-\alpha^2\beta_3(\partial_5 A_b) A_a S_{(3)}{}^c\psi - \alpha^2\beta_3(\partial_5 A_a) A_b S_{(3)}{}^c\psi + \tfrac{1}{2}\alpha^2\beta_3(\partial_5 g_{bd}) A_a A^d S_{(3)}{}^c\psi - \tfrac{1}{2}\alpha^2\beta_3(\partial_5 g_{ab}) \eta S_{(3)}{}^c\psi - \alpha\beta_3 A_d{}^{(4)}\{{}^d_{a\,b}\} S_{(3)}{}^c\psi +$$
$$+\tfrac{1}{2}\alpha\beta_3 U_{ab} S_{(3)}{}^c\psi - \tfrac{1}{2}\alpha\beta_3 F_{ab} S_{(3)}{}^c\psi + \alpha\beta_0\beta_3 A_d S_{(0)ab}{}^d S_{(3)}{}^c\psi + \alpha\beta_0\beta_3 A_d S_{(0)a}{}^d{}_b S_{(3)}{}^c\psi + \alpha\beta_0\beta_3 A_d S_{(0)b}{}^d{}_a S_{(3)}{}^c\psi +$$
$$+2\beta_1\beta_3 S_{(1)ab} S_{(3)}{}^c\psi - \alpha^2\beta_2\beta_3 \eta S_{(2)ab} S_{(3)}{}^c\psi - 2\alpha^2\beta_2\beta_3 A_b A_d S_{(2)a}{}^d S_{(3)}{}^c\psi - \alpha^2\beta_2\beta_3 \eta S_{(2)ba} S_{(3)}{}^c\psi -$$
$$-\alpha^2\beta_2\beta_3 A_a A_d S_{(2)b}{}^d S_{(3)}{}^c\psi + \alpha^2\beta_2\beta_3 A_a A_d S_{(2)}{}^d{}_b S_{(3)}{}^c\psi - 2\alpha\beta_3^2 A_b S_{(3)a} S_{(3)}{}^c\psi - \tfrac{1}{2}\alpha^2\beta_3(\partial_5 g_{bd}) A_a A^c S_{(3)}{}^d\psi -$$
$$-\tfrac{1}{2}\alpha^2\beta_3(\partial_5 g_{ad}) A_b A^c S_{(3)}{}^d\psi + \tfrac{1}{2}\alpha^2\beta_3(\partial_5 g_{ab}) A_d A^c S_{(3)}{}^d\psi - \alpha\beta_0\beta_3 A^c S_{(0)adb} S_{(3)}{}^d\psi - \alpha\beta_0\beta_3 A_b S_{(0)ad}{}^c S_{(3)}{}^d\psi -$$
$$-\alpha\beta_0\beta_3 A^c S_{(0)bda} S_{(3)}{}^d\psi - \alpha\beta_0\beta_3 A_b S_{(0)}{}^c{}_{da} S_{(3)}{}^d\psi + \alpha^2\beta_2\beta_3 A_d A^c S_{(2)ab} S_{(3)}{}^d\psi + \alpha^2\beta_2\beta_3 A_b A_d S_{(2)a}{}^c S_{(3)}{}^d\psi +$$
$$+\alpha^2\beta_2\beta_3 A_d A^c S_{(2)ba} S_{(3)}{}^d\psi - \alpha^2\beta_2\beta_3 A_b A^c S_{(2)da} S_{(3)}{}^d\psi - \alpha^2\beta_2\beta_3 A_a A^c S_{(2)db} S_{(3)}{}^d\psi + \alpha^2\beta_2\beta_3 A_b A_d S_{(2)}{}^c{}_a S_{(3)}{}^d\psi -$$
$$-\tfrac{1}{2}\alpha(\partial_a F_{bd}) g^{cd}\psi + \beta_1(\partial_a S_{(1)bd}) g^{cd}\psi + \tfrac{1}{2}\alpha^2(\partial_a F_{bd}) A_a g^{cd}\psi - \beta_1(\partial_5 S_{(1)bd}) A_a g^{cd}\psi - \alpha\beta_3(\partial_a S_{(3)d}) A_b g^{cd}\psi -$$
$$-\tfrac{1}{4}\alpha^2(\partial_5 U_{ad}) A_b g^{cd}\psi + \tfrac{1}{4}\alpha^2(\partial_5 F_{ad}) A_b g^{cd}\psi - \alpha\beta_1(\partial_5 S_{(1)ad}) A_b g^{cd}\psi + \alpha\beta_0(\partial_a S_{(0)bd}{}^e) A_e g^{cd}\psi -$$
$$-\alpha^2\beta_0(\partial_5 S_{(0)bd}{}^e) A_a A_e g^{cd}\psi - \alpha^2\beta_2(\partial_a S_{(2)d}{}^e) A_b A_e g^{cd}\psi - \alpha^2\beta_0(\partial_5 S_{(0)ad}{}^e) A_b A_e g^{cd}\psi + \tfrac{1}{4}\alpha^3(\partial_5 A_d)(\partial_5 g_{be}) A_a A^e g^{cd}\psi -$$
$$-\tfrac{1}{4}\alpha^3(\partial_5 A_d)(\partial_5 g_{ab}) \eta g^{cd}\psi + \tfrac{1}{4}\alpha^3(\partial_5 A_b)(\partial_5 g_{ad}) \eta g^{cd}\psi - \tfrac{1}{2}\alpha^2(\partial_5 A_d) A_e{}^{(4)}\{{}^e_{a\,b}\} g^{cd}\psi + \tfrac{1}{4}\alpha^2(\partial_5 A_d) U_{ab} g^{cd}\psi -$$
$$-\tfrac{1}{4}\alpha^2(\partial_5 A_d) F_{ab} g^{cd}\psi + \tfrac{1}{4}\alpha^2(\partial_5 g_{ad}) A_e F_b{}^e g^{cd}\psi + \tfrac{1}{2}\alpha^2\beta_0(\partial_5 A_d) A_e S_{(0)ab}{}^e g^{cd}\psi + \tfrac{1}{2}\alpha^2\beta_0(\partial_5 A_d) A_e S_{(0)a}{}^e{}_b g^{cd}\psi +$$
$$+\tfrac{1}{2}\alpha^2\beta_0(\partial_5 A_d) A_e S_{(0)b}{}^e{}_a g^{cd}\psi - \tfrac{1}{2}\alpha^2\beta_0(\partial_5 g_{ad}) A_e A_f S_{(0)b}{}^{ef} g^{cd}\psi + \alpha\beta_1(\partial_5 A_d) S_{(1)ab} g^{cd}\psi -$$
$$-\tfrac{1}{2}\alpha\beta_1(\partial_5 g_{ad}) A_e S_{(1)b}{}^e g^{cd}\psi - \tfrac{1}{2}\alpha^3\beta_2(\partial_5 A_d) \eta S_{(2)ab} g^{cd}\psi - \tfrac{1}{2}\alpha^3\beta_2(\partial_5 A_d) \eta S_{(2)ba} g^{cd}\psi + \tfrac{1}{2}\alpha^3\beta_2(\partial_5 A_d) A_a A_e S_{(2)b}{}^e g^{cd}\psi +$$
$$+\tfrac{1}{2}\alpha^3\beta_2(\partial_5 g_{ad}) A_e \eta S_{(2)}{}^e{}_b g^{cd}\psi + \tfrac{1}{2}\alpha^3\beta_2(\partial_5 A_d) A_a A_e S_{(2)}{}^e{}_b g^{cd}\psi + \tfrac{1}{2}\alpha^3\beta_2(\partial_5 g_{ad}) A_b A_e A_f S_{(2)}{}^{ef} g^{cd}\psi +$$
$$+\alpha^2\beta_3(\partial_5 A_d) A_a S_{(3)b} g^{cd}\psi + \tfrac{1}{2}\alpha^2\beta_3(\partial_5 g_{ad}) \eta S_{(3)b} g^{cd}\psi + \tfrac{1}{2}\alpha^2\beta_3(\partial_5 g_{ad}) A_b A_e S_{(3)}{}^e g^{cd}\psi - \tfrac{1}{4}\alpha^3(\partial_5 A_b)(\partial_5 g_{de}) A_a A^d g^{ce}\psi +$$
$$+\tfrac{1}{4}\alpha^3(\partial_5 A_d)(\partial_5 g_{ae}) A_b A^d g^{ce}\psi - \tfrac{1}{4}\alpha^3(\partial_5 A_a)(\partial_5 g_{de}) A_b A^d g^{ce}\psi + \tfrac{1}{2}\alpha^2(\partial_5 A_d) A_b{}^{(4)}\{{}^d_{a\,e}\} g^{ce}\psi + \tfrac{1}{2}\alpha^2(\partial_5 A_b) A_d{}^{(4)}\{{}^d_{a\,e}\} g^{ce}\psi -$$

$$-\tfrac{1}{4}\alpha^2\,(\partial_5 g_{de})\,A_b\,F_a{}^d\,g^{ce}\,\psi + \tfrac{1}{2}\alpha\,{}^{(4)}\{{}^{d}_{a\,e}\}\,F_{bd}\,g^{ce}\,\psi - \tfrac{1}{4}\alpha^2\,(\partial_5 g_{de})\,A_a\,F_b{}^d\,g^{ce}\,\psi + \tfrac{1}{2}\alpha^2\,\beta_0\,(\partial_5 g_{de})\,A_b\,A_f\,S_{(0)a}{}^{df}\,g^{ce}\,\psi +$$

$$+\tfrac{1}{2}\alpha^2\,\beta_0\,(\partial_5 g_{de})\,A_a\,A_f\,S_{(0)b}{}^{df}\,g^{ce}\,\psi + \tfrac{1}{2}\alpha\,\beta_1\,(\partial_5 g_{de})\,A_b\,S_{(1)a}{}^d\,g^{ce}\,\psi - \beta_1\,{}^{(4)}\{{}^{d}_{a\,e}\}\,S_{(1)bd}\,g^{ce}\,\psi + \tfrac{1}{2}\alpha\,\beta_1\,(\partial_5 g_{de})\,A_a\,S_{(1)b}{}^d\,g^{ce}\,\psi -$$

$$-\tfrac{1}{2}\alpha^3\,\beta_2\,(\partial_5 g_{de})\,A_b\,A_f\,A^d\,S_{(2)a}{}^f\,g^{ce}\,\psi - \tfrac{1}{2}\alpha^3\,\beta_2\,(\partial_5 g_{de})\,A_a\,A_f\,A^d\,S_{(2)b}{}^f\,g^{ce}\,\psi - \tfrac{1}{2}\alpha^2\,\beta_3\,(\partial_5 g_{de})\,A_b\,A^d\,S_{(3)a}\,g^{ce}\,\psi -$$

$$-\tfrac{1}{2}\alpha^2\,\beta_3\,(\partial_5 g_{de})\,A_a\,A^d\,S_{(3)b}\,g^{ce}\,\psi + \alpha\,\beta_3\,A_d\,{}^{(4)}\{{}^{d}_{a\,e}\}\,S_{(3)b}\,g^{ce}\,\psi + \alpha\,\beta_3\,A_b\,{}^{(4)}\{{}^{d}_{a\,e}\}\,S_{(3)d}\,g^{ce}\,\psi - \alpha\,\beta_0\,A_d\,{}^{(4)}\{{}^{e}_{a\,f}\}\,S_{(0)be}{}^d\,g^{cf}\,\psi +$$

$$+\alpha^2\,\beta_2\,A_d\,A_e\,{}^{(4)}\{{}^{d}_{a\,f}\}\,S_{(2)b}{}^e\,g^{cf}\,\psi + \alpha^2\,\beta_2\,A_b\,A_d\,{}^{(4)}\{{}^{e}_{a\,f}\}\,S_{(2)e}{}^d\,g^{cf}\,\psi - \tfrac{1}{4}\alpha^3\,(\partial_5 A_d)\,(\partial_5 g_{be})\,A_a\,A^c\,g^{de}\,\psi -$$

$$-\tfrac{1}{4}\alpha^3\,(\partial_5 A_d)\,(\partial_5 g_{ae})\,A_b\,A^c\,g^{de}\,\psi,$$

$$R_{5ab}{}^5 = \tag{76}$$

$$= \partial_5\Gamma_{a\,b}^{\,5} - \partial_a\Gamma_{5\,b}^{\,5} + \Gamma_{5\,c}^{\,5}\Gamma_{a\,b}^{\,c} + \Gamma_{5\,5}^{\,5}\Gamma_{a\,b}^{\,5} - \Gamma_{a\,c}^{\,5}\Gamma_{5\,b}^{\,c} - \Gamma_{a\,5}^{\,5}\Gamma_{5\,b}^{\,5}$$

$$= 2\beta_3\,\partial_a S_{(3)b} - \alpha^2\,(\partial_5 A_a)\,\partial_5 A_b + \tfrac{1}{2}\,\partial_5 U_{ab} + \beta_1\,\partial_5 S_{(1)ab} + \tfrac{1}{4}(\partial_a\psi)(\partial_b\psi)\psi^{-2} + \tfrac{1}{4}(\partial_5 g_{ab})(\partial_5\psi)\psi^{-2} -$$

$$-\tfrac{1}{4}\alpha(\partial_b\psi)(\partial_5\psi)A_a\psi^{-2} - \tfrac{1}{4}\alpha(\partial_a\psi)(\partial_5\psi)A_b\psi^{-2} + \tfrac{1}{4}\alpha^2(\partial_5\psi)(\partial_5\psi)A_a A_b\psi^{-2} + \tfrac{1}{2}\beta_2(\partial_5\psi)S_{(2)ab}\psi^{-2} + \tfrac{1}{2}\beta_2(\partial_5\psi)S_{(2)ba}\psi^{-2} -$$

$$-\tfrac{1}{2}(\partial_a\partial_b\psi)\psi^{-1} - \tfrac{1}{2}(\partial_5\partial_5 g_{ab})\psi^{-1} + \tfrac{1}{2}\alpha(\partial_b\psi)(\partial_5 A_a)\psi^{-1} + \tfrac{1}{2}\alpha(\partial_a\psi)(\partial_5 A_b)\psi^{-1} + \tfrac{1}{2}\alpha(\partial_5\partial_b A_a)\psi^{-1} - \tfrac{3}{4}\alpha^2(\partial_5 A_b)(\partial_5\psi)A_a\psi^{-1} +$$

$$+\tfrac{1}{2}\alpha(\partial_5\partial_a\psi)A_b\psi^{-1} - \tfrac{3}{4}\alpha^2(\partial_5 A_a)(\partial_5\psi)A_b\psi^{-1} - \tfrac{1}{2}\alpha^2(\partial_5\partial_5\psi)A_a A_b\psi^{-1} + \tfrac{1}{4}\alpha(\partial_b\psi)(\partial_5 g_{ac})A^c\psi^{-1} +$$

$$+\tfrac{1}{4}\alpha^2(\partial_5 g_{bc})(\partial_5\psi)A_a A^c\psi^{-1} + \tfrac{1}{4}\alpha^2(\partial_a\psi)(\partial_c\psi)A_b A^c\psi^{-1} + \tfrac{1}{4}\alpha^2(\partial_5 g_{ac})(\partial_5\psi)A_b A^c\psi^{-1} - \tfrac{1}{4}\alpha^3(\partial_c\psi)(\partial_5\psi)A_a A_b A^c\psi^{-1} -$$

$$-\tfrac{1}{4}\alpha^3(\partial_a\psi)(\partial_5\psi)A_b\,\eta\,\psi^{-1} + \tfrac{1}{4}\alpha^4(\partial_5\psi)(\partial_5\psi)A_a A_b\,\eta\,\psi^{-1} + \tfrac{1}{2}(\partial_c\psi)\,{}^{(4)}\{{}^{c}_{a\,b}\}\,\psi^{-1} - \tfrac{1}{2}\alpha(\partial_5\psi)A_c\,{}^{(4)}\{{}^{c}_{a\,b}\}\,\psi^{-1} + \tfrac{1}{4}\alpha(\partial_5\psi)U_{ab}\psi^{-1} +$$

$$+\tfrac{1}{2}\beta_0(\partial_c\psi)S_{(0)ab}{}^c\psi^{-1} - \tfrac{1}{2}\beta_0(\partial_c\psi)S_{(0)a}{}^c{}_b\psi^{-1} + \tfrac{1}{2}\alpha\beta_0(\partial_5\psi)A_c S_{(0)a}{}^c{}_b\psi^{-1} - \tfrac{1}{2}\beta_0(\partial_c\psi)S_{(0)b}{}^c{}_a\psi^{-1} + \tfrac{1}{2}\alpha\beta_0(\partial_5\psi)A_c S_{(0)b}{}^c{}_a\psi^{-1} +$$

$$+\tfrac{1}{2}\beta_1(\partial_5\psi)S_{(1)ab}\psi^{-1} - \tfrac{1}{2}\beta_2(\partial_5 g_{bc})S_{(2)a}{}^c\psi^{-1} - \tfrac{1}{2}\alpha\beta_2(\partial_c\psi)A_b S_{(2)a}{}^c\psi^{-1} + \tfrac{1}{2}\alpha\beta_2(\partial_b\psi)A_c S_{(2)a}{}^c\psi^{-1} -$$

$$-\tfrac{3}{2}\beta_2(\partial_5 g_{ac})S_{(2)b}{}^c\psi^{-1} + \tfrac{1}{2}\alpha\beta_2(\partial_c\psi)A_a S_{(2)b}{}^c\psi^{-1} + \alpha\beta_2(\partial_a\psi)A_c S_{(2)b}{}^c\psi^{-1} - \alpha^2\beta_2(\partial_5\psi)A_a A_c S_{(2)b}{}^c\psi^{-1} -$$

$$-\beta_2{}^2\,S_{(2)ac}S_{(2)b}{}^c\psi^{-1} - \beta_2{}^2\,S_{(2)b}{}^c S_{(2)ca}\psi^{-1} + \beta_2{}^2\,S_{(2)a}{}^c S_{(2)cb}\psi^{-1} + \tfrac{1}{2}\beta_2(\partial_5 g_{bc})S_{(2)}{}^c{}_a\psi^{-1} -$$

$$-\tfrac{1}{2}\alpha\beta_2(\partial_c\psi)A_b S_{(2)}{}^c{}_a\psi^{-1} + \tfrac{1}{2}\alpha\beta_2(\partial_b\psi)A_c S_{(2)}{}^c{}_a\psi^{-1} + \tfrac{1}{2}\alpha^2\beta_2(\partial_5\psi)A_b A_c S_{(2)}{}^c{}_a\psi^{-1} + \tfrac{1}{2}\beta_2(\partial_5 g_{ac})S_{(2)}{}^c{}_b\psi^{-1} -$$

$$-\tfrac{1}{2}\alpha\beta_2(\partial_c\psi)A_a S_{(2)}{}^c{}_b\psi^{-1} + \tfrac{1}{2}\alpha^2\beta_2(\partial_5\psi)A_a A_c S_{(2)}{}^c{}_b\psi^{-1} + \beta_2{}^2 S_{(2)ca}S_{(2)}{}^c{}_b\psi^{-1} - \tfrac{1}{2}\alpha\beta_3(\partial_5\psi)A_b S_{(3)a}\psi^{-1} +$$

$$+\beta_3(\partial_a\psi)S_{(3)b}\psi^{-1} - \tfrac{1}{2}\alpha\beta_3(\partial_5\psi)A_a S_{(3)b}\psi^{-1} - \beta_2(\partial_5 S_{(2)b}{}^c)g_{ac}\psi^{-1} - \beta_2(\partial_5 S_{(2)a}{}^c)g_{bc}\psi^{-1} + \tfrac{1}{4}(\partial_5 g_{ac})(\partial_5 g_{bd})g^{cd}\psi^{-1} -$$

$$-\tfrac{1}{4}\alpha(\partial_c\psi)(\partial_5 g_{bd})A_a g^{cd}\psi^{-1} - \tfrac{1}{4}\alpha(\partial_c\psi)(\partial_5 g_{ad})A_b g^{cd}\psi^{-1} - \tfrac{1}{4}\alpha^6(\partial_5 A_c)(\partial_5 A_d)A_a A_b A^c A^d\psi^2 - \tfrac{1}{4}\alpha^5(\partial_5 A_c)A_b\,\eta\,F_a{}^c\psi^2 +$$

$$+\tfrac{1}{4}\alpha^5(\partial_5 A_c)A_b A_d A^c F_a{}^d\psi^2 + \tfrac{1}{4}\alpha^5(\partial_5 A_c)A_a A_b A_d F^{cd}\psi^2 + \tfrac{1}{4}\alpha^4 A_b A_c F_{ad}F^{cd}\psi^2 - \tfrac{1}{2}\alpha^4\beta_0 A_b A_c A_d F^{de}S_{(0)ae}{}^c\psi^2 +$$

$$+\tfrac{1}{2}\alpha^5\beta_0(\partial_5 A_c)A_b A_d\,\eta\,S_{(0)a}{}^{cd}\psi^2 - \tfrac{1}{2}\alpha^5\beta_0(\partial_5 A_c)A_b A_d A_e A^c S_{(0)a}{}^{de}\psi^2 - \tfrac{1}{2}\alpha^4\beta_0 A_b A_c A_d F_a{}^e S_{(0)e}{}^c{}_d{}^{d}\psi^2 -$$

$$-\tfrac{1}{2}\alpha^5\beta_0(\partial_5 A_c)A_a A_b A_d A_e S_{(0)}{}^{cde}\psi^2 + \alpha^4\beta_0{}^2 A_b A_c A_d A_e S_{(0)af}{}^c S_{(0)}{}^{dfe}\psi^2 + \tfrac{1}{2}\alpha^4\beta_1(\partial_5 A_c)A_b\,\eta\,S_{(1)a}{}^c\psi^2 -$$

$$-\tfrac{1}{2}\alpha^4\beta_1(\partial_5 A_c)A_b A_d A^c S_{(1)a}{}^d\psi^2 - \tfrac{1}{2}\alpha^3\beta_1 A_b A_c F^c{}_d S_{(1)a}{}^d\psi^2 + \alpha^3\beta_0\beta_1 A_b A_c A_d S_{(0)}{}^c{}_e{}^d S_{(1)a}{}^e\psi^2 -$$

$$-\tfrac{1}{2}\alpha^4\beta_1(\partial_5 A_c)A_a A_b A_d S_{(1)}{}^{cd}\psi^2 - \tfrac{1}{2}\alpha^3\beta_1 A_b A_c F_{ad}S_{(1)}{}^{cd}\psi^2 + \alpha^2\beta_1{}^2 A_b A_c S_{(1)ad}S_{(1)}{}^{cd}\psi^2 +$$

$$+\alpha^3\beta_0\beta_1 A_b A_c A_d S_{(0)ae}{}^c S_{(1)}{}^{de}\psi^2 + \alpha^6\beta_2(\partial_5 A_c)A_a A_b A_d\,\eta\,S_{(2)}{}^{cd}\psi^2 - \tfrac{1}{2}\alpha^5\beta_2 A_b\,\eta\,F_{ad}S_{(2)}{}^{dc}\psi^2 +$$

$$+\alpha^4\beta_1\beta_2 A_b A_c\,\eta\,S_{(1)ad}S_{(2)}{}^{dc}\psi^2 - \alpha^6\beta_2(\partial_5 A_c)A_a A_b A_d A_e A^c S_{(2)}{}^{de}\psi^2 + \tfrac{1}{2}\alpha^5\beta_2 A_b A_d A_e F_a{}^c S_{(2)}{}^{de}\psi^2 -$$

$$-\alpha^4\beta_1\beta_2 A_b A_c A_d A_e S_{(1)a}{}^c S_{(2)}{}^{de}\psi^2 - \tfrac{1}{2}\alpha^5\beta_2 A_a A_b A_c A_d F^c{}_e S_{(2)}{}^{ed}\psi^2 + \alpha^5\beta_0\beta_2 A_b A_c A_d\,\eta\,S_{(0)ae}{}^c S_{(2)}{}^{ed}\psi^2 +$$

$$+\alpha^4\beta_1\beta_2 A_a A_b A_c A_d S_{(1)}{}^c{}_e S_{(2)}{}^{ed}\psi^2 + \alpha^6\beta_2{}^2 A_a A_b A_c A_d\,\eta\,S_{(2)e}{}^c S_{(2)}{}^{ed}\psi^2 - \alpha^5\beta_0\beta_2 A_b A_c A_d A_e A_f S_{(0)a}{}^{cd}S_{(2)}{}^{ef}\psi^2 -$$

$$-\alpha^6\beta_2{}^2 A_a A_b A_c A_d A_e A_f S_{(2)}{}^{cd}S_{(2)}{}^{ef}\psi^2 + \alpha^5\beta_0\beta_2 A_a A_b A_c A_d A_e S_{(0)}{}^c{}_f{}^d S_{(2)}{}^{fe}\psi^2 + \alpha^5\beta_3(\partial_5 A_c)A_a A_b\,\eta\,S_{(3)}{}^c\psi^2 -$$

$$-\tfrac{1}{2}\alpha^4\beta_3 A_b\,\eta\,F_{ac}S_{(3)}{}^c\psi^2 + \alpha^3\beta_1\beta_3 A_b\,\eta\,S_{(1)ac}S_{(3)}{}^c\psi^2 + \alpha^4\beta_2{}^2 A_a A_b\,\eta\,S_{(3)c}S_{(3)}{}^c\psi^2 - \alpha^5\beta_3(\partial_5 A_c)A_a A_b A_d A^c S_{(3)}{}^d\psi^2 +$$

$$+\tfrac{1}{2}\alpha^4\beta_3 A_b A_c A_d F_a{}^c S_{(3)}{}^d\psi^2 - \tfrac{1}{2}\alpha^4\beta_3 A_a A_b A_c F^c{}_d S_{(3)}{}^d\psi^2 + \alpha^4\beta_0\beta_3 A_b A_c\,\eta\,S_{(0)ad}{}^c S_{(3)}{}^d\psi^2 -$$

$$-\alpha^3\beta_1\beta_3 A_b A_c A_d S_{(1)a}{}^c S_{(3)}{}^d\psi^2 + \alpha^3\beta_1\beta_3 A_a A_b A_c S_{(1)}{}^c{}_d S_{(3)}{}^d\psi^2 + 2\alpha^5\beta_2\beta_3 A_a A_b A_c\,\eta\,S_{(2)d}{}^c S_{(3)}{}^d\psi^2 -$$

$$-\alpha^4\beta_3{}^2 A_a A_b A_c A_d S_{(3)}{}^c S_{(3)}{}^d\psi^2 - \alpha^4\beta_0\beta_3 A_b A_c A_d A_e S_{(0)a}{}^{cd}S_{(3)}{}^e\psi^2 + \alpha^4\beta_0\beta_3 A_a A_b A_c A_d S_{(0)}{}^c{}_e{}^d S_{(3)}{}^e\psi^2 -$$

$$-2\alpha^5\beta_2\beta_3 A_a A_b A_c A_d A_e S_{(2)}{}^{cd}S_{(3)}{}^e\psi^2 + \tfrac{1}{4}\alpha^6(\partial_5 A_c)(\partial_5 A_d)A_a A_b\,\eta\,g^{cd}\psi^2 - \tfrac{1}{2}\alpha^2(\partial_5\partial_5 A_b)A_a - \alpha\beta_3(\partial_5 S_{(3)b})A_a -$$

$$-\tfrac{1}{2}\alpha^2 (\partial_5 \partial_5 A_a) A_b - \alpha\beta_3 (\partial_5 S_{(3)a}) A_b + \alpha\beta_2 (\partial_a S_{(2)b}{}^c) A_c - \tfrac{1}{2}\alpha (\partial_5 {}^{(4)}\{{}^c_{a\,b}\}) A_c - \alpha^2 \beta_2 (\partial_5 S_{(2)b}{}^c) A_a A_c - \alpha^2 \beta_2 (\partial_5 S_{(2)a}{}^c) A_b A_c -$$

$$-\tfrac{1}{2}\alpha^2 (\partial_5 A_c)(\partial_5 g_{ab}) A^c + \tfrac{1}{4}\alpha^2 (\partial_5 A_b)(\partial_5 g_{ac}) A^c + \tfrac{1}{4}\alpha^2 (\partial_5 A_a)(\partial_5 g_{bc}) A^c + \tfrac{1}{4}\alpha^3 (\partial_c \psi)(\partial_5 A_b) A_a A^c - \tfrac{1}{4}\alpha^3 (\partial_b \psi)(\partial_5 A_c) A_a A^c -$$

$$-\tfrac{1}{2}\alpha^2 (\partial_a \partial_c \psi) A_b A^c + \tfrac{1}{4}\alpha^3 (\partial_c \psi)(\partial_5 A_a) A_b A^c + \tfrac{1}{2}\alpha^2 (\partial_5 \partial_c \psi) A_a A_b A^c - \tfrac{1}{4}\alpha^2 (\partial_5 g_{ac})(\partial_5 g_{bd}) A^c A^d + \tfrac{1}{4}\alpha^2 (\partial_5 g_{ab})(\partial_5 g_{cd}) A^c A^d +$$

$$+\tfrac{1}{4}\alpha^3 (\partial_c \psi)(\partial_5 g_{ad}) A_b A^c A^d + \tfrac{1}{4}\alpha^4 (\partial_5 g_{cd})(\partial_5 \psi) A_a A_b A^c A^d - \tfrac{1}{2}\alpha^2 (\partial_5 \partial_5 g_{ab}) \eta + \tfrac{1}{4}\alpha^3 (\partial_b \psi)(\partial_5 A_a) \eta + \tfrac{1}{2}\alpha^3 (\partial_a \psi)(\partial_5 A_b) \eta -$$

$$-\tfrac{3}{4}\alpha^4 (\partial_5 A_b)(\partial_5 \psi) A_a \eta + \tfrac{1}{2}\alpha^3 (\partial_5 \partial_a \psi) A_b \eta - \tfrac{3}{4}\alpha^4 (\partial_5 A_a)(\partial_5 \psi) A_b \eta - \tfrac{1}{2}\alpha^4 (\partial_5 \partial_5 \psi) A_a A_b \eta - \alpha (\partial_5 A_c) {}^{(4)}\{{}^c_{a\,b}\} +$$

$$+\tfrac{1}{2}\alpha^2 (\partial_c \psi) A_b A^{d\,(4)}\{{}^c_{a\,d}\} - \tfrac{1}{2}\alpha^3 (\partial_5 \psi) A_b A_c A^{d\,(4)}\{{}^c_{a\,d}\} + \tfrac{1}{4}\alpha^3 (\partial_5 \psi) A_b A_c U_a{}^c - \tfrac{1}{4}\alpha^2 (\partial_c \psi) A^c F_{ab} + \tfrac{1}{4}\alpha^3 (\partial_5 \psi) \eta F_{ab} + \tfrac{1}{4}\alpha (\partial_5 g_{bc}) F_a{}^c +$$

$$+\tfrac{1}{4}\alpha^2 (\partial_b \psi) A_c F_a{}^c - \tfrac{1}{4}\alpha^3 (\partial_5 \psi) A_b A_c F_a{}^c + \tfrac{1}{4}\alpha (\partial_5 g_{ac}) F_b{}^c + \tfrac{1}{2}\alpha^2 (\partial_a \psi) A_c F_b{}^c - \tfrac{1}{2}\alpha^3 (\partial_5 \psi) A_a A_c F_b{}^c - \tfrac{1}{2}\alpha^3 \beta_0 (\partial_5 \psi) A_c \eta S_{(0)ab}{}^c -$$

$$-\tfrac{1}{2}\alpha\beta_0 (\partial_5 g_{cd}) A^c S_{(0)ab}{}^d + \tfrac{1}{2}\alpha^2 \beta_0 (\partial_c \psi) A_d A^c S_{(0)ab}{}^d + \alpha\beta_0 (\partial_5 A_c) S_{(0)a}{}^c{}_b - \tfrac{1}{2}\alpha^2 \beta_0 (\partial_c \psi) A_b A_d S_{(0)a}{}^{cd} -$$

$$-\tfrac{1}{2}\alpha^2 \beta_0 (\partial_b \psi) A_c A_d S_{(0)a}{}^{cd} + \alpha^3 \beta_0 (\partial_5 \psi) A_b A_c A_d S_{(0)a}{}^{cd} - \tfrac{1}{2}\alpha\beta_0 (\partial_5 g_{cd}) A^c S_{(0)a}{}^d{}_b + \tfrac{1}{2}\alpha\beta_0 (\partial_5 g_{bc}) A_d S_{(0)a}{}^{dc} +$$

$$+\tfrac{1}{2}\alpha^2 \beta_0 (\partial_c \psi) A_b A_d S_{(0)a}{}^{dc} + \alpha\beta_0 (\partial_5 A_c) S_{(0)b}{}^c{}_a - \tfrac{1}{2}\alpha\beta_0 (\partial_5 g_{ac}) A_d S_{(0)b}{}^{cd} - \alpha^2 \beta_0 (\partial_a \psi) A_c A_d S_{(0)b}{}^{cd} +$$

$$+\alpha^3 \beta_0 (\partial_5 \psi) A_a A_c A_d S_{(0)b}{}^{cd} - \tfrac{1}{2}\alpha\beta_0 (\partial_5 g_{cd}) A^c S_{(0)b}{}^d{}_a + \alpha\beta_0 (\partial_5 g_{ac}) A_d S_{(0)b}{}^{dc} - \tfrac{1}{2}\alpha\beta_0 (\partial_5 g_{bc}) A_d S_{(0)}{}^{cd}{}_a +$$

$$+\tfrac{1}{2}\alpha^2 \beta_0 (\partial_c \psi) A_b A_d S_{(0)}{}^{cd}{}_a + \tfrac{1}{2}\alpha\beta_1 (\partial_c \psi) A^c S_{(1)ab} - \tfrac{1}{2}\alpha^2 \beta_1 (\partial_5 \psi) \eta S_{(1)ab} - \tfrac{1}{2}\beta_1 (\partial_5 g_{bc}) S_{(1)a}{}^c - \tfrac{1}{2}\alpha\beta_1 (\partial_b \psi) A_c S_{(1)a}{}^c +$$

$$+\alpha^2 \beta_1 (\partial_5 \psi) A_b A_c S_{(1)a}{}^c - \tfrac{1}{2}\beta_1 (\partial_5 g_{ac}) S_{(1)b}{}^c - \alpha\beta_1 (\partial_a \psi) A_c S_{(1)b}{}^c + \alpha^2 \beta_1 (\partial_5 \psi) A_a A_c S_{(1)b}{}^c - \alpha^2 \beta_2 (\partial_5 A_c) A^c S_{(2)ab} +$$

$$+\tfrac{1}{2}\alpha^2 \beta_2 (\partial_5 g_{cd}) A^c A^d S_{(2)ab} - \tfrac{1}{2}\alpha^2 \beta_2 (\partial_5 A_c) A_b S_{(2)a}{}^c - \tfrac{1}{2}\alpha^2 \beta_2 (\partial_5 A_b) A_c S_{(2)a}{}^c - \tfrac{1}{2}\alpha^2 \beta_2 (\partial_5 g_{bc}) \eta S_{(2)a}{}^c -$$

$$-\tfrac{1}{2}\alpha^3 \beta_2 (\partial_c \psi) A_b \eta S_{(2)a}{}^c + \tfrac{1}{2}\alpha^3 \beta_2 (\partial_b \psi) A_c \eta S_{(2)a}{}^c - \tfrac{1}{2}\alpha^4 \beta_2 (\partial_5 \psi) A_b A_c \eta S_{(2)a}{}^c + \tfrac{1}{2}\alpha\beta_2 F_{bc} S_{(2)a}{}^c - \beta_1 \beta_2 S_{(1)bc} S_{(2)a}{}^c -$$

$$-\alpha\beta_0 \beta_2 A_c S_{(0)bd}{}^c S_{(2)a}{}^d - \alpha^2 \beta_2 (\partial_5 A_c) A^c S_{(2)ba} + \tfrac{1}{2}\alpha^2 \beta_2 (\partial_5 g_{cd}) A^c A^d S_{(2)ba} - \tfrac{3}{2}\alpha^2 \beta_2 (\partial_5 A_c) A_a S_{(2)b}{}^c -$$

$$-\tfrac{3}{2}\alpha^2 \beta_2 (\partial_5 A_a) A_c S_{(2)b}{}^c - \tfrac{3}{2}\alpha^2 \beta_2 (\partial_5 g_{ac}) \eta S_{(2)b}{}^c + \alpha^3 \beta_2 (\partial_a \psi) A_c \eta S_{(2)b}{}^c - \tfrac{3}{2}\alpha^4 \beta_2 (\partial_5 \psi) A_a A_c \eta S_{(2)b}{}^c + \alpha\beta_2 U_{ac} S_{(2)b}{}^c +$$

$$+\tfrac{1}{2}\alpha\beta_2 F_{ac} S_{(2)b}{}^c + \beta_1 \beta_2 S_{(1)ac} S_{(2)b}{}^c - \alpha^2 \beta_2^2 \eta S_{(2)ac} S_{(2)b}{}^c + \tfrac{1}{2}\alpha^3 \beta_2 (\partial_c \psi) A_a A_d A^c S_{(2)b}{}^d - \alpha\beta_2 A_c {}^{(4)}\{{}^c_{a\,d}\} S_{(2)b}{}^d +$$

$$+\alpha\beta_0 \beta_2 A_c S_{(0)a}{}^c{}_d S_{(2)b}{}^d - \alpha\beta_0 \beta_2 A_c S_{(0)}{}^c{}_{da} S_{(2)b}{}^d - \alpha^2 \beta_2^2 A_c A_d S_{(2)a}{}^c S_{(2)b}{}^d - \alpha^2 \beta_2^2 \eta S_{(2)b}{}^c S_{(2)ca} -$$

$$-\alpha\beta_2 A^{d\,(4)}\{{}^c_{a\,d}\} S_{(2)cb} + \alpha^2 \beta_2^2 \eta S_{(2)a}{}^c S_{(2)cb} - \alpha\beta_0 \beta_2 A_c S_{(0)a}{}^{cd} S_{(2)db} - \alpha\beta_2 A_c {}^{(4)}\{{}^c_{a\,b}\} S_{(2)d}{}^c -$$

$$-\alpha\beta_0 \beta_2 A_c S_{(0)ab}{}^d S_{(2)d}{}^c + \alpha^2 \beta_2^2 A_b A_c S_{(2)a}{}^d S_{(2)d}{}^c - \alpha^2 \beta_2^2 A_a A_c S_{(2)b}{}^d S_{(2)d}{}^c + \tfrac{1}{2}\alpha^2 \beta_2 (\partial_5 A_c) A_b S_{(2)}{}^c{}_a +$$

$$+\tfrac{1}{2}\alpha^2 \beta_2 (\partial_5 A_b) A_c S_{(2)}{}^c{}_a + \tfrac{1}{2}\alpha^2 \beta_2 (\partial_5 g_{bc}) \eta S_{(2)}{}^c{}_a - \tfrac{1}{2}\alpha^3 \beta_2 (\partial_c \psi) A_b \eta S_{(2)}{}^c{}_a + \tfrac{1}{2}\alpha\beta_2 F_{bc} S_{(2)}{}^c{}_a - \beta_1 \beta_2 S_{(1)bc} S_{(2)}{}^c{}_a +$$

$$+\tfrac{1}{2}\alpha^2 \beta_2 (\partial_5 A_c) A_a S_{(2)}{}^c{}_b + \tfrac{1}{2}\alpha^2 \beta_2 (\partial_5 A_a) A_c S_{(2)}{}^c{}_b + \tfrac{1}{2}\alpha^2 \beta_2 (\partial_5 g_{ac}) \eta S_{(2)}{}^c{}_b + \tfrac{1}{2}\alpha\beta_2 F_{ac} S_{(2)}{}^c{}_b - \beta_1 \beta_2 S_{(1)ac} S_{(2)}{}^c{}_b +$$

$$+\alpha^2 \beta_2^2 \eta S_{(2)ca} S_{(2)}{}^c{}_b + \tfrac{1}{2}\alpha^2 \beta_2 (\partial_5 g_{bc}) A_a A_d S_{(2)}{}^{cd} + \tfrac{1}{2}\alpha^2 \beta_2 (\partial_5 g_{ac}) A_b A_d S_{(2)}{}^{cd} - \tfrac{1}{2}\alpha^3 \beta_2 (\partial_c \psi) A_a A_b A_d S_{(2)}{}^{cd} -$$

$$-\tfrac{1}{2}\alpha^3 \beta_2 (\partial_b \psi) A_a A_c A_d S_{(2)}{}^{cd} + \alpha^4 \beta_2 (\partial_5 \psi) A_a A_b A_c A_d S_{(2)}{}^{cd} - \alpha\beta_0 \beta_2 A_c S_{(0)abd} S_{(2)}{}^{cd} + \alpha\beta_0 \beta_2 A_c S_{(0)adb} S_{(2)}{}^{cd} +$$

$$+\alpha\beta_0 \beta_2 A_c S_{(0)bda} S_{(2)}{}^{cd} - \tfrac{1}{2}\alpha^2 \beta_2 (\partial_5 g_{bc}) A_d A^c S_{(2)}{}^d{}_a + \tfrac{1}{2}\alpha^3 \beta_2 (\partial_c \psi) A_b A_d A^c S_{(2)}{}^d{}_a - \alpha\beta_0 \beta_2 A_c S_{(0)bd}{}^c S_{(2)}{}^d{}_a -$$

$$-\tfrac{1}{2}\alpha^2 \beta_2 (\partial_5 g_{ac}) A_d A^c S_{(2)}{}^d{}_b + \alpha\beta_0 \beta_2 A_c S_{(0)}{}^c{}_{da} S_{(2)}{}^d{}_b - \alpha^2 \beta_2^2 A_c A_d S_{(2)}{}^c{}_a S_{(2)}{}^d{}_b + \tfrac{1}{2}\alpha^3 \beta_2 (\partial_c \psi) A_a A_b A_d S_{(2)}{}^{dc} +$$

$$+\alpha\beta_0 \beta_2 A_c S_{(0)adb} S_{(2)}{}^{dc} + \alpha\beta_0 \beta_2 A_c S_{(0)bda} S_{(2)}{}^{dc} + \alpha^2 \beta_2^2 A_b A_c S_{(2)da} S_{(2)}{}^{dc} + \alpha^2 \beta_2^2 A_a A_c S_{(2)db} S_{(2)}{}^{dc} - \alpha\beta_3 (\partial_5 A_b) S_{(3)a} +$$

$$+\tfrac{1}{2}\alpha\beta_3 (\partial_5 g_{bc}) A^c S_{(3)a} - \tfrac{1}{2}\alpha^2 \beta_3 (\partial_c \psi) A_b A^c S_{(3)a} + \tfrac{1}{2}\alpha^2 \beta_3 (\partial_b \psi) \eta S_{(3)a} - \tfrac{1}{2}\alpha^3 \beta_3 (\partial_5 \psi) A_b \eta S_{(3)a} - \beta_2 \beta_3 A_c S_{(2)b}{}^c S_{(3)a} +$$

$$+\alpha\beta_2 \beta_3 A_c S_{(2)}{}^c{}_b S_{(3)a} - \alpha\beta_3 (\partial_5 A_a) S_{(3)b} - \tfrac{1}{2}\alpha\beta_3 (\partial_5 g_{ac}) A^c S_{(3)b} + \tfrac{1}{2}\alpha^2 \beta_3 (\partial_c \psi) A_a A^c S_{(3)b} + \alpha^2 \beta_3 (\partial_a \psi) \eta S_{(3)b} -$$

$$-\tfrac{3}{2}\alpha^3 \beta_3 (\partial_5 \psi) A_a \eta S_{(3)b} - \alpha\beta_2 \beta_3 A_c S_{(2)a}{}^c S_{(3)b} - \alpha\beta_3 A_c S_{(2)}{}^c{}_a S_{(3)b} - 2\beta_3 {}^{(4)}\{{}^c_{a\,b}\} S_{(3)c} - 2\beta_0 \beta_3 S_{(0)ab}{}^c S_{(3)c} +$$

$$+\alpha\beta_2 \beta_3 A_b S_{(2)a}{}^c S_{(3)c} - \alpha\beta_2 \beta_3 A_a S_{(2)b}{}^c S_{(3)c} + \tfrac{1}{2}\alpha\beta_3 (\partial_5 g_{bc}) A_a S_{(3)}{}^c + \tfrac{1}{2}\alpha\beta_3 (\partial_5 g_{ac}) A_b S_{(3)}{}^c - \tfrac{1}{2}\alpha^2 \beta_3 (\partial_b \psi) A_a A_c S_{(3)}{}^c +$$

$$+\alpha^3 \beta_3 (\partial_5 \psi) A_a A_b A_c S_{(3)}{}^c + 2\beta_0 \beta_3 S_{(0)acb} S_{(3)}{}^c + 2\beta_0 \beta_3 S_{(0)bca} S_{(3)}{}^c + \alpha\beta_2 \beta_3 A_b S_{(2)ca} S_{(3)}{}^c + \alpha\beta_2 \beta_3 A_a S_{(2)cb} S_{(3)}{}^c -$$

$$-\alpha^2 \beta_2 (\partial_5 S_{(2)b}{}^c) \eta g_{ac} + \alpha\beta_0 (\partial_5 S_{(0)bc}{}^d) A^c g_{ad} + \tfrac{1}{2}\alpha (\partial_5 {}^{(4)}\{{}^c_{a\,d}\}) A^d g_{bc} - \alpha^2 \beta_2 (\partial_5 S_{(2)a}{}^c) \eta g_{bc} + \alpha\beta_2 (\partial_a S_{(2)c}{}^d) A^c g_{bd} +$$

$$+\alpha\beta_0 (\partial_5 S_{(0)ac}{}^d) A^c g_{bd} + \alpha\beta_2 A_c {}^{(4)}\{{}^e_{a\,d}\} S_{(2)}{}^{cd} g_{be} + \tfrac{1}{4}\alpha^2 (\partial_5 A_c)(\partial_5 g_{bd}) A_a g^{cd} + \tfrac{1}{4}\alpha^2 (\partial_5 A_c)(\partial_5 g_{ad}) A_b g^{cd} +$$

$$+\tfrac{1}{4}\alpha^2 (\partial_5 g_{ac})(\partial_5 g_{bd}) \eta g^{cd} - \tfrac{1}{4}\alpha^3 (\partial_c \psi)(\partial_5 g_{ad}) A_b \eta g^{cd} - \tfrac{1}{4}\alpha^3 (\partial_c \psi)(\partial_5 g_{de}) A_a A_b A^d g^{ce} + \tfrac{1}{2}\alpha^2 (\partial_a F_{bc}) A^c \psi -$$

$$-\alpha\beta_1 (\partial_a S_{(1)bc}) A^c \psi - \tfrac{1}{4}\alpha^4 (\partial_5 A_b)(\partial_5 A_c) A_a A^c \psi - \tfrac{1}{2}\alpha^3 (\partial_5 F_{bc}) A_a A^c \psi + \alpha^2 \beta_1 (\partial_5 S_{(1)bc}) A_a A^c \psi + \alpha^2 \beta_3 (\partial_a S_{(3)c}) A_b A^c \psi -$$

$$-\tfrac{1}{4}\alpha^4(\partial_5 A_a)(\partial_5 A_c)A_b A^c\psi+\tfrac{1}{4}\alpha^3(\partial_5 U_{ac})A_b A^c\psi-\tfrac{1}{4}\alpha^3(\partial_5 F_{ac})A_b A^c\psi+\alpha^2\beta_1(\partial_5 S_{(1)ac})A_b A^c\psi-\alpha^2\beta_0(\partial_a S_{(0)bc}{}^d)A_d A^c\psi+$$

$$+\alpha^3\beta_0(\partial_5 S_{(0)bc}{}^d)A_a A_d A^c\psi+\alpha^3\beta_2(\partial_a S_{(2)c}{}^d)A_b A_d A^c\psi+\alpha^3\beta_0(\partial_5 S_{(0)ac}{}^d)A_b A_d A^c\psi-\tfrac{1}{4}\alpha^4(\partial_5 A_c)(\partial_5 g_{bd})A_a A^c A^d\psi+$$

$$+\tfrac{1}{4}\alpha^4(\partial_5 A_b)(\partial_5 g_{cd})A_a A^c A^d\psi-\tfrac{1}{4}\alpha^4(\partial_5 A_c)(\partial_5 g_{ad})A_b A^c A^d\psi+\tfrac{1}{4}\alpha^4(\partial_5 A_a)(\partial_5 g_{cd})A_b A^c A^d\psi+\alpha^2\beta_3(\partial_a S_{(3)b})\eta\psi-$$

$$-\tfrac{3}{4}\alpha^4(\partial_5 A_a)(\partial_5 A_b)\eta\psi+\tfrac{1}{4}\alpha^3(\partial_5 U_{ab})\eta\psi+\tfrac{1}{4}\alpha^3(\partial_5 F_{ab})\eta\psi-\tfrac{1}{2}\alpha^4(\partial_5\partial_5 A_b)A_a\eta\psi-\alpha^3\beta_3(\partial_5 S_{(3)b})A_a\eta\psi-$$

$$-\tfrac{1}{2}\alpha^4(\partial_5\partial_5 A_a)A_b\eta\psi-\alpha^3\beta_3(\partial_5 S_{(3)a})A_b\eta\psi+\alpha^3\beta_2(\partial_a S_{(2)b}{}^c)A_c\eta\psi-\alpha^4\beta_2(\partial_5 S_{(2)b}{}^c)A_a A_c\eta\psi-\alpha^4\beta_2(\partial_5 S_{(2)a}{}^c)A_b A_c\eta\psi-$$

$$-\tfrac{1}{2}\alpha^3(\partial_5 A_c)\eta\,{}^{(4)}\{{}^c_{a\,b}\}\psi-\tfrac{1}{2}\alpha^3(\partial_5 A_c)A_b A^d\,{}^{(4)}\{{}^c_{a\,d}\}\psi-\tfrac{1}{2}\alpha^3(\partial_5 A_b)A_c A^d\,{}^{(4)}\{{}^c_{a\,d}\}\psi+\tfrac{1}{2}\alpha^3(\partial_5 A_c)A_d A^c\,{}^{(4)}\{{}^d_{a\,b}\}\psi-$$

$$-\tfrac{1}{4}\alpha^3(\partial_5 A_c)A^c U_{ab}\psi+\tfrac{1}{4}\alpha^3(\partial_5 A_b)A_c U_a{}^c\psi+\tfrac{1}{4}\alpha^3(\partial_5 A_c)A^c F_{ab}\psi-\tfrac{1}{4}\alpha^3(\partial_5 A_c)A_b F_a{}^c\psi+\tfrac{1}{4}\alpha^3(\partial_5 g_{cd})A_b A^c F_a{}^d\psi-$$

$$-\tfrac{1}{2}\alpha^2 A^d\,{}^{(4)}\{{}^c_{a\,d}\}F_{bc}\psi-\tfrac{1}{4}\alpha^3(\partial_5 A_c)A_a F_b{}^c\psi-\tfrac{1}{4}\alpha^3(\partial_5 A_a)A_c F_b{}^c\psi+\tfrac{1}{4}\alpha^3(\partial_5 g_{ac})\eta F_b{}^c\psi+\tfrac{1}{4}\alpha^2 F_{ac}F_b{}^c\psi+\tfrac{1}{4}\alpha^3(\partial_5 g_{cd})A_a A^c F_b{}^d\psi-$$

$$-\tfrac{1}{4}\alpha^3(\partial_5 g_{ac})A_d A^c F_b{}^d\psi+\tfrac{1}{2}\alpha^2 A_c\,{}^{(4)}\{{}^c_{a\,b}\}F^c{}_d\psi+\tfrac{1}{4}\alpha^3(\partial_5 g_{bc})A_a A_d F^{cd}\psi-\tfrac{1}{2}\alpha^3\beta_0(\partial_5 A_c)\eta S_{(0)ab}{}^c\psi-$$

$$-\tfrac{1}{2}\alpha^3\beta_0(\partial_5 A_c)A_d A^c S_{(0)ab}{}^d\psi+\tfrac{1}{2}\alpha^2\beta_0 A_c F^c{}_d S_{(0)ab}{}^d\psi-\tfrac{1}{2}\alpha^2\beta_0 A_c F^{cd}S_{(0)adb}\psi+\tfrac{1}{2}\alpha^3\beta_0(\partial_5 A_c)\eta S_{(0)a}{}^c{}_b\psi+$$

$$+\alpha^3\beta_0(\partial_5 A_c)A_b A_d S_{(0)a}{}^{cd}\psi+\tfrac{1}{2}\alpha^3\beta_0(\partial_5 A_b)A_c A_d S_{(0)a}{}^{cd}\psi-\tfrac{1}{2}\alpha^2\beta_0 A_c F_{bd}S_{(0)a}{}^{cd}\psi-\tfrac{1}{2}\alpha^3\beta_0(\partial_5 A_c)A_d A^c S_{(0)a}{}^d{}_b\psi+$$

$$+\tfrac{1}{2}\alpha^3\beta_0(\partial_5 A_c)A_b A_d S_{(0)a}{}^{dc}\psi-\tfrac{1}{2}\alpha^3\beta_0(\partial_5 g_{cd})A_b A_e A^c S_{(0)a}{}^{de}\psi-\tfrac{1}{2}\alpha^2\beta_0 A_c F^{cd}S_{(0)bda}\psi+\alpha^2\beta_0 A_c A^e\,{}^{(4)}\{{}^d_{a\,e}\}S_{(0)bd}{}^c\psi-$$

$$-\tfrac{1}{2}\alpha^2\beta_0 A_c F_a{}^d S_{(0)bd}{}^c\psi+\alpha^2\beta_0^2 A_c A_d S_{(0)a}{}^{ce}S_{(0)be}{}^d\psi+\tfrac{1}{2}\alpha^3\beta_0(\partial_5 A_c)\eta S_{(0)b}{}^c{}_a\psi+\tfrac{1}{2}\alpha^3\beta_0(\partial_5 A_c)A_a A_d S_{(0)b}{}^{cd}\psi+$$

$$+\tfrac{1}{2}\alpha^3\beta_0(\partial_5 A_a)A_c A_d S_{(0)b}{}^{cd}\psi-\tfrac{1}{2}\alpha^3\beta_0(\partial_5 g_{ac})A_d\eta S_{(0)b}{}^{cd}\psi-\tfrac{1}{2}\alpha^2\beta_0 A_c U_{ad}S_{(0)b}{}^{cd}\psi-\tfrac{1}{2}\alpha^2\beta_0 A_c F_{ad}S_{(0)b}{}^{cd}\psi-$$

$$-\tfrac{1}{2}\alpha^3\beta_0(\partial_5 A_c)A_d A^c S_{(0)b}{}^d{}_a\psi+\alpha^3\beta_0(\partial_5 A_c)A_a A_d S_{(0)b}{}^{dc}\psi-\tfrac{1}{2}\alpha^3\beta_0(\partial_5 g_{cd})A_a A_e A^c S_{(0)b}{}^{de}\psi+$$

$$+\tfrac{1}{2}\alpha^3\beta_0(\partial_5 g_{ac})A_d A_e A^c S_{(0)b}{}^{de}\psi+\tfrac{1}{2}\alpha^2\beta_0 A_c F_b{}^d S_{(0)}{}^c{}_{da}\psi-\alpha^2\beta_0 A_c A_d\,{}^{(4)}\{{}^e_{a\,b}\}S_{(0)}{}^c{}_e{}^d\psi-$$

$$-\alpha^2\beta_0^2 A_c A_d S_{(0)ab}{}^e S_{(0)}{}^c{}_e{}^d\psi-\tfrac{1}{2}\alpha^3\beta_0(\partial_5 A_c)A_b A_d S_{(0)}{}^{cd}{}_a\psi-\tfrac{1}{2}\alpha^3\beta_0(\partial_5 g_{bc})A_a A_d A_e S_{(0)}{}^{cde}\psi+$$

$$+\alpha^2\beta_0^2 A_c A_d S_{(0)aeb}S_{(0)}{}^{ced}\psi+\alpha^2\beta_0^2 A_c A_d S_{(0)bea}S_{(0)}{}^{ced}\psi-\alpha^2\beta_0^2 A_c A_d S_{(0)be}{}^c S_{(0)}{}^{de}{}_a\psi-\alpha^2\beta_1(\partial_5 A_c)A^c S_{(1)ab}\psi+$$

$$+\tfrac{1}{2}\alpha^2\beta_1(\partial_5 A_c)A_b S_{(1)a}{}^c\psi+\tfrac{1}{2}\alpha^2\beta_1(\partial_5 A_b)A_c S_{(1)a}{}^c\psi-\tfrac{1}{2}\alpha\beta_1 F_{bc}S_{(1)a}{}^c\psi-\tfrac{1}{2}\alpha^2\beta_1(\partial_5 g_{cd})A_b A^c S_{(1)a}{}^d\psi+$$

$$+\alpha\beta_0\beta_1 A_c S_{(0)bd}{}^c S_{(1)a}{}^d\psi+\alpha\beta_1 A^d\,{}^{(4)}\{{}^c_{a\,d}\}S_{(1)bc}\psi+\alpha\beta_0\beta_1 A_c S_{(0)a}{}^{cd}S_{(1)bd}\psi+\tfrac{1}{2}\alpha^2\beta_1(\partial_5 A_c)A_a S_{(1)b}{}^c\psi+$$

$$+\tfrac{1}{2}\alpha^2\beta_1(\partial_5 A_a)A_c S_{(1)b}{}^c\psi-\tfrac{1}{2}\alpha^2\beta_1(\partial_5 g_{ac})\eta S_{(1)b}{}^c\psi-\tfrac{1}{2}\alpha\beta_1 F_{ac}S_{(1)b}{}^c\psi+\beta_1^2 S_{(1)ac}S_{(1)b}{}^c\psi-$$

$$-\tfrac{1}{2}\alpha^2\beta_1(\partial_5 g_{cd})A_a A^c S_{(1)b}{}^d\psi+\tfrac{1}{2}\alpha^2\beta_1(\partial_5 g_{ac})A_d A^c S_{(1)b}{}^d\psi-\alpha\beta_0\beta_1 A_c S_{(0)}{}^c{}_{da}S_{(1)b}{}^d\psi-\alpha\beta_1 A_c\,{}^{(4)}\{{}^d_{a\,b}\}S_{(1)}{}^c{}_d\psi-$$

$$-\alpha\beta_0\beta_1 A_c S_{(0)ab}{}^d S_{(1)}{}^c{}_d\psi-\tfrac{1}{2}\alpha^2\beta_1(\partial_5 g_{bc})A_a A_d S_{(1)}{}^{cd}\psi+\alpha\beta_0\beta_1 A_c S_{(0)adb}S_{(1)}{}^{cd}\psi+\alpha\beta_0\beta_1 A_c S_{(0)bda}S_{(1)}{}^{cd}\psi-$$

$$-\tfrac{1}{2}\alpha^4\beta_2(\partial_5 A_c)A_b\eta S_{(2)a}{}^c\psi-\tfrac{1}{2}\alpha^4\beta_2(\partial_5 A_b)A_c\eta S_{(2)a}{}^c\psi+\tfrac{1}{2}\alpha^3\beta_2\eta F_{bc}S_{(2)a}{}^c\psi-\alpha^2\beta_1\beta_2\eta S_{(1)bc}S_{(2)a}{}^c\psi-$$

$$-\alpha^4\beta_2(\partial_5 A_c)A_b A_d A^c S_{(2)a}{}^d\psi-\alpha^3\beta_0\beta_2 A_c\eta S_{(0)bd}{}^c S_{(2)a}{}^d\psi+\tfrac{1}{2}\alpha^4\beta_2(\partial_5 g_{cd})A_b A_e A^c A^d S_{(2)a}{}^e\psi-\tfrac{3}{2}\alpha^4\beta_2(\partial_5 A_c)A_a\eta S_{(2)b}{}^c\psi-$$

$$-\tfrac{3}{2}\alpha^4\beta_2(\partial_5 A_a)A_c\eta S_{(2)b}{}^c\psi+\tfrac{1}{2}\alpha^3\beta_2\eta U_{ac}S_{(2)b}{}^c\psi+\tfrac{1}{2}\alpha^3\beta_2\eta F_{ac}S_{(2)b}{}^c\psi-\alpha^4\beta_2(\partial_5 A_c)A_a A_d A^c S_{(2)b}{}^d\psi-$$

$$-\alpha^3\beta_2 A_c A_d A^e\,{}^{(4)}\{{}^c_{a\,e}\}S_{(2)b}{}^d\psi+\tfrac{1}{2}\alpha^3\beta_2 A_c A_d U_a{}^c S_{(2)b}{}^d\psi+\tfrac{1}{2}\alpha^3\beta_2 A_a A_c F^c{}_d S_{(2)b}{}^d\psi+\alpha^2\beta_1\beta_2 A_c A_d S_{(1)a}{}^c S_{(2)b}{}^d\psi-$$

$$-\alpha^2\beta_1\beta_2 A_a A_c S_{(1)}{}^c{}_d S_{(2)b}{}^d\psi-\alpha^4\beta_2^2 A_c A_d\eta S_{(2)a}{}^c S_{(2)b}{}^d\psi+\tfrac{1}{2}\alpha^4\beta_2(\partial_5 g_{cd})A_a A_e A^c A^d S_{(2)b}{}^e\psi+$$

$$+\alpha^3\beta_0\beta_2 A_c A_d A_e S_{(0)a}{}^{cd}S_{(2)b}{}^e\psi-\alpha^3\beta_0\beta_2 A_a A_c A_d S_{(0)}{}^c{}_d{}^e S_{(2)b}{}^e\psi-\alpha^3\beta_2 A_c\eta\,{}^{(4)}\{{}^d_{a\,b}\}S_{(2)d}{}^c\psi-$$

$$-\alpha^3\beta_2 A_b A_c A^e\,{}^{(4)}\{{}^d_{a\,e}\}S_{(2)d}{}^c\psi-\alpha^3\beta_0\beta_2 A_c\eta S_{(0)ab}{}^d S_{(2)d}{}^c\psi+\alpha^4\beta_2^2 A_b A_c\eta S_{(2)a}{}^d S_{(2)d}{}^c\psi-\alpha^4\beta_2^2 A_a A_c\eta S_{(2)b}{}^d S_{(2)d}{}^c\psi-$$

$$-\alpha^3\beta_0\beta_2 A_b A_c A_d S_{(0)a}{}^{ce}S_{(2)e}{}^d\psi+\tfrac{1}{2}\alpha^4\beta_2(\partial_5 A_c)A_b\eta S_{(2)}{}^c{}_a\psi+\tfrac{1}{2}\alpha^3\beta_2\eta F_{bc}S_{(2)}{}^c{}_a\psi-\alpha^2\beta_1\beta_2\eta S_{(1)bc}S_{(2)}{}^c{}_a\psi+$$

$$+\tfrac{1}{2}\alpha^4\beta_2(\partial_5 A_c)A_a\eta S_{(2)}{}^c{}_b\psi+\alpha^4\beta_2(\partial_5 A_c)A_a A_b A_d S_{(2)}{}^{cd}\psi+\tfrac{1}{2}\alpha^4\beta_2(\partial_5 A_b)A_a A_c A_d S_{(2)}{}^{cd}\psi+\tfrac{1}{2}\alpha^4\beta_2(\partial_5 A_a)A_b A_c A_d S_{(2)}{}^{cd}\psi+$$

$$+\tfrac{1}{2}\alpha^4\beta_2(\partial_5 g_{bc})A_a A_d\eta S_{(2)}{}^{cd}\psi+\tfrac{1}{2}\alpha^4\beta_2(\partial_5 g_{ac})A_b A_d\eta S_{(2)}{}^{cd}\psi-\tfrac{1}{2}\alpha^3\beta_2 A_c A_d U_{ab}S_{(2)}{}^{cd}\psi+\tfrac{1}{2}\alpha^3\beta_2 A_b A_c U_{ad}S_{(2)}{}^{cd}\psi+$$

$$+\tfrac{1}{2}\alpha^3\beta_2 A_c A_d F_{ab}S_{(2)}{}^{cd}\psi-\tfrac{1}{2}\alpha^3\beta_2 A_a A_c F_{bd}S_{(2)}{}^{cd}\psi-2\alpha^2\beta_1\beta_2 A_c A_d S_{(1)ab}S_{(2)}{}^{cd}\psi+\alpha^2\beta_1\beta_2 A_b A_c S_{(1)ad}S_{(2)}{}^{cd}\psi+$$

$$+\alpha^2\beta_1\beta_2 A_a A_c S_{(1)bd}S_{(2)}{}^{cd}\psi-\tfrac{1}{2}\alpha^4\beta_2(\partial_5 A_c)A_b A_d A^c S_{(2)}{}^d{}_a\psi-\tfrac{1}{2}\alpha^3\beta_2 A_c A_d F_b{}^d S_{(2)}{}^d{}_a\psi-\alpha^3\beta_0\beta_2 A_c\eta S_{(0)bd}{}^c S_{(2)}{}^d{}_a\psi+$$

$$+\alpha^2\beta_1\beta_2 A_c A_d S_{(1)b}{}^c S_{(2)}{}^d{}_a\psi-\tfrac{1}{2}\alpha^4\beta_2(\partial_5 A_c)A_a A_d A^c S_{(2)}{}^d{}_b\psi-\tfrac{1}{2}\alpha^3\beta_2 A_a A_c F^c{}_d S_{(2)}{}^d{}_b\psi+\alpha^2\beta_1\beta_2 A_a A_c S_{(1)}{}^c{}_d S_{(2)}{}^d{}_b\psi+$$

$$+\alpha^3\beta_0\beta_2 A_c\eta S_{(0)adb}S_{(2)}{}^{dc}\psi+\alpha^3\beta_0\beta_2 A_c\eta S_{(0)bda}S_{(2)}{}^{dc}\psi+\alpha^4\beta_2^2 A_b A_c\eta S_{(2)da}S_{(2)}{}^{dc}\psi+\alpha^4\beta_2^2 A_a A_c\eta S_{(2)db}S_{(2)}{}^{dc}\psi-$$

$$-\tfrac{1}{2}\alpha^4\beta_2(\partial_5 g_{bc})A_a A_d A_e A^c S_{(2)}{}^{de}\psi - \tfrac{1}{2}\alpha^4\beta_2(\partial_5 g_{ac})A_b A_d A_e A^c S_{(2)}{}^{de}\psi + \alpha^3\beta_2 A_c A_d A_e{}^{(4)}\{{}^c_{ab}\}S_{(2)}{}^{de}\psi -$$
$$-\alpha^3\beta_0\beta_2 A_c A_d A_e S_{(0)ab}{}^c S_{(2)}{}^{de}\psi + \alpha^3\beta_0\beta_2 A_b A_c A_d S_{(0)ae}{}^c S_{(2)}{}^{de}\psi - \alpha^3\beta_0\beta_2 A_c A_d A_e S_{(0)a}{}^c{}_b S_{(2)}{}^{de}\psi +$$
$$+\alpha^3\beta_0\beta_2 A_a A_c A_d S_{(0)be}{}^c S_{(2)}{}^{de}\psi - \alpha^3\beta_0\beta_2 A_c A_d A_e S_{(0)b}{}^c{}_a S_{(2)}{}^{de}\psi - \alpha^4\beta_2{}^2 A_b A_c A_d A_e S_{(2)}{}^c{}_a S_{(2)}{}^{de}\psi -$$
$$-\alpha^4\beta_2{}^2 A_a A_c A_d A_e S_{(2)}{}^c{}_b S_{(2)}{}^{de}\psi + \alpha^3\beta_0\beta_2 A_c A_d A_e S_{(0)b}{}^{cd} S_{(2)}{}^e{}_a\psi + \alpha^3\beta_0\beta_2 A_a A_c A_d S_{(0)}{}^c{}_e{}^d S_{(2)}{}^e{}_b\psi +$$
$$+\alpha^3\beta_0\beta_2 A_b A_c A_d S_{(0)ae}{}^c S_{(2)}{}^{ed}\psi + \alpha^3\beta_0\beta_2 A_b A_c A_d S_{(0)}{}^c{}_{ea} S_{(2)}{}^{ed}\psi + \alpha^4\beta_2{}^2 A_a A_b A_c A_d S_{(2)}{}^c{}_e S_{(2)}{}^{ed}\psi -$$
$$-\tfrac{1}{2}\alpha^3\beta_3(\partial_5 A_c)A_b A^c S_{(3)a}\psi + \tfrac{1}{2}\alpha^3\beta_3(\partial_5 g_{cd})A_b A^c A^d S_{(3)a}\psi - \tfrac{1}{2}\alpha^3\beta_3(\partial_5 A_b)\eta S_{(3)a}\psi + \tfrac{1}{2}\alpha^2\beta_3 A_c F_b{}^c S_{(3)a}\psi -$$
$$-\alpha^2\beta_0\beta_3 A_c A_d S_{(0)b}{}^{cd} S_{(3)a}\psi - \alpha\beta_1\beta_3 A_c S_{(1)b}{}^c S_{(3)a}\psi - \alpha^3\beta_2\beta_3 A_c \eta S_{(2)b}{}^c S_{(3)a}\psi + \alpha^2\beta_2\beta_3 A_b A_c A_d S_{(2)}{}^{cd} S_{(3)a}\psi -$$
$$-\tfrac{3}{2}\alpha^3\beta_3(\partial_5 A_c)A_a A^c S_{(3)b}\psi + \tfrac{1}{2}\alpha^3\beta_3(\partial_5 g_{cd})A_a A^c A^d S_{(3)b}\psi - \tfrac{3}{2}\alpha^3\beta_3(\partial_5 A_a)\eta S_{(3)b}\psi - \alpha^2\beta_3 A_c A^{d\,(4)}\{{}^c_{ad}\}S_{(3)b}\psi +$$
$$+\tfrac{1}{2}\alpha^2\beta_3 A_c U_a{}^c S_{(3)b}\psi + \alpha^2\beta_0\beta_3 A_c A_d S_{(0)a}{}^{cd} S_{(3)b}\psi + \alpha\beta_1\beta_3 A_c S_{(1)a}{}^c S_{(3)b}\psi - \alpha^3\beta_2\beta_3 A_c \eta S_{(2)a}{}^c S_{(3)b}\psi -$$
$$-\alpha^3\beta_2\beta_3 A_a A_c A_d S_{(2)}{}^{cd} S_{(3)b}\psi - \alpha^2\beta_3{}^2\eta S_{(3)a} S_{(3)b}\psi - \alpha^2\beta_3\eta^{(4)}\{{}^c_{ab}\}S_{(3)c}\psi - \alpha^2\beta_3 A_b A^{d\,(4)}\{{}^c_{ad}\}S_{(3)c}\psi -$$
$$-\alpha^2\beta_0\beta_3\eta S_{(0)ab}{}^c S_{(3)c}\psi + \alpha^3\beta_2\beta_3 A_b\eta S_{(2)a}{}^c S_{(3)c}\psi - \alpha^3\beta_2\beta_3 A_a\eta S_{(2)b}{}^c S_{(3)c}\psi - \alpha^2\beta_0\beta_3 A_b A_c S_{(0)a}{}^{cd} S_{(3)d}\psi +$$
$$+\alpha^3\beta_3(\partial_5 A_c)A_a A_b S_{(3)}{}^c\psi + \tfrac{1}{2}\alpha^3\beta_3(\partial_5 A_b)A_a A_c S_{(3)}{}^c\psi + \tfrac{1}{2}\alpha^3\beta_3(\partial_5 A_a)A_b A_c S_{(3)}{}^c\psi + \tfrac{1}{2}\alpha^3\beta_3(\partial_5 g_{bc})A_a\eta S_{(3)}{}^c\psi +$$
$$+\tfrac{1}{2}\alpha^3\beta_3(\partial_5 g_{ac})A_b\eta S_{(3)}{}^c\psi - \tfrac{1}{2}\alpha^2\beta_3 A_c U_{ab} S_{(3)}{}^c\psi + \tfrac{1}{2}\alpha^2\beta_3 A_c F_{ab} S_{(3)}{}^c\psi - \tfrac{1}{2}\alpha^2\beta_3 A_b F_{ac} S_{(3)}{}^c\psi - \tfrac{1}{2}\alpha^2\beta_3 A_a F_{bc} S_{(3)}{}^c\psi +$$
$$+\alpha^2\beta_0\beta_3\eta S_{(0)acb} S_{(3)}{}^c\psi + \alpha^2\beta_0\beta_3\eta S_{(0)bca} S_{(3)}{}^c\psi - 2\alpha\beta_1\beta_3 A_c S_{(1)ab} S_{(3)}{}^c\psi + \alpha\beta_1\beta_3 A_b S_{(1)ac} S_{(3)}{}^c\psi + \alpha\beta_1\beta_3 A_a S_{(1)bc} S_{(3)}{}^c\psi +$$
$$+\alpha^3\beta_2\beta_3 A_b\eta S_{(2)ca} S_{(3)}{}^c\psi + \alpha^3\beta_2\beta_3 A_a\eta S_{(2)cb} S_{(3)}{}^c\psi + \alpha^2\beta_3{}^2 A_b A_c S_{(3)a} S_{(3)}{}^c\psi - \alpha^2\beta_3{}^2 A_a A_c S_{(3)b} S_{(3)}{}^c\psi +$$
$$+\alpha^2\beta_3{}^2 A_a A_b S_{(3)c} S_{(3)}{}^c\psi - \tfrac{1}{2}\alpha^3\beta_3(\partial_5 g_{bc})A_a A_d A^c S_{(3)}{}^d\psi - \tfrac{1}{2}\alpha^3\beta_3(\partial_5 g_{ac})A_b A_d A^c S_{(3)}{}^d\psi + \alpha^2\beta_3 A_c A^{d\,(4)}\{{}^c_{ab}\}S_{(3)}{}^d\psi -$$
$$-\alpha^2\beta_0\beta_3 A_c A_d S_{(0)ab}{}^c S_{(3)}{}^d\psi + 2\alpha^2\beta_0\beta_3 A_b A_c S_{(0)ad}{}^c S_{(3)}{}^d\psi - \alpha^2\beta_0\beta_3 A_c A_d S_{(0)a}{}^c{}_b S_{(3)}{}^d\psi + \alpha^2\beta_0\beta_3 A_a A_c S_{(0)bd}{}^c S_{(3)}{}^d\psi -$$
$$-\alpha^2\beta_0\beta_3 A_c A_d S_{(0)b}{}^c{}_a S_{(3)}{}^d\psi + \alpha^2\beta_0\beta_3 A_b A_c S_{(0)}{}^c{}_{da} S_{(3)}{}^d\psi + 2\alpha^3\beta_2\beta_3 A_a A_b A_c S_{(2)d}{}^c S_{(3)}{}^d\psi - \alpha^3\beta_2\beta_3 A_b A_c A_d S_{(2)}{}^c{}_a S_{(3)}{}^d\psi -$$
$$-\alpha^3\beta_2\beta_3 A_a A_c A_d S_{(2)}{}^c{}_b S_{(3)}{}^d\psi + \tfrac{1}{4}\alpha^4(\partial_5 A_c)(\partial_5 A_d)A_a A_b g^{cd}\psi + \tfrac{1}{4}\alpha^4(\partial_5 A_c)(\partial_5 g_{bd})A_a\eta g^{cd}\psi + \tfrac{1}{4}\alpha^4(\partial_5 A_c)(\partial_5 g_{ad})A_b\eta g^{cd}\psi,$$

$$R_{5a5}{}^b = \tag{77}$$

$$= \partial_5\Gamma_a{}^b{}_5 - \partial_a\Gamma_5{}^b{}_5 + \Gamma_5{}^b{}_c\Gamma_a{}^c{}_5 + \Gamma_5{}^b{}_5\Gamma_a{}^5{}_5 - \Gamma_a{}^b{}_c\Gamma_5{}^c{}_5 - \Gamma_a{}^b{}_5\Gamma_5{}^5{}_5$$

$$= \beta_2\partial_5 S_{(2)a}{}^b + \tfrac{1}{4}\alpha(\partial_a\psi)(\partial_5\psi)A^b\psi^{-1} - \tfrac{1}{4}\alpha^2(\partial_5\psi)(\partial_5\psi)A_a A^b\psi^{-1} - \tfrac{1}{2}\beta_2(\partial_5\psi)S_{(2)a}{}^b\psi^{-1} - \tfrac{1}{2}\beta_2(\partial_5\psi)S_{(2)}{}^b{}_a\psi^{-1} -$$
$$-\tfrac{1}{4}(\partial_a\psi)(\partial_c\psi)g^{bc}\psi^{-1} - \tfrac{1}{4}(\partial_5 g_{ac})(\partial_5\psi)g^{bc}\psi^{-1} + \tfrac{1}{4}\alpha(\partial_c\psi)(\partial_5\psi)A_a g^{bc}\psi^{-1} + \tfrac{1}{4}\alpha^4(\partial_5 A_a)(\partial_5 A_c)A^b A^c\psi^2 + \tfrac{1}{4}\alpha^3(\partial_5 A_c)A^b F_a{}^c\psi^2 +$$
$$+\tfrac{1}{4}\alpha^3(\partial_5 A_c)A_a F^{bc}\psi^2 - \tfrac{1}{4}\alpha^3(\partial_5 A_a)A_c F^{bc}\psi^2 - \tfrac{1}{4}\alpha^2 F_{ac}F^{bc}\psi^2 + \tfrac{1}{2}\alpha^2\beta_0 A_c F^{bd} S_{(0)ad}{}^c\psi^2 -$$
$$-\tfrac{1}{2}\alpha^3\beta_0(\partial_5 A_c)A_d A^b S_{(0)a}{}^{cd}\psi^2 + \tfrac{1}{2}\alpha^2\beta_0 A_c F_a{}^d S_{(0)}{}^b{}_d{}^c\psi^2 - \tfrac{1}{2}\alpha^3\beta_0(\partial_5 A_c)A_a A_d S_{(0)}{}^{bcd}\psi^2 +$$
$$+\tfrac{1}{2}\alpha^3\beta_0(\partial_5 A_a)A_c A_d S_{(0)}{}^{bcd}\psi^2 - \alpha^2\beta_0{}^2 A_c A_d S_{(0)ae}{}^c S_{(0)}{}^{bed}\psi^2 - \tfrac{1}{2}\alpha^2\beta_1(\partial_5 A_c)A^b S_{(1)a}{}^c\psi^2 + \tfrac{1}{2}\alpha\beta_1 F_b{}^c S_{(1)a}{}^c\psi^2 -$$
$$-\alpha\beta_0\beta_1 A_c S_{(0)}{}^b{}_d{}^c S_{(1)a}{}^d\psi^2 - \tfrac{1}{2}\alpha^2\beta_1(\partial_5 A_c)A_a S_{(1)}{}^{bc}\psi^2 + \tfrac{1}{2}\alpha^2\beta_1(\partial_5 A_a)A_c S_{(1)}{}^{bc}\psi^2 + \tfrac{1}{2}\alpha\beta_1 F_{ac} S_{(1)}{}^{bc}\psi^2 -$$
$$-\beta_1{}^2 S_{(1)ac} S_{(1)}{}^{bc}\psi^2 - \alpha\beta_0\beta_1 A_c S_{(0)ad}{}^c S_{(1)}{}^{bd}\psi^2 + \tfrac{1}{2}\alpha^4\beta_2(\partial_5 A_c)A_d A^b A^c S_{(2)a}{}^d\psi^2 - \tfrac{1}{2}\alpha^3\beta_2 A_c A_d F^{bc} S_{(2)a}{}^d\psi^2 +$$
$$+\alpha^2\beta_1\beta_2 A_c A_d S_{(1)}{}^{bc} S_{(2)a}{}^d\psi^2 + \alpha^3\beta_0\beta_2 A_c A_d A_e S_{(0)}{}^{bcd} S_{(2)a}{}^e\psi^2 - \tfrac{1}{2}\alpha^4\beta_2(\partial_5 A_a)A_c\eta S_{(2)}{}^{bc}\psi^2 +$$
$$+\tfrac{1}{2}\alpha^4\beta_2(\partial_5 A_c)A_a A_d A^c S_{(2)}{}^{bd}\psi^2 - \tfrac{1}{2}\alpha^3\beta_2 A_c A_d F_a{}^c S_{(2)}{}^{bd}\psi^2 + \alpha^2\beta_1\beta_2 A_c A_d S_{(1)a}{}^c S_{(2)}{}^{bd}\psi^2 -$$
$$-\alpha^4\beta_2{}^2 A_c A_d\eta S_{(2)a}{}^c S_{(2)}{}^{bd}\psi^2 + \alpha^3\beta_0\beta_2 A_c A_d A_e S_{(0)a}{}^{cd} S_{(2)}{}^{be}\psi^2 - \alpha^4\beta_2(\partial_5 A_c)A_a A_d A^b S_{(2)}{}^{cd}\psi^2 +$$
$$+\tfrac{1}{2}\alpha^4\beta_2(\partial_5 A_a)A_c A_d A^b S_{(2)}{}^{cd}\psi^2 + \tfrac{1}{2}\alpha^3\beta_2 A_c A^b F_{ad} S_{(2)}{}^{dc}\psi^2 + \tfrac{1}{2}\alpha^3\beta_2 A_a A_c F^b{}_d S_{(2)}{}^{dc}\psi^2 - \alpha^2\beta_1\beta_2 A_c A^b S_{(1)ad} S_{(2)}{}^{dc}\psi^2 -$$
$$-\alpha^2\beta_1\beta_2 A_a A_c S_{(1)}{}^b{}_d S_{(2)}{}^{dc}\psi^2 + \alpha^4\beta_2{}^2 A_c A_d A_e A^b S_{(2)a}{}^c S_{(2)}{}^{de}\psi^2 + \alpha^4\beta_2{}^2 A_a A_c A_d A_e S_{(2)}{}^{bc} S_{(2)}{}^{de}\psi^2 -$$
$$-\alpha^3\beta_0\beta_2 A_c A_d A^b S_{(0)ae}{}^c S_{(2)}{}^{ed}\psi^2 - \alpha^3\beta_0\beta_2 A_a A_c A_d S_{(0)}{}^b{}_e{}^c S_{(2)}{}^{ed}\psi^2 - \alpha^4\beta_2{}^2 A_a A_c A_d A^b S_{(2)e}{}^c S_{(2)}{}^{ed}\psi^2 +$$
$$+\tfrac{1}{2}\alpha^3\beta_3(\partial_5 A_c)A^b A^c S_{(3)a}\psi^2 - \tfrac{1}{2}\alpha^2\beta_3 A_c F^{bc} S_{(3)a}\psi^2 + \alpha^2\beta_0\beta_3 A_c A_d S_{(0)}{}^{bcd} S_{(3)a}\psi^2 + \alpha\beta_1\beta_3 A_c S_{(1)}{}^{bc} S_{(3)a}\psi^2 -$$
$$-\alpha^3\beta_2\beta_3 A_c\eta S_{(2)}{}^{bc} S_{(3)a}\psi^2 + \alpha^2\beta_2\beta_3 A_c A_d A^b S_{(2)}{}^{cd} S_{(3)a}\psi^2 + \tfrac{1}{2}\alpha^3\beta_3(\partial_5 A_c)A_a A^c S_{(3)}{}^b\psi^2 - \tfrac{1}{2}\alpha^3\beta_3(\partial_5 A_a)\eta S_{(3)}{}^b\psi^2 -$$
$$-\tfrac{1}{2}\alpha^2\beta_3 A_c F_a{}^c S_{(3)}{}^b\psi^2 + \alpha^2\beta_0\beta_3 A_c A_d S_{(0)a}{}^{cd} S_{(3)}{}^b\psi^2 + \alpha\beta_1\beta_3 A_c S_{(1)a}{}^c S_{(3)}{}^b\psi^2 - \alpha^3\beta_2\beta_3 A_c\eta S_{(2)a}{}^c S_{(3)}{}^b\psi^2 +$$

$$
\begin{aligned}
&+ \alpha^3 \beta_2 \beta_3 A_a A_c A_d S_{(2)}{}^{cd} S_{(3)}{}^b \psi^2 - \alpha^2 \beta_3^2 \eta S_{(3)a} S_{(3)}{}^b \psi^2 - \alpha^3 \beta_3 (\partial_5 A_c) A_a A^b S_{(3)}{}^c \psi^2 + \tfrac{1}{2} \alpha^3 \beta_3 (\partial_5 A_a) A_c A^b S_{(3)}{}^c \psi^2 \\
&+ \tfrac{1}{2} \alpha^2 \beta_3 A^b F_{ac} S_{(3)}{}^c \psi^2 + \tfrac{1}{2} \alpha^2 \beta_3 A_a F^b{}_c S_{(3)}{}^c \psi^2 - \alpha \beta_1 \beta_3 A^b S_{(1)ac} S_{(3)}{}^c \psi^2 - \alpha \beta_1 \beta_3 A_a S_{(1)}{}^b{}_c S_{(3)}{}^c \psi^2 \\
&+ \alpha^2 \beta_3^2 A_c A^b S_{(3)a} S_{(3)}{}^c \psi^2 - \alpha^2 \beta_3^2 A_a A^b S_{(3)c} S_{(3)}{}^c \psi^2 + \alpha^2 \beta_3^2 A_a A_c S_{(3)}{}^b S_{(3)}{}^c \psi^2 - \alpha^2 \beta_0 \beta_3 A_c A^b S_{(0)ad}{}^c S_{(3)}{}^d \psi^2 \\
&- \alpha^2 \beta_0 \beta_3 A_a A_c S_{(0)}{}^b{}_d{}^c S_{(3)}{}^d \psi^2 + \alpha^3 \beta_2 \beta_3 A_c A_d A^b S_{(2)a}{}^c S_{(3)}{}^d \psi^2 - 2\alpha^3 \beta_2 \beta_3 A_a A_c A^b S_{(2)d}{}^c S_{(3)}{}^d \psi^2 \\
&+ \alpha^3 \beta_2 \beta_3 A_a A_c A_d S_{(2)}{}^{bc} S_{(3)}{}^d \psi^2 - \tfrac{1}{4} \alpha^4 (\partial_5 A_a)(\partial_5 A_c) \eta g^{bc} \psi^2 - \tfrac{1}{4} \alpha^3 (\partial_5 A_c) A_d F_a{}^d g^{bc} \psi^2 + \tfrac{1}{2} \alpha^3 \beta_0 (\partial_5 A_c) A_d A_e S_{(0)a}{}^{de} g^{bc} \psi^2 \\
&+ \tfrac{1}{2} \alpha^2 \beta_1 (\partial_5 A_c) A_d S_{(1)a}{}^d g^{bc} \psi^2 - \tfrac{1}{2} \alpha^4 \beta_2 (\partial_5 A_c) A_d \eta S_{(2)a}{}^d g^{bc} \psi^2 + \tfrac{1}{4} \alpha^4 \beta_2 (\partial_5 A_c) A_a A_d A_e S_{(2)}{}^{de} g^{bc} \psi^2 \\
&- \tfrac{1}{2} \alpha^3 \beta_3 (\partial_5 A_c) \eta S_{(3)a} g^{bc} \psi^2 + \tfrac{1}{2} \alpha^3 \beta_3 (\partial_5 A_c) A_a A_d S_{(3)}{}^d g^{bc} \psi^2 + \tfrac{1}{4} \alpha^4 (\partial_5 A_c)(\partial_5 A_d) A_a A^c g^{bd} \psi^2 \\
&- \tfrac{1}{4} \alpha^4 (\partial_5 A_c)(\partial_5 A_d) A_a A^b g^{cd} \psi^2 - \tfrac{1}{2} \alpha (\partial_5 \partial_a \psi) A^b + \tfrac{3}{4} \alpha^2 (\partial_5 A_a)(\partial_5 \psi) A^b + \tfrac{1}{2} \alpha^2 (\partial_5 \partial_5 \psi) A_a A^b - \tfrac{1}{4} \alpha^2 (\partial_5 g_{ac})(\partial_5 \psi) A^b A^c \\
&- \tfrac{1}{4} \alpha (\partial_5 \psi) U_a{}^b - \tfrac{1}{2} \beta_0 (\partial_c \psi) S_{(0)a}{}^{bc} + \tfrac{1}{2} \beta_0 (\partial_c \psi) S_{(0)a}{}^{cb} - \tfrac{1}{2} \alpha \beta_0 (\partial_5 \psi) A_c S_{(0)a}{}^{cb} + \tfrac{1}{2} \beta_0 (\partial_c \psi) S_{(0)}{}^{bc}{}_a - \tfrac{1}{2} \alpha \beta_0 (\partial_5 \psi) A_c S_{(0)}{}^{bc}{}_a \\
&- \tfrac{1}{2} \beta_1 (\partial_5 \psi) S_{(1)a}{}^b - \tfrac{1}{2} \alpha \beta_2 (\partial_c \psi) A^c S_{(2)a}{}^b + \tfrac{1}{2} \alpha^2 \beta_2 (\partial_5 \psi) \eta S_{(2)a}{}^b + \tfrac{1}{2} \alpha \beta_2 (\partial_c \psi) A^b S_{(2)a}{}^c - \beta_2^2 S_{(2)a}{}^c S_{(2)c}{}^b \\
&- \tfrac{1}{2} \alpha \beta_2 (\partial_c \psi) A^c S_{(2)}{}^b{}_a + \tfrac{1}{2} \alpha^2 \beta_2 (\partial_5 \psi) \eta S_{(2)}{}^b{}_a + \tfrac{3}{2} \beta_2 (\partial_5 g_{ac}) S_{(2)}{}^{bc} - \tfrac{1}{2} \alpha \beta_2 (\partial_c \psi) A_a S_{(2)}{}^{bc} - \alpha \beta_2 (\partial_a \psi) A_c S_{(2)}{}^{bc} \\
&+ \alpha^2 \beta_2 (\partial_5 \psi) A_a A_c S_{(2)}{}^{bc} + \beta_2^2 S_{(2)ac} S_{(2)}{}^{bc} + \beta_2^2 S_{(2)ca} S_{(2)}{}^{bc} + \tfrac{1}{2} \alpha \beta_2 (\partial_c \psi) A^b S_{(2)}{}^c{}_a - \tfrac{1}{2} \alpha^2 \beta_2 (\partial_5 \psi) A_c A^b S_{(2)}{}^c{}_a \\
&- \tfrac{1}{2} \beta_2 (\partial_5 g_{ac}) S_{(2)}{}^{cb} + \tfrac{1}{2} \alpha \beta_2 (\partial_c \psi) A_a S_{(2)}{}^{cb} - \tfrac{1}{2} \alpha^2 \beta_2 (\partial_5 \psi) A_a A_c S_{(2)}{}^{cb} - \beta_2^2 S_{(2)ca} S_{(2)}{}^{cb} + \tfrac{1}{2} \alpha \beta_3 (\partial_5 \psi) A^b S_{(3)a} - \beta_3 (\partial_a \psi) S_{(3)}{}^b + \\
&+ \tfrac{1}{2} \alpha \beta_3 (\partial_5 \psi) A_a S_{(3)}{}^b + \tfrac{1}{2} (\partial_a \partial_c \psi) g^{bc} + \tfrac{1}{2} (\partial_5 \partial_5 g_{ac}) g^{bc} - \tfrac{1}{2} \alpha (\partial_c \psi)(\partial_5 A_a) g^{bc} - \tfrac{1}{2} \alpha (\partial_a \psi)(\partial_5 A_c) g^{bc} - \tfrac{1}{2} \alpha (\partial_5 \partial_c \psi) A_a g^{bc} \\
&+ \tfrac{3}{4} \alpha^2 (\partial_5 A_c)(\partial_5 \psi) A_a g^{bc} + \tfrac{1}{4} \alpha^2 (\partial_5 g_{ac})(\partial_5 \psi) \eta g^{bc} + \beta_2 (\partial_5 S_{(2)c}{}^d) g_{ad} g^{bc} - \tfrac{1}{4} \alpha (\partial_c \psi)(\partial_5 g_{ad}) A^c g^{bd} \\
&- \tfrac{1}{4} \alpha^2 (\partial_5 g_{cd})(\partial_5 \psi) A_a A^c g^{bd} - \tfrac{1}{2} (\partial_c \psi)\,{}^{(4)}\{{}^c_{a\,d}\} g^{bd} + \tfrac{1}{2} \alpha (\partial_5 \psi) A_c\,{}^{(4)}\{{}^c_{a\,d}\} g^{bd} + \tfrac{1}{2} \beta_2 (\partial_5 g_{cd}) S_{(2)a}{}^c g^{bd} \\
&- \tfrac{1}{2} \beta_2 (\partial_5 g_{cd}) S_{(2)}{}^c{}_a g^{bd} + \tfrac{1}{4} \alpha (\partial_c \psi)(\partial_5 g_{ad}) A^b g^{cd} - \tfrac{1}{4} (\partial_5 g_{ac})(\partial_5 g_{de}) g^{bd} g^{ce} + \tfrac{1}{4} \alpha (\partial_c \psi)(\partial_5 g_{de}) A_a g^{bd} g^{ce} + \\
&+ \tfrac{1}{2} \alpha^2 (\partial_5 \partial_5 A_a) A^b \psi + \alpha \beta_3 (\partial_5 S_{(3)a}) A^b \psi + \alpha^2 \beta_2 (\partial_5 S_{(2)a}{}^c) A_c A^b \psi - \tfrac{1}{4} \alpha (\partial_5 g_{ac}) F^{bc} \psi - \alpha \beta_0 (\partial_5 A_c) S_{(0)a}{}^{cb} \psi - \\
&- \alpha \beta_0 (\partial_5 A_c) S_{(0)}{}^{bc}{}_a \psi + \tfrac{1}{2} \alpha \beta_0 (\partial_5 g_{ac}) A_d S_{(0)}{}^{bcd} \psi + \tfrac{1}{2} \beta_1 (\partial_5 g_{ac}) S_{(1)}{}^{bc} \psi + \alpha^2 \beta_2 (\partial_5 A_c) A^c S_{(2)a}{}^b \psi + \tfrac{1}{2} \alpha^2 \beta_2 (\partial_5 A_c) A^b S_{(2)a}{}^c \psi - \\
&- \tfrac{1}{2} \alpha \beta_2 F^b{}_c S_{(2)a}{}^c \psi + \beta_1 \beta_2 S_{(1)}{}^b{}_c S_{(2)a}{}^c \psi + \alpha \beta_0 \beta_2 A_c S_{(0)}{}^b{}_d{}^c S_{(2)a}{}^d \psi + 2 \alpha \beta_0 \beta_2 A_c S_{(0)a}{}^{bd} S_{(2)d}{}^c \psi - \alpha^2 \beta_2^2 A_c A^b S_{(2)a}{}^d S_{(2)d}{}^c \psi + \\
&+ \alpha^2 \beta_2 (\partial_5 A_c) A^c S_{(2)}{}^b{}_a \psi + \tfrac{3}{2} \alpha^2 \beta_2 (\partial_5 A_c) A_a S_{(2)}{}^{bc} \psi + \tfrac{3}{2} \alpha^2 \beta_2 (\partial_5 A_a) A_c S_{(2)}{}^{bc} \psi - \alpha \beta_2 U_{ac} S_{(2)}{}^{bc} \psi - \tfrac{1}{2} \alpha \beta_2 F_{ac} S_{(2)}{}^{bc} \psi - \\
&- \beta_1 \beta_2 S_{(1)ac} S_{(2)}{}^{bc} \psi - \tfrac{1}{2} \alpha^2 \beta_2 (\partial_5 g_{ac}) A_d A^c S_{(2)}{}^{bd} \psi - \alpha \beta_0 \beta_2 A_c S_{(0)ad}{}^c S_{(2)}{}^{bd} \psi + \alpha^2 \beta_2^2 A_a A_c S_{(2)d}{}^c S_{(2)}{}^{bd} \psi - \\
&- \tfrac{1}{2} \alpha^2 \beta_2 (\partial_5 A_c) A^b S_{(2)}{}^c{}_a \psi - \tfrac{1}{2} \alpha \beta_2 F^b{}_c S_{(2)}{}^c{}_a \psi + \beta_1 \beta_2 S_{(1)}{}^b{}_c S_{(2)}{}^c{}_a \psi - \tfrac{1}{2} \alpha^2 \beta_2 (\partial_5 A_c) A_a S_{(2)}{}^{cb} \psi - \tfrac{1}{2} \alpha^2 \beta_2 (\partial_5 A_a) A_c S_{(2)}{}^{cb} \psi - \\
&- \tfrac{1}{2} \alpha \beta_2 F_{ac} S_{(2)}{}^{cb} \psi + \beta_1 \beta_2 S_{(1)ac} S_{(2)}{}^{cb} \psi - \tfrac{1}{2} \alpha^2 \beta_2 (\partial_5 g_{ac}) A_d A^b S_{(2)}{}^{cd} \psi + 2 \alpha^2 \beta_2^2 A_c A_d S_{(2)a}{}^b S_{(2)}{}^{cd} \psi + \\
&+ 2 \alpha^2 \beta_2^2 A_c A_d S_{(2)}{}^b{}_a S_{(2)}{}^{cd} \psi + \alpha \beta_0 \beta_2 A_c S_{(0)}{}^b{}_d{}^c S_{(2)}{}^d{}_a \psi - \alpha^2 \beta_2^2 A_c A_d S_{(2)}{}^{bc} S_{(2)}{}^d{}_a \psi + \alpha \beta_0 \beta_2 A_c S_{(0)ad}{}^c S_{(2)}{}^{db} \psi - \\
&- \alpha^2 \beta_2^2 A_c A_d S_{(2)a}{}^c S_{(2)}{}^{db} \psi - 2 \alpha \beta_0 \beta_2 A_c S_{(0)ad}{}^b S_{(2)}{}^{dc} \psi - 2 \alpha \beta_0 \beta_2 A_c S_{(0)}{}^b{}_{da} S_{(2)}{}^{dc} \psi - \alpha^2 \beta_2^2 A_c A^b S_{(2)da} S_{(2)}{}^{dc} \psi - \\
&- \alpha^2 \beta_2^2 A_a A_c S_{(2)d}{}^b S_{(2)}{}^{dc} \psi + \alpha \beta_2 \beta_3 A_c S_{(2)}{}^{cb} S_{(3)a} \psi - \alpha \beta_2 \beta_3 A_c S_{(2)}{}^{cb} S_{(3)a} \psi + 2 \beta_0 \beta_3 S_{(0)a}{}^{bc} S_{(3)c} \psi - \alpha \beta_2 \beta_3 A^b S_{(2)a}{}^c S_{(3)c} \psi + \\
&+ \alpha \beta_2 \beta_3 A_a S_{(2)}{}^{bc} S_{(3)c} \psi + \alpha \beta_3 (\partial_5 A_a) S_{(3)}{}^b \psi - \tfrac{1}{2} \alpha \beta_3 (\partial_5 g_{ac}) A^c S_{(3)}{}^b \psi - \alpha \beta_2 \beta_3 A_c S_{(2)a}{}^c S_{(3)}{}^b \psi - \alpha \beta_2 \beta_3 A_c S_{(2)}{}^c{}_a S_{(3)}{}^b \psi - \\
&- \tfrac{1}{2} \alpha \beta_3 (\partial_5 g_{ac}) A^b S_{(3)}{}^c \psi - 2 \beta_0 \beta_3 S_{(0)ac}{}^b S_{(3)}{}^c \psi - 2 \beta_0 \beta_3 S_{(0)}{}^b{}_{ca} S_{(3)}{}^c \psi + 2 \alpha \beta_2 \beta_3 A_c S_{(2)a}{}^b S_{(3)}{}^c \psi - \alpha \beta_2 \beta_3 A^b S_{(2)ca} S_{(3)}{}^c \psi - \\
&- \alpha \beta_2 \beta_3 A_a S_{(2)}{}^b{}_c S_{(3)}{}^c \psi + 2 \alpha \beta_2 \beta_3 A_c S_{(2)}{}^b{}_a S_{(3)}{}^c \psi - 2 \beta_3 (\partial_a S_{(3)c}) g^{bc} \psi + \alpha^2 (\partial_5 A_a)(\partial_5 A_c) g^{bc} \psi - \tfrac{1}{2} \alpha (\partial_5 U_{ac}) g^{bc} \psi - \\
&- \beta_1 (\partial_5 S_{(1)ac}) g^{bc} \psi + \tfrac{1}{2} \alpha^2 (\partial_5 \partial_5 A_c) A_a g^{bc} \psi + \alpha \beta_3 (\partial_5 S_{(3)c}) A_a g^{bc} \psi - 2 \alpha \beta_2 (\partial_a S_{(2)c}{}^d) A_d g^{bc} \psi - \alpha \beta_0 (\partial_5 S_{(0)ac}{}^d) A_d g^{bc} \psi + \\
&+ \alpha^2 \beta_2 (\partial_5 S_{(2)c}{}^d) A_a A_d g^{bc} \psi - \tfrac{1}{4} \alpha^2 (\partial_5 A_c)(\partial_5 g_{ad}) A^d g^{bc} \psi + \tfrac{1}{2} \alpha^2 \beta_2 (\partial_5 A_c) A_d S_{(2)a}{}^d g^{bc} \psi - \tfrac{1}{2} \alpha^2 \beta_2 (\partial_5 A_c) A_d S_{(2)}{}^d{}_a g^{bc} \psi + \\
&+ \alpha^2 \beta_2 (\partial_5 g_{ac}) A_d A_e S_{(2)}{}^{de} g^{bc} \psi + \alpha \beta_3 (\partial_5 A_c) S_{(3)a} g^{bc} \psi + \alpha \beta_3 (\partial_5 g_{ac}) A_d S_{(3)}{}^d g^{bc} \psi + \tfrac{1}{2} \alpha^2 (\partial_5 A_c)(\partial_5 g_{ad}) A^c g^{bd} \psi - \\
&- \tfrac{1}{4} \alpha^2 (\partial_5 A_a)(\partial_5 g_{cd}) A^c g^{bd} \psi + \alpha (\partial_5 A_c)\,{}^{(4)}\{{}^c_{a\,d}\} g^{bd} \psi - \tfrac{1}{4} \alpha (\partial_5 g_{cd}) F_a{}^c g^{bd} \psi + \tfrac{1}{2} \alpha \beta_0 (\partial_5 g_{cd}) A_e S_{(0)a}{}^{ce} g^{bd} \psi + \\
&+ \tfrac{1}{2} \beta_1 (\partial_5 g_{cd}) S_{(1)a}{}^c g^{bd} \psi - \tfrac{1}{2} \alpha^2 \beta_2 (\partial_5 g_{cd}) A_e A^c S_{(2)a}{}^e g^{bd} \psi - \tfrac{1}{2} \alpha^2 \beta_2 (\partial_5 g_{cd}) A_a A_e S_{(2)}{}^{ce} g^{bd} \psi - \\
&- \tfrac{1}{2} \alpha \beta_3 (\partial_5 g_{cd}) A^c S_{(3)a} g^{bd} \psi + 2 \beta_3\,{}^{(4)}\{{}^c_{a\,d}\} S_{(3)c} g^{bd} \psi - \tfrac{1}{2} \alpha \beta_3 (\partial_5 g_{cd}) A_a S_{(3)}{}^c g^{bd} \psi + 2 \alpha \beta_2 A_c\,{}^{(4)}\{{}^d_{a\,e}\} S_{(2)d}{}^c g^{be} \psi - \\
&- \tfrac{1}{4} \alpha^2 (\partial_5 A_c)(\partial_5 g_{ad}) A^b g^{cd} \psi - \tfrac{1}{4} \alpha^2 (\partial_5 A_c)(\partial_5 g_{de}) A_a g^{bd} g^{ce} \psi,
\end{aligned}
$$

$$R_{5a5}{}^5 = \qquad (78)$$

$= \partial_5 \Gamma_{a\ 5}^{\ 5} - \partial_a \Gamma_{5\ 5}^{\ 5} + \Gamma_{5\ b}^{\ 5} \Gamma_{a\ 5}^{\ b} + \Gamma_{5\ 5}^{\ 5} \Gamma_{a\ 5}^{\ 5} - \Gamma_{a\ b}^{\ 5} \Gamma_{5\ 5}^{\ b} - \Gamma_{a\ 5}^{\ 5} \Gamma_{5\ 5}^{\ 5}$

$= \frac{1}{4} \alpha (\partial_a \psi)(\partial_b \psi) A^b \psi^{-1} + \frac{1}{4} \alpha (\partial_5 g_{ab})(\partial_5 \psi) A^b \psi^{-1} - \frac{1}{4} \alpha^2 (\partial_b \psi)(\partial_5 \psi) A_a A^b \psi^{-1} - \frac{1}{4} \alpha^2 (\partial_a \psi)(\partial_5 \psi) \eta \psi^{-1} +$

$+ \frac{1}{4} \alpha^3 (\partial_5 \psi)(\partial_5 \psi) A_a \eta \psi^{-1} + \frac{1}{2} \alpha \beta_2 (\partial_5 \psi) A_b S_{(2)a}{}^b \psi^{-1} + \frac{1}{2} \alpha \beta_2 (\partial_5 \psi) A_b S_{(2)}{}^b{}_a \psi^{-1} - \frac{1}{4} \alpha^5 (\partial_5 A_b)(\partial_5 A_c) A_a A^b A^c \psi^2 -$

$- \frac{1}{4} \alpha^4 (\partial_5 A_b) \eta F_a{}^b \psi^2 + \frac{1}{4} \alpha^4 (\partial_5 A_b) A_c A^b F_a{}^c \psi^2 + \frac{1}{4} \alpha^4 (\partial_5 A_b) A_a A_c F^{bc} \psi^2 + \frac{1}{4} \alpha^3 A_b F_{ac} F^{bc} \psi^2 - \frac{1}{2} \alpha^3 \beta_0 A_b A_c F^{cd} S_{(0)ad}{}^b \psi^2 +$

$+ \frac{1}{2} \alpha^4 \beta_0 (\partial_5 A_b) A_c \eta S_{(0)a}{}^{bc} \psi^2 - \frac{1}{2} \alpha^4 \beta_0 (\partial_5 A_b) A_c A_d A^b S_{(0)}{}^{cd} \psi^2 - \frac{1}{2} \alpha^3 \beta_0 A_b A_c F_a{}^d S_{(0)}{}^b{}_d{}^c \psi^2 -$

$- \frac{1}{2} \alpha^4 \beta_0 (\partial_5 A_b) A_a A_c A_d S_{(0)}{}^{bcd} \psi^2 + \alpha^3 \beta_0{}^2 A_b A_c A_d S_{(0)ae}{}^b S_{(0)}{}^{ced} \psi^2 + \frac{1}{2} \alpha^3 \beta_1 (\partial_5 A_b) \eta S_{(1)a}{}^b \psi^2 -$

$- \frac{1}{2} \alpha^3 \beta_1 (\partial_5 A_b) A_c A^b S_{(1)a}{}^c \psi^2 - \frac{1}{2} \alpha^2 \beta_1 A_b F^b{}_c S_{(1)a}{}^c \psi^2 + \alpha^2 \beta_0 \beta_1 A_b A_c S_{(0)}{}^b{}_d{}^c S_{(1)a}{}^d \psi^2 - \frac{1}{2} \alpha^3 \beta_1 (\partial_5 A_b) A_a A_c S_{(1)}{}^{bc} \psi^2 -$

$- \frac{1}{2} \alpha^2 \beta_1 A_b F_{ac} S_{(1)}{}^{bc} \psi^2 + \alpha \beta_1{}^2 A_b S_{(1)ac} S_{(1)}{}^{bc} \psi^2 + \alpha^2 \beta_0 \beta_1 A_b A_c S_{(0)ad}{}^b S_{(1)}{}^{cd} \psi^2 + \alpha^5 \beta_2 (\partial_5 A_b) A_a A_c \eta S_{(2)}{}^{bc} \psi^2 -$

$- \frac{1}{2} \alpha^4 \beta_2 A_b \eta F_{ac} S_{(2)}{}^{cb} \psi^2 + \alpha^3 \beta_1 \beta_2 A_b \eta S_{(1)ac} S_{(2)}{}^{cb} \psi^2 - \alpha^5 \beta_2 (\partial_5 A_b) A_a A_c A_d A^b S_{(2)}{}^{cd} \psi^2 + \frac{1}{2} \alpha^4 \beta_2 A_b A_c A_d F_a{}^b S_{(2)}{}^{cd} \psi^2 -$

$- \alpha^3 \beta_1 \beta_2 A_b A_c A_d S_{(1)a}{}^b S_{(2)}{}^{cd} \psi^2 - \frac{1}{2} \alpha^4 \beta_2 A_a A_b A_c F^b{}_d S_{(2)}{}^{dc} \psi^2 + \alpha^4 \beta_0 \beta_2 A_b A_c \eta S_{(0)ad}{}^b S_{(2)}{}^{dc} \psi^2 +$

$+ \alpha^3 \beta_1 \beta_2 A_a A_b A_c S_{(1)}{}^b{}_d S_{(2)}{}^{dc} \psi^2 + \alpha^5 \beta_2{}^2 A_a A_b A_c \eta S_{(2)d}{}^b S_{(2)}{}^{dc} \psi^2 - \alpha^4 \beta_0 \beta_2 A_b A_c A_d A_e S_{(0)a}{}^{bc} S_{(2)}{}^{de} \psi^2 -$

$- \alpha^5 \beta_2{}^2 A_a A_b A_c A_d A_e S_{(2)}{}^b{}_{(2)} S_{(2)}{}^{bc}{}^{de} \psi^2 + \alpha^4 \beta_0 \beta_2 A_a A_b A_c A_d S_{(0)}{}^b{}_e{}^c S_{(2)}{}^{ed} \psi^2 + \alpha^4 \beta_3 (\partial_5 A_b) A_a \eta S_{(3)}{}^b \psi^2 -$

$- \frac{1}{2} \alpha^3 \beta_3 \eta F_{ab} S_{(3)}{}^b \psi^2 + \alpha^2 \beta_1 \beta_3 \eta S_{(1)ab} S_{(3)}{}^b \psi^2 + \alpha^3 \beta_3{}^2 A_a \eta S_{(3)b} S_{(3)}{}^b \psi^2 - \alpha^4 \beta_3 (\partial_5 A_b) A_a A_c A^b S_{(3)}{}^c \psi^2 +$

$+ \frac{1}{2} \alpha^3 \beta_3 A_b A_c F_a{}^b S_{(3)}{}^c \psi^2 - \frac{1}{2} \alpha^3 \beta_3 A_a A_b F^b{}_c S_{(3)}{}^c \psi^2 + \alpha^3 \beta_0 \beta_3 A_b \eta S_{(0)ac}{}^b S_{(3)}{}^c \psi^2 - \alpha^2 \beta_1 \beta_3 A_b A_c S_{(1)a}{}^b S_{(3)}{}^c \psi^2 +$

$+ \alpha^2 \beta_1 \beta_3 A_a A_b S_{(1)c}{}^b S_{(3)}{}^c \psi^2 + 2 \alpha^4 \beta_2 \beta_3 A_a A_b \eta S_{(2)c}{}^b S_{(3)}{}^c \psi^2 - \alpha^3 \beta_3{}^2 A_a A_b A_c S_{(3)}{}^b S_{(3)}{}^c \psi^2 -$

$- \alpha^3 \beta_0 \beta_3 A_b A_c A_d S_{(0)a}{}^{bc} S_{(3)}{}^d \psi^2 + \alpha^3 \beta_0 \beta_3 A_a A_b A_c S_{(0)}{}^b{}_d{}^c S_{(3)}{}^d \psi^2 - 2 \alpha^4 \beta_2 \beta_3 A_a A_b A_c A_d S_{(2)}{}^{bc} S_{(3)}{}^d \psi^2 +$

$+ \frac{1}{4} \alpha^5 (\partial_5 A_b)(\partial_5 A_c) A_a \eta g^{bc} \psi^2 - \alpha \beta_2 (\partial_5 S_{(2)a}{}^b) A_b - \frac{1}{2} \alpha (\partial_a \partial_b \psi) A^b - \frac{1}{2} \alpha (\partial_5 \partial_5 g_{ab}) A^b + \frac{1}{2} \alpha^2 (\partial_b \psi)(\partial_5 A_a) A^b +$

$+ \frac{1}{2} \alpha^2 (\partial_a \psi)(\partial_5 A_b) A^b + \frac{1}{2} \alpha^2 (\partial_5 \partial_b \psi) A_a A^b - \frac{3}{4} \alpha^3 (\partial_5 A_b)(\partial_5 \psi) A_a A^b + \frac{1}{4} \alpha^2 (\partial_b \psi)(\partial_5 g_{ac}) A^b A^c + \frac{1}{4} \alpha^3 (\partial_5 g_{bc})(\partial_5 \psi) A_a A^b A^c +$

$+ \frac{1}{2} \alpha^2 (\partial_5 \partial_a \psi) \eta - \frac{3}{4} \alpha^3 (\partial_5 A_a)(\partial_5 \psi) \eta - \frac{1}{2} \alpha^3 (\partial_5 \partial_5 \psi) A_a \eta + \frac{1}{2} \alpha (\partial_b \psi) A^c {}^{(4)}\{{}^b_{ac}\} - \frac{1}{2} \alpha^2 (\partial_5 \psi) A_b A^c {}^{(4)}\{{}^b_{ac}\} + \frac{1}{4} \alpha^2 (\partial_5 \psi) A_b U_a{}^b -$

$- \frac{1}{2} \alpha \beta_0 (\partial_b \psi) A_c S_{(0)a}{}^{bc} + \frac{1}{2} \alpha^2 \beta_0 (\partial_5 \psi) A_b A_c S_{(0)a}{}^{bc} + \frac{1}{2} \alpha \beta_0 (\partial_b \psi) A_c S_{(0)a}{}^{cb} + \frac{1}{2} \alpha \beta_0 (\partial_b \psi) A_c S_{(0)}{}^{bc}{}_a + \frac{1}{2} \alpha \beta_1 (\partial_5 \psi) A_b S_{(1)a}{}^b -$

$- \frac{1}{2} \alpha^2 \beta_2 (\partial_b \psi) \eta S_{(2)a}{}^b - \frac{1}{2} \alpha^3 \beta_2 (\partial_5 \psi) A_b \eta S_{(2)a}{}^b - \frac{1}{2} \alpha \beta_2 (\partial_5 g_{bc}) A^b S_{(2)a}{}^c + \frac{1}{2} \alpha^2 \beta_2 (\partial_b \psi) A^b S_{(2)a}{}^c + \alpha \beta_2{}^2 A_b S_{(2)a}{}^c S_{(2)c}{}^b -$

$- \frac{1}{2} \alpha^2 \beta_2 (\partial_b \psi) \eta S_{(2)}{}^b{}_a + \frac{1}{2} \alpha \beta_2 (\partial_5 g_{ab}) A_c S_{(2)}{}^{cb} - \frac{1}{2} \alpha^2 \beta_2 (\partial_b \psi) A_a A_c S_{(2)}{}^{bc} + \alpha^2 \beta_2 (\partial_a \psi) A_b A_c S_{(2)}{}^{bc} - \frac{1}{2} \alpha^3 \beta_2 (\partial_5 \psi) A_a A_b A_c S_{(2)}{}^{bc} -$

$- \alpha \beta_2{}^2 A_b S_{(2)ac} S_{(2)}{}^{bc} - \alpha \beta_2{}^2 A_b S_{(2)ca} S_{(2)}{}^{bc} + \frac{1}{2} \alpha \beta_2 (\partial_5 g_{bc}) A^b S_{(2)}{}^c{}_a + \frac{1}{2} \alpha^2 \beta_2 (\partial_b \psi) A_c A^b S_{(2)}{}^c{}_a - \frac{3}{2} \alpha \beta_2 (\partial_5 g_{ab}) A_c S_{(2)}{}^{cb} +$

$+ \frac{1}{2} \alpha^2 \beta_2 (\partial_b \psi) A_a A_c S_{(2)}{}^{cb} + \alpha \beta_2{}^2 A_b S_{(2)ca} S_{(2)}{}^{cb} - \frac{1}{2} \alpha \beta_3 (\partial_5 \psi) \eta S_{(3)a} + \alpha \beta_3 (\partial_a \psi) A_b S_{(3)}{}^b - \frac{1}{2} \alpha^2 \beta_3 (\partial_5 \psi) A_a A_b S_{(3)}{}^b -$

$- \alpha \beta_2 (\partial_5 S_{(2)b}{}^c) A^b g_{ac} - \frac{1}{4} \alpha^2 (\partial_b \psi)(\partial_5 g_{ac}) \eta g^{bc} + \frac{1}{4} \alpha (\partial_5 g_{ab})(\partial_5 g_{cd}) A^c g^{bd} - \frac{1}{4} \alpha^2 (\partial_b \psi)(\partial_5 g_{cd}) A_a A^c g^{bd} + 2 \alpha \beta_3 (\partial_a S_{(3)b}) A^b \psi -$

$- \alpha^3 (\partial_5 A_a)(\partial_5 A_b) A^b \psi + \frac{1}{2} \alpha^2 (\partial_5 U_{ab}) A^b \psi + \alpha \beta_1 (\partial_5 S_{(1)ab}) A^b \psi - \frac{1}{2} \alpha^3 (\partial_5 \partial_5 A_b) A_a A^b \psi - \alpha^2 \beta_3 (\partial_5 S_{(3)b}) A_a A^b \psi +$

$+ 2 \alpha^2 \beta_2 (\partial_a S_{(2)b}{}^c) A_c A^b \psi + \alpha^2 \beta_0 (\partial_5 S_{(0)ab}{}^c) A_c A^b \psi - \alpha^3 \beta_2 (\partial_5 S_{(2)b}{}^c) A_a A_c A^b \psi - \frac{1}{4} \alpha^3 (\partial_5 A_b)(\partial_5 g_{ac}) A^b A^c \psi +$

$+ \frac{1}{4} \alpha^3 (\partial_5 A_a)(\partial_5 g_{bc}) A^b A^c \psi - \frac{1}{2} \alpha^3 (\partial_5 \partial_5 A_a) \eta \psi - \alpha^2 \beta_3 (\partial_5 S_{(3)a}) \eta \psi - \alpha^3 \beta_2 (\partial_5 S_{(2)a}{}^b) A_b \eta \psi - \alpha^2 (\partial_5 A_b) A^c {}^{(4)}\{{}^b_{ac}\} \psi +$

$+ \frac{1}{4} \alpha^2 (\partial_5 g_{bc}) A^b F_a{}^c \psi - \frac{1}{4} \alpha^2 (\partial_5 g_{ab}) A_c F^{bc} \psi + \alpha^2 \beta_0 (\partial_5 A_b) A_c S_{(0)a}{}^{bc} \psi - \frac{1}{2} \alpha^2 \beta_0 (\partial_5 g_{bc}) A_d A^b S_{(0)a}{}^{cd} \psi - \alpha^2 \beta_0 (\partial_5 A_b) A_c S_{(0)}{}^{bc}{}_a \psi +$

$+ \frac{1}{2} \alpha^2 \beta_0 (\partial_5 g_{ab}) A_c A_d S_{(0)}{}^{bcd} \psi - \frac{1}{2} \alpha \beta_1 (\partial_5 g_{bc}) A^b S_{(1)a}{}^c \psi + \frac{1}{2} \alpha \beta_1 (\partial_5 g_{ab}) A_c S_{(1)}{}^{bc} \psi - \frac{1}{2} \alpha^3 \beta_2 (\partial_5 A_b) \eta S_{(2)a}{}^b \psi -$

$- \frac{3}{2} \alpha^3 \beta_2 (\partial_5 A_b) A_c A^b S_{(2)a}{}^c \psi + \frac{1}{2} \alpha^2 \beta_2 A_b F^b{}_c S_{(2)a}{}^c \psi - \alpha \beta_1 \beta_2 A_b S_{(1)c}{}^b S_{(2)a}{}^c \psi + \frac{1}{2} \alpha^3 \beta_2 (\partial_5 g_{bc}) A_d A^b A^c S_{(2)a}{}^d \psi -$

$- \alpha^2 \beta_0 \beta_2 A_b A_c S_{(0)}{}^b{}_d{}^c S_{(2)a}{}^d \psi - 2 \alpha^2 \beta_2 A_b A^d {}^{(4)}\{{}^c_{ad}\} S_{(2)c}{}^b \psi + \alpha \beta_2{}^2 A_b \eta S_{(2)a}{}^c S_{(2)c}{}^b \psi - 2 \alpha^2 \beta_0 \beta_2 A_b A_c S_{(0)a}{}^{bd} S_{(2)d}{}^c \psi +$

$+ \frac{1}{2} \alpha^3 \beta_2 (\partial_5 A_b) \eta S_{(2)}{}^b{}_a \psi + \frac{1}{2} \alpha^3 \beta_2 (\partial_5 A_b) A_a A_c S_{(2)}{}^{bc} \psi - \alpha^3 \beta_2 (\partial_5 A_a) A_b A_c S_{(2)}{}^{bc} \psi + \frac{1}{2} \alpha^3 \beta_2 (\partial_5 g_{ab}) A_c \eta S_{(2)}{}^{bc} \psi +$

$+ \alpha^2 \beta_2 A_b U_{ac} S_{(2)}{}^{bc} \psi + \frac{1}{2} \alpha^2 \beta_2 A_b F_{ac} S_{(2)}{}^{bc} \psi + \alpha \beta_1 \beta_2 A_b S_{(1)ac} S_{(2)}{}^{bc} \psi - \frac{1}{2} \alpha^3 \beta_2 (\partial_5 A_b) A_c A^b S_{(2)}{}^c{}_a \psi + \frac{1}{2} \alpha^2 \beta_2 A_b F^b{}_c S_{(2)}{}^c{}_a \psi -$

$- \alpha \beta_1 \beta_2 A_b S_{(1)}{}^b{}_c S_{(2)}{}^c{}_a \psi - \frac{3}{2} \alpha^3 \beta_2 (\partial_5 A_b) A_a A_c S_{(2)}{}^{cb} \psi + \frac{1}{2} \alpha^2 \beta_2 A_b F_{ac} S_{(2)}{}^{cb} \psi - \alpha \beta_1 \beta_2 A_b S_{(1)ac} S_{(2)}{}^{cb} \psi +$

$+ \alpha^3 \beta_2{}^2 A_b \eta S_{(2)ca} S_{(2)}{}^{cb} \psi + \frac{1}{2} \alpha^3 \beta_2 (\partial_5 g_{bc}) A_a A_d A^b S_{(2)}{}^{cd} \psi - \frac{1}{2} \alpha^3 \beta_2 (\partial_5 g_{ab}) A_c A_d A^b S_{(2)}{}^{cd} \psi +$

$+ \alpha^2 \beta_0 \beta_2 A_b A_c S_{(0)ad}{}^b S_{(2)}{}^{cd} \psi - \alpha^3 \beta_2{}^2 A_b A_c A_d S_{(2)a}{}^b S_{(2)}{}^{cd} \psi - \alpha^3 \beta_2{}^2 A_a A_b A_c S_{(2)d}{}^b S_{(2)}{}^{cd} \psi -$

$- \alpha^3 \beta_2{}^2 A_b A_c A_d S_{(2)}{}^b{}_a S_{(2)}{}^{cd} \psi - \alpha^2 \beta_0 \beta_2 A_b A_c S_{(0)}{}^b{}_d{}^c S_{(2)}{}^d{}_a \psi + \alpha^2 \beta_0 \beta_2 A_b A_c S_{(0)ad}{}^b S_{(2)}{}^{dc} \psi +$

$+ 2 \alpha^2 \beta_0 \beta_2 A_b A_c S_{(0)}{}^b{}_{da} S_{(2)}{}^{dc} \psi + \alpha^3 \beta_2{}^2 A_a A_b A_c S_{(2)d}{}^b S_{(2)}{}^{dc} \psi - \alpha^2 \beta_3 (\partial_5 A_b) A^b S_{(3)a} \psi + \tfrac{1}{2} \alpha^2 \beta_3 (\partial_5 g_{bc}) A^b A^c S_{(3)a} \psi -$

$- 2 \alpha \beta_3 A^c {}^{(4)}\{{}^b_{ac}\} S_{(3)b} \psi + \alpha^2 \beta_2 \beta_3 \eta S_{(2)a}{}^b S_{(3)b} \psi - 2 \alpha \beta_0 \beta_3 A_b S_{(0)a}{}^{bc} S_{(3)c} \psi - \alpha^2 \beta_2 \beta_3 A_a A_b S_{(2)}{}^{bc} S_{(3)c} \psi -$

$- \alpha^2 \beta_3 (\partial_5 A_a) A_b S_{(3)}{}^b \psi + \tfrac{1}{2} \alpha^2 \beta_3 (\partial_5 g_{ab}) \eta S_{(3)}{}^b \psi + \alpha^2 \beta_2 \beta_3 \eta S_{(2)ba} S_{(3)}{}^b \psi + \tfrac{1}{2} \alpha^2 \beta_3 (\partial_5 g_{bc}) A_a A^b S_{(3)}{}^c \psi -$

$- \tfrac{1}{2} \alpha^2 \beta_3 (\partial_5 g_{ab}) A_c A^b S_{(3)}{}^c \psi + 2 \alpha \beta_0 \beta_3 A_b S_{(0)ac}{}^b S_{(3)}{}^c \psi + 2 \alpha \beta_0 \beta_3 A_b S_{(0)}{}^b{}_{ca} S_{(3)}{}^c \psi - \alpha^2 \beta_2 \beta_3 A_b A_c S_{(2)a}{}^b S_{(3)}{}^c \psi +$

$+ \alpha^2 \beta_2 \beta_3 A_a A_b S_{(2)c}{}^b S_{(3)}{}^c \psi - \alpha^2 \beta_2 \beta_3 A_b A_c S_{(2)}{}^b{}_a S_{(3)}{}^c \psi + \tfrac{1}{4} \alpha^3 (\partial_5 A_b)(\partial_5 g_{ac}) \eta g^{bc} \psi + \tfrac{1}{4} \alpha^3 (\partial_5 A_b)(\partial_5 g_{cd}) A_a A^c g^{bd} \psi,$

$$R_{55a}{}^b = 0, \tag{79}$$

$$R_{55a}{}^5 = 0, \tag{80}$$

$$R_{555}{}^a = 0, \tag{81}$$

$$R_{555}{}^5 = 0. \tag{82}$$

10. The 5-Dimensional Covariant Ricci Curvature Tensor $R_{\alpha\beta}$

The four parts of the 5-dimensional covariant Ricci curvature tensor $R_{\alpha\beta}$, where

$$R_{\alpha\beta} = R_{\gamma\alpha\beta}{}^\gamma, \tag{83}$$

are given by

$$R_{ab} = \tag{84}$$

$= \partial_c \Gamma^c_{ab} + \partial_5 \Gamma^5_{ab} - \partial_a \Gamma^c_{cb} - \partial_a \Gamma^5_{5b} + \Gamma^c_{ab}\Gamma^c_{c5} - \Gamma^c_{ad}\Gamma^d_{cb} - \Gamma^c_{a5}\Gamma^5_{cb} + \Gamma^5_{ab}\Gamma^d_{dc} - \Gamma^5_{ac}\Gamma^c_{5b} - \Gamma^5_{a5}\Gamma^5_{5b} + \Gamma^c_{ab}\Gamma^5_{5c} + \Gamma^5_{ab}\Gamma^5_{55}$

$= \partial_c {}^{(4)}\{{}^c_{ab}\} - \partial_a {}^{(4)}\{{}^c_{bc}\} + 2 \beta_0 \partial_a S_{(0)bc}{}^c + 2 \beta_3 \partial_a S_{(3)b} + \beta_0 \partial_c S_{(0)ab}{}^c - \alpha^2 (\partial_5 A_a) \partial_5 A_b + \tfrac{1}{2} \alpha \partial_5 U_{ab} + \beta_1 \partial_5 S_{(1)ab} +$

$+ \tfrac{1}{4} (\partial_a \psi)(\partial_b \psi) \psi^{-2} + \tfrac{1}{4} (\partial_5 g_{ab})(\partial_5 \psi) \psi^{-2} - \tfrac{1}{4} \alpha (\partial_b \psi)(\partial_5 \psi) A_a \psi^{-2} - \tfrac{1}{4} \alpha (\partial_a \psi)(\partial_5 \psi) A_b \psi^{-2} + \tfrac{1}{4} \alpha^2 (\partial_5 \psi)(\partial_5 \psi) A_a A_b \psi^{-2} +$

$+ \tfrac{1}{2} \beta_2 (\partial_5 \psi) S_{(2)ab} \psi^{-2} + \tfrac{1}{2} \beta_2 (\partial_5 \psi) S_{(2)ba} \psi^{-2} - \tfrac{1}{2} (\partial_a \partial_b \psi) \psi^{-1} - \tfrac{1}{2} (\partial_5 \partial_5 g_{ab}) \psi^{-1} + \tfrac{1}{2} \alpha (\partial_b \psi)(\partial_5 A_a) \psi^{-1} + \tfrac{1}{2} \alpha (\partial_a \psi)(\partial_5 A_b) \psi^{-1} +$

$+ \tfrac{1}{2} \alpha (\partial_5 \partial_b \psi) A_a \psi^{-1} - \tfrac{3}{4} \alpha^2 (\partial_5 A_b)(\partial_5 \psi) A_a \psi^{-1} + \tfrac{1}{2} \alpha (\partial_5 \partial_a \psi) A_b \psi^{-1} - \tfrac{3}{4} \alpha^2 (\partial_5 A_a)(\partial_5 \psi) A_b \psi^{-1} - \tfrac{1}{2} \alpha^2 (\partial_5 \partial_5 \psi) A_a A_b \psi^{-1} +$

$+ \tfrac{1}{4} \alpha (\partial_c \psi)(\partial_5 g_{ab}) A^c \psi^{-1} + \tfrac{1}{2} \alpha^2 (\partial_5 g_{bc})(\partial_5 \psi) A_a A^c \psi^{-1} + \tfrac{1}{2} \alpha^2 (\partial_5 g_{ac})(\partial_5 \psi) A_b A^c \psi^{-1} - \tfrac{1}{2} \alpha^3 (\partial_c \psi)(\partial_5 \psi) A_a A_b A^c \psi^{-1} -$

$- \tfrac{1}{4} \alpha^2 (\partial_5 g_{ab})(\partial_5 \psi) \eta \psi^{-1} + \tfrac{1}{4} \alpha^4 (\partial_5 \psi)(\partial_5 \psi) A_a A_b \eta \psi^{-1} + \tfrac{1}{2} (\partial_c \psi) {}^{(4)}\{{}^c_{ab}\} \psi^{-1} - \tfrac{1}{2} \alpha (\partial_5 \psi) A_c {}^{(4)}\{{}^c_{ab}\} \psi^{-1} + \tfrac{1}{4} \alpha (\partial_5 \psi) U_{ab} \psi^{-1} +$

$+ \tfrac{1}{2} \beta_0 (\partial_c \psi) S_{(0)ab}{}^c \psi^{-1} - \tfrac{1}{2} \beta_0 (\partial_c \psi) S_{(0)a}{}^c{}_b \psi^{-1} + \tfrac{1}{2} \alpha \beta_0 (\partial_5 \psi) A_c S_{(0)a}{}^c{}_b \psi^{-1} - \tfrac{1}{2} \beta_0 (\partial_c \psi) S_{(0)b}{}^c{}_a \psi^{-1} +$

$+ \tfrac{1}{2} \alpha \beta_0 (\partial_5 \psi) A_c S_{(0)b}{}^c{}_a \psi^{-1} + \tfrac{1}{2} \beta_1 (\partial_5 \psi) S_{(1)ab} \psi^{-1} + \tfrac{1}{2} \beta_2 (\partial_c \psi) A^c S_{(2)ab} \psi^{-1} - \tfrac{1}{2} \alpha^2 \beta_2 (\partial_5 \psi) \eta S_{(2)ab} \psi^{-1} -$

$- \alpha \beta_2 (\partial_c \psi) A_b S_{(2)a}{}^c \psi^{-1} + \tfrac{1}{2} \alpha^2 \beta_2 (\partial_5 \psi) A_b A_c S_{(2)a}{}^c \psi^{-1} + \tfrac{1}{2} \alpha \beta_2 (\partial_c \psi) A^c S_{(2)ba} \psi^{-1} - \tfrac{1}{2} \alpha^2 \beta_2 (\partial_5 \psi) \eta S_{(2)ba} \psi^{-1} -$

$- \beta_2 (\partial_5 g_{ac}) S_{(2)b}{}^c \psi^{-1} + \alpha \beta_2 (\partial_a \psi) A_c S_{(2)b}{}^c \psi^{-1} - \tfrac{1}{2} \alpha^2 \beta_2 (\partial_5 \psi) A_a A_c S_{(2)b}{}^c \psi^{-1} + 2 \beta_2{}^2 S_{(2)a}{}^c S_{(2)cb} \psi^{-1} -$

$- \beta_2 (\partial_5 g_{ab}) S_{(2)c}{}^c \psi^{-1} + \alpha \beta_2 (\partial_b \psi) A_a S_{(2)c}{}^c \psi^{-1} + \alpha \beta_2 (\partial_a \psi) A_b S_{(2)c}{}^c \psi^{-1} - \alpha^2 \beta_2 (\partial_5 \psi) A_a A_b S_{(2)c}{}^c \psi^{-1} -$

$- 2 \beta_2{}^2 S_{(2)ab} S_{(2)c}{}^c \psi^{-1} - 2 \beta_2{}^2 S_{(2)ba} S_{(2)c}{}^c \psi^{-1} + \beta_2 (\partial_5 g_{bc}) S_{(2)}{}^c{}_a \psi^{-1} - \alpha \beta_2 (\partial_c \psi) A_b S_{(2)}{}^c{}_a \psi^{-1} +$

$+ \alpha^2 \beta_2 (\partial_5 \psi) A_b A_c S_{(2)}{}^c{}_a \psi^{-1} + \beta_2 (\partial_5 g_{ac}) S_{(2)}{}^c{}_b \psi^{-1} - \alpha \beta_2 (\partial_c \psi) A_a S_{(2)}{}^c{}_b \psi^{-1} + \alpha^2 \beta_2 (\partial_5 \psi) A_a A_c S_{(2)}{}^c{}_b \psi^{-1} +$

$+ 2 \beta_2{}^2 S_{(2)ca} S_{(2)}{}^c{}_b \psi^{-1} - \tfrac{1}{2} \alpha \beta_3 (\partial_5 \psi) A_b S_{(3)a} \psi^{-1} + \beta_3 (\partial_a \psi) S_{(3)b} \psi^{-1} - \tfrac{1}{2} \alpha \beta_3 (\partial_5 \psi) A_a S_{(3)b} \psi^{-1} - \beta_2 (\partial_5 S_{(2)b}{}^c) g_{ac} \psi^{-1} -$

$- \beta_2 (\partial_5 S_{(2)a}{}^c) g_{bc} \psi^{-1} + \tfrac{1}{2} (\partial_5 g_{ac})(\partial_5 g_{bd}) g^{cd} \psi^{-1} - \tfrac{1}{4} (\partial_5 g_{ab})(\partial_5 g_{cd}) g^{cd} \psi^{-1} - \tfrac{1}{2} \alpha (\partial_c \psi)(\partial_5 g_{bd}) A_a g^{cd} \psi^{-1} +$

$+ \tfrac{1}{4} \alpha (\partial_b \psi)(\partial_5 g_{cd}) A_a g^{cd} \psi^{-1} - \tfrac{1}{2} \alpha (\partial_c \psi)(\partial_5 g_{ad}) A_b g^{cd} \psi^{-1} + \tfrac{1}{4} \alpha (\partial_a \psi)(\partial_5 g_{cd}) A_b g^{cd} \psi^{-1} + \tfrac{1}{4} \alpha^2 (\partial_d \psi) A_a A_b g^{cd} \psi^{-1} -$

$- \tfrac{1}{4} \alpha^2 (\partial_5 g_{cd})(\partial_5 \psi) A_a A_b g^{cd} \psi^{-1} - \tfrac{1}{2} \beta_2 (\partial_5 g_{cd}) S_{(2)ab} g^{cd} \psi^{-1} - \tfrac{1}{2} \beta_2 (\partial_5 g_{cd}) S_{(2)ba} g^{cd} \psi^{-1} -$

$- \tfrac{1}{2} \alpha^6 (\partial_5 A_c)(\partial_5 A_d) A_a A_b A^c A^d \psi^2 + \alpha^5 (\partial_5 A_c) A_a A_b A_d F^{cd} \psi^2 + \tfrac{1}{4} \alpha^4 A_a A_b F_{cd} F^{cd} \psi^2 - \alpha^4 \beta_0 A_a A_b A_c F^{de} S_{(0)de}{}^c \psi^2 -$

$- 2 \alpha^5 \beta_0 (\partial_5 A_c) A_a A_b A_d A_e S_{(0)}{}^{cde} \psi^2 + \alpha^4 \beta_0{}^2 A_a A_b A_c A_d S_{(0)ef}{}^c S_{(0)}{}^{efd} \psi^2 - 2 \alpha^4 \beta_1 (\partial_5 A_c) A_a A_b A_d S_{(1)}{}^{cd} \psi^2 -$

$- \alpha^3 \beta_1 A_a A_b F_{cd} S_{(1)}{}^{cd} \psi^2 + \alpha^2 \beta_1{}^2 A_a A_b S_{(1)cd} S_{(1)}{}^{cd} \psi^2 + 2 \alpha^3 \beta_0 \beta_1 A_a A_b A_c S_{(0)de}{}^c S_{(1)}{}^{de} \psi^2 +$

$$\begin{aligned}
&+ 2\alpha^6 \beta_2 (\partial_5 A_c) A_a A_b A_d \eta S_{(2)}{}^{cd} \psi^2 - 2\alpha^6 \beta_2 (\partial_5 A_c) A_a A_b A_d A_e A^c S_{(2)}{}^{de} \psi^2 - 2\alpha^5 \beta_2 A_a A_b A_c A_d F^c{}_e S_{(2)}{}^{ed} \psi^2 + \\
&+ 4\alpha^4 \beta_1 \beta_2 A_a A_b A_c A_d S_{(1)}{}^c{}_e S_{(2)}{}^{ed} \psi^2 + 2\alpha^6 \beta_2{}^2 A_a A_b A_c A_d \eta S_{(2)e}{}^c S_{(2)}{}^{ed} \psi^2 - 2\alpha^6 \beta_2{}^2 A_a A_b A_c A_d A_e A_f S_{(2)}{}^{cd} S_{(2)}{}^{ef} \psi^2 + \\
&+ 4\alpha^5 \beta_0 \beta_2 A_a A_b A_c A_d A_e S_{(0)f}{}^{cd} S_{(2)}{}^{fe} \psi^2 + 2\alpha^5 \beta_3 (\partial_5 A_c) A_a A_b \eta S_{(3)}{}^c \psi^2 + 2\alpha^4 \beta_3{}^2 A_a A_b \eta S_{(3)c} S_{(3)}{}^c \psi^2 - \\
&- 2\alpha^5 \beta_3 (\partial_5 A_c) A_a A_b A_d A^c S_{(3)}{}^d \psi^2 - 2\alpha^4 \beta_3 A_a A_b A_c F^c{}_d S_{(3)}{}^d \psi^2 + 4\alpha^3 \beta_1 \beta_3 A_a A_b A_c S_{(1)}{}^c{}_d S_{(3)}{}^d \psi^2 + \\
&+ 4\alpha^5 \beta_2 \beta_3 A_a A_b A_c \eta S_{(2)d}{}^c S_{(3)}{}^d \psi^2 - 2\alpha^4 \beta_3{}^2 A_a A_b A_c A_d S_{(3)}{}^c S_{(3)}{}^d \psi^2 + 4\alpha^4 \beta_0 \beta_3 A_a A_b A_c A_d S_{(0)e}{}^{cd} S_{(3)}{}^e \psi^2 - \\
&- 4\alpha^5 \beta_2 \beta_3 A_a A_b A_c A_d A_e S_{(2)}{}^{cd} S_{(3)}{}^e \psi^2 + \tfrac{1}{2}\alpha^6 (\partial_5 A_c)(\partial_5 A_d) A_a A_b \eta g^{cd} \psi^2 - \tfrac{1}{2}\alpha^2 (\partial_5 \partial_5 A_b) A_a - \alpha \beta_3 (\partial_5 S_{(3)b}) A_a - \\
&- \tfrac{1}{2}\alpha^2 (\partial_5 \partial_5 A_a) A_b - \alpha \beta_3 (\partial_5 S_{(3)a}) A_b - \alpha (\partial_5 {}^{(4)}\{{}^c_{a\,b}\}) A_c - \alpha^2 \beta_2 (\partial_5 S_{(2)b}{}^c) A_a A_c - \alpha^2 \beta_2 (\partial_5 S_{(2)a}{}^c) A_b A_c - \alpha^2 (\partial_5 A_c)(\partial_5 g_{ab}) A^c + \\
&+ \tfrac{1}{2}\alpha^2 (\partial_5 A_b)(\partial_5 g_{ac}) A^c + \tfrac{1}{2}\alpha^2 (\partial_5 A_a)(\partial_5 g_{bc}) A^c + \tfrac{3}{4}\alpha^3 (\partial_c \psi)(\partial_5 A_b) A_a A^c + \tfrac{3}{4}\alpha^3 (\partial_c \psi)(\partial_5 A_a) A_b A^c + \alpha^3 (\partial_5 \partial_c \psi) A_a A_b A^c - \\
&- \tfrac{1}{2}\alpha^2 (\partial_5 g_{ac})(\partial_5 g_{bd}) A^c A^d + \tfrac{1}{2}\alpha^2 (\partial_5 g_{ab})(\partial_5 g_{cd}) A^c A^d + \tfrac{1}{2}\alpha^4 (\partial_5 g_{cd})(\partial_5 \psi) A_a A_b A^c A^d - \tfrac{1}{2}\alpha^2 (\partial_5 \partial_5 g_{ab}) \eta - \tfrac{3}{4}\alpha^4 (\partial_5 A_b)(\partial_5 \psi) A_a \eta - \\
&- \tfrac{3}{4}\alpha^4 (\partial_5 A_a)(\partial_5 \psi) A_b \eta - \tfrac{1}{2}\alpha^4 (\partial_5 \partial_5 \psi) A_a A_b \eta - \alpha (\partial_5 A_c) {}^{(4)}\{{}^c_{a\,b}\} - {}^{(4)}\{{}^c_{a\,d}\} {}^{(4)}\{{}^d_{b\,c}\} + {}^{(4)}\{{}^c_{a\,b}\} {}^{(4)}\{{}^d_{c\,d}\} - \tfrac{1}{4}\alpha (\partial_5 g_{bc}) U_a{}^c - \\
&- \tfrac{1}{4}\alpha (\partial_5 g_{ac}) U_b{}^c + \tfrac{1}{4}\alpha (\partial_5 g_{ab}) U_c{}^c + \tfrac{1}{4}\alpha^3 (\partial_5 \psi) A_a A_b U_c{}^c + \tfrac{1}{4}\alpha (\partial_5 g_{bc}) F_a{}^c + \tfrac{3}{4}\alpha^2 (\partial_c \psi) A_b F_a{}^c - \tfrac{3}{4}\alpha^3 (\partial_5 \psi) A_b A_c F_a{}^c + \tfrac{1}{4}\alpha (\partial_5 g_{ac}) F_b{}^c + \\
&+ \tfrac{3}{4}\alpha^2 (\partial_c \psi) A_a F_b{}^c - \tfrac{3}{4}\alpha^3 (\partial_5 \psi) A_a A_c F_b{}^c + \beta_0 {}^{(4)}\{{}^c_{c\,d}\} S_{(0)ab}{}^d - \beta_0 {}^{(4)}\{{}^c_{b\,d}\} S_{(0)ac}{}^d + \alpha \beta_0 (\partial_5 A_c) S_{(0)a}{}^c{}_b - \\
&- \tfrac{1}{2}\alpha^2 \beta_0 (\partial_c \psi) A_b A_d S_{(0)a}{}^{cd} + \tfrac{1}{2}\alpha^3 \beta_0 (\partial_5 \psi) A_b A_c A_d S_{(0)a}{}^{cd} - \alpha \beta_0 (\partial_5 g_{cd}) A^c S_{(0)a}{}^d{}_b + \beta_0 {}^{(4)}\{{}^c_{a\,d}\} S_{(0)bc}{}^d + \\
&+ \alpha \beta_0 (\partial_5 A_c) S_{(0)b}{}^c{}_a - \tfrac{3}{2}\alpha^2 \beta_0 (\partial_c \psi) A_a A_d S_{(0)b}{}^{cd} + \tfrac{3}{2}\alpha^3 \beta_0 (\partial_5 \psi) A_a A_c A_d S_{(0)b}{}^{cd} - \alpha \beta_0 (\partial_5 g_{cd}) A^c S_{(0)b}{}^d{}_a + \\
&+ \alpha \beta_0 (\partial_5 g_{ac}) A_d S_{(0)b}{}^{dc} - 2\beta_0 {}^{(4)}\{{}^c_{a\,b}\} S_{(0)cd}{}^d - 2\beta_0{}^2 S_{(0)ab}{}^c S_{(0)cd}{}^d + \beta_0 {}^{(4)}\{{}^c_{b\,d}\} S_{(0)c}{}^d{}_a + \beta_0 {}^{(4)}\{{}^c_{a\,d}\} S_{(0)c}{}^d{}_b - \\
&- 2\beta_0{}^2 S_{(0)ac}{}^d S_{(0)}{}^c{}_{db} + \alpha^2 \beta_0 (\partial_c \psi) A_a A_b S_{(0)}{}^c{}_d{}^d - \alpha \beta_0 (\partial_5 g_{ab}) A_c S_{(0)}{}^c{}_d{}^d - \alpha^3 \beta_0 (\partial_5 \psi) A_a A_b A_c S_{(0)}{}^c{}_d{}^d + \\
&+ 2\beta_0{}^2 S_{(0)acb} S_{(0)}{}^c{}_d{}^d + 2\beta_0{}^2 S_{(0)bca} S_{(0)}{}^c{}_d{}^d - \alpha \beta_0 (\partial_5 g_{bc}) A_d S_{(0)}{}^{cd}{}_a - \alpha \beta_0 (\partial_5 g_{ac}) A_d S_{(0)}{}^{cd}{}_b + \beta_0{}^2 S_{(0)cda} S_{(0)}{}^{cd}{}_b - \\
&- \beta_1 (\partial_5 g_{bc}) S_{(1)a}{}^c - \tfrac{1}{2}\alpha \beta_1 (\partial_c \psi) A_b S_{(1)a}{}^c + \tfrac{1}{2}\alpha^2 \beta_1 (\partial_5 \psi) A_b A_c S_{(1)a}{}^c - \tfrac{3}{2}\alpha \beta_1 (\partial_c \psi) A_a S_{(1)b}{}^c + \tfrac{3}{2}\alpha^2 \beta_1 (\partial_5 \psi) A_a A_c S_{(1)b}{}^c - \\
&- 2\alpha^2 \beta_2 (\partial_5 A_c) A^c S_{(2)ab} + \alpha^2 \beta_2 (\partial_5 g_{cd}) A^c A^d S_{(2)ab} + \tfrac{1}{2}\alpha \beta_2 U_c{}^c S_{(2)ab} - 2\alpha \beta_0 \beta_2 A_c S_{(0)}{}^c{}_d S_{(2)ab} - \tfrac{1}{2}\alpha^4 \beta_2 (\partial_5 \psi) A_b A_c \eta S_{(2)a}{}^c - \\
&- \tfrac{1}{2}\alpha \beta_2 U_{bc} S_{(2)a}{}^c + \tfrac{1}{2}\alpha \beta_2 F_{bc} S_{(2)a}{}^c + \tfrac{1}{2}\alpha^3 \beta_2 (\partial_c \psi) A_b A_d A^c S_{(2)a}{}^d + \alpha \beta_2 A_c {}^{(4)}\{{}^c_{b\,d}\} S_{(2)a}{}^d + 2\alpha \beta_0 \beta_2 A_c S_{(0)}{}^c{}_{db} S_{(2)a}{}^d - \\
&- 2\alpha^2 \beta_2 (\partial_5 A_c) A^c S_{(2)ba} + \alpha^2 \beta_2 (\partial_5 g_{cd}) A^c A^d S_{(2)ba} + \tfrac{1}{2}\alpha \beta_2 U_c{}^c S_{(2)ba} - 2\alpha \beta_0 \beta_2 A_c S_{(0)}{}^c{}_d S_{(2)ba} - \alpha^2 \beta_2 (\partial_5 A_c) A_a S_{(2)b}{}^c - \\
&- \alpha^2 \beta_2 (\partial_5 A_a) A_c S_{(2)b}{}^c - \alpha^2 \beta_2 (\partial_5 g_{ac}) \eta S_{(2)b}{}^c - \tfrac{3}{2}\alpha^4 \beta_2 (\partial_5 \psi) A_a A_c \eta S_{(2)b}{}^c + \tfrac{1}{2}\alpha \beta_2 U_{ac} S_{(2)b}{}^c + \tfrac{1}{2}\alpha \beta_2 F_{ac} S_{(2)b}{}^c + \\
&+ \tfrac{3}{2}\alpha^3 \beta_2 (\partial_c \psi) A_a A_d A^c S_{(2)b}{}^d - \alpha \beta_2 A_c {}^{(4)}\{{}^c_{a\,d}\} S_{(2)b}{}^d - \alpha \beta_2 A^d {}^{(4)}\{{}^c_{b\,d}\} S_{(2)ca} - \alpha \beta_2 A^d {}^{(4)}\{{}^c_{a\,d}\} S_{(2)cb} + 2\alpha^2 \beta_2{}^2 \eta S_{(2)a}{}^c S_{(2)cb} - \\
&- \alpha^2 \beta_2 (\partial_5 A_b) A_a S_{(2)c}{}^c - \alpha^2 \beta_2 (\partial_5 A_a) A_b S_{(2)c}{}^c - \alpha^2 \beta_2 (\partial_5 g_{ab}) \eta S_{(2)c}{}^c - \alpha^4 \beta_2 (\partial_5 \psi) A_a A_b \eta S_{(2)c}{}^c + \alpha \beta_2 U_{ab} S_{(2)c}{}^c + \\
&+ 2\beta_1 \beta_2 S_{(1)ab} S_{(2)c}{}^c - 2\alpha^2 \beta_2{}^2 \eta S_{(2)ab} S_{(2)c}{}^c - 2\alpha^2 \beta_2{}^2 \eta S_{(2)ba} S_{(2)c}{}^c - 2\alpha \beta_0 \beta_2 A_c S_{(0)a}{}^{cd} S_{(2)db} + 2\alpha^2 \beta_2{}^2 A_b A_c S_{(2)a}{}^d S_{(2)d}{}^c + \\
&+ \alpha^3 \beta_2 (\partial_c \psi) A_a A_b A^c S_{(2)d}{}^d - 2\alpha \beta_2 A_c {}^{(4)}\{{}^c_{a\,b}\} S_{(2)d}{}^d + 2\alpha \beta_0 \beta_2 A_c S_{(0)a}{}^c{}_b S_{(2)d}{}^d + 2\alpha \beta_0 \beta_2 A_c S_{(0)b}{}^c{}_a S_{(2)d}{}^d - \\
&- 2\alpha^2 \beta_2{}^2 A_b A_c S_{(2)a}{}^c S_{(2)d}{}^d - 2\alpha^2 \beta_2{}^2 A_a A_c S_{(2)b}{}^c S_{(2)d}{}^d + \alpha^2 \beta_2 (\partial_5 A_c) A_b S_{(2)}{}^c{}_a + \alpha^2 \beta_2 (\partial_5 A_b) A_c S_{(2)}{}^c{}_a + \alpha^2 \beta_2 (\partial_5 g_{bc}) \eta S_{(2)}{}^c{}_a - \\
&- \tfrac{1}{2}\alpha \beta_2 U_{bc} S_{(2)}{}^c{}_a + \tfrac{1}{2}\alpha \beta_2 F_{bc} S_{(2)}{}^c{}_a + \alpha^2 \beta_2 (\partial_5 A_c) A_a S_{(2)}{}^c{}_b + \alpha^2 \beta_2 (\partial_5 A_a) A_c S_{(2)}{}^c{}_b + \alpha^2 \beta_2 (\partial_5 g_{ac}) \eta S_{(2)}{}^c{}_b - \tfrac{1}{2}\alpha \beta_2 U_{ac} S_{(2)}{}^c{}_b + \\
&+ \tfrac{1}{2}\alpha \beta_2 F_{ac} S_{(2)}{}^c{}_b - 2\beta_1 \beta_2 S_{(1)ac} S_{(2)}{}^c{}_b + 2\alpha^2 \beta_2{}^2 \eta S_{(2)ca} S_{(2)}{}^c{}_b + \alpha^2 \beta_2 (\partial_5 g_{bc}) A_a A_d S_{(2)}{}^{cd} + \alpha^2 \beta_2 (\partial_5 g_{ac}) A_b A_d S_{(2)}{}^{cd} - \\
&- 2\alpha^3 \beta_2 (\partial_c \psi) A_a A_b A_d S_{(2)}{}^{cd} + 2\alpha^4 \beta_2 (\partial_5 \psi) A_a A_b A_c A_d S_{(2)}{}^{cd} - \alpha^2 \beta_2 (\partial_5 g_{bc}) A_d A^c S_{(2)}{}^d{}_a + \alpha \beta_2 A_c {}^{(4)}\{{}^c_{b\,d}\} S_{(2)}{}^d{}_a + \\
&+ 2\alpha \beta_0 \beta_2 A_c S_{(0)}{}^c{}_{db} S_{(2)}{}^d{}_a - \alpha^2 \beta_2 (\partial_5 g_{ac}) A_d A^c S_{(2)}{}^d{}_b + \alpha \beta_2 A_c {}^{(4)}\{{}^c_{a\,d}\} S_{(2)}{}^d{}_b + 2\alpha \beta_0 \beta_2 A_c S_{(0)}{}^c{}_{da} S_{(2)}{}^d{}_b - \\
&- 2\alpha^2 \beta_2{}^2 A_c A_d S_{(2)}{}^c{}_a S_{(2)}{}^d{}_b + 2\alpha^2 \beta_2{}^2 A_b A_c S_{(2)da} S_{(2)}{}^{dc} + 2\alpha^2 \beta_2{}^2 A_a A_c S_{(2)db} S_{(2)}{}^{dc} - \alpha \beta_3 (\partial_5 A_b) S_{(3)a} + \alpha \beta_3 (\partial_5 g_{bc}) A^c S_{(3)a} + \\
&+ \tfrac{1}{2}\alpha^2 \beta_3 (\partial_c \psi) A_b A^c S_{(3)a} - \tfrac{1}{2}\alpha^3 \beta_3 (\partial_5 \psi) A_b \eta S_{(3)a} - 2\alpha \beta_2 \beta_3 A_b S_{(2)c}{}^c S_{(3)a} + 2\alpha \beta_2 \beta_3 A_c S_{(2)b}{}^c S_{(3)a} - \alpha \beta_3 (\partial_5 A_a) S_{(3)b} + \\
&+ \tfrac{3}{2}\alpha^2 \beta_3 (\partial_c \psi) A_a A^c S_{(3)b} - \tfrac{3}{2}\alpha^3 \beta_3 (\partial_5 \psi) A_a \eta S_{(3)b} - 2\alpha \beta_2 \beta_3 A_a S_{(2)c}{}^c S_{(3)b} - 2\beta_3 {}^{(4)}\{{}^c_{a\,b}\} S_{(3)c} - 2\beta_0 \beta_3 S_{(0)ab}{}^c S_{(3)c} + \\
&+ 2\alpha \beta_2 \beta_3 A_b S_{(2)a}{}^c S_{(3)c} + \alpha \beta_3 (\partial_5 g_{bc}) A_a S_{(3)}{}^c + \alpha \beta_3 (\partial_5 g_{ac}) A_b S_{(3)}{}^c - \alpha^2 \beta_3 (\partial_c \psi) A_a A_b S_{(3)}{}^c - \alpha \beta_3 (\partial_5 g_{ab}) A_c S_{(3)}{}^c + \\
&+ \alpha^3 \beta_3 (\partial_5 \psi) A_a A_b A_c S_{(3)}{}^c + 2\beta_0 \beta_3 S_{(0)acb} S_{(3)}{}^c + 2\beta_0 \beta_3 S_{(0)bca} S_{(3)}{}^c - 2\alpha \beta_2 \beta_3 A_c S_{(2)ab} S_{(3)}{}^c - 2\alpha \beta_2 \beta_3 A_c S_{(2)ba} S_{(3)}{}^c + \\
&+ 2\alpha \beta_2 \beta_3 A_b S_{(2)ca} S_{(3)}{}^c + 2\alpha \beta_2 \beta_3 A_a S_{(2)cb} S_{(3)}{}^c + \tfrac{1}{2}\alpha (\partial_5 {}^{(4)}\{{}^c_{b\,d}\}) A^d g_{ac} - \alpha^2 \beta_2 (\partial_5 S_{(2)b}{}^c) \eta g_{ac} + \alpha \beta_2 (\partial_c S_{(2)b}{}^d) A^c g_{ad} +
\end{aligned}$$

$$+ \alpha \beta_0 (\partial_5 S_{(0)bc}{}^d) A^c g_{ad} - \beta_0 {}^{(4)}\{{}^e_{cd}\} S_{(0)b}{}^{cd} g_{ae} + \alpha \beta_2 A^{d\,(4)}\{{}^e_{cd}\} S_{(2)b}{}^c g_{ae} + \tfrac{1}{2} \alpha (\partial_5 {}^{(4)}\{{}^c_{ad}\}) A^d g_{bc} -$$

$$- \alpha^2 \beta_2 (\partial_5 S_{(2)a}{}^c) \eta g_{bc} + \alpha \beta_2 (\partial_c S_{(2)a}{}^d) A^c g_{bd} + \alpha \beta_0 (\partial_5 S_{(0)a}{}^d) A^c g_{bd} - \beta_0 {}^{(4)}\{{}^e_{cd}\} S_{(0)a}{}^{cd} g_{be} +$$

$$+ \alpha \beta_2 A^{d\,(4)}\{{}^e_{cd}\} S_{(2)a}{}^c g_{be} + \tfrac{1}{2} \alpha^2 (\partial_5 A_c)(\partial_5 g_{bd}) A_a g^{cd} - \tfrac{1}{4} \alpha^2 (\partial_5 A_b)(\partial_5 g_{cd}) A_a g^{cd} + \tfrac{1}{2} \alpha^2 (\partial_5 A_c)(\partial_5 g_{ad}) A_b g^{cd} -$$

$$- \tfrac{1}{4} \alpha^2 (\partial_5 A_a)(\partial_5 g_{cd}) A_b g^{cd} - \tfrac{1}{2} \alpha^2 (\partial_c \partial_d \psi) A_a A_b g^{cd} - \tfrac{1}{2} \alpha^3 (\partial_c \psi)(\partial_5 A_d) A_a A_b g^{cd} + \tfrac{1}{2} \alpha^2 (\partial_5 g_{ac})(\partial_5 g_{bd}) \eta g^{cd} -$$

$$- \tfrac{1}{4} \alpha^2 (\partial_5 g_{ab})(\partial_5 g_{cd}) \eta g^{cd} - \tfrac{1}{4} \alpha^4 (\partial_5 g_{cd})(\partial_5 \psi) A_a A_b \eta g^{cd} - \tfrac{1}{2} \alpha (\partial_5 g_{cd}) A_e {}^{(4)}\{{}^e_{ab}\} g^{cd} + \tfrac{1}{4} \alpha (\partial_5 g_{cd}) U_{ab} g^{cd} +$$

$$+ \tfrac{1}{2} \alpha \beta_0 (\partial_5 g_{cd}) A_e S_{(0)a}{}^e{}_b g^{cd} + \tfrac{1}{2} \alpha \beta_0 (\partial_5 g_{cd}) A_e S_{(0)b}{}^e{}_a g^{cd} + \tfrac{1}{2} \beta_1 (\partial_5 g_{cd}) S_{(1)ab} g^{cd} - \tfrac{1}{2} \alpha^2 \beta_2 (\partial_5 g_{cd}) \eta S_{(2)ab} g^{cd} -$$

$$- \tfrac{1}{2} \alpha^2 \beta_2 (\partial_5 g_{cd}) A_b A_e S_{(2)a}{}^e g^{cd} - \tfrac{1}{2} \alpha^2 \beta_2 (\partial_5 g_{cd}) \eta S_{(2)ba} g^{cd} - \tfrac{1}{2} \alpha^2 \beta_2 (\partial_5 g_{cd}) A_a A_e S_{(2)b}{}^e g^{cd} -$$

$$- \tfrac{1}{2} \alpha \beta_3 (\partial_5 g_{cd}) A_b S_{(3)a} g^{cd} - \tfrac{1}{2} \alpha \beta_3 (\partial_5 g_{cd}) A_a S_{(3)b} g^{cd} - \beta_0 (\partial_c S_{(0)bd}{}^e) g_{ae} g^{cd} - \beta_0 (\partial_c S_{(0)ad}{}^e) g_{be} g^{cd} -$$

$$- \tfrac{1}{2} \alpha^3 (\partial_c \psi)(\partial_5 g_{de}) A_a A_b A^d g^{ce} + \tfrac{1}{2} \alpha (\partial_5 g_{bc}) A^{d\,(4)}\{{}^c_{ae}\} g^{ce} + \tfrac{1}{2} \alpha (\partial_5 g_{ac}) A^{d\,(4)}\{{}^c_{be}\} g^{ce} + \beta_0 {}^{(4)}\{{}^d_{ce}\} S_{(0)adb} g^{ce} +$$

$$+ \beta_0 {}^{(4)}\{{}^d_{ce}\} S_{(0)bda} g^{ce} + \tfrac{1}{4} \alpha^3 (\partial_c \psi)(\partial_5 g_{de}) A_a A_b A^c g^{de} + \tfrac{1}{2} \alpha^2 (\partial_c \psi) A_a A_b {}^{(4)}\{{}^c_{de}\} g^{de} - \tfrac{1}{2} \alpha (\partial_5 g_{ab}) A_c {}^{(4)}\{{}^c_{de}\} g^{de} -$$

$$- \tfrac{1}{2} \alpha^3 (\partial_5 \psi) A_a A_b A_c {}^{(4)}\{{}^c_{de}\} g^{de} - \alpha \beta_2 A_c {}^{(4)}\{{}^c_{de}\} S_{(2)ab} g^{de} - \alpha \beta_2 A_c {}^{(4)}\{{}^c_{de}\} S_{(2)ba} g^{de} + \alpha^2 \beta_3 (\partial_c S_{(3)b}) A_a A^c \psi -$$

$$- \tfrac{1}{2} \alpha^4 (\partial_5 A_b)(\partial_5 A_c) A_a A^c \psi + \tfrac{1}{4} \alpha^3 (\partial_5 U_{bc}) A_a A^c \psi - \tfrac{3}{4} \alpha^3 (\partial_5 F_{bc}) A_a A^c \psi + \alpha^2 \beta_1 (\partial_5 S_{(1)bc}) A_a A^c \psi + \alpha^2 \beta_3 (\partial_c S_{(3)a}) A_b A^c \psi -$$

$$- \tfrac{1}{2} \alpha^4 (\partial_5 A_a)(\partial_5 A_c) A_b A^c \psi + \tfrac{1}{4} \alpha^3 (\partial_5 U_{ac}) A_b A^c \psi - \tfrac{3}{4} \alpha^3 (\partial_5 F_{ac}) A_b A^c \psi + \alpha^2 \beta_1 (\partial_5 S_{(1)ac}) A_b A^c \psi + \alpha^3 \beta_2 (\partial_c S_{(2)b}{}^d) A_a A_d A^c \psi +$$

$$+ \alpha^3 \beta_0 (\partial_5 S_{(0)bc}{}^d) A_a A_d A^c \psi + \alpha^3 \beta_2 (\partial_c S_{(2)a}{}^d) A_b A_d A^c \psi + \alpha^3 \beta_0 (\partial_5 S_{(0)ac}{}^d) A_b A_d A^c \psi - \tfrac{1}{2} \alpha^4 (\partial_5 A_c)(\partial_5 g_{bd}) A_a A^c A^d \psi +$$

$$+ \tfrac{1}{2} \alpha^4 (\partial_5 A_b)(\partial_5 g_{cd}) A_a A^c A^d \psi - \tfrac{1}{2} \alpha^4 (\partial_5 A_c)(\partial_5 g_{ad}) A_b A^c A^d \psi + \tfrac{1}{2} \alpha^4 (\partial_5 A_a)(\partial_5 g_{cd}) A_b A^c A^d \psi - \tfrac{1}{2} \alpha^4 (\partial_5 A_a)(\partial_5 A_b) \eta \psi -$$

$$- \tfrac{1}{2} \alpha^4 (\partial_5 \partial_5 A_b) A_a \eta \psi - \alpha^3 \beta_3 (\partial_5 S_{(3)b}) A_a \eta \psi - \tfrac{1}{2} \alpha^4 (\partial_5 \partial_5 A_a) A_b \eta \psi - \alpha^3 \beta_3 (\partial_5 S_{(3)a}) A_b \eta \psi - \alpha^4 \beta_2 (\partial_5 S_{(2)b}{}^c) A_a A_c \eta \psi -$$

$$- \alpha^4 \beta_2 (\partial_5 S_{(2)a}{}^c) A_b A_c \eta \psi - \tfrac{1}{2} \alpha^3 (\partial_5 A_c) A_b A^{d\,(4)}\{{}^c_{ad}\} \psi - \tfrac{1}{2} \alpha^3 (\partial_5 A_c) A_a A^{d\,(4)}\{{}^c_{bd}\} \psi - \tfrac{1}{4} \alpha^3 (\partial_5 A_c) A_b U_a{}^c \psi - \tfrac{1}{4} \alpha^3 (\partial_5 A_c) A_a U_b{}^c \psi +$$

$$+ \tfrac{1}{4} \alpha^3 (\partial_5 A_b) A_a U_c{}^c \psi + \tfrac{1}{4} \alpha^3 (\partial_5 A_a) A_b U_c{}^c \psi - \tfrac{1}{4} \alpha^3 (\partial_5 A_c) A_b F_a{}^c \psi - \tfrac{1}{2} \alpha^3 (\partial_5 A_b) A_c F_a{}^c \psi + \tfrac{1}{2} \alpha^3 (\partial_5 g_{cd}) A_b A^c F_a{}^d \psi -$$

$$- \tfrac{1}{4} \alpha^3 (\partial_5 A_c) A_a F_b{}^c \psi - \tfrac{1}{2} \alpha^3 (\partial_5 A_a) A_c F_b{}^c \psi - \tfrac{1}{2} \alpha^2 F_{ac} F_b{}^c \psi + \tfrac{1}{2} \alpha^3 (\partial_5 g_{cd}) A_a A^c F_b{}^d \psi - \tfrac{1}{2} \alpha^2 A_b {}^{(4)}\{{}^c_{ad}\} F_c{}^d \psi -$$

$$- \tfrac{1}{2} \alpha^2 A_a {}^{(4)}\{{}^c_{bd}\} F_c{}^d \psi + \tfrac{1}{2} \alpha^3 (\partial_5 g_{bc}) A_a A_d F^{cd} \psi + \tfrac{1}{2} \alpha^3 (\partial_5 g_{ac}) A_b A_d F^{cd} \psi - \tfrac{1}{2} \alpha^2 \beta_0 A_b U^c{}_d S_{(0)ac}{}^d \psi +$$

$$+ \tfrac{1}{2} \alpha^2 \beta_0 A_b F^c{}_d S_{(0)ac}{}^d \psi + \alpha^3 \beta_0 (\partial_5 A_c) A_b A_d S_{(0)a}{}^{cd} \psi - \alpha^3 \beta_0 (\partial_5 g_{cd}) A_b A_e A^c S_{(0)a}{}^{de} \psi - \tfrac{1}{2} \alpha^2 \beta_0 A_a U^c{}_d S_{(0)bc}{}^d \psi -$$

$$- \tfrac{1}{2} \alpha^2 \beta_0 A_a F^c{}_d S_{(0)bc}{}^d \psi + \alpha^2 \beta_0 A_c F_a{}^d S_{(0)bd}{}^c \psi + \alpha^3 \beta_0 (\partial_5 A_c) A_a A_d S_{(0)b}{}^{cd} \psi + \alpha^3 \beta_0 (\partial_5 A_a) A_c A_d S_{(0)b}{}^{cd} \psi +$$

$$+ \alpha^3 \beta_0 (\partial_5 A_c) A_a A_d S_{(0)b}{}^{dc} \psi - \alpha^3 \beta_0 (\partial_5 g_{cd}) A_a A_e A^c S_{(0)b}{}^{de} \psi - \tfrac{1}{2} \alpha^2 \beta_0 A_b F^{cd} S_{(0)cda} \psi - \tfrac{1}{2} \alpha^2 \beta_0 A_a F^{cd} S_{(0)cdb} \psi +$$

$$+ \alpha^2 \beta_0 A_b F_a{}^d S_{(0)cd}{}^c \psi + \alpha^2 \beta_0 A_a F_b{}^d S_{(0)cd}{}^c \psi + \alpha^2 \beta_0 A_b A_c {}^{(4)}\{{}^d_{ae}\} S_{(0)d}{}^{ec} \psi + \alpha^2 \beta_0 A_a A_c {}^{(4)}\{{}^d_{be}\} S_{(0)d}{}^{ec} \psi -$$

$$- \alpha^3 \beta_0 (\partial_5 A_b) A_a A_c S_{(0)}{}^c{}_d{}^d \psi - \alpha^3 \beta_0 (\partial_5 A_a) A_b A_c S_{(0)}{}^c{}_d{}^d \psi - \alpha^3 \beta_0 (\partial_5 A_c) A_b A_d S_{(0)}{}^{cd}{}_a \psi - \alpha^3 \beta_0 (\partial_5 A_c) A_a A_d S_{(0)}{}^{cd}{}_b \psi -$$

$$- \alpha^3 \beta_0 (\partial_5 g_{bc}) A_a A_d A_e S_{(0)}{}^{cde} \psi - \alpha^3 \beta_0 (\partial_5 g_{ac}) A_b A_d A_e S_{(0)}{}^{cde} \psi - 2 \alpha^2 \beta_0{}^2 A_b A_c S_{(0)ad}{}^c S_{(0)}{}^d{}_e{}^c \psi +$$

$$+ 2 \alpha^2 \beta_0{}^2 A_b A_c S_{(0)ad}{}^c S_{(0)}{}^d{}^e \psi + 2 \alpha^2 \beta_0{}^2 A_a A_c S_{(0)bd}{}^c S_{(0)}{}^d{}_e{}^c \psi + \alpha^2 \beta_0{}^2 A_b A_c S_{(0)dea} S_{(0)}{}^{dec} \psi +$$

$$+ \alpha^2 \beta_0{}^2 A_a A_c S_{(0)deb} S_{(0)}{}^{dec} \psi - \alpha^2 \beta_1 (\partial_5 g_{cd}) A_b A^c S_{(1)a}{}^d \psi - 2 \alpha \beta_0 \beta_1 A_b S_{(0)cd}{}^c S_{(1)a}{}^d \psi + \alpha^2 \beta_1 (\partial_5 A_c) A_a S_{(1)b}{}^c \psi +$$

$$+ \alpha^2 \beta_1 (\partial_5 A_a) A_c S_{(1)b}{}^c \psi + \alpha \beta_1 F_{ac} S_{(1)b}{}^c \psi - \alpha^2 \beta_1 (\partial_5 g_{cd}) A_a A^c S_{(1)b}{}^d \psi - 2 \alpha \beta_0 \beta_1 A_a S_{(0)cd}{}^c S_{(1)b}{}^d \psi + \alpha \beta_1 A_b {}^{(4)}\{{}^c_{ad}\} S_{(1)c}{}^d \psi +$$

$$+ \alpha \beta_1 A_a {}^{(4)}\{{}^c_{bd}\} S_{(1)c}{}^d \psi - 2 \alpha \beta_0 \beta_1 A_b S_{(0)ac}{}^c S_{(1)}{}^c{}_d \psi - \alpha^2 \beta_1 (\partial_5 g_{bc}) A_a A_d S_{(1)}{}^{cd} \psi - \alpha^2 \beta_1 (\partial_5 g_{ac}) A_b A_d S_{(1)}{}^{cd} \psi +$$

$$+ \alpha \beta_0 \beta_1 A_b S_{(0)cda} S_{(1)}{}^{cd} \psi + \alpha \beta_0 \beta_1 A_a S_{(0)cdb} S_{(1)}{}^{cd} \psi + \tfrac{1}{2} \alpha^3 \beta_2 A_b A_c U^c{}_d S_{(2)a}{}^d \psi - 2 \alpha^4 \beta_2 (\partial_5 A_c) A_b A_d A^c S_{(2)a}{}^d \psi +$$

$$+ \tfrac{1}{2} \alpha^3 \beta_2 A_b A_c U^c{}_d S_{(2)a}{}^d \psi - \tfrac{1}{2} \alpha^3 \beta_2 A_b A_c F^c{}_d S_{(2)a}{}^d \psi - 2 \alpha^3 \beta_0 \beta_2 A_b A_c A_d S_{(0)}{}^c{}_e{}^e S_{(2)a}{}^d \psi + 2 \alpha^2 \beta_1 \beta_2 A_b A_c S_{(1)}{}^c{}_d S_{(2)a}{}^d \psi +$$

$$+ \alpha^4 \beta_2 (\partial_5 g_{cd}) A_b A_e A^c A^d S_{(2)a}{}^e \psi + 2 \alpha^3 \beta_0 \beta_2 A_b A_c A_d S_{(0)}{}^c{}_e{}^d S_{(2)a}{}^e \psi - \alpha^4 \beta_2 (\partial_5 A_c) A_a \eta S_{(2)b}{}^c \psi - \alpha^4 \beta_2 (\partial_5 A_a) A_c \eta S_{(2)b}{}^c \psi +$$

$$+ \tfrac{1}{2} \alpha^3 \beta_2 A_a A_c U^d{}_d S_{(2)b}{}^d \psi - 2 \alpha^4 \beta_2 (\partial_5 A_c) A_a A_d A^c S_{(2)b}{}^d \psi + \tfrac{1}{2} \alpha^3 \beta_2 A_a A_c U^c{}_d S_{(2)b}{}^d \psi - \alpha^3 \beta_2 A_c A_d F_a{}^c S_{(2)b}{}^d \psi +$$

$$+ \tfrac{1}{2} \alpha^3 \beta_2 A_a A_c F^c{}_d S_{(2)b}{}^d \psi - 2 \alpha^3 \beta_0 \beta_2 A_a A_c A_d S_{(0)}{}^c{}_e{}^d S_{(2)b}{}^d \psi + \alpha^4 \beta_2 (\partial_5 g_{cd}) A_a A_e A^c A^d S_{(2)b}{}^e \psi - \alpha^4 \beta_2 (\partial_5 A_b) A_a \eta S_{(2)c}{}^c \psi -$$

$$- \alpha^4 \beta_2 (\partial_5 A_a) A_b \eta S_{(2)c}{}^c \psi - \alpha^3 \beta_2 A_b A_c A^{e\,(4)}\{{}^d_{ae}\} S_{(2)d}{}^c \psi - \alpha^3 \beta_2 A_a A_c A^{e\,(4)}\{{}^d_{be}\} S_{(2)d}{}^c \psi + 2 \alpha^4 \beta_2{}^2 A_b A_c \eta S_{(2)a}{}^d S_{(2)d}{}^c \psi -$$

$$- \alpha^3 \beta_2 A_b A_c F_a{}^c S_{(2)d}{}^d \psi - \alpha^3 \beta_2 A_a A_c F_b{}^c S_{(2)d}{}^d \psi + 2 \alpha^2 \beta_1 \beta_2 A_b A_c S_{(1)a}{}^c S_{(2)d}{}^d \psi + 2 \alpha^2 \beta_1 \beta_2 A_a A_c S_{(1)b}{}^c S_{(2)d}{}^d \psi -$$

$$-2\alpha^4\beta_2^2 A_b A_c \eta S_{(2)a}{}^c S_{(2)d}{}^d \psi - 2\alpha^4\beta_2^2 A_a A_c \eta S_{(2)b}{}^c S_{(2)d}{}^d \psi - 2\alpha^3\beta_0\beta_2 A_b A_c A_d S_{(0)a}{}^{ce} S_{(2)e}{}^d \psi +$$
$$+ 2\alpha^3\beta_0\beta_2 A_b A_c A_d S_{(0)a}{}^{cd} S_{(2)e}{}^e \psi + 2\alpha^3\beta_0\beta_2 A_a A_c A_d S_{(0)b}{}^{cd} S_{(2)e}{}^e \psi + \alpha^4\beta_2(\partial_5 A_c) A_b \eta S_{(2)}{}^c{}_a \psi + \alpha^4\beta_2(\partial_5 A_c) A_a \eta S_{(2)}{}^c{}_b \psi +$$
$$+ 2\alpha^4\beta_2(\partial_5 A_c) A_a A_b A_d S_{(2)}{}^{cd} \psi + \alpha^4\beta_2(\partial_5 A_b) A_a A_c A_d S_{(2)}{}^{cd} \psi + \alpha^4\beta_2(\partial_5 A_a) A_b A_c A_d S_{(2)}{}^{cd} \psi + \alpha^4\beta_2(\partial_5 g_{bc}) A_a A_d \eta S_{(2)}{}^{cd} \psi +$$
$$+ \alpha^4\beta_2(\partial_5 g_{ac}) A_b A_d \eta S_{(2)}{}^{cd} \psi - \alpha^4\beta_2(\partial_5 A_c) A_b A_d A^c S_{(2)}{}^d{}_a \psi - \alpha^3\beta_2 A_a A_c F^c{}_d S_{(2)}{}^d{}_a \psi + 2\alpha^2\beta_1\beta_2 A_b A_c S_{(1)}{}^c{}_d S_{(2)}{}^d{}_a \psi -$$
$$- \alpha^4\beta_2(\partial_5 A_c) A_a A_d A^c S_{(2)}{}^d{}_b \psi - \alpha^3\beta_2 A_a A_c F^c{}_d S_{(2)}{}^d{}_b \psi + 2\alpha^2\beta_1\beta_2 A_a A_c S_{(1)}{}^c{}_d S_{(2)}{}^d{}_b \psi - \tfrac{1}{2}\alpha^3\beta_2 A_b A_c U_{ad} S_{(2)}{}^{dc} \psi -$$
$$- \tfrac{1}{2}\alpha^3\beta_2 A_a A_c U_{bd} S_{(2)}{}^{dc} \psi + \tfrac{1}{2}\alpha^3\beta_2 A_b A_c F_{ad} S_{(2)}{}^{dc} \psi + \tfrac{1}{2}\alpha^3\beta_2 A_a A_c F_{bd} S_{(2)}{}^{dc} \psi - 2\alpha^2\beta_1\beta_2 A_b A_c S_{(1)ad} S_{(2)}{}^{dc} \psi +$$
$$+ 2\alpha^4\beta_2^2 A_b A_c \eta S_{(2)da} S_{(2)}{}^{dc} \psi + 2\alpha^4\beta_2^2 A_a A_c \eta S_{(2)db} S_{(2)}{}^{dc} \psi - \alpha^4\beta_2(\partial_5 g_{bc}) A_a A_d A_e A^c S_{(2)}{}^{de} \psi -$$
$$- \alpha^4\beta_2(\partial_5 g_{ac}) A_b A_d A_e A^c S_{(2)}{}^{de} \psi - 2\alpha^4\beta_2^2 A_b A_c A_d A_e S_{(2)}{}^c{}_a S_{(2)}{}^{de} \psi - 2\alpha^4\beta_2^2 A_a A_c A_d A_e S_{(2)}{}^c{}_b S_{(2)}{}^{de} \psi +$$
$$+ 2\alpha^3\beta_0\beta_2 A_b A_c A_d S_{(0)}{}^c{}_e S_{(2)}{}^e{}_a \psi + 2\alpha^3\beta_0\beta_2 A_a A_c A_d S_{(0)}{}^c{}_e S_{(2)}{}^e{}_b \psi + \alpha^3\beta_2 A_b A_c A_d{}^{(4)}\{{}^c_{a\,e}\} S_{(2)}{}^{ed} \psi +$$
$$+ \alpha^3\beta_2 A_a A_c A_d{}^{(4)}\{{}^c_{b\,e}\} S_{(2)}{}^{ed} \psi + 2\alpha^3\beta_0\beta_2 A_b A_c A_d S_{(0)}{}^c{}_{ea} S_{(2)}{}^{ed} \psi + 2\alpha^3\beta_0\beta_2 A_a A_c A_d S_{(0)}{}^c{}_{eb} S_{(2)}{}^{ed} \psi +$$
$$+ 2\alpha^4\beta_2^2 A_a A_c A_d S_{(2)e}{}^c S_{(2)}{}^{ed} \psi - \alpha^3\beta_3(\partial_5 A_c) A_b A^c S_{(3)a} \psi + \alpha^3\beta_3(\partial_5 g_{cd}) A_b A^c A^d S_{(3)a} \psi + \tfrac{1}{2}\alpha^2\beta_3 A_b U_c{}^c S_{(3)a} \psi -$$
$$- 2\alpha^2\beta_0\beta_3 A_b A_c S_{(0)}{}^c{}_d{}^d S_{(3)a} \psi - 2\alpha^3\beta_2\beta_3 A_b \eta S_{(2)c}{}^c S_{(3)a} \psi + 2\alpha^3\beta_2\beta_3 A_b A_c A_d S_{(2)}{}^{cd} S_{(3)a} \psi - 2\alpha^3\beta_3(\partial_5 A_c) A_a A^c S_{(3)b} \psi +$$
$$+ \alpha^3\beta_3(\partial_5 g_{cd}) A_a A^c A^d S_{(3)b} \psi - \alpha^3\beta_3(\partial_5 A_a) \eta S_{(3)b} \psi + \tfrac{1}{2}\alpha^2\beta_3 A_a U_c{}^c S_{(3)b} \psi - \alpha^3\beta_3 A_c F_a{}^c S_{(3)b} \psi - 2\alpha^2\beta_0\beta_3 A_a A_c S_{(0)}{}^c{}_d{}^d S_{(3)b} \psi -$$
$$- 2\alpha^3\beta_2\beta_3 A_a \eta S_{(2)c}{}^c S_{(3)b} \psi - \alpha^2\beta_3 A_b A^d{}^{(4)}\{{}^c_{a\,d}\} S_{(3)c} \psi - \alpha^2\beta_3 A_a A^d{}^{(4)}\{{}^c_{b\,d}\} S_{(3)c} \psi + 2\alpha^3\beta_2\beta_3 A_b \eta S_{(2)a}{}^c S_{(3)c} \psi -$$
$$- 2\alpha^2\beta_0\beta_3 A_b A_c S_{(0)a}{}^{cd} S_{(3)d} \psi + 2\alpha^3\beta_3(\partial_5 A_c) A_a A_b S_{(3)}{}^c \psi + \alpha^3\beta_3(\partial_5 g_{bc}) A_a \eta S_{(3)}{}^c \psi + \alpha^3\beta_3(\partial_5 g_{ac}) A_b \eta S_{(3)}{}^c \psi -$$
$$- \tfrac{1}{2}\alpha^2\beta_3 A_b U_{ac} S_{(3)}{}^c \psi - \tfrac{1}{2}\alpha^2\beta_3 A_a U_{bc} S_{(3)}{}^c \psi - \tfrac{1}{2}\alpha^2\beta_3 A_b F_{ac} S_{(3)}{}^c \psi - \tfrac{1}{2}\alpha^2\beta_3 A_a F_{bc} S_{(3)}{}^c \psi + 2\alpha\beta_1\beta_3 A_a S_{(1)bc} S_{(3)}{}^c \psi +$$
$$+ 2\alpha^3\beta_2\beta_3 A_b \eta S_{(2)ca} S_{(3)}{}^c \psi + 2\alpha^3\beta_2\beta_3 A_a \eta S_{(2)cb} S_{(3)}{}^c \psi - 2\alpha^3\beta_3^2 A_a A_c S_{(3)b} S_{(3)}{}^c \psi + 2\alpha^2\beta_3^2 A_a A_b S_{(3)c} S_{(3)}{}^c \psi -$$
$$- \alpha^3\beta_3(\partial_5 g_{bc}) A_a A_d A^c S_{(3)}{}^d \psi - \alpha^3\beta_3(\partial_5 g_{ac}) A_b A_d A^c S_{(3)}{}^d \psi + \alpha^2\beta_3 A_b A_c{}^{(4)}\{{}^c_{a\,d}\} S_{(3)}{}^d \psi + \alpha^2\beta_3 A_a A_c{}^{(4)}\{{}^c_{b\,d}\} S_{(3)}{}^d \psi +$$
$$+ 2\alpha^2\beta_0\beta_3 A_b A_c S_{(0)ad}{}^c S_{(3)}{}^d \psi + 2\alpha^2\beta_0\beta_3 A_a A_c S_{(0)bd}{}^c S_{(3)}{}^d \psi + 2\alpha^2\beta_0\beta_3 A_b A_c S_{(0)}{}^c{}_{da} S_{(3)}{}^d \psi + 2\alpha^2\beta_0\beta_3 A_a A_c S_{(0)}{}^c{}_{db} S_{(3)}{}^d \psi -$$
$$- 2\alpha^3\beta_2\beta_3 A_b A_c A_d S_{(2)a}{}^c S_{(3)}{}^d \psi - 2\alpha^3\beta_2\beta_3 A_a A_c A_d S_{(2)b}{}^c S_{(3)}{}^d \psi + 4\alpha^3\beta_2\beta_3 A_a A_b A_c S_{(2)d}{}^c S_{(3)}{}^d \psi -$$
$$- 2\alpha^3\beta_2\beta_3 A_b A_c A_d S_{(2)}{}^c{}_a S_{(3)}{}^d \psi - 2\alpha^3\beta_2\beta_3 A_a A_c A_d S_{(2)}{}^c{}_b S_{(3)}{}^d \psi + \tfrac{1}{2}\alpha^2(\partial_c F_{bd}) A_a g^{cd} \psi - \alpha\beta_1(\partial_c S_{(1)bd}) A_a g^{cd} \psi +$$
$$+ \tfrac{1}{2}\alpha^2(\partial_c F_{ad}) A_b g^{cd} \psi - \alpha\beta_1(\partial_c S_{(1)ad}) A_b g^{cd} \psi + \tfrac{1}{2}\alpha^4(\partial_5 A_c)(\partial_5 A_d) A_a A_b g^{cd} \psi - \alpha^2\beta_0(\partial_c S_{(0)bd}{}^e) A_a A_e g^{cd} \psi -$$
$$- \alpha^2\beta_0(\partial_c S_{(0)ad}{}^e) A_b A_e g^{cd} \psi + \tfrac{1}{2}\alpha^4(\partial_5 A_c)(\partial_5 g_{bd}) A_a \eta g^{cd} \psi - \tfrac{1}{4}\alpha^4(\partial_5 A_b)(\partial_5 g_{cd}) A_a \eta g^{cd} \psi + \tfrac{1}{2}\alpha^4(\partial_5 A_c)(\partial_5 g_{ad}) A_b \eta g^{cd} \psi -$$
$$- \tfrac{1}{4}\alpha^4(\partial_5 A_a)(\partial_5 g_{cd}) A_b \eta g^{cd} \psi - \tfrac{1}{4}\alpha^3(\partial_5 g_{cd}) A_b A_e F_a{}^e g^{cd} \psi - \tfrac{1}{4}\alpha^3(\partial_5 g_{cd}) A_a A_e F_b{}^e g^{cd} \psi + \tfrac{1}{2}\alpha^3\beta_0(\partial_5 g_{cd}) A_b A_e A_f S_{(0)a}{}^{ef} g^{cd} \psi +$$
$$+ \tfrac{1}{2}\alpha^3\beta_0(\partial_5 g_{cd}) A_a A_e A_f S_{(0)b}{}^{ef} g^{cd} \psi + \tfrac{1}{2}\alpha^2\beta_1(\partial_5 g_{cd}) A_b A_e S_{(1)a}{}^e g^{cd} \psi + \tfrac{1}{2}\alpha^2\beta_1(\partial_5 g_{cd}) A_a A_e S_{(1)b}{}^e g^{cd} \psi -$$
$$- \tfrac{1}{2}\alpha^4\beta_2(\partial_5 g_{cd}) A_b A_e \eta S_{(2)a}{}^e g^{cd} \psi - \tfrac{1}{2}\alpha^4\beta_2(\partial_5 g_{cd}) A_a A_e \eta S_{(2)b}{}^e g^{cd} \psi - \tfrac{1}{2}\alpha^3\beta_3(\partial_5 g_{cd}) A_b \eta S_{(3)a} g^{cd} \psi -$$
$$- \tfrac{1}{2}\alpha^3\beta_3(\partial_5 g_{cd}) A_a \eta S_{(3)b} g^{cd} \psi + \tfrac{1}{2}\alpha^3(\partial_5 A_c) A_b A_d{}^{(4)}\{{}^d_{a\,e}\} g^{ce} \psi + \tfrac{1}{2}\alpha^3(\partial_5 A_c) A_a A_d{}^{(4)}\{{}^d_{b\,e}\} g^{ce} \psi -$$
$$- \tfrac{1}{2}\alpha^2 A_b{}^{(4)}\{{}^d_{c\,e}\} F_{ad} g^{ce} \psi - \tfrac{1}{2}\alpha^2 A_a{}^{(4)}\{{}^d_{c\,e}\} F_{bd} g^{ce} \psi + \alpha\beta_1 A_b{}^{(4)}\{{}^d_{c\,e}\} S_{(1)ad} g^{ce} \psi + \alpha\beta_1 A_a{}^{(4)}\{{}^d_{c\,e}\} S_{(1)bd} g^{ce} \psi -$$
$$- \tfrac{1}{2}\alpha^3(\partial_5 A_b) A_a A_c{}^{(4)}\{{}^c_{d\,e}\} g^{de} \psi - \tfrac{1}{2}\alpha^3(\partial_5 A_a) A_b A_c{}^{(4)}\{{}^c_{d\,e}\} g^{de} \psi - \alpha^2\beta_3 A_b A_c{}^{(4)}\{{}^c_{d\,e}\} S_{(3)a} g^{de} \psi -$$
$$- \alpha^2\beta_3 A_a A_c{}^{(4)}\{{}^c_{d\,e}\} S_{(3)b} g^{de} \psi + \alpha^2\beta_0 A_b A_c{}^{(4)}\{{}^e_{d\,f}\} S_{(0)ae}{}^c g^{df} \psi + \alpha^2\beta_0 A_a A_c{}^{(4)}\{{}^e_{d\,f}\} S_{(0)be}{}^c g^{df} \psi -$$
$$- \alpha^3\beta_2 A_b A_c A_d{}^{(4)}\{{}^c_{e\,f}\} S_{(2)a}{}^d g^{ef} \psi - \alpha^3\beta_2 A_a A_c A_d{}^{(4)}\{{}^c_{e\,f}\} S_{(2)b}{}^d g^{ef} \psi,$$

$$R_{a5} = \tag{85}$$

$$= \partial_b \Gamma_{a\,5}^{\,b} + \partial_5 \Gamma_{a\,5}^{\,5} - \partial_a \Gamma_{b\,5}^{\,b} - \partial_a \Gamma_{5\,5}^{\,5} + \Gamma_{a\,5}^{\,5} \Gamma_{b\,5}^{\,b} - \Gamma_{a\,c}^{\,b} \Gamma_{b\,5}^{\,c} - \Gamma_{a\,5}^{\,5} \Gamma_{5\,5}^{\,5} + \Gamma_{a\,5}^{\,b} \Gamma_{c\,b}^{\,c} - \Gamma_{a\,b}^{\,5} \Gamma_{5\,5}^{\,b} + \Gamma_{a\,5}^{\,b} \Gamma_{5\,b}^{\,5}$$

$$= -2\beta_2 \partial_a S_{(2)b}{}^b + \beta_2 \partial_b S_{(2)a}{}^b - \tfrac{1}{2}\partial_5{}^{(4)}\{{}^b_{a\,b}\} + \tfrac{1}{4}\alpha(\partial_5 g_{ab})(\partial_5 \psi) A^b \psi^{-1} - \tfrac{1}{2}\alpha^2(\partial_b \psi)(\partial_5 \psi) A_a A^b \psi^{-1} +$$
$$+ \tfrac{1}{4}\alpha^3(\partial_5 \psi)(\partial_5 \psi) A_a \eta \psi^{-1} - \tfrac{1}{2}\beta_2(\partial_b \psi) S_{(2)a}{}^b \psi^{-1} + \tfrac{1}{2}\alpha\beta_2(\partial_5 \psi) A_b S_{(2)a}{}^b \psi^{-1} + \beta_2(\partial_a \psi) S_{(2)b}{}^b \psi^{-1} - \tfrac{1}{2}\beta_2(\partial_b \psi) S_{(2)}{}^b{}_a \psi^{-1} +$$
$$+ \tfrac{1}{2}\alpha\beta_2(\partial_5 \psi) A_b S_{(2)}{}^b{}_a \psi^{-1} - \tfrac{1}{4}(\partial_b \psi)(\partial_5 g_{ac}) g^{bc} \psi^{-1} + \tfrac{1}{4}(\partial_a \psi)(\partial_5 g_{bc}) g^{bc} \psi^{-1} + \tfrac{1}{4}\alpha(\partial_b \psi)(\partial_c \psi) A_a g^{bc} \psi^{-1} -$$
$$- \tfrac{1}{2}\alpha^5(\partial_5 A_b)(\partial_5 A_c) A_a A^b A^c \psi^2 + \alpha^4(\partial_5 A_b) A_a A_c F^{bc} \psi^2 + \tfrac{1}{4}\alpha^3 A_a F_{bc} F^{bc} \psi^2 - \alpha^3\beta_0 A_a A_b F^{cd} S_{(0)cd}{}^b \psi^2 -$$

$$
\begin{aligned}
&- 2\alpha^4 \beta_0 (\partial_5 A_b) A_a A_c A_d S_{(0)}{}^{bcd} \psi^2 + \alpha^3 \beta_0{}^2 A_a A_b A_c S_{(0)de}{}^b S_{(0)}{}^{dec} \psi^2 - 2\alpha^3 \beta_1 (\partial_5 A_b) A_a A_c S_{(1)}{}^{bc} \psi^2 - \alpha^2 \beta_1 A_a F_{bc} S_{(1)}{}^{bc} \psi^2 + \\
&+ \alpha \beta_1{}^2 A_a S_{(1)bc} S_{(1)}{}^{bc} \psi^2 + 2\alpha^2 \beta_0 \beta_1 A_a A_b S_{(0)cd}{}^b S_{(1)}{}^{cd} \psi^2 + 2\alpha^5 \beta_2 (\partial_5 A_b) A_a A_c \eta S_{(2)}{}^{bc} \psi^2 - 2\alpha^5 \beta_2 (\partial_5 A_b) A_a A_c A_d A^b S_{(2)}{}^{cd} \psi^2 - \\
&- 2\alpha^2 \beta_2 A_a A_b A_c F^b{}_d S_{(2)}{}^{dc} \psi^2 + 4\alpha^3 \beta_1 \beta_2 A_a A_b A_c S_{(1)}{}^b{}_d S_{(2)}{}^{dc} \psi^2 + 2\alpha^5 \beta_2{}^2 A_a A_b A_c \eta S_{(2)d}{}^b S_{(2)}{}^{dc} \psi^2 - \\
&- 2\alpha^5 \beta_2{}^2 A_a A_b A_c A_d A_e S_{(2)}{}^{bc} S_{(2)}{}^{de} \psi^2 + 4\alpha^4 \beta_0 \beta_2 A_a A_b A_c A_d S_{(0)}{}^b{}_e{}^c S_{(2)}{}^{ed} \psi^2 + 2\alpha^4 \beta_3 (\partial_5 A_b) A_a \eta S_{(3)}{}^b \psi^2 + \\
&+ 2\alpha^3 \beta_3{}^2 A_a \eta S_{(3)b} S_{(3)}{}^b \psi^2 - 2\alpha^4 \beta_3 (\partial_5 A_b) A_a A_c A^b S_{(3)}{}^c \psi^2 - 2\alpha^3 \beta_3 A_a A_b F^b{}_c S_{(3)}{}^c \psi^2 + 4\alpha^2 \beta_1 \beta_3 A_a A_b S_{(1)}{}^b{}_c S_{(3)}{}^c \psi^2 + \\
&+ 4\alpha^4 \beta_2 \beta_3 A_a A_b \eta S_{(2)c}{}^b S_{(3)}{}^c \psi^2 - 2\alpha^3 \beta_3{}^2 A_a A_b A_c S_{(3)}{}^b S_{(3)}{}^c \psi^2 + 4\alpha^3 \beta_0 \beta_3 A_a A_b A_c S_{(0)}{}^b{}_d S_{(3)}{}^d \psi^2 - \\
&- 4\alpha^4 \beta_2 \beta_3 A_a A_b A_c A_d S_{(2)}{}^{bc} S_{(3)}{}^d \psi^2 + \tfrac{1}{2} \alpha^5 (\partial_5 A_b)(\partial_5 A_c) A_a \eta g^{bc} \psi^2 - \alpha \beta_2 (\partial_5 S_{(2a)}{}^b) A_b - \tfrac{1}{2} \alpha (\partial_5 \partial_5 g_{ab}) A^b + \tfrac{3}{4} \alpha^2 (\partial_b \psi)(\partial_5 A_a) A^b + \\
&+ \alpha^2 (\partial_5 \partial_b \psi) A_a A^b - \tfrac{3}{4} \alpha^3 (\partial_5 A_b)(\partial_5 \psi) A_a A^b + \tfrac{1}{2} \alpha^3 (\partial_5 g_{bc})(\partial_5 \psi) A_a A^b A^c - \tfrac{3}{4} \alpha^3 (\partial_5 A_a)(\partial_5 \psi) \eta - \tfrac{1}{2} \alpha^3 (\partial_5 \partial_5 \psi) A_a \eta + \\
&+ \tfrac{1}{4} \alpha^2 (\partial_5 \psi) A_a U_b{}^b + \tfrac{3}{4} \alpha (\partial_b \psi) F_a{}^b - \tfrac{3}{4} \alpha^2 (\partial_5 \psi) A_b F_a{}^b - \tfrac{1}{2} \alpha \beta_0 (\partial_b \psi) A_c S_{(0)}{}^{bc} + \tfrac{1}{2} \alpha^2 \beta_0 (\partial_5 \psi) A_b A_c S_{(0)a}{}^{bc} - \beta_0 (\partial_5 g_{ab}) S_{(0)}{}^b{}_c + \\
&+ \alpha \beta_0 (\partial_b \psi) A_a S_{(0)}{}^b{}_c - \alpha^2 \beta_0 (\partial_5 \psi) A_a A_b S_{(0)}{}^b{}_c - \tfrac{1}{2} \beta_1 (\partial_b \psi) S_{(1)a}{}^b + \tfrac{1}{2} \alpha \beta_1 (\partial_5 \psi) A_b S_{(1)a}{}^b - \tfrac{1}{2} \alpha^3 \beta_2 (\partial_5 \psi) A_b \eta S_{(2)a}{}^b + \\
&+ \tfrac{1}{2} \alpha^2 \beta_2 (\partial_b \psi) A_c A^b S_{(2)a}{}^c + \beta_2 {}^{(4)}\{{}^b{}_{bc}\} S_{(2)a}{}^c + 2\beta_0 \beta_2 S_{(0)b}{}^b S_{(2)a}{}^c - \alpha^3 \beta_2 (\partial_5 \psi) A_a \eta S_{(2)b}{}^b - \beta_2 {}^{(4)}\{{}^b{}_{ac}\} S_{(2)b}{}^c + \\
&+ 2\alpha \beta_2{}^2 A_b S_{(2)a}{}^c S_{(2)b}{}^b - \alpha \beta_2 (\partial_5 g_{ab}) A^b S_{(2)c}{}^c + \alpha^2 \beta_2 (\partial_b \psi) A_a A^b S_{(2)c}{}^c - 2\alpha \beta_2{}^2 A_b S_{(2)a}{}^b S_{(2)c}{}^c - 2\alpha \beta_2{}^2 A_b S_{(2)c}{}^c S_{(2)}{}^b{}_a + \\
&+ \alpha \beta_2 (\partial_5 g_{ab}) A_c S_{(2)}{}^{bc} - \tfrac{1}{2} \alpha^2 \beta_2 (\partial_b \psi) A_a A_c S_{(2)}{}^{bc} + \tfrac{1}{2} \alpha^3 \beta_2 (\partial_5 \psi) A_a A_b A_c S_{(2)}{}^{bc} + \alpha \beta_2 (\partial_5 g_{bc}) A^b S_{(2)}{}^c{}_a + 2\beta_0 \beta_2 S_{(0)bc}{}^b S_{(2)}{}^c{}_a - \\
&- \alpha \beta_2 (\partial_5 g_{ab}) A_c S_{(2)}{}^{cb} + 2\alpha \beta_2{}^2 A_b S_{(2)ca} S_{(2)}{}^{cb} + \tfrac{1}{2} \alpha \beta_3 (\partial_b \psi) A^b S_{(3)a} - \tfrac{1}{2} \alpha^2 \beta_3 (\partial_5 \psi) \eta S_{(3)a} + \tfrac{1}{2} \alpha \beta_3 (\partial_b \psi) A_a S_{(3)}{}^b - \\
&- \tfrac{1}{2} \alpha^2 \beta_3 (\partial_5 \psi) A_a A_b S_{(3)}{}^b - \alpha \beta_2 (\partial_5 S_{(2)b}{}^c) A^b g_{ac} + \beta_2 {}^{(4)}\{{}^b{}_{bc}\} S_{(2)}{}^{bc} g_{ad} - \tfrac{1}{2} \alpha (\partial_b \partial_c \psi) A_a g^{bc} + \tfrac{1}{4} \alpha^2 (\partial_b \psi)(\partial_5 A_c) A_a g^{bc} - \\
&- \tfrac{1}{4} \alpha^3 (\partial_5 g_{bc})(\partial_5 \psi) A_a \eta g^{bc} - \tfrac{1}{2} \alpha \beta_2 (\partial_5 g_{bc}) A_d S_{(2)a}{}^d g^{bc} - \tfrac{1}{2} \alpha \beta_2 (\partial_5 g_{bc}) A_d S_{(2)}{}^d{}_a g^{bc} + \beta_2 (\partial_b S_{(2)c}{}^d) g_{ad} g^{bc} + \\
&+ \tfrac{1}{2} \alpha (\partial_5 g_{ab})(\partial_5 g_{cd}) A^c g^{bd} - \tfrac{1}{2} \alpha^2 (\partial_b \psi)(\partial_5 g_{cd}) A_a A^c g^{bd} - \beta_2 {}^{(4)}\{{}^c{}_{bd}\} S_{(2)ca} g^{bd} + \tfrac{1}{2} (\partial_5 {}^{(4)}\{{}^c{}_{bd}\}) g_{ac} g^{bd} - \\
&- \tfrac{1}{4} \alpha (\partial_5 g_{ab})(\partial_5 g_{cd}) A^b g^{cd} + \tfrac{1}{4} \alpha^2 (\partial_b \psi)(\partial_5 g_{cd}) A_a A^b g^{cd} + \tfrac{1}{2} \alpha (\partial_b \psi) A_a {}^{(4)}\{{}^b{}_{cd}\} g^{cd} - \tfrac{1}{2} \alpha^2 (\partial_5 \psi) A_a A_b {}^{(4)}\{{}^b{}_{cd}\} g^{cd} + \\
&+ \alpha \beta_3 (\partial_b S_{(3)a}) A^b \psi - \alpha^3 (\partial_5 A_a)(\partial_5 A_b) A^b \psi + \tfrac{1}{4} \alpha^2 (\partial_5 U_{ab}) A^b \psi - \tfrac{3}{4} \alpha^2 (\partial_5 F_{ab}) A^b \psi + \alpha \beta_1 (\partial_5 S_{(1)ab}) A^b \psi - \tfrac{1}{2} \alpha^3 (\partial_5 \partial_5 A_b) A_a A^b \psi - \\
&- \alpha^2 \beta_3 (\partial_5 S_{(3)b}) A_a A^b \psi + \alpha^2 \beta_2 (\partial_b S_{(2)a}{}^c) A_c A^b \psi + \alpha^2 \beta_0 (\partial_5 S_{(0)ab}{}^c) A_c A^b \psi - \alpha^3 \beta_2 (\partial_5 S_{(2)b}{}^c) A_a A_c A^b \psi - \\
&- \tfrac{1}{2} \alpha^3 (\partial_5 A_b)(\partial_5 g_{ac}) A^b A^c \psi + \tfrac{1}{2} \alpha^3 (\partial_5 A_a)(\partial_5 g_{bc}) A^b A^c \psi - \tfrac{1}{2} \alpha^3 (\partial_5 \partial_5 A_a) \eta \psi - \alpha^3 \beta_3 (\partial_5 S_{(3)a}) \eta \psi - \alpha^3 \beta_2 (\partial_5 S_{(2)a}{}^b) A_b \eta \psi - \\
&- \tfrac{1}{2} \alpha^2 (\partial_5 A_b) A^c {}^{(4)}\{{}^b{}_{ac}\} \psi - \tfrac{1}{4} \alpha^2 (\partial_5 A_b) U_a{}^b \psi + \tfrac{1}{4} \alpha^2 (\partial_5 A_a) U_b{}^b \psi - \tfrac{3}{4} \alpha^2 (\partial_5 A_b) F_a{}^b \psi + \tfrac{1}{2} \alpha^2 (\partial_5 g_{bc}) A^b F_a{}^c \psi - \tfrac{1}{2} \alpha {}^{(4)}\{{}^b{}_{ac}\} F_b{}^c \psi + \\
&+ \tfrac{1}{2} \alpha^2 (\partial_5 g_{ab}) A_c F^{bc} \psi - \tfrac{1}{2} \alpha \beta_0 U^b{}_c S_{(0)ab}{}^c \psi + \tfrac{1}{2} \alpha \beta_0 F^b{}_c S_{(0)ab}{}^c \psi + \alpha^2 \beta_0 (\partial_5 A_b) A_c S_{(0)a}{}^{bc} \psi - \alpha^2 \beta_0 (\partial_5 g_{bc}) A_d A^b S_{(0)a}{}^{cd} \psi - \\
&- \tfrac{1}{2} \alpha \beta_0 F^{bc} S_{(0)bca} \psi + \alpha \beta_0 F_a{}^c S_{(0)bc}{}^b \psi + \alpha \beta_0 A_b {}^{(4)}\{{}^c{}_{ad}\} S_{(0)c}{}^{db} \psi - \alpha^2 \beta_0 (\partial_5 A_b) A_a S_{(0)}{}^b{}_c{}^c \psi - \alpha^2 \beta_0 (\partial_5 A_a) A_b S_{(0)}{}^b{}_c{}^c \psi - \\
&- \alpha^2 \beta_0 (\partial_5 A_b) A_c S_{(0)}{}^{bc}{}_a \psi - \alpha^2 \beta_0 (\partial_5 g_{ab}) A_c A_d S_{(0)}{}^{bcd} \psi - 2\alpha \beta_0{}^2 A_b S_{(0)ac}{}^d S_{(0)}{}^c{}_d{}^b \psi + 2\alpha \beta_0{}^2 A_b S_{(0)ac}{}^b S_{(0)}{}^c{}_d{}^d \psi + \\
&+ \alpha \beta_0{}^2 A_b S_{(0)cda} S_{(0)}{}^{cdb} \psi - \alpha \beta_1 (\partial_5 g_{bc}) A^b S_{(1)a}{}^c \psi - 2\beta_0 \beta_1 S_{(0)bc}{}^b S_{(1)a}{}^c \psi + \beta_1 {}^{(4)}\{{}^c{}_{ac}\} S_{(1)b}{}^c \psi - 2\beta_0 \beta_1 S_{(0)ab}{}^c S_{(1)}{}^b{}_c \psi - \\
&- \alpha \beta_1 (\partial_5 g_{ab}) A_c S_{(1)}{}^{bc} \psi + \beta_0 \beta_1 S_{(0)bca} S_{(1)}{}^{bc} \psi + \tfrac{1}{2} \alpha^2 \beta_2 A_b U^c{}_c S_{(2)a}{}^b \psi - 2\alpha^2 \beta_2 (\partial_5 A_b) A_c S_{(2)a}{}^c \psi + \tfrac{1}{2} \alpha^2 \beta_2 A_b U^b{}_c S_{(2)a}{}^c \psi - \\
&- \tfrac{1}{2} \alpha^2 \beta_2 A_b F^b{}_c S_{(2)a}{}^c \psi - 2\alpha^2 \beta_0 \beta_2 A_b A_c S_{(0)}{}^b{}_d{}^c S_{(2)a}{}^c \psi + 2\alpha \beta_1 \beta_2 A_b S_{(1)}{}^b{}_c S_{(2)a}{}^c \psi + \alpha^2 (\partial_5 g_{bc}) A_d A^b A^c S_{(2)a}{}^d \psi + \\
&+ 2\alpha^2 \beta_0 \beta_2 A_b A_c S_{(0)}{}^b{}_d{}^c S_{(2)a}{}^d \psi - \alpha^3 \beta_2 (\partial_5 A_a) \eta S_{(2)b}{}^b \psi - \alpha^2 \beta_2 A_b A^d {}^{(4)}\{{}^c{}_{ad}\} S_{(2)c}{}^b \psi + 2\alpha^3 \beta_2{}^2 A_b \eta S_{(2)a}{}^c S_{(2)c}{}^b \psi - \\
&- \alpha^3 \beta_2 (\partial_5 A_b) A_a A^b S_{(2)c}{}^c \psi - \alpha^2 \beta_2 A_b F_a{}^b S_{(2)c}{}^c \psi + 2\alpha \beta_1 \beta_2 A_b S_{(1)a}{}^b S_{(2)c}{}^c \psi - 2\alpha^3 \beta_2{}^2 A_b \eta S_{(2)a}{}^b S_{(2)c}{}^c \psi - \\
&- 2\alpha^2 \beta_0 \beta_2 A_b A_c S_{(0)a}{}^{bd} S_{(2)d}{}^c \psi + 2\alpha^2 \beta_0 \beta_2 A_b A_c S_{(0)a}{}^{bc} S_{(2)d}{}^d \psi + \alpha^3 \beta_2 (\partial_5 A_b) \eta S_{(2)}{}^b{}_a \psi + \alpha^3 \beta_2 (\partial_5 A_b) A_a A_c S_{(2)}{}^{bc} \psi + \\
&+ \alpha^3 \beta_2 (\partial_5 g_{ab}) A_c \eta S_{(2)}{}^{bc} \psi + \tfrac{1}{2} \alpha^2 \beta_2 A_a U_{bc} S_{(2)}{}^{bc} \psi + \tfrac{1}{2} \alpha^2 \beta_2 A_a F_{bc} S_{(2)}{}^{bc} \psi - 2\alpha^2 \beta_2{}^2 A_a A_b A_c S_{(2)}{}^d{}_d S_{(2)}{}^{bc} \psi - \\
&- \alpha^3 \beta_2 (\partial_5 A_b) A_c A^b S_{(2)}{}^c{}_a \psi - \alpha^2 \beta_2 A_b F^b{}_c S_{(2)}{}^c{}_a \psi + 2\alpha \beta_1 \beta_2 A_b S_{(1)}{}^b{}_c S_{(2)}{}^c{}_a \psi - \alpha^3 \beta_2 (\partial_5 A_b) A_a A_c S_{(2)}{}^{cb} \psi - \tfrac{1}{2} \alpha^2 \beta_2 A_b U_{ac} S_{(2)}{}^{cb} \psi - \\
&- \tfrac{1}{2} \alpha^2 \beta_2 A_b F_{ac} S_{(2)}{}^{cb} \psi - 2\alpha \beta_1 \beta_2 A_b S_{(1)ac} S_{(2)}{}^{cb} \psi + 2\alpha^3 \beta_2{}^2 A_b \eta S_{(2)ca} S_{(2)}{}^{cb} \psi + \alpha^3 \beta_2 (\partial_5 g_{bc}) A_a A_d A^b S_{(2)}{}^{cd} \psi - \\
&- \alpha^3 \beta_2 (\partial_5 g_{ab}) A_c A_d A^b S_{(2)}{}^{cd} \psi - 2\alpha \beta_2{}^2 A_b A_c A_d S_{(2)}{}^b{}_a S_{(2)}{}^{cd} \psi + 2\alpha^2 \beta_0 \beta_2 A_b A_c S_{(0)}{}^b{}_d{}^c S_{(2)}{}^d{}_a \psi + \\
&+ 2\alpha^2 \beta_0 \beta_2 A_a A_b S_{(0)cd}{}^c S_{(2)}{}^{db} \psi + \alpha^2 \beta_2 A_b A_c {}^{(4)}\{{}^b{}_{ad}\} S_{(2)}{}^{dc} \psi + 2\alpha^2 \beta_0 \beta_2 A_b A_c S_{(0)}{}^b{}_{da} S_{(2)}{}^{dc} \psi + \\
&+ 2\alpha^3 \beta_2{}^2 A_a A_b A_c S_{(2)d}{}^b S_{(2)}{}^{dc} \psi - \alpha^2 \beta_3 (\partial_5 A_b) A^b S_{(3)a} \psi + \alpha^2 \beta_3 (\partial_5 g_{bc}) A^b A^c S_{(3)a} \psi + \tfrac{1}{2} \alpha \beta_3 U_b{}^b S_{(3)a} \psi -
\end{aligned}
$$

$$-2\,\alpha\,\beta_0\,\beta_3\,A_b\,S_{(0)}{}^{bc}{}_c\,S_{(3)a}\,\psi - 2\,\alpha^2\,\beta_2\,\beta_3\,\eta\,S_{(2)b}{}^b\,S_{(3)a}\,\psi + 2\,\alpha^2\,\beta_2\,\beta_3\,A_b\,A_c\,S_{(2)}{}^{bc}\,S_{(3)a}\,\psi - \alpha\,\beta_3\,A^c\,{}^{(4)}\{{}^{\ b}_{a\ c}\}\,S_{(3)b}\,\psi +$$
$$+ 2\,\alpha^2\,\beta_2\,\beta_3\,\eta\,S_{(2)a}{}^b\,S_{(3)b}\,\psi - 2\,\alpha\,\beta_0\,\beta_3\,A_b\,S_{(0)a}{}^{bc}\,S_{(3)c}\,\psi - \alpha^2\,\beta_3\,(\partial_5 A_a)\,A_b\,S_{(3)}{}^b\,\psi + \alpha^2\,\beta_3\,(\partial_5 g_{ab})\,\eta\,S_{(3)}{}^b\,\psi - \tfrac{1}{2}\alpha\,\beta_3\,U_{ab}\,S_{(3)}{}^b\,\psi -$$
$$- \tfrac{3}{2}\alpha\,\beta_3\,F_{ab}\,S_{(3)}{}^b\,\psi + 2\,\alpha^2\,\beta_2\,\beta_3\,\eta\,S_{(2)ba}\,S_{(3)}{}^b\,\psi - 2\,\alpha^2\,\beta_2\,\beta_3\,A_a\,A_b\,S_{(2)c}{}^c\,S_{(3)}{}^b\,\psi + \alpha^2\,\beta_3\,(\partial_5 g_{bc})\,A_a\,A^b\,S_{(3)}{}^c\,\psi -$$
$$- \alpha^2\,\beta_3\,(\partial_5 g_{ab})\,A_c\,A^b\,S_{(3)}{}^c\,\psi + \alpha\,\beta_3\,A_b\,{}^{(4)}\{{}^{\ b}_{a\ c}\}\,S_{(3)}{}^c\,\psi + 2\,\alpha\,\beta_0\,\beta_3\,A_b\,S_{(0)ac}{}^b\,S_{(3)}{}^c\,\psi + 2\,\alpha\,\beta_0\,\beta_3\,A_a\,S_{(0)bc}{}^b\,S_{(3)}{}^c\,\psi +$$
$$+ 2\,\alpha\,\beta_0\,\beta_3\,A_b\,S_{(0)}{}^b{}_{ca}\,S_{(3)}{}^c\,\psi - 2\,\alpha^2\,\beta_2\,\beta_3\,A_b\,A_c\,S_{(2)a}{}^b\,S_{(3)}{}^c\,\psi + 2\,\alpha^2\,\beta_2\,\beta_3\,A_a\,A_b\,S_{(2)c}{}^b\,S_{(3)}{}^c\,\psi - 2\,\alpha^2\,\beta_2\,\beta_3\,A_b\,A_c\,S_{(2)}{}^b{}_a\,S_{(3)}{}^c\,\psi +$$
$$+ \tfrac{1}{2}\alpha\,(\partial_b F_{ac})\,g^{bc}\,\psi - \beta_1\,(\partial_b S_{(1)ac})\,g^{bc}\,\psi + \alpha\,\beta_3\,(\partial_b S_{(3)c})\,A_a\,g^{bc}\,\psi + \tfrac{1}{4}\alpha^2\,(\partial_5 U_{bc})\,A_a\,g^{bc}\,\psi - \alpha\,\beta_0\,(\partial_b S_{(0)ac})\,A_d\,g^{bc}\,\psi +$$
$$+ \alpha^2\,\beta_2\,(\partial_b S_{(2)c}{}^d)\,A_a\,A_d\,g^{bc}\,\psi + \tfrac{1}{2}\alpha^3\,(\partial_5 A_b)\,(\partial_5 g_{ac})\,\eta\,g^{bc}\,\psi - \tfrac{1}{4}\alpha^3\,(\partial_5 A_a)\,(\partial_5 g_{bc})\,\eta\,g^{bc}\,\psi - \tfrac{1}{4}\alpha^2\,(\partial_5 g_{bc})\,A_d\,F_a{}^d\,g^{bc}\,\psi +$$
$$+ \tfrac{1}{2}\alpha^2\,\beta_0\,(\partial_5 g_{bc})\,A_d\,A_e\,S_{(0)a}{}^{de}\,g^{bc}\,\psi + \tfrac{1}{2}\alpha\,\beta_1\,(\partial_5 g_{bc})\,A_d\,S_{(1)a}{}^d\,g^{bc}\,\psi - \tfrac{1}{2}\alpha^3\,\beta_2\,(\partial_5 g_{bc})\,A_d\,\eta\,S_{(2)a}{}^d\,g^{bc}\,\psi -$$
$$- \tfrac{1}{2}\alpha^3\,\beta_2\,(\partial_5 g_{bc})\,A_a\,A_d\,A_e\,S_{(2)a}{}^{de}\,g^{bc}\,\psi - \tfrac{1}{2}\alpha^2\,\beta_3\,(\partial_5 g_{bc})\,\eta\,S_{(3)a}\,g^{bc}\,\psi - \tfrac{1}{2}\alpha^2\,\beta_3\,(\partial_5 g_{bc})\,A_a\,A_d\,S_{(3)}{}^d\,g^{bc}\,\psi + \tfrac{1}{2}\alpha^3\,(\partial_5 A_b)\,(\partial_5 g_{cd})\,A_a\,A^c\,g^{bd}\,\psi +$$
$$+ \tfrac{1}{2}\alpha^2\,(\partial_5 A_b)\,A_c\,{}^{(4)}\{{}^{\ c}_{a\ d}\}\,g^{bd}\,\psi - \tfrac{1}{2}\alpha\,{}^{(4)}\{{}^{\ c}_{b\ d}\}\,F_{ac}\,g^{bd}\,\psi + \beta_1\,{}^{(4)}\{{}^{\ c}_{b\ d}\}\,S_{(1)ac}\,g^{bd}\,\psi - \alpha\,\beta_3\,A_a\,{}^{(4)}\{{}^{\ c}_{b\ d}\}\,S_{(3)c}\,g^{bd}\,\psi -$$
$$- \tfrac{1}{4}\alpha^3\,(\partial_5 A_b)\,(\partial_5 g_{cd})\,A_a\,A^b\,g^{cd}\,\psi - \tfrac{1}{2}\alpha^2\,(\partial_5 A_b)\,A_a\,{}^{(4)}\{{}^{\ b}_{c\ d}\}\,g^{cd}\,\psi - \tfrac{1}{2}\alpha^2\,(\partial_5 A_a)\,A_b\,{}^{(4)}\{{}^{\ b}_{c\ d}\}\,g^{cd}\,\psi -$$
$$- \alpha\,\beta_3\,A_b\,{}^{(4)}\{{}^{\ b}_{c\ d}\}\,S_{(3)a}\,g^{cd}\,\psi + \alpha\,\beta_0\,A_b\,{}^{(4)}\{{}^{\ d}_{c\ e}\}\,S_{(0)ad}{}^b\,g^{ce}\,\psi - \alpha^2\,\beta_2\,A_a\,A_b\,{}^{(4)}\{{}^{\ d}_{c\ e}\}\,S_{(2)d}{}^b\,g^{ce}\,\psi - \alpha^2\,\beta_2\,A_b\,A_c\,{}^{(4)}\{{}^{\ b}_{d\ e}\}\,S_{(2)a}{}^c\,g^{de}\,\psi,$$

$$R_{5a} = \qquad (86)$$

$$= \partial_b\,\Gamma^{\ b}_{5\ a} - \partial_5\,\Gamma^{\ b}_{b\ a} - \Gamma^{\ c}_{b\ a}\,\Gamma^{\ b}_{5\ c} - \Gamma^{\ 5}_{b\ a}\,\Gamma^{\ b}_{5\ 5} + \Gamma^{\ b}_{b\ c}\,\Gamma^{\ c}_{5\ a} + \Gamma^{\ 5}_{b\ 5}\,\Gamma^{\ 5}_{5\ a}$$

$$= -\beta_2\,\partial_b\,S_{(2)a}{}^b - \tfrac{1}{2}\partial_5\,{}^{(4)}\{{}^{\ b}_{a\ b}\} + 2\,\beta_0\,\partial_5\,S_{(0)ab} + \tfrac{1}{4}\alpha\,(\partial_5 g_{ab})\,(\partial_5 \psi)\,A^b\,\psi^{-1} - \tfrac{1}{2}\alpha^2\,(\partial_b \psi)\,(\partial_5 \psi)\,A_a\,A^b\,\psi^{-1} + \tfrac{1}{4}\alpha^3\,(\partial_5 \psi)\,(\partial_5 \psi)\,A_a\,\eta\,\psi^{-1} -$$
$$- \tfrac{1}{2}\beta_2\,(\partial_b \psi)\,S_{(2)a}{}^b\,\psi^{-1} + \tfrac{1}{2}\alpha\,\beta_2\,(\partial_5 \psi)\,A_b\,S_{(2)a}{}^b\,\psi^{-1} + \beta_2\,(\partial_a \psi)\,S_{(2)b}{}^b\,\psi^{-1} - \tfrac{1}{2}\beta_2\,(\partial_b \psi)\,S_{(2)}{}^b{}_a\,\psi^{-1} + \tfrac{1}{2}\alpha\,\beta_2\,(\partial_5 \psi)\,A_b\,S_{(2)}{}^b{}_a\,\psi^{-1} -$$
$$- \tfrac{1}{4}(\partial_b \psi)\,(\partial_5 g_{ac})\,g^{bc}\,\psi^{-1} + \tfrac{1}{4}(\partial_a \psi)\,(\partial_5 g_{bc})\,g^{bc}\,\psi^{-1} + \tfrac{1}{4}\alpha\,(\partial_b \psi)\,(\partial_c \psi)\,A_a\,g^{bc}\,\psi^{-1} - \tfrac{1}{2}\alpha^5\,(\partial_5 A_b)\,(\partial_5 A_c)\,A_a\,A^b\,A^c\,\psi^2 +$$
$$+ \alpha^4\,(\partial_5 A_b)\,A_a\,A_c\,F^{bc}\,\psi^2 + \tfrac{1}{4}\alpha^3\,A_a\,F_{bc}\,F^{bc}\,\psi^2 - \alpha^3\,\beta_0\,A_a\,A_b\,F^{cd}\,S_{(0)cd}{}^b\,\psi^2 - 2\,\alpha^4\,\beta_0\,(\partial_5 A_b)\,A_a\,A_c\,A_d\,S_{(0)}{}^{bcd}\,\psi^2 +$$
$$+ \alpha^3\,\beta_0{}^2\,A_a\,A_b\,A_c\,S_{(0)de}{}^b\,S_{(0)}{}^{dec}\,\psi^2 - 2\,\alpha^3\,\beta_1\,(\partial_5 A_b)\,A_a\,A_c\,S_{(1)}{}^{bc}\,\psi^2 - \alpha^2\,\beta_1\,A_a\,F_{bc}\,S_{(1)}{}^{bc}\,\psi^2 + \alpha\,\beta_1{}^2\,A_a\,S_{(1)bc}\,S_{(1)}{}^{bc}\,\psi^2 +$$
$$+ 2\,\alpha^2\,\beta_0\,\beta_1\,A_a\,A_b\,S_{(0)cd}{}^b\,S_{(1)}{}^{cd}\,\psi^2 + 2\,\alpha^5\,\beta_2\,(\partial_5 A_b)\,A_a\,A_c\,\eta\,S_{(2)}{}^{bc}\,\psi^2 - 2\,\alpha^5\,\beta_2\,(\partial_5 A_b)\,A_a\,A_c\,A_d\,A^b\,S_{(2)}{}^{cd}\,\psi^2 -$$
$$- 2\,\alpha^4\,\beta_2\,A_a\,A_b\,A_c\,F^b{}_d\,S_{(2)}{}^{dc}\,\psi^2 + 4\,\alpha^3\,\beta_1\,\beta_2\,A_a\,A_b\,A_c\,S_{(1)}{}^b{}_d\,S_{(2)}{}^{dc}\,\psi^2 + 2\,\alpha^5\,\beta_2{}^2\,A_a\,A_b\,A_c\,\eta\,S_{(2)d}{}^b\,S_{(2)}{}^{dc}\,\psi^2 -$$
$$- 2\,\alpha^5\,\beta_2{}^2\,A_a\,A_b\,A_c\,A_d\,A_e\,S_{(2)}{}^{bc}\,S_{(2)}{}^{de}\,\psi^2 + 4\,\alpha^4\,\beta_0\,\beta_2\,A_a\,A_b\,A_c\,A_d\,S_{(0)}{}^b{}_e{}^c\,S_{(2)}{}^{ed}\,\psi^2 + 2\,\alpha^4\,\beta_3\,(\partial_5 A_b)\,A_a\,\eta\,S_{(3)}{}^b\,\psi^2 +$$
$$+ 2\,\alpha^3\,\beta_3{}^2\,A_a\,\eta\,S_{(3)b}\,S_{(3)}{}^b\,\psi^2 - 2\,\alpha^4\,\beta_3\,(\partial_5 A_b)\,A_a\,A_c\,A^b\,S_{(3)}{}^c\,\psi^2 - 2\,\alpha^3\,\beta_3\,A_a\,A_b\,F^b{}_c\,S_{(3)}{}^c\,\psi^2 + 4\,\alpha^2\,\beta_1\,\beta_3\,A_a\,A_b\,S_{(1)}{}^b{}_c\,S_{(3)}{}^c\,\psi^2 +$$
$$+ 4\,\alpha^4\,\beta_2\,\beta_3\,A_a\,A_b\,\eta\,S_{(2)c}{}^b\,S_{(3)}{}^c\,\psi^2 - 2\,\alpha^3\,\beta_3{}^2\,A_a\,A_b\,A_c\,S_{(3)}{}^b\,S_{(3)}{}^c\,\psi^2 + 4\,\alpha^3\,\beta_0\,\beta_3\,A_a\,A_b\,A_c\,S_{(0)}{}^b{}_d{}^c\,S_{(3)}{}^d\,\psi^2 -$$
$$- 4\,\alpha^4\,\beta_2\,\beta_3\,A_a\,A_b\,A_c\,A_d\,S_{(2)}{}^{bc}\,S_{(3)}{}^d\,\psi^2 + \tfrac{1}{2}\alpha^5\,(\partial_5 A_b)\,(\partial_5 A_c)\,A_a\,\eta\,g^{bc}\,\psi^2 - \alpha\,\beta_2\,(\partial_5 S_{(2)a}{}^b)\,A_b - \tfrac{1}{2}\alpha\,(\partial_5\partial_5 g_{ab})\,A^b + \tfrac{3}{4}\alpha^2\,(\partial_b \psi)\,(\partial_5 A_a)\,A^b +$$
$$+ \alpha^2\,(\partial_5 \partial_b \psi)\,A_a\,A^b - \tfrac{3}{4}\alpha^3\,(\partial_5 A_b)\,(\partial_5 \psi)\,A_a\,A^b + \tfrac{1}{2}\alpha^3\,(\partial_5 g_{bc})\,(\partial_5 \psi)\,A_a\,A^b\,A^c - \tfrac{3}{4}\alpha^3\,(\partial_5 A_a)\,(\partial_5 \psi)\,\eta - \tfrac{1}{2}\alpha^3\,(\partial_5 \partial_5 \psi)\,A_a\,\eta +$$
$$+ \tfrac{1}{4}\alpha^2\,(\partial_5 \psi)\,A_a\,U_b{}^b + \tfrac{3}{4}\alpha\,(\partial_b \psi)\,F_a{}^b - \tfrac{3}{4}\alpha^2\,(\partial_5 \psi)\,A_b\,F_a{}^b + \beta_0\,(\partial_5 g_{bc})\,S_{(0)a}{}^{bc} - \tfrac{3}{2}\alpha\,\beta_0\,(\partial_b \psi)\,A_c\,S_{(0)a}{}^{bc} + \tfrac{3}{2}\alpha^2\,\beta_0\,(\partial_5 \psi)\,A_b\,A_c\,S_{(0)a}{}^{bc} -$$
$$- \beta_0\,(\partial_5 g_{ab})\,S_{(0)}{}^b{}_c{}^c + \alpha\,\beta_0\,(\partial_b \psi)\,A_a\,S_{(0)}{}^b{}_c{}^c - \alpha^2\,\beta_0\,(\partial_5 \psi)\,A_a\,A_b\,S_{(0)}{}^b{}_c{}^c - \tfrac{3}{2}\beta_1\,(\partial_b \psi)\,S_{(1)a}{}^b + \tfrac{3}{2}\alpha\,\beta_1\,(\partial_5 \psi)\,A_b\,S_{(1)a}{}^b -$$
$$- \tfrac{3}{2}\alpha^3\,\beta_2\,(\partial_5 \psi)\,A_b\,\eta\,S_{(2)a}{}^b - \alpha\,\beta_2\,(\partial_5 g_{bc})\,A^b\,S_{(2)a}{}^c + \tfrac{3}{2}\alpha^2\,\beta_2\,(\partial_b \psi)\,A_c\,A^b\,S_{(2)a}{}^c - \beta_2\,{}^{(4)}\{{}^{\ b}_{b\ c}\}\,S_{(2)a}{}^c - 2\,\beta_0\,\beta_2\,S_{(0)bc}{}^b\,S_{(2)a}{}^c -$$
$$- \alpha^3\,\beta_2\,(\partial_5 \psi)\,A_a\,\eta\,S_{(2)b}{}^b + \beta_2\,{}^{(4)}\{{}^{\ b}_{a\ c}\}\,S_{(2)b}{}^c - \alpha\,\beta_2\,(\partial_5 g_{ab})\,A^b\,S_{(2)c}{}^c + \alpha^2\,\beta_2\,(\partial_b \psi)\,A_a\,A^b\,S_{(2)c}{}^c - 2\,\alpha\,\beta_2{}^2\,A_b\,S_{(2)a}{}^b\,S_{(2)c}{}^c -$$
$$- 2\,\alpha\,\beta_2{}^2\,A_b\,S_{(2)c}{}^c\,S_{(2)}{}^b{}_a + \alpha\,\beta_2\,(\partial_5 g_{ab})\,A_c\,S_{(2)}{}^{bc} - \tfrac{3}{2}\alpha^2\,\beta_2\,(\partial_b \psi)\,A_a\,A_c\,S_{(2)}{}^{bc} + \tfrac{3}{2}\alpha^3\,\beta_2\,(\partial_5 \psi)\,A_a\,A_b\,A_c\,S_{(2)}{}^{bc} + 2\,\beta_0\,\beta_2\,S_{(0)bca}\,S_{(2)}{}^{bc} +$$
$$+ 2\,\alpha\,\beta_2{}^2\,A_b\,S_{(2)ca}\,S_{(2)}{}^{bc} + \alpha\,\beta_2\,(\partial_5 g_{bc})\,A^b\,S_{(2)}{}^c{}_a + 2\,\beta_0\,\beta_2\,S_{(0)bc}{}^b\,S_{(2)}{}^c{}_a + 2\,\alpha\,\beta_2{}^2\,A_b\,S_{(2)ca}\,S_{(2)}{}^{cb} + \tfrac{3}{2}\alpha\,\beta_3\,(\partial_b \psi)\,A^b\,S_{(3)a} -$$
$$- \tfrac{3}{2}\alpha^2\,\beta_3\,(\partial_5 \psi)\,\eta\,S_{(3)a} - 4\,\beta_2\,\beta_3\,S_{(2)b}{}^b\,S_{(3)a} + 2\,\beta_2\,\beta_3\,S_{(2)a}{}^b\,S_{(3)b} + \beta_3\,(\partial_5 g_{ab})\,S_{(3)}{}^b - \tfrac{1}{2}\alpha\,\beta_3\,(\partial_b \psi)\,A_a\,S_{(3)}{}^b + \tfrac{1}{2}\alpha^2\,\beta_3\,(\partial_5 \psi)\,A_a\,A_b\,S_{(3)}{}^b +$$
$$+ 2\,\beta_2\,\beta_3\,S_{(2)ba}\,S_{(3)}{}^b - \alpha\,\beta_2\,(\partial_5 S_{(2)b}{}^c)\,A^b\,g_{ac} + \beta_2\,{}^{(4)}\{{}^{\ d}_{b\ c}\}\,S_{(2)}{}^{bc}\,g_{ad} - \tfrac{1}{2}\alpha\,(\partial_b \partial_c \psi)\,A_a\,g^{bc} + \tfrac{1}{4}\alpha^2\,(\partial_b \psi)\,(\partial_5 A_c)\,A_a\,g^{bc} -$$
$$- \tfrac{1}{4}\alpha^3\,(\partial_5 g_{bc})\,(\partial_5 \psi)\,A_a\,\eta\,g^{bc} - \tfrac{1}{2}\alpha\,\beta_2\,(\partial_5 g_{bc})\,A_d\,S_{(2)a}{}^d\,g^{bc} - \tfrac{1}{2}\alpha\,\beta_2\,(\partial_5 g_{bc})\,A_d\,S_{(2)}{}^d{}_a\,g^{bc} - \beta_3\,(\partial_5 g_{bc})\,S_{(3)a}\,g^{bc} +$$
$$+ \beta_2\,(\partial_b S_{(2)c}{}^d)\,g_{ad}\,g^{bc} + \tfrac{1}{2}\alpha\,(\partial_5 g_{ab})\,(\partial_5 g_{cd})\,A^c\,g^{bd} - \tfrac{1}{2}\alpha^2\,(\partial_b \psi)\,(\partial_5 g_{cd})\,A_a\,A^c\,g^{bd} - \beta_2\,{}^{(4)}\{{}^{\ c}_{b\ d}\}\,S_{(2)ca}\,g^{bd} +$$
$$+ \tfrac{1}{2}(\partial_5\,{}^{(4)}\{{}^{\ c}_{b\ d}\})\,g_{ac}\,g^{bd} - \tfrac{1}{4}\alpha\,(\partial_5 g_{ab})\,(\partial_5 g_{cd})\,A^b\,g^{cd} + \tfrac{1}{4}\alpha^2\,(\partial_b \psi)\,(\partial_5 g_{cd})\,A_a\,A^b\,g^{cd} + \tfrac{1}{2}\alpha\,(\partial_b \psi)\,A_a\,{}^{(4)}\{{}^{\ b}_{c\ d}\}\,g^{cd} -$$

$$-\tfrac{1}{2}\alpha^2(\partial_5\psi)A_a A_b\,{}^{(4)}\{{}^b_{cd}\}g^{cd}+\alpha\beta_3(\partial_b S_{(3)a})A^b\psi-\alpha^3(\partial_5 A_a)(\partial_5 A_b)A^b\psi+\tfrac{1}{4}\alpha^2(\partial_5 U_{ab})A^b\psi-\tfrac{3}{4}\alpha^2(\partial_5 F_{ab})A^b\psi+$$
$$+\alpha\beta_1(\partial_5 S_{(1)ab})A^b\psi-\tfrac{1}{2}\alpha^3(\partial_5\partial_5 A_b)A_a A^b\psi-\alpha^2\beta_3(\partial_5 S_{(3)b})A_a A^b\psi+\alpha^2\beta_2(\partial_b S_{(2)a}{}^c)A_c A^b\psi+\alpha^2\beta_0(\partial_5 S_{(0)ab}{}^c)A_c A^b\psi-$$
$$-\alpha^3\beta_2(\partial_5 S_{(2)b}{}^c)A_a A_c A^b\psi-\tfrac{1}{2}\alpha^3(\partial_5 A_b)(\partial_5 g_{ac})A^b A^c\psi+\tfrac{1}{2}\alpha^3(\partial_5 A_a)(\partial_5 g_{bc})A^b A^c\psi-\tfrac{1}{2}\alpha^3(\partial_5\partial_5 A_a)\eta\psi-\alpha^2\beta_3(\partial_5 S_{(3)a})\eta\psi-$$
$$-\alpha^3\beta_2(\partial_5 S_{(2)a}{}^b)A_b\eta\psi-\tfrac{1}{2}\alpha^2(\partial_5 A_b)A^c\,{}^{(4)}\{{}^b_{ac}\}\psi-\tfrac{1}{4}\alpha^2(\partial_5 A_b)U_a{}^b\psi+\tfrac{1}{4}\alpha^2(\partial_5 A_a)U_b{}^b\psi-\tfrac{3}{4}\alpha^2(\partial_5 A_b)F_a{}^b\psi+$$
$$+\tfrac{1}{2}\alpha^2(\partial_5 g_{bc})A^b F_a{}^c\psi-\tfrac{1}{2}\alpha\,{}^{(4)}\{{}^b_{ac}\}F_b{}^c\psi+\tfrac{1}{2}\alpha^2(\partial_5 g_{ab})A_c F^{bc}\psi-\tfrac{1}{2}\alpha\beta_0 U^b{}_c S_{(0)ab}{}^c\psi-\tfrac{1}{2}\alpha\beta_0 F^b{}_c S_{(0)ab}{}^c\psi+$$
$$+2\alpha^2\beta_0(\partial_5 A_b)A_c S_{(0)a}{}^{bc}\psi+\alpha^2\beta_0(\partial_5 A_b)A_c S_{(0)a}{}^{cb}\psi-\alpha^2\beta_0(\partial_5 g_{bc})A_d A^b S_{(0)a}{}^{cd}\psi-\tfrac{1}{2}\alpha\beta_0 F^{bc}S_{(0)bca}\psi+\alpha\beta_0 F_a{}^c S_{(0)bc}{}^b\psi+$$
$$+\alpha\beta_0 A_b\,{}^{(4)}\{{}^c_{ad}\}S_{(0)c}{}^{db}\psi-\alpha^2\beta_0(\partial_5 A_b)A_a S_{(0)}{}^b{}_c{}^c\psi-\alpha^2\beta_0(\partial_5 A_a)A_b S_{(0)}{}^b{}_c{}^c\psi-\alpha^2\beta_0(\partial_5 A_b)A_c S_{(0)}{}^{bc}{}_a\psi-$$
$$-\alpha^2\beta_0(\partial_5 g_{ab})A_c A_d S_{(0)}{}^{bcd}\psi+2\alpha\beta_0^2 A_b S_{(0)ac}{}^b S_{(0)}{}^c{}_d{}^d\psi+\alpha\beta_0^2 A_b S_{(0)cda}S_{(0)}{}^{cdb}\psi+2\alpha\beta_1(\partial_5 A_b)S_{(1)a}{}^b\psi-$$
$$-\alpha\beta_1(\partial_5 g_{bc})A^b S_{(1)a}{}^c\psi-2\beta_0\beta_1 S_{(0)bc}{}^b S_{(1)a}{}^c\psi+\beta_1\,{}^{(4)}\{{}^b_{ac}\}S_{(1)b}{}^c\psi-\alpha\beta_1(\partial_5 g_{ab})A_c S_{(1)}{}^{bc}\psi+\beta_0\beta_1 S_{(0)bca}S_{(1)}{}^{bc}\psi-$$
$$-\alpha^3\beta_2(\partial_5 A_b)\eta S_{(2)a}{}^b\psi+\tfrac{1}{2}\alpha^2\beta_2 A_b U^c{}_c S_{(2)a}{}^b\psi-3\alpha^3\beta_2(\partial_5 A_b)A_c A^b S_{(2)a}{}^c\psi+\tfrac{1}{2}\alpha^2\beta_2 A_b U^b{}_c S_{(2)a}{}^c\psi+\tfrac{1}{2}\alpha^2\beta_2 A_b F^b{}_c S_{(2)a}{}^c\psi-$$
$$-2\alpha^2\beta_0\beta_2 A_b A_c S_{(0)}{}^b{}_d{}^d S_{(2)a}{}^c\psi+\alpha^3\beta_2(\partial_5 g_{bc})A_d A^b A^c S_{(2)a}{}^d\psi-\alpha^3\beta_2(\partial_5 A_a)\eta S_{(2)b}{}^b\psi-\alpha^2\beta_2 A_b A^d\,{}^{(4)}\{{}^c_{ad}\}S_{(2)c}{}^b\psi-$$
$$-\alpha^3\beta_2(\partial_5 A_b)A_a A^b S_{(2)c}{}^c\psi-\alpha^2\beta_2 A_b F_a{}^b S_{(2)c}{}^c\psi+2\alpha\beta_1\beta_2 A_b S_{(1)a}{}^b S_{(2)c}{}^c\psi-2\alpha^3\beta_2^2 A_b\eta S_{(2)a}{}^b S_{(2)c}{}^c\psi+$$
$$+2\alpha^2\beta_0\beta_2 A_b A_c S_{(0)a}{}^{bc} S_{(2)d}{}^d\psi+\alpha^3\beta_2(\partial_5 A_b)\eta S_{(2)}{}^b{}_a\psi+\alpha^3\beta_2(\partial_5 A_b)A_a A_c S_{(2)}{}^{bc}\psi+\alpha^3\beta_2(\partial_5 A_a)A_b A_c S_{(2)}{}^{bc}\psi+$$
$$+\alpha^3\beta_2(\partial_5 g_{ab})A_c\eta S_{(2)}{}^{bc}\psi+\tfrac{1}{2}\alpha^2\beta_2 A_a U_{bc}S_{(2)}{}^{bc}\psi-\tfrac{1}{2}\alpha^2\beta_2 A_a F_{bc}S_{(2)}{}^{bc}\psi+2\alpha\beta_1\beta_2 A_a S_{(1)bc}S_{(2)}{}^{bc}\psi-$$
$$-2\alpha^3\beta_2^2 A_a A_b A_c S_{(2)d}{}^d S_{(2)}{}^{bc}\psi-\alpha^3\beta_2(\partial_5 A_b)A_c A^b S_{(2)}{}^c{}_a\psi-\alpha^2\beta_2 A_b F^b{}_c S_{(2)}{}^c{}_a\psi+2\alpha\beta_1\beta_2 A_b S_{(1)}{}^b{}_c S_{(2)}{}^c{}_a\psi-$$
$$-\tfrac{1}{2}\alpha^2\beta_2 A_b U_{ac}S_{(2)}{}^{cb}\psi+\tfrac{1}{2}\alpha^2\beta_2 A_b F_{ac}S_{(2)}{}^{cb}\psi+2\alpha^3\beta_2^2 A_b\eta S_{(2)ca}S_{(2)}{}^{cb}\psi+\alpha^3\beta_2(\partial_5 g_{bc})A_a A_d A^b S_{(2)}{}^{cd}\psi-$$
$$-\alpha^3\beta_2(\partial_5 g_{ab})A_c A_d A^b S_{(2)}{}^{cd}\psi+2\alpha^2\beta_0\beta_2 A_a A_b S_{(0)cd}{}^b S_{(2)}{}^{cd}\psi+2\alpha^3\beta_2^2 A_a A_b A_c S_{(2)d}{}^b S_{(2)}{}^{cd}\psi-2\alpha^3\beta_2^2 A_b A_c A_d S_{(2)}{}^b{}_a S_{(2)}{}^{cd}\psi+$$
$$+2\alpha^2\beta_0\beta_2 A_b A_c S_{(0)}{}^b{}_d{}^c S_{(2)}{}^d{}_a\psi+2\alpha^2\beta_0\beta_2 A_a A_b S_{(0)cd}{}^c S_{(2)}{}^{db}\psi+\alpha^2\beta_2 A_b A_c\,{}^{(4)}\{{}^b_{ad}\}S_{(2)}{}^{dc}\psi+2\alpha^2\beta_0\beta_2 A_b A_c S_{(0)}{}^b{}_{da}S_{(2)}{}^{dc}\psi+$$
$$+2\alpha^3\beta_2^2 A_a A_b A_c S_{(2)d}{}^b S_{(2)}{}^{dc}\psi-3\alpha^2\beta_3(\partial_5 A_b)A^b S_{(3)a}\psi+\alpha^2\beta_3(\partial_5 g_{bc})A^b A^c S_{(3)a}\psi+\tfrac{1}{2}\alpha\beta_3 U_b{}^b S_{(3)a}\psi-$$
$$-2\alpha\beta_0\beta_3 A_b S_{(0)}{}^b{}_c{}^c S_{(3)a}\psi-2\alpha^2\beta_2\beta_3\eta S_{(2)b}{}^b S_{(3)a}\psi-\alpha\beta_3 A^c\,{}^{(4)}\{{}^b_{ac}\}S_{(3)b}\psi+2\alpha^2\beta_2\beta_3 A_a A_b S_{(2)}{}^{bc}S_{(3)c}\psi+$$
$$+\alpha^2\beta_3(\partial_5 A_b)A_a S_{(3)}{}^b\psi+\alpha^2\beta_3(\partial_5 g_{ab})\eta S_{(3)}{}^b\psi-\tfrac{1}{2}\alpha\beta_3 U_{ab}S_{(3)}{}^b\psi-\tfrac{1}{2}\alpha\beta_3 F_{ab}S_{(3)}{}^b\psi+2\beta_1\beta_3 S_{(1)ab}S_{(3)}{}^b\psi+$$
$$+2\alpha^2\beta_2\beta_3\eta S_{(2)ba}S_{(3)}{}^b\psi-2\alpha^2\beta_2\beta_3 A_a A_b S_{(2)c}{}^c S_{(3)}{}^b\psi-2\alpha\beta_3^2 A_b S_{(3)a}S_{(3)}{}^b\psi+2\alpha\beta_3^2 A_a S_{(3)b}S_{(3)}{}^b\psi+$$
$$+\alpha^2\beta_3(\partial_5 g_{bc})A_a A^b S_{(3)}{}^c\psi-\alpha^2\beta_3(\partial_5 g_{ab})A_c A^b S_{(3)}{}^c\psi+\alpha\beta_3 A_b\,{}^{(4)}\{{}^b_{ac}\}S_{(3)}{}^c\psi+2\alpha\beta_0\beta_3 A_b S_{(0)ac}{}^b S_{(3)}{}^c\psi+$$
$$+2\alpha\beta_0\beta_3 A_a S_{(0)bc}{}^b S_{(3)}{}^c\psi+2\alpha\beta_0\beta_3 A_b S_{(0)}{}^b{}_{ca}S_{(3)}{}^c\psi-2\alpha^2\beta_2\beta_3 A_b A_c S_{(2)a}{}^b S_{(3)}{}^c\psi+4\alpha^2\beta_2\beta_3 A_a A_b S_{(2)c}{}^b S_{(3)}{}^c\psi-$$
$$-2\alpha^2\beta_2\beta_3 A_b A_c S_{(2)}{}^b{}_a S_{(3)}{}^c\psi+\tfrac{1}{2}\alpha(\partial_b F_{ac})g^{bc}\psi-\beta_1(\partial_b S_{(1)ac})g^{bc}\psi+\alpha\beta_3(\partial_b S_{(3)c})A_a g^{bc}\psi+\tfrac{1}{4}\alpha^2(\partial_5 U_{bc})A_a g^{bc}\psi-$$
$$-\alpha\beta_0(\partial_b S_{(0)ac}{}^d)A_d g^{bc}\psi+\alpha^2\beta_2(\partial_b S_{(2)c}{}^d)A_a A_d g^{bc}\psi+\tfrac{1}{2}\alpha^3(\partial_5 A_b)(\partial_5 g_{ac})\eta g^{bc}\psi-\tfrac{1}{4}\alpha^3(\partial_5 A_a)(\partial_5 g_{bc})\eta g^{bc}\psi-$$
$$-\tfrac{1}{4}\alpha^2(\partial_5 g_{bc})A_d F_a{}^d g^{bc}\psi+\tfrac{1}{2}\alpha\beta_0(\partial_5 g_{bc})A_d A_e S_{(0)}{}^{de}g^{bc}\psi+\tfrac{1}{2}\alpha\beta_1(\partial_5 g_{bc})A_d S_{(1)a}{}^d g^{bc}\psi-\tfrac{1}{2}\alpha^3\beta_2(\partial_5 g_{bc})A_d\eta S_{(2)a}{}^d g^{bc}\psi-$$
$$-\tfrac{1}{2}\alpha^3\beta_2(\partial_5 g_{bc})A_a A_d A_e S_{(2)}{}^{de}g^{bc}\psi-\tfrac{1}{2}\alpha^2\beta_3(\partial_5 g_{bc})\eta S_{(3)a}g^{bc}\psi-\tfrac{1}{2}\alpha^2\beta_3(\partial_5 g_{bc})A_a A_d S_{(3)}{}^d g^{bc}\psi+\tfrac{1}{2}\alpha^3(\partial_5 A_b)(\partial_5 g_{cd})A_a A^c g^{bd}\psi+$$
$$+\tfrac{1}{2}\alpha^2(\partial_5 A_b)A_c\,{}^{(4)}\{{}^c_{ad}\}g^{bd}\psi-\tfrac{1}{2}\alpha\,{}^{(4)}\{{}^c_{bd}\}F_{ac}g^{bd}\psi+\beta_1\,{}^{(4)}\{{}^c_{bd}\}S_{(1)ac}g^{bd}\psi-\alpha\beta_3 A_a\,{}^{(4)}\{{}^c_{bd}\}S_{(3)c}g^{bd}\psi-$$
$$-\tfrac{1}{4}\alpha^3(\partial_5 A_b)(\partial_5 g_{cd})A_a A^b g^{cd}\psi-\tfrac{1}{2}\alpha^2(\partial_5 A_b)A_a\,{}^{(4)}\{{}^b_{cd}\}g^{cd}\psi-\tfrac{1}{2}\alpha^2(\partial_5 A_a)A_b\,{}^{(4)}\{{}^b_{cd}\}g^{cd}\psi-\alpha\beta_3 A_b\,{}^{(4)}\{{}^b_{cd}\}S_{(3)a}g^{cd}\psi+$$
$$+\alpha\beta_0 A_b\,{}^{(4)}\{{}^d_{ce}\}S_{(0)ad}{}^b g^{ce}\psi-\alpha^2\beta_2 A_a A_b\,{}^{(4)}\{{}^d_{ce}\}S_{(2)d}{}^b g^{ce}\psi-\alpha^2\beta_2 A_b A_c\,{}^{(4)}\{{}^b_{de}\}S_{(2)a}{}^c g^{de}\psi.$$

$$R_{55} = \tag{87}$$

$$=\partial_a\Gamma^a{}_{55}-\partial_5\Gamma^a{}_{a5}+\Gamma_{ab}{}^a\Gamma^b{}_{55}+\Gamma^a{}_{a5}\Gamma^5{}_{55}-\Gamma^b{}_{a5}\Gamma^a{}_{5b}-\Gamma^5{}_{a5}\Gamma^a{}_{55}$$

$$=-2\beta_2\partial_5 S_{(2)a}{}^a-\tfrac{1}{2}\alpha(\partial_a\psi)(\partial_5\psi)A^a\psi^{-1}+\tfrac{1}{4}\alpha^2(\partial_5\psi)(\partial_5\psi)\eta\psi^{-1}+\beta_2(\partial_5\psi)S_{(2)a}{}^a\psi^{-1}+\tfrac{1}{4}(\partial_a\psi)(\partial_b\psi)g^{ab}\psi^{-1}+$$
$$+\tfrac{1}{4}(\partial_5 g_{ab})(\partial_5\psi)g^{ab}\psi^{-1}-\tfrac{1}{2}\alpha^4(\partial_5 A_a)(\partial_5 A_b)A^a A^b\psi^2+\alpha^3(\partial_5 A_a)A_b F^{ab}\psi^2+\tfrac{1}{4}\alpha^2 F_{ab}F^{ab}\psi^2-\alpha^2\beta_0 A_a F^{bc}S_{(0)bc}{}^a\psi^2-$$
$$-2\alpha^3\beta_0(\partial_5 A_a)A_b A_c S_{(0)}{}^{abc}\psi^2+\alpha^2\beta_0^2 A_a A_b S_{(0)cd}{}^a S_{(0)}{}^{cdb}\psi^2-2\alpha^2\beta_1(\partial_5 A_a)A_b S_{(1)}{}^{ab}\psi^2-\alpha\beta_1 F_{ab}S_{(1)}{}^{ab}\psi^2+\beta_1^2 S_{(1)ab}S_{(1)}{}^{ab}\psi^2+$$

$+ 2\alpha\beta_0\beta_1 A_a S_{(0)bc}{}^a S_{(1)}{}^{bc} \psi^2 + 2\alpha^4\beta_2 (\partial_5 A_a) A_b \eta S_{(2)}{}^{ab} \psi^2 - 2\alpha^4\beta_2 (\partial_5 A_a) A_b A_c A^a S_{(2)}{}^{bc} \psi^2 - 2\alpha^3\beta_2 A_a A_b F^a{}_c S_{(2)}{}^{cb} \psi^2 +$

$+ 4\alpha^2\beta_1\beta_2 A_a A_b S_{(1)}{}^a{}_c S_{(2)}{}^{cb} \psi^2 + 2\alpha^4\beta_2{}^2 A_a A_b \eta S_{(2)c}{}^a S_{(2)}{}^{cb} \psi^2 - 2\alpha^4\beta_2{}^2 A_a A_b A_c A_d S_{(2)}{}^{ab} S_{(2)}{}^{cd} \psi^2 +$

$+ 4\alpha^3\beta_0\beta_2 A_a A_b A_c S_{(0)}{}^a{}_d{}^b S_{(2)}{}^{dc} \psi^2 + 2\alpha^3\beta_3 (\partial_5 A_a) \eta S_{(3)}{}^a \psi^2 + 2\alpha^2\beta_3{}^2 \eta S_{(3)a} S_{(3)}{}^a \psi^2 - 2\alpha^3\beta_3 (\partial_5 A_a) A_b A^a S_{(3)}{}^b \psi^2 -$

$- 2\alpha^2\beta_3 A_a F^a{}_b S_{(3)}{}^b \psi^2 + 4\alpha\beta_1\beta_3 A_a S_{(1)}{}^a{}_b S_{(3)}{}^b \psi^2 + 4\alpha^3\beta_2\beta_3 A_a \eta S_{(2)b}{}^a S_{(3)}{}^b \psi^2 - 2\alpha^2\beta_3{}^2 A_a A_b S_{(3)}{}^a S_{(3)}{}^b \psi^2 +$

$+ 4\alpha^2\beta_0\beta_3 A_a A_b S_{(0)}{}^a{}_c{}^b S_{(3)}{}^c \psi^2 - 4\alpha^3\beta_2\beta_3 A_a A_b A_c S_{(2)}{}^{ab} S_{(3)}{}^c \psi^2 + \frac{1}{2}\alpha^4 (\partial_5 A_a)(\partial_5 A_b) \eta g^{ab} \psi^2 + \alpha (\partial_5 \partial_a \psi) A^a -$

$- \frac{3}{2}\alpha^2 (\partial_5 A_a)(\partial_5 \psi) A^a + \frac{1}{2}\alpha^2 (\partial_5 g_{ab})(\partial_5 \psi) A^a A^b - \frac{1}{2}\alpha^2 (\partial_5 \partial_5 \psi)\eta + \frac{1}{4}\alpha (\partial_5 \psi) U_a{}^a + \beta_0 (\partial_a \psi) S_{(0)}{}^a{}_b{}^b - \alpha\beta_0 (\partial_5 \psi) A_a S_{(0)}{}^a{}_b{}^b -$

$- \alpha^2\beta_2 (\partial_5 \psi)\eta S_{(2)a}{}^a + \alpha\beta_2 (\partial_a \psi) A^a S_{(2)b}{}^b - \beta_2 (\partial_5 g_{ab}) S_{(2)}{}^{ab} + \beta_3 (\partial_a \psi) S_{(3)}{}^a - \alpha\beta_3 (\partial_5 \psi) A_a S_{(3)}{}^a - \frac{1}{2}(\partial_a \partial_b \psi) g^{ab} - \frac{1}{2}(\partial_5 \partial_5 g_{ab}) g^{ab} +$

$+ \alpha (\partial_a \psi)(\partial_5 A_b) g^{ab} - \frac{1}{4}\alpha^2 (\partial_5 g_{ab})(\partial_5 \psi)\eta g^{ab} - \frac{1}{2}\alpha (\partial_a \psi)(\partial_5 g_{bc}) A^b g^{ac} + \frac{1}{4}\alpha (\partial_a \psi)(\partial_5 g_{bc}) A^a g^{bc} + \frac{1}{2}(\partial_a \psi)\,{}^{(4)}\{{}^a_{bc}\} g^{bc} -$

$- \frac{1}{2}\alpha (\partial_5 \psi) A_a\,{}^{(4)}\{{}^a_{bc}\} g^{bc} + \frac{1}{4}(\partial_5 g_{ab})(\partial_5 g_{cd}) g^{ac} g^{bd} - \alpha^2 (\partial_5 \partial_5 A_a) A^a \psi - 2\alpha\beta_3 (\partial_5 S_{(3)a}) A^a \psi - 2\alpha^2\beta_2 (\partial_5 S_{(2)a}{}^b) A_b A^a \psi -$

$- 2\alpha\beta_0 (\partial_5 A_a) S_{(0)}{}^a{}_b{}^b \psi - 2\alpha^2\beta_2 (\partial_5 A_a) A^a S_{(2)b}{}^b \psi - \alpha^2\beta_2 (\partial_5 A_a) A_b S_{(2)}{}^{ab} \psi + \alpha\beta_2 U_{ab} S_{(2)}{}^{ab} \psi + 2\beta_1\beta_2 S_{(1)ab} S_{(2)}{}^{ab} \psi -$

$- 4\alpha^2\beta_2{}^2 A_a A_b S_{(2)c}{}^c S_{(2)}{}^{ab} \psi - \alpha^2\beta_2 (\partial_5 A_a) A_b S_{(2)}{}^{ba} \psi + 2\alpha^2 (\partial_5 g_{ab}) A_c A^a S_{(2)}{}^{bc} \psi + 2\alpha\beta_0\beta_2 A_a S_{(0)bc}{}^a S_{(2)}{}^{bc} \psi +$

$+ 2\alpha^2\beta_2{}^2 A_a A_b S_{(2)c}{}^a S_{(2)}{}^{bc} \psi + 4\alpha\beta_0\beta_2 A_a S_{(0)bc}{}^b S_{(2)}{}^{ca} \psi + 2\alpha^2\beta_2{}^2 A_a A_b S_{(2)c}{}^a S_{(2)}{}^{cb} \psi + 2\alpha\beta_2\beta_3 A_a S_{(2)}{}^{ab} S_{(3)b} \psi -$

$- 2\alpha\beta_3 (\partial_5 A_a) S_{(3)}{}^a \psi - 4\alpha\beta_2\beta_3 A_a S_{(2)b}{}^a S_{(3)}{}^b \psi + 2\alpha\beta_3 (\partial_5 g_{ab}) A^a S_{(3)}{}^b \psi + 4\beta_0\beta_3 S_{(0)ab}{}^a S_{(3)}{}^b \psi + 2\alpha\beta_2\beta_3 A_a S_{(2)b}{}^a S_{(3)}{}^b \psi +$

$+ 2\beta_3 (\partial_a S_{(3)b}) g^{ab} \psi - \alpha^2 (\partial_5 A_a)(\partial_5 A_b) g^{ab} \psi + \frac{1}{2}\alpha (\partial_5 U_{ab}) g^{ab} \psi + 2\alpha\beta_2 (\partial_a S_{(2)b}{}^c) A_c g^{ab} \psi - \alpha^2\beta_2 (\partial_5 g_{ab}) A_c A_d S_{(2)}{}^{cd} g^{ab} \psi -$

$- \alpha\beta_3 (\partial_5 g_{ab}) A_c S_{(3)}{}^c g^{ab} \psi + \alpha^2 (\partial_5 A_a)(\partial_5 g_{bc}) A^b g^{ac} \psi - 2\beta_3\,{}^{(4)}\{{}^b_{ac}\} S_{(3)b} g^{ac} \psi - \frac{1}{2}\alpha^2 (\partial_5 A_a)(\partial_5 g_{bc}) A^a g^{bc} \psi -$

$- \alpha (\partial_5 A_a)\,{}^{(4)}\{{}^a_{bc}\} g^{bc} \psi - 2\alpha\beta_2 A_a\,{}^{(4)}\{{}^c_{bd}\} S_{(2)c}{}^a g^{bd} \psi.$

11. The 5-Dimensional Mixed Ricci Curvature Tensor of the 1st Kind $R^\alpha{}_\beta$

The four parts of the 5-dimensional mixed Ricci curvature tensor of the 1st kind $R^\alpha{}_\beta$ where

$$R^\alpha{}_\beta = R_{\gamma\beta} \gamma^{\alpha\gamma}, \qquad (88)$$

are given by

$$R^a{}_b = \qquad (89)$$

$= R_{cb} \gamma^{ac} + R_{5b} \gamma^{a5}$

$= -\frac{1}{4}\alpha (\partial_b \psi)(\partial_5 \psi) A^a \psi^{-2} + \frac{1}{4}\alpha^2 (\partial_5 \psi)(\partial_5 \psi) A_b A^a \psi^{-2} + \frac{1}{2}\beta_2 (\partial_5 \psi) S_{(2)b}{}^a \psi^{-2} + \frac{1}{2}\beta_2 (\partial_5 \psi) S_{(2)}{}^a{}_b \psi^{-2} +$

$+ \frac{1}{4}(\partial_b \psi)(\partial_c \psi) g^{ac} \psi^{-2} + \frac{1}{4}(\partial_5 g_{bc})(\partial_5 \psi) g^{ac} \psi^{-2} - \frac{1}{4}\alpha (\partial_c \psi)(\partial_5 \psi) A_b g^{ac} \psi^{-2} - \beta_2 (\partial_5 S_{(2)b}{}^a) \psi^{-1} + \frac{1}{2}\alpha (\partial_5 \partial_b \psi) A^a \psi^{-1} -$

$- \frac{3}{4}\alpha^2 (\partial_5 A_b)(\partial_5 \psi) A^a \psi^{-1} - \frac{1}{2}\alpha^2 (\partial_5 \partial_5 \psi) A_b A^a \psi^{-1} + \frac{1}{4}\alpha^2 (\partial_5 g_{bc})(\partial_5 \psi) A^a A^c \psi^{-1} + \frac{1}{4}\alpha (\partial_5 \psi) U^a{}_b \psi^{-1} - \frac{1}{2}\beta_0 (\partial_c \psi) S_{(0)b}{}^{ca} \psi^{-1} +$

$+ \frac{1}{2}\alpha\beta_0 (\partial_5 \psi) A_c S_{(0)b}{}^{ca} \psi^{-1} + \frac{1}{2}\beta_0 (\partial_c \psi) S_{(0)}{}^a{}_b{}^c \psi^{-1} - \frac{1}{2}\beta_0 (\partial_c \psi) S_{(0)}{}^{ac}{}_b \psi^{-1} + \frac{1}{2}\alpha\beta_0 (\partial_5 \psi) A_c S_{(0)}{}^{ac}{}_b \psi^{-1} +$

$+ \frac{1}{2}\beta_1 (\partial_5 \psi) S_{(1)}{}^a{}_b \psi^{-1} + \frac{1}{2}\alpha\beta_2 (\partial_c \psi) A^c S_{(2)b}{}^a \psi^{-1} - \frac{1}{2}\alpha^2\beta_2 (\partial_5 \psi)\eta S_{(2)b}{}^a \psi^{-1} + \frac{1}{2}\alpha\beta_2 (\partial_c \psi) A^a S_{(2)b}{}^c \psi^{-1} -$

$- \alpha^2\beta_2 (\partial_5 \psi) A_c A^a S_{(2)b}{}^c \psi^{-1} - \alpha^2\beta_2 (\partial_5 \psi) A_b A^a S_{(2)c}{}^c \psi^{-1} - 2\beta_2{}^2 S_{(2)b}{}^a S_{(2)c}{}^c \psi^{-1} + \frac{1}{2}\alpha\beta_2 (\partial_c \psi) A^c S_{(2)}{}^a{}_b \psi^{-1} -$

$- \frac{1}{2}\alpha^2\beta_2 (\partial_5 \psi)\eta S_{(2)}{}^a{}_b \psi^{-1} - 2\beta_2{}^2 S_{(2)c}{}^c S_{(2)}{}^a{}_b \psi^{-1} - \alpha\beta_2 (\partial_c \psi) A_b S_{(2)}{}^{ac} \psi^{-1} + \frac{1}{2}\alpha^2\beta_2 (\partial_5 \psi) A_b A_c S_{(2)}{}^{ac} \psi^{-1} +$

$+ 2\beta_2{}^2 S_{(2)cb} S_{(2)}{}^{ac} \psi^{-1} - \frac{1}{2}\alpha\beta_2 (\partial_c \psi) A^a S_{(2)}{}^c{}_b \psi^{-1} + \frac{1}{2}\alpha^2\beta_2 (\partial_5 \psi) A_c A^a S_{(2)}{}^c{}_b \psi^{-1} + \beta_2 (\partial_5 g_{bc}) S_{(2)}{}^{ca} \psi^{-1} -$

$- \alpha\beta_2 (\partial_c \psi) A_b S_{(2)}{}^{ca} \psi^{-1} + \alpha^2\beta_2 (\partial_5 \psi) A_b A_c S_{(2)}{}^{ca} \psi^{-1} + 2\beta_2{}^2 S_{(2)cb} S_{(2)}{}^{ca} \psi^{-1} - \frac{1}{2}\alpha\beta_3 (\partial_5 \psi) A^a S_{(3)b} \psi^{-1} -$

$- \frac{1}{2}\alpha\beta_3 (\partial_5 \psi) A_b S_{(3)}{}^a \psi^{-1} - \frac{1}{2}(\partial_b \partial_c \psi) g^{ac} \psi^{-1} - \frac{1}{2}(\partial_5 \partial_5 g_{bc}) g^{ac} \psi^{-1} + \frac{1}{2}\alpha (\partial_c \psi)(\partial_5 A_b) g^{ac} \psi^{-1} + \frac{1}{2}\alpha (\partial_b \psi)(\partial_5 A_c) g^{ac} \psi^{-1} +$

$+ \frac{1}{2}\alpha (\partial_5 \partial_c \psi) A_b g^{ac} \psi^{-1} - \frac{3}{4}\alpha^2 (\partial_5 A_c)(\partial_5 \psi) A_b g^{ac} \psi^{-1} - \frac{1}{4}\alpha^2 (\partial_5 g_{bc})(\partial_5 \psi) \eta g^{ac} \psi^{-1} + \alpha\beta_2 (\partial_c \psi) A_d S_{(2)b}{}^d g^{ac} \psi^{-1} -$

$- \beta_2 (\partial_5 g_{bc}) S_{(2)d}{}^d g^{ac} \psi^{-1} + \alpha\beta_2 (\partial_c \psi) A_b S_{(2)d}{}^d g^{ac} \psi^{-1} + \beta_3 (\partial_c \psi) S_{(3)b} g^{ac} \psi^{-1} - \beta_2 (\partial_5 S_{(2)c}{}^d) g_{bd} g^{ac} \psi^{-1} +$

$+ \frac{1}{4}\alpha (\partial_c \psi)(\partial_5 g_{bd}) A^c g^{ad} \psi^{-1} + \frac{1}{2}\alpha^2 (\partial_5 g_{cd})(\partial_5 \psi) A_b A^c g^{ad} \psi^{-1} + \frac{1}{2}(\partial_c \psi)\,{}^{(4)}\{{}^c_{bd}\} g^{ad} \psi^{-1} - \frac{1}{2}\alpha (\partial_5 \psi) A_c\,{}^{(4)}\{{}^c_{bd}\} g^{ad} \psi^{-1} -$

$- \beta_2 (\partial_5 g_{cd}) S_{(2)b}{}^c g^{ad} \psi^{-1} + \beta_2 (\partial_5 g_{cd}) S_{(2)}{}^c{}_b g^{ad} \psi^{-1} - \frac{1}{4}\alpha (\partial_c \psi)(\partial_5 g_{bd}) A^a g^{cd} \psi^{-1} - \frac{1}{4}\alpha^2 (\partial_5 g_{cd})(\partial_5 \psi) A_b A^a g^{cd} \psi^{-1} -$

$- \frac{1}{2}\beta_2 (\partial_5 g_{cd}) S_{(2)b}{}^a g^{cd} \psi^{-1} - \frac{1}{2}\beta_2 (\partial_5 g_{cd}) S_{(2)}{}^a{}_b g^{cd} \psi^{-1} + \frac{1}{2}(\partial_5 g_{bc})(\partial_5 g_{de}) g^{ad} g^{ce} \psi^{-1} -$

$$-\tfrac{1}{2}\alpha(\partial_c\psi)(\partial_5 g_{de})A_b g^{ad}g^{ce}\psi^{-1} - \tfrac{1}{4}(\partial_5 g_{bc})(\partial_5 g_{de})g^{ac}g^{de}\psi^{-1} + \tfrac{1}{4}\alpha(\partial_c\psi)(\partial_5 g_{de})A_b g^{ac}g^{de}\psi^{-1} + \alpha\beta_2(\partial_c S_{(2)b}{}^c)A^a -$$

$$-\tfrac{1}{2}\alpha^2(\partial_5\partial_5 A_b)A^a + \tfrac{1}{2}\alpha(\partial_5{}^{(4)}\{{}^a_{ab}\})A^a - 2\alpha\beta_0(\partial_5 S_{(0)bc}{}^c)A^a - \alpha\beta_3(\partial_5 S_{(3)b})A^a + \alpha\beta_2(\partial_c S_{(2)b}{}^a)A^c + \tfrac{1}{2}\alpha(\partial_5{}^{(4)}\{{}^a_{bc}\})A^c +$$

$$+\alpha\beta_0(\partial_5 S_{(0)bc}{}^a)A^c + \tfrac{1}{2}\alpha^2(\partial_5\partial_5 g_{bc})A^a A^c + \tfrac{3}{4}\alpha^4(\partial_5 A_c)(\partial_5\psi)A_b A^a A^c - \alpha^2\beta_2(\partial_5 S_{(2)b}{}^a)\eta - \tfrac{1}{4}\alpha(\partial_5 g_{bc})U^{ac} + \tfrac{1}{4}\alpha(\partial_5 g_{bc})F^{ac} +$$

$$+\tfrac{3}{4}\alpha^2(\partial_c\psi)A_b F^{ac} - \tfrac{3}{4}\alpha^3(\partial_5\psi)A_b A_c F^{ac} + \alpha\beta_0(\partial_5 A_c)S_{(0)b}{}^{ca} - \alpha\beta_0(\partial_5 g_{cd})A^a S_{(0)b}{}^{cd} - \beta_0{}^{(4)}\{{}^a_{cd}\}S_{(0)b}{}^{cd} -$$

$$-\alpha\beta_0(\partial_5 g_{cd})A^c S_{(0)b}{}^{da} + \beta_0{}^{(4)}\{{}^c_{bd}\}S_{(0)c}{}^{da} + \beta_0{}^{(4)}\{{}^c_{cd}\}S_{(0)}{}^{a\,d}_{\ b} + 2\beta_0{}^2 S_{(0)cd}S_{(0)}{}^{a\,d}_{\ b} - \beta_0{}^{(4)}\{{}^c_{bd}\}S_{(0)}{}^{a\,d}_{\ c} +$$

$$+\alpha\beta_0(\partial_5 A_c)S_{(0)}{}^{ac}_{\ \ b} - \tfrac{1}{2}\alpha^2\beta_0(\partial_c\psi)A_b A_d S_{(0)}{}^{acd} + \tfrac{1}{2}\alpha^3\beta_0(\partial_5\psi)A_b A_c A_d S_{(0)}{}^{acd} - 2\beta_0{}^2 S_{(0)cdb}S_{(0)}{}^{acd} -$$

$$-\alpha\beta_0(\partial_5 g_{cd})A^c S_{(0)}{}^{ad}_{\ \ b} - 2\beta_0{}^2 S_{(0)cd}{}^c S_{(0)}{}^{ad}_{\ \ b} + \alpha\beta_0(\partial_5 g_{bc})A^a S_{(0)}{}^{c\,d}_{\ \ d} + 2\beta_0{}^2 S_{(0)bc}{}^a S_{(0)}{}^{c\,d}_{\ \ d} + \beta_0{}^2 S_{(0)cd}{}^a S_{(0)}{}^{cd}_{\ \ b} -$$

$$-\alpha\beta_0(\partial_5 g_{bc})A_d S_{(0)}{}^{cda} - \beta_1(\partial_5 g_{bc})S_{(1)}{}^{ac} - \tfrac{1}{2}\alpha\beta_1(\partial_c\psi)A_b S_{(1)}{}^{ac} + \tfrac{1}{2}\alpha^2\beta_1(\partial_5\psi)A_b A_c S_{(1)}{}^{ac} - 2\alpha^2\beta_2(\partial_5 A_c)A^c S_{(2)b}{}^a +$$

$$+\alpha^2\beta_2(\partial_5 g_{cd})A^c A^d S_{(2)b}{}^a + \tfrac{1}{2}\alpha\beta_2 U_c{}^c S_{(2)b}{}^a - 2\alpha\beta_0\beta_2 A_c S_{(0)}{}^{c\,d}_{\ \ d} S_{(2)b}{}^a - \alpha^2\beta_2(\partial_5 A_c)A^a S_{(2)b}{}^c + \alpha\beta_2 A^d{}^{(4)}\{{}^a_{cd}\}S_{(2)b}{}^c +$$

$$+\tfrac{1}{2}\alpha\beta_2 U^a{}_c S_{(2)b}{}^c + \tfrac{1}{2}\alpha\beta_2 F^a{}_c S_{(2)b}{}^c + \alpha^2\beta_2(\partial_5 g_{cd})A^a A^c S_{(2)b}{}^d + \alpha\beta_2 A^a{}^{(4)}\{{}^c_{cd}\}S_{(2)b}{}^d + 2\alpha\beta_0\beta_2 A^a S_{(0)cd}{}^c S_{(2)b}{}^d -$$

$$-\alpha\beta_2 A^d{}^{(4)}\{{}^c_{bd}\}S_{(2)c}{}^a - \alpha^2\beta_2(\partial_5 A_b)A^a S_{(2)c}{}^c + \alpha\beta_2 U^a{}_b S_{(2)c}{}^c + 2\beta_1\beta_2 S_{(1)}{}^a_{\ b}S_{(2)c}{}^c - 2\alpha^2\beta_2{}^2\eta S_{(2)b}{}^a S_{(2)c}{}^c -$$

$$-\alpha\beta_2 A^a{}^{(4)}\{{}^c_{bd}\}S_{(2)c}{}^d - 2\alpha\beta_0\beta_2 A_c S_{(0)}{}^{acd} S_{(2)db} + \alpha^2\beta_2(\partial_5 g_{bc})A^a A^c S_{(2)d}{}^d + 2\alpha\beta_0\beta_2 A_c S_{(0)b}{}^{ca} S_{(2)d}{}^d +$$

$$+2\alpha\beta_0\beta_2 A_c S_{(0)}{}^{ac}_{\ \ b} S_{(2)d}{}^d - 2\alpha^2\beta_2(\partial_5 A_c)A^c S_{(2)}{}^a_{\ b} + \alpha^2\beta_2(\partial_5 g_{cd})A^c A^d S_{(2)}{}^a_{\ b} + \tfrac{1}{2}\alpha\beta_2 U_c{}^c S_{(2)}{}^a_{\ b} - 2\alpha\beta_0\beta_2 A_c S_{(0)}{}^{c\,d}_{\ \ d} S_{(2)}{}^a_{\ b} -$$

$$-2\alpha^2\beta_2{}^2\eta S_{(2)c}{}^c S_{(2)}{}^a_{\ b} - \tfrac{1}{2}\alpha^4\beta_2(\partial_5\psi)A_b A_c\eta S_{(2)}{}^{ac} - \tfrac{1}{2}\alpha\beta_2 U_{bc}S_{(2)}{}^{ac} + \tfrac{1}{2}\alpha\beta_2 F_{bc}S_{(2)}{}^{ac} + 2\alpha^2\beta_2{}^2\eta S_{(2)cb}S_{(2)}{}^{ac} -$$

$$-2\alpha^2\beta_2{}^2 A_b A_c S_{(2)d}{}^d S_{(2)}{}^{ac} + \tfrac{1}{2}\alpha^3\beta_2(\partial_c\psi)A_b A_d A^c S_{(2)}{}^{ad} + \alpha\beta_2 A_c{}^{(4)}\{{}^c_{bd}\}S_{(2)}{}^{ad} + 2\alpha\beta_0\beta_2 A_c S_{(0)}{}^c_{\ db} S_{(2)}{}^{ad} +$$

$$+2\alpha^2\beta_2{}^2 A_b A_c S_{(2)d}{}^d S_{(2)}{}^{ad} + \alpha^2\beta_2(\partial_5 A_c)A^a S_{(2)}{}^c_{\ b} - \tfrac{1}{2}\alpha\beta_2 U^a{}_c S_{(2)}{}^c_{\ b} + \tfrac{1}{2}\alpha\beta_2 F^a{}_c S_{(2)}{}^c_{\ b} - 2\beta_1\beta_2 S_{(1)}{}^a_{\ c} S_{(2)}{}^c_{\ b} +$$

$$+2\alpha^2\beta_2{}^2 A_c A^a S_{(2)d}{}^d S_{(2)}{}^c_{\ b} + \alpha^2\beta_2(\partial_5 A_c)A_b S_{(2)}{}^{ca} + \alpha^2\beta_2(\partial_5 A_b)A_c S_{(2)}{}^{ca} + \alpha^2\beta_2(\partial_5 g_{bc})\eta S_{(2)}{}^{ca} - \tfrac{1}{2}\alpha\beta_2 U_{bc}S_{(2)}{}^{ca} +$$

$$+\tfrac{1}{2}\alpha\beta_2 F_{bc}S_{(2)}{}^{ca} + 2\alpha^2\beta_2{}^2\eta S_{(2)cb}S_{(2)}{}^{ca} - \tfrac{1}{2}\alpha^3\beta_2(\partial_c\psi)A_b A_d A^a S_{(2)}{}^{cd} + \tfrac{1}{2}\alpha^4\beta_2(\partial_5\psi)A_b A_c A_d A^a S_{(2)}{}^{cd} -$$

$$-2\alpha\beta_0\beta_2 A^a S_{(0)cdb}S_{(2)}{}^{cd} - 2\alpha^2\beta_2{}^2 A_c A^a S_{(2)db}S_{(2)}{}^{cd} - \alpha^2\beta_2(\partial_5 g_{cd})A^a A^c S_{(2)}{}^d_{\ b} - 2\alpha\beta_0\beta_2 A^a S_{(0)cd}{}^c S_{(2)}{}^d_{\ b} +$$

$$+2\alpha\beta_0\beta_2 A_c S_{(0)}{}^{c\,a}_{\ d} S_{(2)}{}^d_{\ b} - \alpha^2\beta_2(\partial_5 g_{bc})A_d A^c S_{(2)}{}^{da} + \alpha\beta_2 A_c{}^{(4)}\{{}^c_{bd}\}S_{(2)}{}^{da} + 2\alpha\beta_0\beta_2 A_c S_{(0)}{}^c_{\ db} S_{(2)}{}^{da} -$$

$$-2\alpha^2\beta_2{}^2 A_c A_d S_{(2)}{}^c_{\ b} S_{(2)}{}^{da} + 2\alpha^2\beta_2{}^2 A_b A_c S_{(2)d}{}^a S_{(2)}{}^{dc} + 2\alpha\beta_2\beta_3 A^a S_{(2)c}{}^c S_{(3)b} - 2\beta_0\beta_3 S_{(0)}{}^a_{\ b} S_{(3)c}{}^c - 2\alpha\beta_2\beta_3 A^a S_{(2)b}{}^c S_{(3)c} +$$

$$+2\alpha\beta_2\beta_3 A_b S_{(2)}{}^{ac}S_{(3)c} - \alpha\beta_3(\partial_5 A_b)S_{(3)}{}^a + \alpha\beta_3(\partial_5 g_{bc})A^c S_{(3)}{}^a + \tfrac{1}{2}\alpha^2\beta_3(\partial_c\psi)A_b A^c S_{(3)}{}^a - \tfrac{1}{2}\alpha^3\beta_3(\partial_5\psi)A_b\eta S_{(3)}{}^a -$$

$$-2\alpha\beta_2\beta_3 A_b S_{(2)c}{}^c S_{(3)}{}^a + 2\alpha\beta_2\beta_3 A_c S_{(2)b}{}^c S_{(3)}{}^a - \tfrac{1}{2}\alpha^2\beta_3(\partial_c\psi)A_b A^a S_{(3)}{}^c + \tfrac{1}{2}\alpha^3\beta_3(\partial_5\psi)A_b A_c A^a S_{(3)}{}^c + 2\beta_0\beta_3 S_{(0)bc}{}^a S_{(3)}{}^c +$$

$$+2\beta_0\beta_3 S_{(0)}{}^a_{\ cb} S_{(3)}{}^c - 2\alpha\beta_2\beta_3 A_c S_{(2)b}{}^a S_{(3)}{}^c + 2\alpha\beta_2\beta_3 A_b S_{(2)c}{}^a S_{(3)}{}^c - 2\alpha\beta_2\beta_3 A_c S_{(2)}{}^a_{\ b} S_{(3)}{}^c + \alpha^2(\partial_5 S_{(2)c}{}^d)A^a A^c g_{bd} -$$

$$-\beta_0{}^{(4)}\{{}^e_{cd}\}S_{(0)}{}^{acd}g_{be} + \alpha\beta_2 A^d{}^{(4)}\{{}^e_{cd}\}S_{(2)}{}^{ac}g_{be} - \alpha\beta_2 A^a{}^{(4)}\{{}^e_{cd}\}S_{(2)}{}^{cd}g_{be} - (\partial_c{}^{(4)}\{{}^a_{ab}\})g^{ac} + 2\beta_0(\partial_c S_{(0)bd}{}^d)g^{ac} +$$

$$+2\beta_3(\partial_c S_{(3)b})g^{ac} - \alpha^2(\partial_5 A_b)(\partial_5 A_c)g^{ac} + \tfrac{1}{2}\alpha(\partial_5 U_{bc})g^{ac} - \beta_1(\partial_5 S_{(1)bc})g^{ac} - \tfrac{1}{2}\alpha^2(\partial_5\partial_5 A_c)A_b g^{ac} - \alpha\beta_3(\partial_5 S_{(3)c})A_b g^{ac} -$$

$$-\alpha^2\beta_2(\partial_5 S_{(2)c}{}^d)A_b A_d g^{ac} + \tfrac{1}{2}\alpha^2(\partial_5 A_c)(\partial_5 g_{bd})A^d g^{ac} + \tfrac{1}{2}\alpha^2(\partial_5 g_{bc})(\partial_5 g_{de})A^d A^e g^{ac} - \tfrac{1}{2}\alpha^2(\partial_5\partial_5 g_{bc})\eta g^{ac} -$$

$$-\tfrac{3}{4}\alpha^4(\partial_5 A_c)(\partial_5\psi)A_b\eta g^{ac} + \tfrac{1}{4}\alpha(\partial_5 g_{bc})U_d{}^d g^{ac} - \alpha\beta_0(\partial_5 g_{bc})A_d S_{(0)}{}^{d\,e}_{\ \ e} g^{ac} - \alpha^2\beta_2(\partial_5 A_c)A_d S_{(2)b}{}^d g^{ac} -$$

$$-\alpha^2\beta_2(\partial_5 A_c)A_b S_{(2)d}{}^d g^{ac} - \alpha^2\beta_2(\partial_5 g_{bc})\eta S_{(2)d}{}^d g^{ac} + \alpha^2\beta_2(\partial_5 A_c)A_d S_{(2)}{}^d_{\ b} g^{ac} - \alpha\beta_3(\partial_5 A_c)S_{(3)b}g^{ac} -$$

$$-\alpha\beta_3(\partial_5 g_{bc})A_d S_{(3)}{}^d g^{ac} - \alpha^2\beta_2(\partial_5 S_{(2)c}{}^d)\eta g_{bd}g^{ac} + (\partial_a{}^{(4)}\{{}^a_{bd}\})g^{ad} - \beta_0(\partial_c S_{(0)bd}{}^c)g^{ad} - \alpha(\partial_5{}^{(4)}\{{}^c_{bd}\})A_c g^{ad} -$$

$$-\alpha^2(\partial_5 A_c)(\partial_5 g_{bd})A^c g^{ad} + \tfrac{1}{2}\alpha^2(\partial_5 A_b)(\partial_5 g_{cd})A^c g^{ad} + \tfrac{3}{4}\alpha^3(\partial_c\psi)(\partial_5 A_d)A_b A^c g^{ad} - \alpha(\partial_5 A_c){}^{(4)}\{{}^c_{bd}\}g^{ad} - \tfrac{1}{4}\alpha(\partial_5 g_{cd})U_b{}^c g^{ad} +$$

$$+\tfrac{1}{4}\alpha(\partial_5 g_{cd})F_b{}^c g^{ad} + \alpha\beta_0(\partial_5 g_{cd})A_e S_{(0)b}{}^{ec}g^{ad} - \alpha\beta_0(\partial_5 g_{cd})A_e S_{(0)}{}^{ce}_{\ \ b} g^{ad} - \alpha^2\beta_2(\partial_5 g_{cd})\eta S_{(2)b}{}^c g^{ad} -$$

$$-\alpha\beta_2 A^e{}^{(4)}\{{}^c_{de}\}S_{(2)cb}g^{ad} + \alpha^2\beta_2(\partial_5 g_{cd})\eta S_{(2)}{}^c_{\ b} g^{ad} + \alpha^2\beta_2(\partial_5 g_{cd})A_b A_e S_{(2)}{}^{ce}g^{ad} - \alpha^2\beta_2(\partial_5 g_{cd})A_e A^c S_{(2)}{}^e_{\ b} g^{ad} -$$

$$-2\beta_3{}^{(4)}\{{}^c_{bd}\}S_{(3)c}g^{ad} + \alpha\beta_3(\partial_5 g_{cd})A_b S_{(3)}{}^c g^{ad} + \alpha\beta_2(\partial_c S_{(2)d}{}^e)A^c g_{be}g^{ad} - \alpha\beta_0(\partial_5 S_{(0)cd}{}^e)A^c g_{be}g^{ad} -$$

$$-\tfrac{1}{2}\alpha^2(\partial_5 g_{bc})(\partial_5 g_{de})A^c A^d g^{ae} + {}^{(4)}\{{}^d_{be}\}{}^{(4)}\{{}^c_{cd}\}g^{ae} - {}^{(4)}\{{}^c_{bd}\}{}^{(4)}\{{}^d_{ce}\}g^{ae} + \beta_0{}^{(4)}\{{}^c_{de}\}S_{(0)bc}{}^d g^{ae} -$$

$$-2\beta_0{}^{(4)}\{{}^c_{be}\}S_{(0)cd}{}^d g^{ae} + \beta_0{}^{(4)}\{{}^c_{de}\}S_{(0)c}{}^d_{\ b} g^{ae} - \alpha\beta_2 A_c{}^{(4)}\{{}^c_{de}\}S_{(2)b}{}^d g^{ae} - 2\alpha\beta_2 A_c{}^{(4)}\{{}^c_{be}\}S_{(2)d}{}^d g^{ae} +$$

$$+\alpha\beta_2 A_c{}^{(4)}\{{}^c_{de}\}S_{(2)}{}^d_{\ b} g^{ae} + \tfrac{1}{2}\alpha(\partial_5{}^{(4)}\{{}^d_{ce}\})A^c g_{bd}g^{ae} - \beta_0(\partial_c S_{(0)bd}{}^a)g^{cd} + \tfrac{1}{2}\alpha^2(\partial_5 A_c)(\partial_5 g_{bd})A^a g^{cd} -$$

$$-\tfrac{1}{4}\alpha^2(\partial_5 A_b)(\partial_5 g_{cd})A^a g^{cd} - \tfrac{3}{4}\alpha^3(\partial_c\psi)(\partial_5 A_d)A_b A^a g^{cd} + \tfrac{1}{4}\alpha(\partial_5 g_{cd})U^a{}_b g^{cd} + \tfrac{1}{2}\alpha\beta_0(\partial_5 g_{cd})A_e S_{(0)b}{}^{ea} g^{cd} +$$
$$+ \tfrac{1}{2}\alpha\beta_0(\partial_5 g_{cd})A_e S_{(0)}{}^{ae}{}_b g^{cd} + \tfrac{1}{2}\beta_1(\partial_5 g_{cd})S_{(1)}{}^a{}_b g^{cd} - \tfrac{1}{2}\alpha^2\beta_2(\partial_5 g_{cd})\eta S_{(2)b}{}^a g^{cd} - \tfrac{1}{2}\alpha^2\beta_2(\partial_5 g_{cd})\eta S_{(2)}{}^a{}_b g^{cd} -$$
$$- \tfrac{1}{2}\alpha^2\beta_2(\partial_5 g_{cd})A_b A_e S_{(2)}{}^{ae} g^{cd} + \tfrac{1}{2}\alpha^2\beta_2(\partial_5 g_{cd})A_e A^a S_{(2)}{}^e{}_b g^{cd} + \tfrac{1}{2}\alpha\beta_3(\partial_5 g_{cd})A^a S_{(3)b} g^{cd} -$$
$$- \tfrac{1}{2}\alpha\beta_3(\partial_5 g_{cd})A_b S_{(3)}{}^a g^{cd} - \alpha\beta_2(\partial_c S_{(2)d}{}^e)A^a g_{be} g^{cd} - \tfrac{1}{2}\alpha(\partial_5 g_{cd})A_e{}^{(4)}\{^e_{bf}\}g^{af}g^{cd} - \tfrac{1}{2}\alpha^2(\partial_5 g_{bc})(\partial_5 g_{de})A^a A^d g^{ce} +$$
$$+ \beta_0{}^{(4)}\{^d_{ce}\}S_{(0)bd}{}^a g^{ce} + \beta_0{}^{(4)}\{^d_{ce}\}S_{(0)}{}^a{}_{db} g^{ce} + \alpha\beta_2 A^a{}^{(4)}\{^d_{ce}\}S_{(2)db} g^{ce} - \tfrac{1}{2}\alpha(\partial_5{}^{(4)}\{^d_{ce}\})A^a g_{bd}g^{ce} +$$
$$+ \tfrac{1}{2}\alpha^2(\partial_5 A_c)(\partial_5 g_{de})A_b g^{ad}g^{ce} + \tfrac{1}{2}\alpha^2(\partial_5 g_{bc})(\partial_5 g_{de})\eta g^{ad}g^{ce} - \beta_0(\partial_c S_{(0)de}{}^f)g_{bf}g^{ad}g^{ce} +$$
$$+ \tfrac{1}{2}\alpha(\partial_5 g_{cd})A_e{}^{(4)}\{^e_{bf}\}g^{ad}g^{cf} + \tfrac{1}{2}\alpha(\partial_5 g_{bc})A_d{}^{(4)}\{^d_{ef}\}g^{ae}g^{cf} + \tfrac{1}{4}\alpha^2(\partial_5 g_{bc})(\partial_5 g_{de})A^a A^c g^{de} -$$
$$- \alpha\beta_2 A_c{}^{(4)}\{^c_{de}\}S_{(2)b}{}^a g^{de} - \alpha\beta_2 A_c{}^{(4)}\{^c_{de}\}S_{(2)}{}^a{}_b g^{de} - \tfrac{1}{4}\alpha^2(\partial_5 A_c)(\partial_5 g_{de})A_b g^{ac}g^{de} - \tfrac{1}{4}\alpha^2(\partial_5 g_{bc})(\partial_5 g_{de})\eta g^{ac}g^{de} -$$
$$- \tfrac{1}{2}\alpha(\partial_5 g_{bc})A_d{}^{(4)}\{^d_{ef}\}g^{ac}g^{ef} + \tfrac{1}{2}\alpha^4(\partial_5 A_b)(\partial_5 A_c)A^a A^c\psi + \tfrac{1}{2}\alpha^4(\partial_5\partial_5 A_c)A_b A^a A^c\psi + \alpha^3\beta_3(\partial_5 S_{(3)c})A_b A^a A^c\psi +$$
$$+ \alpha^4\beta_2(\partial_5 S_{(2)c}{}^d)A_b A_d A^a A^c\psi - \tfrac{1}{4}\alpha^3(\partial_5 A_c)A_b U^{ac}\psi + \tfrac{1}{2}\alpha^3(\partial_5 A_c)A^a F_b{}^c\psi - \tfrac{1}{4}\alpha^3(\partial_5 A_c)A_b F^{ac}\psi - \tfrac{1}{2}\alpha^3(\partial_5 A_b)A_c F^{ac}\psi -$$
$$- \tfrac{1}{2}\alpha^2 F_{bc}F^{ac}\psi + \tfrac{1}{2}\alpha^3(\partial_5 g_{cd})A_b A^c F^{ad}\psi + \alpha^2\beta_0 A_c F^{ad}S_{(0)bd}{}^c\psi - \alpha^3\beta_0(\partial_5 A_c)A_d A^a S_{(0)b}{}^{cd}\psi - \tfrac{1}{2}\alpha^2\beta_0 A_b F^{cd}S_{(0)cd}{}^a\psi +$$
$$+ \alpha^2\beta_0 A_b F^{ad}S_{(0)cd}{}^c\psi - \tfrac{1}{2}\alpha^2\beta_0 A_b U^c{}_d S_{(0)}{}^a{}_c{}^d\psi + \tfrac{1}{2}\alpha^2\beta_0 A_b F^c{}_d S_{(0)}{}^a{}_c{}^d\psi + \alpha^3\beta_0(\partial_5 A_c)A_b A_d S_{(0)}{}^{acd}\psi -$$
$$- \alpha^3\beta_0(\partial_5 g_{cd})A_b A_e S_{(0)}{}^{ac}S_{(0)}{}^{ade}\psi - 2\alpha^2\beta_0{}^2 A_b A_c S_{(0)de}{}^c S_{(0)}{}^{ade}\psi - 2\alpha^2\beta_0{}^2 A_b A_c S_{(0)de}{}^d S_{(0)}{}^{aec}\psi +$$
$$+ \alpha^3\beta_0(\partial_5 A_c)A_b A^a S_{(0)}{}^c{}_d{}^d\psi - \alpha^3\beta_0(\partial_5 A_c)A_b A_d S_{(0)}{}^{cda}\psi + \alpha^2\beta_0{}^2 A_b A_c S_{(0)de}{}^a S_{(0)}{}^{dec}\psi - \alpha^2\beta_1(\partial_5 A_c)A^a S_{(1)b}{}^c\psi +$$
$$+ \alpha\beta_1 F^a{}_c S_{(1)b}{}^c\psi - \alpha^2\beta_1(\partial_5 g_{cd})A_b A^c S_{(1)}{}^{ad}\psi - 2\alpha\beta_0\beta_1 A_b S_{(0)cd}{}^c S_{(1)}{}^{ad}\psi - 2\alpha\beta_0\beta_1 A_b S_{(0)}{}^a{}_c{}^d S_{(1)}{}^c{}_d\psi +$$
$$+ \alpha\beta_0\beta_1 A_b S_{(0)cd}{}^a S_{(1)}{}^{cd}\psi + \alpha^4\beta_2(\partial_5 A_c)A_d A^a A^c S_{(2)b}{}^d\psi - \alpha^3\beta_2 A_c A_d F^{ac}S_{(2)b}{}^d\psi + \alpha^4\beta_2(\partial_5 A_c)A_b A^a A^c S_{(2)}{}^d{}_d\psi -$$
$$- \alpha^3\beta_2 A_b A_c F^{ac}S_{(2)d}{}^d\psi + 2\alpha^2\beta_1\beta_2 A_b A_c S_{(1)}{}^{ac}S_{(2)d}{}^d\psi - 2\alpha^3\beta_0\beta_2 A_b A_c A_d S_{(0)}{}^{ace}S_{(2)e}{}^d\psi +$$
$$+ 2\alpha^3\beta_0\beta_2 A_b A_c A_d S_{(0)}{}^{acd}S_{(2)e}{}^e\psi + \tfrac{1}{2}\alpha^3\beta_2 A_b A_c U^d{}_d S_{(2)}{}^{ac}\psi - 2\alpha^4\beta_2{}^2 A_b A_c\eta S_{(2)d}{}^d S_{(2)}{}^{ac}\psi - 2\alpha^2(\partial_5 A_c)A_b A_d A^c S_{(2)}{}^{ad}\psi +$$
$$+ \tfrac{1}{2}\alpha^3\beta_2 A_b A_c U^c{}_d S_{(2)}{}^{ad}\psi - \tfrac{1}{2}\alpha^3\beta_2 A_b A_c F^c{}_d S_{(2)}{}^{ad}\psi - 2\alpha^3\beta_0\beta_2 A_b A_c A_d S_{(0)}{}^c{}_e S_{(2)}{}^{ad}\psi + 2\alpha^2\beta_1\beta_2 A_b A_c S_{(1)}{}^c{}_d S_{(2)}{}^{ad}\psi +$$
$$+ 2\alpha^4\beta_2{}^2 A_b A_c\eta S_{(2)d}{}^c S_{(2)}{}^{ad}\psi + \alpha^4\beta_2(\partial_5 g_{cd})A_b A_e A^c A^d S_{(2)}{}^{ae}\psi + 2\alpha^3\beta_0\beta_2 A_b A_c A_d S_{(0)}{}^c{}_e S_{(2)}{}^{ae}\psi + \alpha^4\beta_2(\partial_5 A_c)A_b\eta S_{(2)}{}^{ca}\psi +$$
$$+ \alpha^4\beta_2(\partial_5 A_c)A_b A_d A^a S_{(2)}{}^{cd}\psi - \tfrac{1}{2}\alpha^3\beta_2 A_b A^a U_{cd}S_{(2)}{}^{cd}\psi + \tfrac{1}{2}\alpha^3\beta_2 A_b A^a F_{cd}S_{(2)}{}^{cd}\psi - 2\alpha^2\beta_1\beta_2 A_b A^a S_{(1)cd}S_{(2)}{}^{cd}\psi +$$
$$+ 2\alpha^4\beta_2{}^2 A_b A_c A_d A^a S_{(2)e}{}^e S_{(2)}{}^{cd}\psi - \alpha^4\beta_2(\partial_5 A_c)A_b A_d A^c S_{(2)}{}^{da}\psi - \alpha^3\beta_2 A_b A_c F^c{}_d S_{(2)}{}^{da}\psi + 2\alpha^2\beta_1\beta_2 A_b A_c S_{(1)}{}^c{}_d S_{(2)}{}^{da}\psi -$$
$$- \tfrac{1}{2}\alpha^3\beta_2 A_b A_c U^a{}_d S_{(2)}{}^{dc}\psi + \tfrac{1}{2}\alpha^3\beta_2 A_b A_c F^a{}_d S_{(2)}{}^{dc}\psi - 2\alpha^2\beta_1\beta_2 A_b A_c S_{(1)}{}^a{}_d S_{(2)}{}^{dc}\psi + 2\alpha^4\beta_2{}^2 A_b A_c\eta S_{(2)d}{}^a S_{(2)}{}^{dc}\psi -$$
$$- \alpha^4\beta_2(\partial_5 g_{cd})A_b A_e A^a A^c S_{(2)}{}^{de}\psi - 2\alpha^3\beta_0\beta_2 A_b A_c A^a S_{(0)de}{}^c S_{(2)}{}^{de}\psi - 2\alpha^4\beta_2{}^2 A_b A_c A_d A^a S_{(2)e}{}^c S_{(2)}{}^{de}\psi -$$
$$- 2\alpha^4\beta_2{}^2 A_b A_c A_d A_e S_{(2)}{}^{ca}S_{(2)}{}^{de}\psi + 2\alpha^3\beta_0\beta_2 A_b A_c A_d S_{(0)}{}^c{}_e S_{(2)}{}^{ea}\psi - 2\alpha^3\beta_0\beta_2 A_b A_c A^a S_{(0)de}{}^d S_{(2)}{}^{ec}\psi +$$
$$+ 2\alpha^3\beta_0\beta_2 A_b A_c A_d S_{(0)}{}^{ca}S_{(2)}{}^{ed}\psi + \alpha^3\beta_3(\partial_5 A_c)A^a A^c S_{(3)b}\psi - \alpha^2\beta_3 A_c F^{ac}S_{(3)b}\psi + 2\alpha^3\beta_2\beta_3 A_b\eta S_{(2)}{}^{ac}S_{(3)c}\psi -$$
$$- 2\alpha^2\beta_0\beta_3 A_b A_c S_{(0)}{}^{acd}S_{(3)d}\psi - 2\alpha^3\beta_2\beta_3 A_b A_c A^a S_{(2)}{}^{cd}S_{(3)d}\psi - \alpha^3\beta_3(\partial_5 A_c)A_b A^c S_{(3)}{}^a\psi + \alpha^3\beta_3(\partial_5 g_{cd})A_b A^c A^d S_{(3)}{}^a\psi +$$
$$+ \tfrac{1}{2}\alpha^2\beta_3 A_b U^c{}_c S_{(3)}{}^a\psi - 2\alpha^2\beta_0\beta_3 A_b A_c S_{(0)}{}^c{}_d{}^d S_{(3)}{}^a\psi - 2\alpha^3\beta_2\beta_3 A_b\eta S_{(2)c}{}^c S_{(3)}{}^a\psi + 2\alpha^3\beta_2\beta_3 A_b A_c A_d S_{(2)}{}^{cd}S_{(3)}{}^a\psi +$$
$$+ \alpha^3\beta_3(\partial_5 A_c)A_b A^a S_{(3)}{}^c\psi - \tfrac{1}{2}\alpha^2\beta_3 A_b U^a{}_c S_{(3)}{}^c\psi - \tfrac{1}{2}\alpha^2\beta_3 A_b F^a{}_c S_{(3)}{}^c\psi + 2\alpha^3\beta_2\beta_3 A_b\eta S_{(2)c}{}^a S_{(3)}{}^c\psi +$$
$$+ 2\alpha^3\beta_2\beta_3 A_b A_c A^a S_{(2)d}{}^c S_{(3)}{}^d\psi - \alpha^3\beta_3(\partial_5 g_{cd})A_b A^a A^c S_{(3)}{}^d\psi - 2\alpha^2\beta_0\beta_3 A_b A^a S_{(0)cd}{}^c S_{(3)}{}^d\psi + 2\alpha^2\beta_0\beta_3 A_b A_c S_{(0)}{}^a{}_d{}^c S_{(3)}{}^d\psi +$$
$$+ 2\alpha^2\beta_0\beta_3 A_b A_c S_{(0)}{}^c{}_d{}^a S_{(3)}{}^d\psi - 2\alpha^3\beta_2\beta_3 A_b A_c A_d S_{(2)}{}^{ac}S_{(3)}{}^d\psi - 2\alpha^3\beta_2\beta_3 A_b A_c A_d S_{(2)}{}^{ca}S_{(3)}{}^d\psi +$$
$$+ \tfrac{1}{2}\alpha^4(\partial_5 A_c)(\partial_5 g_{de})A_b A^d A^e g^{ac}\psi - \tfrac{1}{2}\alpha^4(\partial_5 A_b)(\partial_5 A_c)\eta g^{ac}\psi - \tfrac{1}{2}\alpha^4(\partial_5\partial_5 A_c)A_b\eta g^{ac}\psi - \alpha^3\beta_3(\partial_5 S_{(3)c})A_b\eta g^{ac}\psi -$$
$$- \alpha^4\beta_2(\partial_5 S_{(2)c}{}^d)A_b A_d\eta g^{ac}\psi + \tfrac{1}{4}\alpha^3(\partial_5 A_c)A_b U_d{}^d g^{ac}\psi - \tfrac{1}{2}\alpha^3(\partial_5 A_c)A_d F_b{}^d g^{ac}\psi + \alpha^3\beta_0(\partial_5 A_c)A_d A_e S_{(0)b}{}^{de}g^{ac}\psi -$$
$$- \alpha^3\beta_0(\partial_5 A_c)A_b A_d S_{(0)}{}^{de}{}_e g^{ac}\psi + \alpha^2\beta_1(\partial_5 A_c)A_d S_{(1)b}{}^d g^{ac}\psi - \alpha^4\beta_2(\partial_5 A_c)A_d\eta S_{(2)b}{}^d g^{ac}\psi - \alpha^4\beta_2(\partial_5 A_c)A_b\eta S_{(2)d}{}^d g^{ac}\psi +$$
$$+ \alpha^4\beta_2(\partial_5 A_c)A_b A_d A_e S_{(2)}{}^{de}g^{ac}\psi - \alpha^3\beta_3(\partial_5 A_c)\eta S_{(3)b}g^{ac}\psi + \alpha^2\beta_3(\partial_c S_{(3)d})A_b A^c g^{ad}\psi - \tfrac{1}{2}\alpha^4(\partial_5 A_c)(\partial_5 A_d)A_b A^c g^{ad}\psi +$$
$$+ \tfrac{1}{4}\alpha^3(\partial_5 U_{cd})A_b A^c g^{ad}\psi + \tfrac{3}{4}\alpha^3(\partial_5 F_{cd})A_b A^c g^{ad}\psi - \alpha^2\beta_1(\partial_5 S_{(1)cd})A_b A^c g^{ad}\psi + \alpha^3\beta_2(\partial_c S_{(2)d}{}^e)A_b A_e A^c g^{ad}\psi -$$
$$- \alpha^3\beta_0(\partial_5 S_{(0)cd}{}^e)A_b A_e A^c g^{ad}\psi - \tfrac{1}{2}\alpha^3(\partial_5 A_c)A_b A^e{}^{(4)}\{^c_{de}\}g^{ad}\psi + \tfrac{1}{2}\alpha^3(\partial_5 g_{cd})A_b A_e F^{ce}g^{ad}\psi -$$

$$
\begin{aligned}
&- \alpha^3 \beta_0 (\partial_5 g_{cd}) A_b A_e A_f S_{(0)}{}^{cef} g^{ad} \psi - \alpha^2 \beta_1 (\partial_5 g_{cd}) A_b A_e S_{(1)}{}^{ce} g^{ad} \psi + \alpha^4 \beta_2 (\partial_5 g_{cd}) A_b A_e \eta S_{(2)}{}^{ce} g^{ad} \psi - \\
&- \alpha^4 \beta_2 (\partial_5 g_{cd}) A_b A_e A_f A^c S_{(2)}{}^{ef} g^{ad} \psi - \alpha^2 \beta_3 A_b A^{e\,(4)}\{{}^{\;c}_{d\,e}\} S_{(3)c} g^{ad} \psi + \alpha^3 \beta_3 (\partial_5 g_{cd}) A_b \eta S_{(3)}{}^{c} g^{ad} \psi - \\
&- \alpha^3 \beta_3 (\partial_5 g_{cd}) A_b A_e A^c S_{(3)}{}^{e} g^{ad} \psi - \tfrac{1}{2} \alpha^4 (\partial_5 A_c)(\partial_5 g_{de}) A_b A^c A^d g^{ae} \psi - \tfrac{1}{2} \alpha^2 A_b{}^{(4)}\{{}^{\;c}_{d\,e}\} F_c{}^d g^{ae} \psi + \\
&+ \alpha \beta_1 A_b{}^{(4)}\{{}^{\;c}_{d\,e}\} S_{(1)c}{}^{d} g^{ae} \psi - \alpha^3 \beta_2 A_b A_c A^{f\,(4)}\{{}^{\;d}_{e\,f}\} S_{(2)d}{}^{c} g^{ae} \psi + \alpha^2 \beta_3 A_b A_c{}^{(4)}\{{}^{\;d}_{e\,f}\} S_{(3)}{}^{d} g^{ae} \psi + \\
&+ \alpha^2 \beta_0 A_b A_c{}^{(4)}\{{}^{\;d}_{e\,f}\} S_{(0)d}{}^{ec} g^{af} \psi + \alpha^3 \beta_2 A_b A_c A_d{}^{(4)}\{{}^{\;c}_{e\,f}\} S_{(2)}{}^{ed} g^{af} \psi - \alpha^2 \beta_3 (\partial_c S_{(3)d}) A_b A^a g^{cd} \psi + \\
&+ \tfrac{1}{2} \alpha^4 (\partial_5 A_c)(\partial_5 A_d) A_b A^a g^{cd} \psi - \tfrac{1}{4} \alpha^3 (\partial_5 U_{cd}) A_b A^a g^{cd} \psi - \alpha^3 \beta_2 (\partial_c S_{(2)d}{}^{e}) A_b A_e A^a g^{cd} \psi - \tfrac{1}{4} \alpha^3 (\partial_5 g_{cd}) A_b A_e F^{ae} g^{cd} \psi + \\
&+ \tfrac{1}{2} \alpha^3 \beta_0 (\partial_5 g_{cd}) A_b A_e A_f S_{(0)}{}^{aef} g^{cd} \psi + \tfrac{1}{2} \alpha^2 \beta_1 (\partial_5 g_{cd}) A_b A_e S_{(1)}{}^{ae} g^{cd} \psi - \tfrac{1}{2} \alpha^4 \beta_2 (\partial_5 g_{cd}) A_b A_e \eta S_{(2)}{}^{ae} g^{cd} \psi + \\
&+ \tfrac{1}{2} \alpha^4 \beta_2 (\partial_5 g_{cd}) A_b A_e A_f A^a S_{(2)}{}^{ef} g^{cd} \psi - \tfrac{1}{2} \alpha^3 \beta_3 (\partial_5 g_{cd}) A_b \eta S_{(3)}{}^{a} g^{cd} \psi + \tfrac{1}{2} \alpha^3 \beta_3 (\partial_5 g_{cd}) A_b A_e A^a S_{(3)}{}^{e} g^{cd} \psi - \\
&- \tfrac{1}{2} \alpha^4 (\partial_5 A_c)(\partial_5 g_{de}) A_b A^a A^d g^{ce} \psi - \tfrac{1}{2} \alpha^2 A_b{}^{(4)}\{{}^{\;d}_{c\,e}\} F^a{}_d g^{ce} \psi + \alpha \beta_1 A_b{}^{(4)}\{{}^{\;c}_{d\,e}\} S_{(1)}{}^{a\,d}_{\;\;c} g^{ce} \psi + \alpha^2 \beta_3 A_b A^{a\,(4)}\{{}^{\;d}_{c\,e}\} S_{(3)d} g^{ce} \psi + \\
&+ \tfrac{1}{2} \alpha^2 (\partial_c F_{de}) A_b g^{ad} g^{ce} \psi - \alpha \beta_1 (\partial_c S_{(1)de}) A_b g^{ad} g^{ce} \psi - \alpha^2 \beta_0 (\partial_c S_{(0)de}{}^{f}) A_b A_f g^{ad} g^{ce} \psi - \\
&+ \tfrac{1}{2} \alpha^4 (\partial_5 A_c)(\partial_5 g_{de}) A_b \eta g^{ad} g^{ce} \psi + \tfrac{1}{2} \alpha^3 (\partial_5 A_c) A_b A_d{}^{(4)}\{{}^{\;d}_{e\,f}\} g^{ae} g^{cf} \psi + \tfrac{1}{4} \alpha^4 (\partial_5 A_c)(\partial_5 g_{de}) A_b A^a A^c g^{de} \psi + \\
&+ \tfrac{1}{2} \alpha^3 (\partial_5 A_c) A_b A^{a\,(4)}\{{}^{\;c}_{d\,e}\} g^{de} \psi - \alpha^2 \beta_3 A_b A_c{}^{(4)}\{{}^{\;c}_{d\,e}\} S_{(3)}{}^{a} g^{de} \psi - \tfrac{1}{4} \alpha^4 (\partial_5 A_c)(\partial_5 g_{de}) A_b \eta g^{ac} g^{de} \psi + \\
&+ \alpha^2 \beta_0 A_b A_c{}^{(4)}\{{}^{\;e}_{d\,f}\} S_{(0)}{}^{a\,c}_{\;\;e} g^{df} \psi + \alpha^3 \beta_2 A_b A_c A^a{}^{(4)}\{{}^{\;e}_{d\,f}\} S_{(2)e}{}^{c} g^{df} \psi - \alpha^3 \beta_2 A_b A_c A_d{}^{(4)}\{{}^{\;c}_{e\,f}\} S_{(2)}{}^{ad} g^{ef} \psi - \\
&- \tfrac{1}{2} \alpha^3 (\partial_5 A_c) A_b A_d{}^{(4)}\{{}^{\;d}_{e\,f}\} g^{ac} g^{ef} \psi,
\end{aligned}
$$

$$R^a{}_5 = \tag{90}$$

$$= R_{b5}\, \gamma^{ab} + R_{55}\, \gamma^{a5}$$

$$
\begin{aligned}
&= -\alpha \beta_2 (\partial_5 \psi) A^a S_{(2)b}{}^{b} \psi^{-1} - \tfrac{1}{2} \beta_2 (\partial_b \psi) S_{(2)}{}^{ab} \psi^{-1} + \tfrac{1}{2} \alpha \beta_2 (\partial_5 \psi) A_b S_{(2)}{}^{ab} \psi^{-1} - \tfrac{1}{2} \beta_2 (\partial_b \psi) S_{(2)}{}^{ba} \psi^{-1} + \\
&+ \tfrac{1}{2} \alpha \beta_2 (\partial_5 \psi) A_b S_{(2)}{}^{ba} \psi^{-1} + \beta_2 (\partial_b \psi) S_{(2)c}{}^{c} g^{ab} \psi^{-1} + \tfrac{1}{4} \alpha (\partial_5 g_{bc})(\partial_5 \psi) A^b g^{ac} \psi^{-1} - \tfrac{1}{4} \alpha (\partial_5 g_{bc})(\partial_5 \psi) A^a g^{bc} \psi^{-1} - \\
&- \tfrac{1}{4} (\partial_b \psi)(\partial_5 g_{cd}) g^{ac} g^{bd} \psi^{-1} + \tfrac{1}{4} (\partial_b \psi)(\partial_5 g_{cd}) g^{ab} g^{cd} \psi^{-1} + 2 \alpha \beta_2 (\partial_5 S_{(2)b}{}^{b}) A^a - \alpha \beta_2 (\partial_5 S_{(2)b}{}^{a}) A^b + \tfrac{3}{4} \alpha^3 (\partial_5 A_b)(\partial_5 \psi) A^a A^b + \\
&+ \tfrac{3}{4} \alpha (\partial_b \psi) F^{ab} - \tfrac{3}{4} \alpha^2 (\partial_5 \psi) A_b F^{ab} - \tfrac{1}{2} \alpha \beta_0 (\partial_b \psi) A_c S_{(0)}{}^{abc} + \tfrac{1}{2} \alpha^2 \beta_0 (\partial_5 \psi) A_b A_c S_{(0)}{}^{abc} - \tfrac{1}{2} \beta_1 (\partial_b \psi) S_{(1)}{}^{ab} + \tfrac{1}{2} \alpha \beta_1 (\partial_5 \psi) A_b S_{(1)}{}^{ab} - \\
&- \tfrac{1}{2} \alpha^3 \beta_2 (\partial_5 \psi) A_b \eta S_{(2)}{}^{ab} - 2 \alpha \beta_2{}^2 A_b S_{(2)c}{}^{c} S_{(2)}{}^{ab} + \tfrac{1}{2} \alpha^2 \beta_2 (\partial_b \psi) A_c A^b S_{(2)}{}^{ac} + \beta_2{}^{(4)}\{{}^{\;b}_{b\,c}\} S_{(2)}{}^{ac} + 2 \beta_0 \beta_2 S_{(0)bc}{}^{b} S_{(2)}{}^{ac} + \\
&+ 2 \alpha \beta_2{}^2 A_b S_{(2)c}{}^{b} S_{(2)}{}^{ac} - 2 \alpha \beta_2{}^2 A_b S_{(2)c}{}^{c} S_{(2)}{}^{ba} + \alpha \beta_2 (\partial_5 g_{bc}) A^a S_{(2)}{}^{bc} - \tfrac{1}{2} \alpha^2 \beta_2 (\partial_b \psi) A_c A^a S_{(2)}{}^{bc} + \tfrac{1}{2} \alpha^3 \beta_2 (\partial_5 \psi) A_b A_c A^a S_{(2)}{}^{bc} + \\
&+ \beta_2{}^{(4)}\{{}^{\;a}_{b\,c}\} S_{(2)}{}^{bc} + \alpha \beta_2 (\partial_5 g_{bc}) A^b S_{(2)}{}^{ca} + 2 \beta_0 \beta_2 S_{(0)bc}{}^{b} S_{(2)}{}^{ca} + 2 \alpha \beta_2{}^2 A_b S_{(2)c}{}^{a} S_{(2)}{}^{cb} + \tfrac{1}{2} \alpha \beta_3 (\partial_b \psi) A^b S_{(3)}{}^{a} - \\
&- \tfrac{1}{2} \alpha^2 \beta_3 (\partial_5 \psi) \eta S_{(3)}{}^{a} - \tfrac{1}{2} \alpha \beta_3 (\partial_b \psi) A^a S_{(3)}{}^{b} + \tfrac{1}{2} \alpha^2 \beta_3 (\partial_5 \psi) A_b A^a S_{(3)}{}^{b} - 2 \beta_2 (\partial_b S_{(2)c}{}^{c}) g^{ab} - \alpha \beta_2 (\partial_5 S_{(2)b}{}^{c}) A_c g^{ab} - \\
&- \tfrac{3}{4} \alpha^3 (\partial_5 A_b)(\partial_5 \psi) \eta g^{ab} + \beta_2 (\partial_b S_{(2)c}{}^{b}) g^{ac} - \tfrac{1}{2} (\partial_5{}^{(4)}\{{}^{\;a}_{a\,c}\}) g^{ac} - \tfrac{1}{2} \alpha (\partial_5 \partial_5 g_{bc}) A^b g^{ac} + \tfrac{3}{4} \alpha^2 (\partial_b \psi)(\partial_5 A_c) A^b g^{ac} - \\
&- \beta_0 (\partial_5 g_{bc}) S_{(0)}{}^{b\,d}_{\;\;d} g^{ac} - \alpha \beta_2 (\partial_5 g_{bc}) A^b S_{(2)d}{}^{d} g^{ac} + \alpha \beta_2 (\partial_5 g_{bc}) A_d S_{(2)}{}^{bd} g^{ac} - \alpha \beta_2 (\partial_5 g_{bc}) A_d S_{(2)}{}^{db} g^{ac} - \\
&- \beta_2{}^{(4)}\{{}^{\;b}_{c\,d}\} S_{(2)b}{}^{c} g^{ad} + \beta_2 (\partial_b S_{(2)c}{}^{a}) g^{bc} + \tfrac{1}{2} (\partial_5{}^{(4)}\{{}^{\;a}_{b\,c}\}) g^{bc} + \tfrac{1}{2} \alpha (\partial_5 \partial_5 g_{bc}) A^a g^{bc} - \tfrac{3}{4} \alpha^2 (\partial_b \psi)(\partial_5 A_c) A^a g^{bc} - \\
&- \tfrac{1}{2} \alpha \beta_2 (\partial_5 g_{bc}) A_d S_{(2)}{}^{ad} g^{bc} - \tfrac{1}{2} \alpha \beta_2 (\partial_5 g_{bc}) A_d S_{(2)}{}^{da} g^{bc} - \beta_2{}^{(4)}\{{}^{\;c}_{b\,d}\} S_{(2)c}{}^{a} g^{bd} + \tfrac{1}{2} \alpha (\partial_5 g_{bc})(\partial_5 g_{de}) A^b g^{ad} g^{ce} - \\
&- \tfrac{1}{4} \alpha (\partial_5 g_{bc})(\partial_5 g_{de}) A^a g^{bd} g^{ce} - \tfrac{1}{4} \alpha (\partial_5 g_{bc})(\partial_5 g_{de}) A^b g^{ac} g^{de} + \tfrac{1}{2} \alpha^3 (\partial_5 \partial_5 A_b) A^a A^b \psi + \alpha^2 \beta_3 (\partial_5 S_{(3)b}) A^a A^b \psi + \\
&+ \alpha^3 \beta_2 (\partial_5 S_{(2)b}{}^{c}) A_c A^a A^b \psi - \tfrac{1}{4} \alpha^2 (\partial_5 A_b) U^{ab} \psi - \tfrac{3}{4} \alpha^2 (\partial_5 A_b) F^{ab} \psi + \tfrac{1}{2} \alpha^2 (\partial_5 g_{bc}) A^b F^{ac} \psi - \tfrac{1}{2} \alpha \beta_0 F^{bc} S_{(0)bc}{}^{a} \psi + \\
&+ \alpha \beta_0 F^{ac} S_{(0)bc}{}^{b} \psi - \tfrac{1}{2} \alpha \beta_0 U^b{}_c S_{(0)}{}^{a\,c}_{\;\;b} \psi + \tfrac{1}{2} \alpha \beta_0 F^b{}_c S_{(0)}{}^{a\,c}_{\;\;b} \psi + \alpha^2 \beta_0 (\partial_5 A_b) A_c S_{(0)}{}^{abc} \psi - \alpha^2 \beta_0 (\partial_5 g_{bc}) A_d A^b S_{(0)}{}^{acd} \psi - \\
&- 2 \alpha \beta_0{}^2 A_b S_{(0)cd}{}^{b} S_{(0)}{}^{acd} \psi - 2 \alpha \beta_0{}^2 A_b S_{(0)cd}{}^{c} S_{(0)}{}^{adb} \psi + \alpha^2 \beta_0 (\partial_5 A_b) A^a S_{(0)}{}^{b\,c}_{\;\;c} \psi - \alpha^2 \beta_0 (\partial_5 A_b) A_c S_{(0)}{}^{bca} \psi + \\
&+ \alpha \beta_0{}^2 A_b S_{(0)cd}{}^{a} S_{(0)}{}^{cdb} \psi - \alpha \beta_1 (\partial_5 g_{bc}) A^b S_{(1)}{}^{ac} \psi - 2 \beta_0 \beta_1 S_{(0)bc}{}^{b} S_{(1)}{}^{ac} \psi - 2 \beta_0 \beta_1 S_{(0)}{}^{a\,c}_{\;\;b} S_{(1)}{}^{b}_{\;\;c} \psi + \beta_0 \beta_1 S_{(0)bc}{}^{a} S_{(1)}{}^{bc} \psi + \\
&+ \alpha^3 \beta_2 (\partial_5 A_b) A^a A^b S_{(2)c}{}^{c} \psi - \alpha^2 \beta_2 A_b F^{ab} S_{(2)c}{}^{c} \psi + 2 \alpha \beta_1 \beta_2 A_b S_{(1)}{}^{ab} S_{(2)c}{}^{c} \psi - 2 \alpha^2 \beta_0 \beta_2 A_b A_c S_{(0)}{}^{abd} S_{(2)d}{}^{c} \psi + \\
&+ 2 \alpha^2 \beta_0 \beta_2 A_b A_c S_{(0)}{}^{abc} S_{(2)d}{}^{d} \psi + \tfrac{1}{2} \alpha^2 \beta_2 A_b U^c{}_c S_{(2)}{}^{ab} \psi - 2 \alpha^3 \beta_2{}^2 A_b \eta S_{(2)c}{}^{c} S_{(2)}{}^{ab} \psi - 2 \alpha^3 \beta_2 (\partial_5 A_b) A_c A^b S_{(2)}{}^{ac} \psi + \\
&+ \tfrac{1}{2} \alpha^2 \beta_2 A_b U^b{}_c S_{(2)}{}^{ac} \psi - \tfrac{1}{2} \alpha^2 \beta_2 A_b F^b{}_c S_{(2)}{}^{ac} \psi - 2 \alpha^2 \beta_0 \beta_2 A_b A_c S_{(0)}{}^{b\,d}_{\;\;d} S_{(2)}{}^{ac} \psi + 2 \alpha \beta_1 \beta_2 A_b S_{(1)}{}^{b}_{\;\;c} S_{(2)}{}^{ac} \psi + \\
&+ 2 \alpha^3 \beta_2{}^2 A_b \eta S_{(2)c}{}^{b} S_{(2)}{}^{ac} \psi + \alpha^3 \beta_2 (\partial_5 g_{bc}) A_d A^b A^c S_{(2)}{}^{ad} \psi + 2 \alpha^2 \beta_0 \beta_2 A_b A_c S_{(0)}{}^{b\,c}_{\;\;d} S_{(2)}{}^{ad} \psi + \alpha^3 \beta_2 (\partial_5 A_b) \eta S_{(2)}{}^{ba} \psi +
\end{aligned}
$$

$$+ 2\alpha^3 \beta_2 (\partial_5 A_b) A_c A^a S_{(2)}{}^{bc} \psi - \tfrac{1}{2}\alpha^2 \beta_2 A^a U_{bc} S_{(2)}{}^{bc} \psi + \tfrac{1}{2}\alpha^2 \beta_2 A^a F_{bc} S_{(2)}{}^{bc} \psi - 2\alpha \beta_1 \beta_2 A^a S_{(1)bc} S_{(2)}{}^{bc} \psi +$$
$$+ 2\alpha^3 \beta_2{}^2 A_b A_c A^a S_{(2)d}{}^{b} S_{(2)}{}^{bc} \psi - \alpha^3 \beta_2 (\partial_5 A_b) A_c A^b S_{(2)}{}^{ca} \psi - \alpha^2 \beta_2 A_b F^b{}_c S_{(2)}{}^{ca} \psi + 2\alpha \beta_1 \beta_2 A_b S_{(1)}{}^b{}_c S_{(2)}{}^{ca} \psi -$$
$$- \tfrac{1}{2}\alpha^2 \beta_2 A_b U^a{}_c S_{(2)}{}^{cb} \psi - \tfrac{1}{2}\alpha^2 \beta_2 A_b F^a{}_c S_{(2)}{}^{cb} \psi - 2\alpha \beta_1 \beta_2 A_b S_{(1)}{}^a{}_c S_{(2)}{}^{cb} \psi + 2\alpha^3 \beta_2{}^2 A_b \eta S_{(2)c}{}^a S_{(2)}{}^{cb} \psi -$$
$$- \alpha^3 \beta_2 (\partial_5 g_{bc}) A_d A^a A^b S_{(2)}{}^{cd} \psi - 2\alpha^2 \beta_0 \beta_2 A_b A^a S_{(0)cd}{}^b S_{(2)}{}^{cd} \psi - 2\alpha^3 \beta_2{}^2 A_b A_c A^a S_{(2)d}{}^b S_{(2)}{}^{cd} \psi -$$
$$- 2\alpha^3 \beta_2{}^2 A_b A_c A_d S_{(2)}{}^{ba} S_{(2)}{}^{cd} \psi + 2\alpha^2 \beta_0 \beta_2 A_b A_c S_{(0)}{}^b{}_d{}^c S_{(2)}{}^{da} \psi - 2\alpha^2 \beta_0 \beta_2 A_b A^a S_{(0)cd}{}^c S_{(2)}{}^{db} \psi +$$
$$+ 2\alpha^2 \beta_0 \beta_2 A_b A_c S_{(0)}{}^{b}{}_d{}^a S_{(2)}{}^{dc} \psi + 2\alpha^2 \beta_2 \beta_3 \eta S_{(2)}{}^{ab} S_{(3)b} \psi - 2\alpha \beta_0 \beta_3 A_b S_{(0)}{}^{abc} S_{(3)c} \psi - 2\alpha^2 \beta_2 \beta_3 A_b A^a S_{(2)}{}^{bc} S_{(3)c} \psi -$$
$$- \alpha^2 \beta_3 (\partial_5 A_b) A^b S_{(3)}{}^a \psi + \alpha^2 \beta_3 (\partial_5 g_{bc}) A^b A^c S_{(3)}{}^a \psi + \tfrac{1}{2}\alpha \beta_3 U_b{}^b S_{(3)}{}^a \psi - 2\alpha \beta_0 \beta_3 A_b S_{(0)}{}^b{}_c{}^c S_{(3)}{}^a \psi - 2\alpha^2 \beta_2 \beta_3 \eta S_{(2)b}{}^b S_{(3)}{}^a \psi +$$
$$+ 2\alpha^2 \beta_2 \beta_3 A_b A_c S_{(2)}{}^{bc} S_{(3)}{}^a \psi + 2\alpha^2 \beta_3 (\partial_5 A_b) A^a S_{(3)}{}^b \psi - \tfrac{1}{2}\alpha \beta_3 U^a{}_b S_{(3)}{}^b \psi - \tfrac{3}{2}\alpha \beta_3 F^a{}_b S_{(3)}{}^b \psi + 2\alpha^2 \beta_2 \beta_3 \eta S_{(2)b}{}^a S_{(3)}{}^b \psi +$$
$$+ 2\alpha^2 \beta_2 \beta_3 A_b A^a S_{(2)c}{}^c S_{(3)}{}^b \psi - \alpha^2 \beta_3 (\partial_5 g_{bc}) A^a A^b S_{(3)}{}^c \psi - 2\alpha \beta_0 \beta_3 A^a S_{(0)bc}{}^b S_{(3)}{}^c \psi + 2\alpha \beta_0 \beta_3 A_b S_{(0)}{}^a{}_c{}^b S_{(3)}{}^c \psi +$$
$$+ 2\alpha \beta_0 \beta_3 A_b S_{(0)}{}^b{}_c{}^a S_{(3)}{}^c \psi - 2\alpha^2 \beta_2 \beta_3 A_b A_c S_{(2)}{}^{ab} S_{(3)}{}^c \psi - 2\alpha^2 \beta_2 \beta_3 A_b A_c S_{(2)}{}^{ba} S_{(3)}{}^c \psi + \tfrac{1}{2}\alpha^3 (\partial_5 A_b)(\partial_5 g_{cd}) A^c A^d g^{ab} \psi -$$
$$- \tfrac{1}{2}\alpha^3 (\partial_5 \partial_5 A_b) \eta g^{ab} \psi - \alpha^2 \beta_3 (\partial_5 S_{(3)b}) \eta g^{ab} \psi - \alpha^3 \beta_2 (\partial_5 S_{(2)b}{}^c) A_c \eta g^{ab} \psi + \tfrac{1}{4}\alpha^2 (\partial_5 A_b) U_c{}^c g^{ab} \psi -$$
$$- \alpha^2 \beta_0 (\partial_5 A_b) A_c S_{(0)}{}^c{}_d{}^d g^{ab} \psi - \alpha^3 \beta_2 (\partial_5 A_b) \eta S_{(2)c}{}^c g^{ab} \psi - \alpha^2 \beta_3 (\partial_5 A_b) A_c S_{(3)}{}^c g^{ab} \psi + \alpha \beta_3 (\partial_b S_{(3)c}) A^b g^{ac} \psi -$$
$$- \alpha^3 (\partial_5 A_b)(\partial_5 A_c) A^b g^{ac} \psi + \tfrac{1}{4}\alpha^2 (\partial_5 U_{bc}) A^b g^{ac} \psi + \tfrac{3}{4}\alpha^2 (\partial_5 F_{bc}) A^b g^{ac} \psi - \alpha \beta_1 (\partial_5 S_{(1)bc}) A^b g^{ac} \psi + \alpha^2 \beta_2 (\partial_b S_{(2)c}{}^d) A_d A^b g^{ac} \psi -$$
$$- \alpha^2 \beta_0 (\partial_5 S_{(0)bc}{}^d) A_d A^b g^{ac} \psi - \tfrac{1}{2}\alpha^2 (\partial_5 A_b) A^d {}^{(4)}\{{}^b{}_{c\,d}\} g^{ac} \psi + \tfrac{1}{2}\alpha^2 (\partial_5 g_{bc}) A_d F^{bd} g^{ac} \psi - \alpha^2 \beta_0 (\partial_5 g_{bc}) A_d A_e S_{(0)}{}^{bde} g^{ac} \psi -$$
$$- \alpha \beta_1 (\partial_5 g_{bc}) A_d S_{(1)}{}^{bd} g^{ac} \psi + \alpha^3 \beta_2 (\partial_5 g_{bc}) A_d \eta S_{(2)}{}^{bd} g^{ac} \psi - \alpha^2 \beta_2 (\partial_5 g_{bc}) A_d A_e A^b S_{(2)}{}^{de} g^{ac} \psi - \alpha \beta_3 A^d {}^{(4)}\{{}^b{}_{c\,d}\} S_{(3)b} g^{ac} \psi +$$
$$+ \alpha^2 \beta_3 (\partial_5 g_{bc}) \eta S_{(3)}{}^b g^{ac} \psi - \alpha^2 \beta_3 (\partial_5 g_{bc}) A_d A^b S_{(3)}{}^d g^{ac} \psi - \tfrac{1}{2}\alpha^3 (\partial_5 A_b)(\partial_5 g_{cd}) A^b A^c g^{ad} \psi - \tfrac{1}{2}\alpha {}^{(4)}\{{}^c{}_{b\,d}\} F_b{}^c g^{ad} \psi +$$
$$+ \beta_1 {}^{(4)}\{{}^b{}_{c\,d}\} S_{(1)b}{}^c g^{ad} \psi - \alpha^2 \beta_2 A_b A^e {}^{(4)}\{{}^c{}_{d\,e}\} S_{(2)c}{}^b g^{ad} \psi + \alpha \beta_3 A_b {}^{(4)}\{{}^b{}_{c\,d}\} S_{(3)}{}^c g^{ad} \psi + \alpha \beta_0 A_b {}^{(4)}\{{}^b{}_{d\,e}\} S_{(0)c}{}^{db} g^{ae} \psi +$$
$$+ \alpha^2 \beta_2 A_b A_c {}^{(4)}\{{}^b{}_{d\,e}\} S_{(2)}{}^{dc} g^{ae} \psi - \alpha \beta_3 (\partial_b S_{(3)c}) A^a g^{bc} \psi + \alpha^3 (\partial_5 A_b)(\partial_5 A_c) A^a g^{bc} \psi - \tfrac{1}{4}\alpha^2 (\partial_5 U_{bc}) A^a g^{bc} \psi -$$
$$- \alpha^2 \beta_2 (\partial_b S_{(2)c}{}^d) A_d A^a g^{bc} \psi - \tfrac{1}{4}\alpha^2 (\partial_5 g_{bc}) A_d F^{ad} g^{bc} \psi + \tfrac{1}{2}\alpha^2 \beta_0 (\partial_5 g_{bc}) A_d A_e S_{(0)}{}^{ade} g^{bc} \psi +$$
$$+ \tfrac{1}{2}\alpha \beta_1 (\partial_5 g_{bc}) A_d S_{(1)}{}^{ad} g^{bc} \psi - \tfrac{1}{2}\alpha^3 \beta_2 (\partial_5 g_{bc}) A_d \eta S_{(2)}{}^{ad} g^{bc} \psi + \tfrac{1}{2}\alpha^3 \beta_2 (\partial_5 g_{bc}) A_d A_e A^a S_{(2)}{}^{de} g^{bc} \psi -$$
$$- \tfrac{1}{2}\alpha^2 \beta_3 (\partial_5 g_{bc}) \eta S_{(3)}{}^a g^{bc} \psi + \tfrac{1}{2}\alpha^2 \beta_3 (\partial_5 g_{bc}) A_d A^a S_{(3)}{}^d g^{bc} \psi - \tfrac{1}{2}\alpha^3 (\partial_5 A_b)(\partial_5 g_{cd}) A^a A^c g^{bd} \psi - \tfrac{1}{2}\alpha {}^{(4)}\{{}^c{}_{b\,d}\} F^a{}_c g^{bd} \psi +$$
$$+ \beta_1 {}^{(4)}\{{}^c{}_{b\,d}\} S_{(1)}{}^a{}_c g^{bd} \psi + \alpha \beta_3 A^a {}^{(4)}\{{}^c{}_{b\,d}\} S_{(3)c} g^{bd} \psi + \tfrac{1}{2}\alpha (\partial_b F_{cd}) g^{ac} g^{bd} \psi - \beta_1 (\partial_b S_{(1)cd}) g^{ac} g^{bd} \psi -$$
$$- \alpha \beta_0 (\partial_b S_{(0)cd}{}^e) A_e g^{ac} g^{bd} \psi + \tfrac{1}{2}\alpha^3 (\partial_5 A_b)(\partial_5 g_{cd}) \eta g^{ac} g^{bd} \psi + \tfrac{1}{2}\alpha^2 (\partial_5 A_b) A_c {}^{(4)}\{{}^c{}_{d\,e}\} g^{ad} g^{be} \psi +$$
$$+ \tfrac{1}{4}\alpha^3 (\partial_5 A_b)(\partial_5 g_{cd}) A^a A^b g^{cd} \psi + \tfrac{1}{2}\alpha^2 (\partial_5 A_b) A^a {}^{(4)}\{{}^b{}_{c\,d}\} g^{cd} \psi - \alpha \beta_3 A_b {}^{(4)}\{{}^b{}_{c\,d}\} S_{(3)}{}^a g^{cd} \psi - \tfrac{1}{4}\alpha^3 (\partial_5 A_b)(\partial_5 g_{cd}) \eta g^{ab} g^{cd} \psi +$$
$$+ \alpha \beta_0 A_b {}^{(4)}\{{}^d{}_{c\,e}\} S_{(0)}{}^a{}_d{}^b g^{ce} \psi + \alpha^2 \beta_2 A_b A^a {}^{(4)}\{{}^d{}_{c\,e}\} S_{(2)d}{}^b g^{ce} \psi - \alpha^2 \beta_2 A_b A_c {}^{(4)}\{{}^b{}_{d\,e}\} S_{(2)}{}^{ac} g^{de} \psi -$$
$$- \tfrac{1}{2}\alpha^2 (\partial_5 A_b) A_c {}^{(4)}\{{}^c{}_{d\,e}\} g^{ab} g^{de} \psi,$$

$$R^5{}_a = \tag{91}$$

$$= R_{ba} \gamma^{b5} + R_{5a} \gamma^{55}$$

$$= -\tfrac{1}{4}\alpha (\partial_a \psi)(\partial_b \psi) A^b \psi^{-2} - \tfrac{1}{4}\alpha^2 (\partial_b \psi)(\partial_5 \psi) A_a A^b \psi^{-2} + \tfrac{1}{4}\alpha^2 (\partial_a \psi)(\partial_5 \psi) \eta \psi^{-2} - \tfrac{1}{2}\beta_2 (\partial_b \psi) S_{(2)a}{}^b \psi^{-2} +$$
$$+ \beta_2 (\partial_a \psi) S_{(2)b}{}^b \psi^{-2} - \tfrac{1}{2}\beta_2 (\partial_b \psi) S_{(2)}{}^b{}_a \psi^{-2} - \tfrac{1}{4}(\partial_b \psi)(\partial_5 g_{ac}) g^{bc} \psi^{-2} + \tfrac{1}{4}(\partial_a \psi)(\partial_5 g_{bc}) g^{bc} \psi^{-2} + \tfrac{1}{4}\alpha (\partial_b \psi)(\partial_c \psi) A_a g^{bc} \psi^{-2} -$$
$$- \beta_2 (\partial_b S_{(2)a}{}^b) \psi^{-1} - \tfrac{1}{2}(\partial_5 {}^{(4)}\{{}^b{}_{a\,b}\}) \psi^{-1} + 2\beta_0 (\partial_5 S_{(0)ab}{}^b) \psi^{-1} + \tfrac{1}{2}\alpha (\partial_a \partial_b \psi) A^b \psi^{-1} + \tfrac{1}{4}\alpha^2 (\partial_b \psi)(\partial_5 A_a) A^b \psi^{-1} -$$
$$- \tfrac{1}{2}\alpha^2 (\partial_a \psi)(\partial_5 A_b) A^b \psi^{-1} + \tfrac{1}{2}\alpha^2 (\partial_5 \partial_b \psi) A_a A^b \psi^{-1} - \tfrac{1}{4}\alpha^2 (\partial_b \psi)(\partial_5 g_{ac}) A^b A^c \psi^{-1} - \tfrac{1}{2}\alpha^2 (\partial_5 \partial_a \psi) \eta \psi^{-1} -$$
$$- \tfrac{1}{2}\alpha (\partial_b \psi) A^c {}^{(4)}\{{}^b{}_{a\,c}\} \psi^{-1} + \tfrac{1}{2}\alpha^2 (\partial_5 \psi) A_b A^c {}^{(4)}\{{}^b{}_{a\,c}\} \psi^{-1} - \tfrac{1}{4}\alpha^2 (\partial_5 \psi) A_b U_a{}^b \psi^{-1} + \tfrac{1}{4}\alpha^2 (\partial_5 \psi) A_a U_b{}^b \psi^{-1} + \tfrac{3}{4}\alpha (\partial_b \psi) F_a{}^b \psi^{-1} -$$
$$- \tfrac{3}{4}\alpha^2 (\partial_5 \psi) A_b F_a{}^b \psi^{-1} + \beta_0 (\partial_5 g_{bc}) S_{(0)a}{}^{bc} \psi^{-1} - \alpha \beta_0 (\partial_b \psi) A_c S_{(0)a}{}^{bc} \psi^{-1} + \alpha^2 \beta_0 (\partial_5 \psi) A_b A_c S_{(0)a}{}^{bc} \psi^{-1} +$$
$$+ \tfrac{1}{2}\alpha \beta_0 (\partial_b \psi) A_c S_{(0)a}{}^{cb} \psi^{-1} - \beta_0 (\partial_5 g_{ab}) S_{(0)}{}^b{}_c{}^c \psi^{-1} + \alpha \beta_0 (\partial_b \psi) A_a S_{(0)}{}^b{}_c{}^c \psi^{-1} - \alpha^2 \beta_0 (\partial_5 \psi) A_a A_b S_{(0)}{}^b{}_c{}^c \psi^{-1} -$$
$$- \tfrac{1}{2}\alpha \beta_0 (\partial_b \psi) A_c S_{(0)}{}^{bc}{}_a \psi^{-1} - \tfrac{3}{2}\beta_1 (\partial_b \psi) S_{(1)a}{}^b \psi^{-1} + 2\alpha \beta_1 (\partial_5 \psi) A_b S_{(1)a}{}^b \psi^{-1} - \tfrac{1}{2}\alpha^2 (\partial_b \psi) \eta S_{(2)a}{}^b \psi^{-1} -$$
$$- \beta_2 {}^{(4)}\{{}^b{}_{b\,c}\} S_{(2)a}{}^c \psi^{-1} - 2\beta_0 \beta_2 S_{(0)bc}{}^b S_{(2)a}{}^c \psi^{-1} + \beta_2 {}^{(4)}\{{}^b{}_{a\,c}\} S_{(2)b}{}^c \psi^{-1} + \tfrac{1}{2}\alpha^2 \beta_2 (\partial_b \psi) \eta S_{(2)}{}^b{}_a \psi^{-1} -$$

$$-\tfrac{1}{2}\alpha^2\beta_2(\partial_b\psi)A_a A_c S_{(2)}{}^{bc}\psi^{-1} + 2\beta_0\beta_2 S_{(0)bca} S_{(2)}{}^{bc}\psi^{-1} - \tfrac{1}{2}\alpha^2\beta_2(\partial_b\psi)A_c A^b S_{(2)}{}^c{}_a\psi^{-1} + 2\beta_0\beta_2 S_{(0)bc}{}^b S_{(2)}{}^c{}_a\psi^{-1} +$$

$$+ \alpha^2\beta_2(\partial_b\psi)A_a A_c S_{(2)}{}^{cb}\psi^{-1} + \tfrac{1}{2}\alpha\beta_3(\partial_b\psi)A^b S_{(3)}\psi^{-1} - \alpha^2\beta_3(\partial_5\psi)\eta\, S_{(3)a}\psi^{-1} - 4\beta_2\beta_3 S_{(2)}{}^b{}_{}S_{(3)a}\psi^{-1} + 2\beta_2\beta_3 S_{(2)a}{}^b S_{(3)b}\psi^{-1} +$$

$$+ \beta_3(\partial_5 g_{ab}) S_{(3)}{}^b\psi^{-1} - \tfrac{1}{2}\alpha\beta_3(\partial_b\psi)A_a S_{(3)}{}^b\psi^{-1} + \alpha^2\beta_3(\partial_5\psi)A_a A_b S_{(3)}{}^b\psi^{-1} + 2\beta_2\beta_3 S_{(2)ba} S_{(3)}{}^b\psi^{-1} +$$

$$+ \beta_2{}^{(4)}\{{}^d_{b\,c}\} S_{(2)}{}^{bc} g_{ad}\psi^{-1} - \tfrac{1}{2}\alpha(\partial_b\partial_c\psi)A_a g^{bc}\psi^{-1} + \tfrac{1}{4}\alpha^2(\partial_b\psi)(\partial_5 A_c)A_a g^{bc}\psi^{-1} + \tfrac{1}{4}\alpha^2(\partial_b\psi)(\partial_5 g_{ac})\eta\, g^{bc}\psi^{-1} -$$

$$- \beta_3(\partial_5 g_{bc}) S_{(3)a} g^{bc}\psi^{-1} + \beta_2(\partial_b S_{(2)c}{}^d) g_{ad} g^{bc}\psi^{-1} - \beta_2{}^{(4)}\{{}^c_{b\,d}\} S_{(2)ca} g^{bd}\psi^{-1} + \tfrac{1}{2}(\partial_5{}^{(4)}\{{}^c_{b\,d}\}) g_{ac} g^{bd}\psi^{-1} +$$

$$+ \tfrac{1}{2}\alpha(\partial_b\psi)A_a{}^{(4)}\{{}^b_{c\,d}\} g^{cd}\psi^{-1} - \tfrac{1}{2}\alpha^2(\partial_5\psi)A_a A_b{}^{(4)}\{{}^b_{c\,d}\} g^{cd}\psi^{-1} + \alpha(\partial_b{}^{(4)}\{{}^b_{a\,c}\})A^b - 2\beta_0(\partial_b S_{(0)ac})A^b - \alpha\beta_3(\partial_b S_{(3)a})A^b -$$

$$- \tfrac{1}{4}\alpha^2(\partial_5 U_{ab})A^b - \tfrac{3}{4}\alpha^2(\partial_5 F_{ab})A^b + 2\alpha\beta_1(\partial_5 S_{(1)ab})A^b - \alpha(\partial_b{}^{(4)}\{{}^b_{a\,c}\})A^c + \alpha\beta_0(\partial_b S_{(0)ac}{}^b)A^c + \tfrac{1}{2}\alpha^2(\partial_5{}^{(4)}\{{}^b_{a\,c}\})A_b A^c -$$

$$- \tfrac{3}{4}\alpha^4(\partial_b\psi)(\partial_5 A_c)A_a A^b A^c - \alpha^2\beta_2(\partial_b S_{(2)a}{}^b)\eta - \tfrac{1}{2}\alpha^2(\partial_5{}^{(4)}\{{}^b_{a\,b}\})\eta + 2\alpha^2\beta_0(\partial_5 S_{(0)ab}{}^b)\eta + \tfrac{1}{2}\alpha^2(\partial_5 A_b)A^c{}^{(4)}\{{}^b_{a\,c}\} -$$

$$- \alpha A^d{}^{(4)}\{{}^b_{a\,d}\}{}^{(4)}\{{}^c_{b\,c}\} + \alpha A^d{}^{(4)}\{{}^b_{a\,c}\}{}^{(4)}\{{}^c_{b\,d}\} - \tfrac{1}{4}\alpha^2(\partial_5 A_b) U_a{}^b + \tfrac{1}{4}\alpha^2(\partial_5 g_{bc})A^b U_a{}^c + \tfrac{1}{4}\alpha^2(\partial_5 A_a) U_b{}^b - \tfrac{1}{4}\alpha^2(\partial_5 g_{ab})A^b U_c{}^c +$$

$$+ \tfrac{1}{4}\alpha^2(\partial_5 g_{ab})A_c U^{bc} - \tfrac{3}{4}\alpha^2(\partial_5 A_b) F_a{}^b + \tfrac{1}{4}\alpha^2(\partial_5 g_{bc})A^b F_a{}^c - \tfrac{1}{2}\alpha{}^{(4)}\{{}^b_{a\,c}\} F_b{}^c + \tfrac{3}{4}\alpha^2(\partial_5 g_{ab})A_c F^{bc} + \tfrac{3}{4}\alpha^3(\partial_b\psi)A_a A_c F^{bc} -$$

$$- \alpha\beta_0 A^d{}^{(4)}\{{}^b_{c\,d}\} S_{(0)ab}{}^c - \tfrac{1}{2}\alpha\beta_0 U^b{}_c S_{(0)ab}{}^c - \tfrac{1}{2}\alpha\beta_0 F^b{}_c S_{(0)ab}{}^c + \alpha^2\beta_0(\partial_5 A_b)A_c S_{(0)a}{}^{bc} + \alpha^2\beta_0(\partial_5 g_{bc})\eta\, S_{(0)a}{}^{bc} +$$

$$+ \alpha\beta_0 A_b{}^{(4)}\{{}^c_{c\,d}\} S_{(0)a}{}^{bd} + \alpha^2\beta_0(\partial_5 A_b)A_c S_{(0)a}{}^{cb} + \alpha\beta_0 A_b{}^{(4)}\{{}^b_{c\,d}\} S_{(0)a}{}^{cd} - \alpha^2\beta_0(\partial_5 g_{bc})A_d A^b S_{(0)a}{}^{dc} -$$

$$- \tfrac{1}{2}\alpha\beta_0 F^{bc} S_{(0)bca} + \alpha\beta_0 F_a{}^c S_{(0)cb}{}^b + 2\alpha\beta_0 A^d{}^{(4)}\{{}^b_{a\,d}\} S_{(0)bc}{}^c - \alpha\beta_0 A^d{}^{(4)}\{{}^b_{c\,d}\} S_{(0)b}{}^c{}_a - 2\alpha\beta_0{}^2 A_b S_{(0)a}{}^{bc} S_{(0)cd}{}^d -$$

$$- \alpha^2\beta_0(\partial_5 A_b)A_a S_{(0)}{}^b{}_c{}^c - \alpha^2\beta_0(\partial_5 A_a)A_b S_{(0)}{}^b{}_c{}^c - \alpha^2\beta_0(\partial_5 g_{ab})\eta\, S_{(0)}{}^b{}_c{}^c + \alpha\beta_0 A_b{}^{(4)}\{{}^c_{a\,d}\} S_{(0)}{}^b{}_c{}^d -$$

$$- \tfrac{1}{2}\alpha^3\beta_0(\partial_b\psi)A_a A_c A_d S_{(0)}{}^{bcd} + 2\alpha\beta_0{}^2 A_b S_{(0)cda} S_{(0)}{}^{bcd} + 2\alpha\beta_0{}^2 A_b S_{(0)cd}{}^c S_{(0)}{}^{bd}{}_a + \alpha^2\beta_0(\partial_5 g_{ab})A_c A^b S_{(0)}{}^c{}_d{}^d +$$

$$+ 2\alpha\beta_1(\partial_5 A_b) S_{(1)a}{}^b - \alpha\beta_1(\partial_5 g_{bc})A^b S_{(1)a}{}^c - 2\beta_0\beta_1 S_{(0)bc}{}^b S_{(1)a}{}^c + \beta_1{}^{(4)}\{{}^b_{a\,c}\} S_{(1)b}{}^c - 2\alpha\beta_1(\partial_5 g_{ab})A_c S_{(1)}{}^{bc} -$$

$$- \tfrac{1}{2}\alpha^2\beta_1(\partial_b\psi)A_a A_c S_{(1)}{}^{bc} + \beta_0\beta_1 S_{(0)bca} S_{(1)}{}^{bc} - \alpha^2\beta_2{}^{(4)}\{{}^b_{b\,c}\} S_{(2)a}{}^c - 2\alpha^2\beta_0\beta_2\eta\, S_{(0)bc}{}^b S_{(2)a}{}^c +$$

$$+ \alpha^2\beta_2 A^c A^d{}^{(4)}\{{}^b_{c\,d}\} S_{(2)ba} + \alpha^2\beta_2\eta{}^{(4)}\{{}^b_{a\,c}\} S_{(2)b}{}^c + 2\alpha^2\beta_2 A_b A^d{}^{(4)}\{{}^b_{a\,d}\} S_{(2)c}{}^c - \alpha^2\beta_2 A_b U_a{}^b S_{(2)c}{}^c - \alpha^2\beta_2 A_b F_a{}^b S_{(2)c}{}^c +$$

$$+ 4\alpha\beta_1\beta_2 A_b S_{(1)a}{}^b S_{(2)c}{}^c - \tfrac{1}{2}\alpha^2\beta_2 A_b U^b{}_c S_{(2)}{}^c{}_a + \tfrac{1}{2}\alpha^4\beta_2(\partial_b\psi)A_a A_c\eta\, S_{(2)}{}^{bc} + \tfrac{1}{2}\alpha^2\beta_2 A_b U_{ac} S_{(2)}{}^{bc} + \tfrac{1}{2}\alpha^2\beta_2 A_a U_{bc} S_{(2)}{}^{bc} -$$

$$- \tfrac{1}{2}\alpha^2\beta_2 A_b F_{ac} S_{(2)}{}^{bc} - \tfrac{1}{2}\alpha^2\beta_2 A_a F_{bc} S_{(2)}{}^{bc} + 2\alpha^2\beta_0\beta_2\eta\, S_{(0)bca} S_{(2)}{}^{bc} + 2\alpha\beta_1\beta_2 A_a S_{(1)bc} S_{(2)}{}^{bc} -$$

$$- \alpha^2\beta_2 A_b A^d{}^{(4)}\{{}^b_{c\,d}\} S_{(2)}{}^c{}_a + \tfrac{1}{2}\alpha^2\beta_2 A_b U^b{}_c S_{(2)}{}^c{}_a - \tfrac{3}{2}\alpha^2\beta_2 A_b F^b{}_c S_{(2)}{}^c{}_a + 2\alpha^2\beta_0\beta_2\eta\, S_{(0)bc}{}^b S_{(2)}{}^c{}_a +$$

$$+ 2\alpha^2\beta_0\beta_2 A_b A_c S_{(0)}{}^b{}_d{}^d S_{(2)}{}^c{}_a + 4\alpha\beta_1\beta_2 A_b S_{(1)}{}^b{}_c S_{(2)}{}^c{}_a - \tfrac{1}{2}\alpha^4\beta_2(\partial_b\psi)A_a A_c A_d A^b S_{(2)}{}^{cd} - \alpha^2\beta_2 A_b A_c{}^{(4)}\{{}^b_{a\,d}\} S_{(2)}{}^{cd} +$$

$$+ 2\alpha^2\beta_0\beta_2 A_a A_b S_{(0)cd}{}^b S_{(2)}{}^{cd} - 2\alpha^2\beta_0\beta_2 A_b A_c S_{(0)}{}^b{}_{da} S_{(2)}{}^{cd} + 2\alpha^2\beta_0\beta_2 A_a A_b S_{(0)cd}{}^c S_{(2)}{}^{db} - 2\alpha^2\beta_3(\partial_5 A_b)A^b S_{(3)a} +$$

$$+ \alpha^2\beta_3(\partial_5 g_{bc})A^b A^c S_{(3)a} + \tfrac{1}{2}\alpha\beta_3 U_b{}^b S_{(3)a} - 2\alpha\beta_0\beta_3 A_b S_{(0)}{}^b{}_c{}^c S_{(3)a} - 4\alpha^2\beta_2\beta_3\eta\, S_{(2)b}{}^b S_{(3)a} + \alpha\beta_3 A^c{}^{(4)}\{{}^b_{a\,c}\} S_{(3)b} +$$

$$+ 2\alpha^2\beta_2\beta_3\eta\, S_{(2)a}{}^b S_{(3)b} - 2\alpha\beta_0\beta_3 A_b S_{(0)a}{}^{bc} S_{(3)c} + \alpha^2\beta_3(\partial_5 A_b)A_a S_{(3)}{}^b + \alpha^2\beta_3(\partial_5 A_a)A_b S_{(3)}{}^b + \alpha^2\beta_3(\partial_5 g_{ab})\eta\, S_{(3)}{}^b +$$

$$+ \tfrac{1}{2}\alpha^3\beta_3(\partial_b\psi)A_a\eta\, S_{(3)}{}^b - \tfrac{1}{2}\alpha\beta_3 U_{ab} S_{(3)}{}^b - \tfrac{1}{2}\alpha\beta_3 F_{ab} S_{(3)}{}^b + 2\beta_1\beta_3 S_{(1)ab} S_{(3)}{}^b + 2\alpha^2\beta_2\beta_3\eta\, S_{(2)ba} S_{(3)}{}^b - 2\alpha\beta_3{}^2 A_b S_{(3)a} S_{(3)}{}^b +$$

$$+ 2\alpha\beta_3{}^2 A_a S_{(3)b} S_{(3)}{}^b - \alpha^2\beta_3(\partial_5 g_{ab})A_c A^b S_{(3)}{}^c - \tfrac{1}{2}\alpha^3\beta_3(\partial_b\psi)A_a A_c A^b S_{(3)}{}^c + \alpha\beta_3 A_b{}^{(4)}\{{}^b_{a\,c}\} S_{(3)}{}^c + 2\alpha\beta_0\beta_3 A_a S_{(0)bc}{}^b S_{(3)}{}^c +$$

$$+ 2\alpha^2\beta_2\beta_3 A_a A_b S_{(2)c}{}^b S_{(3)}{}^c - 2\alpha^2\beta_3 A_b A_c S_{(2)}{}^b{}_a S_{(3)}{}^c - \tfrac{1}{2}\alpha^2(\partial_5{}^{(4)}\{{}^c_{b\,d}\})A^b A^d g_{ac} - \alpha^2\beta_2(\partial_b S_{(2)c}{}^d)A^b A^c g_{ad} +$$

$$+ \alpha^2\beta_2\eta{}^{(4)}\{{}^d_{b\,c}\} S_{(2)}{}^{bc} g_{ad} + \alpha\beta_0 A_b{}^{(4)}\{{}^e_{c\,d}\} S_{(0)}{}^{bcd} g_{ae} - \alpha^2\beta_2 A_b A^d{}^{(4)}\{{}^e_{c\,d}\} S_{(2)}{}^{bc} g_{ae} + \tfrac{1}{2}\alpha(\partial_b F_{ac}) g^{bc} -$$

$$- \beta_1(\partial_b S_{(1)ac}) g^{bc} + \alpha\beta_3(\partial_b S_{(3)c})A_a g^{bc} + \tfrac{1}{4}\alpha^2(\partial_5 U_{bc})A_a g^{bc} + \alpha^2\beta_2(\partial_b S_{(2)c}{}^d)A_a A_d g^{bc} + \tfrac{3}{4}\alpha^4(\partial_b\psi)(\partial_5 A_c)A_a\eta\, g^{bc} +$$

$$+ \tfrac{1}{2}\alpha^2(\partial_5 g_{bc}) A_d A^e{}^{(4)}\{{}^d_{a\,e}\} g^{bc} - \tfrac{1}{4}\alpha^2(\partial_5 g_{bc}) A_d U_a{}^d g^{bc} - \tfrac{1}{4}\alpha^2(\partial_5 g_{bc}) A_d F_a{}^d g^{bc} + \alpha\beta_1(\partial_5 g_{bc}) A_d S_{(1)a}{}^d g^{bc} -$$

$$- \alpha^2\beta_3(\partial_5 g_{bc})\eta\, S_{(3)a} g^{bc} + \alpha^2\beta_2(\partial_b S_{(2)c}{}^d)\eta\, g_{ad} g^{bc} + \tfrac{1}{2}\alpha^2(\partial_5 A_b) A_c{}^{(4)}\{{}^c_{a\,d}\} g^{bd} - \tfrac{1}{2}\alpha^2(\partial_5 g_{ab}) A_c A^e{}^{(4)}\{{}^c_{d\,e}\} g^{bd} -$$

$$- \tfrac{1}{2}\alpha{}^{(4)}\{{}^c_{b\,d}\} F_{ac} g^{bd} + \beta_1{}^{(4)}\{{}^c_{b\,d}\} S_{(1)ac} g^{bd} - \alpha^2\beta_2\eta{}^{(4)}\{{}^c_{b\,d}\} S_{(2)ca} g^{bd} - \alpha\beta_3 A_a{}^{(4)}\{{}^c_{b\,d}\} S_{(3)c} g^{bd} +$$

$$+ \tfrac{1}{2}\alpha^2(\partial_5{}^{(4)}\{{}^c_{b\,d}\})\eta\, g_{ac} g^{bd} + \alpha\beta_0(\partial_b S_{(0)cd}{}^e) A^c g_{ae} g^{bd} - \tfrac{1}{2}\alpha^2(\partial_5 A_b) A_a{}^{(4)}\{{}^b_{c\,d}\} g^{cd} - \tfrac{1}{2}\alpha^2(\partial_5 A_a) A_b{}^{(4)}\{{}^b_{c\,d}\} g^{cd} -$$

$$- \alpha\beta_3 A_b{}^{(4)}\{{}^b_{c\,d}\} S_{(3)a} g^{cd} - \tfrac{1}{2}\alpha^2(\partial_5 g_{bc}) A_d A^b{}^{(4)}\{{}^d_{a\,e}\} g^{ce} - \alpha\beta_0 A_b{}^{(4)}\{{}^d_{c\,e}\} S_{(0)}{}^b{}_{da} g^{ce} -$$

$$- \alpha^2\beta_2 A_a A_b{}^{(4)}\{{}^d_{c\,e}\} S_{(2)d}{}^b g^{ce} + \tfrac{1}{2}\alpha^2(\partial_5 g_{ab}) A_c A^b{}^{(4)}\{{}^c_{d\,e}\} g^{de} + \alpha^2\beta_2 A_b A_c{}^{(4)}\{{}^b_{d\,e}\} S_{(2)}{}^c{}_a g^{de} - \alpha^3\beta_3(\partial_b S_{(3)c}) A_a A^b A^c\psi -$$

$$- \tfrac{1}{4}\alpha^4(\partial_5 U_{bc}) A_a A^b A^c\psi - \alpha^4\beta_2(\partial_b S_{(2)c}{}^d) A_a A_d A^b A^c\psi + \tfrac{1}{2}\alpha^4(\partial_5 A_b) A_a A^c A^d{}^{(4)}\{{}^b_{c\,d}\}\psi - \tfrac{1}{4}\alpha^4(\partial_5 A_b) A_a A^b U_c{}^c\psi +$$

$$+ \tfrac{1}{4}\alpha^4(\partial_5 A_b)A_a A_c U^{bc}\psi - \tfrac{1}{2}\alpha^4(\partial_5 A_b)\eta F_a{}^b\psi + \tfrac{1}{2}\alpha^4(\partial_5 A_b)A_c A^b F_a{}^c\psi + \tfrac{1}{2}\alpha^3 A_a A^{d\,(4)}\{{}^{\ b}_{c\ d}\}F_b{}^c\psi + \tfrac{3}{4}\alpha^4(\partial_5 A_b)A_a A_c F^{bc}\psi +$$
$$+ \tfrac{1}{2}\alpha^3 A_b F_{ac}F^{bc}\psi + \tfrac{1}{4}\alpha^3 A_a F_{bc}F^{bc}\psi - \alpha^3\beta_0 A_b A_c F^{cd}S_{(0)ad}{}^b\psi + \alpha^4\beta_0(\partial_5 A_b)A_c\eta S_{(0)a}{}^{bc}\psi - \alpha^4\beta_0(\partial_5 A_b)A_c A_d A^b S_{(0)a}{}^{cd}\psi -$$
$$- \tfrac{1}{2}\alpha^3\beta_0 A_a A_b F^{cd}S_{(0)cd}{}^b\psi - \alpha^3\beta_0 A_a A_b F^{bd}S_{(0)cd}{}^c\psi - \alpha^3\beta_0 A_a A_b A^{e\,(4)}\{{}^{\ c}_{d\ e}\}S_{(0)c}{}^{db}\psi - \alpha^4\beta_0(\partial_5 A_b)A_a\eta S_{(0)\,c}^{\ b\ c}\psi +$$
$$+ \tfrac{1}{2}\alpha^3\beta_0 A_a A_b U^c{}_d S_{(0)\,c}{}^{b\,d}\psi - \tfrac{1}{2}\alpha^3\beta_0 A_a A_b F^c{}_d S_{(0)\,c}{}^{b\,d}\psi + 2\alpha^3\beta_0^2 A_a A_b A_c S_{(0)de}{}^d S_{(0)}{}^{bec}\psi +$$
$$+ \alpha^4\beta_0(\partial_5 A_b)A_a A_c A^b S_{(0)\,c}{}^{c\,d}\psi + 2\alpha^3\beta_0^2 A_a A_b A_c S_{(0)e}{}^b S_{(0)}{}^{cde}\psi + \alpha^3\beta_1(\partial_5 A_b)\eta S_{(1)a}{}^b\psi - \alpha^3\beta_1(\partial_5 A_b)A_c A^b S_{(1)a}{}^c\psi -$$
$$- \alpha^2\beta_1 A_b F^b{}_c S_{(1)a}{}^c\psi - \alpha^2\beta_1 A_a A^{d\,(4)}\{{}^{\ b}_{c\ d}\}S_{(1)b}{}^c\psi - 2\alpha^3\beta_1(\partial_5 A_b)A_a A_c S_{(1)}{}^{bc}\psi - \alpha^2\beta_1 A_a F_{bc}S_{(1)}{}^{bc}\psi +$$
$$+ \alpha\beta_1^2 A_a S_{(1)bc}S_{(1)}{}^{bc}\psi + 2\alpha^2\beta_0\beta_1 A_a A_b S_{(0)cd}{}^c S_{(1)}{}^{bd}\psi + 2\alpha^2\beta_0\beta_1 A_a A_b S_{(0)\,c}{}^{b\,d} S_{(1)\,d}{}^c\psi + \alpha^2\beta_0\beta_1 A_a A_b S_{(0)cd}{}^b S_{(1)}{}^{cd}\psi +$$
$$+ \alpha^4\beta_2 A_a A_b A^d A^{e\,(4)}\{{}^{\ c}_{d\ e}\}S_{(2)c}{}^b\psi + \tfrac{1}{2}\alpha^4\beta_2 A_a\eta U_{bc}S_{(2)}{}^{bc}\psi - \tfrac{1}{2}\alpha^4\beta_2 A_a A_b A_c U^d{}_d S_{(2)}{}^{bc}\psi - \tfrac{1}{2}\alpha^4\beta_2 A_a\eta F_{bc}S_{(2)}{}^{bc}\psi +$$
$$+ 2\alpha^3\beta_1\beta_2 A_a\eta S_{(1)bc}S_{(2)}{}^{bc}\psi - \tfrac{1}{2}\alpha^4\beta_2 A_a A_b A_c U^b{}_d S_{(2)}{}^{cd}\psi + \tfrac{1}{2}\alpha^4\beta_2 A_a A_b A_c F^b{}_d S_{(2)}{}^{cd}\psi + 2\alpha^4\beta_0\beta_2 A_a A_b\eta S_{(0)cd}{}^b S_{(2)}{}^{cd}\psi +$$
$$+ 2\alpha^4\beta_0\beta_2 A_a A_b A_c A_d S_{(0)\,e}{}^{b\,e} S_{(2)}{}^{cd}\psi - 2\alpha^3\beta_1\beta_2 A_a A_b A_c S_{(1)\,d}{}^b S_{(2)}{}^{cd}\psi + 2\alpha^4\beta_0\beta_2 A_a A_b\eta S_{(0)cd}{}^c S_{(2)}{}^{db}\psi -$$
$$- \alpha^4\beta_2 A_a A_b A_c A^{e\,(4)}\{{}^{\ b}_{d\ e}\}S_{(2)}{}^{dc}\psi + \tfrac{1}{2}\alpha^4\beta_2 A_a A_b A_c U^b{}_d S_{(2)}{}^{dc}\psi - \tfrac{3}{2}\alpha^4\beta_2 A_a A_b A_c F^b{}_d S_{(2)}{}^{dc}\psi +$$
$$+ 4\alpha^3\beta_1\beta_2 A_a A_b A_c S_{(1)\,d}{}^b S_{(2)}{}^{dc}\psi - 2\alpha^4\beta_0\beta_2 A_a A_b A_c A_d S_{(0)\,e}{}^{b\,c} S_{(2)}{}^{de}\psi + \alpha^3\beta_3 A_a A^c A^{d\,(4)}\{{}^{\ b}_{c\ d}\}S_{(3)b}\psi + \alpha^4\beta_3(\partial_5 A_b)A_a\eta S_{(3)}{}^b\psi -$$
$$- \tfrac{1}{2}\alpha^3\beta_3 A_a A_b U^c{}_c S_{(3)}{}^b\psi + 2\alpha^3\beta_3^2 A_a\eta S_{(3)b}S_{(3)}{}^b\psi - \alpha^4\beta_3(\partial_5 A_b)A_a A_c A^b S_{(3)}{}^c\psi - \alpha^3\beta_3 A_a A_b A^{d\,(4)}\{{}^{\ b}_{c\ d}\}S_{(3)}{}^c\psi +$$
$$+ \tfrac{1}{2}\alpha^3\beta_3 A_a A_b U^b{}_c S_{(3)}{}^c\psi - \tfrac{3}{2}\alpha^3\beta_3 A_a A_b F^b{}_c S_{(3)}{}^c\psi + 2\alpha^3\beta_0\beta_3 A_a\eta S_{(0)bc}{}^b S_{(3)}{}^c\psi + 2\alpha^3\beta_0\beta_3 A_a A_b A_c S_{(0)}{}^{b\,d} S_{(3)}{}^c\psi +$$
$$+ 4\alpha^2\beta_1\beta_3 A_a A_b S_{(1)}{}^b{}_c S_{(3)}{}^c\psi + 2\alpha^4\beta_2\beta_3 A_a A_b\eta S_{(2)c}{}^b S_{(3)}{}^c\psi - 2\alpha^3\beta_3^2 A_a A_c S_{(3)}{}^b S_{(3)}{}^c\psi - 2\alpha^4\beta_2\beta_3 A_a A_b A_c A_d S_{(2)}{}^{bc}S_{(3)}{}^d\psi +$$
$$+ \alpha^3\beta_3(\partial_b S_{(3)c})A_a\eta g^{bc}\psi + \tfrac{1}{4}\alpha^4(\partial_5 U_{bc})A_a\eta g^{bc}\psi + \alpha^4\beta_2(\partial_b S_{(2)c}{}^d)A_a A_d\eta g^{bc}\psi - \tfrac{1}{2}\alpha^3(\partial_b F_{cd})A_a A^c g^{bd}\psi +$$
$$+ \alpha^2\beta_1(\partial_b S_{(1)cd})A_a A^c g^{bd}\psi + \alpha^3\beta_0(\partial_b S_{(0)cd}{}^e)A_a A_e A^c g^{bd}\psi - \tfrac{1}{2}\alpha^4(\partial_5 A_b)A_a A_c A^{e\,(4)}\{{}^{\ c}_{d\ e}\}g^{bd}\psi -$$
$$- \alpha^3\beta_3 A_a\eta^{(4)}\{{}^{\ c}_{b\ d}\}S_{(3)c}g^{bd}\psi - \tfrac{1}{2}\alpha^4(\partial_5 A_b)A_a\eta^{(4)}\{{}^{\ b}_{c\ d}\}g^{cd}\psi + \tfrac{1}{2}\alpha^3 A_a A_b{}^{(4)}\{{}^{\ d}_{c\ e}\}F^b{}_d g^{ce}\psi -$$
$$- \alpha^2\beta_1 A_a A_b{}^{(4)}\{{}^{\ d}_{c\ e}\}S_{(1)\,d}{}^b g^{ce}\psi - \alpha^4\beta_2 A_a A_b\eta^{(4)}\{{}^{\ d}_{c\ e}\}S_{(2)d}{}^b g^{ce}\psi + \tfrac{1}{2}\alpha^4(\partial_5 A_b)A_a A_c A^{b\,(4)}\{{}^{\ c}_{d\ e}\}g^{de}\psi +$$
$$+ \alpha^3\beta_3 A_a A_b A_c{}^{(4)}\{{}^{\ b\ c}_{d\ e}\}S_{(3)}{}^c g^{de}\psi - \alpha^3\beta_0 A_a A_b A_c{}^{(4)}\{{}^{\ e}_{d\ f}\}S_{(0)\,e}{}^{b\,c} g^{df}\psi + \alpha^4\beta_2 A_a A_b A_c A_d{}^{(4)}\{{}^{\ b}_{e\ f}\}S_{(2)}{}^{cd}g^{ef}\psi,$$

$$R^5{}_5 = \tag{92}$$

$$= R_{a5}\gamma^{a5} + R_{55}\gamma^{55}$$

$$= -\tfrac{1}{2}\alpha(\partial_a\psi)(\partial_5\psi)A^a\psi^{-2} + \tfrac{1}{4}\alpha^2(\partial_5\psi)(\partial_5\psi)\eta\psi^{-2} + \beta_2(\partial_5\psi)S_{(2)a}{}^a\psi^{-2} + \tfrac{1}{4}(\partial_a\psi)(\partial_b\psi)g^{ab}\psi^{-2} +$$
$$+ \tfrac{1}{4}(\partial_5 g_{ab})(\partial_5\psi)g^{ab}\psi^{-2} - 2\beta_2(\partial_5 S_{(2)a}{}^a)\psi^{-1} + \alpha(\partial_5\partial_a\psi)A^a\psi^{-1} - \tfrac{3}{2}\alpha^2(\partial_5 A_a)(\partial_5\psi)A^a\psi^{-1} + \tfrac{1}{4}\alpha^2(\partial_5 g_{ab})(\partial_5\psi)A^a A^b\psi^{-1} -$$
$$- \tfrac{1}{2}\alpha^2(\partial_5\partial_5\psi)\eta\psi^{-1} + \tfrac{1}{4}\alpha(\partial_5\psi)U_a{}^a\psi^{-1} + \beta_0(\partial_a\psi)S_{(0)\,b}{}^{a\,b}\psi^{-1} - \alpha\beta_0(\partial_5\psi)A_a S_{(0)\,b}{}^{a\,b}\psi^{-1} - \beta_2(\partial_5 g_{ab})S_{(2)}{}^{ab}\psi^{-1} +$$
$$+ \tfrac{1}{2}\alpha\beta_2(\partial_a\psi)A_b S_{(2)}{}^{ab}\psi^{-1} - \alpha^2\beta_2(\partial_5\psi)A_a A_b S_{(2)}{}^{ab}\psi^{-1} + \tfrac{1}{2}\alpha\beta_2(\partial_a\psi)A_b S_{(2)}{}^{ba}\psi^{-1} + \beta_3(\partial_a\psi)S_{(3)}{}^a\psi^{-1} - \alpha\beta_3(\partial_5\psi)A_a S_{(3)}{}^a\psi^{-1} -$$
$$- \tfrac{1}{2}(\partial_a\partial_b\psi)g^{ab}\psi^{-1} - \tfrac{1}{2}(\partial_5\partial_5 g_{ab})g^{ab}\psi^{-1} + \alpha(\partial_a\psi)(\partial_5 A_b)g^{ab}\psi^{-1} - \tfrac{1}{4}\alpha(\partial_a\psi)(\partial_5 g_{bc})A^b g^{ac}\psi^{-1} +$$
$$+ \tfrac{1}{2}(\partial_a\psi)^{(4)}\{{}^{\ a}_{b\ c}\}g^{bc}\psi^{-1} - \tfrac{1}{2}\alpha(\partial_5\psi)A_a{}^{(4)}\{{}^{\ a}_{b\ c}\}g^{bc}\psi^{-1} + \tfrac{1}{4}(\partial_5 g_{ab})(\partial_5 g_{cd})g^{ac}g^{bd}\psi^{-1} + 2\alpha\beta_2(\partial_a S_{(2)b}{}^b)A^a -$$
$$- \alpha^2(\partial_5\partial_5 A_a)A^a - 2\beta_3(\partial_5 S_{(3)a})A^a - \beta_2(\partial_a S_{(2)b}{}^a)A^b + \tfrac{1}{2}\alpha(\partial_5{}^{(4)}\{{}^{\ a}_{a\ b}\})A^b + \tfrac{1}{2}\alpha(\partial_5\partial_5 g_{ab})A^a A^b - \tfrac{3}{4}\alpha^3(\partial_a\psi)(\partial_5 A_b)A^a A^b -$$
$$- 2\alpha^2\beta_2(\partial_5 S_{(2)a}{}^a)\eta + \tfrac{3}{4}\alpha^2(\partial_a\psi)A_b F^{ab} - 2\alpha\beta_0(\partial_5 A_a)S_{(0)\,b}{}^{a\,b} - \tfrac{1}{2}\alpha^2\beta_0(\partial_a\psi)A_b A_c S_{(0)}{}^{abc} + \alpha\beta_0(\partial_5 g_{ab})A^a S_{(0)\,c}{}^{b\,c} -$$
$$- \tfrac{1}{2}\alpha\beta_1(\partial_a\psi)A_b S_{(1)}{}^{ab} + \alpha\beta_2 A^{c\,(4)}\{{}^{\ a}_{b\ c}\}S_{(2)a}{}^b - 2\alpha^2\beta_2(\partial_5 A_a)A^a S_{(2)b}{}^b + \alpha^2\beta_2(\partial_5 g_{ab})A^a A^b S_{(2)c}{}^c - \alpha^2\beta_2(\partial_5 A_a)A_b S_{(2)}{}^{ab} -$$
$$- \alpha^2\beta_2(\partial_5 g_{ab})\eta S_{(2)}{}^{ab} + \tfrac{1}{2}\alpha^3\beta_2(\partial_a\psi)A_b\eta S_{(2)}{}^{ab} + \alpha\beta_2 U_{ab}S_{(2)}{}^{ab} + 2\beta_1\beta_2 S_{(1)ab}S_{(2)}{}^{ab} - \alpha\beta_2 A_a{}^{(4)}\{{}^{\ b}_{b\ c}\}S_{(2)}{}^{ac} -$$
$$- 2\alpha\beta_0\beta_2 A_a S_{(0)bc}{}^b S_{(2)}{}^{ac} - \alpha^2\beta_2(\partial_5 A_a)A_b S_{(2)}{}^{ba} - \tfrac{1}{2}\alpha^3\beta_2(\partial_a\psi)A_b A_c A^a S_{(2)}{}^{bc} - \alpha\beta_2 A_a{}^{(4)}\{{}^{\ a}_{b\ c}\}S_{(2)}{}^{bc} +$$
$$+ 2\alpha\beta_0\beta_2 A_a S_{(0)bc}{}^a S_{(2)}{}^{bc} + 2\alpha\beta_0\beta_2 A_a S_{(0)bc}{}^b S_{(2)}{}^{ca} + \alpha^2\beta_2(\partial_5 g_{ab})A_c A^a S_{(2)}{}^{cb} + 2\alpha\beta_2\beta_3 A_a S_{(2)}{}^{ab}S_{(3)b} - 2\alpha\beta_3(\partial_5 A_a)S_{(3)}{}^a +$$
$$+ \tfrac{1}{2}\alpha^2\beta_3(\partial_a\psi)\eta S_{(3)}{}^a - 4\alpha\beta_2\beta_3 A_a S_{(2)b}{}^b S_{(3)}{}^a + 2\beta_3(\partial_5 g_{ab})A^a S_{(3)}{}^b - \tfrac{1}{2}\alpha^2\beta_3(\partial_a\psi)A_b A^a S_{(3)}{}^b + 4\beta_0\beta_3 S_{(0)ab}{}^a S_{(3)}{}^b +$$
$$+ 2\alpha\beta_2\beta_3 A_a S_{(2)b}{}^a S_{(3)}{}^b + 2\beta_3(\partial_a S_{(3)b})g^{ab} - \alpha^2(\partial_5 A_a)(\partial_5 A_b)g^{ab} + \tfrac{1}{2}\alpha(\partial_5 U_{ab})g^{ab} + \beta_2(\partial_a S_{(2)b}{}^c)A_c g^{ab} - \tfrac{1}{2}\alpha^2(\partial_5\partial_5 g_{ab})\eta g^{ab} +$$
$$+ \tfrac{3}{4}\alpha^3(\partial_a\psi)(\partial_5 A_b)\eta g^{ab} - \alpha\beta_3(\partial_5 g_{ab})A_c S_{(3)}{}^c g^{ab} - \tfrac{1}{2}\alpha(\partial_5{}^{(4)}\{{}^{\ b}_{a\ c}\})A_b g^{ac} + \alpha^2(\partial_5 A_a)(\partial_5 g_{bc})A^b g^{ac} - 2\beta_3{}^{(4)}\{{}^{\ b}_{a\ c}\}S_{(3)b}g^{ac} -$$

$- \frac{1}{2} \alpha^2 (\partial_5 A_a) (\partial_5 g_{bc}) A^a g^{bc} - \alpha (\partial_5 A_a) {}^{(4)}\{{}^{a}_{bc}\} g^{bc} - \frac{1}{2} \alpha^2 (\partial_5 g_{ab}) (\partial_5 g_{cd}) A^a A^c g^{bd} - \alpha \beta_2 A_a {}^{(4)}\{{}^{c}_{bd}\} S_{(2)c}{}^a g^{bd} +$

$+ \frac{1}{4} \alpha^2 (\partial_5 g_{ab}) (\partial_5 g_{cd}) \eta g^{ac} g^{bd} + \frac{1}{4} \alpha^2 (\partial_5 g_{ab}) (\partial_5 g_{cd}) A^a A^b g^{cd} - \alpha^2 \beta_3 (\partial_a S_{(3)b}) A^a A^b \psi + \frac{1}{2} \alpha^4 (\partial_5 A_a) (\partial_5 A_b) A^a A^b \psi -$

$- \frac{1}{4} \alpha^3 (\partial_5 U_{ab}) A^a A^b \psi - \alpha^3 \beta_2 (\partial_a S_{(2)b}{}^c) A_c A^a A^b \psi + \frac{1}{2} \alpha^3 (\partial_5 A_a) A^b A^c {}^{(4)}\{{}^{a}_{bc}\} \psi - \frac{1}{4} \alpha^3 (\partial_5 A_a) A^a U_b{}^b \psi + \frac{1}{4} \alpha^3 (\partial_5 A_a) A_b U^{ab} \psi +$

$+ \frac{1}{2} \alpha^2 A^c {}^{(4)}\{{}^{a}_{bc}\} F_a{}^b \psi + \frac{1}{4} \alpha^3 (\partial_5 A_a) A_b F^{ab} \psi + \frac{1}{4} \alpha^2 F_{ab} F^{ab} \psi - \frac{1}{2} \alpha^2 \beta_0 A_a F^{bc} S_{(0)bc}{}^a \psi - \alpha^2 \beta_0 A_a F^{ac} S_{(0)bc}{}^b \psi -$

$- \alpha^2 \beta_0 A_a A^d {}^{(4)}\{{}^{b}_{cd}\} S_{(0)b}{}^{ca} \psi - \alpha^3 \beta_0 (\partial_5 A_a) \eta S_{(0)}{}^{a}_{b}{}^b \psi + \frac{1}{2} \alpha^2 \beta_0 A_a U^b{}_c S_{(0)}{}^{a}_{b}{}^c \psi - \frac{1}{2} \alpha^2 \beta_0 A_a F^b{}_c S_{(0)}{}^{a}_{b}{}^c \psi +$

$+ 2 \alpha^2 \beta_0{}^2 A_a A_b S_{(0)cd}{}^c S_{(0)}{}^{adb} \psi + \alpha^3 \beta_0 (\partial_5 A_a) A_b A^a S_{(0)}{}^b{}_c{}^c \psi + 2 \alpha^2 \beta_0{}^2 A_a A_b S_{(0)cd}{}^a S_{(0)}{}^{bcd} \psi - \alpha \beta_1 A^c {}^{(4)}\{{}^{a}_{bc}\} S_{(1)a}{}^b \psi -$

$- 2 \alpha^2 \beta_1 (\partial_5 A_a) A_b S_{(1)}{}^{ab} \psi - \alpha \beta_1 F_{ab} S_{(1)}{}^{ab} \psi + \beta_1{}^2 S_{(1)ab} S_{(1)}{}^{ab} \psi + 2 \alpha \beta_0 \beta_1 A_a S_{(0)bc}{}^b S_{(1)}{}^{ac} \psi + 2 \alpha \beta_0 \beta_1 A_a S_{(0)}{}^{a}_{b}{}^b S_{(1)}{}^{b}_{c} \psi +$

$+ \alpha \beta_0 \beta_1 A_a S_{(0)bc}{}^a S_{(1)}{}^{bc} \psi + \alpha^3 \beta_2 A_a A^c A^d {}^{(4)}\{{}^{b}_{cd}\} S_{(2)b}{}^a \psi - \alpha^4 \beta_2 (\partial_5 A_a) A_b \eta S_{(2)}{}^{ab} \psi + \frac{1}{2} \alpha^3 \beta_2 \eta U_{ab} S_{(2)}{}^{ab} \psi -$

$- \frac{1}{2} \alpha^3 \beta_2 A_a A_b U^c{}_c S_{(2)}{}^{ab} \psi - \frac{1}{2} \alpha^3 \beta_2 \eta F_{ab} S_{(2)}{}^{ab} \psi + 2 \alpha^2 \beta_1 \beta_2 \eta S_{(1)ab} S_{(2)}{}^{ab} \psi + \alpha^4 \beta_2 (\partial_5 A_a) A_b A_c A^a S_{(2)}{}^{bc} \psi -$

$- \frac{1}{2} \alpha^3 \beta_2 A_a A_b U^a{}_c S_{(2)}{}^{bc} \psi + \frac{1}{2} \alpha^3 \beta_2 A_a A_b F^a{}_c S_{(2)}{}^{bc} \psi + 2 \alpha^3 \beta_0 \beta_2 A_a \eta S_{(0)bc}{}^a S_{(2)}{}^{bc} \psi + 2 \alpha^3 \beta_0 \beta_2 A_a A_b A_c S_{(0)}{}^{a}_{d}{}^d S_{(2)}{}^{bc} \psi -$

$- 2 \alpha^2 \beta_1 \beta_2 A_a A_b S_{(1)}{}^{a}_{c} S_{(2)}{}^{bc} \psi + 2 \alpha^3 \beta_0 \beta_2 A_a \eta S_{(0)bc}{}^b S_{(2)}{}^{ca} \psi - \alpha^3 \beta_2 A_a A_b A^d {}^{(4)}\{{}^{a}_{cd}\} S_{(2)}{}^{cb} \psi + \frac{1}{2} \alpha^3 \beta_2 A_a A_b U^a{}_c S_{(2)}{}^{cb} \psi -$

$- \frac{1}{2} \alpha^3 \beta_2 A_a A_b F^a{}_c S_{(2)}{}^{cb} \psi + 4 \alpha^2 \beta_1 \beta_2 A_a A_b S_{(1)}{}^{a}_{c} S_{(2)}{}^{cb} \psi - 2 \alpha^3 \beta_0 \beta_2 A_a A_c S_{(0)}{}^{a}_{d}{}^b S_{(2)}{}^{cd} \psi + \alpha^2 \beta_3 A^b A^c {}^{(4)}\{{}^{a}_{bc}\} S_{(3)a} \psi -$

$- \frac{1}{2} \alpha^2 \beta_3 A_a U_b{}^b S_{(3)}{}^a \psi + 2 \alpha^2 \beta_3{}^2 \eta S_{(3)a} S_{(3)}{}^a \psi - \alpha^2 \beta_3 A_a A^c {}^{(4)}\{{}^{a}_{bc}\} S_{(3)}{}^b \psi + \frac{1}{2} \alpha^2 \beta_3 A_a U^a{}_b S_{(3)}{}^b \psi - \frac{1}{2} \alpha^2 \beta_3 A_a F^a{}_b S_{(3)}{}^b \psi +$

$+ 2 \alpha^2 \beta_0 \beta_3 \eta S_{(0)ab}{}^a S_{(3)}{}^b \psi + 2 \alpha^2 \beta_0 \beta_3 A_a A_b S_{(0)}{}^{a}_{c} S_{(3)}{}^b \psi + 4 \alpha \beta_1 \beta_3 A_a S_{(1)}{}^{a}_{b} S_{(3)}{}^b \psi + 2 \alpha^3 \beta_2 \beta_3 A_a \eta S_{(2)b}{}^a S_{(3)}{}^b \psi -$

$- 2 \alpha^2 \beta_3{}^2 A_a A_b S_{(3)}{}^a S_{(3)}{}^b \psi - 2 \alpha^3 \beta_2 \beta_3 A_a A_b A_c S_{(2)}{}^{ab} S_{(3)}{}^c \psi + \alpha^2 \beta_3 (\partial_a S_{(3)b}) \eta g^{ab} \psi - \frac{1}{2} \alpha^4 (\partial_5 A_a) (\partial_5 A_b) \eta g^{ab} \psi +$

$+ \frac{1}{4} \alpha^3 (\partial_5 U_{ab}) \eta g^{ab} \psi + \alpha^3 \beta_2 (\partial_a S_{(2)b}{}^c) A_c \eta g^{ab} \psi - \frac{1}{2} \alpha^2 (\partial_a F_{bc}) A^b g^{ac} \psi + \alpha \beta_1 (\partial_a S_{(1)bc}) A^b g^{ac} \psi + \alpha^2 \beta_0 (\partial_a S_{(0)bc}{}^d) A_d A^b g^{ac} \psi -$

$- \frac{1}{2} \alpha^3 (\partial_5 A_a) A_b A^d {}^{(4)}\{{}^{b}_{cd}\} g^{ac} \psi - \alpha^2 \beta_3 \eta {}^{(4)}\{{}^{b}_{ac}\} S_{(3)b} g^{ac} \psi - \frac{1}{2} \alpha^3 (\partial_5 A_a) \eta {}^{(4)}\{{}^{a}_{bc}\} g^{bc} \psi + \frac{1}{2} \alpha^2 A_a {}^{(4)}\{{}^{c}_{bd}\} F^a{}_c g^{bd} \psi -$

$- \alpha \beta_1 A_a {}^{(4)}\{{}^{c}_{bd}\} S_{(1)}{}^{a}_{c} g^{bd} \psi - \alpha^3 \beta_2 A_a \eta {}^{(4)}\{{}^{c}_{bd}\} S_{(2)c}{}^a g^{bd} \psi + \frac{1}{2} \alpha^3 (\partial_5 A_a) A_b A^a {}^{(4)}\{{}^{b}_{cd}\} g^{cd} \psi +$

$+ \alpha^2 \beta_3 A_a A_b {}^{(4)}\{{}^{a}_{cd}\} S_{(3)}{}^b g^{cd} \psi - \alpha^2 \beta_0 A_a A_b {}^{(4)}\{{}^{d}_{ce}\} S_{(0)}{}^{a}_{d}{}^b g^{ce} \psi + \alpha^3 \beta_2 A_a A_b A_c {}^{(4)}\{{}^{a}_{de}\} S_{(2)}{}^{bc} g^{de} \psi.$

12. The 5-Dimensional Mixed Ricci Curvature Tensor of the 2nd Kind $R_\alpha{}^\beta$

The four parts of the 5-dimensional mixed Ricci curvature tensor of the 2nd kind $R_\alpha{}^\beta$, where

$$R_\alpha{}^\beta = R_{\alpha\gamma}{}^{\beta\gamma}, \tag{93}$$

are given by

$$R_a{}^b = \tag{94}$$

$= R_{ac} \gamma^{bc} + R_{a5} \gamma^{b5}$

$= - \frac{1}{4} \alpha (\partial_a \psi)(\partial_5 \psi) A^b \psi^{-2} + \frac{1}{4} \alpha^2 (\partial_5 \psi)(\partial_5 \psi) A_a A^b \psi^{-2} + \frac{1}{2} \beta_2 (\partial_5 \psi) S_{(2)a}{}^b \psi^{-2} + \frac{1}{2} \beta_2 (\partial_5 \psi) S_{(2)}{}^b{}_a \psi^{-2} +$

$+ \frac{1}{4} (\partial_a \psi)(\partial_c \psi) g^{bc} \psi^{-2} + \frac{1}{4} (\partial_5 g_{ac})(\partial_5 \psi) g^{bc} \psi^{-2} - \frac{1}{4} \alpha (\partial_c \psi)(\partial_5 \psi) A_a g^{bc} \psi^{-2} - \beta_2 (\partial_5 S_{(2)a}{}^b) \psi^{-1} + \frac{1}{2} \alpha (\partial_5 \partial_a \psi) A^b \psi^{-1} -$

$- \frac{3}{4} \alpha^2 (\partial_5 A_a)(\partial_5 \psi) A^b \psi^{-1} - \frac{1}{2} \alpha^2 (\partial_5 \partial_5 \psi) A_a A^b \psi^{-1} + \frac{1}{4} \alpha^2 (\partial_5 g_{ac})(\partial_5 \psi) A^b A^c \psi^{-1} + \frac{1}{4} \alpha (\partial_5 \psi) U_a{}^b \psi^{-1} + \frac{1}{2} \beta_0 (\partial_c \psi) S_{(0)a}{}^{bc} \psi^{-1} -$

$- \frac{1}{2} \beta_0 (\partial_c \psi) S_{(0)a}{}^{cb} \psi^{-1} + \frac{1}{2} \alpha \beta_0 (\partial_5 \psi) A_c S_{(0)a}{}^{cb} \psi^{-1} - \frac{1}{2} \beta_0 (\partial_5 \psi) S_{(0)}{}^{bc}{}_a \psi^{-1} + \frac{1}{2} \alpha \beta_0 (\partial_5 \psi) A_c S_{(0)}{}^{bc}{}_a \psi^{-1} +$

$+ \frac{1}{2} \beta_1 (\partial_5 \psi) S_{(1)a}{}^b \psi^{-1} + \frac{1}{2} \alpha \beta_2 (\partial_c \psi) A^c S_{(2)a}{}^b \psi^{-1} - \frac{1}{2} \alpha^2 \beta_2 (\partial_5 \psi) \eta S_{(2)a}{}^b \psi^{-1} - \frac{1}{2} \alpha \beta_2 (\partial_c \psi) A^b S_{(2)a}{}^c \psi^{-1} +$

$+ 2 \beta_2{}^2 S_{(2)a}{}^c S_{(2)c}{}^b \psi^{-1} - \alpha^2 \beta_2 (\partial_5 \psi) A_a A^b S_{(2)c}{}^c \psi^{-1} - 2 \beta_2{}^2 S_{(2)a}{}^b S_{(2)c}{}^c \psi^{-1} + \frac{1}{2} \alpha \beta_2 (\partial_c \psi) A^c S_{(2)}{}^b{}_a \psi^{-1} -$

$- \frac{1}{2} \alpha^2 \beta_2 (\partial_5 \psi) \eta S_{(2)}{}^b{}_a \psi^{-1} - 2 \beta_2{}^2 S_{(2)c}{}^c S_{(2)}{}^b{}_a \psi^{-1} - \beta_2 (\partial_5 g_{ac}) S_{(2)}{}^{bc} \psi^{-1} + \alpha \beta_2 (\partial_a \psi) A_c S_{(2)}{}^{bc} \psi^{-1} -$

$- \frac{1}{2} \alpha^2 \beta_2 (\partial_5 \psi) A_a A_c S_{(2)}{}^{bc} \psi^{-1} - \frac{1}{2} \alpha \beta_2 (\partial_c \psi) A^b S_{(2)}{}^c{}_a \psi^{-1} + \frac{1}{2} \alpha^2 \beta_2 (\partial_5 \psi) A_c A^b S_{(2)}{}^c{}_a \psi^{-1} + \beta_2 (\partial_5 g_{ac}) S_{(2)}{}^{cb} \psi^{-1} -$

$- \alpha \beta_2 (\partial_c \psi) A_a S_{(2)}{}^{cb} \psi^{-1} + \alpha^2 \beta_2 (\partial_5 \psi) A_a A_c S_{(2)}{}^{cb} \psi^{-1} + 2 \beta_2{}^2 S_{(2)ca} S_{(2)}{}^{cb} \psi^{-1} - \frac{1}{2} \alpha \beta_3 (\partial_5 \psi) A^b S_{(3)a} \psi^{-1} + \beta_3 (\partial_a \psi) S_{(3)}{}^b \psi^{-1} -$

$- \frac{1}{2} \alpha \beta_3 (\partial_5 \psi) A_a S_{(3)}{}^b \psi^{-1} - \frac{1}{2} (\partial_a \partial_c \psi) g^{bc} \psi^{-1} - \frac{1}{2} (\partial_5 \partial_5 g_{ac}) g^{bc} \psi^{-1} + \frac{1}{2} (\partial_c \psi)(\partial_5 A_a) g^{bc} \psi^{-1} + \frac{1}{2} \alpha (\partial_a \psi)(\partial_5 A_c) g^{bc} \psi^{-1} +$

$+ \frac{1}{2} \alpha (\partial_5 \partial_c \psi) A_a g^{bc} \psi^{-1} - \frac{3}{4} \alpha^2 (\partial_5 A_c)(\partial_5 \psi) A_a g^{bc} \psi^{-1} - \frac{1}{4} \alpha^2 (\partial_5 g_{ac})(\partial_5 \psi) \eta g^{bc} \psi^{-1} - \beta_2 (\partial_5 g_{ac}) S_{(2)d}{}^d g^{bc} \psi^{-1} +$

$+ \alpha \beta_2 (\partial_c \psi) A_a S_{(2)d}{}^d g^{bc} \psi^{-1} - \beta_2 (\partial_5 S_{(2)c}{}^d) g_{ad} g^{bc} \psi^{-1} + \frac{1}{4} \alpha (\partial_c \psi)(\partial_5 g_{ad}) A^c g^{bd} \psi^{-1} + \frac{1}{2} \alpha^2 (\partial_5 g_{cd})(\partial_5 \psi) A_a A^c g^{bd} \psi^{-1} +$

$$
\begin{aligned}
&+ \tfrac{1}{2}(\partial_c \psi)\,{}^{(4)}\{{}^{\;c}_{a\,d}\}\,g^{bd}\,\psi^{-1} - \tfrac{1}{2}\alpha(\partial_5 \psi)\,A_c\,{}^{(4)}\{{}^{\;c}_{a\,d}\}\,g^{bd}\,\psi^{-1} + \beta_2(\partial_5 g_{cd})\,S_{(2)}{}^c{}_a\,g^{bd}\,\psi^{-1} - \tfrac{1}{4}\alpha(\partial_c \psi)(\partial_5 g_{ad})\,A^b\,g^{cd}\,\psi^{-1} - \\
&- \tfrac{1}{4}\alpha^2(\partial_5 g_{cd})(\partial_5 \psi)\,A_a A^b g^{cd}\psi^{-1} - \tfrac{1}{2}\beta_2(\partial_5 g_{cd})\,S_{(2)a}{}^b\,g^{cd}\psi^{-1} - \tfrac{1}{2}\beta_2(\partial_5 g_{cd})\,S_{(2)}{}^b{}_a\,g^{cd}\psi^{-1} + \\
&+ \tfrac{1}{2}(\partial_5 g_{ac})(\partial_5 g_{de})\,g^{bd} g^{ce}\psi^{-1} - \tfrac{1}{2}\alpha(\partial_c\psi)(\partial_5 g_{de})\,A_a\,g^{bd} g^{ce}\psi^{-1} - \tfrac{1}{4}(\partial_5 g_{ac})(\partial_5 g_{de})\,g^{bc} g^{de}\psi^{-1} + \\
&+ \tfrac{1}{4}\alpha(\partial_c\psi)(\partial_5 g_{de})\,A_a\,g^{bc} g^{de}\psi^{-1} + 2\alpha\beta_2(\partial_a S_{(2)c}{}^c)A^b - \alpha\beta_2(\partial_c S_{(2)a}{}^c)A^b - \tfrac{1}{2}\alpha^2(\partial_5\partial_5 A_a)A^b + \tfrac{1}{2}\alpha(\partial_5\,{}^{(4)}\{{}^{\;b}_{a\,b}\})A^b - \\
&- \alpha\beta_3(\partial_5 S_{(3)a})A^b + \alpha\beta_2(\partial_c S_{(2)a}{}^b)A^c + \tfrac{1}{2}\alpha\,(\partial_5\,{}^{(4)}\{{}^{\;b}_{a\,c}\})A^c + \alpha\beta_0(\partial_5 S_{(0)ac}{}^b)A^c + \tfrac{1}{2}\alpha^2(\partial_5\partial_5 g_{ac})A^b A^c + \tfrac{3}{4}\alpha^4(\partial_5 A_c)(\partial_5\psi)A_a A^b A^c - \\
&- \alpha^2\beta_2(\partial_5 S_{(2)a}{}^b)\eta - \tfrac{1}{4}\alpha(\partial_5 g_{ac})U^{bc} + \tfrac{1}{4}\alpha(\partial_5 g_{ac})F^{bc} + \tfrac{3}{4}\alpha^2(\partial_c\psi)A_a F^{bc} - \tfrac{3}{4}\alpha^3(\partial_5\psi)A_a A_c F^{bc} + \beta_0\,{}^{(4)}\{{}^{\;c}_{c\,d}\}\,S_{(0)a}{}^{bd} + \\
&+ \alpha\beta_0(\partial_5 A_c)S_{(0)a}{}^{cb} - \beta_0\,{}^{(4)}\{{}^{\;b}_{c\,d}\}\,S_{(0)a}{}^{cd} - \alpha\beta_0(\partial_5 g_{cd})A^c S_{(0)a}{}^{db} - 2\beta_0{}^2 S_{(0)a}{}^{bc} S_{(0)cd}{}^d + \beta_0\,{}^{(4)}\{{}^{\;c}_{a\,d}\}\,S_{(0)c}{}^{db} + \beta_0\,{}^{(4)}\{{}^{\;c}_{a\,d}\}\,S_{(0)}{}^b{}_c{}^d + \\
&+ \alpha\beta_0(\partial_5 A_c)S_{(0)}{}^{bc}{}_a - \tfrac{3}{2}\alpha^2\beta_0(\partial_c\psi)A_a A_d S_{(0)}{}^{bcd} + \tfrac{3}{2}\alpha^3\beta_0(\partial_5\psi)A_a A_c A_d S_{(0)}{}^{bcd} - \alpha\beta_0(\partial_5 g_{cd})A^c S_{(0)}{}^{bd}{}_a - \\
&- 2\beta_0{}^2 S_{(0)cd}{}^c S_{(0)}{}^{bd}{}_a + \alpha\beta_0(\partial_5 g_{ac})A_d S_{(0)}{}^{bdc} - 2\beta_0{}^2 S_{(0)ac}S_{(0)}{}^c{}^b + \alpha\beta_0(\partial_5 g_{ac})A^b S_{(0)}{}^c{}_d{}^d + 2\beta_0{}^2 S_{(0)ac}S_{(0)}{}^c{}_d{}^d - \\
&- \alpha\beta_0(\partial_5 g_{ac})A_d S_{(0)}{}^{cdb} + \beta_0{}^2 S_{(0)cda} S_{(0)}{}^{cdb} - \tfrac{3}{2}\alpha\beta_1(\partial_c\psi)A_a S_{(1)}{}^{bc} + \tfrac{3}{2}\alpha^2\beta_1(\partial_5\psi)A_a A_c S_{(1)}{}^{bc} - 2\alpha^2\beta_2(\partial_5 A_c)A^c S_{(2)a}{}^b + \\
&+ \alpha^2\beta_2(\partial_5 g_{cd})A^c A^d S_{(2)a}{}^b + \tfrac{1}{2}\alpha\beta_2 U_c{}^c S_{(2)a}{}^b - 2\alpha\beta_0\beta_2 A_c S_{(0)}{}^c{}_d S_{(2)a}{}^b + \alpha\beta_2 A^d\,{}^{(4)}\{{}^{\;b}_{c\,d}\} S_{(2)a}{}^c - \tfrac{1}{2}\alpha\beta_2 U^b{}_c S_{(2)a}{}^c + \\
&+ \tfrac{1}{2}\alpha\beta_2 F^b{}_c S_{(2)a}{}^c - \alpha\beta_2 A^b\,{}^{(4)}\{{}^{\;c}_{c\,d}\} S_{(2)a}{}^d - 2\alpha\beta_0\beta_2 A^b S_{(0)cd}{}^c S_{(2)a}{}^d + 2\alpha\beta_0\beta_2 A_c S_{(0)}{}^{cb}{}_d S_{(2)a}{}^d - \alpha\beta_2 A^d\,{}^{(4)}\{{}^{\;c}_{a\,d}\} S_{(2)c}{}^b + \\
&+ 2\alpha^2\beta_2{}^2\eta\, S_{(2)a}{}^c S_{(2)c}{}^b - \alpha^2\beta_2(\partial_5 A_a)A^b S_{(2)c}{}^c + \alpha\beta_2 U_a{}^b S_{(2)c}{}^c + 2\beta_1\beta_2 S_{(1)a}{}^b S_{(2)c}{}^c - 2\alpha^2\beta_2{}^2\eta\, S_{(2)a}{}^b S_{(2)c}{}^c + \\
&+ \alpha\beta_2 A^b\,{}^{(4)}\{{}^{\;c}_{a\,d}\} S_{(2)c}{}^d - 2\alpha\beta_0\beta_2 A_c S_{(0)a}{}^{cd} S_{(2)d}{}^b + \alpha^2\beta_2(\partial_5 g_{ac})A^b A^c S_{(2)d}{}^b + 2\alpha\beta_0\beta_2 A_c S_{(0)a}{}^{cb} S_{(2)d}{}^b + \\
&+ 2\alpha\beta_0\beta_2 A_c S_{(0)}{}^{bc}{}_a S_{(2)d}{}^d - 2\alpha^2\beta_2(\partial_5 A_c)A^c S_{(2)}{}^b{}_a + \alpha^2\beta_2(\partial_5 g_{cd})A^c A^d S_{(2)}{}^b{}_a + \tfrac{1}{2}\alpha\beta_2 U_c{}^c S_{(2)}{}^b{}_a - 2\alpha\beta_0\beta_2 A_c S_{(0)}{}^c{}_d S_{(2)}{}^b{}_a - \\
&- 2\alpha^2\beta_2{}^2\eta\, S_{(2)c}{}^c S_{(2)}{}^b{}_a - \alpha^2\beta_2(\partial_5 A_c)A_a S_{(2)}{}^{bc} - \alpha^2\beta_2(\partial_5 A_a)A_c S_{(2)}{}^{bc} - \alpha^2\beta_2(\partial_5 g_{ac})\eta S_{(2)}{}^{bc} - \tfrac{3}{2}\alpha^4\beta_2(\partial_5\psi)A_a A_c \eta S_{(2)}{}^{bc} + \\
&+ \tfrac{1}{2}\alpha\beta_2 U_{ac} S_{(2)}{}^{bc} + \tfrac{1}{2}\alpha\beta_2 F_{ac} S_{(2)}{}^{bc} - 2\alpha^2\beta_2{}^2 A_a A_c S_{(2)d}{}^d S_{(2)}{}^{bc} + \tfrac{3}{2}\alpha^3\beta_2(\partial_c\psi)A_a A_d A^c S_{(2)}{}^{bd} - \alpha\beta_2 A_c\,{}^{(4)}\{{}^{\;c}_{a\,d}\} S_{(2)}{}^{bd} + \\
&+ \alpha^2\beta_2(\partial_5 A_c)A^b S_{(2)}{}^c{}_a - \tfrac{1}{2}\alpha\beta_2 U^b{}_c S_{(2)}{}^c{}_a + \tfrac{1}{2}\alpha\beta_2 F^b{}_c S_{(2)}{}^c{}_a + 2\alpha^2\beta_2{}^2 A_c A^b S_{(2)d}{}^d S_{(2)}{}^c{}_a + \alpha^2\beta_2(\partial_5 A_c) A_a S_{(2)}{}^{cb} + \\
&+ \alpha^2\beta_2(\partial_5 A_a) A_c S_{(2)}{}^{cb} + \alpha^2\beta_2(\partial_5 g_{ac})\eta S_{(2)}{}^{cb} - \tfrac{1}{2}\alpha\beta_2 U_{ac} S_{(2)}{}^{cb} + \tfrac{1}{2}\alpha\beta_2 F_{ac} S_{(2)}{}^{cb} - 2\beta_1\beta_2 S_{(1)ac} S_{(2)}{}^{cb} + \\
&+ 2\alpha^2\beta_2{}^2\eta\, S_{(2)ca} S_{(2)}{}^{cb} - \tfrac{3}{2}\alpha^3\beta_2(\partial_c\psi)A_a A_d A^b S_{(2)}{}^{cd} + \tfrac{3}{2}\alpha^4\beta_2(\partial_5\psi)A_a A_c A_d A^b S_{(2)}{}^{cd} - \alpha^2\beta_2(\partial_5 g_{cd}) A^b A^c S_{(2)}{}^d{}_a - \\
&- 2\alpha\beta_0\beta_2 A^b S_{(0)cd}{}^c S_{(2)}{}^d{}_a + 2\alpha\beta_0\beta_2 A_c S_{(0)}{}^{c\,b}{}_d S_{(2)}{}^d{}_a - \alpha^2\beta_2(\partial_5 g_{ac}) A_d A^c S_{(2)}{}^{db} + \alpha\beta_2 A_c\,{}^{(4)}\{{}^{\;c}_{a\,d}\} S_{(2)}{}^{db} + \\
&+ 2\alpha\beta_0\beta_2 A_c S_{(0)}{}^c{}_{da} S_{(2)}{}^{db} - 2\alpha^2\beta_2{}^2 A_c A_a S_{(2)}{}^c{}_a S_{(2)}{}^{db} + \alpha^2\beta_2(\partial_5 g_{ac}) A_d A^b S_{(2)}{}^{dc} + 2\alpha^2\beta_2{}^2 A_a A_c S_{(2)d}{}^b S_{(2)}{}^{dc} - \\
&- 2\alpha\beta_2\beta_3 A^b S_{(2)}{}^c S_{(3)a} + 2\alpha\beta_2\beta_3 A_c S_{(2)a}{}^{cb} S_{(3)a} - 2\beta_0\beta_3 S_{(0)a}{}^{bc} S_{(3)c} + 2\alpha\beta_2\beta_3 A^b S_{(2)a}{}^c S_{(3)c} - \alpha\beta_3(\partial_5 A_a) S_{(3)}{}^b + \\
&+ \tfrac{3}{2}\alpha^2\beta_3(\partial_c\psi) A_a A^c S_{(3)}{}^b - \tfrac{3}{2}\alpha^3\beta_3(\partial_5\psi) A_a \eta S_{(3)}{}^b - 2\alpha\beta_2\beta_3 A_a S_{(2)c}{}^c S_{(3)}{}^b + \alpha\beta_3(\partial_5 g_{ac}) A^b S_{(3)}{}^c - \tfrac{3}{2}\alpha^2\beta_3(\partial_c\psi) A_a A^b S_{(3)}{}^c + \\
&+ \tfrac{3}{2}\alpha^3\beta_3(\partial_5\psi) A_a A_c A^b S_{(3)}{}^c + 2\beta_0\beta_3 S_{(0)ac}{}^b S_{(3)}{}^c + 2\beta_0\beta_3 S_{(0)}{}^b{}_{ca} S_{(3)}{}^c - 2\alpha\beta_2\beta_3 A_c S_{(2)a}{}^b S_{(3)}{}^c + \alpha\beta_2\beta_3 A^b S_{(2)ca} S_{(3)}{}^c + \\
&+ 2\alpha\beta_2\beta_3 A_a S_{(2)c}{}^b S_{(3)}{}^c - 2\alpha\beta_2\beta_3 A_c S_{(2)}{}^b{}_a S_{(3)}{}^c + \alpha^2\beta_2(\partial_5 S_{(2)c}{}^d) A^b A^c g_{ad} - \beta_0\,{}^{(4)}\{{}^{\;e}_{c\,d}\} S_{(0)}{}^{bcd} g_{ae} + \\
&+ \alpha\beta_2 A^d\,{}^{(4)}\{{}^{\;e}_{c\,d}\} S_{(2)}{}^{bc} g_{ae} - \alpha\beta_2 A^b\,{}^{(4)}\{{}^{\;e}_{c\,d}\} S_{(2)}{}^{cd} g_{ae} + 2\beta_3(\partial_a S_{(3)c}) g^{bc} - \alpha^2(\partial_5 A_a)(\partial_5 A_c) g^{bc} + \tfrac{1}{2}\alpha(\partial_5 U_{ac}) g^{bc} + \\
&+ \beta_1(\partial_5 S_{(1)ac}) g^{bc} - \tfrac{1}{2}\alpha^2(\partial_5\partial_5 A_c) A_a g^{bc} - \alpha\beta_3(\partial_5 S_{(3)c}) A_a g^{bc} - \alpha^2\beta_2(\partial_5 S_{(2)c}{}^d) A_a A_d g^{bc} + \tfrac{1}{2}\alpha^2(\partial_5 A_c)(\partial_5 g_{ad}) A^d g^{bc} + \\
&+ \tfrac{1}{2}\alpha^2(\partial_5 g_{ac})(\partial_5 g_{de}) A^d A^e g^{bc} - \tfrac{1}{2}\alpha^2(\partial_5\partial_5 g_{ac})\eta\, g^{bc} - \tfrac{3}{4}\alpha^4(\partial_5 A_c)(\partial_5\psi) A_a \eta g^{bc} + \tfrac{1}{4}\alpha(\partial_5 g_{ac}) U_d{}^d g^{bc} - \\
&- \alpha\beta_0(\partial_5 g_{ac}) A_d S_{(0)}{}^d{}_e{}^e g^{bc} - \alpha^2\beta_2(\partial_5 A_c) A_a S_{(2)d}{}^d g^{bc} - \alpha^2\beta_2(\partial_5 g_{ac})\eta\, S_{(2)d}{}^d g^{bc} + \alpha^2\beta_2(\partial_5 A_c) A_d S_{(2)}{}^d{}_a g^{bc} - \\
&- \alpha\beta_3(\partial_5 A_c) S_{(3)a} g^{bc} - \alpha\beta_3(\partial_5 g_{ac}) A_d S_{(3)}{}^d g^{bc} - \alpha^2\beta_2(\partial_5 S_{(2)c}{}^d)\eta g_{ad} g^{bc} - (\partial_a\,{}^{(4)}\{{}^{\;b}_{c\,d}\}) g^{bd} - 2\beta_0(\partial_a S_{(0)cd}{}^c) g^{bd} + \\
&+ (\partial_b\,{}^{(4)}\{{}^{\;b}_{a\,d}\}) g^{bd} + \beta_0(\partial_c S_{(0)ad}{}^c) g^{bd} - \alpha(\partial_5\,{}^{(4)}\{{}^{\;c}_{a\,d}\}) A_c g^{bd} - \alpha^2(\partial_5 A_c)(\partial_5 g_{ad}) A^c g^{bd} + \tfrac{1}{2}\alpha^2(\partial_5 A_a)(\partial_5 g_{cd}) A^c g^{bd} + \\
&+ \tfrac{3}{4}\alpha^3(\partial_c\psi)(\partial_5 A_d) A_a A^c g^{bd} - \alpha(\partial_5 A_c)\,{}^{(4)}\{{}^{\;c}_{a\,d}\} g^{bd} - \tfrac{1}{4}\alpha(\partial_5 g_{cd}) U_a{}^c g^{bd} + \tfrac{1}{4}\alpha(\partial_5 g_{cd}) F_a{}^c g^{bd} - \alpha\beta_0(\partial_5 g_{cd}) A_e S_{(0)}{}^{ce}{}_a g^{bd} - \\
&- \beta_1(\partial_5 g_{cd}) S_{(1)a}{}^c g^{bd} - \alpha\beta_2 A^e\,{}^{(4)}\{{}^{\;c}_{d\,e}\} S_{(2)ca} g^{bd} + \alpha^2\beta_2(\partial_5 g_{cd})\eta S_{(2)}{}^c{}_a g^{bd} + \alpha^2\beta_2(\partial_5 g_{cd}) A_a A_e S_{(2)}{}^{ce} g^{bd} - \\
&- \alpha^2\beta_2(\partial_5 g_{cd}) A_e A^c S_{(2)}{}^e{}_a g^{bd} + \alpha\beta_3(\partial_5 g_{cd}) A^c S_{(3)a} g^{bd} - 2\beta_3\,{}^{(4)}\{{}^{\;c}_{a\,d}\} S_{(3)c} g^{bd} + \alpha\beta_3(\partial_5 g_{cd}) A_a S_{(3)}{}^c g^{bd} + \\
&+ \alpha\beta_2(\partial_c S_{(2)d}{}^e) A^c g_{ae} g^{bd} - \alpha\beta_0(\partial_5 S_{(0)cd}{}^e) A^c g_{ae} g^{bd} - \tfrac{1}{2}\alpha^2(\partial_5 g_{ac})(\partial_5 g_{de}) A^c A^d g^{be} + {}^{(4)}\{{}^{\;c}_{a\,e}\}\,{}^{(4)}\{{}^{\;d}_{c\,d}\} g^{be} - \\
&- {}^{(4)}\{{}^{\;c}_{a\,d}\}\,{}^{(4)}\{{}^{\;d}_{c\,e}\} g^{be} - \beta_0\,{}^{(4)}\{{}^{\;c}_{d\,e}\} S_{(0)ac}{}^d g^{be} - 2\beta_0\,{}^{(4)}\{{}^{\;c}_{a\,e}\} S_{(0)cd}{}^d g^{be} + \beta_0\,{}^{(4)}\{{}^{\;c}_{d\,e}\} S_{(0)c}{}^d{}_a g^{be} +
\end{aligned}
$$

$$+ \alpha \beta_2 A_c{}^{(4)}\{{}^c_{d\,e}\} S_{(2)a}{}^d g^{be} - 2\alpha \beta_2 A_c{}^{(4)}\{{}^c_{a\,e}\} S_{(2)d}{}^d g^{be} + \alpha \beta_2 A_c{}^{(4)}\{{}^c_{d\,e}\} S_{(2)}{}^d{}_a g^{be} + \tfrac{1}{2}\alpha(\partial_5{}^{(4)}\{{}^d_{c\,e}\}) A^c g_{ad} g^{be} -$$
$$-\beta_0 (\partial_c S_{(0)ad}{}^b) g^{cd} + \tfrac{1}{2}\alpha^2 (\partial_5 A_c)(\partial_5 g_{ad}) A^b g^{cd} - \tfrac{1}{4}\alpha^2 (\partial_5 A_a)(\partial_5 g_{cd}) A^b g^{cd} - \tfrac{3}{4}\alpha^3 (\partial_c \psi)(\partial_5 A_d) A_a A^b g^{cd} +$$
$$+\tfrac{1}{4}\alpha (\partial_5 g_{cd}) U_a{}^b g^{cd} + \tfrac{1}{2}\alpha\beta_0 (\partial_5 g_{cd}) A_e S_{(0)a}{}^{eb} g^{cd} + \tfrac{1}{2}\alpha\beta_0 (\partial_5 g_{cd}) A_e S_{(0)}{}^{be}{}_a g^{cd} + \tfrac{1}{2}\beta_1 (\partial_5 g_{cd}) S_{(1)a}{}^b g^{cd} -$$
$$-\tfrac{1}{2}\alpha^2 \beta_2 (\partial_5 g_{cd}) \eta S_{(2)a}{}^b g^{cd} - \tfrac{1}{2}\alpha^2 \beta_2 (\partial_5 g_{cd}) \eta S_{(2)}{}^b{}_a g^{cd} - \tfrac{1}{2}\alpha^2 \beta_2 (\partial_5 g_{cd}) A_a A_e S_{(2)}{}^{be} g^{cd} +$$
$$+\tfrac{1}{2}\alpha^2 \beta_2 (\partial_5 g_{cd}) A_e A^b S_{(2)}{}^e{}_a g^{cd} - \tfrac{1}{2}\alpha\beta_3 (\partial_5 g_{cd}) A^b S_{(3)a} g^{cd} - \tfrac{1}{2}\alpha\beta_3 (\partial_5 g_{cd}) A_a S_{(3)}{}^b g^{cd} - \alpha\beta_2 (\partial_c S_{(2)d}{}^e) A^b g_{ae} g^{cd} -$$
$$-\tfrac{1}{2}\alpha (\partial_5 g_{cd}) A_e{}^{(4)}\{{}^e_{a\,f}\} g^{bf} g^{cd} - \tfrac{1}{2}\alpha^2 (\partial_5 g_{ac})(\partial_5 g_{de}) A^b A^d g^{ce} + \beta_0{}^{(4)}\{{}^d_{c\,e}\} S_{(0)ad}{}^b g^{ce} + \beta_0{}^{(4)}\{{}^d_{c\,e}\} S_{(0)}{}^b{}_{da} g^{ce} +$$
$$+\alpha\beta_2 A^b{}^{(4)}\{{}^d_{c\,e}\} S_{(2)da} g^{ce} - \tfrac{1}{2}\alpha (\partial_5{}^{(4)}\{{}^d_{c\,e}\}) A^b g_{ad} g^{ce} + \tfrac{1}{2}\alpha^2 (\partial_5 A_c)(\partial_5 g_{de}) A_a g^{bd} g^{ce} + \tfrac{1}{2}\alpha^2 (\partial_5 g_{ac})(\partial_5 g_{de}) \eta g^{bd} g^{ce} -$$
$$-\beta_0 (\partial_c S_{(0)de}{}^f) g_{af} g^{bd} g^{ce} + \tfrac{1}{2}\alpha (\partial_5 g_{cd}) A_e{}^{(4)}\{{}^e_{a\,f}\} g^{bd} g^{cf} + \tfrac{1}{2}\alpha (\partial_5 g_{ac}) A_d{}^{(4)}\{{}^d_{e\,f}\} g^{be} g^{cf} +$$
$$+\tfrac{1}{4}\alpha^2 (\partial_5 g_{ac})(\partial_5 g_{de}) A^b A^c g^{de} - \alpha\beta_2 A_c{}^{(4)}\{{}^c_{d\,e}\} S_{(2)a}{}^b g^{de} - \alpha\beta_2 A_c{}^{(4)}\{{}^c_{d\,e}\} S_{(2)}{}^b{}_a g^{de} - \tfrac{1}{4}\alpha^2 (\partial_5 A_c)(\partial_5 g_{de}) A_a g^{bc} g^{de} -$$
$$-\tfrac{1}{4}\alpha^2 (\partial_5 g_{ac})(\partial_5 g_{de}) \eta g^{bc} g^{de} - \tfrac{1}{2}\alpha (\partial_5 g_{ac}) A_d{}^{(4)}\{{}^d_{e\,f}\} g^{bc} g^{ef} + \tfrac{1}{2}\alpha^4 (\partial_5 A_a)(\partial_5 A_c) A^b A^c \psi + \tfrac{1}{2}\alpha^4 (\partial_5 \partial_5 A_c) A_a A^b A^c \psi +$$
$$+\alpha^3 \beta_3 (\partial_5 S_{(3)c}) A_a A^b A^c \psi + \alpha^4 \beta_2 (\partial_5 S_{(2)c}{}^d) A_a A_d A^b A^c \psi - \tfrac{1}{4}\alpha^3 (\partial_5 A_c) A_a U^{bc} \psi + \tfrac{1}{2}\alpha^3 (\partial_5 A_c) A^b F_a{}^c \psi - \tfrac{1}{4}\alpha^3 (\partial_5 A_c) A_a F^{bc} \psi -$$
$$-\tfrac{1}{2}\alpha^3 (\partial_5 A_a) A_c F^{bc} \psi - \tfrac{1}{2}\alpha^2 F_{ac} F^{bc} \psi + \tfrac{1}{2}\alpha^3 (\partial_5 g_{cd}) A_a A^c F^{bd} \psi - \tfrac{1}{2}\alpha^2 \beta_0 A_a F^{cd} S_{(0)cd}{}^b \psi + \alpha^2 \beta_0 A_a F^{bd} S_{(0)cd}{}^c \psi -$$
$$-\tfrac{1}{2}\alpha^2 \beta_0 A_a U^c{}_d S_{(0)}{}^b{}_c{}^d \psi - \tfrac{1}{2}\alpha^2 \beta_0 A_a F^c{}_d S_{(0)}{}^b{}_c{}^d \psi + \alpha^2 \beta_0 A_c F_a{}^d S_{(0)}{}^b{}_d{}^c \psi + \alpha^3 \beta_0 (\partial_5 A_c) A_a A_d S_{(0)}{}^{bcd} \psi +$$
$$+\alpha^3 \beta_0 (\partial_5 A_a) A_c A_d S_{(0)}{}^{bcd} \psi + \alpha^3 \beta_0 (\partial_5 A_c) A_a A_d S_{(0)}{}^{bdc} \psi - \alpha^3 \beta_0 (\partial_5 g_{cd}) A_a A_e A^c S_{(0)}{}^{bde} \psi - 2\alpha^2 \beta_0{}^2 A_a A_c S_{(0)de}{}^d S_{(0)}{}^{bec} \psi +$$
$$+\alpha^3 \beta_0 (\partial_5 A_c) A_a A^b S_{(0)}{}^c{}_d{}^d \psi - \alpha^3 \beta_0 (\partial_5 A_c) A_a A_d S_{(0)}{}^{cdb} \psi + \alpha^2 \beta_0{}^2 A_a A_c S_{(0)de}{}^b S_{(0)}{}^{dec} \psi + \alpha^2 \beta_1 (\partial_5 A_c) A_a S_{(1)}{}^{bc} \psi +$$
$$+\alpha^2 \beta_1 (\partial_5 A_a) A_c S_{(1)}{}^{bc} \psi + \alpha\beta_1 F_{ac} S_{(1)}{}^{bc} \psi - \alpha^2 \beta_1 (\partial_5 g_{cd}) A_a A^c S_{(1)}{}^{bd} \psi - 2\alpha\beta_0 \beta_1 A_a S_{(0)cd}{}^c S_{(1)}{}^{bd} \psi + \alpha\beta_0 \beta_1 A_a S_{(0)cd}{}^b S_{(1)}{}^{cd} \psi +$$
$$+\alpha^4 \beta_2 (\partial_5 A_c) A_a A^b A^c S_{(2)d}{}^d \psi - \alpha^3 \beta_2 A_a A_c F^{bc} S_{(2)d}{}^d \psi + 2\alpha^2 \beta_1 \beta_2 A_a A_c S_{(1)}{}^{bc} S_{(2)d}{}^d \psi + 2\alpha^3 \beta_0 \beta_2 A_a A_c A_d S_{(0)}{}^{bcd} S_{(2)e}{}^e \psi -$$
$$-\alpha^4 \beta_2 (\partial_5 A_c) A_a \eta S_{(2)}{}^{bc} \psi - \alpha^4 \beta_2 (\partial_5 A_a) A_c \eta S_{(2)}{}^{bc} \psi + \tfrac{1}{2}\alpha^3 \beta_2 A_a A_c U^d{}_d S_{(2)}{}^{bc} \psi - 2\alpha^4 \beta_2{}^2 A_a A_c \eta S_{(2)d}{}^d S_{(2)}{}^{bc} \psi -$$
$$-2\alpha^4 \beta_2 (\partial_5 A_c) A_a A_d A^c S_{(2)}{}^{bd} \psi + \tfrac{1}{2}\alpha^3 \beta_2 A_a A_c U^c{}_d S_{(2)}{}^{bd} \psi - \alpha^3 \beta_2 A_c A_d F_a{}^c S_{(2)}{}^{bd} \psi + \tfrac{1}{2}\alpha^3 \beta_2 A_a A_c F^c{}_d S_{(2)}{}^{bd} \psi -$$
$$-2\alpha^3 \beta_0 \beta_2 A_a A_c A_d S_{(0)}{}^c{}_e{}^e S_{(2)}{}^{bd} \psi + \alpha^4 \beta_2 (\partial_5 g_{cd}) A_a A_e A^c A^d S_{(2)}{}^{be} \psi + \alpha^4 \beta_2 (\partial_5 A_c) A_a \eta S_{(2)}{}^{cb} \psi + \alpha^4 \beta_2 (\partial_5 A_c) A_a A_d A^b S_{(2)}{}^{cd} \psi +$$
$$+\alpha^4 \beta_2 (\partial_5 A_a) A_c A_d A^b S_{(2)}{}^{cd} \psi - \tfrac{1}{2}\alpha^3 \beta_2 A_a A^b U_{cd} S_{(2)}{}^{cd} \psi - \tfrac{1}{2}\alpha^3 \beta_2 A_a A^b F_{cd} S_{(2)}{}^{cd} \psi + 2\alpha^4 \beta_2{}^2 A_a A_c A_d A^b S_{(2)e}{}^e S_{(2)}{}^{cd} \psi -$$
$$-\alpha^4 \beta_2 (\partial_5 A_c) A_a A_d A^c S_{(2)}{}^{db} \psi - \alpha^3 \beta_2 A_a A_c F^c{}_d S_{(2)}{}^{db} \psi + 2\alpha^2 \beta_1 \beta_2 A_a A_c S_{(1)}{}^c{}_d S_{(2)}{}^{db} \psi + \alpha^4 \beta_2 (\partial_5 A_c) A_a A_d A^b S_{(2)}{}^{dc} \psi -$$
$$-\tfrac{1}{2}\alpha^3 \beta_2 A_a A_c U^b{}_d S_{(2)}{}^{dc} \psi + \alpha^3 \beta_2 A_c A^b F_{ad} S_{(2)}{}^{dc} \psi + \tfrac{1}{2}\alpha^3 \beta_2 A_a A_c F^b{}_d S_{(2)}{}^{dc} \psi + 2\alpha^4 \beta_2{}^2 A_a A_c \eta S_{(2)d}{}^b S_{(2)}{}^{dc} \psi -$$
$$-\alpha^4 \beta_2 (\partial_5 g_{cd}) A_a A_e A^b A^c S_{(2)}{}^{de} \psi - 2\alpha^4 \beta_2{}^2 A_a A_c A_d A_e S_{(2)}{}^{cb} S_{(2)}{}^{de} \psi + 2\alpha^3 \beta_0 \beta_2 A_a A_c A_d S_{(0)}{}^c{}_e{}^d S_{(2)}{}^{eb} \psi -$$
$$-2\alpha^3 \beta_0 \beta_2 A_a A_c A^b S_{(0)de}{}^d S_{(2)}{}^{ec} \psi + 2\alpha^3 \beta_0 \beta_2 A_a A_c A_d S_{(0)}{}^c{}_e{}^b S_{(2)}{}^{ed} \psi - 2\alpha^3 \beta_3 (\partial_5 A_c) A_a A^c S_{(3)}{}^b \psi + \alpha^3 \beta_3 (\partial_5 g_{cd}) A_a A^c A^d S_{(3)}{}^b \psi -$$
$$-\alpha^3 \beta_3 (\partial_5 A_a) \eta S_{(3)}{}^b \psi + \tfrac{1}{2}\alpha^2 \beta_3 A_a U_c{}^c S_{(3)}{}^b \psi - \alpha^2 \beta_3 A_c F_a{}^c S_{(3)}{}^b \psi - 2\alpha^2 \beta_0 \beta_3 A_a A_c S_{(0)}{}^c{}_d{}^d S_{(3)}{}^b \psi - 2\alpha^2 \beta_2 \beta_3 A_a \eta S_{(2)c}{}^c S_{(3)}{}^b \psi +$$
$$+2\alpha^3 \beta_3 (\partial_5 A_c) A_a A^b S_{(3)}{}^c \psi + \alpha^3 \beta_3 (\partial_5 A_a) A_c A^b S_{(3)}{}^c \psi - \tfrac{1}{2}\alpha^2 \beta_3 A_a U^b{}_c S_{(3)}{}^c \psi + \alpha^2 \beta_3 A^b F_{ac} S_{(3)}{}^c \psi - \tfrac{1}{2}\alpha^2 \beta_3 A_a F^b{}_c S_{(3)}{}^c \psi +$$
$$+2\alpha\beta_1 \beta_3 A_a S_{(1)}{}^b{}_c S_{(3)}{}^c \psi + 2\alpha^3 \beta_2 \beta_3 A_a \eta S_{(2)c}{}^b S_{(3)}{}^c \psi + 2\alpha^3 \beta_2 \beta_3 A_a A_c S_{(2)d}{}^b S_{(3)}{}^c \psi + 2\alpha^2 \beta_3{}^2 A_a A^b S_{(3)c} S_{(3)}{}^c \psi -$$
$$-2\alpha^2 \beta_3{}^2 A_a A_c S_{(3)}{}^b S_{(3)}{}^c \psi - \alpha^3 \beta_3 (\partial_5 g_{cd}) A_a A^b A^c S_{(3)}{}^d \psi - 2\alpha^2 \beta_0 \beta_3 A_a A^b S_{(0)cd}{}^c S_{(3)}{}^d \psi + 2\alpha^2 \beta_0 \beta_3 A_a A_c S_{(0)}{}^b{}_d{}^c S_{(3)}{}^d \psi +$$
$$+2\alpha^2 \beta_0 \beta_3 A_a A_c S_{(0)}{}^c{}_d{}^b S_{(3)}{}^d \psi + 2\alpha^3 \beta_2 \beta_3 A_a A_c A^b S_{(2)c}{}^c S_{(3)}{}^d \psi - 2\alpha^3 \beta_2 \beta_3 A_a A_c A_d S_{(2)}{}^{bc} S_{(3)}{}^d \psi -$$
$$-2\alpha^3 \beta_2 \beta_3 A_a A_c A_d S_{(2)}{}^{cb} S_{(3)}{}^d \psi + \tfrac{1}{2}\alpha^4 (\partial_5 A_c)(\partial_5 g_{de}) A_a A^d A^e g^{bc} \psi - \tfrac{1}{2}\alpha^4 (\partial_5 A_a)(\partial_5 A_c) \eta g^{bc} \psi - \tfrac{1}{2}\alpha^4 (\partial_5 \partial_5 A_c) A_a \eta g^{bc} \psi -$$
$$-\alpha^3 \beta_3 (\partial_5 S_{(3)c}) A_a \eta g^{bc} \psi - \alpha^4 \beta_2 (\partial_5 S_{(2)c}{}^d) A_a A_d \eta g^{bc} \psi + \tfrac{1}{4}\alpha^3 (\partial_5 A_c) A_a U_d{}^d g^{bc} \psi - \tfrac{1}{2}\alpha^3 (\partial_5 A_c) A_d F_a{}^d g^{bc} \psi -$$
$$-\alpha^3 \beta_0 (\partial_5 A_c) A_a A_d S_{(0)}{}^d{}_e{}^e g^{bc} \psi - \alpha^4 \beta_2 (\partial_5 A_c) A_a \eta S_{(2)d}{}^d g^{bc} \psi + \alpha^4 \beta_2 (\partial_5 A_c) A_a A_d A_e S_{(2)}{}^{de} g^{bc} \psi + \alpha^2 \beta_3 (\partial_c S_{(3)d}) A_a A^c g^{bd} \psi -$$
$$-\tfrac{1}{2}\alpha^4 (\partial_5 A_c)(\partial_5 A_d) A_a A^c g^{bd} \psi + \tfrac{1}{4}\alpha^3 (\partial_5 U_{cd}) A_a A^c g^{bd} \psi + \tfrac{3}{4}\alpha^3 (\partial_5 F_{cd}) A_a A^c g^{bd} \psi - \alpha^2 \beta_1 (\partial_5 S_{(1)cd}) A_a A^c g^{bd} \psi +$$
$$+\alpha^3 \beta_2 (\partial_c S_{(2)d}{}^e) A_a A_e A^c g^{bd} \psi - \alpha^3 \beta_0 (\partial_5 S_{(0)cd}{}^e) A_a A_e A^c g^{bd} \psi - \tfrac{1}{2}\alpha^3 (\partial_5 A_c) A_a A^e{}^{(4)}\{{}^c_{d\,e}\} g^{bd} \psi + \tfrac{1}{2}\alpha^3 (\partial_5 g_{cd}) A_a A_e F^{ce} g^{bd} \psi -$$
$$-\alpha^3 \beta_0 (\partial_5 g_{cd}) A_a A_e A_f S_{(0)}{}^{cef} g^{bd} \psi - \alpha^2 \beta_1 (\partial_5 g_{cd}) A_a A_e S_{(1)}{}^{ce} g^{bd} \psi + \alpha^4 \beta_2 (\partial_5 g_{cd}) A_a A_e \eta S_{(2)}{}^{ce} g^{bd} \psi -$$
$$-\alpha^4 \beta_2 (\partial_5 g_{cd}) A_a A_e A_f A^c S_{(2)}{}^{ef} g^{bd} \psi - \alpha^2 \beta_3 A_a A^e{}^{(4)}\{{}^c_{d\,e}\} S_{(3)c} g^{bd} \psi + \alpha^3 \beta_3 (\partial_5 g_{cd}) A_a \eta S_{(3)}{}^c g^{bd} \psi -$$

$$-\alpha^3 \beta_3 (\partial_5 g_{cd}) A_a A_e A^c S_{(3)}{}^e g^{bd} \psi - \frac{1}{2} \alpha^4 (\partial_5 A_c)(\partial_5 g_{de}) A_a A^c A^d g^{be} \psi - \frac{1}{2} \alpha^2 A_a {}^{(4)}\{^{\ c}_{d\ e}\} F_c{}^d g^{be} \psi +$$
$$+ \alpha \beta_1 A_a {}^{(4)}\{^{\ c}_{d\ e}\} S_{(1)c}{}^d g^{be} \psi - \alpha^3 \beta_2 A_a A_c A^{f\,(4)}\{^{\ d}_{e\ f}\} S_{(2)d}{}^c g^{be} \psi + \alpha^2 \beta_3 A_a A_c {}^{(4)}\{^{\ c}_{d\ e}\} S_{(3)}{}^d g^{be} \psi +$$
$$+ \alpha^2 \beta_0 A_a A_c {}^{(4)}\{^{\ d}_{e\ f}\} S_{(0)d}{}^{ec} g^{bf} \psi + \alpha^3 \beta_2 A_a A_c A_d {}^{(4)}\{^{\ c}_{e\ f}\} S_{(2)}{}^{ed} g^{bf} \psi - \alpha^2 \beta_3 (\partial_c S_{(3)d}) A_a A^b g^{cd} \psi +$$
$$+ \frac{1}{2} \alpha^4 (\partial_5 A_c)(\partial_5 A_d) A_a A^b g^{cd} \psi - \frac{1}{4} \alpha^3 (\partial_5 U_{cd}) A_a A^b g^{cd} \psi - \alpha^3 \beta_2 (\partial_c S_{(2)d}{}^e) A_a A_e A^b g^{cd} \psi - \frac{1}{4} \alpha^3 (\partial_5 g_{cd}) A_a A_e F^{be} g^{cd} \psi +$$
$$+ \frac{1}{2} \alpha^3 \beta_0 (\partial_5 g_{cd}) A_a A_e A_f S_{(0)}{}^{bef} g^{cd} \psi + \frac{1}{2} \alpha^2 \beta_1 (\partial_5 g_{cd}) A_a A_e S_{(1)}{}^{be} g^{cd} \psi - \frac{1}{2} \alpha^4 \beta_2 (\partial_5 g_{cd}) A_a A_e \eta S_{(2)}{}^{be} g^{cd} \psi +$$
$$+ \frac{1}{2} \alpha^4 \beta_2 (\partial_5 g_{cd}) A_a A_e A_f A^b S_{(2)}{}^{ef} g^{cd} \psi - \frac{1}{2} \alpha^3 \beta_3 (\partial_5 g_{cd}) A_a \eta S_{(3)}{}^b g^{cd} \psi + \frac{1}{2} \alpha^3 \beta_3 (\partial_5 g_{cd}) A_a A_e A^b S_{(3)}{}^e g^{cd} \psi -$$
$$- \frac{1}{2} \alpha^4 (\partial_5 A_c)(\partial_5 g_{de}) A_a A^b A^d g^{ce} \psi - \frac{1}{2} \alpha^2 A_a {}^{(4)}\{^{\ d}_{c\ e}\} F^b{}_d g^{ce} \psi + \alpha \beta_1 A_a {}^{(4)}\{^{\ d}_{c\ e}\} S_{(1)}{}^b{}_d g^{ce} \psi + \alpha^2 \beta_3 A_a A^b {}^{(4)}\{^{\ d}_{c\ e}\} S_{(3)d} g^{ce} \psi +$$
$$+ \frac{1}{2} \alpha^2 (\partial_c F_{de}) A_a g^{bd} g^{ce} \psi - \alpha \beta_1 (\partial_c S_{(1)de}) A_a g^{bd} g^{ce} \psi - \alpha^2 \beta_0 (\partial_c S_{(0)de}{}^f) A_a A_f g^{bd} g^{ce} \psi +$$
$$+ \frac{1}{2} \alpha^4 (\partial_5 A_c)(\partial_5 g_{de}) A_a \eta g^{bd} g^{ce} \psi + \frac{1}{2} \alpha^3 (\partial_5 A_c) A_a A_d {}^{(4)}\{^{\ d}_{e\ f}\} g^{be} g^{cf} \psi + \frac{1}{4} \alpha^4 (\partial_5 A_c)(\partial_5 g_{de}) A_a A^b A^c g^{de} \psi +$$
$$+ \frac{1}{2} \alpha^3 (\partial_5 A_c) A_a A^b {}^{(4)}\{^{\ c}_{d\ e}\} g^{de} \psi - \alpha^2 \beta_3 A_a A_c {}^{(4)}\{^{\ c}_{d\ e}\} S_{(3)}{}^b g^{de} \psi - \frac{1}{4} \alpha^4 (\partial_5 A_c)(\partial_5 g_{de}) A_a \eta g^{bc} g^{de} \psi +$$
$$+ \alpha^2 \beta_0 A_a A_c {}^{(4)}\{^{\ e}_{d\ f}\} S_{(0)}{}^{b\ c}_{\ e} g^{df} \psi + \alpha^3 \beta_2 A_a A_c A^b {}^{(4)}\{^{\ e}_{d\ f}\} S_{(2)e}{}^c g^{df} \psi - \alpha^3 \beta_2 A_a A_c A_d {}^{(4)}\{^{\ c}_{e\ f}\} S_{(2)}{}^{bd} g^{ef} \psi -$$
$$- \frac{1}{2} \alpha^3 (\partial_5 A_c) A_a A_d {}^{(4)}\{^{\ d}_{e\ f}\} g^{bc} g^{ef} \psi,$$

$$R_a{}^5 = \tag{95}$$

$$= R_{ab} \gamma^{b5} + R_{a5} \gamma^{55}$$
$$= -\frac{1}{4} \alpha (\partial_a \psi)(\partial_b \psi) A^b \psi^{-2} - \frac{1}{4} \alpha^2 (\partial_b \psi)(\partial_5 \psi) A_a A^b \psi^{-2} + \frac{1}{4} \alpha^2 (\partial_a \psi)(\partial_5 \psi) \eta \psi^{-2} - \frac{1}{2} \beta_2 (\partial_b \psi) S_{(2)a}{}^b \psi^{-2} +$$
$$+ \beta_2 (\partial_a \psi) S_{(2)b}{}^b \psi^{-2} - \frac{1}{2} \beta_2 (\partial_b \psi) S_{(2)}{}^b{}_a \psi^{-2} - \frac{1}{4} (\partial_b \psi)(\partial_5 g_{ac}) g^{bc} \psi^{-2} + \frac{1}{4} (\partial_a \psi)(\partial_5 g_{bc}) g^{bc} \psi^{-2} + \frac{1}{4} \alpha (\partial_b \psi)(\partial_c \psi) A_a g^{bc} \psi^{-2} -$$
$$- 2 \beta_2 (\partial_a S_{(2)b}{}^b) \psi^{-1} + \beta_2 (\partial_b S_{(2)a}{}^b) \psi^{-1} - \frac{1}{2} (\partial_5 {}^{(4)}\{^{\ b}_{a\ b}\}) \psi^{-1} + \frac{1}{2} \alpha (\partial_a \partial_b \psi) A^b \psi^{-1} + \frac{1}{4} \alpha^2 (\partial_b \psi)(\partial_5 A_a) A^b \psi^{-1} -$$
$$- \frac{1}{2} \alpha^2 (\partial_a \psi)(\partial_5 A_b) A^b \psi^{-1} + \frac{1}{2} \alpha^2 (\partial_5 \partial_b \psi) A_a A^b \psi^{-1} - \frac{1}{4} \alpha^2 (\partial_b \psi)(\partial_5 g_{ac}) A^b A^c \psi^{-1} - \frac{1}{2} \alpha^2 (\partial_5 \partial_a \psi) \eta \psi^{-1} -$$
$$- \frac{1}{2} \alpha (\partial_b \psi) A^{c\,(4)}\{^{\ b}_{a\ c}\} \psi^{-1} + \frac{1}{2} \alpha^2 (\partial_5 \psi) A_b A^{c\,(4)}\{^{\ b}_{a\ c}\} \psi^{-1} - \frac{1}{4} \alpha^2 (\partial_5 \psi) A_b U_a{}^b \psi^{-1} + \frac{1}{4} \alpha^2 (\partial_5 \psi) A_a U_b{}^b \psi^{-1} + \frac{3}{4} \alpha (\partial_b \psi) F_a{}^b \psi^{-1} -$$
$$- \frac{3}{4} \alpha^2 (\partial_5 \psi) A_b F_a{}^b \psi^{-1} - \frac{1}{2} \alpha \beta_0 (\partial_b \psi) A_c S_{(0)a}{}^{cb} \psi^{-1} - \beta_0 (\partial_5 g_{ab}) S_{(0)}{}^b{}_c{}^c \psi^{-1} + \alpha \beta_0 (\partial_b \psi) A_a S_{(0)}{}^b{}_c{}^c \psi^{-1} -$$
$$- \alpha^2 \beta_0 (\partial_5 \psi) A_a A_b S_{(0)}{}^b{}_c{}^c \psi^{-1} - \frac{1}{2} \alpha \beta_0 (\partial_b \psi) A_c S_{(0)}{}^{bc}{}_a \psi^{-1} - \frac{1}{2} \beta_1 (\partial_b \psi) S_{(1)a}{}^b \psi^{-1} + \frac{1}{2} \alpha^2 \beta_2 (\partial_b \psi) \eta S_{(2)a}{}^b \psi^{-1} +$$
$$+ \beta_2 {}^{(4)}\{^{\ b}_{b\ c}\} S_{(2)a}{}^c \psi^{-1} + 2 \beta_0 \beta_2 S_{(0)bc}{}^b S_{(2)a}{}^c \psi^{-1} - \beta_2 {}^{(4)}\{^{\ b}_{a\ c}\} S_{(2)b}{}^c \psi^{-1} + \frac{1}{2} \alpha^2 \beta_2 (\partial_b \psi) \eta S_{(2)}{}^b{}_a \psi^{-1} +$$
$$+ \frac{1}{2} \alpha^2 \beta_2 (\partial_b \psi) A_a A_c S_{(2)}{}^{bc} \psi^{-1} - \alpha^2 \beta_2 (\partial_a \psi) A_b A_c S_{(2)}{}^{bc} \psi^{-1} - \frac{1}{2} \alpha^2 \beta_2 (\partial_b \psi) A_c A^b S_{(2)}{}^c{}_a \psi^{-1} + 2 \beta_0 \beta_2 S_{(0)bc}{}^b S_{(2)}{}^c{}_a \psi^{-1} +$$
$$+ \frac{1}{2} \alpha \beta_3 (\partial_b \psi) A^b S_{(3)a} \psi^{-1} + \frac{1}{2} \alpha \beta_3 (\partial_b \psi) A_a S_{(3)}{}^b \psi^{-1} - \alpha \beta_3 (\partial_a \psi) A_b S_{(3)}{}^b \psi^{-1} + \beta_2 {}^{(4)}\{^{\ d}_{b\ c}\} S_{(2)}{}^{bc} g_{ad} \psi^{-1} -$$
$$- \frac{1}{2} \alpha (\partial_b \partial_c \psi) A_a g^{bc} \psi^{-1} + \frac{1}{4} \alpha^2 (\partial_b \psi)(\partial_5 A_c) A_a g^{bc} \psi^{-1} + \frac{1}{4} \alpha^2 (\partial_b \psi)(\partial_5 g_{ac}) \eta g^{bc} \psi^{-1} + \beta_2 (\partial_b S_{(2)c}{}^d) g_{ad} g^{bc} \psi^{-1} -$$
$$- \beta_2 {}^{(4)}\{^{\ c}_{b\ d}\} S_{(2)ca} g^{bd} \psi^{-1} + \frac{1}{2} (\partial_5 {}^{(4)}\{^{\ b}_{b\ d}\}) g_{ac} g^{bd} \psi^{-1} + \frac{1}{2} \alpha (\partial_b \psi) A_a {}^{(4)}\{^{\ b}_{c\ d}\} g^{cd} \psi^{-1} -$$
$$- \frac{1}{2} \alpha^2 (\partial_5 \psi) A_a A_b {}^{(4)}\{^{\ b}_{c\ d}\} g^{cd} \psi^{-1} - 2 \alpha \beta_3 (\partial_a S_{(3)b}) A^b + \alpha \beta_3 (\partial_b S_{(3)a}) A^b - \frac{1}{4} \alpha^2 (\partial_5 U_{ab}) A^b - \frac{3}{4} \alpha^2 (\partial_5 F_{ab}) A^b + \alpha (\partial_a {}^{(4)}\{^{\ b}_{b\ c}\}) A^c +$$
$$+ 2 \alpha \beta_0 (\partial_a S_{(0)bc}{}^b) A^c - \alpha (\partial_b {}^{(4)}\{^{\ b}_{a\ c}\}) A^c - \alpha \beta_0 (\partial_b S_{(0)ac}{}^b) A^c + \frac{1}{2} \alpha^2 (\partial_5 {}^{(4)}\{^{\ b}_{a\ c}\}) A_b A^c - \frac{3}{4} \alpha^4 (\partial_b \psi)(\partial_5 A_c) A_a A^b A^c -$$
$$- 2 \alpha^2 \beta_2 (\partial_a S_{(2)b}{}^b) \eta + \alpha^2 \beta_2 (\partial_b S_{(2)a}{}^b) \eta - \frac{1}{2} \alpha^2 (\partial_5 {}^{(4)}\{^{\ b}_{a\ b}\}) \eta + \frac{1}{2} \alpha^2 (\partial_5 A_b) A^{c\,(4)}\{^{\ b}_{a\ c}\} - \alpha A^{d\,(4)}\{^{\ b}_{a\ d}\} {}^{(4)}\{^{\ c}_{b\ c}\} + \alpha A^{d\,(4)}\{^{\ b}_{a\ c}\} {}^{(4)}\{^{\ c}_{b\ d}\} -$$
$$- \frac{1}{4} \alpha^2 (\partial_5 A_b) U_a{}^b + \frac{1}{4} \alpha^2 (\partial_5 g_{bc}) A^b U_a{}^c + \frac{1}{4} \alpha^2 (\partial_5 A_a) U_b{}^b - \frac{1}{4} \alpha^2 (\partial_5 g_{ab}) A^b U_c{}^c + \frac{1}{4} \alpha^2 (\partial_5 g_{ab}) A_c U^{bc} - \frac{3}{4} \alpha^2 (\partial_5 A_b) F_a{}^b +$$
$$+ \frac{1}{4} \alpha^2 (\partial_5 g_{bc}) A^b F_a{}^c - \frac{1}{2} \alpha {}^{(4)}\{^{\ b}_{a\ c}\} F_b{}^c + \frac{3}{4} \alpha^2 (\partial_5 g_{ab}) A_c F^{bc} + \frac{3}{4} \alpha^3 (\partial_b \psi) A_a A_c F^{bc} + \alpha \beta_0 A^{d\,(4)}\{^{\ b}_{c\ d}\} S_{(0)ab}{}^c -$$
$$- \frac{1}{2} \alpha \beta_0 U_c{}^b S_{(0)ab}{}^c + \frac{1}{2} \alpha \beta_0 F_c{}^b S_{(0)ab}{}^c - \alpha \beta_0 A_b {}^{(4)}\{^{\ c}_{c\ d}\} S_{(0)a}{}^{bd} + \alpha \beta_0 A_b {}^{(4)}\{^{\ b}_{c\ d}\} S_{(0)a}{}^{cd} - \frac{1}{2} \alpha \beta_0 F^{bc} S_{(0)bca} +$$
$$+ \alpha \beta_0 F_a{}^c S_{(0)bc}{}^b + 2 \alpha \beta_0 A^{d\,(4)}\{^{\ b}_{a\ d}\} S_{(0)bc}{}^c - \alpha \beta_0 A^{d\,(4)}\{^{\ b}_{c\ d}\} S_{(0)a}{}^c{}_b + 2 \alpha \beta_0^2 A_b S_{(0)a}{}^{bc} S_{(0)cd}{}^d - \alpha^2 \beta_0 (\partial_5 A_b) A_a S_{(0)}{}^b{}_c{}^c -$$
$$- \alpha^2 \beta_0 (\partial_5 A_a) A_b S_{(0)}{}^b{}_c{}^c - \alpha^2 \beta_0 (\partial_5 g_{ab}) \eta S_{(0)}{}^b{}_c{}^c - \alpha \beta_0 A_b {}^{(4)}\{^{\ c}_{a\ d}\} S_{(0)}{}^{bd}{}_c - \frac{3}{2} \alpha^3 \beta_0 (\partial_b \psi) A_a A_c A_d S_{(0)}{}^{bcd} +$$
$$+ 2 \alpha \beta_0^2 A_b S_{(0)cd}{}^c S_{(0)}{}^{bd}{}_a + \alpha^2 \beta_0 (\partial_5 g_{ab}) A_c A^b S_{(0)}{}^c{}_d{}^d - 2 \beta_0 \beta_1 S_{(0)bc}{}^b S_{(1)a}{}^c + \beta_1 {}^{(4)}\{^{\ b}_{a\ c}\} S_{(1)b}{}^c - 2 \beta_0 \beta_1 S_{(0)ab}{}^c S_{(1)}{}^b{}_c -$$
$$- \alpha \beta_1 (\partial_5 g_{ab}) A_c S_{(1)}{}^{bc} - \frac{3}{2} \alpha^2 \beta_1 (\partial_b \psi) A_a A_c S_{(1)}{}^{bc} + \beta_0 \beta_1 S_{(0)bca} S_{(1)}{}^{bc} + \alpha^2 \beta_2 \eta {}^{(4)}\{^{\ b}_{b\ c}\} S_{(2)a}{}^c - 2 \alpha^2 \beta_2 A_b A^{d\,(4)}\{^{\ b}_{c\ d}\} S_{(2)a}{}^c +$$
$$+ \alpha^2 \beta_2 A_b U_c{}^b S_{(2)a}{}^c - \alpha^2 \beta_2 A_b F_c{}^b S_{(2)a}{}^c + 2 \alpha^2 \beta_0 \beta_2 \eta S_{(0)bc}{}^b S_{(2)a}{}^c + 2 \alpha \beta_1 \beta_2 A_b S_{(1)}{}^b{}_c S_{(2)a}{}^c + \alpha^2 \beta_2 A^c A^{d\,(4)}\{^{\ b}_{c\ d}\} S_{(2)ba} -$$

$$\begin{aligned}
&- \alpha^2 \beta_2 \eta\, {}^{(4)}\{{}^b_{a\,c}\} S_{(2)b}{}^c + 2\alpha^2 \beta_2 A_b A^{d\,(4)}\{{}^b_{a\,d}\} S_{(2)c}{}^c - \alpha^2 \beta_2 A_b U_a{}^b S_{(2)c}{}^c - \alpha^2 \beta_2 A_b F_a{}^b S_{(2)c}{}^c - \tfrac{1}{2}\alpha^2 \beta_2 A_b U_c{}^c S_{(2)}{}^b{}_a + \\
&+ \tfrac{3}{2}\alpha^4 \beta_2 (\partial_b \psi) A_a A_c \eta\, S_{(2)}{}^{bc} - \tfrac{1}{2}\alpha^2 \beta_2 A_b U_{ac} S_{(2)}{}^{bc} + \tfrac{1}{2}\alpha^2 \beta_2 A_a U_{bc} S_{(2)}{}^{bc} - \tfrac{1}{2}\alpha^2 \beta_2 A_b F_{ac} S_{(2)}{}^{bc} + \tfrac{1}{2}\alpha^2 \beta_2 A_a F_{bc} S_{(2)}{}^{bc} - \\
&- \alpha^2 \beta_2 A_b A^{d\,(4)}\{{}^b_{c\,d}\} S_{(2)a}{}^c + \tfrac{1}{2}\alpha^2 \beta_2 A_b U^b{}_c S_{(2)a}{}^c - \tfrac{3}{2}\alpha^2 \beta_2 A_b F^b{}_c S_{(2)a}{}^c + 2\alpha^2 \beta_0 \beta_2 \eta\, S_{(0)bc}{}^b S_{(2)a}{}^c + \\
&+ 2\alpha^2 \beta_0 \beta_2 A_b A_c S_{(0)}{}^b{}_d{}^d S_{(2)a}{}^c + 2\alpha \beta_1 \beta_2 A_b S_{(1)}{}^b{}_c S_{(2)a}{}^c - \alpha^2 \beta_2 A_b F_{ac} S_{(2)}{}^{cb} - \tfrac{3}{2}\alpha^4 \beta_2 (\partial_b \psi) A_a A_c A_d A^b S_{(2)}{}^{cd} + \\
&+ \alpha^2 \beta_2 A_b A_c {}^{(4)}\{{}^b_{a\,d}\} S_{(2)}{}^{cd} + 2\alpha^2 \beta_0 \beta_2 A_a A_b S_{(0)cd}{}^c S_{(2)}{}^{db} + \tfrac{1}{2}\alpha \beta_3 U_b{}^b S_{(3)a} - 2\alpha \beta_0 \beta_3 A_b S_{(0)}{}^b{}_c{}^c S_{(3)a} + \alpha \beta_3 A^{c\,(4)}\{{}^b_{a\,c}\} S_{(3)b} + \\
&+ \tfrac{3}{2}\alpha^3 \beta_3 (\partial_b \psi) A_a \eta\, S_{(3)}{}^b - \tfrac{1}{2}\alpha \beta_3 U_{ab} S_{(3)}{}^b - \tfrac{3}{2}\alpha \beta_3 F_{ab} S_{(3)}{}^b - \tfrac{3}{2}\alpha^3 \beta_3 (\partial_b \psi) A_a A_c A^b S_{(3)}{}^c + \alpha \beta_3 A_b {}^{(4)}\{{}^b_{a\,c}\} S_{(3)}{}^c + \\
&+ 2\alpha \beta_0 \beta_3 A_a S_{(0)bc}{}^b S_{(3)}{}^c - \tfrac{1}{2}\alpha^2 (\partial_5{}^{(4)}\{{}^c_{b\,d}\}) A^b A^d g_{ac} - \alpha^2 \beta_2 (\partial_b S_{(2)c}{}^d) A^b A^c g_{ad} + \alpha^2 \beta_2 \eta\, {}^{(4)}\{{}^d_{b\,c}\} S_{(2)}{}^{bc} g_{ad} + \\
&+ \alpha \beta_0 A_b {}^{(4)}\{{}^e_{c\,d}\} S_{(0)}{}^{bcd} g_{ae} - \alpha^2 \beta_2 A_b A^{d\,(4)}\{{}^e_{c\,d}\} S_{(2)}{}^{bc} g_{ae} + \tfrac{1}{2}\alpha (\partial_b F_{ac}) g^{bc} - \beta_1 (\partial_b S_{(1)ac}) g^{bc} + \alpha \beta_3 (\partial_b S_{(3)c}) A_a g^{bc} + \\
&+ \tfrac{1}{4}\alpha^2 (\partial_5 U_{bc}) A_a g^{bc} + \alpha^2 \beta_2 (\partial_b S_{(2)c}{}^d) A_a A_d g^{bc} + \tfrac{3}{4}\alpha^4 (\partial_b \psi)(\partial_5 A_c) A_a \eta\, g^{bc} + \tfrac{1}{2}\alpha^2 (\partial_5 g_{bc}) A_d A^{e\,(4)}\{{}^d_{a\,e}\} g^{bc} - \\
&- \tfrac{1}{4}\alpha^2 (\partial_5 g_{bc}) A_d U_a{}^d g^{bc} - \tfrac{1}{4}\alpha^2 (\partial_5 g_{bc}) A_d F_a{}^d g^{bc} + \alpha^2 \beta_2 (\partial_b S_{(2)c}{}^d) \eta\, g_{ad} g^{bc} + \tfrac{1}{2}\alpha^2 (\partial_5 A_b) A_c {}^{(4)}\{{}^c_{a\,d}\} g^{bd} - \\
&- \tfrac{1}{2}\alpha^2 (\partial_5 g_{ab}) A_c A^{e\,(4)}\{{}^c_{d\,e}\} g^{bd} - \tfrac{1}{2}\alpha\, {}^{(4)}\{{}^c_{b\,d}\} F_{ac} g^{bd} + \beta_1 {}^{(4)}\{{}^c_{b\,d}\} S_{(1)ac} g^{bd} - \alpha^2 \beta_2 \eta\, {}^{(4)}\{{}^c_{b\,d}\} S_{(2)ca} g^{bd} - \\
&- \alpha \beta_3 A_a {}^{(4)}\{{}^c_{b\,d}\} S_{(3)c} g^{bd} + \tfrac{1}{2}\alpha^2 (\partial_5 {}^{(4)}\{{}^c_{b\,d}\}) \eta\, g_{ac} g^{bd} + \alpha \beta_0 (\partial_b S_{(0)cd}{}^e) A^c g_{ae} g^{bd} - \tfrac{1}{2}\alpha^2 (\partial_5 A_b) A_a {}^{(4)}\{{}^b_{c\,d}\} g^{cd} - \\
&- \tfrac{1}{2}\alpha^2 (\partial_5 A_a) A_b {}^{(4)}\{{}^b_{c\,d}\} g^{cd} - \alpha \beta_3 A_b {}^{(4)}\{{}^b_{c\,d}\} S_{(3)a} g^{cd} - \tfrac{1}{2}\alpha^2 (\partial_5 g_{bc}) A_d A^{b\,(4)}\{{}^d_{a\,e}\} g^{ce} - \alpha \beta_0 A_b {}^{(4)}\{{}^b_{c\,e}\} S_{(0)}{}^c{}_{da} g^{ce} - \\
&- \alpha^2 \beta_2 A_a A_b {}^{(4)}\{{}^d_{c\,e}\} S_{(2)d}{}^b g^{ce} + \tfrac{1}{2}\alpha^2 (\partial_5 g_{ab}) A_c A^{b\,(4)}\{{}^c_{d\,e}\} g^{de} + \alpha^2 \beta_2 A_b A_c {}^{(4)}\{{}^b_{d\,e}\} S_{(2)}{}^c{}_a g^{de} - \alpha^3 \beta_3 (\partial_b S_{(3)c}) A_a A^b A^c \psi - \\
&- \tfrac{1}{4}\alpha^4 (\partial_5 U_{bc}) A_a A^b A^c \psi - \alpha^4 \beta_2 (\partial_b S_{(2)c}{}^d) A_a A_d A^b A^c \psi + \tfrac{1}{2}\alpha^4 (\partial_5 A_b) A_a A^c A^{d\,(4)}\{{}^b_{c\,d}\} \psi - \tfrac{1}{4}\alpha^4 (\partial_5 A_b) A_a A^b U_c{}^c \psi + \\
&+ \tfrac{1}{4}\alpha^4 (\partial_5 A_b) A_a A_c U^{bc} \psi - \tfrac{1}{2}\alpha^4 (\partial_5 A_b) \eta\, F_a{}^b \psi + \tfrac{1}{2}\alpha^4 (\partial_5 A_b) A_c A^b F_a{}^c \psi + \tfrac{1}{2}\alpha^3 A_a A^{d\,(4)}\{{}^c_{b\,d}\} F_b{}^c \psi + \tfrac{3}{4}\alpha^4 (\partial_5 A_b) A_a A_c F^{bc} \psi + \\
&+ \tfrac{1}{2}\alpha^3 A_b F_{ac} F^{bc} \psi + \tfrac{1}{4}\alpha^3 A_a F_{bc} F^{bc} \psi - \tfrac{1}{2}\alpha^3 \beta_0 A_a A_b F^{cd} S_{(0)cd}{}^b \psi - \alpha^3 \beta_0 A_a A_b F^{bd} S_{(0)cd}{}^c \psi - \\
&- \alpha^3 \beta_0 A_a A_b A^{e\,(4)}\{{}^c_{d\,e}\} S_{(0)c}{}^{db} \psi - \alpha^4 \beta_0 (\partial_5 A_b) A_a \eta\, S_{(0)}{}^b{}_c{}^c \psi + \tfrac{1}{2}\alpha^3 \beta_0 A_a A_b U^c{}_d S_{(0)}{}^b{}_c{}^d \psi + \tfrac{1}{2}\alpha^3 \beta_0 A_a A_b F^c{}_d S_{(0)}{}^b{}_c{}^d \psi - \\
&- \alpha^3 \beta_0 A_b A_c F_a{}^d S_{(0)}{}^b{}_d{}^c \psi + 2\alpha^3 \beta_0{}^2 A_a A_b A_c S_{(0)de}{}^d S_{(0)}{}^{bec} \psi + \alpha^4 \beta_0 (\partial_5 A_b) A_a A_c A^b S_{(0)}{}^{cd}{}_d \psi - \alpha^2 \beta_1 A_a A^{d\,(4)}\{{}^b_{c\,d}\} S_{(1)b}{}^c \psi - \\
&- \alpha^3 \beta_1 (\partial_5 A_b) A_a A_c S_{(1)}{}^{bc} \psi - \alpha^2 \beta_1 A_b F_{ac} S_{(1)}{}^{bc} \psi - \alpha^2 \beta_1 A_a F_{bc} S_{(1)}{}^{bc} \psi + \alpha \beta_1{}^2 A_a S_{(1)bc} S_{(1)}{}^{bc} \psi + \\
&+ 2\alpha^2 \beta_0 \beta_1 A_a A_b S_{(0)cd}{}^c S_{(1)}{}^{bd} \psi + \alpha^2 \beta_0 \beta_1 A_a A_b S_{(0)cd}{}^b S_{(1)}{}^{cd} \psi + \alpha^4 \beta_2 A_a A_b A^d A^{e\,(4)}\{{}^c_{d\,e}\} S_{(2)c}{}^b \psi + \tfrac{1}{4}\alpha^4 \beta_2 A_a \eta\, U_{bc} S_{(2)}{}^{bc} \psi - \\
&- \tfrac{1}{2}\alpha^4 \beta_2 A_a A_b A_c U_d{}^d S_{(2)}{}^{bc} \psi + \tfrac{1}{2}\alpha^4 \beta_2 A_a \eta\, F_{bc} S_{(2)}{}^{bc} \psi - \alpha^4 \beta_2 A_b \eta\, F_{ac} S_{(2)}{}^{cb} \psi - \tfrac{1}{2}\alpha^4 \beta_2 A_a A_b A_c U^b{}_d S_{(2)}{}^{cd} \psi + \\
&+ \alpha^4 \beta_2 A_b A_c A_d F_a{}^b S_{(2)}{}^{cd} \psi - \tfrac{1}{2}\alpha^4 \beta_2 A_a A_b A_c F^b{}_d S_{(2)}{}^{cd} \psi + 2\alpha^4 \beta_0 \beta_2 A_a A_b A_c A_d S_{(0)}{}^b{}_e{}^e S_{(2)}{}^{cd} \psi + \\
&+ 2\alpha^4 \beta_0 \beta_2 A_a A_b \eta\, S_{(0)cd}{}^c S_{(2)}{}^{db} \psi - \alpha^4 \beta_2 A_a A_b A_c A^{e\,(4)}\{{}^b_{d\,e}\} S_{(2)}{}^{dc} \psi + \tfrac{1}{2}\alpha^4 \beta_2 A_a A_b A_c U^b{}_d S_{(2)}{}^{dc} \psi - \\
&- \tfrac{3}{2}\alpha^4 \beta_2 A_a A_b A_c F^b{}_d S_{(2)}{}^{dc} \psi + 2\alpha^3 \beta_1 \beta_2 A_a A_b A_c S_{(1)}{}^b{}_d S_{(2)}{}^{dc} \psi + \alpha^3 \beta_3 A_a A^c A^{d\,(4)}\{{}^b_{c\,d}\} S_{(3)b} \psi - \tfrac{1}{2}\alpha^3 \beta_3 A_a A_b U_c{}^c S_{(3)}{}^b \psi - \\
&- \alpha^3 \beta_3 \eta\, F_{ab} S_{(3)}{}^b \psi - \alpha^3 \beta_3 A_a A_b A^{d\,(4)}\{{}^b_{c\,d}\} S_{(3)}{}^c \psi + \tfrac{1}{2}\alpha^3 \beta_3 A_a A_b U^b{}_c S_{(3)}{}^c \psi + \alpha^3 \beta_3 A_b A_c F_a{}^b S_{(3)}{}^c \psi - \tfrac{3}{2}\alpha^3 \beta_3 A_a A_b F^b{}_c S_{(3)}{}^c \psi + \\
&+ 2\alpha^3 \beta_0 \beta_3 A_a \eta\, S_{(0)bc}{}^b S_{(3)}{}^c \psi + 2\alpha^3 \beta_0 \beta_3 A_a A_b A_c S_{(0)}{}^b{}_d{}^d S_{(3)}{}^c \psi + 2\alpha^2 \beta_1 \beta_3 A_a A_b S_{(1)}{}^b{}_c S_{(3)}{}^c \psi + \alpha^3 \beta_3 (\partial_b S_{(3)c}) A_a \eta\, g^{bc} \psi + \\
&+ \tfrac{1}{4}\alpha^4 (\partial_5 U_{bc}) A_a \eta\, g^{bc} \psi + \alpha^4 \beta_2 (\partial_b S_{(2)c}{}^d) A_a A_d \eta\, g^{bc} \psi - \tfrac{1}{2}\alpha^3 (\partial_b F_{cd}) A_a A^c g^{bd} \psi + \alpha^2 \beta_1 (\partial_b S_{(1)cd}) A_a A^c g^{bd} \psi + \\
&+ \alpha^3 \beta_0 (\partial_b S_{(0)cd}{}^e) A_a A_e A^c g^{bd} \psi - \tfrac{1}{2}\alpha^4 (\partial_5 A_b) A_a A_c A^{e\,(4)}\{{}^c_{d\,e}\} g^{bd} \psi - \alpha^3 \beta_3 A_a \eta\, {}^{(4)}\{{}^c_{b\,d}\} S_{(3)c} g^{bd} \psi - \\
&- \tfrac{1}{2}\alpha^4 (\partial_5 A_b) A_a \eta\, {}^{(4)}\{{}^c_{c\,d}\} g^{cd} \psi + \tfrac{1}{2}\alpha^3 A_a A_b {}^{(4)}\{{}^b_{c\,e}\} F^d{}_d g^{ce} \psi - \alpha^2 \beta_1 A_a A_b {}^{(4)}\{{}^d_{c\,e}\} S_{(1)}{}^b{}_d g^{ce} \psi - \\
&- \alpha^4 \beta_2 A_a A_b \eta\, {}^{(4)}\{{}^d_{c\,e}\} S_{(2)d}{}^b g^{ce} \psi + \tfrac{1}{2}\alpha^4 (\partial_5 A_b) A_a A_c A^{b\,(4)}\{{}^c_{d\,e}\} g^{de} \psi + \alpha^3 \beta_3 A_a A_b A_c {}^{(4)}\{{}^b_{d\,e}\} S_{(3)}{}^c g^{de} \psi - \\
&- \alpha^3 \beta_0 A_a A_b A_c {}^{(4)}\{{}^e_{d\,f}\} S_{(0)}{}^b{}_e{}^c g^{df} \psi + \alpha^4 \beta_2 A_a A_b A_c A_d {}^{(4)}\{{}^b_{e\,f}\} S_{(2)}{}^{cd} g^{ef} \psi,
\end{aligned}$$

$$R_5{}^a = \tag{96}$$

$$= R_{5b}\,\gamma^{ab} + R_{55}\,\gamma^{a5}$$

$$\begin{aligned}
&= -\alpha \beta_2 (\partial_5 \psi) A^a S_{(2)b}{}^b \psi^{-1} - \tfrac{1}{2}\beta_2 (\partial_b \psi) S_{(2)}{}^{ab} \psi^{-1} + \tfrac{1}{2}\alpha \beta_2 (\partial_5 \psi) A_b S_{(2)}{}^{ab} \psi^{-1} - \tfrac{1}{2}\beta_2 (\partial_b \psi) S_{(2)}{}^{ba} \psi^{-1} + \\
&+ \tfrac{1}{2}\alpha \beta_2 (\partial_5 \psi) A_b S_{(2)}{}^{ba} \psi^{-1} + \beta_2 (\partial_b \psi) S_{(2)c}{}^c g^{ab} \psi^{-1} + \tfrac{1}{4}\alpha (\partial_5 g_{bc})(\partial_5 \psi) A^b g^{ac} \psi^{-1} - \tfrac{1}{4}\alpha (\partial_5 g_{bc})(\partial_5 \psi) A^a g^{bc} \psi^{-1} - \\
&- \tfrac{1}{4}(\partial_b \psi)(\partial_5 g_{cd}) g^{ac} g^{bd} \psi^{-1} + \tfrac{1}{4}(\partial_b \psi)(\partial_5 g_{cd}) g^{ab} g^{cd} \psi^{-1} + 2\alpha \beta_2 (\partial_5 S_{(2)b}{}^b) A^a - \alpha \beta_2 (\partial_5 S_{(2)b}{}^a) A^b + \tfrac{3}{4}\alpha^3 (\partial_5 A_b)(\partial_5 \psi) A^a A^b +
\end{aligned}$$

$$\begin{aligned}
&+ \tfrac{3}{4}\alpha(\partial_b\psi)F^{ab} - \tfrac{3}{4}\alpha^2(\partial_5\psi)A_b F^{ab} + \beta_0(\partial_5 g_{bc})S_{(0)}{}^{abc} - \tfrac{3}{2}\alpha\beta_0(\partial_b\psi)A_c S_{(0)}{}^{abc} + \tfrac{3}{2}\alpha^2\beta_0(\partial_5\psi)A_b A_c S_{(0)}{}^{abc} - \tfrac{3}{2}\beta_1(\partial_b\psi)S_{(1)}{}^{ab} + \\
&+ \tfrac{3}{2}\alpha\beta_1(\partial_5\psi)A_b S_{(1)}{}^{ab} - \tfrac{3}{2}\alpha^3\beta_2(\partial_5\psi)A_b\eta S_{(2)}{}^{ab} - 2\alpha\beta_2{}^2 A_b S_{(2)c}{}^c S_{(2)}{}^{ab} - \alpha\beta_2(\partial_5 g_{bc})A^b S_{(2)}{}^{ac} + \tfrac{3}{2}\alpha^2\beta_2(\partial_b\psi)A_c A^b S_{(2)}{}^{ac} - \\
&- \beta_2{}^{(4)}\{{}^b_{bc}\}S_{(2)}{}^{ac} - 2\beta_0\beta_2 S_{(0)bc}{}^b S_{(2)}{}^{ac} - 2\alpha\beta_2{}^2 A_b S_{(2)c}{}^c S_{(2)}{}^{ba} + \alpha\beta_2(\partial_5 g_{bc})A^a S_{(2)}{}^{bc} - \tfrac{3}{2}\alpha^2\beta_2(\partial_b\psi)A_c A^a S_{(2)}{}^{bc} + \\
&+ \tfrac{3}{2}\alpha^3\beta_2(\partial_5\psi)A_b A_c A^a S_{(2)}{}^{bc} + \beta_2{}^{(4)}\{{}^a_{bc}\}S_{(2)}{}^{bc} + 2\beta_0\beta_2 S_{(0)bc}{}^a S_{(2)}{}^{bc} + 2\alpha\beta_2{}^2 A_b S_{(2)c}{}^a S_{(2)}{}^{bc} + \alpha\beta_2(\partial_5 g_{bc})A^b S_{(2)}{}^{ca} + \\
&+ 2\beta_0\beta_2 S_{(0)bc}{}^b S_{(2)}{}^{ca} + 2\alpha\beta_2{}^2 A_b S_{(2)c}{}^a S_{(2)}{}^{cb} + 2\beta_2\beta_3 S_{(2)}{}^{ab} S_{(3)b} + \tfrac{3}{2}\alpha\beta_3(\partial_b\psi)A^b S_{(3)}{}^a - \tfrac{3}{2}\alpha^2\beta_3(\partial_5\psi)\eta S_{(3)}{}^a - 4\beta_2\beta_3 S_{(2)}{}^b S_{(3)}{}^a - \\
&- \tfrac{3}{2}\alpha\beta_3(\partial_b\psi)A^a S_{(3)}{}^b + \tfrac{3}{2}\alpha^2\beta_3(\partial_5\psi)A_b A^a S_{(3)}{}^b + 2\beta_2\beta_3 S_{(2)b}{}^a S_{(3)}{}^b - \alpha\beta_2(\partial_5 S_{(2)b}{}^c)A_c g^{ab} - \tfrac{3}{4}\alpha^3(\partial_5 A_b)(\partial_5\psi)\eta g^{ab} - \\
&- \beta_2(\partial_b S_{(2)c}{}^b)g^{ac} - \tfrac{1}{2}(\partial_5{}^{(4)}\{{}^a_{ac}\})g^{ac} - 2\beta_0(\partial_5 S_{(0)bc}{}^b)g^{ac} - \tfrac{1}{2}\alpha(\partial_5\partial_5 g_{bc})A^b g^{ac} + \tfrac{3}{4}\alpha^2(\partial_b\psi)(\partial_5 A_c)A^b g^{ac} - \\
&- \beta_0(\partial_5 g_{bc})S_{(0)}{}^b{}_d{}^d g^{ac} - \alpha\beta_2(\partial_5 g_{bc})A^b S_{(2)}{}^d{}^{ac} + \alpha\beta_2(\partial_5 g_{bc})A_d S_{(2)}{}^{bd} g^{ac} + \beta_3(\partial_5 g_{bc})S_{(3)}{}^b g^{ac} + \\
&+ \beta_2{}^{(4)}\{{}^b_{cd}\}S_{(2)b}{}^c g^{ad} + \beta_2(\partial_b S_{(2)c}{}^a)g^{bc} + \tfrac{1}{2}(\partial_5{}^{(4)}\{{}^a_{bc}\})g^{bc} + \tfrac{1}{2}\alpha(\partial_5\partial_5 g_{bc})A^a g^{bc} - \tfrac{3}{4}\alpha^2(\partial_b\psi)(\partial_5 A_c)A^a g^{bc} - \\
&- \tfrac{1}{2}\alpha\beta_2(\partial_5 g_{bc})A_d S_{(2)}{}^{ad} g^{bc} - \tfrac{1}{2}\alpha\beta_2(\partial_5 g_{bc})A_d S_{(2)}{}^{da} g^{bc} - \beta_3(\partial_5 g_{bc})S_{(3)}{}^a g^{bc} - \beta_2{}^{(4)}\{{}^c_{bd}\}S_{(2)c}{}^a g^{bd} + \\
&+ \tfrac{1}{2}\alpha(\partial_5 g_{bc})(\partial_5 g_{de})A^b g^{ad} g^{ce} - \tfrac{1}{4}\alpha(\partial_5 g_{bc})(\partial_5 g_{de})A^a g^{bd} g^{ce} - \tfrac{1}{4}\alpha(\partial_5 g_{bc})(\partial_5 g_{de})A^b g^{ac} g^{de} + \tfrac{1}{2}\alpha^3(\partial_5\partial_5 A_b)A^a A^b\psi + \\
&+ \alpha^2\beta_3(\partial_5 S_{(3)b})A^a A^b\psi + \alpha^3\beta_2(\partial_5 S_{(2)b}{}^c)A_c A^a A^b\psi - \tfrac{1}{4}\alpha^2(\partial_5 A_b)U^{ab}\psi - \tfrac{3}{4}\alpha^2(\partial_5 A_b)F^{ab}\psi + \tfrac{1}{2}\alpha^2(\partial_5 g_{bc})A^b F^{ac}\psi - \\
&- \tfrac{1}{2}\alpha\beta_0 F^{bc} S_{(0)bc}{}^a\psi + \alpha\beta_0 F^{ac} S_{(0)bc}{}^b\psi - \tfrac{1}{2}\alpha\beta_0 U^b{}_c S_{(0)}{}^a{}_b{}^c\psi - \tfrac{1}{2}\alpha\beta_0 F^b{}_c S_{(0)}{}^a{}_b{}^c\psi + 2\alpha^2\beta_0(\partial_5 A_b)A_c S_{(0)}{}^{abc}\psi + \\
&+ \alpha^2\beta_0(\partial_5 A_b)A_c S_{(0)}{}^{acb}\psi - \alpha^2\beta_0(\partial_5 g_{bc})A_d A^b S_{(0)}{}^{acd}\psi - 2\alpha\beta_0{}^2 A_b S_{(0)cd}{}^c S_{(0)}{}^{adb}\psi + \alpha^2\beta_0(\partial_5 A_b)A^a S_{(0)}{}^b{}_c{}^c\psi - \\
&- \alpha^2\beta_0(\partial_5 A_b)A_c S_{(0)}{}^{bca}\psi + \alpha\beta_0{}^2 A_b S_{(0)cd}{}^a S_{(0)}{}^{cdb}\psi + 2\alpha\beta_1(\partial_5 A_b)S_{(1)}{}^{ab}\psi - \alpha\beta_1(\partial_5 g_{bc})A^b S_{(1)}{}^{ac}\psi - 2\beta_0\beta_1 S_{(0)bc}{}^b S_{(1)}{}^{ac}\psi + \\
&+ \beta_0\beta_1 S_{(0)bc}{}^a S_{(1)}{}^{bc}\psi + \alpha^3\beta_2(\partial_5 A_b)A^a A^b S_{(2)c}{}^c\psi - \alpha^2\beta_2 A_b F^{ab} S_{(2)c}{}^c\psi + 2\alpha\beta_1\beta_2 A_b S_{(1)}{}^{ab} S_{(2)c}{}^c\psi + \\
&+ 2\alpha^2\beta_0\beta_2 A_b A_c S_{(0)}{}^{abc} S_{(2)d}{}^d\psi - \alpha^3\beta_2(\partial_5 A_b)\eta S_{(2)}{}^{ab}\psi + \tfrac{1}{2}\alpha^2\beta_2 A_b U^c{}_c S_{(2)}{}^{ab}\psi - 2\alpha^3\beta_2{}^2 A_b\eta S_{(2)c}{}^c S_{(2)}{}^{ab}\psi - \\
&- 3\alpha^3\beta_2(\partial_5 A_b)A_c A^b S_{(2)}{}^{ac}\psi + \tfrac{1}{2}\alpha^2\beta_2 A_b U^b{}_c S_{(2)}{}^{ac}\psi + \tfrac{1}{2}\alpha^2\beta_2 A_b F^b{}_c S_{(2)}{}^{ac}\psi - 2\alpha^2\beta_0\beta_2 A_b A_c S_{(0)}{}^b{}_d{}^d S_{(2)}{}^{ac}\psi + \\
&+ \alpha^3\beta_2(\partial_5 g_{bc})A_d A^b A^c S_{(2)}{}^{ad}\psi + \alpha^3\beta_2(\partial_5 A_b)\eta S_{(2)}{}^{ba}\psi + 2\alpha^3\beta_2(\partial_5 A_b)A_c A^a S_{(2)}{}^{bc}\psi - \tfrac{1}{2}\alpha^2\beta_2 A^a U_{bc} S_{(2)}{}^{bc}\psi - \\
&- \tfrac{1}{2}\alpha^2\beta_2 A^a F_{bc} S_{(2)}{}^{bc}\psi + 2\alpha^3\beta_2{}^2 A_b A_c A^a S_{(2)d}{}^d S_{(2)}{}^{bc}\psi - \alpha^2\beta_2(\partial_5 A_b)A_c S_{(2)}{}^{ca}\psi - \alpha^2\beta_2 A_b F^b{}_c S_{(2)}{}^{ca}\psi + \\
&+ 2\alpha\beta_1\beta_2 A_b S_{(1)}{}^b{}_c S_{(2)}{}^{ca}\psi + \alpha^3\beta_2(\partial_5 A_b)A_c A^a S_{(2)}{}^{cb}\psi - \tfrac{1}{2}\alpha^2\beta_2 A_b U^a{}_c S_{(2)}{}^{cb}\psi + \tfrac{1}{2}\alpha^2\beta_2 A_b F^a{}_c S_{(2)}{}^{cb}\psi + \\
&+ 2\alpha^3\beta_2{}^2 A_b\eta S_{(2)c}{}^a S_{(2)}{}^{cb}\psi - \alpha^3\beta_2(\partial_5 g_{bc})A_d A^a A^b S_{(2)}{}^{cd}\psi - 2\alpha^3\beta_2{}^2 A_b A_c A_d S_{(2)}{}^{ba} S_{(2)}{}^{cd}\psi + 2\alpha^2\beta_0\beta_2 A_b A_c S_{(0)}{}^b{}_d{}^c S_{(2)}{}^{da}\psi - \\
&- 2\alpha^2\beta_0\beta_2 A_b A^a S_{(0)cd}{}^c S_{(2)}{}^{db}\psi + 2\alpha^2\beta_0\beta_2 A_b A_c S_{(0)}{}^a{}_d{}^b S_{(2)}{}^{dc}\psi - 3\alpha^2\beta_3(\partial_5 A_b)A^b S_{(3)}{}^a\psi + \alpha^2\beta_3(\partial_5 g_{bc})A^b A^c S_{(3)}{}^a\psi + \\
&+ \tfrac{1}{2}\alpha\beta_3 U_b{}^b S_{(3)}{}^a\psi - 2\alpha\beta_0\beta_3 A_b S_{(0)}{}^b{}_c{}^c S_{(3)}{}^a\psi - 2\alpha^2\beta_2\beta_3\eta S_{(2)b}{}^b S_{(3)}{}^a\psi + 3\alpha^2\beta_3(\partial_5 A_b)A^a S_{(3)}{}^b\psi - \tfrac{1}{2}\alpha\beta_3 U^a{}_b S_{(3)}{}^b\psi - \\
&- \tfrac{1}{2}\alpha\beta_3 F^a{}_b S_{(3)}{}^b\psi + 2\beta_1\beta_3 S_{(1)}{}^a{}_b S_{(3)}{}^b\psi + 2\alpha^2\beta_2\beta_3\eta S_{(2)b}{}^a S_{(3)}{}^b\psi + 2\alpha\beta_2\beta_3 A_b A^a S_{(2)c}{}^c S_{(3)}{}^b\psi + 2\alpha\beta_3{}^2 A^a S_{(3)b} S_{(3)}{}^b\psi - \\
&- 2\alpha\beta_3{}^2 A_b S_{(3)}{}^a S_{(3)}{}^b\psi - \alpha^2\beta_3(\partial_5 g_{bc})A^a A^b S_{(3)}{}^c\psi - 2\alpha\beta_0\beta_3 A^a S_{(0)bc}{}^b S_{(3)}{}^c\psi + 2\alpha\beta_0\beta_3 A_b S_{(0)}{}^a{}_c{}^b S_{(3)}{}^c\psi + \\
&+ 2\alpha\beta_0\beta_3 A_b S_{(0)}{}^b{}_c{}^a S_{(3)}{}^c\psi + 2\alpha^2\beta_3 A_b A^a S_{(2)}{}^c{}_b S_{(3)}{}^c\psi - 2\alpha^2\beta_2\beta_3 A_b A_c S_{(2)}{}^{ab} S_{(3)}{}^c\psi - 2\alpha^2\beta_2\beta_3 A_b A_c S_{(2)}{}^{ba} S_{(3)}{}^c\psi + \\
&+ \tfrac{1}{2}\alpha^3(\partial_5 A_b)(\partial_5 g_{cd})A^c A^d g^{ab}\psi - \tfrac{1}{2}\alpha^3(\partial_5\partial_5 A_b)\eta g^{ab}\psi - \alpha^2\beta_3(\partial_5 S_{(3)b})\eta g^{ab}\psi - \alpha^3\beta_2(\partial_5 S_{(2)b}{}^c)A_c\eta g^{ab}\psi + \\
&+ \tfrac{1}{4}\alpha^2(\partial_5 A_b)U_c{}^c g^{ab}\psi - \alpha^2\beta_0(\partial_5 A_b)A_c S_{(0)}{}^c{}_d{}^d g^{ab}\psi - \alpha^3\beta_2(\partial_5 A_b)\eta S_{(2)c}{}^c g^{ab}\psi + \alpha^3\beta_2(\partial_5 A_b)A_c A_d S_{(2)}{}^{cd} g^{ab}\psi + \\
&+ \alpha\beta_3(\partial_b S_{(3)c})A^b g^{ac}\psi - \alpha^3(\partial_5 A_b)(\partial_5 A_c)A^b g^{ac}\psi + \tfrac{1}{4}\alpha^2(\partial_5 U_{bc})A^b g^{ac}\psi + \tfrac{3}{4}\alpha^2(\partial_5 F_{bc})A^b g^{ac}\psi - \alpha\beta_1(\partial_5 S_{(1)bc})A^b g^{ac}\psi + \\
&+ \alpha^2\beta_2(\partial_b S_{(2)c}{}^d)A_d A^b g^{ac}\psi - \alpha^2\beta_0(\partial_5 S_{(0)bc}{}^d)A_d A^b g^{ac}\psi - \tfrac{1}{2}\alpha^2(\partial_5 A_b)A^d{}^{(4)}\{{}^b_{cd}\}g^{ac}\psi + \tfrac{1}{2}\alpha^2(\partial_5 g_{bc})A_d F^{bd} g^{ac}\psi - \\
&- \alpha^2\beta_0(\partial_5 g_{bc})A_d A_e S_{(0)}{}^{bde} g^{ac}\psi - \alpha\beta_1(\partial_5 g_{bc})A_d S_{(1)}{}^{bd} g^{ac}\psi + \alpha^3\beta_2(\partial_5 g_{bc})A_d\eta S_{(2)}{}^{bd} g^{ac}\psi - \alpha^3\beta_2(\partial_5 g_{bc})A_d A_e A^b S_{(2)}{}^{de} g^{ac}\psi - \\
&- \alpha\beta_3 A^d{}^{(4)}\{{}^b_{cd}\}S_{(3)b} g^{ac}\psi + \alpha^2\beta_3(\partial_5 g_{bc})\eta S_{(3)}{}^b g^{ac}\psi - \alpha^2\beta_3(\partial_5 g_{bc})A_d A^b S_{(3)}{}^d g^{ac}\psi - \tfrac{1}{2}\alpha^3(\partial_5 A_b)(\partial_5 g_{cd})A^b A^c g^{ad}\psi - \\
&- \tfrac{1}{2}\alpha^{(4)}\{{}^b_{cd}\}F_b{}^c g^{ad}\psi + \beta_1{}^{(4)}\{{}^b_{cd}\}S_{(1)b}{}^c g^{ad}\psi - \alpha^2\beta_2 A_b A^{e\,(4)}\{{}^c_{de}\}S_{(2)c}{}^b g^{ad}\psi + \alpha\beta_3 A_b{}^{(4)}\{{}^b_{cd}\}S_{(3)}{}^c g^{ad}\psi + \\
&+ \alpha\beta_0 A_b{}^{(4)}\{{}^c_{de}\}S_{(0)c}{}^{db} g^{ae}\psi + \alpha^2\beta_2 A_b A_c{}^{(4)}\{{}^b_{de}\}S_{(2)}{}^{dc} g^{ae}\psi - \alpha\beta_3(\partial_b S_{(3)c})A^a g^{bc}\psi + \alpha^3(\partial_5 A_b)(\partial_5 A_c)A^a g^{bc}\psi - \\
&- \tfrac{1}{4}\alpha^2(\partial_5 U_{bc})A^a g^{bc}\psi - \alpha^2\beta_2(\partial_5 S_{(2)c}{}^d)A_d A^a g^{bc}\psi - \tfrac{1}{4}\alpha^2(\partial_5 g_{bc})A_d F^{ad} g^{bc}\psi + \tfrac{1}{2}\alpha^2\beta_0(\partial_5 g_{bc})A_d A_e S_{(0)}{}^{ade} g^{bc}\psi + \\
&+ \tfrac{1}{2}\alpha\beta_1(\partial_5 g_{bc})A_d S_{(1)}{}^{ad} g^{bc}\psi - \tfrac{1}{2}\alpha^3\beta_2(\partial_5 g_{bc})A_d\eta S_{(2)}{}^{ad} g^{bc}\psi + \tfrac{1}{2}\alpha^3\beta_2(\partial_5 g_{bc})A_d A_e A^a S_{(2)}{}^{de} g^{bc}\psi -
\end{aligned}$$

$$-\tfrac{1}{2}\alpha^2\beta_3\,(\partial_5 g_{bc})\,\eta\,S_{(3)}{}^a\,g^{bc}\,\psi+\tfrac{1}{2}\alpha^2\beta_3\,(\partial_5 g_{bc})\,A_d\,A^a\,S_{(3)}{}^d\,g^{bc}\,\psi-\tfrac{1}{2}\alpha^3\,(\partial_5 A_b)(\partial_5 g_{cd})\,A^a\,A^c\,g^{bd}\,\psi-\tfrac{1}{2}\alpha\,{}^{(4)}\{{}^{\ c}_{b\ d}\}\,F^a{}_c\,g^{bd}\,\psi+$$
$$+\beta_1\,{}^{(4)}\{{}^{\ c}_{b\ d}\}\,S_{(1)}{}^a{}_c\,g^{bd}\,\psi+\alpha\beta_3\,A^a\,{}^{(4)}\{{}^{\ c}_{b\ d}\}\,S_{(3)c}\,g^{bd}\,\psi+\tfrac{1}{2}\alpha\,(\partial_b F_{cd})\,g^{ac}\,g^{bd}\,\psi-\beta_1\,(\partial_b S_{(1)cd})\,g^{ac}\,g^{bd}\,\psi-$$
$$-\alpha\beta_0\,(\partial_b S_{(0)cd}{}^e)\,A_e\,g^{ac}\,g^{bd}\,\psi+\tfrac{1}{2}\alpha^3\,(\partial_5 A_b)(\partial_5 g_{cd})\,\eta\,g^{ac}\,g^{bd}\,\psi+\tfrac{1}{2}\alpha^2\,(\partial_5 A_b)\,A_c\,{}^{(4)}\{{}^{\ c}_{d\ e}\}\,g^{ad}\,g^{be}\,\psi+$$
$$+\tfrac{1}{4}\alpha^3\,(\partial_5 A_b)(\partial_5 g_{cd})\,A^a\,A^b\,g^{cd}\,\psi+\tfrac{1}{2}\alpha^2\,(\partial_5 A_b)\,A^a\,{}^{(4)}\{{}^{\ b}_{c\ d}\}\,g^{cd}\,\psi-\alpha\beta_3\,A_b\,{}^{(4)}\{{}^{\ b}_{c\ d}\}\,S_{(3)}{}^a\,g^{cd}\,\psi-\tfrac{1}{4}\alpha^3\,(\partial_5 A_b)(\partial_5 g_{cd})\,\eta\,g^{ab}\,g^{cd}\,\psi+$$
$$+\alpha\beta_0\,A_b\,{}^{(4)}\{{}^{\ d}_{c\ e}\}\,S_{(0)}{}^a{}_d{}^b\,g^{ce}\,\psi+\alpha^2\beta_2\,A_b\,A^a\,{}^{(4)}\{{}^{\ d}_{c\ e}\}\,S_{(2)d}{}^b\,g^{ce}\,\psi-\alpha^2\beta_2\,A_b\,A_c\,{}^{(4)}\{{}^{\ b}_{d\ e}\}\,S_{(2)}{}^{ac}\,g^{de}\,\psi-$$
$$-\tfrac{1}{2}\alpha^2\,(\partial_5 A_b)\,A_c\,{}^{(4)}\{{}^{\ c}_{d\ e}\}\,g^{ab}\,g^{de}\,\psi,$$

$$R_5{}^5 = \tag{97}$$

$$= R_{5a}\,\gamma^{a5}+R_{55}\,\gamma^{55}$$

$$=-\tfrac{1}{2}\alpha\,(\partial_a\psi)(\partial_5\psi)\,A^a\,\psi^{-2}+\tfrac{1}{4}\alpha^2\,(\partial_5\psi)(\partial_5\psi)\,\eta\,\psi^{-2}+\beta_2\,(\partial_5\psi)\,S_{(2)a}{}^a\,\psi^{-2}+\tfrac{1}{4}(\partial_a\psi)(\partial_b\psi)\,g^{ab}\,\psi^{-2}+$$
$$+\tfrac{1}{4}(\partial_5 g_{ab})(\partial_5\psi)\,g^{ab}\,\psi^{-2}-2\beta_2\,(\partial_5 S_{(2)a}{}^a)\,\psi^{-1}+\alpha\,(\partial_5\partial_a\psi)\,A^a\,\psi^{-1}-\tfrac{3}{2}\alpha^2\,(\partial_5 A_a)(\partial_5\psi)\,A^a\,\psi^{-1}+\tfrac{1}{4}\alpha^2\,(\partial_5 g_{ab})(\partial_5\psi)\,A^a\,A^b\,\psi^{-1}-$$
$$-\tfrac{1}{2}\alpha^2\,(\partial_5\partial_5\psi)\,\eta\,\psi^{-1}+\tfrac{1}{4}\alpha\,(\partial_5\psi)\,U_a{}^a\,\psi^{-1}+\beta_0\,(\partial_a\psi)\,S_{(0)}{}^a{}_b{}^b\,\psi^{-1}-\alpha\beta_0\,(\partial_5\psi)\,A_a\,S_{(0)}{}^a{}_b{}^b\,\psi^{-1}-\beta_2\,(\partial_5 g_{ab})\,S_{(2)}{}^{ab}\,\psi^{-1}+$$
$$+\tfrac{1}{2}\alpha\beta_2\,(\partial_a\psi)\,A_b\,S_{(2)}{}^{ab}\,\psi^{-1}-\alpha^2\beta_2\,(\partial_5\psi)\,A_a\,A_b\,S_{(2)}{}^{ab}\,\psi^{-1}+\tfrac{1}{2}\alpha\beta_2\,(\partial_a\psi)\,A_b\,S_{(2)}{}^{ba}\,\psi^{-1}+\beta_3\,(\partial_a\psi)\,S_{(3)}{}^a\,\psi^{-1}-\alpha\beta_3\,(\partial_5\psi)\,A_a\,S_{(3)}{}^a\,\psi^{-1}-$$
$$-\tfrac{1}{2}(\partial_a\partial_b\psi)\,g^{ab}\,\psi^{-1}-\tfrac{1}{2}(\partial_5\partial_5 g_{ab})\,g^{ab}\,\psi^{-1}+\alpha\,(\partial_a\psi)(\partial_5 A_b)\,g^{ab}\,\psi^{-1}-\tfrac{1}{4}\alpha\,(\partial_a\psi)(\partial_5 g_{bc})\,A^b\,g^{ac}\,\psi^{-1}+$$
$$+\tfrac{1}{2}(\partial_a\psi)\,{}^{(4)}\{{}^{\ a}_{b\ c}\}\,g^{bc}\,\psi^{-1}-\tfrac{1}{2}\alpha\,(\partial_5\psi)\,A_a\,{}^{(4)}\{{}^{\ a}_{b\ c}\}\,g^{bc}\,\psi^{-1}+\tfrac{1}{4}(\partial_5 g_{ab})(\partial_5 g_{cd})\,g^{ac}\,g^{bd}\,\psi^{-1}-\alpha^2\,(\partial_5\partial_5 A_a)\,A^a-2\alpha\beta_3\,(\partial_5 S_{(3)a})\,A^a+$$
$$+\alpha\beta_2\,(\partial_a S_{(2)b}{}^a)\,A^b+\tfrac{1}{2}\alpha\,(\partial_5\,{}^{(4)}\{{}^{\ a}_{a\ b}\})\,A^b+2\alpha\beta_0\,(\partial_5 S_{(0)ab}{}^a)\,A^b+\tfrac{1}{2}\alpha^2\,(\partial_5\partial_5 g_{ab})\,A^a\,A^b-\tfrac{3}{4}\alpha^3\,(\partial_a\psi)(\partial_5 A_b)\,A^a\,A^b-$$
$$-2\alpha^2\beta_2\,(\partial_5 S_{(2)a}{}^a)\,\eta+\tfrac{3}{4}\alpha^2\,(\partial_a\psi)\,A_b\,F^{ab}-2\alpha\beta_0\,(\partial_5 A_a)\,S_{(0)}{}^a{}_b{}^b-\tfrac{3}{2}\alpha^2\beta_0\,(\partial_a\psi)\,A_b\,A_c\,S_{(0)}{}^{abc}+\alpha\beta_0\,(\partial_5 g_{ab})\,A_c\,S_{(0)}{}^{acb}+$$
$$+\alpha\beta_0\,(\partial_5 g_{ab})\,A^a\,S_{(0)}{}^b{}_c{}^c-\tfrac{3}{2}\alpha\beta_1\,(\partial_a\psi)\,A_b\,S_{(1)}{}^{ab}-\alpha\beta_2\,A^c\,{}^{(4)}\{{}^{\ a}_{b\ c}\}\,S_{(2)a}{}^b-2\alpha^2\beta_2\,(\partial_5 A_a)\,A^a\,S_{(2)}{}^b{}_b+\alpha^2\beta_2\,(\partial_5 g_{ab})\,A^a\,A^b\,S_{(2)c}{}^c-$$
$$-\alpha^2\beta_2\,(\partial_5 A_a)\,A_b\,S_{(2)}{}^{ab}-\alpha^2\beta_2\,(\partial_5 g_{ab})\,\eta\,S_{(2)}{}^{ab}+\tfrac{3}{2}\alpha^3\beta_2\,(\partial_a\psi)\,A_b\,\eta\,S_{(2)}{}^{ab}+\alpha\beta_2\,U_{ab}\,S_{(2)}{}^{ab}+2\beta_1\beta_2\,S_{(1)ab}\,S_{(2)}{}^{ab}+$$
$$+\alpha\beta_2\,A_a\,{}^{(4)}\{{}^{\ a}_{b\ c}\}\,S_{(2)}{}^{ac}+2\alpha\beta_0\beta_2\,A_a\,S_{(0)bc}{}^b\,S_{(2)}{}^{ac}-\alpha^2\beta_2\,(\partial_5 A_a)\,A_b\,S_{(2)}{}^{ba}-\tfrac{3}{2}\alpha^3\beta_2\,(\partial_a\psi)\,A_b\,A_c\,A^a\,S_{(2)}{}^{bc}-\alpha\beta_2\,A_a\,{}^{(4)}\{{}^{\ a}_{b\ c}\}\,S_{(2)}{}^{bc}+$$
$$+2\alpha\beta_0\beta_2\,A_a\,S_{(0)bc}{}^b\,S_{(2)}{}^{ca}+\alpha^2\beta_2\,(\partial_5 g_{ab})\,A_c\,A^a\,S_{(2)}{}^{cb}-2\alpha\beta_3\,(\partial_5 A_a)\,S_{(3)}{}^a+\tfrac{3}{2}\alpha^2\beta_3\,(\partial_a\psi)\,\eta\,S_{(3)}{}^a+\alpha\beta_3\,(\partial_5 g_{ab})\,A^a\,S_{(3)}{}^b-$$
$$-\tfrac{3}{2}\alpha^2\beta_3\,(\partial_a\psi)\,A_b\,A^a\,S_{(3)}{}^b+4\beta_0\beta_3\,S_{(0)ab}{}^a\,S_{(3)}{}^b+2\beta_3\,(\partial_a S_{(3)b})\,g^{ab}-\alpha^2\,(\partial_5 A_a)(\partial_5 A_b)\,g^{ab}+\tfrac{1}{2}\alpha\,(\partial_5 U_{ab})\,g^{ab}+\alpha\beta_2\,(\partial_a S_{(2)b}{}^c)\,A_c\,g^{ab}-$$
$$-\tfrac{1}{2}\alpha^2\,(\partial_5\partial_5 g_{ab})\,\eta\,g^{ab}+\tfrac{3}{4}\alpha^3\,(\partial_a\psi)(\partial_5 A_b)\,\eta\,g^{ab}-\tfrac{1}{2}\alpha\,(\partial_5\,{}^{(4)}\{{}^{\ b}_{a\ c}\})\,A_b\,g^{ac}+\alpha^2\,(\partial_5 A_a)(\partial_5 g_{bc})\,A^b\,g^{ac}-2\beta_3\,{}^{(4)}\{{}^{\ b}_{a\ c}\}\,S_{(3)b}\,g^{ac}-$$
$$-\tfrac{1}{2}\alpha^2\,(\partial_5 A_a)(\partial_5 g_{bc})\,A^a\,g^{bc}-\alpha\,(\partial_5 A_a)\,{}^{(4)}\{{}^{\ a}_{b\ c}\}\,g^{bc}-\tfrac{1}{2}\alpha^2\,(\partial_5 g_{ab})(\partial_5 g_{cd})\,A^a\,A^c\,g^{bd}-\alpha\beta_2\,A_a\,{}^{(4)}\{{}^{\ a}_{b\ d}\}\,S_{(2)c}{}^a\,g^{bd}+$$
$$+\tfrac{1}{4}\alpha^2\,(\partial_5 g_{ab})(\partial_5 g_{cd})\,\eta\,g^{ac}\,g^{bd}+\tfrac{1}{4}\alpha^2\,(\partial_5 g_{ab})(\partial_5 g_{cd})\,A^a\,A^b\,g^{cd}-\alpha^2\beta_3\,(\partial_a S_{(3)b})\,A^a\,A^b+\tfrac{1}{2}\alpha^4\,(\partial_5 A_a)(\partial_5 A_b)\,A^a\,A^b\,\psi-$$
$$-\tfrac{1}{4}\alpha^3\,(\partial_5 U_{ab})\,A^a\,A^b\,\psi-\alpha^3\beta_2\,(\partial_a S_{(2)b}{}^c)\,A_c\,A^a\,A^b\,\psi+\tfrac{1}{2}\alpha^3\,(\partial_5 A_a)\,A^b\,A^c\,{}^{(4)}\{{}^{\ a}_{b\ c}\}\,\psi-\tfrac{1}{4}\alpha^3\,(\partial_5 A_a)\,A^a\,U_b{}^b\,\psi+\tfrac{1}{4}\alpha^3\,(\partial_5 A_a)\,A_b\,U^{ab}\,\psi+$$
$$+\tfrac{1}{2}\alpha^2\,A^c\,{}^{(4)}\{{}^{\ a}_{b\ c}\}\,F_a{}^b\,\psi+\tfrac{1}{4}\alpha^3\,(\partial_5 A_a)\,A_b\,F^{ab}\,\psi+\tfrac{1}{4}\alpha^2\,F_{ab}\,F^{ab}\,\psi-\tfrac{1}{2}\alpha^2\beta_0\,A_a\,F^{bc}\,S_{(0)bc}{}^a\,\psi-\alpha^2\beta_0\,A_a\,F^{ac}\,S_{(0)bc}{}^b\,\psi-$$
$$-\alpha^2\beta_0\,A_a\,A^d\,{}^{(4)}\{{}^{\ b}_{c\ d}\}\,S_{(0)b}{}^{ca}\,\psi-\alpha^3\beta_0\,(\partial_5 A_a)\,\eta\,S_{(0)}{}^a{}_b{}^b\,\psi+\tfrac{1}{2}\alpha^2\beta_0\,A_a\,U^b{}_c\,S_{(0)}{}^a{}_b{}^c\,\psi+\tfrac{1}{2}\alpha^2\beta_0\,A_a\,F^b{}_c\,S_{(0)}{}^a{}_b{}^c\,\psi+$$
$$+\alpha^3\beta_0\,(\partial_5 A_a)\,A_b\,A_c\,S_{(0)}{}^{abc}\,\psi+2\alpha^2\beta_0{}^2\,A_a\,A_b\,S_{(0)cd}{}^c\,S_{(0)}{}^{adb}\,\psi+\alpha^3\beta_0\,(\partial_5 A_a)\,A_b\,A^a\,S_{(0)}{}^b{}_c{}^c\,\psi-\alpha\beta_1\,A^c\,{}^{(4)}\{{}^{\ a}_{b\ c}\}\,S_{(1)a}{}^b\,\psi-$$
$$-\alpha\beta_1\,F_{ab}\,S_{(1)}{}^{ab}\,\psi+\beta_1{}^2\,S_{(1)ab}\,S_{(1)}{}^{ab}\,\psi+2\alpha\beta_0\beta_1\,A_a\,S_{(0)bc}{}^b\,S_{(1)}{}^{ac}\,\psi+\alpha\beta_0\beta_1\,A_a\,S_{(0)bc}{}^a\,S_{(1)}{}^{bc}\,\psi+$$
$$+\alpha^3\beta_2\,A_a\,A^c\,A^d\,{}^{(4)}\{{}^{\ b}_{c\ d}\}\,S_{(2)b}{}^a\,\psi-\alpha^4\beta_2\,(\partial_5 A_a)\,A_b\,\eta\,S_{(2)}{}^{ab}\,\psi+\tfrac{1}{2}\alpha^3\beta_2\,\eta\,U_{ab}\,S_{(2)}{}^{ab}\,\psi-\tfrac{1}{2}\alpha^3\beta_2\,A_a\,A_b\,U^c{}_c\,S_{(2)}{}^{ab}\,\psi+$$
$$+\tfrac{1}{2}\alpha^3\beta_2\,\eta\,F_{ab}\,S_{(2)}{}^{ab}\,\psi+\alpha^4\beta_2\,(\partial_5 A_a)\,A_b\,A_c\,S_{(2)}{}^{bc}\,\psi-\tfrac{1}{2}\alpha^3\beta_2\,A_a\,A_b\,U^a{}_c\,S_{(2)}{}^{bc}\,\psi-\tfrac{1}{2}\alpha^3\beta_2\,A_a\,A_b\,F^a{}_c\,S_{(2)}{}^{bc}\,\psi+$$
$$+2\alpha^3\beta_0\beta_2\,A_a\,A_b\,A_c\,S_{(0)}{}^a{}_d\,S_{(2)}{}^{bc}\,\psi+2\alpha^3\beta_0\beta_2\,A_a\,\eta\,S_{(0)bc}{}^b\,S_{(2)}{}^{ca}\,\psi-\alpha^3\beta_2\,A_a\,A_b\,A^d\,{}^{(4)}\{{}^{\ a}_{c\ d}\}\,S_{(2)}{}^{cb}\,\psi+$$
$$+\tfrac{1}{2}\alpha^3\beta_2\,A_a\,A_b\,U^a{}_c\,S_{(2)}{}^{cb}\,\psi-\tfrac{3}{2}\alpha^3\beta_2\,A_a\,A_b\,F^a{}_c\,S_{(2)}{}^{cb}\,\psi+2\alpha^2\beta_1\beta_2\,A_a\,A_b\,S_{(1)}{}^a{}_c\,S_{(2)}{}^{cb}\,\psi+\alpha^2\beta_3\,A^b\,A^c\,{}^{(4)}\{{}^{\ a}_{b\ c}\}\,S_{(3)a}\,\psi-$$
$$-\alpha^3\beta_3\,(\partial_5 A_a)\,\eta\,S_{(3)}{}^a\,\psi-\tfrac{1}{2}\alpha^2\beta_3\,A_a\,U^b{}_b\,S_{(3)}{}^a\,\psi+\alpha^3\beta_3\,(\partial_5 A_a)\,A_b\,A^a\,S_{(3)}{}^b\,\psi-\alpha^2\beta_3\,A_a\,A^c\,{}^{(4)}\{{}^{\ a}_{b\ c}\}\,S_{(3)}{}^b\,\psi+\tfrac{1}{2}\alpha^2\beta_3\,A_a\,U^a{}_b\,S_{(3)}{}^b\,\psi-$$
$$-\tfrac{3}{2}\alpha^2\beta_3\,A_a\,F^a{}_b\,S_{(3)}{}^b\,\psi+2\alpha^2\beta_0\beta_3\,\eta\,S_{(0)ab}{}^a\,S_{(3)}{}^b\,\psi+2\alpha^2\beta_0\beta_3\,A_a\,A_b\,S_{(0)}{}^a{}_c\,S_{(3)}{}^b\,\psi+2\alpha\beta_1\beta_3\,A_a\,S_{(1)}{}^a{}_b\,S_{(3)}{}^b\,\psi+$$
$$+\alpha^2\beta_3\,(\partial_a S_{(3)b})\,\eta\,g^{ab}\,\psi-\tfrac{1}{2}\alpha^4\,(\partial_5 A_a)(\partial_5 A_b)\,\eta\,g^{ab}\,\psi+\tfrac{1}{4}\alpha^3\,(\partial_5 U_{ab})\,\eta\,g^{ab}\,\psi+\alpha^3\beta_2\,(\partial_a S_{(2)b}{}^c)\,A_c\,\eta\,g^{ab}\,\psi-\tfrac{1}{2}\alpha^2\,(\partial_a F_{bc})\,A^b\,g^{ac}\,\psi+$$
$$+\alpha\beta_1\,(\partial_a S_{(1)bc})\,A^b\,g^{ac}\,\psi+\alpha^2\beta_0\,(\partial_a S_{(0)bc}{}^d)\,A_d\,A^b\,g^{ac}\,\psi-\tfrac{1}{2}\alpha^3\,(\partial_5 A_a)\,A_b\,A^d\,{}^{(4)}\{{}^{\ b}_{c\ d}\}\,g^{ac}\,\psi-\alpha^2\beta_3\,\eta\,{}^{(4)}\{{}^{\ b}_{a\ c}\}\,S_{(3)b}\,g^{ac}\,\psi-$$

$$-\tfrac{1}{2}\alpha^3(\partial_5 A_a)\,\eta\,{}^{(4)}\{{}^{\,a}_{b\,c}\}\,g^{bc}\,\psi + \tfrac{1}{2}\alpha^2 A_a\,{}^{(4)}\{{}^{\,c}_{b\,d}\}\,F^a{}_c\,g^{bd}\,\psi - \alpha\beta_1 A_a\,{}^{(4)}\{{}^{\,c}_{b\,d}\}\,S_{(1)}{}^a{}_c\,g^{bd}\,\psi - \alpha^3\beta_2 A_a\,\eta\,{}^{(4)}\{{}^{\,c}_{b\,d}\}\,S_{(2)c}{}^a\,g^{bd}\,\psi +$$

$$+\tfrac{1}{2}\alpha^3(\partial_5 A_a)\,A_b\,A^a\,{}^{(4)}\{{}^{\,b}_{c\,d}\}\,g^{cd}\,\psi + \alpha^2\beta_3 A_a A_b\,{}^{(4)}\{{}^{\,b}_{c\,d}\}\,S_{(3)}{}^b\,g^{cd}\,\psi - \alpha^2\beta_0 A_a A_b\,{}^{(4)}\{{}^{\,d}_{c\,e}\}\,S_{(0)}{}^{ab}{}_d\,g^{ce}\,\psi + \alpha^3\beta_2 A_a A_b A_c\,{}^{(4)}\{{}^{\,a}_{d\,e}\}\,S_{(2)}{}^{bc}\,g^{de}\,\psi.$$

13. THE 5-DIMENSIONAL CONTRAVARIANT RICCI CURVATURE TENSOR $R^{\alpha\beta}$

The four parts of the 5-dimensional contravariant Ricci curvature tensor $R^{\alpha\beta}$, where

$$R^{\alpha\beta} = R_{\gamma\delta}\,\gamma^{\alpha\gamma}\,\gamma^{\beta\delta}, \tag{98}$$

are given by

$$R^{ab} = \tag{99}$$

$$= R_{5c}\,\gamma^{a5}\,\gamma^{bc} + R_{cd}\,\gamma^{ac}\,\gamma^{bd} + R_{c5}\,\gamma^{ac}\,\gamma^{b5} + R_{55}\,\gamma^{a5}\,\gamma^{b5}$$

$$= \tfrac{1}{4}\alpha^2(\partial_5\psi)(\partial_5\psi)A^a A^b\psi^{-2} + \tfrac{1}{2}\beta_2(\partial_5\psi)S_{(2)}{}^{ab}\psi^{-2} + \tfrac{1}{2}\beta_2(\partial_5\psi)S_{(2)}{}^{ba}\psi^{-2} - \tfrac{1}{4}\alpha(\partial_c\psi)(\partial_5\psi)A^b g^{ac}\psi^{-2} - \tfrac{1}{4}\alpha(\partial_c\psi)(\partial_5\psi)A^a g^{bc}\psi^{-2} +$$

$$+ \tfrac{1}{4}(\partial_c\psi)(\partial_d\psi)g^{ac}g^{bd}\psi^{-2} + \tfrac{1}{4}(\partial_5 g_{cd})(\partial_5\psi)g^{ac}g^{bd}\psi^{-2} - \tfrac{1}{2}\alpha^2(\partial_5\partial_5\psi)A^a A^b\psi^{-1} + \tfrac{1}{4}\alpha(\partial_5\psi)U^{ab}\psi^{-1} + \tfrac{1}{2}\beta_0(\partial_c\psi)S_{(0)}{}^{abc}\psi^{-1} -$$

$$- \tfrac{1}{2}\beta_0(\partial_c\psi)S_{(0)}{}^{acb}\psi^{-1} + \tfrac{1}{2}\alpha\beta_0(\partial_5\psi)A_c S_{(0)}{}^{acb}\psi^{-1} - \tfrac{1}{2}\beta_0(\partial_c\psi)S_{(0)}{}^{bca}\psi^{-1} + \tfrac{1}{2}\alpha\beta_0(\partial_5\psi)A_c S_{(0)}{}^{bca}\psi^{-1} +$$

$$+ \tfrac{1}{2}\beta_1(\partial_5\psi)S_{(1)}{}^{ab}\psi^{-1} + \tfrac{1}{2}\alpha\beta_2(\partial_c\psi)A^c S_{(2)}{}^{ab}\psi^{-1} - \tfrac{1}{2}\alpha^2\beta_2(\partial_5\psi)\eta S_{(2)}{}^{ab}\psi^{-1} - 2\beta_2{}^2 S_{(2)c}{}^c S_{(2)}{}^{ab}\psi^{-1} -$$

$$- \tfrac{1}{2}\alpha\beta_2(\partial_c\psi)A^b S_{(2)}{}^{ac}\psi^{-1} + 2\beta_2{}^2 S_{(2)c}{}^b S_{(2)}{}^{ac}\psi^{-1} + \tfrac{1}{2}\alpha\beta_2(\partial_c\psi)A^c S_{(2)}{}^{ba}\psi^{-1} - \tfrac{1}{2}\alpha^2\beta_2(\partial_5\psi)\eta S_{(2)}{}^{ba}\psi^{-1} -$$

$$- 2\beta_2{}^2 S_{(2)c}{}^c S_{(2)}{}^{ba}\psi^{-1} + \tfrac{1}{2}\alpha\beta_2(\partial_c\psi)A^a S_{(2)}{}^{bc}\psi^{-1} - \alpha^2\beta_2(\partial_5\psi)A_c A^a S_{(2)}{}^{bc}\psi^{-1} - \tfrac{1}{2}\alpha\beta_2(\partial_c\psi)A^b S_{(2)}{}^{ca}\psi^{-1} +$$

$$+ \tfrac{1}{2}\alpha^2\beta_2(\partial_5\psi)A_c A^b S_{(2)}{}^{ca}\psi^{-1} - \tfrac{1}{2}\alpha\beta_2(\partial_c\psi)A^a S_{(2)}{}^{cb}\psi^{-1} + \tfrac{1}{2}\alpha^2\beta_2(\partial_5\psi)A_c A^a S_{(2)}{}^{cb}\psi^{-1} + 2\beta_2{}^2 S_{(2)c}{}^a S_{(2)}{}^{cb}\psi^{-1} -$$

$$- \tfrac{1}{2}\alpha\beta_3(\partial_5\psi)A^b S_{(3)}{}^a\psi^{-1} - \tfrac{1}{2}\alpha\beta_3(\partial_5\psi)A^a S_{(3)}{}^b\psi^{-1} - \beta_2(\partial_5 S_{(2)c}{}^b)g^{ac}\psi^{-1} + \tfrac{1}{2}\alpha(\partial_5\partial_c\psi)A^b g^{ac}\psi^{-1} -$$

$$- \tfrac{3}{4}\alpha^2(\partial_5 A_c)(\partial_5\psi)A^b g^{ac}\psi^{-1} + \alpha\beta_2(\partial_c\psi)A_d S_{(2)}{}^{bd}g^{ac}\psi^{-1} + \beta_3(\partial_c\psi)S_{(3)}{}^b g^{ac}\psi^{-1} + \tfrac{1}{4}\alpha^2(\partial_5 g_{cd})(\partial_5\psi)A^b A^c g^{ad}\psi^{-1} -$$

$$- \beta_2(\partial_5 g_{cd})S_{(2)}{}^{bc}g^{ad}\psi^{-1} + \beta_2(\partial_5 g_{cd})S_{(2)}{}^{cb}g^{ad}\psi^{-1} - \beta_2(\partial_5 S_{(2)c}{}^a)g^{bc}\psi^{-1} + \tfrac{1}{2}\alpha(\partial_5\partial_c\psi)A^a g^{bc}\psi^{-1} -$$

$$- \tfrac{3}{4}\alpha^2(\partial_5 A_c)(\partial_5\psi)A^a g^{bc}\psi^{-1} + \tfrac{1}{2}\alpha(\partial_c\psi)(\partial_5 A_d)g^{ad}g^{bc}\psi^{-1} + \tfrac{1}{4}\alpha^2(\partial_5 g_{cd})(\partial_5\psi)A^a A^c g^{bd}\psi^{-1} + \beta_2(\partial_5 g_{cd})S_{(2)}{}^{ca}g^{bd}\psi^{-1} -$$

$$- \tfrac{1}{2}(\partial_c\partial_d\psi)g^{ac}g^{bd}\psi^{-1} - \tfrac{1}{2}(\partial_5\partial_5 g_{cd})g^{ac}g^{bd}\psi^{-1} + \tfrac{1}{2}\alpha(\partial_c\psi)(\partial_5 A_d)g^{ac}g^{bd}\psi^{-1} - \tfrac{1}{4}\alpha^2(\partial_5 g_{cd})(\partial_5\psi)\eta g^{ac}g^{bd}\psi^{-1} -$$

$$- \beta_2(\partial_5 g_{cd})S_{(2)e}{}^e g^{ac}g^{bd}\psi^{-1} + \tfrac{1}{4}\alpha(\partial_c\psi)(\partial_5 g_{de})A^c g^{ad}g^{be}\psi^{-1} + \tfrac{1}{2}(\partial_c\psi){}^{(4)}\{{}^{\,c}_{d\,e}\}g^{ad}g^{be}\psi^{-1} -$$

$$- \tfrac{1}{2}\alpha(\partial_5\psi)A_c\,{}^{(4)}\{{}^{\,c}_{d\,e}\}g^{ad}g^{be}\psi^{-1} - \tfrac{1}{2}\beta_2(\partial_5 g_{cd})S_{(2)}{}^{ab}g^{cd}\psi^{-1} - \tfrac{1}{2}\beta_2(\partial_5 g_{cd})S_{(2)}{}^{ba}g^{cd}\psi^{-1} -$$

$$- \tfrac{1}{4}\alpha(\partial_c\psi)(\partial_5 g_{de})A^b g^{ad}g^{ce}\psi^{-1} - \tfrac{1}{4}\alpha(\partial_c\psi)(\partial_5 g_{de})A^a g^{bd}g^{ce}\psi^{-1} + \tfrac{1}{2}(\partial_5 g_{cd})(\partial_5 g_{ef})g^{ac}g^{be}g^{df}\psi^{-1} -$$

$$- \tfrac{1}{4}(\partial_5 g_{cd})(\partial_5 g_{ef})g^{ac}g^{bd}g^{ef}\psi^{-1} - 2\alpha^2\beta_2(\partial_5 S_{(2)c}{}^c)A^a A^b + \alpha^2\beta_2(\partial_5 S_{(2)c}{}^b)A^a A^c + \alpha^2\beta_2(\partial_5 S_{(2)c}{}^a)A^b A^c +$$

$$+ \beta_0\,{}^{(4)}\{{}^{\,c}_{c\,d}\}S_{(0)}{}^{abd} + 2\beta_0{}^2 S_{(0)cd}{}^c S_{(0)}{}^{abd} + \alpha\beta_0(\partial_5 A_c)S_{(0)}{}^{acb} - \beta_0\,{}^{(4)}\{{}^{\,b}_{c\,d}\}S_{(0)}{}^{acd} - 2\beta_0{}^2 S_{(0)cd}{}^b S_{(0)}{}^{acd} -$$

$$- \alpha\beta_0(\partial_5 g_{cd})A^c S_{(0)}{}^{adb} - 2\beta_0{}^2 S_{(0)cd}{}^c S_{(0)}{}^{adb} + \alpha\beta_0(\partial_5 A_c)S_{(0)}{}^{bca} - \alpha\beta_0(\partial_5 g_{cd})A^a S_{(0)}{}^{bcd} - \beta_0\,{}^{(4)}\{{}^{\,a}_{c\,d}\}S_{(0)}{}^{bcd} -$$

$$- \alpha\beta_0(\partial_5 g_{cd})A^c S_{(0)}{}^{bda} - 2\beta_0{}^2 S_{(0)cd}{}^c S_{(0)}{}^{bda} + \beta_0{}^2 S_{(0)cd}{}^a S_{(0)}{}^{cdb} + \alpha\beta_2 U^{ab}S_{(2)c}{}^c + 2\beta_1\beta_2 S_{(1)}{}^{ab}S_{(2)c}{}^c -$$

$$- 2\alpha\beta_0\beta_2 A_c S_{(0)}{}^{acd}S_{(2)d}{}^b + 2\alpha\beta_0\beta_2 A_c S_{(0)}{}^{acb}S_{(2)d}{}^d + 2\alpha\beta_0\beta_2 A_c S_{(0)}{}^{bca}S_{(2)d}{}^d - 2\alpha^2\beta_2(\partial_5 A_c)A^c S_{(2)}{}^{ab} +$$

$$+ \alpha^2\beta_2(\partial_5 g_{cd})A^c A^d S_{(2)}{}^{ab} + \tfrac{1}{2}\alpha\beta_2 U_c{}^c S_{(2)}{}^{ab} - 2\alpha\beta_0\beta_2 A_c S_{(0)}{}^c{}_d{}^a S_{(2)}{}^{ab} - 2\alpha^2\beta_2{}^2\eta S_{(2)c}{}^c S_{(2)}{}^{ab} + \alpha\beta_2 A^d\,{}^{(4)}\{{}^{\,b}_{c\,d}\}S_{(2)}{}^{ac} -$$

$$- \tfrac{1}{2}\alpha\beta_2 U^b{}_c S_{(2)}{}^{ac} + \tfrac{1}{2}\alpha\beta_2 F^b{}_c S_{(2)}{}^{ac} + 2\alpha^2\beta_2{}^2\eta S_{(2)c}{}^b S_{(2)}{}^{ac} - \alpha\beta_2 A^b\,{}^{(4)}\{{}^{\,c}_{c\,d}\}S_{(2)}{}^{ad} - 2\alpha\beta_0\beta_2 A^b S_{(0)cd}{}^c S_{(2)}{}^{ad} +$$

$$+ 2\alpha\beta_0\beta_2 A_c S_{(0)}{}^c{}_d{}^b S_{(2)}{}^{ad} - 2\alpha^2\beta_2(\partial_5 A_c)A^c S_{(2)}{}^{ba} + \alpha^2\beta_2(\partial_5 g_{cd})A^c A^d S_{(2)}{}^{ba} + \tfrac{1}{2}\alpha\beta_2 U_c{}^c S_{(2)}{}^{ba} - 2\alpha\beta_0\beta_2 A_c S_{(0)}{}^c{}_d{}^b S_{(2)}{}^{ba} -$$

$$- 2\alpha^2\beta_2{}^2\eta S_{(2)c}{}^c S_{(2)}{}^{ba} - \alpha^2\beta_2(\partial_5 A_c)A^a S_{(2)}{}^{bc} + \alpha\beta_2 A^d\,{}^{(4)}\{{}^{\,a}_{c\,d}\}S_{(2)}{}^{bc} + \tfrac{1}{2}\alpha\beta_2 U^a{}_c S_{(2)}{}^{bc} + \tfrac{1}{2}\alpha\beta_2 F^a{}_c S_{(2)}{}^{bc} +$$

$$+ \alpha^2\beta_2(\partial_5 g_{cd})A^a A^c S_{(2)}{}^{bd} + \alpha\beta_2 A^a\,{}^{(4)}\{{}^{\,c}_{c\,d}\}S_{(2)}{}^{bd} + 2\alpha\beta_0\beta_2 A^a S_{(0)cd}{}^c S_{(2)}{}^{bd} + \alpha^2\beta_2(\partial_5 A_c)A^b S_{(2)}{}^{ca} - \tfrac{1}{2}\alpha\beta_2 U^b{}_c S_{(2)}{}^{ca} +$$

$$+ \tfrac{1}{2}\alpha\beta_2 F^b{}_c S_{(2)}{}^{ca} + 2\alpha^2\beta_2{}^2 A_c A^b S_{(2)d}{}^d S_{(2)}{}^{ca} + \alpha^2\beta_2(\partial_5 A_c)A^a S_{(2)}{}^{cb} - \tfrac{1}{2}\alpha\beta_2 U^a{}_c S_{(2)}{}^{cb} + \tfrac{1}{2}\alpha\beta_2 F^a{}_c S_{(2)}{}^{cb} -$$

$$- 2\beta_1\beta_2 S_{(1)c}{}^a S_{(2)}{}^{cb} + 2\alpha^2\beta_2{}^2\eta S_{(2)c}{}^a S_{(2)}{}^{cb} + 2\alpha^2\beta_2{}^2 A_c A^a S_{(2)d}{}^d S_{(2)}{}^{cb} - \alpha^2\beta_2(\partial_5 g_{cd})A^a A^b S_{(2)}{}^{cd} - \alpha\beta_2 A^b\,{}^{(4)}\{{}^{\,a}_{c\,d}\}S_{(2)}{}^{cd} -$$

$$- \alpha\beta_2 A^a\,{}^{(4)}\{{}^{\,b}_{c\,d}\}S_{(2)}{}^{cd} - 2\alpha\beta_0\beta_2 A^a S_{(0)cd}{}^b S_{(2)}{}^{cd} - 2\alpha^2\beta_2{}^2 A_c A^a S_{(2)d}{}^b S_{(2)}{}^{cd} - \alpha^2\beta_2(\partial_5 g_{cd})A^b A^c S_{(2)}{}^{da} -$$

$$- 2\alpha\beta_0\beta_2 A^b S_{(0)cd}{}^c S_{(2)}{}^{da} + 2\alpha\beta_0\beta_2 A_c S_{(0)}{}^c{}_d{}^b S_{(2)}{}^{da} - \alpha^2\beta_2(\partial_5 g_{cd})A^a A^c S_{(2)}{}^{db} - 2\alpha\beta_0\beta_2 A^a S_{(0)cd}{}^c S_{(2)}{}^{db} +$$

$$
\begin{aligned}
&+ 2\alpha\beta_0\beta_2 A_c S_{(0)}{}^{c\;a}_{\;d} S_{(2)}{}^{db} - 2\alpha^2\beta_2^2 A_c A_d S_{(2)}{}^{ca} S_{(2)}{}^{db} - 2\beta_0\beta_3 S_{(0)}{}^{abc} S_{(3)c} + 2\alpha\beta_2\beta_3 A^b S_{(2)}{}^{ac} S_{(3)c} - 2\alpha\beta_2\beta_3 A^a S_{(2)}{}^{bc} S_{(3)c} \\
&- 2\alpha\beta_2\beta_3 A^b S_{(2)c}{}^c S_{(3)}{}^a + 2\alpha\beta_2\beta_3 A_c S_{(2)}{}^{cb} S_{(3)}{}^a + 2\alpha\beta_2\beta_3 A^a S_{(2)c}{}^c S_{(3)}{}^b + 2\beta_0\beta_3 S_{(0)}{}^{a\;c}_{\;c} S_{(3)}{}^c + 2\beta_0\beta_3 S_{(0)}{}^{b\;a}_{\;c} S_{(3)}{}^c + \\
&+ 2\alpha\beta_2\beta_3 A^b S_{(2)c}{}^a S_{(3)}{}^c - 2\alpha\beta_2\beta_3 A_c S_{(2)}{}^{ab} S_{(3)}{}^c - 2\alpha\beta_2\beta_3 A_c S_{(2)}{}^{ba} S_{(3)}{}^c + 2\alpha\beta_2(\partial_c S_{(2)d}{}^d) A^b g^{ac} - \tfrac{1}{2}\alpha^2(\partial_5\partial_5 A_c) A^b g^{ac} - \\
&- \alpha\beta_3(\partial_5 S_{(3)c}) A^b g^{ac} - \alpha^2\beta_2(\partial_5 S_{(2)c}{}^b)\eta g^{ac} - \alpha^2\beta_2(\partial_5 A_c) A^b S_{(2)d}{}^d g^{ac} - \alpha^2\beta_2(\partial_5 A_c) A_d S_{(2)}{}^{bd} g^{ac} + \\
&+ \alpha^2\beta_2(\partial_5 A_c) A_d S_{(2)}{}^{db} g^{ac} - \alpha\beta_3(\partial_5 A_c) S_{(3)}{}^b g^{ac} - \alpha\beta_2(\partial_c S_{(2)d}{}^c) A^b g^{ad} + \tfrac{1}{2}\alpha(\partial_5{}^{(4)}\{{}^{\;a}_{a\;d}\}) A^b g^{ad} + \alpha\beta_2(\partial_c S_{(2)d}{}^b) A^c g^{ad} + \\
&+ \tfrac{1}{2}\alpha(\partial_5{}^{(4)}\{{}^{\;b}_{c\;d}\}) A^c g^{ad} - \alpha\beta_0(\partial_5 S_{(0)cd}{}^b) A^c g^{ad} + \tfrac{1}{2}\alpha^2(\partial_5\partial_5 g_{cd}) A^b A^c g^{ad} - \tfrac{1}{4}\alpha(\partial_5 g_{cd}) U^{bc} g^{ad} + \tfrac{1}{4}\alpha(\partial_5 g_{cd}) F^{bc} g^{ad} + \\
&+ \alpha\beta_0(\partial_5 g_{cd}) A_e S_{(0)}{}^{bec} g^{ad} + \alpha\beta_0(\partial_5 g_{cd}) A^b S_{(0)}{}^{c\;e}_{\;e} g^{ad} - \alpha\beta_0(\partial_5 g_{cd}) A_e S_{(0)}{}^{ceb} g^{ad} - \alpha\beta_2 A^e{}^{(4)}\{{}^{\;c}_{d\;e}\} S_{(2)c}{}^b g^{ad} + \\
&+ \alpha^2\beta_2(\partial_5 g_{cd}) A^b A^c S_{(2)e}{}^e g^{ad} - \alpha^2\beta_2(\partial_5 g_{cd})\eta S_{(2)}{}^{bc} g^{ad} + \alpha^2\beta_2(\partial_5 g_{cd})\eta S_{(2)}{}^{cb} g^{ad} - \alpha^2\beta_2(\partial_5 g_{cd}) A_e A^c S_{(2)}{}^{eb} g^{ad} + \\
&+ \alpha^2\beta_2(\partial_5 g_{cd}) A_e A^b S_{(2)}{}^{ec} g^{ad} + \alpha\beta_3(\partial_5 g_{cd}) A^b S_{(3)}{}^c g^{ad} + \beta_0{}^{(4)}\{{}^{\;c}_{d\;e}\} S_{(0)c}{}^{db} g^{ae} + \beta_0{}^{(4)}\{{}^{\;c}_{d\;e}\} S_{(0)}{}^{b\;d}_{\;c} g^{ae} + \\
&+ \alpha\beta_2 A^b{}^{(4)}\{{}^{\;c}_{d\;e}\} S_{(2)c}{}^d g^{ae} - \alpha\beta_2 A_c{}^{(4)}\{{}^{\;c}_{d\;e}\} S_{(2)}{}^{bd} g^{ae} + \alpha\beta_2 A_c{}^{(4)}\{{}^{\;c}_{d\;e}\} S_{(2)}{}^{db} g^{ae} - \tfrac{1}{2}\alpha^2(\partial_5\partial_5 A_c) A^a g^{bc} - \\
&- \alpha\beta_3(\partial_5 S_{(3)c}) A^a g^{bc} - \alpha^2\beta_2(\partial_5 S_{(2)c}{}^a)\eta g^{bc} - \alpha^2\beta_2(\partial_5 A_c) A^a S_{(2)d}{}^d g^{bc} + \alpha^2\beta_2(\partial_5 A_c) A_d S_{(2)}{}^{da} g^{bc} - \alpha\beta_3(\partial_5 A_c) S_{(3)}{}^a g^{bc} + \\
&+ \tfrac{1}{2}\alpha^2(\partial_5 A_c)(\partial_5 g_{de}) A^d g^{ae} g^{bc} + \alpha\beta_2(\partial_c S_{(2)d}{}^c) A^a g^{bd} + \tfrac{1}{2}\alpha(\partial_5{}^{(4)}\{{}^{\;a}_{a\;d}\}) A^a g^{bd} + 2\alpha\beta_0(\partial_5 S_{(0)cd}{}^c) A^a g^{bd} + \\
&+ \alpha\beta_2(\partial_c S_{(2)d}{}^a) A^c g^{bd} + \tfrac{1}{2}\alpha(\partial_5{}^{(4)}\{{}^{\;a}_{c\;d}\}) A^c g^{bd} - \alpha\beta_0(\partial_5 S_{(0)cd}{}^a) A^c g^{bd} + \tfrac{1}{2}\alpha^2(\partial_5\partial_5 g_{cd}) A^a A^c g^{bd} - \tfrac{1}{4}\alpha(\partial_5 g_{cd}) U^{ac} g^{bd} + \\
&+ \tfrac{1}{4}\alpha(\partial_5 g_{cd}) F^{ac} g^{bd} + \alpha\beta_0(\partial_5 g_{cd}) A^a S_{(0)}{}^{c\;e}_{\;e} g^{bd} - \alpha\beta_0(\partial_5 g_{cd}) A_e S_{(0)}{}^{cea} g^{bd} - \beta_1(\partial_5 g_{cd}) S_{(1)}{}^{ac} g^{bd} - \\
&- \alpha\beta_2 A^e{}^{(4)}\{{}^{\;c}_{d\;e}\} S_{(2)c}{}^a g^{bd} + \alpha^2\beta_2(\partial_5 g_{cd}) A^a A^c S_{(2)e}{}^e g^{bd} + \alpha^2\beta_2(\partial_5 g_{cd})\eta S_{(2)}{}^{ca} g^{bd} - \alpha^2\beta_2(\partial_5 g_{cd}) A_e A^c S_{(2)}{}^{ea} g^{bd} + \\
&+ \alpha\beta_3(\partial_5 g_{cd}) A^c S_{(3)}{}^a g^{bd} + 2\beta_3(\partial_c S_{(3)d}) g^{ac} g^{bd} - \alpha^2(\partial_5 A_c)(\partial_5 A_d) g^{ac} g^{bd} + \tfrac{1}{2}\alpha(\partial_5 U_{cd}) g^{ac} g^{bd} + \beta_1(\partial_5 S_{(1)cd}) g^{ac} g^{bd} - \\
&- \tfrac{1}{2}\alpha^2(\partial_5\partial_5 g_{cd})\eta g^{ac} g^{bd} + \tfrac{1}{4}\alpha(\partial_5 g_{cd}) U_e{}^e g^{ac} g^{bd} - \alpha\beta_0(\partial_5 g_{cd}) A_e S_{(0)}{}^{ef}_{\;f} g^{ac} g^{bd} - \alpha^2\beta_2(\partial_5 g_{cd})\eta S_{(2)e}{}^e g^{ac} g^{bd} - \\
&- \alpha\beta_3(\partial_5 g_{cd}) A_e S_{(3)}{}^e g^{ac} g^{bd} + \beta_0{}^{(4)}\{{}^{\;c}_{d\;e}\} S_{(0)c}{}^{da} g^{be} - \beta_0{}^{(4)}\{{}^{\;c}_{d\;e}\} S_{(0)}{}^{a\;d}_{\;c} g^{be} - \alpha\beta_2 A^a{}^{(4)}\{{}^{\;c}_{d\;e}\} S_{(2)c}{}^d g^{be} + \\
&+ \alpha\beta_2 A_c{}^{(4)}\{{}^{\;c}_{d\;e}\} S_{(2)}{}^{ad} g^{be} + \alpha\beta_2 A_c{}^{(4)}\{{}^{\;c}_{d\;e}\} S_{(2)}{}^{da} g^{be} - (\partial_c{}^{(4)}\{{}^{\;a}_{a\;e}\}) g^{ac} g^{be} - 2\beta_0(\partial_c S_{(0)de}{}^d) g^{ac} g^{be} - \\
&- \alpha(\partial_5{}^{(4)}\{{}^{\;d}_{c\;e}\}) A_d g^{ac} g^{be} + \tfrac{1}{2}\alpha^2(\partial_5 A_c)(\partial_5 g_{de}) A^d g^{ac} g^{be} + (\partial_a{}^{(4)}\{{}^{\;c}_{d\;e}\}) g^{ad} g^{be} + \beta_0(\partial_c S_{(0)de}{}^c) g^{ad} g^{be} - \\
&- \alpha^2(\partial_5 A_c)(\partial_5 g_{de}) A^c g^{ad} g^{be} - \alpha(\partial_5{}^{(4)}\{{}^{\;c}_{d\;e}\}) g^{ad} g^{be} - 2\beta_3{}^{(4)}\{{}^{\;c}_{d\;e}\} S_{(3)c} g^{ad} g^{be} - \tfrac{1}{2}\alpha^2(\partial_5 g_{cd})(\partial_5 g_{ef}) A^c A^e g^{ad} g^{bf} + \\
&+ \tfrac{1}{2}\alpha^2(\partial_5 g_{cd})(\partial_5 g_{ef}) A^c A^d g^{ae} g^{bf} - {}^{(4)}\{{}^{\;d}_{c\;f}\}{}^{(4)}\{{}^{\;c}_{d\;e}\} g^{ae} g^{bf} + {}^{(4)}\{{}^{\;c}_{c\;d}\}{}^{(4)}\{{}^{\;d}_{e\;f}\} g^{ae} g^{bf} - \\
&- 2\beta_0{}^{(4)}\{{}^{\;c}_{e\;f}\} S_{(0)cd}{}^d g^{ae} g^{bf} - 2\alpha\beta_2 A_c{}^{(4)}\{{}^{\;c}_{e\;f}\} S_{(2)d}{}^d g^{ae} g^{bf} - \alpha\beta_2(\partial_c S_{(2)d}{}^b) A^a g^{cd} - \tfrac{1}{2}\alpha(\partial_5{}^{(4)}\{{}^{\;b}_{c\;d}\}) A^a g^{cd} - \\
&- \alpha\beta_2(\partial_c S_{(2)d}{}^a) A^b g^{cd} - \tfrac{1}{2}\alpha(\partial_5{}^{(4)}\{{}^{\;a}_{c\;d}\}) A^b g^{cd} - \tfrac{1}{2}\alpha^2(\partial_5\partial_5 g_{cd}) A^a A^b g^{cd} + \tfrac{1}{4}\alpha(\partial_5 g_{cd}) U^{ab} g^{cd} + \\
&+ \tfrac{1}{2}\alpha\beta_0(\partial_5 g_{cd}) A_e S_{(0)}{}^{aeb} g^{cd} + \tfrac{1}{2}\alpha\beta_0(\partial_5 g_{cd}) A_e S_{(0)}{}^{bea} g^{cd} + \tfrac{1}{2}\beta_1(\partial_5 g_{cd}) S_{(1)}{}^{ab} g^{cd} - \tfrac{1}{2}\alpha^2\beta_2(\partial_5 g_{cd})\eta S_{(2)}{}^{ab} g^{cd} - \\
&- \tfrac{1}{2}\alpha^2\beta_2(\partial_5 g_{cd})\eta S_{(2)}{}^{ba} g^{cd} + \tfrac{1}{2}\alpha^2\beta_2(\partial_5 g_{cd}) A_e A^b S_{(2)}{}^{ea} g^{cd} + \tfrac{1}{2}\alpha^2\beta_2(\partial_5 g_{cd}) A_e A^a S_{(2)}{}^{eb} g^{cd} - \\
&- \tfrac{1}{2}\alpha\beta_3(\partial_5 g_{cd}) A^b S_{(3)}{}^a g^{cd} + \tfrac{1}{2}\alpha\beta_3(\partial_5 g_{cd}) A^a S_{(3)}{}^b g^{cd} - \tfrac{1}{2}\alpha(\partial_5 g_{cd}) A_e{}^{(4)}\{{}^{\;e}_{f\;g}\} g^{af} g^{bg} g^{cd} + \beta_0{}^{(4)}\{{}^{\;d}_{c\;e}\} S_{(0)}{}^{a\;b}_{\;d} g^{ce} + \\
&+ \beta_0{}^{(4)}\{{}^{\;d}_{c\;e}\} S_{(0)}{}^{b\;a}_{\;d} g^{ce} + \alpha\beta_2 A^b{}^{(4)}\{{}^{\;d}_{c\;e}\} S_{(2)d}{}^a g^{ce} + \alpha\beta_2 A^a{}^{(4)}\{{}^{\;d}_{c\;e}\} S_{(2)d}{}^b g^{ce} - \beta_0(\partial_c S_{(0)de}{}^b) g^{ad} g^{ce} + \\
&+ \tfrac{1}{2}\alpha^2(\partial_5 A_c)(\partial_5 g_{de}) A^b g^{ad} g^{ce} - \beta_0(\partial_c S_{(0)de}{}^a) g^{bd} g^{ce} + \tfrac{1}{2}\alpha^2(\partial_5 A_c)(\partial_5 g_{de}) A^a g^{bd} g^{ce} + \\
&+ \tfrac{1}{2}\alpha(\partial_5 g_{cd}) A_e{}^{(4)}\{{}^{\;e}_{f\;g}\} g^{af} g^{bd} g^{cg} + \tfrac{1}{2}\alpha(\partial_5 g_{cd}) A_e{}^{(4)}\{{}^{\;e}_{f\;g\}}\} g^{ad} g^{bf} g^{cg} - \alpha\beta_2 A_c{}^{(4)}\{{}^{\;c}_{d\;e}\} S_{(2)}{}^{ab} g^{de} - \\
&- \alpha\beta_2 A_c{}^{(4)}\{{}^{\;c}_{d\;e}\} S_{(2)}{}^{ba} g^{de} - \tfrac{1}{4}\alpha^2(\partial_5 A_c)(\partial_5 g_{de}) A^b g^{ac} g^{de} - \tfrac{1}{4}\alpha^2(\partial_5 A_c)(\partial_5 g_{de}) A^a g^{bc} g^{de} - \\
&- \tfrac{1}{2}\alpha^2(\partial_5 g_{cd})(\partial_5 g_{ef}) A^b A^c g^{ae} g^{df} - \tfrac{1}{2}\alpha^2(\partial_5 g_{cd})(\partial_5 g_{ef}) A^a A^c g^{be} g^{df} + \tfrac{1}{2}\alpha^2(\partial_5 g_{cd})(\partial_5 g_{ef})\eta g^{ac} g^{be} g^{df} + \\
&+ \tfrac{1}{4}\alpha^2(\partial_5 g_{cd})(\partial_5 g_{ef}) A^a A^b g^{ce} g^{df} + \tfrac{1}{4}\alpha^2(\partial_5 g_{cd})(\partial_5 g_{ef}) A^b A^c g^{ad} g^{ef} + \tfrac{1}{4}\alpha^2(\partial_5 g_{cd})(\partial_5 g_{ef}) A^a A^c g^{bd} g^{ef} - \\
&- \tfrac{1}{4}\alpha^2(\partial_5 g_{cd})(\partial_5 g_{ef})\eta g^{ac} g^{bd} g^{ef} - \tfrac{1}{2}\alpha(\partial_5 g_{cd}) A_e{}^{(4)}\{{}^{\;e}_{f\;g}\} g^{ac} g^{bd} g^{fg} + \tfrac{1}{2}\alpha^3(\partial_5 A_c) A^b F^{ac}\psi + \tfrac{1}{2}\alpha^3(\partial_5 A_c) A^a F^{bc}\psi - \\
&- \tfrac{1}{2}\alpha^2 F^a{}_c F^{bc}\psi + \alpha^2\beta_0 A_c F^{ad} S_{(0)}{}^{b\;c}_{\;d}\psi - \alpha^3\beta_0(\partial_5 A_c) A_d S_{(0)}{}^{bcd}\psi - \alpha^2\beta_1(\partial_5 A_c) A^a S_{(1)}{}^{bc}\psi + \alpha\beta_1 F^a{}_c S_{(1)}{}^{bc}\psi + \\
&+ \alpha^4\beta_2(\partial_5 A_c) A_d A^a A^c S_{(2)}{}^{bd}\psi - \alpha^3\beta_2 A_c A_d F^{ac} S_{(2)}{}^{bd}\psi - \alpha^4\beta_2(\partial_5 A_c) A_d A^a A^b S_{(2)}{}^{cd}\psi + \alpha^3\beta_2 A_c A^b F^a{}_d S_{(2)}{}^{dc}\psi + \\
&+ \alpha^3\beta_3(\partial_5 A_c) A^a A^c S_{(3)}{}^b\psi - \alpha^2\beta_3 A_c F^{ac} S_{(3)}{}^b\psi - \alpha^3\beta_3(\partial_5 A_c) A^a A^b S_{(3)}{}^c\psi + \alpha^2\beta_3 A^b F^a{}_c S_{(3)}{}^c\psi - \tfrac{1}{2}\alpha^3(\partial_5 A_c) A_d F^{bd} g^{ac}\psi +
\end{aligned}
$$

$$+ \alpha^3 \beta_0 (\partial_5 A_c) A_d A_e S_{(0)}{}^{bde} g^{ac} \psi + \alpha^2 \beta_1 (\partial_5 A_c) A_d S_{(1)}{}^{bd} g^{ac} \psi - \alpha^4 \beta_2 (\partial_5 A_c) A_d \eta S_{(2)}{}^{bd} g^{ac} \psi + \alpha^4 \beta_2 (\partial_5 A_c) A_d A_e A^b S_{(2)}{}^{de} g^{ac} \psi -$$
$$- \alpha^3 \beta_3 (\partial_5 A_c) \eta S_{(3)}{}^b g^{ac} \psi + \alpha^3 \beta_3 (\partial_5 A_c) A_d A^b S_{(3)}{}^d g^{ac} \psi + \tfrac{1}{2}\alpha^4 (\partial_5 A_c)(\partial_5 A_d) A^b A^c g^{ad} \psi - \tfrac{1}{2}\alpha^3 (\partial_5 A_c) A_d F^{ad} g^{bc} \psi +$$
$$+ \tfrac{1}{2}\alpha^4 (\partial_5 A_c)(\partial_5 A_d) A^a A^c g^{bd} \psi - \tfrac{1}{2}\alpha^4 (\partial_5 A_c)(\partial_5 A_d) \eta g^{ac} g^{bd} \psi - \tfrac{1}{2}\alpha^4 (\partial_5 A_c)(\partial_5 A_d) A^a A^b g^{cd} \psi ,$$

$$R^{a5} = \tag{100}$$

$$= R_{5b}\, \gamma^{a5}\gamma^{b5} + R_{bc}\,\gamma^{ab}\gamma^{c5} + R_{b5}\,\gamma^{ab}\gamma^{55} + R_{55}\,\gamma^{a5}\gamma^{55}$$

$$= \tfrac{1}{4}\alpha^2 (\partial_b \psi)(\partial_5 \psi) A^a A^b \psi^{-2} - \tfrac{1}{4}\alpha^3 (\partial_b \psi)(\partial_5 \psi) A^a \eta \psi^{-2} - \alpha \beta_2 (\partial_5 \psi) A^a S_{(2)}{}^b \psi^{-2} - \tfrac{1}{2}\beta_2 (\partial_b \psi) S_{(2)}{}^{ab} \psi^{-2} - \tfrac{1}{2}\beta_2 (\partial_b \psi) S_{(2)}{}^{ba} \psi^{-2} +$$
$$+ \tfrac{1}{4}\alpha^2 (\partial_b \psi)(\partial_5 \psi) \eta g^{ab} \psi^{-2} + \beta_2 (\partial_b \psi) S_{(2)}{}^c{}_c g^{ab} \psi^{-2} - \tfrac{1}{4}\alpha (\partial_b \psi)(\partial_c \psi) A^b g^{ac} \psi^{-2} - \tfrac{1}{4}\alpha (\partial_5 g_{bc})(\partial_5 \psi) A^a g^{bc} \psi^{-2} -$$
$$- \tfrac{1}{4}(\partial_b \psi)(\partial_5 g_{cd}) g^{ac} g^{bd} \psi^{-2} + \tfrac{1}{4}(\partial_b \psi)(\partial_5 g_{cd}) g^{ab} g^{cd} \psi^{-2} + 2\alpha\beta_2 (\partial_5 S_{(2)b}{}^b) A^a \psi^{-1} - \tfrac{1}{2}\alpha^2 (\partial_5 \partial_b \psi) A^a A^b \psi^{-1} +$$
$$+ \tfrac{3}{2}\alpha^3 (\partial_5 A_b)(\partial_5 \psi) A^a A^b \psi^{-1} - \tfrac{1}{4}\alpha^3 (\partial_5 g_{bc})(\partial_5 \psi) A^a A^b A^c \psi^{-1} + \tfrac{1}{2}\alpha^3 (\partial_5 \partial_5 \psi) A^a \eta \psi^{-1} - \tfrac{1}{4}\alpha^2 (\partial_5 \psi) A_b U^{ab} \psi^{-1} +$$
$$+ \tfrac{3}{4}\alpha (\partial_b \psi) F^{ab} \psi^{-1} - \tfrac{3}{4}\alpha^2 (\partial_5 \psi) A_b F^{ab} \psi^{-1} - \tfrac{1}{2}\alpha\beta_0 (\partial_b \psi) A_c S_{(0)}{}^{acb} \psi^{-1} - \tfrac{1}{2}\alpha\beta_0 (\partial_b \psi) A_c S_{(0)}{}^{bca} \psi^{-1} - \tfrac{1}{2}\beta_1 (\partial_b \psi) S_{(1)}{}^{ab} \psi^{-1} +$$
$$+ \tfrac{1}{2}\alpha^2 \beta_2 (\partial_b \psi) \eta S_{(2)}{}^{ab} \psi^{-1} + \beta_2\, {}^{(4)}\{{}^b_{bc}\} S_{(2)}{}^{ac} \psi^{-1} + 2\beta_0 \beta_2 S_{(0)bc}{}^b S_{(2)}{}^{ac} \psi^{-1} + \tfrac{1}{2}\alpha^2 \beta_2 (\partial_b \psi) \eta S_{(2)}{}^{ba} \psi^{-1} +$$
$$+ \alpha\beta_2 (\partial_5 g_{bc}) A^a S_{(2)}{}^{bc} \psi^{-1} + \alpha^3 \beta_2 (\partial_5 \psi) A_b A_c A^a S_{(2)}{}^{bc} \psi^{-1} + \beta_2\, {}^{(4)}\{{}^b_{bc}\} S_{(2)}{}^{bc} \psi^{-1} - \tfrac{1}{2}\alpha^2 \beta_2 (\partial_b \psi) A_c A^b S_{(2)}{}^{ca} \psi^{-1} +$$
$$+ 2\beta_0 \beta_2 S_{(0)bc}{}^b S_{(2)}{}^{ca} \psi^{-1} - \tfrac{1}{2}\alpha^2 \beta_2 (\partial_b \psi) A_c A^a S_{(2)}{}^{cb} \psi^{-1} + \tfrac{1}{2}\alpha\beta_3 (\partial_b \psi) A^b S_{(3)}{}^a \psi^{-1} - \tfrac{1}{2}\alpha\beta_3 (\partial_b \psi) A^a S_{(3)}{}^b \psi^{-1} +$$
$$+ \alpha^2 \beta_3 (\partial_5 \psi) A_b A^a S_{(3)}{}^b \psi^{-1} - 2\beta_2 (\partial_b S_{(2)c}{}^c) g^{ab} \psi^{-1} - \tfrac{1}{2}\alpha^2 (\partial_b \psi)(\partial_5 A_c) A^c g^{ab} \psi^{-1} - \tfrac{1}{2}\alpha (\partial_5 \partial_b \psi) \eta g^{ab} \psi^{-1} -$$
$$- \alpha^2 \beta_2 (\partial_b \psi) A_c A_d S_{(2)}{}^{cd} g^{ab} \psi^{-1} - \alpha\beta_3 (\partial_b \psi) A_c S_{(3)}{}^c g^{ab} \psi^{-1} + \beta_2 (\partial_b S_{(2)c}{}^b) g^{ac} \psi^{-1} - \tfrac{1}{2}(\partial_5{}^{(4)}\{{}^a_{ac}\}) g^{ac} \psi^{-1} +$$
$$+ \tfrac{1}{2}\alpha (\partial_b \partial_c \psi) A^b g^{ac} \psi^{-1} + \tfrac{1}{4}\alpha^2 (\partial_b \psi)(\partial_5 A_c) A^b g^{ac} \psi^{-1} - \tfrac{1}{2}\alpha (\partial_b \psi) A^d\, {}^{(4)}\{{}^b_{cd}\} g^{ac} \psi^{-1} + \tfrac{1}{2}\alpha^2 (\partial_5 \psi) A_b A^d\, {}^{(4)}\{{}^b_{cd}\} g^{ac} \psi^{-1} -$$
$$- \beta_0 (\partial_5 g_{bc}) S_{(0)}{}^b{}_d g^{ac} \psi^{-1} - \tfrac{1}{4}\alpha^2 (\partial_b \psi)(\partial_5 g_{cd}) A^b A^c g^{ad} \psi^{-1} - \beta_2\, {}^{(4)}\{{}^b_{cd}\} S_{(2)b}{}^c g^{ad} \psi^{-1} + \beta_2 (\partial_b S_{(2)c}{}^a) g^{bc} \psi^{-1} +$$
$$+ \tfrac{1}{2}(\partial_5{}^{(4)}\{{}^a_{bc}\}) g^{bc} \psi^{-1} + \tfrac{1}{2}\alpha (\partial_5 \partial_5 g_{bc}) A^a g^{bc} \psi^{-1} - \tfrac{3}{4}\alpha^2 (\partial_b \psi)(\partial_5 A_c) A^a g^{bc} \psi^{-1} + \tfrac{1}{4}\alpha^2 (\partial_b \psi)(\partial_5 g_{cd}) A^a A^c g^{bd} \psi^{-1} -$$
$$- \beta_2\, {}^{(4)}\{{}^c_{bd}\} S_{(2)c}{}^a g^{bd} \psi^{-1} + \tfrac{1}{4}\alpha^2 (\partial_b \psi)(\partial_5 g_{cd}) \eta g^{ac} g^{bd} \psi^{-1} - \tfrac{1}{4}\alpha (\partial_5 g_{bc})(\partial_5 g_{de}) A^a g^{bd} g^{ce} \psi^{-1} + \alpha^3 (\partial_5 \partial_5 A_b) A^a A^b +$$
$$+ 2\alpha^2 \beta_3 (\partial_5 S_{(3)b}) A^a A^b - \alpha^2 \beta_2 (\partial_b S_{(2)c}{}^b) A^a A^c - \tfrac{1}{2}\alpha^2 (\partial_5{}^{(4)}\{{}^a_{ac}\}) A^a A^c - 2\alpha^2 \beta_0 (\partial_5 S_{(0)bc}{}^b) A^a A^c - \alpha^2 \beta_2 (\partial_b S_{(2)c}{}^a) A^b A^c -$$
$$- \tfrac{1}{2}\alpha^2 (\partial_5{}^{(4)}\{{}^a_{bc}\}) A^b A^c - \tfrac{1}{2}\alpha^3 (\partial_5 \partial_5 g_{bc}) A^a A^b A^c + 2\alpha^3 \beta_2 (\partial_5 S_{(2)b}{}^b) A^a \eta - \tfrac{1}{4}\alpha^2 (\partial_5 A_b) U^{ab} + \tfrac{1}{4}\alpha^2 (\partial_5 g_{bc}) A^b U^{ac} -$$
$$- \tfrac{3}{4}\alpha^2 (\partial_5 A_b) F^{ab} + \tfrac{1}{4}\alpha^2 (\partial_5 g_{bc}) A^b F^{ac} - \tfrac{1}{2}\alpha\beta_0 F^{bc} S_{(0)bc}{}^a + \alpha\beta_0 F^{ac} S_{(0)bc}{}^b - \alpha\beta_0 A^d\, {}^{(4)}\{{}^b_{cd}\} S_{(0)b}{}^{ca} +$$
$$+ \alpha\beta_0 A^d\, {}^{(4)}\{{}^b_{cd}\} S_{(0)}{}^a{}_b{}^c - \tfrac{1}{2}\alpha\beta_0 U^b{}_c S_{(0)}{}^a{}_b{}^c + \tfrac{1}{2}\alpha\beta_0 F^b{}_c S_{(0)}{}^a{}_b{}^c - \alpha\beta_0 A_b\, {}^{(4)}\{{}^c_{cd}\} S_{(0)}{}^{abd} - 2\alpha\beta_0{}^2 A_b S_{(0)cd}{}^c S_{(0)}{}^{abd} +$$
$$+ \alpha\beta_0 A_b\, {}^{(4)}\{{}^b_{cd}\} S_{(0)}{}^{acd} + \alpha^2 \beta_0 (\partial_5 A_b) A^a S_{(0)}{}^b{}_c{}^c + \alpha\beta_0 A_b\, {}^{(4)}\{{}^a_{cd}\} S_{(0)}{}^{bcd} + 2\alpha\beta_0{}^2 A_b S_{(0)cd}{}^c S_{(0)}{}^{bda} -$$
$$- \alpha^2 \beta_0 (\partial_5 g_{bc}) A_d A^a S_{(0)}{}^{bdc} - \alpha^2 \beta_0 (\partial_5 g_{bc}) A^a A^b S_{(0)}{}^c{}_d{}^d - 2\beta_0 \beta_1 S_{(0)bc}{}^b S_{(1)}{}^{ac} - 2\beta_0 \beta_1 S_{(0)}{}^a{}_b{}^c S_{(1)}{}^b{}_c +$$
$$+ \beta_0 \beta_1 S_{(0)bc}{}^a S_{(1)}{}^{bc} + \alpha^2 \beta_2 A^c A^d\, {}^{(4)}\{{}^b_{cd}\} S_{(2)b}{}^a + \alpha^2 \beta_2 A^a A^d\, {}^{(4)}\{{}^b_{cd}\} S_{(2)b}{}^c + 2\alpha^3 \beta_2 (\partial_5 A_b) A^a A^b S_{(2)c}{}^c - \alpha^2 \beta_2 A_b U^{ab} S_{(2)c}{}^c -$$
$$- \alpha^2 \beta_2 A_b F^{ab} S_{(2)c}{}^c - \alpha^3 \beta_2 (\partial_5 g_{bc}) A^a A^b A^c S_{(2)d}{}^d + \alpha^2 \beta_2 \eta\, {}^{(4)}\{{}^b_{bc}\} S_{(2)}{}^{ac} - 2\alpha^2 \beta_2 A_b A^d\, {}^{(4)}\{{}^b_{cd}\} S_{(2)}{}^{ac} + \alpha^2 \beta_2 A_b U^b{}_c S_{(2)}{}^{ac} -$$
$$- \alpha^2 \beta_2 A_b F^b{}_c S_{(2)}{}^{ac} + 2\alpha^2 \beta_0 \beta_2 \eta S_{(0)bc}{}^b S_{(2)}{}^{ac} + 2\alpha\beta_1 \beta_2 A_b S_{(1)}{}^b{}_c S_{(2)}{}^{ac} - \tfrac{1}{2}\alpha^2 \beta_2 A_b U_c{}^c S_{(2)}{}^{ba} + \alpha^3 \beta_2 (\partial_5 A_b) A_c A^a S_{(2)}{}^{bc} +$$
$$+ \alpha^3 \beta_2 (\partial_5 g_{bc}) A^a \eta S_{(2)}{}^{bc} + \alpha^2 \beta_2 \eta\, {}^{(4)}\{{}^a_{bc}\} S_{(2)}{}^{bc} - \alpha^2 \beta_2 A_b A^d\, {}^{(4)}\{{}^a_{cd}\} S_{(2)}{}^{bc} - \tfrac{1}{2}\alpha^2 \beta_2 A^a U_{bc} S_{(2)}{}^{bc} -$$
$$- \tfrac{1}{2}\alpha^2 \beta_2 A_b U^a{}_c S_{(2)}{}^{bc} + \tfrac{1}{2}\alpha^2 \beta_2 A^a F_{bc} S_{(2)}{}^{bc} - \tfrac{1}{2}\alpha^2 \beta_2 A_b F^a{}_c S_{(2)}{}^{bc} - 2\alpha\beta_1 \beta_2 A^a S_{(1)bc} S_{(2)}{}^{bc} - \alpha^2 \beta_2 A_b A^a\, {}^{(4)}\{{}^c_{cd}\} S_{(2)}{}^{bd} -$$
$$- 2\alpha^2 \beta_0 \beta_2 A_b A^a S_{(0)cd}{}^c S_{(2)}{}^{bd} - \alpha^2 \beta_2 A_b A^d\, {}^{(4)}\{{}^c_{cd}\} S_{(2)}{}^{ca} + \tfrac{1}{2}\alpha^2 \beta_2 A_b U^c{}_c S_{(2)}{}^{ca} - \tfrac{3}{2}\alpha^2 \beta_2 A_b F^c{}_c S_{(2)}{}^{ca} +$$
$$+ 2\alpha^2 \beta_0 \beta_2 \eta S_{(0)bc}{}^b S_{(2)}{}^{ca} + 2\alpha^2 \beta_2 A_b A_c S_{(0)}{}^b{}_d{}^d S_{(2)}{}^{ca} + 2\alpha\beta_1 \beta_2 A_b S_{(1)}{}^b{}_c S_{(2)}{}^{ca} + \alpha^3 \beta_2 (\partial_5 A_b) A_c A^a S_{(2)}{}^{cb} -$$
$$- \alpha^2 \beta_2 A_b F^a{}_c S_{(2)}{}^{cb} + \alpha^2 \beta_2 A_b A^a\, {}^{(4)}\{{}^b_{cd}\} S_{(2)}{}^{cd} - \alpha^3 \beta_2 (\partial_5 g_{bc}) A_d A^a A^b S_{(2)}{}^{dc} + \tfrac{1}{2}\alpha\beta_3 U_b{}^b S_{(3)}{}^a - 2\alpha\beta_0 \beta_3 A_b S_{(0)}{}^b{}_c{}^c S_{(3)}{}^a +$$
$$+ 2\alpha^2 \beta_3 (\partial_5 A_b) A^a S_{(3)}{}^b - \tfrac{1}{2}\alpha\beta_3 U^a{}_b S_{(3)}{}^b - \tfrac{3}{2}\alpha\beta_3 F^a{}_b S_{(3)}{}^b - \alpha^2 \beta_3 (\partial_5 g_{bc}) A^a A^b S_{(3)}{}^c - 2\alpha\beta_0 \beta_3 A^a S_{(0)bc}{}^b S_{(3)}{}^c -$$
$$- 2\alpha\beta_3 (\partial_b S_{(3)c}) A^c g^{ab} + \alpha (\partial_b{}^{(4)}\{{}^a_{ad}\}) A^d g^{ab} + 2\alpha\beta_0 (\partial_b S_{(0)cd}{}^c) A^d g^{ab} - 2\alpha\beta_2 (\partial_b S_{(2)c}{}^c) \eta g^{ab} + \tfrac{1}{4}\alpha^2 (\partial_5 A_b) U_c{}^c g^{ab} +$$
$$- \alpha^2 \beta_0 (\partial_5 A_b) A_c S_{(0)}{}^c{}_d{}^d g^{ab} + \alpha\beta_3 (\partial_b S_{(3)c}) A^b g^{ac} - \tfrac{1}{4}\alpha^2 (\partial_5 U_{bc}) A^b g^{ac} + \tfrac{3}{4}\alpha^2 (\partial_5 F_{bc}) A^b g^{ac} + \alpha^2 \beta_2 (\partial_b S_{(2)c}{}^b) \eta g^{ac} -$$
$$- \tfrac{1}{2}\alpha^2 (\partial_5{}^{(4)}\{{}^a_{ac}\}) \eta g^{ac} + \tfrac{1}{2}\alpha^2 (\partial_5 A_b) A^d\, {}^{(4)}\{{}^b_{cd}\} g^{ac} - \tfrac{1}{4}\alpha^2 (\partial_5 g_{bc}) A^b U^d{}_d g^{ac} + \tfrac{1}{4}\alpha^2 (\partial_5 g_{bc}) A_d U^{bd} g^{ac} +$$

$$+ \tfrac{3}{4}\alpha^2 (\partial_5 g_{bc}) A_d F^{bd} g^{ac} - \alpha^2 \beta_0 (\partial_5 g_{bc}) \eta S_{(0)d}{}^{b\,d} g^{ac} + \alpha^2 \beta_0 (\partial_5 g_{bc}) A_d A^b S_{(0)e}{}^{d\,e} g^{ac} - \alpha \beta_1 (\partial_5 g_{bc}) A_d S_{(1)}{}^{bd} g^{ac} +$$
$$+ \alpha \beta_3 A^{d\,(4)}\{^b_{c\,d}\} S_{(3)b} g^{ac} + \tfrac{1}{2}\alpha^2 (\partial_5 {}^{(4)}\{^c_{b\,d}\}) A_c A^b g^{ad} - \alpha (\partial_a{}^{(4)}\{^c_{b\,d}\}) A^c g^{ad} + \alpha \beta_0 (\partial_b S_{(0)cd}{}^b) A^c g^{ad} +$$
$$+ \alpha A^{e\,(4)}\{^c_{b\,e}\} {}^{(4)}\{^b_{c\,d}\} g^{ad} - \alpha A^{e\,(4)}\{^b_{b\,c}\} {}^{(4)}\{^c_{d\,e}\} g^{ad} - \tfrac{1}{2}\alpha {}^{(4)}\{^b_{c\,d}\} F_b{}^c g^{ad} + 2\alpha \beta_0 A^{e\,(4)}\{^b_{d\,e}\} S_{(0)bc}{}^c g^{ad} +$$
$$+ \beta_1 {}^{(4)}\{^b_{c\,d}\} S_{(1)b}{}^c g^{ad} - \alpha^2 \beta_2 \eta {}^{(4)}\{^b_{c\,d}\} S_{(2)b}{}^c g^{ad} + 2\alpha^2 \beta_2 A_b A^{e\,(4)}\{^b_{d\,e}\} S_{(2)c}{}^c g^{ad} + \alpha \beta_3 A_b {}^{(4)}\{^b_{c\,d}\} S_{(3)}{}^c g^{ad} -$$
$$- \alpha \beta_0 A_b {}^{(4)}\{^b_{d\,e}\} S_{(0)c}{}^{b\,d} g^{ae} + \alpha^2 \beta_2 A_b A_c {}^{(4)}\{^b_{d\,e}\} S_{(2)}{}^{cd} g^{ae} - \alpha \beta_3 (\partial_b S_{(3)c}) A^a g^{bc} + \alpha^3 (\partial_5 A_b)(\partial_5 A_c) A^a g^{bc} -$$
$$- \tfrac{1}{4}\alpha^2 (\partial_5 U_{bc}) A^a g^{bc} + \alpha^2 \beta_2 (\partial_b S_{(2)c}{}^a) \eta g^{bc} + \tfrac{1}{2}\alpha^2 (\partial_5 {}^{(4)}\{^a_{b\,c}\}) \eta g^{bc} + \tfrac{1}{2}\alpha^3 (\partial_5 \partial_5 g_{bc}) A^a \eta g^{bc} - \tfrac{1}{4}\alpha^2 (\partial_5 g_{bc}) A_d U^{ad} g^{bc} -$$
$$- \tfrac{1}{4}\alpha^2 (\partial_5 g_{bc}) A_d F^{ad} g^{bc} + \tfrac{1}{2}\alpha^2 (\partial_5 g_{bc}) A_d A^{f\,(4)}\{^d_{e\,f}\} g^{ae} g^{bc} + \tfrac{1}{2}\alpha^2 (\partial_5 {}^{(4)}\{^c_{b\,d}\}) A_c A^a g^{bd} + \alpha \beta_0 (\partial_b S_{(0)cd}{}^a) A^c g^{bd} -$$
$$- \alpha^3 (\partial_5 A_b)(\partial_5 g_{cd}) A^a A^c g^{bd} - \tfrac{1}{2}\alpha {}^{(4)}\{^c_{b\,d}\} F^a{}_c g^{bd} + \beta_1 {}^{(4)}\{^c_{b\,d}\} S_{(1)}{}^a{}_c g^{bd} - \alpha^2 \beta_2 \eta {}^{(4)}\{^c_{b\,d}\} S_{(2)c}{}^a g^{bd} +$$
$$+ \alpha \beta_3 A^{a\,(4)}\{^c_{b\,d}\} S_{(3)c} g^{bd} + \tfrac{1}{2}\alpha (\partial_b F_{cd}) g^{ac} g^{bd} - \beta_1 (\partial_b S_{(1)cd}) g^{ac} g^{bd} - \tfrac{1}{2}\alpha^2 (\partial_5 g_{bc}) A_d A^{f\,(4)}\{^d_{e\,f}\} g^{ac} g^{be} +$$
$$+ \tfrac{1}{2}\alpha^2 (\partial_5 A_b) A_c {}^{(4)}\{^c_{d\,e}\} g^{ad} g^{be} + \tfrac{1}{2}\alpha^3 (\partial_5 A_b)(\partial_5 g_{cd}) A^a A^b g^{cd} + \tfrac{1}{2}\alpha^2 (\partial_5 A_b) A^{a\,(4)}\{^b_{c\,d}\} g^{cd} - \alpha \beta_3 A_b {}^{(4)}\{^b_{c\,d}\} S_{(3)}{}^a g^{cd} +$$
$$+ \tfrac{1}{2}\alpha^3 (\partial_5 g_{bc})(\partial_5 g_{de}) A^a A^b A^d g^{ce} - \alpha \beta_0 A_b {}^{(4)}\{^d_{c\,e}\} S_{(0)d}{}^{b\,a} g^{ce} - \tfrac{1}{4}\alpha^3 (\partial_5 g_{bc})(\partial_5 g_{de}) A^a \eta g^{bd} g^{ce} -$$
$$- \tfrac{1}{2}\alpha^2 (\partial_5 g_{bc}) A_d A^{b\,(4)}\{^d_{e\,f}\} g^{ae} g^{cf} - \tfrac{1}{4}\alpha^3 (\partial_5 g_{bc})(\partial_5 g_{de}) A^a A^b A^c g^{de} + \alpha^2 \beta_2 A_b A_c {}^{(4)}\{^b_{d\,e}\} S_{(2)}{}^{ca} g^{de} -$$
$$- \tfrac{1}{2}\alpha^2 (\partial_5 A_b) A_c {}^{(4)}\{^c_{d\,e}\} g^{ab} g^{de} + \tfrac{1}{2}\alpha^2 (\partial_5 g_{bc}) A_d A^{b\,(4)}\{^d_{e\,f}\} g^{ac} g^{ef} - \tfrac{1}{2}\alpha^5 (\partial_5 A_b)(\partial_5 A_c) A^a A^b A^c \psi - \tfrac{1}{2}\alpha^4 (\partial_5 A_b) \eta F^{ab} \psi +$$
$$+ \tfrac{1}{2}\alpha^4 (\partial_5 A_b) A_c A^b F^{ac} \psi + \tfrac{1}{2}\alpha^4 (\partial_5 A_b) A_c A^a F^{bc} \psi + \tfrac{1}{2}\alpha^3 A_b F^a{}_c F^{bc} \psi - \alpha^3 \beta_0 A_b A_c F^{ad} S_{(0)d}{}^{b\,c} \psi - \alpha^4 \beta_0 (\partial_5 A_b) A_c A_d A^a S_{(0)}{}^{bcd} \psi -$$
$$- \alpha^3 \beta_1 (\partial_5 A_b) A_c A^a S_{(1)}{}^{bc} \psi - \alpha^2 \beta_1 A_b F^a{}_c S_{(1)}{}^{bc} \psi + \alpha^5 \beta_2 (\partial_5 A_b) A_c A^a \eta S_{(2)}{}^{bc} \psi - \alpha^4 \beta_2 A_b \eta F^a{}_c S_{(2)}{}^{cb} \psi -$$
$$- \alpha^5 \beta_2 (\partial_5 A_b) A_c A_d A^a A^b S_{(2)}{}^{cd} \psi + \alpha^4 \beta_2 A_b A_c A_d F^{ab} S_{(2)}{}^{cd} \psi + \alpha^4 \beta_3 (\partial_5 A_b) A^a \eta S_{(3)}{}^b \psi - \alpha^3 \beta_3 \eta F^a{}_b S_{(3)}{}^b \psi -$$
$$- \alpha^4 \beta_3 (\partial_5 A_b) A_c A^a A^b S_{(3)}{}^c \psi + \alpha^3 \beta_3 A_b A_c F^{ab} S_{(3)}{}^c \psi + \tfrac{1}{2}\alpha^5 (\partial_5 A_b)(\partial_5 A_c) A^a \eta g^{bc} \psi,$$
$$R^{5a} = \tag{101}$$

$$= R_{bc} \gamma^{ac} \gamma^{b5} + R_{b5} \gamma^{a5} \gamma^{b5} + R_{5b} \gamma^{ab} \gamma^{55} + R_{55} \gamma^{a5} \gamma^{55}$$
$$= \tfrac{1}{4}\alpha^2 (\partial_b \psi)(\partial_5 \psi) A^a A^b \psi^{-2} - \tfrac{1}{4}\alpha^3 (\partial_5 \psi)(\partial_5 \psi) A^a \eta \psi^{-2} - \alpha \beta_2 (\partial_5 \psi) A^a S_{(2)b}{}^b \psi^{-2} - \tfrac{1}{2}\beta_2 (\partial_b \psi) S_{(2)}{}^{ab} \psi^{-2} - \tfrac{1}{2}\beta_2 (\partial_b \psi) S_{(2)}{}^{ba} \psi^{-2} +$$
$$+ \tfrac{1}{4}\alpha^2 (\partial_b \psi)(\partial_5 \psi) \eta g^{ab} \psi^{-2} + \beta_2 (\partial_b \psi) S_{(2)c}{}^c g^{ab} \psi^{-2} - \tfrac{1}{4}\alpha (\partial_b \psi)(\partial_c \psi) A^b g^{ac} \psi^{-2} - \tfrac{1}{4}\alpha (\partial_5 g_{bc})(\partial_5 \psi) A^a g^{bc} \psi^{-2} -$$
$$- \tfrac{1}{4}(\partial_b \psi)(\partial_5 g_{cd}) g^{ac} g^{bd} \psi^{-2} + \tfrac{1}{4}(\partial_b \psi)(\partial_5 g_{cd}) g^{ab} g^{cd} \psi^{-2} + 2\alpha \beta_2 (\partial_5 S_{(2)b}{}^b) A^a \psi^{-1} - \tfrac{1}{2}\alpha^2 (\partial_5 \partial_b \psi) A^a A^b \psi^{-1} +$$
$$+ \tfrac{3}{4}\alpha^3 (\partial_5 A_b)(\partial_5 \psi) A^a A^b \psi^{-1} - \tfrac{1}{4}\alpha^3 (\partial_5 g_{bc})(\partial_5 \psi) A^a A^b A^c \psi^{-1} + \tfrac{1}{2}\alpha^3 (\partial_5 \partial_5 \psi) A^a \eta \psi^{-1} - \tfrac{1}{4}\alpha^2 (\partial_5 \psi) A_b U^{ab} \psi^{-1} +$$
$$+ \tfrac{3}{4}\alpha (\partial_b \psi) F^{ab} \psi^{-1} - \tfrac{3}{4}\alpha^2 (\partial_5 \psi) A_b F^{ab} \psi^{-1} + \beta_0 (\partial_5 g_{bc}) S_{(0)}{}^{abc} \psi^{-1} - \alpha \beta_0 (\partial_b \psi) A_c S_{(0)}{}^{abc} \psi^{-1} + \alpha^2 \beta_0 (\partial_5 \psi) A_b A_c S_{(0)}{}^{abc} \psi^{-1} +$$
$$+ \tfrac{1}{2}\alpha \beta_0 (\partial_b \psi) A_c S_{(0)}{}^{acb} \psi^{-1} - \tfrac{1}{2}\alpha \beta_0 (\partial_b \psi) A_c S_{(0)}{}^{bca} \psi^{-1} - \tfrac{3}{2}\beta_1 (\partial_b \psi) S_{(1)}{}^{ab} \psi^{-1} + 2\alpha \beta_1 (\partial_5 \psi) A_b S_{(1)}{}^{ab} \psi^{-1} -$$
$$- \tfrac{1}{2}\alpha^2 \beta_2 (\partial_b \psi) \eta S_{(2)}{}^{ab} \psi^{-1} - \beta_2 {}^{(4)}\{^b_{b\,c}\} S_{(2)}{}^{ac} \psi^{-1} - 2\beta_0 \beta_2 S_{(0)bc}{}^b S_{(2)}{}^{ac} \psi^{-1} + \tfrac{1}{2}\alpha^2 \beta_2 (\partial_b \psi) \eta S_{(2)}{}^{ba} \psi^{-1} +$$
$$+ \alpha \beta_2 (\partial_5 g_{bc}) A^a S_{(2)}{}^{bc} \psi^{-1} - \alpha^2 \beta_2 (\partial_b \psi) A_c A^a S_{(2)}{}^{bc} \psi^{-1} + \alpha^3 \beta_2 (\partial_5 \psi) A_b A_c A^a S_{(2)}{}^{bc} \psi^{-1} + \beta_2 {}^{(4)}\{^a_{b\,c}\} S_{(2)}{}^{bc} \psi^{-1} +$$
$$+ 2\beta_0 \beta_2 S_{(0)bc}{}^a S_{(2)}{}^{bc} \psi^{-1} - \tfrac{1}{2}\alpha^2 \beta_2 (\partial_b \psi) A_c A^b S_{(2)}{}^{ca} \psi^{-1} + 2\beta_0 \beta_2 S_{(0)bc}{}^b S_{(2)}{}^{ca} \psi^{-1} + \tfrac{1}{2}\alpha^2 \beta_2 (\partial_b \psi) A_c A^a S_{(2)}{}^{cb} \psi^{-1} +$$
$$+ 2\beta_2 \beta_3 S_{(2)}{}^{ab} S_{(3)b} \psi^{-1} + \tfrac{1}{2}\alpha \beta_3 (\partial_b \psi) A^b S_{(3)}{}^a \psi^{-1} - \alpha^2 \beta_3 (\partial_5 \psi) \eta S_{(3)}{}^a \psi^{-1} - 4\beta_2 \beta_3 S_{(2)b}{}^b S_{(3)}{}^a \psi^{-1} - \tfrac{3}{2}\alpha \beta_3 (\partial_b \psi) A^a S_{(3)}{}^b \psi^{-1} +$$
$$+ 2\alpha^2 \beta_3 (\partial_5 \psi) A_b A^a S_{(3)}{}^b \psi^{-1} + 2\beta_2 \beta_3 S_{(2)b}{}^a S_{(3)}{}^b \psi^{-1} - \tfrac{1}{2}\alpha^2 (\partial_b \psi)(\partial_5 A_c) A^c g^{ab} \psi^{-1} - \tfrac{1}{2}\alpha^2 (\partial_5 \partial_b \psi) \eta g^{ab} \psi^{-1} -$$
$$- \beta_2 (\partial_b S_{(2)c}{}^b) g^{ac} \psi^{-1} - \tfrac{1}{2}(\partial_5 {}^{(4)}\{^a_{a\,c}\}) g^{ac} \psi^{-1} - 2\beta_0 (\partial_5 S_{(0)bc}{}^b) g^{ac} \psi^{-1} + \tfrac{1}{2}\alpha (\partial_b \partial_c \psi) A^b g^{ac} \psi^{-1} +$$
$$+ \tfrac{1}{4}\alpha^2 (\partial_b \psi)(\partial_5 A_c) A^b g^{ac} \psi^{-1} - \tfrac{1}{2}\alpha (\partial_b \psi) A^{d\,(4)}\{^b_{c\,d}\} g^{ac} \psi^{-1} + \tfrac{1}{2}\alpha^2 (\partial_5 \psi) A_b A^{d\,(4)}\{^b_{c\,d}\} g^{ac} \psi^{-1} -$$
$$- \beta_0 (\partial_5 g_{bc}) S_{(0)d}{}^{b\,d} g^{ac} \psi^{-1} + \beta_3 (\partial_5 g_{bc}) S_{(3)}{}^b g^{ac} \psi^{-1} - \tfrac{1}{4}\alpha (\partial_b \psi)(\partial_5 g_{cd}) A^b A^c g^{ad} \psi^{-1} + \beta_2 {}^{(4)}\{^b_{c\,d}\} S_{(2)b}{}^c g^{ad} \psi^{-1} +$$
$$+ \beta_2 (\partial_b S_{(2)c}{}^a) g^{bc} \psi^{-1} + \tfrac{1}{2}(\partial_5 {}^{(4)}\{^a_{b\,c}\}) g^{bc} \psi^{-1} + \tfrac{1}{2}\alpha (\partial_5 \partial_5 g_{bc}) A^a g^{bc} \psi^{-1} - \tfrac{3}{4}\alpha^2 (\partial_b \psi)(\partial_5 A_c) A^a g^{bc} \psi^{-1} -$$
$$- \beta_3 (\partial_5 g_{bc}) S_{(3)}{}^a g^{bc} \psi^{-1} + \tfrac{1}{4}\alpha^2 (\partial_b \psi)(\partial_5 g_{cd}) A^a A^c g^{bd} \psi^{-1} - \beta_2 {}^{(4)}\{^c_{b\,d}\} S_{(2)c}{}^a g^{bd} \psi^{-1} +$$
$$+ \tfrac{1}{4}\alpha^2 (\partial_b \psi)(\partial_5 g_{cd}) \eta g^{ac} g^{bd} \psi^{-1} - \tfrac{1}{4}\alpha (\partial_5 g_{bc})(\partial_5 g_{de}) A^a g^{bd} g^{ce} \psi^{-1} - 2\alpha^2 \beta_2 (\partial_b S_{(2)c}{}^c) A^a A^b + \alpha^3 (\partial_5 \partial_5 A_b) A^a A^b +$$
$$+ 2\alpha^2 \beta_3 (\partial_5 S_{(3)b}) A^a A^b + \alpha^2 \beta_2 (\partial_b S_{(2)c}{}^b) A^a A^c - \tfrac{1}{2}\alpha^2 (\partial_5 {}^{(4)}\{^a_{a\,c}\}) A^a A^c - \alpha^2 \beta_2 (\partial_b S_{(2)c}{}^a) A^b A^c - \tfrac{1}{2}\alpha^2 (\partial_5 {}^{(4)}\{^a_{b\,c}\}) A^b A^c -$$

$$
\begin{aligned}
&-\tfrac{1}{2}\alpha^3(\partial_5\partial_5 g_{bc})A^a A^b A^c + 2\alpha^3\beta_2(\partial_5 S_{(2)b}{}^b)A^a\eta - \tfrac{1}{4}\alpha^2(\partial_5 A_b)U^{ab} + \tfrac{1}{4}\alpha^2(\partial_5 g_{bc})A^b U^{ac} - \tfrac{3}{4}\alpha^2(\partial_5 A_b)F^{ab} + \tfrac{1}{4}\alpha^2(\partial_5 g_{bc})A^b F^{ac} -\\
&-\tfrac{1}{2}\alpha\beta_0 F^{bc}S_{(0)bc}{}^a + \alpha\beta_0 F^{ac}S_{(0)bc}{}^b - \alpha\beta_0 A^{d\,(4)}\{{}^b_{c\,d}\}S_{(0)}{}^{ca} - \alpha\beta_0 A^{d\,(4)}\{{}^b_{c\,d}\}S_{(0)}{}^a{}_b{}^c - \tfrac{1}{2}\alpha\beta_0 U^b{}_c S_{(0)}{}^a{}_b{}^c -\\
&-\tfrac{1}{2}\alpha\beta_0 F^b{}_c S_{(0)}{}^a{}_b{}^c + \alpha^2\beta_0(\partial_5 A_b)A_c S_{(0)}{}^{abc} + \alpha^2\beta_0(\partial_5 g_{bc})\eta S_{(0)}{}^{abc} + \alpha\beta_0 A_b{}^{(4)}\{{}^c_{c\,d}\}S_{(0)}{}^{abd} + 2\alpha\beta_0{}^2 A_b S_{(0)cd}{}^c S_{(0)}{}^{abd} +\\
&+\alpha^2\beta_0(\partial_5 A_b)A_c S_{(0)}{}^{acb} + \alpha\beta_0 A_b{}^{(4)}\{{}^b_{c\,d}\}S_{(0)}{}^{acd} - \alpha^2\beta_0(\partial_5 g_{bc})A_d A^b S_{(0)}{}^{adc} + \alpha^2\beta_0(\partial_5 A_b)A^a S_{(0)}{}^b{}_c{}^c +\\
&+\alpha\beta_0 A_b{}^{(4)}\{{}^a_{c\,d}\}S_{(0)}{}^{bcd} + 2\alpha\beta_0{}^2 A_b S_{(0)cd}{}^a S_{(0)}{}^{bcd} + 2\alpha\beta_0{}^2 A_b S_{(0)cd}{}^c S_{(0)}{}^{bda} - \alpha^2\beta_0(\partial_5 g_{bc})A^a A^b S_{(0)}{}^c{}_d{}^d +\\
&+2\alpha\beta_1(\partial_5 A_b)S_{(1)}{}^{ab} - \alpha\beta_1(\partial_5 g_{bc})A^b S_{(1)}{}^{ac} - 2\beta_0\beta_1 S_{(0)bc}{}^b S_{(1)}{}^{ac} + \beta_0\beta_1 S_{(0)bc}{}^a S_{(1)}{}^{bc} + \alpha^2\beta_2 A^c A^{d\,(4)}\{{}^b_{c\,d}\}S_{(2)b}{}^a -\\
&-\alpha^2\beta_2 A^a A^{d\,(4)}\{{}^b_{c\,d}\}S_{(2)b}{}^c + 2\alpha^3\beta_2(\partial_5 A_b)A^a A^b S_{(2)c}{}^c - \alpha^2\beta_2 A_b U^{ab}S_{(2)c}{}^c - \alpha^2\beta_2 A_b F^{ab}S_{(2)c}{}^c + 4\alpha\beta_1\beta_2 A_b S_{(1)}{}^{ab}S_{(2)c}{}^c -\\
&-\alpha^3\beta_2(\partial_5 g_{bc})A^a A^b A^c S_{(2)d}{}^d - \alpha^2\beta_2\eta{}^{(4)}\{{}^b_{b\,c}\}S_{(2)}{}^{ac} - 2\alpha^2\beta_0\beta_2\eta S_{(0)bc}{}^b S_{(2)}{}^{ac} - \tfrac{1}{2}\alpha^2\beta_2 A_b U_c{}^c S_{(2)}{}^{ba} +\\
&+\alpha^3\beta_2(\partial_5 A_b)A_c A^a S_{(2)}{}^{bc} + \alpha^3\beta_2(\partial_5 g_{bc})A^a\eta S_{(2)}{}^{bc} + \alpha^2\beta_2\eta{}^{(4)}\{{}^a_{b\,c}\}S_{(2)}{}^{bc} - \alpha^2\beta_2 A_b A^{d\,(4)}\{{}^a_{c\,d}\}S_{(2)}{}^{bc} -\\
&-\tfrac{1}{2}\alpha^2\beta_2 A^a U_{bc}S_{(2)}{}^{bc} + \tfrac{1}{2}\alpha^2\beta_2 A_b U^a{}_c S_{(2)}{}^{bc} - \tfrac{1}{2}\alpha^2\beta_2 A^a F_{bc}S_{(2)}{}^{bc} - \tfrac{1}{2}\alpha^2\beta_2 A_b F^a{}_c S_{(2)}{}^{bc} + 2\alpha^2\beta_0\beta_2\eta S_{(0)bc}{}^a S_{(2)}{}^{bc} +\\
&+\alpha^2\beta_2 A_b A^{a\,(4)}\{{}^c_{c\,d}\}S_{(2)}{}^{bd} + 2\alpha^2\beta_0\beta_2 A_b A^a S_{(0)cd}{}^c S_{(2)}{}^{bd} - \alpha^2\beta_2 A_b A^{d\,(4)}\{{}^b_{c\,d}\}S_{(2)}{}^{ca} + \tfrac{1}{2}\alpha^2\beta_2 A_b U^b{}_c S_{(2)}{}^{ca} -\\
&-\tfrac{3}{2}\alpha^2\beta_2 A_b F^b{}_c S_{(2)}{}^{ca} + 2\alpha^2\beta_0\beta_2\eta S_{(0)bc}{}^b S_{(2)}{}^{ca} + 2\alpha^2\beta_0\beta_2 A_b A_c S_{(0)}{}^b{}_d{}^d S_{(2)}{}^{ca} + 4\alpha\beta_1\beta_2 A_b S_{(1)}{}^b{}_c S_{(2)}{}^{ca} +\\
&+\alpha^3\beta_2(\partial_5 A_b)A_c A^a S_{(2)}{}^{cb} + \alpha^2\beta_2 A_b A^{a\,(4)}\{{}^b_{c\,d}\}S_{(2)}{}^{cd} - 2\alpha^2\beta_0\beta_2 A_b A_c S_{(0)}{}^b{}_d{}^a S_{(2)}{}^{cd} - \alpha^3\beta_2(\partial_5 g_{bc})A_d A^a A^b S_{(2)}{}^{dc} +\\
&+2\alpha^2\beta_2\beta_3\eta S_{(2)}{}^{ab}S_{(3)b} - 2\alpha\beta_0\beta_3 A_b S_{(0)}{}^{abc}S_{(3)c} - 2\alpha^2\beta_2\beta_3 A_b A^a S_{(2)}{}^{bc}S_{(3)c} - 2\alpha^2\beta_3(\partial_5 A_b)A^b S_{(3)}{}^a + \alpha^2\beta_3(\partial_5 g_{bc})A^b A^c S_{(3)}{}^a +\\
&+\tfrac{1}{2}\alpha\beta_3 U_b{}^b S_{(3)}{}^a - 2\alpha\beta_0\beta_3 A_b S_{(0)}{}^b{}_c{}^c S_{(3)}{}^a - 4\alpha^2\beta_2\beta_3\eta S_{(2)b}{}^b S_{(3)}{}^a + 3\alpha^2\beta_3(\partial_5 A_b)A^a S_{(3)}{}^b - \tfrac{1}{2}\alpha\beta_3 U^a{}_b S_{(3)}{}^b - \tfrac{1}{2}\alpha\beta_3 F^a{}_b S_{(3)}{}^b +\\
&+2\beta_1\beta_3 S_{(1)}{}^a{}_b S_{(3)}{}^b + 2\alpha^2\beta_2\beta_3\eta S_{(2)b}{}^a S_{(3)}{}^b + 4\alpha^2\beta_2\beta_3 A_b A^a S_{(2)c}{}^c S_{(3)}{}^b + 2\alpha\beta_3{}^2 A^a S_{(3)b}S_{(3)}{}^b - 2\alpha\beta_3{}^2 A_b S_{(3)}{}^a S_{(3)}{}^b -\\
&-2\alpha^2\beta_3(\partial_5 g_{bc})A^a A^b S_{(3)}{}^c - 2\alpha\beta_0\beta_3 S_{(0)bc}{}^b S_{(3)}{}^c - 2\alpha^2\beta_2\beta_3 A_b A_c S_{(2)}{}^{ba}S_{(3)}{}^c + \tfrac{1}{4}\alpha^2(\partial_5 A_b)U_c{}^c g^{ab} -\\
&-\alpha^2\beta_0(\partial_5 A_b)A_c S_{(0)}{}^c{}_d{}^d g^{ab} + \alpha^2\beta_3(\partial_5 A_b)A_c S_{(3)}{}^c g^{ab} - \alpha\beta_3(\partial_b S_{(3)c})A^b g^{ac} - \tfrac{1}{4}\alpha^2(\partial_5 U_{bc})A^b g^{ac} + \tfrac{3}{4}\alpha^2(\partial_5 F_{bc})A^b g^{ac} -\\
&-2\alpha\beta_1(\partial_5 S_{(1)bc})A^b g^{ac} - \alpha^2\beta_2(\partial_b S_{(2)c}{}^b)\eta g^{ac} - \tfrac{1}{2}\alpha^2(\partial_5{}^{(4)}\{{}^a_{a\,c}\})\eta g^{ac} - 2\alpha^2\beta_0(\partial_5 S_{(0)bc}{}^b)\eta g^{ac} + \tfrac{1}{2}\alpha^2(\partial_5 A_b)A^{d\,(4)}\{{}^b_{c\,d}\}g^{ac} -\\
&-\tfrac{1}{4}\alpha^2(\partial_5 g_{bc})A^b U^d{}_d g^{ac} + \tfrac{1}{4}\alpha^2(\partial_5 g_{bc})A_d U^{bd}g^{ac} + \tfrac{3}{4}\alpha^2(\partial_5 g_{bc})A_d F^{bd}g^{ac} - \alpha^2\beta_0(\partial_5 g_{bc})\eta S_{(0)}{}^b{}_d{}^d g^{ac} +\\
&+\alpha^2\beta_0(\partial_5 g_{bc})A_d A^b S_{(0)}{}^d{}_e{}^e g^{ac} - 2\alpha\beta_1(\partial_5 g_{bc})A_d S_{(1)}{}^{bd}g^{ac} + \alpha\beta_3 A^{d\,(4)}\{{}^b_{c\,d}\}S_{(3)b}g^{ac} + \alpha^2\beta_3(\partial_5 g_{bc})\eta S_{(3)}{}^b g^{ac} -\\
&-\alpha^2\beta_3(\partial_5 g_{bc})A_d A^b S_{(3)}{}^d g^{ac} + \alpha(\partial_b{}^{(4)}\{{}^a_{a\,d}\})A^b g^{ad} + 2\alpha\beta_0(\partial_b S_{(0)cd}{}^c)A^b g^{ad} + \tfrac{1}{2}\alpha^2(\partial_5{}^{(4)}\{{}^c_{b\,d}\})A_c A^b g^{ad} -\\
&-\alpha(\partial_a{}^{(4)}\{{}^a_{c\,d}\})A^c g^{ad} - \alpha\beta_0(\partial_b S_{(0)cd}{}^b)A^c g^{ad} + \alpha A^e{}^{(4)}\{{}^c_{b\,e}\}{}^{(4)}\{{}^b_{c\,d}\}g^{ad} - \alpha A^{e\,(4)}\{{}^b_{b\,c}\}{}^{(4)}\{{}^c_{d\,e}\}g^{ad} -\\
&-\tfrac{1}{2}\alpha{}^{(4)}\{{}^b_{c\,d}\}F_b{}^c g^{ad} + 2\alpha\beta_0 A^{e\,(4)}\{{}^b_{d\,e}\}S_{(0)bc}{}^c g^{ad} + \beta_1{}^{(4)}\{{}^b_{c\,d}\}S_{(1)b}{}^c g^{ad} + \alpha^2\beta_2\eta{}^{(4)}\{{}^b_{c\,d}\}S_{(2)b}{}^c g^{ad} +\\
&+2\alpha^2\beta_2 A_b A^{e\,(4)}\{{}^b_{d\,e}\}S_{(2)c}{}^c g^{ad} + \alpha\beta_3 A_b{}^{(4)}\{{}^b_{c\,d}\}S_{(3)}{}^c g^{ad} + \alpha\beta_0 A_b{}^{(4)}\{{}^c_{d\,e}\}S_{(0)}{}^b{}_c{}^d g^{ae} - \alpha^2\beta_2 A_b A_c{}^{(4)}\{{}^b_{d\,e}\}S_{(2)}{}^{cd}g^{ae} -\\
&-\alpha\beta_3(\partial_b S_{(3)c})A^a g^{bc} + \alpha^3(\partial_5 A_b)(\partial_5 A_c)A^a g^{bc} - \tfrac{1}{4}\alpha^2(\partial_5 U_{bc})A^a g^{bc} + \alpha^2\beta_2(\partial_b S_{(2)c}{}^a)\eta g^{bc} + \tfrac{1}{2}\alpha^2(\partial_5{}^{(4)}\{{}^a_{b\,c}\})\eta g^{bc} +\\
&+\tfrac{1}{2}\alpha^3(\partial_5\partial_5 g_{bc})A^a\eta g^{bc} - \tfrac{1}{4}\alpha^2(\partial_5 g_{bc})A_d U^{ad}g^{bc} - \tfrac{1}{4}\alpha^2(\partial_5 g_{bc})A_d F^{ad}g^{bc} + \alpha\beta_1(\partial_5 g_{bc})A_d S_{(1)}{}^{ad}g^{bc} -\\
&-\alpha^2\beta_3(\partial_5 g_{bc})\eta S_{(3)}{}^a g^{bc} + \alpha^2\beta_3(\partial_5 g_{bc})A_d A^a S_{(3)}{}^d g^{bc} + \tfrac{1}{2}\alpha^2(\partial_5 g_{bc})A_d A^{f\,(4)}\{{}^d_{e\,f}\}g^{ae}g^{bc} + \tfrac{1}{2}\alpha^2(\partial_5{}^{(4)}\{{}^c_{b\,d}\})A_c A^a g^{bd} +\\
&+\alpha\beta_0(\partial_b S_{(0)cd}{}^a)A^c g^{bd} - \alpha^3(\partial_5 A_b)(\partial_5 g_{cd})A^a A^c g^{bd} - \tfrac{1}{2}\alpha{}^{(4)}\{{}^a_{b\,d}\}F^a{}_c g^{bd} + \beta_1{}^{(4)}\{{}^c_{b\,d}\}S_{(1)}{}^a{}_c g^{bd} -\\
&-\alpha^2\beta_2\eta{}^{(4)}\{{}^c_{b\,d}\}S_{(2)c}{}^a g^{bd} + \alpha\beta_3 A^{a\,(4)}\{{}^c_{b\,d}\}S_{(3)c}g^{bd} + \tfrac{1}{2}\alpha(\partial_b F_{cd})g^{ac}g^{bd} - \beta_1(\partial_b S_{(1)cd})g^{ac}g^{bd} -\\
&-\tfrac{1}{2}\alpha^2(\partial_5 g_{bc})A_d A^{f\,(4)}\{{}^d_{e\,f}\}g^{ac}g^{be} + \tfrac{1}{2}\alpha^2(\partial_5 A_b)A_c{}^{(4)}\{{}^c_{d\,e}\}g^{ad}g^{be} + \tfrac{1}{2}\alpha^3(\partial_5 A_b)(\partial_5 g_{cd})A^a A^b g^{cd} +\\
&+\tfrac{1}{2}\alpha^2(\partial_5 A_b)A^{a\,(4)}\{{}^b_{c\,d}\}g^{cd} - \alpha\beta_3 A_b{}^{(4)}\{{}^b_{c\,d}\}S_{(3)}{}^a g^{cd} + \tfrac{1}{2}\alpha^3(\partial_5 g_{bc})(\partial_5 g_{de})A^a A^b A^d g^{ce} - \alpha\beta_0 A_b{}^{(4)}\{{}^d_{c\,e}\}S_{(0)}{}^b{}_d{}^a g^{ce} -\\
&-\tfrac{1}{4}\alpha^3(\partial_5 g_{bc})(\partial_5 g_{de})A^a\eta g^{bd}g^{ce} - \tfrac{1}{2}\alpha^2(\partial_5 g_{bc})A_d A^{b\,(4)}\{{}^d_{e\,f}\}g^{ae}g^{cf} - \tfrac{1}{4}\alpha^3(\partial_5 g_{bc})(\partial_5 g_{de})A^a A^b A^c g^{de} +\\
&+\alpha^2\beta_2 A_b A_c{}^{(4)}\{{}^b_{d\,e}\}S_{(2)}{}^{ca}g^{de} - \tfrac{1}{2}\alpha^2(\partial_5 A_b)A_c{}^{(4)}\{{}^c_{d\,e}\}g^{ab}g^{de} + \tfrac{1}{2}\alpha^2(\partial_5 g_{bc})A_d A^{b\,(4)}\{{}^d_{e\,f}\}g^{ac}g^{ef} -\\
&-\tfrac{1}{2}\alpha^5(\partial_5 A_b)(\partial_5 A_c)A^a A^b A^c\psi - \tfrac{1}{2}\alpha^4(\partial_5 A_b)\eta F^{ab}\psi + \tfrac{1}{2}\alpha^4(\partial_5 A_b)A_c A^b F^{ac}\psi + \tfrac{1}{2}\alpha^4(\partial_5 A_b)A_c A^a F^{bc}\psi + \tfrac{1}{2}\alpha^3 A_b F^a{}_c F^{bc}\psi -\\
&-\alpha^3\beta_0 A_b A_c F^{cd}S_{(0)}{}^a{}_d\psi + \alpha^4\beta_0(\partial_5 A_b)A_c\eta S_{(0)}{}^{abc}\psi - \alpha^4\beta_0(\partial_5 A_b)A_c A_d A^b S_{(0)}{}^{acd}\psi + \alpha^3\beta_1(\partial_5 A_b)\eta S_{(1)}{}^{ab}\psi -\\
&-\alpha^3\beta_1(\partial_5 A_b)A_c A^b S_{(1)}{}^{ac}\psi - \alpha^2\beta_1 A_b F^b{}_c S_{(1)}{}^{ac}\psi + \alpha^5\beta_2(\partial_5 A_b)A_c A^a\eta S_{(2)}{}^{bc}\psi - \alpha^5\beta_2(\partial_5 A_b)A_c A_d A^a A^b S_{(2)}{}^{cd}\psi -
\end{aligned}
$$

$$-\alpha^4 \beta_2 A_b A_c A^a F^b{}_d S_{(2)}{}^{dc} \psi + \alpha^4 \beta_3 (\partial_5 A_b) A^a \eta S_{(3)}{}^b \psi - \alpha^4 \beta_3 (\partial_5 A_b) A_c A^a A^b S_{(3)}{}^c \psi - \alpha^3 \beta_3 A_b A^a F^b{}_c S_{(3)}{}^c \psi +$$
$$+ \tfrac{1}{2} \alpha^5 (\partial_5 A_b)(\partial_5 A_c) A^a \eta g^{bc} \psi,$$

$$R^{55} = \tag{102}$$

$$= R_{55}\, \gamma^{55}\gamma^{55} + R_{ab}\, \gamma^{a5}\gamma^{b5} + R_{a5}\, \gamma^{a5}\gamma^{55} + R_{5a}\, \gamma^{a5}\gamma^{55}$$

$$= -2\alpha^4 \beta_2 (\partial_5 S_{(2)a}{}^a) \eta^2 - \tfrac{1}{2}\alpha (\partial_a \psi)(\partial_5 \psi) A^a \psi^{-3} + \tfrac{1}{4}\alpha^2 (\partial_5 \psi)(\partial_5 \psi) \eta \psi^{-3} + \beta_2 (\partial_5 \psi) S_{(2)a}{}^a \psi^{-3} + \tfrac{1}{4}(\partial_a \psi)(\partial_b \psi) g^{ab} \psi^{-3} +$$
$$+ \tfrac{1}{4}(\partial_5 g_{ab})(\partial_5 \psi) g^{ab} \psi^{-3} - 2\beta_2 (\partial_5 S_{(2)a}{}^a) \psi^{-2} + \tfrac{1}{4}\alpha^4 (\partial_5 \psi)(\partial_5 \psi) \eta^2 \psi^{-2} + \alpha (\partial_5 \partial_a \psi) A^a \psi^{-2} - \tfrac{3}{2}\alpha^2 (\partial_5 A_a)(\partial_5 \psi) A^a \psi^{-2} +$$
$$+ \tfrac{1}{4}\alpha^2 (\partial_a \psi)(\partial_b \psi) A^a A^b \psi^{-2} + \tfrac{1}{4}\alpha^2 (\partial_5 g_{ab})(\partial_5 \psi) A^a A^b \psi^{-2} - \tfrac{1}{2}\alpha^2 (\partial_5 \partial_5 \psi) \eta \psi^{-2} - \tfrac{1}{2}\alpha^3 (\partial_a \psi)(\partial_5 \psi) A^a \eta \psi^{-2} + \tfrac{1}{4}\alpha (\partial_5 \psi) U_a{}^a \psi^{-2} +$$
$$+ \beta_0 (\partial_a \psi) S_{(0)}{}^a{}_b{}^b \psi^{-2} - \alpha \beta_0 (\partial_5 \psi) A_a S_{(0)}{}^a{}_b{}^b \psi^{-2} + \alpha^2 \beta_2 (\partial_5 \psi) \eta S_{(2)a}{}^a \psi^{-2} - \alpha \beta_2 (\partial_a \psi) A^a S_{(2)b}{}^b \psi^{-2} - \beta_2 (\partial_5 g_{ab}) S_{(2)}{}^{ab} \psi^{-2} +$$
$$+ \alpha \beta_2 (\partial_a \psi) A_b S_{(2)}{}^{ab} \psi^{-2} - \alpha^2 \beta_2 (\partial_5 \psi) A_a A_b S_{(2)}{}^{ab} \psi^{-2} + \alpha \beta_2 (\partial_a \psi) A_b S_{(2)}{}^{ba} \psi^{-2} + \beta_3 (\partial_a \psi) S_{(3)}{}^a \psi^{-2} - \alpha \beta_3 (\partial_5 \psi) A_a S_{(3)}{}^a \psi^{-2} -$$
$$- \tfrac{1}{2}(\partial_a \partial_b \psi) g^{ab} \psi^{-2} - \tfrac{1}{2}(\partial_5 \partial_5 g_{ab}) g^{ab} \psi^{-2} + \alpha (\partial_a \psi)(\partial_5 A_b) g^{ab} \psi^{-2} + \tfrac{1}{4}\alpha^2 (\partial_5 g_{ab})(\partial_5 \psi) \eta g^{ab} \psi^{-2} -$$
$$- \tfrac{1}{4}\alpha (\partial_a \psi)(\partial_5 g_{bc}) A^a g^{bc} \psi^{-2} + \tfrac{1}{2}(\partial_a \psi)\, {}^{(4)}\{{}^a_{b\,c}\} g^{bc} \psi^{-2} - \tfrac{1}{2}\alpha (\partial_5 \psi) A_a\, {}^{(4)}\{{}^a_{b\,c}\} g^{bc} \psi^{-2} + \tfrac{1}{4}(\partial_5 g_{ab})(\partial_5 g_{cd}) g^{ac} g^{bd} \psi^{-2} -$$
$$- \tfrac{1}{2}\alpha^4 (\partial_5 \partial_5 \psi) \eta^2 \psi^{-1} + 2\alpha \beta_2 (\partial_a S_{(2)b}{}^b) A^a \psi^{-1} - \alpha^2 (\partial_5 \partial_5 A_a) A^a \psi^{-1} - 2\alpha \beta_3 (\partial_5 S_{(3)a}) A^a \psi^{-1} + \alpha (\partial_5\, {}^{(4)}\{{}^a_{a\,b}\}) A^b \psi^{-1} +$$
$$+ 2\alpha \beta_0 (\partial_5 S_{(0)ab}{}^a) A^b \psi^{-1} - \tfrac{1}{2}\alpha^2 (\partial_a \partial_b \psi) A^a A^b \psi^{-1} + \tfrac{1}{2}\alpha^2 (\partial_5 \partial_5 g_{ab}) A^a A^b \psi^{-1} - \tfrac{1}{2}\alpha^3 (\partial_a \psi)(\partial_5 A_b) A^a A^b \psi^{-1} +$$
$$+ \tfrac{1}{4}\alpha^3 (\partial_a \psi)(\partial_5 g_{bc}) A^a A^b A^c \psi^{-1} - 4\alpha^2 \beta_2 (\partial_5 S_{(2)a}{}^a) \eta \psi^{-1} + \alpha^3 (\partial_5 \partial_a \psi) A^a \eta \psi^{-1} - \tfrac{3}{2}\alpha^4 (\partial_5 A_a)(\partial_5 \psi) A^a \eta \psi^{-1} +$$
$$+ \tfrac{1}{4}\alpha^4 (\partial_5 g_{ab})(\partial_5 \psi) A^a A^b \eta \psi^{-1} + \tfrac{1}{2}\alpha^2 (\partial_a \psi) A^b A^c\, {}^{(4)}\{{}^a_{b\,c}\} \psi^{-1} - \tfrac{1}{2}\alpha^3 (\partial_5 \psi) A_a A^b A^c\, {}^{(4)}\{{}^a_{b\,c}\} \psi^{-1} + \tfrac{1}{4}\alpha^3 (\partial_5 \psi) A_a A_b U^{ab} \psi^{-1} +$$
$$+ \tfrac{3}{2}\alpha^2 (\partial_a \psi) A_b F^{ab} \psi^{-1} - 2\alpha \beta_0 (\partial_5 A_a) S_{(0)}{}^a{}_b{}^b \psi^{-1} - \alpha^2 \beta_0 (\partial_a \psi) A_b A_c S_{(0)}{}^{abc} \psi^{-1} + \alpha \beta_0 (\partial_5 g_{ab}) A_c S_{(0)}{}^{acb} \psi^{-1} +$$
$$+ 2\alpha \beta_0 (\partial_5 g_{ab}) A^a S_{(0)}{}^b{}_c{}^c \psi^{-1} - 2\alpha \beta_1 (\partial_a \psi) A_b S_{(1)}{}^{ab} \psi^{-1} - 2\alpha^2 \beta_2 (\partial_5 A_a) A^a S_{(2)b}{}^b \psi^{-1} + \alpha^2 \beta_2 (\partial_5 g_{ab}) A^a A^b S_{(2)c}{}^c \psi^{-1} -$$
$$- \alpha^2 \beta_2 (\partial_5 A_a) A_b S_{(2)}{}^{ab} \psi^{-1} - 2\alpha^2 \beta_2 (\partial_5 g_{ab}) \eta S_{(2)}{}^{ab} \psi^{-1} + \alpha^2 \beta_2 (\partial_a \psi) A_b \eta S_{(2)}{}^{ab} \psi^{-1} - \alpha^4 \beta_2 (\partial_5 \psi) A_a A_b \eta S_{(2)}{}^{ab} \psi^{-1} +$$
$$+ \alpha \beta_2 U_{ab} S_{(2)}{}^{ab} \psi^{-1} + 2 \beta_1 \beta_2 S_{(1)ab} S_{(2)}{}^{ab} \psi^{-1} - \alpha^2 \beta_2 (\partial_5 A_a) A_b S_{(2)}{}^{ba} \psi^{-1} - 2\alpha \beta_2 A_a\, {}^{(4)}\{{}^a_{b\,c}\} S_{(2)}{}^{bc} \psi^{-1} +$$
$$+ \alpha^2 \beta_2 (\partial_5 g_{ab}) A_c A^a S_{(2)}{}^{cb} \psi^{-1} - 2\alpha \beta_3 (\partial_5 A_a) S_{(3)}{}^a \psi^{-1} + 2\alpha^2 \beta_3 (\partial_a \psi) \eta S_{(3)}{}^a \psi^{-1} - \alpha^3 \beta_3 (\partial_5 \psi) A_a \eta S_{(3)}{}^a \psi^{-1} +$$
$$+ \alpha \beta_3 (\partial_5 g_{ab}) A^a S_{(3)}{}^b \psi^{-1} - \alpha^2 \beta_3 (\partial_a \psi) A_b A^a S_{(3)}{}^b \psi^{-1} + 4 \beta_0 \beta_3 S_{(0)ab}{}^a S_{(3)}{}^b \psi^{-1} + 2 \beta_3 (\partial_a S_{(3)b}) g^{ab} \psi^{-1} -$$
$$- \alpha^2 (\partial_5 A_a)(\partial_5 A_b) g^{ab} \psi^{-1} + \tfrac{1}{2}\alpha (\partial_5 U_{ab}) g^{ab} \psi^{-1} - \tfrac{1}{2}\alpha^2 (\partial_5 \partial_5 g_{ab}) \eta g^{ab} \psi^{-1} + \tfrac{3}{2}\alpha^3 (\partial_a \psi)(\partial_5 A_b) \eta g^{ab} \psi^{-1} -$$
$$- \alpha (\partial_5\, {}^{(4)}\{{}^b_{a\,c}\}) A_b g^{ac} \psi^{-1} + \alpha^2 (\partial_5 A_a)(\partial_5 g_{bc}) A^b g^{ac} \psi^{-1} - \tfrac{1}{2}\alpha^3 (\partial_a \psi)(\partial_5 g_{bc}) A^b \eta g^{ac} \psi^{-1} - 2 \beta_3\, {}^{(4)}\{{}^b_{a\,c}\} S_{(3)b} g^{ac} \psi^{-1} -$$
$$- \tfrac{1}{2}\alpha^2 (\partial_5 A_a)(\partial_5 g_{bc}) A^a g^{bc} \psi^{-1} - \alpha (\partial_5 A_a)\, {}^{(4)}\{{}^a_{b\,c}\} g^{bc} \psi^{-1} - \tfrac{1}{2}\alpha^2 (\partial_5 g_{ab})(\partial_5 g_{cd}) A^a A^c g^{bd} \psi^{-1} +$$
$$+ \tfrac{1}{2}\alpha^2 (\partial_5 g_{ab})(\partial_5 g_{cd}) \eta g^{ac} g^{bd} \psi^{-1} + \tfrac{1}{4}\alpha^2 (\partial_5 g_{ab})(\partial_5 g_{cd}) A^a A^b g^{cd} \psi^{-1} + \tfrac{1}{2}\alpha^4 (\partial_5 A_a)(\partial_5 A_b) A^a A^b - \alpha^2 (\partial_a\, {}^{(4)}\{{}^b_{b\,c}\}) A^a A^c -$$
$$- 2\alpha^2 \beta_0 (\partial_a S_{(0)bc}{}^b) A^a A^c + \alpha^2 (\partial_a\, {}^{(4)}\{{}^a_{b\,c}\}) A^b A^c + 2\alpha^3 \beta_2 (\partial_a S_{(2)b}{}^b) A^a \eta - \alpha^4 (\partial_5 \partial_5 A_a) A^a \eta - 2\alpha^3 \beta_3 (\partial_5 S_{(3)a}) A^a \eta +$$
$$+ \alpha^3 (\partial_5\, {}^{(4)}\{{}^a_{a\,b}\}) A^b \eta + 2\alpha^3 \beta_0 (\partial_5 S_{(0)ab}{}^a) A^b \eta + \tfrac{1}{2}\alpha^4 (\partial_5 \partial_5 g_{ab}) A^a A^b \eta - \alpha^2 A^c A^d\, {}^{(4)}\{{}^b_{c\,d}\}\, {}^{(4)}\{{}^a_{b\,c}\} + \alpha^2 A^c A^d\, {}^{(4)}\{{}^a_{a\,b}\}\, {}^{(4)}\{{}^b_{c\,d}\} -$$
$$- \tfrac{1}{2}\alpha^3 (\partial_5 A_a) A^a U_b{}^b + \tfrac{1}{4}\alpha^3 (\partial_5 g_{ab}) A^a A^b U_c{}^c + \tfrac{1}{2}\alpha^3 (\partial_5 A_a) A_b U^{ab} - \tfrac{1}{2}\alpha^3 (\partial_5 g_{ab}) A_c A^a U^{bc} + \alpha^2 A^c\, {}^{(4)}\{{}^a_{b\,c}\} F_a{}^b - \tfrac{1}{2}\alpha^3 (\partial_5 A_a) A_b F^{ab} +$$
$$+ \tfrac{1}{4}\alpha^2 F_{ab} F^{ab} - \tfrac{1}{2}\alpha^3 (\partial_5 g_{ab}) A_c A^a F^{bc} - 2\alpha^2 \beta_0 A^c A^d\, {}^{(4)}\{{}^a_{c\,d}\} S_{(0)ab}{}^b - 2\alpha^2 \beta_0 A_a F^{ac} S_{(0)bc}{}^b - 2\alpha^3 \beta_0 (\partial_5 A_a) \eta S_{(0)}{}^a{}_b{}^b +$$
$$+ \alpha^2 \beta_0 A_a U^b{}_c S_{(0)}{}^a{}_b{}^c + \alpha^3 \beta_0 (\partial_5 A_a) A_b A_c S_{(0)}{}^{abc} + \alpha^3 \beta_0 (\partial_5 g_{ab}) A_c \eta S_{(0)}{}^{acb} + 2\alpha^3 \beta_0 (\partial_5 A_a) A_b A^a S_{(0)}{}^b{}_c{}^c +$$
$$+ 2\alpha^3 \beta_0 (\partial_5 g_{ab}) A^a \eta S_{(0)}{}^b{}_c{}^c - 2\alpha^3 \beta_0 A_a A_b\, {}^{(4)}\{{}^a_{c\,d}\} S_{(0)}{}^{bcd} - \alpha^3 \beta_0 (\partial_5 g_{ab}) A_c A^a A^b S_{(0)}{}^c{}_d{}^d - 2\alpha \beta_1 A^c\, {}^{(4)}\{{}^a_{b\,c}\} S_{(1)a}{}^b - \alpha \beta_1 F_{ab} S_{(1)}{}^{ab} +$$
$$+ \beta_1{}^2 S_{(1)ab} S_{(1)}{}^{ab} + 4\alpha \beta_0 \beta_1 A_a S_{(0)bc}{}^b S_{(1)}{}^{ac} + 2\alpha \beta_0 \beta_1 A_a S_{(0)}{}^a{}_b{}^c S_{(1)}{}^b{}_c + \alpha^2 \beta_1 (\partial_5 g_{ab}) A_c A^a S_{(1)}{}^{bc} - 2\alpha^4 \beta_2 (\partial_5 A_a) A^a \eta S_{(2)b}{}^b -$$
$$- 2\alpha^3 \beta_2 A_a A^c A^d\, {}^{(4)}\{{}^a_{c\,d}\} S_{(2)b}{}^b + \alpha^4 \beta_2 (\partial_5 g_{ab}) A^a A^b \eta S_{(2)c}{}^c + \alpha^3 \beta_2 A_a A_b U^{ab} S_{(2)c}{}^c - \alpha^4 \beta_2 (\partial_5 g_{ab}) \eta^2 S_{(2)}{}^{ab} -$$
$$- 2\alpha^4 \beta_2 (\partial_5 A_a) A_b \eta S_{(2)}{}^{ab} + \alpha^3 \beta_2 \eta U_{ab} S_{(2)}{}^{ab} + 2\alpha^2 \beta_1 \beta_2 \eta S_{(1)ab} S_{(2)}{}^{ab} - \alpha^4 \beta_2 (\partial_5 A_a) A_b \eta S_{(2)}{}^{ba} + \alpha^4 \beta_2 (\partial_5 A_a) A_b A_c A^a S_{(2)}{}^{bc} -$$
$$- 2\alpha^3 \beta_2 A_a \eta\, {}^{(4)}\{{}^a_{b\,c}\} S_{(2)}{}^{bc} + 2\alpha^3 \beta_2 A_a A_b A^d\, {}^{(4)}\{{}^a_{c\,d}\} S_{(2)}{}^{bc} - \alpha^3 \beta_2 A_a A_b U^a{}_c S_{(2)}{}^{bc} + \alpha^3 \beta_2 A_a A_b F^a{}_c S_{(2)}{}^{bc} -$$
$$- 2\alpha^2 \beta_1 \beta_2 A_a A_b S_{(1)}{}^a{}_c S_{(2)}{}^{bc} + \alpha^4 \beta_2 (\partial_5 g_{ab}) A_c A^a \eta S_{(2)}{}^{cb} + \alpha^3 \beta_2 A_a A_b F^a{}_c S_{(2)}{}^{cb} - 3\alpha^3 \beta_3 (\partial_5 A_a) \eta S_{(3)}{}^a - \alpha^2 \beta_3 A_a U^b{}_b S_{(3)}{}^a +$$
$$+ \alpha^3 \beta_3 (\partial_5 A_a) A_b A^a S_{(3)}{}^b + \alpha^3 \beta_3 (\partial_5 g_{ab}) A^a \eta S_{(3)}{}^b - 2\alpha^2 \beta_3 A_a A^c\, {}^{(4)}\{{}^a_{b\,c}\} S_{(3)}{}^b + \alpha^2 \beta_3 A_a U^a{}_b S_{(3)}{}^b + 4\alpha^2 \beta_0 \beta_3 \eta S_{(0)ab}{}^a S_{(3)}{}^b +$$

$$+ 4\alpha^2 \beta_0 \beta_3 A_a A_b S_{(0)}{}^a{}_c{}^c S_{(3)}{}^b + 2\alpha \beta_1 \beta_3 A_a S_{(1)}{}^a{}_b S_{(3)}{}^b - \frac{1}{2}\alpha^4 (\partial_5 \partial_5 g_{ab}) \eta^2 g^{ab} + 2\alpha^2 \beta_3 (\partial_a S_{(3)b}) \eta g^{ab} - \frac{3}{2}\alpha^4 (\partial_5 A_a)(\partial_5 A_b) \eta g^{ab} +$$
$$+ \frac{1}{2}\alpha^3 (\partial_5 U_{ab}) \eta g^{ab} - \frac{1}{2}\alpha^3 (\partial_5 g_{ab}) A_c A^d A^{e\,(4)}\{^c_{d\,e}\} g^{ab} + \frac{1}{4}\alpha^3 (\partial_5 g_{ab}) A_c A_d U^{cd} g^{ab} - \alpha^2 (\partial_a F_{bc}) A^b g^{ac} +$$
$$+ 2\alpha \beta_1 (\partial_a S_{(1)bc}) A^b g^{ac} - \alpha^3 (\partial_5 {}^{(4)}\{^b_{a\,c}\}) A_b \eta g^{ac} + \alpha^4 (\partial_5 A_a)(\partial_5 g_{bc}) A^b \eta g^{ac} - \alpha^3 (\partial_5 A_a) A_b A^{d\,(4)}\{^b_{c\,d}\} g^{ac} -$$
$$- 2\alpha^2 \beta_3 \eta\, {}^{(4)}\{^b_{a\,c}\} S_{(3)b} g^{ac} - \frac{1}{2}\alpha^4 (\partial_5 A_a)(\partial_5 g_{bc}) A^a \eta g^{bc} - \alpha^3 (\partial_5 A_a) \eta\, {}^{(4)}\{^a_{b\,c}\} g^{bc} - \frac{1}{2}\alpha^4 (\partial_5 g_{ab})(\partial_5 g_{cd}) A^a A^c \eta g^{bd} +$$
$$+ \alpha^3 (\partial_5 g_{ab}) A_c A^a A^{e\,(4)}\{^c_{d\,e}\} g^{bd} + \alpha^2 A_a\, {}^{(4)}\{^c_{b\,d}\} F^a{}_c g^{bd} - 2\alpha \beta_1 A_a\, {}^{(4)}\{^c_{b\,d}\} S_{(1)}{}^a{}_c g^{bd} + \frac{1}{4}\alpha^4 (\partial_5 g_{ab})(\partial_5 g_{cd}) \eta^2 g^{ac} g^{bd} +$$
$$+ \frac{1}{4}\alpha^4 (\partial_5 g_{ab})(\partial_5 g_{cd}) A^a A^b \eta g^{cd} + \alpha^3 (\partial_5 A_a) A_b A^{a\,(4)}\{^b_{c\,d}\} g^{cd} + 2\alpha^2 \beta_3 A_a A_b\, {}^{(4)}\{^a_{c\,d}\} S_{(3)}{}^b g^{cd} -$$
$$- \frac{1}{2}\alpha^3 (\partial_5 g_{ab}) A_c A^a A^{b\,(4)}\{^c_{d\,e}\} g^{de} + \frac{1}{2}\alpha^6 (\partial_5 A_a)(\partial_5 A_b) A^a A^b \eta \psi - \alpha^5 (\partial_5 A_a) A_b \eta F^{ab} \psi - \frac{1}{2}\alpha^4 A_a A_b F^a{}_c F^{bc} \psi +$$
$$+ \alpha^4 \beta_0 A_a A_b A_c F^{cd} S_{(0)}{}^a{}_d{}^b \psi + \alpha^5 \beta_0 (\partial_5 A_a) A_b A_c \eta S_{(0)}{}^{abc} \psi + \alpha^4 \beta_1 (\partial_5 A_a) A_b \eta S_{(1)}{}^{ab} \psi + \alpha^3 \beta_1 A_a A_b F^a{}_c S_{(1)}{}^{bc} \psi -$$
$$- \alpha^6 \beta_2 (\partial_5 A_a) A_b \eta^2 S_{(2)}{}^{ab} \psi + \alpha^6 \beta_2 (\partial_5 A_a) A_b A_c A^a \eta S_{(2)}{}^{bc} \psi + \alpha^5 \beta_2 A_a A_b \eta F^a{}_c S_{(2)}{}^{cb} \psi - \alpha^5 \beta_3 (\partial_5 A_a) \eta^2 S_{(3)}{}^a \psi +$$
$$+ \alpha^5 \beta_3 (\partial_5 A_a) A_b A^a \eta S_{(3)}{}^b \psi + \alpha^4 \beta_3 A_a \eta F^a{}_b S_{(3)}{}^b \psi - \frac{1}{2}\alpha^6 (\partial_5 A_a)(\partial_5 A_b) \eta^2 g^{ab} \psi.$$

14. THE 5-DIMENSIONAL RIEMANN CURVATURE SCALAR R

The 5-dimensional Riemann curvature scalar R, where

$$R = R_{\alpha\beta}\, \gamma^{\alpha\beta}, \qquad (103)$$

is given by

$$R = \qquad (104)$$

$$= R_{ab}\, \gamma^{ab} + R_{a5}\, \gamma^{a5} + R_{5a}\, \gamma^{5a} + R_{55}\, \gamma^{55}$$

$$= -\alpha (\partial_a \psi)(\partial_5 \psi) A^a \psi^{-2} + \frac{1}{2}\alpha^2 (\partial_5 \psi)(\partial_5 \psi) \eta \psi^{-2} + 2\beta_2 (\partial_5 \psi) S_{(2)a}{}^a \psi^{-2} + \frac{1}{2}(\partial_a \psi)(\partial_b \psi) g^{ab} \psi^{-2} +$$
$$+ \frac{1}{2}(\partial_5 g_{ab})(\partial_5 \psi) g^{ab} \psi^{-2} - 4\beta_2 (\partial_5 S_{(2)a}{}^a) \psi^{-1} + 2\alpha (\partial_5 \partial_a \psi) A^a \psi^{-1} - 3\alpha^2 (\partial_5 A_a)(\partial_5 \psi) A^a \psi^{-1} + \alpha^2 (\partial_5 g_{ab})(\partial_5 \psi) A^a A^b \psi^{-1} -$$
$$- \alpha^2 (\partial_5 \partial_5 \psi) \eta \psi^{-1} + \frac{1}{2}\alpha (\partial_5 \psi) U_a{}^a \psi^{-1} + 2\beta_0 (\partial_a \psi) S_{(0)}{}^a{}_b{}^b \psi^{-1} - 2\alpha \beta_0 (\partial_5 \psi) A_a S_{(0)}{}^a{}_b{}^b \psi^{-1} - 2\alpha^2 \beta_2 (\partial_5 \psi) \eta S_{(2)a}{}^a \psi^{-1} +$$
$$+ 2\beta_2^2 S_{(2)a}{}^b S_{(2)b}{}^a \psi^{-1} + 2\alpha \beta_2 (\partial_a \psi) A^a S_{(2)b}{}^b \psi^{-1} - 4\beta_2^2 S_{(2)a}{}^a S_{(2)b}{}^b \psi^{-1} + 2\beta_2^2 S_{(2)ab} S_{(2)}{}^{ab} \psi^{-1} + 2\beta_3 (\partial_a \psi) S_{(3)}{}^a \psi^{-1} -$$
$$- 2\alpha \beta_3 (\partial_5 \psi) A_a S_{(3)}{}^a \psi^{-1} - (\partial_a \partial_b \psi) g^{ab} \psi^{-1} - (\partial_5 \partial_5 g_{ab}) g^{ab} \psi^{-1} + 2\alpha (\partial_a \psi)(\partial_5 A_b) g^{ab} \psi^{-1} - \frac{1}{2}\alpha^2 (\partial_5 g_{ab})(\partial_5 \psi) \eta g^{ab} \psi^{-1} -$$
$$- 2\beta_2 (\partial_5 g_{ab}) S_{(2)c}{}^c g^{ab} \psi^{-1} - \alpha (\partial_a \psi)(\partial_5 g_{bc}) A^b g^{ac} \psi^{-1} + \frac{1}{2}\alpha (\partial_a \psi)(\partial_5 g_{bc}) A^a g^{bc} \psi^{-1} + (\partial_a \psi)\, {}^{(4)}\{^a_{b\,c}\} g^{bc} \psi^{-1} -$$
$$- \alpha (\partial_5 \psi) A_a\, {}^{(4)}\{^a_{b\,c}\} g^{bc} \psi^{-1} + \frac{3}{4}(\partial_5 g_{ab})(\partial_5 g_{cd}) g^{ac} g^{bd} \psi^{-1} - \frac{1}{4}(\partial_5 g_{ab})(\partial_5 g_{cd}) g^{ab} g^{cd} \psi^{-1} + 4\alpha \beta_2 (\partial_a S_{(2)b}{}^b) A^a -$$
$$- 2\alpha^2 (\partial_5 \partial_5 A_a) A^a - 4\alpha \beta_3 (\partial_5 S_{(3)a}) A^a + 2\alpha\, {}^{(4)}\{^b_{a\,b}\}) A^b + 4\alpha \beta_0 (\partial_5 S_{(0)ab}{}^a) A^b + \alpha^2 (\partial_5 \partial_5 g_{ab}) A^a A^b - 4\alpha^2 \beta_2 (\partial_5 S_{(2)a}{}^a) \eta -$$
$$- \frac{1}{2}\alpha (\partial_5 g_{ab}) U^{ab} - 4\alpha \beta_0 (\partial_5 A_a) S_{(0)}{}^a{}_b{}^b + 2\beta_0^2 S_{(0)ab}{}^c S_{(0)}{}^a{}_c{}^b + \beta_0^2 S_{(0)abc} S_{(0)}{}^{abc} + 4\alpha \beta_0 (\partial_5 g_{ab}) A^a S_{(0)}{}^b{}_c{}^c + 4\beta_0^2 S_{(0)ab}{}^a S_{(0)}{}^b{}_c{}^c +$$
$$+ 2\alpha^2 \beta_2^2 \eta S_{(2)a}{}^b S_{(2)b}{}^a - 8\alpha^2 \beta_2 (\partial_5 A_a) A^a S_{(2)b}{}^b + 2\alpha \beta_2 U_a{}^a S_{(2)b}{}^b - 4\alpha^2 \beta_2^2 \eta S_{(2)a}{}^a S_{(2)b}{}^b + 4\alpha \beta_0 \beta_2 A_a S_{(0)}{}^a{}_b{}^c S_{(2)c}{}^b +$$
$$+ 4\alpha^2 \beta_2 (\partial_5 g_{ab}) A^a A^b S_{(2)c}{}^c - 8\alpha \beta_0 \beta_2 A_a S_{(0)}{}^a{}_b{}^b S_{(2)c}{}^c + 4\beta_1 \beta_2 S_{(1)ab} S_{(2)}{}^{ab} + 2\alpha^2 \beta_2^2 \eta S_{(2)ab} S_{(2)}{}^{ab} + 4\alpha \beta_0 \beta_2 A_a S_{(0)}{}^a{}_{bc} S_{(2)}{}^{bc} -$$
$$- 2\alpha^2 \beta_2^2 A_a A_b S_{(2)}{}^a{}_c S_{(2)}{}^{bc} + 2\alpha^2 \beta_2^2 A_a A_b S_{(2)c}{}^a S_{(2)}{}^{cb} + 4\alpha \beta_2 \beta_3 A_a S_{(2)}{}^{ab} S_{(3)b} - 4\alpha \beta_3 (\partial_5 A_a) S_{(3)}{}^a - 8\alpha \beta_2 \beta_3 A_a S_{(2)}{}^a{}_b S_{(3)}{}^b +$$
$$+ 4\alpha \beta_3 (\partial_5 g_{ab}) A^a S_{(3)}{}^b + 8\beta_0 \beta_3 S_{(0)ab}{}^a S_{(3)}{}^b + 4\alpha \beta_2 \beta_3 A_a S_{(2)b}{}^a S_{(3)}{}^b + 4\beta_3 (\partial_a S_{(3)b}) g^{ab} - 2\alpha^2 (\partial_5 A_a)(\partial_5 A_b) g^{ab} + \alpha (\partial_5 U_{ab}) g^{ab} -$$
$$- \alpha^2 (\partial_5 \partial_5 g_{ab}) \eta g^{ab} + \frac{1}{2}\alpha (\partial_5 g_{ab}) U_c{}^c g^{ab} - 2\alpha \beta_0 (\partial_5 g_{ab}) A_c S_{(0)}{}^c{}_d{}^d g^{ab} - 2\alpha^2 \beta_2 (\partial_5 g_{ab}) \eta S_{(2)c}{}^c g^{ab} -$$
$$- 2\alpha \beta_3 (\partial_5 g_{ab}) A_c S_{(3)}{}^c g^{ab} - (\partial_a\, {}^{(4)}\{^b_{b\,c}\}) g^{ac} - 4\beta_0 (\partial_a S_{(0)bc}{}^b) g^{ac} - 2\alpha\, {}^{(4)}\{^b_{a\,c}\} A_b g^{ac} + 3\alpha^2 (\partial_5 A_a)(\partial_5 g_{bc}) A^b g^{ac} -$$
$$- 4\beta_3\, {}^{(4)}\{^b_{a\,c}\} S_{(3)b} g^{ac} - 4\beta_0\, {}^{(4)}\{^b_{a\,d}\} S_{(0)bc}{}^c g^{ad} + (\partial_a\, {}^{(4)}\{^a_{b\,c}\}) g^{bc} - 2\alpha^2 (\partial_5 A_a)(\partial_5 g_{bc}) A^a g^{bc} - 2\alpha (\partial_5 A_a)\, {}^{(4)}\{^a_{b\,c}\} g^{bc} -$$
$$- \frac{3}{2}\alpha^2 (\partial_5 g_{ab})(\partial_5 g_{cd}) A^a A^c g^{bd} - 4\alpha \beta_2 A_a\, {}^{(4)}\{^a_{b\,d}\} S_{(2)c}{}^c g^{bd} + \frac{3}{4}\alpha^2 (\partial_5 g_{ab})(\partial_5 g_{cd}) \eta g^{ac} g^{bd} + \alpha (\partial_5 g_{ab}) A_c\, {}^{(4)}\{^c_{d\,e}\} g^{ad} g^{be} +$$
$$+ \alpha^2 (\partial_5 g_{ab})(\partial_5 g_{cd}) A^a A^b g^{cd} - {}^{(4)}\{^b_{a\,c}\}\, {}^{(4)}\{^a_{b\,d}\} g^{cd} + {}^{(4)}\{^a_{b\,c}\}\, {}^{(4)}\{^b_{a\,d}\} g^{cd} - \frac{1}{4}\alpha^2 (\partial_5 g_{ab})(\partial_5 g_{cd}) \eta g^{ab} g^{cd} -$$
$$- \alpha (\partial_5 g_{ab}) A_c\, {}^{(4)}\{^c_{d\,e}\} g^{ab} g^{de} + \frac{1}{2}\alpha^4 (\partial_5 A_a)(\partial_5 A_b) A^a A^b \psi - \alpha^3 (\partial_5 A_a) A_b F^{ab} \psi - \frac{1}{4}\alpha^2 F_{ab} F^{ab} \psi + \alpha^2 \beta_0^2 A_a A_b S_{(0)cd}{}^a S_{(0)}{}^{cdb} \psi +$$
$$+ \beta_1^2 S_{(1)ab} S_{(1)}{}^{ab} \psi + 2\alpha \beta_0 \beta_1 A_a S_{(0)bc}{}^a S_{(1)}{}^{bc} \psi + 4\alpha^2 \beta_1 \beta_2 A_a A_b S_{(1)}{}^a{}_c S_{(2)}{}^{cb} \psi + 2\alpha^4 \beta_2^2 A_a A_b \eta S_{(2)}{}^a{}_c S_{(2)}{}^{cb} \psi -$$
$$- 2\alpha^4 \beta_2^2 A_a A_b A_c A_d S_{(2)}{}^{ab} S_{(2)}{}^{cd} \psi + 4\alpha^3 \beta_0 \beta_2 A_a A_b A_c S_{(0)}{}^a{}_d{}^b S_{(2)}{}^{dc} \psi + 2\alpha^2 \beta_3^2 \eta S_{(3)a} S_{(3)}{}^a \psi + 4\alpha \beta_1 \beta_3 A_a S_{(1)}{}^a{}_b S_{(3)}{}^b \psi +$$

$$+ 4\alpha^3 \beta_2 \beta_3 A_a \eta S_{(2)b}{}^a S_{(3)}{}^b \psi - 2\alpha^2 \beta_3{}^2 A_a A_b S_{(3)}{}^a S_{(3)}{}^b \psi + 4\alpha^2 \beta_0 \beta_3 A_a A_b S_{(0)c}{}^{a\ b} S_{(3)}{}^c \psi - 4\alpha^3 \beta_2 \beta_3 A_a A_b A_c S_{(2)}{}^{ab} S_{(3)}{}^c \psi -$$
$$-\tfrac{1}{2}\alpha^4 (\partial_5 A_a)(\partial_5 A_b)\eta g^{ab} \psi.$$

15. The 5-Dimensional Covariant Einstein Curvature Tensor $G_{\alpha\beta}$

The four parts of the 5-dimensional covariant Einstein curvature tensor $G_{\alpha\beta}$, where

$$G_{\alpha\beta} = R_{\alpha\beta} - \tfrac{1}{2}\gamma_{\alpha\beta} R, \tag{105}$$

are given by

$$G_{ab} = \tag{106}$$

$$= -\tfrac{1}{2} R \gamma_{ab} + R_{ab}$$

$$= \partial_c {}^{(4)}\{{}^c_{a\ b}\} - \partial_a {}^{(4)}\{{}^c_{b\ c}\} + 2\beta_0 \partial_a S_{(0)bc}{}^c + 2\beta_3 \partial_a S_{(3)b} + \beta_0 \partial_c S_{(0)ab}{}^c - \alpha^2 (\partial_5 A_a)\partial_5 A_b + \tfrac{1}{2}\alpha \partial_5 U_{ab} + \beta_1 \partial_5 S_{(1)ab} +$$

$$+ \tfrac{1}{4}(\partial_a \psi)(\partial_b \psi)\psi^{-2} + \tfrac{1}{4}(\partial_5 g_{ab})(\partial_5 \psi)\psi^{-2} - \tfrac{1}{4}\alpha(\partial_b \psi)(\partial_5 \psi)A_a \psi^{-2} - \tfrac{1}{4}\alpha(\partial_a \psi)(\partial_5 \psi)A_b \psi^{-2} + \tfrac{1}{4}\alpha^2 (\partial_5 \psi)(\partial_5 \psi)A_a A_b \psi^{-2} +$$

$$+ \tfrac{1}{2}\beta_2 (\partial_5 \psi) S_{(2)ab} \psi^{-2} + \tfrac{1}{2}\beta_2 (\partial_5 \psi) S_{(2)ba} \psi^{-2} + \tfrac{1}{2}\alpha(\partial_c \psi)(\partial_5 \psi) A^c g_{ab} \psi^{-2} - \tfrac{1}{4}\alpha^2 (\partial_5 \psi)(\partial_5 \psi)\eta g_{ab} \psi^{-2} - \beta_2 (\partial_5 \psi) S_{(2)c}{}^c g_{ab} \psi^{-2} -$$

$$- \tfrac{1}{4}(\partial_c \psi)(\partial_d \psi) g_{ab} g^{cd} \psi^{-2} - \tfrac{1}{4}(\partial_5 g_{cd})(\partial_5 \psi) g_{ab} g^{cd} \psi^{-2} - \tfrac{1}{2}(\partial_a \partial_b \psi)\psi^{-1} - \tfrac{1}{2}(\partial_5 \partial_5 g_{ab})\psi^{-1} + \tfrac{1}{2}\alpha(\partial_b \psi)(\partial_5 A_a)\psi^{-1} +$$

$$+ \tfrac{1}{2}\alpha(\partial_a \psi)(\partial_5 A_b)\psi^{-1} + \tfrac{1}{2}\alpha(\partial_5 \partial_b \psi) A_a \psi^{-1} - \tfrac{3}{4}\alpha^2 (\partial_5 A_b)(\partial_5 \psi) A_a \psi^{-1} + \tfrac{1}{2}\alpha(\partial_5 \partial_a \psi) A_b \psi^{-1} - \tfrac{3}{4}\alpha^2 (\partial_5 A_a)(\partial_5 \psi) A_b \psi^{-1} -$$

$$- \tfrac{1}{2}\alpha^2 (\partial_5 \partial_5 \psi) A_a A_b \psi^{-1} + \tfrac{1}{4}\alpha(\partial_c \psi)(\partial_5 g_{ab}) A^c \psi^{-1} + \tfrac{1}{2}\alpha^2 (\partial_5 g_{bc})(\partial_5 \psi) A_a A^c \psi^{-1} + \tfrac{1}{2}\alpha^2 (\partial_5 g_{ac})(\partial_5 \psi) A_b A^c \psi^{-1} -$$

$$- \tfrac{1}{4}\alpha^2 (\partial_5 g_{ab})(\partial_5 \psi)\eta \psi^{-1} + \tfrac{1}{2}(\partial_c \psi){}^{(4)}\{{}^c_{a\ b}\}\psi^{-1} - \tfrac{1}{2}\alpha(\partial_5 \psi) A_c {}^{(4)}\{{}^c_{a\ b}\}\psi^{-1} + \tfrac{1}{4}\alpha(\partial_5 \psi) U_{ab} \psi^{-1} + \tfrac{1}{2}\beta_0 (\partial_c \psi) S_{(0)ab}{}^c \psi^{-1} -$$

$$- \tfrac{1}{2}\beta_0 (\partial_c \psi) S_{(0)a}{}^c{}_b \psi^{-1} + \tfrac{1}{2}\alpha\beta_0 (\partial_5 \psi) A_c S_{(0)a}{}^c{}_b \psi^{-1} - \tfrac{1}{2}\beta_0 (\partial_c \psi) S_{(0)b}{}^c{}_a \psi^{-1} + \tfrac{1}{2}\alpha\beta_0 (\partial_5 \psi) A_c S_{(0)b}{}^c{}_a \psi^{-1} +$$

$$+ \tfrac{1}{2}\beta_1 (\partial_5 \psi) S_{(1)ab} \psi^{-1} + \tfrac{1}{2}\alpha\beta_2 (\partial_c \psi) A^c S_{(2)ab} \psi^{-1} - \tfrac{1}{2}\alpha^2 \beta_2 (\partial_5 \psi)\eta S_{(2)ab} \psi^{-1} - \alpha\beta_2 (\partial_c \psi) A_b S_{(2)a}{}^c \psi^{-1} +$$

$$+ \tfrac{1}{2}\alpha^2 \beta_2 (\partial_5 \psi) A_b A_c S_{(2)a}{}^c \psi^{-1} + \tfrac{1}{2}\alpha\beta_2 (\partial_c \psi) A^c S_{(2)ba} \psi^{-1} - \tfrac{1}{2}\alpha^2 \beta_2 (\partial_5 \psi)\eta S_{(2)ba} \psi^{-1} - \beta_2 (\partial_5 g_{ac}) S_{(2)b}{}^c \psi^{-1} +$$

$$+ \alpha\beta_2 (\partial_a \psi) A_c S_{(2)b}{}^c \psi^{-1} - \tfrac{1}{2}\alpha^2 \beta_2 (\partial_5 \psi) A_a A_c S_{(2)b}{}^c \psi^{-1} + 2\beta_2{}^2 S_{(2)a}{}^c S_{(2)cb} \psi^{-1} - \beta_2 (\partial_5 g_{ab}) S_{(2)c}{}^c \psi^{-1} +$$

$$+ \alpha\beta_2 (\partial_b \psi) A_a S_{(2)c}{}^c \psi^{-1} + \alpha\beta_2 (\partial_a \psi) A_b S_{(2)c}{}^c \psi^{-1} - 2\alpha^2 \beta_2 (\partial_5 \psi) A_a A_b S_{(2)c}{}^c \psi^{-1} - 2\beta_2{}^2 S_{(2)ab} S_{(2)c}{}^c \psi^{-1} -$$

$$- 2\beta_2{}^2 S_{(2)ba} S_{(2)c}{}^c \psi^{-1} + \beta_2 (\partial_5 g_{bc}) S_{(2)}{}^c{}_a \psi^{-1} - \alpha\beta_2 (\partial_c \psi) A_b S_{(2)}{}^c{}_a \psi^{-1} + \alpha^2 \beta_2 (\partial_5 \psi) A_b A_c S_{(2)}{}^c{}_a \psi^{-1} +$$

$$+ \beta_2 (\partial_5 g_{ac}) S_{(2)}{}^c{}_b \psi^{-1} - \alpha\beta_2 (\partial_c \psi) A_a S_{(2)}{}^c{}_b \psi^{-1} + \alpha^2 \beta_2 (\partial_5 \psi) A_a A_c S_{(2)}{}^c{}_b \psi^{-1} + 2\beta_2{}^2 S_{(2)ca} S_{(2)}{}^c{}_b \psi^{-1} -$$

$$- \tfrac{1}{2}\alpha\beta_3 (\partial_5 \psi) A_b S_{(3)a} \psi^{-1} + \beta_3 (\partial_a \psi) S_{(3)b} \psi^{-1} - \tfrac{1}{2}\alpha\beta_3 (\partial_5 \psi) A_a S_{(3)b} \psi^{-1} + 2\beta_2 (\partial_5 S_{(2)c}{}^c) g_{ab} \psi^{-1} - \alpha(\partial_5 \partial_c \psi) A^c g_{ab} \psi^{-1} +$$

$$+ \tfrac{3}{2}\alpha^2 (\partial_5 A_c)(\partial_5 \psi) A^c g_{ab} \psi^{-1} - \tfrac{1}{2}\alpha^2 (\partial_5 g_{cd})(\partial_5 \psi) A^c A^d g_{ab} \psi^{-1} + \tfrac{1}{2}\alpha^2 (\partial_5 \partial_5 \psi)\eta g_{ab} \psi^{-1} - \tfrac{1}{4}\alpha(\partial_5 \psi) U_c{}^c g_{ab} \psi^{-1} -$$

$$- \beta_0 (\partial_c \psi) S_{(0)}{}^c{}_d{}^d g_{ab} \psi^{-1} + \alpha\beta_0 (\partial_5 \psi) A_c S_{(0)}{}^c{}_d{}^d g_{ab} \psi^{-1} + \alpha^2 \beta_2 (\partial_5 \psi)\eta S_{(2)c}{}^c g_{ab} \psi^{-1} - \beta_2{}^2 S_{(2)c}{}^d S_{(2)d}{}^c g_{ab} \psi^{-1} -$$

$$- \alpha\beta_2 (\partial_c \psi) A^c S_{(2)d}{}^d g_{ab} \psi^{-1} + 2\beta_2{}^2 S_{(2)c}{}^c S_{(2)d}{}^d g_{ab} \psi^{-1} - \beta_2{}^2 S_{(2)cd} S_{(2)}{}^{cd} g_{ab} \psi^{-1} - \beta_3 (\partial_c \psi) S_{(3)}{}^c g_{ab} \psi^{-1} +$$

$$+ \alpha\beta_3 (\partial_5 \psi) A_c S_{(3)}{}^c g_{ab} \psi^{-1} - \beta_2 (\partial_5 S_{(2)b}{}^c) g_{ac} \psi^{-1} - \beta_2 (\partial_5 S_{(2)a}{}^c) g_{bc} \psi^{-1} + \tfrac{1}{2}(\partial_5 g_{ac})(\partial_5 g_{bd}) g^{cd} \psi^{-1} -$$

$$- \tfrac{1}{4}(\partial_5 g_{ab})(\partial_5 g_{cd}) g^{cd} \psi^{-1} - \tfrac{1}{2}\alpha(\partial_c \psi)(\partial_5 g_{bd}) A_a g^{cd} \psi^{-1} + \tfrac{1}{4}\alpha(\partial_b \psi)(\partial_5 g_{cd}) A_a g^{cd} \psi^{-1} - \tfrac{1}{2}\alpha(\partial_c \psi)(\partial_5 g_{ad}) A_b g^{cd} \psi^{-1} +$$

$$+ \tfrac{1}{4}\alpha(\partial_a \psi)(\partial_5 g_{cd}) A_b g^{cd} \psi^{-1} - \tfrac{1}{2}\alpha^2 (\partial_5 \psi)(\partial_5 g_{cd}) A_a A_b g^{cd} \psi^{-1} - \tfrac{1}{2}\beta_2 (\partial_5 g_{cd}) S_{(2)ab} g^{cd} \psi^{-1} -$$

$$- \tfrac{1}{2}\beta_2 (\partial_5 g_{cd}) S_{(2)ba} g^{cd} \psi^{-1} + \tfrac{1}{2}(\partial_c \partial_d \psi) g_{ab} g^{cd} \psi^{-1} + \tfrac{1}{2}(\partial_5 \partial_5 g_{cd}) g_{ab} g^{cd} \psi^{-1} - \alpha(\partial_c \psi)(\partial_5 A_d) g_{ab} g^{cd} \psi^{-1} +$$

$$+ \tfrac{1}{4}\alpha^2 (\partial_5 g_{cd})(\partial_5 \psi)\eta g_{ab} g^{cd} \psi^{-1} + \beta_2 (\partial_5 g_{cd}) S_{(2)e}{}^e g_{ab} g^{cd} \psi^{-1} + \tfrac{1}{2}\alpha(\partial_c \psi)(\partial_5 g_{de}) A^d g_{ab} g^{ce} \psi^{-1} -$$

$$- \tfrac{1}{4}\alpha(\partial_c \psi)(\partial_5 g_{de}) A^c g_{ab} g^{de} \psi^{-1} - \tfrac{1}{2}(\partial_c \psi){}^{(4)}\{{}^c_{d\ e}\} g_{ab} g^{de} \psi^{-1} + \tfrac{1}{2}\alpha(\partial_5 \psi) A_c {}^{(4)}\{{}^c_{d\ e}\} g_{ab} g^{de} \psi^{-1} -$$

$$- \tfrac{3}{8}(\partial_5 g_{cd})(\partial_5 g_{ef}) g_{ab} g^{ce} g^{df} \psi^{-1} + \tfrac{1}{8}(\partial_5 g_{cd})(\partial_5 g_{ef}) g_{ab} g^{cd} g^{ef} \psi^{-1} - \tfrac{3}{4}\alpha^6 (\partial_5 A_c)(\partial_5 A_d) A_a A_b A^c A^d \psi^2 +$$

$$+ \tfrac{3}{2}\alpha^5 (\partial_5 A_c) A_a A_b A_d F^{cd} \psi^2 + \tfrac{3}{8}\alpha^4 A_a A_b F_{cd} F^{cd} \psi^2 - \alpha^4 \beta_0 A_a A_b A_c F^{de} S_{(0)de}{}^c \psi^2 - 2\alpha^5 \beta_0 (\partial_5 A_c) A_a A_b A_d A_e S_{(0)}{}^{cde} \psi^2 +$$

$$+ \tfrac{1}{2}\alpha^4 \beta_0{}^2 A_a A_b A_c A_d S_{(0)ef}{}^c S_{(0)}{}^{efd} \psi^2 - 2\alpha^4 \beta_1 (\partial_5 A_c) A_a A_b A_d S_{(1)}{}^{cd} \psi^2 - \alpha^3 \beta_1 A_a A_b F_{cd} S_{(1)}{}^{cd} \psi^2 +$$

$$+ \tfrac{1}{2}\alpha^2 \beta_1{}^2 A_a A_b S_{(1)cd} S_{(1)}{}^{cd} \psi^2 + \alpha^3 \beta_0 \beta_1 A_a A_b A_c S_{(0)de}{}^c S_{(1)}{}^{de} \psi^2 + 2\alpha^6 \beta_2 (\partial_5 A_c) A_a A_b A_d \eta S_{(2)}{}^{cd} \psi^2 -$$

$$- 2\alpha^6 \beta_2 (\partial_5 A_c) A_a A_b A_d A_e A^c S_{(2)}{}^{de} \psi^2 - 2\alpha^5 \beta_2 A_a A_b A_c A_d F^c{}_e S_{(2)}{}^{ed} \psi^2 + 2\alpha^4 \beta_1 \beta_2 A_a A_b A_c A_d S_{(1)}{}^c{}_e S_{(2)}{}^{ed} \psi^2 +$$

$$\begin{aligned}
&+ \alpha^6 \beta_2{}^2 A_a A_b A_c A_d \eta\, S_{(2)e}{}^c S_{(2)}{}^{ed} \psi^2 - \alpha^6 \beta_2{}^2 A_a A_b A_c A_d A_e A_f S_{(2)}{}^{cd} S_{(2)}{}^{ef} \psi^2 + 2\alpha^5 \beta_0 \beta_2 A_a A_b A_c A_d A_e S_{(0)f}{}^{cd} S_{(2)}{}^{fe} \psi^2 + \\
&+ 2\alpha^5 \beta_3 (\partial_5 A_c) A_a A_b \eta\, S_{(3)}{}^c \psi^2 + \alpha^4 \beta_3{}^2 A_a A_b \eta\, S_{(3)c} S_{(3)}{}^c \psi^2 - 2\alpha^5 \beta_3 (\partial_5 A_c) A_a A_b A_d A^c S_{(3)}{}^d \psi^2 - 2\alpha^4 \beta_3 A_a A_b A_c F^c{}_d S_{(3)}{}^d \psi^2 + \\
&+ 2\alpha^3 \beta_1 \beta_3 A_a A_b A_c S_{(1)}{}^c{}_d S_{(3)}{}^d \psi^2 + 2\alpha^5 \beta_2 \beta_3 A_a A_b A_c \eta\, S_{(2)d}{}^c S_{(3)}{}^d \psi^2 - \alpha^4 \beta_3{}^2 A_a A_b A_c A_d S_{(3)}{}^c S_{(3)}{}^d \psi^2 + \\
&+ 2\alpha^4 \beta_0 \beta_3 A_a A_b A_c A_d S_{(0)e}{}^{cd} S_{(3)}{}^e \psi^2 - 2\alpha^5 \beta_2 \beta_3 A_a A_b A_c A_d A_e S_{(2)}{}^{cd} S_{(3)}{}^e \psi^2 + \tfrac{3}{4} \alpha^6 (\partial_5 A_c)(\partial_5 A_d) A_a A_b \eta\, g^{cd} \psi^2 - \\
&- \tfrac{1}{2} \alpha^2 (\partial_5 \partial_5 A_b) A_a - \alpha \beta_3 (\partial_5 S_{(3)b}) A_a - \tfrac{1}{2} \alpha^2 (\partial_5 \partial_5 A_a) A_b - \alpha \beta_3 (\partial_5 S_{(3)a}) A_b + 2\alpha^2 \beta_2 (\partial_5 S_{(2)c}{}^c) A_a A_b - \alpha (\partial_5 {}^{(4)}\{{}^c_{a\,b}\}) A_c - \\
&- \alpha^2 \beta_2 (\partial_5 S_{(2)b}{}^c) A_a A_c - \alpha^2 \beta_2 (\partial_5 S_{(2)a}{}^c) A_b A_c - \alpha^2 (\partial_5 A_c)(\partial_5 g_{ab}) A^c + \tfrac{1}{2} \alpha^2 (\partial_5 A_b)(\partial_5 g_{ac}) A^c + \tfrac{1}{2} \alpha^2 (\partial_5 A_a)(\partial_5 g_{bc}) A^c + \\
&+ \tfrac{3}{4} \alpha^3 (\partial_c \psi)(\partial_5 A_b) A_a A^c + \tfrac{3}{4} \alpha^3 (\partial_c \psi)(\partial_5 A_a) A_b A^c + \tfrac{3}{2} \alpha^4 (\partial_5 A_c)(\partial_5 \psi) A_a A_b A^c - \tfrac{1}{2} \alpha^2 (\partial_5 g_{ac})(\partial_5 g_{bd}) A^c A^d + \\
&+ \tfrac{1}{2} \alpha^2 (\partial_5 g_{ab})(\partial_5 g_{cd}) A^c A^d - \tfrac{1}{2} \alpha^2 (\partial_5 \partial_5 g_{ab}) \eta - \tfrac{3}{4} \alpha^4 (\partial_5 A_b)(\partial_5 \psi) A_a \eta - \tfrac{3}{4} \alpha^4 (\partial_5 A_a)(\partial_5 \psi) A_b \eta - \alpha (\partial_5 A_c) {}^{(4)}\{{}^c_{a\,b}\} - {}^{(4)}\{{}^c_{a\,d}\} {}^{(4)}\{{}^d_{b\,c}\} + \\
&+ {}^{(4)}\{{}^c_{a\,b}\} {}^{(4)}\{{}^d_{c\,d}\} - \tfrac{1}{4} \alpha (\partial_5 g_{bc}) U_a{}^c - \tfrac{1}{4} \alpha (\partial_5 g_{ac}) U_b{}^c + \tfrac{1}{4} \alpha (\partial_5 g_{ab}) U_c{}^c + \tfrac{1}{4} \alpha (\partial_5 g_{bc}) F_a{}^c + \tfrac{3}{4} \alpha^2 (\partial_c \psi) A_b F_a{}^c - \tfrac{3}{4} \alpha^3 (\partial_5 \psi) A_b A_c F_a{}^c + \\
&+ \tfrac{1}{4} \alpha (\partial_5 g_{ac}) F_b{}^c + \tfrac{3}{4} \alpha^2 (\partial_c \psi) A_a F_b{}^c - \tfrac{3}{4} \alpha^3 (\partial_5 \psi) A_a A_c F_b{}^c + \beta_0 {}^{(4)}\{{}^c_{c\,d}\} S_{(0)ab}{}^d - \beta_0 {}^{(4)}\{{}^c_{b\,d}\} S_{(0)ac}{}^d + \alpha \beta_0 (\partial_5 A_c) S_{(0)a}{}^c{}_b - \\
&- \tfrac{1}{2} \alpha^2 \beta_0 (\partial_c \psi) A_b A_d S_{(0)a}{}^{cd} + \tfrac{1}{2} \alpha^3 \beta_0 (\partial_5 \psi) A_b A_c A_d S_{(0)a}{}^{cd} - \alpha \beta_0 (\partial_5 g_{cd}) A^c S_{(0)a}{}^d{}_b + \beta_0 {}^{(4)}\{{}^c_{a\,d}\} S_{(0)bc}{}^d + \\
&+ \alpha \beta_0 (\partial_5 A_c) S_{(0)b}{}^c{}_a - \tfrac{3}{2} \alpha^2 \beta_0 (\partial_c \psi) A_a A_d S_{(0)b}{}^{cd} + \tfrac{3}{2} \alpha^3 \beta_0 (\partial_5 \psi) A_a A_c A_d S_{(0)b}{}^{cd} - \alpha \beta_0 (\partial_5 g_{cd}) A^c S_{(0)b}{}^d{}_a + \\
&+ \alpha \beta_0 (\partial_5 g_{ac}) A_d S_{(0)b}{}^{dc} - 2 \beta_0 {}^{(4)}\{{}^c_{a\,b}\} S_{(0)cd}{}^d - 2 \beta_0{}^2 S_{(0)ab}{}^c S_{(0)c}{}^d + \beta_0 {}^{(4)}\{{}^c_{b\,d}\} S_{(0)c}{}^d{}_a + \beta_0 {}^{(4)}\{{}^c_{a\,d}\} S_{(0)c}{}^d{}_b - \\
&- 2 \beta_0{}^2 S_{(0)ac}{}^d S_{(0)}{}^c{}_{db} - \alpha \beta_0 (\partial_5 g_{ab}) A_c S_{(0)}{}^c{}_d{}^d + 2 \beta_0{}^2 S_{(0)acb} S_{(0)}{}^c{}_d{}^d + 2 \beta_0{}^2 S_{(0)bca} S_{(0)}{}^c{}_d{}^d - \alpha \beta_0 (\partial_5 g_{bc}) A_d S_{(0)}{}^{cd}{}_a - \\
&- \alpha \beta_0 (\partial_5 g_{ac}) A_d S_{(0)}{}^{cd}{}_b + \beta_0{}^2 S_{(0)cda} S_{(0)}{}^{cd}{}_b - \beta_1 (\partial_5 g_{bc}) S_{(1)a}{}^c - \tfrac{1}{2} \alpha \beta_1 (\partial_c \psi) A_b S_{(1)a}{}^c + \tfrac{1}{2} \alpha^2 \beta_1 (\partial_5 \psi) A_b A_c S_{(1)a}{}^c - \\
&- \tfrac{3}{2} \alpha \beta_1 (\partial_c \psi) A_a S_{(1)b}{}^c + \tfrac{3}{2} \alpha^2 \beta_1 (\partial_5 \psi) A_a A_c S_{(1)b}{}^c - 2\alpha^2 \beta_2 (\partial_5 A_c) A^c S_{(2)ab} + \alpha^2 \beta_2 (\partial_5 g_{cd}) A^c A^d S_{(2)ab} + \tfrac{1}{2} \alpha \beta_2 U_c{}^c S_{(2)ab} - \\
&- 2\alpha \beta_0 \beta_2 A_c S_{(0)}{}^c{}_d{}^d S_{(2)ab} - \tfrac{1}{2} \alpha^4 \beta_2 (\partial_5 \psi) A_b A_c \eta\, S_{(2)a}{}^c - \tfrac{1}{2} \alpha \beta_2 U_{bc} S_{(2)a}{}^c + \tfrac{1}{2} \alpha \beta_2 F_{bc} S_{(2)a}{}^c + \tfrac{1}{2} \alpha^3 \beta_2 (\partial_c \psi) A_b A_d A^c S_{(2)a}{}^d + \\
&+ \alpha \beta_2 A_c {}^{(4)}\{{}^c_{b\,d}\} S_{(2)a}{}^d + 2 \alpha \beta_0 \beta_2 A_c S_{(0)}{}^c{}_{db} S_{(2)a}{}^d - 2\alpha^2 \beta_2 (\partial_5 A_c) A^c S_{(2)ba} + \alpha^2 \beta_2 (\partial_5 g_{cd}) A^c A^d S_{(2)ba} + \tfrac{1}{2} \alpha \beta_2 U_c{}^c S_{(2)ba} - \\
&- 2 \alpha \beta_0 \beta_2 A_c S_{(0)}{}^c{}_d{}^d S_{(2)ba} - \alpha^2 \beta_2 (\partial_5 A_c) A_a S_{(2)b}{}^c - \alpha^2 \beta_2 (\partial_5 A_a) A_c S_{(2)b}{}^c - \alpha^2 \beta_2 (\partial_5 g_{ac}) \eta\, S_{(2)b}{}^c - \tfrac{3}{2} \alpha^4 \beta_2 (\partial_5 \psi) A_a A_c \eta\, S_{(2)b}{}^c + \\
&+ \tfrac{1}{2} \alpha \beta_2 U_{ac} S_{(2)b}{}^c + \tfrac{1}{2} \alpha \beta_2 F_{ac} S_{(2)b}{}^c + \tfrac{3}{2} \alpha^3 \beta_2 (\partial_c \psi) A_a A_d A^c S_{(2)b}{}^d - \alpha \beta_2 A_c {}^{(4)}\{{}^c_{a\,d}\} S_{(2)b}{}^d - \alpha \beta_2 A^d {}^{(4)}\{{}^c_{b\,d}\} S_{(2)ca} - \\
&- \alpha \beta_2 A^d {}^{(4)}\{{}^c_{a\,d}\} S_{(2)cb} + 2\alpha^2 \beta_2{}^2 \eta\, S_{(2)a}{}^c S_{(2)cb} - \alpha^2 \beta_2 (\partial_5 A_b) A_a S_{(2)c}{}^c - \alpha^2 \beta_2 (\partial_5 A_a) A_b S_{(2)c}{}^c - \alpha^2 \beta_2 (\partial_5 g_{ab}) \eta\, S_{(2)c}{}^c + \\
&+ \alpha \beta_2 U_{ab} S_{(2)c}{}^c + 2 \beta_1 \beta_2 S_{(1)ab} S_{(2)c}{}^c - 2\alpha^2 \beta_2{}^2 \eta\, S_{(2)ab} S_{(2)c}{}^c - 2 \alpha^2 \beta_2{}^2 \eta\, S_{(2)ba} S_{(2)c}{}^c - 2 \alpha \beta_0 \beta_2 A_c S_{(0)a}{}^{cd} S_{(2)db} + \\
&+ 2 \alpha^2 \beta_2{}^2 A_b A_c S_{(2)a}{}^d S_{(2)d}{}^c - \beta_2{}^2 A_a A_b S_{(2)c}{}^c S_{(2)d}{}^d - 2 \alpha \beta_2 A_c {}^{(4)}\{{}^c_{a\,b}\} S_{(2)d}{}^d + 2 \alpha \beta_0 \beta_2 A_c S_{(0)a}{}^c{}_b S_{(2)d}{}^d + \\
&+ 2 \alpha \beta_0 \beta_2 A_c S_{(0)b}{}^c{}_a S_{(2)d}{}^d - 2 \alpha^2 \beta_2{}^2 A_b A_c S_{(2)a}{}^c S_{(2)d}{}^d - 2 \alpha^2 \beta_2{}^2 A_a A_c S_{(2)b}{}^c S_{(2)d}{}^d + 2 \alpha^2 \beta_2{}^2 A_a A_b S_{(2)c}{}^c S_{(2)d}{}^d + \\
&+ \alpha^2 \beta_2 (\partial_5 A_c) A_b S_{(2)}{}^c{}_a + \alpha^2 \beta_2 (\partial_5 A_b) A_c S_{(2)}{}^c{}_a + \alpha^2 \beta_2 (\partial_5 g_{bc}) \eta\, S_{(2)}{}^c{}_a - \tfrac{1}{2} \alpha \beta_2 U_{bc} S_{(2)}{}^c{}_a + \tfrac{1}{2} \alpha \beta_2 F_{bc} S_{(2)}{}^c{}_a + \\
&+ \alpha^2 \beta_2 (\partial_5 A_c) A_a S_{(2)}{}^c{}_b + \alpha^2 \beta_2 (\partial_5 A_a) A_c S_{(2)}{}^c{}_b + \alpha^2 \beta_2 (\partial_5 g_{ac}) \eta\, S_{(2)}{}^c{}_b - \tfrac{1}{2} \alpha \beta_2 U_{ac} S_{(2)}{}^c{}_b + \tfrac{1}{2} \alpha \beta_2 F_{ac} S_{(2)}{}^c{}_b - \\
&- 2 \beta_1 \beta_2 S_{(1)ac} S_{(2)}{}^c{}_b + 2 \alpha^2 \beta_2{}^2 \eta\, S_{(2)ca} S_{(2)}{}^c{}_b + \alpha^2 \beta_2 (\partial_5 g_{bc}) A_a A_d S_{(2)}{}^{cd} + \alpha^2 \beta_2 (\partial_5 g_{ac}) A_b A_d S_{(2)}{}^{cd} - 2 \alpha^3 \beta_2 (\partial_c \psi) A_a A_b A_d S_{(2)}{}^{cd} + \\
&+ 2 \alpha^4 \beta_2 (\partial_5 \psi) A_a A_b A_c A_d S_{(2)}{}^{cd} - \alpha^2 \beta_2{}^2 A_a A_b S_{(2)cd} S_{(2)}{}^{cd} - \alpha^2 \beta_2 (\partial_5 g_{bc}) A_d A^c S_{(2)}{}^d{}_a + \alpha \beta_2 A_c {}^{(4)}\{{}^c_{b\,d}\} S_{(2)}{}^d{}_a + \\
&+ 2 \alpha \beta_0 \beta_2 A_c S_{(0)}{}^c{}_{db} S_{(2)}{}^d{}_a - \alpha^2 \beta_2 (\partial_5 g_{ac}) A_d A^c S_{(2)}{}^d{}_b + \alpha \beta_2 A_c {}^{(4)}\{{}^c_{a\,d}\} S_{(2)}{}^d{}_b + 2 \alpha \beta_0 \beta_2 A_c S_{(0)}{}^c{}_{da} S_{(2)}{}^d{}_b - \\
&- 2 \alpha^2 \beta_2{}^2 A_c A_d S_{(2)}{}^c{}_a S_{(2)}{}^d{}_b + 2 \alpha^2 \beta_2{}^2 A_b A_c S_{(2)da} S_{(2)}{}^{dc} + 2 \alpha^2 \beta_2{}^2 A_a A_c S_{(2)db} S_{(2)}{}^{dc} - \alpha \beta_3 (\partial_5 A_b) S_{(3)a} + \alpha \beta_3 (\partial_5 g_{bc}) A^c S_{(3)a} + \\
&+ \tfrac{1}{2} \alpha^2 \beta_3 (\partial_c \psi) A_b A^c S_{(3)a} - \tfrac{1}{2} \alpha^3 \beta_3 (\partial_5 \psi) A_b \eta\, S_{(3)a} - 2 \alpha \beta_2 \beta_3 A_b S_{(2)c}{}^c S_{(3)a} + 2 \alpha \beta_2 \beta_3 A_c S_{(2)}{}^c{}_b S_{(3)a} - \alpha \beta_3 (\partial_5 A_a) S_{(3)b} + \\
&+ \tfrac{3}{2} \alpha^2 \beta_3 (\partial_c \psi) A_a A^c S_{(3)b} - \tfrac{3}{2} \alpha^3 \beta_3 (\partial_5 \psi) A_a \eta\, S_{(3)b} - 2 \alpha \beta_2 \beta_3 A_a S_{(2)c}{}^c S_{(3)b} - 2 \beta_3 {}^{(4)}\{{}^c_{a\,b}\} S_{(3)c} - 2 \beta_0 \beta_3 S_{(0)ab}{}^c S_{(3)c} + \\
&+ 2 \alpha \beta_2 \beta_3 A_b S_{(2)a}{}^c S_{(3)c} + \alpha \beta_3 (\partial_5 g_{bc}) A_a S_{(3)}{}^c + \alpha \beta_3 (\partial_5 g_{ac}) A_b S_{(3)}{}^c - 2 \alpha^2 \beta_3 (\partial_c \psi) A_a A_b S_{(3)}{}^c - \alpha \beta_3 (\partial_5 g_{ab}) A_c S_{(3)}{}^c + \\
&+ 2 \alpha^3 \beta_3 (\partial_5 \psi) A_a A_b A_c S_{(3)}{}^c + 2 \beta_0 \beta_3 S_{(0)acb} S_{(3)}{}^c + 2 \beta_0 \beta_3 S_{(0)bca} S_{(3)}{}^c - 2 \alpha \beta_2 \beta_3 A_c S_{(2)ab} S_{(3)}{}^c - 2 \alpha \beta_2 \beta_3 A_c S_{(2)ba} S_{(3)}{}^c + \\
&+ 2 \alpha \beta_2 \beta_3 A_b S_{(2)ca} S_{(3)}{}^c + 2 \alpha \beta_2 \beta_3 A_a S_{(2)cb} S_{(3)}{}^c - 2 \alpha \beta_2 (\partial_c S_{(2)d}{}^d) A^c g_{ab} + \alpha^2 (\partial_5 \partial_5 A_c) A^c g_{ab} + 2 \alpha \beta_3 (\partial_5 S_{(3)c}) A^c g_{ab} - \\
&- \alpha (\partial_5 {}^{(4)}\{{}^a_{a\,d}\}) A^d g_{ab} - 2 \alpha \beta_0 (\partial_5 S_{(0)cd}{}^c) A^d g_{ab} - \tfrac{1}{2} \alpha^2 (\partial_5 \partial_5 g_{cd}) A^c A^d g_{ab} + 2 \alpha^2 \beta_2 (\partial_5 S_{(2)c}{}^c) \eta\, g_{ab} + \tfrac{1}{4} \alpha (\partial_5 g_{cd}) U^{cd} g_{ab} + \\
&+ 2 \alpha \beta_0 (\partial_5 A_c) S_{(0)}{}^c{}_d{}^d g_{ab} - \beta_0{}^2 S_{(0)cd}{}^e S_{(0)}{}^c{}_e{}^d g_{ab} - \tfrac{1}{2} \beta_0{}^2 S_{(0)cde} S_{(0)}{}^{cde} g_{ab} - 2 \alpha \beta_0 (\partial_5 g_{cd}) A^c S_{(0)}{}^d{}_e{}^e g_{ab} -
\end{aligned}$$

$$-2\beta_0^2 S_{(0)cd}{}^c S_{(0)}{}^d{}_e{}^e g_{ab} - \alpha^2 \beta_2^2 \eta S_{(2)c}{}^d S_{(2)d}{}^c g_{ab} + 4\alpha^2 \beta_2 (\partial_5 A_c) A^c S_{(2)d}{}^d g_{ab} - \alpha \beta_2 U_c{}^c S_{(2)d}{}^d g_{ab} +$$
$$+ 2\alpha^2 \beta_2^2 \eta S_{(2)c}{}^c S_{(2)d}{}^d g_{ab} - 2\alpha \beta_0 \beta_2 A_c S_{(0)}{}^c{}_d{}^d S_{(2)e}{}^e g_{ab} - 2\alpha^2 \beta_2 (\partial_5 g_{cd}) A^c A^d S_{(2)e}{}^e g_{ab} + 4\alpha \beta_0 \beta_2 A_c S_{(0)}{}^c{}_d{}^d S_{(2)e}{}^e g_{ab} -$$
$$- 2\beta_1 \beta_2 S_{(1)cd} S_{(2)}{}^{cd} g_{ab} - \alpha^2 \beta_2^2 \eta S_{(2)cd} S_{(2)}{}^{cd} g_{ab} - 2\alpha \beta_0 \beta_2 A_c S_{(0)}{}^c{}_{de} S_{(2)}{}^{de} g_{ab} + \alpha^2 \beta_2^2 A_c A_d S_{(2)}{}^c{}_e S_{(2)}{}^{de} g_{ab} -$$
$$- \alpha^2 \beta_2^2 A_c A_d S_{(2)e}{}^c S_{(2)}{}^{ed} g_{ab} - 2\alpha \beta_2 \beta_3 A_c S_{(2)}{}^{cd} S_{(3)d} g_{ab} + 2\alpha \beta_3 (\partial_5 A_c) S_{(3)}{}^c g_{ab} + 4\alpha \beta_2 \beta_3 A_c S_{(2)d}{}^d S_{(3)}{}^c g_{ab} -$$
$$- 2\alpha \beta_3 (\partial_5 g_{cd}) A^c S_{(3)}{}^d g_{ab} - 4\beta_0 \beta_3 S_{(0)cd}{}^c S_{(3)}{}^d g_{ab} - 2\alpha \beta_2 \beta_3 A_c S_{(2)}{}^c{}_d S_{(3)}{}^d g_{ab} + \tfrac{1}{2} \alpha (\partial_5 {}^{(4)}\{{}^c_b{}^c_d\}) A^d g_{ac} -$$
$$- \alpha^2 \beta_2 (\partial_5 S_{(2)b}{}^c) \eta g_{ac} + \alpha \beta_2 (\partial_c S_{(2)b}{}^d) A^c g_{ad} + \alpha \beta_0 (\partial_5 S_{(0)bc}{}^d) A^c g_{ad} - \beta_0 {}^{(4)}\{{}^e_c{}^d_d\} S_{(0)b}{}^{cd} g_{ae} +$$
$$+ \alpha \beta_2 A^d {}^{(4)}\{{}^e_c{}^e_d\} S_{(2)b}{}^c g_{ae} + \tfrac{1}{2}\alpha (\partial_5 {}^{(4)}\{{}^c_a{}^c_d\}) A^d g_{bc} - \alpha^2 \beta_2 (\partial_5 S_{(2)a}{}^c) \eta g_{bc} + \alpha \beta_2 (\partial_c S_{(2)a}{}^d) A^c g_{bd} + \alpha \beta_0 (\partial_5 S_{(0)ac}{}^d) A^c g_{bd} -$$
$$- \beta_0 {}^{(4)}\{{}^e_c{}^d_d\} S_{(0)a}{}^{cd} g_{be} + \alpha \beta_2 A^d {}^{(4)}\{{}^e_c{}^e_d\} S_{(2)a}{}^c g_{be} + \tfrac{1}{2}\alpha^2 (\partial_5 A_c)(\partial_5 g_{bd}) A_a g^{cd} - \tfrac{1}{4}\alpha^2 (\partial_5 A_b)(\partial_5 g_{cd}) A_a g^{cd} +$$
$$+ \tfrac{1}{2}\alpha^2 (\partial_5 A_c)(\partial_5 g_{ad}) A_b g^{cd} - \tfrac{1}{4}\alpha^2 (\partial_5 A_a)(\partial_5 g_{cd}) A_b g^{cd} + \tfrac{1}{2}\alpha^2 (\partial_5 \partial_5 g_{cd}) A_a A_b g^{cd} - \tfrac{3}{2}\alpha^3 (\partial_c \psi)(\partial_5 A_d) A_a A_b g^{cd} +$$
$$+ \tfrac{1}{2}\alpha^2 (\partial_5 g_{ac})(\partial_5 g_{bd}) \eta g^{cd} - \tfrac{1}{4}\alpha^2 (\partial_5 g_{ab})(\partial_5 g_{cd}) \eta g^{cd} - \tfrac{1}{2}\alpha (\partial_5 g_{cd}) A_e {}^{(4)}\{{}^e_a{}^e_b\} g^{cd} + \tfrac{1}{4}\alpha (\partial_5 g_{cd}) U_{ab} g^{cd} +$$
$$+ \tfrac{1}{2}\alpha \beta_0 (\partial_5 g_{cd}) A_e S_{(0)a}{}^e{}_b g^{cd} + \tfrac{1}{2}\alpha \beta_0 (\partial_5 g_{cd}) A_e S_{(0)b}{}^e{}_a g^{cd} + \tfrac{1}{2}\beta_1 (\partial_5 g_{cd}) S_{(1)ab} g^{cd} - \tfrac{1}{2}\alpha^2 \beta_2 (\partial_5 g_{cd}) \eta S_{(2)ab} g^{cd} -$$
$$- \tfrac{1}{2}\alpha^2 \beta_2 (\partial_5 g_{cd}) A_b A_e S_{(2)a}{}^e g^{cd} - \tfrac{1}{2}\alpha^2 \beta_2 (\partial_5 g_{cd}) \eta S_{(2)ba} g^{cd} - \tfrac{1}{2}\alpha^2 \beta_2 (\partial_5 g_{cd}) A_a A_e S_{(2)b}{}^e g^{cd} +$$
$$+ \alpha^2 \beta_2 (\partial_5 g_{cd}) A_a A_b S_{(2)e}{}^e g^{cd} - \tfrac{1}{2}\alpha \beta_3 (\partial_5 g_{cd}) A_b S_{(3)a} g^{cd} - \tfrac{1}{2}\alpha \beta_3 (\partial_5 g_{cd}) A_a S_{(3)b} g^{cd} - 2\beta_3 (\partial_c S_{(3)d}) g_{ab} g^{cd} +$$
$$+ \alpha^2 (\partial_5 A_c)(\partial_5 A_d) g_{ab} g^{cd} - \tfrac{1}{2}\alpha (\partial_5 U_{cd}) g_{ab} g^{cd} + \tfrac{1}{2}\alpha^2 (\partial_5 \partial_5 g_{cd}) \eta g_{ab} g^{cd} - \tfrac{1}{4}\alpha (\partial_5 g_{cd}) U_e{}^e g_{ab} g^{cd} +$$
$$+ \alpha \beta_0 (\partial_5 g_{cd}) A_e S_{(0)}{}^{ef}{}_f g_{ab} g^{cd} + \alpha^2 \beta_2 (\partial_5 g_{cd}) \eta S_{(2)e}{}^e g_{ab} g^{cd} + \alpha \beta_3 (\partial_5 g_{cd}) A_e S_{(3)}{}^e g_{ab} g^{cd} - \beta_0 (\partial_c S_{(0)bd}{}^e) g_{ae} g^{cd} -$$
$$- \beta_0 (\partial_c S_{(0)ad}{}^e) g_{be} g^{cd} + \tfrac{1}{2}\alpha (\partial_5 g_{bc}) A_d {}^{(4)}\{{}^d_a{}^e_e\} g^{ce} + \tfrac{1}{2}\alpha (\partial_5 g_{ac}) A_d {}^{(4)}\{{}^d_b{}^e_e\} g^{ce} + \beta_0 {}^{(4)}\{{}^d_c{}^e_e\} S_{(0)adb} g^{ce} +$$
$$+ \beta_0 {}^{(4)}\{{}^d_c{}^e_e\} S_{(0)bda} g^{ce} + \tfrac{1}{2}(\partial_c {}^{(4)}\{{}^a_a{}^e_e\}) g_{ab} g^{ce} + 2\beta_0 (\partial_c S_{(0)de}{}^d) g_{ab} g^{ce} + \alpha (\partial_5 {}^{(4)}\{{}^d_c{}^e_e\}) A_d g_{ab} g^{ce} -$$
$$- \tfrac{3}{2}\alpha^2 (\partial_5 A_c)(\partial_5 g_{de}) A^d g_{ab} g^{ce} + 2\beta_3 {}^{(4)}\{{}^d_c{}^e_e\} S_{(3)d} g_{ab} g^{ce} + 2\beta_0 {}^{(4)}\{{}^d_c{}^e_f\} S_{(0)de}{}^e g_{ab} g^{cf} - \tfrac{1}{2}\alpha (\partial_5 g_{ab}) A_c {}^{(4)}\{{}^c_d{}^e_e\} g^{de} -$$
$$- \alpha \beta_2 A_c {}^{(4)}\{{}^c_d{}^e_e\} S_{(2)ab} g^{de} - \alpha \beta_2 A_c {}^{(4)}\{{}^c_d{}^e_e\} S_{(2)ba} g^{de} - \tfrac{1}{2}(\partial_a {}^{(4)}\{{}^a_d{}^e_e\}) g_{ab} g^{de} + \alpha^2 (\partial_5 A_c)(\partial_5 g_{de}) A^c g_{ab} g^{de} +$$
$$+ \alpha (\partial_5 A_c) {}^{(4)}\{{}^c_d{}^e_e\} g_{ab} g^{de} + \tfrac{3}{4}\alpha^2 (\partial_5 g_{cd})(\partial_5 g_{ef}) A^c A^e g_{ab} g^{df} + 2\alpha \beta_2 A_c {}^{(4)}\{{}^c_d{}^e_f\} S_{(2)e}{}^e g_{ab} g^{df} -$$
$$- \tfrac{3}{8}\alpha^2 (\partial_5 g_{cd})(\partial_5 g_{ef}) A_a A_b g^{ce} g^{df} - \tfrac{3}{8}\alpha^2 (\partial_5 g_{cd})(\partial_5 g_{ef}) \eta g_{ab} g^{ce} g^{df} - \tfrac{1}{2}\alpha (\partial_5 g_{cd}) A_e {}^{(4)}\{{}^e_f{}^e_g\} g_{ab} g^{cf} g^{dg} -$$
$$- \tfrac{1}{2}\alpha^2 (\partial_5 g_{cd})(\partial_5 g_{ef}) A^c A^d g_{ab} g^{ef} + \tfrac{1}{2}{}^{(4)}\{{}^c_c{}^c_e\} {}^{(4)}\{{}^c_d{}^c_f\} g_{ab} g^{ef} - \tfrac{1}{2}{}^{(4)}\{{}^c_c{}^c_d\} {}^{(4)}\{{}^d_e{}^c_f\} g_{ab} g^{ef} +$$
$$+ \tfrac{1}{8}\alpha^2 (\partial_5 g_{cd})(\partial_5 g_{ef}) A_a A_b g^{cd} g^{ef} + \tfrac{1}{8}\alpha^2 (\partial_5 g_{cd})(\partial_5 g_{ef}) \eta g_{ab} g^{cd} g^{ef} + \tfrac{1}{2}\alpha (\partial_5 g_{cd}) A_e {}^{(4)}\{{}^e_f{}^e_g\} g_{ab} g^{cd} g^{fg} +$$
$$+ \alpha^2 \beta_3 (\partial_c S_{(3)b}) A_a A^c \psi - \tfrac{1}{2}\alpha^4 (\partial_5 A_b)(\partial_5 A_c) A_a A^c \psi + \tfrac{1}{4}\alpha^3 (\partial_5 U_{bc}) A_a A^c \psi - \tfrac{3}{4}\alpha^3 (\partial_5 F_{bc}) A_a A^c \psi + \alpha^2 \beta_1 (\partial_5 S_{(1)bc}) A_a A^c \psi +$$
$$+ \alpha^2 \beta_3 (\partial_c S_{(3)a}) A_b A^c \psi - \tfrac{1}{2}\alpha^4 (\partial_5 A_a)(\partial_5 A_c) A_b A^c \psi + \tfrac{1}{4}\alpha^3 (\partial_5 U_{ac}) A_b A^c \psi - \tfrac{3}{4}\alpha^3 (\partial_5 F_{ac}) A_b A^c \psi + \alpha^2 \beta_1 (\partial_5 S_{(1)ac}) A_b A^c \psi -$$
$$- 2\alpha^3 \beta_2 (\partial_c S_{(2)d}{}^d) A_a A_b A^c \psi + \alpha^4 (\partial_5 \partial_5 A_c) A_a A_b A^c \psi + 2\alpha^3 \beta_3 (\partial_5 S_{(3)c}) A_a A_b A^c \psi + \alpha^3 \beta_2 (\partial_c S_{(2)b}{}^d) A_a A_d A^c \psi +$$
$$+ \alpha^3 \beta_0 (\partial_5 S_{(0)bc}{}^d) A_a A_d A^c \psi + \alpha^3 \beta_2 (\partial_c S_{(2)a}{}^d) A_b A_d A^c \psi + \alpha^3 \beta_0 (\partial_5 S_{(0)ac}{}^d) A_b A_d A^c \psi - \alpha^3 (\partial_5 {}^{(4)}\{{}^a_c{}^a_d\}) A_a A_b A^d \psi -$$
$$- 2\alpha^3 \beta_0 (\partial_5 S_{(0)cd}{}^c) A_a A_b A^d \psi - \tfrac{1}{2}\alpha^4 (\partial_5 A_c)(\partial_5 g_{bd}) A_a A^c A^d \psi + \tfrac{1}{2}\alpha^4 (\partial_5 A_b)(\partial_5 g_{cd}) A_a A^c A^d \psi - \tfrac{1}{2}\alpha^4 (\partial_5 A_c)(\partial_5 g_{ad}) A_b A^c A^d \psi +$$
$$+ \tfrac{1}{2}\alpha^4 (\partial_5 A_a)(\partial_5 g_{cd}) A_b A^c A^d \psi - \tfrac{1}{2}\alpha^4 (\partial_5 \partial_5 g_{cd}) A_a A_b A^c A^d \psi - \tfrac{1}{2}\alpha^4 (\partial_5 A_a)(\partial_5 A_b) \eta \psi - \tfrac{1}{2}\alpha^4 (\partial_5 \partial_5 A_b) A_a \eta \psi -$$
$$- \alpha^3 \beta_3 (\partial_5 S_{(3)b}) A_a \eta \psi - \tfrac{1}{2}\alpha^4 (\partial_5 \partial_5 A_a) A_b \eta \psi - \alpha^3 \beta_3 (\partial_5 S_{(3)a}) A_b \eta \psi + 2\alpha^4 \beta_2 (\partial_5 S_{(2)c}{}^c) A_a A_b \eta \psi - \alpha^4 \beta_2 (\partial_5 S_{(2)b}{}^c) A_a A_c \eta \psi -$$
$$- \alpha^4 \beta_2 (\partial_5 S_{(2)a}{}^c) A_b A_c \eta \psi - \tfrac{1}{2}\alpha^3 (\partial_5 A_c) A_b A^d {}^{(4)}\{{}^c_a{}^c_d\} \psi - \tfrac{1}{2}\alpha^3 (\partial_5 A_c) A_a A^d {}^{(4)}\{{}^c_b{}^c_d\} \psi - \tfrac{1}{4}\alpha^3 (\partial_5 A_c) A_b U_a{}^c \psi - \tfrac{1}{4}\alpha^3 (\partial_5 A_c) A_a U_b{}^c \psi +$$
$$+ \tfrac{1}{4}\alpha^3 (\partial_5 A_b) A_a U_c{}^c \psi + \tfrac{1}{4}\alpha^3 (\partial_5 A_a) A_b U_c{}^c \psi + \tfrac{1}{4}\alpha^3 (\partial_5 g_{cd}) A_a A_b U^{cd} \psi - \tfrac{1}{4}\alpha^3 (\partial_5 A_c) A_b F_a{}^c \psi - \tfrac{1}{2}\alpha^3 (\partial_5 A_b) A_c F_a{}^c \psi +$$
$$+ \tfrac{1}{2}\alpha^3 (\partial_5 g_{cd}) A_b A^c F_a{}^d \psi - \tfrac{1}{4}\alpha^3 (\partial_5 A_c) A_a F_b{}^c \psi - \tfrac{1}{2}\alpha^3 (\partial_5 A_a) A_c F_b{}^c \psi - \tfrac{1}{2}\alpha^2 F_{ac} F_b{}^c \psi + \tfrac{1}{2}\alpha^3 (\partial_5 g_{cd}) A_a A^c F_b{}^d \psi -$$
$$- \tfrac{1}{2}\alpha^2 A_b {}^{(4)}\{{}^c_a{}^d_d\} F_c{}^d \psi - \tfrac{1}{2}\alpha^2 A_a {}^{(4)}\{{}^c_b{}^d_d\} F_c{}^d \psi + \tfrac{1}{2}\alpha^3 (\partial_5 g_{bc}) A_a A_d F^{cd} \psi + \tfrac{1}{2}\alpha^3 (\partial_5 g_{ac}) A_b A_d F^{cd} \psi - \tfrac{1}{2}\alpha^2 \beta_0 A_b U^c{}_d S_{(0)ac}{}^d \psi +$$
$$+ \tfrac{1}{2}\alpha^2 \beta_0 A_b F^c{}_d S_{(0)ac}{}^d \psi + \alpha^3 \beta_0 (\partial_5 A_c) A_b A_d S_{(0)a}{}^{cd} \psi - \alpha^3 \beta_0 (\partial_5 g_{cd}) A_b A_e A^c S_{(0)a}{}^{de} \psi - \tfrac{1}{2}\alpha^2 \beta_0 A_a U^c{}_d S_{(0)bc}{}^d \psi -$$
$$- \tfrac{1}{2}\alpha^2 \beta_0 A_a F^c{}_d S_{(0)bc}{}^d \psi + \alpha^2 \beta_0 A_c F^d{}_d S_{(0)bd}{}^c \psi + \alpha^3 \beta_0 (\partial_5 A_c) A_a A_d S_{(0)b}{}^{cd} \psi + \alpha^3 \beta_0 (\partial_5 A_a) A_c A_d S_{(0)b}{}^{cd} \psi +$$
$$+ \alpha^3 \beta_0 (\partial_5 A_c) A_a A_d S_{(0)b}{}^{dc} \psi - \alpha^3 \beta_0 (\partial_5 g_{cd}) A_a A_e A^c S_{(0)b}{}^{de} \psi - \tfrac{1}{2}\alpha^2 \beta_0 A_b F^{cd} S_{(0)cda} \psi - \tfrac{1}{2}\alpha^2 \beta_0 A_a F^{cd} S_{(0)cdb} \psi +$$

$$
\begin{aligned}
&+ \alpha^2 \beta_0 A_b F_a{}^d S_{(0)cd}{}^c \psi + \alpha^2 \beta_0 A_a F_b{}^d S_{(0)cd}{}^c \psi + \alpha^2 \beta_0 A_b A_c{}^{(4)}\{{}^{\ d}_{a\ e}\} S_{(0)d}{}^{ec} \psi + \alpha^2 \beta_0 A_a A_c{}^{(4)}\{{}^{\ d}_{b\ e}\} S_{(0)d}{}^{ec} \psi + \\
&+ 2\alpha^3 \beta_0 (\partial_5 A_c) A_a A_b S_{(0)}{}^c{}_d{}^d \psi - \alpha^3 \beta_0 (\partial_5 A_b) A_a A_c S_{(0)}{}^c{}_d{}^d \psi - \alpha^3 \beta_0 (\partial_5 A_a) A_b A_c S_{(0)}{}^c{}_d{}^d \psi - \alpha^2 \beta_0{}^2 A_a A_b S_{(0)cd}{}^c S_{(0)}{}^c{}_e{}^d \psi - \\
&- \alpha^3 \beta_0 (\partial_5 A_c) A_b A_d S_{(0)}{}^{cd}{}_a \psi - \alpha^3 \beta_0 (\partial_5 A_c) A_a A_d S_{(0)}{}^{cd}{}_b \psi - \alpha^3 \beta_0 (\partial_5 g_{bc}) A_a A_d A_e S_{(0)}{}^{cde} \psi - \\
&- \alpha^3 \beta_0 (\partial_5 g_{ac}) A_b A_d A_e S_{(0)}{}^{cde} \psi - \tfrac{1}{2} \alpha^2 \beta_0{}^2 A_a A_b S_{(0)cde} S_{(0)}{}^{cde} \psi - 2 \alpha^2 \beta_0{}^2 A_b A_c S_{(0)ad}{}^e S_{(0)}{}^d{}_e{}^c \psi - \\
&- 2 \alpha^3 \beta_0 (\partial_5 g_{cd}) A_a A_b A^c S_{(0)}{}^d{}_e{}^e \psi + 2 \alpha^2 \beta_0{}^2 A_b A_c S_{(0)ad}{}^c S_{(0)}{}^d{}_e{}^e \psi + 2 \alpha^2 \beta_0{}^2 A_a A_c S_{(0)bd}{}^c S_{(0)}{}^d{}_e{}^e \psi - \\
&- 2 \alpha^2 \beta_0{}^2 A_a A_b S_{(0)cd}{}^c S_{(0)}{}^d{}_e{}^e \psi + \alpha^2 \beta_0{}^2 A_b A_c S_{(0)dea} S_{(0)}{}^{dec} \psi + \alpha^2 \beta_0{}^2 A_a A_c S_{(0)deb} S_{(0)}{}^{dec} \psi - \\
&- \alpha^2 \beta_1 (\partial_5 g_{cd}) A_b A^c S_{(1)a}{}^d \psi - 2 \alpha \beta_0 \beta_1 A_b S_{(0)cd}{}^c S_{(1)a}{}^d \psi + \alpha^2 \beta_1 (\partial_5 A_c) A_a S_{(1)b}{}^c \psi + \alpha^2 \beta_1 (\partial_5 A_a) A_c S_{(1)b}{}^c \psi + \alpha \beta_1 F_{ac} S_{(1)b}{}^c \psi - \\
&- \alpha^2 \beta_1 (\partial_5 g_{cd}) A_a A^c S_{(1)b}{}^d \psi - 2 \alpha \beta_0 \beta_1 A_a S_{(0)cd}{}^c S_{(1)b}{}^d \psi + \alpha \beta_1 A_b{}^{(4)}\{{}^{\ c}_{a\ d}\} S_{(1)c}{}^d \psi + \alpha \beta_1 A_a{}^{(4)}\{{}^{\ c}_{b\ d}\} S_{(1)c}{}^d \psi - \\
&- 2\alpha \beta_0 \beta_1 A_b S_{(0)ac}{}^d S_{(1)}{}^c{}_d \psi - \alpha^2 \beta_1 (\partial_5 g_{bc}) A_a A_d S_{(1)}{}^{cd} \psi - \alpha^2 \beta_1 (\partial_5 g_{ac}) A_b A_d S_{(1)}{}^{cd} \psi + \alpha \beta_0 \beta_1 A_b S_{(0)cda} S_{(1)}{}^{cd} \psi + \\
&+ \alpha \beta_0 \beta_1 A_a S_{(0)cdb} S_{(1)}{}^{cd} \psi + \tfrac{1}{2} \alpha^3 \beta_2 A_b A_c U_d{}^d S_{(2)a}{}^c \psi - 2 \alpha^4 \beta_2 (\partial_5 A_c) A_b A_d A^c S_{(2)a}{}^d \psi + \tfrac{1}{2} \alpha^3 \beta_2 A_b A_c U^c{}_d S_{(2)a}{}^d \psi - \\
&- \tfrac{1}{2} \alpha^3 \beta_2 A_b A_c F^c{}_d S_{(2)a}{}^d \psi - 2 \alpha^3 \beta_0 \beta_2 A_b A_c A_d S_{(0)}{}^c{}_e{}^e S_{(2)a}{}^d \psi + 2 \alpha^2 \beta_1 \beta_2 A_b A_c S_{(1)}{}^c{}_d S_{(2)a}{}^d \psi + \\
&+ \alpha^4 \beta_2 (\partial_5 g_{cd}) A_b A_e A^c A^d S_{(2)a}{}^e \psi + 2\alpha^3 \beta_0 \beta_2 A_b A_c A_d S_{(0)}{}^c{}_e{}^d S_{(2)a}{}^e \psi - \alpha^4 \beta_2 (\partial_5 A_c) A_a \eta S_{(2)b}{}^c \psi - \alpha^4 \beta_2 (\partial_5 A_a) A_c \eta S_{(2)b}{}^c \psi + \\
&+ \tfrac{1}{2} \alpha^3 \beta_2 A_a A_c U_d{}^d S_{(2)b}{}^c \psi - 2 \alpha^4 \beta_2 (\partial_5 A_c) A_a A_d A^c S_{(2)b}{}^d \psi + \tfrac{1}{2} \alpha^3 \beta_2 A_a A_c U^c{}_d S_{(2)b}{}^d \psi - \alpha^3 \beta_2 A_c A_d F_a{}^c S_{(2)b}{}^d \psi + \\
&+ \tfrac{1}{2} \alpha^3 \beta_2 A_a A_c F^c{}_d S_{(2)b}{}^d \psi - 2 \alpha^3 \beta_0 \beta_2 A_a A_c A_d S_{(0)}{}^c{}_e{}^e S_{(2)b}{}^d \psi + \alpha^4 \beta_2 (\partial_5 g_{cd}) A_a A_e A^c A^d S_{(2)b}{}^e \psi - \alpha^4 \beta_2 (\partial_5 A_b) A_a \eta S_{(2)c}{}^c \psi - \\
&- \alpha^4 \beta_2 (\partial_5 A_a) A_b \eta S_{(2)c}{}^c \psi - \alpha^3 \beta_2 A_b A_c A^e{}^{(4)}\{{}^{\ d}_{a\ e}\} S_{(2)d}{}^c \psi - \alpha^3 \beta_2 A_a A_c A^e{}^{(4)}\{{}^{\ d}_{b\ e}\} S_{(2)d}{}^c \psi + 2 \alpha^4 \beta_2{}^2 A_b A_c \eta S_{(2)a}{}^d S_{(2)d}{}^c \psi - \\
&- \alpha^4 \beta_2{}^2 A_a A_b \eta S_{(2)c}{}^d S_{(2)d}{}^c \psi + 4 \alpha^4 \beta_2 (\partial_5 A_c) A_a A_b A^c S_{(2)d}{}^d \psi - \alpha^3 \beta_2 A_a A_b U_c{}^c S_{(2)d}{}^d \psi - \alpha^3 \beta_2 A_b A_c F_a{}^c S_{(2)d}{}^d \psi - \\
&- \alpha^3 \beta_2 A_a A_c F_b{}^c S_{(2)d}{}^d \psi + 2 \alpha^2 \beta_1 \beta_2 A_b A_c S_{(1)a}{}^c S_{(2)d}{}^d \psi + 2\alpha^2 \beta_1 \beta_2 A_a A_c S_{(1)b}{}^c S_{(2)d}{}^d \psi - 2 \alpha^4 \beta_2{}^2 A_b A_c \eta S_{(2)a}{}^c S_{(2)d}{}^d \psi - \\
&- 2\alpha^4 \beta_2{}^2 A_a A_c \eta S_{(2)b}{}^c S_{(2)d}{}^d \psi + 2\alpha^4 \beta_2{}^2 A_a A_b \eta S_{(2)c}{}^c S_{(2)d}{}^d \psi - 2\alpha^3 \beta_0 \beta_2 A_b A_c A_d S_{(0)a}{}^{ce} S_{(2)e}{}^d \psi - \\
&- 2\alpha^3 \beta_0 \beta_2 A_a A_b A_c S_{(0)}{}^c{}_d{}^e S_{(2)e}{}^d \psi - 2\alpha^4 \beta_2 (\partial_5 g_{cd}) A_a A_b A^c A^d S_{(2)e}{}^e \psi + 2\alpha^3 \beta_0 \beta_2 A_b A_c A_d S_{(0)a}{}^{cd} S_{(2)e}{}^e \psi + \\
&+ 2\alpha^3 \beta_0 \beta_2 A_a A_c A_d S_{(0)b}{}^{cd} S_{(2)e}{}^e \psi + 4\alpha^3 \beta_0 \beta_2 A_a A_b A_c S_{(0)}{}^c{}_d{}^d S_{(2)e}{}^e \psi + \alpha^4 \beta_2 (\partial_5 A_c) A_b \eta S_{(2)}{}^c{}_a \psi + \alpha^4 \beta_2 (\partial_5 A_c) A_a \eta S_{(2)}{}^c{}_b \psi + \\
&+ 2\alpha^4 \beta_2 (\partial_5 A_c) A_a A_b A_d S_{(2)}{}^{cd} \psi + \alpha^4 \beta_2 (\partial_5 A_b) A_a A_c A_d S_{(2)}{}^{cd} \psi + \alpha^4 \beta_2 (\partial_5 A_a) A_b A_c A_d S_{(2)}{}^{cd} \psi + \alpha^4 \beta_2 (\partial_5 g_{bc}) A_a A_d \eta S_{(2)}{}^{cd} \psi + \\
&+ \alpha^4 \beta_2 (\partial_5 g_{ac}) A_b A_d \eta S_{(2)}{}^{cd} \psi - 2\alpha^2 \beta_1 \beta_2 A_a A_b S_{(1)cd} S_{(2)}{}^{cd} \psi - \alpha^4 \beta_2{}^2 A_a A_b \eta S_{(2)cd} S_{(2)}{}^{cd} \psi - \alpha^4 \beta_2 (\partial_5 A_c) A_b A_d A^c S_{(2)}{}^d{}_a \psi - \\
&- \alpha^3 \beta_2 A_b A_c F^c{}_d S_{(2)}{}^d{}_a \psi + 2\alpha^2 \beta_1 \beta_2 A_b A_c S_{(1)}{}^c{}_d S_{(2)}{}^d{}_a \psi - \alpha^4 \beta_2 (\partial_5 A_c) A_a A_d A^c S_{(2)}{}^d{}_b \psi - \alpha^3 \beta_2 A_a A_c F^c{}_d S_{(2)}{}^d{}_b \psi + \\
&+ 2\alpha^2 \beta_1 \beta_2 A_a A_c S_{(1)}{}^c{}_d S_{(2)}{}^d{}_b \psi - \tfrac{1}{2} \alpha^3 \beta_2 A_b A_c U_{ad} S_{(2)}{}^{dc} \psi - \tfrac{1}{2}\alpha^3 \beta_2 A_a A_c U_{bd} S_{(2)}{}^{dc} \psi + \tfrac{1}{2}\alpha^3 \beta_2 A_b A_c F_{ad} S_{(2)}{}^{dc} \psi + \\
&+ \tfrac{1}{2} \alpha^3 \beta_2 A_a A_c F_{bd} S_{(2)}{}^{dc} \psi - 2\alpha^2 \beta_1 \beta_2 A_b A_c S_{(1)ad} S_{(2)}{}^{dc} \psi + 2\alpha^4 \beta_2{}^2 A_b A_c \eta S_{(2)da} S_{(2)}{}^{dc} \psi + 2\alpha^4 \beta_2{}^2 A_a A_c \eta S_{(2)db} S_{(2)}{}^{dc} \psi - \\
&- \alpha^4 \beta_2 (\partial_5 g_{bc}) A_a A_d A_e A^c S_{(2)}{}^{de} \psi - \alpha^4 \beta_2 (\partial_5 g_{ac}) A_b A_d A_e A^c S_{(2)}{}^{de} \psi - 2\alpha^3 \beta_0 \beta_2 A_a A_b A_c S_{(0)}{}^c{}_{de} S_{(2)}{}^{de} \psi - \\
&- 2\alpha^4 \beta_2{}^2 A_b A_c A_d A_e S_{(2)}{}^c{}_a S_{(2)}{}^{de} \psi - 2\alpha^4 \beta_2{}^2 A_a A_c A_d A_e S_{(2)}{}^c{}_b S_{(2)}{}^{de} \psi + \alpha^4 \beta_2{}^2 A_a A_b A_c A_d S_{(2)}{}^c{}_e S_{(2)}{}^{de} \psi + \\
&+ 2\alpha^3 \beta_0 \beta_2 A_b A_c A_d S_{(0)}{}^c{}_e{}^d S_{(2)}{}^e{}_a \psi + 2\alpha^3 \beta_0 \beta_2 A_a A_c A_d S_{(0)}{}^c{}_e{}^d S_{(2)}{}^e{}_b \psi + \alpha^3 \beta_2 A_b A_c A_d{}^{(4)}\{{}^{\ c}_{a\ e}\} S_{(2)}{}^{ed} \psi + \\
&+ \alpha^3 \beta_2 A_a A_c A_d{}^{(4)}\{{}^{\ c}_{b\ e}\} S_{(2)}{}^{ed} \psi + 2\alpha^3 \beta_0 \beta_2 A_b A_c A_d S_{(0)}{}^c{}_{ea} S_{(2)}{}^{ed} \psi + 2\alpha^3 \beta_0 \beta_2 A_a A_c A_d S_{(0)}{}^c{}_{eb} S_{(2)}{}^{ed} \psi + \\
&+ \alpha^4 \beta_2{}^2 A_a A_b A_c A_d S_{(2)e}{}^c S_{(2)}{}^{ed} \psi - \alpha^3 \beta_3 (\partial_5 A_c) A_b A^c S_{(3)a} \psi + \alpha^3 \beta_3 (\partial_5 g_{cd}) A_b A^c A^d S_{(3)a} \psi + \tfrac{1}{2}\alpha^2 \beta_3 A_b U_c{}^c S_{(3)a} \psi - \\
&- 2\alpha^2 \beta_0 \beta_3 A_b A_c S_{(0)}{}^c{}_d{}^d S_{(3)a} \psi - 2\alpha^3 \beta_2 \beta_3 A_b \eta S_{(2)c}{}^c S_{(3)a} \psi + 2\alpha^3 \beta_2 \beta_3 A_b A_c A_d S_{(2)}{}^{cd} S_{(3)a} \psi - 2\alpha^3 \beta_3 (\partial_5 A_c) A_a A^c S_{(3)b} \psi + \\
&+ \alpha^3 \beta_3 (\partial_5 g_{cd}) A_a A^c A^d S_{(3)b} \psi - \alpha^3 \beta_3 (\partial_5 A_a) \eta S_{(3)b} \psi + \tfrac{1}{2}\alpha^2 \beta_3 A_a U_c{}^c S_{(3)b} \psi - \alpha^2 \beta_3 A_c F_a{}^c S_{(3)b} \psi - 2\alpha^2 \beta_0 \beta_3 A_a A_c S_{(0)}{}^c{}_d{}^d S_{(3)b} \psi - \\
&- 2\alpha^3 \beta_2 \beta_3 A_a \eta S_{(2)c}{}^c S_{(3)b} \psi - \alpha^2 \beta_3 A_b A^d{}^{(4)}\{{}^{\ c}_{a\ d}\} S_{(3)c} \psi - \alpha^2 \beta_3 A_a A^d{}^{(4)}\{{}^{\ c}_{b\ d}\} S_{(3)c} \psi + 2\alpha^3 \beta_2 \beta_3 A_b \eta S_{(2)a}{}^c S_{(3)c} \psi - \\
&- 2\alpha^2 \beta_0 \beta_3 A_b A_c S_{(0)a}{}^{cd} S_{(3)d} \psi - 2\alpha^3 \beta_2 \beta_3 A_a A_b A_c S_{(2)}{}^{cd} S_{(3)d} \psi + 4\alpha^3 \beta_3 (\partial_5 A_c) A_a A_b S_{(3)}{}^c \psi + \alpha^3 \beta_3 (\partial_5 g_{bc}) A_a A_d \eta S_{(3)}{}^c \psi + \\
&+ \alpha^3 \beta_3 (\partial_5 g_{ac}) A_b \eta S_{(3)}{}^c \psi - \tfrac{1}{2}\alpha^2 \beta_3 A_b U_{ac} S_{(3)}{}^c \psi - \tfrac{1}{2}\alpha^2 \beta_3 A_a U_{bc} S_{(3)}{}^c \psi - \tfrac{1}{2}\alpha^2 \beta_3 A_b F_{ac} S_{(3)}{}^c \psi - \tfrac{1}{2}\alpha^2 \beta_3 A_a F_{bc} S_{(3)}{}^c \psi + \\
&+ 2\alpha \beta_1 \beta_3 A_a S_{(1)bc} S_{(3)}{}^c \psi + 2\alpha^3 \beta_2 \beta_3 A_b \eta S_{(2)ca} S_{(3)}{}^c \psi + 2\alpha^3 \beta_2 \beta_3 A_a \eta S_{(2)cb} S_{(3)}{}^c \psi + 4\alpha^3 \beta_2 \beta_3 A_a A_b A_c S_{(2)}{}^c{}_d S_{(3)}{}^d \psi - \\
&- 2\alpha^2 \beta_3{}^2 A_a A_c S_{(3)b} S_{(3)}{}^c \psi + 2\alpha^2 \beta_3{}^2 A_a A_b S_{(3)c} S_{(3)}{}^c \psi - 2\alpha^3 \beta_3 (\partial_5 g_{cd}) A_a A_b A^c S_{(3)}{}^d \psi - \alpha^3 \beta_3 (\partial_5 g_{bc}) A_a A_d A^c S_{(3)}{}^d \psi -
\end{aligned}
$$

$$- \alpha^3 \beta_3 (\partial_5 g_{ac}) A_b A_d A^c S_{(3)}{}^d \psi + \alpha^2 \beta_3 A_b A_c {}^{(4)}\{^c_{a\,d}\} S_{(3)}{}^d \psi + \alpha^2 \beta_3 A_a A_c {}^{(4)}\{^c_{b\,d}\} S_{(3)}{}^d \psi + 2\alpha^2 \beta_0 \beta_3 A_b A_c S_{(0)ad}{}^c S_{(3)}{}^d \psi +$$
$$+ 2\alpha^2 \beta_0 \beta_3 A_a A_c S_{(0)bd}{}^c S_{(3)}{}^d \psi - 4\alpha^2 \beta_0 \beta_3 A_a A_b S_{(0)cd}{}^c S_{(3)}{}^d \psi + 2\alpha^2 \beta_0 \beta_3 A_b A_c S_{(0)}{}^c{}_{da} S_{(3)}{}^d \psi + 2\alpha^2 \beta_0 \beta_3 A_a A_c S_{(0)}{}^c{}_{db} S_{(3)}{}^d \psi -$$
$$- 2\alpha^3 \beta_2 \beta_3 A_b A_c A_d S_{(2)a}{}^c S_{(3)}{}^d \psi - 2\alpha^3 \beta_2 \beta_3 A_a A_c A_d S_{(2)b}{}^c S_{(3)}{}^d \psi + 2\alpha^3 \beta_2 \beta_3 A_a A_b A_c S_{(2)d}{}^c S_{(3)}{}^d \psi -$$
$$- 2\alpha^3 \beta_2 \beta_3 A_b A_c A_d S_{(2)}{}^c{}_a S_{(3)}{}^d \psi - 2\alpha^3 \beta_2 \beta_3 A_a A_c A_d S_{(2)}{}^c{}_b S_{(3)}{}^d \psi - \tfrac{1}{4}\alpha^4 (\partial_5 A_c)(\partial_5 A_d) A^c A^d g_{ab} \psi + \tfrac{1}{2}\alpha^3 (\partial_5 A_c) A_d F^{cd} g_{ab} \psi +$$
$$+ \tfrac{1}{8}\alpha^2 F_{cd} F^{cd} g_{ab} \psi - \tfrac{1}{2}\alpha^2 \beta_0{}^2 A_c A_d S_{(0)ef}{}^c S_{(0)}{}^{efd} g_{ab} \psi - \tfrac{1}{2}\beta_1{}^2 S_{(1)cd} S_{(1)}{}^{cd} g_{ab} \psi - \alpha \beta_0 \beta_1 A_c S_{(0)de}{}^c S_{(1)}{}^{de} g_{ab} \psi -$$
$$- 2\alpha^2 \beta_1 \beta_2 A_c A_d S_{(1)}{}^c{}_e S_{(2)}{}^{ed} g_{ab} \psi - \alpha^4 \beta_2{}^2 A_c A_d \eta S_{(2)e}{}^c S_{(2)}{}^{ed} g_{ab} \psi + \alpha^4 \beta_2{}^2 A_c A_d A_e A_f S_{(2)}{}^c S_{(2)}{}^{ef} g_{ab} \psi -$$
$$- 2\alpha^3 \beta_0 \beta_2 A_c A_d A_e S_{(0)f}{}^{cd} S_{(2)}{}^{fe} g_{ab} \psi - \alpha^2 \beta_3{}^2 \eta S_{(3)c} S_{(3)}{}^c g_{ab} \psi - 2\alpha \beta_1 \beta_3 A_c S_{(1)}{}^c{}_d S_{(3)}{}^d g_{ab} \psi -$$
$$- 2\alpha^3 \beta_2 \beta_3 A_c \eta S_{(2)d}{}^c S_{(3)}{}^d g_{ab} \psi + \alpha^2 \beta_3{}^2 A_c A_d S_{(3)}{}^c S_{(3)}{}^d g_{ab} \psi - 2\alpha^2 \beta_0 \beta_3 A_c A_d S_{(0)}{}^{cd}{}_e S_{(3)}{}^e g_{ab} \psi +$$
$$+ 2\alpha^3 \beta_2 \beta_3 A_c A_d A_e S_{(2)}{}^{cd} S_{(3)}{}^e g_{ab} \psi + \tfrac{1}{2}\alpha^2 (\partial_c F_{bd}) A_a g^{cd} \psi - \alpha \beta_1 (\partial_c S_{(1)bd}) A_a g^{cd} \psi + \tfrac{1}{2}\alpha^2 (\partial_c F_{ad}) A_b g^{cd} \psi -$$
$$- \alpha \beta_1 (\partial_c S_{(1)ad}) A_b g^{cd} \psi - 2\alpha^2 \beta_3 (\partial_c S_{(3)d}) A_a A_b g^{cd} \psi + \tfrac{3}{2}\alpha^4 (\partial_5 A_c)(\partial_5 A_d) A_a A_b g^{cd} \psi - \tfrac{1}{2}\alpha^3 (\partial_5 U_{cd}) A_a A_b g^{cd} \psi -$$
$$- \alpha^2 \beta_0 (\partial_c S_{(0)bd}{}^e) A_a A_e g^{cd} \psi - \alpha^2 \beta_0 (\partial_c S_{(0)ad}{}^e) A_b A_e g^{cd} \psi + \tfrac{1}{2}\alpha^4 (\partial_5 A_c)(\partial_5 g_{bd}) A_a \eta g^{cd} \psi - \tfrac{1}{4}\alpha^4 (\partial_5 A_b)(\partial_5 g_{cd}) A_a \eta g^{cd} \psi +$$
$$+ \tfrac{1}{2}\alpha^4 (\partial_5 A_c)(\partial_5 g_{ad}) A_b \eta g^{cd} \psi - \tfrac{1}{4}\alpha^4 (\partial_5 A_a)(\partial_5 g_{cd}) A_b \eta g^{cd} \psi + \tfrac{1}{2}\alpha^4 (\partial_5 \partial_5 g_{cd}) A_a A_b \eta g^{cd} \psi - \tfrac{1}{4}\alpha^3 (\partial_5 g_{cd}) A_a A_b U_e{}^e g^{cd} \psi -$$
$$- \tfrac{1}{4}\alpha^3 (\partial_5 g_{cd}) A_b A_e F_a{}^e g^{cd} \psi - \tfrac{1}{4}\alpha^3 (\partial_5 g_{cd}) A_a A_e F_b{}^e g^{cd} \psi + \tfrac{1}{2}\alpha^3 \beta_0 (\partial_5 g_{cd}) A_b A_e A_f S_{(0)a}{}^{ef} g^{cd} \psi +$$
$$+ \tfrac{1}{2}\alpha^3 \beta_0 (\partial_5 g_{cd}) A_a A_e A_f S_{(0)b}{}^{ef} g^{cd} \psi + \alpha^3 \beta_0 (\partial_5 g_{cd}) A_a A_b A_e S_{(0)f}{}^{ef} g^{cd} \psi + \tfrac{1}{2}\alpha^2 \beta_1 (\partial_5 g_{cd}) A_b A_e S_{(1)a}{}^e g^{cd} \psi +$$
$$+ \tfrac{1}{2}\alpha^2 \beta_1 (\partial_5 g_{cd}) A_a A_e S_{(1)b}{}^e g^{cd} \psi - \tfrac{1}{2}\alpha^4 \beta_2 (\partial_5 g_{cd}) A_b A_e \eta S_{(2)a}{}^e g^{cd} \psi - \tfrac{1}{2}\alpha^4 \beta_2 (\partial_5 g_{cd}) A_a A_e \eta S_{(2)b}{}^e g^{cd} \psi +$$
$$+ \alpha^4 \beta_2 (\partial_5 g_{cd}) A_a A_b \eta S_{(2)e}{}^e g^{cd} \psi - \tfrac{1}{2}\alpha^3 \beta_3 (\partial_5 g_{cd}) A_b \eta S_{(3)a} g^{cd} \psi - \tfrac{1}{2}\alpha^3 \beta_3 (\partial_5 g_{cd}) A_a \eta S_{(3)b} g^{cd} \psi +$$
$$+ \alpha^3 \beta_3 (\partial_5 g_{cd}) A_a A_b A_e S_{(3)}{}^e g^{cd} \psi + \tfrac{1}{4}\alpha^4 (\partial_5 A_c)(\partial_5 A_d) \eta g_{ab} g^{cd} \psi + \tfrac{1}{2}\alpha^2 (\partial_c {}^{(4)}\{^a_{a\,e}\}) A_a A_b g^{ce} \psi + 2\alpha^2 \beta_0 (\partial_c S_{(0)de}) A_a A_b g^{ce} \psi +$$
$$+ \alpha^3 (\partial_5 {}^{(4)}\{^d_{c\,e}\}) A_a A_b A_d g^{ce} \psi - \tfrac{3}{2}\alpha^4 (\partial_5 A_c)(\partial_5 g_{de}) A_a A_b A^d g^{ce} \psi + \tfrac{1}{2}\alpha^3 (\partial_5 A_c) A_b A_d {}^{(4)}\{^d_{a\,e}\} g^{ce} \psi +$$
$$+ \tfrac{1}{2}\alpha^3 (\partial_5 A_c) A_a A_d {}^{(4)}\{^d_{b\,e}\} g^{ce} \psi - \tfrac{1}{2}\alpha^2 A_b {}^{(4)}\{^d_{c\,e}\} F_{ad} g^{ce} \psi - \tfrac{1}{2}\alpha^2 A_a {}^{(4)}\{^d_{c\,e}\} F_{bd} g^{ce} \psi + \alpha \beta_1 A_b {}^{(4)}\{^d_{c\,e}\} S_{(1)ad} g^{ce} \psi +$$
$$+ \alpha \beta_1 A_a {}^{(4)}\{^d_{c\,e}\} S_{(1)bd} g^{ce} \psi + 2\alpha^2 \beta_3 A_a A_b {}^{(4)}\{^d_{c\,e}\} S_{(3)d} g^{ce} \psi + 2\alpha^2 \beta_0 A_a A_b {}^{(4)}\{^d_{c\,f}\} S_{(0)de}{}^e g^{cf} \psi -$$
$$- \tfrac{1}{2}\alpha^2 (\partial_a {}^{(4)}\{^a_{d\,e}\}) A_a A_b g^{de} \psi + \alpha^4 (\partial_5 A_c)(\partial_5 g_{de}) A_a A_b A^c g^{de} \psi + (\partial_5 A_c) A_a A_b {}^{(4)}\{^c_{d\,e}\} g^{de} \psi - \tfrac{1}{2}\alpha^3 (\partial_5 A_b) A_a A_c {}^{(4)}\{^c_{d\,e}\} g^{de} \psi -$$
$$- \tfrac{1}{2}\alpha^3 (\partial_5 A_a) A_b A_c {}^{(4)}\{^c_{d\,e}\} g^{de} \psi - \alpha^2 \beta_3 A_b A_c {}^{(4)}\{^c_{d\,e}\} S_{(3)a} g^{de} \psi - \alpha^2 \beta_3 A_a A_c {}^{(4)}\{^c_{d\,e}\} S_{(3)b} g^{de} \psi +$$
$$+ \tfrac{3}{4}\alpha^4 (\partial_5 g_{cd})(\partial_5 g_{ef}) A_a A_b A^c A^e g^{df} \psi + \alpha^2 \beta_0 A_b A_c {}^{(4)}\{^e_{d\,f}\} S_{(0)ae}{}^c g^{df} \psi + \alpha^2 \beta_0 A_a A_c {}^{(4)}\{^e_{d\,f}\} S_{(0)be}{}^c g^{df} \psi +$$
$$+ 2\alpha^3 \beta_2 A_a A_b A_c {}^{(4)}\{^c_{d\,f}\} S_{(2)e}{}^e g^{df} \psi - \tfrac{3}{8}\alpha^4 (\partial_5 g_{cd})(\partial_5 g_{ef}) A_a A_b \eta g^{ce} g^{df} \psi - \tfrac{1}{2}\alpha^3 (\partial_5 g_{cd}) A_a A_b A_e {}^{(4)}\{^e_{f\,g}\} g^{cf} g^{dg} \psi -$$
$$- \tfrac{1}{2}\alpha^4 (\partial_5 g_{cd})(\partial_5 g_{ef}) A_a A_b A^c A^d g^{ef} \psi + \tfrac{1}{2}\alpha^2 A_a A_b {}^{(4)}\{^d_{c\,e}\} {}^{(4)}\{^c_{d\,f}\} g^{ef} \psi - \tfrac{1}{2}\alpha^2 A_a A_b {}^{(4)}\{^d_{c\,d}\} {}^{(4)}\{^d_{e\,f}\} g^{ef} \psi -$$
$$- \alpha^3 \beta_2 A_b A_c A_d {}^{(4)}\{^c_{e\,f}\} S_{(2)a}{}^d g^{ef} \psi - \alpha^3 \beta_2 A_a A_c A_d {}^{(4)}\{^c_{e\,f}\} S_{(2)b}{}^d g^{ef} \psi + \tfrac{1}{8}\alpha^4 (\partial_5 g_{cd})(\partial_5 g_{ef}) A_a A_b \eta g^{cd} g^{ef} \psi +$$
$$+ \tfrac{1}{2}\alpha^3 (\partial_5 g_{cd}) A_a A_b A_e {}^{(4)}\{^e_{f\,g}\} g^{cd} g^{fg} \psi ,$$

$$G_{a5} =$$

$$= -\tfrac{1}{2} R \gamma_{a5} + R_{a5}$$
$$= -2\beta_2 \partial_a S_{(2)b}{}^b + \beta_2 \partial_b S_{(2)a}{}^b - \tfrac{1}{2}\partial_5 {}^{(4)}\{^b_{a\,b}\} + \tfrac{1}{4}\alpha (\partial_5 g_{ab})(\partial_5 \psi) A^b \psi^{-1} - \tfrac{1}{2}\beta_2 (\partial_b \psi) S_{(2)a}{}^b \psi^{-1} +$$
$$+ \tfrac{1}{2}\alpha \beta_2 (\partial_5 \psi) A_b S_{(2)a}{}^b \psi^{-1} + \beta_2 (\partial_a \psi) S_{(2)b}{}^b \psi^{-1} - \alpha \beta_2 (\partial_5 \psi) A_a S_{(2)b}{}^b \psi^{-1} - \tfrac{1}{2}\beta_2 (\partial_b \psi) S_{(2)}{}^b{}_a \psi^{-1} + \tfrac{1}{2}\alpha \beta_2 (\partial_5 \psi) A_b S_{(2)}{}^b{}_a \psi^{-1} -$$
$$- \tfrac{1}{4}(\partial_b \psi)(\partial_5 g_{ac}) g^{bc} \psi^{-1} + \tfrac{1}{4}(\partial_a \psi)(\partial_5 g_{bc}) g^{bc} \psi^{-1} - \tfrac{1}{4}\alpha (\partial_5 g_{bc})(\partial_5 \psi) A_a g^{bc} \psi^{-1} - \tfrac{3}{4}\alpha^5 (\partial_5 A_b)(\partial_5 A_c) A_a A^b A^c \psi^2 +$$
$$+ \tfrac{3}{2}\alpha^4 (\partial_5 A_b) A_a A_c F^{bc} \psi^2 + \tfrac{3}{8}\alpha^3 A_a F_{bc} F^{bc} \psi^2 - \alpha^3 \beta_0 A_a A_b F^{cd} S_{(0)cd}{}^b \psi^2 - 2\alpha^4 \beta_0 (\partial_5 A_b) A_a A_c A_d S_{(0)}{}^{bcd} \psi^2 +$$
$$+ \tfrac{1}{2}\alpha^3 \beta_0{}^2 A_a A_b A_c S_{(0)de}{}^b S_{(0)}{}^{dec} \psi^2 - 2\alpha^3 \beta_1 (\partial_5 A_b) A_a A_c S_{(1)}{}^{bc} \psi^2 - \alpha^2 \beta_1 A_a F_{bc} S_{(1)}{}^{bc} \psi^2 + \tfrac{1}{2}\alpha \beta_1{}^2 A_a S_{(1)bc} S_{(1)}{}^{bc} \psi^2 +$$
$$+ \alpha^2 \beta_0 \beta_1 A_a A_b S_{(0)cd}{}^b S_{(1)}{}^{cd} \psi^2 + 2\alpha^5 \beta_2 (\partial_5 A_b) A_a A_c \eta S_{(2)}{}^{bc} \psi^2 - 2\alpha^5 \beta_2 (\partial_5 A_b) A_a A_c A_d A^b S_{(2)}{}^{cd} \psi^2 -$$
$$- 2\alpha^4 \beta_2 A_a A_b A_c F^b{}_d S_{(2)}{}^{dc} \psi^2 + 2\alpha^3 \beta_1 \beta_2 A_a A_b A_c S_{(1)}{}^b{}_d S_{(2)}{}^{dc} \psi^2 + \alpha^5 \beta_2{}^2 A_a A_b A_c \eta S_{(2)d}{}^b S_{(2)}{}^{dc} \psi^2 -$$
$$- \alpha^5 \beta_2{}^2 A_a A_b A_c A_d A_e S_{(2)}{}^{bc} S_{(2)}{}^{de} \psi^2 + 2\alpha^4 \beta_0 \beta_2 A_a A_b A_c A_d S_{(0)}{}^b{}_e{}^c S_{(2)}{}^{ed} \psi^2 + 2\alpha^4 \beta_3 (\partial_5 A_b) A_a \eta S_{(3)}{}^b \psi^2 +$$

$$\begin{aligned}
&+ \alpha^3 \beta_3{}^2 A_a \eta S_{(3)b}{}^b S_{(3)}{}^b \psi^2 - 2\alpha^4 \beta_3 (\partial_5 A_b) A_a A_c A^b S_{(3)}{}^c \psi^2 - 2\alpha^3 \beta_3 A_a A_b F^b{}_c S_{(3)}{}^c \psi^2 + 2\alpha^2 \beta_1 \beta_3 A_a A_b S_{(1)}{}^b{}_c S_{(3)}{}^c \psi^2 + \\
&+ 2\alpha^4 \beta_2 \beta_3 A_a A_b \eta S_{(2)c}{}^b S_{(3)}{}^c \psi^2 - \alpha^3 \beta_3{}^2 A_a A_b A_c S_{(3)}{}^b S_{(3)}{}^c \psi^2 + 2\alpha^3 \beta_0 \beta_3 A_a A_b A_c S_{(0)}{}^b{}_d{}^c S_{(3)}{}^d \psi^2 - \\
&- 2\alpha^4 \beta_2 \beta_3 A_a A_b A_c A_d S_{(2)}{}^{bc} S_{(3)}{}^d \psi^2 + \tfrac{3}{4}\alpha^5 (\partial_5 A_b)(\partial_5 A_c) A_a \eta g^{bc} \psi^2 + 2\alpha \beta_2 (\partial_5 S_{(2)b}{}^b) A_a - \alpha \beta_2 (\partial_5 S_{(2)a}{}^b) A_b - \tfrac{1}{2}\alpha (\partial_5 \partial_5 g_{ab}) A^b + \\
&+ \tfrac{3}{4}\alpha^2 (\partial_b \psi)(\partial_5 A_a) A^b + \tfrac{3}{4}\alpha^3 (\partial_5 A_b)(\partial_5 \psi) A_a A^b - \tfrac{3}{4}\alpha^3 (\partial_5 A_a)(\partial_5 \psi)\eta + \tfrac{3}{4}\alpha (\partial_b \psi) F_a{}^b - \tfrac{3}{4}\alpha^2 (\partial_5 \psi) A_b F_a{}^b - \tfrac{1}{2}\alpha \beta_0 (\partial_b \psi) A_c S_{(0)a}{}^{bc} + \\
&+ \tfrac{1}{2}\alpha^2 \beta_0 (\partial_5 \psi) A_b A_c S_{(0)a}{}^{bc} - \beta_0 (\partial_5 g_{ab}) S_{(0)}{}^b{}_c{}^c - \tfrac{1}{2}\beta_1 (\partial_b \psi) S_{(1)a}{}^b + \tfrac{1}{2}\alpha \beta_1 (\partial_5 \psi) A_b S_{(1)a}{}^b - \tfrac{1}{2}\alpha^3 \beta_2 (\partial_5 \psi) A_b \eta S_{(2)a}{}^b + \\
&+ \tfrac{1}{2}\alpha^2 \beta_2 (\partial_b \psi) A_c A^b S_{(2)a}{}^c + \beta_2{}^{(4)}\{^b{}_{b\,c}\} S_{(2)a}{}^c + 2\beta_0 \beta_2 S_{(0)bc}{}^b S_{(2)a}{}^c - \beta_2{}^{(4)}\{^b{}_{a\,c}\} S_{(2)b}{}^c + 2\alpha \beta_2{}^2 A_b S_{(2)a}{}^c S_{(2)c}{}^b - \\
&- \alpha \beta_2{}^2 A_a S_{(2)b}{}^c S_{(2)c}{}^b - \alpha \beta_2 (\partial_5 g_{ab}) A^b S_{(2)c}{}^c - 2\alpha \beta_2{}^2 A_b S_{(2)a}{}^b S_{(2)c}{}^c + 2\alpha \beta_2{}^2 A_a S_{(2)b}{}^b S_{(2)c}{}^c - 2\alpha \beta_2{}^2 A_b S_{(2)c}{}^c S_{(2)}{}^b{}_a + \\
&+ \alpha \beta_2 (\partial_5 g_{ab}) A_c S_{(2)}{}^{bc} - \tfrac{1}{2}\alpha^2 \beta_2 (\partial_b \psi) A_a A_c S_{(2)}{}^{bc} + \tfrac{1}{2}\alpha^3 \beta_2 (\partial_5 \psi) A_a A_b A_c S_{(2)}{}^{bc} - \alpha \beta_2{}^2 A_a S_{(2)bc} S_{(2)}{}^{bc} + \alpha \beta_2 (\partial_5 g_{bc}) A^b S_{(2)}{}^c{}_a + \\
&+ 2\beta_0 \beta_2 S_{(0)bc}{}^b S_{(2)}{}^c{}_a - \alpha \beta_2 (\partial_5 g_{ab}) A_c S_{(2)}{}^{cb} + 2\alpha \beta_2{}^2 A_b S_{(2)ca} S_{(2)}{}^{cb} + \tfrac{1}{2}\alpha \beta_3 (\partial_b \psi) A^b S_{(3)a} - \tfrac{1}{2}\alpha^2 \beta_3 (\partial_5 \psi)\eta S_{(3)a} - \\
&- \tfrac{1}{2}\alpha \beta_3 (\partial_b \psi) A_a S_{(3)}{}^b + \tfrac{1}{2}\alpha^2 \beta_3 (\partial_5 \psi) A_a A_b S_{(3)}{}^b - \alpha \beta_2 (\partial_5 S_{(2)b}{}^c) A^b g_{ac} + \beta_2{}^{(4)}\{^d{}_{b\,c}\} S_{(2)}{}^{bc} g_{ad} + \tfrac{1}{2}\alpha (\partial_5 \partial_5 g_{bc}) A_a g^{bc} - \\
&- \tfrac{3}{4}\alpha^2 (\partial_b \psi)(\partial_5 A_c) A_a g^{bc} - \tfrac{1}{2}\alpha \beta_2 (\partial_5 g_{bc}) A_d S_{(2)a}{}^d g^{bc} + \alpha \beta_2 (\partial_5 g_{bc}) A_a S_{(2)d}{}^d g^{bc} - \tfrac{1}{2}\alpha \beta_2 (\partial_5 g_{bc}) A_d S_{(2)}{}^d{}_a g^{bc} + \\
&+ \beta_2 (\partial_b S_{(2)c}{}^d) g_{ad} g^{bc} + \tfrac{1}{2}\alpha (\partial_5 g_{ab})(\partial_5 g_{cd}) A^c g^{bd} - \beta_2{}^{(4)}\{^c{}_{b\,d}\} S_{(2)ca} g^{bd} + \tfrac{1}{2}(\partial_5{}^{(4)}\{^c{}_{b\,d}\}) g_{ac} g^{bd} - \\
&- \tfrac{1}{4}\alpha (\partial_5 g_{ab})(\partial_5 g_{cd}) A^b g^{cd} - \tfrac{3}{8}\alpha (\partial_5 g_{bc})(\partial_5 g_{de}) A_a g^{bd} g^{ce} + \tfrac{1}{8}\alpha (\partial_5 g_{bc})(\partial_5 g_{de}) A_a g^{bc} g^{de} + \alpha \beta_3 (\partial_b S_{(3)a}) A^b \psi - \\
&- \alpha^3 (\partial_5 A_a)(\partial_5 A_b) A^b \psi + \tfrac{1}{4}\alpha^2 (\partial_5 U_{ab}) A^b \psi - \tfrac{3}{4}\alpha^2 (\partial_5 F_{ab}) A^b \psi + \alpha \beta_1 (\partial_5 S_{(1)ab}) A^b \psi - 2\alpha^2 \beta_2 (\partial_b S_{(2)c}{}^c) A_a A^b \psi + \\
&+ \tfrac{1}{2}\alpha^3 (\partial_5 \partial_5 A_b) A_a A^b \psi + \alpha^2 \beta_3 (\partial_5 S_{(3)b}) A_a A^b \psi + \alpha^2 \beta_2 (\partial_b S_{(2)a}{}^c) A_c A^b \psi + \alpha^2 \beta_0 (\partial_5 S_{(0)ab}{}^c) A_c A^b \psi - \alpha^3 \beta_2 (\partial_5 S_{(2)b}{}^c) A_a A_c A^b \psi - \\
&- \alpha^2 (\partial_5{}^{(4)}\{^a{}_{a\,c}\}) A_a A^c \psi - 2\alpha^2 \beta_0 (\partial_5 S_{(0)bc}{}^b) A_a A^c \psi - \tfrac{1}{2}\alpha^3 (\partial_5 A_b)(\partial_5 g_{ac}) A^b A^c \psi + \tfrac{1}{2}\alpha^3 (\partial_5 A_a)(\partial_5 g_{bc}) A^b A^c \psi - \\
&- \tfrac{1}{2}\alpha^3 (\partial_5 \partial_5 g_{bc}) A_a A^b A^c \psi - \tfrac{1}{2}\alpha^3 (\partial_5 \partial_5 A_a)\eta \psi - \alpha^2 \beta_3 (\partial_5 S_{(3)a})\eta \psi + 2\alpha^3 \beta_2 (\partial_5 S_{(2)b}{}^b) A_a \eta \psi - \alpha^3 \beta_2 (\partial_5 S_{(2)a}{}^b) A_b \eta \psi - \\
&- \tfrac{1}{2}\alpha^2 (\partial_5 A_b) A^c{}^{(4)}\{^b{}_{a\,c}\} \psi - \tfrac{1}{4}\alpha^2 (\partial_5 A_b) U_a{}^b \psi + \tfrac{1}{4}\alpha^2 (\partial_5 A_a) U_b{}^b \psi + \tfrac{1}{4}\alpha^2 (\partial_5 g_{bc}) A_a U^{bc} \psi - \tfrac{3}{4}\alpha^2 (\partial_5 A_b) F_a{}^b \psi + \tfrac{1}{2}\alpha^2 (\partial_5 g_{bc}) A^b F_a{}^c \psi - \\
&- \tfrac{1}{2}\alpha {}^{(4)}\{^b{}_{a\,c}\} F_b{}^c \psi + \tfrac{1}{2}\alpha^2 (\partial_5 g_{ab}) A_c F^{bc} \psi - \tfrac{1}{2}\alpha \beta_0 U^b{}_c S_{(0)ab}{}^c \psi + \tfrac{1}{2}\alpha \beta_0 F^b{}_c S_{(0)ab}{}^c \psi + \alpha^2 \beta_0 (\partial_5 A_b) A_c S_{(0)a}{}^{bc} \psi - \\
&- \alpha^2 \beta_0 (\partial_5 g_{bc}) A_d A^b S_{(0)a}{}^{cd} \psi - \tfrac{1}{2}\alpha \beta_0 F^{bc} S_{(0)bca} \psi + \alpha \beta_0 F_a{}^c S_{(0)bc}{}^b \psi + \alpha \beta_0 A_b {}^{(4)}\{^c{}_{a\,d}\} S_{(0)c}{}^{db} \psi + \alpha^2 \beta_0 (\partial_5 A_b) A_a S_{(0)}{}^b{}_c{}^c \psi - \\
&- \alpha^2 \beta_0 (\partial_5 A_a) A_b S_{(0)}{}^b{}_c{}^c \psi - \alpha \beta_0{}^2 A_a S_{(0)bc}{}^d S_{(0)}{}^b{}_d{}^c \psi - \alpha^2 \beta_0 (\partial_5 A_b) A_c S_{(0)}{}^{bc}{}_a \psi - \alpha^2 \beta_0 (\partial_5 g_{ab}) A_c A_d S_{(0)}{}^{bcd} \psi - \\
&- \tfrac{1}{2}\alpha \beta_0{}^2 A_a S_{(0)bcd} S_{(0)}{}^{bcd} \psi - 2\alpha \beta_0{}^2 A_b S_{(0)ac}{}^d S_{(0)}{}^c{}_d{}^b \psi - 2\alpha^2 \beta_0 (\partial_5 g_{bc}) A_a A^b S_{(0)}{}^c{}_d{}^d \psi + 2\alpha \beta_0{}^2 A_b S_{(0)ac}{}^b S_{(0)}{}^c{}_d{}^d \psi - \\
&- 2\alpha \beta_0{}^2 A_a S_{(0)bc}{}^b S_{(0)}{}^c{}_d{}^d \psi + \alpha \beta_0{}^2 A_b S_{(0)cda} S_{(0)}{}^{cdb} \psi - \alpha \beta_1 (\partial_5 g_{bc}) A^b S_{(1)a}{}^c \psi - 2\beta_0 \beta_1 S_{(0)bc}{}^b S_{(1)a}{}^c \psi + \beta_1{}^{(4)}\{^b{}_{a\,c}\} S_{(1)b}{}^c \psi - \\
&- 2\beta_0 \beta_1 S_{(0)ab}{}^c S_{(1)}{}^b{}_c \psi - \alpha \beta_1 (\partial_5 g_{ab}) A_c S_{(1)}{}^{bc} \psi + \beta_0 \beta_1 S_{(0)bca} S_{(1)}{}^{bc} \psi + \tfrac{1}{2}\alpha^2 \beta_2 A_b U^c{}_c S_{(2)a}{}^b \psi - 2\alpha^3 \beta_2 (\partial_5 A_b) A_c A^b S_{(2)a}{}^c \psi + \\
&+ \tfrac{1}{2}\alpha^2 \beta_2 A_b U^b{}_c S_{(2)a}{}^c \psi - \tfrac{1}{2}\alpha^2 \beta_2 A_b F^b{}_c S_{(2)a}{}^c \psi - 2\alpha^2 \beta_0 \beta_2 A_b A_c S_{(0)}{}^b{}_d{}^c S_{(2)a}{}^d \psi + 2\alpha \beta_1 \beta_2 A_b S_{(1)}{}^b{}_c S_{(2)a}{}^c \psi + \\
&+ \alpha^3 \beta_2 (\partial_5 g_{bc}) A_d A^b A^c S_{(2)a}{}^d \psi + 2\alpha^2 \beta_0 \beta_2 A_a A_b A_c S_{(0)}{}^b{}_d{}^c S_{(2)a}{}^d \psi - \alpha^3 \beta_2 (\partial_5 A_a)\eta S_{(2)b}{}^b \psi - \alpha^2 \beta_2 A_b A^d {}^{(4)}\{^c{}_{a\,d}\} S_{(2)c}{}^b \psi + \\
&+ 2\alpha^3 \beta_2{}^2 A_b \eta S_{(2)a}{}^c S_{(2)c}{}^b \psi - \alpha^3 \beta_2{}^2 A_a \eta S_{(2)b}{}^c S_{(2)c}{}^b \psi + 3\alpha^3 \beta_2 (\partial_5 A_b) A_a A^b S_{(2)c}{}^c \psi - \alpha^2 \beta_2 A_a U_b{}^b S_{(2)c}{}^c \psi - \alpha^2 \beta_2 A_b F_a{}^b S_{(2)c}{}^c \psi + \\
&+ 2\alpha \beta_1 \beta_2 A_b S_{(1)a}{}^b S_{(2)c}{}^c \psi - 2\alpha^3 \beta_2{}^2 A_b S_{(2)a}{}^b S_{(2)c}{}^c \psi + 2\alpha^3 \beta_2{}^2 A_a \eta S_{(2)b}{}^b S_{(2)c}{}^c \psi - 2\alpha^2 \beta_0 \beta_2 A_b A_c S_{(0)a}{}^{bd} S_{(2)d}{}^c \psi - \\
&- 2\alpha^2 \beta_0 \beta_2 A_a A_b S_{(0)}{}^b{}_c{}^d S_{(2)d}{}^c \psi - 2\alpha^3 \beta_2 (\partial_5 g_{bc}) A_a A^b A^c S_{(2)d}{}^d \psi + 2\alpha^2 \beta_0 \beta_2 A_b A_c S_{(0)a}{}^{bc} S_{(2)d}{}^d \psi + \\
&+ 4\alpha^2 \beta_0 \beta_2 A_a A_b S_{(0)}{}^b{}_c{}^c S_{(2)d}{}^d \psi + \alpha^3 \beta_2 (\partial_5 A_b)\eta S_{(2)}{}^b{}_a \psi + \alpha^3 \beta_2 (\partial_5 A_b) A_a A_c S_{(2)}{}^{bc} \psi + \alpha^3 \beta_2 (\partial_5 g_{ab}) A_c \eta S_{(2)}{}^{bc} \psi + \\
&+ \tfrac{1}{2}\alpha^2 \beta_2 A_a U_{bc} S_{(2)}{}^{bc} \psi + \tfrac{1}{2}\alpha^2 \beta_2 A_a F_{bc} S_{(2)}{}^{bc} \psi - 2\alpha \beta_1 \beta_2 A_a S_{(1)bc} S_{(2)}{}^{bc} \psi - \alpha^3 \beta_2{}^2 A_a \eta S_{(2)bc} S_{(2)}{}^{bc} \psi - \\
&- 2\alpha^3 \beta_2{}^2 A_a A_b A_c S_{(2)d}{}^d S_{(2)}{}^{bc} \psi - \alpha^3 \beta_2 (\partial_5 A_b) A_c A^b S_{(2)}{}^c{}_a \psi - \alpha^2 \beta_2 A_b F^b{}_c S_{(2)}{}^c{}_a \psi + 2\alpha \beta_1 \beta_2 A_b S_{(1)}{}^b{}_c S_{(2)}{}^c{}_a \psi - \\
&- \alpha^3 \beta_2 (\partial_5 A_b) A_a A_c S_{(2)}{}^{cb} \psi - \tfrac{1}{2}\alpha^2 \beta_2 A_b U_{ac} S_{(2)}{}^{cb} \psi - \tfrac{1}{2}\alpha^2 \beta_2 A_b F_{ac} S_{(2)}{}^{cb} \psi - 2\alpha \beta_1 \beta_2 A_b S_{(1)ac} S_{(2)}{}^{cb} \psi + \\
&+ 2\alpha^3 \beta_2{}^2 A_b \eta S_{(2)ca} S_{(2)}{}^{cb} \psi + \alpha^3 \beta_2 (\partial_5 g_{bc}) A_a A_d A^b S_{(2)}{}^{cd} \psi - \alpha^3 \beta_2 (\partial_5 g_{ab}) A_c A_d A^b S_{(2)}{}^{cd} \psi - 2\alpha^2 \beta_0 \beta_2 A_a A_b S_{(0)}{}^b{}_{cd} S_{(2)}{}^{cd} \psi - \\
&- 2\alpha^3 \beta_2{}^2 A_b A_c A_d S_{(2)}{}^b{}_a S_{(2)}{}^{cd} \psi + \alpha^3 \beta_2{}^2 A_a A_b A_c S_{(2)}{}^b{}_d S_{(2)}{}^{cd} \psi + 2\alpha^2 \beta_0 \beta_2 A_b A_c S_{(0)}{}^b{}_d{}^c S_{(2)}{}^d{}_a \psi + \\
&+ 2\alpha^2 \beta_0 \beta_2 A_a A_b S_{(0)cd}{}^c S_{(2)}{}^{db} \psi + \alpha^2 \beta_2 A_b A_c {}^{(4)}\{^b{}_{a\,d}\} S_{(2)}{}^{dc} \psi + 2\alpha^2 \beta_0 \beta_2 A_b A_c S_{(0)}{}^b{}_{da} S_{(2)}{}^{dc} \psi + \alpha^3 \beta_2{}^2 A_a A_b A_c S_{(2)d}{}^b S_{(2)}{}^{dc} \psi - \\
&- \alpha^2 \beta_3 (\partial_5 A_b) A^b S_{(3)a} \psi + \alpha^2 \beta_3 (\partial_5 g_{bc}) A^b A^c S_{(3)a} \psi + \tfrac{1}{2}\alpha \beta_3 U^b{}_b S_{(3)a} \psi - 2\alpha \beta_0 \beta_3 A_b S_{(0)}{}^b{}_c{}^c S_{(3)a} \psi - 2\alpha^2 \beta_2 \beta_3 \eta S_{(2)b}{}^b S_{(3)a} \psi +
\end{aligned}$$

$$+ 2\alpha^2 \beta_2 \beta_3 A_b A_c S_{(2)}{}^{bc} S_{(3)a} \psi - \alpha \beta_3 A^c {}^{(4)}\{{}^b_{ac}\} S_{(3)b} \psi + 2\alpha^2 \beta_2 \beta_3 \eta S_{(2)a}{}^b S_{(3)b} \psi - 2\alpha \beta_0 \beta_3 A_b S_{(0)a}{}^{bc} S_{(3)c} \psi -$$

$$- 2\alpha^2 \beta_2 \beta_3 A_a A_b S_{(2)}{}^b S_{(3)c} \psi + 2\alpha^2 \beta_3 (\partial_5 A_b) A_a S_{(3)}{}^b \psi - \alpha^2 \beta_3 (\partial_5 A_a) A_b S_{(3)}{}^b \psi + \alpha^2 \beta_3 (\partial_5 g_{ab}) \eta S_{(3)}{}^b \psi - \tfrac{1}{2}\alpha \beta_3 U_{ab} S_{(3)}{}^b \psi -$$

$$- \tfrac{3}{2}\alpha \beta_3 F_{ab} S_{(3)}{}^b \psi + 2\alpha^2 \beta_2 \beta_3 \eta S_{(2)ba} S_{(3)}{}^b \psi + 2\alpha^2 \beta_2 \beta_3 A_a A_b S_{(2)c}{}^c S_{(3)}{}^b \psi - \alpha^2 \beta_3 (\partial_5 g_{bc}) A_a A^b S_{(3)}{}^c \psi -$$

$$- \alpha^2 \beta_3 (\partial_5 g_{ab}) A_c A^b S_{(3)}{}^c \psi + \alpha \beta_3 A_b {}^{(4)}\{{}^b_{ac}\} S_{(3)}{}^c \psi + 2\alpha \beta_0 \beta_3 A_b S_{(0)ac}{}^b S_{(3)}{}^c \psi - 2\alpha \beta_0 \beta_3 A_a S_{(0)bc}{}^b S_{(3)}{}^c \psi +$$

$$+ 2\alpha \beta_0 \beta_3 A_b S_{(0)}{}^b{}_{ca} S_{(3)}{}^c \psi - 2\alpha^2 \beta_2 \beta_3 A_c S_{(2)a}{}^b S_{(3)}{}^c \psi - 2\alpha^2 \beta_2 \beta_3 A_c S_{(2)}{}^b{}_a S_{(3)}{}^c \psi + \tfrac{1}{2}\alpha (\partial_b F_{ac}) g^{bc} \psi - \beta_1 (\partial_b S_{(1)ac}) g^{bc} \psi -$$

$$- \alpha \beta_3 (\partial_b S_{(3)c}) A_a g^{bc} \psi + \alpha^3 (\partial_5 A_b)(\partial_5 A_c) A_a g^{bc} \psi - \tfrac{1}{4}\alpha^2 (\partial_5 U_{bc}) A_a g^{bc} \psi - \alpha \beta_0 (\partial_b S_{(0)ac}{}^d) A_d g^{bc} \psi + \alpha^2 \beta_2 (\partial_b S_{(2)c}{}^d) A_a A_d g^{bc} \psi +$$

$$+ \tfrac{1}{2}\alpha^3 (\partial_5 A_b)(\partial_5 g_{ac}) \eta g^{bc} \psi - \tfrac{1}{4}\alpha^3 (\partial_5 A_a)(\partial_5 g_{bc}) \eta g^{bc} \psi + \tfrac{1}{2}\alpha^3 (\partial_5 \partial_5 g_{bc}) A_a \eta g^{bc} \psi - \tfrac{1}{4}\alpha^2 (\partial_5 g_{bc}) A_a U_d{}^d g^{bc} \psi -$$

$$- \tfrac{1}{4}\alpha^2 (\partial_5 g_{bc}) A_d F_a{}^d g^{bc} \psi + \tfrac{1}{2}\alpha^2 \beta_0 (\partial_5 g_{bc}) A_d A_e S_{(0)a}{}^{de} g^{bc} \psi + \alpha^2 \beta_0 (\partial_5 g_{bc}) A_a A_d S_{(0)}{}^d{}_e g^{bc} \psi +$$

$$+ \tfrac{1}{2}\alpha \beta_1 (\partial_5 g_{bc}) A_d S_{(1)a}{}^d g^{bc} \psi - \tfrac{1}{2}\alpha^3 \beta_2 (\partial_5 g_{bc}) A_d \eta S_{(2)a}{}^d g^{bc} \psi + \alpha^3 \beta_2 (\partial_5 g_{bc}) A_a \eta S_{(2)d}{}^d g^{bc} \psi -$$

$$- \tfrac{1}{2}\alpha^3 \beta_2 (\partial_5 g_{bc}) A_a A_d A_e S_{(2)}{}^{de} g^{bc} \psi - \tfrac{1}{2}\alpha^2 \beta_3 (\partial_5 g_{bc}) \eta S_{(3)a} g^{bc} \psi + \tfrac{1}{2}\alpha^2 \beta_3 (\partial_5 g_{bc}) A_a A_d S_{(3)}{}^d g^{bc} \psi +$$

$$+ \tfrac{1}{2}\alpha (\partial_b {}^{(4)}\{{}^a_{ad}\}) A_a g^{bd} \psi + 2\alpha \beta_0 (\partial_b S_{(0)cd}{}^c) A_a g^{bd} \psi + \alpha^2 (\partial_5 {}^{(4)}\{{}^c_{bd}\}) A_a A_c g^{bd} \psi - \alpha^3 (\partial_5 A_b)(\partial_5 g_{cd}) A_a A^c g^{bd} \psi +$$

$$+ \tfrac{1}{2}\alpha^2 (\partial_5 A_b) A_c {}^{(4)}\{{}^c_{ad}\} g^{bd} \psi - \tfrac{1}{2}\alpha {}^{(4)}\{{}^c_{bd}\} F_{ac} g^{bd} \psi + \beta_1 {}^{(4)}\{{}^c_{bd}\} S_{(1)ac} g^{bd} \psi + \alpha \beta_3 A_a {}^{(4)}\{{}^c_{bd}\} S_{(3)c} g^{bd} \psi +$$

$$+ 2\alpha \beta_0 A_a {}^{(4)}\{{}^c_{be}\} S_{(0)cd}{}^d g^{be} \psi - \tfrac{1}{2}\alpha (\partial_a {}^{(4)}\{{}^a_{cd}\}) A_a g^{cd} \psi + \tfrac{3}{4}\alpha^3 (\partial_5 A_b)(\partial_5 g_{cd}) A_a A^b g^{cd} \psi + \tfrac{1}{2}\alpha^2 (\partial_5 A_b) A_a {}^{(4)}\{{}^b_{cd}\} g^{cd} \psi -$$

$$- \tfrac{1}{2}\alpha^2 (\partial_5 A_a) A_b {}^{(4)}\{{}^b_{cd}\} g^{cd} \psi - \alpha \beta_3 A_b {}^{(4)}\{{}^b_{cd}\} S_{(3)a} g^{cd} \psi + \tfrac{3}{4}\alpha^3 (\partial_5 g_{bc})(\partial_5 g_{de}) A_a A^b A^d g^{ce} \psi +$$

$$+ \alpha \beta_0 A_b {}^{(4)}\{{}^d_{ce}\} S_{(0)ad}{}^b g^{ce} \psi - \alpha^2 \beta_2 A_a A_b {}^{(4)}\{{}^d_{ce}\} S_{(2)d}{}^b g^{ce} \psi + 2\alpha^2 \beta_2 A_a A_b {}^{(4)}\{{}^b_{ce}\} S_{(2)d}{}^d g^{ce} \psi -$$

$$- \tfrac{3}{8}\alpha^3 (\partial_5 g_{bc})(\partial_5 g_{de}) A_a \eta g^{bd} g^{ce} \psi - \tfrac{1}{2}\alpha^2 (\partial_5 g_{bc}) A_a A_d {}^{(4)}\{{}^d_{ef}\} g^{be} g^{cf} \psi - \tfrac{1}{2}\alpha^3 (\partial_5 g_{bc})(\partial_5 g_{de}) A_a A^b A^c g^{de} \psi +$$

$$+ \tfrac{1}{2}\alpha A_a {}^{(4)}\{{}^c_{bd}\} {}^{(4)}\{{}^b_{ce}\} g^{de} \psi - \tfrac{1}{2}\alpha A_a {}^{(4)}\{{}^b_{bc}\} {}^{(4)}\{{}^c_{de}\} g^{de} \psi - \alpha^2 \beta_2 A_b A_c {}^{(4)}\{{}^b_{de}\} S_{(2)a}{}^c g^{de} \psi +$$

$$+ \tfrac{1}{8}\alpha^3 (\partial_5 g_{bc})(\partial_5 g_{de}) A_a \eta g^{bc} g^{de} \psi + \tfrac{1}{2}\alpha^2 (\partial_5 g_{bc}) A_a A_d {}^{(4)}\{{}^b_{ef}\} g^{bc} g^{ef} \psi,$$

$$G_{5a} =$$

$$= -\tfrac{1}{2} R \gamma_{a5} + R_{5a}$$

$$= -\beta_2 \partial_b S_{(2)a}{}^b - \tfrac{1}{2} \partial_5 {}^{(4)}\{{}^b_{ab}\} + 2\beta_0 \partial_5 S_{(0)ab}{}^b + \tfrac{1}{4}\alpha (\partial_5 g_{ab})(\partial_5 \psi) A^b \psi^{-1} - \tfrac{1}{2}\beta_2 (\partial_b \psi) S_{(2)a}{}^b \psi^{-1} +$$

$$+ \tfrac{1}{2}\alpha \beta_2 (\partial_5 \psi) A_b S_{(2)a}{}^b \psi^{-1} + \beta_2 (\partial_a \psi) S_{(2)b}{}^b \psi^{-1} - \alpha \beta_2 (\partial_5 \psi) A_a S_{(2)b}{}^b \psi^{-1} - \tfrac{1}{2}\beta_2 (\partial_b \psi) S_{(2)}{}^b{}_a \psi^{-1} + \tfrac{1}{2}\alpha \beta_2 (\partial_5 \psi) A_b S_{(2)}{}^b{}_a \psi^{-1} -$$

$$- \tfrac{1}{4}(\partial_b \psi)(\partial_5 g_{ac}) g^{bc} \psi^{-1} + \tfrac{1}{4}(\partial_a \psi)(\partial_5 g_{bc}) g^{bc} \psi^{-1} - \tfrac{1}{4}\alpha (\partial_5 g_{bc})(\partial_5 \psi) A_a g^{bc} \psi^{-1} - \tfrac{3}{4}\alpha^5 (\partial_5 A_b)(\partial_5 A_c) A_a A^b A^c \psi^2 +$$

$$+ \tfrac{3}{2}\alpha^4 (\partial_5 A_b) A_a A_c F^{bc} \psi^2 + \tfrac{3}{8}\alpha^3 A_a F_{bc} F^{bc} \psi^2 - \alpha^3 \beta_0 A_a A_b F^{cd} S_{(0)cd}{}^b \psi^2 - 2\alpha^4 \beta_0 (\partial_5 A_b) A_a A_c A_d S_{(0)}{}^{bcd} \psi^2 +$$

$$+ \tfrac{1}{2}\alpha^3 \beta_0{}^2 A_a A_b A_c S_{(0)de}{}^b S_{(0)}{}^{dec} \psi^2 - 2\alpha^3 \beta_1 (\partial_5 A_b) A_a A_c S_{(1)}{}^{bc} \psi^2 - \alpha^2 \beta_1 A_a F_{bc} S_{(1)}{}^{bc} \psi^2 + \tfrac{1}{2}\alpha \beta_1{}^2 A_a S_{(1)bc} S_{(1)}{}^{bc} \psi^2 +$$

$$+ \alpha^2 \beta_0 \beta_1 A_a A_b S_{(0)cd}{}^b S_{(1)}{}^{cd} \psi^2 + 2\alpha^5 \beta_2 (\partial_5 A_b) A_a A_c \eta S_{(2)}{}^{bc} \psi^2 - 2\alpha^5 \beta_2 (\partial_5 A_b) A_a A_c A_d A^b S_{(2)}{}^{cd} \psi^2 -$$

$$- 2\alpha^4 \beta_2 A_a A_b A_c F^b{}_d S_{(2)}{}^{dc} \psi^2 + 2\alpha^3 \beta_1 \beta_2 A_a A_b A_c S_{(1)}{}^b{}_d S_{(2)}{}^{dc} \psi^2 + \alpha^5 \beta_2{}^2 A_a A_b A_c \eta S_{(2)d}{}^b S_{(2)}{}^{dc} \psi^2 -$$

$$- \alpha^5 \beta_2{}^2 A_a A_b A_c A_d A_e S_{(2)}{}^{bc} S_{(2)}{}^{de} \psi^2 + 2\alpha^4 \beta_0 \beta_2 A_a A_b A_c A_d S_{(0)}{}^b{}_e S_{(2)}{}^{ed} \psi^2 + 2\alpha^4 \beta_3 (\partial_5 A_b) A_a \eta S_{(3)}{}^b \psi^2 +$$

$$+ \alpha^3 \beta_3{}^2 A_a \eta S_{(3)b} S_{(3)}{}^b \psi^2 - 2\alpha^4 \beta_3 (\partial_5 A_b) A_a A_c A^b S_{(3)}{}^c \psi^2 - 2\alpha^3 \beta_3 A_a A_b F^b{}_c S_{(3)}{}^c \psi^2 + 2\alpha^2 \beta_1 \beta_3 A_a A_b S_{(1)}{}^b{}_c S_{(3)}{}^c \psi^2 +$$

$$+ 2\alpha^4 \beta_2 \beta_3 A_a A_b \eta S_{(2)c}{}^b S_{(3)}{}^c \psi^2 - \alpha^3 \beta_3{}^2 A_a A_b A_c S_{(3)}{}^b S_{(3)}{}^c \psi^2 + 2\alpha^3 \beta_0 \beta_3 A_a A_b A_c S_{(0)}{}^b{}_d S_{(3)}{}^d \psi^2 -$$

$$- 2\alpha^4 \beta_2 \beta_3 A_a A_b A_c A_d S_{(2)}{}^{bc} S_{(3)}{}^d \psi^2 + \tfrac{3}{4}\alpha^5 (\partial_5 A_b)(\partial_5 A_c) A_a \eta g^{bc} \psi^2 + 2\alpha \beta_2 (\partial_5 S_{(2)b}{}^b) A_a - \alpha \beta_2 (\partial_5 S_{(2)a}{}^b) A_b - \tfrac{1}{2}\alpha (\partial_5 \partial_5 g_{ab}) A^b +$$

$$+ \tfrac{3}{4}\alpha^2 (\partial_b \psi)(\partial_5 A_a) A^b + \tfrac{3}{4}\alpha^3 (\partial_5 A_b)(\partial_5 \psi) A_a A^b - \tfrac{3}{4}\alpha^3 (\partial_5 A_a)(\partial_5 \psi) \eta + \tfrac{3}{4}\alpha (\partial_b \psi) F_a{}^b - \tfrac{3}{4}\alpha^2 (\partial_5 \psi) A_b F_a{}^b + \beta_0 (\partial_5 g_{bc}) S_{(0)a}{}^{bc} -$$

$$- \tfrac{3}{2}\alpha \beta_0 (\partial_b \psi) A_c S_{(0)a}{}^{bc} + \tfrac{3}{2}\alpha^2 \beta_0 (\partial_5 \psi) A_b A_c S_{(0)a}{}^{bc} - \beta_0 (\partial_5 g_{ab}) S_{(0)}{}^b{}_c{}^c - \tfrac{3}{2}\beta_1 (\partial_b \psi) S_{(1)a}{}^b + \tfrac{3}{2}\alpha \beta_1 (\partial_5 \psi) A_b S_{(1)a}{}^b -$$

$$- \tfrac{3}{2}\alpha^3 \beta_2 (\partial_5 \psi) A_b \eta S_{(2)a}{}^b - \alpha \beta_2 (\partial_5 g_{bc}) A^b S_{(2)a}{}^c + \tfrac{3}{2}\alpha^2 \beta_2 (\partial_b \psi) A_c A^b S_{(2)a}{}^c - \beta_2 {}^{(4)}\{{}^b_c\} S_{(2)a}{}^c - 2\beta_0 \beta_2 S_{(0)bc}{}^b S_{(2)a}{}^c +$$

$$+ \beta_2 {}^{(4)}\{{}^b_{ac}\} S_{(2)b}{}^c - \alpha \beta_2{}^2 A_a S_{(2)b}{}^c S_{(2)c}{}^b - \alpha \beta_2 (\partial_5 g_{ab}) A^b S_{(2)c}{}^c - 2\beta_2{}^2 A_b S_{(2)a}{}^b S_{(2)c}{}^c + 2\beta_2{}^2 A_a S_{(2)b}{}^b S_{(2)c}{}^c -$$

$$- 2\alpha \beta_2{}^2 A_b S_{(2)c}{}^c S_{(2)}{}^b{}_a + \alpha \beta_2 (\partial_5 g_{ab}) A_c S_{(2)}{}^{bc} - \tfrac{3}{2}\alpha^2 \beta_2 (\partial_b \psi) A_a A_c S_{(2)}{}^{bc} + \tfrac{3}{2}\alpha^3 \beta_2 (\partial_5 \psi) A_a A_b A_c S_{(2)}{}^{bc} + 2\beta_0 \beta_2 S_{(0)bca} S_{(2)}{}^{bc} -$$

$$- \alpha \beta_2{}^2 A_a S_{(2)bc} S_{(2)}{}^{bc} + 2\alpha \beta_2{}^2 A_b S_{(2)ca} S_{(2)}{}^{bc} + \alpha \beta_2 (\partial_5 g_{bc}) A^b S_{(2)}{}^c{}_a + 2\beta_0 \beta_2 S_{(0)bc}{}^b S_{(2)}{}^c{}_a + 2\alpha \beta_2{}^2 A_b S_{(2)ca} S_{(2)}{}^{cb} +$$

$$+ \tfrac{3}{2}\alpha\beta_3(\partial_b\psi)A^b S_{(3)a} - \tfrac{3}{2}\alpha^2\beta_3(\partial_5\psi)\eta S_{(3)a} - 4\beta_2\beta_3 S_{(2)b}{}^b S_{(3)a} + 2\beta_2\beta_3 S_{(2)a}{}^b S_{(3)b} + \beta_3(\partial_5 g_{ab}) S_{(3)}{}^b - \tfrac{3}{2}\alpha\beta_3(\partial_b\psi) A_a S_{(3)}{}^b +$$

$$+ \tfrac{3}{2}\alpha^2\beta_3(\partial_5\psi) A_a A_b S_{(3)}{}^b + 2\beta_2\beta_3 S_{(2)ba} S_{(3)}{}^b - \alpha\beta_2(\partial_5 S_{(2)c}{}^c) A^b g_{ac} + \beta_2{}^{(4)}\{{}^d_{bc}\} S_{(2)}{}^{bc} g_{ad} + \tfrac{1}{2}\alpha(\partial_5\partial_5 g_{bc}) A_a g^{bc} -$$

$$- \tfrac{3}{4}\alpha^2(\partial_b\psi)(\partial_5 A_c) A_a g^{bc} - \tfrac{1}{2}\alpha\beta_2(\partial_5 g_{bc}) A_d S_{(2)a}{}^d g^{bc} + \alpha\beta_2(\partial_5 g_{bc}) A_a S_{(2)d}{}^d g^{bc} - \tfrac{1}{2}\alpha\beta_2(\partial_5 g_{bc}) A_d S_{(2)}{}^d{}_a g^{bc} -$$

$$- \beta_3(\partial_5 g_{bc}) S_{(3)a} g^{bc} + \beta_2(\partial_b S_{(2)c}{}^d) g_{ad} g^{bc} + \tfrac{1}{2}\alpha(\partial_5 g_{ab})(\partial_5 g_{cd}) A^c g^{bd} - \beta_2{}^{(4)}\{{}^c_{bd}\} S_{(2)ca} g^{bd} + \tfrac{1}{2}(\partial_5{}^{(4)}\{{}^c_{bd}\}) g_{ac} g^{bd} -$$

$$- \tfrac{1}{4}\alpha(\partial_5 g_{ab})(\partial_5 g_{cd}) A^b g^{cd} - \tfrac{3}{8}\alpha(\partial_5 g_{bc})(\partial_5 g_{de}) A_a g^{bd} g^{ce} + \tfrac{1}{8}\alpha(\partial_5 g_{bc})(\partial_5 g_{de}) A_a g^{bc} g^{de} + \alpha\beta_3(\partial_b S_{(3)a}) A^b \psi -$$

$$- \alpha^3(\partial_5 A_a)(\partial_5 A_b) A^b \psi + \tfrac{1}{4}\alpha^2(\partial_5 U_{ab}) A^b \psi - \tfrac{3}{4}\alpha^2(\partial_5 F_{ab}) A^b \psi + \alpha\beta_1(\partial_5 S_{(1)ab}) A^b \psi - 2\alpha^2\beta_2(\partial_b S_{(2)c}{}^c) A_a A^b \psi +$$

$$+ \tfrac{1}{2}\alpha^3(\partial_5\partial_5 A_b) A_a A^b \psi + \alpha^2\beta_3(\partial_5 S_{(3)b}) A_a A^b \psi + \alpha^2\beta_2(\partial_b S_{(2)a}{}^c) A_c A^b \psi + \alpha^2\beta_0(\partial_5 S_{(0)ab}{}^c) A_c A^b \psi - \alpha^3\beta_2(\partial_5 S_{(2)b}{}^c) A_a A_c A^b \psi -$$

$$- \alpha^2(\partial_5{}^{(4)}\{{}^a_{ac}\}) A_a A^c \psi - 2\alpha^2\beta_0(\partial_5 S_{(0)bc}{}^b) A_a A^c \psi - \tfrac{1}{2}\alpha^3(\partial_5 A_b)(\partial_5 g_{ac}) A^b A^c \psi + \tfrac{1}{2}\alpha^3(\partial_5 A_a)(\partial_5 g_{bc}) A^b A^c \psi -$$

$$- \tfrac{1}{2}\alpha^3(\partial_5\partial_5 g_{bc}) A_a A^b A^c \psi - \tfrac{1}{2}\alpha^3(\partial_5\partial_5 A_a)\eta\psi - \alpha^2\beta_3(\partial_5 S_{(3)a})\eta\psi + 2\alpha^3\beta_2(\partial_5 S_{(2)b}{}^b) A_a \eta\psi - \alpha^3\beta_2(\partial_5 S_{(2)a}{}^b) A_b \eta\psi -$$

$$- \tfrac{1}{2}\alpha^2(\partial_5 A_b) A^c{}^{(4)}\{{}^b_{ac}\}\psi - \tfrac{1}{4}\alpha^2(\partial_5 A_b) U_a{}^b \psi + \tfrac{1}{4}\alpha^2(\partial_5 A_a) U_b{}^b \psi + \tfrac{1}{4}\alpha^2(\partial_5 g_{bc}) A_a U^{bc}\psi - \tfrac{3}{4}\alpha^2(\partial_5 A_b) F_a{}^b \psi + \tfrac{1}{2}\alpha^2(\partial_5 g_{bc}) A^b F_a{}^c \psi -$$

$$- \tfrac{1}{2}\alpha{}^{(4)}\{{}^b_{ac}\} F_b{}^c \psi + \tfrac{1}{2}\alpha^2(\partial_5 g_{ab}) A_c F^{bc}\psi - \tfrac{1}{2}\alpha\beta_0 U^b{}_c S_{(0)ab}{}^c \psi - \tfrac{1}{2}\alpha\beta_0 F^b{}_c S_{(0)ab}{}^c \psi + 2\alpha^2\beta_0(\partial_5 A_b) A_c S_{(0)a}{}^{bc}\psi +$$

$$+ \alpha^2\beta_0(\partial_5 A_b) A_c S_{(0)a}{}^{cb}\psi - \alpha^2\beta_0(\partial_5 g_{bc}) A_d A^b S_{(0)a}{}^{cd}\psi - \tfrac{1}{2}\alpha\beta_0 F^{bc} S_{(0)bca}\psi + \alpha\beta_0 F_a{}^c S_{(0)bc}{}^b\psi + \alpha\beta_0 A_b{}^{(4)}\{{}^c_{ad}\} S_{(0)c}{}^{db}\psi +$$

$$+ \alpha^2\beta_0(\partial_5 A_b) A_a S_{(0)}{}^b{}_c{}^c\psi - \alpha^2\beta_0(\partial_5 A_a) A_b S_{(0)}{}^b{}_c{}^c\psi - \alpha\beta_0{}^2 A_a S_{(0)bc}{}^b S_{(0)d}{}^{cd}\psi - \alpha^2\beta_0(\partial_5 A_b) A_c S_{(0)}{}^{bc}{}_a\psi -$$

$$- \alpha^2\beta_0(\partial_5 g_{ab}) A_c A_d S_{(0)}{}^{bcd}\psi - \tfrac{1}{2}\alpha\beta_0{}^2 A_a S_{(0)bcd} S_{(0)}{}^{bcd}\psi - 2\alpha^2\beta_0(\partial_5 g_{bc}) A_a A^b S_{(0)}{}^c{}_d{}^d\psi + 2\alpha\beta_0{}^2 A_b S_{(0)ac} S_{(0)}{}^b{}_d{}^{cd}\psi -$$

$$- 2\alpha\beta_0{}^2 A_a S_{(0)bc}{}^b S_{(0)}{}^c{}_d{}^d\psi + \alpha\beta_0{}^2 A_b S_{(0)cda} S_{(0)}{}^{cdb}\psi + 2\alpha\beta_1(\partial_5 A_b) S_{(1)a}{}^b\psi - \alpha\beta_1(\partial_5 g_{bc}) A^b S_{(1)a}{}^c\psi - 2\beta_0\beta_1 S_{(0)bc}{}^b S_{(1)a}{}^c\psi +$$

$$+ \beta_1{}^{(4)}\{{}^b_{ac}\} S_{(1)b}{}^c\psi - \alpha\beta_1(\partial_5 g_{ab}) A_c S_{(1)}{}^{bc}\psi + \beta_0\beta_1 S_{(0)bca} S_{(1)}{}^{bc}\psi - \alpha^3\beta_2(\partial_5 A_b)\eta S_{(2)a}{}^b\psi + \tfrac{1}{2}\alpha^2\beta_2 A_b U^c{}_c S_{(2)a}{}^b\psi -$$

$$- 3\alpha^3\beta_2(\partial_5 A_b) A_c A^b S_{(2)a}{}^c\psi + \tfrac{1}{2}\alpha^2\beta_2 A_b U^b{}_c S_{(2)a}{}^c\psi + \tfrac{1}{2}\alpha^2\beta_2 A_b F^b{}_c S_{(2)a}{}^c\psi - 2\alpha^2\beta_0\beta_2 A_b A_c S_{(0)}{}^b{}_d{}^d S_{(2)a}{}^c\psi +$$

$$+ \alpha^3\beta_2(\partial_5 g_{bc}) A_d A^b A^c S_{(2)a}{}^d\psi - \alpha^3\beta_2(\partial_5 A_a)\eta S_{(2)b}{}^b\psi - \alpha^2\beta_2 A_b A^d{}^{(4)}\{{}^c_{ad}\} S_{(2)c}{}^b\psi - \alpha^3\beta_2{}^2 A_a \eta S_{(2)b}{}^c S_{(2)c}{}^b\psi +$$

$$+ 3\alpha^3\beta_2(\partial_5 A_b) A_a A^b S_{(2)c}{}^c\psi - \alpha^2\beta_2 A_a U_b{}^b S_{(2)c}{}^c\psi - \alpha^2\beta_2 A_b F_a{}^b S_{(2)c}{}^c\psi + 2\alpha\beta_1\beta_2 A_b S_{(1)a}{}^b S_{(2)c}{}^c\psi -$$

$$- 2\alpha^3\beta_2{}^2 A_b \eta S_{(2)a}{}^b S_{(2)c}{}^c\psi + 2\alpha^3\beta_2{}^2 A_a \eta S_{(2)b}{}^b S_{(2)c}{}^c\psi - 2\alpha^2\beta_0\beta_2 A_a A_b S_{(0)}{}^b{}_c{}^d S_{(2)d}{}^c\psi - 2\alpha^3\beta_2(\partial_5 g_{bc}) A_a A^b A^c S_{(2)d}{}^d\psi +$$

$$+ 2\alpha^2\beta_0\beta_2 A_b A_c S_{(0)a}{}^{bc} S_{(2)d}{}^d\psi + 4\alpha^2\beta_0\beta_2 A_a A_b S_{(0)}{}^b{}_c{}^c S_{(2)d}{}^d\psi + \alpha^3\beta_2(\partial_5 A_b)\eta S_{(2)a}{}^b\psi + \alpha^3\beta_2(\partial_5 A_b) A_a A_c S_{(2)}{}^{bc}\psi +$$

$$+ \alpha^3\beta_2(\partial_5 A_a) A_b A_c S_{(2)}{}^{bc}\psi + \alpha^3\beta_2(\partial_5 g_{ab}) A_c \eta S_{(2)}{}^{bc}\psi + \tfrac{1}{2}\alpha^2\beta_2 A_a U_{bc} S_{(2)}{}^{bc}\psi - \tfrac{1}{2}\alpha^2\beta_2 A_a F_{bc} S_{(2)}{}^{bc}\psi - \alpha^3\beta_2{}^2 A_a \eta S_{(2)bc} S_{(2)}{}^{bc}\psi -$$

$$- 2\alpha^3\beta_2{}^2 A_a A_b A_c S_{(2)d}{}^d S_{(2)}{}^{bc}\psi - \alpha^3\beta_2(\partial_5 A_b) A_c A^b S_{(2)}{}^c{}_a\psi - \alpha^2\beta_2 A_b F^b{}_c S_{(2)}{}^c{}_a\psi + 2\alpha\beta_1\beta_2 A_b S_{(1)}{}^b{}_c S_{(2)}{}^c{}_a\psi -$$

$$- \tfrac{1}{2}\alpha^2\beta_2 A_b U_{ac} S_{(2)}{}^{cb}\psi + \tfrac{1}{2}\alpha^2\beta_2 A_b F_{ac} S_{(2)}{}^{cb}\psi + 2\alpha^3\beta_2{}^2 A_b \eta S_{(2)ca} S_{(2)}{}^{cb}\psi + \alpha^3\beta_2(\partial_5 g_{bc}) A_a A_d A^b S_{(2)}{}^{cd}\psi -$$

$$- \alpha^3\beta_2(\partial_5 g_{ab}) A_c A_d A^b S_{(2)}{}^{cd}\psi + 2\alpha^2\beta_0\beta_2 A_a A_b S_{(0)cd}{}^b S_{(2)}{}^{cd}\psi - 2\alpha^2\beta_0\beta_2 A_a A_b S_{(0)}{}^b{}_{cd} S_{(2)}{}^{cd}\psi +$$

$$+ 2\alpha^3\beta_2{}^2 A_a A_b A_c S_{(2)d}{}^b S_{(2)}{}^{cd}\psi - 2\alpha^3\beta_2{}^2 A_b A_c A_d S_{(2)a}{}^b S_{(2)}{}^{cd}\psi + \alpha^3\beta_2{}^2 A_a A_b A_c S_{(2)}{}^b{}_d S_{(2)}{}^{cd}\psi +$$

$$+ 2\alpha^2\beta_0\beta_2 A_b A_c S_{(0)}{}^b{}_d{}^c S_{(2)}{}^d{}_a\psi + 2\alpha^2\beta_0\beta_2 A_a A_b S_{(0)cd}{} S_{(2)}{}^{db}\psi + \alpha^2\beta_2 A_b A_c{}^{(4)}\{{}^b_{ad}\} S_{(2)}{}^{dc}\psi +$$

$$+ 2\alpha^2\beta_0\beta_2 A_b A_c S_{(0)}{}^b{}_{da} S_{(2)}{}^{dc}\psi + \alpha^3\beta_2{}^2 A_a A_b A_c S_{(2)d}{}^b S_{(2)}{}^{dc}\psi - 3\alpha^2\beta_3(\partial_5 A_b) A^b S_{(3)a}\psi + \alpha^2\beta_3(\partial_5 g_{bc}) A^b A^c S_{(3)a}\psi +$$

$$+ \tfrac{1}{2}\alpha\beta_3 U_b{}^b S_{(3)a}\psi - 2\alpha\beta_0\beta_3 A_b S_{(0)}{}^b{}_c{}^c S_{(3)a}\psi - 2\alpha^2\beta_2\beta_3 \eta S_{(2)b}{}^b S_{(3)a}\psi - \alpha\beta_3 A^c{}^{(4)}\{{}^b_{ac}\} S_{(3)b}\psi + 3\alpha^2\beta_3(\partial_5 A_b) A_a S_{(3)}{}^b\psi +$$

$$+ \alpha^2\beta_3(\partial_5 g_{ab})\eta S_{(3)}{}^b\psi - \tfrac{1}{2}\alpha\beta_3 U_{ab} S_{(3)}{}^b\psi - \tfrac{1}{2}\alpha\beta_3 F_{ab} S_{(3)}{}^b\psi + 2\beta_1\beta_3 S_{(1)ab} S_{(3)}{}^b\psi + 2\alpha^2\beta_2\beta_3 \eta S_{(2)ba} S_{(3)}{}^b\psi +$$

$$+ 2\alpha^2\beta_2\beta_3 A_a A_b S_{(2)c}{}^c S_{(3)}{}^b\psi - 2\alpha\beta_3{}^2 A_b S_{(3)a} S_{(3)}{}^b\psi + 2\alpha\beta_3{}^2 A_a S_{(3)b} S_{(3)}{}^b\psi - \alpha^2\beta_3(\partial_5 g_{bc}) A_a A^b S_{(3)}{}^c\psi -$$

$$- \alpha^2\beta_3(\partial_5 g_{ab}) A_c A^b S_{(3)}{}^c\psi + \alpha\beta_3{}^{(4)}\{{}^b_{ac}\} S_{(3)}{}^c\psi + 2\alpha\beta_0\beta_3 A_b S_{(0)ac}{}^b S_{(3)}{}^c\psi - 2\alpha\beta_0\beta_3 A_a S_{(0)bc}{}^b S_{(3)}{}^c\psi +$$

$$+ 2\alpha\beta_0\beta_3 A_b S_{(0)}{}^b{}_{ca} S_{(3)}{}^c\psi - 2\alpha^2\beta_2\beta_3 A_b A_c S_{(2)a}{}^b S_{(3)}{}^c\psi + 2\alpha^2\beta_2\beta_3 A_a A_b S_{(2)c}{}^b S_{(3)}{}^c\psi - 2\alpha^2\beta_2\beta_3 A_b A_c S_{(2)}{}^b{}_a S_{(3)}{}^c\psi +$$

$$+ \tfrac{1}{2}\alpha(\partial_b F_{ac}) g^{bc}\psi - \beta_1(\partial_b S_{(1)ac}) g^{bc}\psi - \alpha\beta_3(\partial_b S_{(3)c}) A_a g^{bc}\psi + \alpha^3(\partial_5 A_b)(\partial_5 A_c) A_a g^{bc}\psi - \tfrac{1}{4}\alpha^2(\partial_5 U_{bc}) A_a g^{bc}\psi -$$

$$- \alpha\beta_0(\partial_b S_{(0)ac}{}^d) A_d g^{bc}\psi + \alpha^2\beta_2(\partial_b S_{(2)c}{}^d) A_a A_d g^{bc}\psi + \tfrac{1}{2}\alpha^3(\partial_5 A_b)(\partial_5 g_{ac})\eta g^{bc}\psi - \tfrac{1}{4}\alpha^3(\partial_5 A_a)(\partial_5 g_{bc})\eta g^{bc}\psi +$$

$$+ \tfrac{1}{2}\alpha^3(\partial_5\partial_5 g_{bc}) A_a \eta g^{bc}\psi - \tfrac{1}{4}\alpha^2(\partial_5 g_{bc}) A_a U_d{}^d g^{bc}\psi - \tfrac{1}{4}\alpha^2(\partial_5 g_{bc}) A_d F_a{}^d g^{bc}\psi + \tfrac{1}{2}\alpha^2\beta_0(\partial_5 g_{bc}) A_d A_e S_{(0)a}{}^{de} g^{bc}\psi +$$

$$+ \alpha^2\beta_0(\partial_5 g_{bc}) A_a A_d S_{(0)}{}^d{}_e{}^e g^{bc}\psi + \tfrac{1}{2}\alpha\beta_1(\partial_5 g_{bc}) A_d S_{(1)a}{}^d g^{bc}\psi - \tfrac{1}{2}\alpha^3\beta_2(\partial_5 g_{bc}) A_d \eta S_{(2)a}{}^d g^{bc}\psi + \alpha^3\beta_2(\partial_5 g_{bc}) A_a \eta S_{(2)d}{}^d g^{bc}\psi -$$

$$-\tfrac{1}{2}\alpha^3\beta_2(\partial_5 g_{bc})A_a A_d A_e S_{(2)}{}^{de}g^{bc}\psi - \tfrac{1}{2}\alpha^2\beta_3(\partial_5 g_{bc})\eta S_{(3)a}g^{bc}\psi + \tfrac{1}{2}\alpha^2\beta_3(\partial_5 g_{bc})A_a A_d S_{(3)}{}^d g^{bc}\psi +$$
$$+\tfrac{1}{2}\alpha(\partial_b{}^{(4)}\{{}^a_{a\,d}\})A_a g^{bd}\psi + 2\alpha\beta_0(\partial_b S_{(0)cd}{}^c)A_a g^{bd}\psi + \alpha^2(\partial_5{}^{(4)}\{{}^c_{b\,d}\})A_a A_c g^{bd}\psi - \alpha^3(\partial_5 A_b)(\partial_5 g_{cd})A_a A^c g^{bd}\psi +$$
$$+\tfrac{1}{2}\alpha^2(\partial_5 A_b)A_c{}^{(4)}\{{}^c_{a\,d}\}g^{bd}\psi - \tfrac{1}{2}\alpha{}^{(4)}\{{}^c_{b\,d}\}F_{ac}g^{bd}\psi + \beta_1{}^{(4)}\{{}^c_{b\,d}\}S_{(1)ac}g^{bd}\psi + \alpha\beta_3 A_a{}^{(4)}\{{}^c_{b\,d}\}S_{(3)c}g^{bd}\psi +$$
$$+ 2\beta_0 A_a{}^{(4)}\{{}^c_{b\,e}\}S_{(0)cd}{}^d g^{be}\psi - \tfrac{1}{2}\alpha(\partial_a{}^{(4)}\{{}^a_{c\,d}\})A_a g^{cd}\psi + \tfrac{3}{4}\alpha^3(\partial_5 A_b)(\partial_5 g_{cd})A_a A^b g^{cd}\psi + \tfrac{1}{2}\alpha^2(\partial_5 A_b)A_a{}^{(4)}\{{}^b_{c\,d}\}g^{cd}\psi -$$
$$-\tfrac{1}{2}\alpha^2(\partial_5 A_a)A_b{}^{(4)}\{{}^b_{c\,d}\}g^{cd}\psi - \alpha\beta_3 A_b{}^{(4)}\{{}^b_{c\,d}\}S_{(3)a}g^{cd}\psi + \tfrac{3}{4}\alpha^3(\partial_5 g_{bc})(\partial_5 g_{de})A_a A^b A^d g^{ce}\psi +$$
$$+ \alpha\beta_0 A_b{}^{(4)}\{{}^d_{c\,e}\}{}^b S_{(0)ad}{}^b g^{ce}\psi - \alpha^2\beta_2 A_a A_b{}^{(4)}\{{}^d_{c\,e}\}S_{(2)d}{}^b g^{ce}\psi + 2\alpha^2\beta_2 A_a A_b{}^{(4)}\{{}^b_{c\,e}\}S_{(2)d}{}^d g^{ce}\psi -$$
$$-\tfrac{3}{8}\alpha^3(\partial_5 g_{bc})(\partial_5 g_{de})A_a \eta g^{bd}g^{ce}\psi - \tfrac{1}{2}\alpha^2(\partial_5 g_{bc})A_a A_d{}^{(4)}\{{}^d_{e\,f}\}g^{be}g^{cf}\psi - \tfrac{1}{2}\alpha^3(\partial_5 g_{bc})(\partial_5 g_{de})A_a A^b A^c g^{de}\psi +$$
$$+\tfrac{1}{2}\alpha A_a{}^{(4)}\{{}^c_{b\,d}\}{}^{(4)}\{{}^b_{c\,e}\}g^{de}\psi - \tfrac{1}{2}\alpha A_a{}^{(4)}\{{}^b_{b\,c}\}{}^{(4)}\{{}^c_{d\,e}\}g^{de}\psi - \alpha^2\beta_2 A_b A_c{}^{(4)}\{{}^b_{d\,e}\}S_{(2)a}{}^c g^{de}\psi +$$
$$+\tfrac{1}{8}\alpha^3(\partial_5 g_{bc})(\partial_5 g_{de})A_a \eta g^{bc}g^{de}\psi + \tfrac{1}{2}\alpha^2(\partial_5 g_{bc})A_a A_d{}^{(4)}\{{}^d_{e\,f}\}g^{bc}g^{ef}\psi ,$$

$$G_{55} =$$

$$= -\tfrac{1}{2}R\gamma_{55} + R_{55}$$
$$= -\tfrac{3}{4}\alpha^4(\partial_5 A_a)(\partial_5 A_b)A^a A^b \psi^2 + \tfrac{3}{2}\alpha^3(\partial_5 A_a)A_b F^{ab}\psi^2 + \tfrac{3}{8}\alpha^2 F_{ab}F^{ab}\psi^2 - \alpha^2\beta_0 A_a F^{bc}S_{(0)bc}{}^a \psi^2 -$$
$$- 2\alpha^3\beta_0(\partial_5 A_a)A_b A_c S_{(0)}{}^{abc}\psi^2 + \tfrac{1}{2}\alpha^2\beta_0{}^2 A_a A_b S_{(0)cd}{}^a S_{(0)}{}^{cdb}\psi^2 - 2\alpha^2\beta_1(\partial_5 A_a)A_b S_{(1)}{}^{ab}\psi^2 - \alpha\beta_1 F_{ab}S_{(1)}{}^{ab}\psi^2 +$$
$$+\tfrac{1}{2}\beta_1{}^2 S_{(1)ab}S_{(1)}{}^{ab}\psi^2 + \alpha\beta_0\beta_1 A_a S_{(0)bc}{}^a S_{(1)}{}^{bc}\psi^2 + 2\alpha^4\beta_2(\partial_5 A_a)A_b \eta S_{(2)}{}^{ab}\psi^2 - 2\alpha^4\beta_2(\partial_5 A_a)A_b A_c A^a S_{(2)}{}^{bc}\psi^2 -$$
$$- 2\alpha^3\beta_2 A_a A_b F^a{}_c S_{(2)}{}^{cb}\psi^2 + 2\alpha^2\beta_1\beta_2 A_a A_b S_{(1)}{}^a{}_c S_{(2)}{}^{cb}\psi^2 + \alpha^4\beta_2{}^2 A_a A_b \eta S_{(2)c}{}^a S_{(2)}{}^{cb}\psi^2 -$$
$$- \alpha^4\beta_2{}^2 A_a A_b A_c A_d S_{(2)}{}^{ab} S_{(2)}{}^{cd}\psi^2 + 2\alpha^3\beta_0\beta_2 A_a A_b A_c S_{(0)}{}^a{}_d S_{(2)}{}^{dc}\psi^2 + 2\alpha^3\beta_3(\partial_5 A_a)\eta S_{(3)}{}^a \psi^2 + \alpha^2\beta_3{}^2 \eta S_{(3)a} S_{(3)}{}^a \psi^2 -$$
$$- 2\alpha^3\beta_3(\partial_5 A_a)A_b A^a S_{(3)}{}^b \psi^2 - 2\alpha^2\beta_3 A_a F^a{}_b S_{(3)}{}^b \psi^2 + 2\alpha\beta_1\beta_3 A_a S_{(1)}{}^a{}_b S_{(3)}{}^b \psi^2 + 2\alpha^3\beta_2\beta_3 A_a \eta S_{(2)b}{}^a S_{(3)}{}^b \psi^2 -$$
$$-\alpha^2\beta_3{}^2 A_a A_b S_{(3)}{}^a S_{(3)}{}^b \psi^2 + 2\alpha^2\beta_0\beta_3 A_a A_b S_{(0)}{}^{ab}{}_c S_{(3)}{}^c \psi^2 - 2\alpha^3\beta_2\beta_3 A_a A_b A_c S_{(2)}{}^{ab} S_{(3)}{}^c \psi^2 + \tfrac{3}{4}\alpha^4(\partial_5 A_a)(\partial_5 A_b)\eta g^{ab}\psi^2 -$$
$$-\beta_2{}^2 S_{(2)a}{}^b S_{(2)b}{}^a + 2\beta_2{}^2 S_{(2)a}{}^a S_{(2)b}{}^b - \beta_2(\partial_5 g_{ab})S_{(2)}{}^{ab} - \beta_2{}^2 S_{(2)ab}S_{(2)}{}^{ab} + \beta_2(\partial_5 g_{ab})S_{(2)c}{}^c g^{ab} -$$
$$-\tfrac{1}{8}(\partial_5 g_{ab})(\partial_5 g_{cd})g^{ac}g^{bd} + \tfrac{1}{8}(\partial_5 g_{ab})(\partial_5 g_{cd})g^{ab}g^{cd} - 2\alpha\beta_2(\partial_a S_{(2)b}{}^b)A^a \psi - 2\alpha^2\beta_2(\partial_5 S_{(2)a}{}^a)A_b A^a \psi - \alpha(\partial_5{}^{(4)}\{{}^a_{a\,b}\})A^b \psi -$$
$$- 2\alpha\beta_0(\partial_5 S_{(0)ab}{}^a)A^b \psi - \tfrac{1}{2}\alpha^2(\partial_5 \partial_5 g_{ab})A^a A^b \psi + 2\alpha^2\beta_2(\partial_5 S_{(2)a}{}^a)\eta\psi + \tfrac{1}{4}\alpha(\partial_5 g_{ab})U^{ab}\psi - \beta_0{}^2 S_{(0)ab}{}^c S_{(0)}{}^a{}_c{}^b \psi -$$
$$-\tfrac{1}{2}\beta_0{}^2 S_{(0)abc}S_{(0)}{}^{abc}\psi - 2\alpha\beta_0(\partial_5 g_{ab})A^a S_{(0)}{}^b{}_c{}^c \psi - 2\beta_0{}^2 S_{(0)ab}{}^a S_{(0)}{}^b{}_c{}^c \psi - \alpha^2\beta_2{}^2 \eta S_{(2)a}{}^b S_{(2)b}{}^a \psi +$$
$$+ 2\alpha^2\beta_2(\partial_5 A_a)A^a S_{(2)b}{}^b \psi - \alpha\beta_2 U_a{}^a S_{(2)b}{}^b \psi + 2\alpha^2\beta_2{}^2 \eta S_{(2)a}{}^a S_{(2)b}{}^b \psi - 2\alpha\beta_0\beta_2 A_a S_{(0)}{}^a{}_b{}^c S_{(2)c}{}^b \psi - 2\alpha^2\beta_2(\partial_5 g_{ab})A^a A^b S_{(2)c}{}^c \psi +$$
$$+ 4\alpha\beta_0\beta_2 A_a S_{(0)}{}^{a\,b}{}_b S_{(2)c}{}^c \psi - \alpha^2\beta_2(\partial_5 A_a)A_b S_{(2)}{}^{ab}\psi + \alpha\beta_2 U_{ab}S_{(2)}{}^{ab}\psi - \alpha^2\beta_2{}^2 \eta S_{(2)ab}S_{(2)}{}^{ab}\psi - 4\alpha^2\beta_2{}^2 A_a A_b S_{(2)c}{}^c S_{(2)}{}^{ab}\psi -$$
$$-\alpha^2\beta_2(\partial_5 A_a)A_b S_{(2)}{}^{ba}\psi + 2\alpha^2\beta_2(\partial_5 g_{ab})A_c A^a S_{(2)}{}^{bc}\psi + 2\alpha\beta_0\beta_2 A_a S_{(0)bc}{}^a S_{(2)}{}^{bc}\psi - 2\alpha\beta_0\beta_2 A_a S_{(0)}{}^a{}_{bc} S_{(2)}{}^{bc}\psi +$$
$$+ 2\alpha^2\beta_2{}^2 A_a A_b S_{(2)c}{}^a S_{(2)}{}^{bc}\psi + \alpha^2\beta_2{}^2 A_a A_b S_{(2)}{}^a{}_c S_{(2)}{}^{bc}\psi + 4\alpha\beta_0\beta_2 A_a S_{(0)bc}{}^b S_{(2)}{}^{ca}\psi + \alpha^2\beta_2{}^2 A_a A_b S_{(2)c}{}^a S_{(2)}{}^{cb}\psi +$$
$$+ 2\alpha\beta_2(\partial_a S_{(2)b}{}^c)A_c g^{ab}\psi + \tfrac{1}{2}\alpha^2(\partial_5 \partial_5 g_{ab})\eta g^{ab}\psi - \tfrac{1}{4}\alpha(\partial_5 g_{ab})U_c{}^c g^{ab}\psi + \alpha\beta_0(\partial_5 g_{ab})A_c S_{(0)}{}^c{}_d{}^d g^{ab}\psi +$$
$$+ \alpha^2\beta_2(\partial_5 g_{ab})\eta S_{(2)c}{}^c g^{ab}\psi - \alpha^2\beta_2(\partial_5 g_{ab})A_c A_d S_{(2)}{}^{cd}g^{ab}\psi + \tfrac{1}{2}(\partial_a{}^{(4)}\{{}^b_{b\,c}\})g^{ac}\psi + 2\beta_0(\partial_a S_{(0)bc}{}^b)g^{ac}\psi +$$
$$+ \alpha(\partial_5{}^{(4)}\{{}^b_{a\,c}\})A_b g^{ac}\psi - \tfrac{1}{2}\alpha^2(\partial_5 A_a)(\partial_5 g_{bc})A^b g^{ac}\psi + 2\beta_0{}^{(4)}\{{}^b_{a\,d}\}S_{(0)bc}{}^d g^{ad}\psi - \tfrac{1}{2}(\partial_a{}^{(4)}\{{}^a_{b\,c}\})g^{bc}\psi +$$
$$+ \tfrac{1}{2}\alpha^2(\partial_5 A_a)(\partial_5 g_{bc})A^a g^{bc}\psi + \tfrac{3}{4}\alpha^2(\partial_5 g_{ab})(\partial_5 g_{cd})A^a A^c g^{bd}\psi - 2\alpha\beta_2 A_a{}^{(4)}\{{}^c_{b\,d}\}S_{(2)c}{}^a g^{bd}\psi + 2\alpha\beta_2 A_a{}^{(4)}\{{}^a_{b\,d}\}S_{(2)c}{}^c g^{bd}\psi -$$
$$-\tfrac{3}{8}\alpha^2(\partial_5 g_{ab})(\partial_5 g_{cd})\eta g^{ac}g^{bd}\psi - \tfrac{1}{2}\alpha(\partial_5 g_{ab})A_c{}^{(4)}\{{}^c_{d\,e}\}g^{ad}g^{be}\psi - \tfrac{1}{2}\alpha^2(\partial_5 g_{ab})(\partial_5 g_{cd})A^a A^b g^{cd}\psi +$$
$$+\tfrac{1}{2}{}^{(4)}\{{}^b_{a\,c}\}{}^{(4)}\{{}^a_{b\,d}\}g^{cd}\psi - \tfrac{1}{2}{}^{(4)}\{{}^a_{a\,b}\}{}^{(4)}\{{}^b_{c\,d}\}g^{cd}\psi + \tfrac{1}{8}\alpha^2(\partial_5 g_{ab})(\partial_5 g_{cd})\eta g^{ab}g^{cd} + \tfrac{1}{2}\alpha(\partial_5 g_{ab})A_c{}^{(4)}\{{}^c_{d\,e}\}g^{ab}g^{de}\psi .$$

16. The 5-Dimensional Mixed Einstein Curvature Tensor of the 1st Kind $G^\alpha{}_\beta$

The four parts of the 5-dimensional mixed Einstein curvature tensor of the 1st kind $G^\alpha{}_\beta$ where

$$G^\alpha{}_\beta = G_{\gamma\beta}\gamma^{\alpha\gamma}, \tag{107}$$

are given by

$$G^a{}_b = \tag{108}$$

$$= G_{cb}\,\gamma^{ac} + G_{5b}\,\gamma^{a5}$$

$$= -\tfrac{1}{4}\alpha\,(\partial_b\psi)(\partial_5\psi)\,A^a\,\psi^{-2} + \tfrac{1}{4}\alpha^2\,(\partial_5\psi)(\partial_5\psi)\,A_b\,A^a\,\psi^{-2} + \tfrac{1}{2}\alpha\,(\partial_c\psi)(\partial_5\psi)\,A^c\,\delta_b^a\,\psi^{-2} -$$

$$- \tfrac{1}{4}\alpha^2\,(\partial_5\psi)(\partial_5\psi)\,\eta\,\delta_b^a\,\psi^{-2} + \tfrac{1}{2}\beta_2\,(\partial_5\psi)\,S_{(2)b}{}^a\,\psi^{-2} - \beta_2\,(\partial_5\psi)\,\delta_b^a\,S_{(2)c}{}^c\,\psi^{-2} + \tfrac{1}{2}\beta_2\,(\partial_5\psi)\,S_{(2)}{}^a{}_b\,\psi^{-2} + \tfrac{1}{4}(\partial_b\psi)(\partial_c\psi)\,g^{ac}\,\psi^{-2} +$$

$$+ \tfrac{1}{4}(\partial_5 g_{bc})(\partial_5\psi)\,g^{ac}\,\psi^{-2} - \tfrac{1}{4}\alpha\,(\partial_c\psi)(\partial_5\psi)\,A_b\,g^{ac}\,\psi^{-2} - \tfrac{1}{4}(\partial_c\psi)(\partial_d\psi)\,\delta_b^a\,g^{cd}\,\psi^{-2} - \tfrac{1}{4}(\partial_5 g_{cd})(\partial_5\psi)\,\delta_b^a\,g^{cd}\,\psi^{-2} -$$

$$- \beta_2\,(\partial_5 S_{(2)b}{}^a)\,\psi^{-1} + \tfrac{1}{2}\alpha\,(\partial_5\partial_b\psi)\,A^a\,\psi^{-1} - \tfrac{3}{4}\alpha^2\,(\partial_5 A_b)(\partial_5\psi)\,A^a\,\psi^{-1} - \tfrac{1}{2}\alpha^2\,(\partial_5\partial_5\psi)\,A_b\,A^a\,\psi^{-1} + \tfrac{1}{4}\alpha^2\,(\partial_5 g_{bc})(\partial_5\psi)\,A^a\,A^c\,\psi^{-1} +$$

$$+ \tfrac{1}{4}\alpha\,(\partial_5\psi)\,U^a{}_b\,\psi^{-1} + 2\beta_2\,(\partial_5 S_{(2)c}{}^c)\,\delta_b^a\,\psi^{-1} - \alpha\,(\partial_5\partial_c\psi)\,A^c\,\delta_b^a\,\psi^{-1} + \tfrac{3}{2}\alpha^2\,(\partial_5 A_c)(\partial_5\psi)\,A^c\,\delta_b^a\,\psi^{-1} -$$

$$- \tfrac{1}{2}\alpha^2\,(\partial_5 g_{cd})(\partial_5\psi)\,A^c\,A^d\,\delta_b^a\,\psi^{-1} + \tfrac{1}{2}\alpha^2\,(\partial_5\partial_5\psi)\,\eta\,\delta_b^a\,\psi^{-1} - \tfrac{1}{4}\alpha\,(\partial_5\psi)\,U_c{}^c\,\delta_b^a\,\psi^{-1} - \tfrac{1}{2}\beta_0\,(\partial_c\psi)\,S_{(0)b}{}^{ca}\,\psi^{-1} +$$

$$+ \tfrac{1}{2}\alpha\beta_0\,(\partial_5\psi)\,A_c\,S_{(0)b}{}^{ca}\,\psi^{-1} + \tfrac{1}{2}\beta_0\,(\partial_c\psi)\,S_{(0)}{}^a{}_b{}^c\,\psi^{-1} - \tfrac{1}{2}\beta_0\,(\partial_c\psi)\,S_{(0)}{}^{ac}{}_b\,\psi^{-1} + \tfrac{1}{2}\alpha\beta_0\,(\partial_5\psi)\,A_c\,S_{(0)}{}^{ac}{}_b\,\psi^{-1} -$$

$$- \beta_0\,(\partial_c\psi)\,\delta_b^a\,S_{(0)}{}^c{}_d{}^d\,\psi^{-1} + \alpha\beta_0\,(\partial_5\psi)\,A_c\,\delta_b^a\,S_{(0)}{}^c{}_d{}^d\,\psi^{-1} + \tfrac{1}{2}\beta_1\,(\partial_5\psi)\,S_{(1)}{}^a{}_b\,\psi^{-1} + \tfrac{1}{2}\alpha\beta_2\,(\partial_c\psi)\,A^c\,S_{(2)b}{}^a\,\psi^{-1} -$$

$$- \tfrac{1}{2}\alpha^2\beta_2\,(\partial_5\psi)\,\eta\,S_{(2)b}{}^a\,\psi^{-1} + \tfrac{1}{2}\alpha\beta_2\,(\partial_c\psi)\,A^a\,S_{(2)b}{}^c\,\psi^{-1} - \alpha^2\beta_2\,(\partial_5\psi)\,A_c\,A^a\,S_{(2)b}{}^c\,\psi^{-1} - \alpha^2\beta_2\,(\partial_5\psi)\,A_b\,A^a\,S_{(2)c}{}^c\,\psi^{-1} +$$

$$+ \alpha^2\beta_2\,(\partial_5\psi)\,\eta\,\delta_b^a\,S_{(2)c}{}^c\,\psi^{-1} - 2\beta_2^2\,S_{(2)b}{}^a\,S_{(2)c}{}^c\,\psi^{-1} - \beta_2^2\,\delta_b^a\,S_{(2)c}{}^d\,S_{(2)d}{}^c\,\psi^{-1} - \alpha\beta_2\,(\partial_c\psi)\,A^c\,\delta_b^a\,S_{(2)d}{}^d\,\psi^{-1} +$$

$$+ 2\beta_2^2\,\delta_b^a\,S_{(2)c}{}^c\,S_{(2)d}{}^d\,\psi^{-1} + \tfrac{1}{2}\alpha\beta_2\,(\partial_c\psi)\,A^c\,S_{(2)}{}^a{}_b\,\psi^{-1} - \tfrac{1}{2}\alpha^2\beta_2\,(\partial_5\psi)\,\eta\,S_{(2)}{}^a{}_b\,\psi^{-1} - 2\beta_2^2\,S_{(2)c}{}^c\,S_{(2)}{}^a{}_b\,\psi^{-1} -$$

$$- \alpha\beta_2\,(\partial_c\psi)\,A_b\,S_{(2)}{}^{ac}\,\psi^{-1} + \tfrac{1}{2}\alpha^2\beta_2\,(\partial_5\psi)\,A_b\,A_c\,S_{(2)}{}^{ac}\,\psi^{-1} + 2\beta_2^2\,S_{(2)cb}\,S_{(2)}{}^{ac}\,\psi^{-1} - \tfrac{1}{2}\alpha\beta_2\,(\partial_c\psi)\,A^a\,S_{(2)}{}^c{}_b\,\psi^{-1} +$$

$$+ \tfrac{1}{2}\alpha^2\beta_2\,(\partial_5\psi)\,A_c\,A^a\,S_{(2)}{}^c{}_b\,\psi^{-1} + \beta_2\,(\partial_5 g_{bc})\,S_{(2)}{}^{ca}\,\psi^{-1} - \alpha\beta_2\,(\partial_c\psi)\,A_b\,S_{(2)}{}^{ca}\,\psi^{-1} + \alpha^2\beta_2\,(\partial_5\psi)\,A_b\,A_c\,S_{(2)}{}^{ca}\,\psi^{-1} +$$

$$+ 2\beta_2^2\,S_{(2)cb}\,S_{(2)}{}^{ca}\,\psi^{-1} - \beta_2^2\,\delta_b^a\,S_{(2)cd}\,S_{(2)}{}^{cd}\,\psi^{-1} - \tfrac{1}{2}\alpha\beta_3\,(\partial_5\psi)\,A^a\,S_{(3)b}\,\psi^{-1} - \tfrac{1}{2}\alpha\beta_3\,(\partial_5\psi)\,A_b\,S_{(3)}{}^a\,\psi^{-1} -$$

$$- \beta_3\,(\partial_c\psi)\,\delta_b^a\,S_{(3)}{}^c\,\psi^{-1} + \alpha\beta_3\,(\partial_5\psi)\,A_c\,\delta_b^a\,S_{(3)}{}^c\,\psi^{-1} - \tfrac{1}{2}(\partial_b\partial_c\psi)\,g^{ac}\,\psi^{-1} - \tfrac{1}{2}(\partial_5\partial_5 g_{bc})\,g^{ac}\,\psi^{-1} +$$

$$+ \tfrac{1}{2}\alpha\,(\partial_c\psi)(\partial_5 A_b)\,g^{ac}\,\psi^{-1} + \tfrac{1}{2}\alpha\,(\partial_b\psi)(\partial_5 A_c)\,g^{ac}\,\psi^{-1} + \tfrac{1}{2}\alpha\,(\partial_5\partial_c\psi)\,A_b\,g^{ac}\,\psi^{-1} - \tfrac{3}{4}\alpha^2\,(\partial_5 A_c)(\partial_5\psi)\,A_b\,g^{ac}\,\psi^{-1} -$$

$$- \tfrac{1}{4}\alpha^2\,(\partial_5 g_{bc})(\partial_5\psi)\,\eta\,g^{ac}\,\psi^{-1} + \alpha\beta_2\,(\partial_c\psi)\,A_d\,S_{(2)b}{}^d\,g^{ac}\,\psi^{-1} - \beta_2\,(\partial_5 g_{bc})\,S_{(2)d}{}^d\,g^{ac}\,\psi^{-1} + \alpha\beta_2\,(\partial_c\psi)\,A_b\,S_{(2)d}{}^d\,g^{ac}\,\psi^{-1} +$$

$$+ \beta_3\,(\partial_c\psi)\,S_{(3)b}\,g^{ac}\,\psi^{-1} - \beta_2\,(\partial_5 S_{(2)c}{}^d)\,g_{bd}\,g^{ac}\,\psi^{-1} + \tfrac{1}{4}\alpha\,(\partial_c\psi)(\partial_5 g_{bd})\,A^c\,g^{ad}\,\psi^{-1} + \tfrac{1}{2}\alpha^2\,(\partial_5 g_{cd})(\partial_5\psi)\,A_b\,A^c\,g^{ad}\,\psi^{-1} +$$

$$+ \tfrac{1}{2}(\partial_c\psi)\,{}^{(4)}\{{}^c_{b\,d}\}\,g^{ad}\,\psi^{-1} - \tfrac{1}{2}\alpha\,(\partial_5\psi)\,A_c\,{}^{(4)}\{{}^c_{b\,d}\}\,g^{ad}\,\psi^{-1} - \beta_2\,(\partial_5 g_{cd})\,S_{(2)b}{}^c\,g^{ad}\,\psi^{-1} + \beta_2\,(\partial_5 g_{cd})\,S_{(2)}{}^c{}_b\,g^{ad}\,\psi^{-1} -$$

$$- \tfrac{1}{4}\alpha\,(\partial_c\psi)(\partial_5 g_{bd})\,A^a\,g^{cd}\,\psi^{-1} - \tfrac{1}{4}\alpha^2\,(\partial_5 g_{cd})(\partial_5\psi)\,A_b\,A^a\,g^{cd}\,\psi^{-1} + \tfrac{1}{2}(\partial_c\partial_d\psi)\,\delta_b^a\,g^{cd}\,\psi^{-1} + \tfrac{1}{2}(\partial_5\partial_5 g_{cd})\,\delta_b^a\,g^{cd}\,\psi^{-1} -$$

$$- \alpha\,(\partial_c\psi)(\partial_5 A_d)\,\delta_b^a\,g^{cd}\,\psi^{-1} + \tfrac{1}{4}\alpha^2\,(\partial_5 g_{cd})(\partial_5\psi)\,\eta\,\delta_b^a\,g^{cd}\,\psi^{-1} - \tfrac{1}{2}\beta_2\,(\partial_5 g_{cd})\,S_{(2)b}{}^a\,g^{cd}\,\psi^{-1} +$$

$$+ \beta_2\,(\partial_5 g_{cd})\,\delta_b^a\,S_{(2)e}{}^e\,g^{cd}\,\psi^{-1} - \tfrac{1}{2}\beta_2\,(\partial_5 g_{cd})\,S_{(2)}{}^a{}_b\,g^{cd}\,\psi^{-1} + \tfrac{1}{2}\alpha\,(\partial_c\psi)(\partial_5 g_{de})\,A^d\,\delta_b^a\,g^{ce}\,\psi^{-1} +$$

$$+ \tfrac{1}{2}(\partial_5 g_{bc})(\partial_5 g_{de})\,g^{ad}\,g^{ce}\,\psi^{-1} - \tfrac{1}{2}\alpha\,(\partial_c\psi)(\partial_5 g_{de})\,A_b\,g^{ad}\,g^{ce}\,\psi^{-1} - \tfrac{1}{4}\alpha\,(\partial_c\psi)(\partial_5 g_{de})\,A^c\,\delta_b^a\,g^{de}\,\psi^{-1} -$$

$$- \tfrac{1}{2}(\partial_c\psi)\,{}^{(4)}\{{}^c_{d\,e}\}\,\delta_b^a\,g^{de}\,\psi^{-1} + \tfrac{1}{2}\alpha\,(\partial_5\psi)\,A_c\,{}^{(4)}\{{}^c_{d\,e}\}\,\delta_b^a\,g^{de}\,\psi^{-1} - \tfrac{1}{4}(\partial_5 g_{bc})(\partial_5 g_{de})\,g^{ac}\,g^{de}\,\psi^{-1} +$$

$$+ \tfrac{1}{4}\alpha\,(\partial_c\psi)(\partial_5 g_{de})\,A_b\,g^{ac}\,g^{de}\,\psi^{-1} - \tfrac{3}{8}(\partial_5 g_{cd})(\partial_5 g_{ef})\,\delta_b^a\,g^{ce}\,g^{df}\,\psi^{-1} + \tfrac{1}{8}(\partial_5 g_{cd})(\partial_5 g_{ef})\,\delta_b^a\,g^{cd}\,g^{ef}\,\psi^{-1} +$$

$$+ \alpha\beta_2\,(\partial_c S_{(2)b}{}^c)\,A^a - \tfrac{1}{2}\alpha^2\,(\partial_5\partial_5 A_b)\,A^a + \tfrac{1}{2}\alpha\,(\partial_5{}^{(4)}\{{}^a_{a\,b}\})\,A^a - 2\alpha\beta_0\,(\partial_5 S_{(0)bc}{}^c)\,A^a - \alpha\beta_3\,(\partial_5 S_{(3)b})\,A^a + \alpha\beta_2\,(\partial_c S_{(2)b}{}^a)\,A^c +$$

$$+ \tfrac{1}{2}\alpha\,(\partial_5{}^{(4)}\{{}^a_{b\,c}\})\,A^c + \alpha\beta_0\,(\partial_5 S_{(0)bc}{}^a)\,A^c + \tfrac{1}{2}\alpha\,(\partial_5 g_{bc})\,A^a\,A^c + \tfrac{3}{4}\alpha^4\,(\partial_5 A_c)(\partial_5\psi)\,A_b\,A^a\,A^c - \alpha^2\beta_2\,(\partial_5 S_{(2)b}{}^a)\,\eta - \tfrac{1}{4}\alpha\,(\partial_5 g_{bc})\,U^{ac} +$$

$$+ \tfrac{1}{4}\alpha\,(\partial_5 g_{bc})\,F^{ac} + \tfrac{3}{4}\alpha^2\,(\partial_c\psi)\,A_b\,F^{ac} - \tfrac{3}{4}\alpha^3\,(\partial_5\psi)\,A_b\,A_c\,F^{ac} - 2\alpha\beta_2\,(\partial_c S_{(2)d}{}^d)\,A^c\,\delta_b^a + \alpha^2\,(\partial_5 A_c)\,A^c\,\delta_b^a + 2\alpha\beta_3\,(\partial_5 S_{(3)c})\,A^c\,\delta_b^a -$$

$$- \alpha\,(\partial_5{}^{(4)}\{{}^a_{a\,d}\})\,A^d\,\delta_b^a - 2\alpha\beta_0\,(\partial_5 S_{(0)cd}{}^c)\,A^d\,\delta_b^a - \tfrac{1}{2}\alpha^2\,(\partial_5 g_{cd})\,A^c\,A^d\,\delta_b^a + 2\alpha^2\beta_2\,(\partial_5 S_{(2)c}{}^c)\,\eta\,\delta_b^a +$$

$$+ \tfrac{1}{4}\alpha\,(\partial_5 g_{cd})\,U^{cd}\,\delta_b^a + \alpha\beta_0\,(\partial_5 A_c)\,S_{(0)b}{}^{ca} - \alpha\beta_0\,(\partial_5 g_{cd})\,A^a\,S_{(0)b}{}^{cd} - \beta_0\,{}^{(4)}\{{}^a_{c\,d}\}\,S_{(0)b}{}^{cd} - \alpha\beta_0\,(\partial_5 g_{cd})\,A^c\,S_{(0)b}{}^{da} +$$

$$+ \beta_0\,{}^{(4)}\{{}^c_{b\,d}\}\,S_{(0)c}{}^{da} + \beta_0\,{}^{(4)}\{{}^c_{c\,d}\}\,S_{(0)}{}^a{}_b{}^d + 2\beta_0^2\,S_{(0)cd}{}^c\,S_{(0)}{}^a{}_b{}^d - \beta_0\,{}^{(4)}\{{}^c_{b\,d}\}\,S_{(0)}{}^a{}_c{}^d + \alpha\beta_0\,(\partial_5 A_c)\,S_{(0)}{}^{ac}{}_b -$$

$$- \tfrac{1}{2}\alpha^2\beta_0\,(\partial_c\psi)\,A_b\,A_d\,S_{(0)}{}^{acd} + \tfrac{1}{2}\alpha^3\beta_0\,(\partial_5\psi)\,A_b\,A_c\,A_d\,S_{(0)}{}^{acd} - 2\beta_0^2\,S_{(0)cdb}\,S_{(0)}{}^{acd} - \alpha\beta_0\,(\partial_5 g_{cd})\,A^c\,S_{(0)}{}^{ad}{}_b -$$

$$- 2\beta_0^2\,S_{(0)cd}{}^c\,S_{(0)}{}^{ad}{}_b + \alpha\beta_0\,(\partial_5 g_{bc})\,A^a\,S_{(0)}{}^c{}_d{}^d + 2\alpha\beta_0\,(\partial_5 A_c)\,\delta_b^a\,S_{(0)}{}^c{}_d{}^d + 2\beta_0^2\,S_{(0)bc}{}^a\,S_{(0)}{}^c{}_d{}^d -$$

$$- \beta_0^2\,\delta_b^a\,S_{(0)cd}{}^e\,S_{(0)}{}^{c\,d}{}_e + \beta_0^2\,S_{(0)cd}{}^a\,S_{(0)}{}^{cd}{}_b - \alpha\beta_0\,(\partial_5 g_{bc})\,A_d\,S_{(0)}{}^{cda} - \tfrac{1}{2}\beta_0^2\,\delta_b^a\,S_{(0)cde}\,S_{(0)}{}^{cde} -$$

$$- 2\alpha\beta_0\,(\partial_5 g_{cd})\,A^c\,\delta_b^a\,S_{(0)}{}^{d\,e}{}_e - 2\beta_0^2\,\delta_b^a\,S_{(0)cd}{}^c\,S_{(0)}{}^{d\,e}{}_e - \beta_1\,(\partial_5 g_{bc})\,S_{(1)}{}^{ac} - \tfrac{1}{2}\beta_1\,(\partial_c\psi)\,A_b\,S_{(1)}{}^{ac} +$$

$$+ \tfrac{1}{2}\alpha^2\beta_1\,(\partial_5\psi)\,A_b\,A_c\,S_{(1)}{}^{ac} - 2\alpha^2\beta_2\,(\partial_5 A_c)\,A^c\,S_{(2)b}{}^a + \alpha^2\beta_2\,(\partial_5 g_{cd})\,A^c\,A^d\,S_{(2)b}{}^a + \tfrac{1}{2}\alpha\beta_2\,U_c{}^c\,S_{(2)b}{}^a - 2\alpha\beta_0\beta_2\,A_c\,S_{(0)}{}^c{}_d{}^d\,S_{(2)b}{}^a -$$

$$\begin{aligned}
&- \alpha^2 \beta_2 (\partial_5 A_c) A^a S_{(2)b}{}^c + \alpha \beta_2 A^{d\,(4)}\{{}^a_{c\,d}\} S_{(2)b}{}^c + \tfrac{1}{2} \alpha \beta_2 U^a{}_c S_{(2)b}{}^c + \tfrac{1}{2} \alpha \beta_2 F^a{}_c S_{(2)b}{}^c + \alpha^2 \beta_2 (\partial_5 g_{cd}) A^a A^c S_{(2)b}{}^d + \\
&+ \alpha \beta_2 A^a{}^{(4)}\{{}^c_{c\,d}\} S_{(2)b}{}^d + 2 \alpha \beta_0 \beta_2 A^a S_{(0)cd} S_{(2)b}{}^d - \alpha \beta_2 A^{d\,(4)}\{{}^c_{b\,d}\} S_{(2)c}{}^a - \alpha^2 \beta_2 (\partial_5 A_b) A^a S_{(2)c}{}^c + \alpha \beta_2 U^a{}_b S_{(2)c}{}^c + \\
&+ 2 \beta_1 \beta_2 S_{(1)}{}^a{}_b S_{(2)c}{}^c - 2 \alpha^2 \beta_2{}^2 \eta S_{(2)b}{}^c S_{(2)c}{}^c - \alpha \beta_2 A^{a\,(4)}\{{}^c_{b\,d}\} S_{(2)c}{}^d - 2 \alpha \beta_0 \beta_2 A_c S_{(0)}{}^{acd} S_{(2)db} - \\
&- \alpha^2 \beta_2{}^2 \eta \delta^a_b S_{(2)c}{}^d S_{(2)d}{}^c + \alpha^2 \beta_2 (\partial_5 g_{bc}) A^a A^c S_{(2)d}{}^d + 4 \alpha^2 \beta_2 (\partial_5 A_c) A^c \delta^a_b S_{(2)d}{}^d - \alpha \beta_2 U_c{}^c \delta^a_b S_{(2)d}{}^d + \\
&+ 2 \alpha \beta_0 \beta_2 A_c S_{(0)b}{}^{ca} S_{(2)d}{}^d + 2 \alpha \beta_0 \beta_2 A_c S_{(0)}{}^{ac}{}_b S_{(2)d}{}^d + 2 \alpha^2 \beta_2{}^2 \eta \delta^a_b S_{(2)c}{}^c S_{(2)d}{}^d - 2 \alpha \beta_0 \beta_2 A_c \delta^a_b S_{(0)}{}^c{}_d{}^e S_{(2)e}{}^d - \\
&- 2 \alpha^2 \beta_2 (\partial_5 g_{cd}) A^c A^d \delta^a_b S_{(2)e}{}^e + 4 \alpha \beta_0 \beta_2 A_c \delta^a_b S_{(0)}{}^c{}_d{}^d S_{(2)e}{}^e - 2 \alpha^2 \beta_2 (\partial_5 A_c) A^c S_{(2)}{}^a{}_b + \alpha^2 \beta_2 (\partial_5 g_{cd}) A^c A^d S_{(2)}{}^a{}_b + \\
&+ \tfrac{1}{2} \alpha \beta_2 U_c{}^c S_{(2)}{}^a{}_b - 2 \alpha \beta_0 \beta_2 A_c S_{(0)}{}^c{}_d{}^d S_{(2)}{}^a{}_b - 2 \alpha^2 \beta_2{}^2 \eta S_{(2)c}{}^c S_{(2)}{}^a{}_b - \tfrac{1}{2} \alpha^4 \beta_2 (\partial_5 \psi) A_b A_c \eta S_{(2)}{}^{ac} - \tfrac{1}{2} \alpha \beta_2 U_{bc} S_{(2)}{}^{ac} + \\
&+ \tfrac{1}{2} \alpha \beta_2 F_{bc} S_{(2)}{}^{ac} + 2 \alpha^2 \beta_2{}^2 \eta S_{(2)cb} S_{(2)}{}^{ac} - 2 \alpha^2 \beta_2{}^2 A_b A_c S_{(2)d}{}^d S_{(2)}{}^{ac} + \tfrac{1}{2} \alpha^3 \beta_2 (\partial_c \psi) A_b A_d A^c S_{(2)}{}^{ad} + \alpha \beta_2 A_c{}^{(4)}\{{}^c_{b\,d}\} S_{(2)}{}^{ad} + \\
&+ 2 \alpha \beta_0 \beta_2 A_c S_{(0)}{}^c{}_{db} S_{(2)}{}^{ad} + 2 \alpha^2 \beta_2{}^2 A_b A_c S_{(2)d}{}^c S_{(2)}{}^{ad} + \alpha^2 \beta_2 (\partial_5 A_c) A^a S_{(2)}{}^c{}_b - \tfrac{1}{2} \alpha \beta_2 U^a{}_c S_{(2)}{}^c{}_b + \tfrac{1}{2} \alpha \beta_2 F^a{}_c S_{(2)}{}^c{}_b - \\
&- 2 \beta_1 \beta_2 S_{(1)}{}^a{}_c S_{(2)}{}^c{}_b + 2 \alpha^2 \beta_2{}^2 A_c A^a S_{(2)d}{}^d S_{(2)}{}^c{}_b + \alpha^2 \beta_2 (\partial_5 A_c) A_b S_{(2)}{}^{ca} + \alpha^2 \beta_2 (\partial_5 A_b) A_c S_{(2)}{}^{ca} + \alpha^2 \beta_2 (\partial_5 g_{bc}) \eta S_{(2)}{}^{ca} - \\
&- \tfrac{1}{2} \alpha \beta_2 U_{bc} S_{(2)}{}^{ca} + \tfrac{1}{2} \alpha \beta_2 F_{bc} S_{(2)}{}^{ca} + 2 \alpha^2 \beta_2{}^2 \eta S_{(2)cb} S_{(2)}{}^{ca} - \tfrac{1}{2} \alpha^3 \beta_2 (\partial_c \psi) A_b A_d A^a S_{(2)}{}^{cd} + \tfrac{1}{2} \alpha^4 \beta_2 (\partial_5 \psi) A_b A_c A_d A^a S_{(2)}{}^{cd} - \\
&- 2 \alpha \beta_0 \beta_2 A^a S_{(0)cdb} S_{(2)}{}^{cd} - 2 \beta_1 \beta_2 \delta^a_b S_{(1)cd} S_{(2)}{}^{cd} - \alpha^2 \beta_2{}^2 \eta \delta^a_b S_{(2)cd} S_{(2)}{}^{cd} - 2 \alpha^2 \beta_2{}^2 A_c A^a S_{(2)db} S_{(2)}{}^{cd} - \\
&- \alpha^2 \beta_2 (\partial_5 g_{cd}) A^a A^c S_{(2)}{}^d{}_b - 2 \alpha \beta_0 \beta_2 A^a S_{(0)cd}{}^c S_{(2)}{}^d{}_b + 2 \alpha \beta_0 \beta_2 A_c S_{(0)}{}^c{}_d{}^a S_{(2)}{}^d{}_b - \alpha^2 \beta_2 (\partial_5 g_{bc}) A_d A^c S_{(2)}{}^{da} + \\
&+ \alpha \beta_2 A_c{}^{(4)}\{{}^c_{b\,d}\} S_{(2)}{}^{da} + 2 \alpha \beta_0 \beta_2 A_c S_{(0)}{}^c{}_{db} S_{(2)}{}^{da} - 2 \alpha^2 \beta_2{}^2 A_c A_d S_{(2)}{}^c{}_b S_{(2)}{}^{da} + 2 \alpha^2 \beta_2{}^2 A_b A_c S_{(2)d}{}^c S_{(2)}{}^{dc} - \\
&- 2 \alpha \beta_0 \beta_2 A_c \delta^a_b S_{(0)}{}^c{}_{de} S_{(2)}{}^{de} + \alpha^2 \beta_2{}^2 A_c A_d \delta^a_b S_{(2)}{}^c{}_e S_{(2)}{}^{de} - \alpha^2 \beta_2{}^2 A_c A_d \delta^a_b S_{(2)e}{}^c S_{(2)}{}^{ed} + \\
&+ 2 \alpha \beta_2 \beta_3 A^a S_{(2)c}{}^c S_{(3)b} - 2 \beta_0 \beta_3 S_{(0)}{}^a{}_c S_{(3)c} - 2 \alpha \beta_2 \beta_3 A^a S_{(2)b}{}^c S_{(3)c} + 2 \alpha \beta_2 \beta_3 A_b S_{(2)}{}^{ac} S_{(3)c} - 2 \alpha \beta_2 \beta_3 A_c \delta^a_b S_{(2)}{}^{cd} S_{(3)d} - \\
&- \alpha \beta_3 (\partial_5 A_b) S_{(3)}{}^a + \alpha \beta_3 (\partial_5 g_{bc}) A^c S_{(3)}{}^a + \tfrac{1}{2} \alpha^2 \beta_3 (\partial_c \psi) A_b A^c S_{(3)}{}^a - \tfrac{1}{2} \alpha^3 \beta_3 (\partial_5 \psi) A_b \eta S_{(3)}{}^a - 2 \alpha \beta_2 \beta_3 A_b S_{(2)c}{}^c S_{(3)}{}^a + \\
&+ 2 \alpha \beta_2 \beta_3 A_c S_{(2)}{}^c{}_b S_{(3)}{}^a - \tfrac{1}{2} \alpha^2 \beta_3 (\partial_c \psi) A_b A^a S_{(3)}{}^c + \tfrac{1}{2} \alpha^3 \beta_3 (\partial_5 \psi) A_b A_c A^a S_{(3)}{}^c + 2 \alpha \beta_3 (\partial_5 A_c) \delta^a_b S_{(3)}{}^c + 2 \beta_0 \beta_3 S_{(0)bc}{}^a S_{(3)}{}^c + \\
&+ 2 \beta_0 \beta_3 S_{(0)}{}^a{}_{cb} S_{(3)}{}^c - 2 \alpha \beta_2 \beta_3 A_c S_{(2)b}{}^a S_{(3)}{}^c + 2 \alpha \beta_2 \beta_3 A_b S_{(2)c}{}^a S_{(3)}{}^c + 4 \alpha \beta_2 \beta_3 A_c \delta^a_b S_{(2)d}{}^d S_{(3)}{}^c - 2 \alpha \beta_2 \beta_3 A_c S_{(2)}{}^a{}_b S_{(3)}{}^c - \\
&- 2 \alpha \beta_3 (\partial_5 g_{cd}) A^c \delta^a_b S_{(3)}{}^d - 4 \beta_0 \beta_3 \delta^a_b S_{(0)cd}{}^c S_{(3)}{}^d - 2 \alpha \beta_2 \beta_3 A_c \delta^a_b S_{(2)d}{}^c S_{(3)}{}^d + \alpha^2 \beta_2 (\partial_5 S_{(2)c}{}^d) A^a A^c g_{bd} - \\
&- \beta_0{}^{(4)}\{{}^e_{c\,d}\} S_{(0)}{}^{acd} g_{be} + \alpha \beta_2 A^{d\,(4)}\{{}^e_{c\,d}\} S_{(2)}{}^{ac} g_{be} - \alpha \beta_2 A^{a\,(4)}\{{}^e_{c\,d}\} S_{(2)}{}^{cd} g_{be} - (\partial_c{}^{(4)}\{{}^a_{a\,b}\}) g^{ac} + 2 \beta_0 (\partial_c S_{(0)bd}{}^d) g^{ac} + \\
&+ 2 \beta_3 (\partial_c S_{(3)b}) g^{ac} - \alpha^2 (\partial_5 A_b) (\partial_5 A_c) g^{ac} + \tfrac{1}{2} \alpha (\partial_5 U_{bc}) g^{ac} - \beta_1 (\partial_5 S_{(1)bc}) g^{ac} - \tfrac{1}{2} \alpha^2 (\partial_5 \partial_5 A_c) A_b g^{ac} - \alpha \beta_3 (\partial_5 S_{(3)c}) A_b g^{ac} - \\
&- \alpha^2 \beta_2 (\partial_5 S_{(2)c}{}^d) A_b A_d g^{ac} + \tfrac{1}{2} \alpha^2 (\partial_5 A_c) (\partial_5 g_{bd}) A^d g^{ac} + \tfrac{1}{2} \alpha^2 (\partial_5 g_{bc}) (\partial_5 g_{de}) A^d A^e g^{ac} - \tfrac{1}{2} \alpha^2 (\partial_5 \partial_5 g_{bc}) \eta g^{ac} - \\
&- \tfrac{3}{4} \alpha^4 (\partial_5 A_c) (\partial_5 \psi) A_b \eta g^{ac} + \tfrac{1}{4} \alpha (\partial_5 g_{bc}) U_d{}^d g^{ac} - \alpha \beta_0 (\partial_5 g_{bc}) A_d S_{(0)}{}^d{}_e{}^e g^{ac} - \alpha^2 \beta_2 (\partial_5 A_c) A_d S_{(2)b}{}^d g^{ac} - \\
&- \alpha^2 \beta_2 (\partial_5 A_c) A_b S_{(2)d}{}^d g^{ac} - \alpha^2 \beta_2 (\partial_5 g_{bc}) \eta S_{(2)d}{}^d g^{ac} + \alpha^2 \beta_2 (\partial_5 A_c) A_d S_{(2)}{}^d{}_b g^{ac} - \alpha \beta_3 (\partial_5 A_c) S_{(3)b} g^{ac} - \\
&- \alpha \beta_3 (\partial_5 g_{bc}) A_d S_{(3)}{}^d g^{ac} - \alpha^2 \beta_2 (\partial_5 S_{(2)c}{}^d) \eta g_{bd} g^{ac} + (\partial_a{}^{(4)}\{{}^a_{b\,d}\}) g^{ad} - \beta_0 (\partial_c S_{(0)bd}{}^c) g^{ad} - \alpha (\partial_5{}^{(4)}\{{}^c_{b\,d}\}) A_c g^{ad} - \\
&- \alpha^2 (\partial_5 A_c) (\partial_5 g_{bd}) A^c g^{ad} + \tfrac{1}{2} \alpha^2 (\partial_5 A_b) (\partial_5 g_{cd}) A^c g^{ad} + \tfrac{3}{4} \alpha^3 (\partial_c \psi) (\partial_5 A_d) A_b A^c g^{ad} - \alpha (\partial_5 A_c){}^{(4)}\{{}^c_{b\,d}\} g^{ad} - \tfrac{1}{4} \alpha (\partial_5 g_{cd}) U_b{}^c g^{ad} + \\
&+ \tfrac{1}{4} \alpha (\partial_5 g_{cd}) F_b{}^c g^{ad} + \alpha \beta_0 (\partial_5 g_{cd}) A_e S_{(0)b}{}^{ec} g^{ad} - \alpha \beta_0 (\partial_5 g_{cd}) A_e S_{(0)}{}^{ce}{}_b g^{ad} - \alpha^2 \beta_2 (\partial_5 g_{cd}) \eta S_{(2)b}{}^c g^{ad} - \\
&- \alpha \beta_2 A^{e\,(4)}\{{}^c_{d\,e}\} S_{(2)cb} g^{ad} + \alpha^2 \beta_2 (\partial_5 g_{cd}) \eta S_{(2)}{}^c{}_b g^{ad} + \alpha^2 \beta_2 (\partial_5 g_{cd}) A_b A_e S_{(2)}{}^{ce} g^{ad} - \alpha^2 \beta_2 (\partial_5 g_{cd}) A_e A^c S_{(2)}{}^e{}_b g^{ad} - \\
&- 2 \beta_3{}^{(4)}\{{}^c_{b\,d}\} S_{(3)c} g^{ad} + \alpha \beta_3 (\partial_5 g_{cd}) A_b S_{(3)}{}^c g^{ad} + \alpha \beta_2 (\partial_c S_{(2)d}{}^e) A^c g_{be} g^{ad} - \alpha \beta_0 (\partial_5 S_{(0)cd}) A^c g_{be} g^{ad} - \\
&- \tfrac{1}{2} \alpha^2 (\partial_5 g_{bc}) (\partial_5 g_{de}) A^c A^d g^{ae} + {}^{(4)}\{{}^d_{b\,e}\}{}^{(4)}\{{}^c_{c\,d}\} g^{ae} - {}^{(4)}\{{}^c_{b\,d}\}{}^{(4)}\{{}^d_{c\,e}\} g^{ae} + \beta_0{}^{(4)}\{{}^c_{d\,e}\} S_{(0)bc}{}^d g^{ae} - \\
&- 2 \beta_0{}^{(4)}\{{}^c_{b\,e}\} S_{(0)cd}{}^d g^{ae} + \beta_0{}^{(4)}\{{}^c_{d\,e}\} S_{(0)c}{}^d{}_b g^{ae} - \alpha \beta_2 A_c{}^{(4)}\{{}^c_{d\,e}\} S_{(2)b}{}^d g^{ae} - 2 \alpha \beta_2 A_c{}^{(4)}\{{}^c_{b\,e}\} S_{(2)d}{}^d g^{ae} + \\
&+ \alpha \beta_2 A_c{}^{(4)}\{{}^c_{d\,e}\} S_{(2)}{}^d{}_b g^{ae} + \tfrac{1}{2} \alpha (\partial_5{}^{(4)}\{{}^d_{c\,e}\}) A^c g_{bd} g^{ae} - \beta_0 (\partial_c S_{(0)bd}{}^a) g^{cd} + \tfrac{1}{2} \alpha^2 (\partial_5 A_c) (\partial_5 g_{bd}) A^a g^{cd} - \\
&- \tfrac{1}{4} \alpha^2 (\partial_5 A_b) (\partial_5 g_{cd}) A^a g^{cd} - \tfrac{3}{4} \alpha^3 (\partial_c \psi) (\partial_5 A_d) A_b A^a g^{cd} + \tfrac{1}{4} \alpha (\partial_5 g_{cd}) U^a{}_b g^{cd} - 2 \beta_3 (\partial_c S_{(3)d}) \delta^a_b g^{cd} + \\
&+ \alpha^2 (\partial_5 A_c) (\partial_5 A_d) \delta^a_b g^{cd} - \tfrac{1}{2} \alpha (\partial_5 U_{cd}) \delta^a_b g^{cd} + \tfrac{1}{2} \alpha^2 (\partial_5 \partial_5 g_{cd}) \eta \delta^a_b g^{cd} - \tfrac{1}{4} \alpha (\partial_5 g_{cd}) U_e{}^e \delta^a_b g^{cd} + \\
&+ \tfrac{1}{2} \alpha \beta_0 (\partial_5 g_{cd}) A_e S_{(0)b}{}^{ea} g^{cd} + \tfrac{1}{2} \alpha \beta_0 (\partial_5 g_{cd}) A_e S_{(0)}{}^{ae}{}_b g^{cd} + \alpha \beta_0 (\partial_5 g_{cd}) A_e \delta^a_b S_{(0)}{}^e{}_f{}^f g^{cd} + \tfrac{1}{2} \beta_1 (\partial_5 g_{cd}) S_{(1)}{}^a{}_b g^{cd} - \\
&- \tfrac{1}{2} \alpha^2 \beta_2 (\partial_5 g_{cd}) \eta S_{(2)b}{}^a g^{cd} + \alpha^2 \beta_2 (\partial_5 g_{cd}) \eta \delta^a_b S_{(2)e}{}^e g^{cd} - \tfrac{1}{2} \alpha^2 \beta_2 (\partial_5 g_{cd}) \eta S_{(2)}{}^a{}_b g^{cd} -
\end{aligned}$$

$$-\tfrac{1}{2}\alpha^2\beta_2\,(\partial_5 g_{cd})\,A_b A_e S_{(2)}{}^{ae} g^{cd} + \tfrac{1}{2}\alpha^2\beta_2\,(\partial_5 g_{cd})\,A_e A^a S_{(2)}{}^e{}_b g^{cd} + \tfrac{1}{2}\alpha\beta_3\,(\partial_5 g_{cd})\,A^a S_{(3)b} g^{cd} -$$
$$-\tfrac{1}{2}\alpha\beta_3\,(\partial_5 g_{cd})\,A_b S_{(3)}{}^a g^{cd} + \alpha\beta_3\,(\partial_5 g_{cd})\,A_e \delta_b^a S_{(3)}{}^e g^{cd} - \alpha\beta_2\,(\partial_c S_{(2)d})\,A^a g_{be} g^{cd} - \tfrac{1}{2}\alpha\,(\partial_5 g_{cd})\,A_e\,{}^{(4)}\{{}^e_{b\,f}\}\,g^{af} g^{cd} -$$
$$-\tfrac{1}{2}\alpha^2\,(\partial_5 g_{bc})(\partial_5 g_{de})\,A^a A^d g^{ce} + \tfrac{1}{2}(\partial_c{}^{(4)}\{{}^a_{a\,e}\})\,\delta_b^a g^{ce} + 2\beta_0\,(\partial_c S_{(0)de}{}^d)\,\delta_b^a g^{ce} + \alpha\,(\partial_5{}^{(4)}\{{}^d_{c\,e}\})\,A_d \delta_b^a g^{ce} -$$
$$-\tfrac{3}{2}\alpha^2\,(\partial_5 A_c)(\partial_5 g_{de})\,A^d \delta_b^a g^{ce} + \beta_0\,{}^{(4)}\{{}^d_{c\,e}\}\,S_{(0)bd}{}^a g^{ce} + \beta_0\,{}^{(4)}\{{}^d_{c\,e}\}\,S_{(0)}{}^a{}_{db} g^{ce} + \alpha\beta_2 A^a\,{}^{(4)}\{{}^d_{c\,e}\}\,S_{(2)db} g^{ce} +$$
$$+ 2\beta_3\,{}^{(4)}\{{}^d_{c\,e}\}\,\delta_b^a S_{(3)d} g^{ce} - \tfrac{1}{2}\alpha\,(\partial_5{}^{(4)}\{{}^d_{c\,e}\})\,A^a g_{bd} g^{ce} + \tfrac{1}{2}\alpha^2\,(\partial_5 A_c)(\partial_5 g_{de})\,A_b g^{ad} g^{ce} + \tfrac{1}{2}\alpha^2\,(\partial_5 g_{bc})(\partial_5 g_{de})\,\eta\,g^{ad} g^{ce} -$$
$$-\beta_0\,(\partial_c S_{(0)de}{}^f)\,g_{bf} g^{ad} g^{ce} + 2\beta_0\,{}^{(4)}\{{}^d_{c\,f}\}\,\delta_b^a S_{(0)de}{}^e g^{cf} + \tfrac{1}{2}\alpha\,(\partial_5 g_{cd})\,A_e\,{}^{(4)}\{{}^e_{b\,f}\}\,g^{ad} g^{cf} +$$
$$+ \tfrac{1}{2}\alpha\,(\partial_5 g_{bc})\,A_d\,{}^{(4)}\{{}^d_{e\,f}\}\,g^{ae} g^{cf} + \tfrac{1}{4}\alpha^2\,(\partial_5 g_{bc})(\partial_5 g_{de})\,A^a A^c g^{de} - \tfrac{1}{2}(\partial_a{}^{(4)}\{{}^a_{d\,e}\})\,\delta_b^a g^{de} + \alpha^2\,(\partial_5 A_c)(\partial_5 g_{de})\,A^c \delta_b^a g^{de} +$$
$$+ \alpha\,(\partial_5 A_c)\,{}^{(4)}\{{}^c_{d\,e}\}\,\delta_b^a g^{de} - \alpha\beta_2 A_c\,{}^{(4)}\{{}^c_{d\,e}\}\,S_{(2)b}{}^a g^{de} - \alpha\beta_2 A_c\,{}^{(4)}\{{}^c_{d\,e}\}\,S_{(2)}{}^a{}_b g^{de} - \tfrac{1}{4}\alpha^2\,(\partial_5 A_c)(\partial_5 g_{de})\,A_b g^{ac} g^{de} -$$
$$-\tfrac{1}{4}\alpha^2\,(\partial_5 g_{bc})(\partial_5 g_{de})\,\eta\,g^{ac} g^{de} + \tfrac{3}{4}\alpha^2\,(\partial_5 g_{cd})(\partial_5 g_{ef})\,A^c A^e \delta_b^a g^{df} + 2\beta_2 A_c\,{}^{(4)}\{{}^c_{d\,f}\}\,\delta_b^a S_{(2)e}{}^e g^{df} -$$
$$-\tfrac{3}{8}\alpha^2\,(\partial_5 g_{cd})(\partial_5 g_{ef})\,\eta\,\delta_b^a g^{ce} g^{df} - \tfrac{1}{2}\alpha\,(\partial_5 g_{cd})\,A_e\,{}^{(4)}\{{}^e_{f\,g}\}\,\delta_b^a g^{cf} g^{dg} - \tfrac{1}{2}\alpha^2\,(\partial_5 g_{cd})(\partial_5 g_{ef})\,A^c A^d \delta_b^a g^{ef} +$$
$$+ \tfrac{1}{2}{}^{(4)}\{{}^d_{c\,e}\}\,{}^{(4)}\{{}^c_{d\,f}\}\,\delta_b^a g^{ef} - \tfrac{1}{2}{}^{(4)}\{{}^c_{c\,d}\}\,{}^{(4)}\{{}^d_{e\,f}\}\,\delta_b^a g^{ef} - \tfrac{1}{2}\alpha\,(\partial_5 g_{bc})\,A_d\,{}^{(4)}\{{}^d_{e\,f}\}\,g^{ac} g^{ef} +$$
$$+ \tfrac{1}{8}\alpha^2\,(\partial_5 g_{cd})(\partial_5 g_{ef})\,\eta\,\delta_b^a g^{cd} g^{ef} + \tfrac{1}{2}\alpha\,(\partial_5 g_{cd})\,A_e\,{}^{(4)}\{{}^e_{f\,g}\}\,\delta_b^a g^{cd} g^{fg} + \tfrac{1}{2}\alpha^4\,(\partial_5 A_b)(\partial_5 A_c)\,A^a A^c \psi +$$
$$+ \tfrac{1}{2}\alpha^4\,(\partial_5\partial_5 A_c)\,A_b A^a A^c \psi + \alpha^3 \beta_3\,(\partial_5 S_{(3)c})\,A_b A^a A^c \psi + \alpha^4 \beta_2\,(\partial_5 S_{(2)c}{}^d)\,A_b A_d A^a A^c \psi - \tfrac{1}{4}\alpha^3\,(\partial_5 A_c)\,A_b U^{ac}\,\psi + \tfrac{1}{2}\alpha^3\,(\partial_5 A_c)\,A^a F_b{}^c\,\psi -$$
$$-\tfrac{1}{4}\alpha^3\,(\partial_5 A_c)\,A_b F^{ac}\,\psi - \tfrac{1}{2}\alpha^3\,(\partial_5 A_b)\,A_c F^{ac}\,\psi - \tfrac{1}{2}\alpha^2 F_{bc} F^{ac}\,\psi + \tfrac{1}{2}\alpha^3\,(\partial_5 g_{cd})\,A_b A^c F^{ad}\,\psi - \tfrac{1}{4}\alpha^4\,(\partial_5 A_c)(\partial_5 A_d)\,A^c A^d \delta_b^a\,\psi +$$
$$+ \tfrac{1}{2}\alpha^3\,(\partial_5 A_c)\,A_d F^{cd} \delta_b^a\,\psi + \tfrac{1}{8}\alpha^2 F_{cd} F^{cd} \delta_b^a\,\psi + \alpha^2 \beta_0 A_c F^{ad} S_{(0)bd}{}^c\,\psi - \alpha^3 \beta_0\,(\partial_5 A_c)\,A_d A^a S_{(0)b}{}^{cd}\,\psi -$$
$$-\tfrac{1}{2}\alpha^2 \beta_0 A_b F^{cd} S_{(0)cd}{}^a\,\psi + \alpha^2 \beta_0 A_b F^{ad} S_{(0)cd}{}^c\,\psi - \tfrac{1}{2}\alpha^2 \beta_0 A_c U^{cd} S_{(0)}{}^a{}_d\,\psi + \tfrac{1}{2}\alpha^2 \beta_0 A_b F^c{}_d S_{(0)}{}^a{}_c{}^d\,\psi +$$
$$+ \alpha^3 \beta_0\,(\partial_5 A_c)\,A_b A_d S_{(0)}{}^{acd}\,\psi - \alpha^3 \beta_0\,(\partial_5 g_{cd})\,A_b A_e A^c S_{(0)}{}^{ade}\,\psi - 2\alpha^2 \beta_0{}^2 A_b A_c S_{(0)de}{}^c S_{(0)}{}^{ade}\,\psi -$$
$$-2\alpha^2 \beta_0{}^2 A_b A_c S_{(0)de}{}^d S_{(0)}{}^{aec}\,\psi + \alpha^3 \beta_0\,(\partial_5 A_c)\,A_b A^a S_{(0)}{}^c{}_d{}^d\,\psi - \alpha^3 \beta_0\,(\partial_5 A_c)\,A_b A_d S_{(0)}{}^{cda}\,\psi + \alpha^2 \beta_0{}^2 A_b A_c S_{(0)de}{}^a S_{(0)}{}^{dec}\,\psi -$$
$$-\tfrac{1}{2}\alpha^2 \beta_0{}^2 A_c A_d \delta_b^a S_{(0)ef}{}^c S_{(0)}{}^{efd}\,\psi - \alpha^2 \beta_1\,(\partial_5 A_c)\,A^a S_{(1)b}{}^c\,\psi + \alpha \beta_1 F^a{}_c S_{(1)b}{}^c\,\psi - \alpha^2 \beta_1\,(\partial_5 g_{cd})\,A_b A^c S_{(1)}{}^{ad}\,\psi -$$
$$-2\alpha \beta_0 \beta_1 A_b S_{(0)cd}{}^c S_{(1)}{}^{ad}\,\psi - 2\alpha \beta_0 \beta_1 A_b S_{(0)}{}^a{}_c{}^d S_{(1)}{}^c{}_d\,\psi + \alpha \beta_0 \beta_1 A_b S_{(0)cd}{}^a S_{(1)}{}^{cd}\,\psi - \tfrac{1}{2}\beta_1{}^2 \delta_b^a S_{(1)cd} S_{(1)}{}^{cd}\,\psi -$$
$$-\alpha \beta_0 \beta_1 A_c \delta_b^a S_{(0)de}{}^c S_{(1)}{}^{de}\,\psi + \alpha^4 \beta_2\,(\partial_5 A_c)\,A_d A^a A^c S_{(2)b}{}^d\,\psi - \alpha^3 \beta_2 A_c A_d F^{ac} S_{(2)b}{}^d\,\psi + \alpha^4 \beta_2\,(\partial_5 A_c)\,A_b A^a A^c S_{(2)d}{}^d\,\psi -$$
$$-\alpha^3 \beta_2 A_b A_c F^{ac} S_{(2)d}{}^d\,\psi + 2\alpha^2 \beta_1 \beta_2 A_b A_c S_{(1)}{}^{ac} S_{(2)d}{}^d\,\psi - 2\alpha^3 \beta_0 \beta_2 A_b A_c A_d S_{(0)}{}^{ace} S_{(2)e}{}^d\,\psi +$$
$$+ 2\alpha^3 \beta_0 \beta_2 A_b A_c A_d S_{(0)}{}^{acd} S_{(2)e}{}^e\,\psi + \tfrac{1}{2}\alpha^3 \beta_2 A_b A_c U^d{}_d S_{(2)}{}^{ac}\,\psi - 2\alpha^4 \beta_2{}^2 A_b A_c \eta\,S_{(2)d}{}^d S_{(2)}{}^{ac}\,\psi - 2\alpha^4 \beta_2\,(\partial_5 A_c)\,A_b A_d A^c S_{(2)}{}^{ad}\,\psi +$$
$$+ \tfrac{1}{2}\alpha^3 \beta_2 A_b A_c U^c{}_d S_{(2)}{}^{ad}\,\psi - \tfrac{1}{2}\alpha^3 \beta_2 A_b A_c F^c{}_d S_{(2)}{}^{ad}\,\psi - 2\alpha^3 \beta_0 \beta_2 A_b A_c A_d S_{(0)}{}^c{}_e{}^e S_{(2)}{}^{ad}\,\psi + 2\alpha^2 \beta_1 \beta_2 A_b A_c S_{(1)}{}^c{}_d S_{(2)}{}^{ad}\,\psi +$$
$$+ 2\alpha^4 \beta_2{}^2 A_b A_c \eta\,S_{(2)d}{}^c S_{(2)}{}^{ad}\,\psi + \alpha^4 \beta_2\,(\partial_5 g_{cd})\,A_b A_e A^c A^d S_{(2)}{}^{ae}\,\psi + 2\alpha^3 \beta_0 \beta_2 A_b A_c A_d S_{(0)}{}^c{}_e{}^d S_{(2)}{}^{ae}\,\psi + \alpha^4 \beta_2\,(\partial_5 A_c)\,A_b \eta\,S_{(2)}{}^{ca}\,\psi +$$
$$+ \alpha^4 \beta_2\,(\partial_5 A_c)\,A_b A_d A^a S_{(2)}{}^{cd}\,\psi - \tfrac{1}{2}\alpha^3 \beta_2 A_b A^a U_{cd} S_{(2)}{}^{cd}\,\psi + \tfrac{1}{2}\alpha^3 \beta_2 A_b A^a F_{cd} S_{(2)}{}^{cd}\,\psi - 2\alpha^2 \beta_1 \beta_2 A_b A^a S_{(1)cd} S_{(2)}{}^{cd}\,\psi +$$
$$+ 2\alpha^4 \beta_2{}^2 A_b A_c A_d A^a S_{(2)e}{}^e S_{(2)}{}^{cd}\,\psi - \alpha^4 \beta_2\,(\partial_5 A_c)\,A_b A_d A^c S_{(2)}{}^{da}\,\psi - \alpha^3 \beta_2 A_b A_c F^c{}_d S_{(2)}{}^{da}\,\psi + 2\alpha^2 \beta_1 \beta_2 A_b A_c S_{(1)}{}^c{}_d S_{(2)}{}^{da}\,\psi -$$
$$-\tfrac{1}{2}\alpha^3 \beta_2 A_b A_c U^a{}_d S_{(2)}{}^{dc}\,\psi + \tfrac{1}{2}\alpha^3 \beta_2 A_b A_c F^a{}_d S_{(2)}{}^{dc}\,\psi - 2\alpha^2 \beta_1 \beta_2 A_b A_c S_{(1)}{}^a{}_d S_{(2)}{}^{dc}\,\psi + 2\alpha^4 \beta_2{}^2 A_b A_c \eta\,S_{(2)d}{}^a S_{(2)}{}^{dc}\,\psi -$$
$$-\alpha^4 \beta_2\,(\partial_5 g_{cd})\,A_b A_e A^a A^c S_{(2)}{}^{de}\,\psi - 2\alpha^3 \beta_0 \beta_2 A_b A_c A^a S_{(0)de}{}^c S_{(2)}{}^{de}\,\psi - 2\alpha^4 \beta_2{}^2 A_b A_c A_d A^a S_{(2)e}{}^c S_{(2)}{}^{de}\,\psi -$$
$$-2\alpha^4 \beta_2{}^2 A_b A_c A_d A_e S_{(2)}{}^{ca} S_{(2)}{}^{de}\,\psi + 2\alpha^3 \beta_0 \beta_2 A_b A_c A_d S_{(0)}{}^c{}_e{}^d S_{(2)}{}^{ea}\,\psi - 2\alpha^3 \beta_0 \beta_2 A_b A^a S_{(0)de}{}^d S_{(2)}{}^{ec}\,\psi +$$
$$+ 2\alpha^3 \beta_0 \beta_2 A_b A_c A_d S_{(0)}{}^c{}_e{}^a S_{(2)}{}^{ed}\,\psi - 2\alpha^2 \beta_1 \beta_2 A_c A_d \delta_b^a S_{(1)}{}^c{}_e S_{(2)}{}^{ed}\,\psi - \alpha^4 \beta_2{}^2 A_c A_d \eta\,\delta_b^a S_{(2)e}{}^c S_{(2)}{}^{ed}\,\psi +$$
$$+ \alpha^4 \beta_2{}^2 A_c A_d A_e A_f \delta_b^a S_{(2)}{}^{cd} S_{(2)}{}^{ef}\,\psi - 2\alpha^3 \beta_0 \beta_2 A_c A_d A_e \delta_b^a S_{(0)}{}^c{}_f{}^d S_{(2)}{}^{fe}\,\psi + \alpha^3\,(\partial_5 A_c)\,A^a A^c S_{(3)b}\,\psi -$$
$$-\alpha^2 \beta_3 A_c F^{ac} S_{(3)b}\,\psi + 2\alpha^3 \beta_2 \beta_3 A_b \eta\,S_{(2)}{}^{ac} S_{(3)c}\,\psi - 2\alpha^2 \beta_0 \beta_3 A_c S_{(0)}{}^{acd} S_{(3)d}\,\psi - 2\alpha^3 \beta_2 \beta_3 A_b A_c A^a S_{(2)}{}^{cd} S_{(3)d}\,\psi -$$
$$-\alpha^3 \beta_3\,(\partial_5 A_c)\,A_b A^c S_{(3)}{}^a\,\psi + \alpha^3 \beta_3\,(\partial_5 g_{cd})\,A_b A^c A^d S_{(3)}{}^a\,\psi + \tfrac{1}{2}\alpha^2 \beta_3 A_b U_c{}^c S_{(3)}{}^a\,\psi - 2\alpha^2 \beta_0 \beta_3 A_b A_c S_{(0)}{}^c{}_d{}^d S_{(3)}{}^a\,\psi -$$
$$-2\alpha^3 \beta_2 \beta_3 A_b \eta\,S_{(2)c}{}^c S_{(3)}{}^a\,\psi + 2\alpha^3 \beta_2 \beta_3 A_b A_c A_d S_{(2)}{}^{cd} S_{(3)}{}^a\,\psi + \alpha^3 \beta_3\,(\partial_5 A_c)\,A_b A^a S_{(3)}{}^c\,\psi - \tfrac{1}{2}\alpha^2 \beta_3 A_b U^a{}_c S_{(3)}{}^c\,\psi -$$
$$-\tfrac{1}{2}\alpha^2 \beta_3 A_b F^a{}_c S_{(3)}{}^c\,\psi + 2\alpha^3 \beta_2 \beta_3 A_b \eta\,S_{(2)c}{}^a S_{(3)}{}^c\,\psi + 2\alpha^3 \beta_2 \beta_3 A_b A_c A^a S_{(2)d}{}^d S_{(3)}{}^c\,\psi - \alpha^2 \beta_3{}^2 \eta\,\delta_b^a S_{(3)c} S_{(3)}{}^c\,\psi -$$
$$-\alpha^3 \beta_3\,(\partial_5 g_{cd})\,A_b A^a A^c S_{(3)}{}^d\,\psi - 2\alpha^2 \beta_0 \beta_3 A_b A^a S_{(0)cd}{}^c S_{(3)}{}^d\,\psi + 2\alpha^2 \beta_0 \beta_3 A_b A_c S_{(0)}{}^a{}_c{}^d S_{(3)}{}^d\,\psi + 2\alpha^2 \beta_0 \beta_3 A_b A_c S_{(0)}{}^c{}_d{}^a S_{(3)}{}^d\,\psi -$$

$$-2\alpha\beta_1\beta_3 A_c \delta_b^a S_{(1)d}{}^c S_{(3)}{}^d \psi - 2\alpha^3\beta_2\beta_3 A_c \eta \delta_b^a S_{(2)d}{}^c S_{(3)}{}^d \psi - 2\alpha^3\beta_2\beta_3 A_b A_c A_d S_{(2)}{}^{ac} S_{(3)}{}^d \psi -$$
$$-2\alpha^2\beta_2\beta_3 A_b A_c A_d S_{(2)}{}^{ca} S_{(3)}{}^d \psi + \alpha^2\beta_3{}^2 A_c A_d \delta_b^a S_{(3)}{}^c S_{(3)}{}^d \psi - 2\alpha^2\beta_0\beta_3 A_c A_d \delta_b^a S_{(0)}{}^c{}_e S_{(3)}{}^e \psi +$$
$$+2\alpha^3\beta_2\beta_3 A_c A_d A_e \delta_b^a S_{(2)}{}^{cd} S_{(3)}{}^e \psi + \tfrac{1}{2}\alpha^4 (\partial_5 A_c)(\partial_5 g_{de}) A_b A^d A^e g^{ac} \psi - \tfrac{1}{2}\alpha^4 (\partial_5 A_b)(\partial_5 A_c) \eta g^{ac} \psi - \tfrac{1}{2}\alpha^4 (\partial_5\partial_5 A_c) A_b \eta g^{ac} \psi -$$
$$-\alpha^3\beta_3 (\partial_5 S_{(3)c}) A_b \eta g^{ac} \psi - \alpha^4\beta_2 (\partial_5 S_{(2)c}{}^d) A_b A_d \eta g^{ac} \psi + \tfrac{1}{4}\alpha^3 (\partial_5 A_c) A_b U_d{}^d g^{ac} \psi - \tfrac{1}{2}\alpha^3 (\partial_5 A_c) A_d F_b{}^d g^{ac} \psi +$$
$$+\alpha^3\beta_0 (\partial_5 A_c) A_d A_e S_{(0)b}{}^{de} g^{ac} \psi - \alpha^3\beta_0 (\partial_5 A_c) A_b A_d S_{(0)}{}^d{}_e g^{ac} \psi + \alpha^2\beta_1 (\partial_5 A_c) A_d S_{(1)b}{}^d g^{ac} \psi - \alpha^4\beta_2 (\partial_5 A_c) A_d \eta S_{(2)b}{}^d g^{ac} \psi -$$
$$-\alpha^4\beta_2 (\partial_5 A_c) A_b \eta S_{(2)d}{}^d g^{ac} \psi + \alpha^4\beta_2 (\partial_5 A_c) A_b A_d A_e S_{(2)}{}^{de} g^{ac} \psi - \alpha^3\beta_3 (\partial_5 A_c) \eta S_{(3)b} g^{ac} \psi + \alpha^2\beta_3 (\partial_c S_{(3)d}) A_b A^c g^{ad} \psi -$$
$$-\tfrac{1}{2}\alpha^4 (\partial_5 A_c)(\partial_5 A_d) A_b A^c g^{ad} \psi + \tfrac{1}{4}\alpha^3 (\partial_5 U_{cd}) A_b A^c g^{ad} \psi + \tfrac{3}{4}\alpha^3 (\partial_5 F_{cd}) A_b A^c g^{ad} \psi - \alpha^2\beta_1 (\partial_5 S_{(1)cd}) A_b A^c g^{ad} \psi +$$
$$+\alpha^3\beta_2 (\partial_c S_{(2)d}{}^e) A_b A_e A^c g^{ad} \psi - \alpha^3\beta_0 (\partial_5 S_{(0)cd}{}^e) A_b A_e A^c g^{ad} \psi - \tfrac{1}{2}\alpha^3 (\partial_5 A_c) A_b A^e {}^{(4)}\{{}^c_{de}\} g^{ad} \psi +$$
$$+\tfrac{1}{2}\alpha^3 (\partial_5 g_{cd}) A_b A_e F^{ce} g^{ad} \psi - \alpha^3\beta_0 (\partial_5 g_{cd}) A_b A_e A_f S_{(0)}{}^{cef} g^{ad} \psi - \alpha^2\beta_1 (\partial_5 g_{cd}) A_b A_e S_{(1)}{}^{ce} g^{ad} \psi +$$
$$+\alpha^4\beta_2 (\partial_5 g_{cd}) A_b A_e \eta S_{(2)}{}^{ce} g^{ad} \psi - \alpha^4\beta_2 (\partial_5 g_{cd}) A_b A_e A_f A^c S_{(2)}{}^{ef} g^{ad} \psi - \alpha^2\beta_3 A_b A^e {}^{(4)}\{{}^c_{de}\} S_{(3)c} g^{ad} \psi +$$
$$+\alpha^3\beta_3 (\partial_5 g_{cd}) A_b \eta S_{(3)}{}^c g^{ad} \psi - \alpha^3\beta_3 (\partial_5 g_{cd}) A_b A_e A^c S_{(3)}{}^e g^{ad} \psi - \tfrac{1}{2}\alpha^4 (\partial_5 A_c)(\partial_5 g_{de}) A_b A^c A^d g^{ae} \psi -$$
$$-\tfrac{1}{2}\alpha^2 A_b {}^{(4)}\{{}^c_{de}\} F_c{}^d g^{ae} \psi + \alpha\beta_1 A_b {}^{(4)}\{{}^c_{de}\} S_{(1)c}{}^d g^{ae} \psi - \alpha^3\beta_2 A_b A_c A^f {}^{(4)}\{{}^d_{ef}\} S_{(2)d}{}^c g^{ae} \psi +$$
$$+\alpha^2\beta_3 A_b A_c {}^{(4)}\{{}^c_{de}\} S_{(3)}{}^d g^{ae} \psi + \alpha^2\beta_0 A_b A_c {}^{(4)}\{{}^d_{ef}\} S_{(0)d}{}^{ec} g^{af} \psi + \alpha^3\beta_2 A_b A_c A_d {}^{(4)}\{{}^d_{ef}\} S_{(2)}{}^{ed} g^{af} \psi -$$
$$-\alpha^2\beta_3 (\partial_c S_{(3)d}) A_b A^a g^{cd} \psi + \tfrac{1}{2}\alpha^4 (\partial_5 A_c)(\partial_5 A_d) A_b A^a g^{cd} \psi - \tfrac{1}{4}\alpha^3 (\partial_5 U_{cd}) A_b A^a g^{cd} \psi - \alpha^3\beta_2 (\partial_c S_{(2)d}{}^e) A_b A_e A^a g^{cd} \psi -$$
$$-\tfrac{1}{4}\alpha^3 (\partial_5 g_{cd}) A_b A_e F^{ae} g^{cd} \psi + \tfrac{1}{4}\alpha^4 (\partial_5 A_c)(\partial_5 A_d) \eta \delta_b^a g^{cd} \psi + \tfrac{1}{2}\alpha^3\beta_0 (\partial_5 g_{cd}) A_b A_e A_f S_{(0)}{}^{aef} g^{cd} \psi +$$
$$+\tfrac{1}{2}\alpha^2\beta_1 (\partial_5 g_{cd}) A_b A_e S_{(1)}{}^{ae} g^{cd} \psi - \tfrac{1}{2}\alpha^4\beta_2 (\partial_5 g_{cd}) A_b A_e \eta S_{(2)}{}^{ae} g^{cd} \psi + \alpha^4\beta_2 (\partial_5 g_{cd}) A_b A_e A_f A^a S_{(2)}{}^{ef} g^{cd} \psi -$$
$$-\tfrac{1}{2}\alpha^3\beta_3 (\partial_5 g_{cd}) A_b \eta S_{(3)}{}^a g^{cd} \psi + \tfrac{1}{2}\alpha^3\beta_3 (\partial_5 g_{cd}) A_b A_e A^a S_{(3)}{}^e g^{cd} \psi - \tfrac{1}{2}\alpha^4 (\partial_5 A_c)(\partial_5 g_{de}) A_b A^a A^d g^{ce} \psi -$$
$$-\tfrac{1}{2}\alpha^2 A_b {}^{(4)}\{{}^d_{ce}\} F^a{}_d g^{ce} \psi + \alpha\beta_1 A_b {}^{(4)}\{{}^d_{ce}\} S_{(1)}{}^a{}_d g^{ce} \psi + \alpha^2\beta_3 A_b A^a {}^{(4)}\{{}^d_{ce}\} S_{(3)d} g^{ce} \psi + \tfrac{1}{2}\alpha^2 (\partial_c F_{de}) A_b g^{ad} g^{ce} \psi -$$
$$-\alpha\beta_1 (\partial_c S_{(1)de}) A_b g^{ad} g^{ce} \psi - \alpha^2\beta_0 (\partial_c S_{(0)de}{}^f) A_b A_f g^{ad} g^{ce} \psi + \tfrac{1}{2}\alpha^4 (\partial_5 A_c)(\partial_5 g_{de}) A_b \eta g^{ad} g^{ce} \psi +$$
$$+\tfrac{1}{2}\alpha^3 (\partial_5 A_c) A_b A_d {}^{(4)}\{{}^d_{ef}\} g^{ae} g^{cf} \psi + \tfrac{1}{4}\alpha^4 (\partial_5 A_c)(\partial_5 g_{de}) A_b A^a A^c g^{de} \psi + \tfrac{1}{2}\alpha^3 (\partial_5 A_c) A_b A^a {}^{(4)}\{{}^c_{de}\} g^{de} \psi -$$
$$-\alpha^2\beta_3 A_b A_c {}^{(4)}\{{}^c_{de}\} S_{(3)}{}^a g^{de} \psi - \tfrac{1}{4}\alpha^4 (\partial_5 A_c)(\partial_5 g_{de}) A_b \eta g^{ac} g^{de} \psi + \alpha^2\beta_0 A_b A_c {}^{(4)}\{{}^e_{df}\} S_{(0)}{}^a{}_e{}^c g^{df} \psi +$$
$$+\alpha^3\beta_2 A_b A_c A^a {}^{(4)}\{{}^e_{df}\} S_{(2)e}{}^c g^{df} \psi - \alpha^3\beta_2 A_b A_c A_d {}^{(4)}\{{}^c_{ef}\} S_{(2)}{}^{ad} g^{ef} \psi - \tfrac{1}{2}\alpha^3 (\partial_5 A_c) A_b A_d {}^{(4)}\{{}^d_{ef}\} g^{ac} g^{ef} \psi,$$

$$G^a{}_5 = \tag{109}$$

$$= G_{b5}\gamma^{ab} + G_{55}\gamma^{a5}$$
$$= -\alpha\beta_2 (\partial_5 \psi) A^a S_{(2)b}{}^b \psi^{-1} - \tfrac{1}{2}\beta_2 (\partial_b \psi) S_{(2)}{}^{ab} \psi^{-1} + \tfrac{1}{2}\alpha\beta_2 (\partial_5 \psi) A_b S_{(2)}{}^{ab} \psi^{-1} - \tfrac{1}{2}\beta_2 (\partial_b \psi) S_{(2)}{}^{ba} \psi^{-1} +$$
$$+\tfrac{1}{2}\alpha\beta_2 (\partial_5 \psi) A_b S_{(2)}{}^{ba} \psi^{-1} + \beta_2 (\partial_b \psi) S_{(2)c}{}^c g^{ab} \psi^{-1} + \tfrac{1}{4}\alpha (\partial_5 g_{bc})(\partial_5 \psi) A^b g^{ac} \psi^{-1} - \tfrac{1}{4}\alpha (\partial_5 g_{bc})(\partial_5 \psi) A^a g^{bc} \psi^{-1} -$$
$$-\tfrac{1}{4}(\partial_b \psi)(\partial_5 g_{cd}) g^{ac} g^{bd} \psi^{-1} + \tfrac{1}{4}(\partial_b \psi)(\partial_5 g_{cd}) g^{ab} g^{cd} \psi^{-1} + 2\alpha\beta_2 (\partial_5 S_{(2)b}{}^b) A^a - \alpha\beta_2 (\partial_5 S_{(2)b}{}^a) A^b + \tfrac{3}{4}\alpha^3 (\partial_5 A_b)(\partial_5 \psi) A^a A^b +$$
$$+\tfrac{3}{4}\alpha (\partial_b \psi) F^{ab} - \tfrac{3}{4}\alpha^2 (\partial_5 \psi) A_b F^{ab} - \tfrac{1}{2}\alpha\beta_0 (\partial_b \psi) A_c S_{(0)}{}^{abc} + \tfrac{1}{2}\alpha^2\beta_0 (\partial_5 \psi) A_b A_c S_{(0)}{}^{abc} - \tfrac{1}{2}\beta_1 (\partial_b \psi) S_{(1)}{}^{ab} + \tfrac{1}{2}\alpha\beta_1 (\partial_5 \psi) A_b S_{(1)}{}^{ab} -$$
$$-\tfrac{1}{2}\alpha^3\beta_2 (\partial_5 \psi) A_b \eta S_{(2)}{}^{ab} - 2\alpha\beta_2{}^2 A_b S_{(2)c}{}^c S_{(2)}{}^{ab} + \tfrac{1}{2}\alpha^2\beta_2 (\partial_b \psi) A_c A^b S_{(2)}{}^{ac} + \beta_2 {}^{(4)}\{{}^b_{bc}\} S_{(2)}{}^{ac} + 2\beta_0\beta_2 S_{(0)bc}{}^b S_{(2)}{}^{ac} +$$
$$+2\alpha\beta_2{}^2 A_b S_{(2)c}{}^b S_{(2)}{}^{ac} - 2\alpha\beta_2{}^2 A_b S_{(2)c}{}^c S_{(2)}{}^{ba} + \alpha\beta_2 (\partial_5 g_{bc}) A^a S_{(2)}{}^{bc} - \tfrac{1}{2}\alpha^2\beta_2 (\partial_b \psi) A_c A^a S_{(2)}{}^{bc} + \tfrac{1}{2}\alpha^3\beta_2 (\partial_5 \psi) A_b A_c A^a S_{(2)}{}^{bc} +$$
$$+\beta_2 {}^{(4)}\{{}^a_{bc}\} S_{(2)}{}^{bc} + \alpha\beta_2 (\partial_5 g_{bc}) A^b S_{(2)}{}^{ca} + 2\beta_0\beta_2 S_{(0)bc}{}^b S_{(2)}{}^{ca} + 2\alpha\beta_2{}^2 A_b S_{(2)c}{}^a S_{(2)}{}^{cb} + \tfrac{1}{2}\alpha\beta_3 (\partial_b \psi) A^b S_{(3)}{}^a -$$
$$-\tfrac{1}{2}\alpha^2\beta_3 (\partial_5 \psi) \eta S_{(3)}{}^a - \tfrac{1}{2}\alpha\beta_3 (\partial_b \psi) A^a S_{(3)}{}^b + \tfrac{1}{2}\alpha^2\beta_3 (\partial_5 \psi) A_b A^a S_{(3)}{}^b - 2\beta_2 (\partial_b S_{(2)c}{}^c) g^{ab} - \alpha\beta_2 (\partial_5 S_{(2)b}{}^c) A_c g^{ab} -$$
$$-\tfrac{3}{4}\alpha^3 (\partial_5 A_b)(\partial_5 \psi) \eta g^{ab} + \beta_2 (\partial_b S_{(2)c}{}^b) g^{ac} - \tfrac{1}{2}(\partial_5 {}^{(4)}\{{}^a_{ac}\}) g^{ac} - \tfrac{1}{2}\alpha (\partial_5\partial_5 g_{bc}) A^b g^{ac} + \tfrac{3}{4}\alpha^2 (\partial_b \psi)(\partial_5 A_c) A^b g^{ac} -$$
$$-\beta_0 (\partial_5 g_{bc}) S_{(0)}{}^b{}_d{}^d g^{ac} - \alpha\beta_2 (\partial_5 g_{bc}) A^b S_{(2)d}{}^d g^{ac} + \alpha\beta_2 (\partial_5 g_{bc}) A_d S_{(2)}{}^{bd} g^{ac} - \alpha\beta_2 (\partial_5 g_{bc}) A_d S_{(2)}{}^{db} g^{ac} -$$
$$-\beta_2 {}^{(4)}\{{}^b_{cd}\} S_{(2)b}{}^c g^{ad} + \beta_2 (\partial_b S_{(2)c}{}^a) g^{bc} + \tfrac{1}{2}(\partial_5 {}^{(4)}\{{}^a_{bc}\}) g^{bc} + \tfrac{1}{2}\alpha (\partial_5\partial_5 g_{bc}) A^a g^{bc} - \tfrac{3}{4}\alpha^2 (\partial_b \psi)(\partial_5 A_c) A^a g^{bc} -$$
$$-\tfrac{1}{2}\alpha\beta_2 (\partial_5 g_{bc}) A_d S_{(2)}{}^{ad} g^{bc} - \tfrac{1}{2}\alpha\beta_2 (\partial_5 g_{bc}) A_d S_{(2)}{}^{da} g^{bc} - \beta_2 {}^{(4)}\{{}^c_{bd}\} S_{(2)c}{}^a g^{bd} + \tfrac{1}{2}\alpha (\partial_5 g_{bc})(\partial_5 g_{de}) A^b g^{ad} g^{ce} -$$
$$-\tfrac{1}{4}\alpha (\partial_5 g_{bc})(\partial_5 g_{de}) A^a g^{bd} g^{ce} - \tfrac{1}{4}\alpha (\partial_5 g_{bc})(\partial_5 g_{de}) A^b g^{ac} g^{de} + \tfrac{1}{2}\alpha^3 (\partial_5\partial_5 A_b) A^a A^b \psi + \alpha^2\beta_3 (\partial_5 S_{(3)b}) A^a A^b \psi +$$

$$+ \alpha^3 \beta_2 (\partial_5 S_{(2)b}{}^c) A_c A^a A^b \psi - \tfrac{1}{4} \alpha^2 (\partial_5 A_b) U^{ab} \psi - \tfrac{3}{4} \alpha^2 (\partial_5 A_b) F^{ab} \psi + \tfrac{1}{2} \alpha^2 (\partial_5 g_{bc}) A^b F^{ac} \psi - \tfrac{1}{2} \alpha \beta_0 F^{bc} S_{(0)bc}{}^a \psi +$$
$$+ \alpha \beta_0 F^{ac} S_{(0)bc}{}^b \psi - \tfrac{1}{2} \alpha \beta_0 U^b{}_c S_{(0)}{}^a{}_b{}^c \psi + \tfrac{1}{2} \alpha \beta_0 F^b{}_c S_{(0)}{}^a{}_b{}^c \psi + \alpha^2 \beta_0 (\partial_5 A_b) A_c S_{(0)}{}^{abc} \psi - \alpha^2 \beta_0 (\partial_5 g_{bc}) A_d A^b S_{(0)}{}^{acd} \psi -$$
$$- 2 \alpha \beta_0{}^2 A_b S_{(0)cd}{}^b S_{(0)}{}^{acd} \psi - 2 \alpha \beta_0{}^2 A_b S_{(0)cd}{}^c S_{(0)}{}^{adb} \psi + \alpha^2 \beta_0 (\partial_5 A_b) A^a S_{(0)}{}^b{}_c{}^c \psi - \alpha^2 \beta_0 (\partial_5 A_b) A_c S_{(0)}{}^{bca} \psi +$$
$$+ \alpha \beta_0{}^2 A_b S_{(0)cd}{}^a S_{(0)}{}^{cdb} \psi - \alpha \beta_1 (\partial_5 g_{bc}) A^b S_{(1)}{}^{ac} \psi - 2 \beta_0 \beta_1 S_{(0)bc}{}^b S_{(1)}{}^{ac} \psi - 2 \beta_0 \beta_1 S_{(0)}{}^a{}_c S_{(1)}{}^b{}_c \psi + \beta_0 \beta_1 S_{(0)bc}{}^a S_{(1)}{}^{bc} \psi +$$
$$+ \alpha^3 \beta_2 (\partial_5 A_b) A^a A^b S_{(2)c}{}^c \psi - \alpha^2 \beta_2 A_b F^{ab} S_{(2)c}{}^c \psi + 2 \alpha \beta_1 \beta_2 A_b S_{(1)}{}^{ab} S_{(2)c}{}^c \psi - 2 \alpha^2 \beta_0 \beta_2 A_b A_c S_{(0)}{}^{abd} S_{(2)d}{}^c \psi +$$
$$+ 2 \alpha^2 \beta_0 \beta_2 A_b A_c S_{(0)}{}^{abc} S_{(2)d}{}^d \psi + \tfrac{1}{2} \alpha^2 \beta_2 A_b U^c{}_c S_{(2)}{}^{ab} \psi - 2 \alpha^3 \beta_2{}^2 A_b \eta S_{(2)c}{}^c S_{(2)}{}^{ab} \psi - 2 \alpha^3 \beta_2 (\partial_5 A_b) A_c A^b S_{(2)}{}^{ac} \psi +$$
$$+ \tfrac{1}{2} \alpha^2 \beta_2 A_b U^b{}_c S_{(2)}{}^{ac} \psi - \tfrac{1}{2} \alpha^2 \beta_2 A_b F^b{}_c S_{(2)}{}^{ac} \psi - 2 \alpha^2 \beta_0 \beta_2 A_b A_c S_{(0)}{}^b{}_d S_{(2)}{}^{ac} \psi + 2 \alpha \beta_1 \beta_2 A_b S_{(1)}{}^b{}_c S_{(2)}{}^{ac} \psi +$$
$$+ 2 \alpha^3 \beta_2{}^2 A_b \eta S_{(2)c}{}^b S_{(2)}{}^{ac} \psi + \alpha^3 \beta_2 (\partial_5 g_{bc}) A_d A^b A^c S_{(2)}{}^{ad} \psi + 2 \alpha^2 \beta_0 \beta_2 A_b A_c S_{(0)}{}^b{}_d S_{(2)}{}^{ad} \psi + \alpha^3 \beta_2 (\partial_5 A_b) \eta S_{(2)}{}^{ba} \psi +$$
$$+ 2 \alpha^3 \beta_2 (\partial_5 A_b) A_c A^a S_{(2)}{}^{bc} \psi - \tfrac{1}{2} \alpha^2 \beta_2 A^a U_{bc} S_{(2)}{}^{bc} \psi + \tfrac{1}{2} \alpha^2 \beta_2 A^a F_{bc} S_{(2)}{}^{bc} \psi - 2 \alpha \beta_1 \beta_2 A^a S_{(1)bc} S_{(2)}{}^{bc} \psi +$$
$$+ 2 \alpha^3 \beta_2{}^2 A_b A_c A^a S_{(2)d}{}^d S_{(2)}{}^{bc} \psi - \alpha^3 \beta_2 (\partial_5 A_b) A_c S_{(2)}{}^{ca} \psi - \alpha^2 \beta_2 A_b F^b{}_c S_{(2)}{}^{ca} \psi + 2 \alpha \beta_1 \beta_2 A_b S_{(1)}{}^b{}_c S_{(2)}{}^{ca} \psi -$$
$$- \tfrac{1}{2} \alpha^2 \beta_2 A_b U^a{}_c S_{(2)}{}^{cb} \psi - \tfrac{1}{2} \alpha^2 \beta_2 A_b F^a{}_c S_{(2)}{}^{cb} \psi - 2 \alpha \beta_1 \beta_2 A_b S_{(1)}{}^a{}_c S_{(2)}{}^{cb} \psi + 2 \alpha^3 \beta_2{}^2 A_b \eta S_{(2)c}{}^a S_{(2)}{}^{cb} \psi -$$
$$- \alpha^3 \beta_2 (\partial_5 g_{bc}) A_d A^a A^b S_{(2)}{}^{cd} \psi - 2 \alpha^2 \beta_0 \beta_2 A_b A^a S_{(0)cd}{}^b S_{(2)}{}^{cd} \psi - 2 \alpha^3 \beta_2{}^2 A_b A_c A^a S_{(2)d}{}^b S_{(2)}{}^{cd} \psi -$$
$$- 2 \alpha^3 \beta_2{}^2 A_b A_c A_d S_{(2)}{}^{ba} S_{(2)}{}^{cd} \psi + 2 \alpha^2 \beta_0 \beta_2 A_b A_c S_{(0)}{}^b{}_d S_{(2)}{}^{da} \psi - 2 \alpha^2 \beta_0 \beta_2 A_b A^a S_{(0)cd}{}^c S_{(2)}{}^{db} \psi +$$
$$+ 2 \alpha^2 \beta_0 \beta_2 A_b A_c S_{(0)}{}^b{}_d S_{(2)}{}^{dc} \psi + 2 \alpha^2 \beta_2 \beta_3 \eta S_{(2)}{}^{ab} S_{(3)b} \psi - 2 \alpha \beta_0 \beta_3 A_b S_{(0)}{}^{abc} S_{(3)c} \psi - 2 \alpha^2 \beta_2 \beta_3 A_b A^a S_{(2)}{}^{bc} S_{(3)c} \psi -$$
$$- \alpha^2 \beta_3 (\partial_5 A_b) A^b S_{(3)}{}^a \psi + \alpha^2 \beta_3 (\partial_5 g_{bc}) A^b A^c S_{(3)}{}^a \psi + \tfrac{1}{2} \alpha \beta_3 U_b{}^b S_{(3)}{}^a \psi - 2 \alpha \beta_0 \beta_3 A_b S_{(0)}{}^b{}_c S_{(3)}{}^a \psi - 2 \alpha^2 \beta_2 \beta_3 \eta S_{(2)b}{}^b S_{(3)}{}^a \psi +$$
$$+ 2 \alpha^2 \beta_2 \beta_3 A_b A_c S_{(2)}{}^{bc} S_{(3)}{}^a \psi + 2 \alpha^2 \beta_3 (\partial_5 A_b) A^a S_{(3)}{}^b \psi - \tfrac{1}{2} \alpha \beta_3 U^a{}_b S_{(3)}{}^b \psi - \tfrac{3}{4} \alpha \beta_3 F^a{}_b S_{(3)}{}^b \psi + 2 \alpha^2 \beta_2 \beta_3 \eta S_{(2)b}{}^a S_{(3)}{}^b \psi +$$
$$+ 2 \alpha^2 \beta_2 \beta_3 A_b A^a S_{(2)c}{}^c S_{(3)}{}^b \psi - \alpha^2 \beta_3 (\partial_5 g_{bc}) A^a A^b S_{(3)}{}^c \psi - 2 \alpha \beta_0 \beta_3 A^a S_{(0)bc}{}^b S_{(3)}{}^c \psi + 2 \alpha \beta_0 \beta_3 A_b S_{(0)}{}^a{}_c{}^b S_{(3)}{}^c \psi +$$
$$+ 2 \alpha \beta_0 \beta_3 A_b S_{(0)}{}^b{}_c{}^a S_{(3)}{}^c \psi - 2 \alpha^2 \beta_2 \beta_3 A_b A_c S_{(2)}{}^{ab} S_{(3)}{}^c \psi - 2 \alpha^2 \beta_2 \beta_3 A_b A_c S_{(2)}{}^{ba} S_{(3)}{}^c \psi + \tfrac{1}{2} \alpha^3 (\partial_5 A_b)(\partial_5 g_{cd}) A^c A^d g^{ab} \psi -$$
$$- \tfrac{1}{2} \alpha^3 (\partial_5 \partial_5 A_b) \eta g^{ab} \psi - \alpha^3 \beta_3 (\partial_5 S_{(3)b}) \eta g^{ab} \psi - \alpha^3 \beta_2 (\partial_5 S_{(2)b}{}^c) A_c \eta g^{ab} \psi + \tfrac{1}{4} \alpha^2 (\partial_5 A_b) U^c{}_c g^{ab} \psi -$$
$$- \alpha^2 \beta_0 (\partial_5 A_b) A_c S_{(0)}{}^c{}_d{}^d g^{ab} \psi - \alpha^3 \beta_2 (\partial_5 A_b) \eta S_{(2)c}{}^c g^{ab} \psi - \alpha^2 \beta_3 (\partial_5 A_b) A_c S_{(3)}{}^c g^{ab} \psi + \alpha \beta_3 (\partial_b S_{(3)c}) A^b g^{ac} \psi -$$
$$- \alpha^3 (\partial_5 A_b)(\partial_5 A_c) A^b g^{ac} \psi + \tfrac{1}{4} \alpha^2 (\partial_5 U_{bc}) A^b g^{ac} \psi + \tfrac{3}{4} \alpha^2 (\partial_5 F_{bc}) A^b g^{ac} \psi - \alpha \beta_1 (\partial_5 S_{(1)bc}) A^b g^{ac} \psi + \alpha^2 \beta_2 (\partial_b S_{(2)c}{}^d) A_d A^b g^{ac} \psi -$$
$$- \alpha^2 \beta_0 (\partial_5 S_{(0)bc}{}^d) A_d A^b g^{ac} \psi - \tfrac{1}{2} \alpha^2 (\partial_5 A_b) A^d \{{}^b{}_{cd}\} g^{ac} \psi + \tfrac{1}{2} \alpha^2 (\partial_5 g_{bc}) A_d F^{bd} g^{ac} \psi - \alpha^2 \beta_0 (\partial_5 g_{bc}) A_d A_e S_{(0)}{}^{bde} g^{ac} \psi -$$
$$- \alpha \beta_1 (\partial_5 g_{bc}) A_d S_{(1)}{}^{bd} g^{ac} \psi + \alpha^3 \beta_2 (\partial_5 g_{bc}) A_d \eta S_{(2)}{}^{bd} g^{ac} \psi - \alpha^3 \beta_2 (\partial_5 g_{bc}) A_d A_e A^b S_{(2)}{}^{de} g^{ac} \psi - \alpha \beta_3 A^d \{{}^{(4)}{}^c{}_d\} S_{(3)b} g^{ac} \psi +$$
$$+ \alpha^2 \beta_3 (\partial_5 g_{bc}) \eta S_{(3)}{}^b g^{ac} \psi - \alpha^2 \beta_3 (\partial_5 g_{bc}) A_d A^b S_{(3)}{}^d g^{ac} \psi - \tfrac{1}{2} \alpha^3 (\partial_5 A_b)(\partial_5 g_{cd}) A^b A^c g^{ad} \psi - \tfrac{1}{2} \alpha {}^{(4)}\{{}^b{}_{cd}\} F_b{}^c g^{ad} \psi +$$
$$+ \beta_1 {}^{(4)}\{{}^b{}_{cd}\} S_{(1)b}{}^c g^{ad} \psi - \alpha^2 \beta_2 A_b A^e {}^{(4)}\{{}^c{}_{de}\} S_{(2)c}{}^b g^{ad} \psi + \alpha \beta_3 A_b {}^{(4)}\{{}^b{}_{cd}\} S_{(3)}{}^c g^{ad} \psi + \alpha \beta_0 A_b {}^{(4)}\{{}^c{}_{de}\} S_{(0)c}{}^{db} g^{ae} \psi +$$
$$+ \alpha^2 \beta_2 A_b A_c {}^{(4)}\{{}^b{}_{de}\} S_{(2)}{}^{dc} g^{ae} \psi - \alpha \beta_3 (\partial_b S_{(3)c}) A^a g^{bc} \psi + \alpha^3 (\partial_5 A_b)(\partial_5 A_c) A^a g^{bc} \psi - \tfrac{1}{4} \alpha^2 (\partial_5 U_{bc}) A^a g^{bc} \psi -$$
$$- \alpha^2 \beta_2 (\partial_b S_{(2)c}{}^d) A_d A^a g^{bc} \psi - \tfrac{1}{4} \alpha^2 (\partial_5 g_{bc}) A_d F^{ad} g^{bc} \psi + \tfrac{1}{2} \alpha^2 \beta_0 (\partial_5 g_{bc}) A_d A_e S_{(0)}{}^{ade} g^{bc} \psi +$$
$$+ \tfrac{1}{2} \alpha \beta_1 (\partial_5 g_{bc}) A_d S_{(1)}{}^{ad} g^{bc} \psi - \tfrac{1}{2} \alpha^3 \beta_2 (\partial_5 g_{bc}) A_d \eta S_{(2)}{}^{ad} g^{bc} \psi + \tfrac{1}{2} \alpha^3 \beta_2 (\partial_5 g_{bc}) A_d A_e A^a S_{(2)}{}^{de} g^{bc} \psi -$$
$$- \tfrac{1}{2} \alpha^2 \beta_3 (\partial_5 g_{bc}) \eta S_{(3)}{}^a g^{bc} \psi + \tfrac{1}{2} \alpha^2 \beta_3 (\partial_5 g_{bc}) A_d A^a S_{(3)}{}^d g^{bc} \psi - \tfrac{1}{2} \alpha^3 (\partial_5 A_b)(\partial_5 g_{cd}) A^a A^c g^{bd} \psi - \tfrac{1}{2} \alpha {}^{(4)}\{{}^b{}_{cd}\} F^a{}_c g^{bd} \psi +$$
$$+ \beta_1 {}^{(4)}\{{}^c{}_{bd}\} S_{(1)}{}^a{}_c g^{bd} \psi + \alpha \beta_3 A^{a\,(4)}\{{}^c{}_{bd}\} S_{(3)c} g^{bd} \psi + \tfrac{1}{2} \alpha (\partial_b F_{cd}) g^{ac} g^{bd} \psi - \beta_1 (\partial_b S_{(1)cd}) g^{ac} g^{bd} \psi -$$
$$- \alpha \beta_0 (\partial_b S_{(0)cd}{}^e) A_e g^{ac} g^{bd} \psi + \tfrac{1}{2} \alpha^3 (\partial_5 A_b)(\partial_5 g_{cd}) \eta g^{ac} g^{bd} \psi + \tfrac{1}{2} \alpha^2 (\partial_5 A_b) A_c {}^{(4)}\{{}^c{}_{de}\} g^{ad} g^{be} \psi +$$
$$+ \tfrac{1}{4} \alpha^3 (\partial_5 A_b)(\partial_5 g_{cd}) A^a A^b g^{cd} \psi + \tfrac{1}{2} \alpha^2 (\partial_5 A_b) A^{a\,(4)}\{{}^b{}_{cd}\} g^{cd} \psi - \alpha \beta_3 A_b {}^{(4)}\{{}^b{}_{cd}\} S_{(3)}{}^a g^{cd} \psi - \tfrac{1}{4} \alpha^3 (\partial_5 A_b)(\partial_5 g_{cd}) \eta g^{ab} g^{cd} \psi +$$
$$+ \alpha \beta_0 A_b {}^{(4)}\{{}^d{}_{ce}\} S_{(0)}{}^a{}_d{}^b g^{ce} \psi + \alpha^2 \beta_2 A_b A^a {}^{(4)}\{{}^d{}_{ce}\} S_{(2)d}{}^b g^{ce} \psi - \alpha^2 \beta_2 A_b A_c {}^{(4)}\{{}^b{}_{de}\} S_{(2)}{}^{ac} g^{de} \psi -$$
$$- \tfrac{1}{2} \alpha^2 (\partial_5 A_b) A_c {}^{(4)}\{{}^c{}_{de}\} g^{ab} g^{de} \psi,$$

$$G^5{}_a = \tag{110}$$

$$= G_{ba} \gamma^{b5} + G_{5a} \gamma^{55}$$
$$= -\tfrac{1}{4} \alpha (\partial_a \psi)(\partial_b \psi) A^b \bar\psi^{-2} - \tfrac{1}{4} \alpha^2 (\partial_b \psi)(\partial_5 \psi) A_a A^b \bar\psi^{-2} + \tfrac{1}{4} \alpha^2 (\partial_a \psi)(\partial_5 \psi) \eta \bar\psi^{-2} - \tfrac{1}{2} \beta_2 (\partial_b \psi) S_{(2)a}{}^b \bar\psi^{-2} +$$

$$+ \beta_2 (\partial_a \psi) S_{(2)b}{}^b \psi^{-2} - \tfrac{1}{2} \beta_2 (\partial_b \psi) S_{(2)}{}^b{}_a \psi^{-2} - \tfrac{1}{4} (\partial_b \psi)(\partial_5 g_{ac}) g^{bc} \psi^{-2} + \tfrac{1}{4} (\partial_a \psi)(\partial_5 g_{bc}) g^{bc} \psi^{-2} + \tfrac{1}{4} \alpha (\partial_b \psi)(\partial_c \psi) A_a g^{bc} \psi^{-2} -$$

$$- \beta_2 (\partial_b S_{(2)a}{}^b) \psi^{-1} - \tfrac{1}{2} (\partial_5{}^{(4)}\{{}^b_{ab}\}) \psi^{-1} + 2 \beta_0 (\partial_5 S_{(0)ab}{}^b) \psi^{-1} + \tfrac{1}{2} \alpha (\partial_a \partial_b \psi) A^b \psi^{-1} + \tfrac{1}{4} \alpha^2 (\partial_b \psi)(\partial_5 A_a) A^b \psi^{-1} -$$

$$- \tfrac{1}{2} \alpha^2 (\partial_a \psi)(\partial_5 A_b) A^b \psi^{-1} + \tfrac{1}{2} \alpha^2 (\partial_5 \partial_b \psi) A_a A^b \psi^{-1} - \tfrac{1}{4} \alpha^2 (\partial_b \psi)(\partial_5 g_{ac}) A^b A^c \psi^{-1} - \tfrac{1}{2} \alpha^2 (\partial_5 \partial_a \psi) \eta \psi^{-1} -$$

$$- \tfrac{1}{2} \alpha (\partial_b \psi) A^c {}^{(4)}\{{}^b_{ac}\} \psi^{-1} + \tfrac{1}{2} \alpha^2 (\partial_5 \psi) A_b A^c {}^{(4)}\{{}^b_{ac}\} \psi^{-1} - \tfrac{1}{4} \alpha^2 (\partial_5 \psi) A_b U_a{}^b \psi^{-1} + \tfrac{1}{4} \alpha^2 (\partial_5 \psi) A_a U_b{}^b \psi^{-1} + \tfrac{3}{4} \alpha (\partial_b \psi) F_a{}^b \psi^{-1} -$$

$$- \tfrac{3}{4} \alpha^2 (\partial_5 \psi) A_b F_a{}^b \psi^{-1} + \beta_0 (\partial_5 g_{bc}) S_{(0)a}{}^{bc} \psi^{-1} - \alpha \beta_0 (\partial_b \psi) A_c S_{(0)a}{}^{bc} \psi^{-1} + \alpha^2 \beta_0 (\partial_5 \psi) A_b A_c S_{(0)a}{}^{bc} \psi^{-1} +$$

$$+ \tfrac{1}{2} \alpha \beta_0 (\partial_b \psi) A_c S_{(0)a}{}^{cb} \psi^{-1} - \beta_0 (\partial_5 g_{ab}) S_{(0)}{}^b{}_c{}^c \psi^{-1} + \alpha \beta_0 (\partial_b \psi) A_a S_{(0)}{}^b{}_c{}^c \psi^{-1} - \alpha^2 \beta_0 (\partial_5 \psi) A_a A_b S_{(0)}{}^b{}_c{}^c \psi^{-1} -$$

$$- \tfrac{1}{2} \alpha \beta_0 (\partial_b \psi) A_c S_{(0)}{}^{bc}{}_a \psi^{-1} - \tfrac{3}{2} \beta_1 (\partial_b \psi) S_{(1)a}{}^b \psi^{-1} + 2 \alpha \beta_1 (\partial_5 \psi) A_b S_{(1)a}{}^b \psi^{-1} - \tfrac{1}{2} \alpha^2 \beta_2 (\partial_b \psi) \eta S_{(2)a}{}^b \psi^{-1} -$$

$$- \beta_2 {}^{(4)}\{{}^b_{bc}\} S_{(2)a}{}^c \psi^{-1} - 2 \beta_0 \beta_2 S_{(0)bc}{}^b S_{(2)a}{}^c \psi^{-1} + \beta_2 {}^{(4)}\{{}^b_{ac}\} S_{(2)b}{}^c \psi^{-1} + \tfrac{1}{2} \alpha^2 \beta_2 (\partial_b \psi) \eta S_{(2)}{}^b{}_a \psi^{-1} -$$

$$- \tfrac{1}{2} \alpha^2 \beta_2 (\partial_b \psi) A_a A_c S_{(2)}{}^{bc} \psi^{-1} + 2 \beta_0 \beta_2 S_{(0)bca} S_{(2)}{}^{bc} \psi^{-1} - \tfrac{1}{2} \alpha^2 \beta_2 (\partial_b \psi) A_c A^b S_{(2)}{}^c{}_a \psi^{-1} + 2 \beta_0 \beta_2 S_{(0)bc}{}^b S_{(2)}{}^c{}_a \psi^{-1} +$$

$$+ \alpha^2 \beta_2 (\partial_b \psi) A_a A_c S_{(2)}{}^{cb} \psi^{-1} + \tfrac{1}{2} \alpha \beta_3 (\partial_b \psi) A^b S_{(3)a} \psi^{-1} - \alpha^2 \beta_3 (\partial_5 \psi) \eta S_{(3)a} \psi^{-1} - 4 \beta_2 \beta_3 S_{(2)b}{}^b S_{(3)a} \psi^{-1} + 2 \beta_2 \beta_3 S_{(2)a}{}^b S_{(3)b} \psi^{-1} +$$

$$+ \beta_3 (\partial_5 g_{ab}) S_{(3)}{}^b \psi^{-1} - \tfrac{1}{2} \alpha \beta_3 (\partial_b \psi) A_a S_{(3)}{}^b \psi^{-1} + \alpha^2 \beta_3 (\partial_5 \psi) A_a A_b S_{(3)}{}^b \psi^{-1} + 2 \beta_2 \beta_3 S_{(2)ba} S_{(3)}{}^b \psi^{-1} +$$

$$+ \beta_2 {}^{(4)}\{{}^d_{bc}\} S_{(2)}{}^{bc} g_{ad} \psi^{-1} - \tfrac{1}{2} \alpha (\partial_b \partial_c \psi) A_a g^{bc} \psi^{-1} + \tfrac{1}{2} \alpha^2 (\partial_b \psi)(\partial_5 A_c) A_a g^{bc} \psi^{-1} + \tfrac{1}{4} \alpha^2 (\partial_b \psi)(\partial_5 g_{ac}) \eta g^{bc} \psi^{-1} -$$

$$- \beta_3 (\partial_5 g_{bc}) S_{(3)a} g^{bc} \psi^{-1} + \beta_2 (\partial_b S_{(2)c}{}^c) g_{ad} g^{bd} \psi^{-1} - \beta_2 {}^{(4)}\{{}^c_{bd}\} S_{(2)ca} g^{bd} \psi^{-1} + \tfrac{1}{2} (\partial_5 {}^{(4)}\{{}^c_{bd}\}) g_{ac} g^{bd} \psi^{-1} +$$

$$+ \tfrac{1}{2} \alpha (\partial_b \psi) A_a {}^{(4)}\{{}^b_{cd}\} g^{cd} \psi^{-1} - \tfrac{1}{2} \alpha^2 (\partial_5 \psi) A_a A_b {}^{(4)}\{{}^b_{cd}\} g^{cd} \psi^{-1} + \alpha (\partial_b {}^{(4)}\{{}^c_{ac}\}) A^b - 2 \alpha \beta_0 (\partial_b S_{(0)ac}{}^c) A^b - \alpha \beta_3 (\partial_b S_{(3)a}) A^b -$$

$$- \tfrac{1}{4} \alpha^2 (\partial_5 U_{ab}) A^b - \tfrac{3}{4} \alpha^2 (\partial_5 F_{ab}) A^b + 2 \alpha \beta_1 (\partial_5 S_{(1)ab}) A^b - \alpha (\partial_b {}^{(4)}\{{}^b_{ac}\}) A^c + \alpha \beta_0 (\partial_b S_{(0)ac}{}^b) A^c + \tfrac{1}{2} \alpha^2 (\partial_5 {}^{(4)}\{{}^b_{ac}\}) A_b A^c -$$

$$- \tfrac{3}{4} \alpha^4 (\partial_b \psi)(\partial_5 A_c) A_a A^b A^c - \alpha^2 \beta_2 (\partial_5 S_{(2)a}{}^b) \eta - \tfrac{1}{2} \alpha^2 (\partial_5 {}^{(4)}\{{}^b_{ab}\}) \eta + 2 \alpha^2 \beta_0 (\partial_5 S_{(0)ab}{}^b) \eta + \tfrac{1}{2} \alpha^2 (\partial_5 A_b) A^c {}^{(4)}\{{}^b_{ac}\} -$$

$$- \alpha A^d {}^{(4)}\{{}^b_{ad}\} {}^{(4)}\{{}^c_{bc}\} + \alpha A^d {}^{(4)}\{{}^c_{ac}\} {}^{(4)}\{{}^b_{bd}\} - \tfrac{1}{4} \alpha^2 (\partial_5 A_b) U_a{}^b + \tfrac{1}{4} \alpha^2 (\partial_5 g_{bc}) A^b U_a{}^c + \tfrac{1}{4} \alpha^2 (\partial_5 A_a) U_b{}^b - \tfrac{1}{4} \alpha^2 (\partial_5 g_{ab}) A^b U_c{}^c +$$

$$+ \tfrac{1}{4} \alpha^2 (\partial_5 g_{ab}) A_c U^{bc} - \tfrac{3}{4} \alpha^2 (\partial_5 A_b) F_a{}^b + \tfrac{1}{4} \alpha^2 (\partial_5 g_{bc}) A^b F_a{}^c - \tfrac{1}{2} \alpha {}^{(4)}\{{}^b_{ac}\} F_b{}^c + \tfrac{3}{4} \alpha^2 (\partial_5 g_{ab}) A_c F^{bc} + \tfrac{3}{4} \alpha^3 (\partial_b \psi) A_a A_c F^{bc} -$$

$$- \alpha \beta_0 A^d {}^{(4)}\{{}^b_{cd}\} S_{(0)ab}{}^c - \tfrac{1}{2} \alpha \beta_0 U^b{}_c S_{(0)ab}{}^c - \tfrac{1}{2} \alpha \beta_0 F^b{}_c S_{(0)ab}{}^c + \alpha^2 \beta_0 (\partial_5 A_b) A_c S_{(0)a}{}^{bc} + \alpha^2 \beta_0 (\partial_5 g_{bc}) \eta S_{(0)a}{}^{bc} +$$

$$+ \alpha \beta_0 A_b {}^{(4)}\{{}^c_{cd}\} S_{(0)a}{}^{bd} + \alpha^2 \beta_0 (\partial_5 A_b) A_c S_{(0)a}{}^{cb} + \alpha \beta_0 A_b {}^{(4)}\{{}^c_{cd}\} S_{(0)a}{}^{cd} - \alpha^2 \beta_0 (\partial_5 g_{bc}) A_d A^b S_{(0)a}{}^{dc} -$$

$$- \tfrac{1}{2} \alpha \beta_0 F^{bc} S_{(0)bca} + \alpha \beta_0 F_a{}^c S_{(0)bc}{}^b + 2 \alpha \beta_0 A^d {}^{(4)}\{{}^b_{ad}\} S_{(0)bc}{}^c - \alpha \beta_0 A^d {}^{(4)}\{{}^b_{cd}\} S_{(0)b}{}^c{}_a - 2 \alpha \beta_0{}^2 A_b S_{(0)a}{}^{bc} S_{(0)cd}{}^d -$$

$$- \alpha^2 \beta_0 (\partial_5 A_b) A_a S_{(0)}{}^b{}_c{}^c - \alpha^2 \beta_0 (\partial_5 A_a) A_b S_{(0)}{}^b{}_c{}^c - \alpha^2 \beta_0 (\partial_5 g_{ab}) \eta S_{(0)}{}^b{}_c{}^c + \alpha \beta_0 A_b {}^{(4)}\{{}^c_{ad}\} S_{(0)}{}^b{}_c{}^d -$$

$$- \tfrac{1}{2} \alpha^3 \beta_0 (\partial_b \psi) A_a A_c A_d S_{(0)}{}^{bcd} + 2 \alpha \beta_0{}^2 A_b S_{(0)cda} S_{(0)}{}^{bcd} + 2 \alpha \beta_0{}^2 A_b S_{(0)cd}{}^c S_{(0)}{}^{bd}{}_a + \alpha^2 \beta_0 (\partial_5 g_{ab}) A_c A^b S_{(0)}{}^c{}_d{}^d +$$

$$+ 2 \alpha \beta_1 (\partial_5 A_b) S_{(1)a}{}^b - \alpha \beta_1 (\partial_5 g_{bc}) A^b S_{(1)a}{}^c - 2 \beta_0 \beta_1 S_{(0)bc}{}^b S_{(1)a}{}^c + \beta_1 {}^{(4)}\{{}^b_{ac}\} S_{(1)b}{}^c - 2 \alpha \beta_1 (\partial_5 g_{ab}) A_c S_{(1)}{}^{bc} -$$

$$- \tfrac{1}{2} \alpha^2 \beta_1 (\partial_b \psi) A_a A_c S_{(1)}{}^{bc} + \beta_0 \beta_1 S_{(0)bca} S_{(1)}{}^{bc} - \alpha^2 \beta_2 \eta {}^{(4)}\{{}^b_{bc}\} S_{(2)a}{}^c - 2 \alpha^2 \beta_0 \beta_2 \eta S_{(0)bc}{}^b S_{(2)a}{}^c +$$

$$+ \alpha^2 \beta_2 A^c A^d {}^{(4)}\{{}^b_{cd}\} S_{(2)ba} + \alpha^2 \beta_2 \eta {}^{(4)}\{{}^b_{ac}\} S_{(2)b}{}^c + 2 \alpha^2 \beta_2 A_b A^d {}^{(4)}\{{}^b_{ad}\} S_{(2)c}{}^c - \alpha^2 \beta_2 A_b U_a{}^b S_{(2)c}{}^c - \alpha^2 \beta_2 A_b F_a{}^b S_{(2)c}{}^c +$$

$$+ 4 \alpha \beta_1 \beta_2 A_b S_{(1)a}{}^b S_{(2)c}{}^c - \tfrac{1}{2} \alpha^2 \beta_2 A_b U^b{}_c S_{(2)}{}^b{}_a + \tfrac{1}{2} \alpha^4 \beta_2 (\partial_b \psi) A_a A_c \eta S_{(2)}{}^{bc} + \tfrac{1}{2} \alpha^2 \beta_2 A_b U_{ac} S_{(2)}{}^{bc} + \tfrac{1}{2} \alpha^2 \beta_2 A_a U_{bc} S_{(2)}{}^{bc} -$$

$$- \tfrac{1}{2} \alpha^2 \beta_2 A_b F_{ac} S_{(2)}{}^{bc} - \tfrac{1}{2} \alpha^2 \beta_2 A_a F_{bc} S_{(2)}{}^{bc} + 2 \alpha^2 \beta_0 \beta_2 \eta S_{(0)bca} S_{(2)}{}^{bc} + 2 \alpha \beta_1 \beta_2 A_a S_{(1)bc} S_{(2)}{}^{bc} -$$

$$- \alpha^2 \beta_2 A_b A^d {}^{(4)}\{{}^b_{cd}\} S_{(2)}{}^c{}_a + \tfrac{1}{2} \alpha^2 \beta_2 A_b U^b{}_c S_{(2)}{}^c{}_a - \tfrac{3}{2} \alpha^2 \beta_2 A_b F^b{}_c S_{(2)}{}^c{}_a + 2 \alpha^2 \beta_0 \beta_2 \eta S_{(0)bc}{}^b S_{(2)}{}^c{}_a +$$

$$+ 2 \alpha^2 \beta_0 \beta_2 A_b A_c S_{(0)}{}^b{}_d{}^d S_{(2)}{}^c{}_a + 4 \alpha \beta_1 \beta_2 A_b S_{(1)}{}^b{}_c S_{(2)}{}^c{}_a - \tfrac{1}{2} \alpha^4 \beta_2 (\partial_b \psi) A_a A_c A_d A^b S_{(2)}{}^{cd} - \alpha^2 \beta_2 A_b A_c {}^{(4)}\{{}^b_{ad}\} S_{(2)}{}^{cd} +$$

$$+ 2 \alpha^2 \beta_0 \beta_2 A_a A_b S_{(0)cd}{}^b S_{(2)}{}^{cd} - 2 \alpha^2 \beta_0 \beta_2 A_b A_c S_{(0)}{}^b{}_{da} S_{(2)}{}^{cd} + 2 \alpha^2 \beta_0 \beta_2 A_a A_b S_{(0)cd}{}^c S_{(2)}{}^{db} - 2 \alpha^2 \beta_3 (\partial_5 A_b) A^b S_{(3)a} +$$

$$+ \alpha^2 \beta_3 (\partial_5 g_{bc}) A^b A^c S_{(3)a} + \tfrac{1}{2} \alpha \beta_3 U_b{}^b S_{(3)a} - 2 \alpha \beta_0 \beta_3 A_b S_{(0)}{}^b{}_c{}^c S_{(3)a} - 4 \alpha^2 \beta_2 \beta_3 \eta S_{(2)b}{}^b S_{(3)a} + \alpha \beta_3 A^c {}^{(4)}\{{}^b_{ac}\} S_{(3)b} +$$

$$+ 2 \alpha^2 \beta_2 \beta_3 \eta S_{(2)a}{}^b S_{(3)b} - 2 \alpha \beta_0 \beta_3 A_b S_{(0)a}{}^{bc} S_{(3)c} + \alpha^2 \beta_3 (\partial_5 A_b) A_a S_{(3)}{}^b + \alpha^2 \beta_3 (\partial_5 A_a) A_b S_{(3)}{}^b + \alpha^2 \beta_3 (\partial_5 g_{ab}) \eta S_{(3)}{}^b +$$

$$+ \tfrac{1}{2} \alpha^3 \beta_3 (\partial_b \psi) A_a \eta S_{(3)}{}^b - \tfrac{1}{2} \alpha \beta_3 U_{ab} S_{(3)}{}^b - \tfrac{1}{2} \alpha \beta_3 F_{ab} S_{(3)}{}^b + 2 \beta_1 \beta_3 S_{(1)ab} S_{(3)}{}^b + 2 \alpha^2 \beta_2 \beta_3 \eta S_{(2)ba} S_{(3)}{}^b - 2 \alpha \beta_3{}^2 A_b S_{(3)a} S_{(3)}{}^b +$$

$$+ 2 \alpha \beta_3{}^2 A_a S_{(3)b} S_{(3)}{}^b - \alpha^2 \beta_3 (\partial_5 g_{ab}) A_c A^b S_{(3)}{}^c - \tfrac{1}{2} \alpha^3 \beta_3 (\partial_b \psi) A_a A_c A^b S_{(3)}{}^c + \alpha \beta_3 A_b {}^{(4)}\{{}^b_{ac}\} S_{(3)}{}^c + 2 \alpha \beta_0 \beta_3 A_a S_{(0)bc}{}^b S_{(3)}{}^c +$$

$$+ 2 \alpha^2 \beta_2 \beta_3 A_a A_b S_{(2)c}{}^b S_{(3)}{}^c - 2 \alpha^2 \beta_2 \beta_3 A_b A_c S_{(2)}{}^b{}_a S_{(3)}{}^c - \tfrac{1}{2} \alpha^2 (\partial_5 {}^{(4)}\{{}^c_{bd}\}) A^b A^d g_{ac} - \alpha^2 \beta_2 (\partial_5 S_{(2)c}{}^d) A^b A^c g_{ad} +$$

$$+ \alpha^2 \beta_2 \eta {}^{(4)}\{{}^d_{bc}\} S_{(2)}{}^{bc} g_{ad} + \alpha \beta_0 A_b {}^{(4)}\{{}^e_{cd}\} S_{(0)}{}^{bcd} g_{ae} - \alpha^2 \beta_2 A_b A^d {}^{(4)}\{{}^e_{cd}\} S_{(2)}{}^{bc} g_{ae} + \tfrac{1}{2} \alpha (\partial_b F_{ac}) g^{bc} -$$

$$\begin{aligned}
& -\beta_1 (\partial_b S_{(1)ac}) g^{bc} + \alpha \beta_3 (\partial_b S_{(3)c}) A_a g^{bc} + \tfrac{1}{4}\alpha^2 (\partial_5 U_{bc}) A_a g^{bc} + \alpha^2 \beta_2 (\partial_b S_{(2)c}{}^d) A_a A_d g^{bc} + \tfrac{3}{4}\alpha^4 (\partial_b \psi)(\partial_5 A_c) A_a \eta g^{bc} + \\
& + \tfrac{1}{2}\alpha^2 (\partial_5 g_{bc}) A_d A^e {}^{(4)}\{{}^d_{a\,e}\} g^{bc} - \tfrac{1}{4}\alpha^2 (\partial_5 g_{bc}) A_d U_a{}^d g^{bc} - \tfrac{1}{4}\alpha^2 (\partial_5 g_{bc}) A_d F_a{}^d g^{bc} + \alpha \beta_1 (\partial_5 g_{bc}) A_d S_{(1)a}{}^d g^{bc} - \\
& - \alpha^2 \beta_3 (\partial_5 g_{bc}) \eta S_{(3)a} g^{bc} + \alpha^2 \beta_2 (\partial_b S_{(2)c}{}^d) \eta g_{ad} g^{bc} + \tfrac{1}{2}\alpha^2 (\partial_5 A_b) A_c {}^{(4)}\{{}^c_{a\,d}\} g^{bd} - \tfrac{1}{2}\alpha^2 (\partial_5 g_{ab}) A_c A^e {}^{(4)}\{{}^c_{d\,e}\} g^{bd} - \\
& - \tfrac{1}{2}\alpha {}^{(4)}\{{}^c_{b\,d}\} F_{ac} g^{bd} + \beta_1 {}^{(4)}\{{}^c_{b\,d}\} S_{(1)ac} g^{bd} - \alpha^2 \beta_2 \eta {}^{(4)}\{{}^c_{b\,d}\} S_{(2)ca} g^{bd} - \alpha \beta_3 A_a {}^{(4)}\{{}^c_{b\,d}\} S_{(3)c} g^{bd} + \\
& + \tfrac{1}{2}\alpha^2 (\partial_5 {}^{(4)}\{{}^c_{b\,d}\}) \eta g_{ac} g^{bd} + \alpha \beta_0 (\partial_b S_{(0)cd}{}^e) A^c g_{ae} g^{bd} - \tfrac{1}{2}\alpha^2 (\partial_5 A_b) A_a {}^{(4)}\{{}^b_{c\,d}\} g^{cd} - \tfrac{1}{2}\alpha^2 (\partial_5 A_a) A_b {}^{(4)}\{{}^b_{c\,d}\} g^{cd} - \\
& - \alpha \beta_3 A_b {}^{(4)}\{{}^b_{c\,d}\} S_{(3)a} g^{cd} - \tfrac{1}{2}\alpha^2 (\partial_5 g_{bc}) A_d A^b {}^{(4)}\{{}^d_{a\,e}\} g^{ce} - \alpha \beta_0 A_b {}^{(4)}\{{}^b_{c\,e}\} S_{(0)}{}^b{}_{da} g^{ce} - \\
& - \alpha^2 \beta_2 A_a A_b {}^{(4)}\{{}^d_{c\,e}\} S_{(2)d}{}^b g^{ce} + \tfrac{1}{2}\alpha^2 (\partial_5 g_{ab}) A_c A^b {}^{(4)}\{{}^c_{d\,e}\} g^{de} + \alpha^2 \beta_2 A_b A_c {}^{(4)}\{{}^b_{d\,e}\} S_{(2)}{}^c{}_a g^{de} - \alpha^3 \beta_3 (\partial_b S_{(3)c}) A_a A^b A^c \psi - \\
& - \tfrac{1}{4}\alpha^4 (\partial_5 U_{bc}) A_a A^b A^c \psi - \alpha^4 \beta_2 (\partial_b S_{(2)c}{}^d) A_a A_d A^b A^c \psi + \tfrac{1}{2}\alpha^4 (\partial_5 A_b) A_a A^c A^d {}^{(4)}\{{}^b_{c\,d}\} \psi - \tfrac{1}{4}\alpha^4 (\partial_5 A_b) A_a A^b U_c{}^c \psi + \\
& + \tfrac{1}{4}\alpha^4 (\partial_5 A_b) A_a A_c U^{bc} \psi - \tfrac{1}{2}\alpha^4 (\partial_5 A_b) \eta F_a{}^b \psi + \tfrac{1}{4}\alpha^4 (\partial_5 A_b) A_c A^b F_a{}^c \psi + \tfrac{1}{2}\alpha^3 A_a A^d {}^{(4)}\{{}^c_{b\,d}\} F_b{}^c \psi + \tfrac{3}{4}\alpha^4 (\partial_5 A_b) A_a A_c F^{bc} \psi + \\
& + \tfrac{1}{2}\alpha^3 A_b F_{ac} F^{bc} \psi + \tfrac{1}{4}\alpha^3 A_a F_{bc} F^{bc} \psi - \alpha^3 \beta_0 A_b A_c F^{cd} S_{(0)ad}{}^b \psi + \alpha^4 \beta_0 (\partial_5 A_b) A_c \eta S_{(0)a}{}^{bc} \psi - \alpha^4 \beta_0 (\partial_5 A_b) A_c A_d A^b S_{(0)a}{}^{cd} \psi - \\
& - \tfrac{1}{2}\alpha^3 \beta_0 A_a A_b F^{cd} S_{(0)cd}{}^b \psi - \alpha^3 \beta_0 A_a A_b F^{bd} S_{(0)cd}{}^c \psi - \alpha^3 \beta_0 A_a A_b A^e {}^{(4)}\{{}^c_{d\,e}\} S_{(0)c}{}^{db} \psi - \alpha^4 \beta_0 (\partial_5 A_b) A_a \eta S_{(0)}{}^b{}_c{}^c \psi + \\
& + \tfrac{1}{2}\alpha^3 \beta_0 A_a A_b U^c{}_d S_{(0)}{}^b{}_c{}^d \psi - \tfrac{1}{2}\alpha^3 \beta_0 A_a A_b F^c{}_d S_{(0)}{}^b{}_c{}^d \psi + 2\alpha^3 \beta_0{}^2 A_a A_b A_c S_{(0)de}{}^d S_{(0)}{}^{bec} \psi + \\
& + \alpha^4 \beta_0 (\partial_5 A_b) A_a A_c A^b S_{(0)}{}^c{}_d{}^d \psi + 2\alpha^3 \beta_0{}^2 A_a A_b A_c S_{(0)de}{}^c S_{(0)}{}^{cde} \psi + \alpha^3 \beta_1 (\partial_5 A_b) \eta S_{(1)a}{}^b \psi - \alpha^3 \beta_1 (\partial_5 A_b) A_c A^b S_{(1)a}{}^c \psi - \\
& - \alpha^2 \beta_1 A_b F^b{}_c S_{(1)a}{}^c \psi - \alpha^2 \beta_1 A_a A^d {}^{(4)}\{{}^c_{b\,d}\} S_{(1)b}{}^c \psi - 2\alpha^3 \beta_1 (\partial_5 A_b) A_a A_c S_{(1)}{}^{bc} \psi - \alpha^2 \beta_1 A_a F_{bc} S_{(1)}{}^{bc} \psi + \\
& + \alpha \beta_1{}^2 A_a S_{(1)bc} S_{(1)}{}^{bc} \psi + 2\alpha^2 \beta_0 \beta_1 A_a A_b S_{(0)cd}{}^c S_{(1)}{}^{bd} \psi + 2\alpha^2 \beta_0 \beta_1 A_a A_b S_{(0)}{}^b{}_c{}^d S_{(1)}{}^c{}_d \psi + \alpha^2 \beta_0 \beta_1 A_a A_b S_{(0)cd}{}^b S_{(1)}{}^{cd} \psi + \\
& + \alpha^4 \beta_2 A_a A_b A^d A^e {}^{(4)}\{{}^c_{d\,e}\} S_{(2)c}{}^b \psi + \tfrac{1}{2}\alpha^4 \beta_2 A_a \eta U_{bc} S_{(2)}{}^{bc} \psi - \tfrac{1}{2}\alpha^4 \beta_2 A_a A_b A_c U^d{}_d S_{(2)}{}^{bc} \psi - \tfrac{1}{2}\alpha^4 \beta_2 A_a \eta F_{bc} S_{(2)}{}^{bc} \psi + \\
& + 2\alpha^3 \beta_1 \beta_2 A_a \eta S_{(1)bc} S_{(2)}{}^{bc} \psi - \tfrac{1}{2}\alpha^4 \beta_2 A_a A_b A_c U^b{}_d S_{(2)}{}^{cd} \psi + \tfrac{1}{2}\alpha^4 \beta_2 A_a A_b A_c F^b{}_d S_{(2)}{}^{cd} \psi + 2\alpha^4 \beta_0 \beta_2 A_a A_b \eta S_{(0)cd}{}^b S_{(2)}{}^{cd} \psi + \\
& + 2\alpha^4 \beta_0 \beta_2 A_a A_b A_c A_d S_{(0)}{}^b{}_e{}^e S_{(2)}{}^{cd} \psi - 2\alpha^3 \beta_1 \beta_2 A_a A_b A_c S_{(1)}{}^b{}_d S_{(2)}{}^{cd} \psi + 2\alpha^4 \beta_0 \beta_2 A_a A_b \eta S_{(0)cd}{}^c S_{(2)}{}^{db} \psi - \\
& - \alpha^4 \beta_2 A_a A_b A_c A^e {}^{(4)}\{{}^b_{d\,e}\} S_{(2)}{}^{dc} \psi + \tfrac{1}{2}\alpha^4 \beta_2 A_a A_b A_c U^b{}_d S_{(2)}{}^{dc} \psi - \tfrac{3}{2}\alpha^4 \beta_2 A_a A_b A_c F^b{}_d S_{(2)}{}^{dc} \psi + \\
& + 4\alpha^3 \beta_1 \beta_2 A_a A_b A_c S_{(1)}{}^b{}_d S_{(2)}{}^{dc} \psi - 2\alpha^4 \beta_0 \beta_2 A_a A_b A_c A_d S_{(0)}{}^b{}_e{}^e S_{(2)}{}^{de} \psi + \alpha^3 \beta_3 A_a A^c A^d {}^{(4)}\{{}^b_{c\,d}\} S_{(3)b} \psi + \alpha^4 \beta_3 (\partial_5 A_b) A_a \eta S_{(3)}{}^b \psi - \\
& - \tfrac{1}{2}\alpha^3 \beta_3 A_a A_b U_c{}^c S_{(3)}{}^b \psi + 2\alpha \beta_3{}^2 A_a \eta S_{(3)b} S_{(3)}{}^b \psi - \alpha^4 \beta_3 (\partial_5 A_b) A_a A_c A^b S_{(3)}{}^c \psi - \alpha^3 \beta_3 A_a A_b A^d {}^{(4)}\{{}^b_{c\,d}\} S_{(3)}{}^c \psi + \\
& + \tfrac{1}{2}\alpha^3 \beta_3 A_a A_b U^b{}_c S_{(3)}{}^c \psi - \tfrac{3}{2}\alpha^3 \beta_3 A_a A_b F^b{}_c S_{(3)}{}^c \psi + 2\alpha^3 \beta_0 \beta_3 A_a \eta S_{(0)bc}{}^b S_{(3)}{}^c \psi + 2\alpha^3 \beta_0 \beta_3 A_a A_b A_c S_{(0)}{}^b{}_d{}^d S_{(3)}{}^c \psi + \\
& + 4\alpha^2 \beta_1 \beta_3 A_a A_b S_{(1)}{}^b{}_c S_{(3)}{}^c \psi + 2\alpha^4 \beta_2 \beta_3 A_a A_b \eta S_{(2)c}{}^b S_{(3)}{}^c \psi - 2\alpha^3 \beta_3{}^2 A_a A_b A_c S_{(3)}{}^b S_{(3)}{}^c \psi - 2\alpha^4 \beta_2 \beta_3 A_a A_b A_c A_d S_{(2)}{}^{bc} S_{(3)}{}^d \psi + \\
& + \alpha^3 \beta_3 (\partial_b S_{(3)c}) A_a \eta g^{bc} \psi + \tfrac{1}{4}\alpha^4 (\partial_5 U_{bc}) A_a \eta g^{bc} \psi + \alpha^4 \beta_2 (\partial_b S_{(2)c}{}^d) A_a A_d \eta g^{bc} \psi - \tfrac{1}{2}\alpha^3 (\partial_b F_{cd}) A_a A^c g^{bd} \psi + \\
& + \alpha^2 \beta_1 (\partial_b S_{(1)cd}) A_a A^c g^{bd} \psi + \alpha^3 \beta_0 (\partial_b S_{(0)cd}{}^e) A_a A_e A^c g^{bd} \psi - \tfrac{1}{2}\alpha^4 (\partial_5 A_b) A_a A_c A^e {}^{(4)}\{{}^c_{d\,e}\} g^{bd} \psi - \\
& - \alpha^3 \beta_3 A_a \eta {}^{(4)}\{{}^c_{b\,d}\} S_{(3)c} g^{bd} \psi - \tfrac{1}{2}\alpha^4 (\partial_5 A_b) A_a \eta {}^{(4)}\{{}^b_{c\,d}\} g^{cd} \psi + \tfrac{1}{2}\alpha^3 A_a A_b {}^{(4)}\{{}^d_{c\,e}\} F^b{}_d g^{ce} \psi - \\
& - \alpha^2 \beta_1 A_a A_b {}^{(4)}\{{}^d_{c\,e}\} S_{(1)}{}^b{}_d g^{ce} \psi - \alpha^4 \beta_2 A_a A_b \eta {}^{(4)}\{{}^c_{d\,e}\} S_{(2)d}{}^b g^{ce} \psi + \tfrac{1}{2}\alpha^4 (\partial_5 A_b) A_a A_c A^b {}^{(4)}\{{}^c_{d\,e}\} g^{de} \psi + \\
& + \alpha^3 \beta_3 A_a A_b A_c {}^{(4)}\{{}^b_{d\,e}\} S_{(3)}{}^c g^{de} \psi - \alpha^3 \beta_0 A_a A_b A_c {}^{(4)}\{{}^e_{d\,f}\} S_{(0)}{}^b{}_e{}^c g^{df} \psi + \alpha^4 \beta_2 A_a A_b A_c A_d {}^{(4)}\{{}^b_{e\,f}\} S_{(2)}{}^{cd} g^{ef} \psi,
\end{aligned}$$

$$G^5{}_5 = \tag{111}$$

$$= G_{a5}\gamma^{a5} + G_{55}\gamma^{55}$$

$$\begin{aligned}
= & -\tfrac{1}{4}\alpha^2 (\partial_5 g_{ab})(\partial_5 \psi) A^a A^b \psi^{-1} + \alpha^2 \beta_2 (\partial_5 \psi)\eta S_{(2)a}{}^a \psi^{-1} - \beta_2{}^2 S_{(2)a}{}^b S_{(2)b}{}^a \psi^{-1} - \\
& - \alpha \beta_2 (\partial_a \psi) A^a S_{(2)b}{}^b \psi^{-1} + 2\beta_2{}^2 S_{(2)a}{}^a S_{(2)b}{}^b \psi^{-1} - \beta_2 (\partial_5 g_{ab}) S_{(2)}{}^{ab} \psi^{-1} + \tfrac{1}{2}\alpha \beta_2 (\partial_a \psi) A_b S_{(2)}{}^{ab} \psi^{-1} - \\
& - \alpha^2 \beta_2 (\partial_5 \psi) A_a A_b S_{(2)}{}^{ab} \psi^{-1} - \beta_2{}^2 S_{(2)ab} S_{(2)}{}^{ab} \psi^{-1} + \tfrac{1}{2}\alpha \beta_2 (\partial_a \psi) A_b S_{(2)}{}^{ba} \psi^{-1} + \tfrac{1}{4}\alpha^2 (\partial_5 g_{ab})(\partial_5 \psi)\eta g^{ab} \psi^{-1} + \\
& + \beta_2 (\partial_5 g_{ab}) S_{(2)c}{}^c g^{ab} \psi^{-1} + \tfrac{1}{4}\alpha (\partial_a \psi)(\partial_5 g_{bc}) A^b g^{ac} \psi^{-1} - \tfrac{1}{4}\alpha (\partial_a \psi)(\partial_5 g_{bc}) A^a g^{bc} \psi^{-1} - \tfrac{1}{8}(\partial_5 g_{ab})(\partial_5 g_{cd}) g^{ac} g^{bd} \psi^{-1} + \\
& + \tfrac{1}{8}(\partial_5 g_{ab})(\partial_5 g_{cd}) g^{ab} g^{cd} \psi^{-1} - \alpha \beta_2 (\partial_a S_{(2)b}{}^a) A^b - \tfrac{1}{2}\alpha (\partial_5 {}^{(4)}\{{}^a_{a\,b}\}) A^b - 2\alpha \beta_0 (\partial_5 S_{(0)ab}{}^a) A^b - \tfrac{3}{4}\alpha^3 (\partial_a \psi)(\partial_5 A_b) A^a A^b + \\
& + \tfrac{1}{4}\alpha (\partial_5 g_{ab}) U^{ab} + \tfrac{3}{4}\alpha^2 (\partial_a \psi) A_b F^{ab} - \beta_0{}^2 S_{(0)ab}{}^c S_{(0)}{}^a{}_c{}^b - \tfrac{1}{2}\alpha^2 \beta_0 (\partial_a \psi) A_b A_c S_{(0)}{}^{abc} - \tfrac{1}{2}\beta_0{}^2 S_{(0)abc} S_{(0)}{}^{abc} - \\
& - \alpha \beta_0 (\partial_5 g_{ab}) A^a S_{(0)}{}^b{}_c{}^c - 2\beta_0{}^2 S_{(0)ab}{}^a S_{(0)}{}^b{}_c{}^c - \tfrac{1}{2}\alpha \beta_1 (\partial_a \psi) A_b S_{(1)}{}^{ab} + \alpha \beta_2 A^c {}^{(4)}\{{}^a_{b\,c}\} S_{(2)a}{}^b - \alpha^2 \beta_2{}^2 \eta S_{(2)a}{}^b S_{(2)b}{}^a +
\end{aligned}$$

$+ 2\alpha^2 \beta_2 (\partial_5 A_a) A^a S_{(2)b}{}^b - \alpha \beta_2 U_a{}^a S_{(2)b}{}^b + 2\alpha^2 \beta_2{}^2 \eta S_{(2)a}{}^a S_{(2)b}{}^b - 2\alpha \beta_0 \beta_2 A_a S_{(0)}{}^a{}_b{}^c S_{(2)c}{}^b - \alpha^2 \beta_2 (\partial_5 g_{ab}) A^a A^b S_{(2)c}{}^c +$

$+ 4\alpha \beta_0 \beta_2 A_a S_{(0)}{}^a{}_b{}^b S_{(2)c}{}^c - \alpha^2 \beta_2 (\partial_5 A_a) A_b S_{(2)}{}^{ab} - \alpha^2 \beta_2 (\partial_5 g_{ab}) \eta S_{(2)}{}^{ab} + \tfrac{1}{2}\alpha^3 \beta_2 (\partial_a \psi) A_b \eta S_{(2)}{}^{ab} + \alpha \beta_2 U_{ab} S_{(2)}{}^{ab} -$

$- \alpha^2 \beta_2{}^2 \eta S_{(2)ab} S_{(2)}{}^{ab} - \alpha \beta_2 A_a {}^{(4)}\{{}^b_{bc}\} S_{(2)}{}^{ac} - 2\alpha \beta_0 \beta_2 A_a S_{(0)bc}{}^b S_{(2)}{}^{ac} - \alpha^2 \beta_2 (\partial_5 A_a) A_b S_{(2)}{}^{ba} -$

$- \tfrac{1}{2}\alpha^3 \beta_2 (\partial_a \psi) A_b A_c A^a S_{(2)}{}^{bc} - \alpha \beta_2 A_a {}^{(4)}\{{}^a_{bc}\} S_{(2)}{}^{bc} + 2\alpha \beta_0 \beta_2 A_a S_{(0)bc}{}^a S_{(2)}{}^{bc} - 2\alpha \beta_0 \beta_2 A_a S_{(0)}{}^a{}_{bc} S_{(2)}{}^{bc} +$

$+ \alpha^2 \beta_2{}^2 A_a A_b S_{(2)}{}^a{}_c S_{(2)}{}^{bc} + 2\alpha \beta_0 \beta_2 A_a S_{(0)bc}{}^b S_{(2)}{}^{ca} + \alpha^2 \beta_2 (\partial_5 g_{ab}) A_c A^a S_{(2)}{}^{cb} - \alpha^2 \beta_2{}^2 A_a A_b S_{(2)c}{}^a S_{(2)}{}^{cb} +$

$+ \tfrac{1}{2}\alpha^2 \beta_3 (\partial_a \psi) \eta S_{(3)}{}^a - \tfrac{1}{2}\alpha^2 \beta_3 (\partial_a \psi) A_b A^a S_{(3)}{}^b + \alpha \beta_2 (\partial_a S_{(2)b}{}^c) A_c g^{ab} + \tfrac{3}{4}\alpha^3 (\partial_a \psi) (\partial_5 A_b) \eta g^{ab} - \tfrac{1}{4}\alpha (\partial_5 g_{ab}) U_c{}^c g^{ab} +$

$+ \alpha \beta_0 (\partial_5 g_{ab}) A_c S_{(0)}{}^c{}_d{}^d g^{ab} + \alpha^2 \beta_2 (\partial_5 g_{ab}) \eta S_{(2)c}{}^c g^{ab} + \tfrac{1}{2}(\partial_a {}^{(4)}\{{}^b_{bc}\}) g^{ac} + 2\beta_0 (\partial_a S_{(0)bc}{}^b) g^{ac} + \tfrac{1}{2}\alpha (\partial_5 {}^{(4)}\{{}^b_{ac}\}) A_b g^{ac} -$

$- \tfrac{1}{2}\alpha^2 (\partial_5 A_a) (\partial_5 g_{bc}) A^b g^{ac} + 2\beta_0 {}^{(4)}\{{}^b_{ad}\} S_{(0)bc}{}^c g^{ad} - \tfrac{1}{2}(\partial_a {}^{(4)}\{{}^a_{bc}\}) g^{bc} + \tfrac{1}{2}\alpha^2 (\partial_5 A_a) (\partial_5 g_{bc}) A^a g^{bc} +$

$+ \tfrac{1}{4}\alpha^2 (\partial_5 g_{ab}) (\partial_5 g_{cd}) A^a A^c g^{bd} - \alpha \beta_2 A_a {}^{(4)}\{{}^c_{bd}\} S_{(2)c}{}^a g^{bd} + 2\alpha \beta_2 A_a {}^{(4)}\{{}^a_{bd}\} S_{(2)c}{}^c g^{bd} - \tfrac{1}{8}\alpha^2 (\partial_5 g_{ab}) (\partial_5 g_{cd}) \eta g^{ac} g^{bd} -$

$- \tfrac{1}{2}\alpha (\partial_5 g_{ab}) A_c {}^{(4)}\{{}^c_{de}\} g^{ad} g^{be} - \tfrac{1}{4}\alpha^2 (\partial_5 g_{ab}) (\partial_5 g_{cd}) A^a A^b g^{cd} + \tfrac{1}{2}{}^{(4)}\{{}^b_{ac}\} {}^{(4)}\{{}^a_{bd}\} g^{cd} - \tfrac{1}{2}{}^{(4)}\{{}^a_{ab}\} {}^{(4)}\{{}^b_{cd}\} g^{cd} +$

$+ \tfrac{1}{8}\alpha^2 (\partial_5 g_{ab}) (\partial_5 g_{cd}) \eta g^{ab} g^{cd} + \tfrac{1}{2}\alpha (\partial_5 g_{ab}) A_c {}^{(4)}\{{}^c_{de}\} g^{ab} g^{de} - \alpha^2 \beta_3 (\partial_a S_{(3)b}) A^a A^b \psi + \tfrac{1}{4}\alpha^4 (\partial_5 A_a) (\partial_5 A_b) A^a A^b \psi -$

$- \tfrac{1}{4}\alpha^3 (\partial_5 U_{ab}) A^a A^b \psi - \alpha^3 \beta_2 (\partial_a S_{(2)b}{}^c) A_c A^a A^b \psi + \tfrac{1}{2}\alpha^3 (\partial_5 A_a) A^b A^c {}^{(4)}\{{}^a_{bc}\} \psi - \tfrac{1}{4}\alpha^3 (\partial_5 A_a) A^a U_b{}^b \psi + \tfrac{1}{4}\alpha^3 (\partial_5 A_a) A_b U^{ab} \psi +$

$+ \tfrac{1}{2}\alpha^2 A^c {}^{(4)}\{{}^a_{bc}\} F_a{}^b \psi + \tfrac{3}{4}\alpha^3 (\partial_5 A_a) A_b F^{ab} \psi + \tfrac{3}{8}\alpha^2 F_{ab} F^{ab} \psi - \tfrac{1}{2}\alpha^2 \beta_0 A_a F^{bc} S_{(0)bc}{}^a \psi - \alpha^2 \beta_0 A_a F^{ac} S_{(0)b}{}^b{}_c \psi -$

$- \alpha^2 \beta_0 A_a A^d {}^{(4)}\{{}^b_{cd}\} S_{(0)b}{}^c{}^a \psi - \alpha^3 \beta_0 (\partial_5 A_a) \eta S_{(0)}{}^a{}_b{}^b \psi + \tfrac{1}{2}\alpha^2 \beta_0 A_a U^c{}_c S_{(0)}{}^a{}_b{}^b \psi - \tfrac{1}{2}\alpha^2 \beta_0 A_a F^c{}_c S_{(0)}{}^a{}_b{}^c \psi +$

$+ 2\alpha^2 \beta_0{}^2 A_a A_b S_{(0)cd}{}^c S_{(0)}{}^{adb} \psi + \alpha^3 \beta_0 (\partial_5 A_a) A_b A^a S_{(0)}{}^b{}_c{}^c \psi + 2\alpha^2 \beta_0{}^2 A_a A_b S_{(0)cd}{}^a S_{(0)}{}^{bcd} \psi -$

$- \tfrac{1}{2}\alpha^2 \beta_0{}^2 A_a A_b S_{(0)cd}{}^a S_{(0)}{}^{cdb} \psi - \alpha \beta_1 A^c {}^{(4)}\{{}^a_{bc}\} S_{(1)a}{}^b \psi - 2\alpha^2 \beta_1 (\partial_5 A_a) A_b S_{(1)}{}^{ab} \psi - \alpha \beta_1 F_{ab} S_{(1)}{}^{ab} \psi +$

$+ \tfrac{1}{2}\beta_1{}^2 S_{(1)ab} S_{(1)}{}^{ab} \psi + 2\alpha \beta_0 \beta_1 A_a S_{(0)bc}{}^b S_{(1)}{}^{ac} \psi + 2\alpha \beta_0 \beta_1 A_a S_{(0)}{}^a{}_b{}^c S_{(1)}{}^b{}_c \psi + \alpha^3 \beta_2 A_a A^c A^d {}^{(4)}\{{}^b_{cd}\} S_{(2)b}{}^a \psi -$

$- \alpha^4 \beta_2 (\partial_5 A_a) A_b \eta S_{(2)}{}^{ab} \psi + \tfrac{1}{2}\alpha^3 \beta_2 \eta U_{ab} S_{(2)}{}^{ab} \psi - \tfrac{1}{2}\alpha^3 \beta_2 A_a A_b U_c{}^c S_{(2)}{}^{ab} \psi - \tfrac{1}{2}\alpha^3 \beta_2 \eta F_{ab} S_{(2)}{}^{ab} \psi +$

$+ 2\alpha^2 \beta_1 \beta_2 \eta S_{(1)ab} S_{(2)}{}^{ab} \psi + \alpha^4 \beta_2 (\partial_5 A_a) A_b A_c A^a S_{(2)}{}^{bc} \psi - \tfrac{1}{2}\alpha^3 \beta_2 A_a A_b U^a{}_c S_{(2)}{}^{bc} \psi + \tfrac{1}{2}\alpha^3 \beta_2 A_a A_b F^a{}_c S_{(2)}{}^{bc} \psi +$

$+ 2\alpha^3 \beta_0 \beta_2 A_a \eta S_{(0)bc}{}^a S_{(2)}{}^{bc} \psi + 2\alpha^3 \beta_0 \beta_2 A_a A_b A_c S_{(0)}{}^a{}^d S_{(2)}{}^{bc} \psi - 2\alpha^2 \beta_1 \beta_2 A_a A_b S_{(1)}{}^a{}_c S_{(2)}{}^{bc} \psi +$

$+ 2\alpha^3 \beta_0 \beta_2 A_a \eta S_{(0)bc}{}^b S_{(2)}{}^{ca} \psi - \alpha^3 \beta_2 A_a A_b A^d {}^{(4)}\{{}^a_{cd}\} S_{(2)}{}^{cb} \psi + \tfrac{1}{2}\alpha^3 \beta_2 A_a A_b U^a{}_c S_{(2)}{}^{cb} \psi - \tfrac{1}{2}\alpha^3 \beta_2 A_a A_b F^a{}_c S_{(2)}{}^{cb} \psi +$

$+ 2\alpha^2 \beta_1 \beta_2 A_a A_b S_{(1)}{}^a{}_c S_{(2)}{}^{cb} \psi - \alpha^4 \beta_2{}^2 A_a A_b \eta S_{(2)c}{}^a S_{(2)}{}^{cb} \psi - 2\alpha^3 \beta_0 \beta_2 A_a A_b A_c S_{(0)}{}^a{}_d{}^b S_{(2)}{}^{cd} \psi +$

$+ \alpha^4 \beta_2{}^2 A_a A_b A_c A_d S_{(2)}{}^{ab} S_{(2)}{}^{cd} \psi - 2\alpha^3 \beta_0 \beta_2 A_a A_b A_c S_{(0)}{}^a{}_d{}^b S_{(2)}{}^{dc} \psi + \alpha^2 \beta_3 A^b A^c {}^{(4)}\{{}^a_{bc}\} S_{(3)a} \psi - \tfrac{1}{2}\alpha^2 \beta_3 A_a U_b{}^b S_{(3)}{}^a \psi +$

$+ \alpha^2 \beta_3{}^2 \eta S_{(3)a} S_{(3)}{}^a \psi - \alpha^2 \beta_3 A_a A^c {}^{(4)}\{{}^a_{bc}\} S_{(3)}{}^b \psi + \tfrac{1}{2}\alpha^2 \beta_3 A_a U^a{}_b S_{(3)}{}^b \psi - \tfrac{1}{2}\alpha^2 \beta_3 A_a F^a{}_b S_{(3)}{}^b \psi + 2\alpha^2 \beta_0 \beta_3 \eta S_{(0)ab}{}^a S_{(3)}{}^b \psi +$

$+ 2\alpha^2 \beta_0 \beta_3 A_a A_b S_{(0)}{}^a{}^c S_{(3)}{}^b \psi + 2\alpha \beta_1 \beta_3 A_a S_{(1)}{}^a{}_b S_{(3)}{}^b \psi - \alpha^2 \beta_3{}^2 A_a A_b S_{(3)}{}^a S_{(3)}{}^b \psi - 2\alpha^2 \beta_0 \beta_3 A_a A_b S_{(0)}{}^a{}_c{}^b S_{(3)}{}^c \psi +$

$+ \alpha^2 \beta_3 (\partial_a S_{(3)b}) \eta g^{ab} \psi - \tfrac{1}{4}\alpha^4 (\partial_5 A_a)(\partial_5 A_b) \eta g^{ab} \psi + \tfrac{1}{4}\alpha^3 (\partial_5 U_{ab}) \eta g^{ab} \psi + \alpha^3 \beta_2 (\partial_a S_{(2)b}{}^c) A_c \eta g^{ab} \psi - \tfrac{1}{2}\alpha^2 (\partial_a F_{bc}) A^b g^{ac} \psi +$

$+ \alpha \beta_1 (\partial_a S_{(1)bc}) A^b g^{ac} \psi + \alpha^2 \beta_0 (\partial_a S_{(0)bc}{}^d) A_d A^b g^{ac} \psi - \tfrac{1}{2}\alpha^3 (\partial_5 A_a) A_b A^d {}^{(4)}\{{}^a_{cd}\} g^{ac} \psi - \alpha \beta_3 \eta {}^{(4)}\{{}^b_{ac}\} S_{(3)b} g^{ac} \psi -$

$- \tfrac{1}{2}\alpha^3 (\partial_5 A_a) \eta {}^{(4)}\{{}^a_{bc}\} g^{bc} \psi + \tfrac{1}{2}\alpha^2 A_a {}^{(4)}\{{}^c_{bd}\} F^a{}_c g^{bd} \psi - \alpha \beta_1 A_a {}^{(4)}\{{}^c_{bd}\} S_{(1)}{}^a{}_c g^{bd} \psi - \alpha^3 \beta_2 A_a \eta {}^{(4)}\{{}^c_{bd}\} S_{(2)c}{}^a g^{bd} \psi +$

$+ \tfrac{1}{2}\alpha^3 (\partial_5 A_a) A_b A^a {}^{(4)}\{{}^b_{cd}\} g^{cd} \psi + \alpha^2 \beta_3 A_a A_b {}^{(4)}\{{}^a_{cd}\} S_{(3)}{}^b g^{cd} \psi - \alpha^2 \beta_0 A_a A_b {}^{(4)}\{{}^d_{ce}\} S_{(0)}{}^a{}_d{}^b g^{ce} \psi +$

$+ \alpha^3 \beta_2 A_a A_b A_c {}^{(4)}\{{}^a_{de}\} S_{(2)}{}^{bc} g^{de} \psi.$

17. THE 5-DIMENSIONAL MIXED EINSTEIN CURVATURE TENSOR OF THE 2nd KIND $G_\alpha{}^\beta$

The four parts of the 5-dimensional mixed Einstein curvature tensor of the 2nd kind $G_\alpha{}^\beta$, where

$$G_\alpha{}^\beta = G_{\alpha\gamma} \gamma^{\beta\gamma}, \tag{112}$$

are given by

$$G_a{}^b = \tag{113}$$

$= G_{ac} \gamma^{bc} + G_{a5} \gamma^{b5}$

$= -\tfrac{1}{4}\alpha (\partial_a \psi)(\partial_5 \psi) A^b \psi^{-2} + \tfrac{1}{4}\alpha^2 (\partial_5 \psi)(\partial_5 \psi) A_a A^b \psi^{-2} + \tfrac{1}{2}\alpha (\partial_c \psi)(\partial_5 \psi) A^c \delta_a^b \psi^{-2} -$

$$\begin{aligned}
&-\tfrac{1}{4}\alpha^2(\partial_5\psi)(\partial_5\psi)\eta\,\delta_a^b\,\psi^{-2} + \tfrac{1}{2}\beta_2(\partial_5\psi)S_{(2)a}{}^b\psi^{-2} - \beta_2(\partial_5\psi)\delta_a^b S_{(2)c}{}^c\psi^{-2} + \tfrac{1}{2}\beta_2(\partial_5\psi)S_{(2)}{}^b{}_a\psi^{-2} + \tfrac{1}{4}(\partial_a\psi)(\partial_c\psi)g^{bc}\psi^{-2} + \\
&+ \tfrac{1}{4}(\partial_5 g_{ac})(\partial_5\psi)g^{bc}\psi^{-2} - \tfrac{1}{4}\alpha(\partial_c\psi)(\partial_5\psi)A_a g^{bc}\psi^{-2} - \tfrac{1}{4}\alpha(\partial_c\psi)(\partial_d\psi)\delta_a^b g^{cd}\psi^{-2} - \tfrac{1}{4}(\partial_5 g_{cd})(\partial_5\psi)\delta_a^b g^{cd}\psi^{-2} - \\
&- \beta_2(\partial_5 S_{(2)a}{}^b)\psi^{-1} + \tfrac{1}{2}\alpha(\partial_5\partial_a\psi)A^b\psi^{-1} - \tfrac{3}{4}\alpha^2(\partial_5 A_a)(\partial_5\psi)A^b\psi^{-1} - \tfrac{1}{2}\alpha^2(\partial_5\partial_5\psi)A_a A^b\psi^{-1} + \tfrac{1}{4}\alpha^2(\partial_5 g_{ac})(\partial_5\psi)A^b A^c\psi^{-1} + \\
&+ \tfrac{1}{4}\alpha(\partial_5\psi)U_a{}^b\psi^{-1} + 2\beta_2(\partial_5 S_{(2)c}{}^c)\delta_a^b\psi^{-1} - \alpha(\partial_5\partial_c\psi)A^c\delta_a^b\psi^{-1} + \tfrac{3}{2}\alpha^2(\partial_5 A_c)(\partial_5\psi)A^c\delta_a^b\psi^{-1} - \\
&- \tfrac{1}{2}\alpha^2(\partial_5 g_{cd})(\partial_5\psi)A^c A^d\delta_a^b\psi^{-1} + \tfrac{1}{2}\alpha^2(\partial_5\partial_5\psi)\eta\,\delta_a^b\psi^{-1} - \tfrac{1}{4}\alpha(\partial_5\psi)U_c{}^c\delta_a^b\psi^{-1} + \tfrac{1}{2}\beta_0(\partial_c\psi)S_{(0)a}{}^{bc}\psi^{-1} - \\
&- \tfrac{1}{2}\beta_0(\partial_c\psi)S_{(0)a}{}^{cb}\psi^{-1} + \tfrac{1}{2}\alpha\beta_0(\partial_5\psi)A_c S_{(0)a}{}^{cb}\psi^{-1} - \tfrac{1}{2}\beta_0(\partial_c\psi)S_{(0)}{}^{bc}{}_a\psi^{-1} + \tfrac{1}{2}\alpha\beta_0(\partial_5\psi)A_c S_{(0)}{}^{bc}{}_a\psi^{-1} - \\
&- \beta_0(\partial_c\psi)\delta_a^b S_{(0)}{}^c{}_d\psi^{-1} + \alpha\beta_0(\partial_5\psi)A_c\delta_a^b S_{(0)}{}^c{}_d\psi^{-1} + \tfrac{1}{2}\beta_1(\partial_5\psi)S_{(1)a}{}^b\psi^{-1} + \tfrac{1}{2}\alpha\beta_2(\partial_c\psi)A^c S_{(2)a}{}^b\psi^{-1} - \\
&- \tfrac{1}{2}\alpha^2\beta_2(\partial_5\psi)\eta\,S_{(2)a}{}^b\psi^{-1} - \tfrac{1}{2}\alpha\beta_2(\partial_c\psi)A^b S_{(2)a}{}^c\psi^{-1} + 2\beta_2^2 S_{(2)a}{}^c S_{(2)c}{}^b\psi^{-1} - \alpha^2\beta_2(\partial_5\psi)A_a A^b S_{(2)c}{}^c\psi^{-1} + \\
&+ \alpha^2\beta_2(\partial_5\psi)\eta\,\delta_a^b S_{(2)c}{}^c\psi^{-1} - 2\beta_2^2 S_{(2)a}{}^c S_{(2)c}{}^c\psi^{-1} - \beta_2^2\delta_a^b S_{(2)c}{}^d S_{(2)d}{}^c\psi^{-1} - \alpha\beta_2(\partial_c\psi)A^c\delta_a^b S_{(2)d}{}^d\psi^{-1} + \\
&+ 2\beta_2^2\delta_a^b S_{(2)c}{}^c S_{(2)d}{}^d\psi^{-1} + \tfrac{1}{2}\alpha\beta_2(\partial_c\psi)A^c S_{(2)}{}^b{}_a\psi^{-1} - \tfrac{1}{2}\alpha^2\beta_2(\partial_5\psi)\eta\,S_{(2)}{}^b{}_a\psi^{-1} - 2\beta_2^2 S_{(2)c}{}^c S_{(2)}{}^b{}_a\psi^{-1} - \\
&- \beta_2(\partial_5 g_{ac})S_{(2)}{}^{bc}\psi^{-1} + \alpha\beta_2(\partial_a\psi)A_c S_{(2)}{}^{bc}\psi^{-1} - \tfrac{1}{2}\alpha^2\beta_2(\partial_5\psi)A_a A_c S_{(2)}{}^{bc}\psi^{-1} - \tfrac{1}{2}\alpha\beta_2(\partial_c\psi)A^b S_{(2)}{}^c{}_a\psi^{-1} + \\
&+ \tfrac{1}{2}\alpha^2\beta_2(\partial_5\psi)A_c A^b S_{(2)}{}^c{}_a\psi^{-1} + \beta_2(\partial_5 g_{ac})S_{(2)}{}^{cb}\psi^{-1} - \alpha\beta_2(\partial_c\psi)A_a S_{(2)}{}^{cb}\psi^{-1} + \alpha^2\beta_2(\partial_5\psi)A_a A_c S_{(2)}{}^{cb}\psi^{-1} + \\
&+ 2\beta_2^2 S_{(2)ca}S_{(2)}{}^{cb}\psi^{-1} - \beta_2^2\delta_a^b S_{(2)cd}S_{(2)}{}^{cd}\psi^{-1} - \tfrac{1}{2}\alpha\beta_3(\partial_5\psi)A^b S_{(3)a}\psi^{-1} + \beta_3(\partial_a\psi)S_{(3)}{}^b\psi^{-1} - \\
&- \tfrac{1}{2}\alpha\beta_3(\partial_5\psi)A_a S_{(3)}{}^b\psi^{-1} - \beta_3(\partial_c\psi)\delta_a^b S_{(3)}{}^c\psi^{-1} + \alpha\beta_3(\partial_5\psi)A_c\delta_a^b S_{(3)}{}^c\psi^{-1} - \tfrac{1}{2}(\partial_a\partial_c\psi)g^{bc}\psi^{-1} - \\
&- \tfrac{1}{2}(\partial_5\partial_5 g_{ac})g^{bc}\psi^{-1} + \tfrac{1}{2}\alpha(\partial_c\psi)(\partial_5 A_a)g^{bc}\psi^{-1} + \tfrac{1}{2}\alpha(\partial_a\psi)(\partial_5 A_c)g^{bc}\psi^{-1} + \tfrac{1}{2}\alpha(\partial_5\partial_c\psi)A_a g^{bc}\psi^{-1} - \\
&- \tfrac{3}{4}\alpha^2(\partial_5 A_c)(\partial_5\psi)A_a g^{bc}\psi^{-1} - \tfrac{1}{4}\alpha^2(\partial_5 g_{ac})(\partial_5\psi)\eta\,g^{bc}\psi^{-1} - \beta_2(\partial_5 g_{ac})S_{(2)d}{}^d g^{bc}\psi^{-1} + \alpha\beta_2(\partial_c\psi)A_a S_{(2)d}{}^d g^{bc}\psi^{-1} - \\
&- \beta_2(\partial_5 S_{(2)c}{}^d)g_{ad}g^{bc}\psi^{-1} + \tfrac{1}{4}\alpha(\partial_c\psi)(\partial_5 g_{ad})A^c g^{bd}\psi^{-1} + \tfrac{1}{2}\alpha^2(\partial_5 g_{cd})(\partial_5\psi)A_a A^c g^{bd}\psi^{-1} + \tfrac{1}{2}(\partial_c\psi)^{(4)}\{{}^c_{ad}\}g^{bd}\psi^{-1} - \\
&- \tfrac{1}{2}\alpha(\partial_5\psi)A_c{}^{(4)}\{{}^c_{ad}\}g^{bd}\psi^{-1} + \beta_2(\partial_5 g_{cd})S_{(2)}{}^c{}_a g^{bd}\psi^{-1} - \tfrac{1}{4}\alpha(\partial_c\psi)(\partial_5 g_{ad})A^b g^{cd}\psi^{-1} - \tfrac{1}{4}\alpha^2(\partial_5 g_{cd})(\partial_5\psi)A_a A^b g^{cd}\psi^{-1} + \\
&+ \tfrac{1}{2}(\partial_c\partial_d\psi)\delta_a^b g^{cd}\psi^{-1} + \tfrac{1}{2}(\partial_5\partial_5 g_{cd})\delta_a^b g^{cd}\psi^{-1} - \alpha(\partial_c\psi)(\partial_5 A_d)\delta_a^b g^{cd}\psi^{-1} + \tfrac{1}{4}\alpha^2(\partial_5 g_{cd})(\partial_5\psi)\eta\,\delta_a^b g^{cd}\psi^{-1} - \\
&- \tfrac{1}{2}\beta_2(\partial_5 g_{cd})S_{(2)a}{}^b g^{cd}\psi^{-1} + \beta_2(\partial_5 g_{cd})\delta_a^b S_{(2)e}{}^e g^{cd}\psi^{-1} - \tfrac{1}{2}\beta_2(\partial_5 g_{cd})S_{(2)}{}^b{}_a g^{cd}\psi^{-1} + \\
&+ \tfrac{1}{2}\alpha(\partial_c\psi)(\partial_5 g_{de})A^d\delta_a^b g^{ce}\psi^{-1} + \tfrac{1}{2}(\partial_5 g_{ac})(\partial_5 g_{de})g^{bd}g^{ce}\psi^{-1} - \tfrac{1}{2}\alpha(\partial_c\psi)(\partial_5 g_{de})A_a g^{bd}g^{ce}\psi^{-1} - \\
&- \tfrac{1}{4}\alpha(\partial_c\psi)(\partial_5 g_{de})A^c\delta_a^b g^{de}\psi^{-1} - \tfrac{1}{2}(\partial_c\psi)^{(4)}\{{}^c_{de}\}\delta_a^b g^{de}\psi^{-1} + \tfrac{1}{2}\alpha(\partial_5\psi)A_c{}^{(4)}\{{}^c_{de}\}\delta_a^b g^{de}\psi^{-1} - \\
&- \tfrac{1}{4}(\partial_5 g_{ac})(\partial_5 g_{de})g^{bc}g^{de}\psi^{-1} + \tfrac{1}{4}\alpha(\partial_c\psi)(\partial_5 g_{de})A_a g^{bc}g^{de}\psi^{-1} - \tfrac{3}{8}(\partial_5 g_{cd})(\partial_5 g_{ef})\delta_a^b g^{ce}g^{df}\psi^{-1} + \\
&+ \tfrac{1}{8}(\partial_5 g_{cd})(\partial_5 g_{ef})\delta_a^b g^{cd}g^{ef}\psi^{-1} + 2\alpha\beta_2(\partial_a S_{(2)c}{}^c)A^b - \alpha\beta_2(\partial_c S_{(2)a}{}^c)A^b - \tfrac{1}{2}\alpha^2(\partial_5\partial_5 A_a)A^b + \tfrac{1}{2}\alpha(\partial_5{}^{(4)}\{{}^b_{ab}\})A^b - \\
&- \alpha\beta_3(\partial_5 S_{(3)a})A^b + \alpha\beta_2(\partial_c S_{(2)a}{}^b)A^c + \tfrac{1}{2}\alpha(\partial_5{}^{(4)}\{{}^b_{ac}\})A^c + \alpha\beta_0(\partial_5 S_{(0)ac}{}^b)A^c + \tfrac{1}{2}\alpha^2(\partial_5\partial_5 g_{ac})A^b A^c + \tfrac{3}{4}\alpha^4(\partial_5 A_c)(\partial_5\psi)A_a A^b A^c - \\
&- \alpha^2\beta_2(\partial_5 S_{(2)a}{}^b)\eta - \tfrac{1}{4}\alpha(\partial_5 g_{ac})U^{bc} + \tfrac{1}{4}\alpha(\partial_5 g_{ac})F^{bc} + \tfrac{3}{4}\alpha^2(\partial_c\psi)A_a F^{bc} - \tfrac{3}{4}\alpha^3(\partial_5\psi)A_a A_c F^{bc} - 2\alpha\beta_2(\partial_c S_{(2)d}{}^d)A^c\delta_a^b + \\
&+ \alpha^2(\partial_5\partial_5 A_c)A^c\delta_a^b + 2\alpha\beta_3(\partial_5 S_{(3)c})A^c\delta_a^b - \alpha(\partial_5{}^{(4)}\{{}^a_{ad}\})A^d\delta_a^b - 2\alpha\beta_0(\partial_5 S_{(0)cd}{}^c)A^d\delta_a^b - \\
&- \tfrac{1}{2}\alpha^2(\partial_5\partial_5 g_{cd})A^c A^d\delta_a^b + 2\alpha^2\beta_2(\partial_5 S_{(2)c}{}^c)\eta\,\delta_a^b + \tfrac{1}{4}\alpha(\partial_5 g_{cd})U^{cd}\delta_a^b + \beta_0{}^{(4)}\{{}^c_{cd}\}S_{(0)a}{}^{bd} + \alpha\beta_0(\partial_5 A_c)S_{(0)a}{}^{cb} - \\
&- \beta_0{}^{(4)}\{{}^b_{cd}\}S_{(0)a}{}^{cd} - \alpha\beta_0(\partial_5 g_{cd})A^c S_{(0)a}{}^{db} - 2\beta_0^2 S_{(0)a}{}^{bc}S_{(0)cd}{}^d + \beta_0{}^{(4)}\{{}^c_{ad}\}S_{(0)c}{}^{db} + \beta_0{}^{(4)}\{{}^c_{ad}\}S_{(0)}{}^b{}_c{}^d + \\
&+ \alpha\beta_0(\partial_5 A_c)S_{(0)}{}^{bc}{}_a - \tfrac{3}{2}\alpha^2\beta_0(\partial_c\psi)A_a A_d S_{(0)}{}^{bcd} + \tfrac{3}{2}\alpha^3\beta_0(\partial_5\psi)A_a A_c A_d S_{(0)}{}^{bcd} - \alpha\beta_0(\partial_5 g_{cd})A^c S_{(0)}{}^{bd}{}_a - \\
&- 2\beta_0^2 S_{(0)cd}{}^c S_{(0)}{}^{bd}{}_a + \alpha\beta_0(\partial_5 g_{ac})A_d S_{(0)}{}^{bdc} - 2\beta_0^2 S_{(0)ac}{}^d S_{(0)}{}^c{}_d{}^b + \alpha\beta_0(\partial_5 g_{ac})A^b S_{(0)}{}^c{}_d{}^d + 2\alpha\beta_0(\partial_5 A_c)\delta_a^b S_{(0)}{}^c{}_d{}^d + \\
&+ 2\beta_0^2 S_{(0)ac}{}^b S_{(0)}{}^c{}_d{}^d - \beta_0^2\delta_a^b S_{(0)cd}{}^e S_{(0)}{}^c{}_e{}^d - \alpha\beta_0(\partial_5 g_{ac})A_d S_{(0)}{}^{cdb} + \beta_0^2 S_{(0)cda}S_{(0)}{}^{cdb} - \\
&- \tfrac{1}{2}\beta_0^2\delta_a^b S_{(0)cde}S_{(0)}{}^{cde} - 2\alpha\beta_0(\partial_5 g_{cd})A^c\delta_a^b S_{(0)}{}^d{}_e{}^e - 2\beta_0^2\delta_a^b S_{(0)cd}{}^c S_{(0)}{}^d{}_e{}^e - \tfrac{3}{2}\alpha\beta_1(\partial_c\psi)A_a S_{(1)}{}^{bc} + \\
&+ \tfrac{3}{2}\alpha^2\beta_1(\partial_5\psi)A_a A_c S_{(1)}{}^{bc} - 2\alpha^2\beta_2(\partial_5 A_c)A^c S_{(2)a}{}^b + \alpha^2\beta_2(\partial_5 g_{cd})A^c A^d S_{(2)a}{}^b + \tfrac{1}{2}\alpha\beta_2 U_c{}^c S_{(2)a}{}^b - 2\alpha\beta_0\beta_2 A_c S_{(0)}{}^c{}_d{}^d S_{(2)a}{}^b + \\
&+ \alpha\beta_2 A^d\,{}^{(4)}\{{}^b_{cd}\}S_{(2)a}{}^c - \tfrac{1}{2}\alpha\beta_2 U^b{}_c S_{(2)a}{}^c + \tfrac{1}{2}\alpha\beta_2 F^b{}_c S_{(2)a}{}^c - \alpha\beta_2 A^b\,{}^{(4)}\{{}^c_{cd}\}S_{(2)a}{}^d - 2\alpha\beta_0\beta_2 A^b S_{(0)cd}{}^c S_{(2)a}{}^d + \\
&+ 2\alpha\beta_0\beta_2 A_c S_{(0)}{}^c{}_d{}^b S_{(2)a}{}^d - \alpha\beta_2 A^d\,{}^{(4)}\{{}^c_{ad}\}S_{(2)c}{}^b + 2\alpha^2\beta_2^2\eta\,S_{(2)a}{}^c S_{(2)c}{}^b - \alpha^2\beta_2(\partial_5 A_a)A^b S_{(2)c}{}^c + \alpha\beta_2 U_a{}^b S_{(2)c}{}^c + \\
&+ 2\beta_1\beta_2 S_{(1)a}{}^b S_{(2)c}{}^c - 2\alpha^2\beta_2^2\eta\,S_{(2)a}{}^b S_{(2)c}{}^c + \alpha\beta_2 A^b\,{}^{(4)}\{{}^c_{ad}\}S_{(2)c}{}^d - 2\alpha\beta_0\beta_2 A_c S_{(0)a}{}^{cd}S_{(2)d}{}^b -
\end{aligned}$$

$$
\begin{aligned}
&- \alpha^2 \beta_2{}^2 \eta \, \delta_a^b S_{(2)c}{}^d S_{(2)d}{}^c + \alpha^2 \beta_2 (\partial_5 g_{ac}) A^b A^c S_{(2)d}{}^d + 4 \alpha^2 \beta_2 (\partial_5 A_c) A^c \delta_a^b S_{(2)d}{}^d - \alpha \beta_2 U_c{}^c \delta_a^b S_{(2)d}{}^d + \\
&+ 2 \alpha \beta_0 \beta_2 A_c S_{(0)a}{}^{cb} S_{(2)d}{}^d + 2 \alpha \beta_0 \beta_2 A_c S_{(0)}{}^{bc}{}_a S_{(2)d}{}^d + 2 \alpha \beta_2{}^2 \eta \, \delta_a^b S_{(2)c}{}^c S_{(2)d}{}^d - 2 \alpha \beta_0 \beta_2 A_c \delta_a^b S_{(0)}{}^c{}_d S_{(2)e}{}^d - \\
&- 2 \alpha^2 \beta_2 (\partial_5 g_{cd}) A^c A^d \delta_a^b S_{(2)e}{}^e + 4 \alpha \beta_0 \beta_2 A_c \delta_a^b S_{(0)}{}^c{}_d S_{(2)e}{}^e - 2 \alpha^2 \beta_2 (\partial_5 A_c) A^c S_{(2)}{}^b{}_a + \alpha^2 \beta_2 (\partial_5 g_{cd}) A^c A^d S_{(2)}{}^b{}_a + \\
&+ \tfrac{1}{2} \alpha \beta_2 U_c{}^c S_{(2)}{}^b{}_a - 2 \alpha \beta_0 \beta_2 A_c S_{(0)}{}^c{}_d S_{(2)}{}^b{}_a - 2 \alpha^2 \beta_2{}^2 \eta \, S_{(2)c}{}^c S_{(2)}{}^b{}_a - \alpha^2 \beta_2 (\partial_5 A_c) A_a S_{(2)}{}^{bc} - \alpha^2 \beta_2 (\partial_5 A_a) A_c S_{(2)}{}^{bc} - \\
&- \alpha^2 \beta_2 (\partial_5 g_{ac}) \eta \, S_{(2)}{}^{bc} - \tfrac{3}{2} \alpha^4 \beta_2 (\partial_5 \psi) A_a A_c \eta \, S_{(2)}{}^{bc} + \tfrac{1}{2} \alpha \beta_2 U_{ac} S_{(2)}{}^{bc} + \tfrac{1}{2} \alpha \beta_2 F_{ac} S_{(2)}{}^{bc} - 2 \alpha^2 \beta_2{}^2 A_a A_c S_{(2)d}{}^d S_{(2)}{}^{bc} + \\
&+ \tfrac{3}{2} \alpha^3 \beta_2 (\partial_c \psi) A_a A_d A^c S_{(2)}{}^{bd} - \alpha \beta_2 A_c {}^{(4)}\{{}^c_{ad}\} S_{(2)}{}^{bd} + \alpha^2 \beta_2 (\partial_5 A_c) A^b S_{(2)}{}^c{}_a - \tfrac{1}{2} \alpha \beta_2 U^b{}_c S_{(2)}{}^c{}_a + \tfrac{1}{2} \alpha \beta_2 F^b{}_c S_{(2)}{}^c{}_a + \\
&+ 2 \alpha^2 \beta_2{}^2 A_c A^b S_{(2)d}{}^d S_{(2)}{}^c{}_a + \alpha^2 \beta_2 (\partial_5 A_c) A_a S_{(2)}{}^{cb} + \alpha^2 \beta_2 (\partial_5 A_a) A_c S_{(2)}{}^{cb} + \alpha^2 \beta_2 (\partial_5 g_{ac}) \eta \, S_{(2)}{}^{cb} - \tfrac{1}{2} \alpha \beta_2 U_{ac} S_{(2)}{}^{cb} + \\
&+ \tfrac{1}{2} \alpha \beta_2 F_{ac} S_{(2)}{}^{cb} - 2 \beta_1 \beta_2 S_{(1)ac} S_{(2)}{}^{cb} + 2 \alpha^2 \beta_2{}^2 \eta \, S_{(2)ca} S_{(2)}{}^{cb} - \tfrac{3}{2} \alpha^3 \beta_2 (\partial_c \psi) A_a A_d A^b S_{(2)}{}^{cd} + \tfrac{3}{2} \alpha^4 \beta_2 (\partial_5 \psi) A_a A_c A_d A^b S_{(2)}{}^{cd} - \\
&- 2 \beta_1 \beta_2 \delta_a^b S_{(1)cd} S_{(2)}{}^{cd} - \alpha^2 \beta_2{}^2 \eta \, \delta_a^b S_{(2)cd} S_{(2)}{}^{cd} - \alpha^2 \beta_2 (\partial_5 g_{cd}) A^b A^c S_{(2)}{}^d{}_a - 2 \alpha \beta_0 \beta_2 A^b S_{(0)cd}{}^c S_{(2)}{}^d{}_a + \\
&+ 2 \alpha \beta_0 \beta_2 A_c S_{(0)}{}^c{}_d{}^b S_{(2)}{}^d{}_a - \alpha^2 \beta_2 (\partial_5 g_{ac}) A_d A^c S_{(2)}{}^{db} + \alpha \beta_2 A_c {}^{(4)}\{{}^c_{ad}\} S_{(2)}{}^{db} + 2 \alpha \beta_0 \beta_2 A_c S_{(0)}{}^c{}_{da} S_{(2)}{}^{db} - \\
&- 2 \alpha^2 \beta_2{}^2 A_c A_d S_{(2)}{}^c{}_a S_{(2)}{}^{db} + \alpha^2 \beta_2 (\partial_5 g_{ac}) A_d A^b S_{(2)}{}^{dc} + 2 \alpha^2 \beta_2{}^2 A_a A_c S_{(2)d}{}^b S_{(2)}{}^{dc} - 2 \alpha \beta_0 \beta_2 A_c \delta_a^b S_{(0)}{}^c{}_{de} S_{(2)}{}^{de} + \\
&+ \alpha^2 \beta_2{}^2 A_c A_d \delta_a^b S_{(2)}{}^c{}_e S_{(2)}{}^{de} - \alpha^2 \beta_2{}^2 A_c A_d \delta_a^b S_{(2)e}{}^c S_{(2)}{}^{ed} - 2 \alpha \beta_2 \beta_3 A^b S_{(2)c}{}^c S_{(3)a} + 2 \alpha \beta_2 \beta_3 A_c S_{(2)}{}^{cb} S_{(3)a} - \\
&- 2 \beta_0 \beta_3 S_{(0)a}{}^{bc} S_{(3)c} + 2 \alpha \beta_2 \beta_3 A^b S_{(2)a}{}^c S_{(3)c} - 2 \alpha \beta_2 \beta_3 A_c \delta_a^b S_{(2)}{}^{cd} S_{(3)d} - \alpha \beta_3 (\partial_5 A_a) S_{(3)}{}^b + \tfrac{3}{2} \alpha^2 \beta_3 (\partial_c \psi) A_a A^c S_{(3)}{}^b - \\
&- \tfrac{3}{2} \alpha^3 \beta_3 (\partial_5 \psi) A_a \eta \, S_{(3)}{}^b - 2 \alpha \beta_2 \beta_3 A_a S_{(2)c}{}^c S_{(3)}{}^b + \alpha \beta_3 (\partial_5 g_{ac}) A^b S_{(3)}{}^c - \tfrac{3}{2} \alpha^2 \beta_3 (\partial_c \psi) A_a A^b S_{(3)}{}^c + \tfrac{3}{2} \alpha^3 \beta_3 (\partial_5 \psi) A_a A_c A^b S_{(3)}{}^c + \\
&+ 2 \alpha \beta_3 (\partial_5 A_c) \delta_a^b S_{(3)}{}^c + 2 \beta_0 \beta_3 S_{(0)ac}{}^b S_{(3)}{}^c + 2 \beta_0 \beta_3 S_{(0)}{}^b{}_{ca} S_{(3)}{}^c - 2 \alpha \beta_2 \beta_3 A_c S_{(2)a}{}^b S_{(3)}{}^c + 2 \alpha \beta_2 \beta_3 A^b S_{(2)ca} S_{(3)}{}^c + \\
&+ 2 \alpha \beta_2 \beta_3 A_a S_{(2)c}{}^b S_{(3)}{}^c + 4 \alpha \beta_2 \beta_3 A_c \delta_a^b S_{(2)d}{}^d S_{(3)}{}^c - 2 \alpha \beta_2 \beta_3 A_c S_{(2)}{}^b{}_a S_{(3)}{}^c - 2 \alpha \beta_3 (\partial_5 g_{cd}) A^c \delta_a^b S_{(3)}{}^d - \\
&- 4 \beta_0 \beta_3 \delta_a^b S_{(0)cd}{}^c S_{(3)}{}^d - 2 \alpha \beta_2 \beta_3 A_c \delta_a^b S_{(2)d}{}^c S_{(3)}{}^d + \alpha^2 \beta_2 (\partial_5 S_{(2)c}{}^d) A^b A^c g_{ad} - \beta_0 {}^{(4)}\{{}^e_{cd}\} S_{(0)}{}^{bcd} g_{ae} + \\
&+ \alpha \beta_2 A^d {}^{(4)}\{{}^e_{cd}\} S_{(2)}{}^{bc} g_{ae} - \alpha \beta_2 A^b {}^{(4)}\{{}^e_{cd}\} S_{(2)}{}^{cd} g_{ae} + 2 \beta_3 (\partial_a S_{(3)c}) g^{bc} - \alpha^2 (\partial_5 A_a) (\partial_5 A_c) g^{bc} + \tfrac{1}{2} \alpha (\partial_5 U_{ac}) g^{bc} + \\
&+ \beta_1 (\partial_5 S_{(1)ac}) g^{bc} - \tfrac{1}{2} \alpha^2 (\partial_5 \partial_5 A_c) A_a g^{bc} - \alpha \beta_3 (\partial_5 S_{(3)c}) A_a g^{bc} - \alpha^2 \beta_2 (\partial_5 S_{(2)c}{}^d) A_a A_d g^{bc} + \tfrac{1}{2} \alpha^2 (\partial_5 A_c) (\partial_5 g_{ad}) A^d g^{bc} + \\
&+ \tfrac{1}{2} \alpha^2 (\partial_5 g_{ac}) (\partial_5 g_{de}) A^d A^e g^{bc} - \tfrac{1}{2} \alpha^2 (\partial_5 \partial_5 g_{ac}) \eta \, g^{bc} - \tfrac{3}{4} \alpha^4 (\partial_5 A_c) (\partial_5 \psi) A_a \eta \, g^{bc} + \tfrac{1}{4} \alpha (\partial_5 g_{ac}) U_d{}^d g^{bc} - \\
&- \alpha \beta_0 (\partial_5 g_{ac}) A_d S_{(0)}{}^d{}_e{}^e g^{bc} - \alpha^2 \beta_2 (\partial_5 A_c) A_a S_{(2)d}{}^d g^{bc} - \alpha^2 \beta_2 (\partial_5 g_{ac}) \eta \, S_{(2)d}{}^d g^{bc} + \alpha^2 \beta_2 (\partial_5 A_c) A_d S_{(2)}{}^d{}_a g^{bc} - \\
&- \alpha \beta_3 (\partial_5 A_c) S_{(3)a} g^{bc} - \alpha \beta_3 (\partial_5 g_{ac}) A_d S_{(3)}{}^d g^{bc} - \alpha^2 \beta_2 (\partial_5 S_{(2)c}{}^d) \eta \, g_{ad} g^{bc} - (\partial_a {}^{(4)}\{{}^b_{cd}\}) g^{bd} - 2 \beta_0 (\partial_a S_{(0)cd}{}^c) g^{bd} + \\
&+ (\partial_b {}^{(4)}\{{}^b_{ad}\}) g^{bd} + \beta_0 (\partial_c S_{(0)ad}{}^c) g^{bd} - \alpha (\partial_5 {}^{(4)}\{{}^c_{ad}\}) A_c g^{bd} - \alpha^2 (\partial_5 A_c) (\partial_5 g_{ad}) A^c g^{bd} + \tfrac{1}{2} \alpha^2 (\partial_5 A_a) (\partial_5 g_{cd}) A^c g^{bd} + \\
&+ \tfrac{3}{4} \alpha^3 (\partial_c \psi) (\partial_5 A_d) A_a A^c g^{bd} - \alpha (\partial_5 A_c) {}^{(4)}\{{}^c_{ad}\} g^{bd} - \tfrac{1}{4} \alpha (\partial_5 g_{cd}) U_a{}^c g^{bd} + \tfrac{1}{4} \alpha (\partial_5 g_{cd}) F_a{}^c g^{bd} - \alpha \beta_0 (\partial_5 g_{cd}) A_e S_{(0)}{}^{ce}{}_a g^{bd} - \\
&- \beta_1 (\partial_5 g_{cd}) S_{(1)a}{}^c g^{bd} - \alpha \beta_2 A^e {}^{(4)}\{{}^c_{de}\} S_{(2)ca} g^{bd} + \alpha^2 \beta_2 (\partial_5 g_{cd}) \eta \, S_{(2)}{}^c{}_a g^{bd} + \alpha^2 \beta_2 (\partial_5 g_{cd}) A_a A_e S_{(2)}{}^{ce} g^{bd} - \\
&- \alpha^2 \beta_2 (\partial_5 g_{cd}) A_e A^c S_{(2)}{}^e{}_a g^{bd} + \alpha \beta_3 (\partial_5 g_{cd}) A^c S_{(3)a} g^{bd} - 2 \beta_3 {}^{(4)}\{{}^c_{ad}\} S_{(3)c} g^{bd} + \alpha \beta_3 (\partial_5 g_{cd}) A_a S_{(3)}{}^c g^{bd} + \\
&+ \alpha \beta_2 (\partial_c S_{(2)d}{}^e) A^c g_{ae} g^{bd} - \alpha \beta_0 (\partial_5 S_{(0)cd}{}^e) A^c g_{ae} g^{bd} - \tfrac{1}{2} \alpha^2 (\partial_5 g_{ac}) (\partial_5 g_{de}) A^c A^d g^{be} + {}^{(4)}\{{}^c_{ae}\} {}^{(4)}\{{}^d_{cd}\} g^{be} - \\
&- {}^{(4)}\{{}^c_{ad}\} {}^{(4)}\{{}^d_{ce}\} g^{be} - \beta_0 {}^{(4)}\{{}^c_{de}\} S_{(0)ac}{}^d g^{be} - 2 \beta_0 {}^{(4)}\{{}^c_{ae}\} S_{(0)cd}{}^d g^{be} + \beta_0 {}^{(4)}\{{}^c_{de}\} S_{(0)c}{}^d{}_a g^{be} + \\
&+ \alpha \beta_2 A_c {}^{(4)}\{{}^c_{de}\} S_{(2)a}{}^d g^{be} - 2 \alpha \beta_2 A_c {}^{(4)}\{{}^c_{ae}\} S_{(2)d}{}^d g^{be} + \alpha \beta_2 A_c {}^{(4)}\{{}^c_{de}\} S_{(2)}{}^d{}_a g^{be} + \tfrac{1}{2} \alpha (\partial_5 {}^{(4)}\{{}^d_{ce}\}) A^c g_{ad} g^{be} - \\
&- \beta_0 (\partial_c S_{(0)ad}{}^b) g^{cd} + \tfrac{1}{2} \alpha^2 (\partial_5 A_c) (\partial_5 g_{ad}) A^b g^{cd} - \tfrac{1}{4} \alpha^2 (\partial_5 A_a) (\partial_5 g_{cd}) A^b g^{cd} - \tfrac{3}{4} \alpha^3 (\partial_c \psi) (\partial_5 A_d) A_a A^b g^{cd} + \\
&+ \tfrac{1}{4} \alpha (\partial_5 g_{cd}) U_a{}^b g^{cd} - 2 \beta_3 (\partial_c S_{(3)d}) \delta_a^b g^{cd} + \alpha^2 (\partial_5 A_c) (\partial_5 A_d) \delta_a^b g^{cd} - \tfrac{1}{2} \alpha (\partial_5 U_{cd}) \delta_a^b g^{cd} + \\
&+ \tfrac{1}{2} \alpha^2 (\partial_5 \partial_5 g_{cd}) \eta \, \delta_a^b g^{cd} - \tfrac{1}{4} \alpha (\partial_5 g_{cd}) U_e{}^e \delta_a^b g^{cd} + \tfrac{1}{2} \alpha \beta_0 (\partial_5 g_{cd}) A_e S_{(0)a}{}^{eb} g^{cd} + \tfrac{1}{2} \alpha \beta_0 (\partial_5 g_{cd}) A_e S_{(0)}{}^{be}{}_a g^{cd} + \\
&+ \alpha \beta_0 (\partial_5 g_{cd}) A_e \delta_a^b S_{(0)}{}^{ef}{}_f g^{cd} + \tfrac{1}{2} \beta_1 (\partial_5 g_{cd}) S_{(1)a}{}^b g^{cd} - \tfrac{1}{2} \alpha^2 \beta_2 (\partial_5 g_{cd}) \eta \, S_{(2)a}{}^b g^{cd} + \\
&+ \alpha^2 \beta_2 (\partial_5 g_{cd}) \eta \, \delta_a^b S_{(2)e}{}^e g^{cd} - \tfrac{1}{2} \alpha^2 \beta_2 (\partial_5 g_{cd}) \eta \, S_{(2)}{}^b{}_a g^{cd} - \tfrac{1}{2} \alpha^2 \beta_2 (\partial_5 g_{cd}) A_a A_e S_{(2)}{}^{be} g^{cd} - \\
&+ \tfrac{1}{2} \alpha^2 \beta_2 (\partial_5 g_{cd}) A_e A^b S_{(2)}{}^e{}_a g^{cd} - \tfrac{1}{2} \alpha \beta_3 (\partial_5 g_{cd}) A^b S_{(3)a} g^{cd} - \tfrac{1}{2} \alpha \beta_3 (\partial_5 g_{cd}) A_a S_{(3)}{}^b g^{cd} + \alpha \beta_3 (\partial_5 g_{cd}) A_e \delta_a^b S_{(3)}{}^e g^{cd} - \\
&- \alpha \beta_2 (\partial_c S_{(2)d}{}^e) A^b g_{ae} g^{cd} - \tfrac{1}{2} \alpha (\partial_5 g_{cd}) A_e {}^{(4)}\{{}^e_{af}\} g^{bf} g^{cd} - \tfrac{1}{2} \alpha^2 (\partial_5 g_{ac}) (\partial_5 g_{de}) A^b A^d g^{ce} + \tfrac{1}{2} (\partial_c {}^{(4)}\{{}^a_{ae}\}) \delta_a^b g^{ce} + \\
&+ 2 \beta_0 (\partial_c S_{(0)de}{}^d) \delta_a^b g^{ce} + \alpha (\partial_5 {}^{(4)}\{{}^d_{ce}\}) A_d \delta_a^b g^{ce} - \tfrac{3}{2} \alpha^2 (\partial_5 A_c) (\partial_5 g_{de}) A^d \delta_a^b g^{ce} + \beta_0 {}^{(4)}\{{}^d_{ce}\} S_{(0)ad}{}^b g^{ce} +
\end{aligned}
$$

$$+ \beta_0 {}^{(4)}\{{}^{\,d}_{c\,e}\} S_{(0)\,da}^{\,\,b} g^{ce} + \alpha \beta_2 A^b {}^{(4)}\{{}^{\,d}_{c\,e}\} S_{(2)da} g^{ce} + 2 \beta_3 {}^{(4)}\{{}^{\,d}_{c\,e}\} \delta^b_a S_{(3)d} g^{ce} - \tfrac{1}{2} \alpha (\partial_5 {}^{(4)}\{{}^{\,d}_{c\,e}\}) A^b g_{ad} g^{ce} +$$

$$+ \tfrac{1}{2} \alpha^2 (\partial_5 A_c) (\partial_5 g_{de}) A_a g^{bd} g^{ce} + \tfrac{1}{2} \alpha^2 (\partial_5 g_{ac})(\partial_5 g_{de}) \eta g^{bd} g^{ce} - \beta_0 (\partial_c S_{(0)de}{}^{f}) g_{af} g^{bd} g^{ce} +$$

$$+ 2 \beta_0 {}^{(4)}\{{}^{\,d}_{c\,f}\} \delta^b_a S_{(0)de}{}^{e} g^{cf} + \tfrac{1}{2} \alpha (\partial_5 g_{cd}) A_e {}^{(4)}\{{}^{\,e}_{a\,f}\} g^{bd} g^{cf} + \tfrac{1}{2} \alpha (\partial_5 g_{ac}) A_d {}^{(4)}\{{}^{\,e}_{e\,f}\} g^{be} g^{cf} +$$

$$+ \tfrac{1}{4} \alpha^2 (\partial_5 g_{ac})(\partial_5 g_{de}) A^b A^c g^{de} - \tfrac{1}{2} (\partial_a {}^{(4)}\{{}^{\,a}_{d\,e}\}) \delta^b_a g^{de} + \alpha^2 (\partial_5 A_c)(\partial_5 g_{de}) A^c \delta^b_a g^{de} + \alpha (\partial_5 A_c) {}^{(4)}\{{}^{\,c}_{d\,e}\} \delta^b_a g^{de} -$$

$$- \alpha \beta_2 A_c {}^{(4)}\{{}^{\,c}_{d\,e}\} S_{(2)a}{}^{b} g^{de} - \alpha \beta_2 A_c {}^{(4)}\{{}^{\,c}_{d\,e}\} S_{(2)}{}^{\,b}_{\,a} g^{de} - \tfrac{1}{4} \alpha^2 (\partial_5 A_c)(\partial_5 g_{de}) A_a g^{bc} g^{de} - \tfrac{1}{4} \alpha^2 (\partial_5 g_{ac})(\partial_5 g_{de}) \eta g^{bc} g^{de} +$$

$$+ \tfrac{3}{4} \alpha^2 (\partial_5 g_{cd})(\partial_5 g_{ef}) A^c A^e \delta^b_a g^{df} + 2 \alpha \beta_2 A_c {}^{(4)}\{{}^{\,c}_{d\,f}\} \delta^b_a S_{(2)e}{}^{e} g^{df} - \tfrac{3}{8} \alpha^2 (\partial_5 g_{cd})(\partial_5 g_{ef}) \eta \delta^b_a g^{ce} g^{df} -$$

$$- \tfrac{1}{2} \alpha (\partial_5 g_{cd}) A_e {}^{(4)}\{{}^{\,e}_{f\,g}\} \delta^b_a g^{cf} g^{dg} - \tfrac{1}{2} \alpha^2 (\partial_5 g_{cd})(\partial_5 g_{ef}) A^c A^d \delta^b_a g^{ef} + \tfrac{1}{2} {}^{(4)}\{{}^{\,d}_{c\,e}\} {}^{(4)}\{{}^{\,c}_{d\,f}\} \delta^b_a g^{ef} -$$

$$- \tfrac{1}{2} {}^{(4)}\{{}^{\,c}_{c\,d}\} {}^{(4)}\{{}^{\,d}_{e\,f}\} \delta^b_a g^{ef} - \tfrac{1}{2} \alpha (\partial_5 g_{ac}) A_d {}^{(4)}\{{}^{\,d}_{e\,f}\} g^{bc} g^{ef} + \tfrac{1}{8} \alpha^2 (\partial_5 g_{cd})(\partial_5 g_{ef}) \eta \delta^b_a g^{cd} g^{ef} +$$

$$+ \tfrac{1}{2} \alpha (\partial_5 g_{cd}) A_e {}^{(4)}\{{}^{\,e}_{f\,g}\} \delta^b_a g^{cd} g^{fg} + \tfrac{1}{2} \alpha^4 (\partial_5 A_a)(\partial_5 A_c) A^b A^c \psi + \tfrac{1}{2} \alpha^4 (\partial_5 \partial_5 A_c) A_a A^b A^c \psi + \alpha^3 \beta_3 (\partial_5 S_{(3)c}) A_a A^b A^c \psi +$$

$$+ \alpha^4 \beta_2 (\partial_5 S_{(2)c}{}^{d}) A_a A_d A^b A^c \psi - \tfrac{1}{4} \alpha^3 (\partial_5 A_c) A_a U^{bc} \psi + \tfrac{1}{2} \alpha^3 (\partial_5 A_c) A^b F_a{}^{c} \psi - \tfrac{1}{4} \alpha^3 (\partial_5 A_c) A_a F^{bc} \psi - \tfrac{1}{2} \alpha^3 (\partial_5 A_a) A_c F^{bc} \psi -$$

$$- \tfrac{1}{2} \alpha^2 F_{ac} F^{bc} \psi + \tfrac{1}{2} \alpha^3 (\partial_5 g_{cd}) A_a A^c F^{bd} \psi - \tfrac{1}{4} \alpha^4 (\partial_5 A_c)(\partial_5 A_d) A^c A^d \delta^b_a \psi + \tfrac{1}{2} \alpha^3 (\partial_5 A_c) A_d F^{cd} \delta^b_a \psi + \tfrac{1}{8} \alpha^2 F_{cd} F^{cd} \delta^b_a \psi -$$

$$- \tfrac{1}{2} \alpha^2 \beta_0 A_a F^{cd} S_{(0)cd}{}^{b} \psi + \alpha^2 \beta_0 A_a F^{bd} S_{(0)cd}{}^{c} \psi - \tfrac{1}{2} \alpha^2 \beta_0 A_a U^c_{\,d} S_{(0)\,c}{}^{\,b\,d} \psi - \tfrac{1}{2} \alpha^2 \beta_0 A_a F^c_{\,d} S_{(0)\,c}{}^{\,b\,d} \psi +$$

$$+ \alpha^2 \beta_0 A_c F_a{}^{c} S_{(0)\,d}{}^{\,b\,c} \psi + \alpha^3 \beta_0 (\partial_5 A_c) A_a A_d S_{(0)}{}^{bcd} \psi + \alpha^3 \beta_0 (\partial_5 A_a) A_c A_d S_{(0)}{}^{bcd} \psi + \alpha^3 \beta_0 (\partial_5 A_c) A_a A_d S_{(0)}{}^{bdc} \psi -$$

$$- \alpha^3 \beta_0 (\partial_5 g_{cd}) A_a A_e A^c S_{(0)}{}^{bde} \psi - 2 \alpha^2 \beta_0^2 A_a A_c S_{(0)de}{}^{d} S_{(0)}{}^{bec} \psi + \alpha^3 \beta_0 (\partial_5 A_c) A_a A^b S_{(0)\,d}{}^{\,c\,d} \psi - \alpha^3 \beta_0 (\partial_5 A_c) A_a A_d S_{(0)}{}^{cdb} \psi +$$

$$+ \alpha^2 \beta_0^2 A_a A_c S_{(0)de}{}^{b} S_{(0)}{}^{dec} \psi - \tfrac{1}{2} \alpha^2 \beta_0^2 A_c A_d \delta^b_a S_{(0)ef}{}^{c} S_{(0)}{}^{efd} \psi + \alpha^2 \beta_1 (\partial_5 A_c) A_a S_{(1)}{}^{bc} \psi + \alpha^2 \beta_1 (\partial_5 A_a) A_c S_{(1)}{}^{bc} \psi +$$

$$+ \alpha \beta_1 F_{ac} S_{(1)}{}^{bc} \psi - \alpha^2 \beta_1 (\partial_5 g_{cd}) A_a A^c S_{(1)}{}^{bd} \psi - 2 \alpha \beta_0 \beta_1 A_a S_{(0)cd}{}^{c} S_{(1)}{}^{bd} \psi + \alpha \beta_0 \beta_1 A_a S_{(0)cd}{}^{b} S_{(1)}{}^{cd} \psi -$$

$$- \tfrac{1}{2} \beta_1^2 \delta^b_a S_{(1)cd} S_{(1)}{}^{cd} \psi - \alpha \beta_0 \beta_1 A_c \delta^b_a S_{(0)de}{}^{c} S_{(1)}{}^{de} \psi + \alpha^4 \beta_2 (\partial_5 A_c) A_a A^b A^c S_{(2)d}{}^{d} \psi - \alpha^3 \beta_2 A_a A_c F^{bc} S_{(2)d}{}^{d} \psi +$$

$$+ 2 \alpha^2 \beta_1 \beta_2 A_a A_c S_{(1)}{}^{bc} S_{(2)d}{}^{d} \psi + 2 \alpha^3 \beta_0 \beta_2 A_a A_c A_d S_{(0)}{}^{bcd} S_{(2)e}{}^{e} \psi - \alpha^4 \beta_2 (\partial_5 A_c) A_a \eta S_{(2)}{}^{bc} \psi - \alpha^4 \beta_2 (\partial_5 A_a) A_c \eta S_{(2)}{}^{bc} \psi +$$

$$+ \tfrac{1}{2} \alpha^3 \beta_2 A_a A_c U^d_{\,d} S_{(2)}{}^{bc} \psi - 2 \alpha^4 \beta_2^2 A_a A_c \eta S_{(2)d}{}^{d} S_{(2)}{}^{bc} \psi - 2 \alpha^4 \beta_2 (\partial_5 A_c) A_a A_d A^c S_{(2)}{}^{bd} \psi + \tfrac{1}{2} \alpha^3 \beta_2 A_a A_c U^c_{\,d} S_{(2)}{}^{bd} \psi -$$

$$- \alpha^3 \beta_2 A_c A_d F_a{}^{c} S_{(2)}{}^{bd} \psi + \tfrac{1}{2} \alpha^3 \beta_2 A_a A_c F^c_{\,d} S_{(2)}{}^{bd} \psi - 2 \alpha^3 \beta_0 \beta_2 A_a A_c A_d S_{(0)\,e}{}^{c\,e} S_{(2)}{}^{bd} \psi + \alpha^4 \beta_2 (\partial_5 g_{cd}) A_a A_e A^c A^d S_{(2)}{}^{be} \psi +$$

$$+ \alpha^4 \beta_2 (\partial_5 A_c) A_a \eta S_{(2)}{}^{cb} \psi + \alpha^4 \beta_2 (\partial_5 A_c) A_a A_d A^b S_{(2)}{}^{cd} \psi + \alpha^4 \beta_2 (\partial_5 A_a) A_c A_d A^b S_{(2)}{}^{cd} \psi - \tfrac{1}{2} \alpha^3 \beta_2 A_a A^b U_{cd} S_{(2)}{}^{cd} \psi -$$

$$- \tfrac{1}{2} \alpha^3 \beta_2 A_a A^b F_{cd} S_{(2)}{}^{cd} \psi + 2 \alpha^4 \beta_2^2 A_a A_c A^b S_{(2)e}{}^{e} S_{(2)}{}^{cd} \psi - \alpha^4 \beta_2 (\partial_5 A_c) A_a A_d A^c S_{(2)}{}^{db} \psi - \alpha^3 \beta_2 A_a A_c F^c_{\,d} S_{(2)}{}^{db} \psi +$$

$$+ 2 \alpha^2 \beta_1 \beta_2 A_a A_c S_{(1)\,d}{}^{c} S_{(2)}{}^{db} \psi + \alpha^4 \beta_2 (\partial_5 A_c) A_a A_d A^b S_{(2)}{}^{dc} \psi - \tfrac{1}{2} \alpha^3 \beta_2 A_a A_c U^b_{\,d} S_{(2)}{}^{dc} \psi + \alpha^3 \beta_2 A_c A^b F_{ad} S_{(2)}{}^{dc} \psi +$$

$$+ \tfrac{1}{2} \alpha^3 \beta_2 A_a A_c F^b_{\,d} S_{(2)}{}^{dc} \psi + 2 \alpha^4 \beta_2^2 A_a A_c \eta S_{(2)d}{}^{b} S_{(2)}{}^{dc} \psi - \alpha^4 \beta_2 (\partial_5 g_{cd}) A_a A_e A^b A^c S_{(2)}{}^{de} \psi -$$

$$- 2 \alpha^4 \beta_2^2 A_a A_c A_d A_e S_{(2)}{}^{cb} S_{(2)}{}^{de} \psi + 2 \alpha^3 \beta_0 \beta_2 A_a A_c A_d S_{(0)\,e}{}^{c\,d} S_{(2)}{}^{eb} \psi - 2 \alpha^3 \beta_0 \beta_2 A_a A_c A_d S_{(0)de}{}^{b} S_{(2)}{}^{ec} \psi +$$

$$+ 2 \alpha^3 \beta_0 \beta_2 A_a A_c A_d S_{(0)\,e}{}^{c\,b} S_{(2)}{}^{ed} \psi - 2 \alpha^2 \beta_1 \beta_2 A_c A_d \delta^b_a S_{(1)\,e}{}^{c} S_{(2)}{}^{ed} \psi - \alpha^4 \beta_2^2 A_c A_d \eta \delta^b_a S_{(2)e}{}^{c} S_{(2)}{}^{ed} \psi +$$

$$+ \alpha^4 \beta_2^2 A_c A_d A_e A_f \delta^b_a S_{(2)}{}^{cd} S_{(2)}{}^{ef} \psi - 2 \alpha^3 \beta_0 \beta_2 A_c A_d A_e \delta^b_a S_{(0)\,f}{}^{c\,d} S_{(2)}{}^{fe} \psi - 2 \alpha^3 \beta_3 (\partial_5 A_c) A_a A^c S_{(3)}{}^{b} \psi +$$

$$+ \alpha^3 \beta_3 (\partial_5 g_{cd}) A_a A^c A^d S_{(3)}{}^{b} \psi - \alpha^3 \beta_3 (\partial_5 A_a) \eta S_{(3)}{}^{b} \psi + \tfrac{1}{2} \alpha^2 \beta_3 A_a U^c_{\,c} S_{(3)}{}^{b} \psi - \alpha^2 \beta_3 A_c F_a{}^{c} S_{(3)}{}^{b} \psi - 2 \alpha^2 \beta_0 \beta_3 A_a A_c S_{(0)\,d}{}^{c\,d} S_{(3)}{}^{b} \psi -$$

$$- 2 \alpha^3 \beta_2 \beta_3 A_a \eta S_{(2)c}{}^{c} S_{(3)}{}^{b} \psi + 2 \alpha^3 \beta_3 (\partial_5 A_c) A_a A^b S_{(3)}{}^{c} \psi + \alpha^3 \beta_3 (\partial_5 A_a) A_c A^b S_{(3)}{}^{c} \psi - \tfrac{1}{2} \alpha^2 \beta_3 A_a U^b_{\,c} S_{(3)}{}^{c} \psi + \alpha^2 \beta_3 A^b F_{ac} S_{(3)}{}^{c} \psi -$$

$$- \tfrac{1}{2} \alpha^2 \beta_3 A_a F^b_{\,c} S_{(3)}{}^{c} \psi + 2 \alpha \beta_1 \beta_3 A_a S_{(1)\,c}{}^{b} S_{(3)}{}^{c} \psi + 2 \alpha^3 \beta_2 \beta_3 A_a \eta S_{(2)c}{}^{b} S_{(3)}{}^{c} \psi + 2 \alpha^3 \beta_2 \beta_3 A_a A_c A^b S_{(2)d}{}^{d} S_{(3)}{}^{c} \psi +$$

$$+ 2 \alpha^2 \beta_3^2 A_a A^b S_{(3)c} S_{(3)}{}^{c} \psi - \alpha^2 \beta_3^2 \eta \delta^b_a S_{(3)c} S_{(3)}{}^{c} \psi - 2 \alpha^2 \beta_3^2 A_a A_c S_{(3)}{}^{b} S_{(3)}{}^{c} \psi - \alpha^3 \beta_3 (\partial_5 g_{cd}) A_a A^b A^c S_{(3)}{}^{d} \psi -$$

$$- 2 \alpha^2 \beta_0 \beta_3 A_a A^b S_{(0)cd}{}^{c} S_{(3)}{}^{d} \psi + 2 \alpha^2 \beta_0 \beta_3 A_a A_c S_{(0)\,d}{}^{b\,c} S_{(3)}{}^{d} \psi + 2 \alpha^2 \beta_0 \beta_3 A_a A_c S_{(0)\,d}{}^{c\,b} S_{(3)}{}^{d} \psi - 2 \alpha \beta_1 \beta_3 A_c \delta^b_a S_{(1)\,d}{}^{c} S_{(3)}{}^{d} \psi +$$

$$+ 2 \alpha^3 \beta_2 \beta_3 A_a A_c A^b S_{(2)d}{}^{c} S_{(3)}{}^{d} \psi - 2 \alpha^3 \beta_2 \beta_3 A_c \eta \delta^b_a S_{(2)d}{}^{c} S_{(3)}{}^{d} \psi - 2 \alpha^3 \beta_2 \beta_3 A_a A_c A_d S_{(2)}{}^{bc} S_{(3)}{}^{d} \psi -$$

$$- 2 \alpha^3 \beta_2 \beta_3 A_a A_c A_d S_{(2)}{}^{cb} S_{(3)}{}^{d} \psi + \alpha^2 \beta_3^2 A_c A_d \delta^b_a S_{(3)}{}^{c} S_{(3)}{}^{d} \psi - 2 \alpha^2 \beta_0 \beta_3 A_c A_d \delta^b_a S_{(0)\,e}{}^{c\,d} S_{(3)}{}^{e} \psi +$$

$$+ 2 \alpha^3 \beta_2 \beta_3 A_c A_d A_e \delta^b_a S_{(2)}{}^{cd} S_{(3)}{}^{e} \psi + \tfrac{1}{2} \alpha^4 (\partial_5 A_c)(\partial_5 g_{de}) A_a A^d A^e g^{bc} \psi - \tfrac{1}{2} \alpha^4 (\partial_5 A_c) \eta g^{bc} \psi - \tfrac{1}{2} \alpha^4 (\partial_5 \partial_5 A_c) A_a \eta g^{bc} \psi -$$

$$- \alpha^3 \beta_3 (\partial_5 S_{(3)c}) A_a \eta g^{bc} \psi - \alpha^4 \beta_2 (\partial_5 S_{(2)c}{}^{d}) A_a A_d \eta g^{bc} \psi + \tfrac{1}{4} \alpha^3 (\partial_5 A_c) A_a U^d_{\,d} g^{bc} \psi - \tfrac{1}{2} \alpha^3 (\partial_5 A_c) A_d F_a{}^{d} g^{bc} \psi -$$

$$- \alpha^3 \beta_0 (\partial_5 A_c) A_a A_d S_{(0)\,e}{}^{d\,e} g^{bc} \psi - \alpha^4 \beta_2 (\partial_5 A_c) A_a \eta S_{(2)d}{}^{d} g^{bc} \psi + \alpha^4 \beta_2 (\partial_5 A_c) A_a A_d A_e S_{(2)}{}^{de} g^{bc} \psi + \alpha^2 \beta_3 (\partial_c S_{(3)d}) A_a A^c g^{bd} \psi -$$

$$-\tfrac{1}{2}\alpha^4(\partial_5 A_c)(\partial_5 A_d)A_a A^c g^{bd}\psi+\tfrac{1}{4}\alpha^3(\partial_5 U_{cd})A_a A^c g^{bd}\psi+\tfrac{3}{4}\alpha^3(\partial_5 F_{cd})A_a A^c g^{bd}\psi-\alpha^2\beta_1(\partial_5 S_{(1)cd})A_a A^c g^{bd}\psi+$$
$$+\alpha^3\beta_2(\partial_c S_{(2)d}{}^e)A_a A_e A^c g^{bd}\psi-\alpha^3\beta_0(\partial_5 S_{(0)cd}{}^e)A_a A_e A^c g^{bd}\psi-\tfrac{1}{2}\alpha^3(\partial_5 A_c)A_a A^e{}^{(4)}\{{}^c_{d\,e}\}g^{bd}\psi+$$
$$+\tfrac{1}{2}\alpha^3(\partial_5 g_{cd})A_a A_e F^{ce}g^{bd}\psi-\alpha^3\beta_0(\partial_5 g_{cd})A_a A_e A_f S_{(0)}{}^{cef}g^{bd}\psi-\alpha^2\beta_1(\partial_5 g_{cd})A_a A_e S_{(1)}{}^{ce}g^{bd}\psi+$$
$$+\alpha^4\beta_2(\partial_5 g_{cd})A_a A_e \eta S_{(2)}{}^{ce}g^{bd}\psi-\alpha^4\beta_2(\partial_5 g_{cd})A_a A_e A_f A^c S_{(2)}{}^{ef}g^{bd}\psi-\alpha^2\beta_3 A_a A^e{}^{(4)}\{{}^c_{d\,e}\}S_{(3)c}g^{bd}\psi+$$
$$+\alpha^3\beta_3(\partial_5 g_{cd})A_a \eta S_{(3)}{}^c g^{bd}\psi-\alpha^3\beta_3(\partial_5 g_{cd})A_a A_e A^c S_{(3)}{}^e g^{bd}\psi-\tfrac{1}{2}\alpha^4(\partial_5 A_c)(\partial_5 g_{de})A_a A^c A^d g^{be}\psi-$$
$$-\tfrac{1}{2}\alpha^2 A_a{}^{(4)}\{{}^c_{d\,e}\}F_c{}^d g^{be}\psi+\alpha\beta_1 A_a{}^{(4)}\{{}^c_{d\,e}\}S_{(1)c}{}^d g^{be}\psi-\alpha^3\beta_2 A_a A_c{}^{(4)}\{{}^f_{e\,f}\}S_{(2)d}{}^c g^{be}\psi+$$
$$+\alpha^2\beta_3 A_a A_c{}^{(4)}\{{}^c_{d\,e}\}S_{(3)}{}^d g^{be}\psi+\alpha^2\beta_0 A_a A_c{}^{(4)}\{{}^d_{e\,f}\}S_{(0)d}{}^{ec}g^{bf}\psi+\alpha^3\beta_2 A_a A_c A_d{}^{(4)}\{{}^c_{e\,f}\}S_{(2)}{}^{ed}g^{bf}\psi-$$
$$-\alpha^2\beta_3(\partial_c S_{(3)d})A_a A^b g^{cd}\psi+\tfrac{1}{2}\alpha^4(\partial_5 A_c)(\partial_5 A_d)A_a A^b g^{cd}\psi-\tfrac{1}{4}\alpha^3(\partial_5 U_{cd})A_a A^b g^{cd}\psi-\alpha^3\beta_2(\partial_c S_{(2)d}{}^e)A_a A_e A^b g^{cd}\psi-$$
$$-\tfrac{1}{4}\alpha^3(\partial_5 g_{cd})A_a A_e F^{be}g^{cd}\psi+\tfrac{1}{4}\alpha^4(\partial_5 A_c)(\partial_5 A_d)\eta\,\delta_a^b g^{cd}\psi+\tfrac{1}{2}\alpha^3\beta_0(\partial_5 g_{cd})A_a A_e A_f S_{(0)}{}^{bef}g^{cd}\psi+$$
$$+\tfrac{1}{2}\alpha^2\beta_1(\partial_5 g_{cd})A_a A_e S_{(1)}{}^{be}g^{cd}\psi-\tfrac{1}{2}\alpha^4\beta_2(\partial_5 g_{cd})A_a A_e \eta S_{(2)}{}^{be}g^{cd}\psi+\tfrac{1}{2}\alpha^4\beta_2(\partial_5 g_{cd})A_a A_e A_f A^b S_{(2)}{}^{ef}g^{cd}\psi-$$
$$-\tfrac{1}{2}\alpha^3\beta_3(\partial_5 g_{cd})A_a \eta S_{(3)}{}^b g^{cd}\psi+\tfrac{1}{2}\alpha^3\beta_3(\partial_5 g_{cd})A_a A_e A^b S_{(3)}{}^e g^{cd}\psi-\tfrac{1}{2}\alpha^4(\partial_5 A_c)(\partial_5 g_{de})A_a A^b A^d g^{ce}\psi-$$
$$-\tfrac{1}{2}\alpha^2 A_a{}^{(4)}\{{}^d_{c\,e}\}F^b{}_d g^{ce}\psi+\alpha\beta_1 A_a{}^{(4)}\{{}^d_{c\,e}\}S_{(1)}{}^b{}_d g^{ce}\psi+\alpha^2\beta_3 A_a A^b{}^{(4)}\{{}^d_{c\,e}\}S_{(3)d}g^{ce}\psi+\tfrac{1}{2}\alpha^2(\partial_c F_{de})A_a g^{bd}g^{ce}\psi-$$
$$-\alpha\beta_1(\partial_c S_{(1)de})A_a g^{bd}g^{ce}\psi-\alpha^2\beta_0(\partial_c S_{(0)de}{}^f)A_a A_f g^{bd}g^{ce}\psi+\tfrac{1}{2}\alpha^4(\partial_5 A_c)(\partial_5 g_{de})A_a \eta g^{bd}g^{ce}\psi+$$
$$+\tfrac{1}{2}\alpha^3(\partial_5 A_c)A_a A_d{}^{(4)}\{{}^d_{e\,f}\}g^{be}g^{cf}\psi+\tfrac{1}{4}\alpha^4(\partial_5 A_c)(\partial_5 g_{de})A_a A^b A^c g^{de}\psi+\tfrac{1}{2}\alpha^3(\partial_5 A_c)A_a A^b{}^{(4)}\{{}^c_{d\,e}\}g^{de}\psi-$$
$$-\alpha^2\beta_3 A_a A_c{}^{(4)}\{{}^c_{d\,e}\}S_{(3)}{}^b g^{de}\psi-\tfrac{1}{4}\alpha^4(\partial_5 A_c)(\partial_5 g_{de})A_a \eta g^{bc}g^{de}\psi+\alpha^2\beta_0 A_a A_c{}^{(4)}\{{}^e_{d\,f}\}S_{(0)}{}^b{}_e{}^c g^{df}\psi+$$
$$+\alpha^3\beta_2 A_a A_c A^b{}^{(4)}\{{}^e_{d\,f}\}S_{(2)e}{}^c g^{df}\psi-\alpha^3\beta_2 A_a A_c A_d{}^{(4)}\{{}^c_{e\,f}\}S_{(2)}{}^{bd}g^{ef}\psi-\tfrac{1}{2}\alpha^3(\partial_5 A_c)A_a A_d{}^{(4)}\{{}^d_{e\,f}\}g^{bc}g^{ef}\psi,$$

$$G_a{}^5 = \qquad\qquad\qquad\qquad\qquad\qquad\qquad\qquad\qquad (114)$$

$$= G_{ab}\gamma^{b5}+G_{a5}\gamma^{55}$$
$$=-\tfrac{1}{4}\alpha(\partial_a\psi)(\partial_b\psi)A^b\psi^{-2}-\tfrac{1}{4}\alpha^2(\partial_b\psi)(\partial_5\psi)A_a A^b\psi^{-2}+\tfrac{1}{4}\alpha^2(\partial_a\psi)(\partial_5\psi)\eta\psi^{-2}-\tfrac{1}{2}\beta_2(\partial_b\psi)S_{(2)a}{}^b\psi^{-2}+$$
$$+\beta_2(\partial_a\psi)S_{(2)b}{}^b\psi^{-2}-\tfrac{1}{2}\beta_2(\partial_b\psi)S_{(2)}{}^b{}_a\psi^{-2}-\tfrac{1}{4}(\partial_b\psi)(\partial_5 g_{ac})g^{bc}\psi^{-2}+\tfrac{1}{4}(\partial_a\psi)(\partial_5 g_{bc})g^{bc}\psi^{-2}+\tfrac{1}{4}\alpha(\partial_b\psi)(\partial_c\psi)A_a g^{bc}\psi^{-2}-$$
$$-2\beta_2(\partial_a S_{(2)b}{}^b)\psi^{-1}+\beta_2(\partial_b S_{(2)a}{}^b)\psi^{-1}-\tfrac{1}{2}(\partial_5{}^{(4)}\{{}^b_{a\,b}\})\psi^{-1}+\tfrac{1}{2}\alpha(\partial_a\partial_b\psi)A^b\psi^{-1}+\tfrac{1}{4}\alpha(\partial_b\psi)(\partial_5 A_a)A^b\psi^{-1}-$$
$$-\tfrac{1}{2}\alpha^2(\partial_a\psi)(\partial_5 A_b)A^b\psi^{-1}+\tfrac{1}{2}\alpha^2(\partial_5\partial_b\psi)A_a A^b\psi^{-1}-\tfrac{1}{4}\alpha^2(\partial_b\psi)(\partial_5 g_{ac})A^b A^c\psi^{-1}-\tfrac{1}{2}(\partial_5\partial_a\psi)\eta\psi^{-1}-$$
$$-\tfrac{1}{2}\alpha(\partial_b\psi)A^c{}^{(4)}\{{}^b_{a\,c}\}\psi^{-1}+\tfrac{1}{2}\alpha^2(\partial_5\psi)A_b A^c{}^{(4)}\{{}^b_{a\,c}\}\psi^{-1}-\tfrac{1}{4}\alpha^2(\partial_5\psi)A_b U_a{}^b\psi^{-1}+\tfrac{1}{4}\alpha^2(\partial_5\psi)A_a U_b{}^b\psi^{-1}+\tfrac{3}{4}\alpha(\partial_b\psi)F_a{}^b\psi^{-1}-$$
$$-\tfrac{3}{4}\alpha^2(\partial_5\psi)A_b F_a{}^b\psi^{-1}-\tfrac{1}{2}\alpha\beta_0(\partial_b\psi)A_c S_{(0)a}{}^{cb}\psi^{-1}-\beta_0(\partial_5 g_{ab})S_{(0)}{}^b{}_c{}^c\psi^{-1}+\alpha\beta_0(\partial_b\psi)A_a S_{(0)}{}^b{}_c{}^c\psi^{-1}-$$
$$-\alpha^2\beta_0(\partial_5\psi)A_a A_b S_{(0)}{}^b{}_c{}^c\psi^{-1}-\tfrac{1}{2}\alpha\beta_0(\partial_b\psi)A_c S_{(0)}{}^{bc}{}_a\psi^{-1}-\tfrac{1}{2}\beta_1(\partial_b\psi)S_{(1)a}{}^b\psi^{-1}+\tfrac{1}{2}\alpha^2\beta_2(\partial_b\psi)\eta S_{(2)a}{}^b\psi^{-1}+$$
$$+\beta_2{}^{(4)}\{{}^c_{b\,c}\}S_{(2)a}{}^c\psi^{-1}+2\beta_0\beta_2 S_{(0)bc}{}^b S_{(2)a}{}^c\psi^{-1}-\beta_2{}^{(4)}\{{}^b_{a\,c}\}S_{(2)b}{}^c\psi^{-1}+\tfrac{1}{2}\alpha^2\beta_2(\partial_b\psi)\eta S_{(2)}{}^b{}_a\psi^{-1}+$$
$$+\tfrac{1}{2}\alpha^2\beta_2(\partial_b\psi)A_a A_c S_{(2)}{}^{bc}\psi^{-1}-\alpha^2\beta_2(\partial_a\psi)A_b A_c S_{(2)}{}^{bc}\psi^{-1}-\tfrac{1}{2}\alpha^2\beta_2(\partial_b\psi)A_c S_{(2)}{}^b{}_a\psi^{-1}+2\beta_0\beta_2 S_{(0)bc}{}^b S_{(2)}{}^c{}_a\psi^{-1}+$$
$$+\tfrac{1}{2}\alpha\beta_3(\partial_b\psi)A^b S_{(3)a}\psi^{-1}+\tfrac{1}{2}\alpha\beta_3(\partial_b\psi)A_a S_{(3)}{}^b\psi^{-1}-\alpha\beta_3(\partial_a\psi)A_b S_{(3)}{}^b\psi^{-1}+\beta_2{}^{(4)}\{{}^d_{b\,c}\}S_{(2)}{}^{bc}g_{ad}\psi^{-1}-$$
$$-\tfrac{1}{2}\alpha(\partial_b\partial_c\psi)A_a g^{bc}\psi^{-1}+\tfrac{1}{4}\alpha^2(\partial_b\psi)(\partial_5 A_c)A_a g^{bc}\psi^{-1}+\tfrac{1}{4}\alpha^2(\partial_b\psi)(\partial_5 g_{ac})\eta g^{bc}\psi^{-1}+\beta_2(\partial_b S_{(2)c}{}^d)g_{ad}g^{bc}\psi^{-1}-$$
$$-\beta_2{}^{(4)}\{{}^c_{b\,d}\}S_{(2)ca}g^{bd}\psi^{-1}+\tfrac{1}{2}(\partial_5{}^{(4)}\{{}^c_{b\,d}\})g_{ac}g^{bd}\psi^{-1}+\tfrac{1}{2}\alpha(\partial_b\psi)A_a{}^{(4)}\{{}^b_{c\,d}\}g^{cd}\psi^{-1}-$$
$$-\tfrac{1}{2}\alpha^2(\partial_5\psi)A_a A_b{}^{(4)}\{{}^b_{c\,d}\}g^{cd}\psi^{-1}-2\alpha\beta_3(\partial_a S_{(3)b})A^b+\alpha\beta_3(\partial_b S_{(3)a})A^b-\tfrac{1}{4}\alpha^2(\partial_5 U_{ab})A^b-\tfrac{3}{4}\alpha^2(\partial_5 F_{ab})A^b+\alpha(\partial_a{}^{(4)}\{{}^b_{b\,c}\})A^c+$$
$$+2\alpha\beta_0(\partial_a S_{(0)bc}{}^b)A^c-\alpha(\partial_b{}^{(4)}\{{}^b_{a\,c}\})A^c-\alpha\beta_0(\partial_b S_{(0)ac}{}^b)A^c+\tfrac{1}{2}\alpha(\partial_5{}^{(4)}\{{}^b_{a\,c}\})A_b A^c-\tfrac{3}{4}\alpha^4(\partial_b\psi)(\partial_5 A_c)A_a A^b A^c-$$
$$-2\alpha^2\beta_2(\partial_a S_{(2)b}{}^b)\eta+\alpha^2\beta_2(\partial_b S_{(2)a}{}^b)\eta-\tfrac{1}{2}\alpha^2(\partial_5{}^{(4)}\{{}^b_{a\,b}\})\eta+\tfrac{1}{2}\alpha^2(\partial_5 A_b)A^c{}^{(4)}\{{}^b_{a\,c}\}-\alpha A^d{}^{(4)}\{{}^b_{a\,d}\}{}^{(4)}\{{}^c_{b\,c}\}+\alpha A^d{}^{(4)}\{{}^b_{a\,c}\}{}^{(4)}\{{}^c_{b\,d}\}-$$
$$-\tfrac{1}{4}\alpha^2(\partial_5 A_b)U_a{}^b+\tfrac{1}{4}\alpha^2(\partial_5 g_{bc})A^b U_a{}^c+\tfrac{1}{4}\alpha^2(\partial_5 A_a)U_b{}^b-\tfrac{1}{4}\alpha^2(\partial_5 g_{ab})A^b U_c{}^c+\tfrac{1}{4}\alpha^2(\partial_5 g_{ab})A_c U^{bc}-\tfrac{3}{4}\alpha^2(\partial_5 A_b)F_a{}^b+$$
$$+\tfrac{1}{4}\alpha^2(\partial_5 g_{bc})A^b F_a{}^c-\tfrac{1}{2}\alpha{}^{(4)}\{{}^b_{a\,c}\}F_b{}^c+\tfrac{3}{4}\alpha^2(\partial_5 g_{ab})A_c F^{bc}+\tfrac{3}{4}\alpha^3(\partial_b\psi)A_a A_c F^{bc}+\alpha\beta_0 A^d{}^{(4)}\{{}^b_{c\,d}\}S_{(0)ab}{}^c-$$
$$-\tfrac{1}{2}\alpha\beta_0 U^b{}_c S_{(0)ab}{}^c+\tfrac{1}{2}\alpha\beta_0 F^b{}_c S_{(0)ab}{}^c-\alpha\beta_0 A_b{}^{(4)}\{{}^c_{c\,d}\}S_{(0)a}{}^{bd}+\alpha\beta_0 A_b{}^{(4)}\{{}^b_{c\,d}\}S_{(0)a}{}^{cd}-\tfrac{1}{2}\alpha\beta_0 F^{bc}S_{(0)bca}+$$
$$+\alpha\beta_0 F_a{}^c S_{(0)bc}{}^b+2\alpha\beta_0 A^d{}^{(4)}\{{}^b_{a\,d}\}S_{(0)bc}{}^c-\alpha\beta_0 A^d{}^{(4)}\{{}^b_{c\,d}\}S_{(0)}{}^c{}_a+2\alpha\beta_0{}^2 A_b S_{(0)a}{}^{bc}S_{(0)cd}{}^d-\alpha^2\beta_0(\partial_5 A_b)A_a S_{(0)}{}^b{}_c{}^c-$$

$$\begin{aligned}
& - \alpha^2 \beta_0 (\partial_5 A_a) A_b S_{(0)}{}^b{}_c{}^c - \alpha^2 \beta_0 (\partial_5 g_{ab}) \eta S_{(0)}{}^b{}_c{}^c - \alpha \beta_0 A_b {}^{(4)}\{{}^c_{a\,d}\} S_{(0)}{}^b{}_c{}^d - \tfrac{3}{2} \alpha^3 \beta_0 (\partial_b \psi) A_a A_c A_d S_{(0)}{}^{bcd} + \\
& + 2 \alpha \beta_0{}^2 A_b S_{(0)cd}{}^c S_{(0)}{}^{bd} + \alpha^2 \beta_0 (\partial_5 g_{ab}) A_c A^b S_{(0)}{}^c{}_d{}^d - 2 \beta_0 \beta_1 S_{(0)bc}{}^b S_{(1)a}{}^c + \beta_1{}^{(4)}\{{}^b_{a\,c}\} S_{(1)}{}^{bc} - 2 \beta_0 \beta_1 S_{(0)ab}{}^c S_{(1)}{}^b{}_c - \\
& - \alpha \beta_1 (\partial_5 g_{ab}) A_c S_{(1)}{}^{bc} - \tfrac{3}{2} \alpha^2 \beta_1 (\partial_b \psi) A_a A_c S_{(1)}{}^{bc} + \beta_0 \beta_1 S_{(0)bca} S_{(1)}{}^{bc} + \alpha^2 \beta_2 \eta {}^{(4)}\{{}^b_{b\,c}\} S_{(2)a}{}^c - 2 \alpha^2 \beta_2 A_b A^{d\,(4)}\{{}^b_{c\,d}\} S_{(2)a}{}^c + \\
& + \alpha^2 \beta_2 A_b U^b{}_c S_{(2)a}{}^c - \alpha^2 \beta_2 A_b F^b{}_c S_{(2)a}{}^c + 2 \alpha^2 \beta_0 \beta_2 \eta S_{(0)bc}{}^b S_{(2)a}{}^c + 2 \alpha \beta_1 \beta_2 A_b S_{(1)}{}^b{}_c S_{(2)a}{}^c + \alpha^2 \beta_2 A^c A^{d\,(4)}\{{}^b_{c\,d}\} S_{(2)ba} - \\
& - \alpha^2 \beta_2 \eta {}^{(4)}\{{}^b_{a\,c}\} S_{(2)b}{}^c + 2 \alpha^2 \beta_2 A_b A^{d\,(4)}\{{}^b_{a\,d}\} S_{(2)c}{}^c - \alpha^2 \beta_2 A_b U^b_a S_{(2)c}{}^c - \alpha^2 \beta_2 A_b F^b_a S_{(2)c}{}^c - \tfrac{1}{2} \alpha^2 \beta_2 A_b U_c{}^c S_{(2)}{}^b{}_a + \\
& + \tfrac{3}{2} \alpha^4 \beta_2 (\partial_b \psi) A_a A_c \eta S_{(2)}{}^{bc} - \tfrac{1}{2} \alpha^2 \beta_2 A_b U_{ac} S_{(2)}{}^{bc} + \tfrac{1}{2} \alpha^2 \beta_2 A_a U_{bc} S_{(2)}{}^{bc} - \tfrac{1}{2} \alpha^2 \beta_2 A_b F_{ac} S_{(2)}{}^{bc} + \tfrac{1}{2} \alpha^2 \beta_2 A_a F_{bc} S_{(2)}{}^{bc} - \\
& - \alpha^2 \beta_2 A_b A^{d\,(4)}\{{}^b_{c\,d}\} S_{(2)}{}^c{}_a + \tfrac{1}{2} \alpha^2 \beta_2 A_b U^b{}_c S_{(2)}{}^c{}_a - \tfrac{3}{2} \alpha^2 \beta_2 A_b F^b{}_c S_{(2)}{}^c{}_a + 2 \alpha^2 \beta_0 \beta_2 \eta S_{(0)bc}{}^b S_{(2)}{}^c{}_a + \\
& + 2 \alpha^2 \beta_0 \beta_2 A_b A_c S_{(0)}{}^b{}_d{}^d S_{(2)}{}^c{}_a + 2 \alpha \beta_1 \beta_2 A_b S_{(1)}{}^b{}_c S_{(2)}{}^c{}_a - \alpha^2 \beta_2 A_b F_{ac} S_{(2)}{}^{cb} - \tfrac{3}{2} \alpha^4 \beta_2 (\partial_b \psi) A_a A_c A_d A^b S_{(2)}{}^{cd} + \\
& + \alpha^2 \beta_2 A_b A_c {}^{(4)}\{{}^b_{a\,d}\} S_{(2)}{}^{cd} + 2 \alpha^2 \beta_0 \beta_2 A_a A_b S_{(0)cd}{}^c S_{(2)}{}^{db} + \tfrac{1}{2} \alpha \beta_3 U_b{}^b S_{(3)a} - 2 \alpha \beta_0 \beta_3 A_b S_{(0)}{}^b{}_c{}^c S_{(3)a} + \alpha \beta_3 A^c{}^{(4)}\{{}^b_{a\,c}\} S_{(3)b} + \\
& + \tfrac{3}{2} \alpha^3 \beta_3 (\partial_b \psi) A_a \eta S_{(3)}{}^b - \tfrac{1}{2} \alpha \beta_3 U_{ab} S_{(3)}{}^b - \tfrac{3}{2} \alpha \beta_3 F_{ab} S_{(3)}{}^b - \tfrac{3}{2} \alpha^3 \beta_3 (\partial_b \psi) A_a A_c A^b S_{(3)}{}^c + \alpha \beta_3 A_b {}^{(4)}\{{}^b_{a\,c}\} S_{(3)}{}^c + \\
& + 2 \alpha \beta_0 \beta_3 A_a S_{(0)bc}{}^b S_{(3)}{}^c - \tfrac{1}{2} \alpha^2 (\partial_5{}^{(4)}\{{}^c_{b\,d}\}) A^b A^d g_{ac} - \alpha^2 \beta_2 (\partial_b S_{(2)c}{}^d) A^b A^c g_{ad} + \alpha^2 \beta_2 \eta {}^{(4)}\{{}^d_{b\,c}\} S_{(2)}{}^{bc} g_{ad} + \\
& + \alpha \beta_0 A_b {}^{(4)}\{{}^e_{c\,d}\} S_{(0)}{}^{bcd} g_{ae} - \alpha^2 \beta_2 A_b A^{d\,(4)}\{{}^e_{c\,d}\} S_{(2)}{}^{bc} g_{ae} + \tfrac{1}{2} \alpha (\partial_b F_{ac}) g^{bc} - \beta_1 (\partial_b S_{(1)ac}) g^{bc} + \alpha \beta_3 (\partial_b S_{(3)c}) A_a g^{bc} + \\
& + \tfrac{1}{4} \alpha^2 (\partial_5 U_{bc}) A_a g^{bc} + \alpha^2 \beta_2 (\partial_b S_{(2)c}{}^d) A_a A_d g^{bc} + \tfrac{3}{4} \alpha^4 (\partial_b \psi)(\partial_5 A_c) A_a \eta g^{bc} + \tfrac{1}{2} \alpha^2 (\partial_5 g_{bc}) A_d A^{e\,(4)}\{{}^d_{a\,e}\} g^{bc} - \\
& - \tfrac{1}{4} \alpha^2 (\partial_5 g_{bc}) A_d U_a{}^d g^{bc} - \tfrac{1}{4} \alpha^2 (\partial_5 g_{bc}) A_d F_a{}^d g^{bc} + \alpha^2 \beta_2 (\partial_b S_{(2)c}{}^d) \eta g_{ad} g^{bc} + \tfrac{1}{2} \alpha^2 (\partial_5 A_b) A_c {}^{(4)}\{{}^c_{a\,d}\} g^{bd} - \\
& - \tfrac{1}{2} \alpha^2 (\partial_5 g_{ab}) A_c A^{e\,(4)}\{{}^c_{d\,e}\} g^{bd} - \tfrac{1}{2} \alpha {}^{(4)}\{{}^c_{b\,d}\} F_{ac} g^{bd} + \beta_1{}^{(4)}\{{}^c_{b\,d}\} S_{(1)ac} g^{bd} - \alpha^2 \beta_2 \eta {}^{(4)}\{{}^c_{b\,d}\} S_{(2)ca} g^{bd} - \\
& - \alpha \beta_3 A_a {}^{(4)}\{{}^c_{b\,d}\} S_{(3)c} g^{bd} + \tfrac{1}{2} \alpha^2 (\partial_5{}^{(4)}\{{}^c_{b\,d}\}) \eta g_{ac} g^{bd} + \alpha \beta_0 (\partial_b S_{(0)cd}{}^e) A^c g_{ae} g^{bd} - \tfrac{1}{2} \alpha^2 (\partial_5 A_b) A_a {}^{(4)}\{{}^b_{c\,d}\} g^{cd} - \\
& - \tfrac{1}{2} \alpha^2 (\partial_5 A_a) A_b {}^{(4)}\{{}^b_{c\,d}\} g^{cd} - \alpha \beta_3 A_a {}^{(4)}\{{}^b_{c\,d}\} S_{(3)a} g^{cd} - \tfrac{1}{2} \alpha^2 (\partial_5 g_{bc}) A_d A^{b\,(4)}\{{}^d_{a\,e}\} g^{ce} - \alpha \beta_0 A_b {}^{(4)}\{{}^d_{c\,e}\} S_{(0)}{}^b{}_{da} g^{ce} - \\
& - \alpha^2 \beta_2 A_a A_b {}^{(4)}\{{}^d_{c\,e}\} S_{(2)d}{}^b g^{ce} + \tfrac{1}{2} \alpha^2 (\partial_5 g_{ab}) A_c A^{b\,(4)}\{{}^c_{d\,e}\} g^{de} + \alpha^2 \beta_2 A_b A_c {}^{(4)}\{{}^b_{d\,e}\} S_{(2)}{}^c{}_a g^{de} - \alpha^3 \beta_3 (\partial_b S_{(3)c}) A_a A^b A^c \psi - \\
& - \tfrac{1}{4} \alpha^4 (\partial_5 U_{bc}) A_a A^b A^c \psi - \alpha^4 \beta_2 (\partial_b S_{(2)c}{}^d) A_a A_d A^b A^c \psi + \tfrac{1}{4} \alpha^4 (\partial_5 A_b) A_a A^c A^{d\,(4)}\{{}^b_{c\,d}\} \psi - \tfrac{1}{4} \alpha^4 (\partial_5 A_b) A_a A^b U_c{}^c \psi + \\
& + \tfrac{1}{4} \alpha^4 (\partial_5 A_b) A_a A_c U^{bc} \psi - \tfrac{1}{2} \alpha^4 (\partial_5 A_b) \eta F_a{}^b \psi + \tfrac{1}{2} \alpha^4 (\partial_5 A_b) A_c A^b F_a{}^c \psi + \tfrac{1}{2} \alpha^3 A_a A^{d\,(4)}\{{}^c_{b\,d}\} F_b{}^c \psi + \tfrac{3}{4} \alpha^4 (\partial_5 A_b) A_a A_c F^{bc} \psi + \\
& + \tfrac{1}{2} \alpha^3 A_b F_{ac} F^{bc} \psi + \tfrac{1}{4} \alpha^3 A_a F_{bc} F^{bc} \psi - \tfrac{1}{2} \alpha^3 \beta_0 A_a A_b F^{cd} S_{(0)cd}{}^b \psi - \alpha^3 \beta_0 A_a A_b F^{bd} S_{(0)cd}{}^c \psi - \\
& - \alpha^3 \beta_0 A_a A_b A^{e\,(4)}\{{}^c_{d\,e}\} S_{(0)c}{}^{db} \psi - \alpha^4 \beta_0 (\partial_5 A_b) A_a \eta S_{(0)}{}^b{}_c{}^c \psi + \tfrac{1}{2} \alpha^3 \beta_0 A_a A_b U^c{}_d S_{(0)}{}^b{}_c{}^d \psi + \tfrac{1}{2} \alpha^3 \beta_0 A_a A_b F^c{}_d S_{(0)}{}^b{}_c{}^d \psi - \\
& - \alpha^3 \beta_0 A_b A_c F_d{}^a S_{(0)}{}^b{}_c{}^d \psi + 2 \alpha^3 \beta_0{}^2 A_a A_b A_c S_{(0)de}{}^c S_{(0)}{}^{bec} \psi + \alpha^4 \beta_0 (\partial_5 A_b) A_a A_c A^b S_{(0)}{}^c{}_d{}^d \psi - \alpha^2 \beta_1 A_a A^{d\,(4)}\{{}^b_{c\,d}\} S_{(1)b}{}^c \psi - \\
& - \alpha^3 \beta_1 (\partial_5 A_b) A_a A_c S_{(1)}{}^{bc} \psi - \alpha^2 \beta_1 A_b F_{ac} S_{(1)}{}^{bc} \psi - \alpha^2 \beta_1 A_a F_{bc} S_{(1)}{}^{bc} \psi + \alpha \beta_1{}^2 A_a S_{(1)bc} S_{(1)}{}^{bc} \psi + \\
& + 2 \alpha^2 \beta_0 \beta_1 A_a A_b S_{(0)cd}{}^c S_{(1)}{}^{bd} \psi + \alpha^2 \beta_0 \beta_1 A_a A_b S_{(0)cd}{}^b S_{(1)}{}^{cd} \psi + \alpha^4 \beta_2 A_a A_b A^d A^{e\,(4)}\{{}^c_{d\,e}\} S_{(2)c}{}^b \psi + \tfrac{1}{2} \alpha^4 \beta_2 A_a \eta U_{bc} S_{(2)}{}^{bc} \psi - \\
& - \tfrac{1}{2} \alpha^4 \beta_2 A_a A_b A_c U^d{}_d S_{(2)}{}^{bc} \psi + \tfrac{1}{2} \alpha^4 \beta_2 A_a \eta F_{bc} S_{(2)}{}^{bc} \psi - \alpha^4 \beta_2 A_b \eta F_{ac} S_{(2)}{}^{cb} \psi - \tfrac{1}{2} \alpha^4 \beta_2 A_a A_b A_c U^b{}_d S_{(2)}{}^{cd} \psi + \\
& + \alpha^4 \beta_2 A_b A_c A_d F_a{}^b S_{(2)}{}^{cd} \psi - \tfrac{1}{2} \alpha^4 \beta_2 A_a A_b A_c F^b{}_d S_{(2)}{}^{cd} \psi + 2 \alpha^4 \beta_0 \beta_2 A_a A_b A_c A_d S_{(0)}{}^b{}_e{}^e S_{(2)}{}^{cd} \psi + \\
& + 2 \alpha^4 \beta_0 \beta_2 A_a A_b \eta S_{(0)cd}{}^c S_{(2)}{}^{db} \psi - \alpha^4 \beta_2 A_a A_b A_c A^{e\,(4)}\{{}^b_{d\,e}\} S_{(2)}{}^{dc} \psi + \tfrac{1}{2} \alpha^4 \beta_2 A_a A_b A_c U^b{}_d S_{(2)}{}^{dc} \psi - \\
& - \tfrac{3}{2} \alpha^4 \beta_2 A_a A_b A_c F^b{}_d S_{(2)}{}^{dc} \psi + 2 \alpha^3 \beta_1 \beta_2 A_a A_b A_c S_{(1)}{}^b{}_d S_{(2)}{}^{dc} \psi + \alpha^3 \beta_3 A_a A^c A^{d\,(4)}\{{}^b_{c\,d}\} S_{(3)b} \psi - \tfrac{1}{2} \alpha^3 \beta_3 A_a A_b U_c{}^c S_{(3)}{}^b \psi - \\
& - \alpha^3 \beta_3 \eta F_{ab} S_{(3)}{}^b \psi - \alpha^3 \beta_3 A_a A_b A^{d\,(4)}\{{}^b_{c\,d}\} S_{(3)}{}^c \psi + \tfrac{1}{2} \alpha^3 \beta_3 A_a A_b U^b{}_c S_{(3)}{}^c \psi + \alpha^3 \beta_3 A_b A_c F_a{}^b S_{(3)}{}^c \psi - \tfrac{3}{2} \alpha^3 \beta_3 A_a A_b F^b{}_c S_{(3)}{}^c \psi + \\
& + 2 \alpha^3 \beta_0 \beta_3 A_a \eta S_{(0)bc}{}^b S_{(3)}{}^c \psi + 2 \alpha^3 \beta_0 \beta_3 A_a A_b A_c S_{(0)}{}^b{}_d{}^d S_{(3)}{}^c \psi + 2 \alpha^2 \beta_1 \beta_3 A_a A_b S_{(1)}{}^b{}_c S_{(3)}{}^c \psi + \alpha^3 \beta_3 (\partial_b S_{(3)c}) A_a \eta g^{bc} \psi + \\
& + \tfrac{1}{4} \alpha^4 (\partial_5 U_{bc}) A_a \eta g^{bc} \psi + \alpha^4 \beta_2 (\partial_b S_{(2)c}{}^d) A_a A_d \eta g^{bc} \psi - \tfrac{1}{2} \alpha^3 (\partial_b F_{cd}) A_a A^c g^{bd} \psi + \alpha^2 \beta_1 (\partial_b S_{(1)cd}) A_a A^c g^{bd} \psi + \\
& + \alpha^3 \beta_0 (\partial_b S_{(0)cd}{}^e) A_a A_e A^c g^{bd} \psi - \tfrac{1}{2} \alpha^4 (\partial_5 A_b) A_a A_c A^{e\,(4)}\{{}^c_{d\,e}\} g^{bd} \psi - \alpha^3 \beta_3 A_a \eta {}^{(4)}\{{}^c_{b\,d}\} S_{(3)c} g^{bd} \psi - \\
& - \tfrac{1}{2} \alpha^4 (\partial_5 A_b) A_a \eta {}^{(4)}\{{}^b_{c\,d}\} g^{cd} \psi + \tfrac{1}{2} \alpha^3 A_a A_b {}^{(4)}\{{}^d_{c\,e}\} F^b{}_d g^{ce} \psi - \alpha^2 \beta_1 A_a A_b {}^{(4)}\{{}^d_{c\,e}\} S_{(1)}{}^b{}_d g^{ce} \psi - \\
& - \alpha^4 \beta_2 A_a A_b \eta {}^{(4)}\{{}^d_{c\,e}\} S_{(2)d}{}^b g^{ce} \psi + \tfrac{1}{2} \alpha^4 (\partial_5 A_b) A_a A_c A^{b\,(4)}\{{}^c_{d\,e}\} g^{de} \psi + \alpha^3 \beta_3 A_a A_b A_c {}^{(4)}\{{}^b_{d\,e}\} S_{(3)}{}^c g^{de} \psi - \\
& - \alpha^3 \beta_0 A_a A_b A_c {}^{(4)}\{{}^e_{d\,f}\} S_{(0)}{}^b{}_e{}^c g^{df} \psi + \alpha^4 \beta_2 A_a A_b A_c A_d {}^{(4)}\{{}^b_{e\,f}\} S_{(2)}{}^{cd} g^{ef} \psi,
\end{aligned}$$

$$G_5{}^a = \tag{115}$$

$$= G_{5b}\, \gamma^{ab} + G_{55}\, \gamma^{a5}$$

$$\begin{aligned}
=& -\alpha\, \beta_2\, (\partial_5 \psi)\, A^a\, S_{(2)b}{}^b\, \psi^{-1} - \tfrac{1}{2} \beta_2\, (\partial_b \psi)\, S_{(2)}{}^{ab}\, \psi^{-1} + \tfrac{1}{2}\alpha\, \beta_2\, (\partial_5 \psi)\, A_b\, S_{(2)}{}^{ab}\, \psi^{-1} - \tfrac{1}{2} \beta_2\, (\partial_b \psi)\, S_{(2)}{}^{ba}\, \psi^{-1} + \\
& + \tfrac{1}{2}\alpha\, \beta_2\, (\partial_5 \psi)\, A_b\, S_{(2)}{}^{ba}\, \psi^{-1} + \beta_2\, (\partial_b \psi)\, S_{(2)c}{}^c\, g^{ab}\, \psi^{-1} + \tfrac{1}{4}\alpha\, (\partial_5 g_{bc})\, (\partial_5 \psi)\, A^b\, g^{ac}\, \psi^{-1} - \tfrac{1}{4}\alpha\, (\partial_5 g_{bc})\, (\partial_5 \psi)\, A^a\, g^{bc}\, \psi^{-1} - \\
& - \tfrac{1}{4}(\partial_b \psi)(\partial_5 g_{cd})\, g^{ac} g^{bd}\, \psi^{-1} + \tfrac{1}{4}(\partial_b \psi)(\partial_5 g_{cd})\, g^{ab} g^{cd}\, \psi^{-1} + 2\alpha\, \beta_2\, (\partial_5 S_{(2)b}{}^b)\, A^a - \alpha\, \beta_2\, (\partial_5 S_{(2)b}{}^a)\, A^b + \tfrac{3}{4}\alpha^3\, (\partial_5 A_b)(\partial_5 \psi)\, A^a A^b + \\
& + \tfrac{3}{4}\alpha\, (\partial_b \psi)\, F^{ab} - \tfrac{3}{4}\alpha^2\, (\partial_5 \psi)\, A_b\, F^{ab} + \beta_0\, (\partial_5 g_{bc})\, S_{(0)}{}^{abc} - \tfrac{3}{2}\alpha\, \beta_0\, (\partial_b \psi)\, A_c\, S_{(0)}{}^{abc} + \tfrac{3}{2}\alpha^2\, \beta_0\, (\partial_5 \psi)\, A_b\, A_c\, S_{(0)}{}^{abc} - \tfrac{3}{2}\beta_1\, (\partial_b \psi)\, S_{(1)}{}^{ab} + \\
& + \tfrac{3}{2}\alpha\, \beta_1\, (\partial_5 \psi)\, A_b\, S_{(1)}{}^{ab} - \tfrac{3}{2}\alpha^3\, \beta_2\, (\partial_5 \psi)\, A_b\, \eta\, S_{(2)}{}^{ab} - 2\alpha\, \beta_2{}^2\, A_b\, S_{(2)c}{}^c\, S_{(2)}{}^{ab} - \alpha\, \beta_2\, (\partial_5 g_{bc})\, A^b\, S_{(2)}{}^{ac} + \tfrac{3}{2}\alpha^2\, \beta_2\, (\partial_b \psi)\, A_c\, A^b\, S_{(2)}{}^{ac} - \\
& - \beta_2\, {}^{(4)}\{{}^b_{bc}\}\, S_{(2)}{}^{ac} - 2\beta_0\, \beta_2\, S_{(0)bc}{}^b\, S_{(2)}{}^{ac} - 2\alpha\, \beta_2{}^2\, A_b\, S_{(2)c}{}^c\, S_{(2)}{}^{ba} + \alpha\, \beta_2\, (\partial_5 g_{bc})\, A^a\, S_{(2)}{}^{bc} - \tfrac{3}{2}\alpha^2\, \beta_2\, (\partial_b \psi)\, A_c\, A^a\, S_{(2)}{}^{bc} + \\
& + \tfrac{3}{2}\alpha^3\, \beta_2\, (\partial_5 \psi)\, A_b\, A_c\, A^a\, S_{(2)}{}^{bc} + \beta_2\, {}^{(4)}\{{}^a_{bc}\}\, S_{(2)}{}^{bc} + 2\beta_0\, \beta_2\, S_{(0)bc}{}^a\, S_{(2)}{}^{bc} + 2\alpha\, \beta_2{}^2\, A_b\, S_{(2)c}{}^a\, S_{(2)}{}^{bc} + \alpha\, \beta_2\, (\partial_5 g_{bc})\, A^b\, S_{(2)}{}^{ca} + \\
& + 2\beta_0\, \beta_2\, S_{(0)bc}{}^b\, S_{(2)}{}^{ca} + 2\alpha\, \beta_2{}^2\, A_b\, S_{(2)c}{}^c\, S_{(2)}{}^{cb} + 2\beta_2\, \beta_3\, S_{(2)}{}^{ab}\, S_{(3)b} + \tfrac{3}{2}\alpha\, \beta_3\, (\partial_b \psi)\, A^b\, S_{(3)}{}^a - \tfrac{3}{2}\alpha^2\, \beta_3\, (\partial_5 \psi)\, \eta\, S_{(3)}{}^a - 4\beta_2\, \beta_3\, S_{(2)b}{}^b\, S_{(3)}{}^a - \\
& - \tfrac{3}{2}\alpha\, \beta_3\, (\partial_b \psi)\, A^a\, S_{(3)}{}^b + \tfrac{3}{2}\alpha^2\, \beta_3\, (\partial_5 \psi)\, A_b\, A^a\, S_{(3)}{}^b + 2\beta_2\, \beta_3\, S_{(2)b}{}^a\, S_{(3)}{}^b - \alpha\, \beta_2\, (\partial_5 S_{(2)b}{}^c)\, A_c\, g^{ab} - \tfrac{3}{4}\alpha^3\, (\partial_5 A_b)(\partial_5 \psi)\, \eta\, g^{ab} - \\
& - \beta_2\, (\partial_b S_{(2)c}{}^b)\, g^{ac} - \tfrac{1}{2}(\partial_5\, {}^{(4)}\{{}^a_{ac}\})\, g^{ac} - 2\beta_0\, (\partial_5 S_{(0)bc}{}^b)\, g^{ac} - \tfrac{1}{2}\alpha\, (\partial_5\, \partial_5 g_{bc})\, A^b\, g^{ac} + \tfrac{3}{4}\alpha^2\, (\partial_b \psi)(\partial_5 A_c)\, A^b\, g^{ac} - \\
& - \beta_0\, (\partial_5 g_{bc})\, S_{(0)}{}^b{}_d{}^d\, g^{ac} - \alpha\, \beta_2\, (\partial_5 g_{bc})\, A^b\, S_{(2)d}{}^d\, g^{ac} + \alpha\, \beta_2\, (\partial_5 g_{bc})\, A_d\, S_{(2)}{}^{bd}\, g^{ac} + \beta_3\, (\partial_5 g_{bc})\, S_{(3)}{}^b\, g^{ac} + \\
& + \beta_2\, {}^{(4)}\{{}^b_{cd}\}\, S_{(2)b}{}^c\, g^{ad} + \beta_2\, (\partial_b S_{(2)c}{}^a)\, g^{bc} + \tfrac{1}{2}(\partial_5\, {}^{(4)}\{{}^a_{bc}\})\, g^{bc} + \tfrac{1}{2}\alpha\, (\partial_5\, \partial_5 g_{bc})\, A^a\, g^{bc} - \tfrac{3}{4}\alpha^2\, (\partial_b \psi)(\partial_5 A_c)\, A^a\, g^{bc} - \\
& - \tfrac{1}{2}\alpha\, \beta_2\, (\partial_5 g_{bc})\, A_d\, S_{(2)}{}^{ad}\, g^{bc} - \tfrac{1}{2}\alpha\, \beta_2\, (\partial_5 g_{bc})\, A_d\, S_{(2)}{}^{da}\, g^{bc} - \beta_3\, (\partial_5 g_{bc})\, S_{(3)}{}^a\, g^{bc} - \beta_2\, {}^{(4)}\{{}^c_{bd}\}\, S_{(2)c}{}^a\, g^{bd} + \\
& + \tfrac{1}{2}\alpha\, (\partial_5 g_{bc})(\partial_5 g_{de})\, A^b\, g^{ad} g^{ce} - \tfrac{1}{4}\alpha\, (\partial_5 g_{bc})(\partial_5 g_{de})\, A^a\, g^{bd} g^{ce} - \tfrac{1}{4}\alpha\, (\partial_5 g_{bc})(\partial_5 g_{de})\, A^b\, g^{ac} g^{de} + \tfrac{1}{2}\alpha^3\, (\partial_5\, \partial_5 A_b)\, A^a A^b\, \psi + \\
& + \alpha^2\, \beta_3\, (\partial_5 S_{(3)b})\, A^a A^b\, \psi + \alpha^3\, \beta_2\, (\partial_5 S_{(2)b}{}^c)\, A_c\, A^a A^b\, \psi - \tfrac{1}{4}\alpha^2\, (\partial_5 A_b)\, U^{ab}\, \psi - \tfrac{3}{4}\alpha^2\, (\partial_5 A_b)\, F^{ab}\, \psi + \tfrac{1}{2}\alpha^2\, (\partial_5 g_{bc})\, A^b\, F^{ac}\, \psi - \\
& - \tfrac{1}{2}\alpha\, \beta_0\, F^{bc}\, S_{(0)bc}{}^a\, \psi + \alpha\, \beta_0\, F^{ac}\, S_{(0)bc}{}^b\, \psi - \tfrac{1}{2}\alpha\, \beta_0\, U^b{}_c\, S_{(0)}{}^a{}_b{}^c\, \psi - \tfrac{1}{2}\alpha\, \beta_0\, F^b{}_c\, S_{(0)}{}^a{}_b{}^c\, \psi + 2\alpha^2\, \beta_0\, (\partial_5 A_b)\, A_c\, S_{(0)}{}^{abc}\, \psi + \\
& + \alpha^2\, \beta_0\, (\partial_5 A_b)\, A_c\, S_{(0)}{}^{acb}\, \psi - \alpha^2\, \beta_0\, (\partial_5 g_{bc})\, A_d\, A^b\, S_{(0)}{}^{acd}\, \psi - 2\alpha\, \beta_0{}^2\, A_b\, S_{(0)cd}{}^c\, S_{(0)}{}^{adb}\, \psi + \alpha^2\, \beta_0\, (\partial_5 A_b)\, A^a\, S_{(0)}{}^b{}_c{}^c\, \psi - \\
& - \alpha^2\, \beta_0\, (\partial_5 A_b)\, A_c\, S_{(0)}{}^{bca}\, \psi + \alpha\, \beta_0{}^2\, A_b\, S_{(0)cd}{}^a\, S_{(0)}{}^{cdb}\, \psi + 2\alpha\, \beta_1\, (\partial_5 A_b)\, S_{(1)}{}^{ab}\, \psi - \alpha\, \beta_1\, (\partial_5 g_{bc})\, A^b\, S_{(1)}{}^{ac}\, \psi - 2\beta_0\, \beta_1\, S_{(0)bc}{}^b\, S_{(1)}{}^{ac}\, \psi + \\
& + \beta_0\, \beta_1\, S_{(0)bc}{}^a\, S_{(1)}{}^{bc}\, \psi + \alpha^3\, \beta_2\, (\partial_5 A_b)\, A^a A^b\, S_{(2)c}{}^c\, \psi - \alpha^2\, \beta_2\, A_b\, F^{ab}\, S_{(2)c}{}^c\, \psi + 2\alpha\, \beta_1\, \beta_2\, A_b\, S_{(1)}{}^{ab}\, S_{(2)c}{}^c\, \psi + \\
& + 2\alpha^2\, \beta_0\, \beta_2\, A_b\, A_c\, S_{(0)}{}^{abc}\, S_{(2)d}{}^d\, \psi - \alpha^3\, \beta_2\, (\partial_5 A_b)\, \eta\, S_{(2)}{}^{ab}\, \psi + \tfrac{1}{2}\alpha^2\, \beta_2\, A_b\, U^c{}_c\, S_{(2)}{}^{ab}\, \psi - 2\alpha^3\, \beta_2{}^2\, A_b\, \eta\, S_{(2)c}{}^c\, S_{(2)}{}^{ab}\, \psi - \\
& - 3\alpha^3\, \beta_2\, (\partial_5 A_b)\, A_c\, A^b\, S_{(2)}{}^{ac}\, \psi + \tfrac{1}{2}\alpha^2\, \beta_2\, A_b\, U^b{}_c\, S_{(2)}{}^{ac}\, \psi + \tfrac{1}{2}\alpha^2\, \beta_2\, A_b\, F^b{}_c\, S_{(2)}{}^{ac}\, \psi - 2\alpha^2\, \beta_0\, \beta_2\, A_b\, A_c\, S_{(0)}{}^b{}_d{}^d\, S_{(2)}{}^{ac}\, \psi + \\
& + \alpha^3\, \beta_2\, (\partial_5 g_{bc})\, A_d\, A^b\, A^c\, S_{(2)}{}^{ad}\, \psi + \alpha^3\, \beta_2\, (\partial_5 A_b)\, \eta\, S_{(2)}{}^{ba}\, \psi + 2\alpha^3\, \beta_2\, (\partial_5 A_b)\, A_c\, A^a\, S_{(2)}{}^{bc}\, \psi - \tfrac{1}{2}\alpha^2\, \beta_2\, A^a\, U_{bc}\, S_{(2)}{}^{bc}\, \psi - \\
& - \tfrac{1}{2}\alpha^2\, \beta_2\, A^a\, F_{bc}\, S_{(2)}{}^{bc}\, \psi + 2\alpha^3\, \beta_2{}^2\, A_b\, A_c\, A^a\, S_{(2)d}{}^d\, S_{(2)}{}^{bc}\, \psi - \alpha^3\, \beta_2\, (\partial_5 A_b)\, A_c\, A^b\, S_{(2)}{}^{ca}\, \psi - \alpha^2\, \beta_2\, A_b\, F^b{}_c\, S_{(2)}{}^{ca}\, \psi + \\
& + 2\alpha\, \beta_1\, \beta_2\, A_b\, S_{(1)}{}^b{}_c\, S_{(2)}{}^{ca}\, \psi + \alpha^3\, \beta_2\, (\partial_5 A_b)\, A_c\, A^a\, S_{(2)}{}^{cb}\, \psi - \tfrac{1}{2}\alpha^2\, \beta_2\, A_b\, U^a{}_c\, S_{(2)}{}^{cb}\, \psi + \tfrac{1}{2}\alpha^2\, \beta_2\, A_b\, F^a{}_c\, S_{(2)}{}^{cb}\, \psi + \\
& + 2\alpha^3\, \beta_2{}^2\, A_b\, \eta\, S_{(2)c}{}^a\, S_{(2)}{}^{cb}\, \psi - \alpha^3\, \beta_2\, (\partial_5 g_{bc})\, A_d\, A^a A^b\, S_{(2)}{}^{cd}\, \psi - 2\alpha^3\, \beta_2{}^2\, A_b\, A_c\, A_d\, S_{(2)}{}^{ba}\, S_{(2)}{}^{cd}\, \psi + 2\alpha^2\, \beta_0\, \beta_2\, A_b\, A_c\, S_{(0)}{}^b{}_d{}^c\, S_{(2)}{}^{da}\, \psi - \\
& - 2\alpha^2\, \beta_0\, \beta_2\, A_b\, A^a\, S_{(0)cd}{}^c\, S_{(2)}{}^{db}\, \psi + 2\alpha^2\, \beta_0\, \beta_2\, A_b\, A_c\, S_{(0)}{}^b{}_d{}^a\, S_{(2)}{}^{dc}\, \psi - 3\alpha^2\, \beta_3\, (\partial_5 A_b)\, A^b\, S_{(3)}{}^a\, \psi + \alpha^2\, \beta_3\, (\partial_5 g_{bc})\, A^b\, A^c\, S_{(3)}{}^a\, \psi + \\
& + \tfrac{1}{2}\alpha\, \beta_3\, U_b{}^b\, S_{(3)}{}^a\, \psi - 2\alpha\, \beta_0\, \beta_3\, A_b\, S_{(0)}{}^b{}_c{}^c\, S_{(3)}{}^a\, \psi - 2\beta_2\, \beta_3\, \eta\, S_{(2)b}{}^b\, S_{(3)}{}^a\, \psi + 3\alpha^2\, \beta_3\, (\partial_5 A_b)\, A^a\, S_{(3)}{}^b\, \psi - \tfrac{1}{2}\alpha\, \beta_3\, U^a{}_b\, S_{(3)}{}^b\, \psi - \\
& - \tfrac{1}{2}\alpha\, \beta_3\, F^a{}_b\, S_{(3)}{}^b\, \psi + 2\beta_1\, \beta_3\, S_{(1)}{}^a{}_b\, S_{(3)}{}^b\, \psi + 2\alpha^2\, \beta_2\, \beta_3\, \eta\, S_{(2)b}{}^a\, S_{(3)}{}^b\, \psi + 2\alpha^2\, \beta_2\, \beta_3\, A_b\, A^a\, S_{(2)c}{}^c\, S_{(3)}{}^b\, \psi + 2\alpha\, \beta_3{}^2\, A^a\, S_{(3)b}\, S_{(3)}{}^b\, \psi - \\
& - 2\alpha\, \beta_3{}^2\, A_b\, S_{(3)}{}^a\, S_{(3)}{}^b\, \psi - \alpha^2\, \beta_3\, (\partial_5 g_{bc})\, A^a A^b\, S_{(3)}{}^c\, \psi - 2\alpha\, \beta_0\, \beta_3\, A^a\, S_{(0)bc}{}^b\, S_{(3)}{}^c\, \psi + 2\alpha\, \beta_0\, \beta_3\, A_b\, S_{(0)}{}^a{}_c{}^b\, S_{(3)}{}^c\, \psi + \\
& + 2\alpha\, \beta_0\, \beta_3\, A_b\, S_{(0)}{}^b{}_c{}^a\, S_{(3)}{}^c\, \psi + 2\alpha^2\, \beta_2\, \beta_3\, A_b\, A^a\, S_{(2)c}{}^b\, S_{(3)}{}^c\, \psi - 2\alpha^2\, \beta_2\, \beta_3\, A_b\, A_c\, S_{(2)}{}^{ab}\, S_{(3)}{}^c\, \psi - 2\alpha^2\, \beta_2\, \beta_3\, A_b\, A_c\, S_{(2)}{}^{ba}\, S_{(3)}{}^c\, \psi + \\
& + \tfrac{1}{2}\alpha^3\, (\partial_5 A_b)(\partial_5 g_{cd})\, A^c A^d\, g^{ab}\, \psi - \tfrac{1}{2}\alpha^3\, (\partial_5\, \partial_5 A_b)\, \eta\, g^{ab}\, \psi - \alpha^2\, \beta_3\, (\partial_5 S_{(3)b})\, \eta\, g^{ab}\, \psi - \alpha^3\, \beta_2\, (\partial_5 S_{(2)b}{}^c)\, A_c\, \eta\, g^{ab}\, \psi + \\
& + \tfrac{1}{4}\alpha^2\, (\partial_5 A_b)\, U^c{}_c\, g^{ab}\, \psi - \alpha^2\, \beta_0\, (\partial_5 A_b)\, A_c\, S_{(0)}{}^c{}_d{}^d\, g^{ab}\, \psi - \alpha^3\, \beta_2\, (\partial_5 A_b)\, \eta\, S_{(2)c}{}^c\, g^{ab}\, \psi + \alpha^3\, \beta_2\, (\partial_5 A_b)\, A_c\, A_d\, S_{(2)}{}^{cd}\, g^{ab}\, \psi + \\
& + \alpha\, \beta_3\, (\partial_b S_{(3)c})\, A^b\, g^{ac}\, \psi - \alpha^3\, (\partial_5 A_b)(\partial_5 A_c)\, A^b\, g^{ac}\, \psi + \tfrac{1}{4}\alpha^2\, (\partial_5 U_{bc})\, A^b\, g^{ac}\, \psi + \tfrac{3}{4}\alpha^2\, (\partial_5 F_{bc})\, A^b\, g^{ac}\, \psi - \alpha\, \beta_1\, (\partial_5 S_{(1)bc})\, A^b\, g^{ac}\, \psi + \\
& + \alpha^2\, \beta_2\, (\partial_b S_{(2)c}{}^d)\, A_d\, A^b\, g^{ac}\, \psi - \alpha^2\, \beta_0\, (\partial_5 S_{(0)bc}{}^d)\, A_d\, A^b\, g^{ac}\, \psi - \tfrac{1}{2}\alpha^2\, (\partial_5 A_b)\, A^d\, {}^{(4)}\{{}^b_{cd}\}\, g^{ac}\, \psi + \tfrac{1}{2}\alpha^2\, (\partial_5 g_{bc})\, A_d\, F^{bd}\, g^{ac}\, \psi - \\
& - \alpha^2\, \beta_0\, (\partial_5 g_{bc})\, A_d\, A_e\, S_{(0)}{}^{bde}\, g^{ac}\, \psi - \alpha\, \beta_1\, (\partial_5 g_{bc})\, A_d\, S_{(1)}{}^{bd}\, g^{ac}\, \psi + \alpha^3\, \beta_2\, (\partial_5 g_{bc})\, A_d\, \eta\, S_{(2)}{}^{bd}\, g^{ac}\, \psi - \alpha^3\, \beta_2\, (\partial_5 g_{bc})\, A_d\, A_e\, A^b\, S_{(2)}{}^{de}\, g^{ac}\, \psi - \\
& - \alpha\, \beta_3\, A^d\, {}^{(4)}\{{}^b_{cd}\}\, S_{(3)b}\, g^{ac}\, \psi + \alpha^2\, \beta_3\, (\partial_5 g_{bc})\, \eta\, S_{(3)}{}^b\, g^{ac}\, \psi - \alpha^2\, \beta_3\, (\partial_5 g_{bc})\, A_d\, A^b\, S_{(3)}{}^d\, g^{ac}\, \psi - \tfrac{1}{2}\alpha^3\, (\partial_5 A_b)(\partial_5 g_{cd})\, A^b A^c\, g^{ad}\, \psi -
\end{aligned}$$

$$-\tfrac{1}{2}\alpha\,{}^{(4)}\{{}^{\ b}_{c\ d}\}\,F_b{}^c\,g^{ad}\,\psi + \beta_1\,{}^{(4)}\{{}^{\ b}_{c\ d}\}\,S_{(1)b}{}^c\,g^{ad}\,\psi - \alpha^2\,\beta_2\,A_b\,A^e\,{}^{(4)}\{{}^{\ c}_{d\ e}\}\,S_{(2)c}{}^b\,g^{ad}\,\psi + \alpha\,\beta_3\,A_b\,{}^{(4)}\{{}^{\ b}_{c\ d}\}\,S_{(3)}{}^c\,g^{ad}\,\psi +$$
$$+\,\alpha\,\beta_0\,A_b\,{}^{(4)}\{{}^{\ c}_{d\ e}\}\,S_{(0)c}{}^{db}\,g^{ae}\,\psi + \alpha^2\,\beta_2\,A_b\,A_c\,{}^{(4)}\{{}^{\ b}_{d\ e}\}\,S_{(2)}{}^{dc}\,g^{ae}\,\psi - \alpha\,\beta_3\,(\partial_b S_{(3)c})\,A^a\,g^{bc}\,\psi + \alpha^3\,(\partial_5 A_b)(\partial_5 A_c)\,A^a\,g^{bc}\,\psi -$$
$$-\,\tfrac{1}{4}\alpha^2\,(\partial_5 U_{bc})\,A^a\,g^{bc}\,\psi - \alpha^2\,\beta_2\,(\partial_b S_{(2)c}{}^d)\,A_d\,A^a\,g^{bc}\,\psi - \tfrac{1}{4}\alpha^2\,(\partial_5 g_{bc})\,A_d\,F^{ad}\,g^{bc}\,\psi + \tfrac{1}{2}\alpha^2\,\beta_0\,(\partial_5 g_{bc})\,A_d\,A_e\,S_{(0)}{}^{ade}\,g^{bc}\,\psi +$$
$$+\,\tfrac{1}{2}\alpha\,\beta_1\,(\partial_5 g_{bc})\,A_d\,S_{(1)}{}^{ad}\,g^{bc}\,\psi - \tfrac{1}{2}\alpha^3\,\beta_2\,(\partial_5 g_{bc})\,A_d\,\eta\,S_{(2)}{}^{ad}\,g^{bc}\,\psi + \tfrac{1}{2}\alpha^3\,\beta_2\,(\partial_5 g_{bc})\,A_d\,A_e\,A^a\,S_{(2)}{}^{de}\,g^{bc}\,\psi -$$
$$-\,\tfrac{1}{2}\alpha^2\,\beta_3\,(\partial_5 g_{bc})\,\eta\,S_{(3)}{}^a\,g^{bc}\,\psi + \tfrac{1}{2}\alpha^2\,\beta_3\,(\partial_5 g_{bc})\,A_d\,A^a\,S_{(3)}{}^d\,g^{bc}\,\psi - \tfrac{1}{2}\alpha^3\,(\partial_5 A_b)(\partial_5 A_c)\,A^a\,A^c\,g^{bd}\,\psi - \tfrac{1}{2}\alpha\,{}^{(4)}\{{}^{\ c}_{b\ d}\}\,F^a{}_c\,g^{bd}\,\psi +$$
$$+\,\beta_1\,{}^{(4)}\{{}^{\ c}_{b\ d}\}\,S_{(1)}{}^a{}_c\,g^{bd}\,\psi + \alpha\,\beta_3\,A^a\,{}^{(4)}\{{}^{\ c}_{b\ d}\}\,S_{(3)c}\,g^{bd}\,\psi + \tfrac{1}{2}\alpha\,(\partial_b F_{cd})\,g^{ac}\,g^{bd}\,\psi - \beta_1\,(\partial_b S_{(1)cd})\,g^{ac}\,g^{bd}\,\psi -$$
$$-\,\alpha\,\beta_0\,(\partial_b S_{(0)cd}{}^e)\,A_e\,g^{ac}\,g^{bd}\,\psi + \tfrac{1}{2}\alpha^3\,(\partial_5 A_b)(\partial_5 g_{cd})\,\eta\,g^{ac}\,g^{bd}\,\psi + \tfrac{1}{2}\alpha^2\,(\partial_5 A_b)\,A_c\,{}^{(4)}\{{}^{\ c}_{d\ e}\}\,g^{ad}\,g^{be}\,\psi +$$
$$+\,\tfrac{1}{4}\alpha^3\,(\partial_5 A_b)(\partial_5 g_{cd})\,A^a\,A^b\,g^{cd}\,\psi + \tfrac{1}{2}\alpha^2\,(\partial_5 A_b)\,A^a\,{}^{(4)}\{{}^{\ b}_{c\ d}\}\,g^{cd}\,\psi - \alpha\,\beta_3\,A_b\,{}^{(4)}\{{}^{\ b}_{c\ d}\}\,S_{(3)}{}^a\,g^{cd}\,\psi - \tfrac{1}{4}\alpha^3\,(\partial_5 A_b)(\partial_5 g_{cd})\,\eta\,g^{ab}\,g^{cd}\,\psi +$$
$$+\,\alpha\,\beta_0\,A_b\,{}^{(4)}\{{}^{\ d}_{c\ e}\}\,S_{(0)}{}^{ab}{}_d\,g^{ce}\,\psi + \alpha^2\,\beta_2\,A_b\,A^a\,{}^{(4)}\{{}^{\ d}_{c\ e}\}\,S_{(2)d}{}^b\,g^{ce}\,\psi - \alpha^2\,\beta_2\,A_b\,A_c\,{}^{(4)}\{{}^{\ b}_{d\ e}\}\,S_{(2)}{}^{ac}\,g^{de}\,\psi -$$
$$-\,\tfrac{1}{2}\alpha^2\,(\partial_5 A_b)\,A_c\,{}^{(4)}\{{}^{\ c}_{d\ e}\}\,g^{ab}\,g^{de}\,\psi,$$

$$G_5{}^5 = \tag{116}$$

$$= G_{5a}\,\gamma^{a5} + G_{55}\,\gamma^{55}$$

$$= -\tfrac{1}{4}\alpha^2\,(\partial_5 g_{ab})(\partial_5\psi)\,A^a\,A^b\,\psi^{-1} + \alpha^2\,\beta_2\,(\partial_5\psi)\,\eta\,S_{(2)a}{}^a\,\psi^{-1} - \beta_2{}^2\,S_{(2)a}{}^b\,S_{(2)b}{}^a\,\psi^{-1} -$$
$$-\,\alpha\,\beta_2\,(\partial_a\psi)\,A^a\,S_{(2)b}{}^b\,\psi^{-1} + 2\,\beta_2{}^2\,S_{(2)a}{}^a\,S_{(2)b}{}^b\,\psi^{-1} - \beta_2\,(\partial_5 g_{ab})\,S_{(2)}{}^{ab}\,\psi^{-1} + \tfrac{1}{2}\alpha\,\beta_2\,(\partial_a\psi)\,A_b\,S_{(2)}{}^{ab}\,\psi^{-1} -$$
$$-\,\alpha^2\,\beta_2\,(\partial_5\psi)\,A_a\,A_b\,S_{(2)}{}^{ab}\,\psi^{-1} - \beta_2{}^2\,S_{(2)ab}\,S_{(2)}{}^{ab}\,\psi^{-1} + \tfrac{1}{2}\alpha\,\beta_2\,(\partial_a\psi)\,A_b\,S_{(2)}{}^{ba}\,\psi^{-1} + \tfrac{1}{4}\alpha^2\,(\partial_5 g_{ab})(\partial_5\psi)\,\eta\,g^{ab}\,\psi^{-1} +$$
$$+\,\beta_2\,(\partial_5 g_{ab})\,S_{(2)c}{}^c\,g^{ab}\,\psi^{-1} + \tfrac{1}{4}\alpha\,(\partial_a\psi)(\partial_5 g_{bc})\,A^b\,g^{ac}\,\psi^{-1} - \tfrac{1}{4}\alpha\,(\partial_a\psi)(\partial_5 g_{bc})\,A^a\,g^{bc}\,\psi^{-1} - \tfrac{1}{8}(\partial_5 g_{ab})(\partial_5 g_{cd})\,g^{ac}\,g^{bd}\,\psi^{-1} +$$
$$+\,\tfrac{1}{8}(\partial_5 g_{ab})(\partial_5 g_{cd})\,g^{ab}\,g^{cd}\,\psi^{-1} - 2\,\alpha\,\beta_2\,(\partial_a S_{(2)b}{}^b)\,A^a + \alpha\,\beta_2\,(\partial_a S_{(2)b}{}^a)\,A^b - \tfrac{1}{2}\alpha\,(\partial_5\,{}^{(4)}\{{}^{\ a}_{a\ b}\})\,A^b - \tfrac{3}{4}\alpha^3\,(\partial_a\psi)(\partial_5 A_b)\,A^a\,A^b +$$
$$+\,\tfrac{1}{4}\alpha\,(\partial_5 g_{ab})\,U^{ab} + \tfrac{3}{4}\alpha^2\,(\partial_a\psi)\,A_b\,F^{ab} - \beta_0{}^2\,S_{(0)ab}{}^c\,S_{(0)}{}^{ab}{}_c - \tfrac{3}{2}\alpha^2\,\beta_0\,(\partial_a\psi)\,A_b\,A_c\,S_{(0)}{}^{abc} - \tfrac{1}{2}\beta_0{}^2\,S_{(0)abc}\,S_{(0)}{}^{abc} +$$
$$+\,\alpha\,\beta_0\,(\partial_5 g_{ab})\,A_c\,S_{(0)}{}^{acb} - \alpha\,\beta_0\,(\partial_5 g_{ab})\,A^a\,S_{(0)}{}^b{}_c{}^c - 2\,\beta_0{}^2\,S_{(0)ab}{}^a\,S_{(0)}{}^b{}_c{}^c - \tfrac{3}{2}\alpha\,\beta_1\,(\partial_a\psi)\,A_b\,S_{(1)}{}^{ab} - \alpha\,\beta_2\,A^c\,{}^{(4)}\{{}^{\ a}_{b\ c}\}\,S_{(2)a}{}^b -$$
$$-\,\alpha^2\,\beta_2{}^2\,\eta\,S_{(2)a}{}^b\,S_{(2)b}{}^a + 2\,\alpha^2\,\beta_2\,(\partial_5 A_a)\,A^a\,S_{(2)b}{}^b - \alpha\,\beta_2\,U_a{}^a\,S_{(2)b}{}^b + 2\,\alpha^2\,\beta_2{}^2\,\eta\,S_{(2)a}{}^a\,S_{(2)b}{}^b - 2\,\alpha\,\beta_0\,\beta_2\,A_a\,S_{(0)}{}^{ac}{}_c\,S_{(2)b}{}^b -$$
$$-\,\alpha^2\,\beta_2\,(\partial_5 g_{ab})\,A^a\,A^b\,S_{(2)c}{}^c + 4\,\alpha\,\beta_0\,\beta_2\,A_a\,S_{(0)}{}^{ab}{}_b\,S_{(2)c}{}^c - \alpha^2\,\beta_2\,(\partial_5 A_a)\,A_b\,S_{(2)}{}^{ab} - \alpha^2\,\beta_2\,(\partial_5 g_{ab})\,\eta\,S_{(2)}{}^{ab} +$$
$$+\,\tfrac{3}{2}\alpha^3\,\beta_2\,(\partial_a\psi)\,A_b\,\eta\,S_{(2)}{}^{ab} + \alpha\,\beta_2\,U_{ab}\,S_{(2)}{}^{ab} - \alpha\,\beta_2{}^2\,\eta\,S_{(2)ab}\,S_{(2)}{}^{ab} + \alpha\,\beta_2\,A_a\,{}^{(4)}\{{}^{\ b}_{b\ c}\}\,S_{(2)}{}^{ac} + 2\,\alpha\,\beta_0\,\beta_2\,A_a\,S_{(0)bc}{}^b\,S_{(2)}{}^{ac} -$$
$$-\,\alpha^2\,\beta_2\,(\partial_5 A_a)\,A_b\,S_{(2)}{}^{ba} - \tfrac{3}{2}\alpha^3\,\beta_2\,(\partial_a\psi)\,A_b\,A_c\,A^a\,S_{(2)}{}^{bc} - \alpha\,\beta_2\,A_a\,{}^{(4)}\{{}^{\ a}_{b\ c}\}\,S_{(2)}{}^{bc} - 2\,\alpha\,\beta_0\,\beta_2\,A_a\,S_{(0)}{}^a{}_{bc}\,S_{(2)}{}^{bc} +$$
$$+\,\alpha^2\,\beta_2{}^2\,A_a\,A_b\,S_{(2)}{}^a{}_c\,S_{(2)}{}^{bc} + 2\,\alpha\,\beta_0\,\beta_2\,A_a\,S_{(0)bc}{}^b\,S_{(2)}{}^{ca} + \alpha^2\,\beta_2\,(\partial_5 g_{ab})\,A_c\,A^a\,S_{(2)}{}^{cb} - \alpha^2\,\beta_2{}^2\,A_a\,A_b\,S_{(2)c}{}^a\,S_{(2)}{}^{cb} -$$
$$-\,2\,\alpha\,\beta_2\,\beta_3\,A_a\,S_{(2)}{}^{ab}\,S_{(3)b} + \tfrac{3}{2}\alpha^2\,\beta_3\,(\partial_a\psi)\,\eta\,S_{(3)}{}^a + 4\,\alpha\,\beta_2\,\beta_3\,A_a\,S_{(2)b}{}^b\,S_{(3)}{}^a - \alpha\,\beta_3\,(\partial_5 g_{ab})\,A^a\,S_{(3)}{}^b - \tfrac{3}{2}\alpha^2\,\beta_3\,(\partial_a\psi)\,A_b\,A^a\,S_{(3)}{}^b -$$
$$-\,2\,\alpha\,\beta_2\,\beta_3\,A_a\,S_{(2)b}{}^a\,S_{(3)}{}^b + \alpha\,\beta_2\,(\partial_a S_{(2)b}{}^c)\,A_c\,g^{ab} + \tfrac{3}{4}\alpha^3\,(\partial_a\psi)(\partial_5 A_b)\,\eta\,g^{ab} - \tfrac{1}{4}\alpha\,(\partial_5 g_{ab})\,U_c{}^c\,g^{ab} + \alpha\,\beta_0\,(\partial_5 g_{ab})\,A_c\,S_{(0)}{}^c{}_d{}^d\,g^{ab} +$$
$$+\,\alpha^2\,\beta_2\,(\partial_5 g_{ab})\,\eta\,S_{(2)c}{}^c\,g^{ab} + \alpha\,\beta_3\,(\partial_5 g_{ab})\,A_c\,S_{(3)}{}^c\,g^{ab} + \tfrac{1}{2}(\partial_a\,{}^{(4)}\{{}^{\ b}_{b\ c}\})\,g^{ac} + 2\,\beta_0\,(\partial_a S_{(0)bc}{}^b)\,g^{ac} + \tfrac{1}{2}\alpha\,(\partial_5\,{}^{(4)}\{{}^{\ c}_{a\ c}\})\,A_b\,g^{ac} -$$
$$-\,\tfrac{1}{2}\alpha^2\,(\partial_5 A_a)(\partial_5 g_{bc})\,A^b\,g^{ac} + 2\,\beta_0\,{}^{(4)}\{{}^{\ b}_{a\ d}\}\,S_{(0)bc}{}^c\,g^{ad} - \tfrac{1}{2}(\partial_a\,{}^{(4)}\{{}^{\ a}_{b\ c}\})\,g^{bc} + \tfrac{1}{2}\alpha^2\,(\partial_5 A_a)(\partial_5 g_{bc})\,A^a\,g^{bc} +$$
$$+\,\tfrac{1}{4}\alpha^2\,(\partial_5 g_{ab})(\partial_5 g_{cd})\,A^a\,A^c\,g^{bd} - \alpha\,\beta_2\,A_a\,{}^{(4)}\{{}^{\ c}_{b\ d}\}\,S_{(2)c}{}^a\,g^{bd} + 2\,\alpha\,\beta_2\,A_a\,{}^{(4)}\{{}^{\ a}_{b\ d}\}\,S_{(2)c}{}^c\,g^{bd} - \tfrac{1}{8}\alpha^2\,(\partial_5 g_{ab})(\partial_5 g_{cd})\,\eta\,g^{ac}\,g^{bd} -$$
$$-\,\tfrac{1}{2}\alpha\,(\partial_5 g_{ab})\,A_c\,{}^{(4)}\{{}^{\ c}_{d\ e}\}\,g^{ad}\,g^{be} - \tfrac{1}{4}\alpha^2\,(\partial_5 g_{ab})(\partial_5 g_{cd})\,A^a\,A^b\,g^{cd} + \tfrac{1}{2}\,{}^{(4)}\{{}^{\ c}_{a\ c}\}\,{}^{(4)}\{{}^{\ a}_{b\ d}\}\,g^{cd} - \tfrac{1}{2}\,{}^{(4)}\{{}^{\ a}_{a\ b}\}\,{}^{(4)}\{{}^{\ b}_{c\ d}\}\,g^{cd} +$$
$$+\,\tfrac{1}{8}\alpha^2\,(\partial_5 g_{ab})(\partial_5 g_{cd})\,\eta\,g^{ab}\,g^{cd} + \tfrac{1}{2}\alpha\,(\partial_5 g_{ab})\,A_c\,{}^{(4)}\{{}^{\ c}_{d\ e}\}\,g^{ab}\,g^{de} - \alpha\,\beta_3\,(\partial_a S_{(3)b})\,A^a\,A^b\,\psi + \tfrac{1}{4}\alpha^4\,(\partial_5 A_a)(\partial_5 A_b)\,A^a\,A^b\,\psi -$$
$$-\,\tfrac{1}{4}\alpha^3\,(\partial_5 U_{ab})\,A^a\,A^b\,\psi - \alpha^3\,\beta_2\,(\partial_a S_{(2)b}{}^c)\,A_c\,A^a\,A^b\,\psi + \tfrac{1}{2}\alpha^3\,(\partial_5 A_a)\,A^b\,A^c\,{}^{(4)}\{{}^{\ a}_{b\ c}\}\,\psi - \tfrac{1}{4}\alpha^3\,(\partial_5 A_a)\,A^a\,U_b{}^b\,\psi + \tfrac{1}{4}\alpha^3\,(\partial_5 A_a)\,A_b\,U^{ab}\,\psi +$$
$$+\,\tfrac{1}{2}\alpha^2\,A^c\,{}^{(4)}\{{}^{\ b}_{b\ c}\}\,F_a{}^b\,\psi + \tfrac{3}{4}\alpha^3\,(\partial_5 A_a)\,A_b\,F^{ab}\,\psi + \tfrac{3}{8}\alpha^2\,F_{ab}\,F^{ab}\,\psi - \tfrac{1}{2}\alpha^2\,\beta_0\,A_a\,F^{bc}\,S_{(0)bc}{}^a\,\psi - \alpha^2\,\beta_0\,A_a\,F^{ac}\,S_{(0)bc}{}^b\,\psi -$$
$$-\,\alpha^2\,\beta_0\,A_a\,A^{d\,(4)}\{{}^{\ b}_{c\ d}\}\,S_{(0)b}{}^{ca}\,\psi - \alpha^3\,\beta_0\,(\partial_5 A_a)\,\eta\,S_{(0)}{}^a{}_b{}^b\,\psi + \tfrac{1}{2}\alpha^2\,\beta_0\,A_a\,U^b{}_c\,S_{(0)}{}^a{}_b{}^c\,\psi + \tfrac{1}{2}\alpha^2\,\beta_0\,A_a\,F^b{}_c\,S_{(0)}{}^a{}_b{}^c\,\psi +$$
$$+\,\alpha^3\,\beta_0\,(\partial_5 A_a)\,A_b\,A_c\,S_{(0)}{}^{abc}\,\psi + 2\,\alpha^2\,\beta_0{}^2\,A_a\,A_b\,S_{(0)cd}{}^c\,S_{(0)}{}^{adb}\,\psi + \alpha^3\,\beta_0\,(\partial_5 A_a)\,A_b\,A^a\,S_{(0)}{}^b{}_c{}^c\,\psi -$$
$$-\,\tfrac{1}{2}\alpha^2\,\beta_0{}^2\,A_a\,A_b\,S_{(0)cd}{}^a\,S_{(0)}{}^{cdb}\,\psi - \alpha\,\beta_1\,A^c\,{}^{(4)}\{{}^{\ a}_{b\ c}\}\,S_{(1)a}{}^b\,\psi - \alpha\,\beta_1\,F_{ab}\,S_{(1)}{}^{ab}\,\psi + \tfrac{1}{2}\beta_1{}^2\,S_{(1)ab}\,S_{(1)}{}^{ab}\,\psi +$$
$$+\,2\,\alpha\,\beta_0\,\beta_1\,A_a\,S_{(0)bc}{}^b\,S_{(1)}{}^{ac}\,\psi + \alpha^3\,\beta_2\,A_a\,A^c\,A^{d\,(4)}\{{}^{\ b}_{c\ d}\}\,S_{(2)b}{}^a\,\psi - \alpha^4\,\beta_2\,(\partial_5 A_a)\,A_b\,\eta\,S_{(2)}{}^{ab}\,\psi + \tfrac{1}{2}\alpha^3\,\beta_2\,\eta\,U_{ab}\,S_{(2)}{}^{ab}\,\psi -$$

$- \frac{1}{2} \alpha^3 \beta_2 A_a A_b U_c^{\ c} S_{(2)}^{\ ab} \psi + \frac{1}{2} \alpha^3 \beta_2 \eta F_{ab} S_{(2)}^{\ ab} \psi + \alpha^4 \beta_2 (\partial_5 A_a) A_b A_c A^a S_{(2)}^{\ bc} \psi - \frac{1}{2} \alpha^3 \beta_2 A_a A_b U^a_{\ c} S_{(2)}^{\ bc} \psi -$

$- \frac{1}{2} \alpha^3 \beta_2 A_a A_b F^a_{\ c} S_{(2)}^{\ bc} \psi + 2 \alpha^3 \beta_0 \beta_2 A_a A_b A_c S_{(0)\ d}^{\ a\ d} S_{(2)}^{\ bc} \psi + 2 \alpha^3 \beta_0 \beta_2 A_a \eta S_{(0)bc}^{\ \ \ b} S_{(2)}^{\ ca} \psi -$

$- \alpha^3 \beta_2 A_a A_b A^{d\ (4)}\{^a_{c\ d}\} S_{(2)}^{\ cb} \psi + \frac{1}{2} \alpha^3 \beta_2 A_a A_b U^a_{\ c} S_{(2)}^{\ cb} \psi - \frac{3}{2} \alpha^3 \beta_2 A_a A_b F^a_{\ c} S_{(2)}^{\ cb} \psi - \alpha^4 \beta_2^{\ 2} A_a A_b \eta S_{(2)c}^{\ \ a} S_{(2)}^{\ cb} \psi +$

$+ \alpha^4 \beta_2^{\ 2} A_a A_b A_c A_d S_{(2)}^{\ ab} S_{(2)}^{\ cd} \psi - 2 \alpha^3 \beta_0 \beta_2 A_a A_b A_c S_{(0)\ d}^{\ a\ b} S_{(2)}^{\ dc} \psi + \alpha^2 \beta_3 A^b A^{c\ (4)}\{^a_{b\ c}\} S_{(3)a} \psi - \alpha^3 \beta_3 (\partial_5 A_a) \eta S_{(3)}^{\ a} \psi -$

$- \frac{1}{2} \alpha^2 \beta_3 A_a U^b_{\ b} S_{(3)}^{\ a} \psi - \alpha^2 \beta_3^{\ 2} \eta S_{(3)a} S_{(3)}^{\ a} \psi + \alpha^3 \beta_3 (\partial_5 A_a) A_b A^a S_{(3)}^{\ b} \psi - \alpha^2 \beta_3 A_a A^{c\ (4)}\{^a_{b\ c}\} S_{(3)}^{\ b} \psi + \frac{1}{2} \alpha^2 \beta_3 A_a U^a_{\ b} S_{(3)}^{\ b} \psi -$

$- \frac{3}{2} \alpha^2 \beta_3 A_a F^a_{\ b} S_{(3)}^{\ b} \psi + 2 \alpha^2 \beta_0 \beta_3 \eta S_{(0)ab}^{\ \ \ a} S_{(3)}^{\ b} \psi + 2 \alpha^2 \beta_0 \beta_3 A_a A_b S_{(0)\ c}^{\ a\ c} S_{(3)}^{\ b} \psi - 2 \alpha^3 \beta_2 \beta_3 A_a \eta S_{(2)c}^{\ \ a} S_{(3)}^{\ b} \psi +$

$+ \alpha^2 \beta_3^{\ 2} A_a A_b S_{(3)}^{\ a} S_{(3)}^{\ b} \psi - 2 \alpha^2 \beta_0 \beta_3 A_a A_b S_{(0)\ c}^{\ a\ b} S_{(3)}^{\ c} \psi + 2 \alpha^3 \beta_2 \beta_3 A_a A_b A_c S_{(2)}^{\ ab} S_{(3)}^{\ c} \psi + \alpha^2 \beta_3 (\partial_a S_{(3)b}) \eta g^{ab} \psi -$

$- \frac{1}{4} \alpha^4 (\partial_5 A_a)(\partial_5 A_b) \eta g^{ab} \psi + \frac{1}{4} \alpha^3 (\partial_5 U_{ab}) \eta g^{ab} \psi + \alpha^3 \beta_2 (\partial_a S_{(2)b}^{\ \ c}) A_c \eta g^{ab} \psi - \frac{1}{2} \alpha^2 (\partial_a F_{bc}) A^b g^{ac} \psi + \alpha \beta_1 (\partial_a S_{(1)bc}) A^b g^{ac} \psi +$

$+ \alpha^2 \beta_0 (\partial_a S_{(0)bc}^{\ \ \ d}) A_d A^b g^{ac} \psi - \frac{1}{2} \alpha^3 (\partial_5 A_a) A_b A^{d\ (4)}\{^c_{c\ d}\} g^{ac} \psi - \alpha^2 \beta_3 \eta \ ^{(4)}\{^a_{c\ d}\} S_{(3)b} g^{ac} \psi - \frac{1}{2} \alpha^3 (\partial_5 A_a) \eta \ ^{(4)}\{^a_{b\ c}\} g^{bc} \psi +$

$+ \frac{1}{2} \alpha^2 A_a \ ^{(4)}\{^c_{b\ d}\} F^a_{\ c} g^{bd} \psi - \alpha \beta_1 A_a \ ^{(4)}\{^c_{b\ d}\} S_{(1)\ c}^{\ a} g^{bd} \psi - \alpha^3 \beta_2 A_a \eta \ ^{(4)}\{^c_{b\ d}\} S_{(2)c}^{\ \ a} g^{bd} \psi + \frac{1}{2} \alpha^3 (\partial_5 A_a) A_b A^{a\ (4)}\{^b_{c\ d}\} g^{cd} \psi +$

$+ \alpha^2 \beta_3 A_a A_b \ ^{(4)}\{^a_{c\ d}\} S_{(3)}^{\ b} g^{cd} \psi - \alpha^2 \beta_0 A_a A_b \ ^{(4)}\{^d_{c\ e}\} S_{(0)\ d}^{\ a\ b} g^{ce} \psi + \alpha^3 \beta_2 A_a A_b A_c \ ^{(4)}\{^a_{d\ e}\} S_{(2)}^{\ bc} g^{de} \psi.$

18. The 5-Dimensional Contravariant Einstein Curvature Tensor $G^{\alpha\beta}$

The four parts of the 5-dimensional contravariant Einstein curvature tensor $G^{\alpha\beta}$, where

$$G^{\alpha\beta} = G_{\gamma\delta} \gamma^{\alpha\gamma} \gamma^{\beta\delta}, \tag{117}$$

are given by

$$G^{ab} = \tag{118}$$

$= G_{5c} \gamma^{a5} \gamma^{bc} + G_{cd} \gamma^{ac} \gamma^{bd} + G_{c5} \gamma^{ac} \gamma^{b5} + G_{55} \gamma^{a5} \gamma^{b5}$

$= \frac{1}{4} \alpha^2 (\partial_5 \psi)(\partial_5 \psi) A^a A^b \psi^{-2} + \frac{1}{2} \beta_2 (\partial_5 \psi) S_{(2)}^{\ ab} \psi^{-2} + \frac{1}{2} \beta_2 (\partial_5 \psi) S_{(2)}^{\ ba} \psi^{-2} + \frac{1}{2} \alpha (\partial_c \psi)(\partial_5 \psi) A^c g^{ab} \psi^{-2} - \frac{1}{4} \alpha^2 (\partial_5 \psi)(\partial_5 \psi) \eta g^{ab} \psi^{-2} -$

$- \beta_2 (\partial_5 \psi) S_{(2)c}^{\ \ c} g^{ab} \psi^{-2} - \frac{1}{4} \alpha (\partial_c \psi)(\partial_5 \psi) A^b g^{ac} \psi^{-2} - \frac{1}{4} \alpha (\partial_c \psi)(\partial_5 \psi) A^a g^{bc} \psi^{-2} + \frac{1}{4} (\partial_c \psi)(\partial_d \psi) g^{ac} g^{bd} \psi^{-2} +$

$+ \frac{1}{4} (\partial_5 g_{cd})(\partial_5 \psi) g^{ac} g^{bd} \psi^{-2} - \frac{1}{4} (\partial_c \psi)(\partial_d \psi) g^{ab} g^{cd} \psi^{-2} - \frac{1}{4} (\partial_5 g_{cd})(\partial_5 \psi) g^{ab} g^{cd} \psi^{-2} - \frac{1}{2} \alpha^2 (\partial_5 \partial_5 \psi) A^a A^b \psi^{-1} +$

$+ \frac{1}{4} \alpha (\partial_5 \psi) U^{ab} \psi^{-1} + \frac{1}{2} \beta_0 (\partial_c \psi) S_{(0)}^{\ abc} \psi^{-1} - \frac{1}{2} \beta_0 (\partial_c \psi) S_{(0)}^{\ acb} \psi^{-1} + \frac{1}{2} \alpha \beta_0 (\partial_5 \psi) A_c S_{(0)}^{\ acb} \psi^{-1} - \frac{1}{2} \beta_0 (\partial_c \psi) S_{(0)}^{\ bca} \psi^{-1} +$

$+ \frac{1}{2} \alpha \beta_0 (\partial_5 \psi) A_c S_{(0)}^{\ bca} \psi^{-1} + \frac{1}{2} \beta_1 (\partial_5 \psi) S_{(1)}^{\ ab} \psi^{-1} + \frac{1}{2} \alpha \beta_2 (\partial_c \psi) A^c S_{(2)}^{\ ab} \psi^{-1} - \frac{1}{2} \alpha^2 \beta_2 (\partial_5 \psi) \eta S_{(2)}^{\ ab} \psi^{-1} -$

$- 2 \beta_2^{\ 2} S_{(2)c}^{\ \ c} S_{(2)}^{\ ab} \psi^{-1} - \frac{1}{2} \alpha \beta_2 (\partial_c \psi) A^b S_{(2)}^{\ ac} \psi^{-1} + 2 \beta_2^{\ 2} S_{(2)c}^{\ \ b} S_{(2)}^{\ ac} \psi^{-1} + \frac{1}{2} \alpha \beta_2 (\partial_c \psi) A^c S_{(2)}^{\ ba} \psi^{-1} -$

$- \frac{1}{2} \alpha^2 \beta_2 (\partial_5 \psi) \eta S_{(2)}^{\ ba} \psi^{-1} - 2 \beta_2^{\ 2} S_{(2)c}^{\ \ c} S_{(2)}^{\ ba} \psi^{-1} + \frac{1}{2} \alpha \beta_2 (\partial_c \psi) A^a S_{(2)}^{\ bc} \psi^{-1} - \alpha^2 \beta_2 (\partial_5 \psi) A_c A^a S_{(2)}^{\ bc} \psi^{-1} -$

$- \frac{1}{2} \alpha \beta_2 (\partial_c \psi) A^b S_{(2)}^{\ ca} \psi^{-1} + \frac{1}{2} \alpha^2 \beta_2 (\partial_c \psi) A_c A^b S_{(2)}^{\ ca} \psi^{-1} - \frac{1}{2} \alpha \beta_2 (\partial_c \psi) A^a S_{(2)}^{\ cb} \psi^{-1} + \frac{1}{2} \alpha^2 \beta_2 (\partial_c \psi) A_c A^a S_{(2)}^{\ cb} \psi^{-1} +$

$+ 2 \beta_2^{\ 2} S_{(2)c}^{\ \ a} S_{(2)}^{\ cb} \psi^{-1} - \frac{1}{2} \alpha \beta_3 (\partial_5 \psi) A^b S_{(3)}^{\ a} \psi^{-1} - \frac{1}{2} \alpha \beta_3 (\partial_5 \psi) A^a S_{(3)}^{\ b} \psi^{-1} + 2 \beta_2 (\partial_5 S_{(2)c}^{\ \ c}) g^{ab} \psi^{-1} - \alpha (\partial_5 \partial_c \psi) A^c g^{ab} \psi^{-1} +$

$+ \frac{3}{2} \alpha^2 (\partial_5 A_c)(\partial_5 \psi) A^c g^{ab} \psi^{-1} - \frac{1}{2} \alpha^2 (\partial_5 g_{cd})(\partial_5 \psi) A^c A^d g^{ab} \psi^{-1} + \frac{1}{2} \alpha^2 (\partial_5 \partial_5 \psi) \eta g^{ab} \psi^{-1} - \frac{1}{4} \alpha (\partial_5 \psi) U_c^{\ c} g^{ab} \psi^{-1} -$

$- \beta_0 (\partial_c \psi) S_{(0)\ d}^{\ c\ d} g^{ab} \psi^{-1} + \alpha \beta_0 (\partial_5 \psi) A_c S_{(0)\ d}^{\ c\ d} g^{ab} \psi^{-1} + \alpha^2 \beta_2 (\partial_5 \psi) \eta S_{(2)c}^{\ \ c} g^{ab} \psi^{-1} - \beta_2^{\ 2} S_{(2)c}^{\ \ d} S_{(2)d}^{\ \ c} g^{ab} \psi^{-1} -$

$- \alpha \beta_2 (\partial_c \psi) A^c S_{(2)d}^{\ \ d} g^{ab} \psi^{-1} + 2 \beta_2^{\ 2} S_{(2)c}^{\ \ c} S_{(2)d}^{\ \ d} g^{ab} \psi^{-1} - \beta_2^{\ 2} S_{(2)cd} S_{(2)}^{\ cd} g^{ab} \psi^{-1} - \beta_3 (\partial_c \psi) S_{(3)}^{\ c} g^{ab} \psi^{-1} +$

$+ \alpha \beta_3 (\partial_5 \psi) A_c S_{(3)}^{\ c} g^{ab} \psi^{-1} - \beta_2 (\partial_5 S_{(2)c}^{\ \ b}) g^{ac} \psi^{-1} + \frac{1}{2} \alpha (\partial_5 \partial_c \psi) A^b g^{ac} \psi^{-1} - \frac{3}{4} \alpha^2 (\partial_5 A_c)(\partial_5 \psi) A^b g^{ac} \psi^{-1} +$

$+ \alpha \beta_2 (\partial_c \psi) A_d S_{(2)}^{\ bd} g^{ac} \psi^{-1} + \beta_3 (\partial_c \psi) S_{(3)}^{\ b} g^{ac} \psi^{-1} + \frac{1}{4} \alpha^2 (\partial_5 g_{cd})(\partial_5 \psi) A^b A^c g^{ad} \psi^{-1} - \beta_2 (\partial_5 g_{cd}) S_{(2)}^{\ bc} g^{ad} \psi^{-1} +$

$+ \beta_2 (\partial_5 g_{cd}) S_{(2)}^{\ cb} g^{ad} \psi^{-1} - \beta_2 (\partial_5 S_{(2)c}^{\ \ a}) g^{bc} \psi^{-1} + \frac{1}{2} \alpha (\partial_5 \partial_c \psi) A^a g^{bc} \psi^{-1} - \frac{3}{4} \alpha^2 (\partial_5 A_c)(\partial_5 \psi) A^a g^{bc} \psi^{-1} +$

$+ \frac{1}{2} \alpha (\partial_c \psi)(\partial_5 A_d) g^{ad} g^{bc} + \frac{1}{4} \alpha^2 (\partial_5 g_{cd})(\partial_5 \psi) A^a A^c g^{bd} \psi^{-1} + \beta_2 (\partial_5 g_{cd}) S_{(2)}^{\ ca} g^{bd} \psi^{-1} - \frac{1}{2} (\partial_c \partial_d \psi) g^{ac} g^{bd} \psi^{-1} -$

$- \frac{1}{2} (\partial_5 \partial_5 g_{cd}) g^{ac} g^{bd} \psi^{-1} + \frac{1}{2} \alpha (\partial_c \psi)(\partial_5 A_d) g^{ac} g^{bd} \psi^{-1} - \frac{1}{4} \alpha^2 (\partial_5 g_{cd})(\partial_5 \psi) \eta g^{ac} g^{bd} \psi^{-1} -$

$- \beta_2 (\partial_5 g_{cd}) S_{(2)e}^{\ \ e} g^{ac} g^{bd} \psi^{-1} + \frac{1}{4} \alpha (\partial_c \psi)(\partial_5 g_{de}) A^c g^{ad} g^{be} \psi^{-1} + \frac{1}{2} (\partial_c \psi) \ ^{(4)}\{^c_{d\ e}\} g^{ad} g^{be} \psi^{-1} -$

$- \frac{1}{2} \alpha (\partial_5 \psi) A_c \ ^{(4)}\{^c_{d\ e}\} g^{ad} g^{be} \psi^{-1} - \frac{1}{2} \beta_2 (\partial_5 g_{cd}) S_{(2)}^{\ ab} g^{cd} \psi^{-1} - \frac{1}{2} \beta_2 (\partial_5 g_{cd}) S_{(2)}^{\ ba} g^{cd} \psi^{-1} + \frac{1}{2} (\partial_c \partial_d \psi) g^{ab} g^{cd} \psi^{-1} +$

$+ \frac{1}{2} (\partial_5 \partial_5 g_{cd}) g^{ab} g^{cd} \psi^{-1} - \alpha (\partial_c \psi)(\partial_5 A_d) g^{ab} g^{cd} \psi^{-1} + \frac{1}{4} \alpha^2 (\partial_5 g_{cd})(\partial_5 \psi) \eta g^{ab} g^{cd} \psi^{-1} + \beta_2 (\partial_5 g_{cd}) S_{(2)e}^{\ \ e} g^{ab} g^{cd} \psi^{-1} +$

$$+ \tfrac{1}{2}\alpha(\partial_c\psi)(\partial_5 g_{de})A^d g^{ab}g^{ce}\psi^{-1} - \tfrac{1}{4}\alpha(\partial_c\psi)(\partial_5 g_{de})A^b g^{ad}g^{ce}\psi^{-1} - \tfrac{1}{4}\alpha(\partial_c\psi)(\partial_5 g_{de})A^a g^{bd}g^{ce}\psi^{-1} -$$
$$- \tfrac{1}{4}\alpha(\partial_c\psi)(\partial_5 g_{de})A^c g^{ab}g^{de}\psi^{-1} - \tfrac{1}{2}(\partial_c\psi)\,{}^{(4)}\{{}^c_{d\,e}\}g^{ab}g^{de}\psi^{-1} + \tfrac{1}{2}\alpha(\partial_5\psi)A_c\,{}^{(4)}\{{}^c_{d\,e}\}g^{ab}g^{de}\psi^{-1} +$$
$$+ \tfrac{1}{2}(\partial_5 g_{cd})(\partial_5 g_{ef})g^{ac}g^{be}g^{df}\psi^{-1} - \tfrac{3}{8}(\partial_5 g_{cd})(\partial_5 g_{ef})g^{ab}g^{ce}g^{df}\psi^{-1} - \tfrac{1}{4}(\partial_5 g_{cd})(\partial_5 g_{ef})g^{ac}g^{bd}g^{ef}\psi^{-1} +$$
$$+ \tfrac{1}{8}(\partial_5 g_{cd})(\partial_5 g_{ef})g^{ab}g^{cd}g^{ef}\psi^{-1} - 2\alpha^2\beta_2(\partial_5 S_{(2)c}{}^c)A^a A^b + \alpha^2\beta_2(\partial_5 S_{(2)c}{}^b)A^a A^c + \alpha^2\beta_2(\partial_5 S_{(2)c}{}^a)A^b A^c +$$
$$+ \beta_0\,{}^{(4)}\{{}^c_{c\,d}\}S_{(0)}{}^{abd} + 2\beta_0{}^2 S_{(0)cd}{}^c S_{(0)}{}^{abd} + \alpha\beta_0(\partial_5 A_c)S_{(0)}{}^{acb} - \beta_0\,{}^{(4)}\{{}^b_{c\,d}\}S_{(0)}{}^{acd} - 2\beta_0{}^2 S_{(0)cd}{}^b S_{(0)}{}^{acd} -$$
$$- \alpha\beta_0(\partial_5 g_{cd})A^c S_{(0)}{}^{adb} - 2\beta_0{}^2 S_{(0)cd}{}^c S_{(0)}{}^{adb} + \alpha\beta_0(\partial_5 A_c)S_{(0)}{}^{bca} - \alpha\beta_0(\partial_5 g_{cd})A^a S_{(0)}{}^{bcd} - \beta_0\,{}^{(4)}\{{}^a_{c\,d}\}S_{(0)}{}^{bcd} -$$
$$- \alpha\beta_0(\partial_5 g_{cd})A^c S_{(0)}{}^{bda} - 2\beta_0{}^2 S_{(0)cd}{}^c S_{(0)}{}^{bda} + \beta_0{}^2 S_{(0)cd}{}^a S_{(0)}{}^{cdb} + \alpha\beta_2 U^{ab} S_{(2)c}{}^c + 2\beta_1\beta_2 S_{(1)}{}^{ab} S_{(2)c}{}^c -$$
$$- 2\alpha\beta_0\beta_2 A_c S_{(0)}{}^{acd} S_{(2)d}{}^b + 2\alpha\beta_0\beta_2 A_c S_{(0)}{}^{acb} S_{(2)d}{}^d + 2\alpha\beta_0\beta_2 A_c S_{(0)}{}^{bca} S_{(2)d}{}^d - 2\alpha^2\beta_2(\partial_5 A_c)A^c S_{(2)}{}^{ab} +$$
$$+ \alpha^2\beta_2(\partial_5 g_{cd})A^c A^d S_{(2)}{}^{ab} + \tfrac{1}{2}\alpha\beta_2 U_c{}^c S_{(2)}{}^{ab} - 2\alpha\beta_0\beta_2 A_c S_{(0)}{}^c{}_d S_{(2)}{}^{ab} - 2\alpha^2\beta_2{}^2 \eta S_{(2)c}{}^c S_{(2)}{}^{ab} + \alpha\beta_2 A^d\,{}^{(4)}\{{}^b_{c\,d}\}S_{(2)}{}^{ac} -$$
$$- \tfrac{1}{2}\alpha\beta_2 U^b{}_c S_{(2)}{}^{ac} + \tfrac{1}{2}\alpha\beta_2 F^b{}_c S_{(2)}{}^{ac} + 2\alpha^2\beta_2{}^2 \eta S_{(2)c}{}^b S_{(2)}{}^{ac} - \alpha\beta_2 A^{b\,(4)}\{{}^c_{c\,d}\}S_{(2)}{}^{ad} - 2\alpha\beta_0\beta_2 A^b S_{(0)cd}{}^c S_{(2)}{}^{ad} +$$
$$+ 2\alpha\beta_0\beta_2 A_c S_{(0)}{}^c{}_d{}^b S_{(2)}{}^{ad} - 2\alpha^2\beta_2(\partial_5 A_c)A^c S_{(2)}{}^{ba} + \alpha^2\beta_2(\partial_5 g_{cd})A^c A^d S_{(2)}{}^{ba} + \tfrac{1}{2}\alpha\beta_2 U_c{}^c S_{(2)}{}^{ba} - 2\alpha\beta_0\beta_2 A_c S_{(0)}{}^c{}_d{}^{ba} -$$
$$- 2\alpha^2\beta_2{}^2 \eta S_{(2)c}{}^c S_{(2)}{}^{ba} - \alpha^2\beta_2(\partial_5 A_c)A^a S_{(2)}{}^{bc} + \alpha\beta_2 A^{d\,(4)}\{{}^a_{c\,d}\}S_{(2)}{}^{bc} + \tfrac{1}{2}\alpha\beta_2 U^a{}_c S_{(2)}{}^{bc} + \tfrac{1}{2}\alpha\beta_2 F^a{}_c S_{(2)}{}^{bc} +$$
$$+ \alpha^2\beta_2(\partial_5 g_{cd})A^a A^c S_{(2)}{}^{bd} + \alpha\beta_2 A^{a\,(4)}\{{}^c_{c\,d}\}S_{(2)}{}^{bd} + 2\alpha\beta_0\beta_2 A^a S_{(0)cd}{}^c S_{(2)}{}^{bd} + \alpha^2\beta_2(\partial_5 A_c)A^b S_{(2)}{}^{ca} - \tfrac{1}{2}\alpha\beta_2 U^b{}_c S_{(2)}{}^{ca} +$$
$$+ \tfrac{1}{2}\alpha\beta_2 F^b{}_c S_{(2)}{}^{ca} + 2\alpha^2\beta_2{}^2 A_c A^b S_{(2)d}{}^d S_{(2)}{}^{ca} + \alpha^2\beta_2(\partial_5 A_c)A^a S_{(2)}{}^{cb} - \tfrac{1}{2}\alpha\beta_2 U^a{}_c S_{(2)}{}^{cb} + \tfrac{1}{2}\alpha\beta_2 F^a{}_c S_{(2)}{}^{cb} -$$
$$- 2\beta_1\beta_2 S_{(1)}{}^a{}_c S_{(2)}{}^{cb} + 2\alpha^2\beta_2{}^2 \eta S_{(2)c}{}^a S_{(2)}{}^{cb} + 2\alpha^2\beta_2{}^2 A_c A^a S_{(2)d}{}^d S_{(2)}{}^{cb} - \alpha^2\beta_2(\partial_5 g_{cd})A^a A^b S_{(2)}{}^{cd} - \alpha\beta_2 A^{b\,(4)}\{{}^a_{c\,d}\}S_{(2)}{}^{cd} -$$
$$- \alpha\beta_2 A^{a\,(4)}\{{}^b_{c\,d}\}S_{(2)}{}^{cd} - 2\alpha\beta_0\beta_2 A^a S_{(0)cd}{}^b S_{(2)}{}^{cd} - 2\alpha^2\beta_2{}^2 A_c A^a S_{(2)d}{}^b S_{(2)}{}^{cd} - \alpha^2\beta_2(\partial_5 g_{cd})A^b A^c S_{(2)}{}^{da} -$$
$$- 2\alpha\beta_0\beta_2 A^b S_{(0)cd}{}^c S_{(2)}{}^{da} + 2\alpha\beta_0\beta_2 A_c S_{(0)}{}^c{}_d{}^b S_{(2)}{}^{da} - \alpha^2\beta_2(\partial_5 g_{cd})A^a A^c S_{(2)}{}^{db} - 2\alpha\beta_0\beta_2 A^a S_{(0)cd}{}^c S_{(2)}{}^{db} +$$
$$+ 2\alpha\beta_0\beta_2 A_c S_{(0)}{}^c{}_d{}^a S_{(2)}{}^{db} - 2\alpha^2\beta_2{}^2 A_c A_d S_{(2)}{}^{ca} S_{(2)}{}^{db} - 2\beta_0\beta_3 S_{(0)}{}^{abc} S_{(3)c} + 2\alpha\beta_2\beta_3 A^b S_{(2)}{}^{ac} S_{(3)c} - 2\alpha\beta_2\beta_3 A^a S_{(2)}{}^{bc} S_{(3)c} -$$
$$- 2\alpha\beta_2\beta_3 A^b S_{(2)c}{}^c S_{(3)}{}^a + 2\alpha\beta_2\beta_3 A_c S_{(2)}{}^{cb} S_{(3)}{}^a + 2\alpha\beta_2\beta_3 A^a S_{(2)c}{}^c S_{(3)}{}^b + 2\beta_0\beta_3 S_{(0)}{}^a{}_c{}^b S_{(3)}{}^c + 2\beta_0\beta_3 S_{(0)}{}^b{}_c{}^a S_{(3)}{}^c +$$
$$+ 2\alpha\beta_2\beta_3 A^b S_{(2)c}{}^a S_{(3)}{}^c - 2\alpha\beta_2\beta_3 A_c S_{(2)}{}^{ab} S_{(3)}{}^c - 2\alpha\beta_2\beta_3 A_c S_{(2)}{}^{ba} S_{(3)}{}^c - 2\alpha\beta_2(\partial_c S_{(2)d}{}^d)A^c g^{ab} + \alpha^2(\partial_5\partial_5 A_c)A^c g^{ab} +$$
$$+ 2\alpha\beta_3(\partial_5 S_{(3)c})A^c g^{ab} - \alpha(\partial_5{}^{(4)}\{{}^a_{a\,d}\})A^d g^{ab} - 2\alpha\beta_0(\partial_5 S_{(0)cd}{}^c)A^d g^{ab} - \tfrac{1}{2}\alpha^2(\partial_5\partial_5 g_{cd})A^c A^d g^{ab} + 2\alpha^2\beta_2(\partial_5 S_{(2)c}{}^c)\eta g^{ab} +$$
$$+ \tfrac{1}{4}\alpha(\partial_5 g_{cd})U^{cd} g^{ab} + 2\alpha\beta_0(\partial_5 A_c)S_{(0)}{}^c{}_d{}^d g^{ab} - \beta_0{}^2 S_{(0)cd}{}^e S_{(0)}{}^c{}_e{}^d g^{ab} - \tfrac{1}{2}\beta_0{}^2 S_{(0)cde} S_{(0)}{}^{cde} g^{ab} -$$
$$- 2\alpha\beta_0(\partial_5 g_{cd})A^c S_{(0)}{}^d{}_e{}^e g^{ab} - 2\beta_0{}^2 S_{(0)cd}{}^c S_{(0)}{}^d{}_e{}^e g^{ab} - \alpha^2\beta_2{}^2 \eta S_{(2)c}{}^c S_{(2)d}{}^d g^{ab} + 4\alpha^2\beta_2(\partial_5 A_c)A^c S_{(2)d}{}^d g^{ab} -$$
$$- \alpha\beta_2 U_c{}^c S_{(2)d}{}^d g^{ab} + 2\alpha^2\beta_2{}^2 \eta S_{(2)c}{}^c S_{(2)d}{}^d g^{ab} - 2\alpha\beta_0\beta_2 A_c S_{(0)}{}^c{}_d{}^e S_{(2)e}{}^d g^{ab} - 2\alpha^2\beta_2(\partial_5 g_{cd})A^c A^d S_{(2)e}{}^e g^{ab} +$$
$$+ 4\alpha\beta_0\beta_2 A_c S_{(0)}{}^c{}_d{}^d S_{(2)e}{}^e g^{ab} - 2\beta_1\beta_2 S_{(1)cd} S_{(2)}{}^{cd} g^{ab} - \alpha^2\beta_2{}^2 \eta S_{(2)cd} S_{(2)}{}^{cd} g^{ab} - 2\alpha\beta_0\beta_2 A_c S_{(0)}{}^c{}_{de} S_{(2)}{}^{de} g^{ab} +$$
$$+ \alpha^2\beta_2{}^2 A_c A_d S_{(2)}{}^c{}_e S_{(2)}{}^{de} g^{ab} - \alpha^2\beta_2{}^2 A_c A_d S_{(2)e}{}^c S_{(2)}{}^{ed} g^{ab} - 2\alpha\beta_2\beta_3 A_c S_{(2)}{}^{cd} S_{(3)d} g^{ab} + 2\alpha\beta_3(\partial_5 A_c)S_{(3)}{}^c g^{ab} +$$
$$+ 4\alpha\beta_2\beta_3 A_c S_{(2)d}{}^d S_{(3)}{}^c g^{ab} - 2\alpha\beta_3(\partial_5 g_{cd})A^c S_{(3)}{}^d g^{ab} - 4\beta_0\beta_3 S_{(0)cd}{}^c S_{(3)}{}^d g^{ab} - 2\alpha\beta_2\beta_3 A_c S_{(2)d}{}^c S_{(3)}{}^d g^{ab} +$$
$$+ 2\alpha\beta_2(\partial_c S_{(2)d}{}^d)A^b g^{ac} - \tfrac{1}{2}\alpha^2(\partial_5\partial_5 A_c)A^b g^{ac} - \alpha\beta_3(\partial_5 S_{(3)c})A^b g^{ac} - \alpha^2\beta_2(\partial_5 S_{(2)c}{}^b)\eta g^{ac} - \alpha^2\beta_2(\partial_5 A_c)A^b S_{(2)d}{}^d g^{ac} -$$
$$- \alpha^2\beta_2(\partial_5 A_c)A_d S_{(2)}{}^{bd} g^{ac} + \alpha^2\beta_2(\partial_5 A_c)A_d S_{(2)}{}^{db} g^{ac} - \alpha\beta_3(\partial_5 A_c)S_{(3)}{}^b g^{ac} - \alpha\beta_2(\partial_c S_{(2)d}{}^c)A^b g^{ad} + \tfrac{1}{2}\alpha(\partial_5{}^{(4)}\{{}^a_{a\,d}\})A^b g^{ad} +$$
$$+ \alpha\beta_2(\partial_c S_{(2)d}{}^b)A^c g^{ad} + \tfrac{1}{2}\alpha(\partial_5{}^{(4)}\{{}^b_{c\,d}\})A^c g^{ad} - \alpha\beta_0(\partial_5 S_{(0)cd}{}^b)A^c g^{ad} + \tfrac{1}{2}\alpha^2(\partial_5\partial_5 g_{cd})A^b A^c g^{ad} - \tfrac{1}{4}\alpha(\partial_5 g_{cd})U^{bc} g^{ad} +$$
$$+ \tfrac{1}{4}\alpha(\partial_5 g_{cd})F^{bc} g^{ad} + \alpha\beta_0(\partial_5 g_{cd})A_e S_{(0)}{}^{bec} g^{ad} + \alpha\beta_0(\partial_5 g_{cd})A^b S_{(0)}{}^c{}_e{}^e g^{ad} - \alpha\beta_0(\partial_5 g_{cd})A_e S_{(0)}{}^{ceb} g^{ad} -$$
$$- \alpha\beta_2 A^{e\,(4)}\{{}^c_{d\,e}\}S_{(2)c}{}^b g^{ad} + \alpha^2\beta_2(\partial_5 g_{cd})A^b A^c S_{(2)e}{}^e g^{ad} - \alpha^2\beta_2(\partial_5 g_{cd})\eta S_{(2)}{}^{bc} g^{ad} + \alpha^2\beta_2(\partial_5 g_{cd})\eta S_{(2)}{}^{cb} g^{ad} -$$
$$- \alpha^2\beta_2(\partial_5 g_{cd})A_e A^c S_{(2)}{}^{eb} g^{ad} + \alpha^2\beta_2(\partial_5 g_{cd})A_e A^b S_{(2)}{}^{ec} g^{ad} + \alpha\beta_3(\partial_5 g_{cd})A^b S_{(3)}{}^c g^{ad} + \beta_0\,{}^{(4)}\{{}^c_{d\,e}\}S_{(0)c}{}^{db} g^{ae} +$$
$$+ \beta_0\,{}^{(4)}\{{}^c_{d\,e}\}S_{(0)}{}^b{}_c{}^d g^{ae} + \alpha\beta_2 A^{b\,(4)}\{{}^c_{d\,e}\}S_{(2)c}{}^d g^{ae} - \alpha\beta_2 A_c\,{}^{(4)}\{{}^c_{d\,e}\}S_{(2)}{}^{bd} g^{ae} + \alpha\beta_2 A_c\,{}^{(4)}\{{}^c_{d\,e}\}S_{(2)}{}^{db} g^{ae} -$$
$$- \tfrac{1}{2}\alpha^2(\partial_5\partial_5 A_c)A^a g^{bc} - \alpha\beta_3(\partial_5 S_{(3)c})A^a g^{bc} - \alpha^2\beta_2(\partial_5 S_{(2)c}{}^a)\eta g^{bc} - \alpha^2\beta_2(\partial_5 A_c)A^a S_{(2)d}{}^d g^{bc} + \alpha^2\beta_2(\partial_5 A_c)A_d S_{(2)}{}^{da} g^{bc} -$$
$$- \alpha\beta_3(\partial_5 A_c)S_{(3)}{}^a g^{bc} + \tfrac{1}{2}\alpha^2(\partial_5 A_c)(\partial_5 g_{de})A^d g^{ae} g^{bc} + \alpha\beta_2(\partial_c S_{(2)d}{}^a)A^a g^{bd} + \tfrac{1}{2}\alpha(\partial_5{}^{(4)}\{{}^a_{c\,d}\})A^a g^{bd} + 2\alpha\beta_0(\partial_5 S_{(0)cd}{}^c)A^a g^{bd} +$$
$$+ \alpha\beta_2(\partial_c S_{(2)d}{}^a)A^c g^{bd} + \tfrac{1}{2}\alpha(\partial_5{}^{(4)}\{{}^a_{c\,d}\})A^c g^{bd} - \alpha\beta_0(\partial_5 S_{(0)cd}{}^a)A^c g^{bd} + \tfrac{1}{2}\alpha^2(\partial_5\partial_5 g_{cd})A^a A^c g^{bd} - \tfrac{1}{4}\alpha(\partial_5 g_{cd})U^{ac} g^{bd} +$$

$$
\begin{aligned}
&+ \tfrac{1}{4}\alpha\,(\partial_5 g_{cd})\,F^{ac}\,g^{bd} + \alpha\,\beta_0\,(\partial_5 g_{cd})\,A^a\,S_{(0)e}{}^{c\,e}\,g^{bd} - \alpha\,\beta_0\,(\partial_5 g_{cd})\,A_e\,S_{(0)}{}^{cea}\,g^{bd} - \beta_1\,(\partial_5 g_{cd})\,S_{(1)}{}^{ac}\,g^{bd} - \\
&- \alpha\,\beta_2\,A^e\,{}^{(4)}\{{}^c_{d\,e}\}\,S_{(2)c}{}^{a}\,g^{bd} + \alpha^2\,\beta_2\,(\partial_5 g_{cd})\,A^a\,A^c\,S_{(2)e}{}^{e}\,g^{bd} + \alpha^2\,\beta_2\,(\partial_5 g_{cd})\,\eta\,S_{(2)}{}^{ca}\,g^{bd} - \alpha^2\,\beta_2\,(\partial_5 g_{cd})\,A_e\,A^c\,S_{(2)}{}^{ea}\,g^{bd} + \\
&+ \alpha\,\beta_3\,(\partial_5 g_{cd})\,A^c\,S_{(3)}{}^{a}\,g^{bd} + 2\,\beta_3\,(\partial_c S_{(3)d})\,g^{ac}\,g^{bd} - \alpha^2\,(\partial_5 A_c)\,(\partial_5 A_d)\,g^{ac}\,g^{bd} + \tfrac{1}{2}\alpha\,(\partial_5 U_{cd})\,g^{ac}\,g^{bd} + \beta_1\,(\partial_5 S_{(1)cd})\,g^{ac}\,g^{bd} - \\
&- \tfrac{1}{2}\alpha^2\,(\partial_5\partial_5 g_{cd})\,\eta\,g^{ac}\,g^{bd} + \tfrac{1}{4}\alpha\,(\partial_5 g_{cd})\,U_e{}^{e}\,g^{ac}\,g^{bd} - \alpha\,\beta_0\,(\partial_5 g_{cd})\,A_e\,S_{(0)f}{}^{ef}\,g^{ac}\,g^{bd} - \alpha^2\,\beta_2\,(\partial_5 g_{cd})\,\eta\,S_{(2)e}{}^{e}\,g^{ac}\,g^{bd} - \\
&- \alpha\,\beta_3\,(\partial_5 g_{cd})\,A_e\,S_{(3)}{}^{e}\,g^{ac}\,g^{bd} + \beta_0\,{}^{(4)}\{{}^c_{d\,e}\}\,S_{(0)c}{}^{da}\,g^{be} - \beta_0\,{}^{(4)}\{{}^c_{d\,e}\}\,S_{(0)}{}^{a\,d}{}_{c}\,g^{be} - \alpha\,\beta_2\,A^a\,{}^{(4)}\{{}^c_{d\,e}\}\,S_{(2)c}{}^{d}\,g^{be} + \\
&+ \alpha\,\beta_2\,A_c\,{}^{(4)}\{{}^c_{d\,e}\}\,S_{(2)}{}^{ad}\,g^{be} + \alpha\,\beta_2\,A_c\,{}^{(4)}\{{}^c_{d\,e}\}\,S_{(2)}{}^{da}\,g^{be} - (\partial_c{}^{(4)}\{{}^a_{a\,e}\})\,g^{ac}\,g^{be} - 2\,\beta_0\,(\partial_c S_{(0)de}{}^{d})\,g^{ac}\,g^{be} - \\
&- \alpha\,(\partial_5{}^{(4)}\{{}^d_{c\,e}\})\,A_d\,g^{ac}\,g^{be} + \tfrac{1}{2}\alpha^2\,(\partial_5 A_c)\,(\partial_5 g_{de})\,A^d\,g^{ac}\,g^{be} + (\partial_a{}^{(4)}\{{}^a_{d\,e}\})\,g^{ad}\,g^{be} + \beta_0\,(\partial_c S_{(0)de}{}^{c})\,g^{ad}\,g^{be} - \\
&- \alpha^2\,(\partial_5 A_c)\,(\partial_5 g_{de})\,A^c\,g^{ad}\,g^{be} - \alpha\,(\partial_5 A_c)\,{}^{(4)}\{{}^c_{d\,e}\}\,g^{ad}\,g^{be} - 2\,\beta_3\,{}^{(4)}\{{}^c_{d\,e}\}\,S_{(3)c}\,g^{ad}\,g^{be} - \tfrac{1}{2}\alpha^2\,(\partial_5 g_{cd})\,(\partial_5 g_{ef})\,A^c\,A^e\,g^{ad}\,g^{bf} + \\
&+ \tfrac{1}{2}\alpha^2\,(\partial_5 g_{cd})\,(\partial_5 g_{ef})\,A^c\,A^d\,g^{ae}\,g^{bf} - {}^{(4)}\{{}^d_{c\,f}\}\,{}^{(4)}\{{}^c_{d\,e}\}\,g^{ae}\,g^{bf} + {}^{(4)}\{{}^c_{c\,d}\}\,{}^{(4)}\{{}^d_{e\,f}\}\,g^{ae}\,g^{bf} - \\
&- 2\,\beta_0\,{}^{(4)}\{{}^c_{e\,f}\}\,S_{(0)cd}{}^{d}\,g^{ae}\,g^{bf} - 2\,\alpha\,\beta_2\,A_c\,{}^{(4)}\{{}^c_{e\,f}\}\,S_{(2)d}{}^{d}\,g^{ae}\,g^{bf} - \alpha\,\beta_2\,(\partial_c S_{(2)d}{}^{b})\,A^a\,g^{cd} - \tfrac{1}{2}\alpha\,(\partial_5{}^{(4)}\{{}^b_{c\,d}\})\,A^a\,g^{cd} - \\
&- \alpha\,\beta_2\,(\partial_c S_{(2)d}{}^{a})\,A^b\,g^{cd} - \tfrac{1}{2}\alpha\,(\partial_5{}^{(4)}\{{}^a_{c\,d}\})\,A^b\,g^{cd} - \tfrac{1}{2}\alpha^2\,(\partial_5\partial_5 g_{cd})\,A^a\,A^b\,g^{cd} + \tfrac{1}{4}\alpha\,(\partial_5 g_{cd})\,U^{ab}\,g^{cd} + \\
&+ \tfrac{1}{2}\alpha\,\beta_0\,(\partial_5 g_{cd})\,A_e\,S_{(0)}{}^{aeb}\,g^{cd} + \tfrac{1}{2}\alpha\,\beta_0\,(\partial_5 g_{cd})\,A_e\,S_{(0)}{}^{bea}\,g^{cd} + \tfrac{1}{2}\beta_1\,(\partial_5 g_{cd})\,S_{(1)}{}^{ab}\,g^{cd} - \tfrac{1}{2}\alpha^2\,\beta_2\,(\partial_5 g_{cd})\,\eta\,S_{(2)}{}^{ab}\,g^{cd} - \\
&- \tfrac{1}{2}\alpha^2\,\beta_2\,(\partial_5 g_{cd})\,\eta\,S_{(2)}{}^{ba}\,g^{cd} + \tfrac{1}{2}\alpha^2\,\beta_2\,(\partial_5 g_{cd})\,A_e\,A^b\,S_{(2)}{}^{ea}\,g^{cd} + \tfrac{1}{2}\alpha^2\,\beta_2\,(\partial_5 g_{cd})\,A_e\,A^a\,S_{(2)}{}^{eb}\,g^{cd} - \\
&- \tfrac{1}{2}\alpha\,\beta_3\,(\partial_5 g_{cd})\,A^b\,S_{(3)}{}^{a}\,g^{cd} + \tfrac{1}{2}\alpha\,\beta_3\,(\partial_5 g_{cd})\,A^a\,S_{(3)}{}^{b}\,g^{cd} - 2\,\beta_3\,(\partial_c S_{(3)d})\,g^{ab}\,g^{cd} + \alpha^2\,(\partial_5 A_c)\,(\partial_5 A_d)\,g^{ab}\,g^{cd} - \\
&- \tfrac{1}{2}\alpha\,(\partial_5 U_{cd})\,g^{ab}\,g^{cd} + \tfrac{1}{2}\alpha^2\,(\partial_5\partial_5 g_{cd})\,\eta\,g^{ab}\,g^{cd} - \tfrac{1}{4}\alpha\,(\partial_5 g_{cd})\,U_e{}^{e}\,g^{ab}\,g^{cd} + \alpha\,\beta_0\,(\partial_5 g_{cd})\,A_e\,S_{(0)f}{}^{ef}\,g^{ab}\,g^{cd} + \\
&+ \alpha^2\,\beta_2\,(\partial_5 g_{cd})\,\eta\,S_{(2)e}{}^{e}\,g^{ab}\,g^{cd} + \alpha\,\beta_3\,(\partial_5 g_{cd})\,A_e\,S_{(3)}{}^{e}\,g^{ab}\,g^{cd} - \tfrac{1}{2}\alpha\,(\partial_5 g_{cd})\,A_e\,{}^{(4)}\{{}^e_{f\,g}\}\,g^{af}\,g^{bg}\,g^{cd} + \\
&+ \beta_0\,{}^{(4)}\{{}^d_{c\,e}\}\,S_{(0)}{}^{a\,b}{}_{d}\,g^{ce} + \beta_0\,{}^{(4)}\{{}^d_{c\,e}\}\,S_{(0)}{}^{b\,a}{}_{d}\,g^{ce} + \alpha\,\beta_2\,A^b\,{}^{(4)}\{{}^d_{c\,e}\}\,S_{(2)d}{}^{a}\,g^{ce} + \alpha\,\beta_2\,A^a\,{}^{(4)}\{{}^d_{c\,e}\}\,S_{(2)d}{}^{b}\,g^{ce} + \\
&+ \tfrac{1}{2}(\partial_c{}^{(4)}\{{}^a_{a\,e}\})\,g^{ab}\,g^{ce} + 2\,\beta_0\,(\partial_c S_{(0)de}{}^{d})\,g^{ab}\,g^{ce} + \alpha\,(\partial_5{}^{(4)}\{{}^d_{c\,e}\})\,A_d\,g^{ab}\,g^{ce} - \tfrac{3}{2}\alpha^2\,(\partial_5 A_c)\,(\partial_5 g_{de})\,A^d\,g^{ab}\,g^{ce} + \\
&+ 2\,\beta_3\,{}^{(4)}\{{}^d_{c\,e}\}\,S_{(3)d}\,g^{ab}\,g^{ce} - \beta_0\,(\partial_c S_{(0)de}{}^{b})\,g^{ad}\,g^{ce} + \tfrac{1}{2}\alpha^2\,(\partial_5 A_c)\,(\partial_5 g_{de})\,A^b\,g^{ad}\,g^{ce} - \beta_0\,(\partial_c S_{(0)de}{}^{a})\,g^{bd}\,g^{ce} + \\
&+ \tfrac{1}{2}\alpha^2\,(\partial_5 A_c)\,(\partial_5 g_{de})\,A^a\,g^{bd}\,g^{ce} + 2\,\beta_0\,{}^{(4)}\{{}^d_{c\,f}\}\,S_{(0)de}{}^{e}\,g^{ab}\,g^{cf} + \tfrac{1}{2}\alpha\,(\partial_5 g_{cd})\,A_e\,{}^{(4)}\{{}^e_{f\,g}\}\,g^{af}\,g^{bd}\,g^{cg} + \\
&+ \tfrac{1}{2}\alpha\,(\partial_5 g_{cd})\,A_e\,{}^{(4)}\{{}^e_{f\,g}\}\,g^{ad}\,g^{bf}\,g^{cg} - \alpha\,\beta_2\,A_c\,{}^{(4)}\{{}^c_{d\,e}\}\,S_{(2)}{}^{ab}\,g^{de} - \alpha\,\beta_2\,A_c\,{}^{(4)}\{{}^c_{d\,e}\}\,S_{(2)}{}^{ba}\,g^{de} - \tfrac{1}{2}(\partial_a{}^{(4)}\{{}^a_{d\,e}\})\,g^{ab}\,g^{de} + \\
&+ \alpha^2\,(\partial_5 A_c)\,(\partial_5 g_{de})\,A^c\,g^{ab}\,g^{de} + \alpha\,(\partial_5 A_c)\,{}^{(4)}\{{}^c_{d\,e}\}\,g^{ab}\,g^{de} - \tfrac{1}{4}\alpha^2\,(\partial_5 A_c)\,(\partial_5 g_{de})\,A^b\,g^{ac}\,g^{de} - \tfrac{1}{4}\alpha^2\,(\partial_5 A_c)\,(\partial_5 g_{de})\,A^a\,g^{bc}\,g^{de} + \\
&+ \tfrac{3}{4}\alpha^2\,(\partial_5 g_{cd})\,(\partial_5 g_{ef})\,A^c\,A^e\,g^{ab}\,g^{df} + 2\,\alpha\,\beta_2\,A_c\,{}^{(4)}\{{}^c_{d\,f}\}\,S_{(2)e}{}^{e}\,g^{ab}\,g^{df} - \tfrac{1}{2}\alpha^2\,(\partial_5 g_{cd})\,(\partial_5 g_{ef})\,A^b\,A^c\,g^{ae}\,g^{df} - \\
&- \tfrac{1}{2}\alpha^2\,(\partial_5 g_{cd})\,(\partial_5 g_{ef})\,A^a\,A^c\,g^{be}\,g^{df} + \tfrac{1}{2}\alpha^2\,(\partial_5 g_{cd})\,(\partial_5 g_{ef})\,\eta\,g^{ac}\,g^{be}\,g^{df} + \tfrac{1}{4}\alpha^2\,(\partial_5 g_{cd})\,(\partial_5 g_{ef})\,A^a\,A^b\,g^{ce}\,g^{df} - \\
&- \tfrac{3}{8}\alpha^2\,(\partial_5 g_{cd})\,(\partial_5 g_{ef})\,\eta\,g^{ab}\,g^{ce}\,g^{df} - \tfrac{1}{2}\alpha\,(\partial_5 g_{cd})\,A_e\,{}^{(4)}\{{}^e_{f\,g}\}\,g^{ab}\,g^{cf}\,g^{dg} - \tfrac{1}{2}\alpha^2\,(\partial_5 g_{cd})\,(\partial_5 g_{ef})\,A^c\,A^d\,g^{ab}\,g^{ef} + \\
&+ \tfrac{1}{2}{}^{(4)}\{{}^d_{c\,e}\}\,{}^{(4)}\{{}^c_{d\,f}\}\,g^{ab}\,g^{ef} - \tfrac{1}{2}{}^{(4)}\{{}^c_{c\,d}\}\,{}^{(4)}\{{}^d_{e\,f}\}\,g^{ab}\,g^{ef} + \tfrac{1}{4}\alpha^2\,(\partial_5 g_{cd})\,(\partial_5 g_{ef})\,A^b\,A^c\,g^{ad}\,g^{ef} + \\
&+ \tfrac{1}{4}\alpha^2\,(\partial_5 g_{cd})\,(\partial_5 g_{ef})\,A^a\,A^c\,g^{bd}\,g^{ef} - \tfrac{1}{4}\alpha^2\,(\partial_5 g_{cd})\,(\partial_5 g_{ef})\,\eta\,g^{ac}\,g^{bd}\,g^{ef} + \tfrac{1}{8}\alpha^2\,(\partial_5 g_{cd})\,(\partial_5 g_{ef})\,\eta\,g^{ab}\,g^{cd}\,g^{ef} - \\
&- \tfrac{1}{2}\alpha\,(\partial_5 g_{cd})\,A_e\,{}^{(4)}\{{}^e_{f\,g}\}\,g^{ac}\,g^{bd}\,g^{fg} + \tfrac{1}{2}\alpha\,(\partial_5 g_{cd})\,A_e\,{}^{(4)}\{{}^e_{f\,g}\}\,g^{ab}\,g^{cd}\,g^{fg} + \tfrac{1}{2}\alpha^3\,(\partial_5 A_c)\,A^b\,F^{ac}\,\psi + \tfrac{1}{2}\alpha^3\,(\partial_5 A_c)\,A^a\,F^{bc}\,\psi - \\
&- \tfrac{1}{2}\alpha^2\,F^a{}_c\,F^{bc}\,\psi + \alpha^2\,\beta_0\,A_c\,F^{ad}\,S_{(0)d}{}^{b\,c}\,\psi - \alpha^3\,\beta_0\,(\partial_5 A_c)\,A_d\,A^a\,S_{(0)}{}^{bcd}\,\psi - \alpha^2\,\beta_1\,(\partial_5 A_c)\,A^a\,S_{(1)}{}^{bc}\,\psi + \alpha\,\beta_1\,F^a{}_c\,S_{(1)}{}^{bc}\,\psi + \\
&+ \alpha^4\,\beta_2\,(\partial_5 A_c)\,A_d\,A^a\,A^c\,S_{(2)}{}^{bd}\,\psi - \alpha^3\,\beta_2\,A_c\,A_d\,F^{ac}\,S_{(2)}{}^{bd}\,\psi - \alpha^4\,\beta_2\,(\partial_5 A_c)\,A_d\,A^a\,A^b\,S_{(2)}{}^{cd}\,\psi + \alpha^3\,\beta_2\,A_c\,A^b\,F^a{}_d\,S_{(2)}{}^{dc}\,\psi + \\
&+ \alpha^3\,\beta_3\,(\partial_5 A_c)\,A^a\,A^c\,S_{(3)}{}^{b}\,\psi - \alpha^2\,\beta_3\,A_c\,F^{ac}\,S_{(3)}{}^{b}\,\psi - \alpha^3\,\beta_3\,(\partial_5 A_c)\,A^a\,A^b\,S_{(3)}{}^{c}\,\psi + \alpha^2\,\beta_3\,A^b\,F^a{}_c\,S_{(3)}{}^{c}\,\psi - \tfrac{1}{4}\alpha^4\,(\partial_5 A_c)\,(\partial_5 A_d)\,A^c\,A^d\,g^{ab}\,\psi + \\
&+ \tfrac{1}{2}\alpha^3\,(\partial_5 A_c)\,A_d\,F^{cd}\,g^{ab}\,\psi + \tfrac{1}{8}\alpha^2\,F_{cd}\,F^{cd}\,g^{ab}\,\psi - \tfrac{1}{2}\alpha^2\,\beta_0{}^2\,A_c\,A_d\,S_{(0)ef}{}^{c}\,S_{(0)}{}^{efd}\,g^{ab}\,\psi - \tfrac{1}{2}\beta_1{}^2\,S_{(1)cd}\,S_{(1)}{}^{cd}\,g^{ab}\,\psi - \\
&- \alpha\,\beta_0\,\beta_1\,A_c\,S_{(0)de}{}^{c}\,S_{(1)}{}^{de}\,g^{ab}\,\psi - 2\,\alpha^2\,\beta_1\,\beta_2\,A_c\,A_d\,S_{(1)}{}^{c}{}_{e}\,S_{(2)}{}^{ed}\,g^{ab}\,\psi - \alpha^4\,\beta_2{}^2\,A_c\,A_d\,\eta\,S_{(2)e}{}^{c}\,S_{(2)}{}^{ed}\,g^{ab}\,\psi + \\
&+ \alpha^4\,\beta_2{}^2\,A_c\,A_d\,A_e\,A_f\,S_{(2)}{}^{cd}\,S_{(2)}{}^{ef}\,g^{ab}\,\psi - 2\,\alpha^3\,\beta_0\,\beta_2\,A_c\,A_d\,A_e\,S_{(0)f}{}^{cd}\,S_{(2)}{}^{fe}\,g^{ab}\,\psi - \alpha^2\,\beta_3{}^2\,\eta\,S_{(3)c}\,S_{(3)}{}^{c}\,g^{ab}\,\psi - \\
&- 2\,\alpha\,\beta_1\,\beta_3\,A_c\,S_{(1)}{}^{c}{}_{d}\,S_{(3)}{}^{d}\,g^{ab}\,\psi - 2\,\alpha^3\,\beta_2\,\beta_3\,A_c\,\eta\,S_{(2)d}{}^{c}\,S_{(3)}{}^{d}\,g^{ab}\,\psi + \alpha^2\,\beta_3{}^2\,A_c\,A_d\,S_{(3)}{}^{c}\,S_{(3)}{}^{d}\,g^{ab}\,\psi - 2\,\alpha^2\,\beta_0\,\beta_3\,A_c\,A_d\,S_{(0)}{}^{c\,d}{}_{e}\,S_{(3)}{}^{e}\,g^{ab}\,\psi + \\
&+ 2\,\alpha^3\,\beta_2\,\beta_3\,A_c\,A_d\,A_e\,S_{(2)}{}^{cd}\,S_{(3)}{}^{e}\,g^{ab}\,\psi - \tfrac{1}{2}\alpha^3\,(\partial_5 A_c)\,A_d\,F^{bd}\,g^{ac}\,\psi + \alpha^3\,\beta_0\,(\partial_5 A_c)\,A_d\,A_e\,S_{(0)}{}^{bde}\,g^{ac}\,\psi + \alpha^2\,\beta_1\,(\partial_5 A_c)\,A_d\,S_{(1)}{}^{bd}\,g^{ac}\,\psi - \\
&- \alpha^4\,\beta_2\,(\partial_5 A_c)\,A_d\,\eta\,S_{(2)}{}^{bd}\,g^{ac}\,\psi + \alpha^4\,\beta_2\,(\partial_5 A_c)\,A_d\,A_e\,A^b\,S_{(2)}{}^{de}\,g^{ac}\,\psi - \alpha^3\,\beta_3\,(\partial_5 A_c)\,\eta\,S_{(3)}{}^{b}\,g^{ac}\,\psi + \alpha^3\,\beta_3\,(\partial_5 A_c)\,A_d\,A^b\,S_{(3)}{}^{d}\,g^{ac}\,\psi +
\end{aligned}
$$

$$+ \tfrac{1}{2}\alpha^4 (\partial_5 A_c)(\partial_5 A_d) A^b A^c g^{ad} \psi - \tfrac{1}{2}\alpha^3 (\partial_5 A_c) A_d F^{ad} g^{bc} \psi + \tfrac{1}{2}\alpha^4 (\partial_5 A_c)(\partial_5 A_d) A^a A^c g^{bd} \psi - \tfrac{1}{2}\alpha^4 (\partial_5 A_c)(\partial_5 A_d) \eta\, g^{ac} g^{bd} \psi -$$

$$- \tfrac{1}{2}\alpha^4 (\partial_5 A_c)(\partial_5 A_d) A^a A^b g^{cd} \psi + \tfrac{1}{4}\alpha^4 (\partial_5 A_c)(\partial_5 A_d) \eta\, g^{ab} g^{cd} \psi,$$

$$G^{a5} = \tag{119}$$

$$= G_{5b}\,\gamma^{a5}\gamma^{b5} + G_{bc}\,\gamma^{ab}\gamma^{c5} + G_{b5}\,\gamma^{ab}\gamma^{55} + G_{55}\,\gamma^{a5}\gamma^{55}$$

$$= -\tfrac{1}{4}\alpha^2 (\partial_b \psi)(\partial_5 \psi) A^a A^b \psi^{-2} - \tfrac{1}{2}\beta_2 (\partial_b \psi) S_{(2)}^{\ ab} \psi^{-2} - \tfrac{1}{2}\beta_2 (\partial_b \psi) S_{(2)}^{\ ba} \psi^{-2} + \tfrac{1}{4}\alpha^2 (\partial_b \psi)(\partial_5 \psi)\eta\, g^{ab} \psi^{-2} + \beta_2 (\partial_b \psi) S_{(2)c}^{\ \ c} g^{ab} \psi^{-2} -$$

$$- \tfrac{1}{4}\alpha (\partial_b \psi)(\partial_c \psi) A^b g^{ac} \psi^{-2} + \tfrac{1}{4}\alpha (\partial_b \psi)(\partial_c \psi) A^a g^{bc} \psi^{-2} - \tfrac{1}{4}(\partial_b \psi)(\partial_5 g_{cd}) g^{ac} g^{bd} \psi^{-2} + \tfrac{1}{4}(\partial_b \psi)(\partial_5 g_{cd}) g^{ab} g^{cd} \psi^{-2} +$$

$$+ \tfrac{1}{2}\alpha^2 (\partial_5 \partial_b \psi) A^a A^b \psi^{-1} + \tfrac{1}{4}\alpha^3 (\partial_5 g_{bc})(\partial_5 \psi) A^a A^b A^c \psi^{-1} + \tfrac{1}{4}\alpha^2 (\partial_5 \psi) A^a U_b^{\ b} \psi^{-1} - \tfrac{1}{4}\alpha^2 (\partial_5 \psi) A_b U^{ab} \psi^{-1} + \tfrac{3}{4}\alpha (\partial_b \psi) F^{ab} \psi^{-1} -$$

$$- \tfrac{3}{4}\alpha^2 (\partial_5 \psi) A_b F^{ab} \psi^{-1} - \tfrac{1}{2}\alpha \beta_0 (\partial_b \psi) A_c S_{(0)}^{\ acb} \psi^{-1} + \alpha \beta_0 (\partial_b \psi) A^a S_{(0)\ c}^{\ \ b\ c} \psi^{-1} - \alpha^2 \beta_0 (\partial_5 \psi) A_b A^a S_{(0)\ c}^{\ \ b\ c} \psi^{-1} -$$

$$- \tfrac{1}{2}\alpha \beta_0 (\partial_b \psi) A_c S_{(0)}^{\ bca} \psi^{-1} - \tfrac{1}{2}\beta_1 (\partial_b \psi) S_{(1)}^{\ ab} \psi^{-1} - \alpha^3 \beta_2 (\partial_5 \psi) A^a \eta\, S_{(2)b}^{\ \ b} \psi^{-1} + \alpha \beta_2^{\ 2} A^a S_{(2)b}^{\ \ c} S_{(2)c}^{\ \ b} \psi^{-1} +$$

$$+ \alpha^2 \beta_2 (\partial_b \psi) A^a A^b S_{(2)c}^{\ \ c} \psi^{-1} - 2\alpha \beta_2^{\ 2} A^a S_{(2)c}^{\ \ b} S_{(2)c}^{\ \ c} \psi^{-1} + \tfrac{1}{2}\alpha^2 \beta_2 (\partial_b \psi) \eta\, S_{(2)}^{\ ab} \psi^{-1} + \beta_2\,^{(4)}\{^{\ b}_{b\ c}\} S_{(2)}^{\ ac} \psi^{-1} +$$

$$+ 2\beta_0 \beta_2 S_{(0)bc}^{\ \ \ b} S_{(2)}^{\ ac} \psi^{-1} + \tfrac{1}{2}\alpha^2 \beta_2 (\partial_b \psi) \eta\, S_{(2)}^{\ ba} \psi^{-1} + \alpha \beta_2 (\partial_5 g_{bc}) A^a S_{(2)}^{\ bc} \psi^{-1} + \alpha^3 \beta_2 (\partial_5 \psi) A_b A_c A^a S_{(2)}^{\ bc} \psi^{-1} +$$

$$+ \beta_2\,^{(4)}\{^{\ a}_{b\ c}\} S_{(2)}^{\ bc} \psi^{-1} + \alpha \beta_2^{\ 2} A^a S_{(2)bc} S_{(2)}^{\ bc} \psi^{-1} - \tfrac{1}{2}\alpha^2 \beta_2 (\partial_b \psi) A_c A^b S_{(2)}^{\ ca} \psi^{-1} + 2\beta_0 \beta_2 S_{(0)bc}^{\ \ \ b} S_{(2)}^{\ ca} \psi^{-1} -$$

$$- \tfrac{1}{2}\alpha^2 \beta_2 (\partial_b \psi) A_c A^a S_{(2)}^{\ cb} \psi^{-1} + \tfrac{1}{2}\alpha \beta_3 (\partial_b \psi) A^b S_{(3)}^{\ a} \psi^{-1} + \tfrac{1}{2}\alpha \beta_3 (\partial_b \psi) A^a S_{(3)}^{\ b} \psi^{-1} - 2\beta_2 (\partial_b S_{(2)c}^{\ \ c}) g^{ab} \psi^{-1} -$$

$$- \tfrac{1}{2}\alpha^2 (\partial_b \psi)(\partial_5 A_c) A^c g^{ab} \psi^{-1} - \tfrac{1}{2}\alpha^2 (\partial_5 \partial_b \psi) \eta\, g^{ab} \psi^{-1} - \alpha^2 \beta_2 (\partial_b \psi) A_c A_d S_{(2)}^{\ cd} g^{ab} \psi^{-1} - \alpha \beta_3 (\partial_b \psi) A_c S_{(3)}^{\ c} g^{ab} \psi^{-1} +$$

$$+ \beta_2 (\partial_b S_{(2)c}^{\ \ b}) g^{ac} \psi^{-1} - \tfrac{1}{2}(\partial_5\,^{(4)}\{^{\ a}_{a\ c}\}) g^{ac} \psi^{-1} + \tfrac{1}{2}\alpha (\partial_b \partial_c \psi) A^b g^{ac} \psi^{-1} + \tfrac{1}{4}\alpha^2 (\partial_b \psi)(\partial_5 A_c) A^b g^{ac} \psi^{-1} -$$

$$- \tfrac{1}{2}\alpha (\partial_b \psi) A^d\,^{(4)}\{^{\ b}_{c\ d}\} g^{ac} \psi^{-1} + \tfrac{1}{2}\alpha^2 (\partial_5 \psi) A_b A^d\,^{(4)}\{^{\ b}_{c\ d}\} g^{ac} \psi^{-1} - \beta_0 (\partial_5 g_{bc}) S_{(0)\ d}^{\ \ b\ d} g^{ac} \psi^{-1} -$$

$$- \tfrac{1}{4}\alpha^2 (\partial_b \psi)(\partial_5 g_{cd}) A^b A^c g^{ad} \psi^{-1} - \beta_2\,^{(4)}\{^{\ b}_{c\ d}\} S_{(2)b}^{\ \ c} g^{ad} \psi^{-1} + \beta_2 (\partial_b S_{(2)c}^{\ \ a}) g^{bc} \psi^{-1} + \tfrac{1}{2}(\partial_5\,^{(4)}\{^{\ a}_{b\ c}\}) g^{bc} \psi^{-1} -$$

$$- \tfrac{1}{2}\alpha (\partial_b \partial_c \psi) A^a g^{bc} \psi^{-1} + \tfrac{1}{4}\alpha^2 (\partial_b \psi)(\partial_5 A_c) A^a g^{bc} \psi^{-1} - \tfrac{1}{4}\alpha^3 (\partial_5 g_{bc})(\partial_5 \psi) A^a \eta\, g^{bc} \psi^{-1} - \alpha \beta_2 (\partial_5 g_{bc}) A^a S_{(2)d}^{\ \ d} g^{bc} \psi^{-1} -$$

$$- \tfrac{1}{4}\alpha^2 (\partial_b \psi)(\partial_5 g_{cd}) A^a A^c g^{bd} \psi^{-1} - \beta_2\,^{(4)}\{^{\ b}_{c\ d}\} S_{(2)c}^{\ \ a} g^{bd} \psi^{-1} + \tfrac{1}{4}\alpha^2 (\partial_b \psi)(\partial_5 g_{cd}) \eta\, g^{ac} g^{bd} \psi^{-1} +$$

$$+ \tfrac{1}{4}\alpha^2 (\partial_b \psi)(\partial_5 g_{cd}) A^a A^b g^{cd} \psi^{-1} + \tfrac{1}{2}\alpha (\partial_b \psi) A^a\,^{(4)}\{^{\ b}_{c\ d}\} g^{cd} \psi^{-1} - \tfrac{1}{2}\alpha^2 (\partial_5 \psi) A_b A^a\,^{(4)}\{^{\ b}_{c\ d}\} g^{cd} \psi^{-1} +$$

$$+ \tfrac{1}{8}\alpha (\partial_5 g_{bc})(\partial_5 g_{de}) A^a g^{bd} g^{ce} \psi^{-1} - \tfrac{1}{8}\alpha (\partial_5 g_{bc})(\partial_5 g_{de}) A^a g^{bc} g^{de} \psi^{-1} + 2\alpha^2 \beta_2 (\partial_b S_{(2)c}^{\ \ c}) A^a A^b - \alpha^2 \beta_2 (\partial_b S_{(2)c}^{\ \ b}) A^a A^c +$$

$$+ \tfrac{1}{2}\alpha^2 (\partial_5\,^{(4)}\{^{\ a}_{a\ c}\}) A^a A^c - \alpha^2 \beta_2 (\partial_b S_{(2)c}^{\ \ a}) A^b A^c - \tfrac{1}{2}\alpha^2 (\partial_5\,^{(4)}\{^{\ a}_{b\ c}\}) A^b A^c - \tfrac{1}{4}\alpha^2 (\partial_5 A_b) U^{ab} + \tfrac{1}{4}\alpha^2 (\partial_5 g_{bc}) A^b U^{ac} -$$

$$- \tfrac{1}{4}\alpha^2 (\partial_5 g_{bc}) A^a U^{bc} - \tfrac{3}{4}\alpha^2 (\partial_5 A_b) F^{ab} + \tfrac{1}{4}\alpha^2 (\partial_5 g_{bc}) A^b F^{ac} - \tfrac{1}{2}\alpha \beta_0 F^{bc} S_{(0)bc}^{\ \ \ a} + \alpha \beta_0 F^{ac} S_{(0)bc}^{\ \ \ b} -$$

$$- \alpha \beta_0 A^d\,^{(4)}\{^{\ b}_{c\ d}\} S_{(0)b}^{\ \ ca} + \alpha \beta_0 A^d\,^{(4)}\{^{\ b}_{c\ d}\} S_{(0)\ b}^{\ \ a\ c} - \tfrac{1}{2}\alpha \beta_0 U^b_{\ c} S_{(0)\ b}^{\ \ a\ c} + \tfrac{1}{2}\alpha \beta_0 F^b_{\ c} S_{(0)\ b}^{\ \ a\ c} - \alpha \beta_0 A_b\,^{(4)}\{^{\ c}_{c\ d}\} S_{(0)}^{\ abd} -$$

$$- 2\alpha \beta_0^{\ 2} A_b S_{(0)cd}^{\ \ \ c} S_{(0)}^{\ abd} + \alpha \beta_0 A_b\,^{(4)}\{^{\ b}_{c\ d}\} S_{(0)}^{\ acd} - \alpha^2 \beta_0 (\partial_5 A_b) A^a S_{(0)\ c}^{\ \ b\ c} + \alpha \beta_0^{\ 2} A^a S_{(0)bc}^{\ \ \ d} S_{(0)\ d}^{\ \ b\ c} +$$

$$+ \alpha \beta_0 A_b\,^{(4)}\{^{\ a}_{c\ d}\} S_{(0)}^{\ bcd} + \tfrac{1}{2}\alpha \beta_0^{\ 2} A^a S_{(0)bcd} S_{(0)}^{\ bcd} + 2\alpha \beta_0^{\ 2} A_b S_{(0)cd}^{\ \ \ c} S_{(0)}^{\ bda} - \alpha^2 \beta_0 (\partial_5 g_{bc}) A_d A^a S_{(0)}^{\ bdc} +$$

$$+ \alpha^2 \beta_0 (\partial_5 g_{bc}) A^a A^b S_{(0)\ d}^{\ \ c\ d} + 2\alpha \beta_0^{\ 2} A^a S_{(0)bc}^{\ \ \ b} S_{(0)\ d}^{\ \ c\ d} - 2\beta_0 \beta_1 S_{(0)bc}^{\ \ \ b} S_{(1)}^{\ ac} - 2\beta_0 \beta_1 S_{(0)\ b}^{\ \ a\ c} S_{(1)c}^{\ \ b} + \beta_0 \beta_1 S_{(0)bc}^{\ \ \ a} S_{(1)}^{\ bc} +$$

$$+ \alpha^2 \beta_2 A^c A^d\,^{(4)}\{^{\ b}_{c\ d}\} S_{(2)b}^{\ \ a} + \alpha^2 \beta_2 A^a A^d\,^{(4)}\{^{\ b}_{c\ d}\} S_{(2)b}^{\ \ c} + \alpha^3 \beta_2^{\ 2} A^a \eta\, S_{(2)b}^{\ \ c} S_{(2)c}^{\ \ b} - 2\alpha^3 \beta_2 (\partial_5 A_b) A^a A^b S_{(2)c}^{\ \ c} +$$

$$+ \alpha^2 \beta_2 A^a U_b^{\ b} S_{(2)c}^{\ \ c} - \alpha^2 \beta_2 A_b U^{ab} S_{(2)c}^{\ \ c} - \alpha^2 \beta_2 A_b F^{ab} S_{(2)c}^{\ \ c} - 2\alpha^3 \beta_2^{\ 2} A^a \eta\, S_{(2)b}^{\ \ b} S_{(2)c}^{\ \ c} + 2\alpha^2 \beta_0 \beta_2 A_b A^a S_{(0)\ c}^{\ \ b\ d} S_{(2)d}^{\ \ c} +$$

$$+ \alpha^3 \beta_2 (\partial_5 g_{bc}) A^a A^b A^c S_{(2)d}^{\ \ d} - 4\alpha^2 \beta_0 \beta_2 A_b A^a S_{(0)\ c}^{\ \ b\ c} S_{(2)d}^{\ \ d} + \alpha^2 \beta_2 \eta\,^{(4)}\{^{\ b}_{b\ c}\} S_{(2)}^{\ ac} - 2\alpha^2 \beta_2 A_b A^d\,^{(4)}\{^{\ b}_{c\ d}\} S_{(2)}^{\ ac} +$$

$$+ \alpha^2 \beta_2 A_b U^b_{\ c} S_{(2)}^{\ ac} - \alpha^2 \beta_2 A_b F^b_{\ c} S_{(2)}^{\ ac} + 2\alpha^2 \beta_0 \beta_2 \eta\, S_{(0)bc}^{\ \ \ b} S_{(2)}^{\ ac} + 2\alpha \beta_1 \beta_2 A_b S_{(1)\ c}^{\ \ b} S_{(2)}^{\ ac} - \tfrac{1}{2}\alpha^2 \beta_2 A_b U_c^{\ c} S_{(2)}^{\ ba} +$$

$$+ \alpha^3 \beta_2 (\partial_5 A_b) A_c A^a S_{(2)}^{\ bc} + \alpha^3 \beta_2 (\partial_5 g_{bc}) A^a \eta\, S_{(2)}^{\ bc} + \alpha^2 \beta_2 \eta\,^{(4)}\{^{\ a}_{b\ c}\} S_{(2)}^{\ bc} - \alpha^2 \beta_2 A_b A^d\,^{(4)}\{^{\ a}_{c\ d}\} S_{(2)}^{\ bc} -$$

$$- \tfrac{1}{2}\alpha^2 \beta_2 A^a U_{bc} S_{(2)}^{\ bc} - \tfrac{1}{2}\alpha^2 \beta_2 A_b U^a_{\ c} S_{(2)}^{\ bc} + \tfrac{1}{2}\alpha^2 \beta_2 A^a F_{bc} S_{(2)}^{\ bc} - \tfrac{1}{2}\alpha^2 \beta_2 A_b F^a_{\ c} S_{(2)}^{\ bc} + \alpha^3 \beta_2^{\ 2} A^a \eta\, S_{(2)bc} S_{(2)}^{\ bc} -$$

$$- \alpha^2 \beta_2 A_b A^{(4)}\{^{\ c}_{c\ d}\} S_{(2)}^{\ bd} - 2\alpha^2 \beta_0 \beta_2 A_b A^a S_{(0)cd}^{\ \ \ c} S_{(2)}^{\ bd} - \alpha^2 \beta_2 A_b A^d\,^{(4)}\{^{\ b}_{c\ d}\} S_{(2)}^{\ ca} + \tfrac{1}{2}\alpha^2 \beta_2 A_b U^b_{\ c} S_{(2)}^{\ ca} -$$

$$- \tfrac{3}{2}\alpha^2 \beta_2 A_b F^b_{\ c} S_{(2)}^{\ ca} + 2\alpha^2 \beta_0 \beta_2 \eta\, S_{(0)bc}^{\ \ \ b} S_{(2)}^{\ ca} + 2\alpha^2 \beta_0 \beta_2 A_b A_c S_{(0)\ d}^{\ \ b\ d} S_{(2)}^{\ ca} + 2\alpha \beta_1 \beta_2 A_b S_{(1)\ c}^{\ \ b} S_{(2)}^{\ ca} +$$

$$+ \alpha^3 \beta_2 (\partial_5 A_b) A_c A^a S_{(2)}^{\ cb} - \alpha^2 \beta_2 A_b F^a_{\ c} S_{(2)}^{\ cb} + \alpha^2 \beta_2 A_b A^{(4)}\{^{\ b}_{c\ d}\} S_{(2)}^{\ cd} + 2\alpha^2 \beta_0 \beta_2 A_b A^a S_{(0)cd}^{\ \ \ b} S_{(2)}^{\ cd} -$$

$$- \alpha^3 \beta_2^{\ 2} A_b A_c A^a S_{(2)\ d}^{\ \ b} S_{(2)}^{\ cd} - \alpha^3 \beta_2 (\partial_5 g_{bc}) A_d A^a A^b S_{(2)}^{\ dc} + \alpha^3 \beta_2^{\ 2} A_b A_c A^a S_{(2)d}^{\ \ b} S_{(2)}^{\ dc} + 2\alpha^2 \beta_2 \beta_3 A_b A^a S_{(2)}^{\ bc} S_{(3)c} +$$

$$\begin{aligned}
&+ \tfrac{1}{2}\alpha\beta_3 U_b{}^b S_{(3)}{}^a - 2\alpha\beta_0\beta_3 A_b S_{(0)c}{}^{bc} S_{(3)}{}^a - \tfrac{1}{2}\alpha\beta_3 U^a{}_b S_{(3)}{}^b - \tfrac{3}{2}\alpha\beta_3 F^a{}_b S_{(3)}{}^b - 4\alpha^2\beta_2\beta_3 A_b A^a S_{(2)c}{}^c S_{(3)}{}^b + \\
&+ \alpha^2\beta_3 (\partial_5 g_{bc}) A^a A^b S_{(3)}{}^c + 2\alpha\beta_0\beta_3 A^a S_{(0)bc}{}^b S_{(3)}{}^c + 2\alpha^2\beta_2\beta_3 A_b A^a S_{(2)c}{}^b S_{(3)}{}^c - 2\alpha\beta_3 (\partial_b S_{(3)c}) A^c g^{ab} + \alpha (\partial_b{}^{(4)}\{{}^a_{c\,d}\}) A^d g^{ab} + \\
&+ 2\alpha\beta_0 (\partial_b S_{(0)cd}{}^c) A^d g^{ab} - 2\alpha^2\beta_2 (\partial_b S_{(2)c}{}^c) \eta g^{ab} + \tfrac{1}{4}\alpha^2(\partial_5 A_b) U_c{}^c g^{ab} - \alpha^2\beta_0 (\partial_5 A_b) A_c S_{(0)\,d}{}^{cd} g^{ab} + \alpha\beta_3 (\partial_b S_{(3)c}) A^b g^{ac} - \\
&- \tfrac{1}{4}\alpha^2(\partial_5 U_{bc}) A^b g^{ac} + \tfrac{3}{4}\alpha^2 (\partial_5 F_{bc}) A^b g^{ac} + \alpha^2\beta_2 (\partial_b S_{(2)c}{}^b) \eta g^{ac} - \tfrac{1}{2}\alpha^2 (\partial_5{}^{(4)}\{{}^a_{c\,c}\}) \eta g^{ac} + \tfrac{1}{2}\alpha^2 (\partial_5 A_b) A^{d\,(4)}\{{}^b_{c\,d}\} g^{ac} - \\
&- \tfrac{1}{4}\alpha^2(\partial_5 g_{bc}) A^b U_d{}^d g^{ac} + \tfrac{1}{4}\alpha^2(\partial_5 g_{bc}) A_d U^{bd} g^{ac} + \tfrac{3}{4}\alpha^2(\partial_5 g_{bc}) A_d F^{bd} g^{ac} - \alpha^2\beta_0 (\partial_5 g_{bc}) \eta S_{(0)}{}^b{}_d{}^d g^{ac} + \\
&+ \alpha^2\beta_0 (\partial_5 g_{bc}) A_d A^b S_{(0)}{}^d{}_e{}^e g^{ac} - \alpha\beta_1 (\partial_5 g_{bc}) A_d S_{(1)}{}^{bd} g^{ac} + \alpha\beta_3 A^{d\,(4)}\{{}^b_{c\,d}\} S_{(3)b} g^{ac} + \tfrac{1}{2}\alpha^2 (\partial_5{}^{(4)}\{{}^b_{c\,d}\}) A_c A^b g^{ad} - \\
&- \alpha (\partial_a{}^{(4)}\{{}^a_{c\,d}\}) A^c g^{ad} + \alpha\beta_0 (\partial_b S_{(0)cd}{}^b) A^c g^{ad} + \alpha A^{e\,(4)}\{{}^b_{c\,e}\} {}^{(4)}\{{}^c_{c\,d}\} g^{ad} - \alpha A^{e\,(4)}\{{}^b_{b\,c}\} {}^{(4)}\{{}^c_{d\,e}\} g^{ad} - \tfrac{1}{2}\alpha^{(4)}\{{}^b_{c\,d}\} F_b{}^c g^{ad} + \\
&+ 2\alpha\beta_0 A^{e\,(4)}\{{}^b_{d\,e}\} S_{(0)bc}{}^c g^{ad} + \beta_1 {}^{(4)}\{{}^b_{c\,d}\} S_{(1)b}{}^c g^{ad} - \alpha^2\beta_2 \eta\,{}^{(4)}\{{}^b_{c\,d}\} S_{(2)b}{}^c g^{ad} + 2\alpha^2\beta_2 A_b A^{e\,(4)}\{{}^b_{d\,e}\} S_{(2)c}{}^c g^{ad} + \\
&+ \alpha\beta_3 A_b{}^{(4)}\{{}^b_{c\,d}\} S_{(3)}{}^c g^{ad} - \alpha\beta_0 A_b{}^{(4)}\{{}^b_{d\,e}\} S_{(0)}{}^b{}_c{}^c g^{ae} + \alpha^2\beta_2 A_b A_c{}^{(4)}\{{}^b_{d\,e}\} S_{(2)}{}^{cd} g^{ae} + \alpha\beta_3 (\partial_b S_{(3)c}) A^a g^{bc} + \\
&+ \tfrac{1}{4}\alpha^2 (\partial_5 U_{bc}) A^a g^{bc} + \alpha^2\beta_2 (\partial_b S_{(2)c}{}^a) \eta g^{bc} + \tfrac{1}{2}\alpha^2 (\partial_5{}^{(4)}\{{}^a_{b\,c}\}) \eta g^{bc} + \tfrac{1}{4}\alpha^2 (\partial_5 g_{bc}) A^a U_d{}^d g^{bc} - \tfrac{1}{4}\alpha^2 (\partial_5 g_{bc}) A_d U^{ad} g^{bc} - \\
&- \tfrac{1}{4}\alpha^2 (\partial_5 g_{bc}) A_d F^{ad} g^{bc} - \alpha^2\beta_0 (\partial_5 g_{bc}) A_d A^a S_{(0)}{}^d{}_e{}^e g^{bc} - \alpha^3\beta_2 (\partial_5 g_{bc}) A^a \eta S_{(2)d}{}^d g^{bc} - \alpha^2\beta_3 (\partial_5 g_{bc}) A_d A^a S_{(3)}{}^d g^{bc} + \\
&+ \tfrac{1}{2}\alpha^2 (\partial_5 g_{bc}) A_d A^{f\,(4)}\{{}^d_{e\,f}\} g^{ae} g^{bc} - \tfrac{1}{2}\alpha (\partial_b{}^{(4)}\{{}^a_{a\,d}\}) A^a g^{bd} - 2\alpha\beta_0 (\partial_b S_{(0)cd}{}^c) A^a g^{bd} - \tfrac{1}{2}\alpha^2 (\partial_5{}^{(4)}\{{}^b_{b\,d}\}) A_c A^a g^{bd} + \\
&+ \alpha\beta_0 (\partial_b S_{(0)cd}{}^a) A^c g^{bd} + \tfrac{1}{2}\alpha^3 (\partial_5 A_b) (\partial_5 g_{cd}) A^a A^c g^{bd} - \tfrac{1}{2}\alpha^{(4)}\{{}^c_{b\,d}\} F^a{}_c g^{bd} + \beta_1{}^{(4)}\{{}^c_{b\,d}\} S_{(1)}{}^a{}_c g^{bd} - \\
&- \alpha^2\beta_2 \eta\,{}^{(4)}\{{}^c_{b\,d}\} S_{(2)c}{}^a g^{bd} - \alpha\beta_3 A^{a\,(4)}\{{}^c_{b\,d}\} S_{(3)c} g^{bd} + \tfrac{1}{2}\alpha (\partial_b F_{cd}) g^{ac} g^{bd} - \beta_1 (\partial_b S_{(1)cd}) g^{ac} g^{bd} - \\
&- 2\alpha\beta_0 A^{a\,(4)}\{{}^c_{b\,e}\} S_{(0)cd}{}^d g^{be} - \tfrac{1}{2}\alpha^2 (\partial_5 g_{bc}) A_d A^{f\,(4)}\{{}^d_{e\,f}\} g^{ac} g^{be} + \tfrac{1}{2}\alpha^2 (\partial_5 A_b) A_c{}^{(4)}\{{}^c_{d\,e}\} g^{ad} g^{be} + \\
&+ \tfrac{1}{2}\alpha (\partial_a{}^{(4)}\{{}^a_{c\,d}\}) A^a g^{cd} - \tfrac{1}{2}\alpha^3 (\partial_5 A_b) (\partial_5 g_{cd}) A^a A^b g^{cd} - \tfrac{1}{2}\alpha^2 (\partial_5 A_b) A^{a\,(4)}\{{}^b_{c\,d}\} g^{cd} - \alpha\beta_3 A_b{}^{(4)}\{{}^b_{c\,d}\} S_{(3)}{}^a g^{cd} - \\
&- \tfrac{1}{4}\alpha^3 (\partial_5 g_{bc}) (\partial_5 g_{de}) A^a A^b A^d g^{ce} - \alpha\beta_0 {}^{(4)}\{{}^d_{c\,e}\} S_{(0)}{}^b{}_d{}^a g^{ce} - 2\alpha^2\beta_2 A_b A^{a\,(4)}\{{}^b_{c\,e}\} S_{(2)d}{}^d g^{ce} + \\
&+ \tfrac{1}{8}\alpha^3 (\partial_5 g_{bc}) (\partial_5 g_{de}) A^a \eta g^{bd} g^{ce} - \tfrac{1}{2}\alpha^2 (\partial_5 g_{bc}) A_d A^{b\,(4)}\{{}^d_{e\,f}\} g^{ae} g^{cf} + \tfrac{1}{2}\alpha^2 (\partial_5 g_{bc}) A_d A^{a\,(4)}\{{}^d_{e\,f}\} g^{be} g^{cf} + \\
&+ \tfrac{1}{4}\alpha^3 (\partial_5 g_{bc}) (\partial_5 g_{de}) A^a A^b A^c g^{de} - \tfrac{1}{2}\alpha A^{a\,(4)}\{{}^c_{b\,d}\} {}^{(4)}\{{}^b_{c\,e}\} g^{de} + \tfrac{1}{2}\alpha A^{a\,(4)}\{{}^c_{b\,c}\} {}^{(4)}\{{}^b_{d\,e}\} g^{de} + \\
&+ \alpha^2\beta_2 A_b A_c{}^{(4)}\{{}^b_{d\,e}\} S_{(2)}{}^{ca} g^{de} - \tfrac{1}{2}\alpha^2 (\partial_5 A_b) A_c{}^{(4)}\{{}^c_{d\,e}\} g^{ab} g^{de} - \tfrac{1}{8}\alpha^3 (\partial_5 g_{bc}) (\partial_5 g_{de}) A^a \eta g^{bc} g^{de} + \\
&+ \tfrac{1}{2}\alpha^2 (\partial_5 g_{bc}) A_d A^{b\,(4)}\{{}^d_{e\,f}\} g^{ac} g^{ef} - \tfrac{1}{2}\alpha^2 (\partial_5 g_{bc}) A_d A^{a\,(4)}\{{}^d_{e\,f}\} g^{bc} g^{ef} - \tfrac{1}{4}\alpha^5 (\partial_5 A_b) (\partial_5 A_c) A^a A^b A^c \psi - \tfrac{1}{2}\alpha^4 (\partial_5 A_b) \eta F^{ab} \psi + \\
&+ \tfrac{1}{2}\alpha^4 (\partial_5 A_b) A_c A^b F^{ac} \psi - \tfrac{1}{8}\alpha^3 A^a F_{bc} F^{bc} \psi + \tfrac{1}{2}\alpha^3 A_b F^a{}_c F^{bc} \psi - \alpha^3\beta_0 A_b A_c F^{ad} S_{(0)\,d}{}^{bc} \psi - \alpha^4 (\partial_5 A_b) A_c A_d A^a S_{(0)}{}^{bcd} \psi + \\
&+ \tfrac{1}{2}\alpha^3\beta_0{}^2 A_b A_c A^a S_{(0)de}{}^b S_{(0)}{}^{dec} \psi - \alpha^3\beta_1 (\partial_5 A_b) A_c A^a S_{(1)}{}^{bc} \psi - \alpha^2\beta_1 A_b F^a{}_c S_{(1)}{}^{bc} \psi + \tfrac{1}{2}\alpha\beta_1{}^2 A^a S_{(1)bc} S_{(1)}{}^{bc} \psi + \\
&+ \alpha^2\beta_0\beta_1 A_b A^a S_{(0)cd}{}^b S_{(1)}{}^{cd} \psi + \alpha^5\beta_2 (\partial_5 A_b) A_c A^a \eta S_{(2)}{}^{bc} \psi - \alpha^4\beta_2 A_b \eta F^a{}_c S_{(2)}{}^{cb} \psi - \alpha^5\beta_2 (\partial_5 A_b) A_c A_d A^a A^b S_{(2)}{}^{cd} \psi + \\
&+ \alpha^4\beta_2 A_b A_c A_d F^{ab} S_{(2)}{}^{cd} \psi + 2\alpha^3\beta_1\beta_2 A_b A_c A^a S_{(1)}{}^b{}_d S_{(2)}{}^{dc} \psi + \alpha^5\beta_2{}^2 A_b A_c A^a \eta S_{(2)d}{}^b S_{(2)}{}^{dc} \psi - \\
&- \alpha^5\beta_2{}^2 A_b A_c A_d A_e A^a S_{(2)}{}^{bc} S_{(2)}{}^{de} \psi + 2\alpha^4\beta_0\beta_2 A_b A_c A_d A^a S_{(0)}{}^b{}_e{}^c S_{(2)}{}^{ed} \psi + \alpha^4\beta_3 (\partial_5 A_b) A^a \eta S_{(3)}{}^b \psi - \alpha^3\beta_3 \eta F^a{}_b S_{(3)}{}^b \psi + \\
&+ \alpha^3\beta_3{}^2 A^a \eta S_{(3)b} S_{(3)}{}^b \psi - \alpha^4\beta_3 (\partial_5 A_b) A_c A^a A^b S_{(3)}{}^c \psi + \alpha^3\beta_3 A_b A_c F^{ab} S_{(3)}{}^c \psi + 2\alpha^2\beta_1\beta_3 A_b A^a S_{(1)}{}^b{}_c S_{(3)}{}^c \psi + \\
&+ 2\alpha^4\beta_2\beta_3 A_b A^a \eta S_{(2)c}{}^b S_{(3)}{}^c \psi - \alpha^3\beta_3{}^2 A^a A_b A_c S_{(3)}{}^b S_{(3)}{}^c \psi + 2\alpha^3\beta_0\beta_3 A_b A_c A^a S_{(0)}{}^b{}_d{}^c S_{(3)}{}^d \psi - \\
&- 2\alpha^4\beta_2\beta_3 A_b A_c A_d A^a S_{(2)}{}^{bc} S_{(3)}{}^d \psi + \tfrac{1}{4}\alpha^5 (\partial_5 A_b) (\partial_5 A_c) A^a \eta g^{bc} \psi,
\end{aligned}$$

$$G^{5a} = \tag{120}$$

$$= G_{bc}\,\gamma^{ac}\gamma^{b5} + G_{b5}\,\gamma^{a5}\gamma^{b5} + G_{5b}\,\gamma^{ab}\gamma^{55} + G_{55}\,\gamma^{a5}\gamma^{55}$$

$$\begin{aligned}
&= -\tfrac{1}{4}\alpha^2 (\partial_b \psi)(\partial_5 \psi) A^a A^b \psi^{-2} - \tfrac{1}{2}\beta_2 (\partial_b \psi) S_{(2)}{}^{ab} \psi^{-2} - \tfrac{1}{2}\beta_2 (\partial_b \psi) S_{(2)}{}^{ba} \psi^{-2} + \tfrac{1}{4}\alpha^2 (\partial_b \psi)(\partial_5 \psi) \eta g^{ab} \psi^{-2} + \beta_2 (\partial_b \psi) S_{(2)c}{}^c g^{ab} \psi^{-2} - \\
&- \tfrac{1}{4}\alpha (\partial_b \psi)(\partial_c \psi) A^b g^{ac} \psi^{-2} + \tfrac{1}{4}\alpha (\partial_b \psi)(\partial_c \psi) A^a g^{bc} \psi^{-2} - \tfrac{1}{4}(\partial_b \psi)(\partial_5 g_{cd}) g^{ac} g^{bd} \psi^{-2} + \tfrac{1}{4}(\partial_b \psi)(\partial_5 g_{cd}) g^{ab} g^{cd} \psi^{-2} + \\
&+ \tfrac{1}{2}\alpha^2 (\partial_5 \partial_b \psi) A^a A^b \psi^{-1} + \tfrac{1}{4}\alpha^3 (\partial_5 g_{bc})(\partial_5 \psi) A^a A^b A^c \psi^{-1} + \tfrac{1}{4}\alpha^2 (\partial_5 \psi) A^a U_b{}^b \psi^{-1} - \tfrac{1}{4}\alpha^2 (\partial_5 \psi) A_b U^{ab} \psi^{-1} + \tfrac{3}{4}\alpha (\partial_b \psi) F^{ab} \psi^{-1} - \\
&- \tfrac{3}{4}\alpha^2 (\partial_5 \psi) A_b F^{ab} \psi^{-1} + \beta_0 (\partial_5 g_{bc}) S_{(0)}{}^{abc} \psi^{-1} - \alpha\beta_0 (\partial_b \psi) A_c S_{(0)}{}^{abc} \psi^{-1} + \alpha^2\beta_0 (\partial_5 \psi) A_b A_c S_{(0)}{}^{abc} \psi^{-1} + \\
&+ \tfrac{1}{2}\alpha\beta_0 (\partial_b \psi) A_c S_{(0)}{}^{acb} \psi^{-1} + \alpha\beta_0 (\partial_b \psi) A^a S_{(0)}{}^b{}_c{}^c \psi^{-1} - \alpha^2\beta_0 (\partial_5 \psi) A_b A^a S_{(0)}{}^b{}_c{}^c \psi^{-1} - \tfrac{1}{2}\alpha\beta_0 (\partial_b \psi) A_c S_{(0)}{}^{bca} \psi^{-1} - \\
&- \tfrac{3}{2}\beta_1 (\partial_b \psi) S_{(1)}{}^{ab} \psi^{-1} + 2\alpha\beta_1 (\partial_5 \psi) A_b S_{(1)}{}^{ab} \psi^{-1} - \alpha^3\beta_2 (\partial_5 \psi) A^a \eta S_{(2)}{}^b{}_b \psi^{-1} + \alpha\beta_2{}^2 A^a S_{(2)b}{}^c S_{(2)c}{}^b \psi^{-1} +
\end{aligned}$$

$$+ \alpha^2 \beta_2 (\partial_b \psi) A^a A^b S_{(2)c}{}^c \psi^{-1} - 2 \alpha \beta_2{}^2 A^a S_{(2)b}{}^b S_{(2)c}{}^c \psi^{-1} - \tfrac{1}{2} \alpha^2 \beta_2 (\partial_b \psi) \eta S_{(2)}{}^{ab} \psi^{-1} - \beta_2{}^{(4)}\{^b{}_{bc}\} S_{(2)}{}^{ac} \psi^{-1} -$$
$$- 2 \beta_0 \beta_2 S_{(0)bc}{}^b S_{(2)}{}^{ac} \psi^{-1} + \tfrac{1}{2} \alpha^2 \beta_2 (\partial_b \psi) \eta S_{(2)}{}^{ba} \psi^{-1} + \alpha \beta_2 (\partial_5 g_{bc}) A^a S_{(2)}{}^{bc} \psi^{-1} - \alpha^2 \beta_2 (\partial_b \psi) A_c A^a S_{(2)}{}^{bc} \psi^{-1} +$$
$$+ \alpha^3 \beta_2 (\partial_5 \psi) A_b A_c A^a S_{(2)}{}^{bc} \psi^{-1} + \beta_2{}^{(4)}\{^a{}_{bc}\} S_{(2)}{}^{bc} \psi^{-1} + 2 \beta_0 \beta_2 S_{(0)bc}{}^a S_{(2)}{}^{bc} \psi^{-1} + \alpha \beta_2{}^2 A^a S_{(2)bc} S_{(2)}{}^{bc} \psi^{-1} -$$
$$- \tfrac{1}{2} \alpha^2 \beta_2 (\partial_b \psi) A_c A^b S_{(2)}{}^{ca} \psi^{-1} + 2 \beta_0 \beta_2 S_{(0)bc}{}^b S_{(2)}{}^{ca} \psi^{-1} + \tfrac{1}{2} \alpha^2 \beta_2 (\partial_b \psi) A_c A^a S_{(2)}{}^{cb} \psi^{-1} + 2 \beta_2 \beta_3 S_{(2)}{}^{ab} S_{(3)b} \psi^{-1} +$$
$$+ \tfrac{1}{2} \alpha \beta_3 (\partial_b \psi) A^b S_{(3)}{}^a \psi^{-1} - \alpha^2 \beta_3 (\partial_5 \psi) \eta S_{(3)}{}^a \psi^{-1} - 4 \beta_2 \beta_3 S_{(2)b}{}^b S_{(3)}{}^a \psi^{-1} - \tfrac{1}{2} \alpha \beta_3 (\partial_b \psi) A^a S_{(3)}{}^b \psi^{-1} +$$
$$+ \alpha^2 \beta_3 (\partial_5 \psi) A_b A^a S_{(3)}{}^b \psi^{-1} + 2 \beta_2 \beta_3 S_{(2)b}{}^a S_{(3)}{}^b \psi^{-1} - \tfrac{1}{2} \alpha^2 (\partial_b \psi) (\partial_5 A_c) A^c g^{ab} \psi^{-1} - \tfrac{1}{2} \alpha^2 (\partial_5 \partial_b \psi) \eta g^{ab} \psi^{-1} -$$
$$- \beta_2 (\partial_b S_{(2)c}{}^b) g^{ac} \psi^{-1} - \tfrac{1}{2} (\partial_5{}^{(4)}\{^a{}_{ac}\}) g^{ac} \psi^{-1} - 2 \beta_0 (\partial_5 S_{(0)bc}{}^b) g^{ac} \psi^{-1} + \tfrac{1}{2} \alpha (\partial_b \partial_c \psi) A^b g^{ac} \psi^{-1} + \tfrac{1}{4} \alpha^2 (\partial_b \psi) (\partial_5 A_c) A^b g^{ac} \psi^{-1} -$$
$$- \tfrac{1}{2} \alpha (\partial_b \psi) A^{d\,(4)}\{^b{}_{cd}\} g^{ac} \psi^{-1} + \tfrac{1}{2} \alpha^2 (\partial_5 \psi) A_b A^{d\,(4)}\{^b{}_{cd}\} g^{ac} \psi^{-1} - \beta_0 (\partial_5 g_{bc}) S_{(0)}{}^b{}_d{}^d g^{ac} \psi^{-1} + \beta_3 (\partial_5 g_{bc}) S_{(3)}{}^b g^{ac} \psi^{-1} -$$
$$- \tfrac{1}{4} \alpha^2 (\partial_b \psi) (\partial_5 g_{cd}) A^b A^c g^{ad} \psi^{-1} + \beta_2{}^{(4)}\{^b{}_{cd}\} S_{(2)b}{}^c g^{ad} \psi^{-1} + \beta_2 (\partial_b S_{(2)c}{}^a) g^{bc} \psi^{-1} + \tfrac{1}{2} (\partial_5{}^{(4)}\{^a{}_{bc}\}) g^{bc} \psi^{-1} -$$
$$- \tfrac{1}{2} \alpha (\partial_b \partial_c \psi) A^a g^{bc} \psi^{-1} + \tfrac{1}{4} \alpha^2 (\partial_b \psi) (\partial_5 A_c) A^a g^{bc} \psi^{-1} - \tfrac{1}{4} \alpha^3 (\partial_5 g_{bc}) (\partial_5 \psi) A^a \eta g^{bc} \psi^{-1} - \alpha \beta_2 (\partial_5 g_{bc}) A^a S_{(2)d}{}^d g^{bc} \psi^{-1} -$$
$$- \beta_3 (\partial_5 g_{bc}) S_{(3)}{}^a g^{bc} \psi^{-1} - \tfrac{1}{4} \alpha^2 (\partial_b \psi) (\partial_5 g_{cd}) A^a A^c g^{bd} \psi^{-1} - \beta_2{}^{(4)}\{^c{}_{bd}\} S_{(2)c}{}^a g^{bd} \psi^{-1} +$$
$$+ \tfrac{1}{4} \alpha^2 (\partial_b \psi) (\partial_5 g_{cd}) \eta g^{ac} g^{bd} \psi^{-1} + \tfrac{1}{4} \alpha^2 (\partial_b \psi) (\partial_5 g_{cd}) A^a A^b g^{cd} \psi^{-1} + \tfrac{1}{2} \alpha (\partial_b \psi) A^{a\,(4)}\{^b{}_{cd}\} g^{cd} \psi^{-1} -$$
$$- \tfrac{1}{2} \alpha^2 (\partial_5 \psi) A_b A^{a\,(4)}\{^b{}_{cd}\} g^{cd} \psi^{-1} + \tfrac{1}{8} \alpha (\partial_5 g_{bc}) (\partial_5 g_{de}) A^a g^{bd} g^{ce} \psi^{-1} - \tfrac{1}{8} \alpha (\partial_5 g_{bc}) (\partial_5 g_{de}) A^a g^{bc} g^{de} \psi^{-1} +$$
$$+ \alpha^2 \beta_2 (\partial_b S_{(2)c}{}^b) A^a A^c + \tfrac{1}{2} \alpha^2 (\partial_5{}^{(4)}\{^a{}_{ac}\}) A^a A^c + 2 \alpha^2 \beta_0 (\partial_5 S_{(0)bc}{}^b) A^a A^c - \alpha^2 \beta_2 (\partial_b S_{(2)c}{}^a) A^b A^c - \tfrac{1}{2} \alpha^2 (\partial_5{}^{(4)}\{^a{}_{bc}\}) A^b A^c -$$
$$- \tfrac{1}{4} \alpha^2 (\partial_5 A_b) U^{ab} + \tfrac{1}{4} \alpha^2 (\partial_5 g_{bc}) A^b U^{ac} - \tfrac{1}{4} \alpha^2 (\partial_5 g_{bc}) A^a U^{bc} - \tfrac{3}{4} \alpha^2 (\partial_5 A_b) F^{ab} + \tfrac{1}{4} \alpha^2 (\partial_5 g_{bc}) A^b F^{ac} - \tfrac{1}{2} \alpha \beta_0 F^{bc} S_{(0)bc}{}^a +$$
$$+ \alpha \beta_0 F^{ac} S_{(0)bc}{}^b - \alpha \beta_0 A^{d\,(4)}\{^b{}_{cd}\} S_{(0)b}{}^{ca} - \alpha \beta_0 A^{d\,(4)}\{^b{}_{cd}\} S_{(0)}{}^a{}_b{}^c - \tfrac{1}{2} \alpha \beta_0 U^b{}_c S_{(0)}{}^a{}_b{}^c - \tfrac{1}{2} \alpha \beta_0 F^b{}_c S_{(0)}{}^a{}_b{}^c +$$
$$+ \alpha^2 \beta_0 (\partial_5 A_b) A_c S_{(0)}{}^{abc} + \alpha^2 \beta_0 (\partial_5 g_{bc}) \eta S_{(0)}{}^{abc} + \alpha \beta_0 A_b{}^{(4)}\{^c{}_{cd}\} S_{(0)}{}^{abd} + 2 \alpha \beta_0{}^2 A_b S_{(0)cd}{}^c S_{(0)}{}^{abd} +$$
$$+ \alpha^2 \beta_0 (\partial_5 A_b) A_c S_{(0)}{}^{acb} + \alpha \beta_0 A_b{}^{(4)}\{^b{}_{cd}\} S_{(0)}{}^{acd} - \alpha^2 \beta_0 (\partial_5 g_{bc}) A_d A^b S_{(0)}{}^{adc} - \alpha^2 \beta_0 (\partial_5 A_b) A^a S_{(0)}{}^b{}_c{}^c +$$
$$+ \alpha \beta_0{}^2 A^a S_{(0)bc}{}^d S_{(0)}{}^b{}_d{}^c + \alpha \beta_0 A_b{}^{(4)}\{^a{}_{cd}\} S_{(0)}{}^{bcd} + \tfrac{1}{2} \alpha \beta_0{}^2 A^a S_{(0)bcd} S_{(0)}{}^{bcd} + 2 \alpha \beta_0{}^2 A_b S_{(0)cd}{}^c S_{(0)}{}^{bcd} +$$
$$+ 2 \alpha \beta_0{}^2 A_b S_{(0)cd}{}^c S_{(0)}{}^{bda} + \alpha^2 \beta_0 (\partial_5 g_{bc}) A^a A^b S_{(0)}{}^c{}_d{}^d + 2 \alpha \beta_0{}^2 A^a S_{(0)bc}{}^b S_{(0)}{}^c{}_d{}^d + 2 \alpha \beta_1 (\partial_5 A_b) S_{(1)}{}^{ab} -$$
$$- \alpha \beta_1 (\partial_5 g_{bc}) A^b S_{(1)}{}^{ac} - 2 \beta_0 \beta_1 S_{(0)bc}{}^b S_{(1)}{}^{ac} + \beta_0 \beta_1 S_{(0)bc}{}^a S_{(1)}{}^{bc} + \alpha^2 \beta_2 A^c A^{d\,(4)}\{^b{}_{cd}\} S_{(2)b}{}^a -$$
$$- \alpha^2 \beta_2 A^a A^{d\,(4)}\{^b{}_{cd}\} S_{(2)b}{}^c + \alpha^3 \beta_2{}^2 A^a \eta S_{(2)b}{}^c S_{(2)c}{}^b - 2 \alpha^3 \beta_2 (\partial_5 A_b) A^a A^b S_{(2)c}{}^c + \alpha^2 \beta_2 A^a U^b{}_b S_{(2)c}{}^c - \alpha^2 \beta_2 A_b U^{ab} S_{(2)c}{}^c -$$
$$- \alpha^2 \beta_2 A_b F^{ab} S_{(2)c}{}^c + 4 \alpha \beta_1 \beta_2 A_b S_{(1)}{}^{ab} S_{(2)c}{}^c - 2 \alpha^3 \beta_2{}^2 A^a \eta S_{(2)b}{}^b S_{(2)c}{}^c + 2 \alpha \beta_0 \beta_2 A_b A^a S_{(0)}{}^b{}_c{}^d S_{(2)d}{}^c +$$
$$+ \alpha^3 \beta_2 (\partial_5 g_{bc}) A^a A^b A^c S_{(2)d}{}^d - 4 \alpha^2 \beta_0 \beta_2 A_b A^a S_{(0)}{}^b{}_c{}^c S_{(2)d}{}^d - \alpha^2 \beta_2 \eta^{(4)}\{^b{}_b{}^c\} S_{(2)}{}^{ac} - 2 \alpha^2 \beta_0 \beta_2 \eta S_{(0)bc}{}^b S_{(2)}{}^{ac} -$$
$$- \tfrac{1}{2} \alpha^2 \beta_2 A_b U_c{}^c S_{(2)}{}^{ba} + \alpha^3 \beta_2 (\partial_5 A_b) A_c A^a S_{(2)}{}^{bc} + \alpha^3 \beta_2 (\partial_5 g_{bc}) A^a \eta S_{(2)}{}^{bc} + \alpha^2 \beta_2 \eta^{(4)}\{^a{}_{bc}\} S_{(2)}{}^{bc} -$$
$$- \alpha^2 \beta_2 A_b A^{d\,(4)}\{^a{}_{cd}\} S_{(2)}{}^{bc} - \tfrac{1}{2} \alpha^2 \beta_2 A^a U_{bc} S_{(2)}{}^{bc} + \tfrac{1}{2} \alpha^2 \beta_2 A_b U^a{}_c S_{(2)}{}^{bc} - \tfrac{1}{2} \alpha^2 \beta_2 A^a F_{bc} S_{(2)}{}^{bc} - \tfrac{1}{2} \alpha^2 \beta_2 A_b F^a{}_c S_{(2)}{}^{bc} +$$
$$+ 2 \alpha^2 \beta_0 \beta_2 \eta S_{(0)bc}{}^a S_{(2)}{}^{bc} + 2 \alpha \beta_1 \beta_2 A^a S_{(1)bc} S_{(2)}{}^{bc} + \alpha^3 \beta_2{}^2 A^a \eta S_{(2)bc} S_{(2)}{}^{bc} + \alpha^2 \beta_2 A_b A^{a\,(4)}\{^c{}_{cd}\} S_{(2)}{}^{bd} +$$
$$+ 2 \alpha^2 \beta_0 \beta_2 A_b A^a S_{(0)cd}{}^c S_{(2)}{}^{bd} - \alpha^2 \beta_2 A_b A^{d\,(4)}\{^b{}_{cd}\} S_{(2)}{}^{ca} + \tfrac{1}{2} \alpha^2 \beta_2 A_b U^b{}_c S_{(2)}{}^{ca} - \tfrac{3}{2} \alpha^2 \beta_2 A_b F^b{}_c S_{(2)}{}^{ca} +$$
$$+ 2 \alpha^2 \beta_0 \beta_2 \eta S_{(0)bc}{}^b S_{(2)}{}^{ca} + 2 \alpha^2 \beta_0 \beta_2 A_b A_c S_{(0)}{}^b{}_d{}^d S_{(2)}{}^{ca} + 4 \alpha \beta_1 \beta_2 A_b S_{(1)}{}^b{}_c S_{(2)}{}^{ca} + \alpha^3 \beta_2 (\partial_5 A_b) A_c A^a S_{(2)}{}^{cb} +$$
$$+ \alpha^2 \beta_2 A_b A^{a\,(4)}\{^b{}_{cd}\} S_{(2)}{}^{cd} + 2 \alpha^2 \beta_0 \beta_2 A_b A^a S_{(0)cd}{}^c S_{(2)}{}^{cd} - 2 \alpha^2 \beta_0 \beta_2 A_b A_c S_{(0)}{}^b{}_d{}^a S_{(2)}{}^{cd} - \alpha^3 \beta_2{}^2 A_b A_c A^a S_{(2)}{}^b{}_d S_{(2)}{}^{cd} -$$
$$- \alpha^3 \beta_2 (\partial_5 g_{bc}) A_d A^a A^b S_{(2)}{}^{dc} + \alpha^3 \beta_2{}^2 A_b A_c A^a S_{(2)d}{}^b S_{(2)}{}^{dc} + 2 \alpha^2 \beta_2 \beta_3 \eta S_{(2)}{}^{ab} S_{(3)b} - 2 \alpha \beta_0 \beta_3 A_b S_{(0)}{}^{abc} S_{(3)c} -$$
$$- 2 \alpha^2 \beta_3 (\partial_5 A_b) A^b S_{(3)}{}^a + \alpha^2 \beta_3 (\partial_5 g_{bc}) A^b A^c S_{(3)}{}^a + \tfrac{1}{2} \alpha \beta_3 U_b{}^b S_{(3)}{}^a - 2 \alpha \beta_0 \beta_3 S_{(0)}{}^b{}_c{}^c S_{(3)}{}^a - 4 \alpha^2 \beta_2 \beta_3 \eta S_{(2)b}{}^b S_{(3)}{}^a +$$
$$+ \alpha^2 \beta_3 (\partial_5 A_b) A^a S_{(3)}{}^b - \tfrac{1}{2} \alpha \beta_3 U^a{}_b S_{(3)}{}^b - \tfrac{1}{2} \alpha \beta_3 F^a{}_b S_{(3)}{}^b + 2 \beta_1 \beta_3 S_{(1)}{}^a{}_b S_{(3)}{}^b + 2 \alpha^2 \beta_2 \beta_3 \eta S_{(2)b}{}^a S_{(3)}{}^b + 2 \alpha \beta_3{}^2 A^a S_{(3)b} S_{(3)}{}^b -$$
$$- 2 \alpha \beta_3{}^2 A_b S_{(3)}{}^a S_{(3)}{}^b + 2 \alpha \beta_0 \beta_3 A^a S_{(0)bc}{}^b S_{(3)}{}^c + 2 \alpha^2 \beta_2 \beta_3 A_b A^a S_{(2)c}{}^b S_{(3)}{}^c - 2 \alpha^2 \beta_2 \beta_3 A_b A_c S_{(2)}{}^{ba} S_{(3)}{}^c + \tfrac{1}{4} \alpha^2 (\partial_5 A_b) U_c{}^c g^{ab} -$$
$$- \alpha^2 \beta_0 (\partial_5 A_b) A_c S_{(0)}{}^c{}_d{}^d g^{ab} + \alpha^2 \beta_3 (\partial_5 A_b) A_c S_{(3)}{}^c g^{ab} - \alpha \beta_3 (\partial_b S_{(3)c}) A^b g^{ac} - \tfrac{1}{4} \alpha^2 (\partial_5 U_{bc}) A^b g^{ac} + \tfrac{3}{4} \alpha^2 (\partial_5 F_{bc}) A^b g^{ac} -$$
$$- 2 \alpha \beta_1 (\partial_5 S_{(1)bc}) A^b g^{ac} - \alpha^2 \beta_2 (\partial_b S_{(2)c}{}^b) \eta g^{ac} - \tfrac{1}{2} \alpha^2 (\partial_5{}^{(4)}\{^a{}_{ac}\}) \eta g^{ac} - 2 \alpha^2 \beta_0 (\partial_5 S_{(0)bc}{}^b) \eta g^{ac} + \tfrac{1}{2} \alpha^2 (\partial_5 A_b) A^{d\,(4)}\{^b{}_{cd}\} g^{ac} -$$
$$- \tfrac{1}{4} \alpha^2 (\partial_5 g_{bc}) A^b U_d{}^d g^{ac} + \tfrac{1}{4} \alpha^2 (\partial_5 g_{bc}) A_d U^{bd} g^{ac} + \tfrac{3}{4} \alpha^2 (\partial_5 g_{bc}) A_d F^{bd} g^{ac} - \alpha^2 \beta_0 (\partial_5 g_{bc}) \eta S_{(0)}{}^b{}_d{}^d g^{ac} +$$

$$+ \alpha^2 \beta_0 (\partial_5 g_{bc}) A_d A^b S_{(0)}{}^d{}_e{}^e g^{ac} - 2\alpha \beta_1 (\partial_5 g_{bc}) A_d S_{(1)}{}^{bd} g^{ac} + \alpha \beta_3 A^d {}^{(4)}\{^b_{cd}\} S_{(3)b}{}^c g^{ac} + \alpha^2 \beta_3 (\partial_5 g_{bc}) \eta S_{(3)}{}^b g^{ac} -$$
$$- \alpha^2 \beta_3 (\partial_5 g_{bc}) A_d A^b S_{(3)}{}^d g^{ac} + \alpha (\partial_b {}^{(4)}\{^a_{cd}\}) A^b g^{ad} + 2\alpha \beta_0 (\partial_b S_{(0)cd}) A^b g^{ad} + \tfrac{1}{2} \alpha^2 (\partial_5 {}^{(4)}\{^c_{bd}\}) A_c A^b g^{ad} -$$
$$- \alpha (\partial_a {}^{(4)}\{^a_{cd}\}) A^c g^{ad} - \alpha \beta_0 (\partial_b S_{(0)cd}{}^b) A^c g^{ad} + \alpha A^e {}^{(4)}\{^c_{be}\} {}^{(4)}\{^b_{cd}\} g^{ad} - \alpha A^e {}^{(4)}\{^b_{bc}\} {}^{(4)}\{^c_{de}\} g^{ad} -$$
$$- \tfrac{1}{2} \alpha {}^{(4)}\{^b_{cd}\} F_b{}^c g^{ad} + 2\alpha \beta_0 A^e {}^{(4)}\{^b_{de}\} S_{(0)bc}{}^c g^{ad} + \beta_1 {}^{(4)}\{^b_{cd}\} S_{(1)b}{}^c g^{ad} + \alpha^2 \beta_2 \eta {}^{(4)}\{^b_{cd}\} S_{(2)b}{}^c g^{ad} +$$
$$+ 2\alpha^2 \beta_2 A_b A^e {}^{(4)}\{^b_{de}\} S_{(2)c}{}^c g^{ad} + \alpha \beta_3 A_b {}^{(4)}\{^b_{cd}\} S_{(3)}{}^c g^{ad} + \alpha \beta_0 A_b {}^{(4)}\{^b_{de}\} S_{(0)}{}^b{}_c{}^d g^{ae} - \alpha^2 \beta_2 A_b A_c {}^{(4)}\{^b_{de}\} S_{(2)}{}^{cd} g^{ae} +$$
$$+ \alpha \beta_3 (\partial_b S_{(3)c}) A^a g^{bc} + \tfrac{1}{4} \alpha^2 (\partial_5 U_{bc}) A^a g^{bc} + \alpha^2 \beta_2 (\partial_b S_{(2)c}{}^a) \eta g^{bc} + \tfrac{1}{2} \alpha^2 (\partial_5 {}^{(4)}\{^a_{bc}\}) \eta g^{bc} + \tfrac{1}{4} \alpha^2 (\partial_5 g_{bc}) A^a U_d{}^d g^{bc} -$$
$$- \tfrac{1}{4} \alpha^2 (\partial_5 g_{bc}) A_d U^{ad} g^{bc} - \tfrac{1}{4} \alpha^2 (\partial_5 g_{bc}) A_d F^{ad} g^{bc} - \alpha^2 \beta_0 (\partial_5 g_{bc}) A_d A^a S_{(0)}{}^d{}_e{}^e g^{bc} + \alpha \beta_1 (\partial_5 g_{bc}) A_d S_{(1)}{}^{ad} g^{bc} -$$
$$- \alpha^3 \beta_2 (\partial_5 g_{bc}) A^a \eta S_{(2)d}{}^d g^{bc} - \alpha^2 \beta_3 (\partial_5 g_{bc}) \eta S_{(3)}{}^a g^{bc} + \tfrac{1}{2} \alpha^2 (\partial_5 g_{bc}) A_d A^f {}^{(4)}\{^d_{ef}\} g^{ae} g^{bc} - \tfrac{1}{2} \alpha (\partial_b {}^{(4)}\{^a_{ad}\}) A^a g^{bd} -$$
$$- 2\alpha \beta_0 (\partial_b S_{(0)cd}{}^c) A^a g^{bd} - \tfrac{1}{2} \alpha^2 (\partial_5 {}^{(4)}\{^c_{bd}\}) A_c A^a g^{bd} + \alpha \beta_0 (\partial_b S_{(0)cd}) A^c g^{bd} + \tfrac{1}{2} \alpha^3 (\partial_5 A_b) (\partial_5 g_{cd}) A^a A^c g^{bd} -$$
$$- \tfrac{1}{2} \alpha {}^{(4)}\{^c_{bd}\} F^a{}_c g^{bd} + \beta_1 {}^{(4)}\{^c_{bd}\} S_{(1)}{}^a{}_c g^{bd} - \alpha^2 \beta_2 \eta {}^{(4)}\{^c_{bd}\} S_{(2)c}{}^a g^{bd} - \alpha \beta_3 A^a {}^{(4)}\{^c_{bd}\} S_{(3)c} g^{bd} +$$
$$+ \tfrac{1}{2} \alpha (\partial_b F_{cd}) g^{ac} g^{bd} - \beta_1 (\partial_b S_{(1)cd}) g^{ac} g^{bd} - 2\alpha \beta_0 A^a {}^{(4)}\{^c_{be}\} S_{(0)cd}{}^d g^{be} - \tfrac{1}{2} \alpha^2 (\partial_5 g_{bc}) A_d A^f {}^{(4)}\{^d_{ef}\} g^{ac} g^{be} +$$
$$+ \tfrac{1}{2} \alpha^2 (\partial_5 A_b) A_c {}^{(4)}\{^c_{de}\} g^{ad} g^{be} + \tfrac{1}{2} \alpha (\partial_a {}^{(4)}\{^a_{cd}\}) A^a g^{cd} - \tfrac{1}{2} \alpha^3 (\partial_5 A_b) (\partial_5 g_{cd}) A^a A^b g^{cd} - \tfrac{1}{2} \alpha^2 (\partial_5 A_b) A^a {}^{(4)}\{^b_{cd}\} g^{cd} -$$
$$- \alpha \beta_3 A_b {}^{(4)}\{^b_{cd}\} S_{(3)}{}^a g^{cd} - \tfrac{1}{4} \alpha^3 (\partial_5 g_{bc}) (\partial_5 g_{de}) A^a A^b A^d g^{ce} - \alpha \beta_0 A_b {}^{(4)}\{^b_{ce}\} S_{(0)}{}^b{}_d{}^a g^{ce} -$$
$$- 2\alpha^2 \beta_2 A_b A^a {}^{(4)}\{^b_{ce}\} S_{(2)d}{}^d g^{ce} + \tfrac{1}{8} \alpha^3 (\partial_5 g_{bc}) (\partial_5 g_{de}) A^a \eta g^{bd} g^{ce} - \tfrac{1}{2} \alpha^2 (\partial_5 g_{bc}) A_d A^b {}^{(4)}\{^d_{ef}\} g^{ae} g^{cf} +$$
$$+ \tfrac{1}{2} \alpha^2 (\partial_5 g_{bc}) A_d A^a {}^{(4)}\{^d_{ef}\} g^{be} g^{cf} + \tfrac{1}{4} \alpha^3 (\partial_5 g_{bc}) (\partial_5 g_{de}) A^a A^b A^c g^{de} - \tfrac{1}{2} \alpha A^a {}^{(4)}\{^c_{bd}\} {}^{(4)}\{^b_{ce}\} g^{de} +$$
$$+ \tfrac{1}{2} \alpha A^a {}^{(4)}\{^b_{bc}\} {}^{(4)}\{^c_{de}\} g^{de} + \alpha^2 \beta_2 A_b A_c {}^{(4)}\{^b_{de}\} S_{(2)}{}^{ca} g^{de} - \tfrac{1}{2} \alpha^2 (\partial_5 A_b) A_c {}^{(4)}\{^c_{de}\} g^{ab} g^{de} -$$
$$- \tfrac{1}{8} \alpha^3 (\partial_5 g_{bc}) (\partial_5 g_{de}) A^a \eta g^{bc} g^{de} + \tfrac{1}{2} \alpha^2 (\partial_5 g_{bc}) A_d A^b {}^{(4)}\{^d_{ef}\} g^{ac} g^{ef} - \tfrac{1}{2} \alpha^2 (\partial_5 g_{bc}) A_d A^a {}^{(4)}\{^d_{ef}\} g^{bc} g^{ef} -$$
$$- \tfrac{1}{4} \alpha^5 (\partial_5 A_b) (\partial_5 A_c) A^a A^b A^c \psi - \tfrac{1}{2} \alpha^4 (\partial_5 A_b) \eta F^{ab} \psi + \tfrac{1}{2} \alpha^4 (\partial_5 A_b) A_c A^b F^{ac} \psi - \tfrac{1}{8} \alpha^3 A^a F_{bc} F^{bc} \psi + \tfrac{1}{2} \alpha^3 A_b F^a{}_c F^{bc} \psi -$$
$$- \alpha^3 \beta_0 A_b A_c F^{cd} S_{(0)}{}^a{}_d{}^b \psi + \alpha^4 \beta_0 (\partial_5 A_b) A_c \eta S_{(0)}{}^{abc} \psi - \alpha^4 \beta_0 (\partial_5 A_b) A_c A_d A^b S_{(0)}{}^{acd} \psi + \tfrac{1}{2} \alpha^3 \beta_0^2 A_b A_c A^a S_{(0)de}{}^b S_{(0)}{}^{dec} \psi +$$
$$+ \alpha^3 \beta_1 (\partial_5 A_b) \eta S_{(1)}{}^{ab} \psi - \alpha^3 \beta_1 (\partial_5 A_b) A_c A^b S_{(1)}{}^{ac} \psi - \alpha^2 \beta_1 A_b F^b{}_c S_{(1)}{}^{ac} \psi + \tfrac{1}{2} \alpha \beta_1^2 A^a S_{(1)bc} S_{(1)}{}^{bc} \psi +$$
$$+ \alpha^2 \beta_0 \beta_1 A_b A^a S_{(0)cd}{}^b S_{(1)}{}^{cd} \psi + \alpha^5 \beta_2 (\partial_5 A_b) A_c A^a \eta S_{(2)}{}^{bc} \psi - \alpha^5 \beta_2 (\partial_5 A_b) A_c A_d A^a A^b S_{(2)}{}^{cd} \psi - \alpha^4 \beta_2 A_b A_c A^a F^b{}_d S_{(2)}{}^{dc} \psi +$$
$$+ 2\alpha^3 \beta_1 \beta_2 A_b A_c A^a S_{(1)}{}^b{}_d S_{(2)}{}^{dc} \psi + \alpha^5 \beta_2^2 A_b A_c A^a \eta S_{(2)d}{}^b S_{(2)}{}^{dc} \psi - \alpha^5 \beta_2^2 A_b A_c A_d A_e A^a S_{(2)}{}^{bc} S_{(2)}{}^{de} \psi +$$
$$+ 2\alpha^4 \beta_0 \beta_2 A_b A_c A_d A^a S_{(0)}{}^b{}_e{}^c S_{(2)}{}^{ed} \psi + \alpha^4 \beta_3 (\partial_5 A_b) A^a \eta S_{(3)}{}^b \psi + \alpha^3 \beta_3^2 A^a \eta S_{(3)b} S_{(3)}{}^b \psi - \alpha^4 \beta_3 (\partial_5 A_b) A_c A^a A^b S_{(3)}{}^c \psi -$$
$$- \alpha^3 \beta_3 A_b A^a F^b{}_c S_{(3)}{}^c \psi + 2\alpha^2 \beta_1 \beta_3 A_b A^a S_{(1)}{}^b{}_c S_{(3)}{}^c \psi + 2\alpha^4 \beta_2 \beta_3 A_b A^a \eta S_{(2)c}{}^b S_{(3)}{}^c \psi - \alpha^3 \beta_3^2 A_b A_c A^a S_{(3)}{}^b S_{(3)}{}^c \psi +$$
$$+ 2\alpha^3 \beta_0 \beta_3 A_b A_c A^a S_{(0)}{}^b{}_d{}^c S_{(3)}{}^d \psi - 2\alpha^4 \beta_2 \beta_3 A_b A_c A_d A^a S_{(2)}{}^{bc} S_{(3)}{}^d \psi + \tfrac{1}{4} \alpha^5 (\partial_5 A_b) (\partial_5 A_c) A^a \eta g^{bc} \psi,$$
$$G^{55} = \tag{121}$$
$$= G_{55} \gamma^{55} \gamma^{55} + G_{ab} \gamma^{b5} \gamma^{b5} + G_{a5} \gamma^{a5} \gamma^{55} + G_{5a} \gamma^{a5} \gamma^{55}$$
$$= \tfrac{1}{4} \alpha^2 (\partial_a \psi)(\partial_b \psi) A^a A^b \psi^{-2} - \tfrac{1}{4} \alpha^2 (\partial_5 g_{ab})(\partial_5 \psi) A^a A^b \psi^{-2} + \alpha^2 \beta_2 (\partial_5 \psi) \eta S_{(2)a}{}^a \psi^{-2} - \beta_2^2 S_{(2)a}{}^b S_{(2)b}{}^a \psi^{-2} -$$
$$- 2\alpha \beta_2 (\partial_a \psi) A^a S_{(2)b}{}^b \psi^{-2} + 2 \beta_2^2 S_{(2)a}{}^a S_{(2)b}{}^b \psi^{-2} - \beta_2 (\partial_5 g_{ab}) S_{(2)}{}^{ab} \psi^{-2} + \alpha \beta_2 (\partial_a \psi) A_b S_{(2)}{}^{ab} \psi^{-2} -$$
$$- \alpha^2 \beta_2 (\partial_5 \psi) A_a A_b S_{(2)}{}^{ab} \psi^{-2} - \beta_2^2 S_{(2)ab} S_{(2)}{}^{ab} \psi^{-2} + \alpha \beta_2 (\partial_a \psi) A_b S_{(2)}{}^{ba} \psi^{-2} - \tfrac{1}{4} \alpha^2 (\partial_a \psi)(\partial_b \psi) \eta g^{ab} \psi^{-2} +$$
$$+ \tfrac{1}{4} \alpha^2 (\partial_5 g_{ab})(\partial_5 \psi) \eta g^{ab} \psi^{-2} + \beta_2 (\partial_5 g_{ab}) S_{(2)c}{}^c g^{ab} \psi^{-2} + \tfrac{1}{2} \alpha (\partial_a \psi)(\partial_5 g_{bc}) A^b g^{ac} \psi^{-2} - \tfrac{1}{2} \alpha (\partial_a \psi)(\partial_5 g_{bc}) A^a g^{bc} \psi^{-2} -$$
$$- \tfrac{1}{8} (\partial_5 g_{ab})(\partial_5 g_{cd}) g^{ac} g^{bd} \psi^{-2} + \tfrac{1}{8} (\partial_5 g_{ab})(\partial_5 g_{cd}) g^{ab} g^{cd} \psi^{-2} - \tfrac{1}{2} \alpha^2 (\partial_a \partial_b \psi) A^a A^b \psi^{-1} - \tfrac{1}{2} \alpha^3 (\partial_a \psi)(\partial_5 A_b) A^a A^b \psi^{-1} +$$
$$+ \tfrac{1}{4} \alpha^3 (\partial_a \psi)(\partial_5 g_{bc}) A^a A^b A^c \psi^{-1} - \tfrac{1}{4} \alpha^4 (\partial_5 g_{ab})(\partial_5 \psi) A^a A^b \eta \psi^{-1} + \tfrac{1}{2} \alpha^2 (\partial_a \psi) A^b A^c {}^{(4)}\{^a_{bc}\} \psi^{-1} -$$
$$- \tfrac{1}{2} \alpha^3 (\partial_5 \psi) A_a A^b A^c {}^{(4)}\{^a_{bc}\} \psi^{-1} - \tfrac{1}{4} \alpha^3 (\partial_5 \psi) \eta U_a{}^a \psi^{-1} + \tfrac{1}{4} \alpha (\partial_5 g_{ab}) U^{ab} \psi^{-1} + \tfrac{1}{4} \alpha^3 (\partial_5 \psi) A_a A_b U^{ab} \psi^{-1} +$$
$$+ \tfrac{3}{2} \alpha^2 (\partial_a \psi) A_b F^{ab} \psi^{-1} - \alpha^2 \beta_0 (\partial_a \psi) \eta S_{(0)}{}^a{}_b{}^b \psi^{-1} + \alpha^3 \beta_0 (\partial_5 \psi) A_a \eta S_{(0)}{}^a{}_b{}^b \psi^{-1} - \beta_0^2 S_{(0)ab}{}^c S_{(0)}{}^a{}_c{}^b \psi^{-1} -$$
$$- \alpha^2 \beta_0 (\partial_a \psi) A_b A_c S_{(0)}{}^{abc} \psi^{-1} - \tfrac{1}{2} \beta_0^2 S_{(0)abc} S_{(0)}{}^{abc} \psi^{-1} + \alpha \beta_0 (\partial_5 g_{ab}) A_c S_{(0)}{}^{acb} \psi^{-1} - 2\beta_0^2 S_{(0)ab}{}^a S_{(0)}{}^b{}_c{}^c \psi^{-1} -$$
$$- 2\alpha \beta_1 (\partial_a \psi) A_b S_{(1)}{}^{ab} \psi^{-1} + \alpha^4 \beta_2 (\partial_5 \psi) \eta^2 S_{(2)a}{}^a \psi^{-1} - 2\alpha^2 \beta_2^2 \eta S_{(2)a}{}^b S_{(2)b}{}^a \psi^{-1} + 2\alpha^2 \beta_2 (\partial_5 A_a) A^a S_{(2)b}{}^b \psi^{-1} -$$

$$
\begin{aligned}
&- \alpha^3 \beta_2 (\partial_a \psi) A^a \eta S_{(2)b}{}^b \psi^{-1} - \alpha \beta_2 U_a{}^a S_{(2)b}{}^b \psi^{-1} + 4 \alpha^2 \beta_2{}^2 \eta S_{(2)a}{}^a S_{(2)b}{}^b \psi^{-1} - 2 \alpha \beta_0 \beta_2 A_a S_{(0)}{}^a{}_b{}^c S_{(2)c}{}^b \psi^{-1} - \\
&- \alpha^2 \beta_2 (\partial_5 g_{ab}) A^a A^b S_{(2)c}{}^c \psi^{-1} + 4 \alpha \beta_0 \beta_2 A_a S_{(0)}{}^a{}_b{}^b S_{(2)c}{}^c \psi^{-1} - \alpha^2 \beta_2 (\partial_5 A_a) A_b S_{(2)}{}^{ab} \psi^{-1} - 2 \alpha^2 \beta_2 (\partial_5 g_{ab}) \eta S_{(2)}{}^{ab} \psi^{-1} + \\
&+ \alpha^3 \beta_2 (\partial_a \psi) A_b \eta S_{(2)}{}^{ab} \psi^{-1} - \alpha^4 \beta_2 (\partial_5 \psi) A_a A_b \eta S_{(2)}{}^{ab} \psi^{-1} + \alpha \beta_2 U_{ab} S_{(2)}{}^{ab} \psi^{-1} - 2 \alpha^2 \beta_2{}^2 \eta S_{(2)ab} S_{(2)}{}^{ab} \psi^{-1} - \\
&- \alpha^2 \beta_2 (\partial_5 A_a) A_b S_{(2)}{}^{ba} \psi^{-1} - 2 \alpha \beta_2 A_a {}^{(4)}\{{}^a_{b\ c}\} S_{(2)}{}^{bc} \psi^{-1} - 2 \alpha \beta_0 \beta_2 A_a S_{(0)}{}^a{}_{bc} S_{(2)}{}^{bc} \psi^{-1} + \alpha^2 \beta_2{}^2 A_a A_b S_{(2)}{}^a{}_c S_{(2)}{}^{bc} \psi^{-1} + \\
&+ \alpha^2 \beta_2 (\partial_5 g_{ab}) A_c A^a S_{(2)}{}^{cb} \psi^{-1} - \alpha^2 \beta_2{}^2 A_a A_b S_{(2)c}{}^a S_{(2)}{}^{cb} \psi^{-1} - 2 \alpha \beta_2 \beta_3 A_a S_{(2)}{}^{ab} S_{(3)b} \psi^{-1} + \alpha^2 \beta_3 (\partial_a \psi) \eta S_{(3)}{}^a \psi^{-1} + \\
&+ 4 \alpha \beta_2 \beta_3 A_a S_{(2)b}{}^b S_{(3)}{}^a \psi^{-1} - \alpha \beta_3 (\partial_5 g_{ab}) A^a S_{(3)}{}^b \psi^{-1} - \alpha^2 \beta_3 (\partial_a \psi) A_b A^a S_{(3)}{}^b \psi^{-1} - 2 \alpha \beta_2 \beta_3 A_a S_{(2)}{}^a{}_b S_{(3)}{}^b \psi^{-1} + \\
&+ \tfrac{1}{4} \alpha^4 (\partial_5 g_{ab}) (\partial_5 \psi) \eta^2 g^{ab} \psi^{-1} + \tfrac{1}{2} \alpha^2 (\partial_a \partial_b \psi) \eta g^{ab} \psi^{-1} + \tfrac{1}{2} \alpha^3 (\partial_a \psi) (\partial_5 A_b) \eta g^{ab} \psi^{-1} - \tfrac{1}{4} \alpha (\partial_5 g_{ab}) U_c{}^c g^{ab} \psi^{-1} + \\
&+ \alpha \beta_0 (\partial_5 g_{ab}) A_c S_{(0)}{}^c{}_d{}^d g^{ab} \psi^{-1} + 2 \alpha^2 \beta_2 (\partial_5 g_{ab}) \eta S_{(2)c}{}^c g^{ab} \psi^{-1} + \alpha \beta_3 (\partial_5 g_{ab}) A_c S_{(3)}{}^c g^{ab} \psi^{-1} + \tfrac{1}{2} (\partial_a {}^{(4)}\{{}^b_{b\ c}\}) g^{ac} \psi^{-1} + \\
&+ 2 \beta_0 (\partial_a S_{(0)bc}{}^b) g^{ac} \psi^{-1} - \tfrac{1}{2} \alpha^2 (\partial_5 A_a) (\partial_5 g_{bc}) A^b g^{ac} \psi^{-1} + 2 \beta_0 {}^{(4)}\{{}^b_{a\ d}\} S_{(0)bc}{}^d g^{ac} \psi^{-1} - \tfrac{1}{2} (\partial_a {}^{(4)}\{{}^a_{b\ c}\}) g^{bc} \psi^{-1} + \\
&+ \tfrac{1}{2} \alpha^2 (\partial_5 A_a) (\partial_5 g_{bc}) A^a g^{bc} \psi^{-1} - \tfrac{1}{4} \alpha^3 (\partial_a \psi) (\partial_5 g_{bc}) A^a \eta g^{bc} \psi^{-1} - \tfrac{1}{2} \alpha^2 (\partial_a \psi) \eta {}^{(4)}\{{}^a_{b\ c}\} g^{bc} \psi^{-1} + \\
&+ \tfrac{1}{2} \alpha^3 (\partial_5 \psi) A_a \eta {}^{(4)}\{{}^a_{b\ c}\} g^{bc} \psi^{-1} + \tfrac{1}{4} \alpha^2 (\partial_5 g_{ab}) (\partial_5 g_{cd}) A^a A^c g^{bd} \psi^{-1} + 2 \alpha \beta_2 A_a {}^{(4)}\{{}^a_{b\ d}\} S_{(2)c}{}^c g^{bd} \psi^{-1} - \\
&- \tfrac{1}{4} \alpha^2 (\partial_5 g_{ab}) (\partial_5 g_{cd}) \eta g^{ac} g^{bd} \psi^{-1} - \tfrac{1}{2} \alpha (\partial_5 g_{ab}) A_c {}^{(4)}\{{}^c_{d\ e}\} g^{ad} g^{be} \psi^{-1} - \tfrac{1}{4} \alpha^2 (\partial_5 g_{ab}) (\partial_5 g_{cd}) A^a A^b g^{cd} \psi^{-1} + \\
&+ \tfrac{1}{2} {}^{(4)}\{{}^b_{a\ c}\} {}^{(4)}\{{}^a_{b\ d}\} g^{cd} \psi^{-1} - \tfrac{1}{2} {}^{(4)}\{{}^a_{a\ b}\} {}^{(4)}\{{}^b_{c\ d}\} g^{cd} \psi^{-1} + \tfrac{1}{4} \alpha^2 (\partial_5 g_{ab}) (\partial_5 g_{cd}) \eta g^{ab} g^{cd} \psi^{-1} + \\
&+ \tfrac{1}{2} \alpha (\partial_5 g_{ab}) A_c {}^{(4)}\{{}^c_{d\ e}\} g^{ab} g^{de} \psi^{-1} + \tfrac{1}{4} \alpha^4 (\partial_5 A_a) (\partial_5 A_b) A^a A^b - \alpha^2 (\partial_a {}^{(4)}\{{}^b_{b\ c}\}) A^a A^c - 2 \alpha^2 \beta_0 (\partial_a S_{(0)bc}{}^b) A^a A^c + \\
&+ \alpha^2 (\partial_a {}^{(4)}\{{}^a_{b\ c}\}) A^b A^c - \alpha^2 A^c A^d {}^{(4)}\{{}^b_{a\ d}\} {}^{(4)}\{{}^a_{b\ c}\} + \alpha^2 A^c A^d {}^{(4)}\{{}^a_{a\ b}\} {}^{(4)}\{{}^b_{c\ d}\} - \tfrac{1}{2} \alpha^3 (\partial_5 A_a) A^a U_b{}^b + \tfrac{1}{4} \alpha^3 (\partial_5 g_{ab}) A^a A^b U_c{}^c + \\
&+ \tfrac{1}{2} \alpha^3 (\partial_5 A_a) A_b U^{ab} + \tfrac{1}{4} \alpha^3 (\partial_5 g_{ab}) \eta U^{ab} - \tfrac{1}{2} \alpha^3 (\partial_5 g_{ab}) A_c A^a U^{bc} + \alpha^2 A^c {}^{(4)}\{{}^a_{b\ c}\} F_a{}^b + \tfrac{3}{8} \alpha^2 F_{ab} F^{ab} - \tfrac{1}{2} \alpha^3 (\partial_5 g_{ab}) A_c A^a F^{bc} - \\
&- 2 \alpha^2 \beta_0 A^c A^d {}^{(4)}\{{}^a_{c\ d}\} S_{(0)ab}{}^b - 2 \alpha^2 \beta_0 A_a F^{ac} S_{(0)bc}{}^b + 2 \alpha^2 \beta_0 A_a U_b{}^c S_{(0)}{}^a{}_c{}^b - \alpha^2 \beta_0{}^2 \eta S_{(0)ab}{}^c S_{(0)}{}^a{}_c{}^b + \\
&+ \alpha^3 \beta_0 (\partial_5 A_a) A_b A_c S_{(0)}{}^{abc} - \tfrac{1}{2} \alpha^2 \beta_0{}^2 \eta S_{(0)abc} S_{(0)}{}^{abc} + \alpha^3 \beta_0 (\partial_5 g_{ab}) A_c \eta S_{(0)}{}^{acb} + 2 \alpha^3 \beta_0 (\partial_5 A_a) A_b A^a S_{(0)}{}^b{}_c{}^c - \\
&- 2 \alpha^2 \beta_0{}^2 \eta S_{(0)ab}{}^a S_{(0)}{}^b{}_c{}^c - 2 \alpha^2 \beta_0 A_a A_b {}^{(4)}\{{}^a_{c\ d}\} S_{(0)}{}^{bcd} - \alpha^3 \beta_0 (\partial_5 g_{ab}) A_c A^a A^b S_{(0)}{}^c{}_d{}^d - \\
&- \tfrac{1}{2} \alpha^2 \beta_0{}^2 A_a A_b S_{(0)cd}{}^a S_{(0)}{}^{cdb} - 2 \alpha \beta_1 A^c {}^{(4)}\{{}^a_{b\ c}\} S_{(1)a}{}^b - \alpha \beta_1 F_{ab} S_{(1)}{}^{ab} + \tfrac{1}{2} \beta_1{}^2 S_{(1)ab} S_{(1)}{}^{ab} + 4 \alpha \beta_0 \beta_1 A_a S_{(0)bc}{}^b S_{(1)}{}^{ac} + \\
&+ 2 \alpha \beta_0 \beta_1 A_a S_{(0)}{}^a{}_b{}^c S_{(1)}{}^b{}_c + \alpha^2 \beta_1 (\partial_5 g_{ab}) A_c A^a S_{(1)}{}^{bc} - \alpha \beta_0 \beta_1 A_a S_{(0)bc}{}^a S_{(1)}{}^{bc} - \alpha^4 \beta_2{}^2 \eta^2 S_{(2)a}{}^b S_{(2)b}{}^a + \\
&+ 2 \alpha^4 \beta_2 (\partial_5 A_a) A^a \eta S_{(2)b}{}^b - 2 \alpha^3 \beta_2 A_a A^c A^d {}^{(4)}\{{}^a_{c\ d}\} S_{(2)b}{}^b - \alpha^3 \beta_2 \eta U_a{}^a S_{(2)b}{}^b + 2 \alpha^4 \beta_2{}^2 \eta^2 S_{(2)a}{}^a S_{(2)b}{}^b - \\
&- 2 \alpha^3 \beta_0 \beta_2 A_a \eta S_{(0)}{}^a{}_b{}^c S_{(2)c}{}^b - \alpha^4 \beta_2 (\partial_5 g_{ab}) A^a A^b \eta S_{(2)c}{}^c + \alpha^3 \beta_2 A_a A_b U^{ab} S_{(2)c}{}^c + 4 \alpha^3 \beta_0 \beta_2 A_a \eta S_{(0)}{}^a{}_b{}^b S_{(2)c}{}^c - \\
&- \alpha^4 \beta_2 (\partial_5 g_{ab}) \eta^2 S_{(2)}{}^{ab} - 2 \alpha^4 \beta_2 (\partial_5 A_a) A_b \eta S_{(2)}{}^{ab} + \alpha^3 \beta_2 \eta U_{ab} S_{(2)}{}^{ab} - \alpha^4 \beta_2{}^2 \eta^2 S_{(2)ab} S_{(2)}{}^{ab} - \alpha^4 \beta_2 (\partial_5 A_a) A_b \eta S_{(2)}{}^{ba} + \\
&+ \alpha^4 \beta_2 (\partial_5 g_{ab}) A_c A^a S_{(2)}{}^{bc} - 2 \alpha^3 \beta_2 A_a \eta {}^{(4)}\{{}^a_{b\ c}\} S_{(2)}{}^{bc} + 2 \alpha^3 \beta_2 A_a A_b A^d {}^{(4)}\{{}^a_{c\ d}\} S_{(2)}{}^{bc} - \alpha^3 \beta_2 A_a A_b U^a{}_c S_{(2)}{}^{bc} + \\
&+ \alpha^3 \beta_2 A_a A_b F^a{}_c S_{(2)}{}^{bc} - 2 \alpha^3 \beta_0 \beta_2 A_a \eta S_{(0)}{}^a{}_{bc} S_{(2)}{}^{bc} - 2 \alpha^2 \beta_1 \beta_2 A_a A_b S_{(1)}{}^a{}_c S_{(2)}{}^{bc} + \alpha^4 \beta_2{}^2 A_a A_b S_{(2)}{}^a{}_c S_{(2)}{}^{bc} + \\
&+ \alpha^4 \beta_2 (\partial_5 g_{ab}) A_c A^a \eta S_{(2)}{}^{cb} + \alpha^3 \beta_2 A_a A_b F^a{}_c S_{(2)}{}^{cb} - 2 \alpha^2 \beta_1 \beta_2 A_a A_b S_{(1)}{}^a{}_c S_{(2)}{}^{cb} - 2 \alpha^4 \beta_2{}^2 A_a A_b S_{(2)c}{}^a S_{(2)}{}^{cb} + \\
&+ \alpha^4 \beta_2{}^2 A_a A_b A_c A_d S_{(2)}{}^{ab} S_{(2)}{}^{cd} - 2 \alpha^3 \beta_0 \beta_2 A_a A_b A_c S_{(0)}{}^a{}_d{}^b S_{(2)}{}^{dc} - 2 \alpha^3 \beta_2 \beta_3 A_a \eta S_{(2)}{}^{ab} S_{(3)b} - \alpha^3 \beta_3 (\partial_5 A_a) \eta S_{(3)}{}^a - \\
&- \alpha^2 \beta_3 A_a U_b{}^b S_{(3)}{}^a + 4 \alpha^3 \beta_2 \beta_3 A_a \eta S_{(2)b}{}^b S_{(3)}{}^a - \alpha^2 \beta_3{}^2 \eta S_{(3)a} S_{(3)}{}^a + \alpha^3 (\partial_5 A_a) A_b A^a S_{(3)}{}^b - \alpha^3 (\partial_5 g_{ab}) A^a \eta S_{(3)}{}^b - \\
&- 2 \alpha^2 \beta_3 A_a A^c {}^{(4)}\{{}^a_{b\ c}\} S_{(3)}{}^b + \alpha^2 \beta_3 A_a U^a{}_b S_{(3)}{}^b + 4 \alpha^2 \beta_0 \beta_3 A_a A_b S_{(0)}{}^a{}_c{}^c S_{(3)}{}^b - 4 \alpha^3 \beta_2 \beta_3 A_a \eta S_{(2)b}{}^a S_{(3)}{}^b + \alpha^2 \beta_3{}^2 A_a A_b S_{(3)}{}^a S_{(3)}{}^b - \\
&- 2 \alpha^2 \beta_0 \beta_3 A_a A_b S_{(0)}{}^a{}_c{}^b S_{(3)}{}^c + 2 \alpha^3 \beta_2 \beta_3 A_a A_b A_c S_{(2)}{}^{ab} S_{(3)}{}^c - \tfrac{1}{4} \alpha^4 (\partial_5 A_a) (\partial_5 A_b) \eta g^{ab} - \tfrac{1}{2} \alpha^3 (\partial_5 g_{ab}) A_c A^d A^e {}^{(4)}\{{}^c_{d\ e}\} g^{ab} - \\
&- \tfrac{1}{4} \alpha^3 (\partial_5 g_{ab}) \eta U_c{}^c g^{ab} + \tfrac{1}{4} \alpha^3 (\partial_5 g_{ab}) A_c A_d U^{cd} g^{ab} + \alpha^3 \beta_0 (\partial_5 g_{ab}) A_c \eta S_{(0)}{}^c{}_d{}^d g^{ab} + \alpha^4 \beta_2 (\partial_5 g_{ab}) \eta^2 S_{(2)c}{}^c g^{ab} + \\
&+ \alpha^3 \beta_3 (\partial_5 g_{ab}) A_c \eta S_{(3)}{}^c g^{ab} - \alpha^2 (\partial_a F_{bc}) A^b g^{ac} + 2 \alpha \beta_1 (\partial_a S_{(1)bc}) A^b g^{ac} + \tfrac{1}{2} \alpha^2 (\partial_a {}^{(4)}\{{}^b_{b\ c}\}) \eta g^{ac} + 2 \alpha^2 \beta_0 (\partial_a S_{(0)bc}{}^b) \eta g^{ac} - \\
&- \tfrac{1}{2} \alpha^4 (\partial_5 A_a) (\partial_5 g_{bc}) A^b \eta g^{ac} - \alpha^3 (\partial_5 A_a) A_b A^d {}^{(4)}\{{}^a_{c\ d}\} g^{ac} + 2 \alpha^2 \beta_0 \eta {}^{(4)}\{{}^b_{a\ d}\} S_{(0)bc}{}^d g^{ad} - \tfrac{1}{2} \alpha^2 (\partial_a {}^{(4)}\{{}^a_{b\ c}\}) \eta g^{bc} + \\
&+ \tfrac{1}{2} \alpha^4 (\partial_5 A_a) (\partial_5 g_{bc}) A^a \eta g^{bc} + \tfrac{1}{4} \alpha^4 (\partial_5 g_{ab}) (\partial_5 g_{cd}) A^a A^c \eta g^{bd} + \alpha^3 (\partial_5 g_{ab}) A_c A^a A^e {}^{(4)}\{{}^c_{d\ e}\} g^{bd} + \alpha^2 A_a {}^{(4)}\{{}^c_{b\ d}\} F^a{}_c g^{bd} - \\
&- 2 \alpha \beta_1 A_a {}^{(4)}\{{}^a_{b\ d}\} S_{(1)}{}^c{}_c g^{bd} + 2 \alpha^3 \beta_2 A_a \eta {}^{(4)}\{{}^a_{b\ d}\} S_{(2)c}{}^c g^{bd} - \tfrac{1}{8} \alpha^4 (\partial_5 g_{ab}) (\partial_5 g_{cd}) \eta^2 g^{ac} g^{bd} - \\
&- \tfrac{1}{2} \alpha^3 (\partial_5 g_{ab}) A_c \eta {}^{(4)}\{{}^c_{d\ e}\} g^{ad} g^{be} - \tfrac{1}{4} \alpha^4 (\partial_5 g_{ab}) (\partial_5 g_{cd}) A^a A^b \eta g^{cd} + \tfrac{1}{2} \alpha^2 \eta {}^{(4)}\{{}^b_{a\ c}\} {}^{(4)}\{{}^a_{b\ d}\} g^{cd} +
\end{aligned}
$$

$+ \alpha^3 (\partial_5 A_a) A_b A^{a\,(4)}\{^{b}_{c\,d}\} g^{cd} - \frac{1}{2} \alpha^2 \eta^{(4)}\{^{a}_{a\,b}\}{}^{(4)}\{^{b}_{c\,d}\} g^{cd} + 2 \alpha^2 \beta_3 A_a A_b{}^{(4)}\{^{a}_{c\,d}\} S_{(3)}{}^{b} g^{cd} + \frac{1}{8} \alpha^4 (\partial_5 g_{ab})(\partial_5 g_{cd}) \eta^2 g^{ab} g^{cd} -$

$- \frac{1}{2} \alpha^3 (\partial_5 g_{ab}) A_c A^a A^{b\,(4)}\{^{c}_{d\,e}\} g^{de} + \frac{1}{2} \alpha^3 (\partial_5 g_{ab}) A_c \eta^{(4)}\{^{c}_{d\,e}\} g^{ab} g^{de} + \frac{1}{4} \alpha^6 (\partial_5 A_a)(\partial_5 A_b) A^a A^b \eta \, \psi - \frac{1}{2} \alpha^5 (\partial_5 A_a) A_b \eta F^{ab} \psi +$

$+ \frac{1}{8} \alpha^4 \eta F_{ab} F^{ab} \psi - \frac{1}{2} \alpha^4 A_a A_b F^a{}_c F^{bc} \psi + \alpha^4 \beta_0 A_a A_b A_c F^{cd} S_{(0)}{}^{a\,b}{}_d \psi + \alpha^5 \beta_0 (\partial_5 A_a) A_b A_c \eta \, S_{(0)}{}^{abc} \psi -$

$- \frac{1}{2} \alpha^4 \beta_0{}^2 A_a A_b \eta \, S_{(0)cd}{}^{a} S_{(0)}{}^{cdb} \psi + \alpha^4 \beta_1 (\partial_5 A_a) A_b \eta \, S_{(1)}{}^{ab} \psi - \frac{1}{2} \alpha^2 \beta_1{}^2 \eta \, S_{(1)ab} S_{(1)}{}^{ab} \psi + \alpha^3 \beta_1 A_a A_b F^a{}_c S_{(1)}{}^{bc} \psi -$

$- \alpha^3 \beta_0 \beta_1 A_a \eta \, S_{(0)bc}{}^{a} S_{(1)}{}^{bc} \psi - \alpha^6 \beta_2 (\partial_5 A_a) A_b \eta^2 S_{(2)}{}^{ab} \psi + \alpha^6 \beta_2 (\partial_5 A_a) A_b A_c A^a \eta \, S_{(2)}{}^{bc} \psi + \alpha^5 \beta_2 A_a A_b \eta F^a{}_c S_{(2)}{}^{cb} \psi -$

$- 2 \alpha^4 \beta_1 \beta_2 A_a A_b \eta \, S_{(1)}{}^{a}{}_c S_{(2)}{}^{cb} \psi - \alpha^6 \beta_2{}^2 A_a A_b \eta^2 S_{(2)c}{}^{a} S_{(2)}{}^{cb} \psi + \alpha^6 \beta_2{}^2 A_a A_b A_c A_d \eta \, S_{(2)}{}^{ab} S_{(2)}{}^{cd} \psi -$

$- 2 \alpha^5 \beta_0 \beta_2 A_a A_b A_c \eta \, S_{(0)}{}^{a\,b}{}_d S_{(2)}{}^{dc} \psi - \alpha^5 \beta_3 (\partial_5 A_a) \eta^2 S_{(3)}{}^{a} \psi - \alpha^4 \beta_3{}^2 \eta^2 S_{(3)a} S_{(3)}{}^{a} \psi + \alpha^5 \beta_3 (\partial_5 A_a) A_b A^a \eta \, S_{(3)}{}^{b} \psi +$

$+ \alpha^4 \beta_3 A_a \eta F^a{}_b S_{(3)}{}^{b} \psi - 2 \alpha^3 \beta_1 \beta_3 A_a \eta \, S_{(1)}{}^{a}{}_b S_{(3)}{}^{b} \psi - 2 \alpha^5 \beta_2 \beta_3 A_a \eta^2 S_{(2)b}{}^{a} S_{(3)}{}^{b} \psi + \alpha^4 \beta_3{}^2 A_a A_b \eta \, S_{(3)}{}^{a} S_{(3)}{}^{b} \psi -$

$- 2 \alpha^4 \beta_0 \beta_3 A_a A_b \eta \, S_{(0)}{}^{a\,b}{}_c S_{(3)}{}^{c} \psi + 2 \alpha^5 \beta_2 \beta_3 A_a A_b A_c \eta \, S_{(2)}{}^{ab} S_{(3)}{}^{c} \psi - \frac{1}{4} \alpha^6 (\partial_5 A_a)(\partial_5 A_b) \eta^2 g^{ab} \psi.$

19. The 5-Dimensional Einstein Curvature Scalar G

The 5-dimensional Einstein curvature scalar G, where

$$G = G_{\alpha\beta} \gamma^{\alpha\beta}, \qquad (122)$$

is given by

$$G = \qquad (123)$$

$= G_{ab} \gamma^{ab} + G_{a5} \gamma^{a5} + G_{5a} \gamma^{5a} + G_{55} \gamma^{55}$

$= -\frac{3}{2} R$

$= \frac{3}{2} \alpha (\partial_a \psi)(\partial_5 \psi) A^a \psi^{-2} - \frac{3}{4} \alpha^2 (\partial_5 \psi)(\partial_5 \psi) \eta \, \psi^{-2} - 3 \beta_2 (\partial_5 \psi) S_{(2)a}{}^{a} \psi^{-2} - \frac{3}{4} (\partial_a \psi)(\partial_b \psi) g^{ab} \psi^{-2} - \frac{3}{4} (\partial_5 g_{ab})(\partial_5 \psi) g^{ab} \psi^{-2} +$

$+ 6 \beta_2 (\partial_5 S_{(2)a}{}^{a}) \psi^{-1} - 3 \alpha (\partial_5 \partial_a \psi) A^a \psi^{-1} + \frac{9}{2} \alpha^2 (\partial_5 A_a)(\partial_5 \psi) A^a \psi^{-1} - \frac{3}{2} \alpha^2 (\partial_5 g_{ab})(\partial_5 \psi) A^a A^b \psi^{-1} + \frac{3}{2} \alpha^2 (\partial_5 \partial_5 \psi) \eta \, \psi^{-1} -$

$- \frac{3}{4} \alpha (\partial_5 \psi) U_a{}^{a} \psi^{-1} - 3 \beta_0 (\partial_a \psi) S_{(0)}{}^{a\,b}{}_b \psi^{-1} + 3 \alpha \beta_0 (\partial_5 \psi) A_a S_{(0)}{}^{a\,b}{}_b \psi^{-1} + 3 \alpha^2 \beta_2 (\partial_5 \psi) \eta \, S_{(2)a}{}^{a} \psi^{-1} - 3 \beta_2{}^2 S_{(2)a}{}^{b} S_{(2)b}{}^{a} \psi^{-1} -$

$- 3 \alpha \beta_2 (\partial_a \psi) A^a S_{(2)b}{}^{b} \psi^{-1} + 6 \beta_2{}^2 S_{(2)a}{}^{a} S_{(2)b}{}^{b} \psi^{-1} - 3 \beta_2{}^2 S_{(2)ab} S_{(2)}{}^{ab} \psi^{-1} - 3 \beta_3 (\partial_a \psi) S_{(3)}{}^{a} \psi^{-1} + 3 \alpha \beta_3 (\partial_5 \psi) A_a S_{(3)}{}^{a} \psi^{-1} +$

$+ \frac{3}{2} (\partial_a \partial_b \psi) g^{ab} \psi^{-1} + \frac{3}{2} (\partial_5 \partial_5 g_{ab}) g^{ab} \psi^{-1} - 3 \alpha (\partial_a \psi)(\partial_5 A_b) g^{ab} \psi^{-1} + \frac{3}{4} \alpha^2 (\partial_5 g_{ab})(\partial_5 \psi) \eta \, g^{ab} \psi^{-1} +$

$+ 3 \beta_2 (\partial_5 g_{ab}) S_{(2)c}{}^{c} g^{ab} \psi^{-1} + \frac{3}{2} \alpha (\partial_a \psi)(\partial_5 g_{bc}) A^b g^{ac} \psi^{-1} - \frac{3}{4} \alpha (\partial_a \psi)(\partial_5 g_{bc}) A^a g^{bc} \psi^{-1} - \frac{3}{2} (\partial_a \psi){}^{(4)}\{^{a}_{b\,c}\} g^{bc} \psi^{-1} +$

$+ \frac{3}{2} \alpha (\partial_5 \psi) A_a{}^{(4)}\{^{a}_{b\,c}\} g^{bc} \psi^{-1} - \frac{9}{8} (\partial_5 g_{ab})(\partial_5 g_{cd}) g^{ac} g^{bd} \psi^{-1} + \frac{3}{8} (\partial_5 g_{ab})(\partial_5 g_{cd}) g^{ab} g^{cd} \psi^{-1} - 6 \alpha \beta_2 (\partial_a S_{(2)b}{}^{b}) A^a +$

$+ 3 \alpha^2 (\partial_5 \partial_5 A_a) A^a - 3 \alpha (\partial_5{}^{(4)}\{^{a}_{a\,b}\}) A^a + 6 \beta_3 (\partial_5 S_{(3)a}) A^a - \frac{3}{2} \alpha^2 (\partial_5 \partial_5 g_{ab}) A^a A^b + 6 \alpha^2 \beta_2 (\partial_5 S_{(2)a}{}^{a}) \eta + \frac{3}{4} \alpha (\partial_5 g_{ab}) U^{ab} +$

$+ 6 \alpha \beta_0 (\partial_5 A_a) S_{(0)}{}^{a\,b}{}_b - 3 \beta_0{}^2 S_{(0)ab}{}^{c} S_{(0)}{}^{a\,b}{}_c - \frac{3}{2} \beta_0{}^2 S_{(0)abc} S_{(0)}{}^{abc} - 6 \alpha \beta_0 (\partial_5 g_{ab}) A^a S_{(0)}{}^{b\,c}{}_c - 6 \beta_0{}^2 S_{(0)ab}{}^{a} S_{(0)}{}^{b\,c}{}_c -$

$- 3 \alpha^2 \beta_2{}^2 \eta \, S_{(2)a}{}^{b} S_{(2)b}{}^{a} + 12 \alpha^2 \beta_2 (\partial_5 A_a) A^a S_{(2)b}{}^{b} - 3 \alpha \beta_2 U_a{}^{a} S_{(2)b}{}^{b} + 6 \alpha^2 \beta_2{}^2 \eta \, S_{(2)a}{}^{a} S_{(2)b}{}^{b} - 6 \alpha \beta_0 \beta_2 A_a S_{(0)}{}^{a\,c}{}_c S_{(2)b}{}^{b} -$

$- 6 \alpha^2 \beta_2 (\partial_5 g_{ab}) A^a A^b S_{(2)c}{}^{c} + 12 \alpha \beta_0 \beta_2 A_a S_{(0)}{}^{a\,b}{}_b S_{(2)c}{}^{c} - 6 \beta_1 \beta_2 S_{(1)ab} S_{(2)}{}^{ab} - 3 \alpha^2 \beta_2{}^2 \eta \, S_{(2)ab} S_{(2)}{}^{ab} -$

$- 6 \alpha \beta_0 \beta_2 A_a S_{(0)}{}^{a}{}_{bc} S_{(2)}{}^{bc} + 3 \alpha^2 \beta_2{}^2 A_a A_b S_{(2)}{}^{a}{}_c S_{(2)}{}^{bc} - 3 \alpha^2 \beta_2{}^2 A_a A_b S_{(2)c}{}^{a} S_{(2)}{}^{cb} - 6 \alpha \beta_2 \beta_3 A_a S_{(2)}{}^{ab} S_{(3)b} + 6 \alpha \beta_3 (\partial_5 A_a) S_{(3)}{}^{a} +$

$+ 12 \alpha \beta_2 \beta_3 A_a S_{(2)b}{}^{a} S_{(3)}{}^{b} - 6 \alpha \beta_3 (\partial_5 g_{ab}) A^a S_{(3)}{}^{b} - 12 \beta_0 \beta_3 S_{(0)ab}{}^{a} S_{(3)}{}^{b} - 6 \alpha \beta_2 \beta_3 A_a S_{(2)b}{}^{a} S_{(3)}{}^{b} + \frac{3}{2} (\partial_a{}^{(4)}\{^{b}_{b\,c}\}) g^{ab} -$

$- 6 \beta_3 (\partial_a S_{(3)b}) g^{ab} + 3 \alpha^2 (\partial_5 A_a)(\partial_5 A_b) g^{ab} - \frac{3}{2} \alpha (\partial_5 U_{ab}) g^{ab} + \frac{3}{2} \alpha^2 (\partial_5 \partial_5 g_{ab}) \eta \, g^{ab} - \frac{3}{4} \alpha (\partial_5 g_{ab}) U^c{}_c g^{ab} +$

$+ 3 \alpha \beta_0 (\partial_5 g_{ab}) A_c S_{(0)}{}^{c\,d}{}_d g^{ab} + 3 \alpha^2 \beta_2 (\partial_5 g_{ab}) \eta \, S_{(2)c}{}^{c} g^{ab} + 3 \alpha \beta_3 (\partial_5 g_{ab}) A_c S_{(3)}{}^{c} g^{ab} + 3 \alpha (\partial_5{}^{(4)}\{^{b}_{a\,c}\}) A_b g^{ac} -$

$- \frac{9}{2} \alpha^2 (\partial_5 A_a)(\partial_5 g_{bc}) A^b g^{ac} + 6 \beta_3{}^{(4)}\{^{b}_{a\,c}\} S_{(3)b} g^{ac} + 6 \beta_0{}^{(4)}\{^{b}_{a\,d}\} S_{(0)bc}{}^{c} g^{ad} - \frac{3}{2} (\partial_a{}^{(4)}\{^{a}_{b\,c}\}) g^{bc} + 3 \alpha^2 (\partial_5 A_a)(\partial_5 g_{bc}) A^a g^{bc} +$

$+ 3 \alpha (\partial_5 A_a){}^{(4)}\{^{a}_{b\,c}\} g^{bc} + \frac{9}{4} \alpha^2 (\partial_5 g_{ab})(\partial_5 g_{cd}) A^a A^c g^{bd} + 6 \alpha \beta_2 A_a{}^{(4)}\{^{a}_{b\,d}\} S_{(2)c}{}^{c} g^{bd} - \frac{9}{2} \alpha^2 (\partial_5 g_{ab})(\partial_5 g_{cd}) \eta \, g^{ac} g^{bd} -$

$- \frac{3}{2} \alpha (\partial_5 g_{ab}) A_c{}^{(4)}\{^{c}_{d\,e}\} g^{ad} g^{be} - \frac{3}{2} \alpha^2 (\partial_5 g_{ab})(\partial_5 g_{cd}) A^a A^b g^{cd} + \frac{3}{2}{}^{(4)}\{^{b}_{a\,c}\}{}^{(4)}\{^{a}_{b\,d}\} g^{cd} - \frac{3}{2}{}^{(4)}\{^{b}_{a\,b}\}{}^{(4)}\{^{a}_{c\,d}\} g^{cd} +$

$+ \frac{3}{8} \alpha^2 (\partial_5 g_{ab})(\partial_5 g_{cd}) \eta \, g^{ab} g^{cd} + \frac{3}{2} \alpha (\partial_5 g_{ab}) A_c{}^{(4)}\{^{c}_{d\,e}\} g^{ab} g^{de} - \frac{3}{4} \alpha^4 (\partial_5 A_a)(\partial_5 A_b) A^a A^b \psi + \frac{3}{2} \alpha^3 (\partial_5 A_a) A_b F^{ab} \psi +$

$+ \frac{3}{8} \alpha^2 F_{ab} F^{ab} \psi - \frac{3}{2} \alpha^2 \beta_0{}^2 A_a A_b S_{(0)cd}{}^{a} S_{(0)}{}^{cdb} \psi - \frac{3}{2} \beta_1{}^2 S_{(1)ab} S_{(1)}{}^{ab} \psi - 3 \alpha \beta_0 \beta_1 A_a S_{(0)bc}{}^{a} S_{(1)}{}^{bc} \psi -$

$- 6 \alpha^2 \beta_1 \beta_2 A_a A_b S_{(1)}{}^{a}{}_c S_{(2)}{}^{cb} \psi - 3 \alpha^4 \beta_2{}^2 A_a A_b \eta \, S_{(2)c}{}^{a} S_{(2)}{}^{cb} \psi + 3 \alpha^4 \beta_2{}^2 A_a A_b A_c A_d S_{(2)}{}^{ab} S_{(2)}{}^{cd} \psi -$

$$-6\alpha^3\beta_0\beta_2 A_a A_b A_c S_{(0)}{}^a{}_d{}^b S_{(2)}{}^{dc}\psi - 3\alpha^2\beta_3{}^2\eta S_{(3)a} S_{(3)}{}^a\psi - 6\alpha\beta_1\beta_3 A_a S_{(1)}{}^a{}_b S_{(3)}{}^b\psi - 6\alpha^3\beta_2\beta_3 A_a\eta S_{(2)b}{}^a S_{(3)}{}^b\psi +$$
$$+ 3\alpha^2\beta_3{}^2 A_a A_b S_{(3)}{}^a S_{(3)}{}^b\psi - 6\alpha^2\beta_0\beta_3 A_a A_b S_{(0)}{}^a{}_c{}^b S_{(3)}{}^c\psi + 6\alpha^3\beta_2\beta_3 A_a A_b A_c S_{(2)}{}^{ab} S_{(3)}{}^c\psi + \tfrac{3}{4}\alpha^4(\partial_5 A_a)(\partial_5 A_b)\eta g^{ab}\psi.$$

THE END

www.ingramcontent.com/pod-product-compliance
Lightning Source LLC
Chambersburg PA
CBHW080930170526
45158CB00008B/2236